W0258391

HANDBUCH DER KÄLTETECHNIK

UNTER MITARBEIT
ZAHLREICHER FACHLEUTE

HERAUSGEGEBEN VON

RUDOLF PLANK

KARLSRUHE

SECHSTER BAND / TEIL A

AUTOMATIK · ZUBEHÖR · INBETRIEBNAHME
GERÄUSCHBEKÄMPFUNG
KÄLTEANLAGEN · WÄRMEPUMPEN

Springer-Verlag Berlin Heidelberg GmbH
1969

AUTOMATIK · ZUBEHÖR · INBETRIEBNAHME
GERÄUSCHBEKÄMPFUNG
KÄLTEANLAGEN · WÄRMEPUMPEN

BEARBEITET VON

H. L. v. CUBE · H. R. HEGE · H. LOEWER
D. METZENAUER · A. OSTERTAG
J. PHILIPPSEN · K. PREISENDANZ
E. ROLING† · H. STEINLE · H. WAHL

MIT 439 ABBILDUNGEN

Springer-Verlag Berlin Heidelberg GmbH
1969

© SPRINGER-VERLAG BERLIN HEIDELBERG 1969
URSPRÜNGLICH ERSCHIENEN BEI SPRINGER-VERLAG BERLIN HEIDELBERG NEW YORK 1969
SOFTCOVER REPRINT OF THE HARDCOVER 1ST EDITION 1969

LIBRARY OF CONGRESS CATALOG CARD NUMBER: 53-24194

ISBN 978-3-662-27151-3   ISBN 978-3-662-28634-0 (eBook)
DOI 10.1007/978-3-662-28634-0

Titel-Nr. 5552

Vorwort

Im *ersten Teil* dieses Bandes wird das wichtige und verhältnismäßg junge Gebiet der automatischen Regelung von Kälteanlagen behandelt. Den Impuls hierzu gaben die kleinen Anlagen in elektrischen Haushalt-Kühlschränken, bei denen man kein Bedienungspersonal voraussetzen durfte. Nachdem aber die Automatik von Kälteanlagen grundsätzlich als möglich erkannt war, dehnte sie sich auch auf größere und größte Anlagen aus und gilt heute als eine Selbstverständlichkeit. Der Abschnitt *Automatik* beginnt mit den *Grundlagen der Regeltechnik*, also mit der Erläuterung der regeltechnischen Grundbegriffe und den Arten der Regelung. Dieser Teil wurde von Oberbaurat Dipl.-Ing. E. Roling †, Frankfurt, bearbeitet, der die Regeltechnik souverän beherrschte und sie jahrelang im Unterricht vertreten hat.

Es folgt eine ausführliche Darstellung der mechanischen *Regelgeräte*, ihrer Grundelemente und ihrer Einteilung in Primärregler und Sekundärregler des Kältemittelkreislaufs sowie der Kühlwasserregler. Diesen Teil konnte nur ein Fachmann übernehmen, der den Stand der Technik in Europa und Amerika vollkommen beherrscht. Der Herausgeber glaubt, in der Person von Dipl.-Ing. H. R. Hege, Köln-Höhenberg, den richtigen Mitarbeiter gefunden zu haben.

Der Abschnitt Automatik schließt mit einer Darstellung der *elektrotechnischen Grundlagen und der elektrischen Schaltgeräte*, in dem zuerst die Schaltelemente, die Schutzmaßnahmen, Leitungen und Motoren und anschließend die Motorschaltgeräte sowie die Befehls- und Steuergeräte behandelt werden. Hier wird auch auf die wichtigsten Bauelemente der Elektronik eingegangen. Am Schluß wird das Schaltschema erläutert, und es werden Beispiele für Steuerschaltungen gegeben. Aus dem reichen Schatz ihrer jahrelangen Erfahrungen haben Dipl.-Ing. D. Metzenauer und Obering. H. Wahl, Wuppertal-Elberfeld, die Darstellung dieser Gebiete vollzogen.

Im *zweiten Teil* dieses Bandes wird das *Zubehör für Kältemaschinen* behandelt. Hierzu gehören *Rohrleitungen*, Rohrverbindungen, Absperrorgane, Sicherheitsorgane, Siebe und Filter, Ölabscheider, Pumpen, Ventilatoren und Trockner. An diesem vielseitigen Teil haben mitgewirkt: Dr.-Ing. H. Loewer, Karlsruhe, Dipl.-Ing. J. Philippsen, Rodenkirchen und Dr. rer. nat. H. Steinle, Giengen/Brenz.

Der *dritte Teil* ist der *Vorbereitung zur Inbetriebnahme von Kompressions-Kälteanlagen* gewidmet, worunter das Spülen, Trocknen und Evakuieren, das Füllen mit Öl und Kältemittel und die Dichteprüfung verstanden wird. Für diesen Teil konnte kein besserer Mitarbeiter als Dr. rer. nat. H. Steinle, wiss. Mitarbeiter der Robert Bosch GmbH. gefunden werden.

Im *vierten Teil* wird die *Lärmabwehr in der Kältetechnik* behandelt, die bisher keine zusammenhängende Darstellung gefunden hat, aber gebieterisch in den Vordergrund tritt. Auf diesem noch in der Entwicklung befindlichen Gebiet hat Obering. K. Preisendanz bei der Firma Brown, Boveri u. Cie. reiche Erfahrungen gesammelt, die er hier zum Ausdruck bringt.

Im *fünften Teil* steht die gesamte *Kompressionskälteanlage* von einem übergeordneten Standpunkt zur Behandlung, wobei neben technischen auch menschliche

Probleme erwogen werden. Das Berufsbild des Kälteingenieurs, Ausbildungsfragen, die Bedeutung der Konstruktion, die Planung auf weite Sicht, betriebstechnische Gesichtspunkte u. a. werden erläutert. Zum Schluß werden einige typische Kälteanlagen beschrieben. Diesen Teil hat Dipl.-Ing. ETH A. OSTERTAG, Zürich, behandelt.

Der *sechste* und *letzte Teil* dieses Bandes ist dem Gebiet der *Wärmepumpen* gewidmet, das erst in jüngster Zeit praktische Bedeutung erlangt hat, aber nunmehr in rascher Entwicklung begriffen ist. Nach der Erläuterung wirtschaftlicher Gesichtspunkte wird auf die physikalischen und technischen Grundlagen eingegangen. Die Kreisprozesse, die Arbeitsstoffe, die Kompressions-, Absorptions-, Kaltluft- und die thermoelektrische Wärmepumpe werden eingehend behandelt. Ausführlich werden die Bauteile der Kompressor-Wärmepumpe beschrieben. Wärmequellen und Wärmespeicher werden erläutert. Diesen Teil hat der Vorkämpfer für die Verwirklichung und Ausbreitung der Wärmepumpen, Dr. Dipl.-Ing. H. L. VON CUBE übernommen.

Der Herausgeber möchte allen Mitarbeitern an diesem Band für ihre hingebungsvolle Arbeit herzlich danken. Der wichtige Abschnitt über den Bau *Kältetechnischer Apparate* (Kondensatoren, Verdampfer, Luftkühler, Regeneratoren u. a.), der in diesen Band aufgenommen werden sollte, konnte nicht rechtzeitig fertiggestellt werden. Er wird als Band VI/B später erscheinen.

Zum Schluß dankt der Herausgeber dem Verlag noch für die angenehme Zusammenarbeit und für die mustergültige Ausstattung dieses Bandes.

Karlsruhe, Dezember 1968 **R. Plank**

Inhaltsverzeichnis.

Erster Teil.

AUTOMATIK

Grundlagen der Regeltechnik.

Von Oberbaurat a. D. Dipl.-Ing. E. Roling †, Langen (Hessen)

Mit 23 Abbildungen.

Mechanische Regelgeräte.

Von Dipl.-Ing. H.-R. Hege

(ALCO-NOBIS Regelgeräte GmbH. Köln-Höhenberg)

Mit 111 Abbildungen.

Inhaltsverzeichnis.

Elektrotechnische Grundlagen und elektrische Schaltgeräte.

Von Dipl.-Ing. D. Metzenauer und Obering. H. Wahl

Metzenauer & Jung GmbH, Wuppertal-Elberfeld

Mit 70 Abbildungen.

Zweiter Teil.

Zubehör für Kältemaschinen.

Von Dr.-Ing. H. LOEWER
Beratender Ingenieur VBI, Karlsruhe

Mit Beiträgen von

Dipl.-Ing. J. PHILIPPSEN
Linde AG, Rodenkirchen

Dr. rer. nat. H. STEINLE
Wiss. Mitarbeiter d. Robert Bosch Hausgeräte GmbH, Giengen/Brenz

Mit 87 Abbildungen.

Dritter Teil.

Vorbereitungen zur Inbetriebnahme von Kompressions-Kälteanlagen.

Von Dr. rer. nat. Heinz Steinle,
Wiss. Mitarbeiter d. Robert Bosch Hausgeräte GmbH., Giengen/Brenz

Mit 34 Abbildungen.

Vierter Teil.

Lärmabwehr in der Kältetechnik.

Von Oberingenieur K. PREISENDANZ,
Brow, Boveri & Cie. AG. Ladenburg a. Neckar

Mit 14 Abbildungen.

Fünfter Teil.

Kompressionskälteanlagen.

Von Dipl.-Ing. ETH, A. OSTERTAG, Zürich

Mit 42 Abbildungen.

Sechster Teil.

Die Wärmepumpe.

Von Dr. Dipl.-Ing. H. L. von Cube, Worms

Mit 58 Abbildungen.

Erster Teil

AUTOMATIK

Grundlagen der Regeltechnik.

Von

Oberbaurat a. D. Dipl.-Ing. **E. Roling †**, Langen (Hessen)

Mit 23 Abbildungen.

A. Regeltechnische Grundbegriffe.

Regeln ist *gezieltes Geschehen im Regelkreis*, das dem Betriebszweck einer technischen — oder auch nichttechnischen — Anlage dadurch dient, daß es eine ausgewählte Betriebsmeßgröße der Anlage zwingt, einen vorbestimmten Verlauf zu nehmen. Der danach geforderte augenblickliche *Istwert X* dieser „*Regelgröße*" wird durch einen im allgemeinen zeitlich veränderlichen *Sollwert* X_k bestimmt, dem er in jedem Augenblick gleich sein soll.

$$X \equiv X_k$$

Die Regelung soll also bewirken, daß die *Regelabweichung*

$$x_w = X - X_k \tag{1}$$

stets Null ist. An der Skala des Anzeigegerätes für die Regelgröße zeigt ein Meßwertzeiger den Istwert X an und markiert eine verstellbare Sollwertmarke den Sollwert X_k, dessen Verstellung durch eine *Führungsabweichung w* besorgt wird (Abb. 1). Sobald eine Regelabweichung x_w auftritt, weil eine Führungsabweichung w den Sollwert X_k oder weil eine *Störgröße (Z)* den Istwert X ändert, soll x_w immer wieder und *so schnell und so genau wie notwendig* zum Verschwinden gebracht werden. Ist der Sollwert X_k, dem der Istwert X folgen soll, zeitlich veränderlich, so liegt eine *Folgeregelung* vor (Abb. 1b). Wenn aber X_k ein unveränderlicher Festwert X_0 ist, so handelt es sich um eine *Festwertregelung* (Abb. 1a). In diesem Falle wird Gleichung (1) in der Form

$$x = X - X_0 \tag{1a}$$

geschrieben, wo x die Regelabweichung und X_0 den konstanten Sollwert bedeuten.

Der vom Regelgeschehen erfaßte Teilbereich der zu regelnden Anlage ist die *Regelstrecke*. Ihr gleichwertiger Partner beim Ablauf der Regelvorgänge ist der

Regler, der mit der Strecke zur höheren Einheit *Regelkreis* verbunden ist. Regler und Strecke sind die beiden Glieder dieser Einheit, in der sie gleichzeitig in gegenseitiger Einflußnahme wirksam sind. Ihre beiden Verbindungsstellen sind der *Meßort*, wo ein *Meßfühler* den Istwert X erfaßt, der im Regler mit dem Sollwert

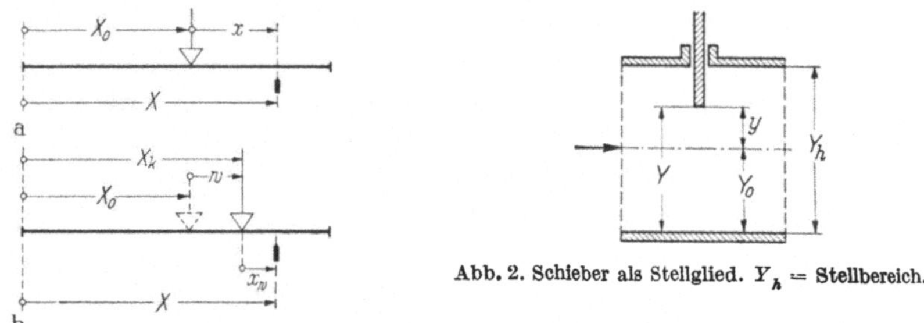

Abb. 2. Schieber als Stellglied. Y_h = Stellbereich.

Abb. 1a u. b. Anzeigeskala eines Regler-Meßwerks mit Sollwertmarke und Istwertzeiger.
a) Festwertregelung,   b) Folgeregelung.

X_k (bzw. X_0) verglichen wird, und der *Stellort*, wo der Regler an einem *Stellglied* (Abb. 2) eine Stellgröße (Y) einstellt, durch die er gezielten Einfluß auf X nimmt. Der Regler hat also drei Aufgaben zu erfüllen: *Messen* (X), *Vergleichen* ($X-X_k$) und *Eingreifen* (Y). Meist verändert die Stellgröße primär einen Materie- oder Energiefluß in der Strecke, den *Stellstrom*, von dem X abhängig ist.

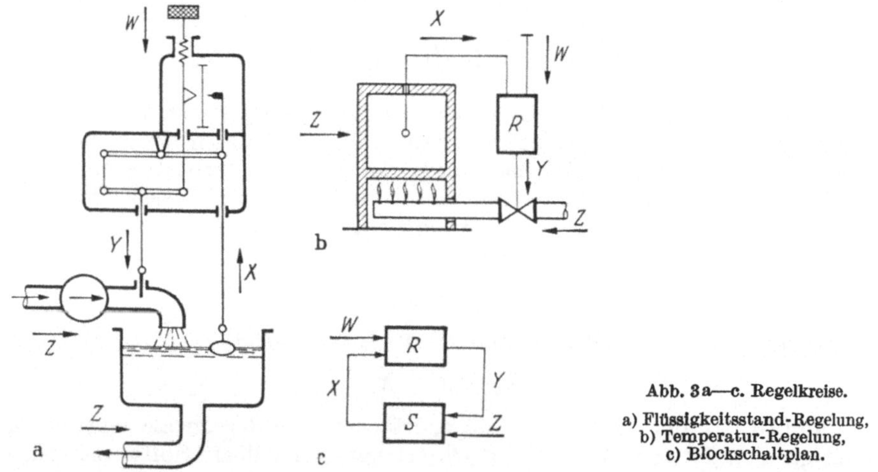

Abb. 3a—c. Regelkreise.
a) Flüssigkeitsstand-Regelung,
b) Temperatur-Regelung,
c) Blockschaltplan.

Abb. 3a zeigt den Regelkreis einer Flüssigkeitsstand-Regelung[1], wie sie in Wasserversorgungsanlagen zu finden ist. Seine Strecke besteht aus einem Vorratsbehälter mit Abflußrohr, einem Zuflußrohr mit Förderpumpe und einem im Stellort vorgesehenen Schieber als Stellglied. Der zugehörige Regler ist aus zwei miteinander gekoppelten Hebeln aufgebaut, die mit dem Stellglied und einem als Meßfühler dienenden Schwimmer verbunden sind. Regelgröße (X) ist der Flüssigkeitsstand, der im Anzeigeteil des Reglers an einer Skala angezeigt wird, die außerdem die hier von Hand einstellbare Sollwertmarke trägt. Stellgröße (Y) ist der Hub des Schiebers, Stellstrom der die Strecke durchfließende Flüssigkeitsstrom. In der Abb. 3b, die den Regelkreis einer Temperatur-Regelung darstellt,

---

[1] Das Normblatt DIN 19226 erläutert an diesem Beispiel Begriffe der Regelungstechnik.

ist der Regler als Blocksymbol gezeichnet, das nichts über seinen Aufbau verrät. Die Strecke ist ein gasbeheizter Ofen mit Brenner, Zuleitung und dem als Stellglied dienenden Einstellventil. Stellgröße (Y) ist der Ventilhub, Stellstrom der Gasstrom, Regelgröße (X) die im Meßort von einem Thermometer als Meßfühler erfaßte Temperatur des Ofens.

Im Sinne der Regeltechnik sind Regler und Strecke *Übertragungssysteme*, deren *Ausgangsgrößen* mathematische Funktionen ihrer *Eingangsgrößen* sind. Beide sind Meßgrößen und haben die Bedeutung von Signalen, die Informationen vermitteln. Es ist üblich, ein solches System symbolisch als *Block* darzustellen und das Zusammenwirken mehrerer Blöcke, wie das von Regler und Strecke im Regelkreis als Blockschaltplan oder *Signalflußplan* zu veranschaulichen (Abb. 3 c). Die Pfeile der Ein- und Ausgangsgrößen legen ihre *Wirkungsrichtung* fest. Sie kennzeichnen also die Richtung von Signalflüssen, nicht aber von irgendwelchen Materie- oder Energieströmen. Ihrer Bedeutung nach sind die Eingangsgrößen eines Blockes „Befehle an den Block". denen dieser nach Maßgabe des ihm eigentümlichen *Übertragungsverhaltens* „gehorcht". Die Ausgangsgröße des Blockes ist in diesem Sinne die „Antwort des Blockes auf den Befehl seiner Eingangsgrößen". Als eine Eingangsgröße des in der Wirkungsrichtung nachfolgenden Blockes ist sie gleichzeitig für diesen Block ein „Befehl".

Ziel des Regelns ist die Regelgröße (X), die Ausgangsgröße der Strecke und eine der Eingangsgrößen des Reglers. Nach Maßgabe des Sollwertes (X_k) liefert der Regler seine Ausgangsgröße, die Stellgröße (Y), die im Stellort in die Strecke eingreift. Es ist der einzige und mit eindeutiger Absicht vorgesehene Zweck der Stellgröße als Eingangsgröße der Strecke, die Regelgröße als Ausgangsgröße der Strecke so zu beeinflussen, daß ihr Istwert X dem vorgegebenen Sollwert X_k (oder X_0) gleich wird. Die außer der Stellgröße noch als weitere Eingangsgrößen der Strecke in sie einwirkenden *Störgrößen* (Z) dagegen sind ihrer Natur nach unvermeidbare, der gegebenen Strecke eigentümliche Einflußgrößen, die mit zufallsbedingten Werten Z die Regelgröße unerwartet und gegen unseren Willen so beeinflussen, daß ihr Istwert X vom vorgegebenen Sollwert X_k (oder X_0) abweicht. Die wichtigste Störgröße einer Strecke ist ihre *Belastung*, also in Abb. 3 der Abfluß (m³/sec) aus dem Behälter bzw. die Wärmeabgabe (kcal/sec) an das zu erwärmende Ofengut. Es ist leicht einzusehen, daß aber auch die Pumpendrehzahl und der Druck vor der Pumpe bzw. der Gasdruck, der Heizwert des Gases und die Außentemperatur Störgrößen der dargestellten Strecken sind. Das erkennt man leicht daran, daß jede von ihnen — bei festgehaltener Stellgröße — Einfluß auf die Regelgröße nimmt.

Die Betrachtung eines Regelvorganges geht von einem ursprünglichen, ungestörten Ruhezustand im Regelkreis als *Anfangspunkt dieses Vorganges* aus, bei dem der Istwert X und der Sollwert X_k denselben *Bezugswert* X_0 haben (Abb. 1) und am Stellglied die mit X_0 in beharrlichem Gleichgewicht befindliche Stellgröße Y_0 besteht (Abb. 2). Dieser Ruhezustand wird gestört, der bis dahin untätig gebliebene Regler zum Eingreifen veranlaßt und dadurch ein Regelvorgang ausgelöst, wenn sich der Istwertzeiger oder die Sollwertmarke vom Bezugswert X_0 entfernt. Das ist bei unverändert auf X_0 stehender Sollwertmarke (Festwertregelung) dann der Fall, wenn eine Störgröße (Z) um die *Störabweichung*

$$z = Z - Z_0 \tag{2}$$

von ihrem zum Ruhezustand gehörigen Bezugswert Z_0 abweicht und dadurch eine Regelabweichung x nach Gleichung (1a) entsteht. Von der Existenz einer Störabweichung z erhält der Regler erst dann Kenntnis, so daß er sie bekämpfen kann, wenn sie eine Regelabweichung x an seinem Eingang bewirkt hat. Erst dann kann

1*

der Regler mit einer *Stellabweichung*

$$y = Y - Y_0 \tag{3}$$

in die Strecke eingreifen, die die entstandene Regelabweichung x wieder zu Null machen soll.

Der Ruhezustand des *Anfangspunktes eines Regelvorganges* wird aber auch dann gestört, wenn eine Führungsabweichung w den Sollwert von X_0 auf den neuen Sollwert

$$X_k = X_0 + w \tag{4}$$

verschiebt (Folgeregelung) und so aus x und w die Regelabweichung

$$x_w = x - w = X - X_k \tag{5}$$

entsteht. Die Führungsabweichung w, die die erwünschte Einstellbarkeit des Sollwertes bewirkt, ist eine ausschließlich zu diesem Zweck eingeführte Einflußgröße des Reglers. Mit der Störabweichung z verbindet sie die gemeinsame Eigenart, daß beide *von außen her* in den Regelkreis eintreten und — die eine gewollt, die andere ungewollt — Einfluß auf die regelkreisinternen Größen x und y nehmen, von denen x bzw. x_w *nach außen hin* die wichtigste Rolle spielt.

B. Arten der Regelung.

Unmittelbare Regler entnehmen die zur Einstellung des Stellgliedes erforderliche Energie dem Meßfühler, wie es Abb. 3a als Beispiel zeigt, wo die zum Verstellen des Schiebers erforderliche Energie vom Schwimmer geliefert wird. *Mittelbare Regler* entnehmen die „Stell-Energie" einer besonderen Energiequelle, wie dem elektrischen, pneumatischen oder hydraulischen Speisenetz des Betriebes. In diesem Fall stellt der Regler die *Hilfsenergie* und diese das Stellglied ein.

Die *Festwertregelung* mit konstantem und die *Folgeregelung* mit veränderlichem Sollwert sind bereits besprochen worden. Eine besondere Art der Folgeregelung ist die *Zeitplanregelung*, bei der der Sollwert durch eine von einem Uhrwerk oder einem Synchronmotor angetriebene Kurvenscheibe automatisch nach einem vorgegebenen Zeitprogramm verstellt wird. Sie ist in Abb. 4a als Temperatur-Regelung eines elektrisch beheizten Ofens gezeigt, dessen Stellglied — im Gegensatz zur Wirklichkeit — symbolisch als Ventil gezeichnet wurde.

Eine andere Art der Folgeregelung ist die *Verhältnisregelung*, bei der der Sollwert durch eine regelkreisfremde Meßgröße, die die Rolle der Führungsgröße spielt, so geändert wird, daß das Verhältnis *Meßgröße : Regelgröße* konstant bleibt. Sie ist in Abb. 4b als Durchfluß-Regelung dargestellt, die das Verhältnis des gemessenen Gasdurchflusses (w) und des ebenfalls gemessenen Luftdurchflusses (x) dadurch auf dem verbrennungstechnisch günstigsten Wert hält, daß der Regler bei einer Änderung des Gasdurchflusses das Regelventil in der Luftleitung verstellt und so den Luftdurchfluß an den Gasdurchfluß anpaßt.

Auch die *Störgrößenaufschaltung* ist eine Folgeregelung. Bei ihr wird eine Hauptstörgröße der Strecke dem Regler als Führungsgröße aufgeschaltet. Der Regler reagiert so direkt auf diese Störgröße, ohne daß sie erst eine für den Regler wahrnehmbare und zeitlich verzögert auftretende Regelabweichung x am Streckenausgang herbeiführen müßte. Abb. 4c zeigt als Beispiel eine Temperatur-Regelung, die in einem Mischbehälter eine aus dem Heiß- und dem Kaltzufluß gebildete warme Mischtemperatur konstant halten soll. Wenn hier der gemessene Kaltzufluß $(z = w)$ immer wieder schwankt, so würde — mit entsprechender Verzögerung — auch die Warmtemperatur, die hier Regelgröße ist, ebenso schwanken.

Der Regler würde jedesmal verspätet eingreifen und das Schwanken der Warm-Temperatur eventuell noch verstärken, wenn ihm nicht die Ursache des Schwankens, der Kaltdurchfluß, direkt und unverzögert gemeldet wird und er nach dessen Maßgabe das Stellglied sofort und vorsorglich entsprechend einstellt.

Eine Erweiterung der Folgeregelung ist die *Kaskadenregelung*, die zwei Regler benötigt. Der *Folgeregler* hält eine Hauptstörgröße konstant, während der *Führungsregler* nach Maßgabe der Regelgröße den Sollwert des Folgereglers verstellt. Eine Kaskadenschaltung zeigt Abb. 4d als Temperatur-Regelung eines dampf-

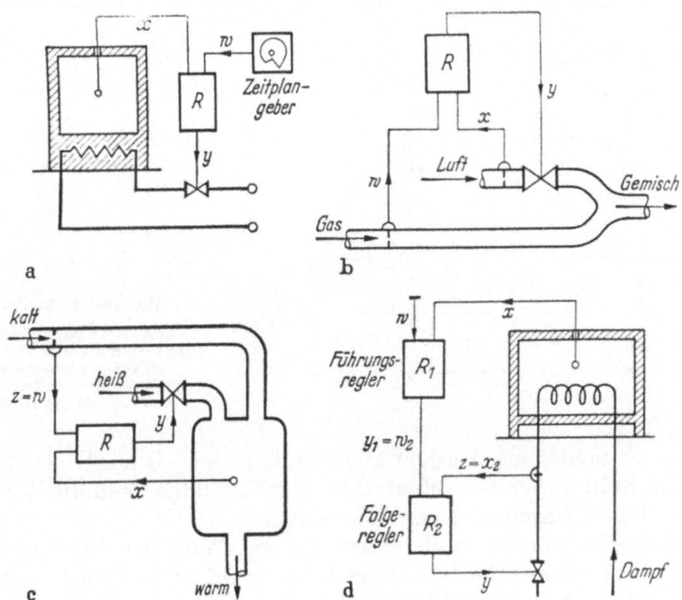

Abb. 4a—d. Folgeregelungen.

a) Zeitplanregelung (Temperatur-Regelung eines elektrisch beheizten Ofens). b) Verhältnisregelung (Durchfluß-Regelung eines Gas-Luftgemisches). c) Störgrößenaufschaltung (Mischtemperatur-Regelung bei schwankendem Kalt-Zufluß). d) Kaskadenschaltung (Temperatur-Regelung eines dampfbeheizten Ofens bei schwankendem Dampfanfall).

beheizten Ofens mit schwankendem Dampfanfall. Der Folgeregler R_2 hält den gemessenen Dampfdurchfluß (z) durch geeignete Betätigung des in der Dampfleitung liegenden Stellgliedes konstant. Sein Sollwert wird ihm vom Führungsregler R_1 diktiert, der sich dabei nach x_w, also der Differenz der im Ofen herrschenden (X) und der verlangten Temperatur (X_k) richtet.

Stetige Regler überwachen die Regelgröße dauernd. Sie sind stets eingriffsbereit und können jeden innerhalb des *Stellbereiches* Y_h (Abb. 2) liegenden Wert der Stellgröße einstellen. Der Regler in Abb. 3a ist ein stetiger Regler. Billiger als diese und in vielen Fällen mit ausreichendem Erfolg einsetzbar sind die *unstetigen Regler*, die nur zeitweise eingriffsbereit sind oder nur bestimmte Werte der Stellgröße einstellen können. Die unstetigen *Abtastregler* (Abb. 5a) tasten die Regelgröße nur in festen Zeitabständen ab, z. B. durch einen motorisch betätigten *Fallbügel*, der periodisch angehoben wird und über den Istwertzeiger und ein Druckstück einen Schalter betätigt, wenn der Zeiger unter dem Druckstück steht, also der Istwert X kleiner als der Sollwert X_0 ist. Der Schalter ist das Stellglied, das *nur* ein- *oder* ausgeschaltet sein kann. In den Pausen zwischen den periodischen Fallbügelhüben kann der Istwertzeiger frei zwischen Fallbügel und Druckstück spielen.

Die unstetigen *Zweipunktregler* sind zwar stets eingriffsbereit, aber auch sie kennen — wie schon der Name sagt — nur zwei Werte der Stellgröße (Auf—Zu, Ein—Aus, Stark—Schwach). Abb. 5b zeigt als Beispiel einen Stabausdehnungsregler für Temperatur-Regelungen und Abb. 5c die zu einem solchen Regler gehörende Kennlinie, die deutlich zeigt, daß zwischen Ein- und Ausschaltpunkt eine unvermeidliche Toleranz liegt. Der Stab des Reglers und das ihn umhüllende

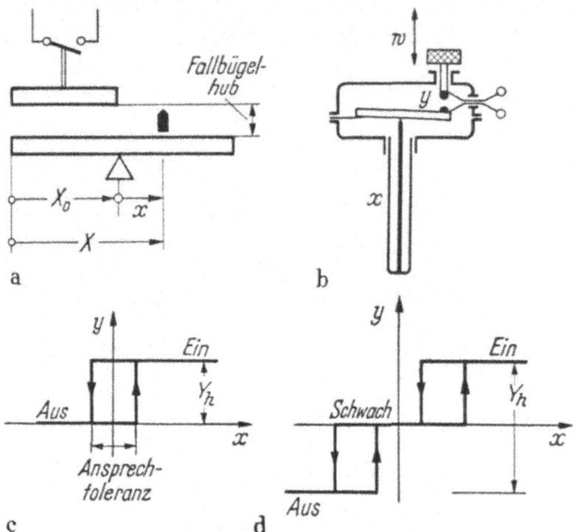

Abb. 5a—d. Unstetige Regler.

a) Abtastregler (Fallbügelregler),
b) Zweipunktregler (Stabausdehnungs-
Regler für Temperatur-Regelung),
c) Kennlinie des Zweipunktreglers,
d) Kennlinie des Dreipunktreglers.

Rohr haben verschiedene Ausdehnungskoeffizienten. Beim Überschreiten einer einstellbaren Solltemperatur öffnet der Kontakt (das Stellglied) und schließt wieder beim Unterschreiten dieser Temperatur.

Dreipunktregler können noch einen dritten Wert der Stellgröße einstellen (Auf—Halb—Zu), wie es die Kennlinie in Abb. 5d zeigt. Das Bauelement *Dreipunktschalter* wird in vielen Reglertypen verwendet, wo es meistens den das Stellglied betätigenden *Stellmotor* in Rechtslauf—Stillstand—Linkslauf schaltet. Das Stellglied kann so jede Stellung innerhalb des Stellbereiches einnehmen. Das rechtfertigt die hier übliche Bezeichnung *stetig-ähnlich*.

C. Das Beharrungsverhalten des Regelkreises.

Obwohl das Regelgeschehen dynamischer Natur ist, also die Regelvorgänge in und mit der Zeit ablaufen, so daß sie nur durch Zeitfunktionen zu beschreiben sind, ist es dennoch nützlich, zunächst die durch Kennlinien und deren Gleichungen beschreibbaren Zusammenhänge zwischen den *Beharrungswerten* der regeltechnischen Größen zu betrachten, die sich schließlich nach dem Abklingen eines Regelvorganges endgültig einstellen. Der Blockschaltplan des Regelkreises nach Abb. 3c zeigt anschaulich, daß dem Regler und der Strecke die mathematischen Funktionen $y(x,w)$ und $x(y,z)$ zukommen, weil jeder Block eine mathematische Gleichung verkörpert, die seine Ausgangsgröße mit seinen Eingangsgrößen verknüpft.

In einem genügend kleinen Bereich um den „Koordinatenanfangspunkt des Regelvorganges" sind mit ausreichender Genauigkeit diese Funktionen linear und damit die Kennlinien der beiden Regelkreisglieder Gerade. Mit Berücksichtigung der Gleichung (5) wird also die *Reglergleichung* die Form

$$y = K_R \cdot x_w = K_R (x - w) \tag{6}$$

haben und die *Streckengleichung* von der Form

$$x = K_S\,(y + z) \tag{7}$$

sein. Die Konstanten K_R und K_S in diesen Gleichungen sind die *Übertragungs-beiwerte* des Reglers und der Strecke. Sie haben die Dimension von y/x und von x/y.

Eine Strecke mit endlichem K_S heißt Strecke mit *Proportional-* oder *P-Verhalten* oder „Strecke mit Ausgleich". Eine Strecke mit $K_S = \infty$ heißt Strecke mit *Integral-* oder *I-Verhalten* oder „Strecke ohne Ausgleich". Entsprechend heißt ein Regler mit endlichem K_R *Proportional-* oder *P-Regler* und ein Regler mit $K_R = \infty$ *Integral-* oder *I-Regler*.

Es läßt sich leicht nachweisen und wird unten gezeigt, daß — wenn K_S nicht negativ ist wie im Zahlenbeispiel des Abschnittes D — beim Schließen des Regelkreises entweder das Vorzeichen von x oder das von y umgekehrt werden muß. Das Umkehren des Vorzeichens von y, das im folgenden vorausgesetzt wird, geschieht durch *Umpolen* des Stellgliedes, also eine Richtungsumkehrung seiner Bewegung. Diese *Vorzeichenumkehrung* im Regelkreis *muß* stattfinden, weil *nur dann* der Zweck des Regelns, Regelabweichungen zu „bekämpfen", erreicht werden kann. Gleichung (7), die mit dem Umkehren des Vorzeichens von y die Form

$$x = K_S\,(-\,y + z) \tag{7a}$$

annimmt, ist aber offensichtlich nur dann sinnvoll, wenn y und z die gleiche Dimension haben. Das ist aber, wie ein Blick auf irgend einen Regelkreis zeigt (vgl. Abb. 3), nicht der Fall, so daß statt (7a)

$$x = K_S\,(-y + k\cdot z) \tag{7b}$$

geschrieben werden müßte, wo der Faktor k die Dimension von y/z hat. Um k zu bestimmen fragt man, welcher *Störbereich* Z_h durch den Stellbereich Y_h gerade noch ausgeregelt werden kann. Aus dem mit $y = Y_h$ und $z = Z_h$ zu Null gesetzten Klammerausdruck in (7b), also aus $(-Y_h + k\cdot Z_h) = 0$, findet man dann

$$k = Y_h/Z_h \tag{8}$$

Die in Gleichung (7) oder (7a) einzusetzenden Werte von z müssen also *vorher* mit dem Umrechnungsfaktor k nach Gleichung (8) multipliziert und so auf die Dimension von y gebracht werden. Der Störbereich Z_h kann aus dem Kennlinienfeld der Strecke entnommen oder durch Messung bestimmt werden.

Wird y in der Streckengleichung (7a) durch die Reglergleichung (6) ausgedrückt, so entsteht die Grundgleichung des geschlossenen Regelkreises

$$x\,(1 + K_R\cdot K_S) = K_S\cdot z + K_R\cdot K_S\cdot w$$

Daraus folgt für $w = 0$ das *Störverhalten* des Regelkreises

$$x = \frac{K_S}{1 + K_R\cdot K_S}\cdot z \tag{9}$$

und für $z = 0$ sein *Führungsverhalten*

$$x = \frac{K_R\cdot K_S}{1 + K_R\cdot K_S}\cdot w \tag{10}$$

oder mit Gleichung (5)

$$x_w = -\,\frac{1}{1 + K_R\cdot K_S}\cdot w \tag{10a}$$

Diese Gleichungen gelten natürlich nur für Beharrungswerte. Wird also durch
ein bleibendes z oder w ein Regelvorgang ausgelöst, so ist ein bleibendes x oder
x_w die Folge. Trotz Eingreifens des Reglers besteht diese *bleibende Regelabweichung*
nach Gleichung (9) oder (10a) solange, wie z oder w andauert. Sie bedeutet einen
Fehler der Regelung, der oft als *Proportional-* oder *P-Abweichung* bezeichnet wird.
Das in den Gleichungen vorkommende Produkt

$$V_0 = K_R \cdot K_S \tag{11}$$

ist die *Kreisverstärkung*. Der in allen Gleichungen vorkommende Ausdruck

$$R = \frac{1}{1 + K_R \cdot K_S} \tag{12}$$

der wie V_0 dimensionslos ist, heißt *Regelfaktor*. Er ist ein Maß für die Genauigkeit
der Regelung, die also nur von V_0 und bei gegebener Strecke (K_S) nur vom Beiwert
K_R des Reglers abhängt. Der naheliegende Gedanke, bleibende Regelabweichungen durch den Einsatz eines I-Reglers mit $K_R = \infty$ grundsätzlich auszuschließen,
ist leider aus später zu erläuternden Gründen nicht immer nützlich.

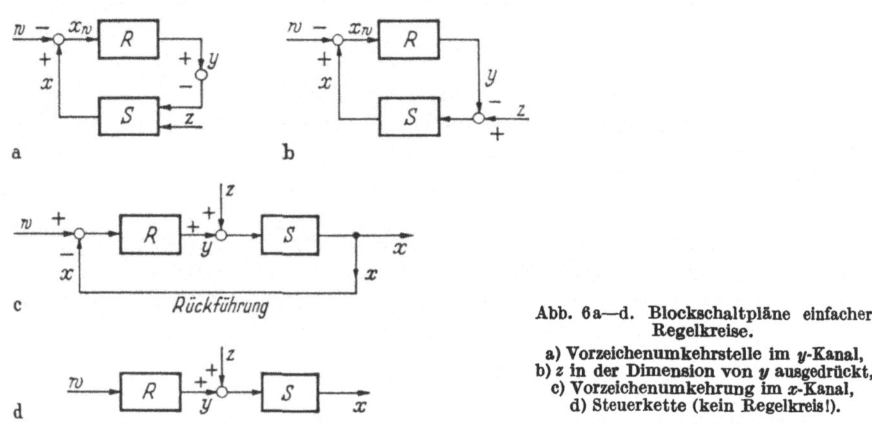

Abb. 6a—d. Blockschaltpläne einfacher
Regelkreise.
a) Vorzeichenumkehrstelle im y-Kanal,
b) z in der Dimension von y ausgedrückt,
c) Vorzeichenumkehrung im x-Kanal,
d) Steuerkette (kein Regelkreis!).

Die oben erwähnte Vorzeichenumkehrung von y im Blockschaltplan (Abb. 6a)
wird durch eine *Vorzeichenumkehrstelle* im y-Kanal, der Tatbestand der Gleichung
(5) durch eine mit entsprechenden Vorzeichen versehene *Additionsstelle* vor dem
Reglereingang symbolisiert. Da die mit dem Faktor Y_h/Z_h nach Gleichung (8)
multiplizierte Störabweichung z in der Streckengleichung (7a) ohne weiteres mit
y addierbar ist, kann auch vor dem Streckeneingang eine entsprechende Additionsstelle vorgesehen werden (Abb. 6b). Wird die Vorzeichenumkehrung — und das
ist grundsätzlich gleichgültig — im x-Kanal statt im y-Kanal durchgeführt, so
nimmt der Blockschaltplan des Regelkreises die in Abb. 6c dargestellte Form an,
bei der y das positive und x das negative Vorzeichen erhält. Damit die nach Gleichung (5) erforderliche Differenzbildung erhalten bleibt, muß nun w das positive
Vorzeichen erhalten. In dieser Darstellung ist das untrügliche Kennzeichen
eines Regelkreises, die als *Rückführung* bezeichnete negative Rückkopplung
(Gegenkopplung) der Ausgangsgröße x des Regelkreises auf den Kreiseingang,
besonders deutlich zu erkennen. Fehlt die Rückführung (Abb. 6d), so ist aus dem
Regelkreis eine *Steuerkette* geworden, die trotz des vorhandenen Reglers nichts
mit der Regeltechnik zu tun hat. Die Steuerkette hat dem Regelkreis gegenüber
den Nachteil, daß sie Störabweichungen nicht bekämpfen kann, weil der Regler

von ihrem Vorhandensein nichts mehr erfährt, da deren Auswirkungen, die Regelabweichungen, dem Regler wegen der fehlenden Rückführung nicht gemeldet werden.

Den weiteren Betrachtungen wird hier einheitlich der Signalflußplan nach Abb. 6b mit der Vorzeichenumkehrung im y-Kanal zugrunde gelegt.

D. Zahlenbeispiel zum Beharrungsverhalten.

Gegeben sei eine Kälteanlage, deren Kühlraumtemperatur X [°C] geregelt werden soll. Stellglied ist ein Regelventil mit dem Stellbereich $Y_h = 16$ mm, das den Kältemitteldurchfluß einstellt. Einzige Störgröße der Anlage sei der Vordruck Z [ata] des Kältemittels vor dem Regelventil. Alle hier zu betrachtenden Regelvorgänge sollen von dem „Koordinatenanfangspunkt“ ausgehen, für den die Bezugswerte $Z_0 = 1{,}25$ ata, $Y_0 = 8$ mm und $X_0 = +5$ °C in beharrlichem Gleichgewicht sind. Diese Bezugswerte seien gleichzeitig die betriebsüblichen Mittelwerte, für die die Anlage entworfen wurde.

Durch Messung wurde festgestellt, daß bei konstantem $Z_0 = 1{,}25$ ata die Temperatur von $X_0 = +5$ °C um $x = -8$ grd auf $X = -3$ °C sinkt, wenn das Stellglied von $Y_0 = 8$ mm um $y = 4$ mm auf $Y = 12$ mm geöffnet wird. Die Temperatur sinkt aber auch von $X_0 = +5$ °C um $x = -8$ grd auf $X = -3$ °C, wenn bei festgehaltenem $Y_0 = 8$ mm der Vordruck von $Z_0 = 1{,}25$ ata um $z = 0{,}1$ ata auf $Z = 1{,}35$ ata steigt.

Aus der Streckengleichung (7) folgt mit $z = 0$ der Übertragungsbeiwert der Strecke $K_S = x/y = -8$ grd$/4$ mm $= -2$ grd/mm und damit aus $x = -8$ grd und $z = 0{,}1$ ata der Umrechnungsfaktor $k = 40$ mm/ata. Mit dem gegebenen Stellbereich folgt daraus nach Gleichung (8) der Störbereich $Z_h = Y_h/k = 16$ mm$/$ 40 mm/ata $= 0{,}4$ ata.

Die mit $Y = 0$, also mit $y = -Y_0 = -8$ mm noch ausregelbare Störabweichung folgt mit $x = 0$ zu $z = 8$ mm$/40$ mm/ata $= 0{,}2$ ata. Dazu gehört die größte noch ausregelbare Störgröße $Z_{max} = 1{,}25 + 0{,}2 = 1{,}45$ ata und ihr gerade noch mit $Y = Y_h$ ausregelbarer Kleinstwert $Z_{min} = Z_{max} - Z_h = 1{,}45 - 0{,}4$ $= 1{,}05$ ata.

Wenn die Strecke ungeregelt, also das Stellglied unbetätigt und $Y = Y_0$ oder $y = 0$ bleibt, stellt sich beim Vordruck $Z = 1{,}40$ ata also bei der Druckabweichung $z = 1{,}40 - 1{,}25 = 0{,}15$ ata die Temperaturabweichung $x = K_S \cdot$ $\cdot (0 + k \cdot z) = -2$ grd/mm $\cdot 40$ mm/ata $\cdot 0{,}15$ ata $= -12$ grd also der Istwert $X = +5 - 12 = -7$ °C statt des Sollwertes $X_0 = +5$ °C ein.

Durch den Einsatz eines Reglers wird die Temperaturabweichung $x = -12$ grd nach Wunsch verringert. Kann keine größere Regelabweichung als $x = 0{,}6$ grd, also $1/20$ von 12 grd zugelassen werden, so muß ein Regler zum Einsatz kommen, der einen Regelfaktor $R = 1/20$ bildet. Das ist nach Gleichung (12) der Fall bei einer Kreisverstärkung $V_0 = 19$. also nach Gleichung (11) beim Übertragungsbeiwert $K_R = V_0/K_S = 19/2 = 9{,}5$ mm/grd. Mit diesem Regler hätte sich bei $Z = 1{,}40$ ata der Istwert $X = +5 - 0{,}6 = +4{,}4$ °C statt des Sollwertes $X_0 = +5$ °C eingestellt. Dabei hat der Regler natürlich die Stellgröße geändert und zwar wegen der Reglergleichung (6) um die Stellabweichung $y = 9{,}5$ mm/grd$\cdot$ $\cdot (-)0{,}6$ grd $= -5{,}7$ mm auf $Y = 8 - 5{,}7 = 2{,}3$ mm.

Wenn der Sollwert von $X_0 = +5$ °C um die Führungsabweichung $w = -10$ grd auf $X_k = -5$ °C verstellt wird, tritt dadurch bei festgehaltenem $Z_0 = 1{,}25$ ata mit dem gewählten Regler nach Gleichung (10a) die bleibende Regelabweichung $x_w = -(-)10/20 = +0{,}5$ grd auf. Statt des erwarteten $X_k = -5$ °C ist der Istwert $X = -5 + 0{,}5 = -4{,}5$ °C.

Manchmal wird statt des Streckenbeiwertes K_S sein Reziprokwert $q = 1/K_S$, der „*Ausgleichswert*" der Strecke, angegeben. Er beträgt im Beispiel $q = -1/$ 2 grd/mm $= -0,5$ mm/grd. Statt des Reglerbeiwertes K_R wird häufig der *Proportional*- oder „*P-Bereich*" des Reglers $X_p = Y_h/K_R$ bevorzugt, der im obigen Zahlenbeispiel den Wert $X_p = 16$ mm/9,5 mm/grd $= 1,7$ grd hat. Oft wird X_p auf den Anzeigebereich der Reglerskala bezogen. Reicht dieser im gegebenen Beispiel von -10 bis $+10$ °C, umfaßt also der Anzeigebereich 20 grd $= 100$ %, so ist hier $X_p = 8,4$ %.

Die Gleichungen (9) bis (10a) und (12) gelten für *eine Vorzeichenumkehrung* im Regelkreis, die im Zahlenbeispiel bereits durch den negativen Wert von K_S vorliegt. Bei einer zusätzlichen Vorzeichenumkehrung nach Abb. 6b oder 6c würde das positive Vorzeichen im Nenner der Gleichungen vor $K_R \cdot K_S$ negativ. Das bedeutet, daß im Zahlenbeispiel statt $R = 1/(1 + 19) = 1/20$ mit $R = 1/(1 - 19)$ $= -1/18$ eine Vergrößerung des Regelfaktors, also eine Verschlechterung der Regelgenauigkeit eintritt. Wäre $K_R \cdot K_S$ kleiner als 2, so hätte in diesem Falle der falschen Vorzeichenumkehrung der Regelfaktor R einen Wert oberhalb 1. Das heißt aber, daß beispielsweise die bleibende P-Abweichung nach Gleichung (9) größer ist, als sie ohne Regler ($K_R = 0$) wäre. Der Regler hätte eine Störabweichung z nicht nur nicht bekämpft, sondern sie im Gegenteil sogar noch unterstützt.

E. Das Zeitverhalten des Regelkreises.

Regelvorgänge äußern sich als zeitliche Übergänge der regeltechnischen Größen von ursprünglichen in neue Beharrungswerte. Kennlinien und deren Gleichungen gestatten zwar die Bestimmung dieser Beharrungswerte, sagen aber über das *Zeitverhalten* während der Übergangszeit nichts aus. Dazu sind *Differentialgleichungen* erforderlich, die das Zeit- *und* das Beharrungsverhalten von Übertragungssystemen beschreiben. Sie sind im allgemeinen schwierig zu behandeln, lassen sich aber im Rahmen der regeltechnischen Belange leicht auswerten, wenn entsprechende mathematische Verfahren genutzt werden, die außerhalb der Regeltechnik nicht allgemein bekannt sind und deshalb im folgenden erläutert werden.

Bedeuten allgemein x_e und x_a die Ein- und Ausgangsgrößen eines Übertragungssystems (Abb. 7), so heißt die Zeitfunktion $x_a(t)$ seine *Übergangsfunktion*, wenn deren Ursache, die Zeitfunktion $x_e(t)$, ein *Einheitssprung*

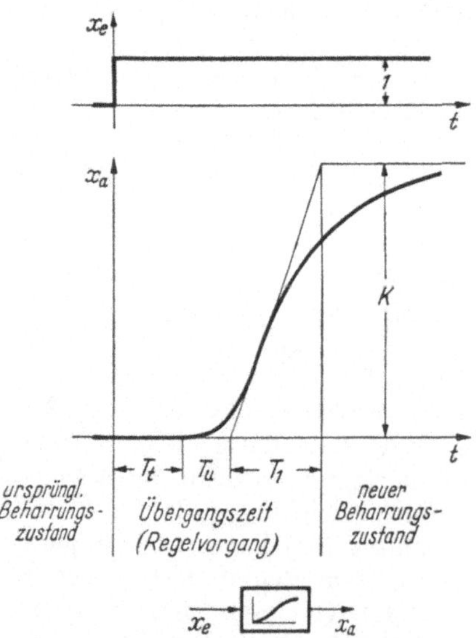

$$x_e = \begin{cases} 0 \text{ für } t < 0 \\ 1 \text{ für } t > 0 \end{cases} \qquad (13)$$

Abb. 7. Allgemeines Übertragungssystem. Einheitssprung $x_e(t)$ und Übergangsfunktion $x_a(t)$.

ist, der kurz durch $x_e = 1$ bezeichnet wird. Die Übergangsfunktion eines gegebenen Systems läßt sich meßtechnisch oder, wenn die Differentialgleichung des Systems bekannt ist, mathematisch — eventuell mit Zuhilfenahme eines Analogrechners — finden.

Die Übergangsfunktion eines sehr oft vorkommenden *allgemeinen* Übertragungssystems, die auf klassischem Wege nicht mehr aus der Differentialgleichung abgeleitet werden kann, zeigt den in Abb. 7 dargestellten vertrauten Verlauf, der sich angenähert durch drei Gerade wiedergeben läßt. Diese teilen die Dauer des Überganges, die „Übergangszeit", in drei Abschnitte, deren Gleichungen durch $x_a \approx 0$, durch $x_a \approx c \cdot t$ und durch $x_a \approx K$ ausgedrückt werden können. Das Anfangsstück des ersten Abschnittes ist manchmal eine *Totzeit* T_t, für die $x_a = 0$ gilt. Nach ihrem Ablauf beginnt der eigentliche Übergang, währenddessen x_a zunächst beschleunigt und dann verzögert auf den Endwert K ansteigt, der — ganz streng genommen — erst nach unendlich langer Zeit erreicht wird. Die Zeitdauer des Überganges läßt sich in die *Verzugszeit* T_u und die *Ausgleichszeit* T_1, die im folgenden stets *Zeitkonstante* genannt wird, unterteilen.

Die Übergangsfunktion ist die Lösung einer Differentialgleichung für $x_e = 1$, die im allgemeinsten Fall von der Form

$$\cdots + a_2 \cdot \ddot{x}_a + a_1 \cdot \dot{x}_a + a_0 \cdot x_a = b_0 \cdot x_e + b_1 \cdot \dot{x}_e + b_2 \cdot \ddot{x}_e + \cdots \tag{14}$$

ist und meist — in der vorliegenden Einführung immer — als linear angesehen werden darf, das heißt, daß ihre Beiwerte a_i, b_i Konstante sind. Auf klassischem Wege ihre Lösung $x_a(t)$ für $x_e = 1$ zu finden ist für Differentialgleichungen höherer Ordnung äußerst schwierig oder gar unmöglich. Die Handhabung der Differentialgleichung (14) wird aber sehr vereinfacht, wenn sie durch Einführung des *Differentialoperators* s, definiert durch

$$\dot{x} = \frac{\mathrm{d}x}{\mathrm{d}t} = s \cdot x, \tag{15}$$

aus der klassischen Form (14) in die moderne *Operatorenschreibweise*

$$(\cdots + a_2 \cdot s^2 + a_1 \cdot s + a_0) \cdot x_a = x_e \cdot (b_0 + b_1 \cdot s + b_2 \cdot s^2 + \cdots) \tag{14a}$$

übertragen wird. In dieser Schreibweise (14a) hat die Differentialgleichung das Aussehen einer algebraischen Gleichung und darf, wie es das Ausklammern von x_e und x_a zeigt, als solche behandelt werden. Das wird noch deutlicher, wenn der als *Übertragungsfunktion* bezeichnete Quotient

$$F = \frac{x_a}{x_e} = \frac{b_0 + b_1 \cdot s + b_2 \cdot s^2 + \cdots}{a_0 + a_1 \cdot s + a_2 \cdot s^2 + \cdots} \tag{16}$$

gebildet wird, mit dem x_a aus

$$x_a = F \cdot x_e \tag{17}$$

leicht bestimmt werden kann. Die Übertragungsfunktionen F_R für den Regler und F_S für die Strecke treten an die Stelle der in Abschnitt C eingeführten, für das Beharrungsverhalten geltenden Übertragungsbeiwerte K_R und K_S, die in F_R und F_S mitenthalten sind. Allerdings ist $x_a(s)$ nicht die Übergangsfunktion $x_a(t)$ und keinesfalls physikalisch anschaulich.

Gleichung (14) und deren Übergangsfunktion $x_a(t)$ sind Zeitfunktionen, die in Gleichung (14a) und deren Lösung (17) als „Funktionen von s" wiedergegeben wurden. Das ist typisch für das moderne mathematische Kalkül der *Laplace-Transformation*[1], auf die nur kurz eingegangen werden kann, deren Vorteile aber — soweit es zweckmäßig ist — auch hier nutzbar gemacht werden sollen. In der Sprache der Laplace-Transformation sagt man, daß der durch die *Originalfunktion* (14) im *Originalbereich* dem „t-Bereich", gegebene Tatbestand im *Bildbereich*, dem „s-Bereich", durch die *Bildfunktion* (14a), der „Laplace-Transformierten" von (14), wiedergegeben wird. Während die Lösung $x_a(t)$ der Originalfunktion auf

---

[1] DOETSCH, G.: Theorie und Anwendung der Laplace-Transformation, Berlin 1937.

klassischem Wege, wenn überhaupt, dann nur äußerst schwierig zu finden ist, ist die Lösung (17) der Bildfunktion sehr leicht zu finden. Um aus ihr das anschauliche $x_a(t)$ zu bestimmen, müßte die unanschauliche Lösung (17) in den Originalbereich zurücktransformiert werden. Da sich die wichtigsten Erkenntnisse aber auch an der im Bildraum gegebenen Lösung $x_a(s)$ ablesen lassen, kann die oft sehr umständliche Rücktransformierung meist unterbleiben. Diesen Weg geht die vorliegende Einführung. Eine gewisse Ähnlichkeit des Laplace-Verfahrens mit der Logarithmenrechnung ist unverkennbar, bei der eine im Originalbereich gegebene Rechenaufgabe nach ihrer Transformation in den Bildbereich, den lg-Bereich, leicht gelöst werden kann. So wie hier beispielsweise aus einer Multiplikationsaufgabe eine Additionsaufgabe wird, wird beim Laplace-Verfahren aus einer Differentialgleichung eine algebraische Gleichung.

In der Differentialgleichung (14) bzw. (14a) stecken — je nachdem bei welchem Gliede man sie abbricht — einige Grenzfälle einfachster Übertragungssysteme. Die ersten drei dieser *Grundsysteme* sind das *Proportional-* oder *P-System*, das *Integral-* oder *I-System* und das *Differential-* oder *D-System* mit den folgenden Differentialgleichungen:

$$P) \qquad\qquad x_a = K_p \cdot x_e$$

$$I) \qquad \dot{x}_a = K_I \cdot x_e \qquad\qquad s \cdot x_a = K_I \cdot x_e$$
$$x_a = K_I \int x_e \cdot dt \qquad\qquad x_a = K_I/s \cdot x_e \qquad (18)$$
$$D) \qquad x_a = K_D \cdot \dot{x}_e \qquad\qquad x_a = K_D \cdot s \cdot x_e$$

Ihre Übergangsfunktionen sind in Abb. 8 dargestellt. Die Übergangsfunktion des P-Systems sieht wie der Einheitssprung aus, die des I-Systems ist eine an-

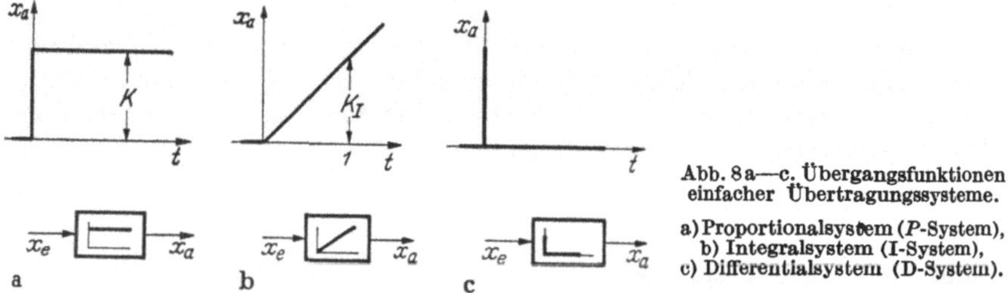

Abb. 8a—c. Übergangsfunktionen einfacher Übertragungssysteme.

a) Proportionalsystem (*P*-System),
b) Integralsystem (I-System),
c) Differentialsystem (D-System).

steigende Gerade und die des D-Systems ein Impuls im Augenblick $t = 0$. Im Vergleich mit der Sprungfunktion $x_e = 1$ kann man sagen, daß beim I-System x_a solange ansteigt, wie x_e andauert und daß beim D-System, solange ein x_a vorhanden ist, wie x_e sich ändert.

Das vierte Grundsystem ist das *Trägheitssystem I. Ordnung* oder *T_1-System* mit der Differentialgleichung

$$T_1) \qquad T_1 \cdot \dot{x}_a + x_a = x_e \qquad\qquad (T_1 \cdot s + 1) \cdot x_a = x_e \qquad (18a)$$

Seine Übergangsfunktion ist die *Exponentialfunktion*

$$x_a = 1 - e^{-t/T_1}$$

die in Abb. 9a dargestellt ist. Sie strebt mit konstanter „Subtangente" T_1, die als *Zeitkonstante* bezeichnet wird, ihrem Endwert 1 zu, dem sie sich nach Ablauf der *Halbwertszeit* $T_h = 0{,}69 \cdot T_1$ bis auf 50 %, nach $T_{95} = 3 \cdot T_1$ bis auf 5 % und nach $T_{98} = 4 \cdot T_1$ bis auf 2 % genähert hat. Interessant ist die Beobachtung, daß das geradlinige Anfangsstück der Exponentialfunktion der Übergangsfunktion eines I-Systems und ihr geradliniges Endstück der Übergangsfunktion eines P-Systems entspricht.

Die *Zeitkonstante* T_1 der Exponentialfunktion ist durch den Widerstand R_1 eines *Energiewandlers* und der Kapazität C_1 eines damit in Reihe liegenden *Energiespeichers* gegeben:

$$T_1 = R_1 \cdot C_1 \qquad (19)$$

Alle physikalisch-technischen Gebilde sind aus solchen *RC*-Gliedern aufgebaut, von denen Abb. 9 Beispiele aus einigen technischen Fachgebieten zeigt. Die Ein- und Ausgangsgrößen x_e und x_a sind in den drei Beispielen Spannungen, Drücke und Temperaturen. Ist ein *RC*-Glied durch einen Widerstand R belastet, so erfolgt eine *Rückwirkung* dieses Belastungswiderstandes auf das *RC*-Glied, die den Endwert und die Zeitkonstante im Verhältnis $1/(1 + R_1/R)$ verkleinert.

Zwei hintereinandergeschaltete *RC*-Systeme mit den Zeitkonstanten $T_a = R_1 \cdot C_1$ und $T_b = R_2 \cdot C_2$, wie sie Abb. 10 an Beispielen aus den gleichen Fachgebieten wie die Abb. 9 zeigt, führen auf eine Differentialgleichung II. Ordnung der Form

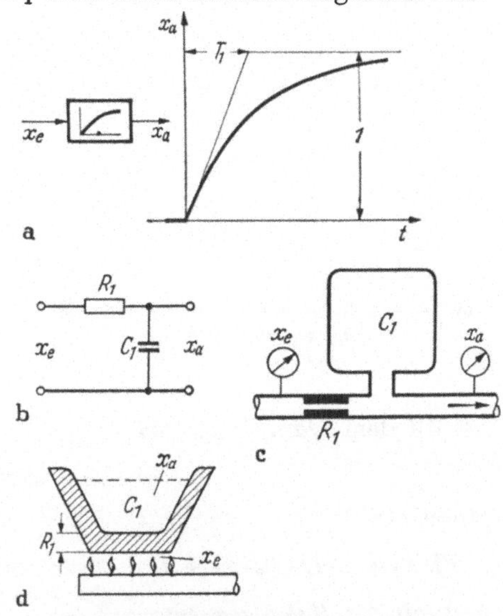

Abb. 9a—d. Trägheitssysteme I. Ordnung (Einspeichersysteme).

a) Übergangsfunktion des T_1-Systems, b) Beispiel aus der Elektrotechnik (x_e, x_a = Spannungen), c) Beispiel aus der Pneumatik (x_e, x_a = Drücke), d) Beispiel aus der Wärmetechnik (x_e, x_a = Temperaturen).

$$T_2) \qquad T_2^2 \cdot \ddot{x}_a + T_1 \cdot \dot{x} + x_a = x_e \qquad (T_2^2 \cdot s^2 + T_1 \cdot s + 1)\, x_a = x_e \qquad (18b)$$

die ebenfalls in der allgemeinen Gleichung (14) als Grenzfall enthalten ist und zum fünften Grundsystem, dem *Trägheitssystem II. Ordnung* oder T_2-*System* gehört.

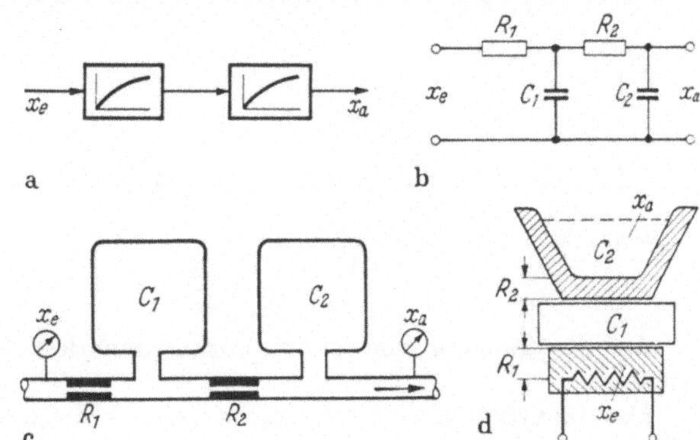

Abb. 10a u. b. Trägheitssysteme II. Ordnung (T_2-Systeme).

a) Blockschaltplan eines T_2-Systems, b), c), d) zwei in Reihe liegende Einspeichersysteme (vgl. Abb. 9).

In (18b) ist $T_2^2 = T_a \cdot T_b$ und $T_1 = T_a + R_1 \cdot C_2 + T_b$. Die Rückwirkung ($R_1 \cdot C_2$) des zweiten *RC*-Systems auf das erste kann manchmal vernachlässigt werden.

Die folgende Zusammenstellung (20) enthält die Übertragungsfunktionen aller Grundsysteme, die im folgenden immer wieder vorkommen. Man pflegt sie in die Blöcke der Signalflußpläne einzuschreiben, wenn man nicht die symbolische Darstellung der Übergangsfunktion bevorzugt, wie es in den Abbildungen 8 bis 10 geschah. Das sechste Grundsystem ist das *Totzeit-* oder T_t-*System*, dessen Übergangsfunktion Abb. 11 zeigt.

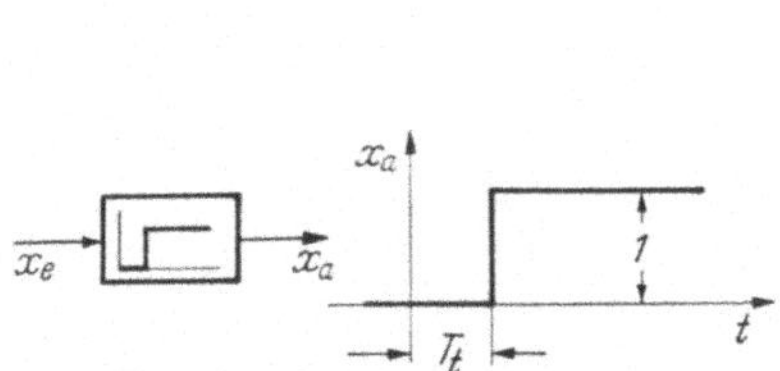

Abb. 11. Totzeitsystem (T_t-System). Block und Übergangsfunktion.

System	Übertragungsfunktion
P	K_p
I	K_I/s
D	$K_D \cdot s$
T_1	$\dfrac{1}{T_1 \cdot s + 1}$
T_2	$\dfrac{1}{T_2^2 \cdot s^2 + T_1 \cdot s + 1}$
T_t	$e^{-s \cdot T_t}$

$$(20)$$

Mit dem *Dämpfungsgrad*

$$D = \frac{T_1}{2 \cdot T_2} \tag{21}$$

lautet (18b):

$$T_2^2 \cdot \ddot{x}_a + 2 \cdot D \cdot T_2 \cdot \dot{x}_a + x_a = x_e \qquad \text{oder} \qquad (T_2^2 \cdot s^2 + 2 \cdot D \cdot T_2 \cdot s + 1)\, x_a = x_e$$

und mit der *Kennfrequenz*:

$$\omega_0 = 1/T_2 \tag{22}$$

schließlich:

$$\ddot{x}_a + 2 \cdot D \cdot \omega_0 \cdot \dot{x}_a + \omega_0^2 \cdot x_a = x_e \cdot \omega_0^2 \qquad \text{oder} \qquad (s^2 + 2 \cdot D \cdot \omega_0 \cdot s + \omega_0^2)\, x_a = x_e \cdot \omega_0^2. \tag{23}$$

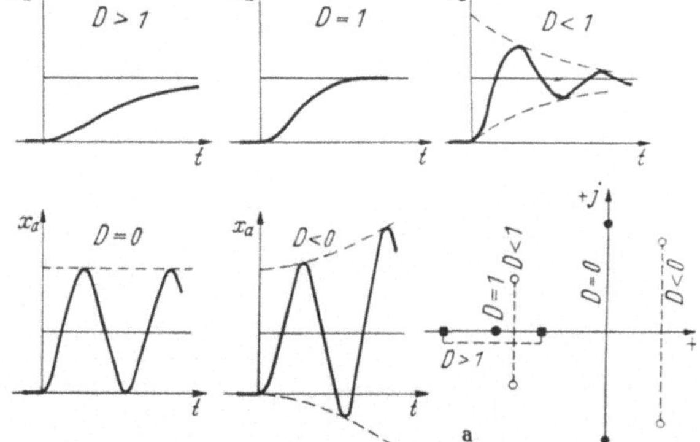

Abb. 12. Übergangsfunktionen der Systeme II. Ordnung (T_2-Systeme). a Wurzelorte in der Gaußschen Zahlenebene. $D =$ Dämpfungsgrad.

An die Lösung dieser oft vorkommenden Differentialgleichung sei kurz erinnert:

Der Beharrungswert von x_a ist (alle Ableitungen zu Null gesetzt!) $x_a = x_e$. Mit dem Lösungsansatz:

$$x_a = k \cdot e^{s \cdot t}$$

folgt aus der *homogenen* Differentialgleichung (rechte Seite von (23) zu Null gesetzt!) ihre *charakteristische Gleichung*:

$$s^2 + 2 \cdot D \cdot \omega_0 \cdot s + \omega_0^2 = 0 \tag{24}$$

deren linke Seite mit dem Klammerausdruck in (23) identisch ist. Sie hat die beiden *Wurzeln* oder *Nullstellen* s_1 und s_2:

$$s_{1,2} = \left(-D \pm \sqrt{D^2 - 1}\right) \cdot \omega_0 \tag{25}$$

die je nach dem Wert von D reelle, imaginäre oder aus Realteil (Re) und Imaginärteil (Im) bestehende konjugiert komplexe Werte haben, die in der Gaußschen Zahlenebene als *Wurzelorte* gezeichnet werden können (Abb. 12a). Je nach den Werten der Wurzeln zeigt die Übergangsfunktion der Differentialgleichung, also ihre Lösung für $x_e = 1$, einen anderen Verlauf (Abb. 12):

D	s_1, s_2		Übergangsfunktion		regeltechn. Bedeutung
> 1	$-Re, -Re$	reell	aperio-disch	kriechend	wenn die Energiespeicher in den RC-Systemen von der gleichen Art sind
$= 1$	$-\omega_0$	reell		Grenzfall	
< 1	$-Re \pm Im$	komplex	perio-disch	abklingend	osz. Stabilität
$= 0$	$\pm j\omega_0$	imaginär		sinusförmig	osz. Stabilitätsgrenze
< 0	$+Re \pm Im$	komplex		aufklingend	osz. Instabilität

$$\tag{26}$$

Die Übergangsfunktion verläuft nur dann periodisch schwingend (oszillatorisch), wenn die beiden Energiespeicher in der Reihenschaltung der RC-Glieder von verschiedener Art sind, einer für potentielle und einer für kinetische Energie. In diesem Fall ist $D < 1$ und sind die Wurzeln s_1 und s_2 konjugiert komplex. Liegen dabei die Wurzelorte (Abb. 12a) links von der imaginären Achse, so klingen die Schwingungen ab, liegen sie rechts von ihr, so schaukeln sie auf.

Die Schaltungen nach Abb. 10, bei denen die Speicher von der gleichen Art sind, führen auf $D \geq 1$, also auf reelle Wurzeln und nichtperiodischen Verlauf der Übergangsfunktion, die eine deutliche Verzugszeit T_u zeigt (Abb. 12). Bei Gebilden, die aus mehr als zwei in Reihe geschalteten RC-Gliedern gleicher Art bestehen, also Differentialgleichungen höherer als der II. Ordnung gehorchen, wird T_u immer ausgeprägter, je höher die Ordnungszahl der Differentialgleichung ist. Bei unendlicher Ordnung artet T_u schließlich in eine Totzeit T_t aus, die in Strekken dann auftritt, wenn eine Stellabweichung erst nach Ablauf einer „*Laufzeit*" in der Strecke wirksam zu werden beginnt. Das kann zum Beispiel durch sehr lange Leitungen in der Strecke verursacht sein. Obwohl die Differentialgleichung des T_t-Systems von unendlicher Ordnung ist, hat seine bereits oben angegebene Übertragungsfunktion eine unerwartet einfache Form.

F. Die Stabilität des Regelgeschehens.

In einem besonders einfachen Musterfall sei ein Regelkreis ein T_2-System, dessen Ausgangsgröße die Regelabweichung x und dessen Eingangsgröße die Störabweichung z ist. Dann bestimmt allein der Dämpfungsgrad dieses T_2-Regelkreises, ob seine Übergangsfunktion $x(t)$ schnell genug in den neuen Beharrungswert einläuft, wenn z den Einheitssprung $z = 1$ ausführt (Abb. 12). Der Fall $D < 0$, der als *oszillatorische Instabilität* bezeichnet wird, weil $x(t)$ aufklingende Schwingungen ausführt, und der Fall $D = 0$, der Dauerschwingungen von $x(t)$ veranlaßt (*oszillatorische Stabilitätsgrenze*), scheiden von vornherein als unbrauchbar aus. Ebenfalls als unbrauchbar erscheint aber auch der Fall $D > 1$, weil bei ihm x sich dem neuen Beharrungswert „kriechend" nähert. Der Bestwert von D liegt offenbar vor bei der kürzestmöglichen *Beruhigungszeit*, das ist jene Zeitdauer, nach deren Ablauf $x(t)$ endgültig innerhalb einer vereinbarten Toleranz bleibt. Dieses Optimum liegt im Bereich der *oszillatorischen Stabilität* bei $D \approx 0{,}7$.

Was soeben für die Stabilität eines Regelkreises II. Ordnung erläutert wurde, gilt grundsätzlich auch für Regelkreise höherer Ordnung, deren Differentialgleichungen aber nicht mehr lösbar und deren Übergangsfunktionen daher nicht mehr bestimmbar sind. Hier hilft das *Hurwitz-Kriterium*[1] weiter. Es besagt, daß eine gewöhnliche Differentialgleichung (17) nur dann eine oszillatorisch stabile Übergangsfunktion liefert, wenn in der zugehörigen *homogenen* (rechte Seite von (14a) gleich Null gesetzt!) Differentialgleichung

$$(\cdots + a_2 \cdot s^2 + a_1 \cdot s + a_0) \cdot x_a = 0 \tag{28}$$

oder in der charakteristischen Gleichung

$$\cdots + a_2 \cdot s^2 + a_1 \cdot s + a_0 = 0 \tag{28a}$$

1. zwischen der niedrigsten und der höchsten vorkommenden Potenz von s keine ganzzahlige Potenz fehlt und alle das gleiche Vorzeichen haben und

2. bei einer höheren als der II. Ordnung die Beiwerte a_i außerdem eine bestimmte Ungleichung erfüllen, die zum Beispiel bei der III. Ordnung lautet:

$$a_1 \cdot a_2 - a_0 \cdot a_3 > 0 \tag{29}$$

Wenn aber die linke Seite von (29) nicht größer sondern gleich Null ist, so arbeitet der Regelkreis in der Stabilitätsgrenze und seine Übergangsfunktion $x(t)$ ist eine dem neuen Beharrungswert überlagerte Dauerschwingung (Sinuskurve) entsprechend $D = 0$ in Abb. 12.

Auf die Wurzelortdarstellung nach Abb. 12a angewandt, besagen die *Stabilitätsbedingungen* von Hurwitz, daß die Wurzeln links von der imaginären Achse liegen müssen. Da in den Wurzeln s_1 und s_2 nach Gleichung (25) dieselben Beiwerte D und ω_0 enthalten sind wie in der Differentialgleichung (21), ist einzusehen, daß ihre grafische Darstellung als Grundlage einer Untersuchung von Regelkreisen dienen kann, die als *Wurzelortverfahren* bekannt ist, auf die hier aber nicht eingegangen werden soll.

Das Hurwitz-Kriterium setzt die Kenntnis der homogenen Differentialgleichung des Regelkreises voraus. Bei bekannter Übertragungsfunktion F_R des Reglers und F_S der Strecke wird sie auf folgendem Wege gewonnen: Gilt entsprechend den Gleichungen (6) und (10) für den Regler $y = F_R\,(x - w)$ und für die Strecke $x = F_S\,(-y + z)$ so folgt durch Einsetzen der ersten in die zweite Gleichung:

$$x\,(1 + F_R \cdot F_S) = F_S \cdot z + F_R \cdot F_S \cdot w$$

Das ist die *gewöhnliche* Differentialgleichung des Regelkreises in der Operatorenschreibweise entsprechend (17a). Daraus entsteht die zugehörige *homogene* Differentialgleichung, wenn entsprechend (28) die rechte Seite zu Null, also

$$1 + F_R \cdot F_S = 0 \tag{30}$$

gesetzt wird. Das und die Anwendung des Hurwitz-Kriteriums sei am folgenden wichtigen Beispiel gezeigt.

Beispiel: Eine Regelstrecke mit I-Verhalten ($F_S = K_S/s$) soll mit einem Regler ausgerüstet werden, der ebenfalls I-Verhalten ($F_R = K_R/s$) hat. Nach (30) folgt:

$$1 + K_R \cdot K_S/s^2 = 0$$

---

[1] Hurwitz, A.: Mathematische Annalen, Bd. 46 (1895), S. 273—284.

und daraus $s^2 + K_R \cdot K_S = 0$. Darin ist s^2 die höchste und $s^0 = 1$ die niedrigste vorkommende Potenz von s. Zwischen beiden fehlt die Potenz $s^1 = s$. Der Regelkreis ist also schon nach der I. Hurwitz-Bedingung instabil. Da auch eine Änderung der Beiwerte K_R und K_S nichts daran zu ändern vermag, spricht man hier von *struktureller* Instabilität. Man merke, daß ein Regelkreis aus *I-Strecke mit I-Regler strukturinstabil* ist. Die Regelstrecke nach Abb. 3a dürfte also nie mit einem I-Regler ausgerüstet werden.

Die mit einem P-Regler ($F_R = K_R$) versehene I-Strecke liefert einen stabilen Regelkreis, weil in $1 + K_R \cdot K_S/s = 0$ oder in $s + K_R \cdot K_S = 0$ zwischen der höchsten Potenz $s^1 = s$ und der niedrigsten Potenz $s^0 = 1$ keine Potenz fehlt und alle Potenzen das gleiche (positive) Vorzeichen haben.

G. Übertragungsfunktion und Frequenzgang.

Übergangsfunktionen sind unmittelbar anschaulich, weil sie die Reaktion $x_a(t)$ eines Systems auf eine bestimmte Ursache, den Einheitssprung seiner Eingangsgröße $x_e = 1$, direkt als Kurve zeigen. Oft werden sie durch eine Messung gewonnen. Sie auf mathematischem Wege zu finden ist für Systeme höherer Ordnung — das sind die Regelkreise meist — ungangbar umständlich oder gar unmöglich. Darum scheiden Differentialgleichungen als allgemeines Mittel zur Lösung regeltechnischer Aufgaben grundsätzlich aus.

Selbst bei sehr komplizierten Systemen einfach zu bestimmen und leicht zu handhaben sind die durch Messung nicht zu gewinnenden *Übertragungsfunktionen* $F(s)$, die aber völlig unanschaulich sind. Das liegt vor allem daran, daß der mit der Wurzel der charakteristischen Gleichung identische Differentialoperator s, wie die Gleichungen (24) und (25) für ein System II. Ordnung zeigten, offenbar eine „komplexe" Frequenz darstellt.

Wird in $F(s)$ das komplexe s durch die „imaginäre" Frequenz:

$$p = j\,\omega \tag{31}$$

ersetzt $\left(\text{mit } j = \sqrt{-1}\right)$, so entsteht aus $F(s)$ der *Frequenzgang* $F(j\omega)$ oder $F(p)$. Damit geht der oben eingeführte Lösungsansatz e^{st} in $e^{j\omega t}$ über. Das bedeutet aber nach dem Satz von EULER:

$$e^{j\omega t} = \cos\omega t + j \cdot \sin\omega t \tag{32}$$

eine Sinuskurve der Kreisfrequenz ω, wenn man (32) in der folgenden Weise liest:

$$\sin\omega t = \textit{imaginärer Anteil von } e^{j\omega t} \tag{32a}$$

Das außer dem imaginären $\sin\omega t$ in $e^{j\omega t}$ mitgeschleppte reelle $\cos\omega t$ erleichtert die Rechnung ungemein ohne ihr Ergebnis — das ist der imaginäre Anteil der Lösung — zu beeinflussen.

Abb. 13 zeigt an zwei Beispielen, wie es der Satz (32) ermöglicht, Sinuskurven als rotierend zu denkende *Zeiger* in der Gaußschen Zahlenebene zu zeichnen, ein Verfahren, das in der Elektrotechnik allgemein üblich ist. Das umständliche Rechnen mit Sinusfunktionen wird so auf das einfache Rechnen mit Zeigern zurückgeführt. Der als Resultat der Rechnung anfallende Zeiger bedeutet dann seinerseits wieder eine Sinusfunktion. Die Sinusfunktion $\sin\omega t$ in (32) ist die imaginäre Komponente des mit der *Winkelgeschwindigkeit* ω rotierend zu denkenden Zeigers $e^{j\omega t}$. Lineare Systeme, die hier stets vorausgesetzt werden, liefern zur sinusförmigen Eingangsgröße:

$$x_e = x_{e0} \cdot \sin\omega t \quad \text{oder} \quad x_e = x_{e0} \cdot e^{j\omega t}$$

die um einen *Phasenwinkel* α verschobene sinusförmige Ausgangsgröße x_a der gleichen Frequenz ω aber anderer *Amplitude* x_{a0} (statt x_{e0}):

$$x_a = x_{a0} \cdot \sin(\omega t + \alpha) \quad \text{oder} \quad x_a = x_{a0} \cdot e^{j(\omega t + \alpha)} = x_{a0} \cdot e^{j\alpha} \cdot e^{j\omega t}$$

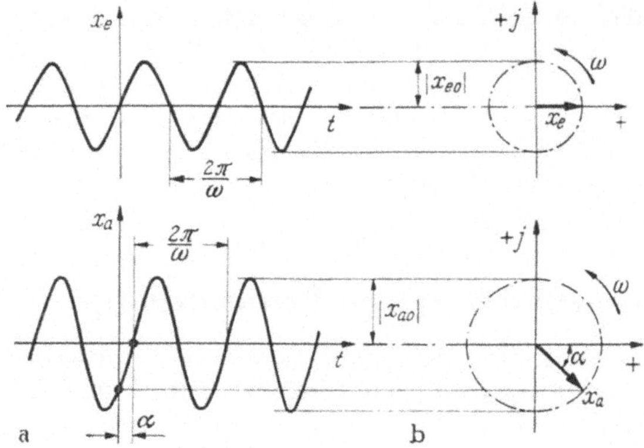

Abb. 13a u. b. Darstellung von Sinusfunktionen.

a) als Kurven (Sinuskurven),
b) als Zeiger in der Gaußschen Zahlenebene.

Der aus den Sinusfunktionen x_e und x_a gebildete *Frequenzgang*

$$F(p) = \frac{x_a}{x_e} = \frac{x_{a0} \cdot e^{j\alpha}}{x_{e0}} = |F| \cdot e^{j\alpha} = a + jb \tag{33}$$

ist ein in der Gaußschen Zahlenebene darstellbarer Operator, der das Verhältnis der Amplituden $x_{a0} \cdot e^{j\alpha}$ und x_{e0} angibt und entweder durch seine *Komponenten a* und *b* oder durch seinen *Betrag*

$$|F| = \sqrt{a^2 + b^2}$$

und seinen Phasenwinkel α nach

$$\tan\alpha = b/a$$

festliegt (Abb. 14). Der Frequenzgang kennzeichnet die Stabilitätsgrenze ($D = 0$ in Abb. 12), von der sich der Regelkreis durch ausreichend zu vergrößernde Dämpfung genügend weit entfernt zu halten hat, um einen stabilen Verlauf der Übergangsfunktion zu sichern.

Weil Verwechslungen ausgeschlossen sind, kann — wie es im folgenden geschieht — sowohl der Frequenzgang $F(j\omega) = F(p)$ als auch die Übertragungsfunktion $F(s)$ als F geschrieben werden. Am einfachsten wird der Frequenzgang — wenn er nicht direkt gemessen wird — dadurch gewonnen, daß in der Übertragungsfunktion das s durch $p = j\omega$ ersetzt wird. Manchmal ist es bequemer, zunächst den *inversen* Frequenzgang $1/F$ zu bestimmen.

Abb. 14. Frequenzgangstrahlen in der Gaußschen Zahlenebene. F und $1/F$ sind zueinander invers.

Aus ihm gewinnt man dann F, indem der Reziprokwert von $|1/F|$ gebildet wird und der zu $1/F$ gehörende Phasenwinkel das entgegengesetzte Vorzeichen erhält (Abb. 14).

Übertragungsfunktionen und Frequenzgänge lassen sich auf einfache Weise zusammensetzen (Synthese) oder zerlegen (Analyse). Dabei kommt man selbst bei komplizierten Regelkreisen meist mit den sechs Grundsystemen der Tafel (20) und den folgenden drei Rechenregeln aus.

Bei zwei Systemen (Abb. 15) mit F_1 und F_2 gilt:
für die *Reihenschaltung* $x_a = F_1 \cdot F_2 \cdot x_e = F \cdot x_e$ also

$$F = F_1 \cdot F_2 \tag{34}$$

für die *Parallelschaltung* $x_a = F_1 \cdot x_e + F_2 \cdot x_e = F \cdot x_e$ also

$$F = F_1 + F_2 \tag{35}$$

und für die *Rückführschaltung* oder *Kreisschaltung:* $x_a = F_1 (x_e - x_r)$ und $x_r = F_2 \cdot x_a$ und so $x_a = F_1 \cdot x_e - F_1 \cdot F_2 \cdot x_a$ oder $x_a (1 + F_1 \cdot F_2) = F_1 \cdot x_e$ also

$$F = \frac{F_1}{1 + F_1 \cdot F_2} = \frac{1}{1/F_1 + F_2} \tag{36}$$

und bei $F_1 \to \infty$:

$$F \approx 1/F_2 \tag{36a}$$

Man beachte, daß der Nenner von (36) mit der linken Seite der homogenen Differentialgleichung (30) identisch ist, wenn $F_1 F_2 = F_R F_S$ ist.

Es ist üblich und besonders nützlich, die Gleichungen $F(s)$ und $F(p)$ der Übertragungsfunktionen und Frequenzgänge so zu ordnen, daß — soweit das mög-

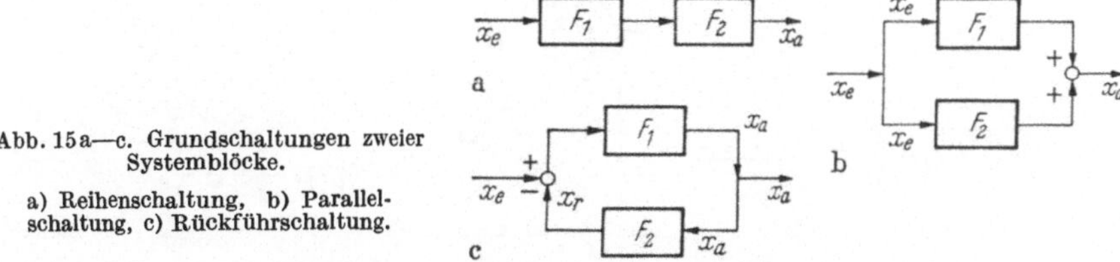

Abb. 15a—c. Grundschaltungen zweier Systemblöcke.

a) Reihenschaltung, b) Parallelschaltung, c) Rückführschaltung.

lich ist — alle Konstanten zu einem Faktor vereinigt werden, der vor einem nur noch von s oder p abhängigen Ausdruck steht. Das ist in den folgenden Abschnitten grundsätzlich geschehen. In die Blöcke der Abbildungen ist stets der Frequenzgang $F(p)$ eingetragen. Wird in $F(p)$ das p durch das s ersetzt, so entsteht die allgemeinere Übertragungsfunktion $F(s)$, die statt $F(p)$ ebensowohl in die Blöcke hätte eingetragen werden können. Im folgenden Text wird mit den Übertragungsfunktionen $F(s)$ gearbeitet.

Man beachte, daß im Frequenzgang x_e und x_a Sinusfunktionen der Kreisfrequenz ω bedeuten und daß p der imaginäre Ausdruck $j\omega$ ist. Mit der imaginären Einheit $j = \sqrt{-1}$ folgt $1/p = 1/j\omega = -j/\omega$, $p^2 = -\omega^2$, $p^3 = -j\omega^3$, usw.

H. Regelstrecken.

Die Ermittlung von F_S ist eine Angelegenheit der physikalisch-technischen Deutung des Aufbaues der gegebenen Strecke (vgl. Abb. 9 und 10). Dazu zerlegt man die Strecke gedanklich in ihre Grundsysteme, die man dann zu einem Signalflußplan zusammenfügt. Die größte Hilfe wird dabei die Erfahrung leisten.

Die Grundsysteme der Regelstrecken sind P- und I-Systeme, mit denen T_1-, T_2- und T_t-Systeme in Reihe liegen. Viele Strecken sind *PT_1-Systeme.* Sie bestehen aus der Reihenschaltung eines P- und eines T_1-Systems (Abb. 16a). Ihre Übertragungsfunktion lautet

$$F_S = K_S \cdot \frac{1}{T_1 s + 1}$$

Häufig sind in einer Strecke mehrere PT$_1$-Systeme in Reihe geschaltet. Solche Strecken zeigen eine Verzugszeit, die einer Totzeit um so ähnlicher wird, je mehr Systeme in Reihe liegen. Für die Reihenschaltung von zwei PT$_1$-Systemen (Abb. 16b) gilt

$$F_S = K_S \cdot \frac{1}{T_2^2 s^2 + T_1 s + 1}$$

2*

Das ist die Übertragungsfunktion eines PT_2-*Systems* mit

$$K_S = K_a \cdot K_b \qquad T_2^2 = T_a \cdot T_b \qquad T_1 = T_a + T_b$$

wenn die Indizes a und b auf das eine und das andere PT_1-System hinweisen. Sind beide Energiespeicher der Strecke von der gleichen Art, so kann der Dämpfungsgrad dieser Strecke nach Gleichung (23)

$$D = \frac{1}{2}\left(\sqrt{T_a/T_b} + \sqrt{T_b/T_a}\right)$$

nicht kleiner als 1 werden, so daß die zugehörige Übergangsfunktion aperiodischen Verlauf nach Abb. 12 ($D \geq 1$) zeigt. In Abb. 16b ist die Verzugszeit durch das Formelzeichen T_2 gekennzeichnet.

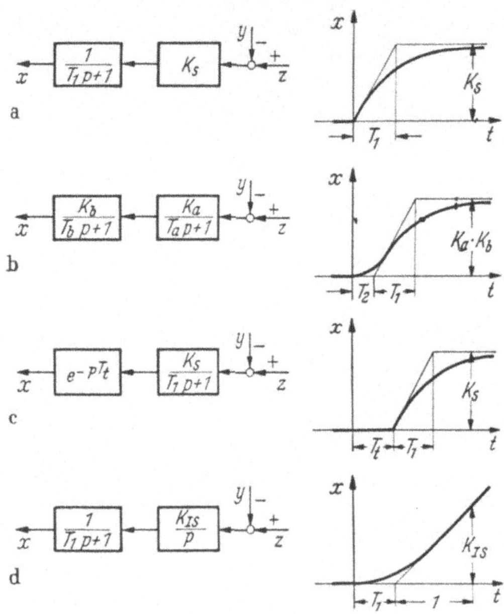

Abb. 16a—d. Blockschaltpläne und Übergangsfunktionen von Regelstrecken.

a) PT_1-Strecke, b) PT_2-Strecke, c) PT_1T_t-Strecke, d) IT_1-Strecke.

Ist eine Strecke von höherer als der II. Ordnung, so genügt es oft, die Verzugszeit als Totzeit anzusehen und die Strecke als PT_1T_t-*Strecke* (Abb. 16c) mit der Übertragungsfunktion

$$F_S = K_S \cdot \frac{1}{T_1 s + 1} \cdot e^{-s\,T_t}$$

zu betrachten. Eine bessere Näherung ist das PT_2T_t-System mit:

$$F_S = K_S \cdot \frac{1}{T_2^2 s^2 + T_1 s + 1} \cdot e^{-s\,T_t}$$

Es kommen auch IT_1-*Strecken* vor (Abb. 16d) mit:

$$F_S = \frac{K_S}{s} \cdot \frac{1}{T_1 s + 1}$$

die manchmal noch ein T_t-System enthalten.

Strecken mit P-Verhalten (Abb. 3b) sind Strecken *mit Ausgleich*, solche mit I-Verhalten (Abb. 3a) Strecken *ohne Ausgleich*. Enthält eine Strecke auch T_1- oder T_2-Systeme oder gar ein T_t-System, so wird den genannten Bezeichnungen noch der Zusatz *mit Trägheit* oder *mit Totzeit* hinzugefügt.

Beispiel. Ein Regelkreis bestehe aus einer PT$_2$-Strecke mit

$$F_S = K_S \cdot \frac{1}{T_2{}^2 s^2 + T_1 s + 1}$$

und einem I-Regler mit $F_R = K_R/s$. Nach Gleichung (30) folgt:

$$T_2^2 s^3 + T_1 s^2 + s + K_R \cdot K_S = 0.$$

Die erste Hurwitz-Bedingung ist erfüllt, die zweite dann, wenn nach (29)

$$1 \cdot T_1 - K_R \cdot K_S \cdot T_2{}^2 > 0 \quad \text{also:} \quad K_R < \frac{T_1}{K_S \cdot T_2{}^2} \text{ ist.}$$

Unter dieser Bedingung ist der Regelkreis stabil und seine Übergangsfunktion nimmt einen Verlauf nach Abb. 12 $D < 1$. Für den Stabilitätsrand $(D = 0$ in Abb. 12) folgt mit $s = p = j\omega$:

$$-j\, T_2^2\, \omega^3 - T_1\, \omega^2 + j\, \omega + K_R \cdot K_S = 0$$

Diese Gleichung ist nur dann erfüllt, wenn ihr imaginärer (I) und ihr reeller Bestandteil (II) Null sind, also wenn:

$$-T_2^2\, \omega^3 + \omega = 0 \quad \text{(I)} \qquad\qquad -T_1\, \omega^2 + K_R \cdot K_S = 0 \quad \text{(II)}$$

ist. Gleichung (I) liefert $\omega^2 = 1/T_2^2$ oder $\omega = 1/T_2$.

Die Periodendauer $T = 2\pi/\omega = 2\pi\, T_2$ der Sinuskurve nach Abb. 12 $(D = 0)$ wird später als *kritische Periodendauer* T_k bezeichnet werden. Mit $\omega^2 = 1/T_2^2$ liefert (II): $-T_1/T_2^2 + K_R \cdot K_S = 0$ oder: $K_R = T_1/(T_2^2 \cdot K_S)$. Dieser *kritische Beiwert* des Reglers muß unterschritten werden, wenn der Regelkreis stabil sein soll.

J. Regler.

Einfache Regler sind die mit Proportionalverhalten (*P-Regler*) und die mit Integralverhalten (I-Regler), die schon im Abschnitt C erwähnt wurden. Durch entsprechende Parallelschaltung werden daraus die kombinierten Regler: die *PI-Regler* und, wenn auch ein D-System hinzugenommen wird, die *PD-Regler* und die *PID-Regler*.

Das unterschiedliche Verhalten dieser Reglertypen zeigt Abb. 17 besonders anschaulich in einem praktischen Vergleich. Die dargestellte vorübergehende Regelabweichung $x(t)$ wird in dieser oder einer ähnlichen Form immer wieder auftreten, wenn zum Beispiel eine Störabweichung entsteht und wieder verschwindet. Jedes der oben genannten Reglersysteme bekämpft die entstandene Regelabweichung, indem es mit einer Stellabweichung $y(t)$ in die Strecke eingreift, die seiner Art eigentümlich und durch seine Differentialgleichung beschrieben ist.

Der P-Regler bemißt seinen Eingriff nach dem Momentanwert der Regelabweichung. Ist diese verschwunden, so hört auch sein Eingreifen auf. Anders beim I-Regler, der seinen Eingriff solange weiter verstärkt, als die Regelabweichung andauert. Ist diese zu Null geworden, so hat er gerade den Größtwert seines Eingreifens erreicht, das von nun an solange unverändert anhält, als $x = 0$ bleibt. Jedenfalls ergreifen sowohl der P- als auch der I-Regler eindeutige Maßnahmen in der Bekämpfung der Regelabweichung. Ganz im Gegensatz dazu würde das Wirken eines D-Systems ablaufen, das sein anfängliches wirksames Eingreifen durch seinen späteren Eingriff im entgegengesetzten Sinne schließlich selbst wieder aufhebt. Als selbständiger Regler wäre das D-System also sinnlos. Seine Bedeutung liegt in der Kombination mit einem P- oder PI-System. Dabei verschiebt

es das Eingreifen des kombinierten Reglers zu einem früheren Zeitpunkt hin, wo
der Eingriff gewiß wirkungsvoller ist, weil er hier die Regelabweichung bereits
im Entstehen bekämpft. Besonders deutlich zeigt sich das Verhalten der Einzel-
systeme beim PID-Regler, wenn man diesen mit dem P-Regler vergleicht: Der
D-Anteil fügt dem Eingriff des P-Anteils einen *vorhaltenden* und der I-Anteil
einen *nachhaltenden* zusätzlichen Eingriff bei (Flächen D und I in Abb. 17). Die

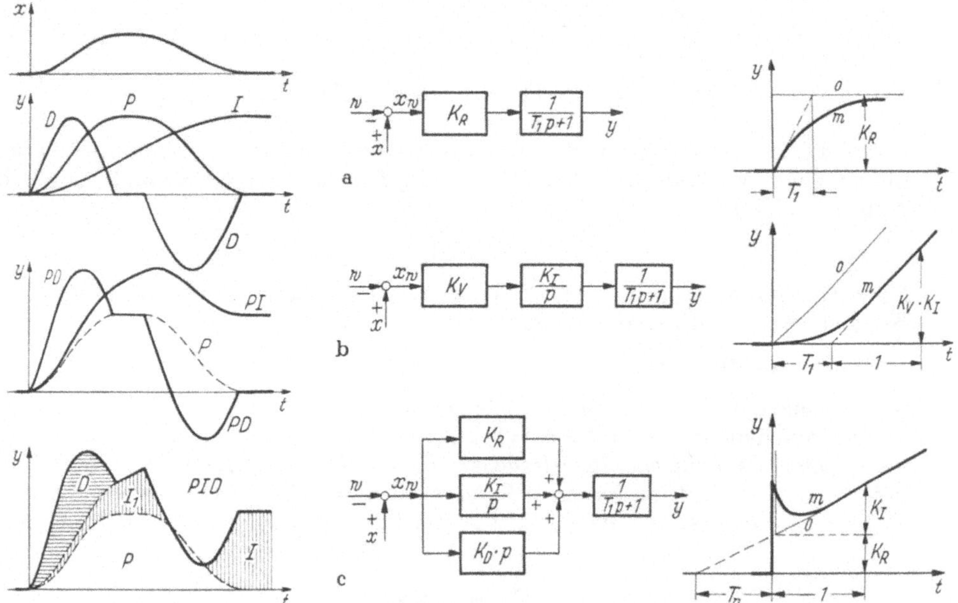

Abb. 17. Verhalten der verschiedenen
Reglertypen. Antworten $y(t)$ auf ein
und denselben Eingang $x(t)$.

Abb. 18a—c. Blockschaltpläne und Übergangsfunktionen direkter Regler.
a) *P*-Regler, b) *I*-Regler, c) *PID*-Regler. o = ohne Trägheit, m = mit
Trägheit I. Ordnung.

ebenfalls vom I-Anteil stammende Fläche I_1 ist nicht typisch für ihn, weil sie
ebensowohl durch eine Vergrößerung des P-Einflusses hätte bewirkt werden
können.

Wie im Abschnitt H für die verschiedenen Regelstrecken so werden im folgen-
den für die verschiedenen Reglertypen die Übertragungsfunktionen abgeleitet.
Der *P-Regler* (Abb. 18a) hat die Übertragungsfunktion $F_R = K_R$ oder, wenn er
Trägheit hat

$$F_R = K_R \cdot \frac{1}{T_1 s + 1}$$

Der Regler der Abb. 3a ist von dieser Art.

Ein Stellmotor zur Betätigung des Stellgliedes ist ein I-System ($F_M = K_I/s$),
wenn die von ihm eingestellte Stellabweichung y das Integral seiner Eingangsgröße ist — und das ist regelmäßig der Fall — die ihm vom Regler (*Regelverstärker*)
geliefert wird (Abb. 18b). Hat der Regelverstärker P-Verhalten ($F_V = K_V$), so hat
die *Regeleinrichtung* (Regelverstärker + Stellmotor) dennoch *I-Verhalten* und
es gilt

$$F_R = F_V \cdot F_M = K_V \cdot K_I/s$$

oder, wenn Trägheit I. Ordnung vorhanden ist,

$$F_R = K_V \cdot \frac{K_I}{s} \cdot \frac{1}{T_1 s + 1}$$

Danach scheint es, als ob es nicht gelänge, eine Regeleinrichtung mit P-Verhalten aufzubauen, wenn das Stellglied von einem Stellmotor betätigt wird.

Die Parallelschaltung eines P-, eines I- und eines D-Systems (Abb. 18c) ist ein *PID-Regler* mit der Übertragungsfunktion

$$F_R = \frac{K_I}{s} + K_R + K_D \cdot s$$

Daraus entsteht mit der „*Nachstellzeit*"

$$T_n = K_R/K_I \tag{37}$$

und der „*Vorhaltzeit*"

$$T_v = K_D/K_R \tag{38}$$

die übliche Schreibweise

$$F_R = K_R \left(\frac{1}{T_n s} + 1 + T_v \cdot s \right) \tag{39}$$

Bei Trägheit I. Ordnung muß auch (39) noch mit $1/(T_1 s + 1)$ multipliziert werden.

Eine andere, typisch regeltechnische Art, Regler aufzubauen, ist die Anwendung einer *Rückführung* in der Rückführschaltung (Abb. 15c) mit einem Regelverstärker mit möglichst großem Verstärkungsfaktor ($K_V \to \infty$), der dann durch den eingezeichneten Pfeil → symbolisiert wird.

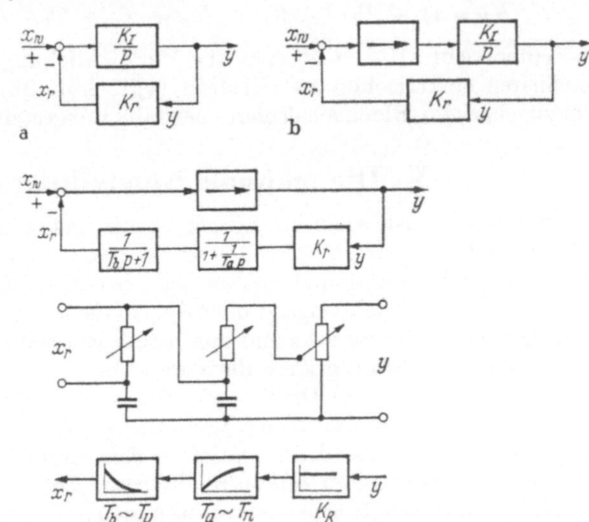

Abb. 19a—c. Blockschaltpläne von Reglern mit Rückführung.

a) PT_1-Regler, b) P-Regler, c) PID-Regler und Rückführschaltung aus elektrischen RC-Gliedern.

Wird einem I-Regler eine „*starre Rückführung*" — das ist ein P-System mit $F_r = K_r$ — zugeschaltet (Abb. 19a), so entsteht für diese Schaltung nach Gleichung (36) die Übertragungsfunktion

$$F_R = \frac{1}{s/K_I + K_r}$$

oder, wenn $1/K_r = K_R$ und $1/(K_I \cdot K_r) = T_1$ gesetzt wird, die Übertragungsfunktion eines PT_1-*Reglers*

$$F_R = K_R \cdot \frac{1}{T_1 s + 1}$$

Einer Regeleinrichtung, der durch den Stellmotor I-Verhalten aufgedrückt wurde (vgl. Abb. 18b), kann durch eine starre Rückführung wieder *P-Verhalten* gegeben werden.

Schaltet man zu einem I-Regler einen Regelverstärker mit $K_V \to \infty$ in Reihe (Abb. 19b), so gilt für diese Reihenschaltung die Übertragungsfunktion $K_V \cdot K_I/s = \infty$. Ordnet man dann dazu eine starre Rückführung K_r an, so gilt nach Gleichung (36a) für die ganze Schaltung: $F_R = 1/K_r$. Das ist aber ein trägheitsloser *P-Regler*.

Eine Rückführung, die aus der Reihenschaltung eines *starren* Rückführgliedes K_r, eines *nachgebenden* Rückführgliedes $1/(1 + 1/T_a s)$ und eines *verzögerten* Rückführgliedes $1/(T_b s + 1)$ besteht, hat die Übertragungsfunktion:

$$F_r = K_r \cdot \frac{T_a s}{T_a s + 1} \cdot \frac{1}{T_b s + 1} \cdot$$

$$= K_r \cdot T_a \cdot \frac{s}{T_a T_b s^2 + (T_a + T_b) s + 1}$$

$$= \frac{K_r \cdot T_a}{T_a + T_b} \cdot \frac{1}{\dfrac{T_a \cdot T_b}{T_a + T_b} \cdot s + 1 + \dfrac{1}{(T_a + T_b) s}}$$

Wird dieser Rückführung ein Verstärker mit $K_V \to \infty$ zugeordnet (Abb. 19c), so ist nach Gleichung (36a) die Übertragungsfunktion der ganzen Anordnung die eines *PID-Reglers* nach Gleichung (39), wenn

$$K_R = (1 + T_b/T_a) \cdot K_r \qquad T_n = T_a + T_b \qquad T_v = T_a \cdot T_b/(T_a + T_b)$$

bedeuten. Abb. 19c zeigt auch die Verwirklichung dieser Rückführung mit einstellbaren elektrischen RC-Gliedern (vgl. Abb. 9b), deren Übergangsfunktionen im zugehörigen Blockschaltplan ebenfalls dargestellt sind.

K. Die optimale Einstellung des Reglers.

Ein Regler ist an seine Strecke günstigst angepaßt, wenn er entstandene Regelabweichungen so schnell und so genau wie notwendig wieder beseitigt. Was „schnell, genau und notwendig" bedeutet und ob das Verschwinden der Regelabweichung schwingend oder aperiodisch vor sich gehen soll, hängt von den Gegebenheiten der Strecke und von ihrem Betriebszweck, oft aber noch mehr von der Wunschvorstellung ihres Betreuers ab.

Viele Regler haben Drehknöpfe mit Skalen zur Einstellung der gewünschten Reglerdaten, die meist in der Reihenfolge T_v, $X_P = Y_h/K_R$ (vgl. Abschnitt D) und T_n angebracht sind. Die optimale Einstellung dieser Regler-Kenndaten wird oft nach den folgenden *Einstellregeln von Ziegler-Nichols*[1] durchgeführt, die den fertig geschalteten Regelkreis voraussetzen:

1. T_v wird auf 0 und T_n auf ∞ gestellt, so daß der Regler nach Gleichung (39) als P-Regler arbeitet.

2. Dann wird der P-Bereich (X_P) des Reglers soweit verkleinert, bis bei einem bestimmten kritischen Wert X_{Pk} der Regelkreis in der Stabilitätsgrenze arbeitet, also die Regelabweichung — und die Stellabweichung — sinusförmige Dauerschwingungen konstanter Amplitude ausführen, deren Periodendauer, die kritische Periodendauer T_k, bestimmt wird.

3. Aus X_{Pk} und T_k werden die Optimalwerte von X_P, T_v und T_n errechnet und am Regler eingestellt und zwar bei einem

P-Regler: $\quad X_P = 2 \cdot X_{Pk}$
PI-Regler: $\quad X_P = 2{,}2 \cdot X_{Pk}, \quad T_n = 0{,}85 \cdot T_k$
PID-Regler: $X_P = 1{,}7 \cdot X_{Pk}, \quad T_n = 0{,}5 \cdot T_k, \quad T_v = 0{,}12 \cdot T_k$

---

[1] Ziegler, J. G. u. N. B. Nichols: Transactions Americ. Soc. Mech. Engrs. 1942.

Dieses Einstellverfahren setzt voraus, daß vorher der geeignete Regler ausgewählt wurde. Dazu sind *Faustformeln*[1] nützlich, die von der gemessenen Übergangsfunktion der Strecke ausgehen:

Zur gemessenen Übergangsfunktion wird die Näherung nach Abb. 16c gewonnen und daraus die Strecken-Kenndaten K_S, T_1 und T_t bestimmt. Die günstigsten Reglerdaten K_R, T_n und T_v folgen mit den nachstehenden Zahlenangaben:

Regler	$K_R \cdot K_S \cdot T_t/T_1$	T_n/T_t	T_v/T_t	
P	0,7	—	—	(40)
PI	0,7	2,3	—	
PID	1,2	2	0,4	

Die Zahlenwerte gelten für das Störverhalten, wenn also Störabweichungen möglichst schnell ausgeglichen werden sollen. Etwa $^1/_5$ kleinere K_R-Werte und $T_n/T_S = 1$ bzw. 1,35 sind für das Führungsverhalten zu wählen, wenn also die Regelgröße der Führungsgröße möglichst rasch folgen soll. In beiden Fällen ist dann eine Übergangsfunktion zu erwarten, deren erste Überschwingung etwa 20% beträgt und deren Beruhigungszeit so kurz wie möglich ist.

Bei der Auswahl des geeigneten Reglers sind die folgenden allgemeinen Hinweise zu beachten:

1. Bei Strecken ohne Ausgleich (I, IT_1, . . .) sind I-Regler grundsätzlich unbrauchbar (vgl. Abschn. F).

2. P-Regler bewirken eine bleibende P-Abweichung, also eine fehlerhafte Regelung. I-, PI- und PID-Regler kennen keine bleibende P-Abweichung.

3. Je träger eine Strecke ist (T_1, T_2, . . . T_t), um so mehr wirkt sich der PI- oder gar der PID-Regler gegenüber dem P-Regler verbessernd auf das Überschwingen der Regelabweichung und auf die Dauer der Beruhigungszeit aus.

4. Strecken mit Totzeit sind schwierig zu regeln. Die erste Überschwingung und die Dauer der Beruhigungszeit wird verhältnismäßig groß, wenn das Verhältnis T_t/T_1 groß ist.

Beispiel. Für die Strecke des Zahlenbeispiels im Abschnitt D sei nachträglich noch die Übergangsfunktion aufgenommen und daraus $T_t = 0,5$ min, $T_1 = 2,5$ min und das bereits bekannte $K_S = 2$ grd/mm ermittelt worden.

Für einen P-Regler gilt nach Tabelle (40): $K_R \cdot K_S \cdot T_t/T_1 = K_R \cdot 2$ grd/mm · ·0,5 min/2,5 min $= K_R \cdot 0,4$ grd/mm $= 0,7$ also $K_R = 0,7/0,4 = 1,75$ mm/grd.

Im Abschnitt D wurde gefunden, daß K_R wegen der geforderten Regelgenauigkeit (bleibende P-Abweichung) von 0,6 grd einen Wert von 9,5 mm/grd und der Regelfaktor einen Wert von 1/20 haben sollte. Hier aber ist nach Gleichung (12): $R = 1/(1 + 1,75 \cdot 2) = 1/4,5$ und damit die Regelgenauigkeit $0,6 \cdot 20/4,5 = 2,7$ grd, also wesentlich zu schlecht.

Es ist ein PI-Regler zu wählen, der keine bleibende P-Abweichung kennt. Für ihn folgt nach Tabelle (40) dasselbe $K_R = 1,75$ mm/grd und $T_n = 2,3 \cdot T_t = 2,3 \cdot 0,5$ $= 1,15$ min.

Wie Abb. 18c zeigt, ist der durch K_I gegebene I-Anteil eines Reglers um so kleiner, je größer T_n ist. Das bedeutet, daß es dann aber um so länger dauern wird, bis der I-Anteil die bleibende P-Abweichung von 2,7 grd zum Verschwinden gebracht hat. Es kann also notwendig werden, T_n so klein wie möglich zu halten. Das gelingt nach Tabelle (40) mit dem PID-Regler, der nicht nur ein kleineres

---

[1] CHIEN, K. L., J. A. HRONES u. J. B. RESWICK: Transactions Americ. Soc. Mech. Engrs. 1952.

$T_n = 2 \cdot 0{,}5 = 1$ min, also eine schnellere Ausregelung der P-Abweichung erreicht, sondern auch ein größeres $K_R = 1{,}2/0{,}4 = 3$ mm/grd und damit ein günstigeres $R = 1/(1 + 3 \cdot 2) = 1/7$ und eine kleinere P-Abweichung von $0{,}6 \cdot 20/7 = 1{,}7$ grd ermöglicht.

Beim Aufsuchen der Stabilitätsgrenze nach dem Verfahren von Ziegler-Nichols wird die Regelabweichung zu Dauerschwingungen angeregt, die bei manchen Strecken nicht tragbar sind. In solchen Fällen und für grundsätzliche Untersuchungen bildet man an einem Analogrechner das Verhalten der tatsächlichen Strecke nach und kann dann an diesem *Simulator* den vorgesehenen Regler im Labor optimieren. Wie man bei bekannter Übertragungsfunktion den Stabilitätsrand rechnerisch ermittelt, hat das Beispiel im Abschnitt H gezeigt.

L. Die Darstellung des Frequenzganges im Bodeplan.

Als komplexer Operator (Abschn. G) ist ein Frequenzgang F ein *Strahl* in der Gaußschen Zahlenebene (Abb. 14), der für jedes ω einen bestimmten Betrag $|F|$ und einen bestimmten Phasenwinkel α hat. Der zu F *inverse Frequenzgang* $1/F$ hat den Betrag $1/|F|$ und den Phasenwinkel $-\alpha$. Im *Bodeplan*[1] werden die Beträge $|F|$ und die Phasenwinkel α des Frequenzganges F als Funktionen der Frequenz ω dargestellt, so daß ein *Betragsdiagramm* $|F|(\omega)$ und ein *Phasendiagramm* $\alpha(\omega)$ entsteht, wobei für die $|F|$-Ordinate und die ω-Abszisse eine logarithmische und für die α-Ordinate eine lineare Teilung gewählt wird.

Sieht man vom T_t-System ab, so kommen in den Frequenzgängen außer Konstanten nur Potenzen von p vor wie $p = j\,\omega$, $1/p = -j/\omega$, $p^2 = -\omega^2$, $p^3 = -j\,\omega^3$, deren Beträge gleich ω, $1/\omega$, ω^2, ω^3 und deren Phasenwinkel gleich $+90°$, $-90°$, $+180°$, $+270°$ sind. Ihre Darstellung im Bodeplan zeigt Abb. 20a, wo auch die Konstante $p^0 = 1$ mit dem Betrag 1 und dem Phasenwinkel $0°$ eingetragen ist. Alle dargestellten Linien sind Gerade. Man erkennt, daß die Steigung der Betragslinien und der zugehörige Phasenwinkel im folgenden festen Zusammenhang stehen, so daß zum gegebenen Betragsdiagramm das Phasendiagramm bereits festliegt:

	Steigung	Phasenwinkel
p^0	$\tan 0/1$	$0°$
p^1	$\tan 1/1$	$+90°$
p^2	$\tan 2/1$	$+180°$
p^3	$\tan 3/1$	$+270°$
...	...	...
p^{-1}	$\tan -1/1$	$-90°$

$$(41)$$

An den Beispielen $p^1 = p$ und $p^{-1} = 1/p$ erkennt man ferner, daß bei der Umkehrung des Exponentenvorzeichens aus der Steigung eine gleich große Neigung wird, also der Phasenwinkel sein Vorzeichen umkehrt. p^1 und p^{-1} sind zueinander invers.

Durch Multiplikation mit einer Konstanten K verschiebt sich die Betragslinie parallel zu sich selbst so nach oben oder unten, daß sie die Betragsachse im Punkt K schneidet. Der Phasenwinkel, der nur von der Steigung der Betragslinie abhängt, bleibt dabei natürlich bestehen. In Abb. 20a sind die so gewonnenen

---

[1] Bode, H. W.: Network analysis. New York 1945.

Bodepläne eines *P-Systems* (K), eines *I-Systems* (K/p) und eines *D-Systems* (K·p) ebenfalls eingezeichnet.

Der Betrag des Frequenzganges $1 + T_1\,p$ ist für sehr kleine Frequenzen nahezu 1, also eine Konstante. Bei sehr großen Frequenzen verläuft er, weil dann 1 gegen $T_1\,p$ vernachlässigbar ist, mit der Steigung $\tan 1/1$ (Abb. 20b). Die beiden Asymptoten 1 und $T_1\cdot\omega$ schneiden sich bei der *Eckfrequenz* $\omega_E = 1/T_1$. Die Asymptoten der Phasenwinkel haben unterhalb ω_E den Wert 0° und oberhalb den Wert +90°. Die genauen Kurvenverläufe schmiegen sich den Asymptoten an. Benutzt man

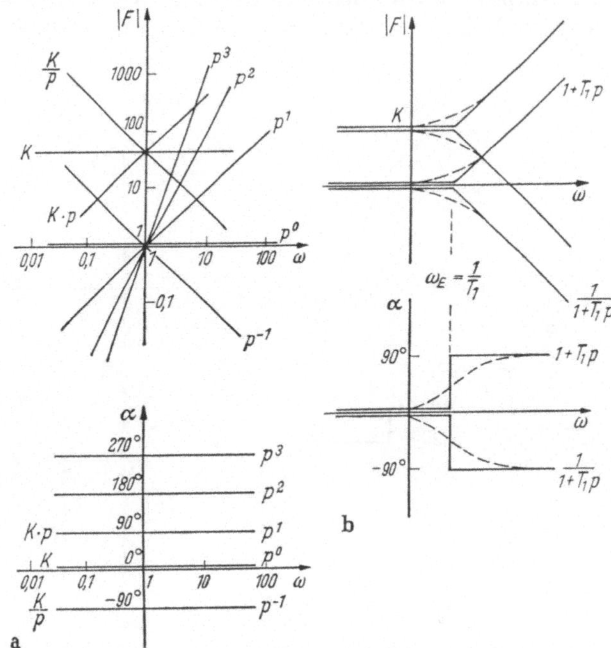

Abb. 20a u. b. Darstellung von Frequenzgängen im Bodeplan.

a) Potenzen von p und *P-*, *I-* und *D*-System, b) *RC*-Systeme, *PD-* und *PT₁*-System.

immer die gleichen Koordinatenmaßstäbe, so empfiehlt es sich, ein immer wieder verwendbares Kurvenlineal der exakten, durch einmalige Rechnung ermittelten Kurven anzufertigen.

Durch Multiplikation mit einer Konstanten K — damit entsteht aus $1 + T_1\,p$ der Frequenzgang $K\,(1 + T_1\,p)$ eines *PD-Reglers* — verschiebt sich die Betragskurve vom Wert 1 in den Wert K ohne damit ihre Form zu ändern (Abb. 20b). Die Phasenkurve bleibt unverändert bestehen.

Durch Invertierung entsteht aus $1 + T_1\,p$ der Frequenzgang $1/(1 + T_1\,p)$ eines *T₁-Systems*. Man findet seinen Bodeplan durch Spiegelung der Betragskurve und der Phasenkurve an der ω-Achse (Abb. 20b). Durch Verschieben der Betragskurve in den Wert K findet man den ebenfalls in Abb. 20b dargestellten Frequenzgang $K/(1 + T_1\,p)$ eines *PT₁-Systems* (vgl. Abb. 16a). Die Phasenkurve bleibt dieselbe wie für $1/(1 + T_1\,p)$.

Der Frequenzgang eines *PT₂-Systems* entstand nach Abb. 16b durch Multiplikation der Frequenzgänge $F_a = K_a/(1 + T_a\,p)$ und $F_b = K_b/(1 + T_b\,p)$. Das bedeutet in der Bode-Plandarstellung, daß die Beträge $|F_a|$ und $|F_b|$ zu multiplizieren und die Phasenwinkel zu addieren sind. Wegen der logarithmischen Teilung der Betragsachse entspricht aber — genauso wie beim Rechenschieber — der Multiplikation der Beträge eine Addition der Abstände von der ω-Achse. Das zeigt Abb. 21a für die Asymptoten von F_a und F_b, die bei den Eckfrequenzen

$1/T_a$ und $1/T_b$ umknicken. Die genauen Kurvenverläufe statt ihrer Asymptoten hätte man erhalten, wenn man die exakten Kurven für F_a und F_b mit Hilfe des erwähnten Kurvenlineals gezeichnet und deren Werte statt der Asymptotenwerte addiert hätte.

Durch Multiplikation der Frequenzgänge $F_a = K/T_1\,p$ und $F_b = 1 + T_1\,p$ entsteht (Abb. 21b) der Frequenzgang $F = K\,(1 + 1/T_1\,p)$ eines *PI-Reglers*. Ähnlich entsteht durch die Multiplikation von $F_a = K\,(1 + 1/T_a\,p)$ und $F_b = 1 + T_b\,p$, wie nach einigen Umrechnungen folgt, der Frequenzgang eines *PID-Reglers* nach Gleichung (39) mit $K_R = K\,(1 + T_b/T_a) \approx K$, $T_n = T_a + T_b \approx T_a$ und $T_v = T_a \cdot T_b/T_n \approx T_b$ (Abb. 21c), wenn $T_a > T_b$ gewählt wird.

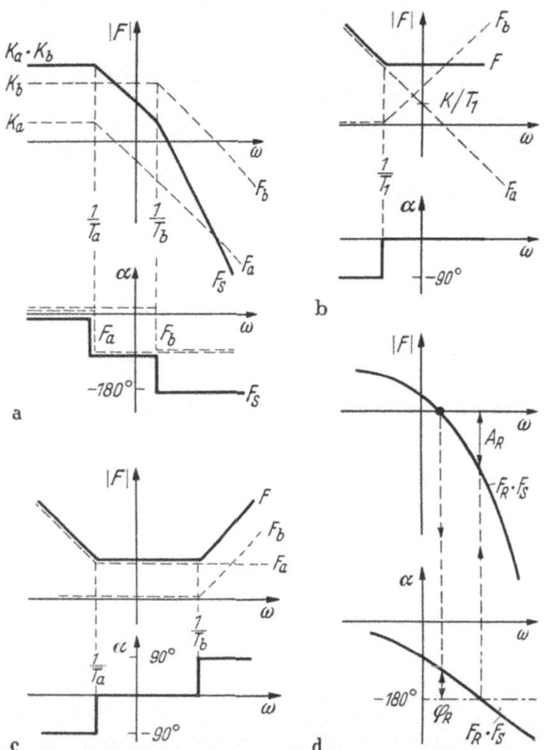

Abb. 21a—d. Bodepläne (Asymptotendarstellung).

a) PT_2-Strecke, b) PI-Regler, c) PID-Regler, d) Regelkreis und Bestimmung von Amplitudenrand und Phasenrand.

In der aufgezeigten Art lassen sich die Bodepläne der Regler- und Strecken-Frequenzgänge F_R und F_S auch in komplizierten Fällen einfach und ohne Rechenaufwand aus ihren Gleichungen gewinnen. Liegen F_R und F_S als Meßergebnisse vor, so entfällt auch diese Mühe. Um die *oszillatorische Stabilität* eines mit F_R und F_S gegebenen Regelkreises zu untersuchen, bildet man den Bodeplan des Produktes $F_R \cdot F_S$. Abb. 21d zeigt ein willkürliches Beispiel. Auf Grund der Gleichung (30) ist der Regelkreis dann stabil, wenn bei der Frequenz, bei der $|F_R F_S| = 1$ ist, der Phasenwinkel kleiner als $-180°$ (*Phasenrand* φ_R) und bei der Frequenz, bei der der Phasenwinkel $-180°$ ist, der Betrag $|F_R F_S| < 1$ (*Amplitudenrand* A_R) ist. Nach einigem Probieren, wobei man die Art des Reglers und seine Kenndaten in geeigneter Weise ändert, findet man den günstigsten Regler und seine optimalen Daten. Aus der Erfahrung ist bekannt, daß A_R und φ_R die Werte der folgenden Tabelle (42) nicht unterschreiten dürfen.

Eine andere Art der zeichnerischen Darstellung eines Frequenzganges ist die *Ortskurve*, die hier nur erwähnt sei. Sie ist der geometrische Ort aller Strahlenendpunkte eines für die Frequenzen von 0 bis ∞ in der Gaußschen Zahlenebene

	A_R	φ_R
Führungsverhalten:	$4 \cdots 10$	$40° \cdots 60°$
Störverhalten:	$1,5 \cdots 3$	$20° \cdots 70°$

$$(42)$$

dargestellten Frequenzganges (vgl. Abb. 14). Die zugehörigen Frequenzwerte werden an die einzelnen Punkte der Ortskurve angeschrieben.

M. Unstetige Regelvorgänge.

Die Regelung mit unstetigen Reglern (vgl. Abb. 5) erfordert, wenn ihre Erklärung einfach sein soll, eine andere Art der Betrachtung, als sie bis hierher bei der stetigen Regelung angewandt wurde.

Die Zweipunktregler kennen nur zwei Stellungen des Stellgliedes, die Stellgrößen $Y = 0$ und $Y = Y_h$. Sie schalten beim Durchgang der Regelgröße X durch

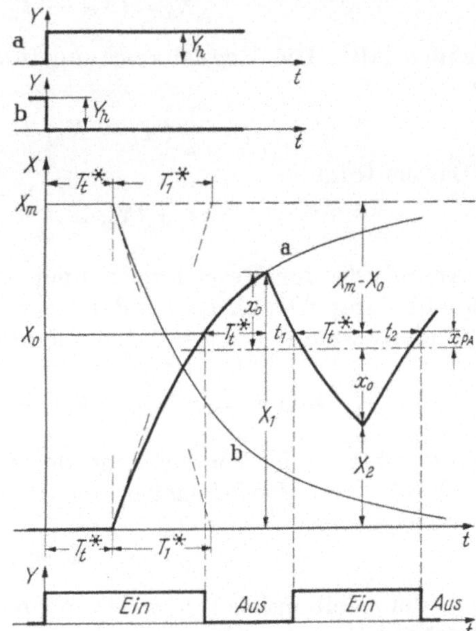

Abb. 22a u. b. Zweipunktregler mit PT_1T_t-Strecke.

a) Einschaltfunktion und b (Ausschaltfunktion mit zugehörigen Sprungfunktionen.

ihren Sollwert X_0 oder X_k von der einen in die andere Stellung um. Statt der für $y = 1$ geltenden Übergangsfunktion braucht man hier die für $Y = Y_h$ geltende *Einschaltfunktion* $X(t)$ und deren Umkehrung, die *Ausschaltfunktion*. Beide werden durch Messung an der gegebenen Strecke gewonnen.

Viele Strecken haben eine Übergangsfunktion der in Abb. 7 dargestellten Form. Ihre Einschaltfunktion wird einen ähnlichen Verlauf zeigen und die Ausschaltfunktion das Spiegelbild der Einschaltfunktion sein. In der Näherung kann man beide Schaltfunktionen nach Abb. 22a und 22b durch die „*Ersatz-Totzeit*" T_t^*, die „*Ersatz-Zeitkonstante*" T_1^* und den *Endwert* X_m kennzeichnen. Sobald X den Sollwert X_0 erreicht hat, schaltet der Regler von $Y = Y_h$ auf $Y = 0$ um. Während der Dauer ihrer Totzeit T_t^* reagiert die Strecke aber nicht auf diesen Schaltvorgang, sondern X steigt während dieser Zeit nach der Einschaltfunktion weiter und erreicht nach T_t^* den Größtwert der Regelabweichung

$$X_1 - X_0 = (X_m - X_0)\,(1 - e^{-T_t^*/T_1^*})$$

der aus der Tatsache folgt, daß die Einschaltfunktion eine Exponentialfunktion mit dem mathematischen Kennzeichen der Konstanz ihrer Subtangente T_1^* ist. Nach Ablauf der Totzeit T_t^* sinkt X nach der Ausschaltfunktion ab und erreicht wieder den Sollwert nach der Zeit t_1, die sich aus

$$X_0 = X_1 \cdot e^{-t_1/T_1^*}$$

errechnen läßt. In diesem Augenblick, also beim Durchlaufen des Sollwertes X_c, schaltet der Regler von $Y = 0$ auf $Y = Y_h$ um. Wiederum reagiert die Strecke erst nach Ablauf ihrer Totzeit T_t^* auf diesen Schaltvorgang und X sinkt solange weiter bis auf den Kleinstwert

$$X_2 = X_0 \cdot e^{-T_t^*/T_1^*}$$

Nach Ablauf der Totzeit steigt X nach der Einschaltfunktion wieder an und erreicht X_0 nach der Zeit t_2, die sich aus

$$X_0 = (X_m - X_2)\,(1 - e^{-t_2/T_1^*})$$

errechnen läßt. Die Regelabweichung führt also *Pendelungen* aus, deren *Amplitude*

$$x_0 = \frac{1}{2}\,(X_1 - X_2) = \frac{X_m}{2} \cdot (1 - e^{-T_t^*/T_1^*})$$

ist. Daraus folgt

$$x_0/X_m = \frac{1}{2} \cdot (1 - e^{-T_t^*/T_1^*}) \tag{43}$$

Die Amplitude der Regelabweichungen x_0 ist also von der Lage des Sollwertes X_0 unabhängig. Der *Mittelwert* der Regelschwingungen liegt nicht beim Sollwert X_0, sondern weicht um die *P-Abweichung*

$$x_{PA} = X_1 - (X_0 + x_0) = \left(\frac{X_m}{2} - X_0\right)(1 - e^{-T_t^*/T_1^*}) \tag{44}$$

von ihm ab. x_{PA} ist von der Lage des Sollwertes abhängig und gleich Null für $X_0 = X_m/2$. Die *Periodendauer* der Regelschwingungen ist $T = 2 \cdot T_t^* + t_1 + t_2$ oder angenähert

$$T \approx 4 \cdot T_t^* \tag{45}$$

Wegen der bleibenden P-Abweichung nach Gleichung (44) sollte möglichst die Sollwertlage $X_0 = X_m/2$ angestrebt werden. Das kann durch eine fest eingestellte Grundgröße von Y erreicht werden, die den Anfangswert von X auf $2 \cdot X_0 - X_m$ anhebt und so aus dem Ein-Aus-Regler einen Stark-Schwach-Regler macht. Meist dient dazu ein im *Bypaß* zum Regelventil liegendes von Hand einstellbares Ventil.

Bei einer Strecke ohne Ausgleich (IT_t), deren Einschaltfunktion mindestens innerhalb des Regelbereiches geradlinig verläuft (Abb. 23), werden die Verhältnisse bedeutend einfacher. Hier ist

$$x_0 = K_I \cdot T_t^* \qquad T = 4 \cdot T_t^* \qquad x_{PA} = 0$$

Die Lage des Sollwertes ist also bedeutungslos.

Ist der unstetige Regler ein Abtastregler (Abb. 5a), so mag es im ungünstigsten Fall geschehen, daß die Abtastung zufällig kurz vor Erreichen des Sollwertes erfolgt. Dann wird die nächste Abtastung erst nach der *Abtastzeit* T_A stattfinden und die Wirkung der Totzeit T_t^* um den Betrag T_A verlängern. Das ist bei der Ermittlung von x_0, x_{PA} und T zu berücksichtigen.

Die Amplitude x_0 der beim Zweipunktregler unvermeidlichen Regelschwingungen läßt sich auf zweierlei Art weitgehend verkleinern:

a) Wird der Meßort für die Regelgröße so nahe wie möglich an das Stellglied herangeschoben, so wird die Totzeit des zwischen Meß- und Stellort verbleibenden Streckenabschnittes kleiner als T_t^* und damit x_0 entsprechend verringert, wenn T_1^* diese Verkleinerung nicht mitmacht. Am neuen Meßort mißt aber der Meß-

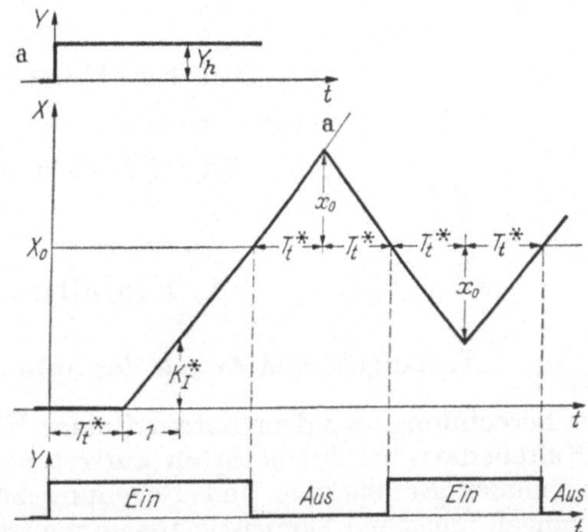

Abb. 23. Zweipunktregler mit IT_t-Strecke.
a Einschaltfunktion und zugehörige Sprungfunktion.

fühler nicht mehr den richtigen Wert der Regelgröße. Deshalb wird dann am „richtigen" Meßort ein zweiter Meßfühler angebracht, dessen Meßwert angezeigt wird. Durch Versuch wird das Verhältnis der angezeigten „richtigen" und der am Regler wirksamen „falschen" Regelgröße bestimmt.

b) Nach Gleichung (36) bestimmt eine Rückführung durch ihr Verhalten um so mehr das Verhalten des mit ihr gebildeten Reglers, je mehr sich die Verstärkung des Regelverstärkers dem Wert ∞ nähert. Der Zweipunkt- und der Dreipunktregler sind aber solche Verstärker, denen eine stetige lineare Rückführung ihren Charakter der Stetigkeit und Linearität aufdrückt.

Durch eine stetige nachgebende Rückführung mit $F_r = 1/(1 + 1/T_1 s)$ entsteht so in Verbindung mit einem unstetigen Zweipunkt- oder Dreipunktverstärker ein *stetig-ähnlicher* PI-Regler mit $F_R \approx K (1 + 1/T_1 s)$. Auf entsprechende Weise sind auch die anderen Reglertypen darstellbar, z. B. mit der verzögerten Rückführung $F_r = 1/(1 + T_1 s)$ der stetig-ähnliche PD-Regler $F_R \approx K(1 + T_1 s)$ und mit der Reihen- oder Gegeneinanderschaltung beider Rückführungsarten der stetig-ähnliche PID-Regler. Diese Art — aus einem Verstärker mit unstetigem Verhalten und der geeigneten stetigen Rückführung — Regler zu bilden ist für die moderne Regeltechnik typisch.

Mechanische Regelgeräte.*

Von

Dipl.-Ing. **H.-R. Hege,**

ALCO-NOBIS Regelgeräte G. m. b. H., Köln-Höhenberg

Mit 111 Abbildungen.

A. Einleitung.

I. Aufgabe und Zweck der automatischen Regelung.

Der Berechnung und dem Entwurf einer Kälteanlage muß immer der maximale Kältebedarf bei den höchsten auftretenden Umgebungstemperaturen und bei maximaler Beschickung und Begehung zugrunde gelegt werden. Da diese Bedingungen meist nur kurzfristig zusammentreffen, sind sowohl die Leistungen der Maschine als auch die Größe der wärmeaustauschenden Flächen für den überwiegenden Teil der Betriebszeit überdimensioniert; ihr Verhältnis zueinander ist durch äußere Einflüsse einer ständigen Änderung unterworfen. Der Zustand eines absolut genauen Gleichgewichtes zwischen Kompressor einerseits und allen anderen Bauteilen der Anlage andererseits, der allein eine Regelung nicht erforderlich machen würde, ist also praktisch nie gegeben.

Aufgabe der Regelung ist es daher, unter möglichst voller Ausnutzung aller Bauteile der Anlage, vor allem der wärmeübertragenden Flächen, den Betriebszustand den gegebenen Bedingungen und jeweiligen Erfordernissen anzupassen.

In den älteren Großkälteanlagen erfolgte die Regelung von Hand während einer meist begrenzten Laufzeit, in der der Gesamt-Kältebedarf für 24 Stunden durch entsprechende Einrichtungen gespeichert wurde. Diese Kältespeicherung setzte der genauen Einhaltung bestimmter Betriebszustände an der Kältebedarfsstelle gewisse Grenzen, außerdem blieb die Verwendung der Kälte durch den Bedarf an gut geschultem Personal auf relativ wenige Großbedarfsfälle beschränkt.

Erst als die Kälteanlage durch die Entwicklung automatischer Regelgeräte von der ständigen Überwachung unabhängig wurde, konnte sie eine weltweite Verbreitung und universelle Anwendung für alle Gebiete der Industrie wie des täglichen Lebens finden. Die automatische Regelung hat es überhaupt erst ermöglicht, kleine und kleinste Anlagen, die mit der heute selbstverständlichen Zuverlässigkeit arbeiten, zu bauen und den immer größer werdenden Anforderungen an die Genauigkeit der Temperaturen und Drücke, wie des Luftzustandes gerecht zu werden. Außerdem war es nur durch die automatische Regelung möglich, die Betriebsweise der Anlagen nach einer Vielzahl von Impulsen zu regeln und damit den verschiedensten Erfordernissen anzupassen.

---

*Literatur S. 123.

Alle in der Anlage vorhandenen Regler spielen daher für den störungsfreien Betrieb und die Wirtschaftlichkeit eine wichtige Rolle. Ihre einwandfreie Funktion und ihre richtige und sorgfältige Auswahl entscheiden über Erfolg oder Mißerfolg der Gesamtanlage.

II. Die Begriffe der Regelung, bezogen auf die Kälteanlage.

Die Regelung der Kälteanlagen hat die Aufgabe, Temperatur, Druck, Überhitzung usw. auf bestimmte Werte (*Sollwerte*) zu bringen. Temperatur, Druck, Überhitzung sind die *Regelgrößen*, die Gegenstand der Regelaufgabe sind. Die Regelgröße wird vom Regler gemessen und dauernd (*stetige Regelung*) oder in Zeitabständen (*stetig-ähnliche Regelung*) mit dem verlangten *Sollwert* verglichen. Besteht eine Differenz, so greift der Regler mit dem ihm eigenen Mittel ein, bis die Abweichung vom Sollwert wieder beseitigt ist. Zu diesem Zweck verändert der Regler die *Stellgröße*, eine physikalische Größe, die über das *Stellglied* auf die Regelgröße einwirkt, und diese erhöht oder vermindert, so z. B. den Ventilhub und damit die Durchflußmenge.

Die *Störgröße* ist Ursache der Differenz zwischen *Sollwert* und *Regelgröße*, ohne sie wäre eine automatische Regelung nicht erforderlich, eine einmalige und unveränderte Einstellung von Hand würde ausreichen, um die Regelgröße auf konstanter Höhe zu halten. Soll in einer Kälteanlage z. B. die Temperatur des verdampften Kältemittels am Austritt aus dem Verdampfer in Abhängigkeit vom Saugdruck während eines Abkühlvorganges laufend verändert werden, so wird also der Sollwert dieser Temperatur vom Saugdruck bestimmt oder geführt, der Saugdruck wird daher in diesem Fall als *Führungsgröße* bezeichnet.

Die zu regelnde Kälteanlage nennt man nach DIN 19226 *Regelstrecke*, die zusammen mit dem Regler selbst und der Regel-, Stell-, Stör- und Führungsgröße den geschlossenen *Regelkreis* bildet [1, 2].

B. Grundelemente der automatischen Regler.

I. Die Wahl zwischen Wellrohr und Membrane.

Ganz zu Unrecht ist bei den automatischen Reglern für die Kältetechnik die Frage „Membrane oder Wellrohr" fast zu einer Art Weltanschauung geworden, über die man bekanntlich streiten kann, selten aber zu einer Einigung kommt.

Während in den USA die Membrane für Regler mit relativ kleinen Verstellwegen eindeutig und auf vielen Gebieten (Regelventile) sogar ausschließlich das Feld beherrscht, ist in Europa die Ansicht bei Herstellern wie Abnehmern durchaus geteilt. Eine Reihe von Firmen stellen daher Modelle sowohl mit Membrane als auch mit Wellrohrbalg her.

Tatsächlich lassen sich jedoch mit beiden Bauelementen, von der Funktion her gesehen, völlig gleiche Ergebnisse erzielen, wenn bei Konstruktion, Herstellung und Verwendung die den Bälgen und Membranen spezifischen Eigenschaften entsprechend berücksichtigt werden.

1. Wellrohre oder Bälge.

Wellrohre werden heute ausschließlich durch hydraulische Verformung hergestellt, die, gegenüber der früher üblichen mechanischen Formgebung durch Rollen, hinsichtlich der Gleichmäßigkeit der Wandstärke, der geringeren Verhärtung und Beanspruchung des Materials und schließlich auch der Herstellungskosten große Vorteile aufweist. Als Material wird in erster Linie Tombak, für höhere Drücke auch 2- und 3 wandig, für Ammoniak nichtrostender Stahl verwendet. Als Vormaterial dienen präzis gezogene Hülsen, die teilweise gleich mit einem Boden von gewünschter Stärke versehen sind. Trotz hoher Präzision der Hülsenabmessungen, genau konstanter Legierung und sorgfältig eingehaltener Glühprozesse zwischen den einzelnen Arbeitsgängen, können in Wellrohren völlig gleicher Abmessung erhebliche Abweichungen der Federkonstante auftreten, die für die Funktion der Regler von Bedeutung sind und daher durch geeignete Auswahl eliminiert werden sollten. Die Federcharakteristik eines Balgs entspricht innerhalb des elastischen Bereichs der Durchfederung, also innerhalb seiner zulässigen Hubgrenze, der einer Spiralfeder, ist also praktisch linear.

Der zulässige Hub in Druckrichtung ist abhängig von Durchmesser, Wellenzahl und Material, seine Festlegung beeinflußt vor allem die Lebensdauer, die um so höher ist, je geringer der Hub pro Welle wird. Ein zu großer Hub bedingt durch die große Formänderung eine zunehmende Verhärtung des Materials, die schließlich zu einem Bruch führt. Es ist daher erforderlich, die Längenänderung konstruktiv so zu begrenzen, daß die Bälge weder durch Über- noch Unterdruck über den elastischen Bereich hinaus verformt werden können. Die mögliche Druckbeanspruchung muß trotzdem in engen Grenzen bleiben, da bei unzulässig hohem Innen- oder Außendruck auch bei einer Längenbegrenzung eine bleibende Verformung der einzelnen Wellen bis zur scharfen Knickung auftreten kann. Als Bauelemente für Flüssigkeitsfüllungen des Steuerteils sind daher Wellrohre im Bau von Reglern nicht geeignet.

Die wirksame Fläche F_w des Balges entspricht angenähert derjenigen mit dem mittleren Durchmesser zwischen Außen- und Innenwellen, sie bleibt praktisch über den Verstellweg konstant.

$$F_w = \frac{\left(\dfrac{D+d}{2}\right)^2 \cdot \pi}{4}$$

2. Membranen.

Als Material finden für Membranen Berylliumkupfer und in zunehmendem Maße rostfreier Stahl, vereinzelt auch noch Tombak Verwendung. Ersteres, in besonderen Verfahren von nur wenigen Herstellern produziert, kann nach der Verarbeitung durch entsprechende mehrstündige Wärmeprozesse auf fast beliebige Härten und Federeigenschaften gebracht werden. Wegen seiner hysteresefreien Verformung und der hohen erreichbaren Hubzahl, wird es beim Bau von Thermostaten in großem Umfang verwendet. Rostfreier Stahl wird besonders als Membranmaterial für Regelventile bevorzugt, da durch seine gute Verschweißbarkeit unter Schutzgas sichere Dichtigkeit erreicht wird. Die Güte des Vormaterials ist nicht allein von der Zusammensetzung, sondern in starkem Maße auch von dem Herstellungsverfahren, der völlig glatten, riefenfreien Oberfläche und vor allem dem Durchbiegungsverhalten und der Wechselbiegefestigkeit abhängig. Seine Beurteilung und weitere Verarbeitung erfordert große Erfahrung und Sorgfalt. Bandmaterial, das nach dem Walzen mit verhältnismäßig kleinen Durchmessern aufgerollt war, behält seine Wölbung nach dem Stanzen und Verformen bei und ist wegen seines Schnappunktes ungeeignet. Es werden sowohl glatte, als auch mit konzentrischen Wellen versehene Membranen verwendet. Eine allgemein gültige oder optimale Form gibt es nicht, es kommt immer darauf an, zwischen Durchmesser, Hub und Arbeitsdruck die richtige Synthese zu finden. Durch sorgfältige Gestaltung und Herstellung wird eine hohe Gleichmäßigkeit und eine hysteresefreie, weiche Durchbiegung erreicht. Entsprechend geformte

Auflage- oder Stützflächen können die Membranen in beiden Bewegungsrichtungen gegen eine Verformung durch Überlastung wirksam schützen, so daß die Membranen trotz geringster Wandstärke gegen Überdrücke praktisch unbegrenzt beständig gemacht werden können.

Die wirksame Fläche und die Federcharakteristik sind bei der Membrane, über den gesamten Bereich der möglichen Durchbiegung gesehen, nicht konstant. Ihre Änderung hängt von Form, Wandstärke, Durchmesser sowie dem genutzten Hub und seiner Stellung zur neutralen Lage ab. Sie werden ferner von dem Ver-

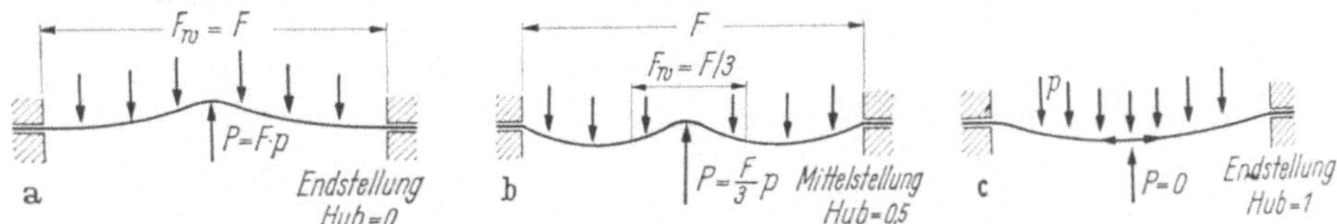

Abb. 24. Membrane in ihren Endstellungen und ihrer Mittelstellung.

hältnis zwischen Steuerdruck und Gegendruck beeinflußt. Es ist aber durchaus möglich, den Arbeitshub der Membrane so zu legen, daß die Durchbiegung mit der Druckbelastung praktisch linear wächst.

Bei der einfachen Membrane mit freier Durchbiegung wird ein großer Teil des auf die Membrane wirkenden Steuerdrucks von dem Rand aufgenommen. Nur bei der Endstellung (Hub = 0), bei der der Membranmittelpunkt soweit entgegen der Druckrichtung verschoben ist, daß die Membranfasern radial in die Einspannebene einlaufen, wird der Steuerdruck auf die ganze Membranfläche wirksam. Der wirksame Anteil der Membranfläche F_w und damit die im Membranmittelpunkt wirksame Verstellkraft P vermindert sich mit dem Hub, um bei der maximalen Durchbiegung (Hub = 1) der Membrane gleich Null zu werden, da in dieser Lage die Kraftkomponenten in der Membranebene liegen. Abb. 24a—c zeigt die Membrane in ihren Endstellungen und in einer Mittelstellung mit Hub = 0,5.

Zur Vermeidung einer zu großen Ungleichförmigkeit sollte also nur ein kleiner Teil des möglichen Hubes ausgenützt werden.

Günstiger werden die Verhältnisse, wenn nicht die gesamte Membranfläche, sondern nur der Rand elastisch ausgebildet wird (Ringmembrane Abb. 25). Die wirksame Membranfläche wird dadurch wesentlich größer und beträgt im Mittel etwa $^2/_3$ der Gesamtfläche, gegenüber etwa $^1/_3$ bei einer Membrane mit freier Durchbiegung, wobei beide Angaben auf einen Hub von 0,5 der maximalen Durchbiegung bezogen sind. Um die durch die Formänderungsarbeit in der Membrane auftretenden Kräfte nicht zu sehr anwachsen zu lassen und damit die Regelung unempfindlich und ungenau zu machen, muß die Fläche des elastischen Randes nach Angaben von Wünsch [3] 20% der Gesamtfläche betragen. Diese auf Membranen aus Gummi oder ähnlichem Material bezogene Angabe gilt nicht für Metallmembranen, bei diesen sollte sie im allgemeinen nicht unter 60% liegen, sie ist jedoch weitgehend von der Formgebung und der Materialstärke abhängig.

Setzt man die im Membranmittelpunkt ausgeübte Verstellkraft bei der Hälfte des Gesamthubes gleich 1, so ergibt sich für die einfache Membrane (Abb. 26) und die Ringmembrane (Abb. 27) die dargestellte Beziehung zwischen Hub einerseits und wirksamer Membranfläche und Verstellkraft andererseits.

Abb. 28 zeigt das Druck-Hub-Diagramm verschiedener Membranen mit unterschiedlichen Kennlinien, von denen (1) einen besonders günstigen Verlauf zeigt, während Membrane (3) einen Schnapp-Punkt hat, also für Regelzwecke völlig ungeeignet ist.

3*

Der mit Sorgfalt gestalteten und gegen Überlastung richtig abgestützten Membrane wird eine mindestens ebenso große Empfindlichkeit wie dem Wellrohr, dagegen eine wesentlich höhere Lebensdauer zugeschrieben. Das gilt besonders für die Membranen aus rostfreiem Stahl, deren Material nicht die bei Kupferlegierungen auftretende Versprödung bei Wechselbiegebeanspruchung aufweist.

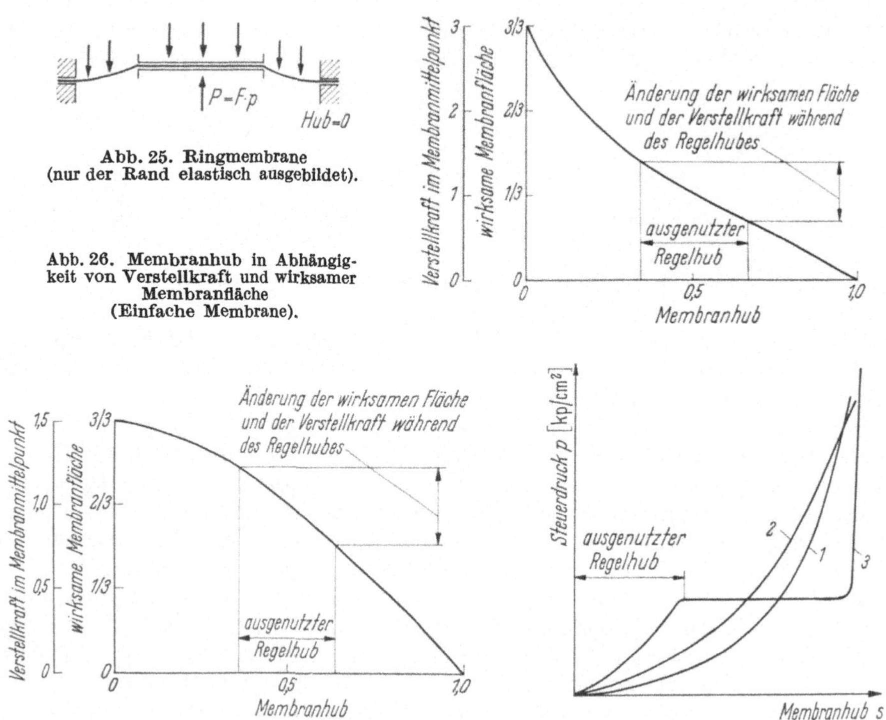

Abb. 25. Ringmembrane
(nur der Rand elastisch ausgebildet).

Abb. 26. Membranhub in Abhängigkeit von Verstellkraft und wirksamer Membranfläche
(Einfache Membrane).

Abb. 27. Membranhub in Abhängigkeit von Verstellkraft und wirksamer Membranfläche (Ringmembrane).

Abb. 28. Druck-Hub-Diagramm verschiedener Membranen mit unterschiedlichen Kennlinien.

II. Der thermostatische Steuerteil.

Wellrohr oder Membrane bilden zusammen mit dem temperaturempfindlichen Teil, dem Fühler, den thermostatischen Steuerteil. Beide sind normalerweise durch ein Rohr von kleinem Innendurchmesser (Kapillarrohr) miteinander verbunden. In Sonderfällen können auch die Oberflächen des Wellrohres oder einer entsprechend ausgebildeten Doppelmembrane gleichzeitig die Aufgabe des Temperaturfühlers übernehmen.

Der thermostatische Steuerteil wird nach sorgfältigem Evakuieren mit einem Medium gefüllt, das auf Temperaturänderungen mit einer Druckänderung im System reagiert und dadurch den Balg oder die Membrane mehr oder weniger ausdehnt. Dieser Anforderung entsprechen alle leicht siedenden Flüssigkeiten, deren Sättigungsgebiet im Bereich der vorkommenden Drücke und Temperaturen liegt. Die Druckänderung folgt der Dampfdruckkurve des verwendeten Mediums, wobei diejenige Stelle des Systems für den Gesamtdruck maßgeblich ist, an der sich eine freie Flüssigkeitsoberfläche bildet.

Fühler und Wellrohr (bzw. Membrane) stellen im Prinzip zwei miteinander durch eine Rohrleitung verbundene Behälter dar, die mit einem leicht siedenden

Stoff (Kältemittel) gefüllt und verschiedenen Temperaturen ausgesetzt sind. Nach dem Gesetz der kalten Wand verlagert sich die gesamte Füllung immer in den Behälter niedriger Temperatur, soweit dessen Volum dies zuläßt.

III. Füllungsarten.

1. Flüssigkeitsfüllung mit kleiner Füllmenge.

Wird das System mit einer Flüssigkeitsmenge gefüllt, die kleiner als das Einzelvolum von Membranraum oder Fühler ist, so folgt der Steuerdruck nur dann der Fühlertemperatur, wenn diese tiefer als die des Membranraumes ist (Abb. 29 A).

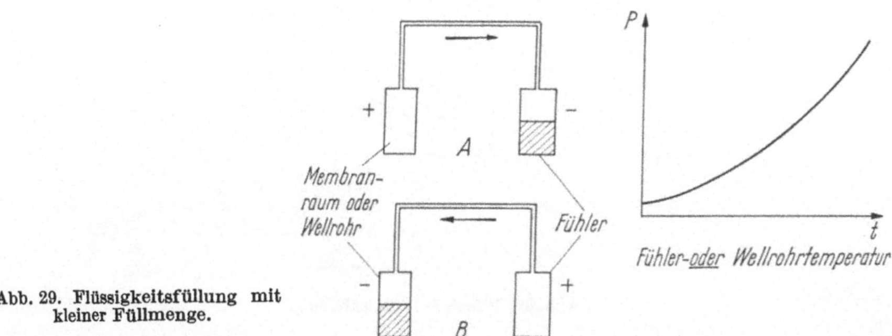

Abb. 29. Flüssigkeitsfüllung mit kleiner Füllmenge.

Erhält dagegen der Membranraum die tiefere Temperatur, so bildet sich dort die freie Flüssigkeitsoberfläche, die den Druck bestimmt (Abb. 29 B). Jede Temperaturänderung am Fühler, solange diese über der des Membranraumes liegt, ist dann ohne Einfluß auf den Steuerdruck. Das System arbeitet also entgegengesetzt zu seinem Sollverhalten, es „kehrt um". Der Druckverlauf folgt der Fühler- *oder* der Wellrohrtemperatur, und zwar jeweils der tieferen von beiden.

2. Flüssigkeitsmischfüllung.

Da für manche Regelzwecke die Dampfdruckkurven der verfügbaren Kältemittel in ihrem Verlauf nicht der gewünschten Reglercharakteristik entsprechen, versucht man durch Mischungen mehrerer Flüssigkeiten einen anderen Verlauf der Dampfdruckkurven zu erreichen. Soweit es sich hierbei um azeotrope Gemische handelt, entstehen praktisch neue Kältemittel mit einer eindeutigen Dampfdruckkurve[1]. Bei nichtazeotropen Mischungen dagegen, verhält sich jede Komponente entsprechend ihrer eigenen Sättigungskurve. Herrschen in einem mit einer solchen Mischung gefüllten System zwei verschiedene Temperaturen im Fühler und im Membranraum, so bilden sich auf beiden Seiten durch fraktionierte Destillation Mischungen unterschiedlicher Zusammensetzung, und zwar derart, daß der Druck der Mischung höherer Temperatur gleich derjenigen der anderen Mischung tieferer Temperatur wird.

Abb. 30 zeigt den Druckverlauf für eine aus einem Hoch- und einem Niederdruck-Kältemittel bestehende Mischung über dem Mischungsverhältnis für verschiedene Temperaturen. Nimmt man an, die Füllung hätte ursprünglich eine Zusammensetzung von 50:50 Gewichtsteilen, so stellt sich bei der Fühlertemperatur t_5 und einer Membranraum-Temperatur t_1 an der Stelle tieferer Temperatur ein Mischungsverhältnis $R_{HD}:R_{ND}$ von 80:20 an der wärmeren Stelle von 20:80

---

[1] s. a. PLANK: Handb. der Kältetechnik, Bd. IV, Die Kältemittel, S. 450 ff. [22].

ein, die den gleichen Druck p' haben. Bei einer Temperaturänderung kann es eine geraume Zeit dauern, bis sich der neue Gleichgewichtszustand einstellt, da in dem Kapillarrohr Strömungen in beiden Richtungen entstehen. Dadurch kann der Fall eintreten, daß die entstehende Druckänderung zunächst dem an der Stelle der Temperaturänderung vorhandenen Mischungsverhältnis folgt und sich erst nach längerer Zeit ein neues Gleichgewicht einstellt, ein Vorgang, der z. B. durch

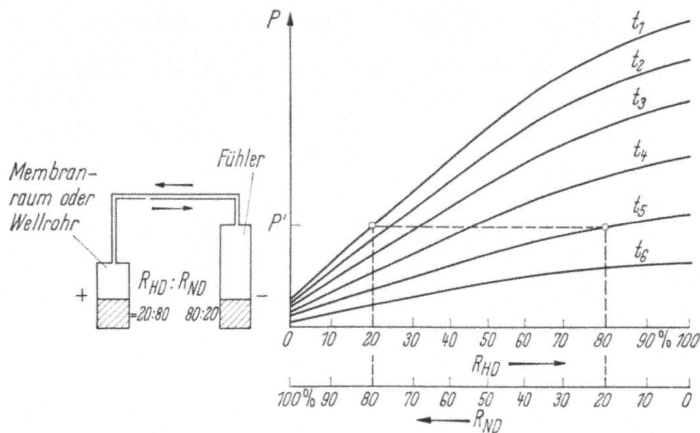

Abb. 30. Flüssigkeitsmischfüllung.

Erschütterungen wesentlich beschleunigt werden kann. Haben die verwendeten Komponenten sehr unterschiedliche spezifische Gewichte, so kann durch eine Entmischung der Druck vorwiegend durch die die freie Oberfläche bildende leichtere Flüssigkeit bestimmt werden.

Nichtazeotrope Gemische lassen sich daher als Steuermedien außerordentlich schwer beherrschen, sie ergeben keine eindeutig bestimmbaren Werte.

3. Flüssigkeits-Gas-Gemische.

Häufig entspricht zwar der Dampfdruckverlauf eines bestimmten Kältemittels hinsichtlich der temperaturbedingten *Druckänderung* den für die Regelaufgabe gewünschten Werten, jedoch reicht die absolute *Druckhöhe* nicht aus. Man kann in diesem Fall durch eine Druckfeder die Dampfdruckkurve in ihrer Gesamtheit anheben, ohne ihren Verlauf zu ändern. Das ist jedoch im Interesse eines möglichst kleinen Membranraum-Volums, das seinerseits wiederum die Fühlergröße bestimmt, nicht erwünscht. Die Druckerhöhung wird daher häufig durch Zusatz eines nichtkondensierbaren Gases zur Füllung erreicht. Es ist dabei allerdings zu berücksichtigen, daß das Gas zu einem gewissen Prozentsatz in der Flüssigkeit gelöst wird und dadurch den Dampfdruckverlauf je nach Lösungsvermögen verändern kann. Das Verhalten der Gase und Flüssigkeiten zueinander ist dabei sehr verschieden. Zur Erreichung eines Gleichgewichtszustandes ist eine intensive Vermischung durch lebhafte Bewegung bei der Gaszugabe erforderlich.

4. Flüssigkeitsfüllung für wechselnde Temperaturen (Cross ambient).

Durch richtige Abstimmung der Volume und Füllmengen kann das flüssigkeitsgefüllte System von der Umgebungstemperatur des Membranraumes oder Wellrohres völlig unabhängig gemacht werden, so daß es auch bei stark wechselnden Temperaturen immer nur der Fühlertemperatur folgt. Die Gesamtfüllmenge muß hierfür so groß sein, daß bei völlig gefülltem Membranraum und Kapillarrohr im Fühler immer noch etwas Flüssigkeit verbleibt (Abb. 31 B). Das Fühlervolum wiederum muß die gesamte Füllmenge aufnehmen können und noch Raum für die Ausbildung einer freien Flüssigkeitsoberfläche lassen (Abb. 31 A).

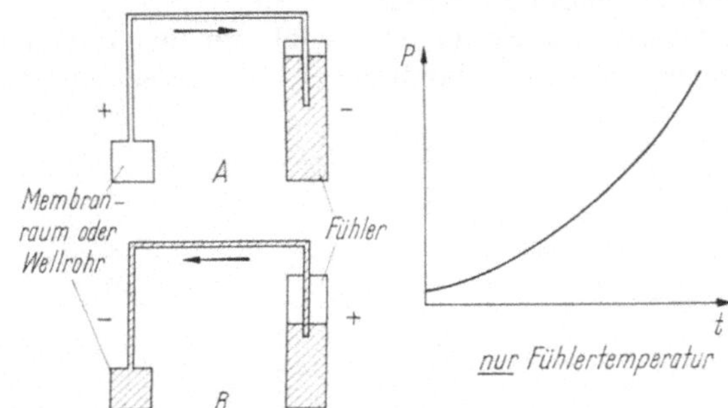

Abb. 31. Flüssigkeitsfüllung für wechselnde Temperaturen (Cross ambient).

5. Flüssigkeitsfüllung für hohe Fühlertemperaturen.

Eine Abart der unter III. 4. geschilderten Füllungsart stellt Abb. 32 dar. (Temperatur des Fühlers immer höher, als die des Membranraumes.) Hierbei ist die Füllung ebenfalls genügend groß, um Membranraum und Kapillarrohr ganz und den Fühler teilweise zu füllen, das Fühlervolum ist jedoch kleiner als die Füllmenge. Solange der Fühler wärmer als der Membranraum ist, folgt der Steuerdruck ausschließlich der Fühlertemperatur. Wird allerdings der Fühler der kältere Teil, so füllt er sich ganz und es bildet sich im Membranraum eine freie Flüssigkeitsoberfläche, deren Temperatur dann die Regelung bestimmen würde.

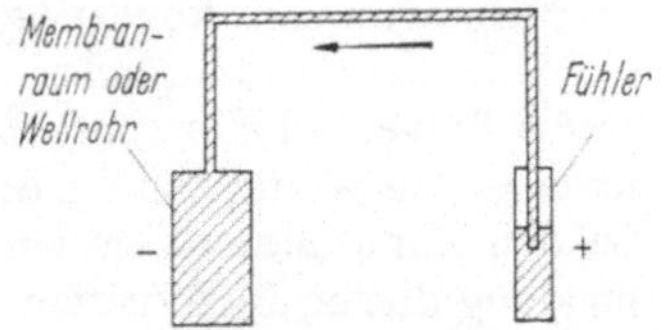

Abb. 32. Flüssigkeitsfüllung für hohe Fühlertemperaturen.

Bei den beiden unter III. 4. und III. 5. genannten Füllungsarten sollte der Fühler immer so montiert werden, daß das Ende des Kapillarrohres in die Flüssigkeit im Fühler eintaucht und von dieser bei jedem Betriebszustand bedeckt ist. Dadurch wird die Reaktionsgeschwindigkeit gegenüber dem nicht eingetauchten Kapillarrohr wesentlich erhöht, weil dabei die Druckänderung direkt über die Flüssigkeit und nicht durch hin- und herkondensierende Gase erfolgt.

6. Gasfüllung mit kondensierbaren Gasen.

Bei der Füllung der Thermoteile mit kondensierbaren Gasen handelt es sich im Grunde um das gleiche Prinzip wie bei der Flüssigkeitsfüllung mit kleiner Füllmenge (Abschn. III. 1.), nur daß diese so gering gehalten wird, daß oberhalb einer bestimmten Temperatur alle Flüssigkeit verdampft ist. In der Praxis wird diese Füllung bei einer konstanten Raumtemperatur unter einem bestimmten Druck gasförmig eingebracht. Erst wenn die Fühlertemperatur die zugeordnete Sättigungstemperatur unterschreitet, folgt der Druck im System nach feinster Tropfenbildung an der Fühlerwandung der Dampfdruckkurve. Bei Überschreitung besteht die Füllung aus reinem überhitztem Dampf, dessen Druck sich näherungsweise nach dem allgemeinen Gasgesetz ändert:

$$p \cdot v = R \cdot T, \text{ wobei } v = \text{konstant}$$

Pro Grad Temperaturänderung erhöht sich der Druck also nur um etwa 1/273 seines Wertes. Abb. 33 zeigt das Abknicken des Druckverlaufs von der Sättigungskurve im Punkt 1, dem sog. „fade-out"-Punkt. Durch den Fülldruck kann also bei dieser Füllungsart der Arbeitsbereich des Reglers nach oben begrenzt auf jeden gewünschten Wert festgelegt werden, eine Möglichkeit, von der häufig Gebrauch gemacht wird.

Auch diese Füllungsart setzt voraus, daß der Fühler immer kälter als der Membranraum ist, damit das System in seiner Arbeitsweise nicht umkehrt.

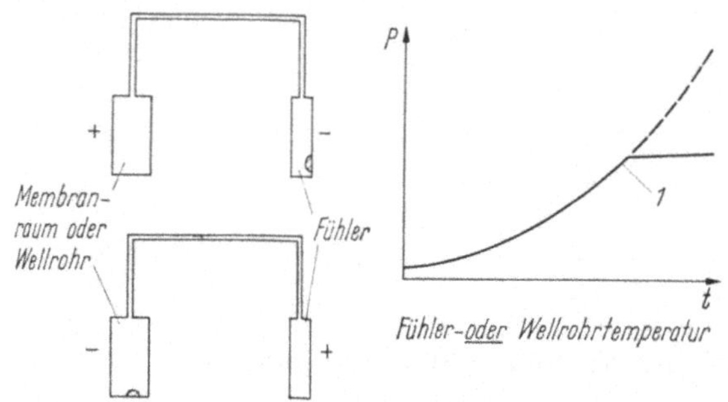

Abb. 33. Gasfüllung mit kondensierbaren Gasen.

7. Gasfüllung mit Ballast.

Füllungen aus kondensierbaren Gasen reagieren infolge ihrer geringen Masse auf jede Temperaturänderung am Fühler außerordentlich schnell. Das kann in vielen Fällen sehr erwünscht sein, in anderen aber (Regelventile) zu einer fluktuierenden Regelung führen, die sehr störend sein kann und auf die wir später noch bei den Expansions-Ventilen zu sprechen kommen (s. Abschnitt C.V.1). Zur Vermeidung dieser Fluktuation wird der Hohlraum des Fühlers, möglichst in einem Abstand von den Wandungen, mit einem Ballast gefüllt, der aus einem Metallstück quadratischen Querschnitts oder einem chemisch neutralen und schlecht wärmeleitenden Stoff wie z. B. Quarzsand bestehen kann. Bei einer Temperaturabsenkung am Fühler tritt durch Kondensation an der kalten Wand zwar eine sofortige Absenkung des Steuerdrucks ein, der Regler spricht also umgehend auf den kälter werdenden Fühler an. Erwärmt sich aber der Fühler nach kurzer Zeit wieder, so verdampft zwar das Kältemittel an den Fühlerwandungen, schlägt sich aber sofort wieder auf der noch kalten Oberfläche des Ballastes nieder, eine Druckerhöhung tritt also erst ein, wenn auch die Temperatur des Ballastes entsprechend angestiegen ist. Auf diese Weise läßt sich die Reaktionsgeschwindigkeit gerade in nur *einer* Richtung in dem angestrebten Maß verlangsamen, was in manchen Fällen besonders erwünscht ist. Selbstverständlich bleibt auch bei dieser Füllungsart die Gefahr des „Umkehrens" des Systems bestehen, wenn der Membranraum oder das Wellrohr eine tiefere Temperatur als der Fühler annimmt.

8. Gas-Mischfüllungen.

Durch Mischungen aus bestimmten kondensierbaren und nicht kondensierbaren Gasen kann dieses Umkehren des Systems bei einem Membranraum, der kälter ist als der Fühler vermieden werden. Man behält dadurch die Vorteile der Füllungsart mit kondensierbaren Gasen, nämlich die hohe Reaktionsgeschwindigkeit bei, ohne deren Nachteil in Kauf nehmen zu müssen. Die diesem Vorgang zugrunde liegenden Theorien sind noch nicht bis ins letzte durchforscht. Bei sorgfältiger Auswahl der Stoffe und der Mischungsverhältnisse und äußerster Genauigkeit beim Füllvorgang lassen sich jedoch hervorragende Ergebnisse bei einer großen Anzahl von Variationsmöglichkeiten erzielen. Eine Kombination der Füllungsarten Abschnitt 7 u. 8 bringt weitere Vorteile.

9. Gas-Adsorptions-Füllung.

Während alle bisher beschriebenen Füllungsarten auf der Druckänderung leicht siedender Flüssigkeiten entlang ihrer Dampfdruckkurve basieren, geht die Gas-Adsorptions-Füllung von einem völlig anderen Prinzip aus.

Bestimmte poröse Stoffe haben die Eigenschaften, mit sinkender Temperatur Dämpfe leicht siedender Flüssigkeiten oder inerte Gase in zunehmendem Maße zu adsorbieren.

Dadurch ändert sich in Abhängigkeit von der Temperatur die im thermostatischen Steuerteil vorhandene freie Gasmenge und damit auch deren Druck. Es entsteht also eine bestimmte Druck-Temperatur-Kurve, deren Verlauf von dem Adsorptionsvermögen des Stoffes und seiner Menge, sowie von der Art, dem Volum und dem Fülldruck des verwendeten Gases abhängig ist. Der Fühler wird mit der adsorbierenden Substanz, z. B. Aktiv-Kohle oder aktivierter Tonerde, gefüllt,

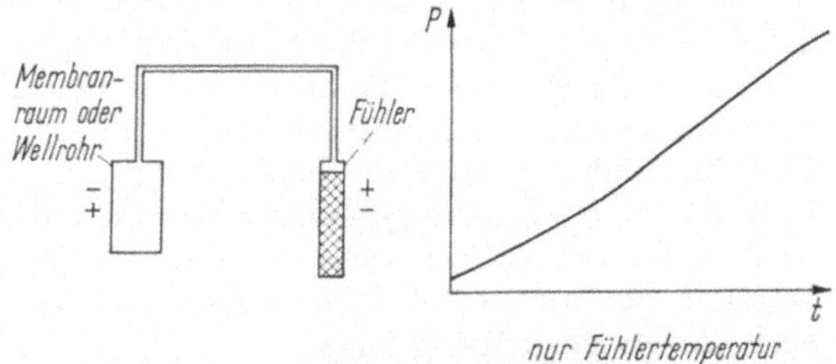

Abb. 34. Gas-Adsorptions-Füllung.

die durch Siebe oder Filterstopfen an einer Verlagerung in die anderen Teile des Systems gehindert wird. Als Gas werden vor allem Kohlendioxyd oder für tiefere Temperaturen höhere Kohlenwasserstoffe mit entsprechend tiefem Siedepunkt verwendet. Der Druck im Thermoteil wird ausschließlich durch die Temperatur des adsorbierenden Materials also durch die Fühlertemperatur bestimmt, Temperaturwechsel zwischen Membranraum und Fühler sind daher völlig ohne Einfluß auf die Funktion (Abb. 34).

Da der Vorgang der Adsorption, bedingt durch die schlechte Wärmeleitfähigkeit der sehr porösen Substanzen, langsamer ist als der der Kondensation, ist die Reaktionsgeschwindigkeit der so gefüllten thermostatischen Steuerteile in beiden Richtungen, Erwärmung und Abkühlung, geringer als bei Füllung mit kondensierbaren Gasen. Auf einen besonders guten Wärmekontakt zwischen dem Fühler und der abzutastenden Stelle ist daher erhöhter Wert zu legen. Da sich die Menge des adsorbierenden Stoffes mit dem gewünschten Druckverlauf ändert, können die Fühler zur Erzielung relativ steiler Druck-Temperatur-Kurven erhebliche Abmessungen annehmen, wobei immer, aus Gründen des Wärmeübergangs, ein relativ kleiner Fühlerdurchmesser eingehalten werden soll. Zuweilen wird aus diesem Grund auch dem Fühler eine flache Form gegeben, um eine schnelle Temperaturübertragung an das Adsorptionsmittel zu erreichen.

IV. Die Dichtigkeitskontrolle der thermostatischen Steuerelemente.

Leckstellen, hervorgerufen durch feinste Porositäten in den Materialien oder den Löt- und Schweißstellen des Steuerteils, sind bei der Herstellung aller thermisch gesteuerten Regler ein besonderes Problem. Durch die meist außerordentlich geringen Mengen der verwendeten Steuermittel sind schon die kleinsten Leckverluste mit einem Ausfall oder einer unzulässigen Funktionsänderung des Reglers verbunden.

Zur Dichtigkeitsprüfung sind Abpreßteste nicht mehr ausreichend, da damit, auch bei Verwendung von Badflüssigkeiten mit sehr geringer Oberflächenspannung, nur verhältnismäßig große Lecks sichtbar gemacht werden können. Der Abpreßtest kann daher nur als Grobprüfung Anwendung finden, der eine genauere Leckprüfung folgen muß, die sich nach der Füllungsart richtet.

1. Dichtigkeitskontrolle bei Flüssigkeitsfüllung.

Flüssigkeitsgefüllte Steuerteile enthalten meist mehrere Kubikzentimeter des Steuermittels. Ein geringer Verlust ist daher bei einer Druckprüfung solange nicht erkennbar, als sich noch ein kleinster Rest flüssigen Kältemittels im Fühler befindet. Der Regler würde zwar unter Betriebsbedingungen bald seine Eigenschaft verlieren und empfindlich gegen Temperaturwechsel zwischen Membranraum und Fühler werden, solange aber der Fühler die kälteste Stelle des Systems ist, seine normale Funktion behalten.

Die Messung des Steuerdrucks nach einer längeren Lagerung des gefüllten Steuerteils gibt also keinen Aufschluß über eventuelle Lecks. Die Prüfung muß daher, soweit halogenhaltige Füllmedien verwendet werden, durch elektronische Lecksucher, sog. ,,Leckschnüffler" erfolgen. Hierzu werden die Steuerteile einzeln oder zu mehreren in luftdichten Behältern für einige Tage gelagert und dann die Luft des Behälters über die Schnüffler gesaugt, wobei, abhängig vom spezifischen Gewicht des Leckgases gegenüber Luft, die Absaugung entweder oben oder unten an dem Lagerbehälter vorzunehmen ist. Zeigt die Luft in einem untersuchten Behälter, der mehrere Geräte enthält, das Vorhandensein eines Halogens, so muß eine Einzelleckprüfung folgen.

Eine andere Leckprüfmethode ist die Gewichtsprüfung vor und nach einer Heißraumlagerung. Die einzelnen Thermoteile werden auf einer genauen Waage, die eine Ablesegenauigkeit von mindestens 0,05 g ermöglichen soll, gewogen, und das Gewicht auf dem Prüfling vermerkt. Es folgt dann eine Lagerung über einen längeren Zeitraum, zweckmäßigerweise bei erhöhter Temperatur, um durch höheren Innendruck einen schnelleren Füllungsverlust zu erreichen. Da der Verlust jedoch nicht linear mit dem Druck wächst, sondern nur mit der Wurzel aus der Druckdifferenz zunimmt, bringen allzu hohe Temperaturen keine besonderen Vorteile gegenüber der bei hohen Drücken möglichen Schädigungen der elastischen Glieder. Eine Nachwiegung auf der gleichen Waage darf keinerlei meßbare Abweichungen von dem verzeichneten Gewicht bringen.

Beide Methoden sind sehr genau, sie erfassen jedoch nicht die Verluste, die infolge einer Materialversprödung nach einer Anzahl von Hüben eintreten können. Es ist daher auch schon eine Prüfung bei Wechseltemperaturen vorgeschlagen worden, eine Methode, die jedoch so kostspielig ist, daß sie nur für sehr hochwertige Regler angewendet werden könnte. Diese Fehlerquelle sollte auch besser durch laufende Dauerbiegeversuche an den Vormaterialien ausgemerzt werden.

2. Dichtigkeitskontrolle bei Gasfüllung.

Bei Gasfüllungen mit kondensierbaren Gasen kann — soweit es sich um halogenhaltige Gase handelt, — die Leckschnüfflermethode in gleicher Weise, wie im Abschnitt 1 beschrieben, angewandt werden. Weniger empfindlich und außerdem, durch das hier längere Zeit gebundene Kapital, auch kostspieliger, ist die indirekte Methode durch Prüfung des Fülldrucks vor und nach einer längeren (meist mehrmonatigen) Lagerung. Die Bezugstemperatur muß dabei hoch genug, möglichst in der Nähe der Fülltemperatur gewählt werden, da bei tieferen Temperaturen — solange der verbleibende Druck noch der Sättigungstemperatur entspricht — Fehlbeurteilungen entstehen können.

3. Dichtigkeitskontrolle bei Adsorptionsfüllungen.

Die absolute Verhinderung von Leckverlusten ist bei adsorptionsgefüllten Steuerteilen besonders wichtig, da hier schon geringste Verluste (z. B. beim Verschließen des Füllstutzens), die bei gas- und flüssigkeitsgefüllten Steuerelementen die Funktion und das Regelverhalten noch nicht beeinflussen würden, stärkere Abweichungen hervorrufen. Ein geringer Gasverlust beeinflußt bei Adsorptions-Steuerfüllungen bereits den gesamten Verlauf der Druck-Temperatur-Kurve, ihre Gestalt und Neigung, so daß sich völlig neue Werte ergeben. Bei einer Prüfung sollten daher möglichst 3 Punkte herausgegriffen werden, um festzustellen, ob die Kurve ihren Verlauf geändert hat [4].

Da für die Adsorptionsfüllungen fast ausschließlich halogenfreie Medien verwendet werden, kann die Leckschnüfflermethode für das fertig gefüllte Steuerteil nicht angewendet werden. Die Dichtigkeitskontrolle erfolgt daher hauptsächlich durch erneute Prüfung des Fülldrucks nach längerer Lagerung. Eine vor der endgültigen Füllung vorgenommene Leckprüfung der Steuerteile durch Einbringen einer Testfüllung aus halogenisierten Kohlenwasserstoffen ist zweckmäßig, erfordert jedoch einen nicht unerheblichen zusätzlichen Aufwand.

Eine völlig neuartige Methode der Dichtigkeitskontrolle, die für alle Füllungsarten anwendbar ist, und die an Genauigkeit und Empfindlichkeit in bezug auf kleinste Undichtigkeiten alle bisher bekannten Methoden übertrifft, ist in allerletzter Zeit entwickelt worden. Dem Füllmedium — gleich welcher Art — wird hierbei eine geringe Menge Helium zugesetzt. Die fertig gefüllten und verschlossenen Steuerteile werden dann in eine kleine Vakuumkammer eingelegt, deren Rauminhalt über ein Massenspektrometer abgesaugt wird. Geringste Undichtigkeiten an den Steuerteilen können durch das typische Heliumspektrum nachgewiesen werden. Der erforderliche Helium-Zusatz von unter 1 Volum-Prozent ist so gering, daß die Druck-Temperatur-Kurve des Steuermediums nicht verändert wird. Die serienmäßige Anwendung dieser Prüfmethode erfordert jedoch eine sehr sorgfältig ausgearbeitete Verfahrenstechnik, um eine völlige Gleichmäßigkeit des Zusatzes zu der Füllung jedes gefertigten Steuerteils zu gewährleisten.

V. Das Stellglied (Drosselteil).

1. Einfluß des Stellglieds auf die Regelung.

Sowohl bei der offenen Steuerkette, als auch beim geschlossenen Regelkreis erfolgt der Eingriff in den Energie- oder Massenstrom über das Stellglied, das beispielsweise ein Schalter, ein Getriebe, ein Drosselschieber oder eine Drosselklappe sein kann, bei den hier betrachteten Reglern aber fast ausschließlich als Ventil ausgebildet ist.

Durch Verstellen seines Öffnungsweges soll die durchströmende Menge — der Stellstrom — dem Sollwert angeglichen werden. Die durchfließende Menge wird durch den Differenzdruck im Ventil und vor allem durch den freien Öffnungsquerschnitt bestimmt, der durch einen Drosselkörper innerhalb konstruktiv festgelegter Grenzen stetig veränderlich sein muß.

Der richtigen Dimensionierung des eingreifenden Stellglieds und der Formgebung des Drosselkörpers kommt für die einwandfreie Arbeitsweise des Reglers eine entscheidendere Bedeutung zu, als im allgemeinen bekannt ist. Von diesen Faktoren hängt der feinfühlige Eingriff in die Regelstrecke, wie auch eine eventuelle Verfälschung des vom Regler eingestellten Proportionalbereichs ab. Die genaue Kenntnis des freien Durchflußquerschnitts in Abhängigkeit vom Öffnungsweg und der Form des Drosselkörpers ist also für die Festlegung des Reglers unerläßlich.

2. Berechnung des freien Durchflußquerschnitts.

a) Nadelventile. Der freie Durchflußquerschnitt F eines Nadelventils wird durch die Mantelfläche mit der Seitenlänge s eines Kegelstumpfes mit den Durchmessern d und y gebildet.

Abb. 35 zeigt den Schnitt durch ein Nadelventil in geöffneter Stellung.

Für den freien Durchflußquerschnitt gilt:

$$F = \pi \cdot s \left(\frac{d + y}{2} \right) \tag{1}$$

b) Ventile mit nicht abgeflachter Nadelspitze. Für Nadelventile mit nicht abgeflachter Nadelspitze steht die Spaltbreite s immer senkrecht zur Oberfläche des Nadelkegels. Damit wird:

$$\beta = \alpha$$

Somit gelten die Beziehungen:

$$s = \frac{(d - x) \cdot \cos\alpha}{2}$$

$$d - x = 2 \cdot h \cdot \frac{\sin\alpha}{\cos\alpha}$$

$$s = h \cdot \sin\alpha \tag{2}$$

$$y = d - 2h \cdot \sin\alpha \cdot \cos\alpha \tag{3}$$

(2) und (3) in (1) eingesetzt:

$$F = \pi \cdot h \cdot \sin\alpha \, \frac{(d + d - 2h \cdot \sin\alpha \cdot \cos\alpha)}{2}$$

Freier Durchflußquerschnitt im Nadelventil:

$$F = \pi \cdot h \cdot \sin\alpha \, (d - h \cdot \sin\alpha \cdot \cos\alpha) \tag{4}$$

Schreibt man F als Funktion des Kreisquerschnitts des Düsendurchmessers, so erhält man:

$$F = c \cdot \frac{\pi \cdot d^2}{4} \tag{5}$$

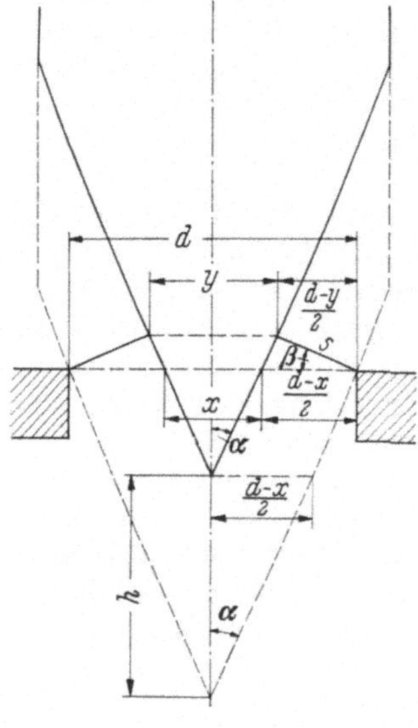

Abb. 35. Geometrie des Durchflußspaltes eines Nadelventils.

wobei: $c = f(\alpha, d, h)$

Gleichung (4) und (5) gleichgesetzt ergibt:

$$c = 4 \cdot \frac{h}{d} \cdot \sin\alpha \left(1 - \frac{h}{d} \cdot \sin\alpha \cdot \cos\alpha \right) \tag{6}$$

Abb. 36 dient der graphischen Ermittlung von c in Abhängigkeit von dem Verhältnis Düsendurchmesser zu Hub für Nadelwinkel $2\,\alpha$ von 40° bis 90° sowie für Flachsitzventile. Der errechnete Kreisquerschnitt des Düsendurchmessers ist nur mit dem Faktor c zu multiplizieren, um für jedes Durchmesser-Hub-Verhältnis, also jede Öffnungsstellung, den freien Öffnungsquerschnitt zu erhalten.

Grenzbedingungen. Der freie Ventilquerschnitt kann nie größer werden als der Kreisquerschnitt der Düse, also

$$F \leqq \frac{\pi \cdot d^2}{4}$$

und daher $c \leqq 1$

Für $F = \dfrac{\pi \cdot d^2}{4}$ gilt für die Spaltbreite: $s = d/2$ und für den Nadelweg: [nach Gleichung (2)]

$$h = \frac{d}{2 \sin\alpha}$$

Diese Grenzbedingung ist erst erreicht, nachdem die Nadelspitze bereits über die Düsensitzkante hinaus aus der Düsenbohrung ausgetreten ist (s. Abb. 37). Der freie Querschnitt bleibt von da an bei weiterer Hubbewegung konstant, ist also für die Regelung ohne Interesse.

Aus diesem Grund, wie auch um bei der Schließbewegung eine Verletzung der Düsenkante durch die Nadelspitze mit Sicherheit zu vermeiden, wird praktisch bei allen Regelventilen der Öffnungsweg konstruktiv so begrenzt, daß die Nadelspitze auch bei dem maximalen Nadelhub die Düse nie völlig verlassen kann.

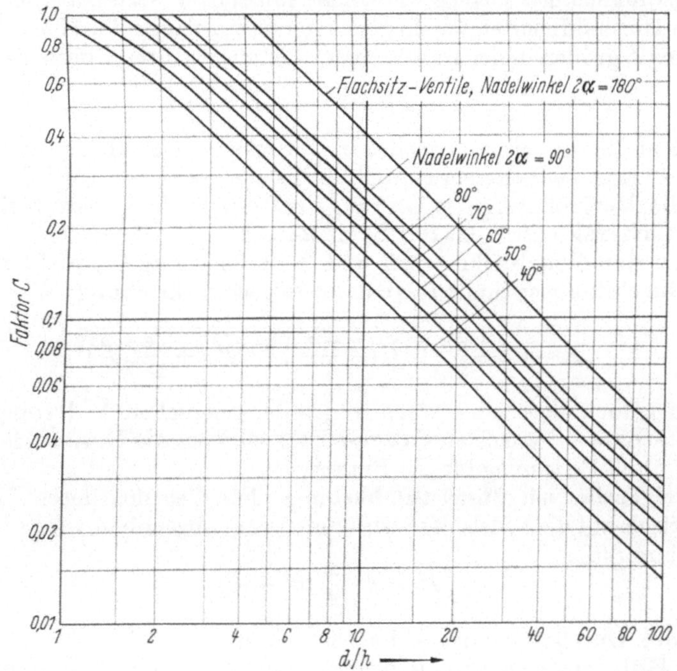

Abb. 36. Ermittlung des Faktors c [nach Gleichung (6)] in Abhängigkeit vom Durchmesser-Hubverhältnis für verschiedene Nadelwinkel zur Bestimmung des geometrischen Durchflußquerschnitts von Regelventilen.

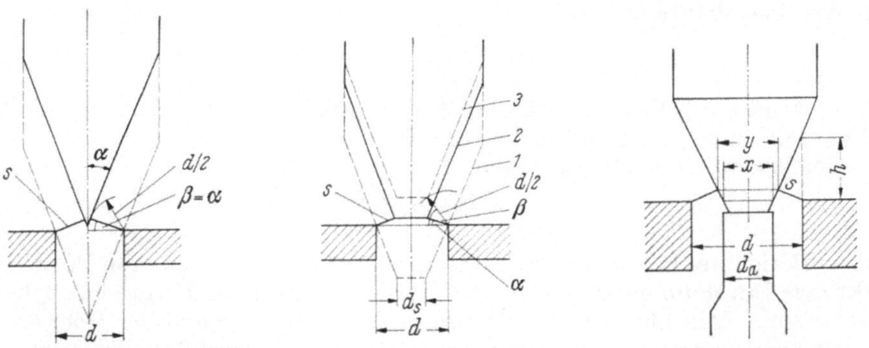

Abb. 37. Maximalhub des Nadelventils mit spitzer Nadel.

Abb. 38. Maximalhub des Nadelventils mit abgeflachter Spitze.

Abb. 39. Nadelventil mit Mittelstiftabhebung.

Für die Durchflußberechnung ist also Gleichung (4) maßgebend, sie zeigt, daß die häufig anzutreffende Auffassung, die freien Öffnungsquerschnitte von Nadelventilen verschiedener Düsendurchmesser verhielten sich bei gleichem Nadelwinkel und Öffnungsweg zueinander wie die Kreisquerschnitte der freien Durchmesser, irrig ist.

Für h = const. und α = const. nehmen die freien Durchflußquerschnitte vielmehr linear mit dem Düsendurchmesser zu.

Daß bei gleichem Durchflußquerschnitt noch Unterschiede in der effektiven Durchflußmenge vorhanden sind, ist ausschließlich auf Unterschiede in den Durchflußkoeffizienten zurückzuführen, auf die später noch zurückzukommen ist.

c) **Ventile mit abgeflachter Nadelspitze** verhalten sich hinsichtlich ihres freien Durchgangsquerschnitts solange wie solche mit spitzer Nadel, als der Nadelkegel noch in die Düsenöffnung eintaucht, oder genauer, solange der Nadeldurchmesser am Ventilspalt größer als der Durchmesser der abgeflachten Spitze ist:

$$d - 2\,h\cdot\sin\alpha\cdot\cos\alpha \gtreqless d_s$$

Abb. 38 stellt ein solches Ventil dar. Zwischen den Nadelstellungen 1 und 2 bleibt $\beta = \alpha$. Erst bei weiterem Nadelhub bis zur Position 3 wird $\beta > \alpha$. Es tritt eine schnelle Vergrößerung des Öffnungsspaltes s ein und damit ein Knick in der Öffnungscharakteristik, bis der Spalt $d/2$ wird.

Zwischen den Ventilstellungen 2 und 3 ist Gleichung (4) nicht mehr gültig. Der freie Durchflußquerschnitt folgt dann folgender Gleichung:

$$F = \pi\left(\frac{d+y}{2}\right)\cdot\sqrt{\left(\frac{y-x}{2}\right)^2\cdot\operatorname{ctg}^2\alpha + \left(\frac{d-y}{2}\right)^2}$$

Da man jedoch allgemein — auch wegen der plötzlichen Änderung der Durchflußcharakteristik — vermeidet, daß der Drosselkörper die Düse verläßt, ist diese Bedingung ohne Bedeutung für die Praxis.

d) **Nadelventile mit Mittelstiftabhebung.** Für Ventile, deren Nadel durch einen zentrisch auf die Nadelspitze wirkenden Stift abgehoben wird (Abb. 39), gilt nach Gleichung (5):

$$F = c\cdot\frac{\pi}{4}\,(d^2 - d_a^2)$$

wobei: d_a der Durchmesser des Abhebestiftes ist.

Da der Hub immer so gewählt werden muß, daß die Nadelspitze nie aus der Düse austritt, muß der Durchmesser d_a des Abhebestiftes so bestimmt werden, daß er bei dem Maximalhub nicht größer als der Durchmesser x des Nadelkegels an der Düsenkante ist. Also

$$d_a \leqq x \leqq d - 2h\cdot\frac{\sin\alpha}{\cos\alpha}$$

e) **Ventile mit Flachsitz.** Für Flachsitzventile (Abb. 40) wird $\alpha = 90°$, bzw. $2\,\alpha = 180°$, damit: $\sin\alpha = 1$ und $\cos\alpha = 0$

Somit wird nach Gleichung (4):

$$\underline{F = \pi\cdot d\cdot h}$$

Diese Beziehung läßt sich auch durch einfache Überlegung aus Abb. 40 ableiten: Der freie Durchflußquerschnitt hat bei Flachsitzventilen die Form eines Zylindermantels mit dem kleinsten Durchmesser d des Ventilsitzes und der Höhe h.

Grenzbedingungen. Die Vergrößerung des freien Durchflußquerschnitts am Sitz ist wirksam bis er gleich dem Kreisquerschnitt des Düsendurchmessers ist, also:

$$\pi\cdot d\cdot h \leqq \frac{\pi\cdot d^2}{4}$$

Daraus ergibt sich als Maximal-Hub:

$$h_{\max} = \frac{d}{4}$$

f) Flachsitzventile mit Mittelstiftabhebung (Abb. 41). Hierbei gilt analog für den maximalen Durchflußquerschnitt:

$$\pi \cdot d \cdot h \leqq \frac{\pi}{4}\,(d^2 - d_a^2)$$

und für den maximalen Hub:

$$h_{\max} = \frac{d^2 - d_a^2}{4\,d}$$

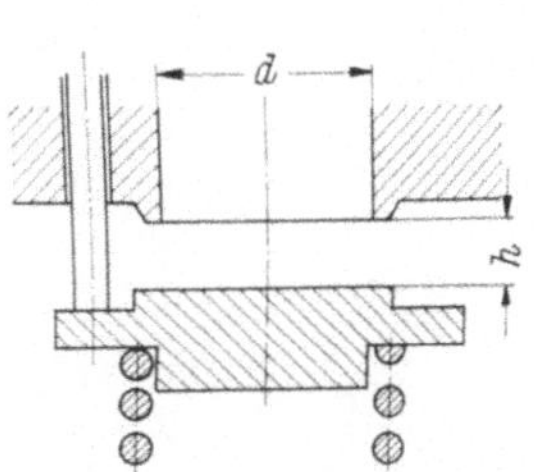

Abb. 40. Ventil mit Flachsitz.

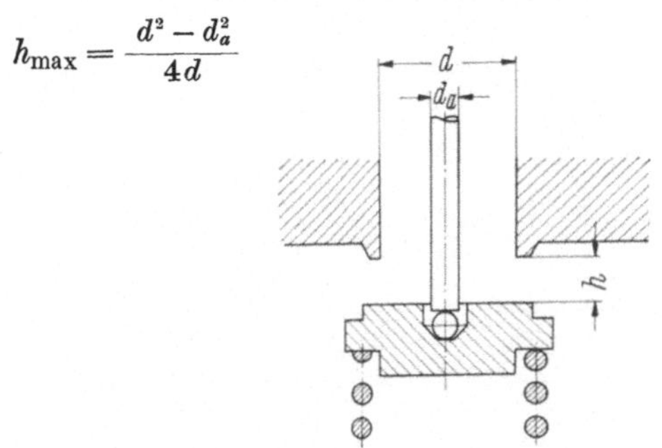

Abb. 41. Ventil mit Flachsitz und Mittelstiftabhebung.

Beispiel:

Für ein Ventil mit einem Düsendurchmesser von 5 mm und einem Stiftdurchmesser von 3 mm ergibt sich ein maximaler Hub:

$$h_{\max} = \frac{25 - 9}{20} = \frac{16}{20} = 0,8 \text{ mm}$$

Jede über den Hub von 0,8 mm hinausgehende Öffnung ist für den Durchfluß durch das Ventil unwirksam.

3. Öffnungscharakteristik von Nadel- und Flachsitzventilen.

Die Abbildungen 42 bis 44 zeigen die Öffnungs-Charakteristiken von Regelventilen der verschiedenen Ausführungen.

Die Abhängigkeit des freien Durchflußquerschnitts vom Stellweg (Ventilhub), vom Nadelwinkel $2\,\alpha$ und von dem Sitzdurchmesser macht Abb. 42 deutlich. Ein bestimmter Durchflußquerschnitt F kann, je nachdem welcher Stellweg zur Verfügung steht, mit sehr verschiedenen Sitzdurchmessern erzielt werden.

Im Gegensatz zum Absperrventil wird die Durchflußleistung des Regelventils also durchaus nicht allein oder auch nur in erster

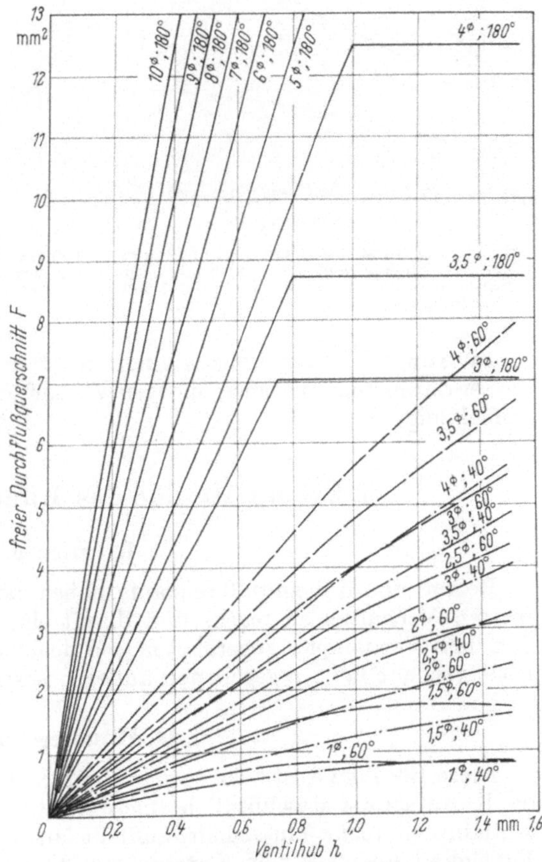

Abb. 42. Freier Durchgangsquerschnitt von Regelventilen in Abhängigkeit vom Ventilhub. Gegenüberstellung von Nadelwinkeln $2\,\alpha = 40°$ und $60°$, sowie Flachsitzausführungen $(2\,\alpha = 180°)$.

Linie durch den Sitzdurchmesser bestimmt. Man sollte daher davon absehen, diesen als Grundlage für Größenangabe von Regelventilen zu wählen, wie es häufig üblich geworden ist.

Abb. 43 zeigt den Einfluß des Nadelwinkels auf den freien Durchflußquerschnitt für verschiedene Stellwege.

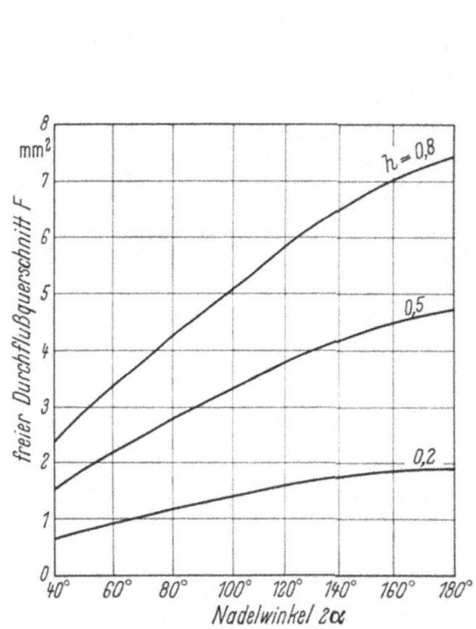

Abb. 43. Änderung des freien Durchflußquerschnitts in Abhängigkeit vom Nadelwinkel für verschiedene Ventilhübe für ein Ventil mit 3 mm Sitzdurchmesser (2 α = 180° = Flachsitz).

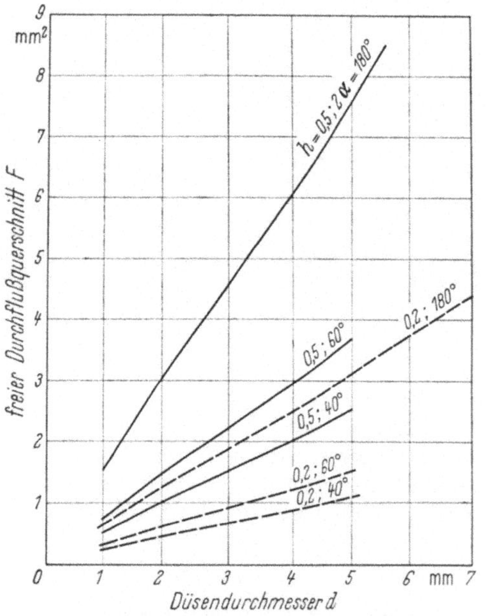

Abb. 44. Freier Durchgangsquerschnitt im Drosselspalt von Regelventilen in Abhängigkeit vom Düsendurchmesser für verschiedene Nadelwinkel und Ventilhübe. (2 α = 180° = Flachsitz).

In Abb. 44 ist die Abhängigkeit des Durchflußquerschnitts vom Sitzdurchmesser dargestellt, die einen linearen Verlauf für den gleichen Stellweg und Nadelwinkel zeigt.

C. Primär-Regler des Kältemittelkreislaufs.

I. Aufgabe.

Regler des Kältemittelkreislaufs haben die Aufgabe, die Anlage nach ihrem *inneren* Verhalten zu regeln und damit einen Gleichgewichtszustand zwischen dem dem Verdampfer zugeführten und dem vom Kompressor geförderten Kältemittelgewicht bei den gegebenen äußeren Zuständen herzustellen.

II. Handregelung.

Diese Bedingung ist beim sog. „nassen Kompressorgang", der in den Anfängen der Kältetechnik ausschließlich angewendet wurde, immer erfüllt, da hierbei dem Verdampfer mehr Flüssigkeit zufließt als verdampft, und die unverdampfte Flüssigkeit ebenfalls vom Kompressor abgesaugt und erneut dem Kreislauf zugeführt wird. Da hierbei ohne spürbare Überhitzung am Druckrohr gearbeitet wurde, entfiel jeder äußere Anhaltspunkt für die Einstellung des Regelventils, tatsächlich war auch der Beharrungszustand in weiten Grenzen von der Ventilstellung unabhängig, da eine gewisse Selbstregelung der Maschine vorhanden war. Den verwendeten Handregelventilen fiel also nur eine sehr begrenzte Regelaufgabe zu, allerdings bleibt die erzielte Leistung der Anlage mehr oder weniger von Zufällen abhängig.

Erst nachdem die Arbeiten von LORENZ [5], DÖDERLEIN [6, 7] und DÖRFFEL [8] gezeigt hatten, daß ein Arbeiten nach dem Grundsatz: im Verdampfer möglichst naß, im Kompressor möglichst trocken arbeiten, einen Leistungsgewinn von 15 bis 25% gegenüber dem nassen Kompressorgang brachte, erhielt die Genauigkeit der Flüssigkeitsregelung eine erhöhte Bedeutung. Denn nun mußte dem Verdampfer genau diejenige Kältemittelmenge zugeführt werden, die bei dem jeweiligen Betriebszustand der Anlage verdampft werden konnte, um durch die Überhitzung der angesaugten Dämpfe mit hohem Wirkungsgrad und ohne Gefahr einer Beschädigung der Maschine durch Flüssigkeitsschläge und Ölabwanderung arbeiten zu können.

III. Selbsttätige Expansionsventile.

1. Regelung kleiner Anlagen.

Die absolute Notwendigkeit einer von jeder Bedienung unabhängigen Regelung ergab sich zuerst beim Bau kleiner Anlagen, bei denen kein geschultes Personal mehr vorausgesetzt werden konnte, und besonders bei den ersten völlig in sich geschlossenen Kühlautomaten, die einen Eingriff von außen in die innere Regelung durch ihre Bauart unmöglich machten.

Die ersten Maschinen dieser Art, der Autofrigor von Escher-Wyss und der Audiffren-Singrün-Automat von Brown, Boveri & Cie. hatten in ihrer ersten Ausführung als Drosselorgan eine Düse unveränderlichen Querschnitts, die als Vorgänger der späteren Kapillarrohr-Regelung anzusprechen ist. Spätere Bauformen waren mit einer Schwimmerregelung ausgerüstet.

Nach dem ersten Weltkrieg ging die Entwicklung der automatischen Regelgeräte mit raschen Schritten voran. Sie vollzog sich zunächst ausschließlich im Kleinkältemaschinenbau, und da hier der Gesichtspunkt der Wirtschaftlichkeit hinter demjenigen größtmöglicher Betriebssicherheit, einfachster Bedienung und niedriger Anschaffungskosten zurücktreten konnte, wurden die selbsttätigen Regler zunächst rein empirisch entwickelt. Nach den Regelgrößen, die Gegenstand der Regelaufgabe sind, unterscheiden wir folgende Regelprinzipien:

Regelung nach Druckunterschieden
Regelung nach Temperaturunterschieden
Regelung nach Niveauunterschieden

2. Konstantdruck-Expansionsventile (Automatische Expansionsventile).

Konstantdruck-Expansionsventile regeln die dem Verdampfer zugeführte Kältemittelmenge in Abhängigkeit vom Saugdruck und halten diesen bei jedem äußeren Zustand der Anlage konstant. Die weitverbreitete Bezeichnung *„automatische"* Expansionsventile wird ihrer Aufgabe und Funktion zu wenig gerecht und verleitet zu Irrtümern, da nicht die *Selbsttätigkeit* ihrer Funktion, sondern ihre nur vom Saugdruck abhängige Arbeitsweise — oder vom Ergebnis gesehen — die Konstanz des Saugdrucks sie am besten charakterisiert. Es sollte daher besser die Bezeichnung „Konstantdruck-Expansionsventile" oder „Druckgesteuerte Expansionsventile" an Stelle der bisher üblichen treten. Als Analogie zum thermostatischen Expansionsventil wäre zwar eine Festlegung auf die Bezeichnung „pressostatische Expansionsventile" angebracht, aber wohl doch zu wenig geläufig, um allgemein und auch international verstanden zu werden.

a) Arbeitsweise und Aufbau. Arbeitsweise und Aufbau des Konstantdruck-Expansionsventils entspricht weitgehend demjenigen des aus der Druckgasverwendung seit langem bekannten Druckreduzierventils, das den eingestellten Austrittsdruck praktisch unabhängig vom Eintrittsdruck in engen Grenzen konstant hält und bei einem Ansteigen des Austrittsdrucks den Durchfluß schließt.

Abb. 45 zeigt den schematischen Aufbau und Abb. 46 die die Funktion bestimmenden Kräfte.

Das flüssige Kältemittel tritt mit dem Druck p durch den Anschluß (*1*) in das Ventil ein, expandiert in dem von der Nadel (*2*) und der Düse (*3*) gebildeten

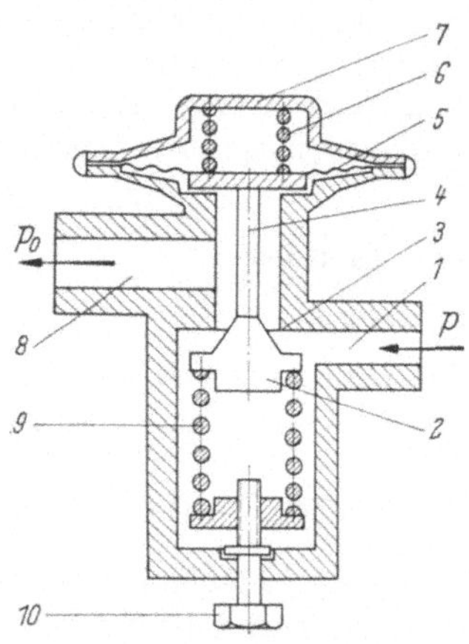

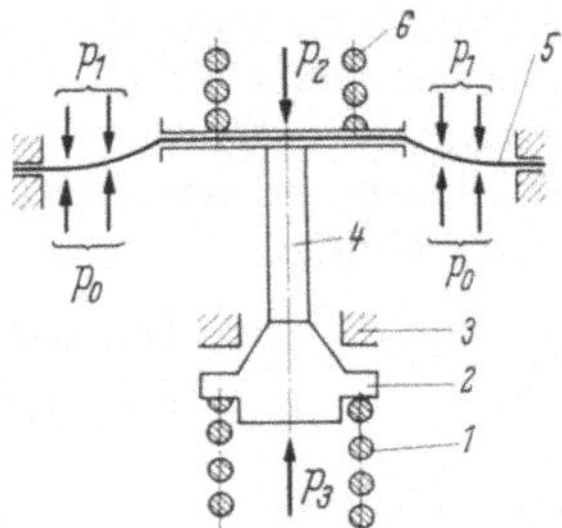

Abb. 46. Kräfte im Konstantdruck-Expansionsventil.

p_0 Verdampferdruck, p_1 Druck im Membranraum, p_2 Druckäquivalent der Gegenfeder, p_3 Druckäquivalent der Einstellfeder. *1* Einstellfeder, *2* Ventilnadel, *3* Düse oder Sitz, *4* Abhebestift, *5* Membrane, *6* Gegenfeder.

Abb. 45. Schematische Darstellung eines Konstantdruck-Expansionsventils (Automatische Expansionsventils).

1 Eintritt, *2* Ventilnadel, *3* Düse oder Sitz, *4* Abhebestift, *5* Membrane, *6* Gegenfeder, *7* Membranraum, *8* Austrittsanschluß, *9* Einstellfeder, *10* Einstellspindel.

Drosselspalt und strömt als Gas-Flüssigkeitsgemisch mit dem Druck p_0 durch den Austrittsanschluß (*8*) zum Verdampfer. Das Ventil hat eine mit der Schraube (*10*) einstellbare Regelfeder (*9*), deren Einstellung die Höhe des konstant zu haltenden Austrittsdrucks p_0 bestimmt, sowie eine nicht veränderliche Gegenfeder (*6*). Letztere kann auch entfallen und durch ein Gaspolster bestimmten Drucks in dem von dem Deckel (*7*) und der Membrane (*5*) gebildeten Raum ersetzt werden. Je nach Konstruktion können auch die beiden Federn (*6*) und (*9*) in ihrer Anordnung miteinander vertauscht werden. Die Membranbewegung wird durch den Stift (*4*) auf die Ventilnadel übertragen und durch die Membranstellung der Durchflußquerschnitt und damit die Durchflußmenge zum Verdampfer geregelt.

Die Höhe des konstant zu haltenden Austrittsdrucks p_0 hängt von folgendem Gleichgewichtszustand ab (Abb. 46):

Ventil mit Gegenfeder:

$$P_0 + P_3 = P_1 + P_2$$

da $P_0 = p_0 \cdot F_w$ und $P_1 = p_1 \cdot F_w$ gilt:

$$p_0 \cdot F_w + P_3 = p_1 \cdot F_w + P_2$$

$$p_0 = \frac{p_1 \cdot F_w + P_2 - P_3}{F_w} \; [\text{kp/cm}^2 \text{ abs.}]$$

Hierin ist:

F_w wirksame Membranfläche [cm^2]

p_0 Austrittsdruck [kp/cm^2 abs.]

p_1 Druck im Membranraum [kp/cm² abs.]
P_2 Kraft der Gegenfeder [kp]
P_3 Kraft der Regulierfeder [kp]

Da bei Ventilen mit Gegenfeder p_1 immer gleich dem atmosphärischen Luftdruck ist, kann man auch schreiben:

$$p_0 = 1 + \frac{P_2 - P_3}{F_w}$$

Für Ventile ohne Gegenfeder mit Gaspolster p_1' im Membranraum gilt entsprechend:

$$p_0 \cdot F_w + P_3 = p_1' \cdot F_w$$

$$p_0 = p_1' - \frac{P_3}{F_w}$$

wobei p_1' nicht konstant ist, sondern sich nach dem allgemeinen Gesetz: $p \cdot v = R \cdot T$ mit der Temperatur des Ventilkörpers, also mit t_0, ändert. Diese Änderung ist ohne störenden Einfluß auf die Funktion, muß aber bei der Bemessung des Drucks berücksichtigt werden.

v kann hierbei als annähernd konstant angesehen werden, da grundsätzlich der von dem Deckel (7) und der Membrane (5) gebildete Membranraum so groß bemessen sein muß, daß hier durch die Membranbewegung keine merkliche Druckänderung auftritt, die bei einer Erhöhung von p_0 ein verzögertes Schließen des Ventils zur Folge hätte.

Die auf den Querschnitt der Ventildüse wirkende Druckdifferenz zwischen Ein- und Austrittsdruck kann vernachlässigt werden, da das Verhältnis der wirksamen Membranfläche zur Düsenfläche bei richtig konstruierten Ventilen im allgemeinen so groß ist, daß diese Kraft ohne Einfluß auf die Funktion bleibt.

Während der Stillstandsperiode der Maschine ist ein richtig eingestelltes Konstantdruck-Expansionsventil immer geschlossen, da der steigende Saugdruck p_0 und die Regelfederkraft P_3 die Öffnungskräfte überwiegen. Schaltet die Maschine ein, so sinkt der Saugdruck schnell ab, da der Verdampfer solange kein Kältemittel erhält, bis das Gleichgewicht zwischen den Öffnungs- und Schließkärften erreicht ist. Die Membrane beginnt sich nach unten durchzubiegen, bis die Nadelstellung erreicht ist, bei der dem Verdampfer diejenige Kältemittelmenge zufließt, die zur Konstanthaltung des Saugdrucks erforderlich ist.

Sinkt die Wärmezufuhr zum Verdampfer, so tritt eine Verminderung des Saugdrucks ein, die, trotz des abnehmenden Bedarfs an zugeführtem Kältemittel, das Ventil immer weiter öffnet und den Verdampfer mehr und mehr überfüllt. Bei Erhöhung der thermischen Verdampferbelastung dagegen, wäre auch ein vermehrter Kältemittelbedarf vorhanden. Da der Saugdruck jedoch mit der Wärmezufuhr steigt, drosselt dieser das Ventil und vermindert die Verdampferfüllung. Die Arbeitsweise des druckgesteuerten Expansions-Ventils ist also bei wechselnder Belastung den Erfordernissen der Kältemittelregelung gerade entgegengesetzt. Es kann daher nur bei Anlagen mit weitgehend gleichbleibender Belastung verwendet werden, bei denen die Wirtschaftlichkeit des Betriebes gegenüber anderen Gesichtspunkten eine untergeordnete Rolle spielt.

In Abb. 47 ist das typische Druck-Zeit-Diagramm eines Konstantdruck-Expansionsventils vom Start über einige Laufperioden hinweg gezeigt, wie es auf einem Saugdruckschreiber erscheint. Während die ersten Schaltungen ein einwandfreies Verhalten zeigen, ist bei (3) ein fehlerhaftes Verhalten des Ventils durch verspätetes Öffnen deutlich sichtbar.

4*

b) Die Öffnungscharakteristik des Konstantdruck-Expansionsventils. Einer bestimmten Einstellung der Regelfeder ist zwar nach obiger Gleichung ein fester Wert von p_0 zugeordnet und jede Änderung von p_0 wird sofort durch entsprechende Veränderung der Membranlage und damit des Öffnungsquerschnitts kompensiert. Da sich jedoch mit zunehmendem Öffnungsweg die Federlängen und infolgedessen auch die Federkräfte ändern, tritt zwischen dem Öffnungsbeginn und der vollen Ventilöffnung eine auch als Ungleichförmigkeit bezeichnete Änderung von p_0 ein,

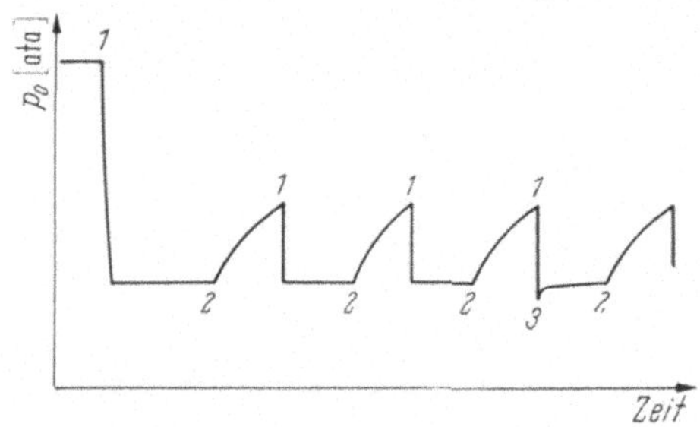

Abb. 47. Druck-Zeit-Diagramm eines Konstantdruck-Expansionsventils.
1 Einschaltpunkt, *2* Ausschaltpunkt, *3* fehlerhaftes Arbeiten des Ventils (verspätetes Öffnen durch Reibung o. ä.).

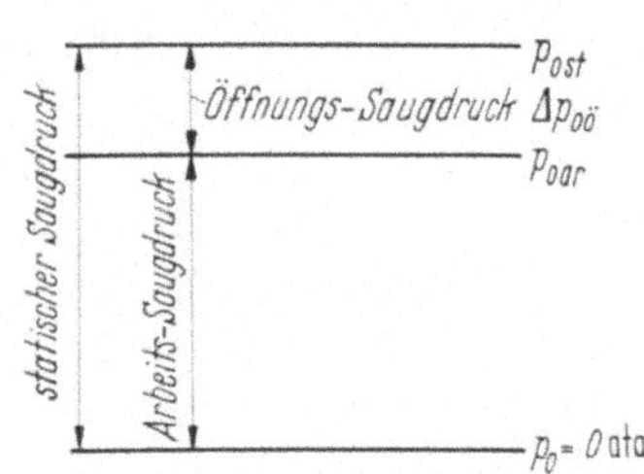

Abb. 48. Öffnungscharakteristik des Konstantdruck-Expansionsventils.

die konstruktionsbedingt und von den Federkonstanten des Gesamtventils, also der Feder und des Steuergliedes, abhängig ist. Sie ist um so größer, je starrer das Federsystem ist und kann zwischen verschiedenen Fabrikaten erhebliche Unterschiede aufweisen.

Diese Ungleichförmigkeit wirkt sich in der Praxis allerdings nicht — wie man vielleicht erwarten sollte — in Schwankungen von p_0 während des Betriebes aus, da bei einer gegebenen Anlage die abgesaugte Menge und damit die Öffnungsstellung bei annähernd gleicher Belastung weitgehend konstant bleibt. Sie kommt vielmehr in der Differenz zwischen dem Schließ- und Öffnungsdruck, oder richtiger, zwischen dem statischen ($p_{0\,st}$) und dem Arbeits-Saugdruck ($p_{0\,ar}$) zum Ausdruck.

Für das Verständnis dieser Zusammenhänge seien diese Begriffen achstehend erläutert (s. a. Abb. 48):

$p_{0\,st}$ statischer Saugdruck des Ventils
Saugdruck-Einstellung bei Öffnungsbeginn der Nadel, die meist vom Lieferanten nach Angabe des Abnehmers vorgenommen wird.

$p_{0\,ar}$ Arbeits-Saugdruck des Ventils
Saugdruck, der sich bei den gegebenen Arbeitsbedingungen in der Anlage und einer bestimmten statischen Saugdruck-Einstellung ergibt.

$\varDelta p_{0\,ö}$ $p_{0\,st} - p_{0\,ar}$, die Öffnungs-Druckdifferenz, die erforderlich ist, um der Ventilnadel den für die Arbeitsbedingungen notwendigen Öffnungsweg zu geben. Da es sich hierbei um irgendwelche, durch die jeweilige Anlage bedingten Werte handelt, ist entsprechend:

$\varDelta p_{0\,ön}$ Öffnungs-Druckdifferenz bei Nennleistung.

Die von den Herstellern herausgegebenen Tabellen über die Nennleistungen der Konstantdruck-Expansionsventile sollten daher immer auch Angaben über die Öffnungsdruckdifferenz enthalten, auf die die Leistungswerte bezogen sind. Auch bei den Angaben über den Einstellbereich, also den maximalen und minimalen mit der Regelfederverstellung erreichbaren Saugdruck, sollten Hinweise gemacht werden, ob diese Werte für die statische Einstellung oder die Öffnungsdruckdifferenz bei Nennleistung gelten. Erst damit ist ein Ventil eindeutig be-

stimmt, und die richtige Auswahl möglich. Unstimmigkeiten über Leistungsangaben gehen fast immer hierauf zurück. Ventile, deren Öffnungsdruckdifferenz
größer als die Saugdruckdifferenz zwischen Betrieb und Stillstand der Anlage ist,
können im Stillstand der Maschine nicht schließen und führen zur Überfüllung
des Verdampfers durch Nacheinspritzen. Auch kann die obere Grenze des Einstell-
bereichs oft bei weitem nicht erreicht werden, wenn die Angabe des Bereichs auf
die statische Einstellung bezogen ist, das Ventil aber bei Nennleistung verwendet
wird und seine Ungleichförmigkeit groß ist.

    c) Verwendung. Bedingt durch ihr Verhalten, können Konstantdruck-Expan-
sionsventile nur bei Anlagen von möglichst gleichbleibender Belastung verwendet
werden. Wegen ihres einfachen Aufbaus und ihres niedrigen Preises waren Haus-
haltsschränke und Kleingewerbekühlmöbel zunächst ihr Hauptverwendungs-
gebiet. Auch dort sind sie fast ganz durch die Kapillarrohrregelung oder auch das
thermostatische Expansionsventil verdrängt worden. Sie haben daher heute nur
noch für wenige Sonderanwendungsgebiete, in denen konstante Saugdrücke aufrecht erhalten werden sollen, wie z. B. bei kleinen Wasser- und Milchkühlern,
Luftentfeuchtungsapparaten, als Pilotventile für Druckregler und zur Leistungsregelung ihre Berechtigung, obwohl sie zahlenmäßig immer noch in weit größerem
Umfang, als aus technischen Gründen anzunehmen wäre, verwendet werden.

    Grundsätzlich kann immer nur *ein* druckgesteuertes Expansionsventil in einer
Anlage eingebaut werden. Parallelschaltung ist nicht möglich, da praktisch
immer nur eines, nämlich dasjenige mit der etwas höheren Einstellung zum Arbeiten käme. Die gleichzeitige Verwendung druckgesteuerter und thermostatischer
Expansionsventile ist nur in extrem gelagerten Ausnahmefällen möglich. Die zuweilen empfohlene Hintereinanderschaltung mehrerer Verdampfer in verschiedenen Räumen ist unbefriedigend, da sich die gesamte Rohrschlange langsam vom
Ventil her beginnend füllt und daher der erste Verdampfer zuerst kalt wird. Eine
Abstimmung der verschiedenen Raumtemperaturen ist fast unmöglich zu erreichen.

    Die Temperaturregelung bei Anlagen mit druckgesteuerten Expansionsven-
tilen erfolgt durch Verdampferthermostaten, deren Fühler am Ende der Verdampferschlange angebracht wird. Einstellung von Ventil und Thermostat müssen einander entsprechen, damit der Thermostat seine Aufgabe, die Verdampferfüllung zur Vermeidung nassen Arbeitens zu begrenzen, erfüllen kann. Die Temperaturregelung erfolgt damit indirekt und geht von der Voraussetzung aus, daß bei
gleichbleibender Belastung dem vollbeaufschlagten Verdampfer eine bestimmte
zugeordnete Raumtemperatur entspricht. Raumthermostate sind nicht zu verwenden, da diese eine Überfüllung des Verdampfers nicht verhindern können. Für
Pressostate fehlt durch den konstanten Saugdruck der Anlage der für ihre Funktion notwendige Regelimpuls.

    d) Sonderbauart mit innerem Bypass (Bleed Type). Die zunehmende Verwen-
dung der Kapillarrohr-Regelung für kleinere Serienkühlmöbel brachte die Schaf-
fung von kleinen, außerordentlich preiswerten Hermetik-Aggregattypen mit sich.
Diese Maschinen sind ohne Flüssigkeitssammler und mit Motoren von nur kleinem
Anlaufmoment ausgerüstet, da das Kapillarrohr während der Stillstandzeit vollen
Ausgleich zwischen Kondensator- und Verdampferdruck gewährleistet. Der
geringe Preis dieser in großen Stückzahlen hergestellten Aggregate legte ihre
Verwendung auch außerhalb des Serienbaues nahe. Die Ermittlung der richtigen
Dimension des Kapillarrohres und seine Beschaffung in Einzelfällen oder Klein-
serien ist jedoch zu aufwendig. Es wurde daher eine Expansionsventil-Type an-
gestrebt, die in ihrer Funktion weitgehend dem Verhalten der Kapillarrohr-
Regelung entspricht. Dieses Ventil muß also im Stillstand den Druckausgleich

zwischen Verflüssiger und Verdampfer ermöglichen und daher bei geschlossener Nadel einen entsprechenden Überströmquerschnitt erhalten, der so bemessen sein muß, daß der Ausgleich bis zur nächsten Laufperiode mit Sicherheit erfolgt ist, dessen Durchflußmenge aber kleiner als diejenige während der Laufzeit sein muß, um das Ventil nicht außer Funktion zu setzen. Der Bypass kann auf verschiedene Art und Weise erreicht werden:

Bypass-Bohrunng parallel zur Düse. Diese Ausführung bietet eine leichte Beherrschung des gewünschten Querschnitts. Da die Bohrung jedoch bei Ventilen für sehr kleine Leistungen einen sehr kleinen Durchmesser haben kann, besteht bei diesen Gefahr der Verstopfung durch Schmutzteilchen aus dem Kreislauf (Abb. 49a).

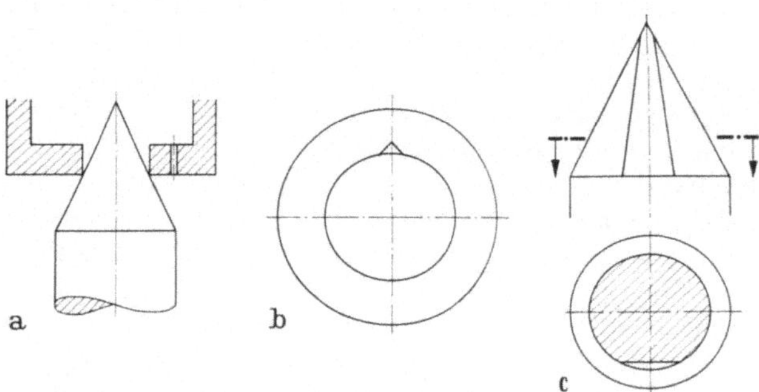

Abb. 49a—c. Expansionsventile mit innerem Bypass (Bleed-Typen).
a) Bypassbohrung parallel zur Düse, b) Düseneinkerbung, c) Nadel mit flachem Anschliff.

Kerbenförmiger Einschnitt an der Düsensitzkante. Schwierige Herstellung und Dimensionierung, jedoch keine Verstopfungsgefahr, da Selbstreinigung bei jeder Ventilöffnung (Abb. 49b).

Flacher Anschliff am Nadelkegel. Genaue Herstellung und Messung möglich. Selbstreinigung wie in Abb. 49b. Ein besonderer Vorteil ist hierbei, daß mit größer werdendem Düsendurchmesser auch der Bypass-Querschnitt zunimmt, also immer in einem bestimmten Verhältnis zur Ventilleistung steht (Abb. 49c).

Ventile mit innerem Bypass (Bleed-Type) werden sowohl als druckgesteuerte, wie auch als thermostatische Expansions-Ventile ausgeführt. Ihre Bedeutung ist noch relativ gering, scheint jedoch mit der zunehmenden Verwendung hermetischer Aggregate zu wachsen.

e) Verschiedene Bauformen der Konstantdruck-Expansionsventile. Abb. 50 zeigt eines der ältesten Konstantdruck-Expansionsventile für Ammoniak aus USA (ALCO).

Die mit der Spindel (*1*) einstellbare Kraft der Feder (*2*) wirkt in Öffnungsrichtung auf die Membrane (*3*), die durch eine entsprechende Formgebung der Gehäuseteile gegen eine Überdehnung in beiden Richtungen geschützt wird. Die Durchbiegung der Membrane überträgt sich auf die Nadel (*4*), die dadurch aus der Düse (*5*) abgehoben wird und dem Kältemittel den Durchgang zur Nachdüse (*6*) freigibt. Durch die Nachdüse wird eine 2stufige Entspannung und damit eine Schonung des Ventilsitzes erzielt, gleichzeitig auch oszillierendes Arbeiten, das durch die starke Dampfbildung bei Ammoniak begünstigt wird, vermieden. Über die innere Druckausgleichsbohrung (*7*) ist der Raum unter der Membrane mit dem Verdampfer verbunden. Steigt dessen Druck an, so kehrt die Membrane in ihre neutrale Lage zurück und die Kraft der Feder (*8*) bringt die Ventilnadel wieder in Schließstellung.

Auch bei dem in Abb. 51 dargestellten Ventil in Wellrohrausführung wirkt die Kraft der Regelfeder in Öffnungsrichtung (Danfoss). Eine in Gegenrichtung wirkende Schließfeder ist jedoch nicht erforderlich, da der mit dem inneren Well-

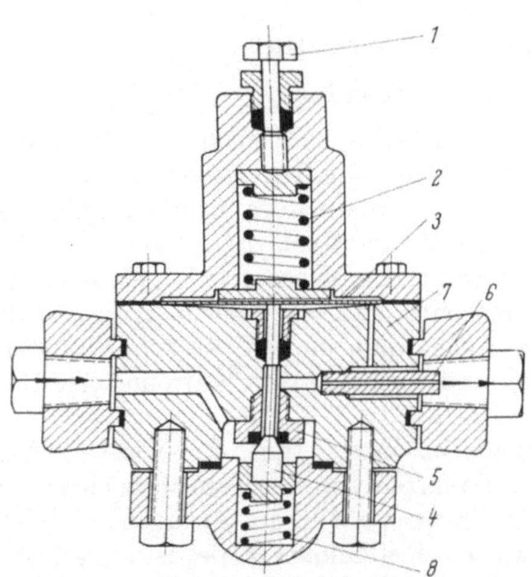

Abb. 50. Konstantdruck-Expansionsventil ältester Bauart (ALCO).
1 Einstellspindel, 2 Einstellfeder, 3 Membrane, 4 Ventilnadel, 5 Düse, 6 Nachdüse, 7 innerer Druckausgleich, 8 Gegenfeder.

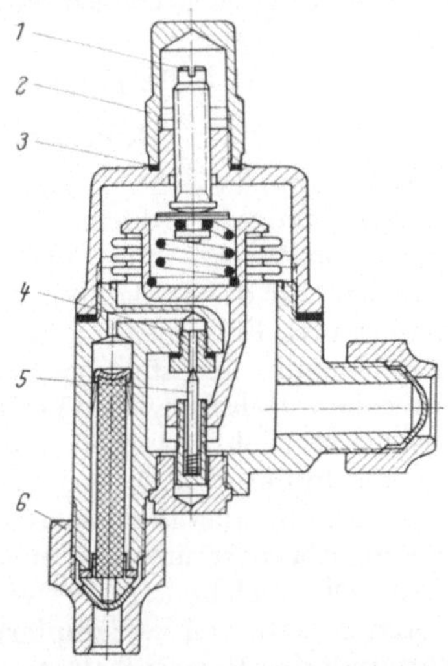

Abb. 51. Konstantdruck-Expansionsventil (Danfoss).
1 Einstellspindel, 2 Schutzkappe, 3 Dichtung, 4 Düse, 5 Ventilnadel, 6 Eintritt.

rohrgehäuse verbundene Arm beide Bewegungsrichtungen auf die pendelnd aufgehängte Ventilnadel (5) überträgt. Der Raum über dem Wellrohr steht unter atmosphärischem Druck, eine Hutmutter (2) mit Dichtung (3) verhindert das Eindringen von Luftfeuchtigkeit über die Gewindegänge der Einstellspindel (1).

Bei Abb. 52 (Flica) dient dagegen die in Schließrichtung wirkende Feder zur Einstellung des Ventils. Ihre Vorspannung wird über die rechtwinklig zur Feder-achse angeordnete Spindel verändert, deren keglige Spitze den konischen Federteller axial verschiebt. Eine separate kleine Schließfeder bringt bei einer Aufwärtsbewegung der Membrane die Nadel in Ruhestellung. In Öffnungsrichtung wirken die Gegenfeder sowie der atmosphärische Luftdruck im oberen Membranraum. Ein Distanzstück, das in einem schlauchförmigen Gummiteil endet, soll ein übermäßiges Durchbiegen der Membrane sowie ein Hämmern des Ventils verhindern. Die Einstellspindel liegt auf der Kältemittelseite und ist durch Stopfbüchse und Hutmutter entsprechend abgedichtet.

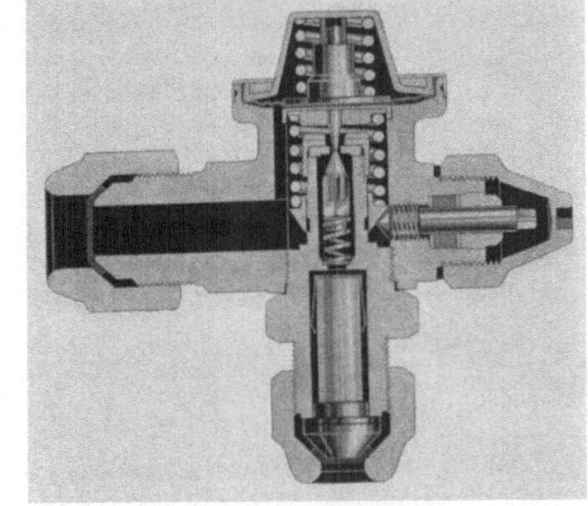

Abb. 52. Konstantdruck-Expansionsventil (Flica).

Da Konstantdruck-Expansionsventile meist nur noch für Sonderfälle benötigt werden, bei denen die Einhaltung eines konstanten Saugdrucks erwünscht ist, dürfte die Entwicklung dieser Geräte weitgehend abgeschlossen sein und ihre Großserienfertigung der Vergangenheit angehören.

Thermostatische Expansionsventile, deren Steuerfüllung durch ein Inertgas ersetzt wird, können an ihrer Stelle verwendet werden. Sie bieten außerdem den Vorteil, daß durch entsprechende Wahl dieses Gasdrucks praktisch jeder gewünschte Saugdruck-Bereich ohne konstruktive Änderung erreicht werden kann.

IV. Thermostatische Expansionsventile.

1. Prinzip, Aufgabe und Verwendung.

Das thermostatische Expansionsventil regelt die dem Verdampfer zugeführte Kältemittelmenge in Abhängigkeit von der Überhitzung des aus dem Verdampfer abgesaugten Gases. Seine Aufgabe ist es, die Verdampferoberfläche möglichst vollständig für die Verdampfung des flüssigen Kältemittels zu nutzen, ohne daß unverdampfte Flüssigkeit in die Saugleitung zum Kompressor gelangen kann. Im Gegensatz zum Konstantdruck-Expansionsventil hält es unabhängig von der thermischen Belastung des Verdampfers, auch wenn sich diese schnell ändert, das Gleichgewicht zwischen zugeführtem und abgesaugtem Kältemittelgewicht bei jedem äußeren Betriebszustand aufrecht.

Daher kann das thermostatische Expansions-Ventil für hohe wie tiefe Verdampfungstemperaturen und auch für alle Bauarten von Verdampfern eingesetzt werden. Die gleichzeitige Verwendung mehrerer Ventile in Anlagen mit einer größeren Anzahl von Verdampfern, auch unterschiedlicher Größe, ist ohne Beeinträchtigung des Regelverhaltens möglich. Da die Überhitzung die Regelgröße ist, die die Funktion des thermostatischen Expansionsventils bestimmt, muß ein Teil der Verdampferfläche für die Überhitzung des abgesaugten Kältemittelgases verwendet werden. Der häufig anzutreffende Wunsch zur 100%igen Ausnutzung der Verdampferfläche ohne Überhitzung zu arbeiten, steht im Widerspruch zum Regelprinzip des thermostatischen Expansionsventils und ist daher nicht erfüllbar.

2. Aufbau und Arbeitsweise.

a) Ausführung mit Einfach-Membrane. Der Aufbau des thermostatischen Expansionsventils mit Einfach-Membrane ist dem der Konstantdruck-Ausführung

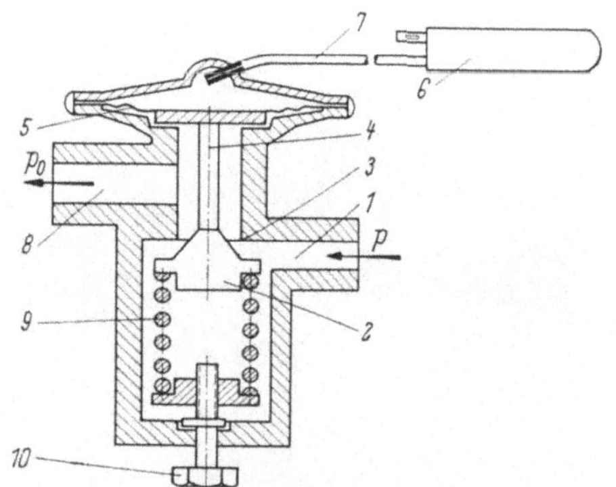

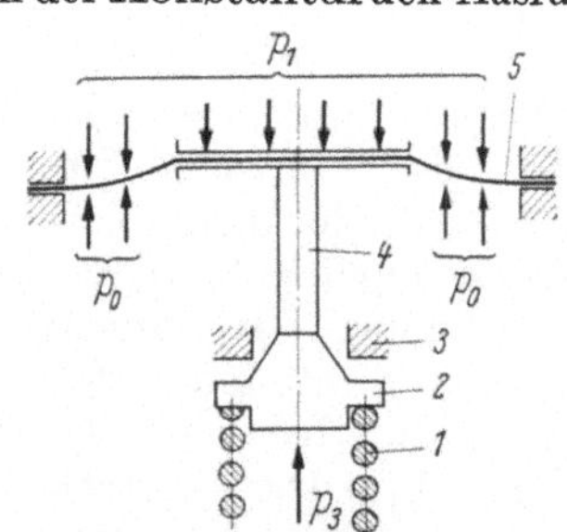

Abb. 54. Kräfte im thermostatischen Expansionsventil. p_0 Verdampferdruck, p_1 Fühlerdruck, p_3 Druckäquivalent der Einstellfeder, *1* Einstellfeder, *2* Ventilnadel, *3* Düse oder Sitz, *4* Abhebestift, *5* Membrane.

Abb. 53. Schematische Darstellung eines thermostatischen Expansionsventils.
1 Eintritt, *2* Ventilnadel, *3* Düse oder Sitz, *4* Abhebestift, *5* Membrane, *6* Fühler, *7* Kapillarrohr, *8* Austritt, *9* Einstellfeder, *10* Einstellspindel.

weitgehend ähnlich, jedoch tritt anstelle des konstanten Drucks, der durch die Gegenfeder und die atmosphärische Luft auf die Membrane in Öffnungsrichtung ausgeübt wird (s. Abschnitt C.III.2a., Abb. 45 und 46) der veränderliche Druck im thermostatischen Steuerelement. Dieser ist von der Temperatur des aus dem

Verdampfer abgesaugten Kältemittelgases abhängig, die durch den Kapillarrohr-Fühler (*6*) abgetastet wird. Abb. 53 zeigt den schematischen Aufbau des Ventils.

Die Arbeitsweise des thermostatischen Expansionsventils wird durch das Zusammenspiel der folgenden drei Kräfte bestimmt (Abb. 54):

$P_1 = p_i \cdot F_w$ Öffnungskraft des Fühlerdrucks auf die wirksame Membranfläche

$P_0 = p_0 \cdot F_w$ In Schließrichtung wirkende Kraft des Drucks am Verdampfereintritt auf die wirksame Membranfläche

P_3 Kraft der Einstellfeder (*1*) in Schließrichtung.

Allgemein gelten die Gleichgewichtsbedingungen:

$$P_0 + P_3 = P_1$$

$$p_0 \cdot F_w + P_3 = p_1 \cdot F_w$$

oder:

$$p_0 + \frac{P_3}{F_w} = p_1$$

Der Ausdruck P_3/F_w ist das Druckäquivalent der Federkraft, bezogen auf die wirksame Membranfläche

Setzt man: $P_3/F_w = p_3$
so lautet die Gleichung:

$$p_0 + p_3 = p_1$$

Solange Gleichgewicht herrscht, bleibt die Öffnungsstellung des Ventils unverändert. Erwärmt sich jedoch der Fühler, weil der Verdampfer zu wenig Kältemittel erhält, so erhöht sich der Fühlerdruck p_1 und bewirkt ein weiteres Abheben der Ventilnadel, die dadurch einen größeren Ventilquerschnitt freigibt. Im gleichen Sinn wirkt sich ein Absinken des Verdampferdrucks p_0 aus.

Fallende Fühlertemperatur (t_1, p_1) oder steigende Verdampfertemperatur (t_0, p_0) bewegen die Ventilnadel dagegen in Schließrichtung. Schaltet der Kompressor am Ende der Laufperiode ab, so steigt p_0, da ein weiteres Absaugen nicht mehr erfolgt, schnell an und schließt das Ventil, solange der Fühlerdruck p_1 nicht durch eine entsprechende Erwärmung des Fühlers die Schließdrücke p_0 und p_3 überwiegt.

Abb. 55 zeigt einen Verdampfer mit thermostatischem Expansionsventil in schematischer Anordnung.

Das Kältemittel tritt als Gas-Flüssigkeitsgemisch bei A in den Verdampfer ein. Bei Erreichung des Punktes B der Verdampferschlange ist gerade alle Flüssigkeit verdampft, die Temperatur

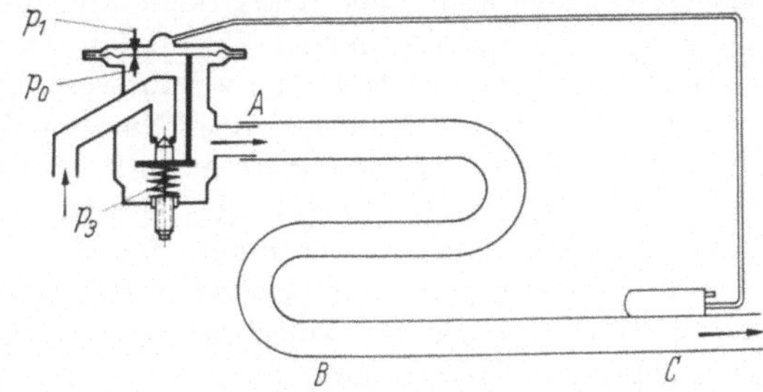

Abb. 55. Thermostatisches Expansionsventil mit Verdampfer, schematische Darstellung.

p_0 Verdampferdruck, p_1 Fühlerdruck, p_3 Druckäquivalent der Einstellfeder, A Beginn der Verdampfung, B Ende der Verdampfung, C Fühleranbringungsstelle.

jedoch unverändert, das Kältemittel ist also in trockengesättigtem Zustand. Zwischen B und C wird es durch weitere Wärmeaufnahme überhitzt. Durch das Druckäquivalent p_3 der einstellbaren Feder wird festgelegt, bei welcher Differenz zwischen Fühler- und Verdampferdruck, also bei welcher Überhitzung, das Ventil zu öffnen beginnt. Damit wird die Länge der Überhitzungsstrecke im Verdampfer und dessen Ausnutzungsgrad bestimmt.

Je geringer die Überhitzung ist, desto vollständiger wird die Verdampferfläche ausgenutzt. Die Überhitzung kann jedoch nicht willkürlich vermindert werden, ihr minimal erreichbarer Wert hängt von der Verdampferbauart, der Differenz zwischen Raum- und Verdampfungstemperatur und vor allem auch der Öffnungsüberhitzung des Ventils ab (s. Abschn. C.IV.3a.).

Die Abb. 56 und 57 zeigen verschiedene Ausführungsformen von Ventilen mit Einfach-Membrane bzw. Einfach-Wellrohr.

Abb. 56: Thermostatisches Expansionsventil für Kleinkälteanlagen (ALCO-NOBIS) mit schutzgasgeschweißter Membrane. Das flüssige Kältemittel tritt

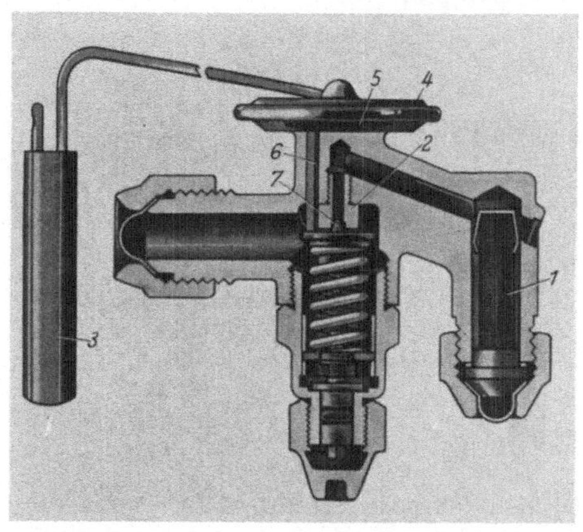

Abb. 56. Thermostatisches Expansionsventil (ALCO).
1 Eintritt mit Sieb. *2* Düse, *3* Fühler, *4* oberer Membranraum, *5* unterer Membranraum, *6* Abhebestift, *7* Ventilnadel.

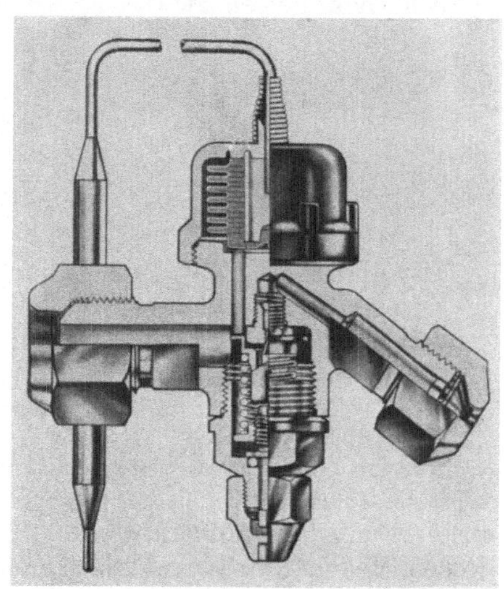

Abb. 57. Thermostatisches Expansionsventil (Egelhof).

durch das Sieb (*1*) in das Ventil ein und gelangt bis zur Düse (*2*). Bei Erwärmung des Fühlers (*3*) biegt sich die zwischen den Schalen (*4*) und (*5*) des Steuerteils eingeschweißte Membrane etwas nach unten durch und hebt durch die Übertragungsstifte (*6*) die Ventilnadel (*7*) von der Düse ab. Damit wird der Durchfluß zum Verdampfer entsprechend der Nadelbewegung freigegeben.

Die schwimmend aufgehängte Nadel soll ohne zwangsweise Seitenführung die selbständige und reibungsfreie Zentrierung auf die Düsenmitte gewährleisten. Bei Ventilen dieser Größe wird die abgewinkelte Anordnung der Anschlüsse häufig gewählt, um einen geringen Platzbedarf zu erzielen.

Abb. 57 zeigt ein Wellrohrventil mit Adsorptionsfüllung, dessen Steuerelement als gesondertes Bauteil aufschraubbar ausgeführt ist (Egelhof) und dadurch eine separate Dichtigkeitsprüfung des thermostatischen Teils ermöglicht. Der gegenüber der Membrane wesentlich größere nutzbare Hub des Wellrohrs gibt größere Freizügigkeit in den Fertigungstoleranzen und erlaubt daher diese Lösung, ohne Beeinträchtigung der Funktion. Eine Hubbegrenzung wird einerseits durch den Ventilkörper, andererseits durch ein Stützrohr im Inneren des Balges erreicht.

Eine völlig andere konstruktive Lösung wurde bei dem adsorptionsgefüllten Wellrohrventil von FAS gewählt (Abb. 58.) Nadel und Düse sind hier in einer Hülse zu einer gesonderten Baueinheit zusammengefaßt, die einen separaten Austausch dieser Teile bei Störungen ermöglichen soll. Der Boden des Wellrohres (*1*) ist an einigen erhöhten Augen im Inneren des Ventilkörpers (*2*) angelötet, von denen eines durch eine Bohrung die Verbindung zwischen dem Innenraum des Wellrohrs mit dem Kapillarrohr (*3*) und dem Fühler (*4*) herstellt. Ein Bügel (*5*), der zwischen den Auflageaugen um das Wellrohr herumgreift, überträgt die Bewegung des freien Wellrohrendes auf die Ventilnadel (*6*). Im Gegensatz zu den vorher gezeigten Ausführungen (Abb. 56 und 57) bewegt sich durch diese Anordnung das Well-

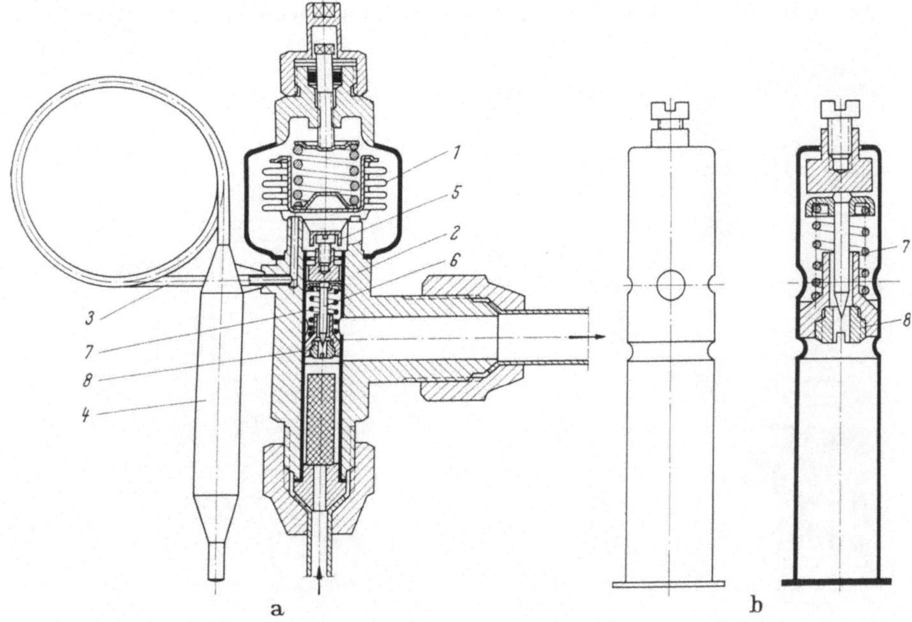

Abb. 58a u. b. Thermostatisches Expansionsventil mit einsteckbarem Nadel-Düsen-Satz (FAS).

a) Gesamtschnitt, b) Nadeldüsensatz: *1* Wellrohr, *2* Ventilkörper, *3* Kapillarrohr, *4* Fühler, *5* Abhebebügel, *6* Ventilnadel, *7* Abhebefeder, *8* Düse.

rohr bei Erhöhung des Fühlerdrucks von der Nadel fort. Diese wird daher nicht durch die Öffnungskraft des Steuerelementes, sondern durch eine Feder (*7*) von der Düse (*8*) abgehoben.

Ein sehr variables Baukastensystem wird bei den thermostatischen Expansionsventilen von ALCO angewendet (Abb. 59.) Diese Ventile setzen sich aus drei selbständigen Hauptbauteilen zusammen, von denen jedes für sich austauschbar ist (Abb. 59a):

1. Ventiloberteil, bestehend aus Ventilkörper mit Einstellspindel und Steuerelement, dessen Ausführung durch das Betriebskältemittel, die Fühlerfüllung und die Kapillarrohrlänge bestimmt wird.

2. Ventileinsatz, der Nadel und Düse, sowie alle beweglichen Teile des Ventils, einschließlich der Regelfeder und der Verstelleinrichtung enthält, und dessen Ausführung durch die benötigte Leistung bzw. den erforderlichen Öffnungsquerschnitt festgelegt wird.

3. Anschlußteil, der der gewünschten Abmessung und Anordnung der Rohranschlüsse entspricht. Da dieser keine beweglichen oder durch Hitze gefährdeten Teile enthält, bietet er sich vor allem für Lötverbindungen an.

Den Schnitt durch das zusammengebaute Ventil zeigt Abb. 59c. Die 3 Hauptbauteile werden nach dem Löten der Anschlüsse zusammengesteckt und durch zwei Schrauben miteinander verbunden. Die Drehbewegung an der Einstellspindel (*4*) wird durch eine Zahnradübersetzung auf den Federteller des Ventileinsatzes übertragen, wodurch große Verstellwege und eine genaue Einstellung erreicht werden sollen.

Die leichte Zugänglichkeit des Ventileinsatzes (Abb. 59b) soll eine Inspektion der beweglichen Teile bei Verdacht auf eine Störung durch Verschmutzung, ausgefrorene Feuchtigkeit usw. ermöglichen. Der Anschlußteil kann in Abmessung der Anschlüsse und in ihrer Lage zueinander verschiedenen Bedürfnissen

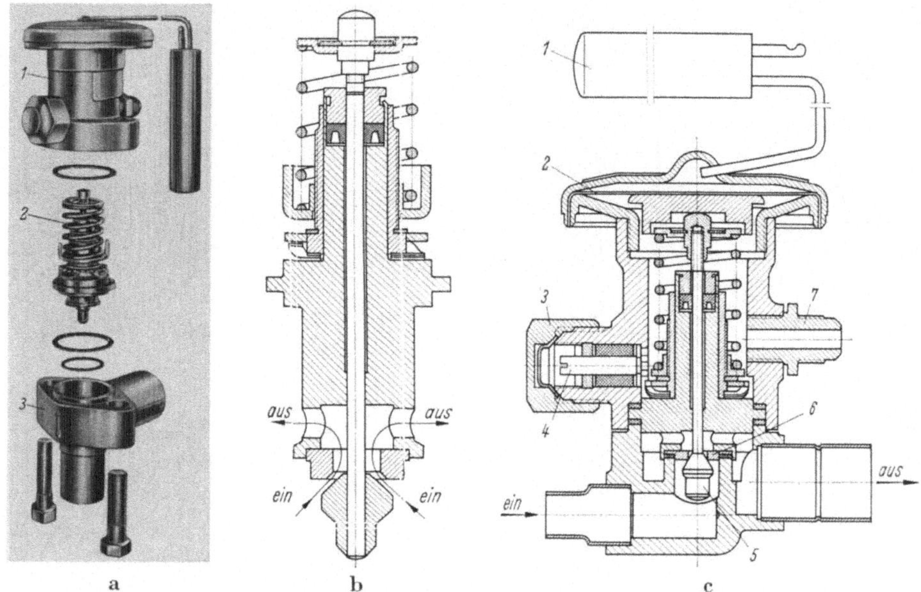

Abb. 59a—c. Thermostatisches Expansionsventil in Baukasten-System (ALCO).
a) Die drei Hauptbauteile, b) Ventileinsatz (Schnittbild), c) Gesamtschnitt.

angepaßt werden. Die Anschlußteile werden für die gleiche Type sowohl in Durchgangs- als auch in Winkelausführung für die verschiedensten Rohrdimensionen ausgeführt.

Ausführungen dieser Art erfordern wegen der fixen Abstände der Dichtflächen und wegen der vollen Austauschbarkeit der Teile besondere Präzision, die durch eine praktisch toleranzlose Endbearbeitung der wichtigen Bezugsmaße der fertig montierten Hauptbauteile erreicht werden kann. Voraussetzung ist ferner eine ausreichende Stabilität der Teile, da durch einen Austausch keine Änderung der Einstellung und Funktion eintreten soll.

Während die Expansionsventile kleiner Leistung meistens als Nadelventile ausgebildet sind, ist bei großen die Verwendung von Flachsitzen vielfach üblich. Abb. 60 zeigt ein solches direkt gesteuertes Ventil für größere Leistungen mit pendelnd aufgehängtem Flachsitz und Mittelstiftabhebung (Bitzer).

Bei der bisherigen Betrachtung der die Ventilfunktion bestimmenden Kräfte wurden lediglich die Steuerkräfte berücksichtigt, während die aus dem Druckgefälle im Ventil auf den Düsenquerschnitt wirkenden und die aus der Strömungsgeschwindigkeit resultierenden Zusatzkräfte zunächst außer Ansatz blieben. Bei kleinen Nadelventilen ist dies zulässig, da bei diesen das Verhältnis der Membranzur Düsenfläche im allgemeinen so groß ist oder zumindest so groß sein sollte, daß diese Zusatzkräfte vernachlässigbar klein bleiben. Da sie jedoch im Quadrat des Düsendurchmessers wachsen, können sie bei großen Ventilen einen erheblichen

Wert erreichen und dadurch sowohl die Überhitzungseinstellung als auch das Öffnungs- und Schließverhalten in Abhängigkeit von dem Druckgefälle stark verändern, wenn nicht durch gleichzeitige Vergrößerung der wirksamen Membranfläche auch das Flächenverhältnis berichtigt wird.

Bei einem Druckgefälle von 7 kp/cm² im Ventil beispielsweise beträgt die statische Zusatzkraft auf das Stellglied (Abb. 61)

bei einem Düsendurchmesser von   1,25 mm : 0,09 kg
4   mm : 0,88 kg
10   mm : 5,5 kg
20   mm : 22,0 kg.

Die aus der Strömungsgeschwindigkeit resultierenden Kräfte sind weitgehend konstruktionsbedingt und nur durch Versuche zu erfassen. Abhängig von der

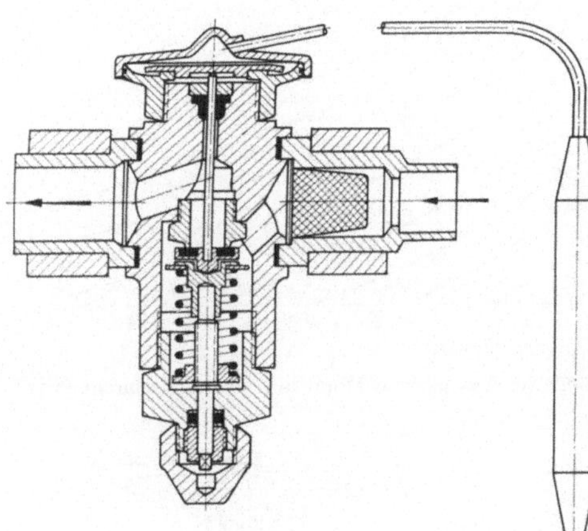

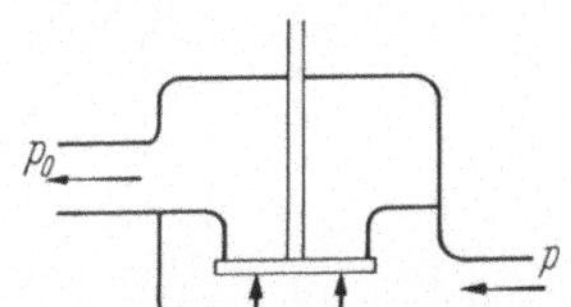

Abb. 61. Die Druckdifferenz $p - p_0$ wirkt als Zusatzkraft auf den Düsenquerschnitt.

Abb. 60. Thermostatisches Expansionsventil mit Flachsitz (Bitzer).

Konstruktion, nämlich von der konstruktiv vorgesehenen Strömungsrichtung ist ferner, ob diese Kräfte in Öffnungs- oder in Schließrichtung wirken. Die Folge dieser auf den Ventilsitz wirkenden Zusatzkräfte kann ein plötzliches, schlagartiges Schließen, eine starke Verzögerung des erneuten Öffnens und eine Verschiebung der statischen Überhitzung in Abhängigkeit von der Änderung des Druckgefälles im Ventil sein. Die Arbeitsweise ist nicht mehr sanft und kontinuierlich, sondern wird zu einer abrupten Auf-Zu-Regelung. Dadurch bedingen die jahreszeitlichen Änderungen der Kondensationstemperatur ebenfalls Änderungen der Überhitzungseinstellung und des Regelverhaltens.

In Abb. 62 ist das Flächenverhältnis Membran- zur Düsenfläche über dem Düsendurchmesser für verschiedene Membrandurchmesser dargestellt. Bei einem Ventil mit einem mittleren Durchmesser des Wellrohres von 25 mm beträgt das Flächenverhältnis bei 1,25 mm Düsendurchmesser 400, bei einer Düse von 4,0 mm nur noch 40. Der Einfluß des Druckgefälles wächst also bei Verwendung der größeren Düse um das 10fache, wobei jedoch zunächst zu entscheiden ist, welchen Anteil die daraus resultierende Kraft in der Gleichung für den Gleichgewichtszustand ausmacht.

Danach kann das notwendige Flächenverhältnis bestimmt werden. Wäre in diesem Fall die Beibehaltung des gleichen Flächenverhältnisses erforderlich, so müßte das Wellrohr auf 80 mm mittleren Durchmesser vergrößert werden. Dies wird zwar nicht immer in diesem Umfang erforderlich sein, auch sind einer solchen Vergrößerung konstruktive Grenzen, wie auch solche durch den Platzbedarf und die Herstellungskosten gesetzt. Es werden daher andere Wege beschritten, um die Wirkung der aus dem Druckgefälle und der Strömungsgeschwindigkeit resultierenden Kräfte auf die Ventilfunktion zu eliminieren.

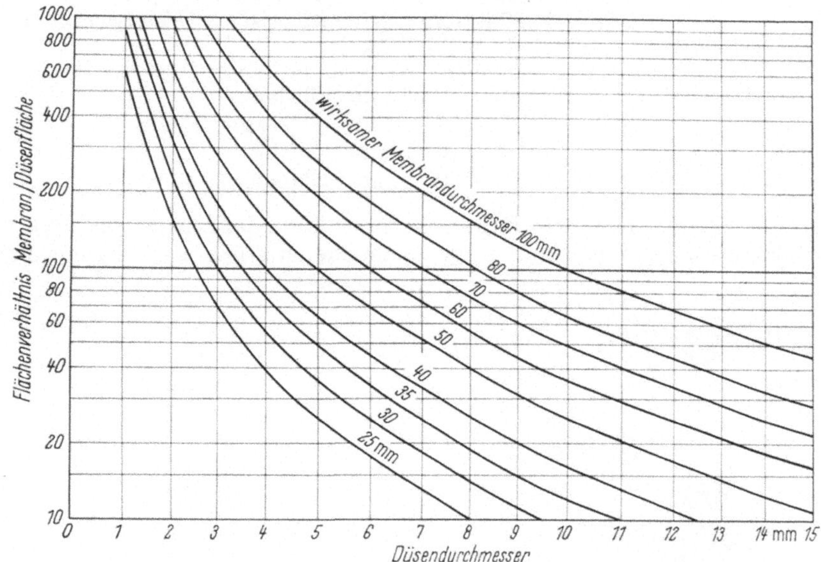

Abb. 62. Flächenverhältnis Membran- zur Düsenfläche für verschiedene Membran- und Düsendurchmesser.

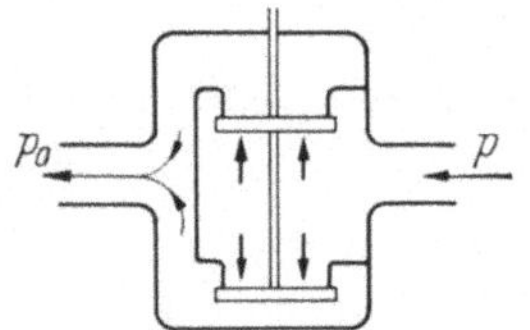

Abb. 63. Voller Ausgleich der auf den Ventilsitz wir kenden Kräfte durch Doppelsitzausführung.

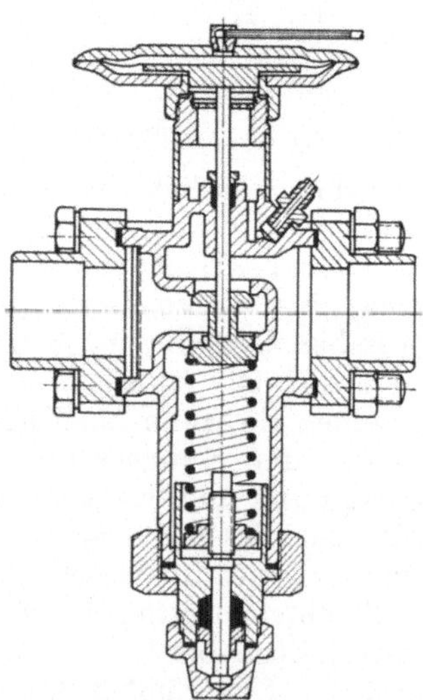

Abb. 64. Thermostatisches Expansionsventil mit Doppelsitz (Sporlan).

Bei der Doppelsitzausführung (Abb. 63) wird durch zwei miteinander starr verbundene Ventilsitze gleichen Durchmessers und durch entgegengesetzte Strömungsrichtung ein Gleichgewicht der Kräfte erreicht. Das Drosselteil ist dadurch voll ausbalanciert.

Einen Schnitt durch ein Doppelsitz-Ventil zeigt Abb. 64 (Sporlan). Die Herstellung des Sitzes erfordert große Genauigkeit, um ein gleichzeitiges Anliegen auf zwei Linien zu erreichen. Wärmeausdehnungskoeffizienten der verwendeten

Materialien müssen berücksichtigt und Spannungen im Ventilkörper, die zu Formfehlern der Sitzflächen führen, vermieden werden.

Eine andere Lösung bietet die in der Regeltechnik häufig angewendete Servosteuerung, die in Abb. 65 schematisch dargestellt ist.

Ein gleitend angeordneter Kolben (*1*) bildet mit der Düse (*2*) den Sitz des Ventils.

In Schließstellung steht der Innenraum des Kolbens durch eine kleine Bohrung (*4*) unter Kondensatordruck. Wird durch die Membranbewegung das Hilfsventil (*3*) geöffnet, so verringert sich entsprechend dem freigegebenen Öffnungsquerschnitt der Innendruck im Kolben und dieser wird durch die Druckdifferenz nach unten bewegt und gibt den Durchfluß am Hauptsitz frei. Sobald das Hilfsventil

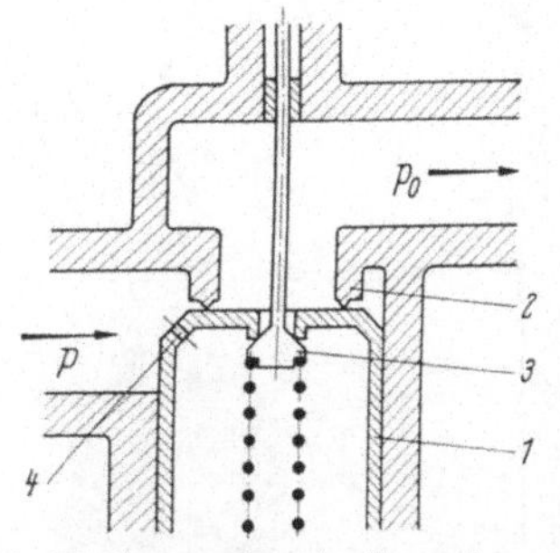
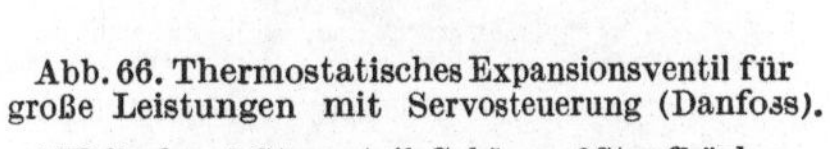

Abb, 65. Servogesteuertes Expansionsventil (Schema).

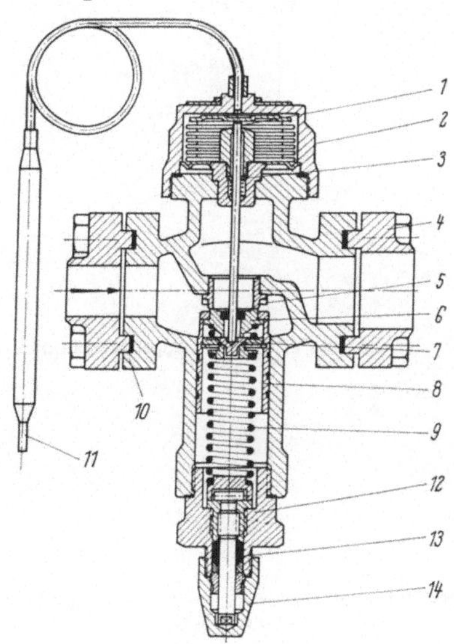

Abb. 66. Thermostatisches Expansionsventil für große Leistungen mit Servosteuerung (Danfoss).

1 Wellrohr, *2* Steuerteil-Gehäuse, *3* Stopfbüchse, *4* Austrittsflansch, *5* Düse, *6* Ventilteller, *7* Pilot-Ventilteller, *8* Servokolben, *9* Einstellfeder, *10* Eintrittsflansch, *11* Fühler, *12* Einstellteil, *13* Stopfbüchse, *14* Hutmutter.

wieder schließt, geht der Kolben durch den sich in seinem Inneren aufbauenden Druck wieder in Schließrichtung.

Auch diese Ausführung erfordert hohe Genauigkeit der Teile. Die Schließplatte des Kolbens wird meist pendelnd aufgehängt, um ein sicheres Anliegen an der Dichtkante der Düse zu gewährleisten. Verunreinigungen im Kreislauf müssen sorgfältig ferngehalten werden, um ein Verklemmen des Kolbens zu vermeiden.

Ein Wellrohrventil mit Servosteuerung (Danfoss) ist in Abb. 66 dargestellt.

b) Ausführung mit Doppelmembrane oder Doppelwellrohr. Verschiedentlich werden thermostatische Expansionsventile auch mit zwei räumlich voneinander entfernten Membranen oder Wellrohren ausgeführt, die mechanisch durch ein Übertragungsglied miteinander verbunden sind, und deren Zwischenraum meist unter atmosphärischem Druck steht (Abb. 67).

Sind die wirksamen Flächen nicht gleichgroß, so lautet die Gleichung für den Gleichgewichtszustand:

$$(p_0 - p_{at}) \cdot F_{w2} + p_3 = (p_1 - p_{at}) \cdot F_{w1}$$

Die Gründe, die zu der Ausführung mit Doppelmembrane oder Doppelwellrohr führten, sind verschiedene:

b_1) Die Verwendung einer Fühlerfüllung mit kondensierbaren Gasen (s. a. Abschn. B. III. 6.) setzt voraus, daß der Membranraum nie kälter als der Fühler werden kann, um ein sogenanntes „Umkehren" der Arbeitsweise zu verhindern.

Der unter Fühlerdruck stehende Raum über der Membrane darf sich daher nicht in unmittelbarer Nähe der Entspannungsstelle befinden oder mit dieser in gut wärmeleitender Verbindung stehen. Bei dieser Füllungsart war es daher notwendig, unter Verwendung von Materialien geringer Wärmeleitfähigkeit für eine thermische Trennung des Steuerelements von den kältemittelführenden Teilen des Ventils zu sorgen.

b_2) Da zunächst als Füllungen für das thermostatische Steuerteil nur verhältnismäßig wenige Kältemittel zur Verfügung standen, mußte man eine gleich-

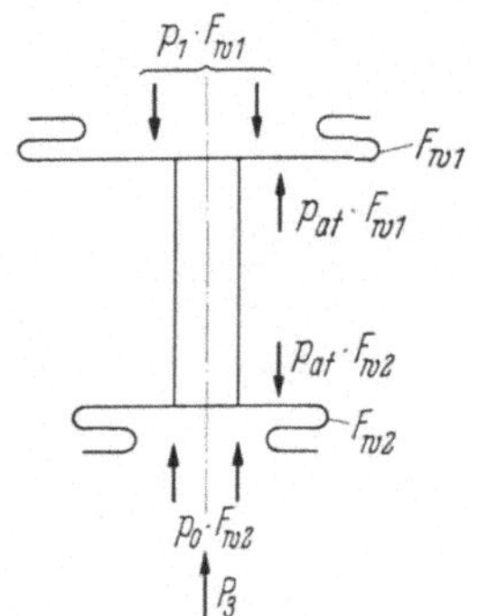

Abb. 67. Kräfte im Ventil mit Doppel-Membrane oder Wellrohr.

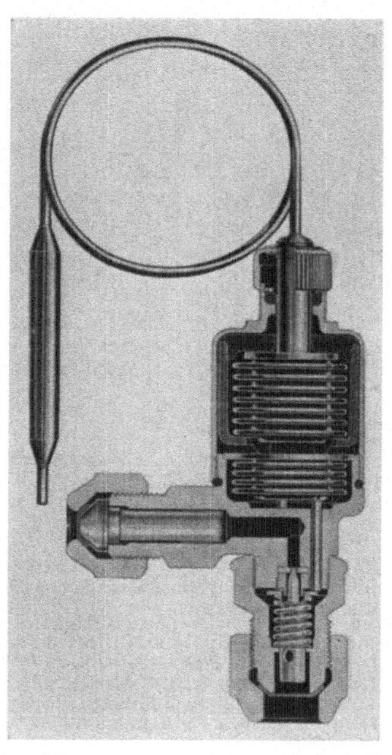

Abb. 68. Thermostatisches Expansionsventil mit Doppel-Wellrohr (Flica).

bleibende Überhitzung über einen bestimmten Temperaturbereich durch Abstimmung verschieden großer wirksamer Membranflächen zu erreichen suchen. Da dies jedoch nur in begrenztem Umfang möglich war, mußte die Überhitzungseinstellung häufiger verändert werden.

b_3) Um die Nachstellung des Expansionsventils zu erleichtern, wurde angestrebt, die Verstelleinrichtung außerhalb der kältemittelführenden Teile des Ventils anzuordnen, um zusätzliche Sicherungen gegen Undichtigkeiten, wie Hutmuttern, Abdeckkappen usw. zu vermeiden. Die Ausführung mit Doppelmembrane oder Doppelwellrohr bot hierzu konstruktive Möglichkeiten.

Abb. 68 zeigt den Schnitt durch ein Ventil mit Doppelwellrohr (Flica). Die Einstellung der Überhitzung erfolgt durch eine Rändelmutter, die das obere Steuerwellrohr und gleichzeitig die in diesem eingebaute Feder mehr oder weniger zusammendrückt. Durch ein schlecht wärmeleitendes Zwischenstück wird die Bewegung des Steuerwellrohrs auf das untere Wellrohr übertragen, das die unter atmosphärischem Luftdruck stehende Haube von der Kältemittelseite trennt. Als Steuerfüllung wird ein kondensierbares Gas verwendet.

c) Thermostatische Nacheinspritzventile. Thermostatische Nacheinspritzventile, auch Flüssigkeitseinspritzventile genannt, nehmen hinsichtlich ihrer Verwendung und Aufgabe eine besondere Stellung unter den thermostatischen Expansionsventilen ein. Je nach dem verwendeten Regelprinzip entsprechen sie in ihrem grundsätzlichen Aufbau teils völlig dem der normalen Ausführung des

Thermo-Ventils, teils weisen sie gewisse Unterschiede in der Steuerfüllung, der Fühlerkonstruktion und der Wellrohr- oder Membran-Anordnung auf.

Thermostatische Nacheinspritzventile haben den Zweck, übermäßig hohe Überhitzungstemperaturen am Austritt des Kompressors durch Einspritzen zusätzlicher Flüssigkeit in die Saugleitung herabzusetzen. Bei Anlagen mit Leistungsregelung durch Heißgas-Bypass-Regelventile (s.Abschn. D.3.) wird heißes, komprimiertes Gas von der Druckseite wieder der Saugseite des Kompressors zugeführt und dadurch die Nutzleistung des Kompressors um den über den Bypass geleiteten Anteil reduziert. Die bereits stark überhitzten Gase werden, mit den Sauggasen vermischt, erneut komprimiert und dadurch weiter überhitzt. Je größer der Anteil der vernichteten Leistung an der Gesamtleistung ist, desto höher wird die Überhitzungstemperatur am Ende der Verdichtung.

Sie kann zu einer Beeinträchtigung der Schmierung, zur Ölkohlebildung und zu Schäden an den Arbeitsventilen führen und auch den Leistungsbedarf des Kompressors stark erhöhen. Bei der Bypaß-Leistungsregelung ist daher die Verwendung von Nacheinspritzventilen bei allen Kältemitteln erforderlich.

Besonders hoch wird die Überhitzung am Ende der Verdichtung im allgemeinen bei Ammoniak-Anlagen, insbesondere wenn diese bei hohen Druckverhältnissen arbeiten. Sind die Verdampfer einer solchen Anlage mit thermostatischen Expansionsventilen ausgerüstet, so verbietet es sich von selbst, durch nasses Ansaugen die Druckrohrtemperatur entsprechend niedrig zu halten, da die thermostatischen Expansionsventile für ihre Funktion eine bestimmte Mindestüberhitzung benötigen. Zur Vermeidung der vorerwähnten Gefahren für den Kompressor und zur Verbesserung des volumetrischen Wirkungsgrades ist daher bei Ammoniak-Anlagen häufig die Anwendung der Nacheinspritzung zweckmäßig.

Die Regelung der Nacheinspritzung erfolgt nach zwei verschiedenen Methoden, die sich sowohl hinsichtlich der Bauart der hierfür verwendeten Ventile, als auch nach dem Prinzip unterscheiden.

c_1) *Regelung nach der Ansaugüberhitzung.* Hierbei wird ein thermostatisches Expansionsventil (*1*) parallel zum Verdampfer angeordnet (Abb. 69). Die Einspritzung (*2*) wird so mit der Saugleitung (*3*) verbunden, daß eine möglichst inten-

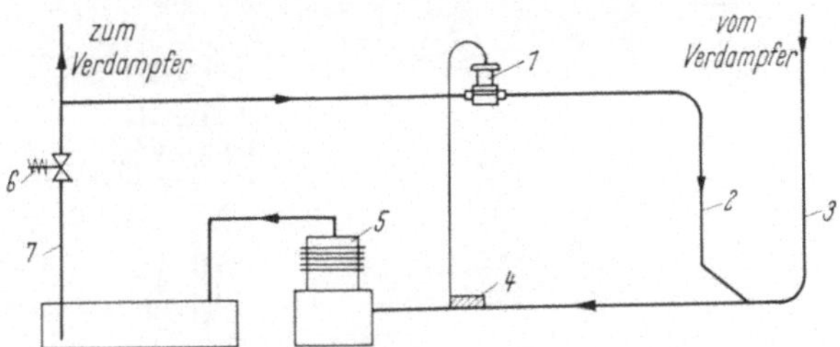

Abb. 69. Thermostatisches Nacheinspritzventil zur Regelung der Ansaugüberhitzung (Schematische Anordnung).

1 Nacheinspritzventil, *2* Einspritzleitung, *3* Saugleitung, *4* Fühler, *5* Kompressor, *6* Magnetventil, *7* Flüssigkeitsleitung.

sive Durchmischung der Flüssigkeit mit dem Sauggas erreicht wird. Der Fühler (*4*) wird kurz vor dem Kompressor (*5*) an der Saugleitung montiert und gegebenenfalls einisoliert, um äußere Temperatureinflüsse fernzuhalten. Die Verwendung eines Magnet-Ventils (*6*) in der Flüssigkeitsleitung (*7*) ist unbedingt erforderlich, um ein Nacheinspritzen während des Stillstandes der Maschine zu verhindern.

Bei dieser Regelung wird die Druckrohrtemperatur indirekt durch Konstanthaltung der Ansaugüberhitzung in gewissen Grenzen gehalten. Sie hat den Vorteil, daß sie rasch auf Änderungen des Ansaugzustandes reagiert. Als Nacheinspritzventile werden thermostatische Expansionsventile üblicher Bauart verwendet, jedoch können nur Geräte mit hoher Ansprechempfindlichkeit und geringen Regelschwankungen zur Anwendung kommen, um bei der kurzen Entfernung zwischen Fühlermontagestelle und Kompressor Flüssigkeitsschläge zu vermeiden. Selbstverständlich muß die Steuerfüllung immer dem Betriebskältemittel und der gewünschten Ansaugüberhitzung angepaßt sein.

Die erforderliche Ventilleistung Q_v ist sorgfältig zu bestimmen, sie beträgt:

$$Q_v = \frac{V}{v} \cdot (i_1 - i_2) \quad \text{kcal/h}$$

hierin ist:

V stündlich gefördertes Gasvolum m³/h
v spezifisches Volum des überhitzten Gases vor der Nacheinspritzung m³/kg
i_1 Enthalpie des überhitzten Gases vor der Nacheinspritzung kcal/kg
i_2 Enthalpie des überhitzten Gases bei der gewünschten Ansaugüberhitzung kcal/kg

v, i_1 und i_2 sind den Dampftafeln im überhitzten Zustand oder dem i, log p-Diagramm zu entnehmen.

c₂) *Regelung nach der Druckrohrtemperatur.* Für diese Art der Regelung ist eine spezielle Bauart des Nacheinspritzventils erforderlich, da es sich nicht um eine

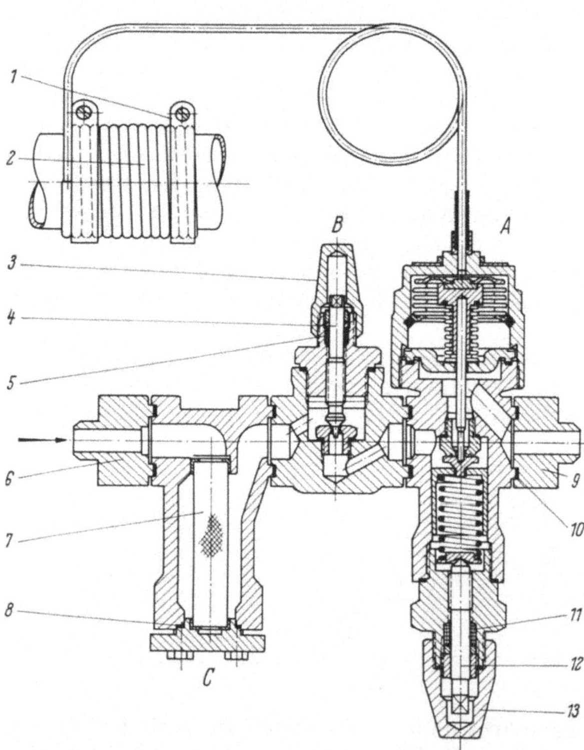

Abb. 70. Thermostatisches Nacheinspritzventil mit handbetätigter Vordosierung und Filter (Danfoss).

A Thermostatisches Ventil, B Drosselventil zur Vordosierung, C Filter, 1 Spannbänder, 2 Fühler, 3 Verschlußkappe, 4 Einstellspindel, 5 Stopfbüchse, 6 Eintrittsflansch, 7 Filtereinsatz, 8 Dichtung, 9 Austrittsflansch, 10 Flanschdichtung, 11 Stopfbüchse, 12 Einstellspindel, 13 Verschlußkappe.

Überhitzungs- sondern um eine reine Temperaturregelung handelt. Einen Schnitt durch ein solches Ventil zeigt Abb. 70 (Danfoss).

Der Aufbau dieses Nacheinspritzventils unterscheidet sich von dem eines üblichen Expansionsventils vor allem durch die Wellrohranordnung. Beim thermostatischen Expansionsventil (Abb. 71) wirkt der Verdampferdruck p_0 entgegen dem Fühlerdruck p_1 auf die wirksame Fläche des Steuerwellrohrs.

Bei dieser Ausführung des Nacheinspritzventils (Abb. 72) wird dagegen durch Einfügung eines Zwischenflansches (*1*) und eines kleinen Wellrohrs (*2*) der Saugdruck p_0 von dem Steuerwellrohr ferngehalten.

Da der mittlere Durchmesser d_m des kleinen Wellrohrs gleich dem Sitzdurchmesser d des Drosselteils gewählt wird, heben sich die aus p_0 resultierenden Öff-
nungs- und Schließkräfte gegenseitig auf.

Das Nacheinspritzventil reagiert daher nur auf die Fühlertemperatur und
hält diese unabhängig vom Saugdruck konstant. Die durch die Regelspindel (*12*)
in ihrer Vorspannung veränderliche Feder bestimmt die Höhe der Druckrohrtemperatur (Abb. 70).

Der Fühler (*2*) in Abb. 70 ist als Kapillarrohr ausgebildet. Es wird mehrfach
fest um das Druckrohr gewickelt und mit 2 Schellen befestigt. Zur Stabilisierung

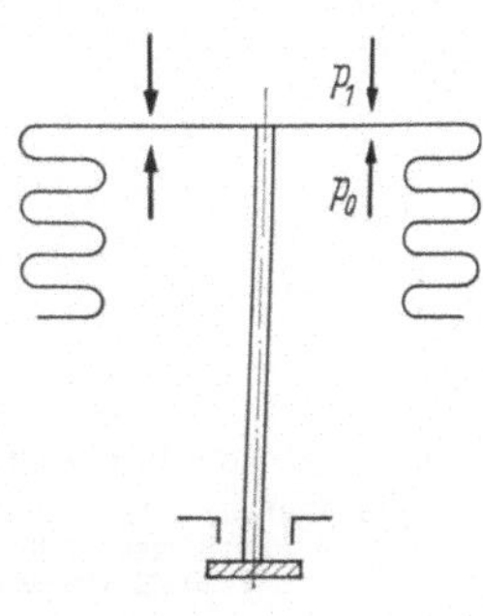

Abb. 71. Wellrohranordnung beim thermostatischen
Expansionsventil.

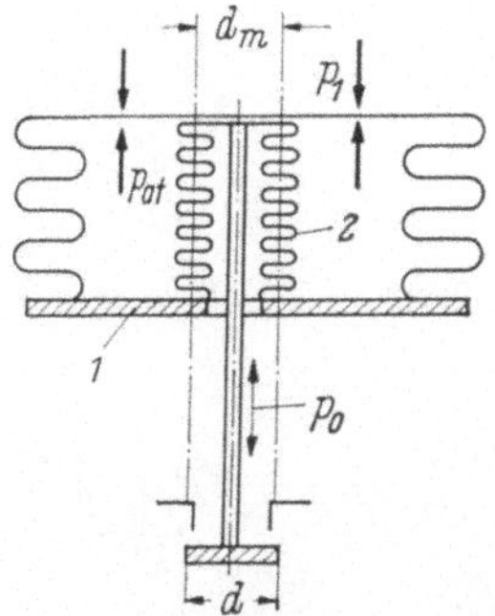

Abb. 72. Wellrohranordnung beim thermostatischen
Nacheinspritzventil zur Regelung nach der Druckrohrtemperatur.

der Regelung ist dem Nacheinspritzventil (*A*) ein von Hand einstellbares Drosselventil (*B*) vorzuschalten, das die Aufgabe hat, die eingespritzte Menge nach oben
zu begrenzen.

Der Einbau ist in Abb. 73 dargestellt. Er unterscheidet sich nur durch die
Einbaustelle des Fühlers von der Regelung nach der Ansaugüberhitzung.

Abb. 73. Thermostatisches Nacheinspritzventil zur Regelung nach
der Druckrohrtemperatur
(Schematische Anordnung).

A Thermostatisches Ventil,
B Drosselventil zur Vordosierung,
14 Kapillarrohr am Druckrohr
befestigt.

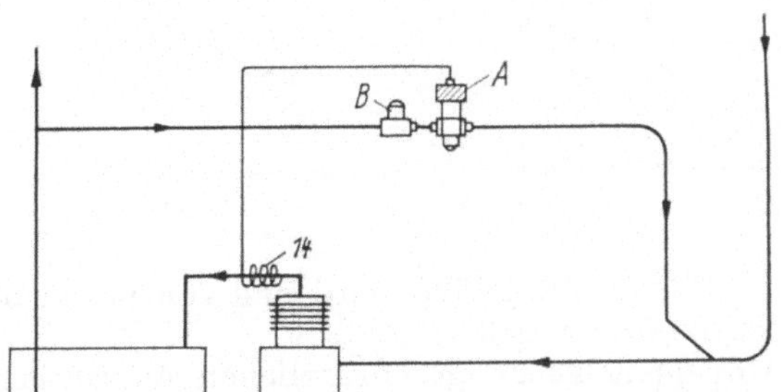

Dieser Art der Regelung wird der Vorteil zugeschrieben, daß die Druckrohrtemperatur unmittelbar konstant gehalten wird. Sie ist jedoch träger als die Überhitzungsregelung, da die Wärmespeicherwirkung der Masse des Kompressors
die Reaktion verzögern kann und die Druckrohrtemperatur erst mit einer zeitlichen Verschiebung der Änderung des Ansaugzustandes folgt. Da der Saugdruck
ohne Einwirkung auf die Funktion ist, können Regler der gleichen Ausführung
für beliebige Kältemittel verwendet werden.

Die Größenbestimmung dieser Ventile braucht nur verhältnismäßig grob nach
den von den Herstellern angegebenen Leistungsbereichen zu erfolgen. Die genauere
Dosierung der Einspritzmenge wird durch das Handregelventil vorgenommen.

d) Pilotgesteuerte Expansionsventile. Der Verwendung direkt gesteuerter
Regler, bei denen die Bewegung des Steuerteils mechanisch auf das Stellglied

5*

übertragen wird, sind konstruktive und vor allem auch wirtschaftliche Grenzen gesetzt. Die für große Durchsatzmengen benötigten Querschnitte würden zur Aufbringung der entsprechenden Stellkräfte sehr große und aufwendige Steuerglieder erfordern.

Allgemein ist es daher bei Regelventilen aller Art zweckmäßiger, für große Leistungen ein separates Hauptventil zu wählen, das von einem kleinen Regel-

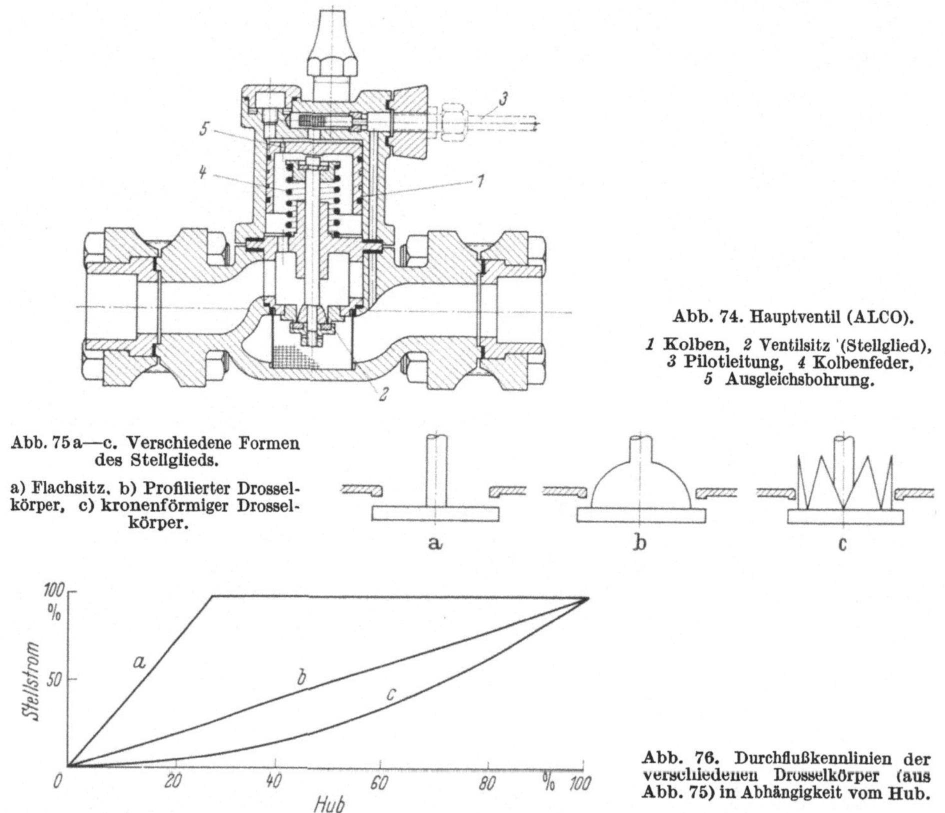

Abb. 74. Hauptventil (ALCO).

1 Kolben, *2* Ventilsitz (Stellglied), *3* Pilotleitung, *4* Kolbenfeder, *5* Ausgleichsbohrung.

Abb. 75 a—c. Verschiedene Formen des Stellglieds.

a) Flachsitz, b) Profilierter Drosselkörper, c) kronenförmiger Drosselkörper.

Abb. 76. Durchflußkennlinien der verschiedenen Drosselkörper (aus Abb. 75) in Abhängigkeit vom Hub.

ventil (Pilotventil) geführt wird und von diesem die entsprechende Änderung der Stellgröße übermittelt erhält.

Abb. 74 zeigt den grundsätzlichen Aufbau eines Hauptventils, das je nach Art des gleichzeitig verwendeten Pilotreglers für die verschiedensten Regelaufgaben verwendet werden kann. Das Steuerglied des Hauptventils ist der Kolben (*1*), der das Stellglied (*2*) öffnet, sobald der über den Pilotanschluß (*3*) eintretende Steuerdruck den von unten auf den Kolben wirkenden Gegendruck und die Rückstellkraft der Kolbenfeder (*4*) überwiegt. Durch eine kleine Ausgleichsbohrung (*5*) kann der Öffnungsdruck zum Austritt des Hauptventils hin entweichen und das Stellglied schließen, sobald das Pilotventil drosselt.

Die Form des Stellglieds bestimmt die Durchflußkennlinie und damit die Änderung des Stellstroms in Abhängigkeit von der Stellgröße. Seine Gestaltung hat daher mit größter Sorgfalt zu erfolgen. Durch entsprechende Formgebung des Drosselkörpers kann der freie Querschnitt innerhalb festgelegter konstruktiver Grenzen stetig verändert werden, wobei jedoch zu berücksichtigen ist, daß neben der Form des Drosselkörpers des Hauptventils auch die des Pilotventils die Änderung des Stellstroms beeinflussen kann. Abb. 75a—c zeigt verschiedene Formen von Drosselkörpern und Abb. 76 deren Kennlinien.

Bei dem flachen Drosselkörper (*a*) folgt der freie Durchflußquerschnitt der Gleichung: $F = \pi \cdot d \cdot h$, wie schon in Abschn. B.V.2.e bis B.V.3 gezeigt. Der profilierte Drosselkörper (*b*) ergibt eine wesentlich flachere Kennlinie, die durch die Formgebung noch in verschiedenster Weise beeinflußt und verändert werden kann. Der kronenförmige Drosselkörper (*c*), der sich mit geringem Spiel weitgehend passend in der Durchflußöffnung bewegt, gibt mehrere dreieckige Querschnitte frei, die sich mit dem Quadrat des Ventilhubs ändern. Für Anwendungsgebiete, bei denen besonders in der Nähe des Schließpunktes ein flacher Verlauf der Kennlinie erwünscht ist, wird diese Ausführung bevorzugt verwendet.

Direkt gesteuerte Expansionsventile werden im allgemeinen bis zu folgenden Nennleistungen hergestellt:
für R 12 bis etwa 180 000 kcal/h, für R 22 bis etwa 300 000 kcal/h, für NH_3 bis etwa 400 000 kcal/h.

Für größere Leistungen werden ausschließlich pilotgesteuerte Expansionsventile verwendet. Diesen wird jedoch auch bei Anlagen wesentlich geringerer Leistung der Vorzug gegenüber den direkt gesteuerten gegeben, wenn der Leistungsbedarf in weiten Grenzen variiert. Durch den sehr großen Stellweg und durch eine entsprechende Ausbildung des Stellgliedes kann bei den pilotgesteuerten Expansionsventilen eine gleichprozentige Regelung bis hinunter zu 10% bis 15% der Nennleistung des Reglers erreicht werden. Ein typisches Anwendungsgebiet sind Wasserkühler für Klimaanlagen, die mit vielzylindrigen Kompressoren ausgerüstet sind, deren Leistungen z.B. durch Saugventilabhebung dem stark

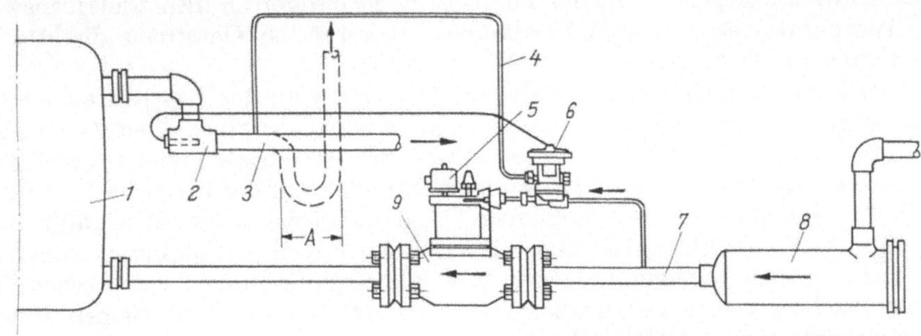

Abb. 77a u. b. Pilotgesteuertes thermostatisches Expansionsventil (ALCO).

a) Anordnung, b) Ansicht, *1* Bündelrohr-Verdampfer, *2* Einbau-Fühlertasche, *3* Saugleitung, *4* Druckausgleichsleitung, *5* Pilot-Magnetventil, *6* Pilot-Thermo-Expansionsventil, *7* Flüssigkeitsleitung, *8* Filtertrockner, *9* Hauptventil.

wechselnden Kältebedarf in einem weiten Bereich angepaßt werden. Da durch den sehr weiten Regelbereich dieser Ventile eine Unterteilung des Verdampfers entsprechend der Zahl der Leistungsstufen nicht erforderlich ist, werden pilotgesteuerte Expansionsventile bis hinunter zu 50 000 kcal/h für diese Zwecke bevorzugt verwendet.

In Abb. 77a u. b. ist das Schema und die Ansicht einer solchen Anordnung dargestellt (ALCO). Hierbei ist in dem Hauptventil noch ein Pilot-Magnetventil eingebaut, das die Verbindung zwischen Pilot- und Hauptventil im stromlosen Zustand schließt. Das Hauptventil übernimmt damit gleichzeitig die Aufgabe eines Absperrventils in der Hauptflüssigkeitsleitung beim Stillstand der Anlage. Dadurch werden die Verwendung eines entsprechend großen Magnetventils und auch die damit immer verbundenen Druckverluste erspart.

e) Thermostatische Expansionsventile mit direkter Temperatursteuerung. Im allgemeinen wird der Teil des Steuergliedes das die Überhitzungstemperatur des aus dem Verdampfer austretenden Kältemittels abtasten soll, als separater Temperaturfühler ausgebildet, der durch ein dünnes Kapillarrohr mit dem Wellrohr- oder Membranraum des Ventils verbunden ist. Das leicht biegsame Kapillarrohr erlaubt es, unabhängig von Bauart und Anordnung des Verdampfers und unabhängig von den gegebenen Raumverhältnissen mit geringstem Montageaufwand die Überhitzungstemperatur auf das Steuerglied zu übertragen. Durch die Wahl der Fühleranbringungsstelle sind außerdem Möglichkeiten gegeben, die Funktion und die Ansprechempfindlichkeit des Ventils in gewissen Grenzen zu verändern und den Einfluß des im Kreislauf mitgeführten Öls auf die Ventilfunktion zu eliminieren. Da die nur

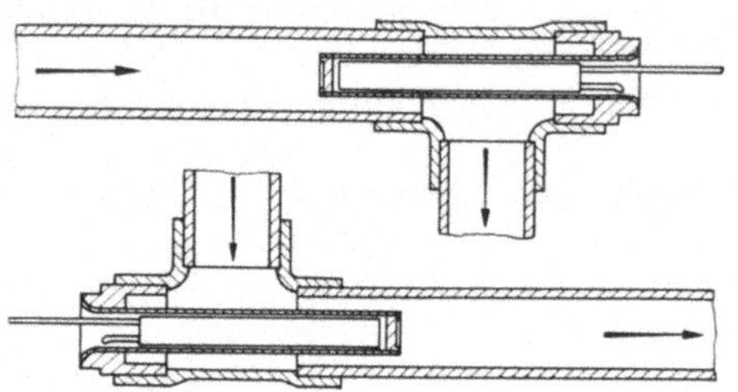

Abb. 78. Fühlereinbautaschen (ALCO).

linienförmige Berührung zwischen Fühler und Saugleitung sowie die eigene Masse des Fühlers die Ansprechgeschwindigkeit des Ventils auf Temperaturänderungen jedoch begrenzt, und da auch bei einer Montage des Fühlers außerhalb des gekühlten Raums die Einwirkung hoher Umgebungstemperaturen zu Störeinflüssen auf die Regelung führen kann, ist es in einigen Fällen wünschenswert, die Temperatur des aus dem Verdampfer austretenden Gasstroms direkter auf das Ventil zu übertragen.

Dies kann dadurch erfolgen, daß der Fühler, statt an der Außenseite des Saugrohrs angebracht zu werden, in dieses eingeführt wird, so daß er allseitig vom Sauggas umströmt ist. In der Praxis erweist sich dies jedoch als kaum durchführbar, da eine einwandfreie Abdichtung, zumal im Hinblick auf die Frage der Austauschbarkeit des Ventils, nur mit hohem Aufwand zu erreichen ist. Man wählt daher sogenannte Fühler-Einbautaschen, die aus einem unten geschlossenen Rohrstück bestehen, dessen Innenmaße genau den Fühlerabmessungen entsprechen. Die Fühlertaschen werden bei großen Saugrohrdurchmessern und kleinen Fühlerdimensionen quer zum Saugrohr in dieses eingelötet oder mit einem T-Stück in Längsrichtung in der Saugleitung installiert (Abb. 78) (ALCO).

Der verbleibende Ringspalt zwischen Fühler und Einbautasche wird mit einer nicht aushärtenden, temperaturbeständigen Paste gefüllt, die durch metallische Füllstoffe einen hohen Wärmeleitwert besitzt und außerdem stark wasserabweisende Eigenschaften hat. Zur Verbesserung des Wärmeübergangs kann zusammen mit dem Fühler noch ein dünner Bronze-Federstreifen mit eingeschoben werden, der den Fühler an die innere Wandung der Einbautasche anpreßt. Das Eindringen von Feuchtigkeit in der Fühler-Einbautasche wird durch äußeres Verstreichen der Taschenöffnung mit der vorher erwähnten Paste verhindert.

Bei einigen Konstruktionen wird der Weg beschritten, das Sauggas direkt durch das Steuerteil zu leiten (Abb. 79). Hierzu wird dieses so ausgebildet, daß es zwei weitere Anschlüsse für die Saugleitung erhält, damit das die Steuerfüllung enthaltende Wellrohr direkt von dem Sauggas umspült werden kann (Teddington).

Ventilen dieser Bauart werden folgende Vorteile zugeschrieben [11]: Die Verwendung einer Steuerfüllung aus kondensierbaren Gasen (s. auch Abschn. B.III.6.) ist möglich. Die Steuerfüllung im Innern des dünnwandigen Wellrohrs folgt sehr schnell der Temperaturänderung des Sauggases. Die Bewegung des großen Steuer-Wellrohrs wird auf die Ventilnadel über ein kleines zusätzliches Wellrohr übertragen, das den Steuerraum des Ventils von dem unter Verdampfer-Eintrittsdruck stehenden Expansionsraum trennt. Das Ventil folgt also nur dem Verdampferaustrittsdruck.

Den erwähnten Vorteilen stehen jedoch folgende Nachteile gegenüber: Während man bei Ventilen mit Kapillarrohr-Fühler praktisch mühelos das leicht biegsame Kapillarrohr zu der gewählten Fühleranbringungsstelle hin verlegen kann, ist hier die relativ starre Saugleitung von meist großem Durchmesser zurück zum

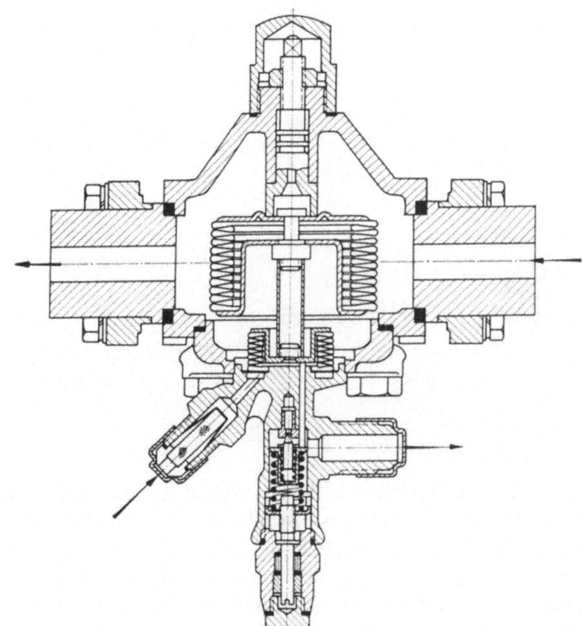

Abb. 79. Thermostatisches Expansionsventil ohne Kapillarrohrfühler mit direkter Steuerung durch die Temperatur des Sauggases (Teddington).

Ventil zu verlegen. Bildung von Flüssigkeits- und Ölansammlungen, die zur fluktuierenden Regelung oder Falschbeeinflussung führen können. Die sehr schnelle Übertragung jeder Überhitzungsänderung auf dem thermostatischen Steuerteil bringt die Gefahr der Übersteuerung mit sich. Schwierige Montage.

Ventile dieser Bauart konnten sich daher nur bei Spezialanlagen für Tieftemperaturen, und auch hier nur in sehr begrenztem Umfang, einführen.

3. Die Überhitzungsregelung.

a) Statische Überhitzung — Öffnungsüberhitzung — Arbeitsüberhitzung. Thermostatische Expansionsventile sind nach ihrer Regelaufgabe reine Überhitzungsregler. Die Überhitzung des aus dem Verdampfer austretenden Sauggases ist also die Regelgröße, die ihre Funktion bestimmt.

Die Überhitzung, die das Sauggas am Verdampferaustritt bei einem bestimmten Betriebszustand der Anlage annimmt, und die als Differenz zwischen der dem Saugdruck entsprechenden Sättigungstemperatur und der tatsächlichen Temperatur des Gases definiert ist, bezeichnen wir als *Arbeitsüberhitzung*. Diese ist der am Verdampfer meßbare Wert und setzt sich zusammen aus:

a) der statischen Überhitzung und

b) der Öffnungs-Überhitzung des Expansionsventils

Es ist also: Statische Überhitzung + Öffnungsüberhitzung = Arbeitsüberhitzung (Abb. 80).

Bei der Behandlung der Probleme der Überhitzungsregelung hat man streng zwischen diesen drei Begriffen zu unterscheiden.

Die *statische Überhitzung* bezeichnet den Wert, dei dem das Ventil gerade zu öffnen bereit ist, aber noch kein Durchfluß erfolgt. Öffnungs- und Schließkräfte befinden sich zwar im Gleichgewicht, das Ventil ist jedoch noch geschlossen. Die statische Überhitzung muß immer > 0 °C sein, da auch, wenn Verdampfer und Temperaturfühler des Ventils die gleiche Temperatur angenommen haben, das

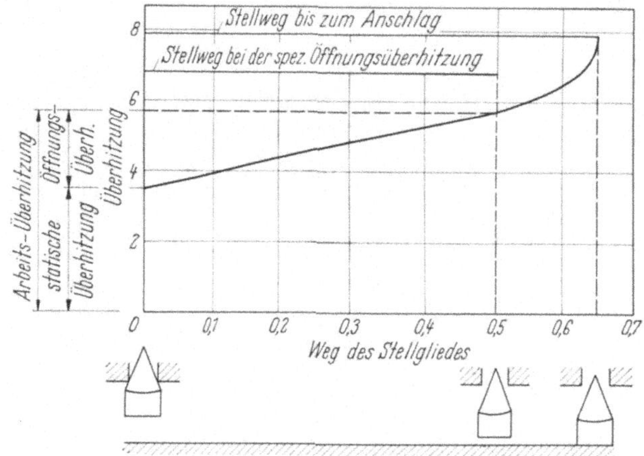

Abb. 80. Schematische Darstellung der Begriffe: Statische Überhitzung — Öffnungsüberhitzung — Arbeitsüberhitzung.

Ventil noch sicher schließen soll, d. h. die Schließkräfte die Öffnungskräfte deutlich überwiegen müssen. Da ferner sich der Fühler in der Stillstandzeit der Maschine im allgemeinen wesentlich schneller erwärmt als die große Masse des Verdampfers, wäre bei zu geringer statischer Überhitzung die Gefahr des Nacheinspritzens gegeben. Die Höhe der statischen Überhitzung ist also weitgehend durch die Anlage selbst festgelegt; sie ist durch Veränderung der Vorspannung der Regelfeder des Ventils innerhalb der konstruktiv gegebenen Grenzen einstellbar. In der Praxis wird dem Ventil eine bestimmte statische Überhitzung als Werkseinstellung gegeben, die einem Erfahrungswert für normale Bedingungen entspricht und die nur in Ausnahmefällen verändert werden muß.

Die Einstellung kann bei der gebräuchlichen Ausführung der Ventile von außen über eine Regelspindel während des Betriebs erfolgen. Für Standardanlagen, die in größeren Serien in völlig gleicher Bauweise erstellt werden, verzichtet man durch Weglassen der Regelspindel zuweilen auf die äußere Einstellbarkeit. Die statische Überhitzung kann bei dieser Version nur von innen, d. h. vom Herstellerwerk eingestellt werden. Dabei wird die optimale Einstellung zunächst mit einem Ventil normaler Ausführung an einem Prototyp der Anlage ermittelt und dann als Normwert für diesen Anlagentyp festgelegt. Der Verzicht auf äußere Einstellbarkeit erfolgt weniger aus Ersparnisgründen, als vielmehr um jede Nachstellung überhaupt, insbesondere durch Unberufene, zu vermeiden.

Während es sich bei der statischen Überhitzung also um einen anlagenbedingten Einstellwert handelt, ist die *Öffnungsüberhitzung* ein konstruktionsspezifischer Wert des Expansionsventils. Man versteht darunter die zusätzliche Erwärmung des Temperaturfühlers, also die Überhitzungserhöhung, die erforderlich ist, um das Stellglied von der Schließposition in die dem erforderlichen Durchfluß entsprechende Öffnungsstellung zu bringen. Hierzu müssen die dem Ventil eigenen

Feder- und Reibungskräfte überwunden werden. Die Öffnungsüberhitzung Δt_{δ} ist definiert als die Temperaturänderung des Fühlers von der Schließ- bis zur Öffnungsstellung des Ventils. Sie ist eine Funktion der Druckänderung der Steuerfüllung (Δp_1) im thermostatischen Steuerteil und der Druckänderung an der Membrane (Δp_m), die für den Stellweg von der geschlossenen Stellung bis zur Öffnung bei Nennleistung erforderlich ist.

b) Einfluß der Öffnungsüberhitzung auf das Regelverhalten. Die Größe der einem thermostatischen Expansionsventil eigenen Öffnungsüberhitzung bestimmt dessen Regelverhalten und Leistungsvermögen in sehr großem Umfang und ist die wesentliche Kennziffer des Gerätes überhaupt. Durch sie werden festgelegt:

die 'Ansprechempfindlichkeit des Ventils, die um so höher ist, je geringer die erforderliche Überhitzungsänderung zwischen Schließstellung und Öffnung bei Nennleistung ist, sowie das Schließverhalten des Ventils.

Je mehr sich die dem Ventil eigene *Öffnungsüberhitzung* der für die jeweilige Anlage gewünschten *Arbeitsüberhitzung* nähert, desto niedriger wird die verbleibende *statische Überhitzung* und damit die verfügbare Schließkraft. Je kleiner daher die Temperatur-Differenz zwischen Verdampfungs- und Raumtemperatur sein soll, desto niedriger muß die Öffnungsüberhitzung des verwendeten Expansionsventils sein. Sonst wäre es nicht möglich, entweder diese Temperatur-Differenz zu erreichen oder aber den Verdampfer bei den Soll-

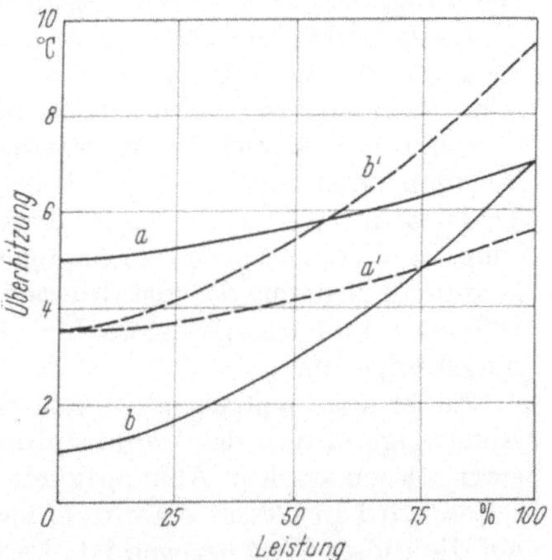

Abb. 81. Änderung der Arbeitsüberhitzung bei thermostatischen Expansionsventilen mit unterschiedlicher Öffnungsüberhitzung.

Temperaturen ausreichend zu füllen. Es entstünde dann der Eindruck, das Ventil wäre in seiner Größe zu klein bemessen. Die Öffnungsüberhitzung legt ferner die Anpassungsfähigkeit des Regelventils an den unterschiedlichen Leistungsbedarf der Anlage fest.

Bei Anlagen mit stark variierendem Kältebedarf wird die Kompressorleistung durch Drehzahl- oder Leistungsregelung diesem angepaßt. Das Expansionsventil sollte dieser veränderlichen Leistung folgen können, ohne daß die Arbeitsüberhitzung in dem ganzen von der Anlage durchfahrenen Leistungsbereich die zulässigen Grenzen nach oben (hohe Überhitzung = schlechte Füllung des Verdampfers) oder nach unten (nasses Arbeiten) überschreitet. Abb. 81 zeigt das Verhalten von zwei verschiedenen Regelventilen a und b, von denen bei Ventil a die Leistungsangaben auf eine Öffnungsüberhitzung von 2 °C, bei Ventil b auf 6 °C bezogen sind.

Stellt man beide Ventile so ein, daß sie bei Vollastbetrieb (100%) eine Arbeitsüberhitzung von 7 °C ergeben, so beträgt die verbleibende statische Überhitzung = Arbeitsüberhitzung minus Öffnungsüberhitzung: bei Ventil a: $7 - 2 = 5$ °C, hierbei ist noch ein sehr sicheres Schließen gewährleistet; bei Ventil b: $7 - 6 = 1$ °C. Dabei sind nur noch sehr geringe Schließkräfte vorhanden; das Ventil öffnet bereits wieder, wenn im Stillstand der Maschine die Fühler-Temperatur um 1 °C über die Temperatur des Verdampfers ansteigt.

Bei Teillastbetrieb von 25% und unveränderter Einstellung der statischen Überhitzung vermindert sich die Arbeitsüberhitzung bei Ventil a auf 5,2 °C und sichert damit noch absolut einen trockenen Arbeitsgang des Kompressors. Bei

Ventil b dagegen sinkt die Arbeitsüberhitzung bis auf 1,6 °C ab. Da es sich hier um eine an der Außenwand des Saugrohrs gemessene Temperatur handelt, liegt die tatsächliche Gastemperatur um 1 bis 1,5 °C unter diesem Wert. Die Erfahrung zeigt ferner, daß bei sehr geringer Überhitzung immer noch unverdampfte Flüssigkeitströpfchen im Gasstrom mitgerissen werden, der Verdichter also unter diesen Bedingungen bereits naß arbeitet.

Die häufig beobachtete Erscheinung, daß Expansionsventile bei Teillastbetrieb eine ausreichende Arbeitsüberhitzung nicht zu halten vermögen und der Kompressor dann in das Gebiet nassen Arbeitens gerät, ist meist auf eine zu hohe Öffnungsüberhitzung zurückzuführen. Diese zwingt dann auch den Hersteller der Ventile eine möglichst feine Leistungsstufung der Geräte vorzunehmen.

Da bei 25% Teillast für Ventil a bei dieser Einstellung die statische Überhitzung unnötig hoch, für b aber wesentlich zu niedrig ist, werden beide Regler anschließend auf eine gleiche statische Überhitzung von 3,5 °C eingestellt (Kurven a' und b'). Während die Arbeitsüberhitzung bei 25% Teillastbetrieb bei beiden Ventilen noch annähernd gleich ist, ändert sich diese nun bei Vollastbetrieb bei Ventil a auf 5,5 °C und ergibt damit eine gute Verdampferfüllung und -ausnutzung. Bei Ventil b steigt sie dagegen auf 9,5 °C an und erbringt eine sehr unvollkommene Nutzung der installierten Verdampferfläche, eine größere Temperatur-Differenz und eine geringere Maschinenleistung durch die niedrigere Verdampfungstemperatur.

Es ist noch weitgehend üblich, die Leistungsangaben der Expansionsventile in Abhängigkeit von der Verdampfungs- und der Kondensationstemperatur, oder statt diesen auch in Abhängigkeit vom Druckgefälle im Ventil anzugeben; nur selten wird in diesem Zusammenhang auch die Öffnungsüberhitzung angegeben, auf die dieser Wert bezogen ist. Es läßt sich aber bei Fehlern dieser Angabe nicht erkennen, welche Überhitzungsänderung erforderlich ist um die volle angegebene Leistung zu erreichen, und es ist dadurch auch nicht ersichtlich, ob bei den gegebenen Temperaturbedingungen der vorgesehenen Kälteanlage diese Leistung überhaupt erreicht werden kann. Der Bezug auf die Öffnungsüberhitzung ist aber ebenso zwingend erforderlich, um das Regelventil eindeutig zu definieren, wie beispielsweise bei der Angabe der Fördermenge einer Pumpe der Bezug auf die Förderhöhe absolut notwendig ist. Es wäre sehr wünschenswert, einheitliche Werte für die Öffnungsüberhitzung, auf die sich Leistungsangaben der Expansionsventile beziehen, festzulegen. Die in USA üblichen Werte für die Öffnungsüberhitzung von 4 bzw. 6 °F, entsprechend 2,2 bzw. 3,3 °C, scheinen hierfür als Basis sehr brauchbar.

c) Überhitzungsverlauf und Temperaturbereich. Bei der Betrachtung des Überhitzungsverlaufs eines thermostatischen Expansionsventils in Abhängigkeit von der Verdampfungstemperatur bietet nur die statische Überhitzung für eine bestimmte Vorspannung der Regelfeder (P_3 = konstant) einen brauchbaren Ausgangswert. Da sich die Arbeitsüberhitzung zusätzlich in Abhängigkeit von der dem Ventil abverlangten Leistung ändert, ergibt ihre Betrachtung kein vom speziellen Verwendungsfall unabhängiges Bild. Die Abweichung des Verlaufs der Arbeitsüberhitzung von dem der statischen Überhitzung ist jedoch um so geringer, je niedriger die spezifische Öffnungsüberhitzung des betrachteten Ventils ist. Für normale Anwendungsgebiete wird angestrebt, eine konstante Überhitzung über einen möglichst weiten Bereich der Verdampfungstemperatur zu erhalten, was jedoch nicht im absoluten Sinne zu erreichen ist.

In Abb. 82 sind drei verschiedene Grundtypen des Überhitzungsverlaufs in Abhängigkeit von der Verdampfungstemperatur dargestellt. Es handelt sich um drei Ventile, die völlig unterschiedliche Überhitzungs-Charakteristiken aufweisen und nur bei *einer* Verdampfungstemperatur ($t_0 = x$) den Sollwert der Überhitzung zur optimalen Verdampferausnutzung erbringen. Nur bei dieser Verdampfungstemperatur verhalten sich alle drei Ventile gleich.

Das Gerät mit praktisch konstanter Überhitzung (1) bietet den Vorteil, daß die Einstellung der Überhitzung auf den Sollwert bei jeder beliebigen Verdampfungstemperatur vorgenommen werden kann, auch bevor die Anlage die Sollbetriebstemperatur $t_0 = x$ erreicht hat, und daß bei keinem Betriebszustand die Gefahr nassen Arbeitens besteht.

Der Überhitzungsverlauf, der mit tieferen Verdampfungstemperaturen eine fallende Tendenz aufweist (2), zwingt zwar während des Herunterkühlens der

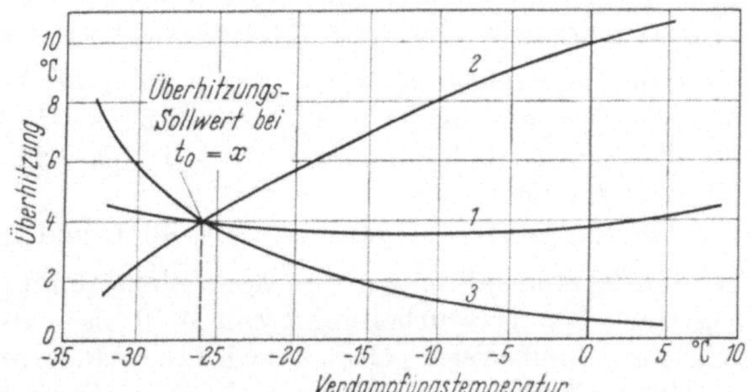

Abb. 82. Grundtypen der Überhitzungs-Charakteristik.

Anlage mit schlecht gefülltem Verdampfer zu arbeiten, da jedoch, bedingt durch die starke Zunahme der Kompressorleistung bei hohen Verdampfungstemperaturen, auch die Temperaturdifferenz am Vordampfer stark zunimmt, wäre dies ohne allzu große Bedeutung, wenn es sich um einen einmaligen Abkühlvorgang zur Erreichung der Betriebstemperatur handelt und die Abkühlzeit keine besondere Rolle spielt. Die höhere Überhitzung bei hohen Verdampfungstemperaturen vermindert außerdem die Belastung des Antriebsmotors in diesem Bereich. Beim Abschalten des Kompressors wird ein sicheres Schließen des Ventils erreicht, da bei Erwärmung des Verdampfers der Fühlerdruck langsamer steigt als der Verdampferdruck, die Schließkräfte also die Öffnungskräfte überwiegen. Die Einstellung des Sollwerts der Überhitzung kann jedoch erst bei Erreichung der Betriebsverdampfungstemperatur $t_0 = x$ erfolgen. Bei Unterschreitung dieser Verdampfungstemperatur ist die Gefahr nassen Arbeitens gegeben. Ventile mit dieser Überhitzungscharakteristik können nur in einem begrenzten Temperaturbereich verwendet werden.

Einen unerwünschten Verlauf der Überhitzung zeigt Kurve (3): die Überhitzung weist hier mit sinkender Verdampfungstemperatur eine steigende Tendenz auf. Ventile mit einer solchen Charakteristik haben nur Nachteile und sind außerordentlich schwer zu handhaben. Sie können nur nach Erreichung der Betriebsverdampfungstemperatur eingestellt werden, führen beim Wiederanfahren der Anlage aus höheren Temperaturen zum nassen Arbeiten, neigen zum Nacheinspritzen im Stillstand, da die statische Überhitzung bei Erwärmung sinkt und ergeben eine schlechtere Verdampferfüllung und damit zunehmende Temperaturdifferenzen bei tiefen Verdampfungstemperaturen.

Die Überhitzungsänderung in Abhängigkeit von der Verdampfungstemperatur bestimmt den *Temperaturbereich*, in dem ein Expansionsventil bestimmter Type und Steuerfüllung verwendet werden kann. Diese Änderung sollte innerhalb des Temperaturbereichs zwischen dem Überhitzungsmaximum und -minimum einen bestimmten Wert nicht überschreiten. Bis jetzt liegt über die als zulässig erachtete Höhe der Änderung allerdings, zumindest in Europa, keine einheitliche Festlegung vor. Diese wäre aber sehr zu begrüßen, da bis jetzt der vom Hersteller empfohlene Temperaturbereich noch keinen Aufschluß darüber gibt, welche Überhitzungsänderung innerhalb dieses Arbeitsbereiches zu erwarten ist. Zumindest wäre es anzustreben, bei Angaben der Temperaturbereiche auch die maximale Änderung der statischen Überhitzung, bezogen auf eine normale Einstellung, anzugeben. Bereichsangaben ohne diesen Bezugswert erscheinen wenig sinnvoll und können sehr irreführend sein. In den USA wurde die enge Begrenzung der als zulässig erachteten Überhitzungsänderung schon sehr frühzeitig üblich, um durch eine weitgehende Konstanz der Überhitzung innerhalb des Temperaturbereichs die langen Wartezeiten für den Monteur bis zum Herunterkühlen der Gesamtanlage zu vermeiden. Diese führte zunächst zu einer recht engen Unterteilung der Temperaturbereiche, die wie folgt festgelegt wurden:

Ventile für Klimaanlagen:	$+10$ bis -1 °C Verdampfungstemperatur
Ventile für gewerbliche Anlagen:	$+2$ bis -18 °C Verdampfungstemperatur
Ventile für Tiefkühlanlagen:	-18 bis -40 °C Verdampfungstemperatur
Ventile für Spezial- Tieftemperaturanlagen:	-40 °C und tiefer.

In den letzten Jahren wurden neue Steuerfüllungen entwickelt, die trotz eines sehr großen Temperaturbereichs von $+10$ bis -40 °C die gleiche Konstanz der Überhitzung aufweisen. Die Überhitzungsänderung beträgt maximal 1,5 °C. Diese Entwicklung stellt einen wesentlichen Fortschritt dar.

d) Abhängigkeit des Überhitzungsverlaufs von der Einstellung. Im Druck-Temperatur-Diagramm läßt sich der Verlauf des Kältemittel- und des Fühlerdrucks in Abhängigkeit von der Temperatur für verschiedene Vorspannungen der Regelfedern gut verdeutlichen. In Abb. 83 stellt Kurve 1 den Sättigungsdruck p_0 des Betriebskältemittels dar. Kurve 2.1 ist der um das Druckäquivalent a der Feder-

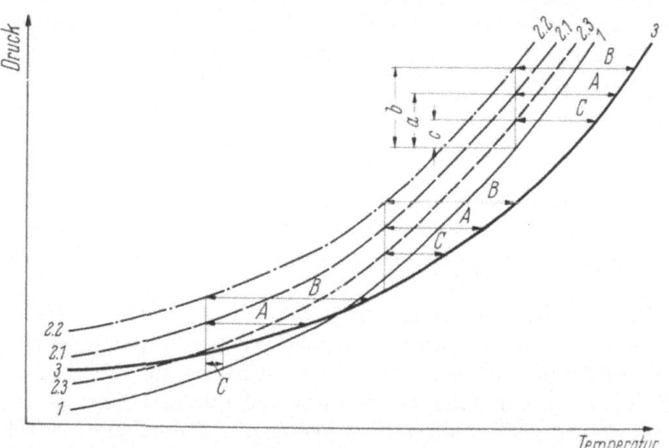

Abb. 83. Änderung der statischen Überhitzung in Abhängigkeit von der Verdampfungstemperatur für verschiedene Vorspannungen der Einstellfeder.

kraft P_3 erhöhte Sättigungsdruck, also $p_0 + p_3$ bei einer bestimmten mittleren Einstellung der Regelfeder. Die Kurven 2.2 und 2.3 geben den Druckverlauf bei einer höheren bzw. niedrigeren Überhitzungseinstellung mit den Druckäquivalenten b und c der Federkraft wieder.

Geht man davon aus, daß das thermostatische Expansionsventil bei der mittleren Einstellung (Kurve 2.1) über den gesamten betrachteten Temperaturbereich eine konstante Überhitzung ergeben soll, so muß jeder Punkt seiner Fühlerdruck-Kurve einen konstanten horizontalen Abstand A von der Kurve 2.1 haben. Wir bezeichnen diese als die ideale Fühlerdruck-Kurve (3). Da sie die Sättigungskurve des Betriebskältemittels schneidet, wird die dafür verwendete Steuerfüllung auch als „Kreuzfüllung" bezeichnet (s. auch Abschn. C.IV.3.g.). Abb. 83 zeigt deutlich, daß nur bei der mittleren Einstellung (Kurve 2.1) der die Überhitzung ausdrückende horizontale Abstand A der Fühlerdruck-Kurve bei jeder Temperatur gleich ist. Wird dagegen die Überhitzungseinstellung erhöht (Kurve 2.2), so steigt die Überhitzung mit sinkender Verdampfungstemperatur an. Ver-

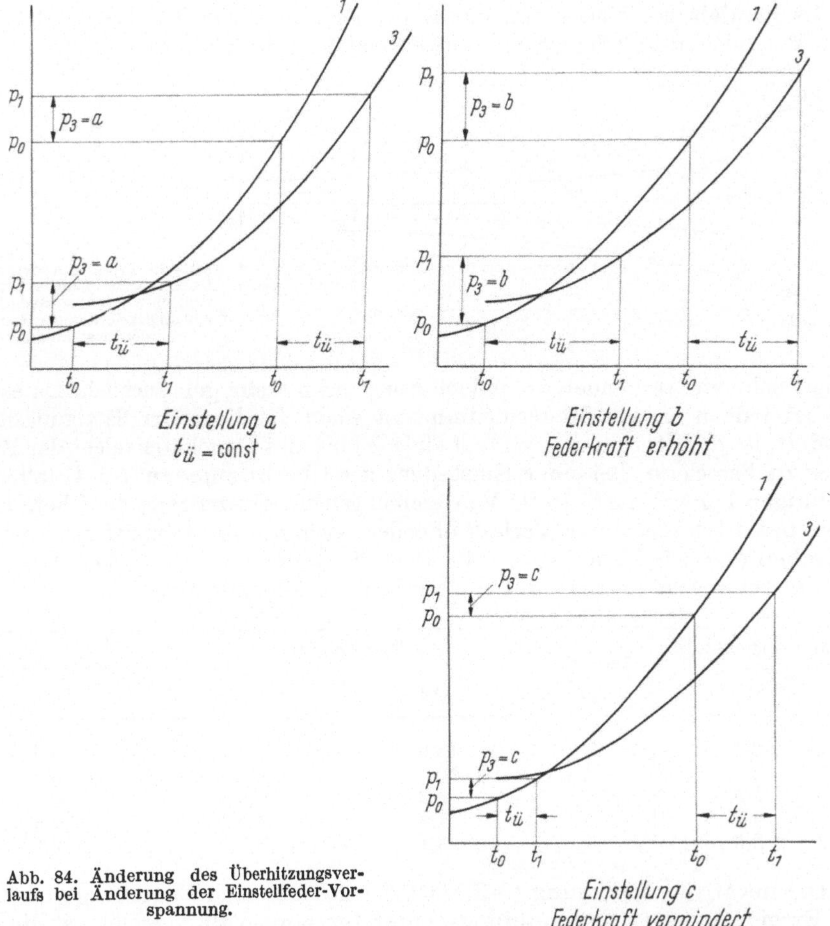

Abb. 84. Änderung des Überhitzungsverlaufs bei Änderung der Einstellfeder-Vorspannung.

mindert man dagegen die Federvorspannung (Kurve 2.3) und setzt damit die eingestellte Überhitzung insgesamt herab, so erhält der Überhitzungsverlauf mit sinkender Verdampfungstemperatur eine fallende Tendenz.

Diese Änderung der Überhitzungscharakteristik zeigt Abb. 84 noch einmal in vereinfachter Darstellung für drei verschiedene Einstellungen der Regelfeder. Ist p_1 der Fühlerdruck, t_1 die Temperatur der Fühlerfüllung und p_0, t_0 Sättigungsdruck und -temperatur des Kältemittels, so ist $p_1 - p_0 = p_3$ das Druckäquivalent der Regelfeder und $t_1 - t_0 = t_{\ddot{u}}$ die Überhitzung. Wie in Abb. 83, ist 1 die Sättigungskurve des Kältemittels und 3 die ideale p,t-Kurve des Fühlermediums, das bei der Einstellung $p_3 = a$ eine konstante Überhitzung über den ganzen Temperaturbereich ergibt. Bei Erhöhung von p_3 auf den Wert b wird $t_{ü}$ bei fallendem t_0 größer und umgekehrt, wenn p_3 auf den Wert c vermindert wird.

Die Überhitzungscharakteristik ändert sich also in Abhängigkeit von der Vorspannung der Regelfeder, die Änderung ist jedoch um so geringer, je mehr sich der Überhitzungsverlauf bei der Normaleinstellung konstanten Werten nähert. Dies gilt für alle als Steuerfüllung verwendeten Medien, deren Druck sich nicht linear mit der Temperatur ändert.

In Abb. 85 ist die typische Abhängigkeit des Überhitzungsverlaufs von der Überhitzungseinstellung wiedergegeben.

Es handelt sich hierbei um ein Expansionsventil für Kältemittel R 12, bei dem Methylchlorid als Steuermedium verwendet wurde. Diese Steuerfüllung wurde

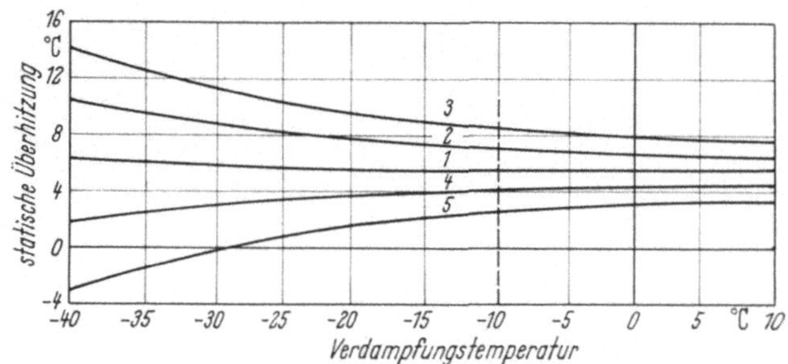

Abb. 85. Typische Änderung des Überhitzungsverlaufs bei thermostatischen Expansionsventilen in Abhängigkeit von der Spannung der Einstellfeder.

früher sehr viel verwendet, ist jedoch heute nicht mehr gebräuchlich. Da es sich hierbei jedoch um ein Steuermedium mit exakt festliegender Sättigungskurve handelt, ist der Überhitzungsverlauf einfach für jedes Druckäquivalent der Regelfeder zu berechnen. Bei einer Einstellung der Überhitzung auf 5,5 °C (alle Einstellungen bezogen auf -10 °C Verdampfungstemperatur) zeigt die Überhitzung einen praktisch konstanten Verlauf über der Verdampfungstemperatur (Kurve 1). Zwischen $t_0 = +10$ °C und $t_0 = -40$ °C ist die Änderung < 1 °C. Verändert man die Einstellung um jeweils 1,5 °C, so ergeben sich folgende Werte:

Überhitzungseinstellung bei $t_0 = -10$ °C °C	Kurve Nr.	Überhitzung bei		Überhitzungsänderung °C
		$t_0 = -40°$ °C	$t_0 = +10°$ °C	
8,5	3	13,9	7,4	6,5
7	2	10	6,3	3,7
5,5	1	6,3	5,5	0,8
4	4	1,8	4,4	2,6
2,5	5	$-3,1$	3,3	6,4

Die negative Überhitzung ($-3,1$ °C), die sich für eine Einstellung von 2,5 °C bei Erreichung einer Verdampfungstemperatur von -40 °C ergibt, ist ein irrealer Wert, da es natürlich eine negative Überhitzung nicht geben kann. Bei dieser Einstellung wird die Überhitzung bereits bei $t_0 = -29,5$ °C gleich Null. Es ist leider zu wenig bekannt, daß mit der Änderung der Überhitzungseinstellung sich nicht nur deren absolute Höhe sondern auch ihr Verlauf und ihre Charakteristik ändert. Im allgemeinen ist das Montagepersonal mit einer Änderung der Überhitzungseinstellung viel zu schnell bei der Hand, ohne die sich daraus ergebenden Konsequenzen zu bedenken oder zu kennen.

e) Betriebskältemittel und Fühlerfüllung. Um die Gleichgewichtsbedingung für die die Funktion des thermostatischen Expansionsventils bestimmenden Kräfte

$$p_0 + p_3 = p_1$$

erfüllen zu können, ist Voraussetzung, daß der Verlauf der Druck-Temperatur-kurve des Steuermittels demjenigen der Sättigungskurve des Betriebskältemittels in einem Verhältnis entspricht, das durch den gewünschten Überhitzungsverlauf festgelegt ist. Mit anderen Worten: es muß die Dampfdruckkurve des Steuermittels zu derjenigen des Kältemittels so verlaufen, daß sich der gewünschte Überhitzungs-verlauf ergibt.

Ein thermostatisches Expansionsventil kann daher immer nur für dasjenige Betriebskältemittel verwendet werden, für das es, seiner Steuerfüllung ent-sprechend, bestimmt ist. Der konstruktive Aufbau kann — evtl. mit Ausnahme der Kennlinie der Regelfeder — der gleiche bleiben. Es ist jedoch unmöglich, ein universell für mehrere Kältemittel geeignetes Ventil zu bauen.

In der Praxis ist es jedoch üblich geworden, wegen der geringen Bedeutung des Kältemittels Methylchlorid hierfür R-12-Ventile zu verwenden. Die Sätti-gungskurven beider Kältemittel liegen recht nahe beieinander und verlaufen zudem weitgehend parallel. Es ist daher möglich, bei einem R-12-Ventil durch Erhöhung der Federspannung deren Druckäquivalent so zu erhöhen, daß die Unterschiede zwischen den Sättigungsdrücken dadurch ausgeglichen werden. Der etwas ungünstigere Überhitzungsverlauf bei der Verwendung eines solchen Ven-tils für Methylchlorid, der mit fallender Verdamp-fungstemperatur eine steigende Tendenz aufweist, wird dabei in Kauf genommen.

f) Parallelfüllung. Mit „Parallelfüllung" be-zeichnet man thermostatische Steuerfüllungen von Expansionsventilen, deren Druck-Temperaturkurve parallel zu der des Betriebskältemittels verläuft oder sich mit dieser deckt. Es wird hierbei als Steuer-medium das gleiche Kältemittel wie das Betriebs-kältemittel verwendet, wobei es sich um eine Flüs-sigkeits- oder auch um eine Gasfüllung handeln kann (s. auch Abschn. B.III.).

Bei der Darstellung der Parallelfüllung (Abb. 86) in Anlehnung an Abb. 84 ergibt sich nur eine Sätti-gungskurve, da Fühlerfüllung und Kältemittel das gleiche Medium sind. Da das Verhältnis $\Delta t / \Delta p$ bei

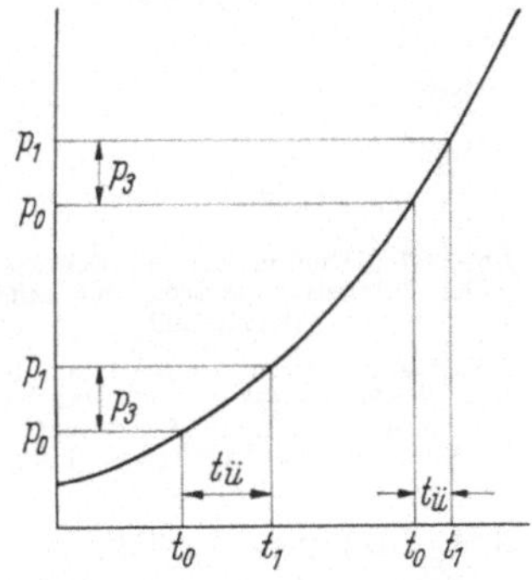

Abb. 86. Überhitzungsänderung bei thermostatischen Expansionsventilen mit Parallelfüllung.

jeder Sättigungskurve mit sinkender Temperatur wächst, nimmt $t_\ddot{u} = t_1 - t_0$ mit fallender Verdampfungstemperatur bei jeder Einstellung zu, wobei das Maß der Zunahme allerdings von der Höhe des Druckäquivalents der Regelfederkraft abhängig ist. Es gibt keine Federkraft, bei der $t_\ddot{u} =$ konstant $\neq 0$ ist.

g) Kreuzfüllung. Steuerfüllungen, deren Druck-Temperaturkurven einen fla-cheren Verlauf als die des zugeordneten Betriebskältemittels aufweisen, werden als Kreuzfüllungen bezeichnet, da sich die Kurven beider Medien in einem Punkt kreuzen (s. Abb. 83 und 84). Als Steuermedien können je nach dem angestrebten Kurvenverlauf die verschiedensten Kältemittel verwendet werden, deren Druck-Temperaturkurve entweder durch einen in Richtung des Fühlerdrucks wirkenden Federdruck oder durch Zusatz eines nicht kondensierbaren Gases angehoben wird. Die letztgenannte Lösung bietet zudem in gewissem Umfang die Möglichkeit, auch die Neigung der Sättigungskurve des Steuermediums in dem beabsichtigten Sinn zu verändern. Bei Ventilen, deren Überhitzung über einen weiten Bereich der Verdampfungstemperatur konstant ist, werden vorwiegend Kreuzfüllungen verwendet.

h) Adsorptionsfüllung. Die Fühlerdruckänderung bei Ventilen mit Adsorptions-füllung erfolgt in dem für die Regelung interessierenden Bereich nahezu linear mit der Temperaturänderung, so daß also der Druck-Temperatur-Verlauf im thermostatischen Steuerteil in guter Näherung als Gerade betrachtet werden kann. Abb. 87 zeigt den Druckverlauf der Steuerfüllung (3) zu der Sättigungskurve des Betriebskältemittels (1) und der um das Druckäquivalent der Regelfeder angehobenen Dampfdruckkurve (2).

Bedingt durch den parallel zur Kurventangente führenden Verlauf des Fühlerdrucks, haben die die Überhitzung darstellenden horizontalen Linien unterschiedliche Länge und erreichen das Minimum an der Stelle der größten Annäherung der Geraden an die Dampfdruckkurve. Die Überhitzungsänderung, bezogen auf die Verdampfungstemperatur, ist dabei um so größer, je stärker die Krümmung der Sättigungskurve ist. Neigung und Lage der Steuerdruck-Geraden

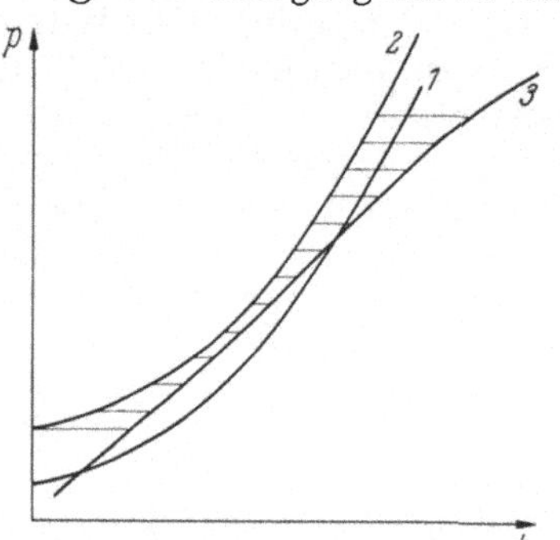

Abb. 87. Druckverlauf bei thermostatischen Expansionsventilen mit Adsorptionsfüllung.

1 Sättigungskurve des Betriebskältemittels. *2* Sättigungskurve, um das Druckäquivalent der Einstellfeder angehoben, *3* Druckverlauf der Fühlerfüllung.

können zwar durch Veränderung der Menge des Adsorptionsmittels, des Volums und des Drucks des Steuergases fast beliebig verändert werden, um das Ventil dem vorgesehenen Kältemittel und Temperaturbereich anzupassen, jedoch kann damit die spezifische Form des Überhitzungsverlaufs nicht beeinflußt werden. Dieser weist immer mit sinkender Verdampfungstemperatur bis zur Erreichung eines Minimums eine fallende Tendenz auf, um dann wieder anzusteigen.

Der Temperaturbereich für eine bestimmte Adsorptions-Steuerfüllung muß daher relativ klein gehalten werden, wenn die Überhitzungsänderung innerhalb des Bereichs in Grenzen bleiben soll. Es ist daher zweckmäßiger, das von der Klimatisierung bis zur Tiefkühlung interessierende Gebiet der Verdampfungstemperatur in mehrere Bereiche zu unterteilen, wobei die Größe des einzelnen Bereichs von der als zulässig erachteten maximalen Überhitzungsänderung bestimmt wird. In Abb. 88 ist der Überhitzungsverlauf von drei verschiedenen Adsorptionsfüllungen für verschiedene Temperaturbereiche für Kältemittel R 12 dargestellt.

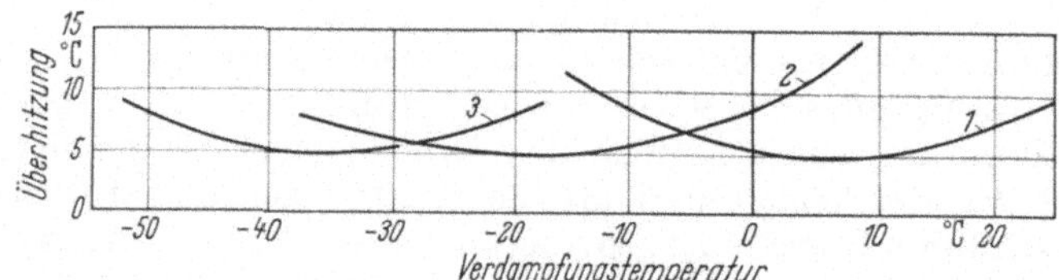

Abb. 88. Überhitzungsverlauf verschiedener Adsorptionsfüllungen über der Verdampfungstemperatur für unterschiedliche Temperaturbereiche.

Läßt man für den Klimabereich eine Überhitzungsänderung von 2,5 °C, für Normalkühlanlagen von 2,0 °C und für Tiefkühlanlagen von 1,5 °C zu, so ergeben sich folgende Bereiche:

1. + 20 bis − 7,5 °C
2. − 5 bis − 35 °C
3. − 30 bis − 45 °C.

Geht man von diesen Überhitzungsänderungen als zulässigen Grenzen aus, so wird für Kältemittel mit einer stärkeren Krümmung der Sättigungskurve wie R 22 oder R 502 jeder dieser Bereiche kleiner bzw. die Zahl der für das gesamte

Temperaturgebiet notwendige Bereiche größer. Da eine zu große Änderung der Überhitzung innerhalb des Arbeitsbereiches des Ventils eine mehrfache Korrektur der Einstellung — je nach Betriebs-Verdampfungstemperatur — erforderlich machen würde, sollte man auf keinen Fall einer einzigen Steuerfüllung einen zu großen Temperaturbereich zuschreiben, nur um damit die Zahl der Steuerfüllungen und damit der Ventiltypen zu begrenzen. Die oben als maximal zulässig eingesetzten Werte erscheinen für eine genaue Regelung bereits reichlich hoch. Sie sollen hier nur als Beispiel, nicht aber als Empfehlung aufgefaßt werden, die die Grundlage für eine einheitliche Festlegung sein könnte. Die Höhe der Überhitzungsänderung ist eine durch den Kurvenverlauf bedingte Größe, die nicht durch großzügige Auslegung des Verwendungsbereiches verändert oder ignoriert werden kann. Die Grenzen des Bereichs können daher nicht willkürlich angesetzt werden.

Im Gegensatz zu den Parallel- und Kreuzfüllungen wird bei adsorptionsgefüllten Ventilen durch Änderung der Überhitzungseinstellung der Überhitzungsverlauf nur parallel verschoben, seine Charakteristik und Tendenz verändert sich in dem für die Regelung interessierenden Bereich nicht. Bedingt durch den geradlinigen Drucktemperatur-Verlauf der Adsorptionsfüllung, ändert sich die Überhitzung proportional zu der Federdruckänderung.

i) Berechnung des Überhitzungsverlaufs. Die Kurve des Überhitzungsverlaufs in Abhängigkeit von der Verdampfungstemperatur kann für jede Steuerfüllung und jede Vorspannung der Einstellfeder auf einfache Weise berechnet werden, wenn die Druck-Temperatur-Kurve der Steuerfüllung bekannt ist.

Für eine bestimmte Nadelstellung gilt nach Abschn. C. IV. 2. die Gleichgewichtsbedingung:

$$p_0 + p_3 = p_1.$$

Legt man für einen bestimmten Wert von t_0, p_0 die Überhitzung $t_{ü} = t_1 - t_0$ fest, so ergibt sich für diese Einstellung I das Druckäquivalent der Federkraft:

$$p_3^I = p_1^I - p_0^I = \text{konstant}$$

Für jeden anderen Wert von t_0, p_0 ergibt sich dann nach obiger Gleichung der entsprechende Wert von p_1, und aus der Druck-Temperaturkurve der Fühlerfüllung erhält man t_1 und damit die Überhitzung $t_1 - t_0$.

Beispiel. Ein Ventil für Kältemittel R 12 mit Parallelfüllung, also ebenfalls R 12 im Fühler, soll bei einer Verdampfungstemperatur $t_0 = -10\ °C$ ($p = 2{,}23$ ata) eine Überhitzung von 5 °C ergeben. Also: $t_1 = -5\ °C$ ($p_1 = 2{,}66$ ata). Das Druckäquivalent der Kraft der Einstellfeder ist demnach:

$$p_3 = 2{,}66 - 2{,}23\ [\text{ata}] = 0{,}43\ \text{ata} = \text{konstant}$$

Setzt man in die Gleichung verschiedene Werte für p_0 ein, so ergeben sich nachstehende Überhitzungswerte:

t_0 (°C)	p_0 (ata)	+	p_3 (ata)	=	p_1 (ata)	t_1 (°C)	$t_{ü} = t_1 - t_0$ (°C)
+10	4.31	+	0.43	=	4.74	+13	3
± 0	3.14	+	0.43	=	3.57	+ 4	4
−10	2.23	+	0.43	=	2.66	− 5	5
−20	1.54	+	0.43	=	1.97	−13.5	6.5
−30	1.02	+	0.43	=	1.45	−21.4	8.6
−40	0.66	+	0.43	=	1.09	−28.6	11.4

Die Überhitzung weist also bei sinkender Verdampfungstemperatur die bereits in Abschn. C. IV. 3. f. erwähnte steigende Tendenz auf.

Auf gleiche Weise läßt sich auch die ideale Druck-Temperatur-Kurve der Fühlerfüllung für einen gewünschten Überhitzungsverlauf für jedes Betriebskältemittel errechnen. Das Druckäquivalent der Regelfeder wird dabei so gewählt, daß eine ausreichende Änderung der Überhitzungseinstellung möglich ist, und daß die Öffnungsüberhitzung den angestrebten Wert erhält. Einfacher ist die graphische Ermittlung nach Abb. 83.

4. Thermostatische Expansionsventile mit Druckbegrenzung.

Mit steigender Verdampfungstemperatur nimmt bei einer Kompressionskältemaschine sowohl die Kälteleistung als auch der Leistungsbedarf in schnellem Maße zu. Das dichtere Gas höheren Drucks erfordert zum Verdichten auf Kondensatordruck eine größere Antriebsleistung als das Gas geringerer Dichte bei niedrigeren Saugdrücken. Da gleichzeitig dem Kondensator eine größere Wärmemenge zugeführt wird, steigt auch dessen Druck und damit wiederum der Leistungsbedarf. Die schnelle Zunahme der benötigten Antriebsleistung zwingt bei offenen Kompressoren häufig zur Überdimensionierung des Antriebsmotors und auch des Kondensators, obwohl die höhere Antriebsleistung nur relativ kurzzeitig und selten gebraucht wird.

Bei Hermetik- und Halbhermetik-Kompressoren sind die Motoren im allgemeinen in ihrer Leistung so begrenzt, daß vom Hersteller die maximal zuverlässige Verdampfungstemperatur genau vorgeschrieben werden muß, die nicht — auch nicht kurzfristig — überschritten werden darf. Da aber sowohl beim Abkühlen, als auch nach jedem Abtauvorgang diese Grenze der Verdampfungstemperatur überschritten und zur Überlastung und Dauerschädigung der Motore führen würde, ist der Saugdruck an der Maschine durch geeignete Einrichtungen auf die für den Motor zulässige Höhe zu begrenzen.

Hierzu eignen sich die sogenannten Startregler (s. Abschn. D. II.) — für diesen Zweck speziell gebaute Druckminderventile, die in der Saugleitung installiert werden. Einfacher und wirtschaftlicher ist es jedoch, thermostatische Expansionsventile zu verwenden, die eine Druckbegrenzungseinrichtung besitzen. Der Druckbegrenzungseffekt kann entweder durch mechanische Zusatzeinrichtung im Ventil oder durch die Art des Fühlerfüllung erreicht werden.

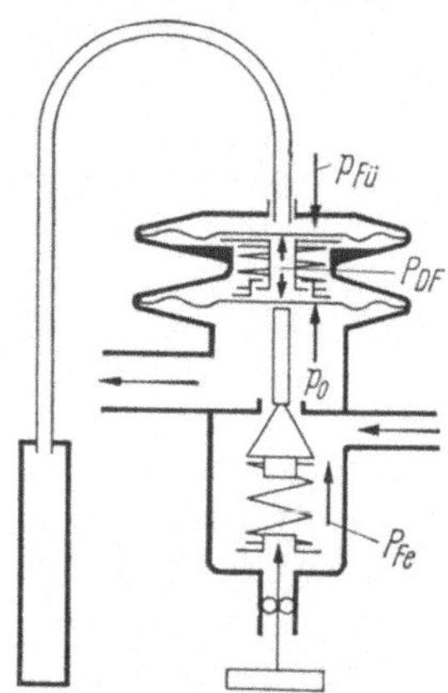

Abb. 89. Mechanisch druckbegrenztes thermostatisches Expansionsventil (Egelhof).

p_0 Verdampferdruck, p_{Fa} Fühlerdruck, P_{DF} Kraft des elastischen Übertragungsgliedes, p_{FE} Kraft der Einstellfeder.

a) Ventile mit mechanischer Druckbegrenzung. Beim normalen thermostatischen Expansionsventil wirken die Öffnungs- und Schließkräfte, die aus dem Fühlerdruck einerseits und dem Verdampfer- und Regelfederdruck andererseits resultieren, von beiden Seiten auf die gleiche Steuermembrane (s. Abschn. C.IV.2.a, Abb. 45 u. 46). Bei Ventilen mit mechanischer Druckbegrenzung dagegen, sind 2 Membranen parallel in einem Abstand zueinander angeordnet und durch ein elastisches Zwischenglied miteinander verbunden, das die Bewegung der einen Membrane auf die andere bis zu einer festgelegten Grenze der Steuerdrücke übertragen kann (Abb. 89) (Egelhof).

Das elastische Zwischenglied kann entweder aus einer Druckfeder oder einer mit nicht kondensierbarem Gas gefüllten Membrandose bestehen. Solange der Verdampferdruck p_0 kleiner als der Druck des elastischen Zwischengliedes ist, wirkt dieses als starre Verbindung und überträgt die Bewegung der unter dem Steuerdruck stehenden oberen Membran wie bei jedem anderen Ventil direkt auf das Stellglied. Übersteigt jedoch der Verdampferdruck den Druck des Zwischengliedes so drückt sich dieses zusammen und das Ventil geht in Schließstellung, unabhängig davon wie hoch der Öffnungsdruck im Temperaturfühler ist. Bei hohen Verdampfertemperaturen und -drücken bleibt dadurch das Ventil so lange geschlossen, bis der durch den Druck des elastischen Zwischenglieds festgelegte Begrenzungswert unterschritten wird. Das Ventil beginnt also erst unterhalb des Begrenzungspunktes zu öffnen und verhindert damit die Überlastung des Antriebsmotors bei hohen Verdampfungstemperaturen. Die Druckbegrenzung ist dabei durch die Dimensionierung des elastischen Zwischenglieds fixiert und kann nicht verändert

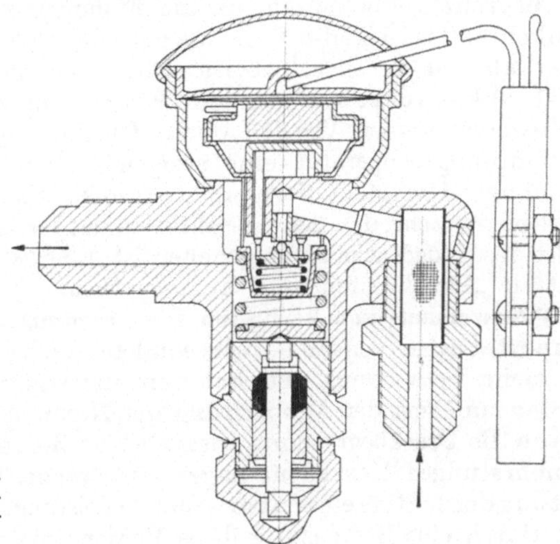

Abb. 90. Druckbegrenztes thermostatisches Expansionsventil mit gasgefüllter Membrandose als Druckbegrenzungselement (ALCO).

werden. Es sind zwar Ausführungen bekannt, bei denen durch eine Einrichtung zur Veränderung der Federvorspannung des Zwischengliedes auch eine Veränderung des Druckbegrenzungspunktes erreicht werden konnte, der bauliche Aufwand hierfür ist jedoch unverhältnismäßig hoch, weshalb sich diese Verfahren nicht durchsetzen konnten. Abb. 90 zeigt den Schnitt durch ein druckbegrenztes Ventil mit Membrandose (ALCO).

b) Druckbegrenzung durch die Steuerfüllung. Eine sehr viel einfachere Methode zur Erzielung des gleichen Effektes ist, da sie keinen konstruktiven und baulichen Mehraufwand erfordert, die Druckbegrenzung durch die Steuerfüllung. Sie beruht im Grunde auf dem Prinzip der Füllung mit kondensierbaren Gasen (s. Abschn. B. III. 6). Die Füllmenge ist hierbei so dosiert, daß bei einer Fühlertemperatur, die dem angestrebten Begrenzungswert des Verdampferdrucks entspricht, alle Flüssigkeit gerade verdampft ist, und das thermostatische Steuerteil nur noch überhitztes Gas enthält. Der Steuerdruck folgt daher nur unterhalb dieser Temperatur der Sättigungskurve des Füllmediums, während er sich bei einer beliebig weiteren Erhöhung nur noch nach dem allgemeinen Gasgesetz ändert, also praktisch als konstant angesehen werden kann.

Sobald $p_0 + p_3 \geqq p_1$ wird, schließt das Ventil, unabhängig von der Fühlertemperatur. Aus der vorstehenden Bedingung ist ersichtlich, daß sich der Druckbegrenzungspunkt mit der Änderung der Überhitzungseinstellung, d. h. der Änderung von p_3, etwas verschiebt, was allerdings für den Überlastungsschutz des Motors unerheblich ist. Trotzdem muß erwähnt werden, daß die mit der Füllung festgelegte Druckbegrenzung sich nur auf die Normaleinstellung des Ventils bezieht.

6*

Der Druckbegrenzungswert wird häufig mit MOP (Maximum Operating Pressure) bezeichnet. Setzt man, wie allgemein üblich, P als Kurzzeichen für Druck, so erscheint die Übersetzung als „Maximaler Öffnungsdruck" sinnvoll.

Abb. 91 zeigt die Begrenzung des Fühlerdrucks durch das Abknicken der Fühlerdruckkurve an dem fade-out-Punkt. Beim Anfahren der Anlage bei höheren Raumtemperaturen, nach dem Abtauen oder nach vorausgegangenem Wärmepumpenbetrieb, bleibt das durch den MOP begrenzte Ventil — im Gegensatz zu Ausführungen mit unbegrenztem Öffnungsdruck — geschlossen, bis der Saugdruck unter den festgelegten Maximalwert absinkt.

Diese Art der Druckbegrenzung ist an sich seit langem bekannt, fand aber nur sehr begrenzte Anwendung, da die Füllungen mit kondensierbaren Gasen zum „Umkehren" neigen, also Vorsorge getroffen werden mußte, daß der Fühler immer kälter als das Ventil selbst ist. Durch Mehrkomponenten-Füllungen (s. auch B. III. 8) kann diese sehr störende Erscheinung vermieden werden.

Zuweilen werden Ventile, deren Überhitzungs-Charakteristik bei steigender Verdampfungstemperatur eine steigende Tendenz aufweist, als druckbegrenzt bezeichnet. Das ist insofern nicht korrekt, als das wesentliche Kriterium der Druckbegrenzung, das sichere Schließen des Ventils bei einem fixen Begrenzungspunkt des Saugdrucks nicht gegeben ist. Eine Zunahme der Überhitzung ist aber nicht als „Druckbegrenzung" anzusprechen.

c) Anwendung und Verhalten druckbegrenzter Ventile. Die Druckbegrenzung thermostatischer Ventile — insbesondere durch die Steuerfüllung — findet mehr und mehr Verwendung und hat den Startregler bereits weitgehend verdrängt. Mit der zunehmenden Verbreitung der Hermetik- und Halbhermetik-Maschinen gewann die Druckbegrenzung zusätzlich an Bedeutung. Sie wird ferner bevorzugt in mehrstufigen Kaskadenanlagen angewandt, in denen durch die begrenzte Leistung der 1. Stufe eine entsprechende Leistungsreduzierung der Tieftemperaturstufe durch eine Begrenzung ihres Verdampfungsdrucks wünschenswert ist. Die Druckbegrenzung gibt hier die Möglichkeit, das häufige Ein- und Ausschalten der 2. Stufe in Abhängigkeit vom Druck im Kaskaden-Verdampfer-Kondensator zu vermeiden, was zur Schonung der Maschine und, trotz der Begrenzung der Verdampfungstemperatur, zur Verkürzung der Laufzeit durch ein schnelleres Einpendeln der Anlage beiträgt.

Ein wesentlicher Vorteil druckbegrenzter Ventile ist ihr gutes Schließverhalten im Stillstand der Anlage, wodurch Magnet-Ventile in der Flüssigkeitsleitung häufig unnötig werden.

Nicht zu empfehlen ist die Verwendung druckbegrenzter Ventile bei Abkühlanlagen, bei denen die volle Maschinenleistung bei hohen Verdampfungstemperaturen zur Erreichung einer schnellen Abkühlung gebraucht wird. Es wäre ein Widerspruch in sich selbst, wollte man einerseits die Maschinenleistung voll ausnützen, andererseits aber die hierfür erforderliche Antriebsleistung nicht zur Verfügung stellen. Bei überfluteter Verdampfung ist die Druckbegrenzung durch das Expansionsventil praktisch wirkungslos, da die große Flüssigkeitsmenge im Verdampfer den Saugdruck bestimmt. Das Stoppen der weiteren Kältemittelzufuhr beim Anfahren wäre daher auf den Saugdruck solange ohne Einfluß, bis die ganze Kältemittelmenge aus dem Verdampfer abgesaugt wäre. Für überflutete Verdampfer müssen daher Startregler für die Begrenzung des Saugdrucks verwendet werden.

Das Betriebsverhalten druckbegrenzter Ventile bei der Inbetriebsetzung der Anlage ist ein grundsätzlich anderes als das eines normalen, d. h. nicht-druckbegrenzten Ventils. Unabhängig von den Temperaturen des Raumes, des Verdampfers und des Fühlers, öffnet das Ventil erst nachdem der Saugdruck auf den

Druckbegrenzungswert gefallen ist. Es spritzt dann nur gerade soviel ein, daß dieser Wert gehalten, aber nicht überschritten wird. Dabei wird der Verdampfer zunächst nur unvollständig gefüllt und beaufschlagt. Erst wenn die Raumtemperatur soweit gesunken ist, wie dieser Verdampfungstemperatur entspricht, be-

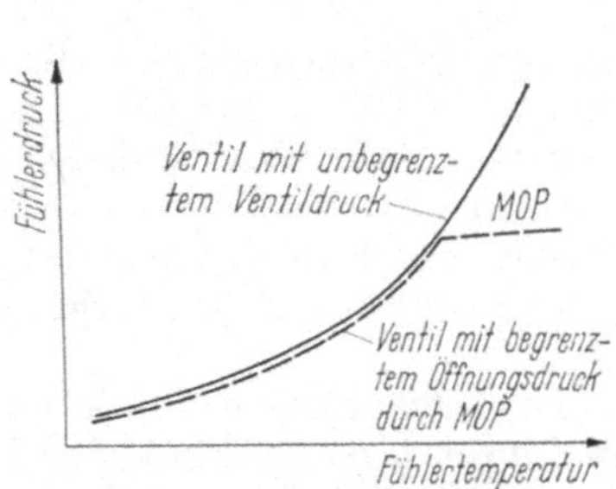

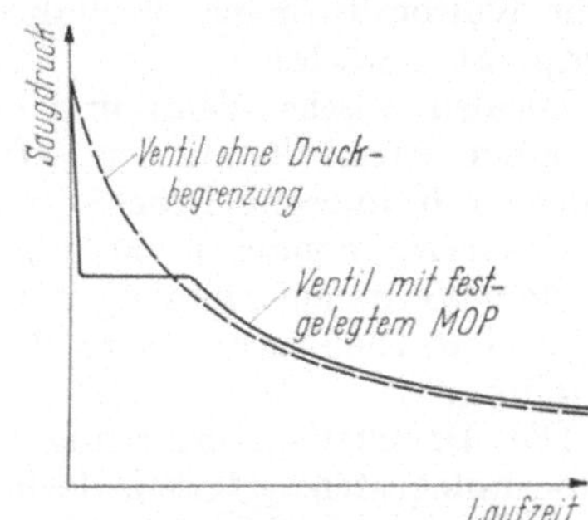

Abb. 91. Begrenzung des Fühlerdrucks durch maximalen Öffnungsdruck (MOP).

Abb. 92. Saugdruckverlauf über der Laufzeit bei begrenztem und unbegrenztem Öffnungsdruck.

ginnt die Regelung der Überhitzung. Der Verdampfer wird dann vollständig gefüllt und das Ventil unterscheidet sich in nichts mehr von einer nicht-druckbegrenzten Ausführung.

Abb. 92 zeigt den Saugdruckverlauf über der Laufzeit.

5. Innerer und äußerer Druckausgleich.

Bei Ventilen mit innerem Druckausgleich (Abb. 93) ist in der Gleichgewichtsbedingung

$$p_0 + p_3 = p_1$$

p_0 der Sättigungsdruck am Ventilaustritt, der über einen inneren Kanal mit dem Steuerraum unter der Membrane verbunden ist.

Aus der Gleichgewichtsbedingung ist ersichtlich, daß die vom Ventil hergestellte Überhitzung $t_1 - t_0$ nur dann dem Zustand am Verdampferaustritt ent-

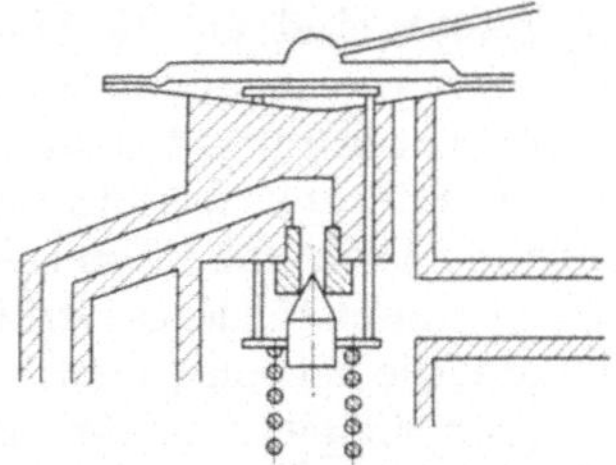

Abb. 93. Ventil mit innerem Druckausgleich. Der Raum unter der Membrane ist durch einen inneren Kanal mit dem Verdampfereintritt verbunden.

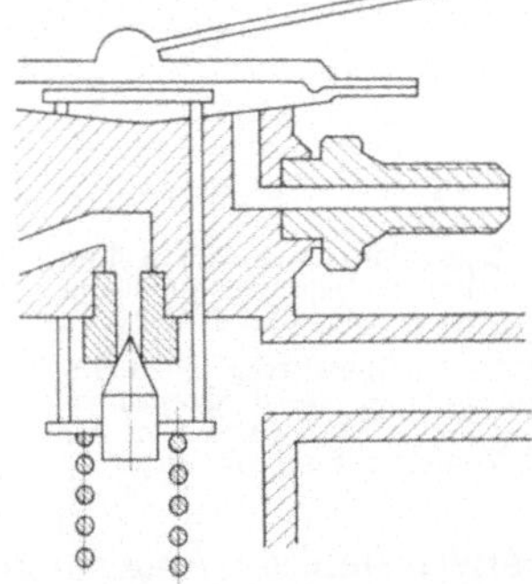

Abb. 94. Ventil mit äußerem Druckausgleich. Über den äußeren Druckausgleich ist der Raum unter der Membrane mit der Saugleitung verbunden. Druckverluste im Verdampfer oder im Flüssigkeitsverteiler bleiben ohne Einfluß auf Ventilfunktion und Überhitzung.

spricht, wenn der im Ventil auf die Membrane wirkende Steuerdruck p_0 gleich dem Saugdruck am Verdampferaustrit $p_{0\,VA}$ ist, bzw. die zugeordneten Sättigungstemperaturen $t_0 = t_{0\,VA}$. Wenn jedoch durch Druckverluste zwischen Ventil und Verdampferaustritt $p_{0\,VA} < p_0$ und damit $t_{0\,VA} < t_0$ wird, dann ist auch die tatsächliche Überhitzung am Verdampferaustritt um die Differenz $t_0 - t_{0\,VA}$ größer, da dem Ventil eine um den Druckverlust verfälschte Regelgröße übermittelt wird. Für einen gegebenen Druckverlust nimmt die Differenz zwischen Soll- und Ist-Wert mit tieferen Verdampfungstemperaturen immer mehr zu, da bei allen Kältemitteln das Verhältnis $\Delta t/\Delta p$ im Sättigungsgebiet mit sinkender Temperatur wächst.

Ist also zwischen Ventil und Verdampferausgang ein Druckverlust vorhanden, der einer Verminderung der Sättigungstemperatur $> 1,5\,°C$ entspricht, so sind Ventile mit äußerem Druckausgleich zu verwenden (Abb. 94). Bei diesen wird der Steuerraum unter der Membrane über den äußeren Druckausgleichsanschluß mit dem Verdampferausgang in unmittelbarer Nähe der Fühleranbringungsstelle verbunden. Die Druckverluste bleiben dadurch ohne Einfluß auf die Überhitzungs-Regelung.

Die Druckausgleichsleitung muß immer den tatsächlichen Druck an der Fühleranlegestelle erfassen, deshalb ist sie nie hinter irgendwelchen, den Saugdruck vermindernden Verengungen, Armaturen oder Flüssigkeitssäcken anzuschließen. Durch Anschluß des Druckausgleichs am oberen Rand der Saugleitung ist ferner zu vermeiden, daß sich in diesem weder Öl noch Flüssigkeit ansammeln kann. Auch die Verwendung von Kapillarrohren für den Druckausgleich ist nicht zu empfehlen, da bereits geringste Mengen Öl die Übertragung der sehr geringen statischen Druckunterschiede auf das Ventil beeinträchtigen und dadurch die Regelung verfälschen würden.

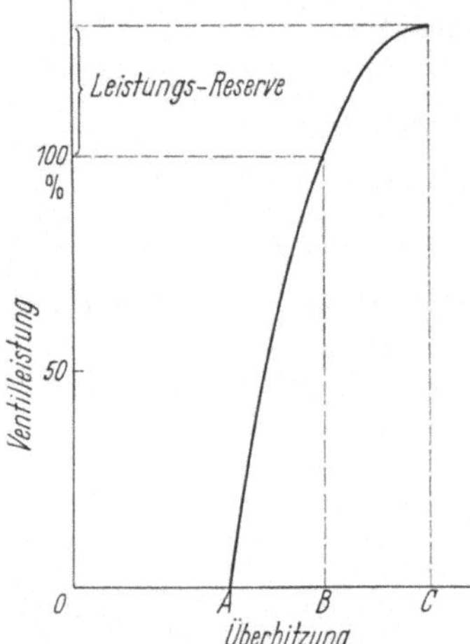

Abb. 95. Typische Leistungskurve eines thermostatischen Expansionsventils in Abhängigkeit von der Überhitzung [13].

$O—A$ statische Überhitzung, $A—B$ Öffnungsüberhitzung, $O—B$ Arbeitsüberhitzung, $B—C$ Zusatzüberhitzung bis zur Vollöffnung auf Anschlag.

6. Leistungsvermögen der thermostatischen Expansionsventile.

Das Leistungsvermögen des thermostatischen Expansionsventils ist definiert als die Kälteleistung, die die pro Zeiteinheit durch das Ventil strömende Kältemittelmenge in Abhängigkeit von der Verdampfungs- und Kondensations-Temperatur erzeugen kann.

Die Leistungsangaben sind auf die Öffnungsüberhitzung zu beziehen, die diesen zugrunde liegt, da hierdurch die Öffnungsstellung, d. h. der Nadelweg festgelegt ist. Die Öffnungsüberhitzung kann je nach Konstruktion, Ventilgröße und Anwendung variieren und ist daher für jedes Gerät anzugeben.[1] Die Leistungen, die bei voller Ventilöffnung erreicht werden können, liegen normalerweise um 10 bis 40% über den auf die Öffnungsüberhitzung bezogenen Werten. Sie geben eine Leistungsreserve, um Herstellungstoleranzen und nicht exakt vorausberechenbare Änderungen in den Betriebsbedingungen der Anlage auszugleichen.

Die zusätzliche Überhitzung, die zur Erreichung der vollen Öffnung notwendig ist, wird im Diagramm (Abb. 95) durch die Strecke $B—C$ dargestellt.

Diese Leistungsreserve sollte bei der Auswahl nicht ausgenutzt oder zugrunde

---

[1] Der ASRE-Standard 17 R (ASA B 60.1 – 1950) schlägt einen einheitlichen Mittelwert von $5\,°F = 2.78\,°C$ vor, der nach der vorliegenden Erfahrung eine gute Ausnutzung des Verdampfers und eine gute Modulationsfähigkeit des Ventils gewährleistet.

gelegt werden, da sie sowohl hinsichtlich Überhitzung und Modulationsfähigkeit außerhalb des günstigsten Bereichs des Ventils liegt.

a) Die Durchflußgleichung. Die allgemeine Formel für die Berechnung der Kältemitteldurchflußmenge durch eine Drosselöffnung läßt sich wie folgt schreiben:

$$Q = A \cdot F \cdot \varrho \cdot \Delta i \sqrt{\frac{\Delta p}{v'}}$$

Hierin bedeuten:

Q Kälteleistung in kcal/h
A Konstante
F Durchflußquerschnitt
ϱ Durchflußkoeffizient
Δi Enthalpiedifferenz zwischen dem Zustand vor und hinter dem Expansionsventil
v' spezifisches Volum des flüssigen Kältemittels
Δp Druckgefälle im Ventil.

Der freie Durchflußquerschnitt ist für einen gegebenen Düsendurchmesser und Nadelwinkel eine Funktion des Nadelhubs und dieser wiederum eine Funktion der Öffnungsüberhitzung. Da letztere für alle Meßpunkte gleich sein soll, ergibt sich aus dem sehr unterschiedlichen Verhältnis $\Delta p / \Delta t$, das alle Sättigungskurven zwischen höherer und tieferer Temperatur aufweisen, bei tiefen Temperaturen eine wesentlich kleinere Druckänderung an der Membrane und damit ein sehr viel kleinerer Nadelweg. Demzufolge verringert sich die Durchflußmenge mit abnehmender Temperatur sehr stark.

Die Enthalpie-Differenz vermindert sich mit fallender Verdampfungstemperatur ebenfalls, jedoch in weit geringerem Maße als der Ventilhub; sie erhöht sich dagegen mit zunehmender Unterkühlung, die daher ebenfalls berücksichtigt werden muß, wenn sie außerhalb des normalen liegt, z. B. bei Anlagen mit Wärmeaustausch zwischen Sauggas und Flüssigkeit.

Obgleich die Durchflußmenge nicht proportional mit dem Druckgefälle, sondern nur mit dessen Quadratwurzel wächst, kommt diesem für die Leistung des Expansionsventils eine nicht geringe Bedeutung zu, da das tatsächlich im Ventil vorhandene Druckgefälle häufig weit geringer als das aus Kondensator- und Verdampferdruck errechnete sein kann. Folgendes muß dabei berücksichtigt werden:

Auf der Druckseite:
Druckverluste im Kondensator, in Flüssigkeitsleitungen, Fittings, Filtern, Trocknern, Hand- und Magnet-Absperrventilen;
Statische Höhe der Flüssigkeitssäule zwischen Kondensator und Expansionsventil (R 12 = 0,13 kg/m, R 22 = 0,117 kg/m)

Auf der Saugseite:
Druckverluste im Flüssigkeitsverteiler, Verdampfer, Sekundärregler und in der Saugleitung

Diese Faktoren können das Druckgefälle sehr erheblich vermindern, besonders da Zubehörteile sehr häufig nur nach Anschlußdurchmessern, nicht aber nach Durchflußleistungen angeboten und ausgewählt werden. Bei geringer Unterkühlung kann die Summe der Druckverluste auf der Druckseite leicht so groß werden, daß bereits eine Verdampfung in der Flüssigkeitsleitung eintritt. Sobald sich in einem der Zubehörteile Gas bildet, wächst der Durchflußwiderstand und damit der Druckverlust schnell an. Die Gasbildung nimmt also, wenn sie einmal beginnt, schnell zu, da vermehrter Druckabfall mehr Gas, und erhöhter Gasanteil wieder vermehrten Druckabfall bedeutet.

Gasbildung in der Flüssigkeitsleitung führt durch die starke Zunahme des spezifischen Volums zu einer sehr erheblichen Verminderung der Ventilleistung.

Die Leistungsangaben für Expansionsventile sind daher immer auf reine, d. h. gasfreie Flüssigkeit mit 1 °C Unterkühlung bezogen, da der Gasanteil so außerordentlich variabel sein könnte, daß kein fester Bezugswert mehr gegeben wäre.

Die Gasbildung muß unbedingt durch eine entsprechende Unterkühlung vermieden werden, um in dem Gebiet reiner Flüssigkeit zu bleiben. Abb. 96a u. b. verdeutlichen diesen Vorgang an Hand der Sättigungskurve.

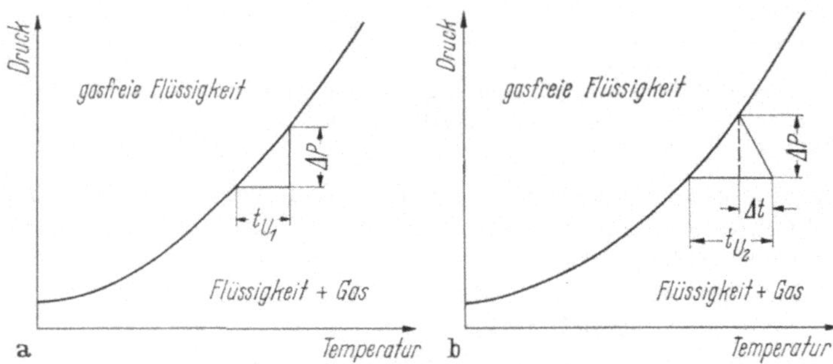

Abb. 96 a u. b. Druckverluste (Δp) und Wärmeeinfall (Δt) in die Flüssigkeit müssen durch entsprechende Unterkühlung kompensiert werden.

Fällt der Druck der Flüssigkeit um den Druckverlust Δp unter den Sättigungsdruck, so muß die Flüssigkeit zur Vermeidung der Gasbildung mindestens um den Betrag t_{u_1} unterkühlt werden (Abb. 96a). Kommt zu dem Druckabfall Δp noch eine Erhöhung der Temperatur Δt durch Wärmeeinfall in die Leitung hinzu, so ist naturgemäß auch die notwendige Unterkühlung um diesen Betrag größer (Abb. 96b).

Die Unterkühlung kann durch Wärmeaustausch zwischen Saug- und Flüssigkeitsleistung oder aber durch separate Flüssigkeitsnachkühler erreicht werden. Bei diesen wird die Flüssigkeit durch das kalte Zulaufwasser zum Kondensator oder ein separates thermostatisches Expansionsventil unterkühlt.

Es wird häufig übersehen, daß der Wärmeaustausch zwischen der Saug- und der Flüssigkeitsleitung in einigen Fällen sehr erhebliche Schwierigkeiten beim Anfahren der Anlage aus dem warmen Zustand bereiten kann. Sind Verdampfer und Wärmeaustauscher z. B. bei der Inbetriebsetzung sehr warm, die Flüssigkeit durch niedrige Kondensationstemperatur dagegen relativ kalt, so wirkt der Wärmeaustauscher als Überhitzer statt Unterkühler. Das flüssige Kältemittel verdampft zum großen Teil bereits vor dem Ventil, der Verdampfer erhält nur außerordentlich wenig und vorwiegend gasförmiges Kältemittel, so daß das Sauggas den Verdampfer mit sehr großer Überhitzung verläßt. Bei Wechseltemperatur-Schränken und Kaskaden-Anlagen kann dies soweit führen, daß die Anfahrschwierigkeiten nicht überwunden werden können, solange die Flüssigkeit über den Wärmeaustauscher geführt wird. Hier ist Abhilfe mit einem separaten Flüssigkeitsnachkühler möglich. Es kann auch die Flüssigkeit beim Anfahren direkt zum Ventil über einen Bypass geleitet werden, der geschlossen wird, sobald der Wärmeaustauscher als Unterkühler wirksam wird.

b) Leistungsmessung an thermostatischen Expansionsventilen. Für die Leistung an thermostatischen Expansionsventilen gilt bis heute die Methode nach ASRE-Standard 17-R [16], [17], [18] aus dem Jahr 1948, die 1950 von der American Standards Association (ASA) zur amerikanischen Norm erhoben wurde.

Zur Durchführung der Messung ist eine Prüfeinrichtung gemäß Abb. 97 notwendig.

Das Maschinenaggregat muß, aus einem oder mehreren Kompressoren bestehend, die entsprechende Einrichtungen besitzen, um die für die Messung erforderlichen unterschiedlichen Leistungen zu erzielen.

Das vom Kondensator kommende flüssige Kältemittel strömt zuerst durch das Durchflußmeßgerät (1) und von dort über das Schauglas (4) zum Expansionsventil (5), das Gegenstand der Messung ist. Das Schauglas (4) dient der optischen Kontrolle des Zustandes der Flüssigkeit, die während der Messung absolut frei

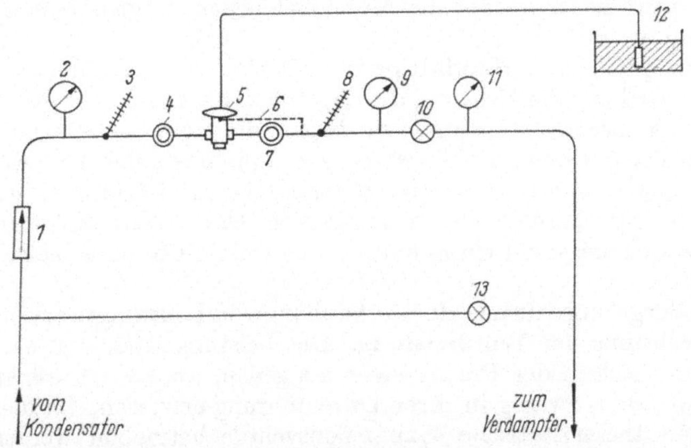

Abb. 97. Prüfeinrichtung zur Leistungsmessung an Expansions-Ventil nach ASRE-Standard 17-R.

1 Durchflußmeßgerät, *2* Manometer, *3* Thermometer, *4* Schauglas, *5* Expansionsventil, *6* Druckausgleichsleitung, *7* Schauglas, *8* Thermometer, *9* Manometer, *10* Handabsperrventil, *11* Manometer, *12* Temperaturbad, *13* handbetätigtes Expansionsventil.

von Gas sein muß. Über ein weiteres Schauglas (7), das der Feststellung dient, wann der Durchfluß durch das Ventil beginnt und aufhört, strömt das Kältemittel über ein Handabsperrventil (10) direkt zum Verdampfer. Ein evtl. am Ventil vorhandener Druckausgleichanschluß wird über die Leitung (6) mit der Austrittsleitung verbunden. Der Fühler wird in ein Alkohol-Bad (12) eingebracht, dessen Temperatur verändert und an den jeweiligen Meßpunkten genau konstant gehalten werden kann. Eine Bypass-Leitung, die vor dem Durchfluß-Meßgerät (1) von der Flüssigkeitsleitung abzweigt, führt über ein handbetätigtes Expansionsventil (13) zum Eintritt des Verdampfers. Mit diesem wird der Verdampferdruck während der Messung konstant gehalten. Mit den Manometern (2, 9 und 11) werden die Drücke und mit den Thermometern (3 und 8) die Temperaturen an der Meßstrecke genau gemessen. *Die Leistungsmessung* wird bei verschiedenen Verdampfungstemperaturen auf der Basis einer konstanten Öffnungsüberhitzung durchgeführt, die 7 °F (3,9 °C) oder weniger betragen soll. Die Kondensationstemperatur wird innerhalb jeder Meßreihe konstant gehalten. Die Messung legt grundsätzlich die für das untersuchte Ventil angegebene statische Überhitzung und die dafür spezifizierte Öffnungsüberhitzung zugrunde (s. Abschn. C. IV. 3. a). Fehlen jedoch diese Angaben, so wird das Ventil auf eine statische Überhtizung von 10 °F (5,5 °C) eingestellt und die Messung bei einer Öffnungsüberhitzung von 5 °F (2,78 °C) vorgenommen. Die statische Überhtizung soll nicht mehr als um ±2 °F (±1,1 °C) von der angegebenen abweichen.

Zunächst wird bei geschlossenem Absperr-Ventil (10) mit Hilfe des Handregelventils (13) der Saugdruck im Verdampfer auf einen Wert eingestellt, der etwas unterhalb desjenigen liegt, bei dem die Messung vorgenommen werden soll.

Das Alkoholbad wird auf eine Temperatur gebracht, die um die Summe aus statischer und Öffnungsüberhitzung über dieser Verdampfungstemperatur liegt. Durch langsames Öffnen und Schließen des Absperrventils (*10*) wird im Schauglas (*7*) sichtbar, bei welcher Sättigungstemperatur der Durchfluß beginnt bzw. aufhört. Abgelesen wird, wenn das Ventil von der Öffnungs- in die Schließstellung geht. Die tatsächliche statische Überhitzung ist dann die Differenz zwischen der Bad- und der so ermittelten Sättigungstemperatur, bei der der Durchfluß aufhört. Das Alkoholbad (*12*) wird nun genau auf die Temperatur gebracht, die sich aus der Verdampfungstemperatur, bei der die Messung erfolgen soll, plus der gemessenen statischen sowie der der Messung konstant zugrunde gelegten Öffnungsüberhitzung ergibt.

Bei voll geöffnetem Handabsperrventil (*10*) und geschlossenem Handregelventil (*13*) wird nun die Messung durchgeführt, bis 4 im Abstand von mindestens 10 Minuten gemachte Ablesungen vorliegen, die nicht mehr als 5% voneinander abweichen. Die niedrigste der 4 Messungen ist die Basis der Auswertung. Während der Leistungsmessung ist eine Flüssigkeitsprobe zu entnehmen, um den Ölanteil des umlaufenden Kältemittels zu bestimmen. Dieser darf nicht mehr als 2% betragen. Die Leistungsermittlung kann durch Durchfluß- oder Kalorimetermessung erfolgen.

Die Meßergebnisse dienen der Aufstellung von Leistungskurven und -tabellen.

c) Berechnung der Ventilleistung. Die Leistungsmessung nach der ASRE-Methode hat sich in der Praxis zwar als genau, aber auch als außerordentlich zeitraubend und schwierig in ihrer Durchführung erwiesen. Da die Bedingungen, unter denen thermostatische Expansionsventile betrieben werden, hinsichtlich des Druckgefälles, der Flüssigkeits- und Verdampfungstemperaturen und auch der Kältemittel außerordentlich verschieden sein können, ist es erforderlich, einen Rechnungsgang anzugeben, der die Umrechnung der Ventilleistung von den gemessenen Standard-Bedingungen auf gegebene Betriebsbedingungen sicher ermöglicht.

Hierzu ist die Einführung eines neuen Begriffs, des *Sensitivitäts-* oder *Empfindlichkeitsfaktors* S des Ventils notwendig. Dieser ist definiert durch

$$S = \frac{\Delta p_1}{\Delta p_m}$$

Hierin ist:

Δp_1 Druckänderung der Steuerfüllung für eine gegebene Änderung der Fühlertemperatur Δt_1 (Öffnungsüberhitzung)

Δp_m Druckänderung an der Steuermembrane, die erforderlich ist, um das Stellglied vom Öffnungsbeginn in die Öffnung bei Nennleistung zu bringen.

Beide Werte, Δp_1 und Δp_m, sind konstruktions- bzw. füllungsbedingt und gelten daher nur für dasjenige Ventil, für das sie ermittelt werden.

Zur Bestimmung von S müssen folgende Daten bekannt sein:

Der Druck-Temperaturverlauf der Fühlerfüllung,

Der Überhitzungsverlauf des Ventils in Abhängigkeit von der Verdampfungstemperatur, bezogen auf die statische Überhitzung,

Der Membran- und Feder-Gradient bezogen auf die statische Überhitzung,

Die Öffnungsüberhitzung, auf die die Leistung bezogen werden soll.

Für Δp_1 gilt:

$$p_1 = p_{fh} - p_{fs}$$

Hierin ist:

p_{fh} Druck der Fühlerfüllung bei der Fühlertemperatur t_{fh}, bei der das Stellglied den Hub hat, auf den die Leistungsmessung bezogen ist

p_{f_s} Druck der Fühlerfüllung bei der Temperatur t_{f_s}, die der statischen Überhitzung entspricht.

Für t_{f_s} und t_{f_h} gilt:

$$t_{f_s} = t_0 + \Delta t_s$$
$$t_{f_h} = t_{f_s} + \Delta t_1$$
$$= t_0 + \Delta t_s + \Delta t_1$$

Hierin:

t_0 die Verdampfungstemperatur, Δt_s die statische Überhitzung bei der Verdampfungstemperatur t_0, und Δt_1 die Änderung der Fühlertemperatur von der Schließ- bis zur Öffnungsstellung (Öffnungsüberhitzung).

Einer der wichtigsten Faktoren für die Errechnung des Sensitivitätsfaktors ist die veranschlagte Öffnungsüberhitzung Δt_1; diese ist von der Ventiltype abhängig. Sie ist als Maximalwert angesetzt, soll also im Betrieb unter- aber nicht überschritten werden. Daher kann ,,S" bei höheren Verdampfungstemperaturen rechnerisch $> 1{,}0$ werden. Das bedeutet, daß eine geringere Öffnungsüberhitzung als der angesetzte Maximalwert erforderlich ist, um das Ventil bei den gegebenen Bedingungen ganz zu öffnen. Es ist aber auch dann maximal mit $1{,}0$ zu rechnen, da die Leistungsangaben auf eine konstante Öffnungsüberhitzung bezogen werden sollen.

Ist die Leistung Q_{st} eines thermostatischen Expansionsventils unter Standardbedingungen gemessen und sein Sensivitätsfaktor in Abhängigkeit von der Verdampfungstemperatur für die verwendete Steuerfüllung, Membrane, Feder usw. bekannt, so läßt sich seine Leistung Q_b für jede gegebene Betriebsbedingung wie folgt berechnen:

$$Q_b = Q_{st} \cdot \frac{\Delta i_b}{\Delta i_{st}} \cdot \sqrt{\frac{v_{st}}{v_b} \cdot \frac{\Delta p_b}{\Delta p_{st}} \cdot \frac{S_b}{S_{st}}}$$

Hierin ist:

Δ_i die Enthalpiedifferenz
v das spezifische Volum des flüssigen Kältemittels
Δp das Druckgefälle im Ventil
S der Sensibilitätsfaktor.

Der Index ,,st" bedeutet die auf Standard-, ,,b" die auf Betriebsbedingungen bezogenen Werte.

7. Die Auswahl der Expansionsventile.

Bei der Wahl des zu verwendenden Expansionsventils sind folgende, die Ventil-Type beeinflussenden Faktoren zu berücksichtigen:

1. Kältemittel der Anlage.

2. Leistung, die auf das Expansionsventil bei den Betriebsbedingungen entfällt. Bei wechselnden Betriebsbedingungen, wie sie durch wechselnde Verdampfungstemperaturen, durch Leistungsregelung usw. auftreten können, sind die Maximal- und Minimalwerte für die Auswahl zu erfassen.

3. Druckgefälle im Ventil, das sich aus der Differenz zwischen Kondensator- und Verdampferdruck nach Abzug aller Verluste ergibt (s. Abschn. C.IV.6.a). Bei der Berechnung ist die niedrigste im Laufe des Jahres vorkommende Kondensationstemperatur zugrunde zu legen, die z. B. bei luftgekühlten Anlagen in einem weiten Bereich variieren kann, wenn keine Maßnahmen zu deren Konstanthaltung getroffen sind.

4. Temperatur der Flüssigkeit vor dem Ventil.

5. Verdampfungstemperatur.

6. Temperaturbereich des Ventils, in dem eine weitgehende Konstanz der Überhitzung gewährleistet ist, nach Herstellerangabe.

Zahl und Art der die Ventiltype und -größe bestimmenden Faktoren zeigen bereits, daß die Auswahl mit einer gewissen Sorgfalt erfolgen muß, und nie von der auf Normal-Temperaturen bezogenen Nennleistung des Kompressors und des Ventils ausgegangen werden kann.

a) Kompressorleistung und Ventilleistung. Die Leistungsänderung des Kompressors in Abhängigkeit von Verdampfungs- und Kondensationstemperatur folgt völlig anderen Gesetzmäßigkeiten als die des thermostatischen Expansions-

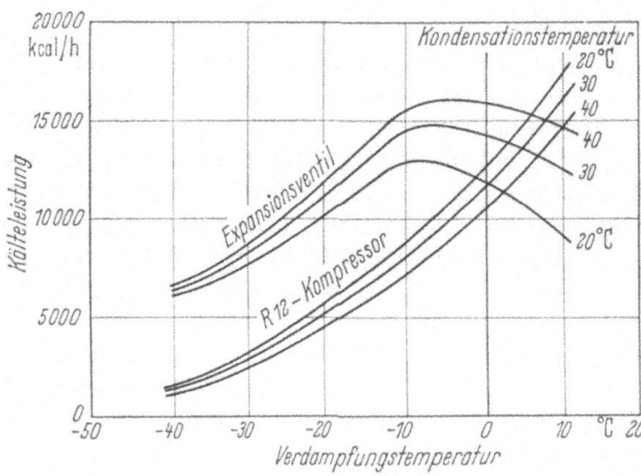

Abb. 98. Änderung der Kompressor- und Ventilleistung in Abhängigkeit von der Verdampfungs- und Kondensationstemperatur (R 12).

ventils. Den sehr unterschiedlichen Verlauf ihrer Leistungskurven über der Verdampfungstemperatur zeigt Abb. 98 für verschiedene Kondensationstemperaturen.

Da die volumetrische Kälteleistung q_{0th} mit sinkender Verdampfungstemperatur kleiner wird und der Liefergrad λ mit steigendem Druckverhältnis ebenfalls abnimmt, fällt die Kompressorleistung stetig mit der Verdampfungstemperatur. Aus den gleichen Gründen steigt sie bei niedrigerer und vermindert sich mit höherer Kondensationstemperatur.

Ganz anders dagegen verhält sich die Änderung des Leistungsvermögens eines thermostatischen Expansionsventils:

Da in der Durchflußgleichung (s. Abschnitt C.IV.6.a und C.IV.6.c) der freie Querschnitt F bei höheren Verdampfungstemperaturen eine endliche Größe erreicht, und das Druckgefälle für t = konstant schnell abnimmt, dagegen die Enthalpie-Differenz nur wenig steigt, zeigen die Leistungskurven der Expansions-Ventile ein deutliches Maximum und eine schnelle Leistungsabnahme bei Verdampfungstemperaturen unter- und oberhalb des Maximalwertes.

Im Gegensatz zum Kompressor nimmt ferner die Leistung des Expansionsventils mit steigender Kondensationstemperatur durch die Erhöhung des Druckgefälles zu und umgekehrt.

In Abb. 99 sind die Leistungskurven eines R-12-Kompressors und von verschiedenen Größen von Expansionsventilen über der Verdampfungstemperatur für eine konstante Kondensationstemperatur t = 30 °C aufgetragen.

An den Schnittpunkten der Leistungskurven des Kompressors und der Expansionsventile entspricht das jeweilige Ventil genau dem Leistungsbedarf, rechts von der Kompressorkurve (gestrichelte Linien) kann die benötigte Ventilleistung nicht mehr erbracht werden. Es kämen demnach für den Leistungsbereich dieses einen Kompressors 6 verschiedene Größen der Expansionsventile für die Auswahl in Betracht, je nachdem mit welcher Verdampfungstemperatur die Anlage betrieben wird. Die Darstellung zeigt deutlich die Notwendigkeit der richtigen und

sorgfältigen Auswahl des Reglers für die jeweiligen Betriebsbedingungen, wobei
man im Interesse einer genauen Regelung das Ventil immer so wählen wird, daß
seine Leistung der Kompressorleistung weitgehend entspricht.

Nun sollen aber häufig — und in ständig zunehmendem Maße — Kühlräume
für verschiedene Güter mit unterschiedlicher Lagertemperatur verwendet werden. Das gilt sowohl für stationäre Räume als auch für Anlagen, die dem Kühl-
transport auf Schiene, Straße oder Wasser dienen. Besonders bei Schiffen wird

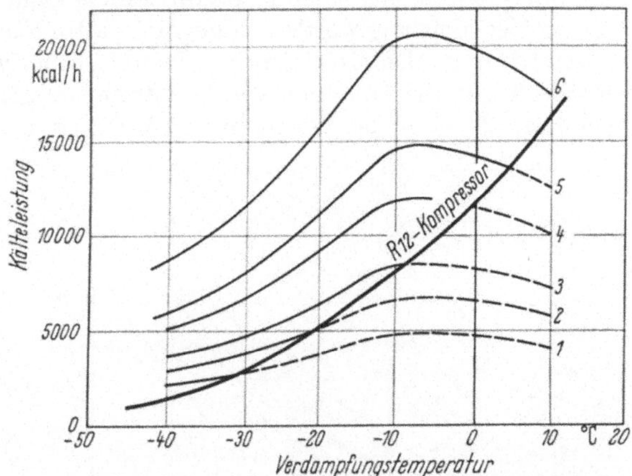

Abb. 99. Vergleich der Leistungskurve eines R 12-Kompressors mit den verschiedenen Expansionsventil-Größen bei + 30°C Kondensationstemperatur.

zur besseren Auslastung des Laderaumes angestrebt, sehr unterschiedliche Güter
transportieren zu können. Die wechselweise Verwendung der Räume bringt dabei
zum Teil erhebliche Veränderungen der Betriebsbedingungen (Kondensations-
und Verdampfungstemperaturen) mit sich, für die sich dann das Problem der
richtigen Auswahl der Regelventile stellt. Hier einige Beispiele:

Alternative Verwendung	Verdampfungstemperatur von/bis
1. Bananen/Gemüse	+ 5/− 10 °C
2. Frischfleisch/Gefriergut	− 12/− 30 °C
3. Bananen/Gefriergut	+ 5/− 30 °C
4. Wechseltemperaturräume	− 10/− 40 °C
5. Schnellgefrier-Anlagen	− 20/− 40 °C

Da jeder Regler nur in einem bestimmten Bereich seines Stellweges eine
kontinuierliche Regelung proportional zu der Änderung der Regelgröße hat
(Proportionalbereich), ist es zweckmäßig, die 6 Expansionsventile verschiedener Größe aus Abb. 99 hinsichtlich der prozentualen Nutzung ihrer Leistung bei ihrer Verwendung mit der gleichen Kältemaschine zu betrachten
(Abb. 100).

Der Verwendbarkeit der einzelnen Größen für die verschiedenen Betriebsbedingungen sind durch den konstruktionsspezifischen Proportionalbereich jeder
Ventiltype (auch als Leistungsbereich oder Leistungsbreite bezeichnet) Grenzen
gesetzt.

Eine Ventiltype mit einem sehr großen Proportionalbereich bis 25% seiner
Leistung könnte in obigen Beispielen allen Anforderungen genügen, d. h. man
könnte trotz stark veränderlicher Verdampfungstemperatur mit einer Ventilgröße
für jeden Anwendungsfall auskommen.

So würde am zweckmäßigsten gewählt:

für Beispiel 1 ($t_0 = + 5/-10$) Ventilgröße 5 oder 6
für Beispiel 2 ($t_0 = -12/-30$) Ventilgröße 3
für Beispiel 3 ($t_0 = + 5/-30$) Ventilgröße 5 oder 6
für Beispiel 4 ($t_0 = -10/-40$) Ventilgröße 4
für Beispiel 5 ($t_0 = -20/-40$) Ventilgröße 2 oder 3

Bei Verwendung einer Type mit einem kleineren Proportionalbereich bis 65% seiner Nennleistung würden dagegen in allen Fällen mindestens 2 Ventile in Parallelanordnung, aber alternativ verwendet, benötigt werden. In den Abb. 99 und 100 wurde durch die Annahme $t =$ konstant von günstigeren Voraussetzungen ausgegangen, als sie in der Praxis in der Mehrzahl der Fälle gegeben sind.

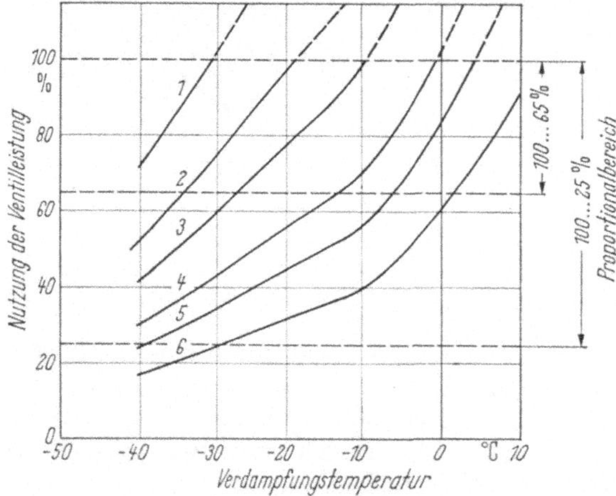

Abb. 100. Prozentuale Nutzung der Leistung verschiedener Expansionsventile bei deren Verwendung mit der gleichen Kältemaschine bei 30°C Kondensationstemperatur.

Da dadurch der Unterschied in der Leistung des Expansionsventils von der des Kompressors noch wesentlich größer werden kann (s. Abb. 98) gewinnt die Breite des Proportionalbereichs noch an erhöhter Bedeutung.

b) Leistungstabellen für thermostatische Expansionsventile. Da alle Faktoren, die die Auswahl des Expansionsventils beeinflussen (s. Abschn. C.IV.7.) berücksichtigt werden müssen, genügt es nicht, Leistungstabellen aufzustellen, die nur von der Verdampfungs- und Kondensationstemperatur ausgehen. Diese am Saug- und Druckstutzen des Kompressors gemessenen Sättigungstemperaturen entsprechen in der Regel nur bei kleinsten Anlagen mit ausreichender Genauigkeit den Verhältnissen am Regelventil. Die auf der Druck- und Saugseite auftretenden Druckverluste (s. Abschn. C.IV.6.a) können zudem von Anlage zu Anlage außerordentlich verschieden sein, ebenso die Unterkühlung des Kältemittels vor dem Ventil. Bei der ständig zunehmenden Anwendungsbreite der künstlichen Kälte ergeben sich ferner immer extremere Temperaturen und Betriebsverhältnisse, denen die Leistungstabellen durch eine entsprechende Ausweitung gerecht werden sollten, um in jedem Fall eine genaue Berechnung des Ventils zu ermöglichen.

Die Tabellen zur Ventilauswahl müssen daher Korrekturfaktoren enthalten, die das Druckgefälle bzw. den Druckverlust, sowie die Temperatur vor und hinter dem Expansionsventil erfassen. Die Ventilleistung wird daher häufig in Abhängigkeit vom Druckgefälle im Ventil mit Korrekturfaktoren für die Verdampfungs- und Unterkühlungstemperatur angegeben.

Eine andere Möglichkeit ist es, nur die Ventil-Nennleistung bei Normaltemperaturen anzugeben. Der Einfluß des tatsächlichen Druckgefälles im Ventil nach

Abzug aller Verluste wird dann durch den Korrekturfaktor $K_{\Delta p}$, die Verdampfungs- und Flüssigkeitstemperaturen durch einen weiteren Faktor K_t erfaßt, in dem auch bereits die Änderung des Stellwegs mit der Verdampfungstemperatur enthalten ist. Ist Q_N die Nennleistung des Ventils und Q_0 dessen gesuchte Soll-Leistung, so ist dann:

$$Q_N = Q_0 \cdot K_{\Delta p} \cdot K_t$$

Mit diesen Faktoren kann für jede mögliche Betriebsbedingung das Ventil richtig bestimmt werden.

V. Flüssigkeitsverteiler.

Die Unterteilung der Verdampfer in mehrere parallele Abschnitte gleicher Rohrlänge und gleicher Wärmeübertragung bringt überall dort Vorteile, wo sich, bedingt durch die erforderliche Oberfläche, sehr lange Verdampferrohre ergeben würden.

Bei Hintereinanderschaltung großer Rohrlängen gleichen Durchmessers wächst die Übertragungsleistung durchaus nicht im gleichen Maße mit der sich aus der Rohrlänge ergebenden rechnerischen Zunahme der Oberfläche. Der verlängerte Strömungsweg bei gleichzeitig erhöhtem Kältemitteldurchsatz bedingt eine starke Zunahme des Druckverlustes, der eine entsprechende Vergrößerung des Gasvolums und damit eine Verminderung des vom Kompressor geförderten Kältemittelgewichts zur Folge hat. Würde man z. B. die Rohrlänge und damit die Oberfläche eines Verdampfers bei gleichem Rohrdurchmesser verzweifachen, so würde sich — bei gleichem Kältemitteldurchsatz — auch sein Durchflußwiderstand auf das Doppelte erhöhen. Zur Erzielung einer der Oberflächenvergrößerung entsprechenden Übertragungsleistung müßte aber auch der Kältemitteldurchsatz verdoppelt werden. Da der Durchflußwiderstand aber im Quadrat der Durchflußmenge wächst, würde dieser achtmal so hoch werden wie bei dem Verdampfer halber Leistung und Rohrlänge.

Mit der Zunahme des Gasanteils während des Verdampfungsvorgangs müßte daher bei einem richtig gestalteten Verdampfer der Strömungsquerschnitt immer größer werden, um die Geschwindigkeit konstant und den Druckverlust in Grenzen zu halten. Bei Röhrenkesselverdampfern (shell and tube) macht man von dieser Möglichkeit Gebrauch, indem man die Zahl der parallelgeschalteten Rohre nach jeder Umlenkung entsprechend erhöht. Bei Rippenrohrverdampfern üblicher Bauart ist es aus fertigungstechnischen Gründen jedoch vorteilhafter, den gleichen Rohrdurchmesser beizubehalten und den Verdampfer in mehrere Abschnitte mit relativ kurzer Rohrlänge zu unterteilen. Dadurch wird außer der Verminderung des Durchflußwiderstandes ein besserer Wärmeübergang durch intensivere Benetzung der inneren Rohroberfläche mit flüssigem Kältemittel, eine gleichmäßigere und schnellere Beaufschlagung der Verdampferfläche und damit auch eine gleichmäßige Verteilung des Reifniederschlags auf der Oberfläche erzielt.

Um nicht jeder Verdampferschlange ein eigenes Expansionsventil geben zu müssen, werden Flüssigkeitsverteiler verwendet, deren Aufgabe es ist, das vom Expansionsventil kommende Kältemittel gleichmäßig auf die einzelnen Verdampferabschnitte zu verteilen, und zwar so, daß jede Rohrschlange Kältemittel gleichen Dampfgehalts erhält. Das Expansionsventil muß in seiner Größe der Gesamtleistung des Verdampfers entsprechen, der Verteiler zweckmäßigerweise unmittelbar am Expansionsventil angeschlossen werden.

1. Voraussetzungen für die Verwendung der Flüssigkeitsverteiler.

Da Flüssigkeitsverteiler selbst keine Regler sondern nur Zusatzeinrichtungen zu diesen sind, vermögen sie nicht die Kältemittelzufuhr einem eventuell unterschiedlichen Bedarf der einzelnen Verdampferabschnitte anzupassen.

Voraussetzung für ihre Verwendung ist daher, daß alle Verdampferabschnitte gleiche Rohrlänge, gleichen Strömungswiderstand und ebenso gleiche Übertragungsleistung besitzen. Das bedingt ferner, daß die Länge der Verteilerrohre, die durch den Abstand zwischen dem Verteiler und der am weitesten entfernten Verdampferschlange festgelegt ist, für alle Verteilungen gleich sein muß.

Die Strömungsrichtung der Luft muß immer mit oder auch gegen die Kältemittelströmung, darf aber nie quer zu dieser gerichtet sein, da sich sonst ungleiche Übertragungsleistungen an den einzelnen Verdampferabschnitten durch die in Strömungsrichtung kleiner werdenden Temperaturdifferenzen zwischen Verdampferoberfläche und zugeführter Luft ergeben würden.

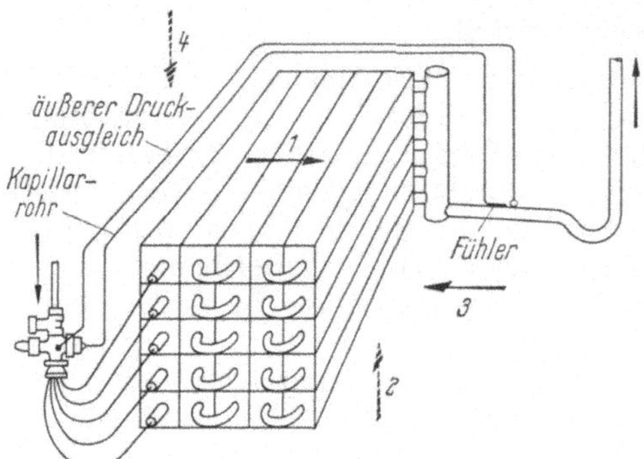

Abb. 101. Richtige und falsche Luftanblasrichtung bei mehrfacheingespritzten Verdampfern (Danfoss).

In Abb. 101 geben die mit „1" und „3" bezeichneten Pfeile die richtige Luftrichtung an, während „2" und „4" die falsche Richtung bezeichnen.

Da das Expansionsventil an der gemeinsamen Saugleitung die sich als Mischtemperatur aus allen Verdampferabschnitten ergebende Überhitzung abtastet und nach dieser die Kältemittelzufuhr zum Verdampfer regelt, würde vor allem diejenige Verdampferschlange die Überhitzung bestimmen, die die geringste Übertragungsleistung besitzt und daher auch am wenigsten Flüssigkeit benötigt. Alle anderen Abschnitte, die durch ihre größere Belastung mehr Kältemittel verdampfen könnten, würden zuwenig Flüssigkeit erhalten und daher nur unvollständig ausgenützt werden.

Das mit Pfeilrichtung „1" gekennzeichnete Gleichstromprinzip ist, von der Regelung her gesehen, die zu bevorzugende Strömungsrichtung. Da die Temperaturdifferenz zwischen austretender Luft und Saugrohr keinen wesentlichen Schwankungen unterworfen ist, ergibt sich eine gleichmäßige und kontinuierliche Flüssigkeitszufuhr zum Verdampfer.

Die Anwendung des Gegenstromprinzips (Pfeilrichtung „3") dagegen kann leicht zu einer Übersteuerung führen, die um so stärker ausgeprägt ist, je größer die Temperaturdifferenz zwischen der eintretenden Luft und der Verdampfungstemperatur wird. Ein leichtes Drosseln des Ventils führt zu einer sehr schnellen Erwärmung von Saugrohr und Fühler, dadurch zu verstärktem Öffnen des Ventils und schließlich starker Absenkung der Fühlertemperatur, die ein erneutes Drosseln zur Folge hat. Die Ventilöffnung entfernt sich dadurch sowohl nach oben als auch nach unten weit von ihrer Mittellage und der Verdampfer wird dadurch abwechselnd stark über- und unterfüllt. Diese auch als „hunting" bezeichnete Erscheinung tritt bei dieser Anordnung besonders leicht auf, ist jedoch auch bei anderen Verdampfern zu beobachten. Das Eintreten dieser oszillierenden Reaktion hängt im wesentlichen von der Größe der Phasenverschiebung ab, mit der die Fühlertemperatur der Saugrohrtemperatur folgt, oder besser: mit der das Ventil auf Änderungen der Saugrohrtemperatur reagiert. Jeder Regler besitzt eine ihm spezifische Verzögerung, mit der die Stellgröße einer Änderung der Regelgröße folgt. So folgt beispielsweise die Fühlertemperatur der Rohrtemperatur mit einer zeitlichen Verzögerung und auch mit einer geringeren Amplitude; beides ist durch die Wärmeübertragungsvorgänge und die Masse des Fühlers bedingt. Die weitere Verzögerung, mit der das Ventil der Fühlertemperaturänderung folgt, ist bei guten

Reglern infolge kleiner Masse und geringer Reibung der beweglichen Teile, so klein, daß sie für diese Betrachtung vernachlässigbar ist.

Auch jeder Verdampfer besitzt eine ihm eigene Reaktionszeit, mit der er auf Änderungen der Ventilöffnung reagiert.

Durch das Zusammentreffen verschiedener unglücklicher Umstände, die sowohl in einer schlechten Flüssigkeitsverteilung als auch in Form und Bauweise des Verdampfers, der Beschaffenheit und der Masse der Fühleranbringungsstelle, der Temperaturdifferenz, usw. begründet sein können, kann die Phasenverschiebung so groß werden, daß der Fühler gerade immer den falschen Impuls erhält, und das Ventil öffnet, wenn es drosseln sollte und umgekehrt. Die Folge ist dann die als „hunting" bezeichnete Übersteuerung, die entgegen den Erfordernissen zur Einhaltung des Sollwerts verläuft.

Gewiß gibt es Ventile, die durch Bauweise und Steuerfüllung mehr, andere, die weniger zum „hunting" neigen.

Das Auftreten von „hunting"-Erscheinungen besagt jedoch zunächst nur, daß in diesem einen Betriebsfall Verdampfer und Ventil in ihrer Reaktionszeit nicht miteinander harmonieren.

Abhilfe kann durch Abschirmung des Fühlers gegen den Luftstrom, Versetzen des Fühlers an eine andere Stelle, durch eine bewußte Verbesserung oder Verschlechterung des Wärmeübergangs oder eine Vergrößerung der Masse des Fühlers erreicht werden.

Außer der Einhaltung der richtigen Luftrichtung zur Strömungsrichtung des Kältemittels ist auch die gleichmäßige Beaufschlagung der Verdampferabschnitte Voraussetzung für eine sinnvolle Anwendung der Flüssigkeitsverteiler.

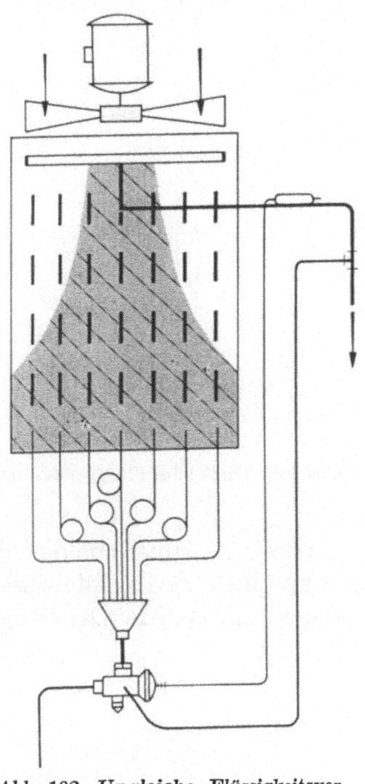

Abb. 102. Ungleiche Flüssigkeitsverteilung durch zu geringen Ventilatorabstand.

Wird der Ventilator, der die Zwangsbelüftung des Verdampfers bewirkt, mit zu geringem Abstand an den Verdampfer angebracht, so bilden sich Zonen unterschiedlicher Luftgeschwindigkeit aus, durch die eine gleichmäßige Beaufschlagung nicht mehr gegeben ist (Abb. 102).

Auch an Verdampfern, die unter den beengten Einbauverhältnissen, z. B. in Klimageräten, schräg zum Luftstrom angeordnet sind, ergeben sich häufig Zonen, die schlecht von der Luft bestrichen werden. Ist eine gleichmäßige Verteilung der Luft durch bauliche Änderung nicht möglich, müssen 2 Expansionsventile verwendet werden.

Werden völlig gleichartige Verdampfer teils senkrecht, teils waagerecht an Decken und Wänden eines Raumes montiert, so ist auch hier die Mehrfacheinspritzung nicht zulässig, da die Kälteabnahme durch die unterschiedliche Anordnung als Decken- oder Wandverdampfer immer verschieden sein wird. Wenn zudem auch noch der Wärmeeinfall an den verschiedenen Wänden durch unterschiedliche Außentemperaturen differiert, können nicht einmal die Verdampfer gleicher Anordnung durch *ein* Ventil über *einen* Flüssigkeitsverteiler gespeist werden.

Das gleiche gilt sinngemäß für Plattenverdampfer, die durch stark unterschiedliche Luftzirkulation und Kälteabnahme trotz gleicher Bauweise verschiedenen Betriebsbedingungen unterworfen sind (Abb.103).

Eine weitere wichtige, jedoch häufig vernachlässigte Voraussetzung für die
Erzielung einer gleichmäßigen Flüssigkeitsverteilung ist die gleichmäßige Absaugung des verdampften Kältemittels aus allen Verdampferabschnitten. Die
saugseitigen Sammelrohre müssen dazu im Durchmesser sehr reichlich gehalten

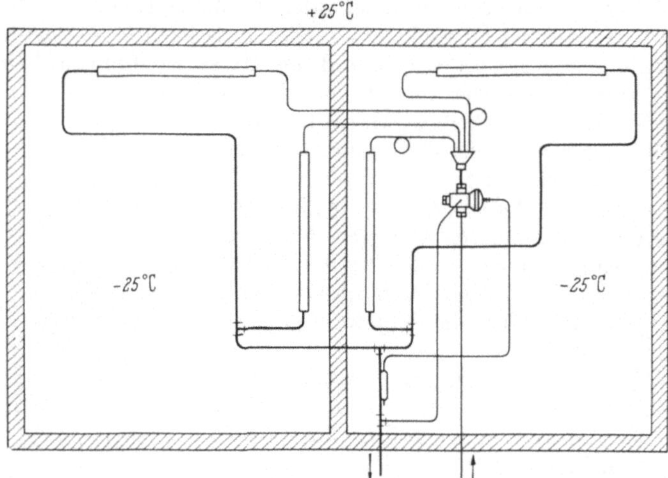

Abb. 103. Ungleiche Flüssigkeitsverteilung bei Plattenverdampfern durch stark unterschiedliche Luftzirkulation
und Kälteabnahme.

werden, da sonst aus der, dem Saugrohranschluß am nächsten liegenden Einmündung eines Verdampferabschnitts zu stark, aus den entfernt liegenden zu schwach
abgesaugt würde. Der Saugrohranschluß sollte nie einer solchen Einmündung ge-

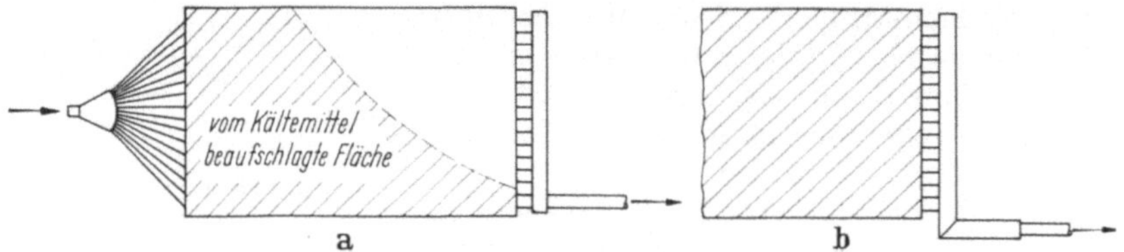

Abb. 104a u. b. Der Anschluß der Saugleitung am Sammelrohr beeinflußt die Gleichmäßigkeit seiner Beaufschlagung;   a) falsch, b) richtig.

genüberliegen. Abb. 104a zeigt die vom Kältemittel nur teilweise beaufschlagte
Fläche bei einer solchen Anordnung des Saugrohrs.

Richtig wäre es, den Sammelrohrdurchmesser wesentlich zu vergrößern und
die Saugleitung auf Gehrung anzusetzen oder unten abgehen zu lassen (Abb. 104b).

2. Prinzip und Arbeitsweise der verschiedenen Verteiler-Bauarten.

Zentrifugal-Verteiler. Bei der nach dem Zentrifugal-Prinzip arbeitenden Verteilern sind die Abgänge radial und im gleichen Abstand voneinander am äußeren
Umfang angeordnet. Das vom Ventil kommende Flüssigkeits-Gas-Gemisch wird
mit hoher Geschwindigkeit tangential dem Innenraum mit rundem Querschnitt
zugeführt. Durch die Zentrifugalkräfte bildet sich eine an der Wandung herum-
wirbelnde Flüssigkeitsschicht aus, die den einzelnen Abgängen in gleichmäßiger
Menge zuströmt. Verteiler dieser Bauart sind so dicht wie möglich am Expansionsventil ohne Verengung der Querschnitte zu montieren. Die Verwendung von
Wärmeaustauschern kann die Wirkungsweise und die gleichmäßige Verteilung

nachteilig beeinflussen, da durch eine starke Unterkühlung des Kältemittels vor dem Ventil der Gasanteil bei der Entspannung und dadurch die Eintrittsgeschwindigkeit in den Verteilern herabgesetzt wird.

Zentrifugalverteiler sind wenig gebräuchlich, ihren Aufbau zeigt Abb. 105.

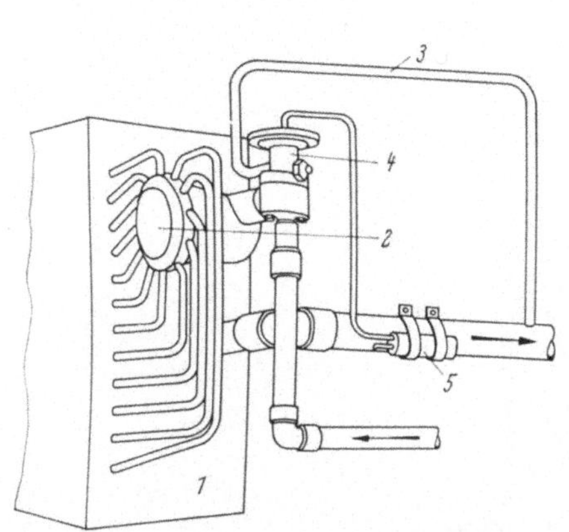

Abb. 105. Verdampfer mit Zentrifugalverteiler.

1 Verdampfer, *2* Zentrifugalverteiler, *3* Druckausgleichsleitung, *4* Thermostatisches Expansionsventil, *5* Fühler.

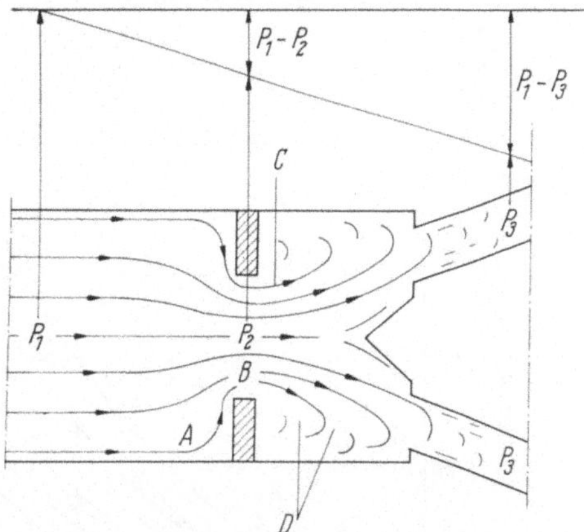

Abb. 106. Prinzip des Staudüsenverteilers.

A Strömungslinien, *B* Düsenmitte, *C* verengter Strahlquerschnitt, *D* Turbulenzgebiet, p_1—p_3 Gesamtdruckabfall im Verteiler.

Staudruckverteiler. Diese Verteiler gehen von dem Prinzip aus, durch den Einbau von Blenden oder Düsen vor den Verteilerabgängen einen Staudruck zu erzeugen, der eine gleichmäßige Verteilung des Kältemittels bewirkt. Bei Staudruck-Verteilern wird allgemein eine zentrale Staudüse oder -blende verwendet, die dem Kältemittel soviel Turbulenz verleihen soll, daß es gleichmäßig auf die kreisförmig angeordneten Abgänge unter intensiver Durchmischung von Flüssigkeit und Gas verteilt wird. Das Arbeitsprinzip und der Druckverlauf ist in Abb. 106 dargestellt.

Die Strömungslinien nahe der Rohrwandung (*A*) werden durch die Staublende abrupt umgelenkt und verlaufen zunächst parallel zu deren Vorderfläche bevor sie in die Düse einmünden. Die Parallelströmung setzt sich noch über die Düseneintrittskante hinaus zur Düsenmitte (*B*) hin fort und wird dann durch die mittleren Strömungslinien in Richtung der Düsenbohrung umgelenkt. Der auf Düsenöffnung verengte Strahlquerschnitt des Kältemittels (*C*) tritt nun in den stark erweiterten Raum hinter der Staudüse ein. Durch die ungeregelte Expansion bilden sich an dieser Stelle starke Wirbel aus. In der Staudüse tritt ein Druckverlust $p_1 - p_2$ auf, der sich in den Abgängen auf $p_1 - p_3$ erhöht. Bei den Staudruckverteilern wird die Druckenergie nicht in Geschwindigkeitsenergie umgesetzt, sondern durch die Wirbel aufgezehrt.

Eine gleichmäßige Verteilung ist bei Verteilern dieser Bauart nur bei senkrechtem Einbau gewährleistet, wobei sie sowohl mit dem Ausgang nach oben als auch nach unten angeordnet werden können. Der Druckverlust im Verteiler vermindert das im Ventil zur Verfügung stehende Druckgefälle, wodurch sich für die gleiche Leistung meist eine größere Ventiltype bei Verwendung eines Staudüsenverteilers ergibt. Die Höhe des Verteiler-Druckverlustes ist von der Größe der verwendeten Staudüse und auch von der Summe der Querschnitte aller Verteilerrohre und deren Länge abhängig.

Die Auswahl der Staudüse sollte nur nach der tatsächlichen Verdampferleistung unter Betriebsbedingungen getroffen werden. Da die Änderung der Durchfluß-

leistung der Staudüse in Abhängigkeit von der Verdampfungstemperatur einen
völlig anderen Verlauf nimmt, als die des Expansionsventils, wäre es zur Erzielung einer gleichmäßigen Verteilung unzweckmäßig, den Durchmesser der Ver-
teilerdüse nach einem bestimmten Verhältnis zu dem der Ventildüse zu wählen,
wie es häufig empfohlen wird. Die Gegenüberstellung der Expansionsventil-

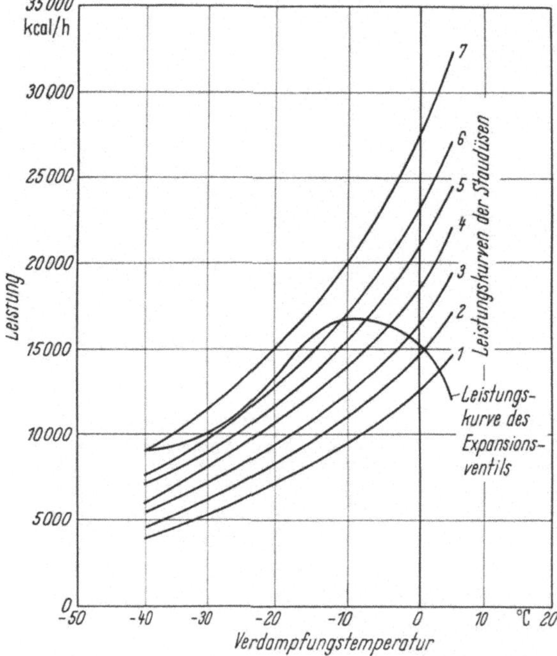

Abb. 107. Gegenüberstellung der
Expansionsventilleistung zu der
Leistung verschiedener Staudüsen.

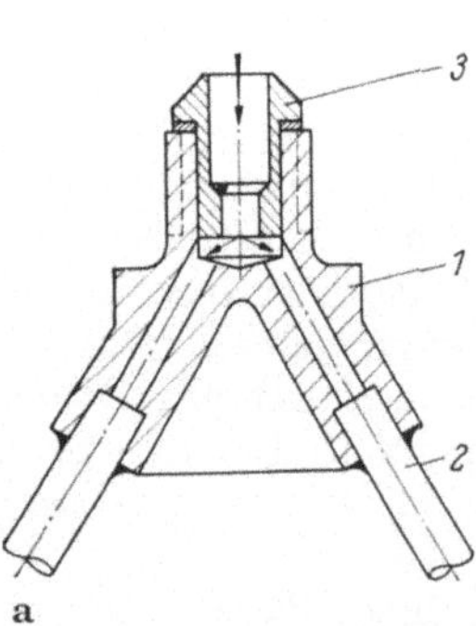

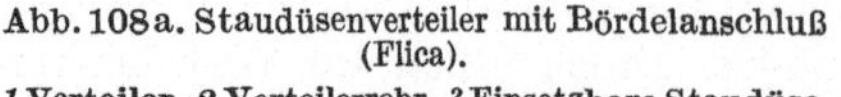

Abb. 108a. Staudüsenverteiler mit Bördelanschluß   Abb. 108b. Staudüsenverteiler mit Lötanschluß (Danfoss).
(Flica).   1 Verteiler, 2 Einsetzbare Staudüse, 3 Sicherungsring.
1 Verteiler, 2 Verteilerrohr, 3 Einsetzbare Staudüse.

Leistung zur Staudüsenleistung (Abb. 107) macht das sehr unterschiedliche Verhalten deutlich. Diese den Katalogangaben eines Herstellers entnommenen
Werte zeigen, daß für das gleiche Expansionsventil je nach Verdampfungstemperatur bis zu sieben verschiedene Staudüsen in Betracht kommen. Durch den
Durchmesser der Staudüse ist die Leistung des Verteilers praktisch auf einen
festen Wert fixiert.

Abb. 107 gibt einen Begriff von der Problematik der Auswahl von Staudüsen-verteilern bei Anlagen, die in einem größeren Verdampfungstemperaturbereich arbeiten sollen oder mit einer Leistungsregelung ausgerüstet sind.

In Abb. 108a u. b sind zwei verschiedene Ausführungen der Staudruck-Verteiler dargestellt. Die Staudüsen sind austauschbar angeordnet. Bei der Ausführung gemäß Abb. 108b wird durch die von den Verteilerbohrungen gebildete Spitze, die sich unmittelbar am Austritt der Düse befindet, eine strömungsgünstigere Anordnung erreicht.

Für Anlagen, die mit Heißgasabtauung oder Heißgasbypass-Leistungs-regelung ausgerüstet sind, oder die durch Umkehrung des Kreislaufs auch als Wärmepumpe betrieben werden können, sind Staudüsen-Verteiler üblicher Ausführung nicht verwendbar, da die Staudüse hierfür zu große Druckverluste ergeben würde. Für diesen Verwendungszweck sind Sonderbauarten entwickelt worden.

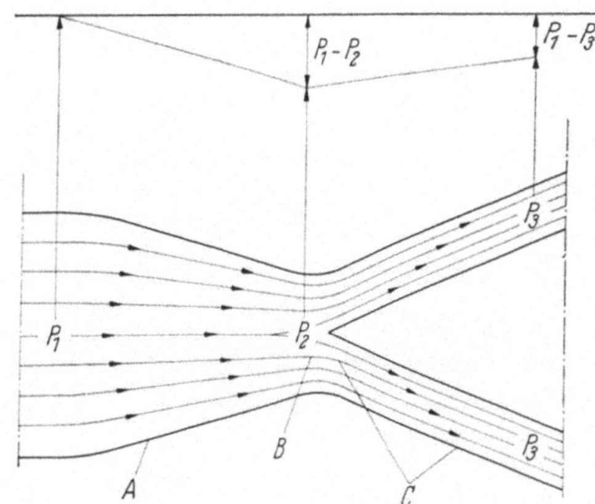

Abb. 109. Durchfluß durch einen Venturi-Verteiler.

A Konvergierender Teil, B Engster Querschnitt, C Divergierender Teil.

Venturi-Flüssigkeitsverteiler. Ein vollkommen anderes Prinzip wird in den Venturi-Verteilern angewandt, die auf die grundsätzlichen Entwicklungsarbeiten der Alco Controls Corporation, St. Louis, Missouri, USA, zurückgehen (US-Patent-Nr. 2.803.116 vom 20. 8. 57). Aufbau und Arbeitsweise sind in Abb. 109 dargestellt.

Der Venturi-Verteiler besteht, wie jedes Venturi-Rohr, aus einem konvergierenden Teil, der düsenförmigen Verengung, und einem divergierenden Abschnitt. Die sanft verlaufende Verengung des konvergierenden Teils (A) verhindert die Ablösung des Kältemittelstroms unter Wirbelbildung von den Wandungen im Übergang zwischen Einlauf und Düse (B). In dem divergierenden Abschnitt (C) vermindert sich die hohe Strömungsgeschwindigkeit unter Rückwandlung der Strömungsenergie in Druckenergie. Wie Abb. 109 zeigt, fällt der Eintrittsdruck p_1 in der engsten Stelle der Düse auf p_2 ab und steigt dann wieder auf den Wert p_3 an, wobei p_3 um einen Betrag, der den Wandreibungsverlusten entspricht, niedriger als der Eintrittsdruck p_1 ist. Die Austrittsbohrungen müssen genau in der Mitte der Düse eine Spitze bilden, ohne daß Bearbeitungsgrate entstehen, die die Gleichförmigkeit der Strömung stören würden.

Die Nennleistung des Venturi-Verteilers für ein bestimmtes Kältemittel ist als diejenige Durchflußleistung in kcal/h definiert, die bei einer Verteilerrohrlänge von 1 Meter einen Druckverlust im Verteiler von 1 kp/cm² ergibt. Bedingt durch die Änderung des Gasgehalts im Kältemittel, ist die Nennleistung abhängig von der Verdampfungstemperatur. Da sich die Nennleistung bei Einhaltung gleicher Strömungsgeschwindigkeit in den Verteilerrohren auch proportional mit der

Rohrzahl bzw. der Summe der Rohrquerschnitte ändern muß, ist die Form und Abmessung der Venturidüse unmittelbar von Zahl und Durchmesser der Verteilerrohre abhängig.

Eine gleichmäßige Verteilung der Flüssigkeit ist in einem recht großen Bereich gewährleistet, der zwischen maximal 150% und minimal 25% der Nennleistung liegt. Diese Grenzen sind durch den Druckverlust einerseits und die für eine gute Verteilung notwendige Minimal-Strömungsgeschwindigkeit gesetzt.

Die große Breite des Verwendungsbereichs macht wiederum die Gegenüberstellung der Leistung eines Expansionsventils (gleiches Ventil wie in Abb. 107) und eines Venturi-Verteilers deutlich (Abb. 110). Sie zeigt außerdem die Abhängigkeit der Verteilerleistung von der Verdampfungstemperatur.

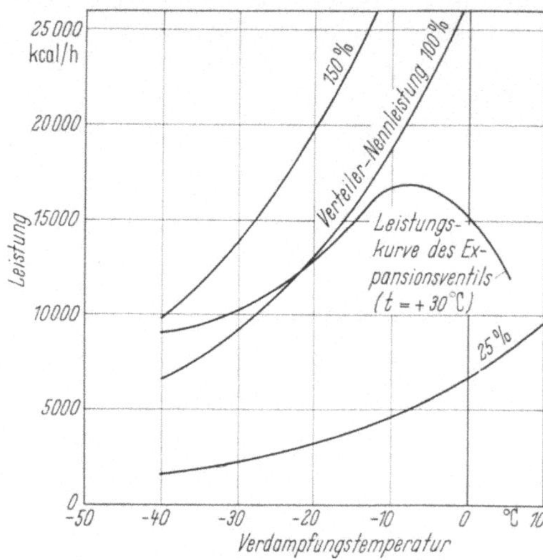

Abb. 110. Gegenüberstellung der Leistungskurve eines thermostatischen Expansionsventils und eines Venturi-Verteilers (6 Rohre 8×1 mm, Kältemittel R 12).

Da gemäß dem Entwurf der Venturi-Düse und der Definition der Nennleistung, diese in direkter Abhängigkeit zu der Zahl und Abmessung der Verteilerrohre steht, kann die Auswahl der Verteiler nach der auf jedes Verteilerrohr entfallenden Leistung getroffen werden.

Nachstehende Tabelle zeigt die Nennleistung pro Verteilerrohr für R 12 und R 22, bezogen auf 1 m Rohrlänge für verschiedene Rohrdimensionen in Abhängigkeit von der Verdampfungstemperatur (ALCO).

Die gerade gesetzten Zahlen geben dabei die zulässigen Grenzwerte (150% bzw. 25%) der Nennleistung an.

Durch Division der Verdampferleistung durch die Anzahl der Verteilungen erhält man die pro Rohr entfallende Leistung, für die aus der Tabelle die am nächsten liegende Rohrnennleistung ausgewählt wird. An die obere Grenze (bis 150% der Nennleistung) geht man bei der Auswahl, wenn die Maschine eine Leistungsregelung besitzt und sich dadurch bei Teillast-Betrieb die über den Verteiler gehende Leistung stark reduziert. Die untere Grenze des Leistungsbereichs (gegen 25% der Nennleistung) wählt man, wenn zeitweise auch Heißgas über den Verteiler geleitet werden soll z. B. bei Heißgababtauung, Wärmepumpenbetrieb oder Leistungsregelung durch Bypassen von Heißgas, oder wenn das im Ventil zur Verfügung stehende Druckgefälle, bedingt durch hohe Verdampfungs- und niedrige Kondensationstemperatur, an sich schon sehr gering ist und daher kein ins Gewicht fallender zusätzlicher Druckverlust mehr entstehen soll, der die Wahl einer wesentlich größeren Expansionsventil-Type erforderlich machen würde.

Tabelle 1. *Leistung pro Verteilerrohr (Nennleistung,* zulässige Maximal- und Minimalleistung) *bezogen auf 1 m Rohrlänge*[1] *für R 12 und R 22 bei 30 °C Kondensationstemperatur*

Verd. Temp. °C	Verteilerrohr-Abmessung in mm und Zoll									
	4×0,75 $^5/_{32}''$		5×1 $^3/_{16}''$		6×1 $^1/_4''$		8×1 $^5/_{16}''$		10×1 $^3/_8''$	
	R 12	R 22	R 12	R 22	R 12	R 22	R 12	R 22	R 12	R 22
+ 5	1215	2130	1950	3450	3500	6150	7950	14000	16000	28000
	810	*1420*	*1300*	*2300*	*2350*	*4100*	*5300*	*9300*	*10700*	*18700*
	205	355	325	580	590	1025	1330	2325	2675	4675
± 0	1020	1780	1650	2930	2930	5250	6750	11850	13500	23400
	680	*1190*	*1100*	*1950*	*1950*	*3500*	*4500*	*7900*	*9000*	*15600*
	170	300	275	490	490	875	1120	1975	2250	3900
− 5	850	1500	1400	2445	2500	4425	5700	10000	11250	19650
	570	*1000*	*930*	*1630*	*1680*	*2950*	*3800*	*7600*	*7500*	*13100*
	145	250	235	410	420	740	950	1675	1875	3275
− 10	720	1260	1170	2055	2100	3675	4650	8100	9450	16500
	480	*840*	*780*	*1370*	*1400*	*2450*	*3100*	*5400*	*6300*	*11000*
	120	210	195	350	350	620	780	1350	1575	2750
− 15	600	1060	990	1725	1770	3105	3900	6750	8000	14000
	400	*709*	*660*	*1150*	*1180*	*2070*	*2600*	*4500*	*5300*	*9300*
	100	175	165	290	300	520	650	1125	1325	2325
− 20	510	900	825	1440	1470	2550	3300	5850	6600	11550
	340	*600*	*550*	*960*	*980*	*1700*	*2200*	*3900*	*4400*	*7700*
	85	150	140	240	250	430	550	975	1100	1925
− 25	420	735	690	1200	1230	2145	2775	4800	5550	9750
	280	*490*	*460*	*800*	*820*	*1430*	*1850*	*3200*	*3700*	*6500*
	70	125	120	200	210	360	465	800	925	1625
− 30	345	600	585	1020	1060	1830	2325	4050	*4650*	*8100*
	230	*400*	*390*	*680*	*700*	*1220*	*1550*	*2700*	*3100*	*5400*
	60	100	100	170	175	310	390	675	775	1350

[1] Bei anderen Verteilerrohrlängen ist die benötigte Leistung pro Verteilerrohr vor Benutzung der Leistungstabelle mit dem nachstehenden Korrekturfaktor K_L für die Verteilerrohrlänge zu multiplizieren. Das Ergebnis ist die aus obiger Tabelle zu suchende Leistung.

Korrekturfaktoren für Verteilerrohrlängen

Verteilerrohrlänge in m	0,25	0,5	0,75	1,0	1,25	1,5	1,75	2,0	2,25	2,5
Korrekturfaktor K_L	0,5	0,7	0,86	1,0	1,12	1,23	1,33	1,42	1,51	1,60

Druckverlust im Verteiler in Abhängigkeit von der prozentualen Nutzung seiner Nennleistung

Leistung in % der Nennleistung	25	30	40	50	60	70	80	90	100	110	120	130	140	150
Druckverlust in kp/cm²	0,3	0,33	0,42	0,52	0,62	0,72	0,82	0,92	1,04	1,15	1,28	1,42	1,58	1,75

Das Verhältnis der auf jedes Verteilerrohr tatsächlich entfallenden Leistung zu der Nennleistung ergibt die prozentuale Nutzung der Verteilerleistung, mit der nach Abb. 111 der Verteilerdruckverlust ermittelt werden kann, der bei der Ventilauswahl zu berücksichtigen ist.

Die vorstehend aufgeführte Tabelle der Nennleistung gibt, da ihre Werte auf 30 °C Kondensationstemperatur als Normalbedingung bezogen sind, eine für die allgemeine Praxis ausreichende Genauigkeit. Da der Dampfgehalt im Kältemittel jedoch sowohl durch die Verdampfungs- als auch die Kondensationstemperatur bestimmt wird, genügen Tabellen dieser Art nicht, wenn — wie beispielsweise bei Kaskadenanlagen — die Flüssigkeitstemperatur vor dem Regelventil in weiten

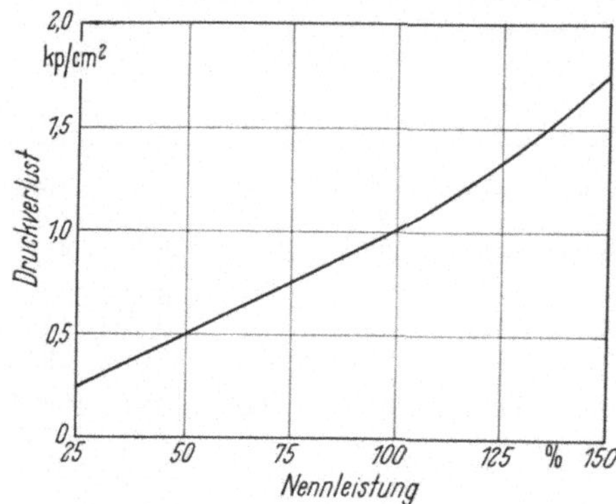

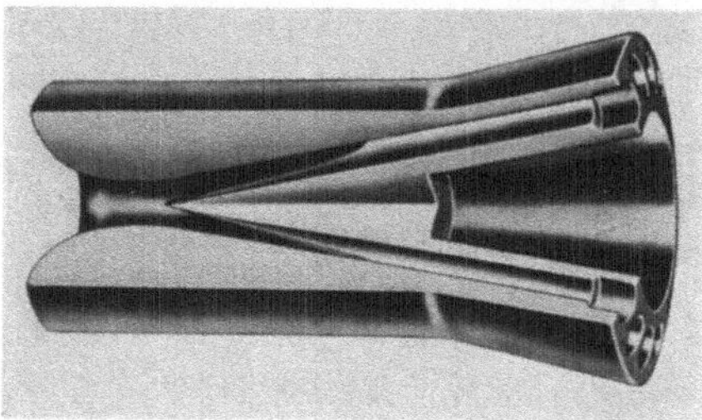

Abb. 112. Venturi-Verteiler mit Lötanschluß (ALCO).

Abb. 111. Druckverlust in Venturi-Verteilern in Abhängigkeit von der prozentualen Nutzung der Nennleistung.

Grenzen variieren kann. In diesen Fällen ist der Verteiler durch sorgfältige Berechnung zu bestimmen.

Abb. 112 zeigt einen Schnitt durch einen Venturi-Verteiler, der zur direkten Einlötung in den Ventilaustrittsanschluß vorgesehen ist. Wichtig sind die deutlich erkennbare Einlaufkurve und die harmonischen Übergänge.

3. Einbau der Flüssigkeitsverteiler.

Der Einbau von Verteilern, bei denen die Zahl der Abgänge größer ist als die der Verdampferabschnitte, ist grundsätzlich unzulässig. Alle Flüssigkeitsverteiler — unabhängig von dem verwendeten Prinzip — setzen zur gleichmäßigen Verteilung einen nicht durch Unsymetrie gestörten Strömungsverlauf voraus. Das Verschließen eines oder mehrerer nicht benötigter Abgänge resultiert daher zwangsläufig in einer ungleichförmigen Verteilung der Flüssigkeit auf die Sektoren des Verdampfers.

Der Abstand zwischen Expansionsventil und Verteiler soll gerade und so kurz wie möglich sein. Alle Verengungen, wie Handabsperrventile, Rückschlagventile usw., die die Strömung stören oder einen zusätzlichen Druckabfall bewirken würden, sind unbedingt zu vermeiden, da damit die Bemessung des Verteilers durch rechnerisch nicht erfaßbare Faktoren beeinflußt würde.

Auch die Verwendung von Rohrbögen zwischen Ventil und Verteiler ist nicht zu empfehlen [19]. Infolge der durch die Strömungsgeschwindigkeit im Rohrbogen entstehenden Zentrifugalkräfte würde sich die schwerere Flüssigkeit an den Außenradius anlegen und exzentrisch in den Verteiler eintreten. Auch dadurch würde der Strömungsverlauf und damit die Gleichmäßigkeit unter Umständen empfindlich gestört. Es wäre in diesem Fall zweckmäßiger, das Expansionsventil liegend anzuordnen, um eine gerade Verbindung zum Verteiler zu erhalten.

Alle diese Hinweise gelten sowohl für Staudruck- als auch für Venturi-Verteiler.

VI. Schwimmerventile und Niveauregler.

Die Übertragungsleistung und damit die Ausnutzung der Verdampferfläche ist in sehr starkem Umfang von dem inneren α-Wert, also dem Wärmeübergang von dem flüssigen Kältemittel an die Innenfläche des Rohrs abhängig. Je besser die Benetzung des Rohrs ist, desto höher wird also die spezifische Nutzung der Verdampferfläche. Während der sogenannte „trockene" Verdampfer nur unmittelbar hinter dem Regelventil intensiv benetzt wird, wird beim überfluteten Verdampfer durch Einhaltung eines konstanten Niveaus eine volle Benetzung der Rohroberfläche erreicht. Überflutete Verdampfer werden vorwiegend für Ammoniak verwendet. Bei öllöslichen Kältemitteln sind besondere Vorkehrungen zur laufenden Ölrückführung erforderlich.

Die Regelung des Kältemittel-Niveaus erfolgt durch Schwimmerventile oder Niveauregler, deren Regelgröße das Flüssigkeitsniveau ist. Die gesamte wärmeübertragende Fläche wird dadurch voll ausgenützt, da kein Teil der Fläche zur Erzielung einer Überhitzung verwendet werden muß.

1. Hochdruck-Schwimmerventile.

Hochdruck-Schwimmerventile sind vom Flüssigkeitsniveau im Kondensator gesteuerte Expansionsventile, die das Kältemittel laufend in dem Maße wieder dem Verdampfer zuführen, wie es vom Kompressor aus diesem abgesaugt und im Kondensator verflüssigt wird. Solange sich Flüssigkeit im Kondensator befindet, fließt diese dem Schwimmergehäuse zu und hebt die Schwimmerkugel an, die das Nadelventil öffnet. Das Kältemittel expandiert über die Nachdüse und strömt dem Verdampfer zu (Abb. 113). Dadurch befindet sich immer alles im Kreislauf vorhandene Kältemittel im Verdampfer, der dadurch eine gleichbleibende Füllung erhält.

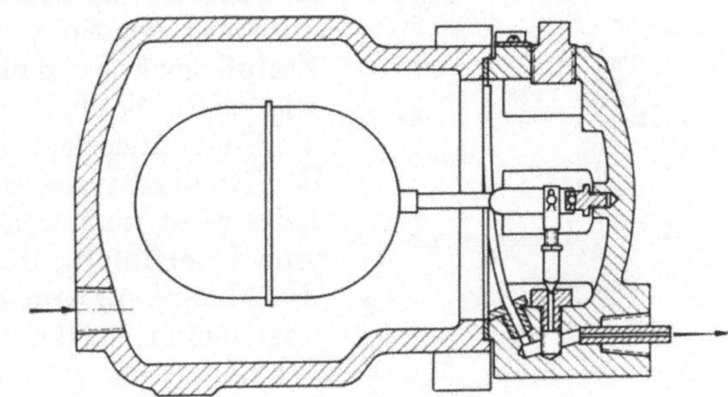

Abb. 113. Hochdruckschwimmerventil (ALCO).

Den typischen Aufbau eines Hochdruck-Schwimmerventils zeigt Abb. 113. Durch die konstruktive Gestaltung des Gehäuses und das Gewicht der Schwimmerkugel ist dafür gesorgt, daß die Ventildüse immer von Flüssigkeit bedeckt ist, und nie unkondensiertes Kältemittel in den Verdampfer gelangen kann. Wichtig ist, daß ein Entlüftungsrohr sehr kleinen Durchmessers im Bypass zu der Ventildüse angeordnet ist (Abb. 113), um einen Druckanstieg im Schwimmergehäuse zu vermeiden, der durch nichtkondensierbare Gase oder auch durch höhere Umgebungstemperaturen oder Sonneneinstrahlung entstehen könnte und ein Nachströmen der Flüssigkeit vom Kondensator verhindern würde. Dadurch ist es auch möglich, den Schwimmerregler höher als den Kondensator anzuordnen. Der durch das Entlüftungsrohr entstehende Leistungsverlust ist vernachlässigbar klein. Für sehr hohe auftretende Drücke kann anstelle der Schwimmerkugel auch eine nach unten offene Glocke verwendet werden. Eine andere Lösung, um trotz hoher Drücke mit einer leichten, dünnwandigen Schwimmerkugel auszukommen, besteht darin, die Kugel mit einer geringen Menge des gleichen Kältemittels zu füllen, das auch in der Anlage verwendet wird; dadurch stellt sich im Inneren der Kugel ebenfalls der Kondensatordruck ein. Von dieser Möglichkeit kann Gebrauch gemacht werden, wenn nur eine geringe Unterkühlung vorhanden oder der Schwimmer im Kondensator selbst untergebracht ist.

Das Hochdruck-Schwimmerventil kann, da es nur für eine ständige Entleerung des Kondensators sorgt, den Flüssigkeitsstand im Verdampfer nicht erfassen oder berücksichtigen. Dieser muß durch eine genaue Bemessung der Kältemittel-füllmenge der Anlage eingestellt werden. Kältemittelverluste verändern daher unmittelbar das Flüssigkeitsniveau im Verdampfer, die Verdampfungstemperatur und den Betriebszustand. Hochdruckschwimmer können nur für Anlagen mit *einem* Verdampfer verwendet werden.

In Europa werden Schwimmerventile auch für sehr hohe Leistungen bis 1 Million kcal/h und größer verwendet, während man in USA die Verwendung direkt gesteuerter Schwimmerventile auf etwa 60000 kcal/h bei NH_3 und 15000 bis 25000 kcal/h bei R 12 und R 22 begrenzt. Für größere Leistungen werden von einem kleinen Schwimmerventil als Pilot geführte Hauptventile bevorzugt, die durch den großen Stellweg und entsprechend geformte Drosselkörper bessere Reglerkennlinien ergeben.

2. Niederdruck-Schwimmerventile.

Die Niederdruck-Schwimmerventile stellen eine Umkehrung des Prinzips des Hochdruckschwimmers dar. Sie werden entweder im Flüssigkeitsabscheider des Verdampfers selbst oder kommunizierend zu diesem angeordnet, die Schwimmerkugel folgt also dem Steigen und Sinken des Flüssigkeitsniveaus im Verdampfer.

Sinkt der Spiegel etwas, so öffnet das Ventil den Zufluß der Flüssigkeit vom Kondensator bis das Niveau wieder die Sollhöhe erreicht hat (Abb. 114).

Gegenüber dem Hochdruckschwimmer-Regler stellt der Niederdruckschwimmer den günstigsten Flüssigkeitsstand im Verdampfer ein und vermeidet dadurch eine Überfüllung des Verdampfers, sowie die Gefahr des Mitreißens von Flüssigkeit, die trotz Flüssigkeitsabschneider bei der Anlage mit Hochdruckschwimmerventil besteht [20]. Auch bei Anlagen mit mehreren Verdampfern wird durch Niederdruckschwimmer eine dem Kältebedarf entsprechende Füllung jedes Verdampfers, weitgehend unabhängig vom Füllzustand der Gesamtanlage erreicht. Da sich das Flüssigkeitsvolum im Verdampfer aber während des Betriebs um die Menge des Dampfanteils vergrößert, kann bei der Niederdruckschwimmer-Regelung in den Betriebspausen eine Überfüllung eintreten mit damit verbundenen Schwierigkeiten beim Wiederanfahren durch nasses Arbeiten. Sobald nämlich die Verdampfung bei Stillstand des Kompressors aufhört und die Gasbildung wegfällt, sinkt das Niveau im Verdampfer und öffnet das Ventil. Es wird daher empfohlen, durch Einbau eines Magnet-Ventils in die Flüssigkeitsleitung ein Nachströmen und damit Überfüllen des Verdampfers in den Betriebspausen zu verhindern [13].

Ist das Schwimmergehäuse kommunizierend mit dem Abscheider verbunden, so ist durch eine ausreichende Isolierung eine Beruhigung des Flüssigkeitsstandes zu erreichen und eine Beeinträchtigung der Regelung durch das Aufsieden des Kältemittels im Schwimmergehäuse zu verhindern.

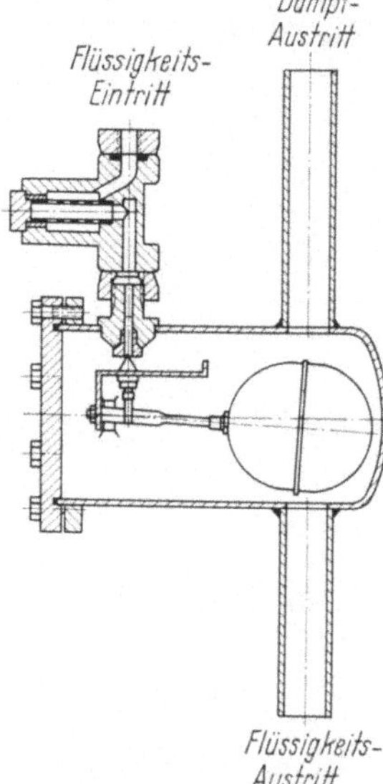

Abb. 114. Niederdruckschwimmerventil (Chr. Fischer).

3. Schwimmerschalter.

Im Gegensatz zu den mechanisch betätigten Hoch- und Niederdruckschwimmern stellen die Schwimmerschalter und Niveauregler schwimmerbetätigte Impulsgeber dar, die ein elektrisches Magnetventil in Abhängigkeit von der Niveauhöhe betätigen.

Abb. 115 zeigt einen Schwimmerschalter im Schnitt (ALCO). In dem Schwimmergehäuse ist die Schwimmerkugel zwischen 4 symmetrisch angeordneten Stäben reibungsfrei und mit weitem Abstand von der Gehäusewand geführt. Damit wird sichergestellt, daß die nie ganz zu vermeidende Dampfbildung im Schwimmergehäuse ohne Einwirkung auf die Schwimmerkugel bleibt und diese unbeeinflußt von aufsteigenden Gasblasen dem Flüssigkeitsspiegel folgen kann. Eine an der Schwimmerkugel befestigte Magnetstange bewegt sich in einem dicht mit dem Gehäuse verschweißten nichtmagnetischen, dünnwandigen Rohr, das in das Relaisgehäuse hineinragt. Das mit einem Permanentmagneten ausgerüstete Quecksilber-Schaltrelais wird durch die Bewegung des Schwimmers magnetisch betätigt. Ein zwischen Schwimmer- und Relaisgehäuse eingebautes Korkteil verhindert die Temperatur-Übertragung auf das Relais, das ohne Unterbrechung des Kältemittelkreislaufs zugänglich ist. Je nach Kontaktausführung, wird entweder bei steigendem oder fallendem Niveau ein Stromkreis geschlossen und damit beispielsweise ein Magnetventil, eine Pumpe oder ein Signal betätigt. Die Niveau-Differenz zwischen Öffnen und Schließen des Kontakts beträgt 16 mm.

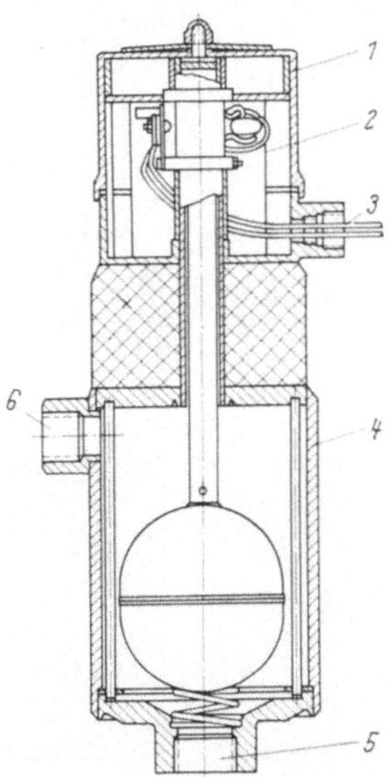

Abb. 115. Schwimmerschalter mit magnetischer Betätigung eines Quecksilberrelais (ALCO).

1 Relaisgehäuse, *2* Relais, *3* Kabeldurchführung, *4* Schwimmergehäuse, *5* Flüssigkeitsanschluß, *6* Gas-Ausgleichsanschluß.

Schwimmerschalter dieser Art können sowohl anstelle von Hoch- als auch Niederdruck-Schwimmerventilen verwendet werden und haben diese wegen ihrer leicht kontrollierbaren Funktion auch weitgehend verdrängt. Da es sich hierbei nur um impulsgebende Geräte handelt, ist ihre Größe völlig unabhängig von der Leistung der Anlage, für die lediglich ein Magnetventil entsprechender Größe und Durchfluß-Kapazität gewählt werden muß. Dem Magnetventil ist ein Handregelventil nachzuschalten, um die Zuflußmenge zum Verdampfer zu dosieren und eine zu schnelle Änderung der Niveauhöhe zu vermeiden.

Der Schwimmerschalter kann auf der Niederdruckseite zur Konstanthaltung des Flüssigkeitsniveaus in einem Verdampfer eingesetzt oder auch analog einem Hochdruckschwimmer verwendet werden. Manchmal werden auch 2 Schwimmerschalter mit entgegengesetzter Kontaktfolge zur Betätigung einer Pumpe innerhalb weit auseinanderliegender Niveaugrenzen verwendet. Ein dritter Schalter dient gegebenenfalls der Betätigung einer Alarmvorrichtung, wenn die maximal zulässige Füllhöhe erreicht ist.

4. Elektronische Niveauregler.

Der mechanische Aufbau der elektronischen Niveauregler gleicht im Prinzip dem der Schwimmregler (s. Abschn. C. VI. 3), jedoch wird bei diesen das Tauchrohr von einer Niederspannungs-Induktionsspule umgeben.

Die durch die Bewegung des Magnetkerns hervorgerufene Induktivitätsänderung wird in einem, elektrisch mit der Spule verbundenen, jedoch räumlich vom Niveau-Regler entfernt angebrachten Transistor-Relais verstärkt und in eine Kontaktbewegung umgesetzt. Durch die Niveauänderung können Kontaktpaare geöffnet oder geschlossen oder Umschaltkontakte betätigt werden.

Das elektronische Relais, auch als Kontroller bezeichnet, ist mit zwei Drehskalen ausgerüstet, mit denen das gewünschte Niveau bzw. die Niveau-differenz zwischen dem Ein- und Ausschaltpunkt eingestellt werden können (Abb. 116).

Das Anwendungsgebiet ist im wesentlichen das Gleiche wie für die Schwimmerschalter, nur daß der elektronische Niveauregler noch größere Modulationsmöglichkeiten hat. Sie sind im Gegensatz zu Schwimmerschaltern mit Quecksilberrelais auch für nichtstationäre Anlagen verwendbar.

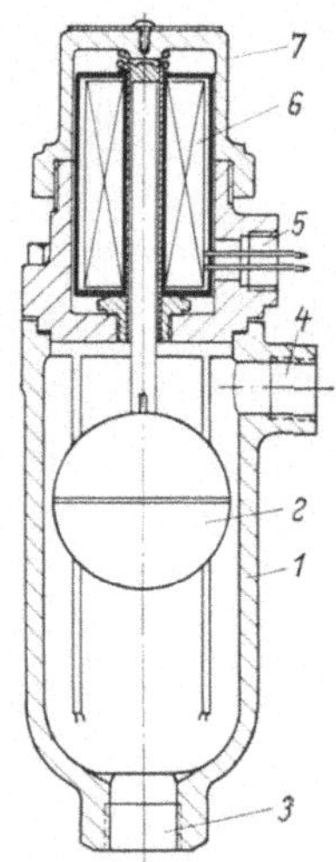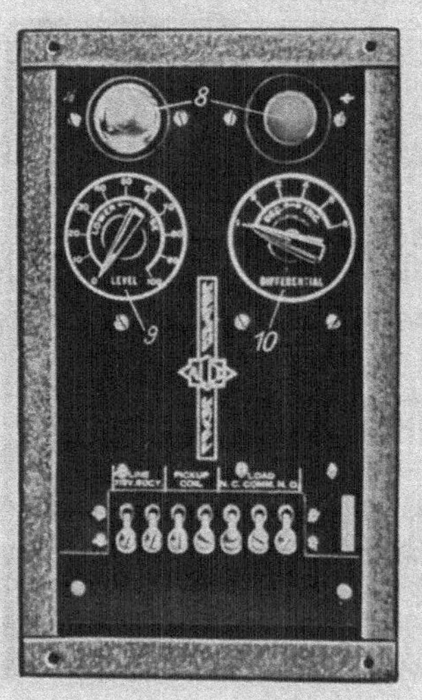

Abb. 116. Elektronischer Niveauregler mit Controller (ALCO).

1 Schwimmergehäuse, *2* Schwimmerkugel, *3* Flüssigkeitsanschluß, *4* Gas-Ausgleichsanschluß, *5* Kabeldurchführung, *6* Steuerspule, *7* Spulengehäuse.

5. Thermostatische Niveauregler.

Die thermostatischen Niveauregler haben in Aufbau und Funktion nichts mit den bisher behandelten schwimmergesteuerten Regler gemeinsam. Es handelt sich hierbei vielmehr um thermostatische Expansionsventile normaler Bauart, die sich nur durch eine im Temperaturfühler eingebaute, schwache elektrische Heizung von diesen unterscheiden. Der Fühler wird hierbei etwas oberhalb der gewünschten Niveauhöhe in dem Kühler oder Flüssigkeitsabscheider mittels einer Fühlereinbautasche angebracht.

Da der gesättigte Dampf in unmittelbarer Nähe des Flüssigkeitsspiegels die gleiche Temperatur wie die Flüssigkeit selbst hat, könnte ein ohne diese Heizung ausgerüstetes Expansionsventil nicht unterscheiden, ob sich der Flüssigkeitsstand ober- oder unterhalb des Fühlers befindet. Die für die Erfüllung seiner Regelaufgabe notwendige Überhitzung wäre ja nicht vorhanden. Durch die Beheizung des Fühlers wird dem Dampf eine künstliche Überhitzung vermittelt, solange der Fühler nur von Gas umgeben ist. Die Erwärmung hält daher das Ventil geöffnet, wobei die elektrische Heizung solange überwiegt, bis durch das steigende Niveau der Fühler von dem flüssigen Kältemittel umspült wird. Dann wird die Wärme an die Flüssigkeit abgegeben, und das Ventil beginnt zu drosseln, bis es schließlich die weitere Flüssigkeitszufuhr ganz stoppt.

Die elektrische Heizleistung ist relativ gering, sie beträgt etwa 15 Watt. Aus Sicherheitsgründen wird Niederspannung von 24 Volt verwendet. Die Heizung muß so geschaltet werden, daß sie während des Kompressorstillstandes stromlos ist, um ein Nacheinspritzen des Ventils durch Wärmezufuhr zu vermeiden.

D. Sekundär-Regler des Kältemittelkreislaufs.

I. Verdampferdruckregler (Saugdruck- oder Konstantdruckregler).

Zweck und Aufgabe dieser Regler ist es, den Druck in dem von dem Regler gesteuerten Verdampfer nach unten zu begrenzen und ein Absinken unter den fixierten Einstellwert zu verhindern. Da eindeutig der Verdampferdruck und nicht der Saugdruck Gegenstand der Regelaufgabe ist, (unter Saugdruck verstehen wir gemeinhin den Druck am Saugstutzen des Kompressors) erscheint die z. T. übliche Bezeichnung „Saugdruckregler" der Aufgabe nicht genügend zu entsprechen. Ebenso ist die Bezeichnung „Konstantdruckregler" nicht exakt genug, da nicht die *Konstanz* des Verdampferdrucks, sondern lediglich seine *Begrenzung* in einer Richtung von dem Regler erreicht werden kann. Da unzutreffende oder nicht ausreichend exakte Bezeichnungen leicht zu falschen Vorstellungen über die von einem Regler zu erfüllende Aufgabe führen, sei im Bestreben nach einer einheitlichen und auch international verständlichen Nomenklatur[1] vorgeschlagen, den Begriff „Verdampferdruck-Regler" einzuführen, der auch im folgenden ausschließlich verwendet wird.

1. Verwendung.

Die Verwendung der Verdampferdruckregler ist außerordentlich vielseitig.

In Anlagen mit mehreren Kühlstellen sehr unterschiedlicher Temperatur, in denen z. B. Gefrierräume und Eisbereiter mit Räumen höherer Verdampfungstemperatur kombiniert werden sollen, dienen sie der Aufrechterhaltung eines höheren Verdampferdruckes in den wärmeren Räumen als dem Saugdruck am Kompressor entspricht.

In Durchflußkühlern oder Klimaverdampfern werden sie verwendet, um durch Begrenzung der Verdampfungstemperatur nach unten bei sinkender Belastung ein Einfrieren oder Vereisen zu verhindern.

Durch Kombination mit Temperaturpilotventilen, Magnetventilen und pneumatischen Programmsteuerungen ist ferner eine Vielzahl von Möglichkeiten für ihre Anwendung gegeben.

2. Arbeitsweise des Verdampferdruckreglers.

Die Arbeitsweise und Funktion des Verdampferdruckreglers wird durch Abb. 117 verdeutlicht (Danfoss).

Sobald der in Pfeilrichtung am Anschluß (*4*) wirkende Druck im zu regelnden Verdampfer, der den Innenraum des Steuerwellrohrs füllt, größer als der von der Regelfeder ausgeübte Gegendruck wird, beginnt der Ventilsitz (*3*) zu öffnen und gibt den Durchflußquerschnitt in dem Maße frei, daß der Verdampferdruck eine konstante Höhe behält und auch bei abnehmender Verdampferbelastung nicht unter den mit der Spindel (*2*) einstellbaren Wert absinkt. Zur Einstellung des Reglers wird am Anschluß (*8*), der durch ein Nadelventil (*7*) absperrbar ist, ein Manometer angeschlossen, das den Druck im Verdampfer anzeigt.

Abb. 118 zeigt einen ebenfalls direkt gesteuerten Regler mit Steuermembrane statt -Wellrohr (ALCO).

Für größere Leistungen werden vorwiegend pilotgesteuerte Regler verwendet, die aus einem Hauptventil bestehen, das von einem Verdampferdruckregler ge-

---

[1] In Amerika wird z. B. mit „suction pressure regulator" = „Saugdruckregler" ein Gerät bezeichnet, das bei uns als „Startregler" bekannt ist. Tatsächlich soll dieser auch den Saugdruck am Kompressor regeln (s. Abschn. D. II.). Als „constant pressure valve" = Konstantdruckventil wird in USA das „automatische" Expansionsventil bezeichnet (s. auch Abschn. C. III. 2.).

führt wird. In Abb. 119 ist ein derartiger Regler mit eingebautem Verdampferdruck-Pilotventil dargestellt.

Der Verdampferdruck gelangt über einen inneren Pilotanschluß unter die Steuermembrane. Diese hebt von dem Pilotsitz ab, wenn der Verdampferdruck

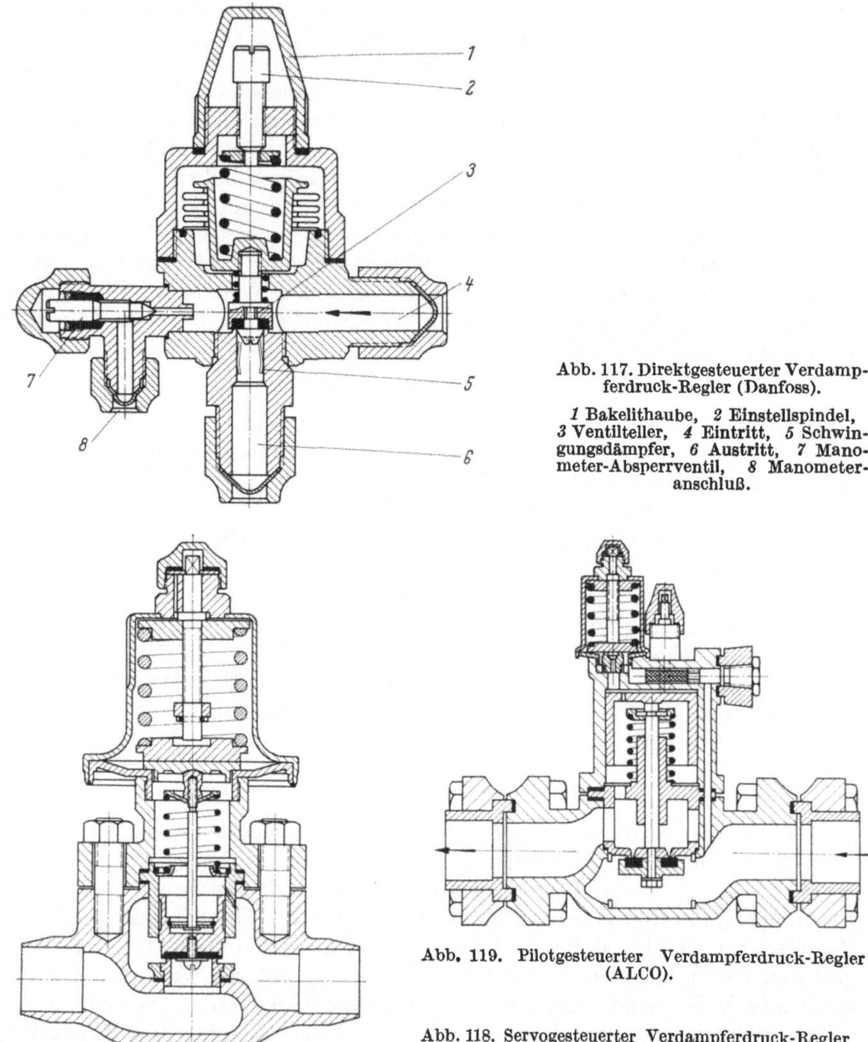

Abb. 117. Direktgesteuerter Verdampferdruck-Regler (Danfoss).

1 Bakelithaube, 2 Einstellspindel, 3 Ventilteller, 4 Eintritt, 5 Schwingungsdämpfer, 6 Austritt, 7 Manometer-Absperrventil, 8 Manometeranschluß.

Abb. 119. Pilotgesteuerter Verdampferdruck-Regler (ALCO).

Abb. 118. Servogesteuerter Verdampferdruck-Regler (ALCO).

den Druck der Regelfeder überwiegt und gibt den Weg in den Zylinder des Hauptventils frei. Der durch die Druckdifferenz nach unten bewegte Kolben öffnet den Sitz des Hauptventils. Durch eine kleine Bypassbohrung im Kolbenboden entweicht ständig ein Teil des Steuergases in die Saugleitung, so daß sich beim Drosseln des Pilotventils der Stellweg entsprechend vermindert.

Einen mit äußerem Pilotventil ausgerüsteten Verdampferdruckregler zeigt Abb. 120. Eine Handbetätigungsspindel an den Hauptventilen dient der manuellen Betätigung und zwangsweisen Öffnung des Reglers, z.B. beim Absaugen des Verdampfers.

Eine Mehrpunktregelung kann durch die parallele Anordnung mehrerer Pilotregler mit unterschiedlicher Einstellung erreicht werden. In die Zuleitung des Pilotreglers mit der tieferen Druckeinstellung ist dann ein Magnetventil einzubauen.

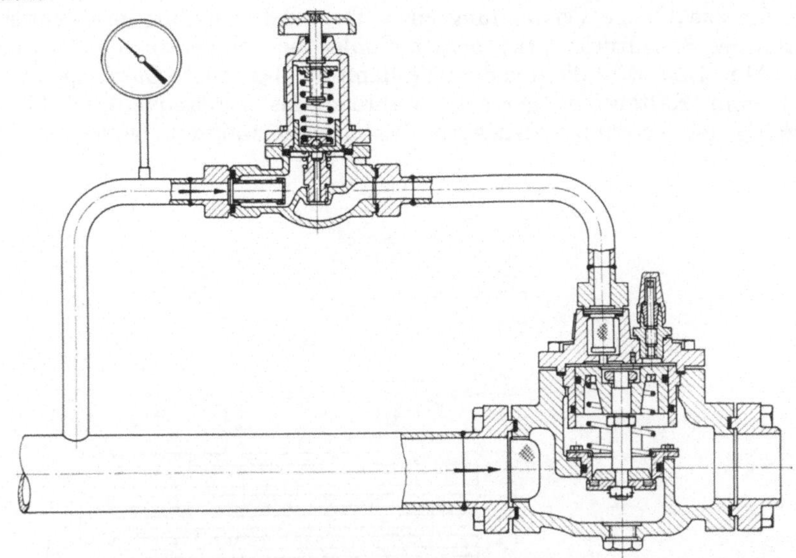

Abb. 120. Verdampferdruck-Regler mit äußerem Pilotventil (Danfoss).

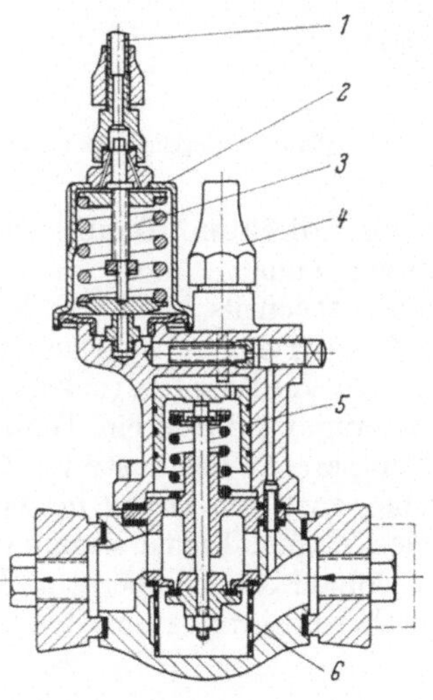

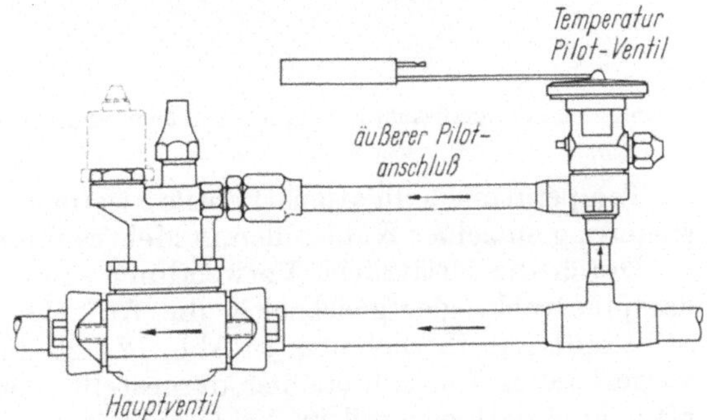

Abb. 122. Verdampferdruckregler mit Temperatur-Steuerung (ALCO).

Abb. 121. Verdampferdruckregler mit pneumatischer Steuerung (ALCO).

1 Druckluftanschluß, *2* Pilot-Ventil, *3* Einstellspindel, *4* Handbetätigungsspindel, *5* Kolben, *6* Sitz.

Soll der Verdampferdruck in Abhängigkeit vom äußeren Zustand der Anlage, z. B. von Luftfeuchtigkeit, Temperatur usw., laufend verändert und auf verschiedene Sollwerte eingestellt werden, so kann der Verdampferdruckregler hierzu mit einer zusätzlichen pneumatischen Steuerung versehen werden (Abb. 121).

Der Steuerluftdruck, der von dem Geber eines Kontrollgeräts ausgeübt wird, wird bei dieser Ausführung dem Membranraum des Pilotreglers über einen pneumatischen Anschluß zugeführt. Der Verdampferdruck erhöht sich dann um den

Betrag der pneumatischen Druckänderung, wobei die Regelfeder auf den niedrigsten Verdampferdruck eingestellt wird, der in dem Regelprogramm vorgesehen ist.

In vielen Betriebsfällen ist es wichtiger, die Temperatur des zu kühlenden Mediums, als die Temperatur oder den Druck im Verdampfer konstant zu halten. Durch die zusätzliche Verwendung eines Temperatur-Modulations-Ventils (thermostatisches Saugdruckventil), dessen Fühler die Temperatur des Mediums abtastet (Abb. 122), wird die aus dem Verdampfer abgesaugte Gasmenge in Abhängigkeit vom Kältebedarf geregelt, während das Verdampferdruck-Pilotventil geichzeitig den Verdampferdruck auf das zulässige Minimum begrenzt.

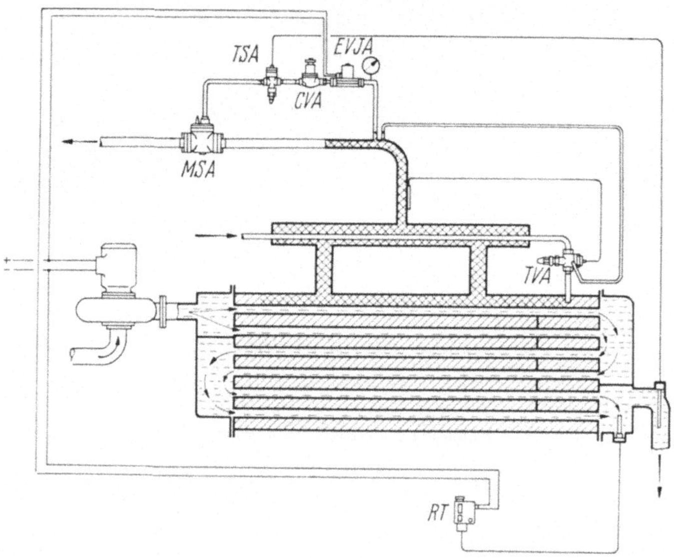

Abb. 123. Flüssigkeitskühler mit druck- und temperaturgesteuerter Verdampferdruck-Regelung (Danfoss).

Temperatur-Modulations-Ventile werden auch zur direkten Temperatursteuerung einzelner Kühlstellen in Mehrraumanlagen verwendet.

Durch die zusätzliche Verwendung eines Pilotmagnetventils kann der Verdampferdruckregler gleichzeitig die Aufgabe eines Absperrventils während der Stillstandszeit übernehmen. In Abb. 123 ist ein mit einem Verdampferdruckregler ausgerüsteter Durchflußkühler dargestellt, dessen Absaugung durch ein Temperatur-Modulationsventil in Abhängigkeit von der Temperatur des austretenden Mediums geregelt wird. Der Verdampferdruckpilot begrenzt den Druck im Verdampfer auf den eingestellten Minimalwert; das Pilot-Magnet-Ventil stoppt die Absaugung durch Schließen des Hauptventils ganz, sobald die Temperatur des Mediums eine untere Grenze erreicht und den Fühlerthermostaten zum Abschalten bringt.

II. Startregler.

Das ständig größer werdende Anwendungsgebiet der künstlichen Kälte, seine Ausdehnung in immer weitere Temperaturbereiche, sowie der Zwang, die Antriebsmotoren aus wirtschaftlichen Gründen knapp zu dimensionieren, führte dazu, einen Regler zu schaffen, der den Kompressorantrieb gegen eine Überlastung durch hohe Saugdrücke schützen kann. Zum größten Teil wird diese Aufgabe bereits durch druckbegrenzte Expansionsventile erfüllt. Bei überfluteten Verdampfersystemen jedoch, würde die Begrenzung des Saugdrucks durch das Expansions-

ventil erst wirksam werden, nachdem der ganze und oft sehr große Verdampferinhalt abgesaugt wäre; der Überlastungsschutz käme also viel zu spät zur Auswirkung; außerdem wäre es gar nicht erwünscht, zuerst die ganze Füllung auf die
Kondensatorseite zu verlagern.

Die in Europa gebräuchliche Bezeichnung „Startregler", wird seiner Aufgabe, den Saugdruck an der Maschine beim Start zu begrenzen, recht gut gerecht,
obwohl „Druckbegrenzungsventil" oder „Saugdruck-Begrenzungsventil" korrekter wäre[1].

1. Verwendung der Startregler.

Die Verwendung eines Startreglers ist überall dort zu empfehlen, wo der
Motor gegen Überlastung durch *zeitweise* auftretende hohe Verdampfungsdrücke
geschützt werden muß und dies durch druckbegrenzte Expansionsventile, wie
z. B. bei überfluteten Verdampfern, nicht erreicht werden kann. Für Anlagen, in
denen laufend warm eingebrachte Waren schnell heruntergekühlt werden müssen,
und daher die volle Maschinenleistung bei hohen Verdampfungstemperaturen zur
Erreichung kurzer Abkühlzeiten ausgenutzt werden soll, sind Startregler nicht
geeignet. Hier muß eine entsprechend hohe Antriebsleistung zur Verfügung gestellt werden.

2. Aufbau und Wirkungsweise.

Der Startregler entspricht in seiner Funktion und seinem grundsätzlichen
Aufbau dem bekannten Prinzip der Druckreduzierventile, die bekanntlich unabhängig vom Eintrittsdruck auf einen konstanten Austrittsdruck regeln (s. auch Abschn.
C. III. 2 „Konstantdruck-Expansionsventile").

Für pilotgesteuerte Startregler, wie sie für
größere Leistungen erforderlich sind, wird daher zur Führung des Hauptventils tatsächlich
auch ein Konstantdruck-Expansionsventil (automatisches Expansionsventil) als Pilot verwendet. Allerdings ist hierfür eine Ausführung
mit äußerem Druckausgleich erforderlich, da
das Ventil nach dem Druck *hinter* dem Hauptventil (Kompressor-Saugdruck) regeln soll. Sobald dieser kleiner als der Druck der Regelfeder
wird, beginnt das Pilotventil zu öffnen. Der in
den Zylinderraum einströmende Steuerdruck
öffnet dann seinerseits das Hauptventil. Für
direkt oder servo-gesteuerte Startregler sind

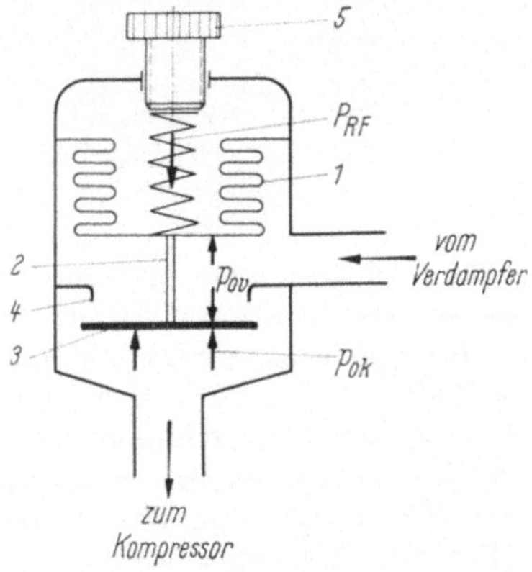

Abb. 124. Schema der Arbeitsweise direktgesteuerter Startregler (Flica).

Sonderkonstruktionen erforderlich, da größere Durchgangsquerschnitte notwendig
sind, als sie bei den üblichen Konstantdruck-Expansionsventilen gegeben wären.

Eine vom Prinzip des Druckreduzierventils etwas abweichende Konstruktion
zeigt Abb. 124 (Schema).

Der Verdampferdruck (p_{ov}) wirkt auf das Wellrohr (*1*) und gleichzeitig in
Gegenrichtung auf die Schließplatte (*3*), die mit dem Wellrohr durch den Übertragungsstift (*2*) starr verbunden ist. Da dieser Druck in beiden Richtungen auf
die gleichgroßen Angriffsflächen beider Teile wirkt, ist er ohne Einfluß auf die
Funktion des Reglers. Die Vorspannung der Regelfeder (P_{RF}) wird mit der Regelschraube auf den für die verwendete Maschine maximal zulässigen Saugdruck

---

[1] Amerikanische Bezeichnung: „Suction Pressure Regulator" oder auch „Hold-back-
Valve".

am Kompressor (p_{0k}) eingestellt. Bei steigendem Saugdruck beginnt der Startregler zu drosseln und verhindert ein Überschreiten des eingestellten Wertes.

Eine servo-gesteuerte Ausführung ist in Abb. 125 dargestellt.

Durch die Bohrung (1) wird der Kompressor-Saugdruck in den Steuerraum
unter der Membrane übertragen. Sobald dieser kleiner als der Druck der Regelfeder (4) wird, biegt sich die Membrane etwas nach unten durch und bringt über
den Stift (2) den Ventilkegel (3) in Öffnungsstellung. Dadurch kann der auf dem
Servokolben (5) lastende Druck über Bohrung (1) entweichen. Durch die Druckdifferenz zwischen Ein- und Austritt des Reglers bewegt sich der Servokolben nun nach

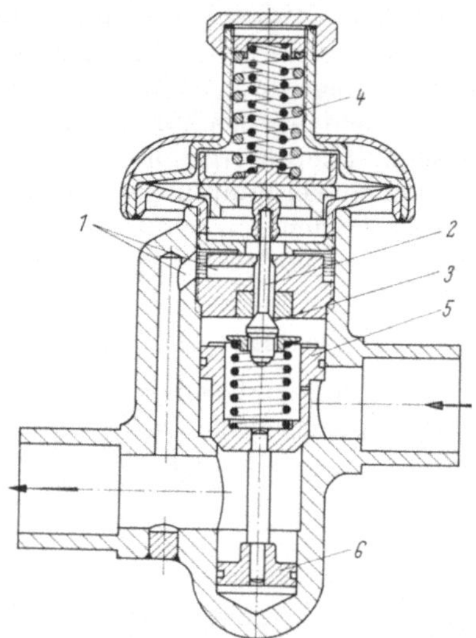

Abb. 125. Servogesteuerter Startregler
(ALCO).

1 Steuerkanal, *2* Abhebestift, *3* Servo-
ventil-Nadel, *4* Einstellfeder, *5* Steuer-
kolben, *6* Dämpfungskolben.

oben und gibt einen gewissen Durchgangsquerschnitt frei. Übersteigt der Kom-
pressorsaugdruck die Federkraft (4), so schließt Ventilkegel (3), und durch eine
kleine Bohrung im Servokolben wird der Druck über dem Kolben gleich dem Eintrittsdruck. Dadurch bewegt sich dieser wieder in Schließrichtung. Ein Dämpfungskolben (6) verhindert Ratter- und Schwingungserscheinungen. Diese gehören
zu den häufigsten und unangenehmsten Störungen bei Startreglern und dürften
der Hauptgrund für die oft beobachtete Aversion gegen ihre Verwendung sein.
Diese Schwingungen werden nur zum Teil durch die Kolbenhübe des Kompressors
erregt, sie sind jedoch vor allem durch die Instabilität mancher Regler in der Nähe
ihres Schließpunktes verursacht, und führen dann durch Ermüdungsbrüche zu
einem vorzeitigen Ausfall.

III. Leistungsregler oder Heißgas-Bypass-Regler.

Diese Regler dienen der Anpassung der Kompressorleistung an den tatsächlichen Kältebedarf oder, genauer ausgedrückt, der Vernichtung der zur Deckung
des Kältebedarfs nicht benötigten Kompressorleistung durch Überleitung einer
entsprechenden Heißgasmenge auf die Saugseite. Die Bezeichnung „Leistungsregler" geht also davon aus, *was* geregelt wird, die Bezeichnung „Heißgas-Bypass-
Regler" besagt, dagegen *wie* die Regelung erfolgt. Da die Regelung der Kompressorleistung an sich auf verschiedene Art und Weise erreicht werden kann,
erscheint die Regelaufgabe durch den Begriff „Heißgas-Bypass-Regelung" exakter
umrissen.

1. Anwendung der Heißgas-Bypass-Regelung.

Heißgas-Bypass-Regler kommen in Anlagen mit stark veränderlichem Leistungsbedarf zur Anwendung, deren Kompressoren keine eigene Einrichtung zur Leistungsregelung besitzen. Sie können jedoch auch bei Kompressoren Anwendung finden, deren Leistungsregelung zu große Stufensprünge ergeben würde, um eine kontinuierliche Anpassung der Leistung an den Kältebedarf zu ergeben. Das gleiche gilt für sogenannte Zentralanlagen, bei denen mehrere parallel angeordnete Kompressoren in Abhängigkeit vom Leistungsbedarf zu- und abgeschaltet werden.

Heißgas-Bypass-Regler werden vorwiegend bei Mehrraum-Anlagen verwendet, deren Leistungsbedarf sich durch Drosseln oder Abschalten einzelner Verdampfer stark ändert. Sie werden jedoch ebenso bei Anlagen mit nur einem Verdampfer mit stark wechselndem Kältebedarf eingesetzt.

Durch Überwachung des Saugdrucks sollen sie verhindern, daß bei abnehmender Belastung der Saugdruck und damit die Verdampfungstemperatur stark absinkt, das Öl im Kompressor zum plötzlichen Aufschäumen kommt und eine Ölabwanderung erfolgt. Es ist jedoch nicht Aufgabe der Heißgas-Bypass-Regler, den Saugdruck bei jedem Leistungsbedarf absolut konstant zu halten, sondern nur durch eine gewisse Begrenzung nach unten starke Saugdruckschwankungen zum Schutz der Maschine zu vermeiden. Sie können daher die Verdampferdruck-Regler nicht ersetzen, werden aber häufig zusammen mit diesen eingesetzt.

Geht nämlich der Leistungsbedarf an einem mit einem Verdampferdruck-Regler ausgerüsteten Verdampfer stark zurück, so muß der Regler, um den Verdampferdruck aufrecht zu erhalten, sehr stark drosseln. Die Folge ist wiederum ein sehr starkes Absinken des Kompressorsaugdrucks und damit eine außerordentlich starke Zunahme des Druckgefälles im Verdampferdruck-Regler. Da bei einem bestimmten Öffnungsquerschnitt im Verdampferdruck-Regler durch das höhere Druckgefälle wiederum mehr Gas aus dem Verdampfer abgesaugt wird, muß der Regler erneut drosseln, um den Verdampferdruck zu halten, dadurch fällt aber der Kompressordruck wiederum ab, usf. Der Verdampferdruck-Regler muß daher praktisch schnell bis in Schließstellung gehen, kommt damit außerhalb seines Proportionalbereiches, was zu einer fluktuierenden Regelung mit starken, sich überlagernden Schwankungen von Verdampfer- und Saugdruck führt. Durch die zusätzliche Verwendung eines Heißgas-Bypass-Reglers kann die Differenz zwischen Verdampfer- und Saugdruck in engen Grenzen gehalten und damit die geschilderte Ursache der Übersteuerung vermieden werden.

2. Arbeitsweise.

Heißgas-Bypass-Ventile sind druckgesteuerte Ventile, die den Durchfluß in Abhängigkeit vom Auslaßdruck regeln. In eine Verbindungsleitung zwischen Druck- und Saugseite des Kreislaufs eingebaut, beginnen sie zu öffnen, sobald durch absinkenden Kältebedarf der Saugdruck unter den am Regler eingestellten Wert absinkt. Dadurch wird ein Teil des vom Kompressor geförderten Gases wieder in die Saugseite zurückgeführt, und damit die für den Verdampfer wirksame Förderleistung um diesen Betrag reduziert. Je mehr der Saugdruck abfällt, desto weiter öffnet das Ventil und um so größer wird der Anteil der über den Bypass vernichteten Förderleistung. Sobald die Belastung wieder ansteigt, drosselt das Ventil entsprechend dem steigenden Saugdruck und schließt ganz, wenn die Anlage wieder ihre volle Leistung erreicht.

Der konstruktive Aufbau der Heißgas-Bypass-Regler entspricht weitgehend dem der Konstantdruck-Expansionsventile. Diese werden für kleinere Leistungen wie auch als Pilot-Ventile zur Führung von Hauptventilen vielfach unverändert für diesen Zweck verwendet. Bei größeren, direkt gesteuerten Heißgas-Bypass-Ventilen ist es wichtig, die aus dem Druckgefälle resultierenden Kräfte, die auf die

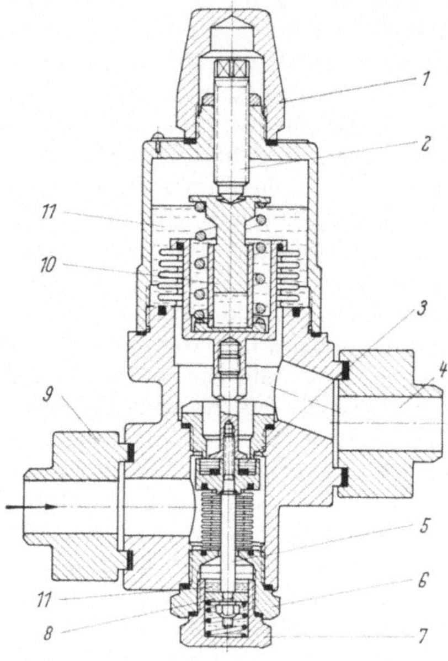

Abb. 126. Schnittbild eines Leistungs-reglers (Danfoss).

1 Hutmutter, *2* Einstellspindel, *3* Sitz, *4* Austritt, *5* Spindel für Dämpfungs-einrichtung, *6* Dämpfungseinrichtung, *7* Stopfen, *8* Dämpfungskolben, *9* Ein-tritt, *10* Kolben für Öldämpfung, *11* Ölfüllung.

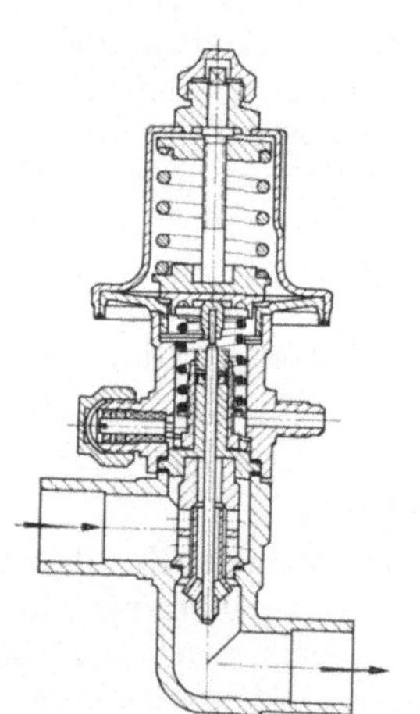

Abb. 127. Heißgas-Bypass-Regler in Doppelsitz-ausführung (ALCO).

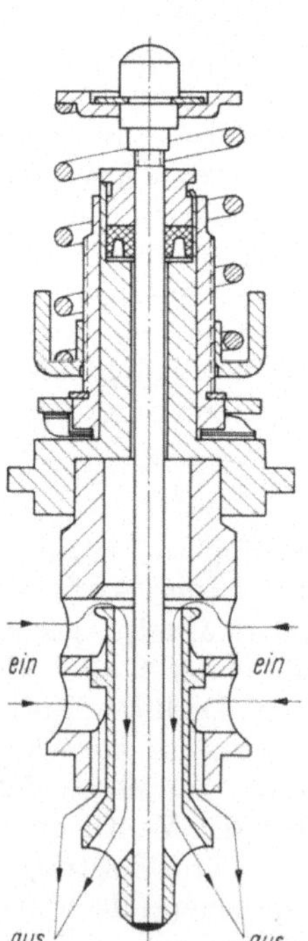

Abb. 128. Ventileinsatz des Heißgas-Bypass-Reglers (Abb. 127) mit Darstellung des Strömungsverlaufs (ALCO).

Querschnittsfläche des Düsendurchmessers wirksam werden, durch entsprechende Einrichtungen zu kompensieren.

Bei dem in Abb. 126 dargestellten Regler wird dies durch ein kleines Wellrohr an der Ventilplatte erreicht, dessen mittlerer Durchmesser dem Sitzdurchmesser entspricht.

Abb. 127 zeigt einen Heißgas-Bypass-Regler in Doppelsitzausführung. Durch zwei miteinander verbundene Ventilsitze gleichen Durchmessers, die von dem Heißgas in entgegengesetzter Richtung durchströmt werden, ergibt sich ein voller, gegenseitiger Ausgleich der auf das Ventil wirkenden Kräfte, die aus dem Druckgefälle resultieren. In Abb. 128 ist der Ventileinsatz des Doppelsitz-Ventils im Schnitt mit dem Strömungsverlauf dargestellt.

3. Vermeidung zu hoher Ansaugüberhitzung bei der Heißgas-Bypass-Regelung.

Bei geöffnetem Regler wird das zurückgeführte Heißgas, vermischt mit dem Sauggas, erneut komprimiert und dadurch weiter überhitzt. Je höher daher der Anteil der vernichteten Leistung an der Gesamtleistung wird und je tiefer die Verdampfungstemperatur der Anlage ist, desto höher wird die Austrittsüberhitzung am Kompressor ansteigen, die schließlich zu einer Gefährdung des Kompressors durch Beeinträchtigung der Schmierung, Ölkohlebildung und Schäden an den Arbeitsventilen führen würde.

Zur Vermeidung hoher Ansaugüberhitzung können verschiedene Wege beschritten werden:

Das Hochdruckgas wird z. B. nicht der Druckleitung sondern nach Abführung seiner Überhitzungswärme oben am Flüssigkeitssammler hinter dem Kondensator mit relativ niedriger Temperatur entnommen. Ob damit bereits unzulässig hohe Verdichtungsendtemperaturen vermieden werden, muß in jedem Einzelfall die Nachrechnung zeigen.

Das Heißgas kann aber auch dem Verdampfer zugeführt werden, und zwar bei Einfach-Einspritzung an einer geeigneten Anschlußstelle und bei Mehrfacheinspritzung zwischen dem Expansionsventil und dem Verteiler. Die dadurch

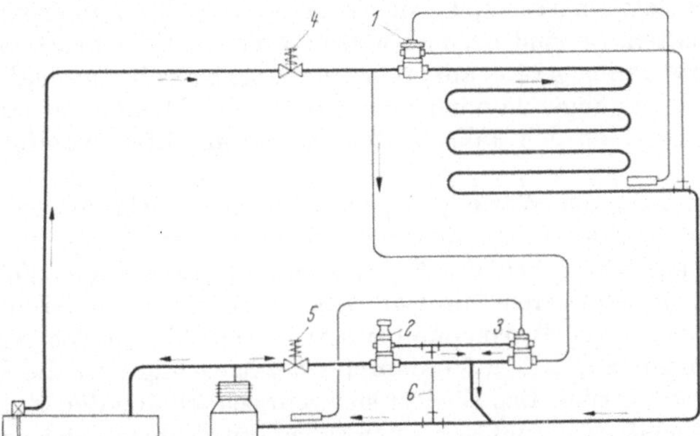

Abb. 129. Schema einer Heißgas-Bypass-Regelung mit Flüssigkeits-Nacheinspritzung in die Saugleitung (ALCO).

1 Thermostatisches Expansionsventil, *2* Heißgas-Bypass-Regler, *3* Thermostatisches Nacheinspritzventil, *4* Magnetventil für Flüssigkeit, *5* Magnetventil für Heißgas, *6* Druckausgleichsleitung.

erzeugte künstliche thermische Belastung des Verdampfers veranlaßt das thermostatische Expansionsventil, auf die Erhöhung der Überhitzung durch vermehrtes Einspritzen zu reagieren. Im Verdampfer wird dadurch außerdem eine ausgezeichnete Durchmischung des Heißgases mit der Flüssigkeit bzw. den Sauggasen erreicht.

Die Überhitzung kann schließlich auch durch ein separates Nacheinspritz-ventil konstant gehalten werden. Abb. 129 zeigt die schematische Anordnung. Das vom Heißgas-Bypass-Regler (2) austretende Heißgas wird mit der vom Nacheinspritzventil (3) eingespeisten Flüssigkeit in einem T-Stück intensiv vermischt. Das Gemisch aus Heißgas und Flüssigkeit wird dann in einer Zusammenführung mit der Saugleitung gegen die Sauggasströmung gerichtet, um auch hier eine gute Durchmischung zu erhalten.

Bei pilotgesteuerten Reglern erfolgt die Zusammenführung analog.

IV. Vierweg-Umschaltventile.

Soll eine Kälteanlage als Wärmepumpe zu Heizzwecken oder zur Heißgas-abtauung betrieben werden, so wären für die Umkehrung des Kältemittelkreis-laufs vier Hand- oder Magnetventile erforderlich, die im Augenblick des Umschaltens gleichzeitig, jedoch in verschiedener Richtung betätigt werden müßten. Da ein Irrtum oder ein mechanisches Versagen bei der Betätigung eines dieser Ventile zu einer für die Anlage verhängnisvollen Füllungsverlagerung führen könnte, ist eine vollautomatische, keine falschen Verbindungen zulassende Umkehrschaltung eine wichtige Voraussetzung für die betriebssichere Anwendung des Wärme-pumpenprinzips. Daher wurde die auf Wärmepumpenbetrieb umkehrbare Kälte-anlage erst durch die Schaffung der automatischen 4-Weg-Umschaltventile für den praktischen Betrieb interessant.

1. Anwendung.

Für Heizzwecke konnte die Wärmepumpe in Europa nur in sehr geringem Umfang Eingang finden, da die für einen wirtschaftlichen Betrieb notwendigen Grundbedingungen, wie billige Energie- und Wärmequellen möglichst konstanter Temperatur, nur in Ausnahmefällen gegeben waren. In USA dagegen wurde sie schon frühzeitig, dank günstigerer Voraussetzungen, für die verschiedensten Anwendungsgebiete eingesetzt, die sich vom kleinsten bis zum größten Leistungs-bereich erstreckten. So sind beispielsweise die meisten der heute erzeugten Fenster- und Einbauklimageräte auf Wärmepumpenbetrieb umschaltbar. Je nach klimatischen Bedingungen können sie entweder eine Heizung ersetzen oder doch im Übergang zwischen den Jahreszeiten die gewünschten Komfortbedingungen schaffen.

Die Verwendung der Wärmepumpenschaltung für Abtauzwecke gewinnt jedoch auch für europäische Bedingungen mehr und mehr an Interesse. In der Fahrzeugkühlung bietet sich die Heißgasabtauung wegen des Fehlens fremder Wärmequellen in besonderem Maße an. Aber auch für alle anderen Kälteanlagen hat die Abtauung durch Wärmepumpenbetrieb verschiedene Vorteile:

Da sie von innen aus dem Verdampfer heraus erfolgt, ist die Wärmeabgabe an den Kühlraum gering. Das Eis löst sich sehr schnell von den Rohren und Rippen, die Energiebilanz ist günstig, auch fallen die Probleme der elektrischen Sicherheit, wie sie bei der Abtauheizung bestehen, fort. Diesen Vorteilen steht jedoch ein größerer Bauaufwand durch zusätzliche Regel- und Steuergeräte und erhöhte Installationskosten gegenüber.

2. Aufbau und Arbeitsweise.

Bei den meisten gebräuchlichen 4-Weg-Umschaltventilen wird die Umkehrung des Kältemittelkreislauf durch einen Umsteuerkolben erreicht, der in seinen End-lagen die entsprechenden Kanäle für die Verbindung von Saug- und Druckseite freigibt. Die Umsteuerung erfolgt durch Druckdifferenzen und wird durch ein

Pilot-3-Wege-Magnetventil eingeleitet. In Abb. 130a u. b ist die Funktion schematisch dargestellt:

Bei Kühlbetrieb (Abb. 130a) ist die Spule des Pilotventils erregt und in dieser Stellung die Verbindung von dem Kompressorsauganschluß (S) über (B) zum Steueranschluß (F) am Umsteuerzylinder hergestellt. Der Kolben geht unter Einwirkung des Saugdrucks in seine untere Endstellung und gibt damit die Verbindung vom Druckanschluß (D) zum Kondensator-Anschluß (1) frei, gleichzeitig wird der Verdampfersauganschluß (2) mit der Saugseite (S) des Kompressors verbunden. Der Kolben, der an seinen Stirnflächen geläppte Ventilplättchen besitzt, legt sich dicht an den Steueranschluß (F) an. Obwohl der Kolben an seinen

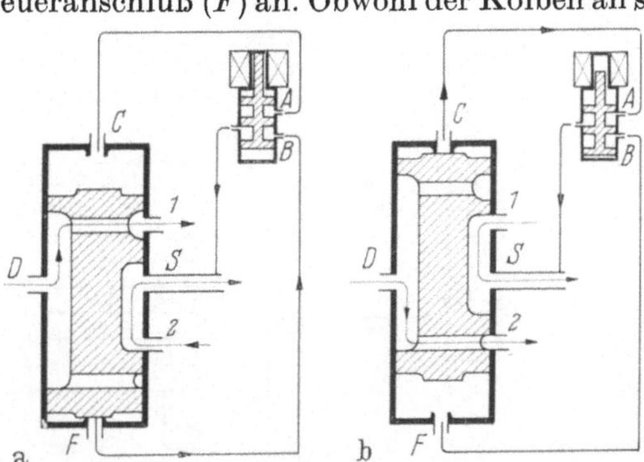

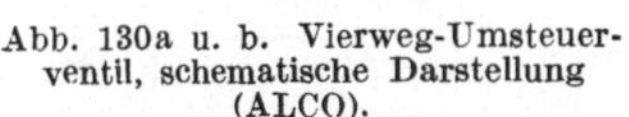

Abb. 130a u. b. Vierweg-Umsteuerventil, schematische Darstellung (ALCO).

a) Kolbenstellung bei Kühlbetrieb (Spule erregt),
b) Kolbenstellung bei Wärmepumpenbetrieb (Spule stromlos).

1 Kondensator-Anschluß, 2 Verdampfer-Anschluß, A, B, C, F Pilotleitungs-Anschlüsse, D Kompressor-Druckanschluß, S Kompressor-Sauganschluß.

ringförmigen Enden eine bewußte Undichtigkeit aufweist und sich dadurch zwischen dem unteren Zylinderboden und dem Kolben schnell wieder der Kondensatordruck aufbaut, kann keine, die Leistung mindernde, Heißgasmenge zur Saugseite entweichen.

Bei Abtau- bzw. Wärmepumpenbetrieb (Abb. 130b) wird die Spule des Pilotventils stromlos, dieses geht in seine Ruhestellung zurück und gibt den Weg von (S) über (A) zum oberen Steueranschluß (C) frei. Der obere Zylinderraum steht dadurch unter Saugdruck. Die Druckdifferenz schiebt den Kolben in seine obere Endlage und dieser stellt nun die Verbindung vom Druckanschluß (D) zur Verdampferausgleitung (2) und vom Kondensatoreintritt (1) zur Kompressor-Saugseite (S) her. Der Verdampfer wird dadurch zum Kondensator und umgekehrt. Der Schaltsinn des Umsteuerventils läßt sich leicht umkehren, indem man die Anschlüsse (1) und (2) miteinander vertauscht. Umschaltventile dieser Art stellen besonders hohe Anforderungen an die Bearbeitungsgenauigkeit aller Teile, da trotz der unmittelbar nebeneinanderliegenden Anschlüsse für Druck- und Sauggas und der direkten Nachbarschaft sehr unterschiedlicher Temperaturen keine leistungsmindernden Lässigkeitsverluste auftreten dürfen. Diese Forderungen werden bei einigen Konstruktionen durch Kunststoffteile (Teflon) oder durch Verwendung von 0-Ringen, bei anderen durch Ganzmetallausführungen mit sehr präziser Bearbeitung erreicht.

Besonders wichtig für die Betriebssicherheit dieser Ventile ist, daß bei keiner Zwischenstellung des Kolbens eine Kurzschlußverbindung zwischen allen Anschlüssen entstehen kann, so daß auch bei einem Hängenbleiben des Kolben seine Fehlschaltung für die Anlage ausgeschlossen bleibt.

Sehr einfach ist die Umschaltung von kleineren Anlagen, die eine Kapillarrohr-Regelung besitzen. Da das Kapillarrohr in beiden Richtungen gleicherweise wirkt, sind keine zusätzlichen Regelgeräte erforderlich.

Das Schema einer gewerblichen Anlage mit luftgekühltem Kondensator und Expansionsventil-Regelung zeigt Abb. 131. Da Expansionsventile nicht in

Gegenrichtung durchströmt werden können, — sie schließen unter Einwirkung des Kondensatordrucks auf die Membrane — muß bei Wärmepumpenbetrieb der Rückfluß des Kondensats aus dem Verdampfer in den Sammler über eine Bypass-Leitung mit Rückschlagventil erfolgen, die auch den Filtertrockner umgeht, um ausgefilterte Fremdkörper nicht wieder rückwärts in den Kreislauf zu spülen.

Ein weiteres Rückschlagventil ist zwischen Kondensator und Sammler vorzusehen. Der Kondensator, der in der Heizperiode zum Verdampfer wird, erhält ein eigenes Expansionsventil. Abb. 131 zeigt nur eine Schaltung von einer großen Vielzahl von Möglichkeiten, die nahezu unbegrenzte Variationen zulassen. Bei

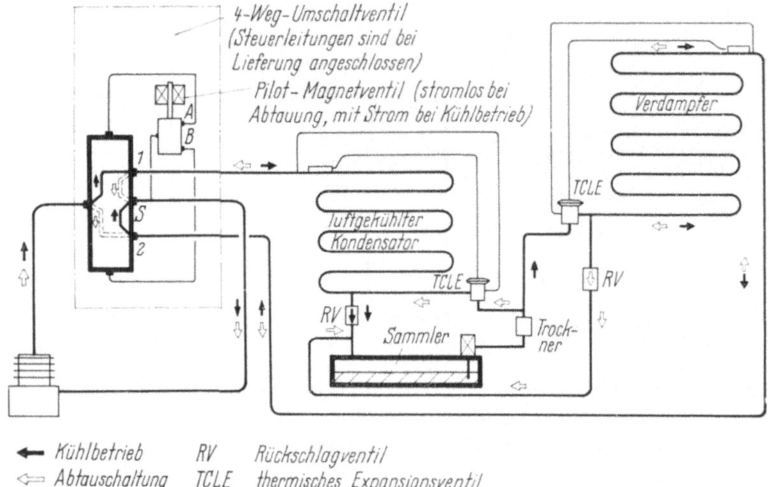

Abb. 131. Heißgas-Abtauschaltung (Wärmepumpenschaltung) für Anlagen mit luftgekühltem Kondensator.

der Wärmepumpenschaltung erhalten die Expansionsventile im Augenblick des Umschaltens stoßartig den vollen Kondensatordruck auf die Saugseite der Ventilmembrane. Es können nur Ventile verwendet werden, die diesen Druckstoß ohne bleibende Deformation der Membrane oder des Wellrohrs aushalten können, da sonst das Ventil seine Überhitzungseinstellung verändern würde. Auch dürfen die hohen Druckrohrtemperaturen, denen die Fühler der Ventile wechselweise beim Heiz- und Kühlprozeß ausgesetzt sind, keine Schädigung hervorrufen.

Die Verwendung der 4-Weg-Umschaltventile setzt einen hohen Sauberkeitsgrad des Kreislaufs voraus, da die Ventile wegen ihrer Präzision naturgemäß anfällig gegen jede Verschmutzung sind.

E. Kühlwasserregler.

I. Druckgesteuerte Kühlwasserregler.

Die druckgesteuerten Kühlwasserregler haben die Aufgabe, bei wassergekühlten Aggregaten die Kühlwassermenge in Abhängigkeit vom Kondensatordruck automatisch zu regeln, um damit den Wasserverbrauch in wirtschaftlichen Grenzen zu halten. Bei Anstieg des Kondensatordrucks gibt das Ventil einen größeren Durchflußquerschnitt frei und vermindert den Zufluß, wenn der Verflüssigungsdruck absinkt. Schaltet die Maschine ab, so fällt der Druck durch das zunächst weiterlaufende Wasser schnell und bringt den Kühlwasserregler zum Schließen.

1. Aufbau und Arbeitsweise.

Das über ein Kapillarrohr mit dem Verflüssiger verbundene Wellrohrelement (*1*) drückt sich bei steigendem Kondensatordruck zusammen und überträgt seine Bewegung über die Spindel (*2*) auf das Stellglied (Abb. 132). Dieses hat die Form eines Kolbens, der oben und unten in zylindrischen Führungsbüchsen (*5*) gleitet und an diesen Stellen, den Wasserraum durch 0-Ringe (*7*) nach außen abdichtet. Der Mittelteil ist als Ventilkegel (*8*) ausgebildet, dessen eingesetzter *T*-Ring (*6*) im geschlossenen Zustand an dem Ventilsitz anliegt. Der Öffnungskraft wirkt die durch die Regulierspindel (*13*) einstellbare Regulierfeder (*12*) entgegen, deren

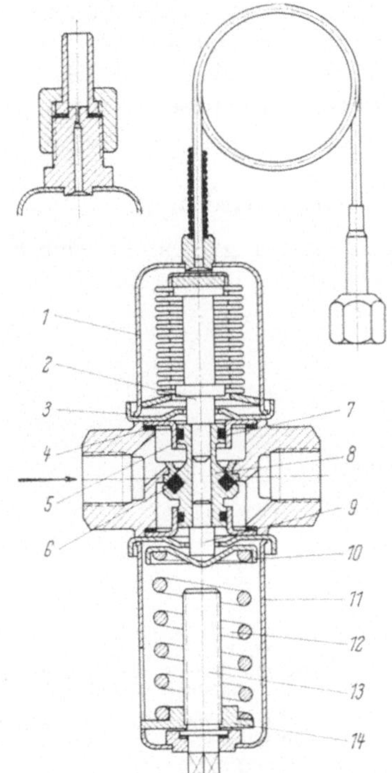

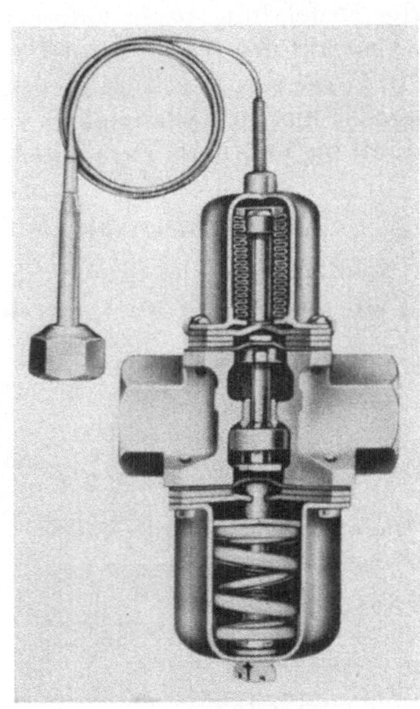

Abb. 133. Druckgesteuerter Kühlwasserregler mit Gummimembranen (Marsh).

Abb. 132. Druckgesteuerter Kühlwasserregler (Danfoss).

1 Wellrohrelement, *2* obere Druckspindel, *3* Oberteil, *4* Dichtung, *5* Führungsbuchse, *6* T-Ring, *7* O-Ring, *8* Ventilkegel, *9* untere Druckspindel, *10* Federführung, *11* Federgehäuse, *12* Einstellfeder, *13* Einstellspindel, *14* Federteller.

Vorspannung den Öffnungsbeginn und damit den Kondensatordruck bestimmt.

Da der Wasserdruck innerhalb des Leitungsnetzes stark variieren und auch der Durchflußwiderstand des nachgeschalteten Kondensators sehr unterschiedlich sein kann, muß Vorsorge getroffen werden, daß die daraus resultierenden Kräfte die Regelung nicht beeinflussen. Im vorliegenden Fall wird die Entlastung dadurch erreicht, daß der Durchmesser der beiden Führungshülsen gleich dem mittleren Sitzdurchmesser des Ventils ist. Die sich aus den Wasserdrücken vor und hinter dem Regler ergebenden Kräfte heben sich dadurch auf.

Bei anderen Konstruktionen (Abb. 133), die zur Abdichtung des Wasserraumes Gummimembranen verwenden, wird die Entlastung durch entsprechende Dimensionierung der wirksamen Membranflächen erreicht. Das Stellglied ist hierbei reibungsfrei zwischen den Membranen aufgehängt. Bei dieser Ausführung erfolgt die Einstellung des Öffnungspunktes wahlweise an dem Vierkant der Spindel oder an einer gerändelten Haube, ohne Verwendung von Werkzeugen.

Vom Wasser mitgeführte Fremdkörper, wie Sand und dergleichen, können, wenn sie sich zwischen Ventilsitz und -kegel festsitzen, ein dichtes Schließen des Reglers verhindern. Es ist daher zweckmäßig, das Kühlwasserventil kräftig durchspülen zu können, ohne es demontieren oder in seiner Einstellung verändern zu müssen. Hierfür werden Einrichtungen vorgesehen, die von außen ein zwangsweises Öffnen des Reglers zu diesem Zweck ermöglichen.

Für große Durchflußleistungen werden servogesteuerte Geräte verwendet, bei denen das Steuerelement nur ein Hilfsventil an einem Kolben öffnet, der dann durch die Druckdifferenz in Öffnungsstellung geht und den Durchfluß freigibt.

Die Auswahl der Regler erfolgt nach der Durchflußmenge, die von den Herstellern in Form von Leistungskurven für jede Type angegeben wird. Die Durchflußmenge ist hier in Abhängigkeit von der Kondensatordruckänderung mit dem Druckabfall im Ventil als Parameter abzulesen.

2. Kühlwasserregler mit Überdrucksicherheitsschalter.

Eine Sonderbauart des druckgesteuerten Kühlwasserreglers stellt seine Kombination mit einem Überdrucksicherheitsschalter dar.

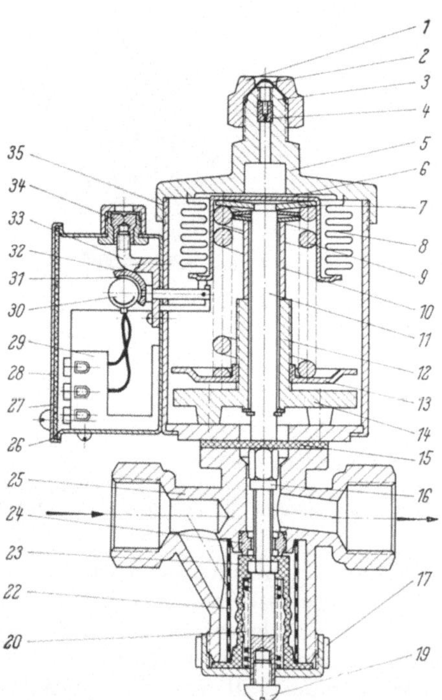

Abb. 134. Druckgesteuerter Kühlwasserregler mit Überdruck-Sicherheitsschalter kombiniert (Herion).

1 Überwurfmutter, 2 Dichtkappe, 3 Kältemittelanschluß, 4 Drosselschraube, 5 Abschraubbarer Deckel, 6 Abstützhülse, 7 Oberer Federteller, 8 Federungskörper, 9 Bereich-Verstellfeder, 10 Abstandshülse, 11 Oberer Druckbolzen, 12 Verstellspindel, 13 Unterer Federteller, 14 Verstellscheibe, 15 Buna-Membrane, 16 Unterer Druckbolzen, 17 Verschraubung, 19 Abhebeschraube, 20 Druckfeder, 22 Messingsieb, 23 Profilmuffe, 24 Ventilsitz, 25 Ventilgehäuse, 26 Schalterkasten, 27 Polystyrol-Scheibe, 28 Schalterkastendeckel, 29 Anschlußklemme mit Isoliergehäuse, 20 Quecksilberschaltröhre, 31 Gummiauflage, 32 Schaltröhrenhalter mit Schaltwelle, 33 Schaltröhrenlager, 34 Ausschalt-Druckverstellung, 35 Federgehäuse.

Bei Ansteigen des Kondensatordrucks öffnet das Ventil entsprechend seiner Einstellung und gewährleistet den notwendigen Wasserdurchfluß. Bleibt das Wasser ganz oder teilweise aus, so steigt der Kondensatordruck weiter an und öffnet das Ventil so weit, daß es den Kontakt des angebauten Überdrucksicherheitsschalters unterbricht. Abb. 134 zeigt einen solchen Regler. Der Kontakt des Überdrucksicherheitsschalters ist als Quecksilber-Schaltröhre ausgebildet und der Ausschaltdruck ist für sich einstellbar.

II. Temperaturgesteuerte Wasserregler.

Temperaturgesteuerte oder thermostatische Kühlwasserregler regeln den Wasserdurchfluß in Abhängigkeit von der Wasseraustrittstemperatur. Sie werden für die verschiedensten Zwecke und Temperaturbereiche verwendet, in denen die Temperatur des abfließenden Mediums konstant gehalten werden soll.

Sie werden in zwei Grundtypen hergestellt; die einen öffnen bei steigender, die anderen bei sinkender Temperatur der zu kontrollierenden Flüssigkeit.

Der Aufbau ist grundsätzlich der gleiche wie der der druckgesteuerten Wasserregler, nur daß der Steuerdruck bei dieser Ausführung druch ein thermostatisches Steuerelement mit Kapillarrohrfühler erzeugt wird.

Literatur.

[1] WAHLENMAYER, F.: Selbsttätige Reglung von Klimaanlagen. Basel 1956.
[2] DIN 19226: Begriffe und Bezeichnungen in der Regelungstechnik. Köln: Beuth Vertrieb G.m.b.H.
[3] WÜNSCH, G.: Regler für Druck und Menge. München u. Berlin: Oldenbourg 1930.
[4] NOLCKEN, N. G.: Modern Refrigeration, London, Februar/August 1954.
[5] LORENZ, H.: Technische Wärmelehre. München u. Berlin 1904.
[6] DÖDERLEIN, G.: Prüfung und Berechnung ausgeführter Ammoniak-Kompressions-Kältemaschinen an Hand des Indikatordiagramms. Dissertation 1903.
[7] DÖDERLEIN, G.: Nasser und trockener Kompressorgang mit selbsttätigem Regelverfahren der Kompressions-Kaltdampf-Maschinen. München u. Berlin: Oldenbourg 1908.
[8] DÖRFFEL, E.: Untersuchungen an einer Kompressions-Kaltdampfmaschine. Dissertation 1908.
[9] BÄCKSTRÖM u. EMBLIK: Kältetechnik. Karlsruhe: G. Braun 1965.
[10] HUBER: Neuere Apparate zur betriebsmäßigen Überwachung der Kältemaschinen. Zeitschrift des Bayerischen Revisions-Vereins, 30. Jahrgang, No. 22, München 1926.
[11] EGGINTON, H. H.: Refrigeration Controls. Refrigeration Press Ltd., London 1958.
[12] ANDERSEN, S. A.: Automatic Refrigeration. London: MacLaren and Sons, Ltd. 1959.
[13] ASHRAE. Guide and Data Book 1965/66. Fundamentals and Equipment. New York 1965.
[14] Alco Valve Co.: Automatic Refrigeration Controls. St. Louis 1958.
[15] MacIntire, H. J.: Handbook of Mechanical Refrigeration. New York 1928.
[16] The American Society of Heating, Refrigerating and Air-Conditioning Engineers. ASRE-Standard 17-R (ASA B 60.1 − 1950). Method of rating and testing refrigerant expansion valves. New York 1948.
[17] BRÜSCHWEILER, K.: Leistung und Empfindlichkeit thermostatischer Expansionsventile. „Kältetechnik", 7. Jahrgang (Januar 1955), Heft 1.
[18] Sauter-Bulletin J-0255/6 K: Leistungsmessung an thermostatischen Expansionsventilen. Basel 1955.
[19] Sporlan-Bulletin 20-10: Refrigerant Distributors. St. Louis 1962.
[20] DREES: Kühlanlagen. Berlin: VEB Verlag Technik 1963.
[21] PLANK, R. u. J. KUPRIANOFF: Die Kältemaschine. Berlin-Göttingen-Heidelberg: Springer 1960 (2. Aufl.).
[22] PLANK, R.: Handbuch der Kältetechnik, Bd. IV, Die Kältemittel. Berlin/Göttingen/Heidelberg: Springer 1956.
[23] MÖRSEL: Taschenbuch Kälteanlagen. Berlin: VEB Verlag Technik 1964.
[24] FEDERMANN, K.: Versuche an einer Kompressionskältemaschine über die Flüssigkeitsrückführung in den Zylinder, über den Einfluß von Regelapparaten auf die Unterkühlung und über die Verdampferfüllung. Dissertation 1931.
[25] SCHMIDT, E. u. O. LINNE: Theory of the flow of boiling liquids through orifices and nozzles. „Proceeding of the International Congress of Refrigeration" London 1951.
[26] LINGE, K.: Flow of Boiling Liquids through trottling devices. „Proceeding of the International Congress of Refrigeration" London 1951.

Elektrotechnische Grundlagen und elektrische Schaltgeräte.

Von

Dipl.-Ing. **D. Metzenauer** und Obering. **H. Wahl**

Metzenauer & Jung GmbH, Wuppertal-Elberfeld

Mit 70 Abbildungen.

Einleitung.

Das Erkennen des dynamoelektrischen Prinzips machte in den 60er Jahren des vergangenen Jahrhunderts die Anwendung der Elektrizität auf breiter Basis möglich. Heute ist uns die Verwendung der Elektrizität als wesentlicher Teil unserer technischen Hilfsmittel so geläufig, daß wir uns über die Herkunft und die wissenschaftlichen Grundlagen keine Gedanken machen. Das gilt insbesondere für die Anwendung der elektrischen Energie zur Erzeugung von Kraft, Licht, Wärme und Kälte, ihre Anwendung zur Übermittlung von Nachrichten in Bild, Ton und Schrift, zu medizinischen Zwecken und für den Transport von Energie über weite Strecken.

Ohne die Hilfe der Elektrizität wären die vielen Abhängigkeiten in modernen kältetechnischen Anlagen nicht wirtschaftlich zu erfassen und darzustellen.

Beim Bau und Betrieb elektrischer Anlagen müssen Sicherheitsvorschriften eingehalten werden, um eine Schädigung menschlichen Lebens zu vermeiden. Das Wissen um die Wirkungen der Elektrizität hilft uns beim Antrieb der vielfältigsten Arbeitsmaschinen. Die Art der Verbindung zwischen den Befehls-, Übertragungs- und Arbeitselementen gestattet es uns, vorgedachte Gesetzmäßigkeiten in eine Anlage hineinzulegen, die den störungsfreien Betrieb bei allen Betriebszuständen gewährleisten und Abweichungen anzeigen. Die Vielzahl der Abhängigkeiten beim Entwurf elektrischer Steuerschaltungen macht neben dem Gebrauch von Symbolen für die darzustellenden Elemente mehr und mehr die Verwendung algebraischer Hilfsmittel notwendig.

A. Die Schaltelemente und deren Symbole.

I. Die Unterteilung der Schaltelemente.

In jeder elektrischen Steuerung werden Befehle erteilt, fortgeleitet und verarbeitet. Dementsprechend gibt es:

Befehlselemente, welche die ankommenden Befehle entgegennehmen und in elektrische Signale verwandeln,

Übertragungselemente zur Fortleitung der elektrischen Signale und

Arbeitselemente, in welchen die Signale in Befehle, Anzeigevorgänge oder Arbeitsvorgänge umgewandelt werden.

Tabelle 1 — Antriebsglieder

Lfd. Nr.	Schaltzeichen	Benennung
1		Handbetätigung
2		Betätigung durch andere Körperteile (Fuß)
3		Antrieb durch Schaltnocken
4		Kraftantrieb, allgemein
5		Kraftantrieb mit Bezeichnung der Antriebsart, P-Kraft, p-Druck, n-Drehzahl, t-Zeit, v-Geschwindigkeit, Q-Menge, ϑ-Temperatur lt. DIN 1304
6		Schaltvorgang bei steigender Temperatur
7		Druckluftantrieb
8		Magnetantrieb (nicht für Schütze u. Relais)
9		Motorantrieb
10		Triebsystem mit Wirkverbindung, selbsttätiger Rückgang nach Beendigung der Antriebskraft, 2 Schaltstellungen, Seitenverhältnis 1:2
11		Triebsystem elektromechanisch, allgemein (Zugspule)
12		Resonanz-, Blinkrelais z.B. 1 Hz
13		magnetischer Überstromauslöser
14		Triebsystem mit einer Spule
15		Triebsystem mit zwei gleichsinnigen Wicklungen
16		Triebsystem mit zwei gegensinnigen Wicklungen
17		Triebsystem, wattmetrisch
18		Triebsystem mit Wechselstrommotor
19		Triebsystem mit Gleichstrommotor
20		thermischer Überstromauslöser
21		Triebsystem, mechanisch verzögert in Pfeilrichtung
22		Fehlerspannungsauslöser
23		Fehlerstromauslöser
24		nichtmessender Arbeitsstromauslöser
25		nichtmessender Ruhestromauslöser
26		Überspannungsauslöser

Tabelle 2 — Mechanische Zwischenglieder

Lfd. Nr.	Schaltzeichen	Benennung
1		mechanische Verbindung, wenn unmittelbar nebeneinander dargestellt
2		wie 1, jedoch bei örtlich getrennter Darstellung (Stromlaufplan)
3		desgl. in Pfeilrichtung wirkend
4		wie 1, jedoch mit selbsttätigem Rückgang in Pfeilrichtung nach Beendigung der Betätigungskraft
5		Raste, eingerastet
6		bei Bewegung nach links u. rechts einrastend
7		lösbare Sperre, allgemein
8		nach Rechtsbewegung wird Rückgang gesperrt
9		von Hand entsperrbar
10		von Hand sperrbar
11		Sperre, magnetisch lösbar
12		mechanische Kupplung, allgemein
13		mech. Kupplung lösbar, entkuppelt
14		mech. Kupplung lösbar, von Hand gekuppelt
15		mech. Kupplung magnetisch lösbar
16		Schaltschloß
17		nach rechts Bewegung verzögert
18		in Schalterstellung 1 abnehm- oder aufsetzbarer Handantrieb (Steckschlüssel)

Tabelle 3 — Meldegeräte

Lfd. Nr.	Schaltzeichen	Benennung
1		Leuchtmelder
2		Melder mit selbsttätigem Rückgang Zeigermelder, Schauzeichen
3		Melder ohne selbsttätigen Rückgang Zeigermelder, Fallklappe
4		wie 2, jedoch leuchtend
5		Zählwerk
6		Wecker
7		Motorwecker
8		Signalhupe
9		Sirene

Tabelle 4   *Schalter*

Lfd. Nr.	Schaltzeichen	Benennung
1		Öffner Ausschaltglied lösbare – unlösbare Verbindung
2		Schließer Einschaltglied lösbare – unlösbare Verbindung
3		Wechsler Umschaltglied
4		Schließer früh schließend, spät öffnend
5		Wechsler ohne Unterbrechung schaltend
6		Wischer, einschaltwischend z.B. 2 s
7		Kurzausschaltglied kurzzeitige Unterbrechung bei Einschaltung
8		Rastschalter, handbetätigt, 3 Schaltstellungen

Tabelle 5   *Kennzeichnung der Schaltstellungen*

Lfd. Nr.	Schaltzeichen	Benennung
1		Bewegung nach links oder rechts
2		Bewegung nach beiden Seiten
3		Bewegung nach allen vier Richtungen
4		Bewegung nach allen Richtungen
5		Schaltstellungen mit Bezeichnung, gezeichnete Schaltung ausgezogen, die übrigen Schaltstellungen gestrichelt
6		wie 5
7		wie 5 jedoch mit Darstellung der Bewegungsbahn
8		Bewegungsbahn zwischen 2 und 3 unterbrochen
9		Bewegungsbahn zwischen 4 und 1 unterbrochen
10		Bewegung zwischen Stellung 3 und 4 nur entgegen dem Uhrzeigersinn
11		Bewegung zwischen 5 und 1 unterbrochen. Selbsttätiger Rückgang von 1 nach 2 und von 5 nach 4

Tabelle 6   *Übertragungs- und Schaltungsglieder*

Lfd. Nr.	Schaltzeichen	Benennung
1		Leitung allgemein
2		Leitung, zusätzlich z. Unterscheidung
3		Leitung im Bau
4		Leitung geplant
5		Schutzleitung für Erdung
6		Ruf- oder Klingelleitung
7		Fernsprechleitung
8		Kreuzung von Leitungen ohne Verbindung
9		desgleichen mit nicht lösbarer Verbindung
10		Verbindungsstelle nicht lösb. Verbindg. lösb. Verbindg. z.B. Klemme, auch Anschlußklemme
11		Reihenklemme
12		Ohmscher Widerstand Seitenverhältnis 1:6 bis 1:3
13		induktiver Widerstand
14		kapazitiver Widerstand, allgemein (Kondensator)
15		Transformator, Übertrager, Wandler
16		ohmscher Widerstand stetig verstellbar
17		Gleichrichter, Brückengleichrichter
18		Sicherung, allgemein Seitenverhältnis 1:3
19		Erdung z.B. Schutzerde
20		Masseverbindung
21		Trennung zw. Schaltfeldern, Umrahmung
22		Steckvorrichtung, Kupplung

Die *Befehlselemente* können handbetätigt werden oder automatisch arbeiten. Sie können durch eine elektrische oder auch nichtelektrische Befehlsgröße (Weg, Zeit, Druck, Temperatur, Menge usw.) beeinflußt werden. Dementsprechend haben Befehlselemente die verschiedenartigsten Antriebsglieder, denn diese hängen von der Befehlsgröße ab. Zur Signalerzeugung werden in den meisten Fällen Schalter benutzt, die nur zwei Betriebszustände kennen. Sie sind entweder geschlossen (leitend) oder nicht geschlossen (nicht leitend). Auch die von ihnen gesteuerten Arbeitselemente haben nur zwei Schaltzustände. Sie können betätigt (erregt) oder unbetätigt (unerregt) sein.

Als *Übertragungselemente* gelten alle diejenigen Glieder, welche zwischen der Stromquelle, den Schaltern der Befehlselemente und den Arbeitselementen eine leitende Verbindung herstellen. Zu den Übertragungselementen gehören: Leitungen, Transformatoren, Stromwandler, Widerstände, Gleichrichter usw.

Als *Arbeitselemente* kommen in elektrischen Steuerungen nahezu alle Stromverbraucher in Frage: Lampen, Heizkörper, Motoren, Zugmagnete, Bimetallstreifen, Relaisspulen sind Beispiele. Viele Arbeitselemente wirken als Stellglieder für nichtelektrische Vorgänge, z. B. die Antriebsmotoren für Pumpen und Kompressoren, die Zugmagnete von Backenbremsen und die Heizkörper für die Raumheizung. Andere Arbeitselemente dienen zur Signalisierung und Anzeige (Indikation). Hierzu gehören u. a. Sicht- und Hörmelder. Ein großer Teil der Arbeitselemente wird zum Antrieb von Schaltern eingesetzt. In diese Gruppe fallen die Zugspulen von Schützen und Relais, die Antriebsmotoren von Programmwerken, die Bimetallstreifen thermischer Überstromrelais usw.

II. Antriebs- und Indikationsglieder.

Zur schematischen Darstellung der elektrisch und nichtelektrisch betätigten Antriebsglieder gibt es entsprechende Symbole. Diese gehören zu den sog. Schaltzeichen. Die wichtigsten sind in den DIN-Blättern 40708, 40710 bis 40713 aufgeführt.

Die Antriebsglieder werden über mechanische Zwischenglieder mit den Schaltern verbunden. Über die symbolische Kennzeichnung mechanischer Zwischenglieder gibt Tabelle 2 Auskunft.

III. Schalter.

Man unterscheidet gemäß den „Bestimmungen für Niederspannungsschaltgeräte" VDE 0660 Teil I/3.68 nach dem mechanischen Verhalten in den Schaltstellungen hauptsächlich zwischen Rastschaltern (bisher Stellschalter) und Tastschaltern.

Ein *Rastschalter* verharrt nach der Betätigung in seiner erreichten Schaltstellung, bis eine erneute Betätigung erfolgt (z. B. Lichtschalter). Rastschalter haben keine ausgesprochene Ruhestellung. Ihre Schaltstellung muß gekennzeichnet werden.

Ein *Tastschalter* bewegt sich nach seiner Betätigung wieder in seine Ruhe- oder Ausgangsstellung zurück (z. B. Drucktaster). Tastschalter besitzen dementsprechend eine ausgesprochene Ruhestellung und werden stets in dieser Stellung gezeichnet. Ein Tastschalter (in Ruhestellung leitend), der bei Betätigung geöffnet wird, wird als Öffner bezeichnet. Ein Tastschalter, welcher sich bei Betätigung schließt, heißt Schließer.

Über die Kennzeichnung der Schaltstellung von Rastschaltern gibt die Tabelle 5 Auskunft.

IV. Übertragungsglieder. (Siehe Tabelle 6)

B. Schutzmaßnahmen an elektrischen Anlagen zur Verhütung von Unfällen.

I. Allgemeines.

Die für den Betrieb von Elektromotoren in Frage kommenden Starkstromanlagen führen meist Spannungen von 220 bzw. 380 V. Andere zwischen 110 und 500 V liegende Spannungswerte sind seltener. Spannungen über 65 V sind für den Menschen lebensgefährlich.

Die Abhandlung 0100 des VDE: „Bestimmungen für das Errichten von Starkstromanlagen mit Nennspannungen bis 1000 V" befaßt sich eingehend mit den Schutzmaßnahmen zur Verhütung von Unfällen. Die Einhaltung der darin niedergelegten Bestimmungen ist lebenswichtig. Es ist daher unbedingt notwendig, daß sich jeder, der mit der Errichtung elektrischer Anlagen zu tun hat, mit der Bestimmung VDE 0100 genau vertraut macht. Die nachfolgenden Ausführungen geben einen Überblick über die Schutzmaßnahmen.

Der Bestimmung VDE 0100 entsprechend müssen betriebsmäßig unter Spannung stehende Teile elektrischer Betriebsmittel entweder in ihrem ganzen Verlauf isoliert (Betriebsisolierung) oder durch ihre Bauart, Lage, Anordnung oder durch besondere Vorrichtungen gegen zufälliges Berühren geschützt sein.

Die Möglichkeit des Auftretens von Isolationsfehlern (z. B. Körperschluß) muß von vornherein ausgeschlossen werden. Deshalb hat neben der Verwendung geeigneter Isolierstoffe auch eine sorgfältige Errichtung der Anlage durch Fachleute zu erfolgen.

Bei Spannungen zwischen 65 V und 250 V gegen Erde sind meist, bei Spannungen über 250 V sind in jedem Fall zusätzliche Schutzmaßnahmen erforderlich.

Folgende Schutzmaßnahmen gegen übermäßig hohe Berührungsspannungen sind möglich: Schutzisolierung, Kleinspannung, Schutzerdung, Nullung, Schutzleitungssystem, Fehlerspannungs-Schutzschaltung, Fehlerstrom-Schutzschaltung, Schutztrennung.

Diese Schutzmaßnahmen sind in ihrer Schutzwirkung gleichwertig. Die Entscheidung darüber, welche Maßnahme in Frage kommt, wird durch die örtlichen Gegebenheiten bestimmt. Daher muß stets beim örtlichen Elektrizitätsversorgungsunternehmen (EVU) nachgefragt werden, welche Maßnahmen für das betreffende Netz zulässig und empfehlenswert sind.

II. Schutzisolierung.

Wenn ein elektrisches Betriebsmittel eine Schutzisolierung erhalten soll, sind alle der Berührung zugänglichen, leitfähigen Teile fest und dauerhaft mit Isolierstoff zu bedecken, sofern die Gefahr besteht, daß diese Teile im Fehlerfall Span-

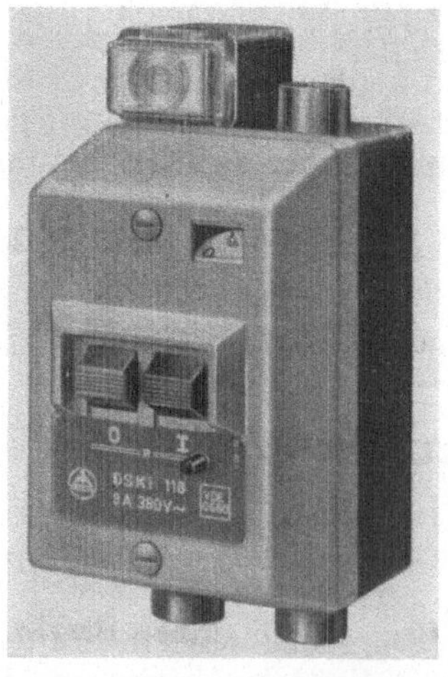

a) Schütz mit thermischem Überstromrelais und Leuchtmelder, formstoffgekapselt, schutzisoliert.   b) Kleinsteuerung, formstoffgekapselt, schutzisoliert.

Abb. 135a u. b. Schutzisolierte Elektrogeräte.

nung führen können. Überzüge aus Lack, Emaille, Oxydschichten, Umspinnungen und Umklöppelungen sind als Schutzisolierung nicht ausreichend.

In der Praxis erreicht man die Schutzisolierung durch Isolierstoffgehäuse und Abdeckungen, durch Umpressen bzw. Umgießen mit Isolierstoff, durch Isolierzwischenteile an Wellen, Betätigungsgriffen usw.

III. Kleinspannung.

Die Gefahr einer schädlichen Berührungsspannung wird ausgeschaltet, wenn die Betriebsspannung unter 65 V liegt.

Es ist festgelegt, daß bei der Schutzmaßnahme „Kleinspannung" die Nennspannung nicht über 42 V liegen darf. Wird diese Kleinspannung durch Umformen höherer Spannung erzeugt, so darf keine galvanische Verbindung (leitende Verbindung) zwischen der höheren Spannung und der Kleinspannung bestehen. Deshalb müssen Transformatoren zwei getrennte Wicklungen aufweisen und auch Umformer elektrisch voneinander getrennte Wicklungen haben.

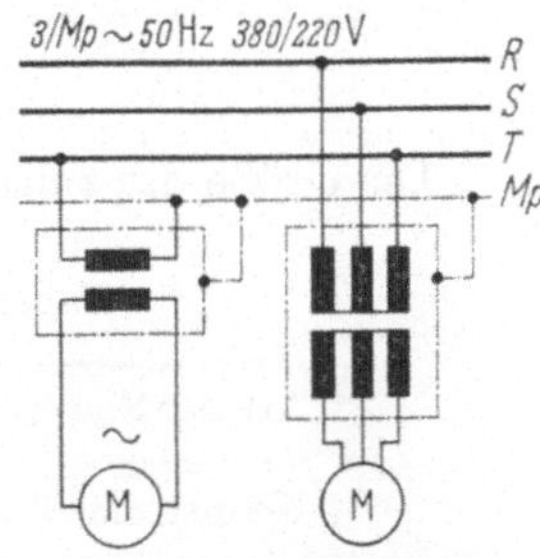

Abb. 136. Schutzmaßnahme „Kleinspannung".

R, S, T Außenleiter des Netzes;
Mp Sternpunktleiter des Netzes.

Durch diese Maßnahmen werden die gefürchteten Spannungsverschleppungen gefährlicher Berührungsspannungen verhindert. Dem gleichen Zweck dient auch das Verbot, Stromkreise auf der Kleinspannungsseite zu erden (s. Abb. 136).

Es wird ferner verlangt, daß das Isoliermaterial und die Leitungen für eine Reihenspannung von mindestens 250 V bemessen werden (ausgenommen Spielzeug und Fernmeldegeräte). Steckvorrichtungen für Kleinspannung dürfen nicht in Steckdosen mit betriebsmäßig höherer Spannung eingeführt werden können. Die Unverwechselbarkeit muß gegeben sein.

IV. Schutzerdung.

Die Schutzerdung soll verhindern, daß eine zu hohe Berührungsspannung an leitfähigen, nicht zum Betriebsstromkreis gehörenden Anlageteilen bestehen bleibt.

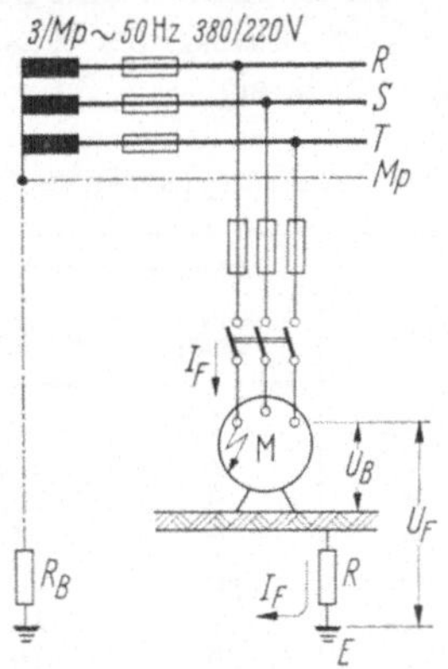

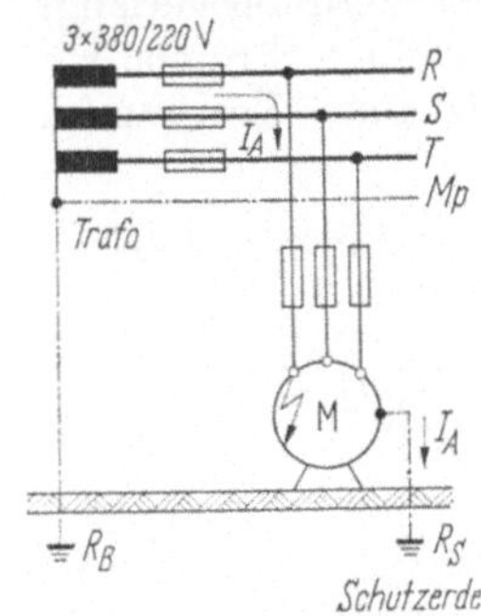

Abb. 138. Schutzmaßnahme „Schutzerdung".

Abb. 137. Schutzmaßnahme „Schutzerdung".

In Abb. 137 ist dargestellt, wie durch einen Körperschluß an einem Motorgehäuse eine Fehlerspannung U_F entsteht. Sie hat eine bestimmte Berührungsspannung U_B zur Folge und ist bei Werten über 65 V lebensgefährlich. Durch Erdung des Gehäuses entsteht ein Fehlerstrom I_F. Je kleiner der Übergangswiderstand R und alle anderen Widerstände im Kreis sind und je höher die Fehlerspannung U_F ist, desto größer wird der Fehlerstrom I_F.

Da dieser Fehlerstrom auch die Schutzsicherung des vom Körperschluß betroffenen Außenleiters durchfließt, kann eine Gefährdung von Menschen vermieden werden, falls I_F diese Sicherung zum Durchschmelzen bringt.

Der Abschaltstrom I_A, der zum Durchschmelzen der Sicherung erforderlich ist, ist ein Vielfaches (k) des Sicherungsnennstromes I_N

$$I_A = k \cdot I_N \tag{1}$$

Da die Sicherung spätestens bei 65 V Berührungsspannung durchschmelzen muß, darf der Widerstand der Schutzerde R_S (Abb. 138) folgenden Wert nicht überschreiten

$$R_S \leqq \frac{65\,\text{V}}{I_A} = \frac{65\,\text{V}}{k \cdot I_N} \tag{2}$$

Die Größe des zulässigen Faktors k zeigt Tabelle 7.

Tabelle 7. *Größe des Faktors k in Verbraucheranlagen.*

Art der Sicherung	flink	träge	
Nennstromstärke der Sicherung	beliebig	bis 50 A	ab 60 A
Faktor k	3,5	3,5	5

Nähere Angaben s. VDE 0100/12.65 Tafel 1

Wenn ein Stromkreis mit „flinken" Sicherungen $I_N = 10$ A abgesichert ist, so wird $k = 3,5$, und der höchstzulässige Schutzerdungswiderstand ist dann

$$R_S = \frac{65}{3,5 \cdot 10} = 1,85\ \Omega$$

Dieser bereits sehr niedrige Wert sinkt bei größeren Nennströmen (I_N) weiter ab.

Die Schutzerdung verlangt größeren Aufwand an Erdern und ist nur bei Anlagen mit kleinen Strömen wirtschaftlich. Die Verwendung des Wasserrohrnetzes als Erder ist unter bestimmten Voraussetzungen zulässig.

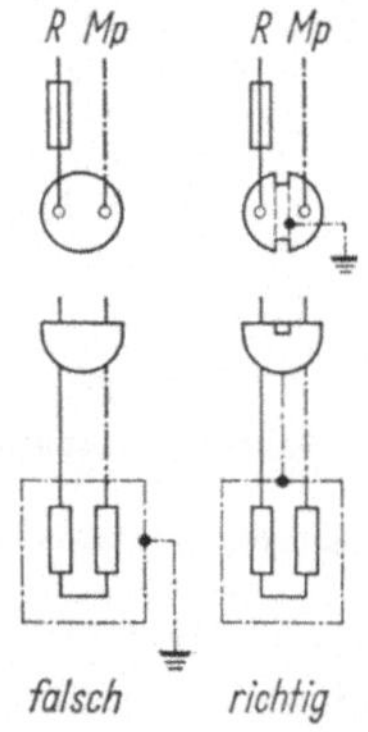

Abb. 139. Schutzmaßnahme „Schutzerdung". Schutzerdung von Steckvorrichtungen.

Tabelle 8. *Nennquerschnitte für Schutzleiter.*

Außenleiter (mm²)	Schutzleiter isoliert (mm²)	Schutzleiter blank (mm²)	
		geschützt	ungeschützt
1,5	1,5	1,5	4
2,5	2,5	1,5	4
4	4	2,5	4
6	6	4	4
10	10	6	6
16	16	10	10
25	16	16	16
35	16	16	16
50	25	25	25
70	35	35	35
95	50	50	50

Nähere Angaben s. VDE 0100/12.65 Tafel 2.

Wichtig ist auch die Verlegung der Schutzerdung bei Steckvorrichtungen (Abb. 139).

Eine Übersicht über die für den Schutzleiter erforderlichen Nennquerschnitte zeigt Tabelle 8.

V. Nullung.

Das Verfahren der Nullung zeigt Abb. 140. Hier werden die bei Körperschluß gefährdeten Metallteile nicht direkt geerdet, sondern an den vorhandenen, geerdeten Nulleiter angeschlossen.

Bei Körperschluß durchfließt der Fehlerstrom I_F nicht die Erde, sondern den betroffenen Außenleiter und den Nulleiter. Genau wie bei der Schutzerdung soll bei gefährlichen Berührungsspannungen die Schmelzsicherung im betroffenen

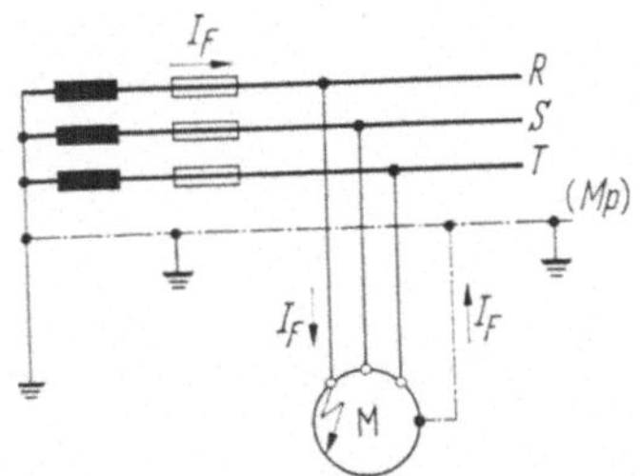

Abb. 140. Schutzmaßnahme „Nullung".

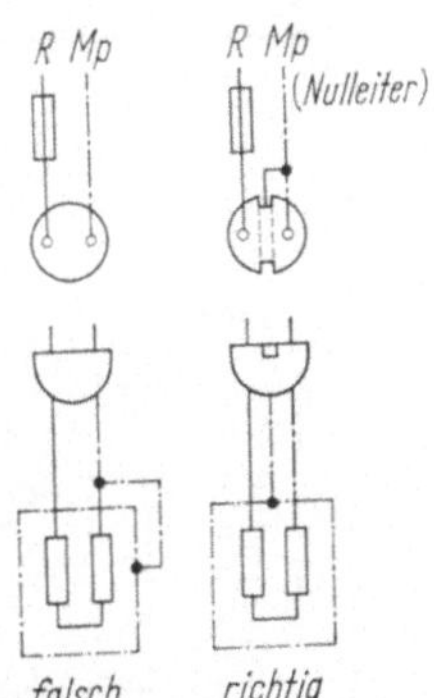

Abb. 141. Schutzmaßnahme „Nullung".
Anschluß von Steckvorrichtungen.

Außenleiter durchschmelzen. Daher bleiben die Gleichungen (1) und (2) gültig. Nur stellt R_S in Gleichung (2) nicht den Widerstand der Schutzerde dar, sondern den Widerstand der vom Fehlerstrom durchflossenen Leitungen. Dieser hängt wesentlich vom Widerstand des Nulleiters ab.

Tabelle 9. *Nennquerschnitte für Nulleiter.*

Außenleiter (mm²)	2,5	4	6	10	16	25	35	50	70	95
Nulleiter (mm²)	2,5	4	6	10	16	16	16	25	35	50

Nähere Angaben s. VDE 0100/12.65 Tafel 3.

Über die Möglichkeit des richtigen und falschen Anschlusses von Steckdosen bei der Nullung elektrischer Anlagen gibt Abb. 141 Auskunft.

Bei Netzen ohne Nulleiter kann unter ganz bestimmten Voraussetzungen ein Außenleiter geerdet werden und somit die Funktion des Nulleiters übernehmen. Hierüber gibt die Bestimmung VDE 0100/12.65 in § 10N Auskunft.

VI. Schutzleitungssystem.

Bei einem Schutzleitungssystem werden im Gegensatz zur Nullung alle zu schützenden Metallteile nicht an den Nulleiter, sondern an einen besonderen Schutzleiter angeschlossen (Abb. 142).

Da das Schutzleitungssystem nur begrenzte Einsatzmöglichkeiten besitzt, werden Einzelheiten hier nicht weiter erwähnt (Genaueres s. VDE 0100/12.65 § 11 N).

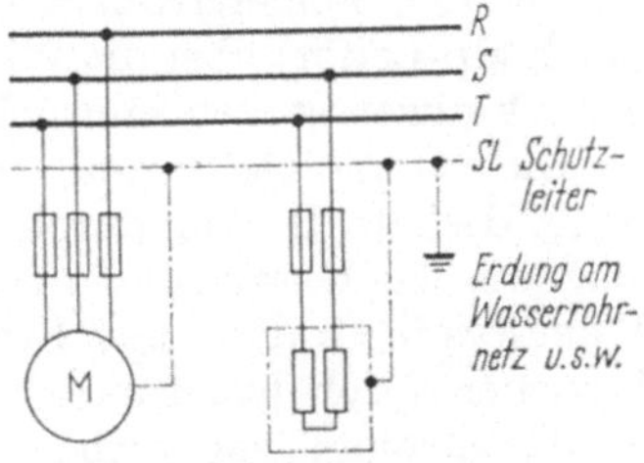

Abb. 142. Schutzmaßnahme
„Schutzleitungssystem".

9*

VII. Fehlerspannungs(FU)-Schutzschaltung.

Die Fehlerspannungs-Schutzschaltung schaltet den überwachten Verbraucher ab, wenn durch Isolationsfehler die Fehlerspannung auf 65 V ansteigt.

Die Fehlerspannungsspule F ist durch einen Schutzleiter SL mit den zu überwachenden Metallteilen des Verbrauchers (Motorgehäuse) verbunden. Die andere Spulenseite liegt über einen Hilfserdungsleiter D an einer Hilfserde R_H. Wenn die Berührungsspannung zu hohe Werte annimmt, wird die Spule F erregt und löst über ein Schaltschloß den Fehlerspannungsschutzschalter aus und schaltet den Körperschluß ab. Die Abschaltung erfolgt allpolig; auch der Nulleiter wird, falls

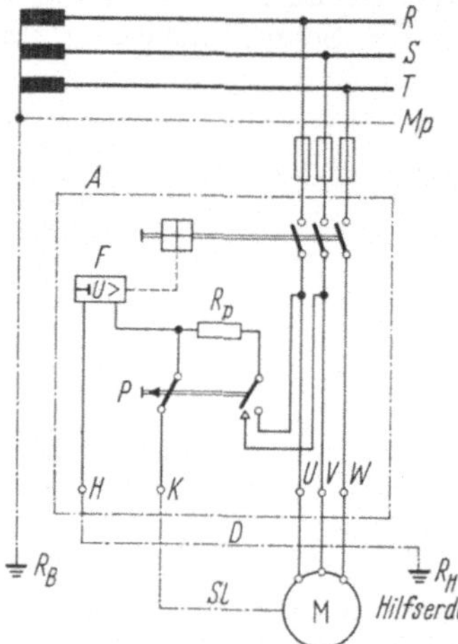

Abb. 143. Fehlerspannungs(FU)-Schutzschaltung.

er angeschlossen ist, abgetrennt. In vielen Fällen ist das Gehäuse des Verbrauchers schon durch seine Montage geerdet. Dann besteht die Gefahr, daß die Auslösespule des FU-Schutzschalters durch Kurzschluß nicht arbeiten kann. Aus diesem Grunde ist es erforderlich, die Fehlerspannungsspule stets über einen Erdleiter D an eine Hilfserde R_H zu legen (Abb. 143). Der Hilfserder muß mindestens 10 m von anderen Erdern entfernt liegen. Sein Übergangswiderstand soll unter 200 Ω liegen und darf 800 Ω nicht überschreiten. Die zu ihm führende Leitung D muß isoliert werden. Auch die Schutzleitung SL muß meist isoliert werden. Der FU-Schutzschalter kann nur die Teile einer elektrischen Anlage überwachen, die in Richtung des Leistungsflusses gesehen, hinter ihm liegen. Darum wird das Gehäuse des FU-Schutzschalters stets schutzisoliert (z. B. Formstoffausführung), weil es vom FU-Schutzschalter selbst nicht geschützt werden kann.

VIII. Fehlerstrom(FI)-Schutzschaltung.

Bei der Fehlerstrom-Schutzschaltung wird der Strom eines jeden Leiters (auch Mp-Leiter) über die Wicklung eines Stromwandlers geleitet. Die vier Wandlerwicklungen stellen sämtlich Primärwicklungen dar (Abb. 144).

Die Summe der Ströme eines einwandfreien Drehstromnetzes ist immer gleich Null; deshalb ist der durch die vier Primärwicklungen des Wandlers erzeugte magnetische Gesamtfluß ebenfalls gleich Null. In der Sekundärwicklung des Wandlers fließt dann kein Strom. Erst wenn an einem der nachgeschalteten Verbraucher durch Isolationsschaden ein Fehlerstrom über die Erdleitung abfließt, ist das Stromgleichgewicht gestört, und über den Summenwandler fließt ein dem Fehlerstrom entsprechender Primärstrom, der einen entsprechenden Sekundärstrom zur Folge hat. Hierdurch wird eine Fehlerstromspule erregt, die über ein Schaltschloß die gefährdeten Verbraucher allpolig abschaltet (Abb. 144).

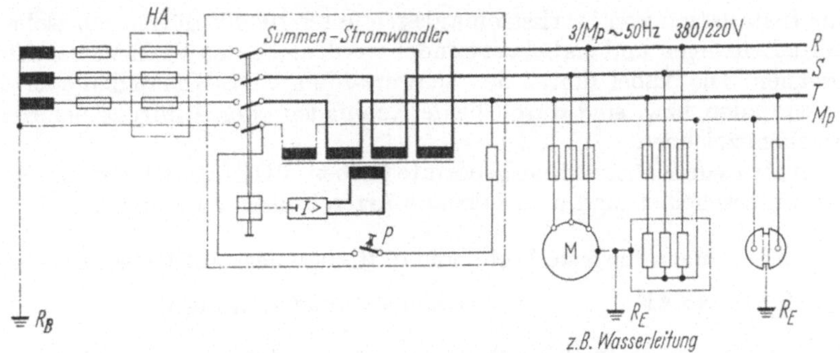

Abb. 144. Fehlerstrom(FI)-Schutzschaltung.

Der Erdungswiderstand R_E darf nicht zu groß werden. Mit der höchstzulässigen Berührungsspannung von 65 V und dem Auslösestrom I_{FN} der Fehlerstromspule wird

$$R_E = \frac{65\,\mathrm{V}}{I_{FN}} \tag{3}$$

Beträgt der Nenn-Fehlerstrom $I_{FN} = 0{,}3$ A, so wird

$$R_E = \frac{65}{0{,}3} = 215\ \Omega$$

Es ist zulässig, die Wasserleitung zu Erdungszwecken zu benutzen. Die Wasseruhr und andere schlecht oder nicht leitende Stellen sind leitend zu überbrücken.

Auch der FI-Schutzschalter schützt — genau wie der FU-Schutzschalter — nur hinter ihm liegende Anlageteile. Er besitzt deshalb ebenfalls eine Schutzisolierung (Formstoffgehäuse).

IX. Die Schutztrennung.

Bei der Schutztrennung wird der Verbraucher über einen Zweiwicklungstransformator gespeist (Abb. 145).

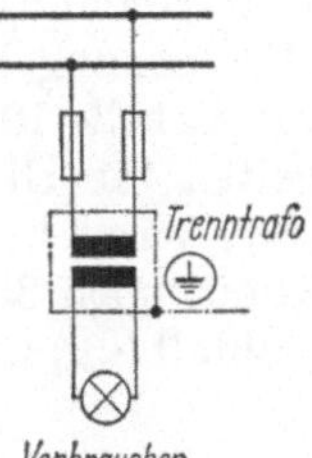

Abb. 145. Schutzmaßnahme „Schutztrennung".

Die Schutztrennung ist nur dann einwandfrei, wenn sich der Sekundärstromkreis weder mit dem Netz galvanisch leitend verbinden kann, noch ein Erdschluß auftritt. Daher dürfen Sekundärstromkreise von Trenntransformatoren nie geerdet werden. Schutztrennung ist nur in Netzen bis 500 V zulässig. Jeder Schutztransformator darf nur einen Stromverbraucher mit höchstens 16 A Nennstrom speisen

C. Kabel und Leitungen.

I. Allgemeines.

Zur Installation von Starkstromanlagen unter 1000 V dürfen nur isolierte und umhüllte Leitungen und Kabel verwendet werden, die den VDE-Vorschriften 0250 entsprechen. Die Kabel führen den schwarz-roten VDE-Kennfaden oder den Firmen-Kennfaden bzw. sind durch beide Kennfäden oder Aufdruck der Herstellerfirma gekennzeichnet.

Die Adern von Kabeln haben genormte Farben (VDE 0293). Entsprechend ihrem Aufbau unterscheidet man u. a. folgende Arten isolierter Leitungen:

1. Leitungen für feste Verlegung in Rohren oder auf Isolierkörpern.

NYA, NYAB, NYAF   = Kunststoffaderleitungen

2. Leitungen für feste Verlegung über, auf, in und unter Putz.

NYRAMZ, NYRAMA   = Rohrdrähte, trockene Räume
NYRUYr, NYRUZY, NYRUAY   = umhüllte Rohrdrähte
NYBUY   = Bleimantelleitungen
NYM   = Feuchtraumleitungen (Mantelleitung)

3. Leitungen für feste Verlegung in und unter Putz.

NYIF, NYIFY   = Stegleitungen

4. Leitungen zum Anschluß ortsveränderlicher Stromverbraucher.

NMH, NSH   = Gummischlauchleitungen

Weitere Angaben siehe VDE 0100/12. 65 §§ 40 N bis 42 N.

II. Bemessung von Leitungen.

Elektrische Leitungen sind so zu bemessen, daß sie eine genügende mechanische Sicherheit besitzen, nicht unzulässig warm werden und keinen zu großen Spannungsabfall haben.

In der Praxis verlegt man aus mechanischen Gründen Leitungen in Rohren oder man verwendet isolierte Leitungen und Kabel nicht unter 1,5 mm² Kupfer oder 2,5 mm² Aluminium. Leitungen, deren Befestigungspunkte Abstände bis 20 m haben, werden mindestens in 4 mm² Cu oder 16 mm² Al verlegt. Diese Werte entsprechen auch den Bestimmungen von VDE 0100/12.65 § 40 N.

Die zulässige Erwärmung bei Dauerbetrieb gestattet bei den verschiedenen Leitungsarten die in Tabelle 10 niedergelegten Dauerströme.

Diese Werte gelten für Umgebungstemperaturen von + 25 °C. Bei höheren Umgebungstemperaturen sind die Werte niedriger. Sie betragen bei 30 °C nur noch 92% und bei 35 °C nur noch 85% der Tabellenwerte (Gummiisolierung).

Der Spannungsabfall (u_V) in einem Leiter ist

$$u_V = \frac{I \cdot L}{\varkappa \cdot A} \tag{4}$$

u_V = Spannungsabfall auf der Leitung in V
I = Strom in der Leitung in A
L = Gesamtlänge der Leitung (Hin- und Rückleitung) in m
A = Leitungsquerschnitt in mm²
$\varkappa$ = spezifischer Leitwert (bei Cu = 56, bei Al = 36)

Eine Leitung von $L = 100$ m Gesamtlänge und $A = 2,5$ mm^2 Cu hat bei $I = 10$ A einen Spannungsabfall von

$$u_V = \frac{10 \cdot 100}{56 \cdot 2,5} = 7,1 \ V$$

Bei 220 V sind das 3,24 %. Spannungsabfälle über 5 % sind unzulässig.

Tabelle 10. *Dauerbelastbarkeit isolierter Leitungen aus Kupfer (Cu) oder Aluminium (Al) bei Umgebungstemperaturen bis 25 °C.*

Nennquerschnitt (mm²)	Gruppe 1		Gruppe 2		Gruppe 3	
	Cu (A)	Al (A)	Cu (A)	Al (A)	Cu (A)	Al (A)
1,5	16	—	20	—	25	—
2,5	21	16	27	21	34	27
4	27	21	36	29	45	35
6	35	27	47	37	57	45
10	48	38	65	51	78	61
16	65	51	87	68	104	82
25	88	69	115	90	137	107
35	110	86	143	112	168	132
50	140	110	178	140	210	165
70	175	—	220	173	260	205
95	210	—	265	210	310	245

Gruppe 1: Eine oder mehrere in Rohr verlegte einadrige Leitungen, z. B. NYA.
Gruppe 2: Mehraderleitungen, z. B. Mantelleitungen, Rohrdrähte, Bleimantelleitungen, Stegleitungen, bewegliche Leitungen.
Gruppe 3: Einadrige Leitungen, frei in Luft verlegte Leitungen, wobei die Leitungen mit Zwischenraum von mindestens Leitungsdurchmesser verlegt sind, sowie einadrige Verdrahtung in Schalt- und Verteilungsanlagen und Schienenverteiler.

III. Erwärmungsschutz.

Durch Überströme (einschl. Kurzschlußstrom) können in elektrischen Anlagen auch bei richtig bemessenen Leitungen Erwärmungsschäden auftreten. Daher ist vorgeschrieben, daß Leitungen abzusichern sind. Überstrom-Schutzorgane sind stets dort anzubringen, wo sich der Leitungsquerschnitt verjüngt.

Nulleiter erhalten keine Sicherung. Einzelheiten siehe VDE 0100/12. 65 § 41 N.

Die in Tabelle 11 genannten Werte gelten für Umgebungstemperaturen bis max. 25 °C. Höhere Temperaturen machen höhere Leitungsquerschnitte oder niedrigere Sicherungsnennströme erforderlich.

Als Überstrom-Schutzorgane gegen Überlastung der Leitung kommen Schmelzsicherungen und Leitungsschutzschalter in Frage. Die Schmelzsicherung übernimmt bei richtiger Auswahl den Schutz gegen alle Überströme einschl. Kurzschlußstrom. Dagegen verfügt der Leitungsschutzschalter über thermische Überstromauslöser und magnetische Schnellauslöser. Die thermischen Überstromauslöser bestehen aus Bimetallstreifen (je einer pro Leitungsstrang), die direkt oder indirekt vom Strom aufgeheizt werden und sich entsprechend durchbiegen. Je höher der Strom, desto größer ist auch die Erwärmung und damit die Durchbiegung der Streifen. Bei einer bestimmten Durchbiegung wird ein Auslösevorgang veranlaßt, der zur Abschaltung der gefährdeten Leitung führt. Bei Kurzschlußströmen reagieren die Streifen nicht rasch genug; diese Art von Überlastung wird entweder von vorgeschalteten Schmelzsicherungen oder von magnetischen Schnellauslösern übernommen, die je Strang eine Magnetspule haben. Letztere spricht bei etwa dem 4- bis 6fachen Nennstrom sofort an und nimmt die Abschaltung vor.

Tabelle 11. *Zuordnung von Überstrom-Schutzorganen zum Schutz isolierter Leitungen und Kabel.*

Nennquerschnitt		Nennstrom der Sicherungen		
Cu (mm²)	Al (mm²)	Gruppe 1 (A)	Gruppe 2 (A)	Gruppe 3 (A)
1,5	2,5	16	20	25
2,5	4	20	25	36
4	6	25	36	50
6	10	36	50	63
10	16	50	63	80
16	25	63	80	100
25	35	80	100	125
35	50	100	125	160
50	70	125	160	200
70	95	160	224	250
95	120	200	250	300

Fußnoten siehe Tabelle 10.

Abb. 146 zeigt die Prinzipschaltung eines 3poligen Leitungsschutzschalters. Sowohl der thermische Überstromauslöser (*a*) als auch der magnetische Schnellauslöser (*b*) wirken unmittelbar auf ein Schaltschloß und lösen bei Überströmen den Schalter automatisch aus. Eine Ausschaltung von Hand ist auch möglich.

Die Ansprechzeit von thermischen Überstromauslösern und von Schmelzsicherungen verkürzt sich mit steigendem Überstrom. Die Strom-Auslösezeit-Kennlinie dieser Geräte muß der Strom-Erwärmungs-Kennlinie der Leitung ange-

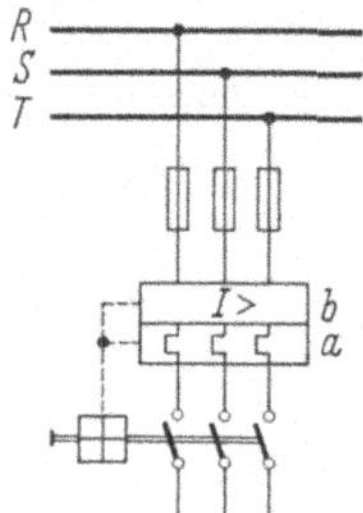

Abb. 146. 3poliger Leitungsschutzschalter.

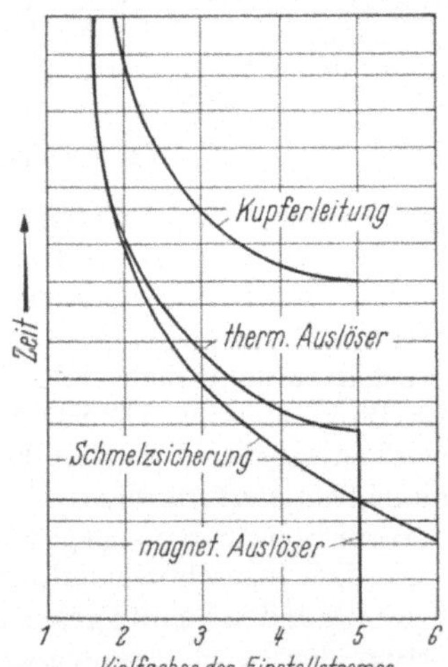

Abb. 147. Kennlinien für Leitung, Schmelzsicherung, thermische und magnetische Auslösung.

paßt sein (Abb. 147). Die Auslösezeit-Kennlinien von thermischen Auslösern und Schmelzsicherungen müssen stets unterhalb der Erwärmungs-Kennlinien der zu schützenden Leitung liegen.

Bei Verwendung thermischer und magnetischer Auslöser müssen nach Abb. 146 die Schalter des Leitungsschutzschalters die Abschaltung des Überstromes übernehmen, der bis zum Kurzschlußstrom ansteigen kann. Das Abschaltvermögen der Leitungsschutzschalter ist begrenzt. Sie sind nicht in der Lage, große Kurzschlußströme abzuschalten. Wenn in elektrischen Anlagen Kurzschlußströme auftreten können, die größer sind als das Abschaltvermögen der Leitungsschutzschalter, so müssen Schmelzsicherungen vorgeschaltet werden (Abb. 146). Die Größe dieser Schmelzsicherungen wird vom Hersteller des Leitungsschutzschalters angegeben. Die Schmelzsicherungen sind „selektiv" zur thermischen und magnetischen Auslösung abgestuft. Das heißt, daß bei kleineren bis mittleren Überströmen der thermische Überstromauslöser anspricht, bei begrenzten Kurzschlußströmen der Schnellauslöser die Abschaltung veranlaßt, während bei großen Kurzschlußströmen die Schmelzsicherungen ansprechen und den Strom abschalten.

Die Auslösezeit der Bimetallstreifen hängt stark von der Ausgangstemperatur ab. Die Zeiten sind länger, wenn beim Auftreten des Überstromes die Bimetallstreifen „kalt" sind, d. h. die Umgebungstemperatur (20 °C) aufweisen. Sie sind kürzer, wenn die Streifen bereits vorher durch den betriebsmäßigen Nennstrom in den „betriebswarmen" Zustand gebracht wurden. Daher haben die Bimetallstreifen keine Kennlinie, sondern ein Kennlinienband, dessen obere Begrenzung die Auslösekennlinie aus dem kalten Zustand, dessen untere Begrenzung die Auslösekennlinie aus dem betriebswarmen Zustand bildet (Abb. 148). Die Ansprechzeiten unterliegen aus diesem Grund bestimmten und zulässigen Streuungen.

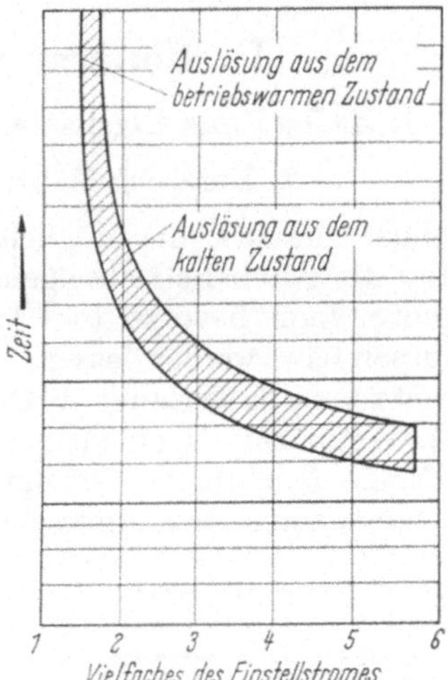

Abb. 148. Kennlinien eines thermischen Überstromauslösers.

Auch die Schwankung der Umgebungstemperatur spielt bei der Auslösezeit eine Rolle. Durch die Verwendung von Außentemperatur-Kompensationsstreifen läßt sich dieser Einfluß auf ein unschädliches Maß reduzieren.

IV. Schutz gegen mechanische Beschädigung.

Festverlegte Leitungen müssen durch entsprechende Verlegung oder durch Verkleidung vor mechanischer Beschädigung geschützt sein. Vor allem im Handbereich ist eine Verkleidung erforderlich, die meist durch mechanisch widerstandsfähige Rohre erreicht wird. Bei Rohrdrähten und Feuchtraumleitungen dient schon die eigene Hülle als Schutzverkleidung. An ganz besonders gefährdeten Stellen ist auch hier ein zusätzlicher Schutz (Rohr oder Bewehrung) erforderlich.

Metallhüllen isolierter Leitungen und die oft darin angeordneten blanken Beidrähte dürfen nicht als Rückleitung, Erd- oder Nulleitung verwendet werden. Es ist darauf zu achten, daß bei Schutzschaltungen der blanke Mantel der Leitung die Fehlerstromspule nicht kurzschließt. Auch metallische Rohre dürfen nicht zur Rückleitung verwendet werden. Bei Einbeziehung in eine Schutzmaßnahme müssen die Rohre untereinander und mit dem Schutzleiter gut leitend verbunden werden.

Die Benutzung der Erde als betriebsmäßige Rückleitung ist grundsätzlich unzulässig. Hierzu ist in jedem Falle eine gesonderte Leitung nötig, welche geerdet sein darf. Ungeerdete blanke Leitungen dürfen nur auf zuverlässigen Isolierkörpern verlegt werden. Sie müssen untereinander und zu Gebäudeteilen einen ausreichenden Abstand haben. Die Beschädigung von Leitungen und deren Schutzhüllen bei der Montage ist unzulässig (keine Rohrhaken!). Für unmittelbare Verlegung in die Erde kommen nur Kabel in Frage.

Werden ein- oder mehrphasige Leitersysteme in Stahlrohren oder anderen Eisenumhüllungen verlegt, so müssen sämtliche Leiter dieses Systems in der Umhüllung liegen, da sonst die Gefahr besteht, daß sich die Umhüllung durch Wirbelströme unzulässig erwärmt. Leitungsverbindungen dürfen nur geschraubt sein. An einem Stecker darf nur eine ortsveränderliche Leitung angeschlossen sein. Abzweig- und Vielfachstecker sind verboten.

Weitere Bestimmungen siehe VDE 0100/12. 65 §§ 40 N bis 42 N.

D. Motoren nach VDE 0530.

I. Aufbau und Eigenschaften der Asynchronmotoren.

1. Kurzschlußläufer und Schleifringläufer.

Seine robuste Bauart, die Möglichkeit eines über lange Zeit wartungsfreien Betriebes und die guten Betriebseigenschaften haben auch in Kälteanlagen den Asynchronmotor zum bevorzugten Antriebselement für Kompressoren, Ventilatoren, Pumpen usw. werden lassen.

Der Asynchronmotor verlangt als Drehfeldmotor einen 3phasigen Netzanschluß (Drehstrom). Wenn bei Typen kleinerer Leistung gelegentlich der Anschluß an einphasige Netze (Lichtnetze) erfolgt, sind Anlaßhilfseinrichtungen (Kondensatoren usw.) notwendig. Man unterscheidet Schleifringläufermotoren, bei welchen

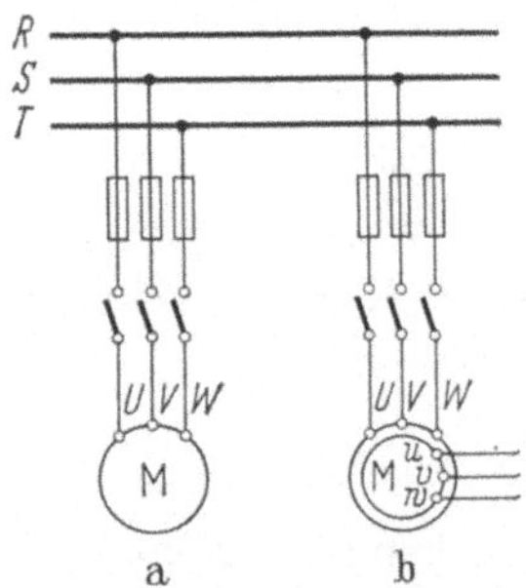

Abb. 149a u. b.

a) Kurzschlußläufermotor. b) Schleifringläufermotor.

der Läufer Wicklungen trägt, die auf Schleifringe geführt sind und Kurzschlußläufermotoren, bei welchen der Läufer eine Dämpferwicklung ohne Schleifringe hat

In der Ausführung als Kurzschlußläufermotor stellt der Asynchronmotor den einfachsten aller bekannten Motoren dar.

Abb. 149a zeigt das Schaltzeichen eines Kurzschlußläufermotors, während Abb. 149b einen Schleifringläufermotor darstellt.

2. Anzugsstrom, Motormoment, Drehzahl.

Wird der Ständer eines Asynchronmotors an ein 3phasiges Netz (Drehstromnetz) angeschlossen, so entsteht in ihm ein magnetisches Feld, das mit einer bestimmten Drehzahl (n_s) über die Wicklungen des Ständers läuft. Man bezeichnet dieses Magnetfeld mit Drehfeld und nennt die Umlaufdrehzahl n_s die synchrone Drehzahl. Sie wird von der Netzfrequenz f (Hz) und der Zahl der Pole p des Motors bestimmt. Es gilt die Gleichung

$$n_s = 120 \frac{f}{p} \quad \text{(U/min)} \tag{5}$$

Bei $p = 2$ Polen und $f = 50$ Hz beträgt die synchrone Drehzahl des Ständerdrehfeldes dementsprechend $n_s = 3000$ U/min.

Die magnetischen Kraftlinien des Ständerdrehfeldes erzeugen bei ihrer Rotation in den einzelnen Leitern des Läufers Spannungen. Der Motor verhält sich ähnlich wie ein Transformator. Die Frequenz der Läuferspannungen ist bei stillstehendem Motor gleich der Frequenz f des Ständerstromes. Sofern die Läuferleiter untereinander geschlossene Stromkreise bilden, entstehen durch die Läuferspannungen auch Läuferströme. Bei Kurzschlußläufermotoren bestehen die geschlossenen Stromkreise immer. Bei Schleifringläufern´treten Läuferströme auf, wenn die Schleifringe unmittelbar oder über Widerstände kurzgeschlossen werden.

Die von den Läuferströmen erzeugten Magnetfelder kommen in Wechselwirkung mit dem Ständerdrehfeld, so daß infolgedessen eine Kraftwirkung und damit auch ein Drehmoment auf den Läufer ausgeübt wird und der Motor anläuft. Die Drehrichtung des Läufers entspricht derjenigen des Ständerdrehfeldes. Je größer die Drehzahl n des Motors wird, um so geringer ist die Differenz zwischen der Umlaufzahl n_s des Ständerdrehfeldes und der Läuferdrehzahl n. Die Zahl der von den Läuferleitern in der Zeiteinheit geschnittenen Kraftlinien des Ständerdrehfeldes wird dadurch geringer, so daß die Läuferspannungen in Größe und Frequenz kleiner werden und damit auch die Läuferströme absinken. Da nach dem transformatorischen Prinzip auch die Größe des Ständerstromes vom Läuferstrom beeinflußt wird, so fällt auch der Ständerstrom mit wachsender Motordrehzahl.

Den Verlauf des Ständerstromes I, abhängig von der Drehzahl n, zeigt die Abb. 150. Der Strom sinkt mit steigender Drehzahl vom Anzugsstrom zunächst lang-

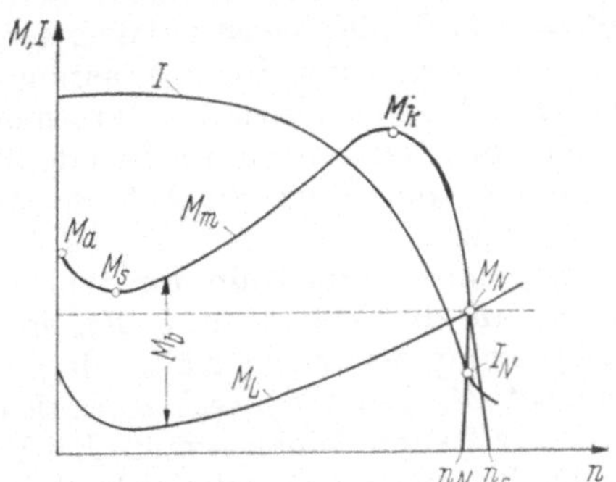

Abb. 150. Kennlinie eines Drehstrommotors.

I Ständerstrom; I_N Nennstrom; n Läuferdrehzahl; n_N Läufer-Nenndrehzahl; n_s synchrone Läuferdrehzahl; M_m Motormoment (Drehmoment); M_a Anzugsmoment; M_s Sattelmoment; M_k Kippmoment; M_N Nennmoment; M_L Lastmoment; M_b Beschleunigungsmoment.

sam, dann immer rascher ab und erreicht mit synchroner Umlauf-Drehzahl des Läufers ($n = n_s$) seinen Mindestwert. In diesem Zustand des Synchronismus drehen sich das Ständerdrehfeld und der Läufer gleich schnell, d. h. synchron. Läuferspannung und -strom erreichen den Wert Null. Der noch fließende Ständerstrom ist nur der für die Erzeugung des Drehfeldes notwendige Magnetisierungsstrom.

Der Verlauf des Motormomentes M_m (Drehmoment) weicht von dem des Ständerstromes ab. Infolge der großen Frequenz des Läuferstromes bei stillstehendem Läufer ($n = 0$) besteht der größte Teil des Läuferstromes aus induktivem Blindstrom, so daß nur ein kleiner Teil des Stromes für die Erzeugung des Motormomentes frei ist. Mit wachsender Läuferdrehzahl steigt der Anteil des Stromes, der das Motormoment erzeugt, rasch an, und das Motormoment M_m wächst vom Anzugsmoment mit steigender Drehzahl bis zu einem Höchstwert, dem Kippmoment M_k. Erst von diesem „Kippunkt" fällt das Motormoment wieder ab und erreicht bei synchroner Läuferdrehzahl ($n = n_s$) den Wert Null, weil bei dieser Drehzahl keine Läuferströme fließen.

In der Praxis kann der Motor niemals aus eigener Kraft mit synchroner Drehzahl n_s laufen, weil durch die Reibungs- und Ventilationsverluste auch bei leerlaufendem Motor ein geringes Motormoment (Drehmoment) benötigt wird. Dadurch stellt sich eine diesem erforderlichen Motormoment entsprechende Läuferdrehzahl n ein, die etwas unterhalb der synchronen Drehzahl n_s liegt.

Der Motor läuft infolgedessen asynchron. Zur Definition der Differenz zwischen Läufer-Nenndrehzahl n_N und der synchronen Drehzahl n_s benutzt man den des Nennschlupfes s_N

$$s_N = \frac{n_s - n_N}{n_s} \cdot 100 \ (\%) \tag{6}$$

Für $n = 0$ (stillstehender Läufer) ist $s = 100\%$. Für $n = n_s$ (synchron laufender Motor) ist $s = 0\%$. Bei leerlaufenden Motoren kann der Schlupf etwa bei $s = 0,5\%$ liegen. Je größer das vom Motor verlangte Drehmoment wird, um so geringer ist die Drehzahl n und um so größer der Schlupf s. Das zeigt Abb. 150; auch der Strom steigt entsprechend an. Bei Nenndrehzahl n_N erreicht der Strom den Wert I_N, den Nennstrom. Zur Vermeidung unzulässiger Erwärmung darf ein größerer Strom den Motor nicht dauernd durchfließen. Das zugehörige Motormoment heißt Nennmoment M_N; die Drehzahl n_N ist die Nenndrehzahl. Die aus Nenndrehzahl und Nennmoment errechnete Leistung heißt Nennleistung. Der Motor kann die Nennleistung dauernd hergeben, ohne sich unzulässig zu erwärmen. Die Nennleistung ist auf dem Leistungsschild des Motors vermerkt. Die Nenndrehzahl n_N liegt etwa 4 bis 6% unter der synchronen Drehzahl n_s. Ein 2poliger Motor mit einer Frequenz von 50 Hz hat die synchrone Drehzahl $n_s = 3000$ U/min. Die Nenndrehzahl n_N beträgt bei einem Schlupf von 5% also $n_s \cdot 0{,}95 = 2850$ U/min; sie ist auf dem Leistungsschild vermerkt.

Der Asynchronmotor ist überlastungsfähig. Hierbei sinkt seine Drehzahl, wobei nach Abb. 150 zugleich das Motormoment und der Ständerstrom anwachsen. Dieser über den Nennwert anwachsende Strom führt nach einiger Zeit zur Überhitzung des Motors. Steigt die Anforderung über das Kippmoment M_k, so bleibt der Motor stehen.

Ein Asynchronmotor kann nur dann anlaufen, wenn das Anzugsmoment M_a größer ist als das Lastmoment M_L der angetriebenen Maschine (Abb. 150). Bei Kolbenkompressoren in Kälteanlagen wird ein verhältnismäßig großes Anzugsmoment M_a benötigt, weshalb auch der Antriebsmotor eine entsprechende Drehmoment-Kennlinie haben muß. Bei Ventilatoren liegen dagegen die Verhältnisse günstiger, weil diese erheblich kleinere Anzugsmomente benötigen. Es ist demnach nicht immer möglich, für den Antrieb irgendeiner Arbeitsmaschine den Motor nur anhand seiner Nennleistung zu bestimmen. Auch die durch die Arbeitsmaschine gegebenen Anlaufbedingungen müssen berücksichtigt werden.

Schleifringläufermotoren sind leicht an die Anlaufbedingungen anzupassen, weil die Inbetriebsetzung des Motors über stufenweise abzuschaltende Widerstände im Läuferkreis praktisch jede erforderliche Strom- und Drehmomentcharakteristik zuläßt. Durch die Anlaßwiderstände werden nicht nur die Läufer- und Ständerströme beim Anlaufen des Motors herabgesetzt, sondern auch der für die Entstehung des Motormomentes nötige Anteil des Läuferstromes vergrößert. Bei richtiger Bemessung der Anlaßwiderstände auf der Läuferseite kann man ohne weiteres das Anzugsmoment erhöhen, während gleichzeitig der Anzugsstrom verkleinert wird.

Bei Kurzschlußläufermotoren ist nur durch konstruktive Maßnahmen eine Beeinflussung von Strom und Motormoment möglich. Auch hier beruht — genau wie beim Schleifringläufermotor — die Möglichkeit der Verringerung des Hochlaufstromes unter gleichzeitiger Vergrößerung des Motormomentes auf dem Prinzip, den Widerstand des Läufers bei kleinen Drehzahlen größer zu machen als bei größeren Drehzahlen. Während bei Schleifringläufermotoren diese Aufgabe durch stufenweises Kurzschließen der Anlaßwiderstände erfolgt, wird beim Kurzschlußläufermotor das Prinzip der Stromverdrängung angewendet, wodurch sich der Widerstand vom Stillstand des Läufers bis zur Nenndrehzahl stufenlos verringert.

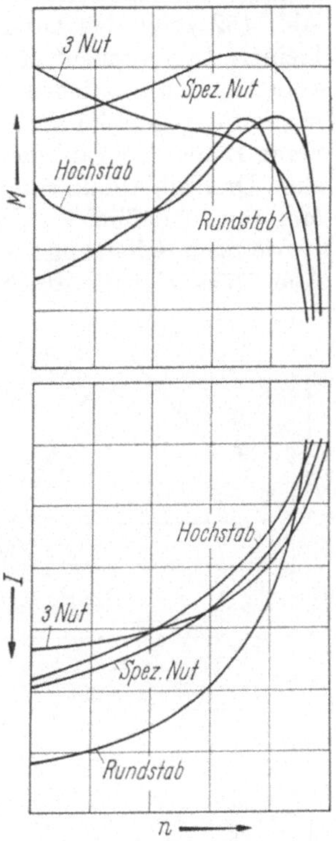

Die Stromverdrängung beruht auf der Erscheinung, daß die Läuferleiter infolge besonderer magnetischer Verhältnisse nicht in ihrem ganzen Querschnitt eine gleichmäßige Stromdichte aufweisen. Der Strom wird aus den Teilen der Läuferleiter, die zur Drehachse des Läufers weisen, mehr oder weniger stark verdrängt, so daß die Teile der Leiter, welche zum Läuferumfang weisen, vom Strom stärker durchflossen sind. Dementsprechend ist der Querschnitt des Läuferleiters scheinbar verkleinert. Dieser Effekt ist um so kräftiger, je höher die Frequenz ist. Infolgedessen ist die Stromverdrängung beim Stillstand des Läufers (größte Frequenz) am größten. Sie geht mit wachsender Läuferdrehzahl mehr und mehr zurück. Die Läuferleiter haben somit bei stillstehendem bzw. langsam rotierendem Läufer einen größeren Widerstand als z. B. bei Nenndrehzahl, bei der die Stromverdrängung keine Rolle mehr spielt.

Kurzschlußläufermotoren, die nach diesem Prinzip arbeiten, haben einen Stromverdrängungs- oder auch

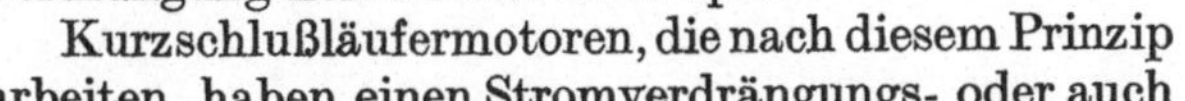

Abb. 151. Anlaufkennlinien von Motoren mit Stromverdrängungsläufern.

Wirbelstromläufer. Durch geeignete Ausbildung der Leiter des Läuferkäfigs kann man den Stromverdrängungseffekt verstärken. Die Bezeichnungen: Hochstabläufer, Doppelnutläufer, Spezialnutläufer, Dreinutläufer kennzeichnen nicht nur, daß es sich hierbei um Stromverdrängungsläufer handelt, sie lassen auch etwas von dem Prinzip erkennen, nach welchem dieser Effekt jeweils erreicht wurde.

Abb. 151 zeigt drei Anlaufkennlinien für Ströme und Drehmomente verschiedener Motoren mit Stromverdrängungsläufern. Außerdem ist die entsprechende Kennlinie (Rundstab) eines Kurzschlußläufermotors älterer Bauart ohne Stromverdrängungsläufer dargestellt worden, um den Unterschied herauszustellen.

3. Der Einfluß von Spannungsminderungen.

Nur der Anzugsstrom eines Asynchronmotors ändert sich etwa proportional der Spannung. Anzugs- und Kippmoment variieren etwa mit dem Quadrat der Spannung.

Wenn die Netzspannung auf 90% ihres Nennwertes *sinkt*, fällt auch der Anzugsstrom im gleichen Verhältnis. Der Strom im Läufer und der belastungsabhängige Anteil des Ständerstromes steigen jedoch im umgekehrten Verhältnis zur Spannungssenkung.

Der $\cos\varphi$ wird etwas besser. Der Wirkungsgrad η ändert sich nur unwesentlich. Anzugs- und Kippmoment fallen quadratisch. Bei 90% U_N ist das Anzugsmoment nur noch $0,9 \cdot 0,9 = 0,81 = 81\%$.

Die synchrone Drehzahl n_s ist nach Gleichung (5) von der Spannung unabhängig. Die Läuferdrehzahl n ändert sich jedoch mit der Spannungsminderung. Abb. 152 zeigt das Drehmoment M_{100} eines Motors bei Nennspannung und das kleinere Drehmoment M_{90} bei 90% Nennspannung, sowie das Lastmoment M_L der vom Motor angetriebenen Arbeitsmaschine. Da der Motor auch bei 90% Nennspannung gegen M_L laufen muß, so ergibt sich ein erhöhter Schlupf, was einer kleineren Läuferdrehzahl gleichkommt. Unterspannungen führen demnach nicht nur zum Drehzahlabfall, sondern auch zum Stromanstieg und bei voll ausgelasteten Motoren schließlich zu Überlastungen.

Je nach Schaltung im Y oder im $\triangle$ ist die Motorcharakteristik unterschiedlich. Abb. 153a zeigt die drei Ständerwicklungen eines Motors in $\triangle$-Schaltung am Netz.

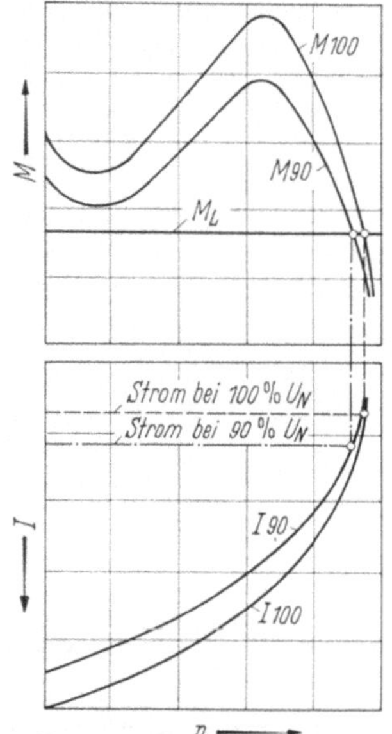

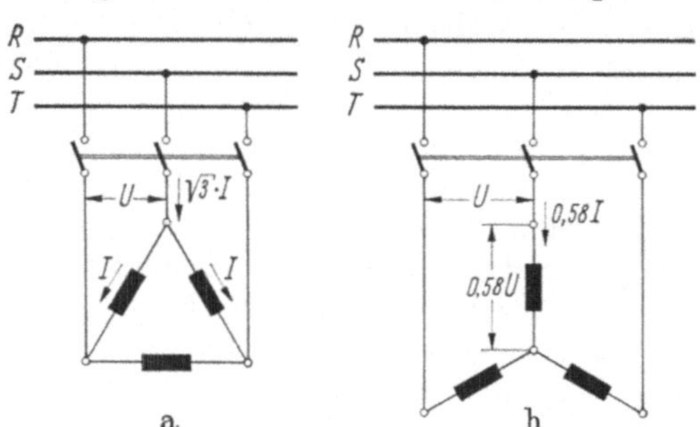

Abb. 153a u. b. Schaltung der Wicklung von Drehstrommotoren,
a) in Dreieckschaltung,   b) in Sternschaltung.

Abb. 152. Anlaufkennlinien bei voller Netzspannung U_N und bei $0,9\ U_N$.

Jede Wicklung erhält die volle, verkettete Netzspannung U und führt den Strom I. Aus dem Netz wird je Strang jeweils der Strom für zwei Wicklungen entnommen, so daß hier wegen der bei Drehstrom eigentümlichen Zusammenhänge der Netzstrom $\sqrt{3} \cdot I = 1,73 \cdot I$ fließt. Bei der Y-Schaltung nach Abb. 153b liegen jeweils zwei Wicklungen in Reihe an der verketteten Netzspannung U. Jede Wicklung erhält deshalb nur einen Teil dieser Spannung, nämlich $U:\sqrt{3} = U \cdot 0,58$. Dementsprechend sinkt auch der Wicklungsstrom von I (Abb. 153a) auf $0,58 \cdot I$ ab. Dieser Strom wird auch dem Netz entnommen, weil im Gegensatz zu Abb. 153a keine Stromverzweigung auftritt. Das Verhältnis der beiden Netzströme findet sich zu

$$\frac{1,73 \cdot I}{0,58 \cdot I} = 3$$

was besagt, daß der dem Netz entnommene Strom bei der Y-Schaltung dreimal niedriger liegt als bei der $\triangle$-Schaltung. Ebenso sinkt aber auch das Motormoment, denn bei der Y-Schaltung liegen an der Wicklung nur 58 % der Spannung, wodurch z. B. auch das Anzugsmoment auf $0{,}58^2 \cdot 100 = 33^1/_3 \, ^0/_0$ des Momentes bei $\triangle$-Schaltung absinkt.

4. Die Polumschaltung.

Im Gegensatz zum Gleichstrommotor oder zu anderen Kollektormaschinen läßt sich ein Kurzschlußläufermotor in seiner Drehzahl nicht verstellen. Nach Gleichung (5) wird die Umlaufdrehzahl n_s des Drehfeldes von der Netzfrequenz f und der Polzahl p bestimmt. Es besteht infolgedessen nur die Möglichkeit, bei gegebener Netzfrequenz durch Änderung der Polzahl eine entsprechende stufen-

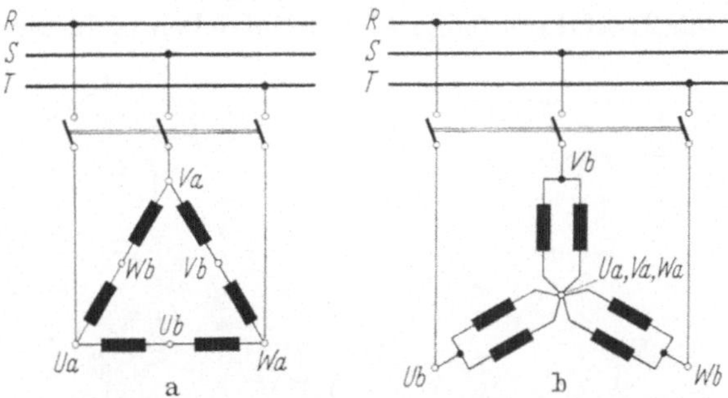

Abb. 154a u. b.

a) Dahlanderschaltung in Dreieck geschaltet.
b) Dahlanderschaltung in Doppelstern geschaltet.

weise Änderung der Drehzahl zu erreichen. Derartige Motoren nennt man polumschaltbar. Sie besitzen entsprechende Wicklungen mit unterschiedlichen Polzahlen. Eine besondere Stellung nimmt hierbei die Dahlanderschaltung ein.

Die Dahlanderschaltung gestattet es, durch Umschaltung von $\triangle$ (Abb. 154a) auf YY (Abb. 154b) die Motordrehzahl im Verhältnis 1:2 zu ändern.

II. Anlaßverfahren bei Asynchronmotoren.

1. Läuferanlasser von Schleifringläufermotoren.

Das Anzugsmoment des Schleifringläufers kann durch geeignete Auswahl und Abstufung von Anlaßwiderständen weitestgehend den Erfordernissen angepaßt werden. Je nach der Belastung beim Anlauf unterscheidet man: Halblastanlauf, Vollastanlauf und Schwerlastanlauf. Der Anlauf von Kompressoren gehört meist zu den Vollast- bzw. Schwerlastanläufen, wenn der Kompressor gegen vollen Druck laufen muß. Vielfach verwendet man jedoch eine Entlastung zwischen Druck- und Saugseite, indem beim Laufen ein Ausgleichs-Magnetventil eingeschaltet wird. Dadurch kann der Anlauf des Kompressors so erleichtert werden, daß er unter bestimmten Voraussetzungen sogar zu den Antrieben zählt, die Halblastanlauf haben. Ventilatoren zählen zu den Vollast- bzw. zu den Halblastantrieben mit quadratisch ansteigendem Drehmoment.

Die Prinzipschaltung eines dreistufigen Läuferanlassers zeigt Abb. 155. Sobald das „Netzschütz"

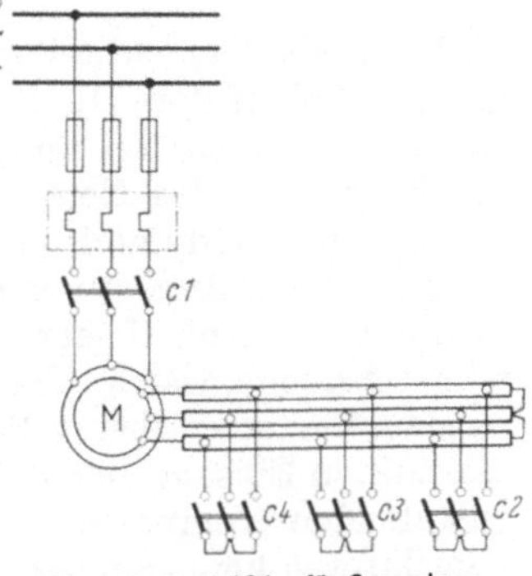

Abb. 155. Schleifringläufermotor; Läuferanlasser.

c 1 den Ständer des Motors an Spannung legt, läuft der Motor an, da der Läufer über Widerstände angeschlossen ist. Durch aufeinanderfolgendes Betätigen der Schütze c2, c3 und c4 werden die dem Läufer vorgeschalteten Widerstände stufenweise kurzgeschlossen. Die Einschaltung dieser „Läuferschütze" erfolgt bei Läufer-selbstanlassern zeitabhängig und automatisch. Die zeitlichen Abstände zwischen der Einschaltung zweier Stufenschütze werden so ausgewählt, daß sich der Motor stets genügend beschleunigen kann.

2. Der Y△-Anlauf.

Bei Kurzschlußläufermotoren erfolgen alle Anlaßvorgänge auf der Ständer-seite. Durch Herabsetzung der Spannung an den Ständerklemmen erreicht man eine entsprechende Reduzierung des Motoranlaufstromes. Leider ist damit in jedem Falle auch eine Absenkung des Motormomentes verbunden, so daß dieses Anlaßverfahren bei gewissen Antrieben nicht verwendbar ist.

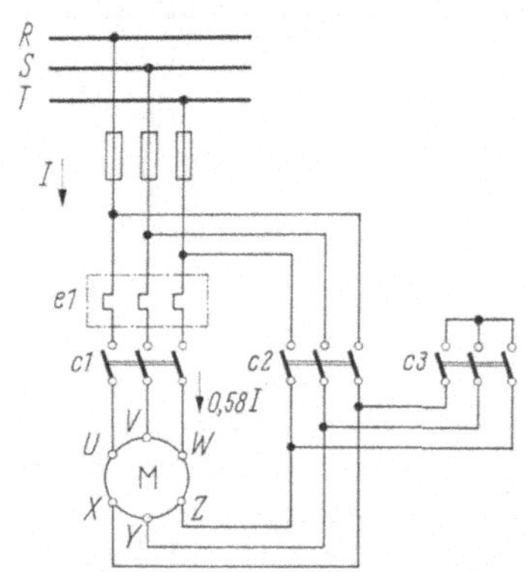

Abb. 156. Kurzschlußläufermotor; Stern-Dreieck-Anlasser.

Abb. 157. Antrieb eines Ventilators durch Dreinutläufer-Motor. Einschaltung mit normalem und 4stufigem Spezial-Stern-Dreieck-Schalter.

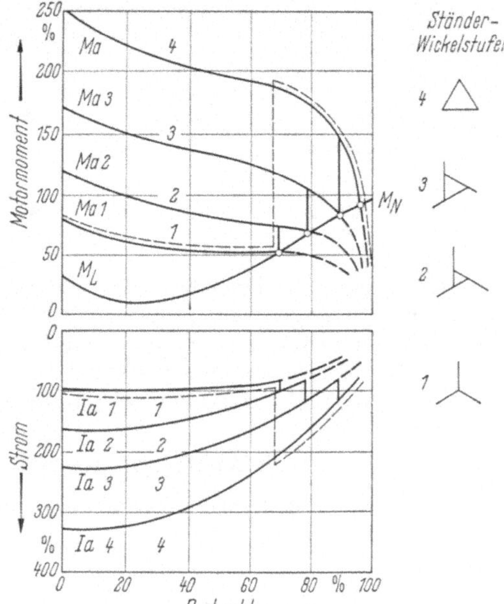

Ein besonders verbreitetes Anlaßverfahren für Kurzschlußläufermotoren stellt der Y△-Anlauf dar. Hierbei wird ein Motor, dessen Ständerwicklungen betriebs-mäßig in △ geschaltet sind, beim Anlassen zunächst in Y-Schaltung der Ständer-wicklungen an das Netz gelegt. Erst danach erfolgt die Umschaltung auf die △-Schaltung und damit auf volle Wicklungsspannung. In der Y-Anlaßstufe wer-den Strom und Anzugsmoment gegenüber der △-Stufe auf $^1/_3$ herabgesetzt. Daher wird der Y△-Anlauf sehr häufig von den Stromversorgungsunternehmen (EVU) vorgeschrieben, weil hierbei die hohen Anlaufströme der Motoren wirksam gesenkt werden. Leider verbietet die starke Herabsetzung des Motormomentes den unbe-schränkten Einsatz dieser Schaltung. Es wäre z. B. unmöglich, einen unentlastet anlaufenden Kompressor mittels Y△-Schalter in Betrieb zu setzen, während bei Ventilatoren keine Schwierigkeiten auftreten.

In Abb. 156 ist die Prinzipschaltung für den Y△-Anlauf dargestellt. Zunächst werden das Netzschütz (c1) und das Y-Schütz (c3) erregt. Der Motor läuft in der Y-Schaltung der Ständerwicklung an. Nach Beendigung der Hochlaufzeit wird (c3) abgeschaltet und anschließend das △-Schütz (c2) erregt. Damit liegen die Ständerwicklungen in △-Schaltung an voller Spannung.

Zur Verbesserung der Drehmomentverhältnisse beim $Y\triangle$-Anlauf werden Motoren hergestellt, welche nicht zweistufig, sondern vierstufig von Y auf $\triangle$ umgeschaltet werden können. Es werden durch Anzapfung der Wicklungen noch zwei Übergangsstufen zwischen Y und $\triangle$ geschaffen.

In Abb. 157 ist das Anlassen eines Ventilators nach diesem Verfahren dargestellt. Die Umschalt-Stromspitze ist erheblich kleiner als bei zweistufiger $Y\triangle$-Schaltung. Nachteilig ist bei diesem Verfahren, neben dem höheren Aufwand für den Motor, der wesentlich höhere Aufwand für das vierstufige Anlaßgerät. Vielfach werden diese Motoren für zweistufiges Anlassen verwendet, wobei man nicht die Y-Stufe, sondern eine der beiden Zwischenstufen als Anlaßstufe wählt. Man erreicht dadurch immer noch eine beträchtliche Reduzierung des Stromes, ohne daß das Anzugsmoment allzu stark absinkt.

3. Der Anlaßtransformator.

Selbst bei vierstufiger $Y\triangle$-Schaltung besteht der Nachteil der $Y\triangle$-Schaltung in der mangelnden Anpassungsmöglichkeit der Wicklungsspannung des Motors an die Erfordernisse. Hierfür ist die Vorschaltung eines Transformators viel günstiger, weil dadurch jede beliebige Anlaßspannung hergestellt werden kann. Dagegen steht der Nachteil des höheren Aufwandes für den Transformator.

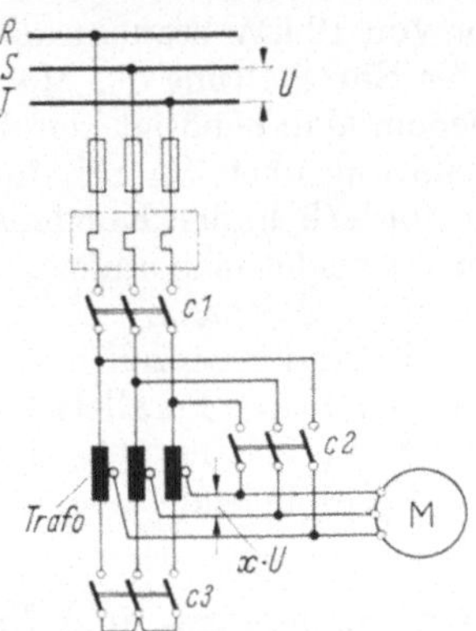

Abb. 158. Kurzschlußläufermotor; Anlaßtransformator.

Nach Abb. 158 wird zunächst über die Schütze c1 und c3 der als Y-Spartransformator ausgeführte Anlaßtrafo an das Netz angeschlossen. Der Motor liegt an drei Anzapfungen dieses Transformators und erhält nur einen Bruchteil x der vollen Spannung U. Damit sinkt auch der in den Motor hineinfließende Strom von I auf $x\cdot I$, während das Motormoment von M_m auf $x^2\cdot M_m$ absinkt. Die vom Anlaßtransformator an den Motor abgegebene Leistung ist

$$P_a = 3\cdot(x\cdot U)\cdot(x\cdot I) = 3\cdot x^2\cdot U\cdot I = x^2\,P \tag{7}$$

wobei P die Anlaufleistung bei voller Spannung ist. Die Leistung sinkt also auch quadratisch ab. Die an den Motor abgegebene Leistung P_a muß natürlich auch vom Netz her in den Transformator fließen. Da die Primärseite des Transformators an voller, verketteter Netzspannung U liegt, so ergibt sich für den Netzstrom

$$I_{\text{Netz}} = \frac{P_a}{3\cdot U} = \frac{3\cdot x^2\cdot U\cdot I}{3\cdot U} = x^2\cdot I \tag{8}$$

d. h., der Netzstrom sinkt — wie auch das Motormoment — quadratisch ab. Das Verhalten entspricht bei $x = 0,58$ demjenigen des $Y\triangle$-Anlaufes (Strom und Anzugsmoment sinken auf $^1/_3$). Nach Beendigung der Anlaufzeit wird der Transformator durch c3 abgeschaltet und der Motor über c2 an volle Netzspannung gelegt.

III. Die Blindstrom-Kompensation.

Der vom Motor aufgenommene Strom besteht zu einem wesentlichen Teil aus induktivem Blindstrom, welcher zwar die Leitungen belastet, jedoch vom Energiezähler meist nicht erfaßt wird. Aus wirtschaftlichen Überlegungen sind die Stromversorgungsunternehmen dazu übergegangen, in ihre Stromlieferungsverträge eine „Blindstrom"- oder „$\cos\varphi$"-Klausel aufzunehmen. Diese bestimmt meist, daß Blindstromentnahmen, sofern sie 50% der zur Wirkleistung erforderlichen Stromentnahmen überschreiten, entsprechend berechnet werden. Diese zusätzlichen Stromkosten rechtfertigen in jedem Falle die Beschaffung von Phasenschieber-Kondensatoren, durch welche die Blindstromkosten vermieden werden. Kondensatoren nehmen einen kapazitiven Blindstrom auf, der dem induktiven Blindstrom des Motors genau entgegengesetzt gerichtet ist. Kapazitive und induktive Blindströme heben sich auf.

Die genaue Größe des Kondensators läßt sich beim Motorlieferanten erfragen. Man kann aber auch folgende Richtwerte zugrunde legen:

Motorleistung bis   10 kW: Kondensatorleistung bis 50% der Motorleistung,
Motorleistung bis   20 kW: Kondensatorleistung bis 45% der Motorleistung,
Motorleistung bis 100 kW: Kondensatorleistung bis 40% der Motorleistung.

Ein Motor von 10 kW braucht also einen Kondensator von etwa 5 kVA usw.

Bei direkter Einschaltung des Motors kann der Kondensator dauernd parallel zum Motor liegen. Man benötigt kein besonderes Kondensatorschaltgerät.

Bei Einschaltung über Y△-Schalter ist es zweckmäßig, bei Anlaßtransformatoren ist es erforderlich, den Kondensator über ein besonderes Schütz zu betätigen. Dadurch vermeidet man am sichersten schwere Störungen infolge Selbsterregung oder Spannungsresonanz.

Lediglich bei Kondensatoren in offener Schaltung (6 Klemmen!) ist bei Y△-Schaltung eine gefahrlose Parallelschaltung mit dem Motor möglich. Allerdings werden hierdurch die Schaltstücke der Anlaßschütze stärker beansprucht. Daher ist es auch hier in Zweifelsfällen besser, ein besonderes Kondensatorschütz zu verwenden.

IV. Einfluß von Spannungs- und Frequenzänderungen auf den Betrieb von Drehstrommotoren und Schaltgeräten.

Die Anwendung des Drehstrom-Asynchronmotors mit Kurzschlußläufer wird in der Praxis oft dann problematisch, wenn es zu entscheiden gilt, ob der für eine bestimmte Spannung und Frequenz entworfene Motor an ein Netz anderer Spannung oder Frequenz angeschlossen werden kann. Das gleiche gilt für die zugehörigen Schaltgeräte. Die nachfolgenden Abschnitte sollen allgemeine Anhaltspunkte für die Praxis geben, ohne auf die Gründe einzugehen.

1. Motoren.

a) Spannungsänderung. *Spannungserhöhung (bei gleicher Leistungsabgabe).* Wird ein Drehstrommotor an ein Netz angeschlossen, dessen Spannung größer ist als die Motornennspannung, tritt eine stärkere Erwärmung des Motors durch den erhöhten Magnetisierungsstrom ein. Es steigen die Induktion und die Eisenverluste. Eisenverluste aber bedeuten Erwärmung des Eisens, die mit dem schnell ansteigenden Magnetisierungsstrom bei hochgesättigten Maschinen die mögliche Spannungssteigerung begrenzen.

Das Anzugsmoment wird sich etwa quadratisch erhöhen. Der Leistungsfaktor ($\cos\varphi$) wird kleiner, während der Strom im entgegengesetzten Verhältnis

zur Spannung fällt. Die Wicklungserwärmung, hervorgerufen durch Kupferverluste, wird geringer, und die Drehzahl wird durch geringere Läuferverluste
etwas steigen.

Spannungsverminderung (*bei gleicher Leistungsabgabe*). Auch in diesem Fall
tritt eine je nach Konstruktion der Maschine verschieden starke Erwärmung ein.
Sind bei der Spannungserhöhung die Induktion, der Magnetisierungsstrom und
die Eisenverluste die Erwärmungsursachen, so sind es bei einer Spannungsverminderung die steigenden Kupferverluste in den Wicklungen.

Das Anzugsmoment wird etwa quadratisch fallen; der Leistungsfaktor wird
größer. Der Strom steigt der Belastung entsprechend an, während die Induktion, die
Eisenverluste und der Magnetisierungsstrom kleiner werden. Die Drehzahl wird
etwas abfallen.

Allgemein gilt für beide Fälle — Spannungserhöhung und Spannungssenkung —
daß durch die Erwärmung eine Grenze für die zulässige Spannungsabweichung
gegeben ist. Nach den „Bestimmungen für elektrische Maschinen VDE 0530"
müssen jedoch Motoren bei einer Abweichung von $\pm 5\%$ von der Nennspannung die
Nennleistung abgeben können. Bei größeren Spannungsabweichungen kann eine
unzulässig hohe Erwärmung im Eisen oder in der Wicklung auftreten.

b) Frequenzänderung. Die Drehzahl eines Motors ändert sich proportional mit
der Frequenz. Es gilt

$$n_s = 60 \, \frac{f}{p} \, (\text{U/min}) \tag{9}$$

(n_s = synchrone Drehzahl; f = Frequenz; p = Pol*paar*zahl; bei Formel (5) Polzahl!)

Für die übliche Frequenz von 50 Hz ergeben sich

Motor-Polzahl 2 (Polpaarzahl = 1) 3000 U/min
Motor-Polzahl 4 (Polpaarzahl = 2) 1500 U/min
Motor-Polzahl 6 (Polpaarzahl = 3) 1000 U/min
Motor-Polzahl 8 (Polpaarzahl = 4) 750 U/min
Motor-Polzahl 10 (Polpaarzahl = 5) 600 U/min

Ein für 50 Hz entworfener 4poliger Drehstrommotor würde an einem 60 Hz-
Netz somit $\frac{60 \cdot 60}{2} = 1800$ U/min machen. Das bedeutet eine Drehzahl-Steigerung
im Verhältnis der Frequenzen um 20%.

Eine Änderung der Frequenz bedingt demnach eine verhältnisgleiche Änderung
der Motordrehzahl. Die absoluten Werte der Motormomente (Anzugs- und Kippmoment) ändern sich umgekehrt proportional dem Quadrat der Frequenz; der
Anzugsstrom ändert sich umgekehrt proportional der Frequenz. Bei einer Frequenzänderung werden die Betriebseigenschaften des Motors im entgegengesetzten
Sinne wie bei einer Spannungsänderung beeinflußt.

Die Belastung des Motors durch den sich ändernden Magnetisierungsstrom
setzt der möglichen Frequenzänderung bei gleichbleibender Spannung eine Grenze.
In der Regel sind Abweichungen bis zu $\pm 5\%$ von der Nennfrequenz zulässig,
ohne die Nennleistung zu beeinträchtigen. Sind die Frequenzabweichungen bei
gleichbleibender Spannung größer als die vorgenannten Werte, dann muß die
Spannung verhältnisgleich mit der Frequenz geändert werden, damit der Motor
sein Nennmoment behält. Wird ein Motor, der für 380 V 50 Hz berechnet ist, an
ein Netz mit 60 Hz angeschlossen, so müßte theoretisch die Spannung im Verhältnis der Frequenzänderung auf $380 \cdot \frac{60}{50} = 456$ V erhöht werden. Wird die Netzspannung beibehalten, dann wird der Motor infolge des veränderten Magneti-

10*

sierungsstromes zu warm — er würde verbrennen. Wird ein Motor für 380 V 50 Hz mit $n_s = 1500$ U/min (4polig) an ein Netz mit 100Hz gelegt, so müßte auch die Spannung im Verhältnis $\frac{100}{50} = 2$fach erhöht werden. Nur dann kann der Motor das gleiche Moment abgeben. Geschieht diese Spannungserhöhung nicht, geht das Motormoment auf $^1/_4$ zurück. Es ist zu bedenken, daß sich die Drehzahl des Motors auf $n_s = 3000$ U/min erhöht. Eine solche Steigerung der Läufer-Umfangsgeschwindigkeit kann auch zu einem Ausfall des Motors führen.

c) Gleichzeitige Änderung von Spannung und Frequenz. Dieser Fall wird in der Praxis am meisten vorkommen, z. B. Export von elektrischen Betriebsmitteln, entworfen für 380 V 50 Hz, in ein Land mit Netzen für 440 V 60 Hz.

Ändern sich Spannung und Frequenz im gleichen Verhältnis und gleichsinnig, werden die magnetischen Verhältnisse in der Maschine nicht geändert. Der Motor gibt etwa das normale Drehmoment ab.

Die Leistung und die Drehzahl ändern sich angenähert verhältnisgleich mit der Frequenz. Zu beachten ist, daß bei kleineren Frequenzen die Leistung infolge der schlechteren Lüftung (geringere Drehzahl) stärker als proportional sinkt.

Es können Motoren mit normaler Wicklung auch an Netze angeschlossen werden, deren Spannung und Frequenz innerhalb der in der nachstehenden Tabelle aufgeführten Grenzen von den Werten des Motor-Leistungsschildes abweichen. Die Tabelle 12 enthält allgemeine Richtwerte.

Tabelle 12. *Anschluß von Drehstrommotoren mit normaler Wicklung für 50 Hz an ein Netz anderer Spannung und Frequenz.*

Netzspannung in % der Motornennspannung	80 %	84 %	90 %	100 %	116 %	120 %	Motordrehzahl in % der Nenndrehzahl
Netzfrequenz	Leistung in % der Nennleistung						
40	75	—	—	—	—	—	80
42	75	75	—	—	—	—	84
45	75	80	90	—	—	—	90
50	80	84	90	100	—	—	100
55	—	—	—	100	110	—	110
60	—	—	—	100	115	120	120

Im allgemeinen sind die nach diesen Tabellenangaben bestimmten Leistungen auch dann noch zulässig, wenn die Netzspannung einer Schwankung von $\pm 5\%$ unterliegt. Das bedeutet, daß der Anschluß eines Motors mit einer Wicklung für 380 V 50 Hz an ein Netz 440 V 60 Hz möglich ist. Nach der Tabelle wird eine Drehzahlsteigerung von 20% und eine Leistungssteigerung von etwa 15% eintreten.

Ferner zeigt die Tabelle, daß auch normale Motoren, die für 50 Hz 380 V gewickelt sind, bei gleicher Leistung an 60 Hz 380 V angeschlossen werden können. Zu berücksichtigen ist jedoch:

1. Die Reduzierung des Anzugsmomentes im Quadrat des Frequenzverhältnisses $(50:60)^2$ auf 69% des Momentes bei 50 Hz und

2. die Drehzahlsteigerung, die normalerweise einen Anstieg des Energiebedarfs der anzutreibenden Maschine bewirkt.

Fast alle Motorenhersteller geben in ihren Verkaufslisten Hinweise mit exakten Daten über solche besonderen Betriebsbedingungen.

2. Schaltgeräte.

a) Spannungsänderung. Entsprechend VDE 0660 müssen Schütze zwischen der 0,85 und 1,1 fachen Nennbetätigungspannung sicher schalten. Aus dieser Festlegung geht hervor, daß Spannungsänderungen über diese Werte hinaus Sonderwicklungen der Magnetspulen erfordern. Für Hilfsschütze sind nach den Bestimmungen für Niederspannungsschaltgeräte die Grenzwerte 0,8 und 1,1 der Nennbetätigungsspannung.

b) Frequenzänderung. Eine Erhöhung der Frequenz bewirkt eine Zugkraft-Verringerung, eine Frequenzabnahme eine Zugkraft-Erhöhung der Magnetspule. Werden Magnetspulen an Frequenzen angeschlossen, die von der Nennfrequenz abweichen, ist unbedingt eine entsprechend gewickelte Spule zu verwenden. Schalthäufigkeit und magnetische Verhältnisse setzen die Grenzen der möglichen Frequenzänderung.

c) Gleichzeitige Änderung von Spannung und Frequenz. Auch unter diesen Umständen ist im allgemeinen eine genaue Anpassung der Magnetspule an die jeweiligen Netzverhältnisse erforderlich. Ist die Änderung der Spannung und Frequenz jedoch im gleichen Verhältnis und im selben Sinn, dann lassen einige Hersteller die Verwendung von normal gewickelten Magnetspulen zu. So können Magnetspulen — insbesondere für Schaltgeräte größerer Schaltleistung, die für 380 V 50 Hz gewickelt sind — ohne Umwicklung an ein Netz 440 V 60 Hz angeschlossen werden. In allen Fällen ist aber eine Rückfrage beim Hersteller empfehlenswert, weil nur er den Einfluß von Frequenz- und Spannungsänderungen auf die Schaltleistung, die Gebrauchskategorie und mechanische Lebensdauer kennen kann.

E. Die Schaltgeräte.

I. Motorschaltgeräte.

1. Begriffserklärung, Schaltvermögen.

Unter Dauerstrom I_{th_2} eines Schalters versteht man z. B. den Strom, den ein Schalter dauernd führen darf, ohne sich unzulässig zu erwärmen. Die Verwendbarkeit eines Schalters ist aber mit der Unterscheidung nach Nennstromkenngrößen allein nicht genügend gekennzeichnet, denn entsprechend den unterschiedlichen Beanspruchungen beim Ein- und Ausschalten der Stromverbraucher muß der Schalter noch ein bestimmtes Nenn-Ein- und Ausschaltvermögen haben. Hierbei gelten die vom Hersteller angegebenen Werte.

Gemäß VDE 0660 Teil 1/3. 68 unterscheidet man nach dem Schaltvermögen:

Leerschalter, die zum annähernd stromlosen Schalten von Stromkreisen dienen.

Lastschalter, deren Ein- und Ausschaltvermögen vorwiegend in der Größenordnung des Nennstromes liegt.

Motorschalter, deren Ein- und Ausschaltvermögen den beim Schalten von Motoren auftretenden Bedingungen genügt.

Leistungsschalter, deren Ein- und Ausschaltvermögen insbesondere den beim Schalten von Kurzschlüssen auftretenden Bedingungen genügt.

Leer- und Lastschalter scheiden von vornherein für die Ein- und Ausschaltung von Motoren aus, da sie kein ausreichendes Ein- und Ausschaltvermögen haben. Sie werden meist in Stromverteileranlagen als Trennschalter benutzt. Entsprechend den Verhältnissen, die beim Ein- und Ausschalten von Asychronmotoren auftreten, kann ein Motorschalter in Verbindung mit der Angabe des Nennbetriebsstromes oder der Motorleistung und der Nennspannung durch die Gebrauchskategorie nach VDE 0660 näher gekennzeichnet werden. Bei cos φ 0,35 müssen Schütze (Motorschalter) u. a. für folgende Bedingungen ausgelegt sein:

Kategorie	Typische Anwendungsfälle	Ein- und Ausschaltbedingungen
AC$_3$	Anlassen von Käfigläufermotoren. Ausschalten von laufenden Motoren	Normales Schalten: Einschalten des 6fachen Ausschalten des 1fachen Nennbetriebsstromes. Gelegentliches Schalten: Bis einschließlich 100 A: Einschalten des 10fachen Ausschalten des 8fachen Nennbetriebsstromes. Über 100 A: Einschalten des 8fachen Ausschalten des 6fachen Nennbetriebsstromes.
AC$_4$	Anlassen von Käfigläufermotoren, Reversieren, Tippbetrieb	Normales Schalten: Ein- und Ausschalten des 6fachen Nennbetriebsstromes. Gelegentliches Schalten: Bis einschließlich 100 A: Einschalten des 12fachen Ausschalten des 10fachen Nennbetriebsstromes. Über 100 A: Einschalten des 10fachen Ausschalten des 8fachenNennbetriebsstromes.

Bei Leistungsschaltern wird mit Rücksicht auf eintretende Kurzschlußströme ein erheblich höheres Ein- und Ausschaltvermögen verlangt (Tab. 13).

Tabelle 13. *Ein- und Ausschaltvermögen von Leistungsschaltern.*

Nennstrom I_{th} des Schalters (A)	$\leqq 25$	40	63	100	160	200	250	400	$\geqq 630$
Prüfstrom I_p maßgebend für Ein- und Ausschaltvermögen (kA)	1,5	2	3	5	8	10	15	20	$\geqq 25$

Auch Schmelzsicherungen, die ebenfalls u. U. zum Abschalten von Kurzschlußströmen dienen, müssen ein Mindestausschaltvermögen haben (Tab. 14).

Tabelle 14. *Ausschaltvermögen von Schmelzsicherungen.*

Art der Sicherungen	Leitungsschutzsicherungen $\leqq 25$ A flink	Leitungsschutzsicherungen > 25 A flink	Leitungsschutzsicherungen träg	Hochleistungssicherungen
Ausschaltvermögen (kA)	1,5	5,5	10	25

2. Überstrom- und Kurzschlußschutz.

Elektromotoren müssen insbesondere gegen Überlastung und die damit verbundene thermische Gefährdung geschützt werden. In Europa bedient man sich hierzu meist direkt oder indirekt beheizter Bimetallstreifen. Die Heizleistung ist der Motorleistung proportional. Entsprechend der Gefährdung des Motors ist die Auslösezeit um so kürzer, je höher der Überstrom wird.

Tabelle 15. *Ansprechströme und Verzögerungszeiten stromabhängig verzögerter thermischer Überstromrelais und Auslöser bei 20 °C Umgebungstemperatur und gleicher Strombelastung in allen Strompfaden.*

Ansprechstrom als Vielfaches des Einstellstromes	Verzögerungszeit	Bemerkungen
1.05	> 2 h	aus dem kalten Zustand[2]
1.20[1]	< 2 h	aus dem betriebswarmen Zustand[3]
1.50	< 2 min[4]	aus dem betriebswarmen Zustand[3]
6.00	> 2 s[5] > 5 s[6]	aus dem kalten Zustand[2]

[1] Werden 3polige Auslöser oder Relais zweipolig belastet, so ist eine Erhöhung des Ansprechstromes um 10%, bei einpoliger Belastung um 20% zulässig.

[2] Betriebszustand „kalt": Der Prüfling hat in allen Teilen annähernd die Umgebungstemperatur von 20 °C ± 5 grd.

[3] Betriebszustand „warm": Die Auslöser und Relais haben eine Temperatur, wie sie sich im Beharrungszustand bei Vorbelastung mit Einstellstrom ergibt; die Umgebungstemperatur soll 20 °C ± 5 grd. betragen.

[4] Wenn Motoren für Schweranlauf längere Überlastungen als 2 min bei 1,5fachem Motornennstrom aushalten, so sind größere Auslösezeiten zulässig.

[5] Trägheitsgrad T_I (leichte Anlaufbedingungen).

[6] Trägheitsgrad T_II (schwere Anlaufbedingungen).

Man unterscheidet thermische Überstromrelais und thermische Überstromauslöser. Bei den Relais wirken die Bimetallstreifen auf Hilfsschalter, welche bei Überströmen nach entsprechenden Zeiten einen Schaltvorgang auslösen. Über

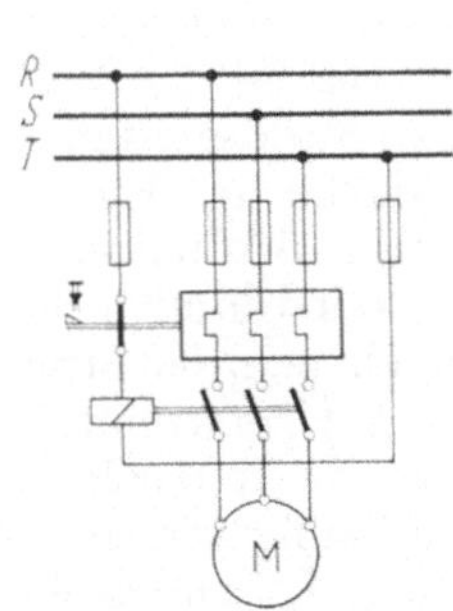

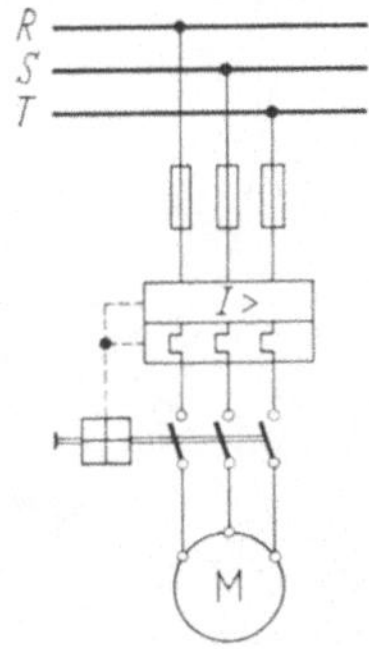

Abb. 159. Kurzschlußläufermotor. Einschaltung durch Schütz mit thermischem Überstromrelais.

Abb. 160. Schütz mit thermischem Überstromrelais. (Die Anschlußklemmen sind durch Zahlen oder Buchstaben gekennzeichnet).

Abb. 161. Handbetätigter Motorschutzschalter (mit thermischem Auslöser und magnetischer Schnellauslösung).

diesen Hilfsschalter wird meistens die Spule eines Schützes gesteuert, welches den Motor abschaltet (Abb. 159 u. 160).

Bei thermischen Auslösern bewirken die Bimetallstreifen unmittelbar über ein

Schaltschloß die Abschaltung des Motors (Abb. 161). Diese Konstruktion kommt für Geräte mit Einschaltung von Hand oder mit mechanisch zu entriegelnden Schaltschlössern in Frage.

Die Kombination von Überstromrelais und Schütz bzw. Überstromauslöser und Handschalter heißt Motorschutzschalter. Die Kontaktelemente derartiger Geräte können als Motorschalter (siehe E.I.1.) entworfen werden, falls der Kurzschlußschutz durch andere Einrichtungen übernommen wird. Diese Art der Ausführung kommt bei Schützen (Fernsteuerung) immer in Frage, da Schütze stets als Motorschalter ausgelegt sind. Die Verwendung von Schnellauslösern in Verbindung mit Schützen ist technisch unsinnig, da Schütze als Motorschalter keine Kurzschlußströme abschalten können. Handbetätigte Motorschalter werden oftmals mit elektromagnetischer Schnellauslösung ausgerüstet, die auf das Schaltschloß einwirkt und die Schalter bei Kurzschlüssen schnell öffnet. Diese Schalter müssen als Leistungsschalter wirken, können dann u. U. jedoch nicht auf vorgeschaltete Schmelzsicherungen verzichten. Bei 25 A Nennstrom hat ein solcher Schalter z. B. ein Abschaltvermögen von 1,5 kA (Tab. 13). Wenn höhere Kurzschlußströme auftreten können, müssen Schmelzsicherungen vorgeschaltet werden, damit diese die Abschaltung vornehmen. Allerdings können diese Sicherungen für einen größeren Nennstrom gewählt werden und demgemäß mehrere Antriebe gleichzeitig schützen. Auf diese Weise entstehen sicherungsarme Anlagen mit Gruppensicherungen.

3. Der Einsatz thermischer Überstromrelais und anderer Schutzeinrichtungen.

Entsprechend den VDE-Bestimmungen werden in Deutschland alle thermischen Überstromrelais und -auslöser nach den Richtwerten der Tab. 15 gefertigt. Ein solches Relais hat beispielsweise die Kennlinien nach Abb. 162.

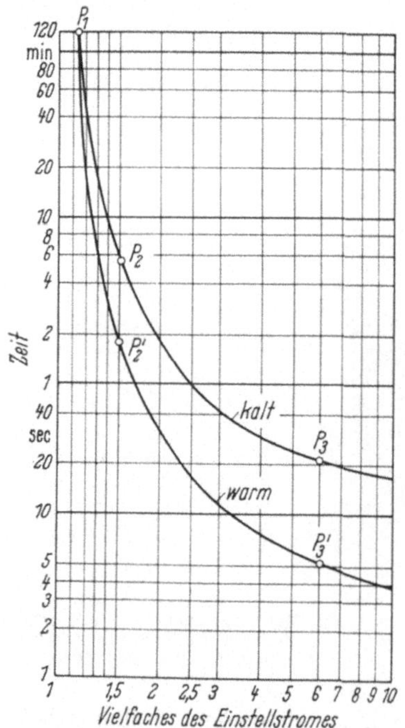

Abb. 162. Kennlinie eines thermischen Überstromrelais.

Die Auslösezeiten sind nicht nur von der Höhe des Stromes, sondern auch von der Ausgangstemperatur der Bimetallstreifen abhängig. Unter dieser Voraussetzung zeigt die Abb. 162 zwei Kennlinien, von denen die obere die Ansprechzeit des Relais aus dem kalten Zustand, die untere die Ansprechzeit des Relais aus dem warmen Zustand angibt. Beide Linien sind die Begrenzungslinien eines Kennlinienbandes. Bei der Konstruktion nach Abb. 162 führt z. B. das 6fache des Einstellstromes zu Auslösezeiten von 5 bis 20 Sekunden, das 1,5fache des Einstellstromes löst innerhalb von 2 bis 5 Minuten aus. Die Bedingungen nach Tab. 15 sind damit erfüllt.

Unter Einstellstrom versteht man den Stromwert, der auf der Skala des Überstromrelais bzw. -auslösers eingestellt wurde. In der Praxis entspricht der Einstellstrom häufig dem Motornennstrom (angegeben auf dem Leistungsschild des Motors). Dieser Nennstrom, als rein zahlenmäßige Größe, stimmt fast nie mit dem wirklichen, vom Motor aufgenommenen Betriebsstrom überein, denn meistens ist der Betriebsstrom kleiner als der Motornennstrom. Dadurch ergeben sich häufig Divergenzen zwischen der gewünschten und wirklichen Auslösezeit thermischer Relais und Auslöser. Ein Überstromrelais bzw. -auslöser soll den thermischen Schutz eines Motors übernehmen, d. h. den Motor abschalten, bevor eine schädliche Erwärmung auftritt. Eine übermäßige Erwärmung ist die Folge einer zu hohen Stromaufnahme, die meist durch eine Überlastung hervorgerufen wird. Eine andere Ursache übermäßiger Erwärmung kann der Einphasenlauf sein, wenn damit eine zu hohe Stromaufnahme verbunden ist. Unter Einphasenlauf versteht man den Betrieb eines Drehstrommotors nach Ausfall einer Phase des Netzes.

Bei Einphasenlauf schaltet ein thermisches Überstromrelais bzw. -auslöser naturgemäß nur dann den Motor ab, wenn mit dem Betrieb eine zu hohe Stromaufnahme verbunden ist. Es steigt beispielsweise der Betriebsstrom eines Asynchronmotors bei Einphasenlauf (z. B. Ausfall einer Sicherung) in den beiden noch am Netz liegenden Strängen auf etwa 150 % des ursprünglichen Betriebsstromes an. Wenn das thermische Überstromrelais (bzw. der Auslöser) auf den Betriebsstrom eingestellt ist, muß nach Abb. 162 die Auslösung innerhalb von 2 bis 5 Minuten erfolgen. Beträgt aber der Betriebsstrom nur 90 % des Nennstromes I_N und ist das Überstromrelais auf Motornennstrom I_N eingestellt, so bedeuten 50 % Stromanstieg nur $0{,}9 \cdot 1{,}5 \, I_N = 1{,}35 \, I_N$, und das Relais registriert nur 35 % Überstrom. Gemäß Abb. 162 bedeutet dieses eine Auslösezeit von 4 bis 10 Minuten. Wenn der Betriebsstrom nur $0{,}67 \cdot I_N$ ist und das Relais wird auf I_N eingestellt, so registriert das Relais sogar nur $0{,}67 \cdot 1{,}5 \cdot I_N = I_N$, also den Motornennstrom.

Da die Verzögerungszeitrichtlinien (nach Tab. 15) auf die Überlastbarkeit der Motoren abgestimmt sind, wird ein Motor in Y-Schaltung bei einer Einstellung des Auslösers bzw. Relais auf den Motornennstrom auch bei Einphasenlauf nicht gefährdet. Bei Motoren in $\triangle$-Schaltung muß bei Teillast auf den Betriebsstrom eingestellt werden, weil der Stromfluß in den Bimetallstreifen (in der Motorzuleitung) und in den Wicklungssträngen des Motors (Stromverzweigung) unterschiedlich groß ist. Bei Einphasenlauf und Teillast kann es unter bestimmten Voraussetzungen (vgl. auch Tab. 15, Anmerkung 1) sonst geschehen, daß die Bimetallstreifen nicht rechtzeitig oder überhaupt nicht auslösend wirken, obwohl die nach Ausfall einer Phase noch „gesunde" Motorwicklung gefährlich überlastet ist.

Die in der Praxis häufig geübte Funktionsprobe für thermische Überstromrelais, bei laufendem Motor eine Sicherung herauszudrehen, führt leicht zu Trugschlüssen, wenn das Relais nicht auf den wirklichen Betriebsstrom, sondern auf den Nennstrom eingestellt wird.

Über die Anordnung thermischer Überstromrelais in Anlaßschaltungen geben die Abb. 155, 156 und 158 Auskunft. In Abb. 156 fällt auf, daß die Bimetallstreifen nicht vom Netzstrom (I), sondern vom „Wicklungsstrom" $(0{,}58 \cdot I)$ durchflossen werden. Dementsprechend werden in diesem Fall die Relais nicht auf Nennstrom (bzw. Betriebsstrom) eingestellt, sondern auf 58 % dieses Wertes. Diese Anordnung des Überstromrelais gibt eine größere Schutzwirkung, weil das Relais auch abschaltet, wenn eine Überlastung während der Y-Phase des Anlaufes auftritt oder wenn die Umschaltung von Y auf $\triangle$ nicht rechtzeitig erfolgt. Außerdem ist die Schutzwirkung auch bei Einphasenlauf des teilbelasteten Motors einwandfrei (bei Einstellung auf den Betriebsstrom).

Thermische Überstromrelais und Auslöser sprechen bei jeder Art von Überstrom (außer Kurzschluß) an und schalten den gefährdeten Motor ab. Da die Betätigung stromabhängig erfolgt, tritt mit der Abschaltung eine Abkühlung der Bimetallstreifen auf, wodurch diese dann in die Ausgangsstellung zurückkehren. Die Wiedereinschaltung muß nach Beseitigung der Störungsursache von Hand möglich sein. Bei Handschaltern mit Überstromauslösern wird diese Bedingung durch das Schaltschloß erfüllt (Abb. 161). Bei Überstromrelais (Abb. 159) wird der Hilfsschalter verklinkt, so daß ebenfalls von Hand entklinkt (entsperrt) werden muß.

Wenn die Erwärmungs- und Abkühlungs-Zeitkonstanten von Motor und Auslöser übereinstimmen würden, wäre ein vollkommener Schutz des Motors gegen zu hohe Temperaturen bei allen Betriebsbedingungen — selbst bei intermittierendem Betrieb mit betriebsmäßig auftretenden Überlastungen — gegeben.

Für die Praxis der elektrischen Einrichtungen für Kälteanlagen genügen die handelsüblichen Auslöser und Relais vollkommen, wenn sie verklinkt (Entsperrung von Hand) sind. Fehlt die Verklinkung des Auslösers, dann kann es zu Schädigungen des Motors führen, weil die Abkühlungs- und Erwärmungs-Zeitkonstanten des Auslösers kleiner sind als die des Motors. Die zum Schutze des Motors notwendige Verklinkung kann sich — insbesondere bei automatisch gesteuerten Anlagen — nachteilig auswirken, z. B. wenn das Ansprechen des Überstromrelais bzw. -auslösers nicht bemerkt wird und infolgedessen die Anlage längere Zeit außer Betrieb ist. Das gilt insbesondere bei Einphasenlauf, wo meist nicht der Motor, sondern das Netz die Störung auslöst. Es gibt Fälle, wo ein Überlandnetz einphasig ausfällt und damit Motoren durch Überstromrelais abgeschaltet werden und nach Beendigung der Netzstörung ausgeschaltet bleiben, weil die Wiedereinschaltung von Hand nicht rechtzeitig erfolgte. Gegen solche Netzausfälle setzt man Asymmetrierelais ein. Diese überwachen nicht den Motorstrom, sondern das Spannungsdreieck des Netzes. Wenn dieses Dreieck durch den Ausfall einer Phase schiefwinklig wird, erfolgt unverzüglich eine Abschaltung. Ebenso wird der Motor selbsttätig in Betrieb genommen, wenn das Spannungsdreieck wieder normal ist.

Die Verklinkungseinrichtung ist bei allen strom- und stromdifferenzabhängigen Überwachungseinrichtungen erforderlich. Diese verlangen deshalb immer eine Rückschaltung von Hand. Nur Einrichtungen, welche, wie das Asymmetrierelais, das Spannungsbild bzw. die Spannungsdifferenz überwachen, können mit selbsttätiger Rückschaltung arbeiten.

II. Befehls- und Steuergeräte.

1. Temperaturregler.

Temperaturregler (Thermostate bzw. Temperaturbegrenzer) nach VDE 0631 und VDE 0660 haben den Zweck, bei einer bestimmten Temperatur einen Stromkreis zu schließen und bei einer anderen, meist tieferen Temperatur, den Stromkreis wieder zu öffnen. Alle notwendigen Begriffserklärungen und Definitionen sind in VDE 0631 niedergelegt.

Der Aufbau eines Temperaturreglers ist in Abb. 163 zu erkennen. Unterhalb des Wellrohrgehäuses *1* befindet sich das Kapillarrohr, welches mit einer tiefsiedenden Flüssigkeit angefüllt ist. Bei steigender Temperatur entsteht in dem Kapillarrohrsystem ein Druckanstieg, welcher das Wellrohr vertikal nach oben ausdehnt. Die Bewegung überträgt sich auf das Zwischenstück *2*. Entgegengesetzt dazu wirkt die Kraft einer Feder *3*, die das Zwischenstück nach unten bewegen will. Wenn die Temperatur ausreichend hoch ist, überwiegt die Kraft des Kapillarrohrsystems, und es wird

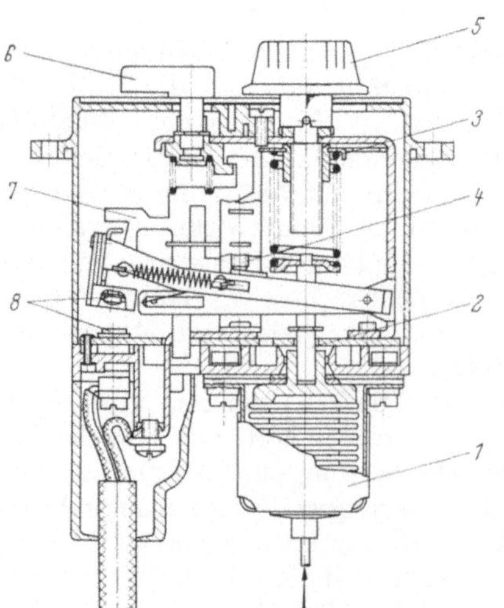

Abb. 163. Schnittbild eines Kapillarrohr-Temperaturreglers.

über den Kontaktmechanismus *8* eine Schaltbewegung ausgelöst (oberer Schaltpunkt). Mit absinkender Temperatur überwiegt dagegen die Kraft der Feder *3*,
und durch einen neuen Schaltvorgang des Kontaktmechanismus *8* wird der
ursprüngliche Zustand wiederhergestellt (unterer Schaltpunkt). Der Schalter *8* des
Temperaturreglers kann so ausgeführt werden, daß er im oberen Schaltpunkt
schließt und im unteren Schaltpunkt öffnet oder umgekehrt im oberen Schaltpunkt
öffnet und im unteren Schaltpunkt schließt.

Der Temperaturregler nach Abb. 163 kann außerdem noch mit einem Handschalter *6* ausgerüstet werden, welcher über eine Übertragungsstange *7* auf den
elektrischen Schalter *8* einwirkt. Dieser Schalter hat die drei Stellungen „Aus —

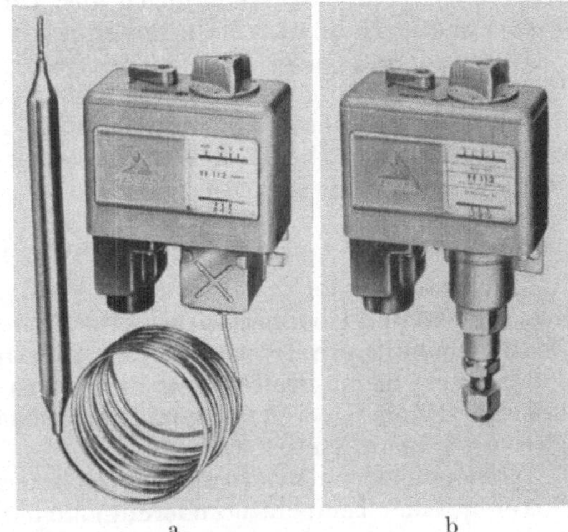

Abb 164a u. b.
a) Verdampfer-Temperaturregler mit Einstellskala. b) Pressostat mit Einstellskala. (Prinzip
wie Abb. 163) (Werkbild Metzenauer & Jung).

a   b

Automatisch — Dauer". In Stellung „Aus" wird der elektrische Schalter *8* in der
Ausschaltstellung festgehalten. In der Stellung „Automatisch" kann er frei spielen,
und in der Stellung „Dauer" wird der Schalter in der Einschaltstellung festgehalten (Abb. 164a).

Der Fühler bzw. die Wendel des Kapillarrohr-Temperaturreglers ist die für die
Schaltung maßgebende Meßstelle des Kapillarsystems. Der Fühler muß deshalb
an der Stelle angebracht sein, deren Temperatur man überwachen will. Das gleiche
gilt sinngemäß auch für Temperaturregler, die mit Großoberflächenfühlern ausgerüstet sind und die Raumtemperatur kontrollieren. Zusätzlich ist jedoch noch zu
beachten, daß an der Fühlerstelle auch wirklich eine Änderung der Umgebungstemperatur im gewünschten Umfange eintritt. Ohne Änderung der Temperatur
(Anbringung in einer „toten" Ecke des Raumes) kann ein Temperaturregler nicht
schalten.

Die Befestigung des Fühlers muß so ausgebildet sein, daß ein guter Wärmeübergang gegeben ist. Wenn an der Meßstelle Feuchtigkeit zu erwarten ist, muß
der Fühler so geschützt werden, daß sich zwischen ihm und der Meßstelle kein
galvanisches Element bilden kann. Durch eine trennende Kunststoff-Folie verhindert man die elektrische Zersetzung (Elektrolyse) der Metalle.

Da das Kapillarrohrsystem mit dem Füllmittel hermetisch geschlossen ist,
werden die Schaltpunkte nicht nur von der Vorspannung der Feder *3* (Abb. 163),
sondern auch vom atmosphärischen Luftdruck bestimmt. Diese Änderungen der
Schaltpunkte sind jedoch bei anschlußfertigen Anlagen praktisch ohne Bedeutung. Berücksichtigt werden müssen sie nur bei Aufstellung einer Anlage in großen
Höhen.

Beim Anlauf einer Anlage nach längerer Betriebspause muß berücksichtigt werden, daß die ersten 2 bis 3 Schaltungen bei anderen Temperaturen ($^1/_2$ bis 1 °C) erfolgen als später die betriebsmäßigen Schaltungen.

Will man die Schaltpunkte eines Temperaturreglers während der Inbetriebnahme oder auch später genau feststellen, so muß der Fühler des Kontroll-Thermometers so angebracht werden, daß er genau den gleichen Temperaturen zur gleichen Zeit ausgesetzt ist wie der Fühler des Temperaturreglers. Zweckmäßig werden beide Fühler zur Erzielung einer großen Meßgenauigkeit, thermisch gut leitend miteinander verbunden, an der Meßstelle befestigt.

Andere Temperaturreglerkonstruktionen nützen die Dimensionsänderung der Metalle bei Temperaturänderungen aus. Um eine große Genauigkeit zu erzielen, werden meist Thermobimetallspiralen (zwei Metalle mit sehr verschiedenen Temperaturausdehnungskoeffizienten fest miteinander verbunden) verwendet. Eine Temperaturänderung bewirkt dann eine Bewegung des freien Endes der Spirale. Dieser Weg wird dann zur Betätigung des Kontaktapparates benutzt. Bimetalltemperaturregler arbeiten um so genauer, je mehr die Bimetallspirale der Temperaturänderung ausgesetzt ist.

2. Pressostate (s. Abb. 164 b).

Temperaturregler und Pressostate (Saugdruckwächter, bei sinkendem Druck ausschaltend und Überdrucksicherheitswächter, bei steigendem Druck ausschaltend) ähneln einander im grundsätzlichen Aufbau sehr. Das Kapillarrohr mit dem Fühler wird beim Pressostaten durch den Druckanschluß ersetzt. Wegen der grundsätzlichen Übereinstimmung im mechanischen Aufbau gilt sinngemäß das gleiche wie beim Temperaturregler.

Während jedoch bei Temperaturreglern die Druckänderung des Füllmediums (als Folge einer Temperaturänderung) niemals schlagartig erfolgt, kann es Einbaubedingungen geben, bei welchen der Pressostat dieser übergroßen Beanspruchung ausgesetzt ist. Da jede technisch unnötige Beanspruchung vermieden werden muß, wird man auch hier Abhilfe schaffen (Dämpfungsvorlage usw.). Derselben Mittel bedient man sich, wenn chemisch aggressive Medien oder Medien zu hoher Temperatur von empfindlichen Teilen des Pressostaten abgehalten werden müssen (Wasservorlage, Ölvorlage usw.).

Oftmals werden Pressostate auch so ausgeführt, daß nach der Abschaltung bei hohem Druck der Schalter verriegelt wird und erst von Hand entsperrt werden muß. Der Schaltdruck des oberen Schaltpunktes wird so eingestellt, daß ein Erreichen dieses Schaltdrucks auf das Vorhandensein überhoher Drücke in der Anlage aufmerksam macht. Diese Pressostate werden als Druckbegrenzer eingesetzt und als Überdrucksicherheitswächter bezeichnet.

Häufig werden auch Kühlwasserregler und Überdrucksicherheitswächter zu einer baulichen Einheit zusammengefaßt, ebenso Temperaturregler und Pressostat (Abb. 165).

Ein Differenzpressostat ist zum Schutz der Lager in druckgeschmierten Kältekompressoren vorgesehen, falls der Differenzdruck zwischen Schmieröldruck und Kurbelgehäusedruck zu stark abfällt oder beim Anlassen die Ölzufuhr ausfallen sollte.

Es handelt sich um einen druckgesteuerten, elektrischen Schalter mit eingebautem Zeitrelais, der den Stromkreis zum Schütz des Motors nach dem Verlaufe einer gewissen Zeit unterbricht, wenn der Ölpumpendruck nicht bei allen Betriebsverhältnissen größer als der Saugdruck oder als der Druck im Kurbelgehäuse ist.

Die Funktion des Differenzpressostaten hängt ausschließlich von dem augenblicklichen Druckunterschied ab und ist vom absoluten Druck unabhängig.

In Abb. 166 wird der obere Anschluß *1* an die Saugseite der Kälteanlage angeschlossen, während der untere Anschluß *4* mit der Druckseite der Ölpumpe verbunden wird.

Durch die Einstellschraube *2* kann die Feder zwischen den beiden Wellrohrelementen mehr oder weniger gespannt werden und dadurch einen höheren oder niedrigeren Differenzdruck ergeben, der an der Skala am Zeiger *3* abgelesen

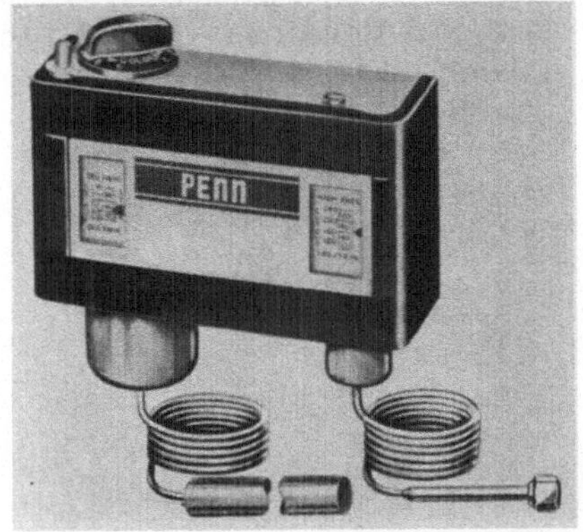

Abb. 165. Temperaturregler kombiniert mit Überdrucksicherheitswächter (Werkbild Penn).

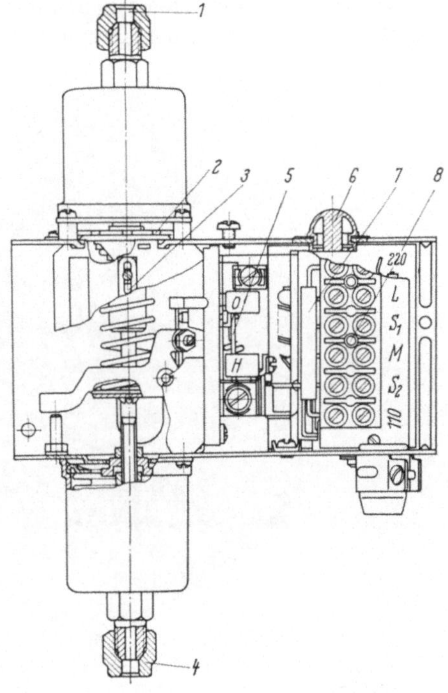

Abb. 166. Schnittzeichnung eines Differenzpressostaten.

1 Anschluß für Saugseite; *2* Druckeinstellschraube; *3* Anzeige für Differenzdruck; *4* Anschluß für Druckseite des Schmiersystems; *5* Kontaktsystem; *6* Blockierknopf-Rückstellung; *7* Vorwiderstand; *8* Anschlußklemmen.

werden kann. Falls der Differenzpressostat infolge eines nicht ausreichenden Öldrucks den elektrischen Stromkreis unterbrochen hat, kann er wieder durch Eindrücken des Blockierknopfes *6* geschlossen werden.

3. Zeitschalter.

Man muß unterscheiden zwischen Schaltuhren, Programmschaltwerken, Verzögerungsschaltwerken und Zeitrelais. Die *Schaltuhr* besitzt ein Zifferblatt mit der Einteilung von 0 bis 24 Uhr. Auf dieses Zifferblatt können Schaltreiter aufgesetzt werden, welche zu ganz bestimmten Uhrzeiten Schalter betätigen. Es gibt Schaltuhren mit Handaufzug und mit automatischem Aufzug. Letztere werden zweckmäßigerweise mit einer Gangreserve ausgerüstet, damit sie bei Spannungsausfällen nicht stehenbleiben.

Ein *Programmschaltwerk* besitzt einen Elektromotor als Antriebselement, der über ein Getriebe eine Nockenwelle betätigt. Diese wiederum wirkt auf eine mehr oder weniger große Anzahl von Schaltern ein, die bei Inbetriebnahme des Antriebsmotors nach einem festliegenden Programm nacheinander betätigt werden. Das Schaltprogramm ist zyklisch, d. h. nach einer Umdrehung der Nockenwelle beginnt der Ablauf der einzelnen Schaltvorgänge erneut. Bei Spannungsausfällen verharrt das Programmschaltwerk so lange in der erreichten Position, bis die Spannung wiederkehrt. Eine Rückführung in die Ausgangsstellung (Nullstellung) nach Spannungsausfällen ist bei einem Programmschaltwerk nur unter Zuhilfenahme gewisser schaltungstechnischer Maßnahmen (Nullstellungsschalter) möglich.

Das *Verzögerungsschaltwerk* gemäß Abb. 167 hat von vornherein die Nullspannungscharakteristik. Es beginnt nach Spannungswiederkehr erneut mit dem Ablauf der einstellbaren Verzögerungszeit bis zur Betätigung der Nutzschalter.

Bei einem *Zeitrelais* kann die Arbeitsweise einschaltverzögert oder ausschaltverzögert sein. Bei einem einschaltverzögerten Relais geht der Antriebsmechanismus nach seiner Erregung sofort in den Betriebszustand über, während

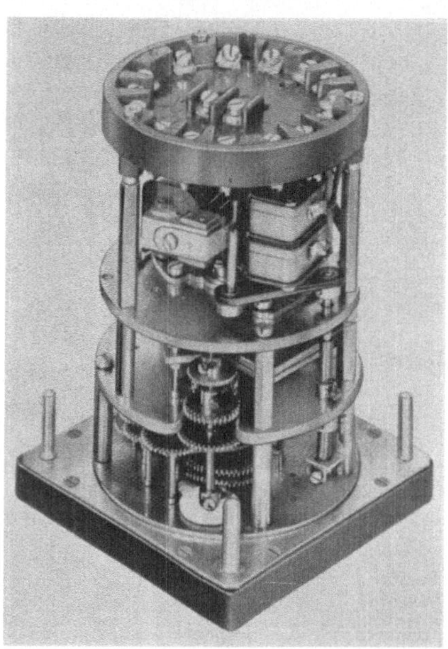

Abb. 167. Verzögerungsschaltwerk
(Werkbild Tesch).

der Kontaktmechanismus (Schalter) verzögert folgt. Wird dagegen das Antriebssystem ausgeschaltet, so kehrt das Kontaktsystem gleichzeitig mit dem Antriebssystem in die Ausgangsstellung zurück. Das ausschaltverzögerte Zeitrelais arbeitet umgekehrt. Hier geht mit der Erregung das Antriebssystem zugleich mit dem Kontaktsystem in die Einschaltstellung über, während im entregten Zustand das Abtriebssystem zwar sofort in die Ausgangsstellung zurückfällt, der Kontaktmechanismus jedoch hierzu einige Zeit benötigt. Zeitrelais haben immer Nullstellungszwang, d. h. im unerregten Zustand kehren der Kontaktmechanismus und der Antriebsmechanismus in die Ausgangsstellung zurück. Als Antriebsglieder von Zeitrelais dienen Elektromagneten oder Motoren mit Getriebe. Vielfach befindet sich zwischen dem Antriebselement und dem Kontaktmechanismus noch eine besondere Kupplung, die gegebenenfalls sogar elektrisch erregt werden kann.

4. Schrittschaltwerke.

Das Schrittschaltwerk gehört bzgl. Ablauf der Schaltungen zu den Programmschaltwerken. Es besitzt eine Schaltwelle, auf der meistens Nocken sitzen, welche eine mehr oder weniger große Anzahl von Schaltern nach einem ganz bestimmten Programm betätigten. Die Schaltwelle vollführt keine stetige Umdrehung zur Abwicklung des Schaltprogramms, sondern sie wird taktweise um einen vorher festgelegten Winkel weitergedreht, sobald ein Schaltimpuls erfolgt. Als Antriebselement dient fast immer ein Zugmagnet, der über eine Mitnehmervorrichtung die taktweise Weiterschaltung vornimmt. Jeder Impuls auf den Magneten führt zu einem neuen Schaltschritt. Zwischen je 2 Schaltschritten muß der Transportmagnet unerregt sein. Die Abwicklung des Schaltprogrammes ist von der Anzahl der Impulse abhängig. Je rascher die Impulse aufeinanderfolgen, um so rascher wird auch das Programm durchfahren.

5. Handbetätigte Steuerschalter.

Man unterscheidet zwischen Rastschaltern und Tastschaltern. Beim Rastschalter wird durch Handbetätigung eine neue Schaltstellung hervorgerufen, die so lange anhält, bis ein neuer Handgriff erfolgt. Zu den Rastschaltern gehören

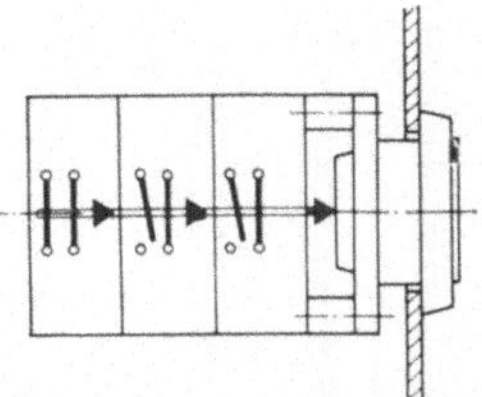

Abb. 168. Tastschalter; Prinzipdarstellung.

beispielsweise Kippschalter und Drehschalter mit 2, 3 oder mehreren Schaltstellungen. Der Tastschalter nimmt dagegen im Ruhezustand eine ganz bestimmte Ausgangsstellung ein. Er hat eine eigene Rückstellkraft ohne Sperre. Beim Betätigen von Hand wandert er in die Wirkstellung, die er jedoch sofort wieder verläßt und in die Ausgangsstellung zurückkehrt, wenn die Handbetätigung aufhört. Zu diesen Tastschaltern gehören beispielsweise Drucktaster und Schwenktaster.

6. Elektroautomatische Ventile.

Elektroautomatische Ventile können entweder durch einen Magneten oder durch einen Motor betätigt werden. Magnetventile kennen nur zwei Betriebszustände (erregt oder unerregt). Dementsprechend ist ein Magnetventil entweder ganz geöffnet oder ganz geschlossen. Dagegen können Motorventile auf jede Stellung zwischen dem geöffneten und geschlossenen Zustand eingestellt werden.

Bei Magnetventilen erfolgt der Übergang von dem unerregten in den erregten Zustand und umgekehrt kurzfristig. Magnetventile arbeiten daher immer als Schnellschlußventile. Dagegen ist bei Motorventilen eine mehr oder weniger lange Zeitspanne erforderlich, ehe das geschlossene Ventil ganz geöffnet bzw. das geöffnete Ventil ganz geschlossen ist.

Abb. 169 zeigt den Aufbau eines Magnetventils: Im Ventilgehäuse *12* ist ein Ventilsitz eingearbeitet. Die im Gehäuse eingeschraubte Magnetschlußhülse *9* besteht aus einer Verschraubung und einem nach oben durch einen eingelöteten Stopfen verschlossenen Führungsrohr. In diesem wird der Magnetanker *8* geführt, der durch die Feder *18* auf den Ventilsitz gedrückt wird. Über die Magnetschlußhülse *9* ist der Elektroteil *6* geschoben. Er ist mit dem Deckel *2* verschlossen und durch das Gewindestück *5* und die Mutter *1* an der Magnetschlußhülse *9* bzw. dem sogenannten kompletten Ventilteil festgehalten.

Das Magnetventil arbeitet in folgender Weise:

Ist der Magnet nicht erregt, wird der Magnetanker *8* durch die Feder *18* auf den im Gehäuse *12* eingearbeiteten Ventilsitz gepreßt und der Durchfluß abgesperrt. Wird die Magnetspule *7* erregt, wird der Magnetanker *8* gegen die Wirkung der Feder *18* angezogen und öffnet dadurch den Ventilsitz, so daß Durchfluß vom Zugang zum Abgang besteht.

Das Magnetventil nach Abb. 170 besteht aus den folgenden Hauptteilen: Dem Ventilgehäuse *11*, einer eingespannten, federbelasteten Gummimembrane *16* sowie dem elektromagnetischen Pilotventil. Das Gerät ist ferner mit einer Spindel *10* ausgerüstet, mit der das Ventil — z. B. bei Stromausfall — geöffnet werden kann.

Ist der Strom zur Spule *1* unterbrochen und das Ventil geschlossen, so herrscht der gleiche Druck an der Eintritttsseite des Ventils und über der Membrane, da

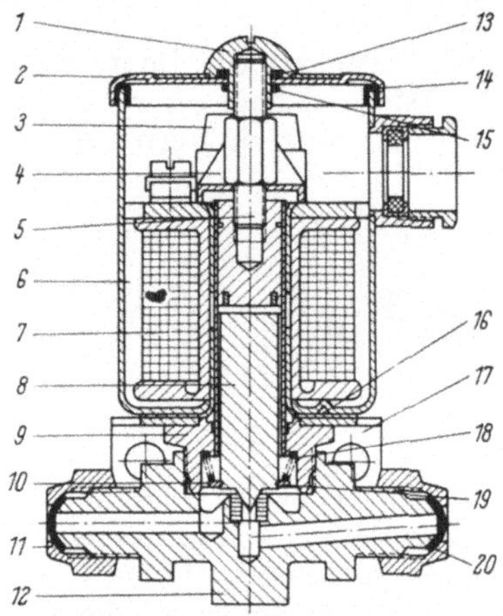

Abb. 169. Magnetventil, direkt gesteuert.
1 Mutter; *2* Deckel; *3* Klemme; *4* Bügel; *5* Gewindestück; *6* Magnet; *7* Spule; *8* Magnetanker; *9* Magnetschlußhülse; *10* Ring; *11* Überwurfmutter; *12* Gehäuse; *13* O-Ring; *14* Dichtring; *15* O-Ring; *16* Scheibe; *17* Winkel; *18* Feder; *19* Scheibe; *20* Dichtscheibe.

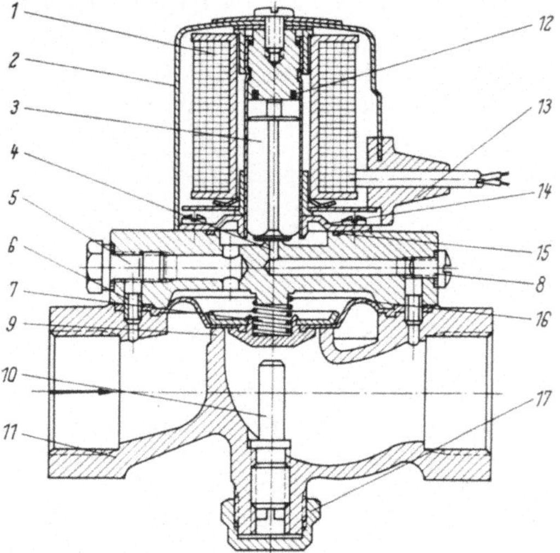

Abb. 170. Magnetventil, indirekt gesteuert.

der Raum über der Membrane durch eine Bohrung im Ventilgehäuse und eine Ausgleichdüse *5* mit dem Ventileintritt verbunden ist. Da die Fläche der Membrane größer als die Sitzfläche ist, trägt der Druck über der Membrane dazu bei, den Hauptsitz dicht zu schließen.

Die Feder *7* hilft, die Membrane gegen den Sitz zu pressen und nimmt dadurch daran teil, eine effektive Absperrung der Rohrleitung zu sichern, wenn bei gegebenen Verhältnissen auch an der Eintritt- und Austrittseite der gleiche Druck entstehen sollte.

Bekommt die Spule *1* Spannung, wird der Anker *3* in das Magnetfeld hineingezogen, und der Raum über der Membrane kommt durch die Pilotdüse *4* mit der Austrittseite des Ventils in Verbindung. Dadurch tritt ein Druckabfall über der Membrane ein; diese wird aufgrund des höheren Druckes, der jetzt an ihrer Unterseite herrscht, aufwärts gepreßt — das Ventil öffnet.

Im gleichen Augenblick, wo der Strom zur Spule unterbrochen wird, beginnt das Ventil zu schließen. Der Anker fällt jetzt herunter und schließt die Pilotdüse *4*, wodurch die Verbindung zwischen dem Raum über der Membrane und der Austrittseite des Ventils unterbrochen wird. Durch die Düse *5* wird nunmehr der eintrittseitige Druck über der Membrane aufgebaut, und das Ventil schließt.

7. Sonstige Geräte.

Direkt oder indirekt lassen sich fast alle physikalischen Größen erfassen. Im Rahmen dieser Abhandlung würde eine Aufzählung aller Geräte zu weit führen.

In der Kältetechnik sind jedoch oft Befehlsgeräte, die in Abhängigkeit von der relativen Luftfeuchtigkeit schalten, von Bedeutung. Diese „Humidistaten" (Abb. 171 u. 172) benutzen die Längenänderung speziell präparierter Pergamentstreifen unter dem Einfluß der Änderung der relativen Luftfeuchtigkeit. Bei sin-

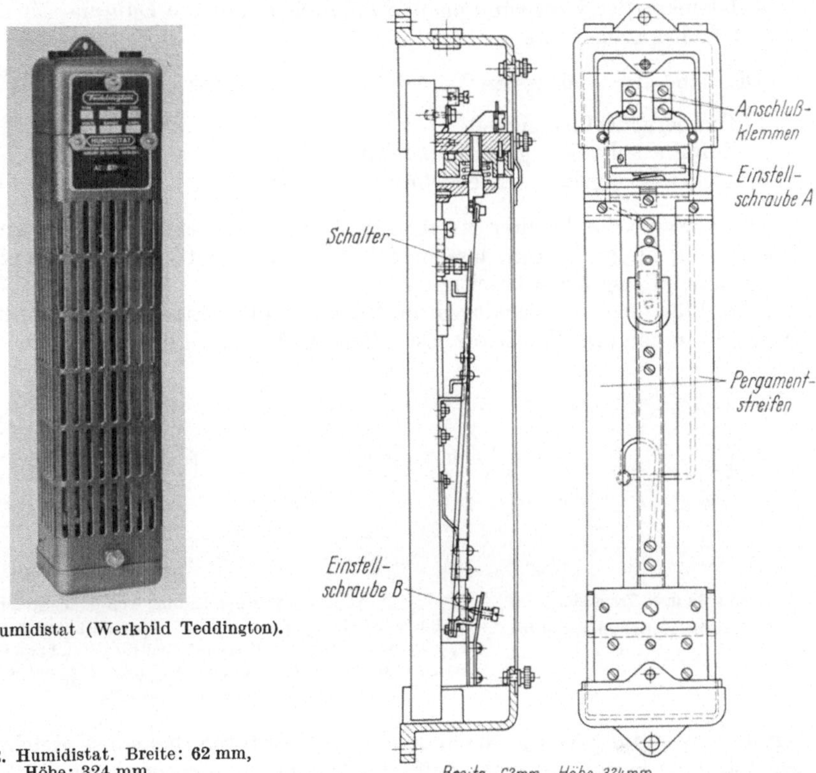

Abb. 171. Humidistat (Werkbild Teddington).

Abb. 172. Humidistat. Breite: 62 mm,
Höhe: 324 mm.

kender Feuchtigkeit ziehen sich die Streifen zusammen; bei steigender Feuchtigkeit dehnen sie sich aus.

Auf Abb. 171 sind die großen für den Luftdurchlaß bei Humidistaten besonders wichtigen Öffnungen zu erkennen. Der empfindliche Mechanismus wird durch die Stege geschützt.

III. Die wichtigsten Bauelemente der Elektronik.

1. Transistoren.

Im Jahre 1948 wurde von den Amerikanern BARDEEN und BRATTAIN der Transistor erfunden, der, ähnlich wie die Elektronenröhre, ein elektrisches Verstärker- und Schaltelement ist. Während bei der Elektronenröhre die Steuerung eines Elektronenstromes im Vakuum erfolgt, werden beim Transistor Ladungsträger in einem festen Körper — und zwar in einem Halbleiter (z. B. Germanium oder Silizium) — gesteuert. Diese Erfindung schuf die Grundlage für die Anwendung elektronischer Geräte und Steuerungen in großem Umfang auch in der industriellen Technik.

Gegenüber der Elektronenröhre hat der Transistor die folgenden wesentlichen Vorteile:

1. Praktisch unbegrenzte Lebensdauer.
2. Emission ohne Heizung, d. h. sofortige Betriebsbereitschaft, geringere Wärmeentwicklung.
3. Kleine Abmessungen
4. Kleinere Betriebsspannungen ermöglichen kleinere Bauteile für die übrigen Schaltungselemente.

Dies sind die wichtigsten Vorteile. Der Transistor hat aber auch Nachteile:

1. Temperaturabhängigkeit.
2. Empfindlichkeit gegen Überspannungen.
3. Nichtleistungslose Ansteuerung.

Diese Nachteile bereiten zwar dem Techniker bei der Entwicklung neuer Schaltungen einige Sorgen, lassen sich aber bei richtiger Dimensionierung der äußeren Schaltung leicht beseitigen.

Abb. 173a zeigt das Schaltsymbol für einen pnp Transistor und Abb. 173b ein solches für einen npn Transistor. Der Pfeil am Emitter gibt die Stromrichtung an.

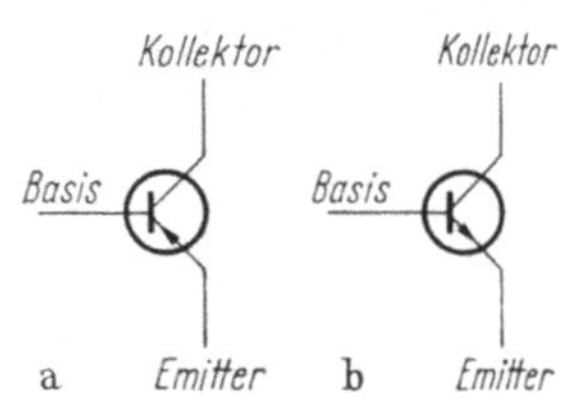

Abb. 173a u. b. Transistor.,
a) pnp-Transistor, b) npn-Transistor.

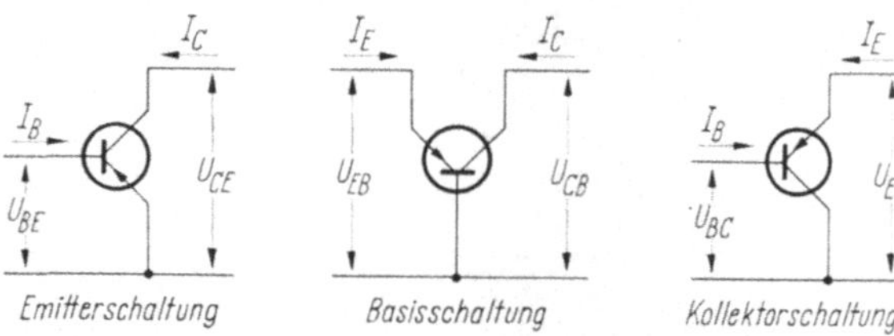

Abb. 174. Prinzipschaltung von Transistoren.
I_B Basisstrom; I_E Emitterstrom; I_C Kollektorstrom; U_{EB} bzw. U_{BE} Spannung zwischen Basis und Emitter; U_{CE} bzw. U_{EC} Spannung zwischen Kollektor und Emitter; U_{CB} bzw. U_{BC} Spannung zwischen Basis und Kollektor.

Durch Verwendung von je einem solcher Transistoren (bei sonst gleichen elektrischen Daten) kann man recht einfache Phasenumkehrstufen sowohl für Gleich- als auch für Wechselspannungen aufbauen.

Transistoren besitzen 3 Anschlußpunkte. Je nachdem, wie die Transistoren angeschlossen sind, spricht man von einer Emitterschaltung, Basisschaltung oder Kollektorschaltung.

Die Charakteristiken der drei Schaltungen sind unterschiedlich.

	Emitter-schaltung	Basis-schaltung	Kollektor-schaltung
Eingangswiderstand	mittel	klein	groß
Ausgangswiderstand	groß	sehr groß	sehr klein
Stromverstärkung	groß	1	groß
Spannungsverstärkung	groß	sehr groß	1
Leistungsverstärkung	sehr groß	groß	mittel
Grenzfrequenz	niedrig	hoch	niedrig

Die Emitterschaltung wird wegen ihrer niedrigen Grenzfrequenz vorzugsweise in der Niederfrequenzverstärkertechnik verwendet, die Basisschaltung bei Hochfrequenzverstärkern. Die Kollektorschaltung ist wegen ihres großen Eingangswiderstandes bei gleichzeitig kleinem Ausgangswiderstand vorteilhaft als Impedanz-Wandler verwendbar.

2. Dioden (Abb. 175).

Dioden sind Gleichrichter. Durch die Verwendung von Germanium oder Silizium (Abb. 176) wurden die Abmessungen der Gleichrichter im Vergleich zu den Selen- oder Kupferoxydul-Gleichrichtern stark verringert. Ein Silizium-Gleichrichter mit einer Sperrspannung von 700 V_{eff}, einem Durchlaßstrom von 0,5 A

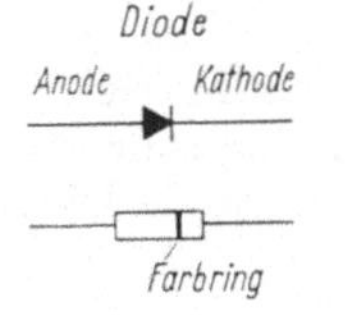

Abb. 175. Schaltsymbol und Kennzeichnung einer Diode.

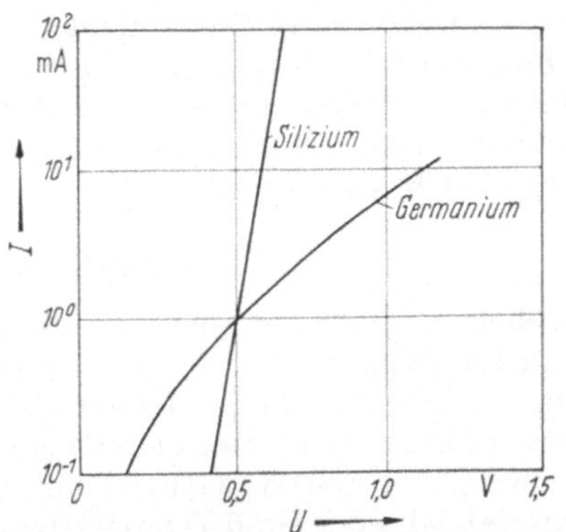

Abb. 176. Durchlaß-Kennlinien von Dioden.

und einem Spannungsabfall in Durchlaßrichtung von 0,7 V (Verlustleistung nur 0,35 W!) hat die Größe einer Erbse. Ein Selen-Gleichrichter gleicher Leistung hat die Abmessungen ca. 30 · 30 · 140 mm. Die kleinen Abmessungen bedeuten auch eine geringe Eigenkapazität. Sie sind dadurch bis zu sehr hohen Frequenzen verwend-

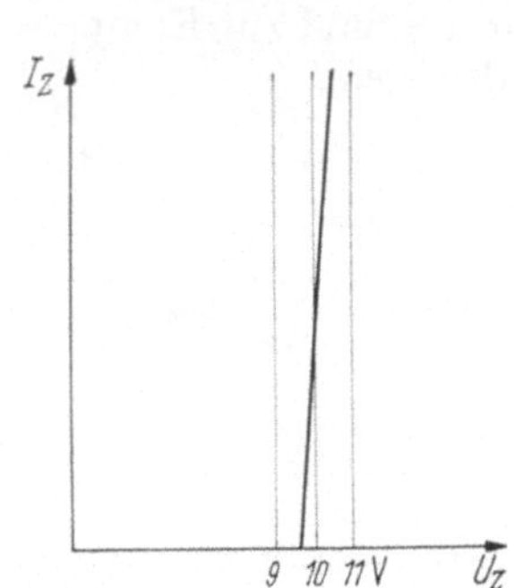

Abb. 177. Strom-Spannungs-Kennlinie einer 10 V-Zener-Diode.

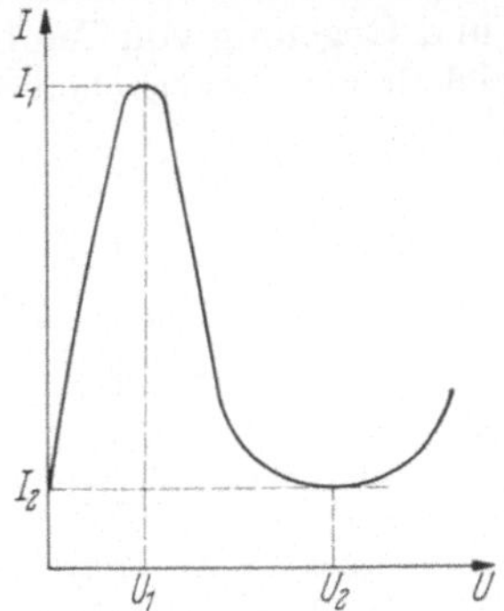

Abb. 178. Strom-Spannungs-Kennlinie einer Tunnel-Diode.

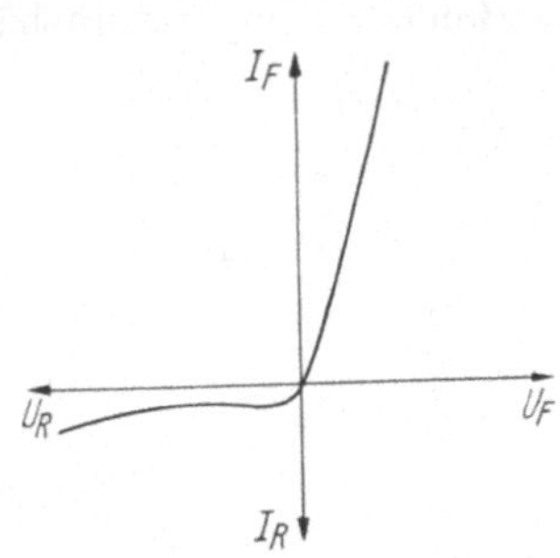

Abb. 179. Kennlinie einer Backward-Diode.

bar. In Sonderfällen verwendet man für die Gleichrichtung im Lang-, Mittel- und Kurzwellen-Bereich mit elektromagnetischen Schwingungen von 100 kHz bis 30 MHz sogenannte Spitzendioden, deren Eigenkapazität kleiner als 1 pF ist.

In der Meß- und Regeltechnik wird oft die Zener-Diode verwendet. Es ist dies eine Silizium-Flächendiode, die in Sperrichtung betrieben wird, und zwar bis zu ihrer Durchbruchsspannung. Wird hierbei die zulässige Verlustleistung nicht überschritten, so erhält man an der Diode eine fast konstante Spannung (Zener-Spannung). Der Einfluß der Temperatur ist sehr gering (Abb. 177).

Weitere Dioden mit besonderen Kennlinien sind die *Tunnel-Diode* und die *Backward-Diode*. Die Tunnel-Diode ist eine legierte Kleinflächendiode aus extrem hoch dotiertem Germanium. Die Strom-Spannungskennlinie steigt im Durchlaßbereich steil an und weist nach Durchlaufen eines Strom-Maximums einen Bereich negativen Widerstandes auf (Abb. 178). Nach einem flachen Minimum des Stro-

11*

mes steigt die Kennlinie wieder an und geht in die bei Dioden übliche Durchlaß-
kennlinie über. Der durch den Tunneleffekt hervorgerufene Bereich negativen
Widerstandes ermöglicht die Anwendung von Tunnel-Dioden als aktive Schaltelemente in Oszillator- und Verstärkerschaltungen bis über den Ultra-Kurzwellen-
Bereich der Meterwellen von 300 MHz hinaus bis zu den Dezimeter-, Zentimeter-
und Millimeter-Wellen mit elektromagnetischen Schwingungen bis 300 GHz. Sperr-
eigenschaften besitzt diese Diode nicht.

Die Backward-Diode ist eine Abart der Tunnel-Diode. Der Tunneleffekt
tritt jedoch in der Sperrichtung auf und weist dadurch eine sehr große Steilheit
der Kennlinie auf (Abb. 179). Diese Diode kann auch als normale Diode eingesetzt
werden. Sie hat keinen Anlaufwert.

3. Halbleiterwiderstände.

a) Heißleiter. Heißleiter sind elektrische Widerstände mit einem negativen
Temperaturkoeffizienten. Sie werden von verschiedenen Firmen unter den Bezeichnungen „Termistoren", „Ternewide" und „NTC-Widerstände" geliefert.
Ihr Widerstand nimmt mit steigender Temperatur stark ab (Abb. 180) im Gegensatz zu Metallen, deren Widerstand mit steigender Temperatur zunimmt. Die
Widerstandsabnahme je Grad Temperaturerhöhung beträgt bei 20 °C Umgebungstemperatur etwa 3 bis 6%.

Die Temperaturänderungen können hervorgerufen werden durch:

a) Änderung der Umgebungstemperatur,

b) innere Stromerwärmung.

Hierdurch ergeben sich eine große Zahl von Anwendungsfällen für den Heißleiter, vor allem zur Messung und Regelung von Temperaturen und zur Kompen-
sation der Temperaturabhängigkeit von elektrischen Schaltungen.

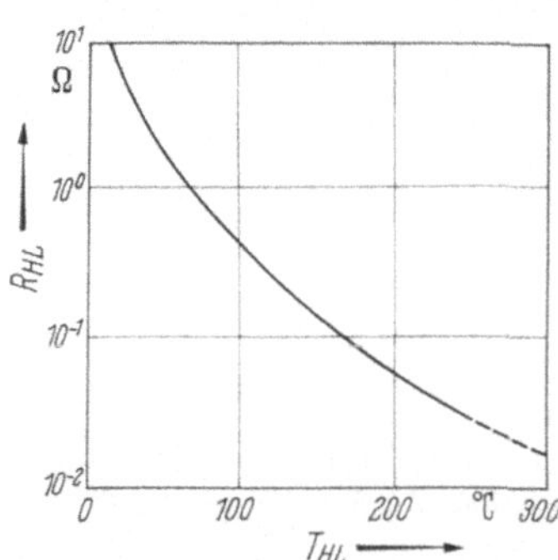

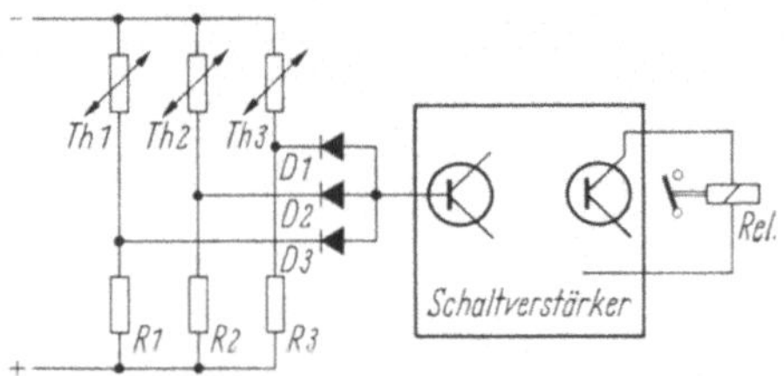

Abb. 181. Kontrollgerät zur Überwachung der Temperatur
an drei Stellen.

Abb. 180. Kennlinie eines Heißleiters.

Abb. 181 zeigt ein Gerät zur Überwachung der Temperatur an mehreren Meßstellen. Überschreitet die Temperatur an einer einzigen Stelle den vorgeschriebenen
Wert, so spricht das an dem Schaltverstärker angeschlossene Relais an. Eine Beeinflussung der einzelnen Meßstellen (Th 1 bis 3) untereinander wird durch die
Entkopplungsdioden (D 1 bis 3) vermieden. In der angegebenen Schaltung werden
Temperatur*über*schreitungen gemeldet; sollen Temperatur*unter*schreitungen gemeldet werden, sind die Heißleiter Th und die Widerstände R miteinander zu
vertauschen.

b) Kaltleiter. Wie der Name angibt, leiten diese Widerstände im kalten Zustand gut. Ihr Verhalten bei Temperaturänderung ist dem der Heißleiter nahezu
entgegengesetzt. Der Widerstand im kalten Zustand ist klein und nur wenig tem-
peraturabhängig (Abb. 182); darauf folgt ein Bereich, in dem der Widerstand expo-
nentiell über mindestens drei Zehnerpotenzen ansteigt. Dieser Effekt wird hervor-

gerufen durch das Zusammenwirken von Halbleiter-Mechanismus und Ferro-Elektrizität. Im ferro-elektrischen Zustand, also unter der Curietemperatur, sind die Kaltleiter niederohmig, und oberhalb der Curietemperatur bilden sich zwischen den Korngrenzen der Keramik gewisse Sperrschichten aus, die eine sehr steile Widerstandszunahme bewirken. Hierdurch besteht auch die Möglichkeit, dem Kaltleiter selbständige Schaltfunktionen zu übertragen.

c) Spannungsabhängige Widerstände. Diese sind im Handel unter der Bezeichnung „VDR"-Widerstände oder auch „Varistoren" erhältlich und bestehen aus Siliziumkarbid, das mit einem Bindemittel bei hoher Temperatur gesintert wird.

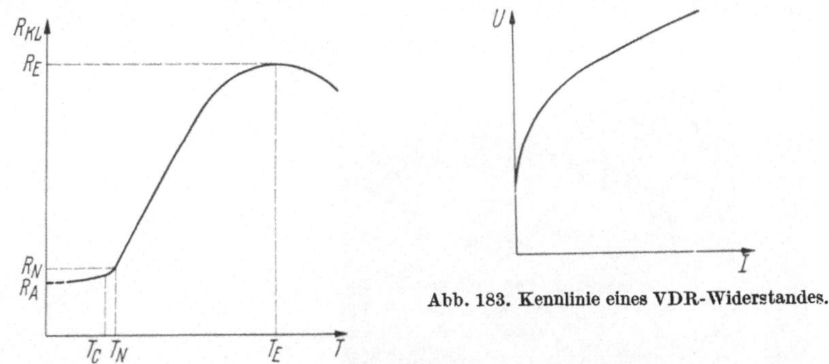

Abb. 183. Kennlinie eines VDR-Widerstandes.

Abb. 182. Kennlinie eines Kaltleiters. R_A Kaltwiderstand; R_N Nennwiderstand; T_N Nenntemperatur; T_C Curietemperatur; R_E Endwiderstand; T_E Endtemperatur.

Diese Widerstände verändern ihren Wert mit der Änderung der Spannung sehr stark. Der durch den Widerstand fließende Strom ist etwa der 4. bis 6. Potenz der angelegten Spannung proportional.

Diese Widerstände werden vor allem zur Funkenlöschung, Induktionsspannungslöschung und Spannungsstabilisierung verwendet.

Die Entwicklung der elektronischen Bauelemente ist keineswegs abgeschlossen. Im Rahmen dieses Beitrages ist nur ein kurzer Überblick möglich.

IV. Schaltgerät und Schaltanlage.

Eine vollautomatische elektrische Anlage kann nur dann unter allen Betriebsbedingungen, frei von jeder menschlichen Überwachung, arbeiten, wenn alle Betriebszustände — auch die selten vorkommenden — genau durchdacht und in der Schaltung erfaßt wurden.

Ebenso wichtig ist die funktionssichere Auswahl der Zustände bzw. Zustandsänderungen, die die Befehlselemente zum Ansprechen bringen sollen. Es ist nicht immer leicht, aus der Vielzahl der zur Verfügung stehenden physikalischen Werte diejenigen auszuwählen, die für den Zweck nicht nur richtig, sondern auch wirtschaftlich sind.

Als Regelgrößen bieten sich für Kälteanlagen u. a. an: Temperatur, Druck, Feuchtigkeit, Menge, Strom, Spannung, Dichte, Zeit bzw. die Gradienten dieser Größen. Die Auswahl wird dadurch erschwert, daß sich in vielen Fällen die Wertigkeit der Größen bei unterschiedlichen Betriebszuständen ändert. Die Wirtschaftlichkeit der Erfassung der Meßgrößen spielt auch eine große Rolle.

Grundsätzlich muß man darauf achten, daß die zur Betätigung der Befehlselemente ausgewählte Regelgröße auch wirklich die für die Funktion der Anlage richtige ist.

Den Füllvorgang eines Wasserbehälters kann man beispielsweise bei bekanntem Zulauf zeitabhängig überwachen. Eine Änderung der Füllgeschwindigkeit durch eine Störung (Änderung des Druckes, des freien Querschnittes, des Zulaufes) wird jedoch hierbei nicht erfaßt. Diese Größen werden jedoch bei der druckabhängigen Überwachung mit berücksichtigt, sofern es sich um einen geschlossenen Wasserbehälter handelt.

Die Bedingung, die zur Überwachung eines physikalischen Zustandes führt, fordert meist die Abschaltung der Anlage, wenn gewisse Grenzen überschritten oder unterschritten werden. Es wird oft zweckmäßig sein, schon die Annäherung an die Grenzen zu signalisieren. In solchen Fällen sollte man zwei voneinander unabhängige Befehlselemente wählen, um auch bei Störungen genügende Sicherheit zu haben.

Abb. 184. Serienmäßig hergestellte Abtausteuerung, stahlgekapselt, anschlußfertig.

1 Hauptsicherung „Ventilator"; *2* Hauptsicherung „Kompressor"; *3* Hauptsicherung „Heizung"; *4* Steuersicherung; *5* Schütz „Kompressor"; *6* Schütz „Heizung"; *7* Schütz „Ventilator"; *8* Schaltuhr; *9* Leuchtmelder „Abtauen"; *10* Anschlußklemmen; *11* Hauptschalter.

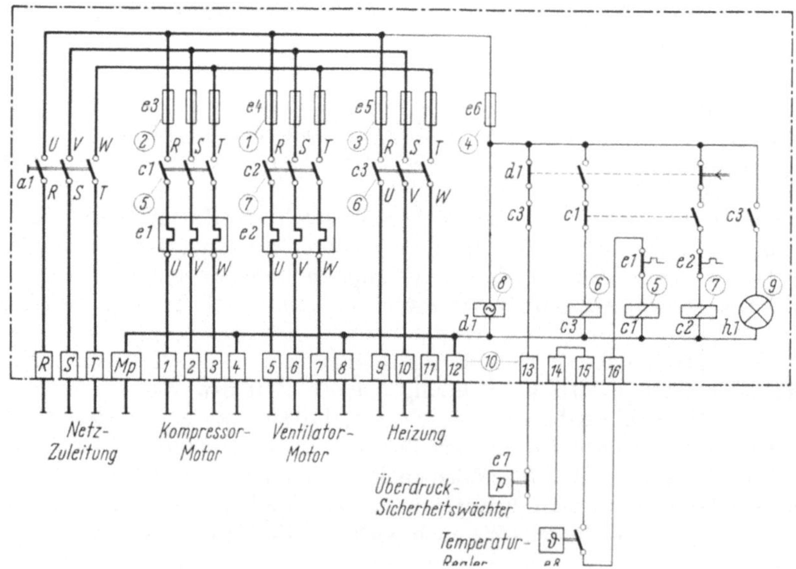

Abb. 185. Schaltplan der automatischen Steuerung einer kleinen Kälteanlage mit Schaltuhr zur Abtauung des Verdampfers bei Bereifung oder Vereisung.

Kompressor und Ventilator der Abtausteuerung nach Abb. 184 und 185 werden durch den Raum-Temperaturregler ein- und ausgeschaltet. Die Abtauung erfolgt automatisch.

Wenn die Anlage eingeschaltet ist, bleibt die Abtau-Schaltuhr dauernd in Betrieb. Nach Ablauf der eingestellten Zeit werden Kompressor und Ventilator stillgesetzt, und die Heizung wird eingeschaltet.

Die Anzahl der Abtau-Perioden pro Tag und die Dauer der Abtau-Perioden sind an der Schaltuhr einstellbar.

Nach Beendigung des Abtauvorganges und Wiedereinschalten des Kompressors läuft der Ventilator verzögert an. Dadurch wird verhindert, daß Feuchtigkeit und Warmluft in den Kühlraum geblasen werden.

Der Aufwand an Regel- und Steuergeräten soll nicht größer sein, als es für den normalen Betrieb der Anlage notwendig ist. In Ausnahmefällen, die nicht sehr wahrscheinlich, jedoch denkbar sind, muß dann die Möglichkeit vorhanden sein, die Anlage bis zur Erreichung des normalen Betriebszustandes von Hand zu betreiben.

Die Betriebsart „von Hand" hat sich auch zur Durchführung einer Überprüfung der Anlage bewährt. Hierfür ist es empfehlenswert, daß weit entfernte Befehlselemente in der Anlage selbst durch Steuerschalter überbrückt werden können. Der geringe Mehraufwand für diese handbetätigten Schaltelemente steht in keinem Verhältnis zu dem Gewinn an Übersichtlichkeit und Zeit.

Abb. 186. Steuerung einer Klimaanlage.

Alle Steuerschalter und Leuchtmelder sind zentral zusammengefaßt und übersichtlich gekennzeichnet.

Jede Abweichung vom normalen Betriebszustand sollte signalisiert werden. Hierzu gehört auch, daß Eingriffe in die Automatik, die zur Überbrückung bestimmter Regel- und Steuereinrichtungen geführt haben, deutlich und unmißverständlich kenntlich gemacht werden (z. B. Überbrückung des Temperaturreglers oder Pressostaten durch Stellung des Rastschalters auf „Dauerlauf").

Alle optischen Signale, Rastschalter und Tastschalter sollen klar und übersichtlich angeordnet sein (z. B. in einem Leuchtschaltbild oder Blindschaltbild). Optische Signale sind nach Art der Meldung mit unterschiedlichen Farben zu versehen. Wichtig ist vor allem, daß die Signal- und Befehlselemente eine unmißverständliche, dauerhafte Bezeichnung tragen (siehe auch DIN 43605). Nur so kann das Überwachungspersonal aus der Signalisierung die richtigen Schlüsse ziehen und zweckentsprechend handeln.

Bewährt hat sich bei großen Anlagen eine Bedienungsanweisung, die auch darüber Aufschluß gibt, was bei Abweichung vom normalen Betriebszustand zu unternehmen ist.

Überwachungseinrichtungen, die Abweichungen vom normalen Betriebszustand einer Anlage anzeigen sollen, müssen so ausgeführt und angeordnet sein, daß die Meldung auch mit Sicherheit erkannt wird. Das Signal „Kühlraumtemperatur zu hoch" ist unwirksam, wenn es niemand erreicht, der die notwendigen Maßnahmen einleiten kann. Müssen mehrere Betriebszustände überwacht und die Störungsmeldungen über eine große Entfernung übertragen werden, so genügt die Zusammenfassung aller Meldungen außerhalb der Anlage zu einem einzigen Signal, das dann wirtschaftlich über ein mit Kleinspannung betriebenes Kabel übertragen werden kann. Eine Störungsmeldung auf dieser Leitung bedeutet, daß irgendein Betriebszustand vom normalen abweicht. Die Sichtmelder innerhalb der Schaltanlage geben dann Aufschluß über die Art der Abweichung.

Die Steuerspannung wird meist zwischen einem Außenleiter (Phase) und dem Mittelpunktsleiter Mp (Null) abgegriffen. Bei Ausfall dieses Außenleiters (Steuerphase) schaltet dann auch der Meldestromkreis aus. Hier kann u. U. durch zusätzliche Relais bzw. durch automatische Umschaltung der Meldestromkreise auf einen anderen Außenleiter Abhilfe geschaffen werden, wenn der Ausfall störend wirken sollte. Noch weitergehende Sicherheit bietet der mit Gleichspannung betriebene Meldestromkreis.

Bei sehr großer wirtschaftlicher Bedeutung eines Kühlgutes oder dort, wo häufig mit Spannungsausfall zu rechnen ist, verwendet man Einrichtungen, die bei Ausfall der Spannung die zum Betrieb der Anlage notwendige Energie ersetzen. Für Großkälteanlagen sind vollautomatische Notstromanlagen mit Dieselmotor und Generator von Bedeutung. Hingewiesen sei auch auf Schwungradaggregate mit Elektromotor, Generator, Schwungrad, Kupplung und Dieselmotor in einer Einheit. Bei vorhandenem Netz treibt der Elektromotor den Generator; bei Netzausfall wird der Dieselmotor durch das Schwungrad hochgerissen und übernimmt den Generatorantrieb. Die Verbraucher werden unterbrechungslos weiterversorgt. Die Steuerleistungen und kleine Regelleistungen werden immer mit Gleichstrom gespeist (Batterie). Die Batterie wird über eine Ladeeinrichtung ständig vom Netz und bei Netzausfall durch den Generator nachgeladen. Solche Notstrom-Einrichtungen sind auch als fahrbare Anlagen dort von Bedeutung, wo kein Netz zur Verfügung steht.

Der Einsatz zu kleiner, unterdimensionierter Schaltgeräte bedeutet Sparsamkeit am falschen Platz. Sehr bald wird eine sich häufende Serie von Störungen die falsche Bemessung der Geräte sichtbar machen und dazu zwingen, eine Auswechselung vorzunehmen. Umgekehrt bedeutet eine Überdimensionierung der Geräte eine nicht erforderliche Investition von Kapital.

Ungeschützte und ungekapselte elektrische Einrichtungen stellen eine erhebliche Gefahr dar, insbesondere dann, wenn durch Feuchtigkeit eine Spannungsverschleppung eintritt, deren Umfang im Einzelfall nicht genau festzulegen ist. Deshalb ist die Kapselung im Zusammenhang mit den beschriebenen Schutzmaßnahmen von ganz besonderer Bedeutung. Muß eine Anlage strahlwasserdicht (P 44 nach DIN 40050 bzw. IP 55 nach IEC 158-1) sein, so muß jedes aus der Kapselung herausragende Element die gleiche Schutzart haben und entsprechend mit der Kapselung verbunden sein. Schon ein einziges Versäumnis vermindert die Schutzart der gesamten Anlage und kann zu großen Störungen führen.

Wichtig ist auch die Wahl des Aufstellungsortes einer elektrischen Schaltanlage: sie muß gut zugänglich sein, und der Aufstellungsort ist so zu wählen, daß für später evtl. notwendige Erweiterungen noch Platz bleibt. Außerdem ist auf mögliche Störungseinflüsse aus der Umgebung zu achten. Wenn beispielsweise eine Schaltanlage in demselben Raum aufgestellt wird, in welchem sich Kompressoren befinden, so ist hiergegen grundsätzlich nichts einzuwenden. Es muß aber beachtet werden, daß durch eventuelle Undichtigkeiten das Kältemittel (z. B. NH_3) entweichen kann und somit aggressive Beimischungen in der Atmosphäre auftreten, die zu Korrosionserscheinungen innerhalb der elektrischen Schaltanlage führen können. In solchem Fall ist es empfehlenswert, eine entsprechende Kapselung der Schaltanlage vorzusehen bzw. sogar eine Fremdbelüftung durchzuführen.

F. Das Schaltschema.

I. Wirkschaltplan, Stromlaufplan, Entwurfsschema.

Unter einer elektrischen Schaltung versteht man nicht nur eine bestimmte Anordnung elektrischer Schaltgeräte und Elemente, sondern auch eine Funktion, die aufgrund bestimmter Bedingungen durch eine geeignete Verbindung (Verdrahtung) aller Elemente erreicht wird. Die Gesamtheit einer derartigen Schaltung wird unter Verwendung der in Abschnitt A aufgeführten Schaltsymbole in einem Schaltschema dargestellt. In den Schaltplänen sind die Phasen mit R, S, T auf der Netzseite, mit U, V, W auf der Motorseite bezeichnet. Mp kennzeichnet den Mittelpunktleiter des Netzes. Die an den Geräten frei zugänglichen Klemmen sind durch Zahlen gekennzeichnet. Die gleichen Zahlen erscheinen im Schaltplan. Die Zugehörigkeit von Schaltern zu Geräten bzw. Antrieben wird gleichlautend dargestellt, z. B. Schütz = c1, Schalter am Schütz c1 = cl. 13/14 (DIN 40719). Es gibt zwei unterschiedliche Formen der Darstellung: den Wirkschaltplan und den Stromlaufplan. In einem *Wirkschaltplan* sind die in einem Gerät vorhandenen Antriebsglieder und Schalter jeweils räumlich zusammengefaßt angeordnet. Bei der Einzeichnung der Strompfade muß man darauf Rücksicht nehmen. Die Funktion einer Steuerung ist im Wirkschaltplan nicht leicht zu verfolgen. In einem *Stromlaufplan* sind die Antriebsglieder und Schalter eines Gerätes räumlich getrennt angeordnet. Der Verlauf der Strompfade kann leicht verfolgt werden; die Funktion der Steuerung ist leichter zu erkennen.

In Abb. 187 ist als Beispiel der Wirkschaltplan einer kleinen Steuerung dargestellt, die aus 2 Schützen besteht. Die Schützspule und sämtliche Schalter sind räumlich zusammengefaßt. Es ist ohne weiteres zu erkennen, daß jedes der beiden Schütze c1 und c2 drei Hauptschalter sowie je einen Hilfsschalter als Schließer und Öffner hat. Dieser Übersichtlichkeit steht die schwere Lesbarkeit der Schaltfunktionen entgegen. In Abb. 188 ist die gleiche Schaltung als Stromlaufplan dargestellt. Es ist zu erkennen, daß die Funktion der Schaltung wesentlich leichter lesbar ist als in Abb. 187. Dafür sind aber die Schaltelemente ein- und desselben Gerätes räumlich getrennt und somit nicht leicht aufzufinden. Diesem Nachteil begegnet man dadurch, daß man entweder zusammengehörige Schaltelemente eines Gerätes durch gestrichelte Linien miteinander verbindet oder unterhalb des Stromlaufplanes für jedes Gerät Tabellen anlegt, in denen angegeben ist, wo sich die einzelnen Schalter befinden. Dazu muß der ganze Stromlaufplan in „Strompfade" (6 Stück in Abb. 188) eingeteilt werden. Die Tabelle für ein bestimmtes Gerät wird unterhalb desjenigen Strompfades angeordnet, der das Antriebselement dieses Gerätes enthält. So ist beispielsweise in Strompfad 1 die Schützspule (Antriebselement) c1 zu finden; unterhalb dieses Pfades ist die zu c1 gehörige Tabelle. Ebenso befindet sich in Pfad 3 die Spule c2 und unterhalb die Tabelle zu c2. In Abb. 188 ist ein Schließer cl.13/14 des Schützes c1 in Pfad 2 und ein Öffner cl.11/12 in Pfad 3. Weitere drei Schließer c1 sind in Pfad 5 im Motorkreis angeordnet. Die Funktion läßt sich aus Abb. 188 leicht ablesen. Wird der Tastschalter b3 kurzzeitig betätigt, so wird Schütz c1 (Pfad 1) erregt und hält sich auch nach Loslassen von b3 über seinen eigenen Schließer cl. 13/14 (Selbsthalteschalter)

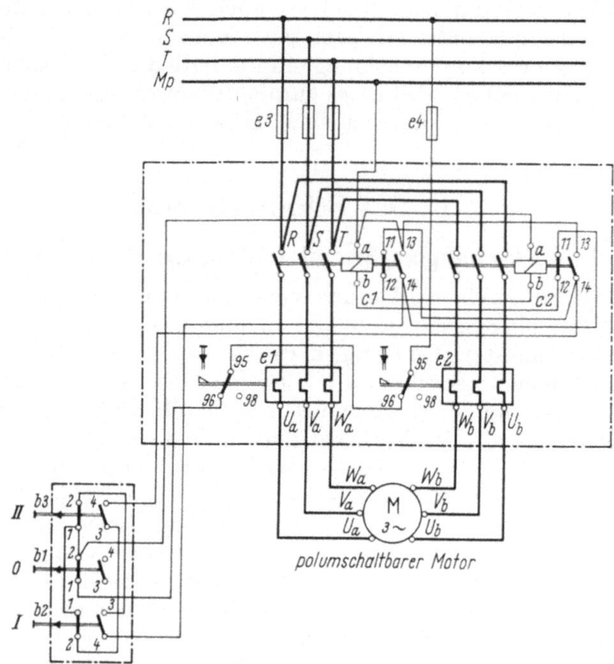

Abb. 187. Polzahlschütz (Wirkschaltplan).

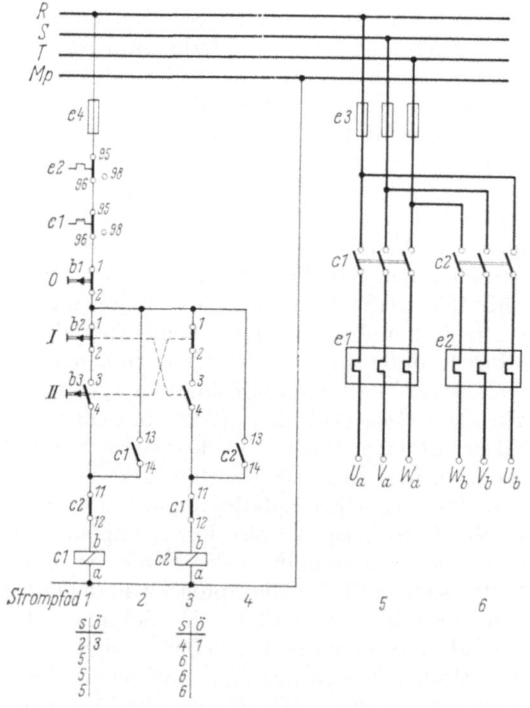

Abb. 188. Polzahlschütz (Stromlaufplan).

in dem erregten Zustand (Pfad 2). Der polumschaltbare Motor wird über Pfad 5 so an das Netz angeschlossen, daß er mit seiner kleinen Drehzahl läuft. Mit Betätigung des Tastschalters b1 wird er durch das Schütz c1 abgeschaltet (Pfad 1). b1 braucht nur kurzzeitig betätigt zu werden, weil sich auch der Selbsthalteschalter c1. 13/14 in Pfad 2 öffnet und damit das Schütz c1 von selbst nicht wieder einschalten kann, selbst wenn b 1 in die Ausgangsstellung zurückkehrt.

Die Betätigung des Tastschalters b2 führt zur Erregung des Schützes c2 (Pfad 3), wodurch der Motor über Pfad 6 mit seiner anderen Wicklung an das Netz angeschlossen wird und dann mit hoher Drehzahl läuft. Auch hier erfolgt die Abschaltung über b1. Eine gleichzeitige Einschaltung beider Schütze wird über die Öffner an b2 und b3 und vor allen Dingen auch durch die Öffner an c1.11/12 und c2.11/12 verhindert (Pfade 3 und 1). Diese Schalter bezwecken die gegenseitige Verriegelung. Wenn eines der beiden thermischen Überstromrelais (e1 oder e2) anspricht, wird durch die zugehörigen Öffner 95/96 der Betrieb für beide Schütze c1 und c2 unterbrochen (Pfad 1) und der Motor stillgesetzt. Die Hilfsschalter der Überstromrelais in Pfad 1 können nur von Hand entsperrt werden, wie die Darstellung in Abb. 187 zeigt. (Vergleiche hierzu auch Tab. 2, Nr. 9).

In dem folgenden Beispiel wird die Anwendung eines Programmschaltwerkes (Laufwerk) zur automatischen Steuerung von Kälteanlagen beschrieben:

Einschaltung des Gerätes durch Tastschalter b1 (Ein). Hilfsschütz d1 schaltet und hält sich eingeschaltet. Kommt vom Schalter des Temperaturreglers e2 her eine Anforderung nach mehr oder weniger Kälte, dann wird sofort der Motor

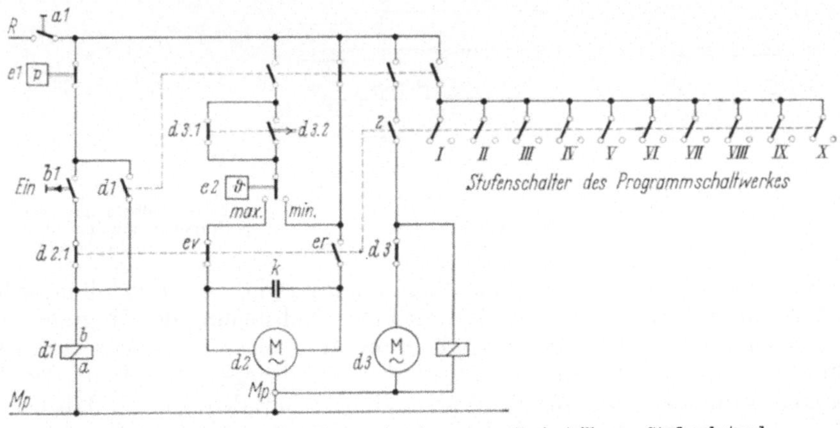

Abb. 189. Stromlaufplan einer Temperatursteuerung mit einstellbarem Stufenabstand.

d2 (Synchronantrieb) des Programmschaltwerkes eingeschaltet, um je nach Anforderung eine Leistungsstufe zu- oder abzuschalten. Unmittelbar nach der Leistungsänderung wird das eingebaute Verzögerungsschaltwerk d3 eingeschaltet, welches das Programmschaltwerk d2 für eine einstellbare Zeitdauer stillsetzt und jede Weitergabe von Schaltbefehlen unterbindet. Nach Ablauf der eingestellten Verzögerungszeit wird abgefragt, ob die Leistungsänderung zum Einpendeln auf den Sollwert ausgereicht hat. Andernfalls wird nun in gleicher Weise die nächste Stufe geschaltet, und danach tritt eine weitere Beruhigungszeit ein.

Diese Art der Schaltung hat den Vorteil, daß ein Regelbefehl (Temperaturabweichung) unmittelbar nach der Meldung ausgeführt wird. Die dann anschließend wirksame Beruhigungszeit kann mit Hilfe des einstellbaren Verzögerungsschaltwerkes auf die jeweiligen Kühlraumverhältnisse an Ort und Stelle, also auch auf die Trägheit des Ansprechens des Temperaturreglers abgestimmt werden.

Ferner verhindert das eingebaute Hilfsschütz d1 nach einem Netzausfall eine Überlastung des Netzes und damit ein Ansprechen der Sicherungen. Hierbei hat sich folgende Schaltung als zweckmäßig erwiesen:

Im Falle einer Störung, welche die Abschaltung der gesamten Anlage fordert, oder eines Spannungsausfalls, bleiben nach Wiederkehr der Spannung die Stufenschalter zunächst spannungslos. Über einen Öffner des Hilfsschützes d1 wird die Spannung direkt auf den Synchronmotor des Programmschaltwerkes d2 gegeben, so daß sich die Nockenwelle in die Grundstellung unter Umgehung der Stufenlaufzeit zurückdreht. Hierfür sind längstens 50 sec erforderlich.

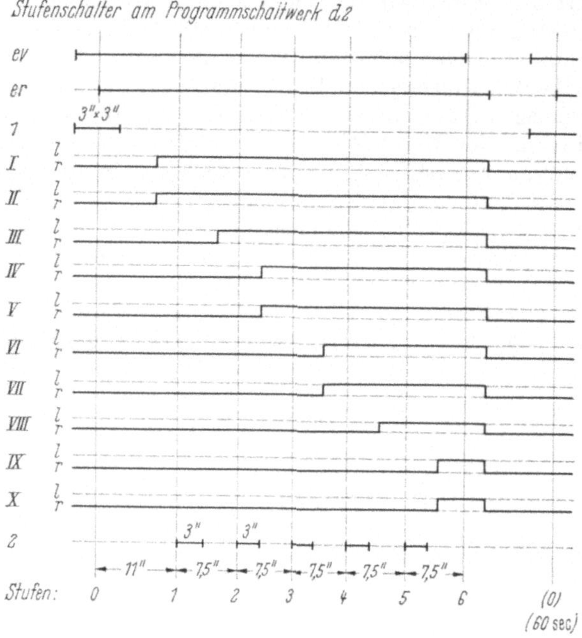

Abb. 190. Ablaufdiagramm einer Temperatursteuerung mit einstellbarem Stufenabstand.

Hat die Nockenwelle die Nullstellung erreicht, wird der Nullstellungsschalter d2.1 geschlossen. Dieser Schalter ist nur in der Nullstellung des Programmschaltwerkes geschlossen. Jetzt ist es möglich, mit Hilfe eines Tastschalters das Hilfsschütz d1 einzuschalten und in Selbsthaltung zu bringen. Nun kann der Regelvorgang beginnen. Diese Art der Verriegelung bringt den Vorteil, daß beim Abschalten der gesamten Anlage im Falle einer Störung jede weitere Regelung unterbunden wird und der Regelvorgang erst nach dem Beheben der Störung von Hand wieder eingeleitet werden kann.

Neben dem Schaltbild Abb. 189 ist noch ein Ablaufdiagramm notwendig. Ein Beispiel für eine Schalterabwicklung ist in Abb. 190 gezeigt. Hieraus ist eindeutig die Arbeitsweise der beiden Endtaster d2.ev und d2.er (Abb. 189) für die Begrenzung des Vor- und Rückwärtslaufes des Programmschaltwerkes und der Steuerschalter d2.1 und d2.2 zu erkennen.

d2.2 schaltet in jeder Stufe das Verzögerungsschaltwerk d3 ein. Als Folge davon öffnet der Schalter d3.1 des Verzögerungsschaltwerkes d3, womit die Spannungszuleitung zum Temperaturregler unterbrochen ist. Das Programmschaltwerk bleibt stehen. Erst nach dem Ablauf des Verzögerungsschaltwerkes schließt der Schalter d3.2 und gibt den Temperaturregler wieder frei.

Während des Laufes von einer Stufe zur anderen wird das Verzögerungsschaltwerk kurzzeitig spannungslos und kann dabei selbsttätig durch Federkraft in seine Ruhelage zurückkehren. Der Programmablauf ist beim Öffnen des Vorwärts-endtasters d2.ev beendet, so daß weitere Schaltbefehle von d2.2 wirkungslos werden.

Normalerweise ist es so, daß das Programmschaltwerk und das Verzögerungs-schaltwerk als eine Einheit gemeinsam in einem Gehäuse montiert werden (Abb. 191).

Eine weitere Möglichkeit zur automatischen Steuerung von Kälteanlagen zeigt Abb. 192, deren Einrichtung sich mit listenmäßigen Schaltgeräten auf ein-

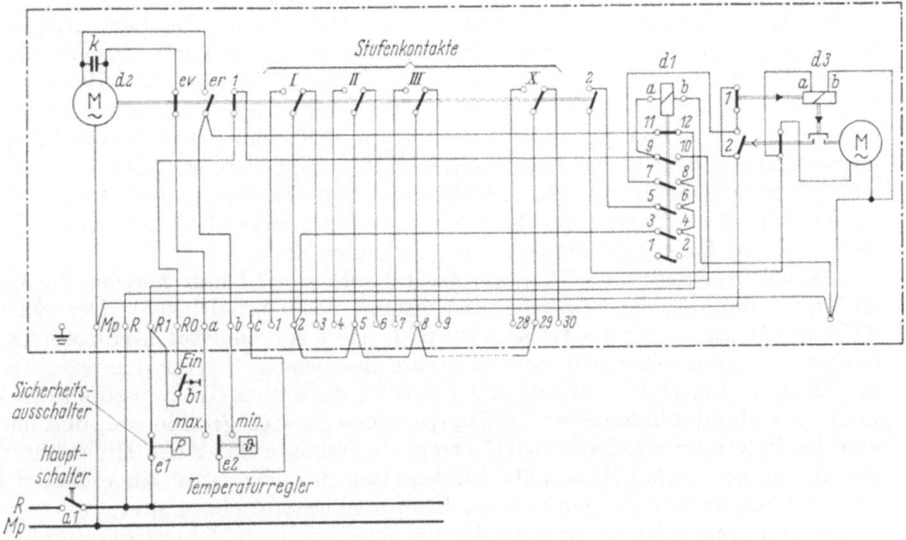

Abb. 191. Schaltplan einer Temperatursteuerung mit einstellbarem Stufenabstand.

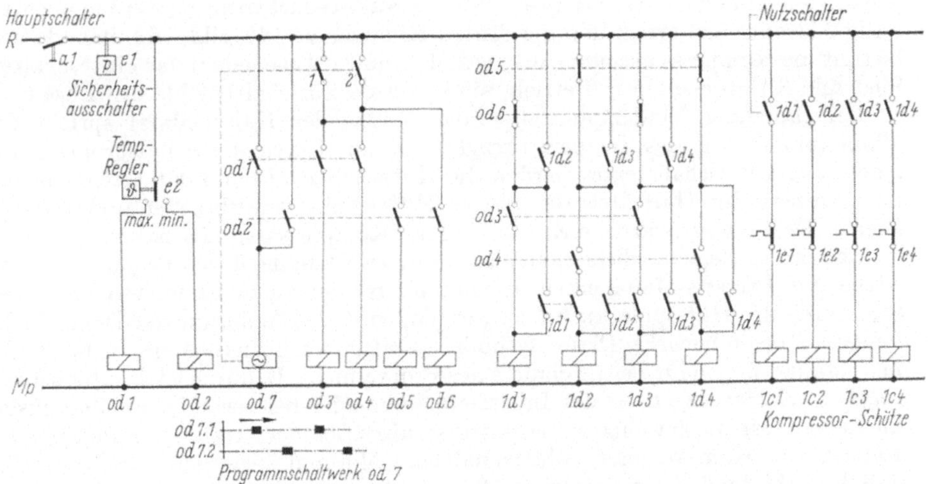

Abb. 192. Grundsätzliche Schaltung einer Kälteanlage mit Schrittschaltregelung.

fache Weise verwirklichen läßt. Nach ihrer Funktion stellt diese Einrichtung eine Schrittschaltregelung dar. Sie besteht aus zwei Hilfsschützen 0d1 und 0d2 für den Temperaturregler e2, einem einfachen Programmschaltwerk 0d7 mit Synchron- oder Ferraris-Motor mit zwei Schaltern, die abwechselnd schließen und öffnen und der eigentlichen Schrittschaltung, die sich aus Einzel-Hilfsschützen zusammensetzt. Die Ausführung des Programmschaltwerkes ist unabhängig von der Anzahl der Leistungsstufen und von der Art des abzuwickelnden Programmes. Die Forderung nach Nullspannungsauslösung ist hierbei ohne besondere Vorkehrungen erfüllt.

Bei Spannungsausfall oder bei Abschaltung der Anlage infolge einer Störung fallen alle Schütze der Schrittschaltregelung ab, so daß nach Wiederkehr der Spannung der Regelzustand stufenweise von vorn aufgebaut wird, bis die Kompressorleistung dem Kältebedarf wieder angeglichen ist.

Die Änderung der Verdampfertemperatur wirkt auf den Temperaturregler e2. Bei steigender Temperatur (steigender Kältebedarf) gibt der mit „max." gekennzeichnete Schalter einen Einschaltbefehl auf das Hilfsschütz 0d1. Bei fallender Temperatur (verminderter Kältebedarf) wird der mit „min." bezeichnete Schalter betätigt und gibt den Einschaltbefehl auf das Hilfsschütz 0d2. Wenn die Kompressorleistung dem geforderten Kältebedarf angeglichen ist, sind beide Hilfsschütze unerregt. Wird das Hilfsschütz 0d1 durch den Maximum-Schalter erregt, dann erfolgt die Einschaltung des Programmschaltwerkes 0d7, das dauernd umläuft, solange das Hilfsschütz 0d1 oder 0d2 erregt bleibt.

Die beiden Schalter des Programmschaltwerkes 0d7.1 und 2 geben im Ablauf der Umdrehungsgeschwindigkeit abwechselnd einen Schaltbefehl. Der Schalter 0d7.1 erregt kurzzeitig das Hilfsschütz 0d3, das das erste Stufen-Hilfsschütz 1d1 schaltet, das sich selbst hält und weiterhin das Schütz 1c1 für den ersten Kompressormotor einschaltet. Reicht die Leistung des ersten Kompressors nicht aus, bleibt der Maximum-Schalter des Temperaturreglers e2 geschlossen, und im Ablauf des Programmschaltwerkes 0d7 erregt der Schalter 0d7.2 das Hilfsschütz 0d4, das das zweite Stufen-Hilfsschütz 1d2 schaltet, das sich selbst eingeschaltet hält und das Schütz 1c2 für den zweiten Kompressormotor einschaltet.

Bei weiterem Kältebedarf wird der nächste Einschaltbefehl wieder durch 0d7.1 erteilt, wobei jetzt das Hilfsschütz 1d3 erregt wird, das das Schütz 1c3 und damit den dritten Kompressor einschaltet. Solange Kältebedarf vorliegt, werden wechselseitig 0d3 oder 0d4 erregt und die Stufen-Hilfsschütze 1d1, 1d2, 1d3 und 1d4 und hiermit die Kompressorschütze 1c1, 1c2, 1c3 und 1c4 nacheinander eingeschaltet. Sind alle Kompressoren in Betrieb, sind weitere Einschaltbefehle unwirksam.

Bei sinkender Verdampfertemperatur (sinkender Kältebedarf) spricht der Minimum-Schalter des Temperaturreglers e2 an. Durch die Schalter 0d7.1 und 2 des Programmschaltwerkes werden die Hilfsschütze 0d5 und 0d6 erregt, die mit ihren Öffnern den Haltekreis der Stufen-Hilfsschütze unterbrechen und in umgekehrter Reihenfolge wie beim Zuschalten die Kompressoren abschalten.

Erweiterte Regelmöglichkeiten lassen sich zweckmäßig durch Programmschaltwerke mit Ferraris-Motor erzielen. Durch Drehgleitwiderstände, welche in den Stromkreis der Hilfsspule geschaltet werden, wird eine Änderung der Drehzahl des Ferraris-Motors bewirkt. Diese Methode gestattet auch unabhängig voneinander Zeitveränderungen für Teilabschnitte des Programmes. Dadurch ist die Möglichkeit gegeben, Kälteanlagen bei der Inbetriebnahme oder bei veränderten Betriebsbedingungen auf die jeweiligen Verhältnisse abzustimmen. Häufig werden für den Antrieb von Kompressoren polumschaltbare Motoren verwendet. Hieraus folgt, daß die Zahl der Leistungsstufen größer sein kann als die Anzahl der Kompressoren. Hierbei stellt sich naturgemäß die Forderung, bei einem Zu- oder Abschaltbefehl gleichzeitig zwei oder mehrere Schaltfunktionen durch die Nutzschalter der Stufen-Hilfsschütze auszulösen, beispielsweise, wenn ein Kompressor größerer Leistung zugeschaltet und gleichzeitig ein Kompressor kleinerer Leistung abgeschaltet werden soll.

Der Aufbau der Schaltung läßt leicht erkennen, daß durch entsprechende Schaltung der Nutzschalter an den Stufen-Hilfsschützen (Schließer und Öffner) anstelle der hier gewählten Schaltfolge jedes beliebige Regelprogramm verwirklicht werden kann. Die Schrittschaltung selbst wird durch die Forderungen, welche an die Schaltfunktion der Nutzschalter gestellt werden, nicht beeinflußt.

Die Stufenzahl dieser Regeleinrichtung kann durch einfaches Hinzufügen weiterer Stufenschütze beliebig erweitert werden. Eine Änderung ist auch an Ort und Stelle möglich.

Sowohl der Wirkschaltplan als auch der Stromlaufplan enthalten als komplette Schaltpläne alle erforderlichen Einzelheiten, wie Anschlußklemmen, Klemmenbezeichnung der Schalter, Sicherungen usw. Für den ersten Entwurf einer Schaltung, bei welchem jedoch zunächst nur die Funktion festgelegt werden soll, bedient man sich des Entwurfsschemas, das einem Stromlaufplan mit wesentlich vereinfachten Symbolen entspricht.

In Abb. 193 ist das zu Abb. 188 gehörige Entwurfsschema dargestellt. Es beschränkt sich auf die Steuerstromkreise und bedient sich außerdem noch einer besonders einfachen Symbolik, die eine rasche Darstellung erlaubt. Die Spulen und andere Antriebselemente werden durch große Buchstaben, alle Schalter durch kleine Buchstaben gekennzeichnet.

Hieraus ist die Bedeutung der anderen Symbole leicht abzuleiten.

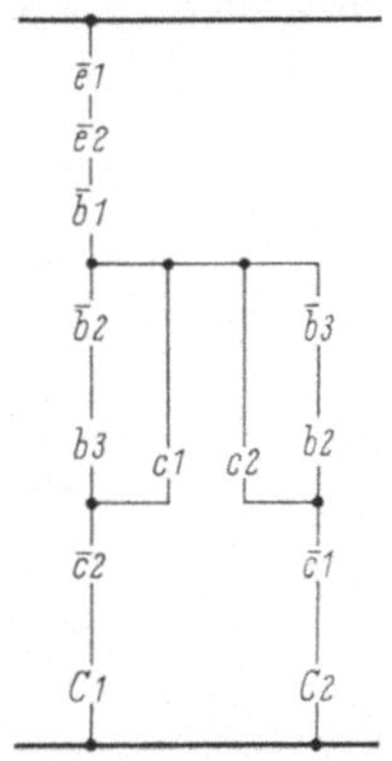

Abb. 193. Stromlaufplan mit vereinfachten Symbolen.

$c1$ Schließer des Schützes $c1$; $\bar{c}1$ Öffner des Schützes $c1$; $C1$ Spule des Schützes $c1$; $\bar{e}1$ Öffner des Überstromrelais $e1$; $b3$ Schließer des Tastschalters $b3$; $\bar{b}2$ Öffner des Tastschalters $b2$.

Zur Unterscheidung erhalten die Öffner über dem Buchstabensymbol noch einen Querstrich, das sogenannte Inversionszeichen. Öffner und Schließer arbeiten bekanntlich im Gegentakt. Im unbetätigten Zustand eines Schaltgerätes sind Öffner leitend und Schließer nicht leitend. Hingegen werden im betätigten Zustand des Gerätes die Schließer leitend und die Öffner nicht leitend. Das Inversionszeichen drückt also eine Wirkungsumkehr aus.

Auch für verzögert wirkende Schalter gibt es besondere Symbole. Es ist:

↑ = Symbol für den Einschaltverzug

↓ = Symbol für den Ausschaltverzug

Es ist also $\bar{c}1$ ↑ ein einschaltverzögerter Öffner des Schützes $c1$ mit der Spule $C1$.

II. Logische Verknüpfungen und Schaltungsgleichung.

Den einfachsten Fall einer elektrischen Steuerung zeigt das Entwurfsschema Abb. 194a. Hier wirkt der Schließer a eines Befehlsgerätes A auf die Schützspule X als Antriebselement ein. Es ist festzustellen, daß X nur dann erregt ist, wenn a leitet. Ebenso kann der Schließer a nur dann leiten, wenn das Befehlsgerät A betätigt ist. Daraus folgt die Aussage:

„Schützspule X ist erregt, solange das Befehlsgerät A betätigt ist".

In Abb. 194b wirkt der Öffner $\bar{b}$ eines Befehlsgerätes B auf die Schützspule X ein. Hier gilt die Aussage:

„Schützspule X ist erregt, solange das Befehlsgerät B unbetätigt ist".

Die beiden Beispiele zeigen, daß Aussage und Schaltplan nur verschiedene Ausdrucksformen einer Sache sind. Es gibt noch eine dritte Form in Gestalt algebraischer Ausdrücke. In Abb. 194a sind a und X in Reihe geschaltet. Eine Reihenschaltung wird wie eine mathematische Multiplikation geschrieben. Folglich gilt

$$a \cdot X \text{ bzw. } aX$$

als algebraische Ausdrucksform für die Reihenschaltung von a und X. Es muß betont werden, daß es sich hierbei nicht um eine echte Multiplikation handelt, sondern lediglich um eine Schreibweise, die es gestattet, eine Schaltung als algebraischen Ausdruck zu schreiben.

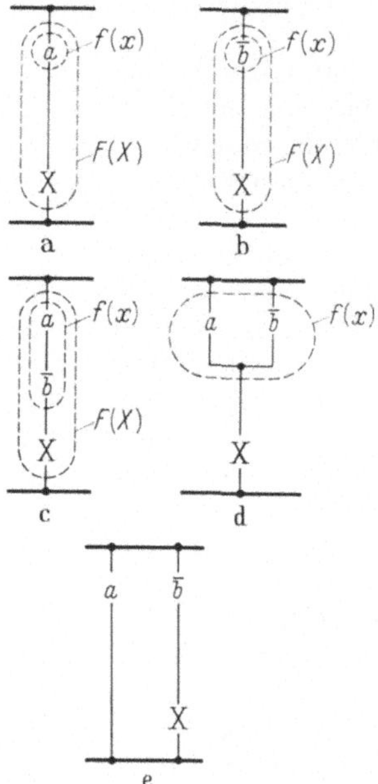

Abb. 194a—e. Entwurfsschemata elektrischer Steuerungen.

Die Reihenschaltung aX in Abb. 194a umfaßt bereits die gesamte Schaltung, weil es weitere Schaltelemente nicht gibt. Für eine gesamte Schaltung gibt es den Sammelausdruck F, wodurch die Schaltungsgleichung

$$F = a \cdot X \tag{10}$$

entsteht. Zu Unterscheidungszwecken setzt man meistens hinter den Sammelausdruck F in Klammern die Arbeitselemente, welche betroffen werden. Im vorliegenden Fall kommt hierfür nur die Schützspule X in Frage

$$F(X) = a \cdot X \quad \text{bzw.} \quad F(X) = aX \tag{11}$$

Die Gleichung besagt:
Die gesamte Schaltung des Arbeitselementes X besteht aus der Reihenschaltung aX. Ebenso findet sich für die Abb. 194b die Schaltungsgleichung

$$F(X) = \bar{b}X \tag{12}$$

Für die Abb. 194c gilt die Schaltungsgleichung

$$F(X) = a\bar{b}X \tag{13}$$

Alle diese Schaltungsgleichungen stimmen darin überein, daß auf der rechten Seite das Arbeitselement X steht. Diese Gleichungen haben die allgemeine Form

$$F(X) = f(X) \cdot X \tag{14}$$

wobei f(X) einen Sammelausdruck für die vor den Arbeitselementen liegende Schaltung bedeutet. Für Abb. 194a und 194b ist f(X) = a bzw. f(X) = $\bar{b}$. Für Abb. 194c wird $f(X) = a\bar{b}$. Es genügt bereits die Kenntnis von $f(X)$, um die gesamte Schaltung $F(X)$ zu beschreiben.

In Abb. 194d sind a und $\bar{b}$ parallelgeschaltet. Eine Parallelschaltung wird als schaltungsalgebraische Summe geschrieben. Folglich drückt $a + \bar{b}$ die Parallelschaltung dieser beiden Schalter aus und nach Abb. 194d wird

$$f(X) = a + \bar{b} \tag{15}$$

Daraus folgt

$$F(X) = f(X) \cdot X = (a + \bar{b}) \cdot X \tag{16}$$

als komplette Schaltungsgleichung für Abb. 194d.

Wie in der herkömmlichen Algebra ist das schaltungsalgebraische „Mal"-Zeichen dem „Plus"-Zeichen vorgeordnet. Daher muß die Klammer um $a + \bar{b}$ gesetzt werden, damit diese Vorordnung des „Mal"-Zeichens aufgehoben wird. Ohne Klammer würde die Schaltungsgleichung

$$F(X) = a + \bar{b}X \tag{17}$$

entstehen. Sie drückt die Schaltung nach Abb. 194e aus.

Auch komplizierte Schaltungen lassen sich durch Gleichungen ausdrücken. So wird z. B. für Abb. 193

$$F(C1, C2) = \bar{e}1\bar{e}2\bar{b}1\,[(\bar{b}2b3 + c1)\,\bar{c}2C1 + (c2 + \bar{b}3b2)\bar{c}1C2] \tag{18}$$

Durch das zulässige „Ausmultiplizieren" der eckigen Klammer wird

$$\begin{aligned} F(C1, C2) &= F(C1) + F(C2) \\ &= \bar{e}1\bar{e}2\bar{b}1\,(\bar{b}2b3 + c1)\bar{c}2C1 + \bar{e}1\bar{e}2\bar{b}1\,(c2 + \bar{b}3b2)\bar{c}1C2 \end{aligned} \tag{19}$$

Daraus folgt $\quad F(C1) = \bar{e}1\bar{e}2\bar{b}1\,(\bar{b}2b3 + c1)\,\bar{c}2C1 \tag{20}$

oder $\qquad F(C2) = \bar{e}1\bar{e}2\bar{b}1\,(c2 + \bar{b}3b2)\,\bar{c}1C2 \tag{21}$

oder $\qquad f(C1) = \bar{e}1\bar{e}2\bar{b}1(\bar{b}2b3 + c1)\bar{c}2 \tag{22}$

$\qquad\qquad f(C2) = \bar{e}1\bar{e}2\bar{b}1(c2 + \bar{b}3b2)\,\bar{c}1 \tag{23}$

Die Schaltung nach Abb. 194c zeigt die Reihenschaltung $a\bar{b}$ vor der Schützspule X. Diese kann nur dann erregt sein, wenn a *und* b zugleich leiten. Die Schaltung nach Abb. 194d zeigt die Parallelschaltung $a + \bar{b}$ vor der Schützspule X. Hier gilt die Aussage, daß a *oder* b leiten müssen, wenn X erregt sein soll.

Man bezeichnet deshalb auch:

Reihenschaltung = Und-Schaltung (Aussage: sowohl ··· als auch)
Parallelschaltung = Oder-Schaltung (Aussage: entweder ··· oder)

Für die Und-Schaltung nach Abb. 194c gilt die Aussage:
„Schütz X ist erregt, wenn *sowohl* a betätigt *als auch* b unbetätigt ist".

Für die Oder-Schaltung nach Abb. 194d gilt die Aussage:
„Schütz X ist erregt, wenn *entweder* a betätigt *oder* b unbetätigt ist".

Über die Anwendung dieser Ausdrücke beim Entwurf von Steuerschaltungen geben einige Beispiele Auskunft.

III. Beispiele für Steuerschaltungen.

1. Kompressorsteuerung.

Der Motor eines luftgekühlten Kompressors wird nach Abb. 195 und 196 durch ein Schütz c mit der Schützspule C geschaltet und durch ein thermisches Überstromrelais E1 mit Schalter e1 überwacht. Ein Temperaturregler e2 übernimmt mit seinem Schalter die automatische Steuerung der Schützspule C über einen Rast-

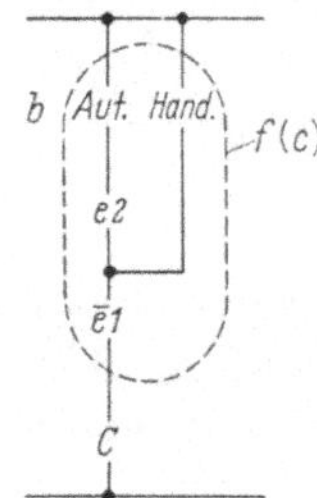

Abb. 195. Entwurfsschema einer Kompressor-Steuerung.

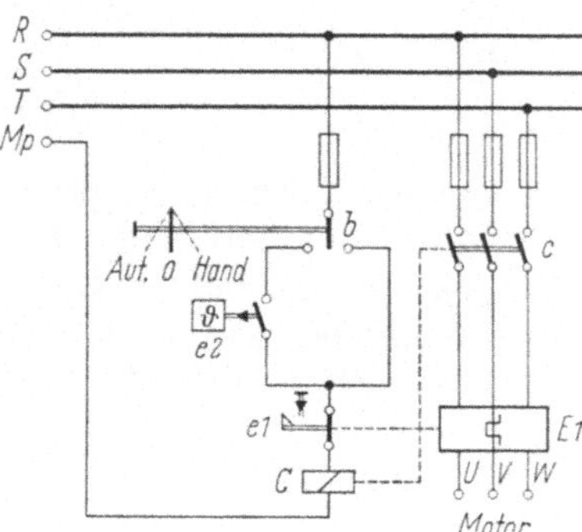

Abb. 196. Schaltschema einer Kompressor-Steuerung.

b Rastschalter; C/c Schütz; E1/e1 therm. Überstromrelais; e2 Temperaturregler.

schalter b. Befindet sich dieser in der Stellung „Aut.", so schaltet e2 die Schützspule C mit steigender Raumtemperatur ein und mit sinkender Temperatur aus. Befindet sich der Rastschalter in der Stellung „Hand", so wird Schützspule C dauernd erregt. Ebenso ist die Schützspule C dauernd ausgeschaltet, wenn sich der Rastschalter b in der Stellung „0" befindet. Wenn das thermische Relais E1 anspricht, wird über e1 die Schützspule C und damit Schütz c abgeschaltet.

Daraus folgen zwei Bedingungen, nach denen Schützspule C erregt werden kann:

1. Entweder: Es ist b in Stellung „Aut." *und* e2 betätigt *und* e1 unbetätigt,
2. oder: Es ist b in Stellung „Hand" *und* e1 unbetätigt.

Es entstehen hieraus die schaltungsalgebraischen Ausdrücke

1. $(Aut.) \cdot e2 \cdot \bar{e}1 = f(x1)$ 2. $(Hand) \cdot \bar{e}1 = f(x2)$

daraus folgt

$$f(C) = f(x1) + f(x2) = (Aut.) \cdot e2 \cdot \bar{e}1 + (Hand) \cdot \bar{e}1$$

oder durch Ausklammern von $\bar{e}1$

$$f(C) = [(Aut.) \cdot e2 + (Hand)] \cdot \bar{e}1$$

2. Kühlraumsteuerung mit einem Kompressor.

Die Abb. 197 zeigt den grundsätzlichen Aufbau einer Kälteanlage mit 4 Kühlräumen (1 bis 4). Jeder Raum wird durch einen Verdampfer gekühlt. Jeder Verdampfer wird durch ein Magnetventil (s1 bis s4) an ein Kühlsystem mit dem Kompressor K angeschlossen. Der Kompressor ist wassergekühlt. Er erhält das Kühlwasser für seinen Kondensator über ein Magnetventil s5. Der Kühlwasserdurchfluß wird von einem Kühlwasserkontrollwächter e5 überwacht. Jeder Kühlraum besitzt einen Temperaturregler (e1 bis e4), der mit steigender Temperatur betätigt (geschlossen) und bei ausreichend niedriger Temperatur unbetätigt (geöffnet) ist. Der Kompressormotor M wird durch ein Schütz c1 geschaltet und durch ein thermisches Überstromrelais e6 überwacht. Es gelten folgende Bedingungen:

1. Der Kältebedarf eines jeden Raumes wird durch Betätigung des zugehörigen Temperaturreglers (e1 bis e4) gemeldet.

2. Soll ein Raum gekühlt werden, so muß das betreffende Kältemittelventil (s1 bis s4) geöffnet, d. h. erregt sein.

3. Wenn einer oder mehrere Räume gekühlt werden, dann muß der Kompressor laufen.

4. Bei Überstrom oder Wassermangel muß der Kompressor abgeschaltet werden. Hierzu dient das thermische Relais e6 bzw. der Kühlwasserkontrollwächter e5.

Das Ventil s1 ist betätigt, solange e1 betätigt ist. Analoge Aussagen gelten für s2, s3, s4 bzw. e2, e3, e4. Es wird also

$$f(S1) = e1; \quad f(S2) = e2; \quad f(S3) = e3; \quad f(S4) = e4 \text{ oder}$$

$$F(S1) = e1s1; \quad F(S2) = e2s2; \quad F(S3) = e3s3; \quad F(S4) = e4s4$$

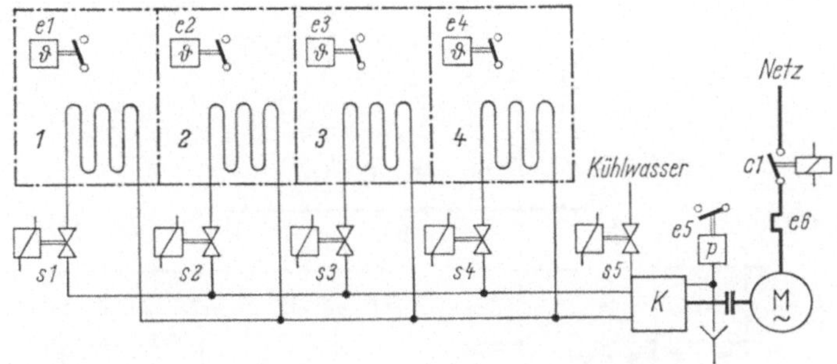

Abb. 197. Steuerung einer Kälteanlage mit 4 Kühlräumen.

Das Kühlwasserventil s5 ist betätigt, wenn e1 *oder* e2 *oder* e3 *oder* e4 betätigt sind. Folglich gilt

$$f(S5) = e1 + e2 + e3 + e4 \text{ bzw. } F(S5) = (e1 + e2 + e3 + e4) \cdot s5$$

Das Motorschütz c1 mit Spule C1 ist betätigt, wenn

sowohl e1 *oder* e2 *oder* e3 *oder* e4 betätigt

als auch e5 betätigt sind,

aber e6 unbetätigt ist.

Daraus folgt

$$f(C1) = (e1 + e2 + e3 + e4)\, e5\bar{e}6$$

$$F(C1) = (e1 + e2 + e3 + e4)\, e5\bar{e}6c1$$

Alle Gleichungen zusammen ergeben das Funktionsschema Abb. 198a. Hier sind die Spulen der Antriebselemente wieder mit großen Buchstaben gekennzeichnet. Nach Abb. 198a müßte jeder Temperaturregler 3polig sein. Durch Ausklammern ist jedoch eine Einsparung möglich. Es wird

$$F(S5,C1) = F(S5) + F(C1) = (e1 + e2 + e3 + e4)\, S5 + (e1 + e2 + e3 + e4)e5\bar{e}6\, C1$$

$$F(S5,C1) = F(S5) + F(C1) = (e1 + e2 + e3 + e4)\, (S5 + e5\bar{e}6C1)$$

Daraus entsteht das Funktionsschema der Abb. 198b. Auch hier sind noch 2polige Temperaturregler erforderlich. Da Temperaturregler jedoch überwiegend nur 1polig lieferbar sind, müßte zu jedem Temperaturregler ein Hilfsschütz verwendet werden.

12*

Ist an den Kältemittelventilen der Anbau von Hilfsschaltern möglich, so könnten die erforderlichen Schalter zur Einschaltung der Spule des Kühlwasserventils S5 und des Kompressorschützes C1 durch Ventilhilfsschalter ersetzt werden. Dann geht die Schaltung nach Abb. 198b in Schaltung nach Abb. 198d über.

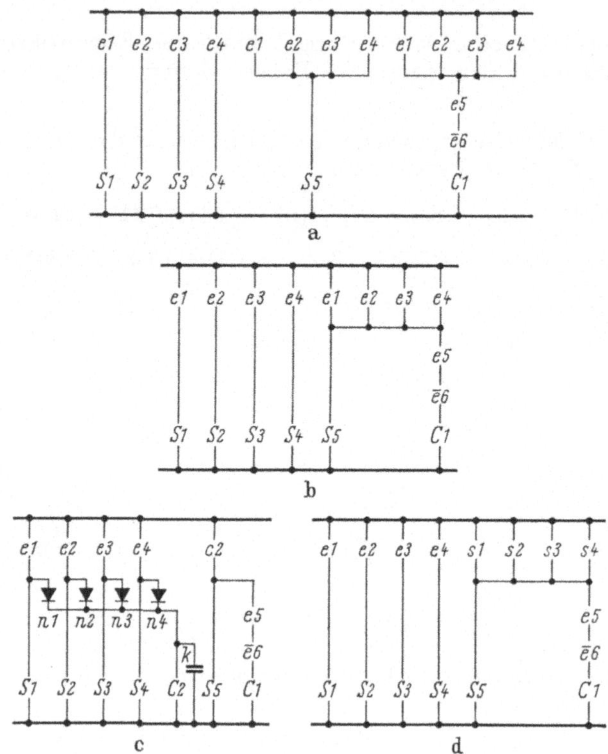

Abb. 198 a—d. Entwurfsschemata für eine Kühlhaussteuerung.

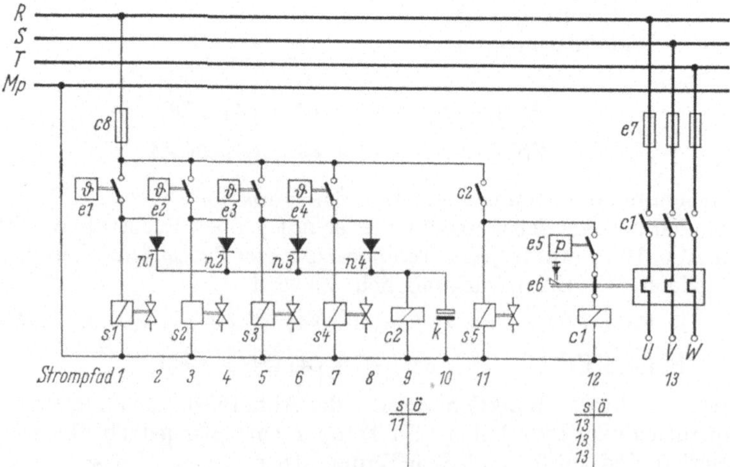

Abb. 199. Stromlaufplan der Kühlhaussteuerung nach Abb. 198c.

Wenn die einzelnen Temperaturregler über Gleichrichter n1 bis n4 ein gemeinsames Hilfsschütz mit Spule C2 ansteuern, kann auf zusätzliche Schalter an den Temperaturreglern oder an den Ventilen verzichtet werden (Abb. 198c).

Dieses Beispiel zeigt, daß meist mehrere Schaltungsmöglichkeiten bestehen, von denen die geeignetste ausgesucht werden muß. Aus dem Funktionsschema Abb. 198c entsteht der Stromlaufplan nach Abb. 199.

3. Signalsteuerung.

Ein Kühlhaus hat 3 Kühlräume, deren Temperatur durch Temperaturregler kontrolliert wird. Jeder Temperaturregler schaltet eine Hilfsschützspule (X1, X2, X3) ein, sobald die Raumtemperatur zu hoch wird. Bei ausreichend niedriger Temperatur ist das entsprechende Hilfsschütz unbetätigt.

Gewünscht wird eine Steuerschaltung, welche folgende Signale gestattet:

Signal S0: Kein Raum ist zu warm.
Signal S1: Einer der drei Räume ist zu warm.
Signal S2: Zwei von drei Räumen sind zu warm.
Signal S3: Alle drei Räume sind zu warm.

Das Signal S0 besteht, wenn *sowohl* X1 *als auch* X2 *als auch* X3 unbetätigt sind. Daraus folgt

$$f(S0) = \overline{x1} \cdot \overline{x2} \cdot \overline{x3}$$

Das Signal S1 besteht, wenn:

entweder sowohl X1 betätigt, *als auch* X2 *und* X3 unbetätigt
oder sowohl X2 betätigt, *als auch* X3 *und* X1 unbetätigt
oder sowohl X3 betätigt, *als auch* X1 *und* X2 unbetätigt

sind. Die Schaltungsgleichung lautet

$$f(S1) = x1\overline{x2}\overline{x3} + \overline{x1}x2\overline{x3} + \overline{x1}\overline{x2}x3$$

Das Signal S2 besteht, wenn:

entweder sowohl X1 *und* X2 betätigt *als auch* X3 unbetätigt
oder sowohl X1 *und* X3 betätigt *als auch* X2 unbetätigt
oder sowohl X2 *und* X3 betätigt *als auch* X1 unbetätigt

$$f(S2) = x1x2\overline{x3} + x1\overline{x2}x3 + \overline{x1}x2x3$$

Das Signal S3 besteht, wenn:
sowohl X1 *als auch* X2 *als auch* X3 betätigt ist. Daraus folgt

$$f(S3) = x1x2x3$$

Aus den 4 Schaltungsgleichungen entsteht das Entwurfsschema der Abb. 200a. Dieses läßt sich in die Abb. 200b überführen, wobei durch Maschenbildung der Strompfade von S2 und S1 Schalter eingespart werden. Die Schaltungen für S3 und S2 lassen sich teilweise überlagern. Hierbei fallen die Punkte 1′—1″ sowie 2′—2″ aufeinander. Sie bilden in Abb. 200c die Punkte 1 und 2. Ebenso lassen sich in Abb. 200b die Punkte 3′—3″ sowie 4′—4″ überlagern, worauf in Abb. 200c die Punkte 1—3 sowie 5′—5″, 6′—6″ und 7′—7″ aufeinander gelegt werden; daraus ergibt sich die endgültige Schaltung nach Abb. 200d. Die Schaltung nach Abb. 201 kommt nur in Frage, wenn mit Gleichstrom gesteuert wird. Sie ist mit der Schaltung nach Abb. 200d verwandt, hat aber eine etwas andere Funktion. Während in Abb. 200d S1 betätigt ist, wenn nur eine der Hilfsschützspulen X1, X2 oder X3 erregt ist, besteht in Abb. 201 das Signal S1, wenn *wenigstens* eins von den drei

Hilfsschützen erregt ist. Da die Dioden der Abb. 201 nur in Stromflußrichtung von links nach rechts durchlässig sind und den Stromfluß von rechts nach links sperren, so gilt

$$f(S1) = x1 + x2 + x3$$
$$f(S2) = x1x2 + x1x3 + x2x3$$
$$f(S3) = x1x2x3$$

Diese Gleichungen bestätigen die beschriebene Wirkungsweise. Die Schaltungen nach Abb. 200 und Abb. 201 lassen sich für eine beliebige Anzahl von

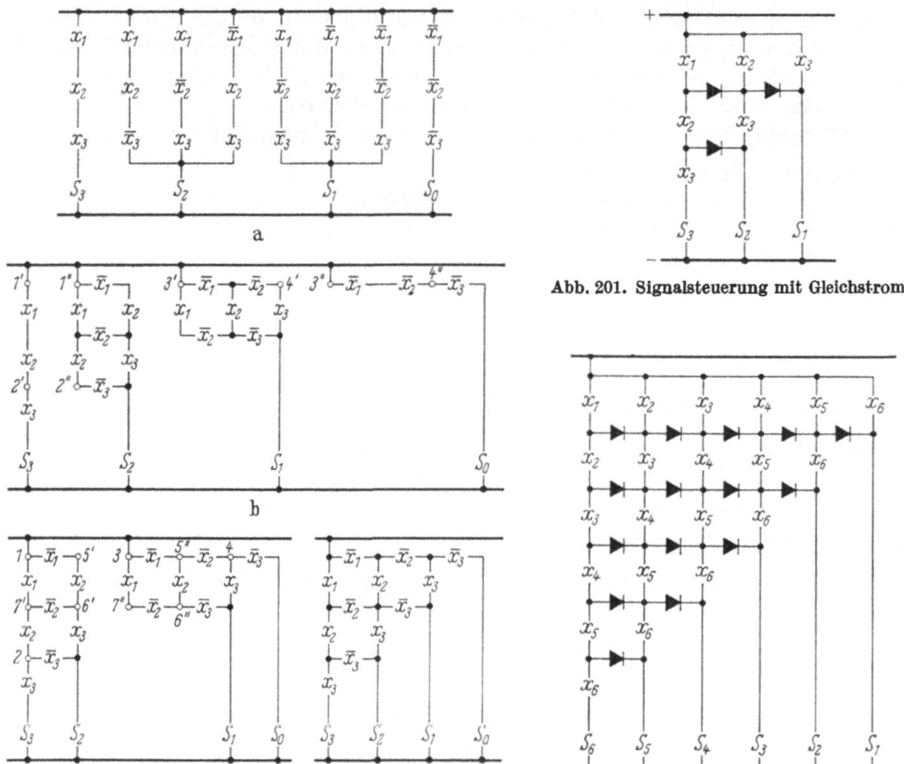

Abb. 201. Signalsteuerung mit Gleichstrom.

Abb. 200a—d. Entwurfsschemata für eine Signalsteuerung.

Abb. 202. Signalsteuerung für 6 Befehlsstellen.

Elementen aufstellen. So zeigt beispielsweise Abb. 202 eine Schaltung, welche derjenigen der Abb. 201 entspricht, jedoch für 6 Befehlsstellen geeignet ist (X1 bis X6). Das Signal S4 besteht beispielsweise, wenn 4 und mehr der 6 Hilfsschützspulen X1 bis X6 erregt und somit die Schalter x betätigt sind.

4. Steuerung für ein Kühlhaus mit 6 Räumen und 2 Kompressoren.

Ein Kühlhaus besitze 6 Kühlräume und 2 Kältemaschinensätze. In jedem Kühlraum befinde sich ein Temperaturregler, welcher mit wachsender Kühlraumtemperatur eine Hilfsschützspule erregt und bei ausreichend niedriger Temperatur das Hilfsschütz wieder abschaltet. Insgesamt kommen also 6 Hilfsschütze mit den Schaltern x1 bis x6 und den Spulen X1 bis X6 in Frage. Es bestehe die Bedingung, daß nur ein Kältemaschinensatz läuft, wenn maximal 3 Kühlräume gekühlt werden müssen. Sobald jedoch 4 und mehr Kühlräume gekühlt werden sollen, müssen beide Kältemaschinensätze laufen.

Zur Lösung dieser Aufgabe werden 2 „Signale" — hier sind es Schütze mit den Spulen S1 und S4 — benötigt. S1 wird erregt, wenn wenigstens ein beliebiger Raum gekühlt werden muß. Dieses Schütz gibt den Einschaltbefehl auf den ersten Maschinensatz. S4 wird dagegen erregt, wenn 4 bis 6 Räume gekühlt werden müssen und gibt den Einschaltbefehl auf den zweiten Maschinensatz.

Schütz S1 ist erregt, wenn

entweder X1 oder X2 oder X3 oder X4 oder X5 oder X6

betätigt ist. Daraus folgt die Schaltungsgleichung

$$f(S1) = x1 + x2 + x3 + x4 + x5 + x6$$

Das Schütz S4 soll erregt sein, wenn wenigstens 4 Kühlräume gekühlt werden sollen. Wenn beispielsweise die Kühlräume 1 bis 4 gekühlt und die Kühlräume 5 und 6 nicht gekühlt werden, dann besteht die Bedingung

$$x1x2x3x4\bar{x}5\bar{x}6$$

Eine andere Einschaltbedingung für S4 besteht, wenn in den Räumen 1, 2, 3 und 5 gekühlt wird, jedoch nicht in den Räumen 4 und 6. Hier besteht die Bedingung

$$x1x2x3\bar{x}4x5\bar{x}6$$

Schütz S4 muß erregt sein, wenn entweder die eine oder die andere dieser beiden Bedingungen erfüllt ist. Insgesamt bestehen für die Kühlung von 4 Räumen folgende Bedingungen

$$x1x2x3x4\bar{x}5\bar{x}6; \quad x1x2x3\bar{x}4x5\bar{x}6; \quad x1x2x3\bar{x}4\bar{x}5x6; \quad x1x2\bar{x}3x4x5\bar{x}6;$$

$$x1x2\bar{x}3x4\bar{x}5x6; \quad x1x2\bar{x}3\bar{x}4x5x6; \quad x1\bar{x}2x3x4x5\bar{x}6; \quad x1\bar{x}2x3x4\bar{x}5x6;$$

$$x1\bar{x}2x3\bar{x}4x5x6; \quad x1\bar{x}2\bar{x}3x4x5x6; \quad \bar{x}1x2x3x4x5\bar{x}6; \quad \bar{x}1x2x3x4\bar{x}5x6;$$

$$\bar{x}1x2x3\bar{x}4x5x6; \quad \bar{x}1x2\bar{x}3x4x5x6; \quad \bar{x}1\bar{x}2x3x4x5x6$$

Jede dieser Schalterkombinationen ist nur dann leitend, wenn 4 Kühlräume eingeschaltet sind. Bei Einschaltung des 5. und 6. Kühlraumes sorgen die in diesen Gliedern befindlichen Öffner für eine Unterbrechung. Wenn diese Öffner fortgelassen werden, gelten die Kombinationen für die Einschaltung von 4 und mehr Kühlräumen. Damit sind bereits alle Bedingungen für die Einschaltung von S4 gegeben, und die Schaltungsgleichung lautet

$$\begin{aligned}
f(S4) = {}& x1x2x3x4 + x1x2x3x5 + x1x2x3x6 + x1x2x4x5 + x1x2x4x6 \\
& + x1x2x5x6 + x1x3x4x5 + x1x3x4x6 + x1x3x5x6 + x1x4x5x6 \\
& + x2x3x4x5 + x2x3x4x6 + x2x3x5x6 + x2x4x5x6 + x3x4x5x6
\end{aligned}$$

Die Glieder werden so umgestellt, daß einerseits x1, x2, x3 und andererseits die Glieder x6, x5 und x4 ausgeklammert werden können.

$$\begin{aligned}
f(S4) = {}& x1x2x3x4 + x1x2x3x5 + x1x2x3x6 + x1x2x4x5 + x1x2x4x6 \\
& + x3x4x5x6 + x2x4x5x6 + x1x4x5x6 + x2x3x5x6 + x1x3x5x6 \\
& + x1x3x4x5 + x1x3x4x6 + x2x3x4x5 + x2x3x4x6 + x1x2x5x6
\end{aligned}$$

$$\begin{aligned}
f(S4) = {}& x1x2\,[x3x4 + x3(x5 + x6) + x4\,(x5 + x6)] \\
& + [x3x4 + (x2 + x1)\,x4 + (x2 + x1)\,x3]\,x5x6 \\
& + x1x3x4\,(x5 + x6) + x2x3x4\,(x5 + x6) + x1x2x5x6
\end{aligned}$$

$$\begin{aligned}
f(S4) = {}& x1x2\,[(x3 + x4)(x5 + x6) + x3x4] \\
& + [(x1 + x2)(x3 + x4) + x3x4]\,x5x6 \\
& + (x1 + x2)x3x4(x5 + x6) + x1x2x5x6
\end{aligned}$$

Das zugehörige Funktionsschema zeigt die Abb. 203. Es läßt sich mit den Mitteln der Schaltungsalgebra nicht weiter vereinfachen, jedoch kann die Zahl der Schaltelemente durch Maschenbildung noch herabgesetzt werden.

Für dieses Verfahren läßt sich mit Vorteil das Beispiel Abb. 202 verwenden. So erscheint beispielsweise in dem Funktionsschema Abb. 204 das Signal S1, wenn in wenigstens einem Raum gekühlt wird. Diese Bedingung entspricht genau derjenigen für die Einschaltung des ersten Kompressors. Ebenso erscheint das Signal S4, wenn in wenigstens 4 Räumen gekühlt werden muß. Diese Bedingung

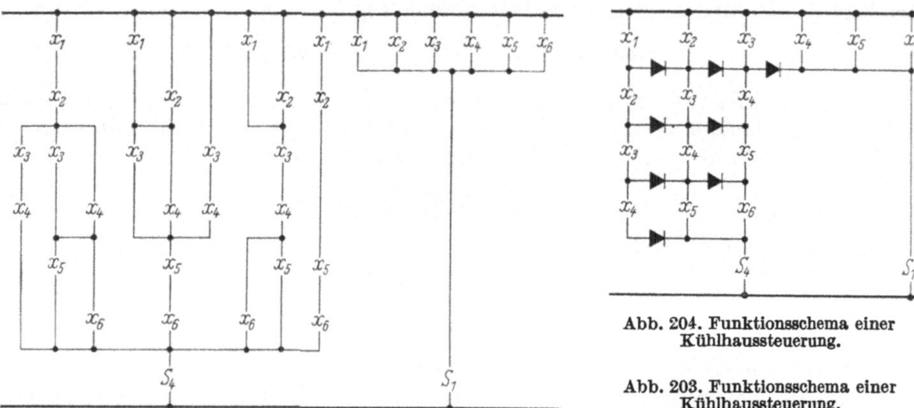

Abb. 204. Funktionsschema einer
Kühlhaussteuerung.

Abb. 203. Funktionsschema einer
Kühlhaussteuerung.

entspricht genau derjenigen, die zu erfüllen ist, wenn der zweite Kompressor der Kälteanlage in Betrieb genommen werden muß. Die Signalpfade S1 und S4 der Abb. 204 können also ohne weiteres als Betätigungspfade für die Schützspulen S1 und S4 des vorliegenden Beispieles verwendet werden. Die Schaltung nach Abb. 202 kann also übernommen werden, wobei die Signalpfade S2, S3, S5 und S6 entfallen dürfen. Hieraus entsteht der Schaltplan nach Abb. 204.

Zweiter Teil

Zubehör für Kältemaschinen*

Von

Dr.-Ing. **H. Loewer**

Beratender Ingenieur VBI, Karlsruhe

Mit Beiträgen von

Dipl.-Ing. **J. Philippsen**

Linde AG., Rodenkirchen

Dr. rer. nat. **H. Steinle**

Wiss. Mitarbeiter d. Robert Bosch Hausgeräte GmbH, Giengen/Brenz

Mit 87 Abbildungen.

A. Rohrleitungen.

I. Dimensionierung der Rohrleitungen in Kälteanlagen.

1. Grundlagen der Rohrleitungsberechnung.

a) Allgemeines. Bei der Bemessung von Rohrleitungen muß im allgemeinen zunächst der Durchmesser unter Berücksichtigung des zulässigen Druckverlustes berechnet werden. Die Größe des zulässigen Druckverlustes wird dabei bestimmt durch den am Ende der Leitung noch benötigten Druck.

Je kleiner die Durchflußgeschwindigkeit gewählt wird, d. h. je größer der Rohrdurchmesser ist, desto geringer sind die Druckverluste und damit auch die Betriebskosten; denn einen wesentlichen Bestandteil der Betriebskosten stellen die Energiekosten für den Betrieb der Rohrleitungsanlage, nämlich zur Überwindung des Strömungswiderstandes dar. Andererseits steigen mit wachsendem Rohrdurchmesser durch die Verteuerung des Rohrmaterials und der Isolierung die Anlagekosten. Deshalb ist der wirtschaftlichste Rohrdurchmesser derjenige, bei dem die Summe aus Anlage- und Betriebskosten ein Minimum wird.

In Fällen, wo die durchströmende Flüssigkeit ein Wärme- oder Kälteträger ist — was ja bei Rohrleitungen in Kälteanlagen fast immer zutrifft — spielen bei der Bemessung der Rohrleitungen außer den Druckverlusten auch die Wärmeverluste eine große Rolle. In solchen Fällen sind deshalb bei der Ermittlung des wirtschaftlichsten Rohrdurchmessers die Wärmeverluste bei der Rohrströmung noch besonders zu beachten.

---

* Die Abschnitte A bis C u. E bis H sind von H. Loewer, der Abschnitt D von J. Philippsen und der Abschnitt J von H. Steinle bearbeitet.

Ferner sind auch bezüglich der Temperatur und des Druckes eines strömenden Mediums häufig besondere Anforderungen an eine Rohrleitung zu stellen. In solchen Fällen werden für die Rohrleitung Festigkeitsberechnungen erforderlich, auf die deshalb im folgenden ebenfalls kurz eingegangen wird.

b) Berechnung des Druckabfalls.[1] α) *Gerade Rohrleitung.* In einer geraden Rohrleitung mit dem Durchmesser d und der Länge l wird der Druckabfall im allgemeinen nach der folgenden Gleichung berechnet:

$$\Delta p = \lambda \, \frac{l}{d} \, \frac{\varrho}{2} \cdot v^2 \quad . \tag{1}$$

Dabei ist ϱ die Dichte, v die Geschwindigkeit des strömenden Mediums und λ ein dimensionsloser Faktor, der von der Reynoldszahl der Strömung und oberhalb einer bestimmten Reynoldszahl auch von der Wandrauhigkeit abhängt. Für den Bereich der laminaren Strömung ($Re = \dfrac{v\,d}{v} < 2320$) ist

$$\lambda = \frac{64}{Re}. \tag{2}$$

Wird dieser λ-Wert in Gl. (1) eingeführt, so zeigt sich, daß im Bereich der laminaren Strömung der Druckverlust der Geschwindigkeit proportional ist:

$$\Delta p = 32 \frac{l}{d^2} \cdot v \cdot \varrho \cdot v. \tag{1a}$$

Bei turbulenter Strömung ($Re > 2320$) werden für vollkommen glatte Rohre folgende Beziehungen angegeben:

Bis $Re = 100000$ das Potenzgesetz von Blasius:

$$\lambda = 0{,}316/\sqrt[4]{Re}, \tag{3a}$$

für den Bereich $Re = 10^5$ bis 10^8 die Formel von Nikuradse[2]:

$$\lambda = 0{,}0032 + 0{,}221/Re^{0{,}237}. \tag{3b}$$

Bei rauhen Rohren ist die Widerstandszahl stets größer als bei glatten Rohren. Die λ-Werte rauher Rohre sind für verschiedene Wandrauhigkeiten als Funktion

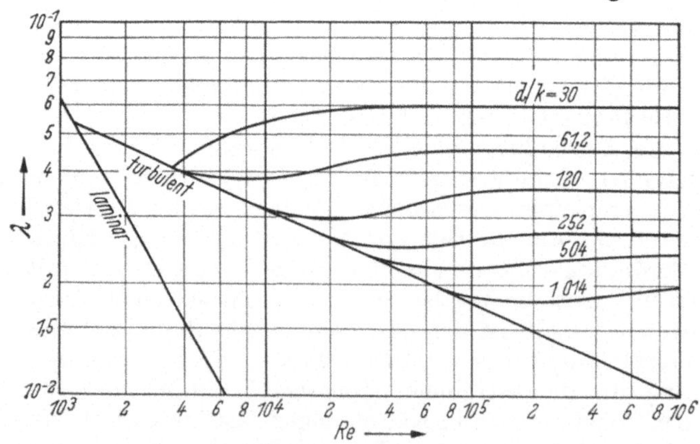

Abb. 205. Die Widerstandszahl λ in Abhängigkeit von der Reynoldszahl bei der Strömung in Rohren mit verschiedenen Wandrauhigkeiten (nach Nikuradse).

[1] Prandtl, L.: Zur turbulenten Strömung in Rohren und Längsplatten. Ergebnisse der Aerodynamischen Versuchsanstalt Göttingen, IV. Lfg., 18 bis 29 (1932).
[2] Nikuradse, J.: Gesetzmäßigkeiten der turbulenten Strömung in glatten Rohren. Mitt. Forschungsarbeiten VDI 356 (1932).

der Reynoldszahl nach NIKURADSE[1] in Abb. 205 dargestellt. Wie Abb. 205 erkennen läßt, ist im Bereich kleiner Reynoldszahlen der Widerstand der gleiche wie bei glatten Rohren und damit nur abhängig von Re. Für sehr große Reynoldszahlen wird λ unabhängig von Re und nur noch abhängig von der relativen Rauhig-

Tabelle 1. *Rauhigkeitswerte k in mm von verschiedenen Rohrwerkstoffen und Oberflächen (nach STRADTMANN)[2].*

Material	Zustand der Rohre	absolute Rauhigkeit k in mm
gezogene Rohre aus: Glas, Kupfer, Messing, Bronze, Aluminium, sonstigen Leichtmetallen, Kunststoffen u. dgl.	neu; technisch glatt	0 (glatt) bis etwa 0,0015
gezogene Stahlrohre	neu; verschiedene Glätte	0,01 bis 0,05
geschweißte Stahlrohre	neu	0,05 bis 0,10
	mäßig verrostet; leichte Verkrustung	0,15 bis 0,20
	stärkere Verkrustung	bis 3
genietete Stahlrohre	je nach Nietart und Ausführung	1 bis über 5 ($\sim$ 10)
galvanisierte Eisenrohre	neu	0,12 bis 0,15
schmiedeeiserne Rohre	neu	0,05
Rohre aus Gußeisen, einschl. Schleuderguß (mit Flansch- oder Muffenverbindung)	neu; innen mit Zement oder Bitumen ausgekleidet	0 (glatt) bis 0,12
	neu; nicht ausgekleidet	0,25
	angerostet	bis 1,5
	stärkere Rostnarben. Verkrustung	bis 3
Holzrohre	neu; Glätte nimmt infolge Verschleimung im Laufe der Jahre im allgemeinen zu	0,20 bis 1,0
Asbest-Zement-Rohre (Eternit, Toschi-Rohre u. a.)	neu	0 (glatt) bis 0,10
Beton-Rohre und Druckstollen aus Beton	neu; Stahlbeton mit sorgfältig geglättetem Verputz, Vorspann-Beton	0 (glatt) bis etwa 0,15
	neu; Schleuderbeton mit glattem Verputz	$\sim$ 0,15
	neu; ohne Verputz	0,20 bis $\sim$ 0,80
	Leitungen aus Stahlbeton mit glattem Verputz; mehrere Jahre in Betrieb	0,20 bis 0,30 und darüber

---

[1] NIKURADSE, J.: Strömungsgesetze in rauhen Rohren. Mitt. Forschungsarbeiten VDI 361 (1933).
[2] STRADTMANN, F. H.: Stahlrohr — Handbuch, 5. Aufl., Vulkan-Verlag: Essen 1956.

keit d/k (d = Rohrdurchmesser, k = mittlere Wanderhebung). Dazwischen liegt ein Übergangsgebiet, in dem λ sowohl von der Reynoldszahl, als auch von der Rauhigkeit beeinflußt wird. Die Tatsache, daß zahlreiche praktische Fälle gerade in diesem Bereich liegen, erschwert die Berechnung häufig sehr. Die Rauhigkeitswerte k sind für verschiedene Rohrwerkstoffe und Oberflächen aus Tab. 1 zu entnehmen.

An dieser Stelle sei besonders noch auf eine Veröffentlichung von Jaeschke[1] hingewiesen, in der über ein neues amerikanisches Berechnungsverfahren für den Druckabfall in Rohrleitungen berichtet wird. Durch Einführung eines „spezifischen Rauhigkeitsfaktors" für ein durchströmtes Rohr vom Einheitsdurchmesser werden die bisher bekannten und zum größten Teil oben aufgeführten Formeln für die Berechnung des Druckverlustes vereinfacht und verbessert. Als besonderer Vorteil dieses Verfahrens muß gewertet werden, daß der auf den Einheitsdurchmesser 1 mm bezogene spezifische Rauhigkeitsfaktor — sofern er nicht von vornherein bekannt ist — aus jedem durch Versuche bestimmten Widerstandsbeiwert λ eines Rohres von beliebigem Durchmesser d aus dem gleichen Werkstoff und mit gleicher Wandrauhigkeit wie das zu berechnende ermittelt werden kann.

Bei der Berechnung von Dampfleitungen muß beachtet werden, daß der durch die Reibungsverluste entstandene Druckverlust Δp eine Expansion des Gases zur Folge hat. Am Ende der Leitung haben sich gegenüber dem Anfang das Volum und damit die Geschwindigkeit des Mediums vergrößert. Der dabei auftretende Druckverlust Δp berechnet sich — isotherme Expansion vorausgesetzt — ausgehend von der Beziehung

$$\frac{p_2{}^2 - p_1{}^2}{2\,p_1} + \lambda\,\frac{l}{d}\cdot\frac{\varrho_1}{2}\,w_1{}^2 = 0 \tag{4}$$

zu

$$\Delta p' = p_1\left[1 - \sqrt{1 - \lambda\,\frac{1}{d}\,\frac{\varrho_1}{2}\,\frac{2\,w_1{}^2}{p_1}}\,\right]. \tag{4 a}$$

Der Index 1 bezieht sich auf den Anfang, der Index 2 auf das Ende der Leitung.

Schreibt man Gl. (4) in der Form

$$\Delta p' = \lambda\,\frac{l}{d}\,\frac{\varrho_1}{2}\,w_1{}^2\cdot\frac{p_1}{(p_1 + p_2)/2}, \tag{4 b}$$

so läßt sich erkennen, daß der für den Fall der Expansion der Gase in einem Rohr ermittelte Druckabfall $\Delta p'$ gegenüber dem für nicht kompressible Flüssigkeiten berechneten Druckverlust Δp um den Faktor p_1/p_m vergrößert wird.

Wesentlich vereinfacht wird die Ermittlung des Druckverlustes in geraden Rohren durch Anwendung von Nomogrammen, die insbesondere für Luft, Wasser und Wasserdampf bereits in großer Zahl aufgestellt wurden[2,3,4]. Für einige in der Kältetechnik verwendete Stoffe, wie Kältemittel und verschiedene Arten von Kühlsolen, haben Hofmann, Schwarz und Schumm[5] ein Nomogramm aufgestellt, das der Bestimmung des Druckverlustes in glatten, geraden Rohren

---

[1] Jaeschke, R.: Neues amerikanisches Berechnungsverfahren für den Druckabfall in Rohrleitungen. VDI-Z. Bd. 92 (1950) S. 237–239.

[2] Schwedler, F.: Handbuch der Rohrleitungen, 3. Aufl., Berlin/Göttingen/Heidelberg: Springer 1953.

[3] Richter, H.: Rohrhydraulik, 4. Auflage, Berlin/Göttingen/Heidelberg: Springer 1962.

[4] Deublein, O.: Druckabfall von strömender Luft in Rohrleitungen. DVK Arbeitsblatt 4–07, Karlsruhe: C. F. Müller 1951. Beilage zu Kältetechnik Bd. 3 (1951), H. 6.

[5] Hofmann, E., G. Schwarz, u. H. Schumm: Bestimmung des Strömungswiderstandes in glatten, geraden Rohren oder Kanälen bei turbulenter Strömung. DKV Arbeitsblatt 4–09 Karlsruhe: C. F. Müller 1952. Beilage zu Kältetechnik Bd. 4 (1952), H. 2.

oder Kanälen bei turbulenter Strömung dient. Dieses Nomogramm ist außer für die oben erwähnten Stoffe auch für Luft, Wasser und Wasserdampf zu verwenden. Ein einfaches Diagramm zur Rohrnetzberechnung wurde auch von RÖTSCHER[1] angegeben.

β) *Einzelwiderstände*. Zusätzlich zu dem durch Wandreibung in einer geraden Rohrleitung auftretenden Druckverlust sind bei der praktischen Rohrleitungsberechnung noch diejenigen Verluste zu berücksichtigen, die durch Einzelwiderstände, wie Querschnittsänderungen, Krümmer, Abzweige und Absperrorgane, hervorgerufen werden. Unter Berücksichtigung des jeweiligen Widerstandsbeiwertes ξ der Einzelwiderstände wird Gl. (1) erweitert zu

$$\Delta p = \left(\lambda \frac{1}{d} + \Sigma \xi\right) \frac{\varrho}{2} \cdot v^2 .\tag{5}$$

Für die wichtigsten in der Praxis auftretenden Fälle können die Widerstandsbeiwerte der Einzelwiderstände aus Tabellen der einschlägigen Literatur entnommen werden. HÄRTEL[2] hat die Widerstandsbeiwerte von Einzelwiderständen in Rohrleitungen mit kreisförmigem, quadratischem und rechteckigem Querschnitt sehr übersichtlich auf Arbeitsblättern zusammengestellt. Tab. 2 enthält

Tabelle 2. *Widerstandsbeiwerte ζ für Rohrbogen und scharfkantige Kniestücke.*

Rohrbogen 90° (rauh)				Scharfkantige Kniestücke (rauh)							
r/d	1	2	4	6	Winkel	10°	15°	22,5°	30°	45°	60°	90°
ζ	0,51	0,30	0,23	0,18	ζ	0,04	0,06	0,15	0,17	0,32	0,68	1,27

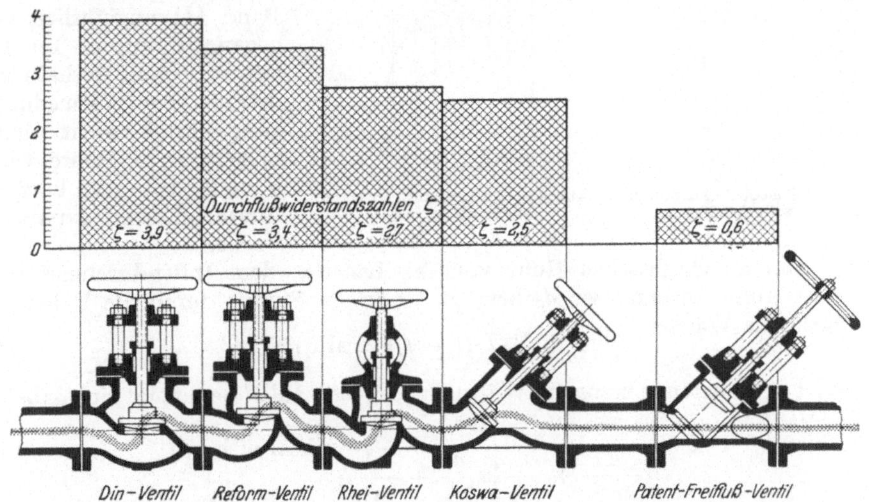

Abb. 206. Widerstandszahlen für verschiedene Ventile nach PFLEIDERER (aus RICHTER[3]).

---

[1] RÖTSCHER, H.: Einfaches Diagramm zur Rohrnetzberechnung unter Berücksichtigung von Rohrrauhigkeiten. Ges.-Ing. Bd. 85 (1964) S. 107–112.

[2] HÄRTEL, S.: Widerstandsbeiwerte von Einzelwiderständen in Leitungen mit kreisförmigem Querschnitt. DKV Arbeitsblatt 4–12, Karlsruhe: C. F. Müller 1954. Beilage zu Kältetechnik Bd. 6 (1954), H. 1. — Widerstandsbeiwerte von Einzelwiderständen in Leitungen mit quadratischem und rechteckigem Querschnitt. DKV Arbeitsblatt 4–13, Karlsruhe: C. F. Müller 1954. Beilage zu Kältetechnik Bd. 6 (1954), H. 3.

[3] Siehe Fußnote 3 auf S. 188.

die Widerstandsbeiwerte für Rohrbogen und scharfkantige Kniestücke, während in Abb. 206 die verschiedenen Ventilbauarten mit ihren Widerstandszahlen gegenübergestellt sind.

Häufig empfiehlt es sich auch bei der Ermittlung des Gesamtverlustes, den Einzelwiderstände in einer Rohrleitung verursachen, die sog. „gleichwertige Länge" des geraden Rohres zu bestimmen, die denselben Druckverlust verursachen würde wie die einzelnen Widerstände. Dabei ist aber zu beachten, daß ξ nicht ohne weiteres einer Rohrlänge 1 mit dem Durchmesser d, sondern dem Ausdruck $\lambda \cdot l/d$ gleichzusetzen ist.

c) Ermittlung der Wärmeverluste. In vielen Fällen sind zwischen der Temperatur des in einer Rohrleitung strömenden Stoffes und der Umgebungstemperatur mehr oder weniger große Differenzen vorhanden. Durch den natürlichen Wärmeaustausch zwischen Körpern verschiedener Temperatur ergeben sich dabei Energieverluste, die so niedrig wie möglich gehalten werden sollten.

Grundlage für die Berechnung der Wärmeverluste bei der Strömung in Rohrleitungen sind die allgemeinen Gesetze der Wärmeübertragung, auf die in Band III ausführlich eingegangen wurde. Im folgenden sollen deshalb nur die für den Wärmedurchgang durch nichtisolierte und isolierte Rohre wichtigen Beziehungen kurz zusammenfassend dargestellt werden.

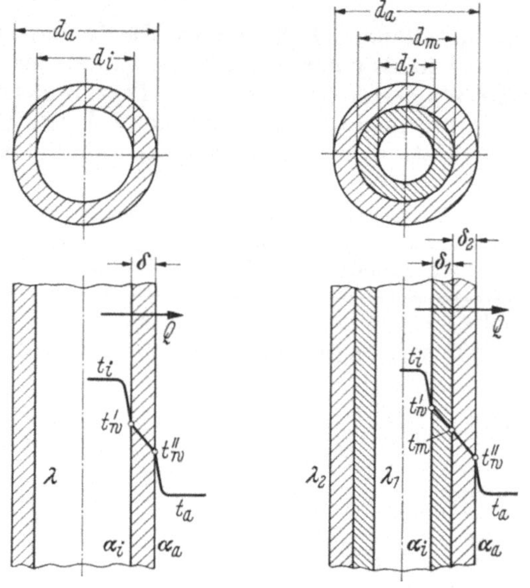

Abb. 207. Wärmedurchgang durch ein unisoliertes Rohr.   Abb. 208. Wärmedurchgang durch ein isoliertes Rohr.

Bei einem zylindrischen Rohr von der Länge l, dem Innendurchmesser d_i und dem Außendurchmesser d_a beträgt die in der Stunde durch die Rohrwand durchgehende Wärme:

$$\Phi = k' \cdot l \cdot (t_i - t_a) \ [\text{kcal/h}]. \tag{6}$$

Die auf 1 m Rohrlänge bezogene Wärmedurchgangszahl k' berechnet sich dabei zu

$$k' = \frac{\pi}{\dfrac{1}{\alpha_i \cdot d_i} + \dfrac{1}{2\lambda} \ln \dfrac{d_a}{d_i} + \dfrac{1}{\alpha_a \cdot d_a}} \ [\text{kcal/m h °C}] \tag{7}$$

λ bedeutet hier die Wärmeleitzahl der Rohrwand, α_i und α_a sind die Wärmeübergangszahlen an der Innen- bzw. Außenfläche des Rohres (vgl. Abb. 207), bezüglich deren Ermittlung auf Band III dieses Handbuches verwiesen wird.

Für dünnwandige Rohre aus einem Material mit einer großen Wärmeleitzahl läßt sich die Berechnung der Wärmeverluste insofern vereinfachen, als die Rohrwand wie eine ebene Wand behandelt werden kann. Dabei ist

$$\Phi = k \cdot F \ (t_i - t_a) \ [\text{kcal/h}] \tag{6a}$$

mit $\qquad F = \pi\, d_i\, l$ und $k = \alpha_i$, wenn $\alpha_i \ll \alpha_a$,

oder $\qquad F = \pi\, d_a\, l$ und $k = \alpha_a$, wenn $\alpha_a \gg \alpha_i$,

oder $\qquad F = \dfrac{\pi \cdot (d_i + d_a)}{2}$ und $k = \dfrac{\alpha_i \cdot \alpha_a}{\alpha_i + \alpha_a}$, wenn $\alpha_i \approx \alpha_a$.

Für Rohre, deren Wandung aus 2 Schichten besteht (z. B. Rohrwand und Isolierung, vgl. Abb. 208) beträgt die Wärmedurchgangszahl

$$k' = \frac{\pi}{\dfrac{1}{\alpha_i \cdot d_i} + \dfrac{1}{2\,\lambda_1}\ln\dfrac{d_m}{d_i} + \dfrac{1}{2\,\lambda_2}\ln\dfrac{d_a}{d_m} + \dfrac{1}{\alpha_a \cdot d_a}}. \tag{7a}$$

Bei isolierten Rohren läßt sich der Wärmeleitwiderstand des Rohrmaterials fast immer gegenüber dem Widerstand der Isolierung vernachlässigen, so daß auch für den Fall des isolierten Rohres Gl. (7) angewendet werden kann (mit $\lambda =$ der Wärmeleitzahl des Isoliermaterials).

Die Berechnung der Wärmeverluste in Rohrleitungen mit Hilfe der oben angegebenen Beziehungen ist allerdings umständlich und häufig sehr zeitraubend. Es empfiehlt sich deshalb auch für derartige Rechnungen soweit wie möglich die Verwendung von Nomogrammen, wie sie unter anderem für isolierte Rohrleitungen in einer Veröffentlichung von STEINEMANN[1] enthalten sind. Auch die in einschlägigen Tabellenbüchern[2,3] enthaltenen Werte für die Wärmedurchgangszahl k und die Wärmeverluste sind häufig sehr wertvoll für die praktische Berechnung der Wärmeverluste in unisolierten und isolierten Rohrleitungen (vgl. Tab. 3).

Tabelle 3. *Wärmeverluste unisolierter Rohrleitungen* (aus Grünzweig u. Hartmann A. G.[2]).

| Luftzustand | Rohrdurch-messer in mm | Stündlicher Wärmeverlust in kcal/lfdm h | | | | |
| | | Temperaturdifferenz zwischen Wandung und Luft | | | | |
		50 °C	100 °C	200 °C	300 °C	400 °C
Ruhende Luft	50/ 57	95	235	660	1340	2375
	100/108	175	430	1215	2470	4400
	150/159	250	620	1750	3600	6400
	200/216	335	830	2345	4825	8650
	300/318	485	1195	3410	7000	12600
	400/420	630	1560	4470	9200	16600
	500/520	770	1910	5470	11300	20400
5 m/sec Windanfall	50/57	370	745	1570	2570	3800
	100/108	600	1225	2620	4350	6550
	150/159	815	1660	3580	6000	9200
	200/216	1030	2100	4570	7700	11900
	300/318	1390	2850	6300	10800	16800
	400/420	1730	3550	7900	13600	21400
	500/520	2070	4220	9450	16300	25900

d) Festigkeitsberechnung von Rohrleitungen. α) *Rohre.* Die verschiedenen Rohrarten werden entsprechend den Herstellungsbedingungen und den Anforderungen

---

[1] STEINEMANN, A.: AEG-Mitt. Nr. 9 und 10 (1923), s. auch F. SCHWEDLER, Handbuch der Rohrleitungen, 3. Aufl., Berlin/Göttingen/Heidelberg: Springer 1953.

[2] Grünzweig u. Hartmann A. G.: Wärmetechnische Isolierung, 21. Aufl., Ludwigshafen 1968.

[3] VDI-Wärmeatlas, Berechnungsblätter für den Wärmeübergang, Düsseldorf: VDI-Verlag 1953 (Ergänzungsblätter erscheinen fortlaufend).

der Verbraucherseite mit unterschiedlichen Wanddicken hergestellt. Für normale Beanspruchungsfälle erübrigt sich eine Festigkeitsberechnung von Rohren, da die zahlenmäßig schwer erfaßbaren Kräfte, die durch Biegung, Wärmedehnung und Stoßbeanspruchung auftreten, allgemein wesentlich größer sind als die durch den Innendruck hervorgerufenen Kräfte. Deshalb sind die zu verwendenden Wanddicken zu den Rohrdurchmessern und Nenndrücken den einschlägigen Normblättern (z. B. DIN 2448 Nahtlose Stahlrohre, Maße und Gewichte) zu entnehmen, deren Angaben auf Erfahrungswerten beruhen. Lediglich in Sonderfällen kann für Stahlrohre die Berechnung der Wanddicke gegen Innendruck nach DIN 2413 durchgeführt werden.

β) *Flansche.* Auch die Abmessungen der Rohrleitungsflansche und der dazugehörigen Schrauben sind aus den obengenannten Gründen zu den Durchmessern und Druckbereichen in Normen festgelegt (DIN 2500 bis 2504). In besonderen Fällen wird einer Berechnung der Flansche und Schrauben das Normblatt DIN 2505 „Berechnung von Flanschverbindungen" zugrunde gelegt.

e) Sinnbilder für Rohrleitungsanlagen. Für die Darstellung von Rohrleitungen und Rohrleitungsanlagen mit Hilfe von schematischen Zeichnungen werden bestimmte Sinnbilder verwendet. Hierdurch wird die Möglichkeit gegeben, Rohrleitungsanlagen mit einfachen Zeichen übersichtlich und klar in Rohrleitungs-

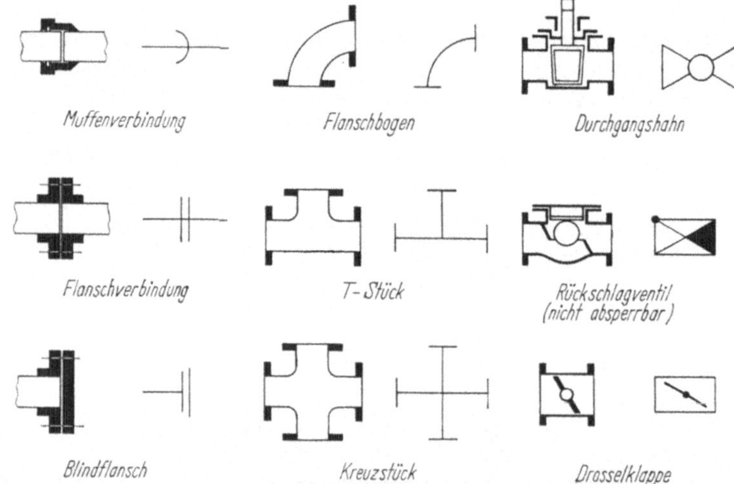

Abb. 209. Bilder und Sinnbilder für Rohrverbindungen, Formstücke und Absperrorgane.

plänen darzustellen. Alle Sinnbilder, die allgemein in Rohrleitungsplänen angewendet werden, sind in den beiden Normblättern DIN 2429 „Sinnbilder für Rohrleitungsanlagen" und DIN 2430 Blatt 1 bis 4 „Formstücke für Rohrleitungen; Übersicht und Sinnbilder" festgelegt. Die Grundleitung wird in der Schemazeichnung immer durch einen einzelnen, durchgezogenen Strich dargestellt. Einige der gebräuchlichsten Rohrverbindungen, Formstücke und Absperrorgane sind in Bild und Sinnbild in Abb. 209 eingezeichnet.

2. Dimensionierung von Kältemittel-Leitungen.

Die Kältemittel-Leitungen einer Kaltdampf-Kompressionskältemaschine sind in die folgenden Leitungsabschnitte unterteilt:

Saugleitung zwischen Verdampfer und Kompressor,
Druckleitung zwischen Kompressor und Kondensator,

Flüssigkeitsleitung zwischen Kondensator und Drosselventil,
Einspritzleitung zwischen Drosselventil und Verdampfer.

Hierzu kommen noch die Anschlußleitungen für die bei Kälteanlagen verwendeten Meßgeräte.

Für Saug-, Druck- und Flüssigkeitsleitungen einer Kältemaschine sind Druckverlustberechnungen mit Hilfe der angegebenen Gleichungen (1) bis (5) durchzuführen. Dabei können Saug- und Druckleitungen zusammenfassend behandelt werden, da sie beide ein Gas als Strömungsmedium führen.

a) Saug- und Druckleitung. Der Berechnung des Druckverlustes in den Saug- und Druckleitungen einer Kältemaschinen-Anlage ist besondere Beachtung zu schenken, da der Druckverlust in diesen Leitungen — insbesondere aber in der

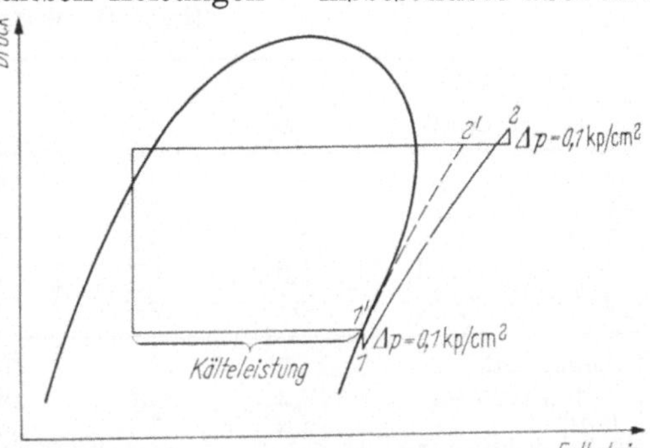

Abb. 210. Leistungsverminderung durch Druckverlust in Saug- und Druckleitungen von Kältemaschinen.

unter niedrigem Druck stehenden Saugleitung — großen Einfluß auf die Kälteleistung einer Anlage haben kann. Wie die schematische Darstellung des Kältemaschinenprozesses im $i,\log p$-Diagramm (Abb. 210) zeigt, wird durch den Druckabfall in Saug- und Druckleitungen der Arbeitsbedarf bei einer bestimmten Kälteleistung vergrößert. Ohne Druckverlust in Saug- und Druckleitungen wäre die Kompressorarbeit $i_2'-i_1'$, mit einem Druckabfall von 0,1 kp/cm² in jeder der beiden Leitungen ist die Arbeit $i_2-i_1 > i_2'-i_1'$. Aus der Darstellung ist außerdem zu erkennen, daß ein Druckverlust von 0,1 kp/cm² in der Saugleitung die Kompressorarbeit stärker vergrößert als der gleiche Druckabfall in der Druckleitung.

In zahlreichen kältetechnischen Fachbüchern und Veröffentlichungen wird deshalb die Frage der Druckverlustberechnung in den Saug- und Druckleitungen besonders ausführlich behandelt. BREHM[1] gibt an, daß die Reynoldszahlen der in Kälteanlagen auftretenden Strömungen fast ausnahmslos in den Gültigkeitsbereich des Gesetzes von BLASIUS (3a) fallen. Das BLASIUSsche Gesetz, das nur bis zu Re = 100000 gilt, sollte aber nicht bedenkenlos angewendet werden, da in Saug- und Druckleitungen von Kälteanlagen durchaus Reynoldszahlen größer als 100000 auftreten können. SCHOR[2] hat gezeigt, daß die Reynoldszahl in Ammoniak-Saug- und Druckleitungen weniger als 50000 und mehr als 800000 betragen kann. In seiner Veröffentlichung hat SCHOR unter Benutzung der neuesten Ergebnisse über den Druckverlust in Rohrleitungen Nomogramme zur Bestimmung des Druckabfalls und der zulässigen Strömungsgeschwindigkeiten in Ammoniak-Rohrleitungen[3] entwickelt.

---

[1] BREHM, H. H.: Kältetechnik, 2. Aufl., Zürich: Schweizer Druck- und Verlagshaus A. G. 1954.

[2] SCHOR, B.: Druckabfall in Ammoniak-Rohrleitungen. Kältetechnik Bd. 7 (1955) S. 231—234.

[3] SCHOR, B.: Leitungen für Ammoniak-Kälteanlagen, Durchmesser und Strömungswiderstände. DKV Arbeitsblatt 4—15, Karlsruhe: C. F. Müller 1955. Beilage zu Kältetechnik Bd. 7 (1955), H. 8.

Bäckström[1] gründet die zulässigen Geschwindigkeiten in Rohrleitungen auf Berechnungen der wirtschaftlichsten Rohrabmessungen unter Berücksichtigung der Anschaffungs- und Betriebskosten. Die von ihm empfohlenen Geschwindigkeitswerte sind für verschiedene Betriebszeiten und Strompreise in Tab. 4 zusammengestellt. Bei sehr großen Maschinen (Kälteleistung über 10^6 kcal/h) können die in Tab. 4 angegebenen Werte um 20% erhöht werden. Aus diesen Werten, die lediglich als Richtwerte anzusehen sind, entwickelte Bäckström Nomogramme zur Ermittlung der wirtschaftlichsten Geschwindigkeiten und des Druckabfalls in Rohrleitungen für dampfförmiges Kältemittel.

Tabelle 4. *Wirtschaftliche Geschwindigkeiten in m/sec in Dampfleitungen von Kälteanlagen* (nach Bäckström[1]).

Betriebszeit h/Jahr	1000			5000		
Stromkosten DM/kWh	0,05	0,10	0,20	0,05	0,10	0,20
Druckleitung Ammoniak	8,6	7,4	6,1	5,5	4,5	3,7
Methylchlorid	7,2	6,2	5,2	4,6	3,8	3,1
R 12	5,2	4,5	3,7	3,3	2,7	2,2
Schwefeldioxyd	7,5	6,5	5,3	4,8	3,9	3,2
Kohlendioxyd	3,4	3,0	2,5	2,2	1,8	1,5
Saugleitung Ammoniak	14,6	12,6	10,4	9,4	7,7	6,3
Methylchlorid	12,2	10,5	8,8	7,8	6,5	5,3
R 12	8,8	7,7	6,3	5,6	4,6	3,7
Schwefeldioxyd	12,8	11,0	9,0	8,2	6,6	5,4
Kohlendioxyd	5,8	5,1	4,3	3,7	3,1	2,6

Besondere Beachtung wurde der richtigen Dimensionierung von Kältemittel führenden Leitungen auch in der ausländischen — insbesondere in der amerikanischen — Fachliteratur geschenkt. Renwick[2] hat ein graphisches Verfahren zur Ermittlung der wirtschaftlichsten Rohrabmessungen für Ammoniak, R 12 und R 22 entwickelt. Hendrickson[3] hat die wichtigsten Informationen bezüglich des Druckverlustes in Kältemittel führenden Leitungen, insbesondere für Ammoniak und R 12, in Form von praktischen Tabellen und Diagrammen zusammengetragen. Eine Veröffentlichung von Goddard[4] behandelt die Dimensionierung und Anordnung von Kältemittelleitungen, die mit R 12 arbeiten. Die Arbeit von Holladay[5] enthält Nomogramme zur Ermittlung des Druckabfalls im Verdampfer und in den Saug-, Druck- und Flüssigkeitsleitungen bei der Verwendung von R 12 oder R 22. Mehrere Kapitel des Ashrae Guide and Data Book[6] sind dem Thema der Rohrleitungsdimensionierung für verschiedene Kältemittel gewidmet. Zwei Veröffentlichungen der Firma Danfoss[7,8] behandeln die Bemessung der Rohrleitungen in Kälteanlagen, in denen R 12 oder R 22 verwendet wird.

---

[1] Bäckström-Emblik: Kältetechnik, 3. Aufl., Karlsruhe: G. Braun 1965.
[2] Renwick, D. J.: Sizing of refrigeration system pipelines for optimum economy. ASHRAE-Journal Bd. 3 (1961), Nr. 5, S. 42—50.
[3] Hendrickson, H. M.: Determination of Refrigerant Pipe Size. Refrig. Eng. Bd. 52 (1946) S. 317—325.
[4] Goddard, M. B.: Freon – 12 Refrigerant Pipe Sizing. Refrigerating Engineering Bd. 58 (1950) S. 753—758 und 763.
[5] Holladay, W. L.: Determining Pressure Drop in Freon Systems. Refrig. Eng. Bd. 62 (1954) S. 55—61 und 96.
[6] ASHRAE Guide and Data Book, 1966/67, Applications, Chapter 75—77.
[7] Das Kältemittel R 22. Danfoss Journal Bd. 9 (1959), Nr. 4, S. 51—59.
[8] Praktische Bemessung der Rohrleitungen für Kälteanlagen, die mit R 12 oder R 22 arbeiten. Danfoss-Journal Bd. 10 (1960), Nr. 3, S. 43—48 und 53.

α) *Der Druckabfall in der Saugleitung.* Bezüglich des Druckabfalls in der Saugleitung ist noch besonders zu betonen, daß dieser einen Verlust in der Kälteleistung darstellt, da der Kompressor bei einem niedrigeren Ansaugdruck arbeiten muß, um die gewünschte Verdampfungstemperatur im Verdampfer aufrecht zu erhalten. Andererseits erfordern verschiedene Kältemittel, wie z. B. R 12 und R 22 zur Rückführung des im Kältemittelkreislauf befindlichen Öles eine gewisse Geschwindigkeit in der Saugleitung. Man rechnet deshalb in der Praxis mit einem maximal zulässigen Druckabfall in der Saugleitung, der einer Erniedrigung des Siedepunktes der Flüssigkeit von etwa 0,5 °C bei Ammoniak und etwa 1,0 °C bei anderen Kältemitteln entspricht. Tab. 5 gibt eine Abschätzung des Einflusses des Druckverlustes in der Saugleitung auf die Kälteleistung des Kompressors einer mit dem Kältemittel R 12 arbeitenden Kältemaschine.

Tabelle 5. *Einfluß des Druckverlustes in Saug- und Druckleitung auf die Kälteleistung des Kompressors bei Verwendung des Kältemittels R 12 (aus ASHRAE Guide[1]) bei normaler Verdampfungstemperatur.*

Druckverlust	Kälteleistung des Kompressors
kein Druckverlust	100 %
1 °C Siedepunktserniedrigung in der Saugleitung	96,5%
1 °C Siedepunktserhöhung in der Druckleitung	98,4%
2 °C Siedepunktserniedrigung in der Saugleitung	93,0%
2 °C Siedepunktserhöhung in der Druckleitung	97,0%

Je niedriger die Ansaugtemperaturen sind, desto mehr ist der Druckverlust in der Saugleitung zu beachten, da bei gleichem Druckabfall die entsprechende Erniedrigung des Siedepunktes der Flüssigkeit mit abnehmender Ansaugtemperatur ansteigt. Eine Verringerung des Querschnittes ist oft zur Gewährleistung einer ausreichenden und kontinuierlichen Ölrückführung in vertikalen Saugleitungen, in denen der Kältemitteldampf von unten nach oben strömt, unumgänglich. In solchen Fällen soll nach Möglichkeit der größere Druckverlust in diesen Leitungsabschnitten durch einen geringeren Druckabfall, und damit durch einen größeren Leitungsquerschnitt in horizontalen und vertikalen Leitungen, in denen das Kältemittel von oben nach unten strömt, ausgeglichen werden. Soweit wie möglich sind allerdings senkrecht geführte Saugleitungen zu vermeiden.

Spezielle Nomogramme zur Ermittlung des Druckverlustes und des Rohrdurchmessers in Saugleitungen von Kältemaschinen, die mit dem Kältemittel R 12 arbeiten, enthält eine Veröffentlichung von FERRILL[2].

β) *Der Druckabfall in der Druckleitung.* Der Druckverlust in der Druckleitung erhöht den Gegendruck des Kompressors, verschlechtert daher seinen Liefergrad und verringert die Kälteleistung des Kompressors. In der Druckleitung ist deshalb eine maximal zulässige Druckerhöhung anzunehmen, die einer Erhöhung des Siedepunktes der Flüssigkeit von etwa 0,5 °C bei Ammoniak und etwa 0,5 bis 1,0 °C bei anderen Kältemitteln entspricht. Aus Tab. 5 ist für eine mit dem Kältemittel R 12 arbeitende Kältemaschine der Einfluß des Druckverlustes in der Druckleitung auf die Kälteleistung des Kompressors ungefähr abzulesen. Aus der Gegenüberstellung des Druckverlustes in Saug- und Druckleitung ist zu erkennen, daß sein Einfluß in der Druckleitung auf die Kälteleistung des Kompressors nur etwa halb so groß ist wie in der Saugleitung.

---

[1] Siehe Fußnote 6 auf S. 194
[2] FERRILL, H. E.: F – 12 Suction Line Selecter Chart and ΔP Computor. Refrig. Eng. Bd. 54 (1947) S. 436–437.

13*

Sowohl in der Saug- als auch in der Druckleitung von Kolbenkompressoren können Druckschwingungen auftreten, die unter Umständen einen beachtlichen Einfluß auf den Betrieb haben. Das gilt besonders für schnellaufende Maschinen und wenn mehrere Kompressoren an eine Druckleitung angeschlossen sind. Klüsener und Groth[1,2,3] haben zahlreiche Untersuchungen über die Ursachen und Wirkungen von Druckschwingungen in Rohrleitungen von Kolbenkompressoren angestellt. Sie haben auch Maßnahmen zur Beseitigung aller schädlichen Wirkungen, wie Kräfte und Geräusche, angegeben. Dabei ist zunächst zu versuchen, durch Wahl einer geeigneten Rohrlänge Resonanz zwischen den Impulsen der Maschine und den Schwingungen im Rohr zu vermeiden. Läßt sich die Länge der Rohrleitung nicht verändern, so kann die Leitung durch Anpassen einer Blende reflexionsfrei und damit resonanzfrei gemacht werden. Durch Einbau von Töpfen oder blinden Rohrstücken kann man folgende Wirkungen erzielen: Verschieben der Resonanzfrequenz, Verkleinern der Amplituden, Verändern der Form der stehenden Wellen und Leitungsunterbrechung.

Schwingungen der Gassäule in der Saugleitung können auch günstige Einflüsse auf die Kompressorleistung haben. Elkin und Mitarbeiter[4] haben theoretisch und experimentell die Möglichkeit nachgewiesen, die Förderleistung eines Kompressors durch sog. „Resonanzaufladung" zu verbessern. Wenn durch eine bestimmte Länge der Saugleitung erreicht wird, daß sich die Eigenfrequenz der Gassäule in dieser Leitung mit der Kompressordrehzahl in Resonanz befindet, kann gegen Ende des Saughubes am Eintritt zum Zylinder ein höherer Druck entstehen, der eine größere Zylinderfüllung ermöglicht. Diese Erscheinung wird als „Resonanzaufladung" bezeichnet.

In den Krümmern der Druckleitung von Kolbenkompressoren treten infolge der stoßweisen Förderung verhältnismäßig starke Impulskräfte auf, die ebenfalls zu Schwingungen in der Druckleitung führen können. Emblik[5] hat gezeigt, daß die Impulskraft nur vom Druckverhältnis p/p_0 abhängig ist und daß es für jeden Kompressor ein ungünstigstes Druckverhältnis gibt, bei welchem die Impulskraft ein Maximum erreicht. Er hat ein Verfahren zur rechnerischen Ermittlung dieser Impulskräfte angegeben.

b) Flüssigkeitsleitung. Der Druckverlust in der Flüssigkeitsleitung ist für den Betrieb einer Kälteanlage weniger bedeutend als der Druckabfall in Saug- und Druckleitung. Bei einer Nachrechnung des Druckverlustes in der Flüssigkeitsleitung nach Gl. (1) ist allerdings darauf zu achten, daß der vorhandene Druckabfall nicht zu einer Verdampfung des Kältemittels in der Leitung führt. Eine Gasbildung vor dem Regelventil vermindert die Verdampferleistung und stört das Arbeiten des Regelventils erheblich. Besonders bei dem Kältemittel R 12 ist wegen der hohen Dichte der Flüssigkeit auf einen genügend großen Querschnitt der Flüssigkeitsleitung zu achten. Wegen des hohen Druckes der Flüssigkeitssäule in der Flüssigkeitsleitung sind senkrecht geführte Leitungen nach Möglichkeit zu vermeiden.

---

[1] Klüsener, O.: Der Einfluß von Schwingungen in Rohrleitungen auf den Betrieb von Kälteanlagen. Kältetechnik Bd. 3 (1951) S. 26.

[2] Klüsener, O. u. K. Groth: Schwingungen in der Druckleitung einer Kälteanlage. Kältetechnik Bd. 3 (1951) S. 218—220.

[3] Groth, K.: Druckschwingungen in Rohrleitungen von Kolbenverdichtern. Kältetechnik Bd. 9 (1957) S. 101—103.

[4] Elkin, J., M. Mejlichow, A. Tschernjak u. Judizkij: Leistungsverbesserungen gekapselter Kältekompressoren durch Aufladung. Cholodilnaja Technika, Bd. 37 (1960), Nr. 3, S. 18/21. Referat in Kältetechnik Bd. 13 (1961), S. 315.

[5] Emblik, E.: Die Impulskraft in Rohrleitungen. Kältetechnik Bd. 12 (1960) S. 94—96.

Eine Arbeit von GYGAX und WILLSON[1] behandelt ausführlich den Druckabfall in Flüssigkeitsleitungen von Kältemaschinen, in denen SO_2, Methylchlorid und R 12 verwendet werden. Besonders berücksichtigt wird hierbei der Einfluß des Öls im Kältemittel auf den Druckverlust.

c) Einspritzleitung. Die Einspritzleitung stellt die Verbindung zwischen dem Drosselventil und dem Verdampfer her. Die Ermittlung des Druckverlustes in der Einspritzleitung kann nur insofern von Bedeutung sein, als dieser Druckabfall die Drosselwirkung des Drosselventils unterstützt und verstärkt. In relativ sehr langen Einspritzleitungen oder bei kleinen Druckdifferenzen (z. B. in Absorptionskältemaschinen, die mit Wasserdampf als Kältemittel arbeiten) ist unter Umständen bei der Bemessung des Drosselventils der Druckverlust in der Einspritzleitung zu berücksichtigen.

d) Anschlußleitungen für Meßgeräte. Zur Kontrolle der richtigen Arbeitsweise der Kälteanlage ist die Anordnung von Temperatur- und Druckmeßgeräten unerläßlich. Diese werden im allgemeinen durch dünne Verbindungsleitungen an die Hauptleitung angeschlossen. Besondere Richtlinien für die Dimensionierung dieser Verbindungsleitungen bestehen nicht. In den Verbindungsleitungen zu Manometern sind kleine Absperrventile einzubauen, so daß die Manometer während des Betriebs ausgebaut werden können. Die Absperrventile werden so weit gedrosselt, daß die Zeiger der Manometer keine schwankenden Ausschläge machen. Wichtig ist, daß die Manometerleitung keinen Flüssigkeitssack bildet, da sonst die Anzeige beeinflußt wird. Bezüglich der Anordnung der Anschlußleitungen für Meßgeräte sei auf den Abschnitt A.III verwiesen.

3. Leitungen für Flüssigkeiten (Wasser, Sole, Lösungen).

Wasser wird in Kältemaschinen-Anlagen sowohl als Kühlmittel wie auch als Kälteträger (bei Verdampfungstemperaturen oberhalb 0 °C) verwendet. Die Dimensionierung der Wasserleitungen kann grundsätzlich über die Berechnung des Druckverlustes nach Gl. (1) erfolgen. Speziell für die Bemessung von Wasserleitungen wurden aber bereits zahlreiche Rechenhilfsmittel, wie Nomogramme oder besondere Rechenschieber, geschaffen, die die Berechnungen wesentlich erleichtern können und von denen Gebrauch gemacht werden sollte. In diesem Zusammenhang sei besonders auf die Arbeiten von RICHTER[2] und SCHWEDLER[3] hingewiesen, die sowohl zahlreiche Nomogramme als auch spezielle Berechnungsunterlagen enthalten. In den meisten Fällen wird es allerdings genügen, die genannten Wasserzu- und -ableitungen entsprechend einer wirtschaftlich günstigen Wassergeschwindigkeit zu dimensionieren, für die Tab. 6 einige Richtwerte gibt.

Tabelle 6. *Wirtschaftlich günstige Wassergeschwindigkeiten.*

Art der Leitung	m/sec
Verteilungsnetze für Trink- und Brauchwasser	
Hauptleitungen	1 bis 2
Nebenleitungen	0,5 bis 0,7
Fernwasserleitungen	1,5 bis 3
Speisewassersaugleitungen	0,6 bis 1
Speisewasserdruckleitungen	1,5 bis 3
Druckleitungen von Warmwasserheizungen	2 bis 3

[1] GYGAX, E. u. K. S. WILLSON: Pressure Drop in Refrigerant Liquid Lines. Refrig. Engng. Bd. 39 (1940) S. 103–106.

[2] RICHTER, H.: Rohrhydraulik, 4. Auflage, Berlin/Göttingen/Heidelberg: Springer 1962.

[3] SCHWEDLER, F.: Handbuch der Rohrleitungen, 3. Aufl., Berlin/Göttingen/Heidelberg: Springer 1953.

Solen und Lösungen dienen in der Kältetechnik als Wärmeübertragungsmedien bei Flüssigkeitstemperaturen unter 0 °C. Die Berechnung des Druckverlustes in Sole- und Lösungsleitungen ist wichtig für die Ermittlung der Pumpenleistung. Von besonderer Bedeutung für den Entwurf derartiger Leitungen ist die Auswahl geeigneter Rohrmaterialien, die in Abschn. A.II behandelt werden.

4. Rohrleitungsisolierung.

Zu den zu isolierenden Rohrleitungen in Kälteanlagen gehören Saug- und Einspritzleitungen sowie Sole- oder Kaltwasserleitungen.

a) Ermittlung der Isolierstärken. Die bei der Isolierung von Rohrleitungen anzuwendende Isolierstärke ergibt sich zunächst aus den Wärmeverlustberechnungen, die nach den Gln. (6) bis (7a) durchgeführt werden können. Für zahlreiche Rohrdurchmesser und Isolierstärken wurden die Ergebnisse derartiger Berechnungen bereits tabellarisch zusammengefaßt, wodurch die Auswahl der geeigneten Isolierstärke wesentlich erleichtert wird. So gibt Pohlmann[1] eine Zahlentafel, in der die bei isolierten Rohrleitungen je Meter Rohrlänge und 1 °C Temperaturdifferenz stündlich durchgehenden Wärmen mit einer für die Praxis ausreichenden Genauigkeit dargestellt sind. Ausführliche Wärmeverlusttafeln für Rohrleitungen wurden in einem Tabellenbuch der Firma Grünzweig und Hartmann[2] veröffentlicht. Diese Veröffentlichung enthält außerdem die Vergrößerung der Wärmeverluste von Rohrleitungen durch Windanfall und die Bestimmung der Übertemperatur von Rohren.

Für die Dicke der Isolierung gibt es eine wirtschaftliche Grenze, oberhalb welcher der Mehrpreis der Isolierung durch die Abnahme von Kälteverlusten nicht mehr aufgewogen wird. Zur Ermittlung dieser wirtschaftlichsten Isolierstärken bei Rohren hat Bäckström[3] umfangreiche Berechnungen angestellt. Auch von Cammerer[4] und Grigull[5] wurde in einigen Veröffentlichungen das Problem der Ermittlung der notwendigen Isolierstärken an Rohrleitungen ausführlich und unter verschiedenen Gesichtspunkten behandelt.

Cammerer[4] hat in seinem Buch der Schwitzwasserbildung an Rohren besondere Beachtung geschenkt. Die Vermeidung von Schwitzwasserbildung an Isolierungen ist wichtig, da die Feuchtigkeit die Wärmeleitfähigkeit der Isolierung erhöht. Somit sollte die Temperatur der Oberfläche höchstens dem Taupunkt der Luft gleichkommen. Der Ermittlung der notwendigen Isolierstärke zur Vermeidung von Schwitzwasserbildung an kalten Oberflächen dient das Arbeitsblatt[6]. Tab. 7 enthält Richtwerte für die erforderliche Isolierstärke bei verschiedenen Rohrdurchmessern, Temperaturdifferenzen und relativen Luftfeuchtigkeiten. Oft kann allerdings bei hohen Luftfeuchtigkeiten eine Tauwasserbildung nicht verhindert werden, weil weder eine Klimatisierung der Raumluft noch eine Beheizung der

---

[1] Pohlmann, W.: Taschenbuch für Kältetechniker, 14. Aufl., Karlsruhe: C. F. Müller 1961, S. 524.

[2] Grünzweig u. Hartmann A. G.: Wärmetechnische Isolierung, 21. Aufl., Ludwigshafen: 1968.

[3] Bäckström-Emblik: Kältetechnik, 3. Aufl., Karlsruhe: G. Braun 1965.

[4] Cammerer, J. S.: Der Wärme- und Kälteschutz in der Industrie, 4. verb. Aufl., Berlin/Göttingen/Heidelberg: Springer 1962.

[5] Grigull, U.: Die Ermittlung der wirtschaftlichen Isolierdicke. Brennstoff-Wärme-Kraft Bd. 2 (1950) S. 125. – Wärmeverluste isolierter Rohrleitungen. Brennstoff–Wärme–Kraft Bd. 3 (1951), S. 253–258. – Wärmeverluste isolierter Rohrleitungen. Arbeitsblätter 15 bis 18 der Zeitschrift Brennstoff–Wärme–Kraft, Aug./Sept. 1951.

[6] Cammerer, J. S.: Ermittlung der notwendigen Isolierstärke zur Vermeidung von Schwitzwasserbildung. DKV Arbeitsblatt 2-04, Karlsruhe: C. F. Müller 1951. Beilage zu Kältetechnik, Bd. 3 (1951), H. 8.

Tabelle 7. *Erforderliche Isolierstärke zur Vermeidung von Schwitzwasserbildung bei Korkschalen* (aus POHLMANN[1]).

Äußerer Rohr-∅ mm	Temperatur-differenz	Erforderliche Isolierstärke in mm bei Luft von 20 °C und relativer Feuchtigkeit in % von			
		70	80	85	90
38	20	15	25	45	55
	40	25	35	55	90
	60	40	50	75	125
	80	60	75	100	160
57	20	15	25	45	60
	40	30	40	65	90
	60	45	60	85	130
	80	65	80	110	170
108	20	20	30	50	70
	40	35	45	65	110
	60	55	70	95	150
	80	75	90	120	185
159	20	20	35	60	80
	40	35	55	80	115
	60	55	80	115	150
	80	75	105	140	200
267	20	20	35	60	80
	40	40	60	85	120
	60	60	85	115	170
	80	80	120	170	230

gefährdeten Oberfläche in Frage kommt und auch eine genügend dicke Kälteisolierung aus Wirtschaftlichkeits- oder Platzgründen nicht angebracht werden kann. In solchen Fällen muß zumindest die Stärke der zu erwartenden Tauwasserbildung bekannt sein, um die Oberfläche wirksam schützen und die entstehende Flüssigkeit ableiten zu können. Hierzu kann die Bestimmung der Tauwasserbildung nach einem Arbeitsblatt[2] durchgeführt werden.

b) Isolierstoffe. Der als Kälteschutzstoff zu verwendende Isolierstoff sollte im Idealfall folgende Eigenschaften haben: niedrige Wärmeleitfähigkeit, geringes spezifisches Gewicht, geringe Wasseraufnahme, gute Verarbeitungsfähigkeit, ausreichende Festigkeit, Luftundurchlässigkeit und Unbrennbarkeit. Nicht bei allen der in der Praxis verwendeten Isoliermaterialien sind in gleichem Maße diese Eigenschaften verwirklicht. Deshalb muß beim Entwurf von Fall zu Fall aus den zur Verfügung stehenden Stoffen eine Auswahl getroffen werden, die sich in erster Linie danach richten wird, wieweit die angestrebten Eigenschaften erfüllt werden.

Als Isolierstoffe kommen feinpulverige oder feinfaserige leichte Stoffe mit viel Luftzwischenraum in Frage. Während früher in erster Linie Kork und Korkprodukte (Expansit, Korkstein) verwendet wurden, haben in den letzten 20 Jahren chemisch hergestellte Schaumstoffe (Iporka, Styropor) immer größere Bedeutung erlangt. Alle diese Isolierstoffe werden vielfach als geformte Elemente, wie Schalen, Platten, Zöpfe usw. angewendet. Aluminiumfolien, die durch ihr hohes Reflexionsvermögen den Wärmeaustausch durch Strahlung weitgehend verhindern, können zur Rohrisolierung in einer Dicke von 0,01 bis 0,05 mm in konzentrischen Schichten von 1 bis 2,5 cm Abstand unter Verwendung von Abstandhaltern

---

[1] Siehe Fußnote 1 auf S. 198.

[2] CAMMERER, J. S.: Bestimmung der Tauwasserbildung an Rohren und Wänden. DKV Arbeitsblatt 2—25, Karlsruhe: C. F. Müller 1958. Beilage zu Kältetechnik Bd. 10 (1958), H. 6.

angeordnet werden. In Tab. 8 sind Wärmeleitzahlen verschiedener Isolierstoffe, die für Rohrleitungsisolierungen in Frage kommen, zusammengestellt.

Tabelle 8. *Wärmeleitleitzahlen von Isolierstoffen.*

Materialien	Temp. °C	λ kcal/m h °C
Aluminium-Folien:		
„Alfol"-Planverfahren, 10 mm		
Folienabstand	− 10	0,0236
„Alfol"-Knitterverfahren	− 10	0,032
Glasfaser, lose	0	0,028−0,027
	100	0,043−0,041
Iporka	0	0,027
	50	0,037
	100	0,047
Korkschalen		0,045
Korksteinplatten, imprägniert	0	0,035−0,038
	50	0,041−0,045
Seidenzöpfe	0	0,039
Styropor	0	0,029
	20	0,031
	60	0,039

Zur Isolierung von Kältemittel-, Wasser-, Luft- und Ölleitungen gegen Kälte- und Wärmeverluste und Schwitzwasserbildung werden Halbschalen aus Polystyrol-Hartschaum angeboten, die an Längsnaht und Stirnseite mit einem Falz versehen

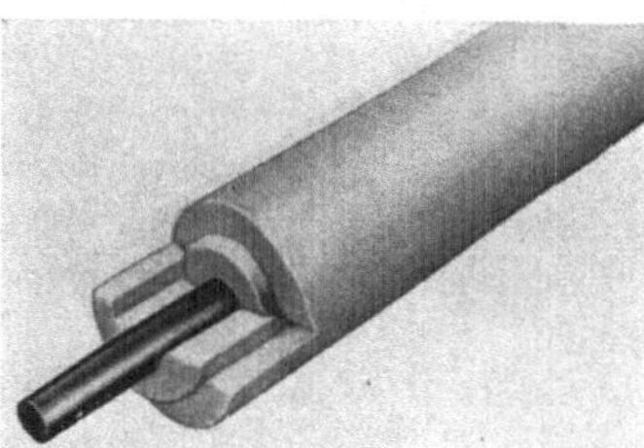

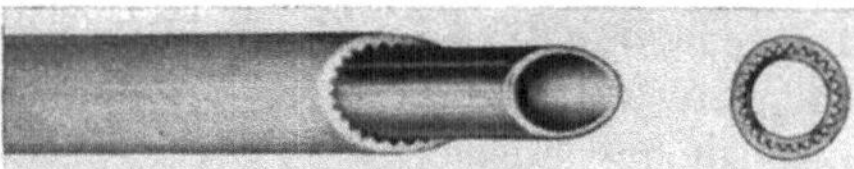

Abb. 212. Wärmeisoliertes Kupferrohr mit Kunststoffstegmantel.

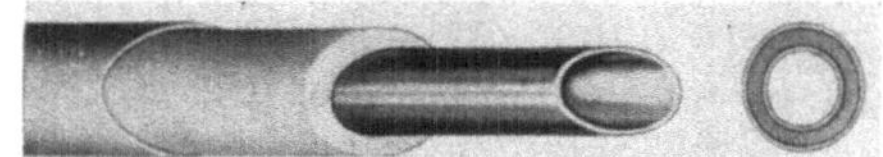

Abb. 213. Wärmeisoliertes Kupferrohr mit Schaumstoffisolierung und PVC-Schutzmantel.

Abb. 211. Gefalzte Schalen aus Kunstschaumstoff für Rohrleitungsisolierungen (ISOPOR).

sind (Abb. 211). Sorgfältig verarbeitet soll dieser Falz eine fugenversetzte zweilagige Isolierung ersetzen. Die als WICU-Rohr bekannten wärmeisolierten Kupferrohre sind mit einem Kunststoffstegmantel aus Polyvinylchlorid umgeben. Das Luftpolster zwischen den Stegen beschränkt den Wärmeaustausch auf ein Minimum (Abb. 212). In den Abmessungen ab 22×1 mm wird dieses Rohr auch als schaumstoffisoliertes Rohr in Stangen geliefert (Abb. 213). Zwischen dem Kupferrohr und dem glatten PVC-Schutzmantel liegt hier eine Schaumstoffeinlage aus Polyurethan.

Bezüglich spezieller Fragen auf dem Gebiet der Isoliertechnik wird auf die ausführliche Behandlung in Band I dieses Handbuches verwiesen.

5. Zusammenstellung der Rohrleitungsnormen.

Im folgenden sind die gültigen deutschen Normblätter zusammengestellt, soweit sie Rohrleitungen und Rohre aus Stahl und Nichteisenmetallen betreffen und in der Kältetechnik angewendet werden.

a) Rohrleitungen.

DIN 2400 Rohrleitungen; Übersicht. Februar 1940.
DIN 2401 Blatt 1: Rohrleitungen; Druckstufen, Begriffe, Nenndrücke. Januar 1966.
　　　　　Blatt 2: Vornorm Rohrleitungen; Druckstufen, zulässige Betriebsdrücke für Rohrleitungsteile aus Eisenwerkstoffen. August 1966.
DIN 2402 Rohrleitungen; Nennweiten, Begriffe, Stufung. November 1964.
DIN 2403 Kennzeichnung von Rohrleitungen nach dem Durchflußstoff. März 1965.
DIN 2405 Rohrleitungen in Kälteanlagen; Kennzeichnung. Juli 1967.
DIN 2410 Rohre, Übersicht. Juni 1955.
DIN 2429 Sinnbilder für Rohrleitungsanlagen. Juli 1962.
DIN 8905 Nahtlose Rohre, Auswahl zur Verwendung als Leitung in Klein-Kälteanlagen. April 1956.
　　　　　Blatt 1 bis 3: Rohre für Kleinkälteanlagen. Entwurf September 1967.
DIN 11481 Betriebsmittel-Rohrleitungen in Molkereibetrieben; Richtlinien für Verlegung und Isolierung. März 1959.

In DIN 8905 sind Stahl- und Kupferrohre zur Verwendung in Kleinkälteanlagen aufgeführt. Die Norm DIN 11481 behandelt alle in Molkereibetrieben vorkommenden Leitungen für Betriebsmittel (auch für Kältemittel und Kälteträger). Bezüglich der Eignung von Rohren und Rohrverbindungen für ihre Anwendung in Kleinkälteanlagen bestehen Richtlinien[1], die später in eine DIN-Norm umgewandelt werden sollen.

b) Rohre aus Stahl.

DIN 1626 Blatt 1 bis 4: Geschweißte Stahlrohre aus unlegierten und niedrig legierten Stählen für Leitungen, Apparate und Behälter. Januar 1965.
DIN 1629 Blatt 1 bis 4: Nahtlose Rohre aus unlegierten Stählen für Leitungen, Apparate und Behälter. Januar 1961.
DIN 2391 Blatt 1 u. 2: Nahtlose Präzisionsstahlrohre, kaltgezogen oder kaltgewalzt. November 1965 bzw. Juli 1967.
DIN 2393 Blatt 1 u. 2: Geschweißte Präzisionsstahlrohre mit besonderer Maßgenauigkeit. Juli 1967.
DIN 2413 Stahlrohre; Berechnung der Wanddicke gegen Innendruck. Juni 1966.
DIN 2440 Stahlrohre; mittelschwere Gewinderohre. März 1965.
DIN 2441 Stahlrohre; schwere Gewinderohre. März 1965.
DIN 2442 Gewinderohre mit Gütevorschrift; Nenndruck 1 bis 100. April 1964.
DIN 2448 Nahtlose Stahlrohre; Maße und Gewichte. Juni 1966.
DIN 2458 Geschweißte Stahlrohre; Maße und Gewichte. Juni 1966.
DIN 2462 Blatt 1 u. 2: Nahtlose Rohre aus nichtrostenden Stählen. Entwurf Februar 1967.
DIN 2463 Blatt 1 u. 2: Geschweißte Rohre aus austenitischen nichtrostenden Stählen. Entwurf Februar 1967.
DIN 2464 Blatt 1 u. 2: Nahtlose und geschweißte Präzisionsrohre aus nichtrostenden Stählen. Entwurf Februar 1967.

Da nach den sicherheitstechnischen Richtlinien auch geschweißte Rohre zugelassen sind, wurden die entsprechenden Normen mit aufgeführt. Die Rohre nach DIN 1629, Blatt 2 können nur für geringe Anforderungen eingesetzt werden, wie z. B. für Kaltwasser, Sole usw., da Stahl ohne Güteeigenschaften verwendet wird und die Schweißeignung nicht immer vorhanden ist. Nahtlose Rohre nach DIN 1629, Blatt 3 werden allgemein für Kältemittelleitungen verwendet, wenn keine höheren Forderungen gestellt werden. In welchen Fällen Rohre nach DIN 1629, Blatt 4 angewendet werden, hängt von den zu erwartenden Vorschriften über den Einsatz von Stählen bei tieferen Temperaturen ab. Da die in DIN 2440 und 2441 beschriebenen Rohre ohne Gütevorschrift geliefert werden, können sie nur für geringe Beanspruchungen (Wasser, Sole) verwendet werden.

---

[1] Richtlinien für Lieferung und Abnahme von Kreislaufteilen für Kleinkälteanlagen AGK 8964. Referat hierüber in Kältetechnik Bd. 14 (1962) S. 344.

c) Rohre aus Nichteisenmetallen.

DIN 1746 Blatt 1 u. 2: Vornorm Rohre aus Aluminium. Juni 1963 bzw. Juli 1963.
DIN 1754 Rohre aus Kupfer, nahtlos gezogen; Maße. Entwurf November 1966.
DIN 1755 Rohre aus Kupfer-Knetlegierungen, nahtlos gezogen; Maße. Entwurf November 1966.
DIN 1785 Rohre aus Kupfer und Kupfer-Knetlegierungen für Kondensatoren und Wärmeaustauscher. Dezember 1967.
DIN 1786 Vornorm Leitungsrohre aus Kupfer für Kapillarverlötverbindungen, nahtlos gezogen; Maße. September 1965.
DIN 1795 Rohre aus Aluminium; nahtlos gezogen. Entwurf Dezember 1966.
DIN 9107 Rohre aus Aluminium; gepreßt. Entwurf Dezember 1966.
DIN 17671 Blatt 1 u. 2: Rohre aus Kupfer und Kupfer-Knetlegierungen. Entwurf Dezember 1967.

II. Rohrwerkstoffe und -bauarten in Kälteanlagen.

1. Werkstoffe.

Für Rohrleitungen im Kältekreislauf sollen nur solche Werkstoffe verwendet werden, die weder vom Kältemittel, noch vom Öl oder dem Gemisch aus beiden oder (bei Absorptionskälteanlagen) vom Absorptionsmittel angegriffen werden. Somit gelten als besondere Regeln, daß Ammoniak nicht mit Zink und Kupfer, Methylchlorid nicht mit Aluminium, Zink und Magnesium und die halogenierten Kohlenwasserstoffe nicht mit Magnesium in Berührung kommen dürfen.

Die gebräuchlichsten Rohrwerkstoffe in Kältemaschinenanlagen sind Eisen und seine Legierungen und Kupfer. Während Eisen und seine Legierungen von keinem Kältemittel im trockenen Zustand angegriffen werden, können sie je nach der Art der Legierungsbestandteile von den feuchten Kältemitteln korrodiert werden. Kupfer wird nur von Ammoniak angegriffen. Aluminium und Aluminiumlegierungen wurden erst in jüngster Zeit wegen des geringen Gewichts als Rohwerkstoffe in Kälteanlagen verwendet[1]. Die Frage der Verträglichkeit des Aluminiums mit den verschiedenen Kältemitteln ist allerdings noch nicht restlos geklärt. Korrosionsinhibitoren für Aluminium mit Kältemitteln wurden verschiedentlich untersucht. Bei der Verwendung von Aluminiumrohren ergeben sich vor allen Dingen häufig Probleme bei der Herstellung der Rohrverbindungen. In den USA wurden bislang zur Herstellung von unlösbaren Verbindungen bei Aluminiumrohren sowohl Lötverfahren als auch Schutzgas-Schweißverfahren angewendet.

In Absorptionskältemaschinen, die mit Wasser als Kältemittel und einer wäßrigen Lithiumbromid-Lösung als Absorptionsmittel arbeiten, bereitet die Korrosion durch die chemisch aggressive LiBr-Lösung einige Schwierigkeiten. In den USA erwiesen sich Kupfernickel-Legierungen als relativ beständige Rohrwerkstoffe für diesen Anwendungsfall.

Wie auf verschiedenen anderen technischen Gebieten haben in den letzten Jahren auch in der Kältetechnik verschiedene Arten von Kunststoffen als Rohrleitungsmaterialien Eingang gefunden. Hier haben sich besonders Polyvinylchlorid (PVC) und Polyäthylen durchgesetzt. Geringes spezifisches Gewicht, glatte Oberfläche im Rohrinnern, dadurch geringer Druckabfall und einfache und billige Montage sind neben ihrer chemischen Beständigkeit einige der besonderen Vorzüge, die die Kunststoffrohre auch für den Kältetechniker interessant machen[2]. Als nachteilig ist zu erwähnen, daß die genannten Kunststoffe nur in einem be-

---

[1] VERSAGI, F. J.: Aluminium als Baustoff für Klimageräte. Air Conditioning, Heating and Refrigeration News Bd. 91 (1960), Nr. 3, S. 12–13. Referat in Kältetechnik Bd. 13 (1961) S. 265.

[2] SAUERBRUNN, I.: Kunststoffe in der Kältetechnik. Kältetechnik Bd. 9 (1957) S. 199 bis 208.

grenzten Temperaturbereich angewendet werden können und daß ihre Belastbarkeit durch Druck wesentlich geringer als die von Metallen ist. Deshalb werden Kunststoffe im Kältekreislauf im wesentlichen bislang nur zur Dämpfung von Schwingungen in Form von flexiblen Schläuchen eingebaut, die zur Erhöhung der Festigkeit in Metallgewebe eingeschlossen sind. Für drucklose Leitungen, die mit Kältemaschinenanlagen in Verbindung stehen (Wasser, Sole, Getränke), konnten Kunststoffrohre schon mit gutem Erfolg eingesetzt werden. Einen Preisvergleich für Rohrleitungen aus verschiedenen Werkstoffen gibt Tab. 9.

Tabelle 9. *Rohrpreise.*

Material	Spez. Gewicht kg/l	USA-Preise DM/m (1957)		
		$^1/_2$ Zoll	$1\,^1/_2$ Zoll	2 Zoll
Grauguß	7,9	1,20	1,47	4,62
korrosionsbeständiger Stahl	8,1	17,60	42,83	52,05
Kupfer	8,9	3,71	12,59	18,43
Aluminium	2,7	2,53	6,36	7,84
Polyäthylen	0,92	1,93	6,43	8,26
PVC, hart	1,3	2,05	6,50	9,50

In diesem Zusammenhang ist zu erwähnen, daß auf dem europäischen Markt neuerdings ein mit Glasseidengewebe verstärktes Rohr (Glasfaser-Epoxyharz-Rohr) zu erhalten ist, das in USA entwickelt wurde und sich dort schon seit einigen Jahren bewährt hat[1]. Besonders bemerkenswert an diesem Rohrmaterial erscheint die hohe Festigkeit (Berstdruck 300 Atm, Temperaturdauerbeständigkeit zwischen -55 und $+150$ °C) und der extrem niedrige Reibungswiderstand. Der Ausdehnungskoeffizient soll dem des Stahls entsprechen, und die Isolierwirkung wird als so gut bezeichnet, daß eine zusätzliche Wärmeisolierung in vielen Fällen gespart werden kann.

Einzelheiten zu den metallischen und nichtmetallischen Werkstoffen sind in Band I, Angaben über die chemische Einwirkung der Kältemittel auf die Metalle in Band IV, Abschnitt VI, 4b zu finden.

2. Rohrbauarten.

Bei der Auswahl der in Kältemaschinen zu verwendenden Stahl- und Kupferrohre sind die einschlägigen Normen zu Rate zu ziehen (vgl. Abschnitt A. I. 5). Dabei ist besonders zu beachten, daß für die Verbindungsleitungen der Kleinkältemaschinen vorzugsweise Kupferrohre, jedoch auch nahtlose Stahlrohre in folgenden Abmessungen verwendet werden (vgl. DIN 8905):

Für die Flüssigkeitsleitung: 　　6×1, 8×1, 10×1, 12×1 mm.
Für die Saug- und Druckleitung: 8×1, 10×1, 12×1, 15×1, 18×1 (18×1,5), 　　　　　　　　　　　　　　22×1 (22×1,5) mm.

Bei der Verwendung von Stahlrohren für Kältemittel-Leitungen sind grundsätzlich *nahtlose* Stahlrohre mit Gütevorschriften (DIN 1629, Blatt 3 und 4) zu verwenden. Lediglich für drucklose Leitungen und Leitungen mit geringer Beanspruchung (Wasser, Sole usw.) können schmelzgeschweißte Stahlrohre (DIN 1626) und nahtlose Rohre in Handelsgüte (DIN 1629, Blatt 2) eingesetzt werden.

An dieser Stelle sei auch besonders auf die Verwendung von Kupferstahlrohren hingewiesen[2], die sich für Leitungen in der Kälteindustrie gut bewährt haben. Es

---

[1] Kältetechnik Bd. 15 (1963) S. 32.　　[2] Kältetechnik Bd. 8 (1956) S. 147—148.

handelt sich dabei um nahtlose Stahlrohre, die innen und außen eine feste, galvanisch aufgebrachte Kupferschicht besitzen. Als Korrosionsschutz von Soleleitungen werden Kunstharzüberzüge in wachsendem Maße angewendet[1,2].

III. Ausführung von Rohrleitungen in Kälteanlagen.

1. Rohrleitungsanordnung.

Um den Verbrauch an Rohrmaterial, die Kältemittelfüllung und den Druckverlust in den Rohrleitungen so gering wie möglich zu halten, sollen Kältemittelleitungen nicht länger als unbedingt erforderlich ausgeführt werden. Die Leitungen sollen die einzelnen Maschinen und Apparate auf dem kürzesten Wege verbinden. Das Rohrleitungssystem ist so zu planen, daß einerseits die Zahl der Rohrverbindungen und der verwendeten Formstücke niedrig bleibt, andererseits aber für ausreichende Ausdehnungsmöglichkeiten der Rohrleitungen infolge von Temperaturdifferenzen und Schwingungen gesorgt ist.

Für die Verlegung von Kältemittelleitungen gelten folgende besonderen sicherheitstechnischen Richtlinien:

Führen Kältemittelleitungen durch einen Raum, der gleichzeitig als Durchgang dient, so sind die Leitungen mindestens 2,25 m über dem Fußboden oder direkt unter der Decke zu verlegen, damit der Durchgang nicht versperrt wird. In befahrbaren Räumen und an der Außenwand eines Gebäudes angeordnete Leitungen müssen gegen Beschädigungen geschützt sein. In Schächten, die bewegliche Teile enthalten oder durch Öffnungen mit Wohn- und Aufenthaltsräumen verbunden sind, dürfen keine Kältemittelleitungen verlegt werden. Durch öffentliche Hallen, Warteräume oder Treppenhäuser dürfen Kältemittelleitungen nur dann geführt werden, wenn die Leitungen in diesen Räumen keine lösbaren Verbindungen besitzen und ausreichend gegen Korrosion und äußere Beschädigung geschützt sind. In den USA wurde für die Ausführung von Kältemittelleitungen die Vorschrift entwickelt, daß derartige Leitungen, die über Gänge oder andere mit dem Aufstellungsort der Kälteanlage nicht zusammenhängende Räume führen, mit gasdichten Schutzrohren zu umgeben sind, durch die bei Undichtheit der Arbeitsrohre der Arbeitsstoff weggeführt wird, ohne in die Räume austreten zu können. Ferner sind die Rohrleitungen und Rohrverbindungen gegen zusätzliche Beanspruchungen, wie Schwingungen oder Bedienung eingebauter Ventile, durch geeignete Halterungen zu sichern. Kältemittelleitungen dürfen auf keinen Fall im Boden verlegt und zugeschüttet werden.

Auf die Möglichkeit von störenden Sackbildungen (Flüssigkeitssäcke bei Gasen und Dämpfen, Gassäcke bei Flüssigkeiten) ist bei allen Leitungen, die den Arbeitsstoff führen, zu achten. Störungen durch Bildung von Flüssigkeits- und Gassäcken bei unsachgemäßer Leitungsführung werden um so empfindlicher, je größer der Dichteunterschied von Flüssigkeit und Dampf ist. Sackbildungen machen sich daher bei R 13 weniger als bei Ammoniak bemerkbar und wirken sich am stärksten bei R 11 aus.

Bei der Verwendung von stark öllösenden Kältemitteln muß bei der Leitungsführung dafür gesorgt werden, daß das vom Kältemittel mitgeführte Öl zum Kompressor zurückgeführt werden kann. Die besonderen Gesichtspunkte, die bei der Anordnung von Rohrleitungen in Frigen-Maschinen zu beachten sind, haben

---

[1] Wärmeverluste isolierter Rohrleitungen. Arbeitsblätter 15 bis 18 der Zeitschrift Brennstoff–Wärme–Kraft, Aug./Sept. 1951.
[2] Kältetechnik, Bd. 8 (1956) S. 180.

Leegard und Dodson[1] ausführlich zusammengestellt. Auch der ASHRAE Guide[2] behandelt in einem besonderen Kapitel die Anordnung der Rohrleitungen in Kältemaschinen, die R 12, R 22, R 500 und R 502 als Kältemittel verwenden. Gianni[3] ergänzt die Gesichtspunkte über das Verlegen von kühlmittelführenden Rohren, insbesondere für auf dem Dach aufgestellte Kondensatoren.

Bezüglich der Ölrückführung bieten vor allen Dingen die Saug- und Druckleitung bei Frigen-Maschinen einige Probleme. Neben der richtigen Dimensionierung von Saug- und Druckleitungen (vgl. A.I.2) ist bei der Verlegung dieser Leitungen darauf zu achten, daß horizontale Rohre in Strömungsrichtung leicht geneigt verlaufen. Bei Druckleitungen, die auf einer großen Länge als Steigleitungen ausgeführt sind, empfiehlt es sich, immer nach etwa 10 Meter Steigung ein horizontales, leicht nach unten geneigtes Rohrstück einzuschalten, damit das im Stillstand zurücklaufende Öl nicht bis in den Kompressor zurückfließt. Arbeiten mehrere Kompressoren auf einen gemeinsamen Kondensator, so sollen ihre Druckleitungen immer in eine horizontale bzw. leicht geneigte Leitung von oben her einmünden, sofern man es nicht vorzieht, die Stränge bis zum Kondensator getrennt zu führen. Dadurch wird verhindert, daß beim Stillstand einer Maschine das Öl, welches von der arbeitenden Maschine in den Kreislauf gefördert wird, über die Anschlußleitung in die stillstehende Maschine gelangt.

Saugleitungen von tiefer liegenden Verdampfern sollen in horizontale Sammelrohre von oben her einmünden, damit sie nicht zu Ölfängern werden. Oberhalb der Saugleitung liegende Verdampfer werden hingegen am besten über einen

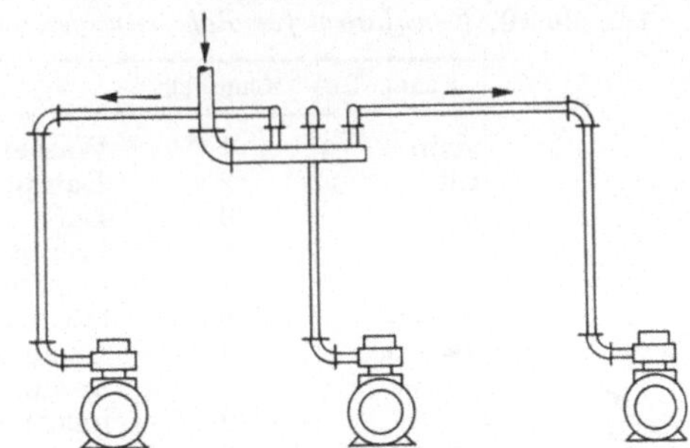

Abb. 214. Anschluß mehrerer Kompressoren an eine gemeinsame Saugleitung.

U-Bogen an die Saugleitung angeschlossen, sofern der Verdampfer nicht vor dem Abschalten der Maschine leergesaugt wird. Sind mehrere Kompressoren an eine gemeinsame Saugleitung angeschlossen, so muß dafür gesorgt werden, daß das zurückkommende Öl allen Kompressoren gleichmäßig zufließt. In diesem Fall muß in die Saugleitung ein Sammelstück und dahinter eine kurze Steigleitung eingeschaltet werden (Abb. 214). Durch Öl- und Druckausgleichsleitungen zwischen den Kompressoren ist außerdem dafür zu sorgen, daß sich Unterschiede im Ölstand der Maschinengehäuse ausgleichen können.

Die Flüssigkeitsleitung bietet bezüglich der Ölrückführung keine Probleme. Hier ist nur bei der Dimensionierung darauf zu achten, daß nach Möglichkeit kein Kältemittel verdampft, und bei der Verlegung, daß etwa entstehendes Kältemittelgas abgeführt werden kann, ohne sich vor dem Regelventil zu sammeln.

Bei der Befestigung der Rohrleitungen sind die Längenänderungen zu berücksichtigen, die sich durch Temperaturunterschiede ergeben. Von Ausgleichsvor-

---

[1] Leegard, C. W., u. W. E. Dodson: Fundamentals of Refrigerant Piping for Freon-12 and Freon-22 Systems. Refrig. Engng. Bd. 60 (1952) S. 473–479.

[2] ASHRAE Guide and Data Book, 1966/67, Applications, Chapter 76.

[3] Gianni, S. J.: Refrigerant piping for single compressor systems. ASHRAE-Journal Bd. 4 (1952), Nr. 4, S. 46–48.

richtungen (Lyra-Kompensatoren, U-Bogenausgleicher, Metallschläuche, Membran-Dehnungsausgleicher, Gelenk-Kompensatoren) kann im allgemeinen abgesehen werden, wenn die Leitung so geführt wird, daß sie in sich die notwendige Beweglichkeit besitzt. Stopfbuchs-Dehnungsausgleicher sind für Kältemaschinenanlagen nicht zugelassen. Auf gleiche Länge bezogen, ist im Durchschnitt die Verschiebung in der Saugleitung rund halb so groß wie in der Druckleitung. Bei isolierten Rohren soll die Befestigung so geschehen, daß möglichst kein Metallteil die Isolierung durchdringt und dadurch als Wärmebrücke dient. Wegen der geringen Festigkeit der Isolierung dürfen Rohrschellen aber auch nicht an der Isolierung befestigt werden. Die feste Verbindung mit dem Rohr muß deshalb über ein Material mit relativ hoher Festigkeit, aber geringer Wärmeleitfähigkeit (Holz, Kunststoff) hergestellt werden. Bei der Verlegung von Kältemittel- und Kälteträger-Leitungen ist darauf zu achten, daß für die Anbringung einer ausreichenden Isolierschicht genügend Platz vorhanden ist.

2. Kennzeichnung der Rohrleitungen.

Die Rohrleitungen werden in der Praxis durch Rohrnormalfarben gekennzeichnet, die nach DIN 2403 „Kennzeichnung von Rohrleitungen nach dem Durchflußstoff" genormt sind. Dabei werden ganz allgemein die Kennfarben in der in Tab. 10 näher erläuterten Weise angewendet. Kombinationen dieser Kennfarben, die streifenförmig auf die Rohrleitungen aufgebracht werden oder — entsprechend

Tabelle 10. *Kennfarben für Rohrleitungen in Betrieben aller Art (nach DIN 2403).*

Kennfarbe	Kennzahl	Stoffgattung
grün	1	Wasser
rot	2	Dampf
blau	3	Luft
gelb	4	brennbare Gase
	5	nichtbrennbare Gase
orange	6	Säuren
violett	7	Laugen
braun	8	brennbare Flüssigkeiten
	9	nichtbrennbare Flüssigkeiten
grau	0	Vakuum

der Neuausgabe der DIN 2403 — farbige Schilder mit Kennzahlen geben zusätzlich besondere Hinweise auf den Durchflußstoff. Bei Anwendung von Kennzahlen gibt die Zahl vor dem Punkt die Gruppennummer an, zu welcher der Durchflußstoff gehört. Die Zahl hinter dem Punkt bezeichnet die Gattung des Durchflußstoffes.

Beispiel: Durchflußstoff Ammoniakgas.

> Gas (allgemein): Kennfarbe gelb
> Kennzahl 4 (brennbares Gas)
> Ammoniak: gelb-violett-gelb-violett-gelb
> (alte Kennzeichnung)
> Kennzahl 4.6 auf gelbem Untergrund
> (neue Kennzeichnung)

Es ist im allgemeinen nicht erforderlich, die fertig verlegten Rohrleitungen in ihrer ganzen Länge in der Kennfarbe zu streichen. Vielmehr genügt für die Bezeichnung der einheitlich in einer neutralen Farbe gestrichenen Rohre das Anbringen von entsprechend farbigen Ringen oder Schildern. Dem Verwendungszweck entsprechende Unterscheidungen werden durch hellere oder dunklere Tönung

der Kennfarben gemacht. Diese sind dann durch eine Farbtafel auf den Rohrleitungsplänen zu erläutern. Druckangaben können durch Anbringen mehrerer
farbiger Striche gekennzeichnet und entsprechend erläutert werden.

Für Rohrleitungen für Kältemittel und Kälte- und Wärmeträger in Kälteanlagen gilt die DIN 2405[1]. Danach werden Rohrleitungen in Kälteanlagen mit neu-
tralem Anstrich nach dem Durchflußstoff durch farbige Schilder mit Spitze zur

Tabelle 11. *Farbentabelle für die Kennzeichnung von Rohrleitungen in Kältemaschinenanlagen
(nach DIN 2405).*

Kennfarbe	Verwendung für
1. Kältemittelleitungen	
blau	Saugleitung
rot	Druckleitung
grün	Flüssigkeitsleitung
2. Leitungen für Kälte- und Wärmeträger	
violett	Sole
braun	flüssiges Kühlgut
blau	Luft
grau	Vakuum
grün	Wasser
rot	Wasserdampf

Angabe der Durchflußrichtung gekennzeichnet. Die Schilder enthalten das Kurzzeichen des Durchflußstoffes (z. B. CO_2, R 11, NH_3) sowie gegebenenfalls zusätzliche
Kennzeichnungen, wie Stoffzustand und Stufenzahl. Bei Kältemittelleitungen wird
der Stoffzustand, bei Rohrleitungen für Kälte- und Wärmeträger der Durchflußstoff
durch die in Tab. 11 angegebenen Farben dargestellt.

3. Schaltbilder und Rohrleitungspläne.

Die Herstellung eines Rohrleitungsplanes gehört zu den wichtigsten Aufgaben
des Entwurfs einer Kältemaschinenanlage. Einer solchen Zeichnung, die den
Verlauf der Rohrleitungen unter genauer Berücksichtigung der räumlichen Verhältnisse festlegt, sollte immer der grundsätzliche Leitungsplan, das Schaltbild,
vorangehen. Derartige Schaltbilder sind unter Verwendung der Sinnbilder nach
DIN 2429 und 2481 anzufertigen. Es sind soweit wie möglich Armaturen und Meßstellen, für alle Leitungen die Nennweiten und -drücke und nach Möglichkeit auch
die Betriebsdaten einzutragen. Nicht in das Leitungsbild aufgenommen werden
Manometer-, Entlüftungs- und alle die Leitungen, die zur Ausstattung der Kompressoren und Hilfsvorrichtungen gehören. Hierbei wird von dem Gesichtspunkt
ausgegangen, daß es nicht Zweck des Schaltbildes ist, die Arbeitsweise der Anlage
bis in alle Einzelheiten zu erläutern, sondern die Schaltung der Rohrleitungen und
Apparate festzulegen. Nach den Schaltplänen werden die Rohrleitungspläne angefertigt, die der Materialbeschaffung und der Rohrverlegung dienen.

B. Rohrverbindungen.

Der Zusammenbau von Rohrleitungsteilen bei Kältemaschinenanlagen kann
durch Flansch-, Schraub-, Schweiß- oder Lötverbindungen erfolgen. Flansche
werden als lösbare und Schweißungen als unlösbare Rohrverbindungen in erster
Linie bei größeren Kälteanlagen angewendet, während Schraub- und Lötverbindungen als Vertreter der beiden Gruppen in der Hauptsache im Bereich der
Kleinkältetechnik anzutreffen sind.

---

[1] DIN 2405 Rohrleitungen in Kälteanlagen; Kennzeichnung. Juli 1967.

Die Frage nach der am besten geeigneten Verbindungsart muß unter weitgehender Berücksichtigung von sicherheitstechnischen und wirtschaftlichen Gesichtspunkten beantwortet werden. In erster Linie ist dabei für Rohrleitungen von Kälteanlagen die Forderung nach absoluter Dichtheit zu stellen, da ausströmendes Kältemittel einerseits einen wirtschaftlichen Verlust darstellt, zum anderen aber auch unter Umständen eine Feuergefahr hervorrufen und zu Gesundheitsschädigungen der an den Anlagen arbeitenden Personen führen kann. In dieser Hinsicht sind fachmännisch ausgeführte Schweißverbindungen auf jeden Fall zu befürworten. Außerdem sind Flansch- und Schraubverbindungen in der Regel teurer als unlösbare Verbindungen. Lösbare Rohrverbindungen sollten aber trotz des höheren Preises immer dort angewendet werden, wo mit einem Auseinanderbau zur inneren Prüfung oder zwecks späterer Änderung zu rechnen ist.

I. Unlösbare Rohrverbindungen.

1. Schweißverbindungen.

Die Verbindung der Rohrleitungen in größeren Kältemaschinenanlagen erfolgt in der Hauptsache durch Flansche und Schweißungen. Schweißverbindungen können als billige und zuverlässige Rohrverbindungen angesehen werden, sofern sie fachgerecht ausgeführt sind. Hierzu gehört das sachgemäße Vorrichten der Rundnaht, die zwei Rohrenden verbindet und die Festlegung der geeigneten Schweißfugenform. Für unlegierte und niedriglegierte Stähle sind die Schweißfugenformen und ihre Abmessungen in DIN 2559 enthalten.

Die in der Kältetechnik verwendeten Rohrstähle werden sowohl autogen als auch elektrisch geschweißt. Die für die autogene Schweißung als Zusatzwerkstoff zu verwendenden Schweißdrähte sind nach DIN 8554 zu wählen. Rohrleitungen aus niedrig legiertem Werkstoff werden bis zu einem Durchmesser von etwa 500 mm und einer Rohrwanddicke von etwa 12 mm fast ausschließlich autogen geschweißt, während bei höher legierten Stählen bereits von einer Rohrwanddicke von 6 mm ab die Lichtbogenschweißung angewendet wird (vgl. auch [1]). Daraus ist erkennbar, daß bei Rohrleitungen, wie sie in normalen Kältemaschinenanlagen verwendet werden, das autogene Schweißverfahren (Gasschweißen) vorherrscht.

Beim Schweißen von Rohrleitungen tritt häufig durch die Reaktion des Sauerstoffs der Innenluft mit den Wurzelschmelzen eine rückseitige Verzunderung der Schweißnähte ein. Solche Schweißnähte mit starker Wurzeloxydation sind im Kältemaschinenbau unerwünscht, da insbesondere die Gefahr besteht, daß Zunderteilchen durch das durchströmende Medium abgelöst werden, sich in engen Leitungsquerschnitten festsetzen und dort zu erheblichen Störungen des Kühlsystems führen. Die Nahtwurzeloxydation läßt sich durch Bestreichen der Schweißnahtrückseiten mit Flußmittelpasten oder durch Abdecken der Nahtrückseiten stark vermindern. Die einfachste und sicherste Möglichkeit eines Oxydationsschutzes besteht in der Anwendung eines geeigneten Schutzgases. Hierfür kommen unter anderem Argon, Stickstoff und Wasserstoff von einem möglichst großen Reinheitsgrad in Frage. Boeckhaus[2] empfiehlt die Verwendung von Formiergas, einem Gemisch aus molekularem Stickstoff und Wasserstoff (Reinstgase). Über zweckmäßige Schweißverfahren für die Kältetechnik berichtete Rotter[3].

---

[1] Schöne, O. u. E. Schwenk: Rohrleitungen in neuzeitlichen Wärmekraftanlagen, Berlin/Göttingen/Heidelberg: Springer 1961 S. 95—99.

[2] Boeckhaus, K.: Erfahrungen mit der Verwendung von Formiergas beim Schweißen von Kälteanlagen. Die Kälte Bd. 11 (1958) S. 121—128.

[3] Rotter, H.: Moderne Schweißverfahren für die Kältetechnik. Kältetechnik Bd. 14 (1962) S. 113—115.

2. Lötverbindungen.

Bei der Montage von Kälteanlagen hat sich in den letzten Jahren insbesondere in der Kleinkältetechnik das Lötverfahren immer mehr durchgesetzt. Die Schraubverbindung wurde insbesondere deshalb in den Hintergrund gedrängt, weil die Lötverbindung eine dauerhafte Dichtheit gewährleistet, sofern Lötfittings in Verbindung mit einem geeigneten Lot und Flußmittel angewendet werden (Abb. 215).

In Deutschland werden Lötfittings aus Kupfer, Rotguß und Messing hergestellt. Für Kälteanlagen werden vornehmlich Fittings aus Kupfer verwendet, für die bereits Normentwürfe (DIN 8931 bis 8937) vorliegen. Da der Kupferfitting

Abb. 215. Mit Lötfittings montierte Rohrleitung einer Kälteanlage (nach SCHMIDT[2]).

Abb. 216 Die gebräuchlichsten Lötfittings für Kupferrohr.

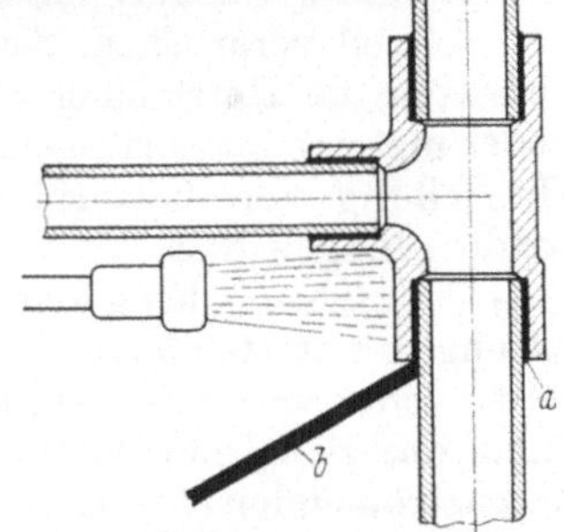

Abb. 217. Der Vorgang bei der Verbindung von Rohren und Fitting durch Löten (nach URF[3]): *a* aufsteigendes Lot, *b* Lötdraht.

aus einem Stück nahtlos verformt wird, ist er absolut dicht gegenüber dem Kältemittel, besitzt innen und außen glatte Oberflächen und die gleiche Korrosionsbeständigkeit wie das Kupferrohr selbst. Lötfittings aus Kupfer werden in verschiedenen Formen angefertigt (Abb. 216) und für Kupferrohraußendurchmesser von 6 bis 42 mm geliefert. Die bei der Verarbeitung von Lötfittings in der Kältetechnik maßgebenden Gesichtspunkte werden in einigen einschlägigen Veröffentlichungen[1, 2, 3] ausführlich behandelt.

[1] KREUZTRÄGER, H.: Lötverbindungen für Kupferrohre. Kältetechnik Bd. 6 (1954) S. 284.
[2] SCHMIDT, W.: Lötfittings in der Kältetechnik. Kältetechnik Bd. 10 (1958) S. 123.
[3] URF, L.: Der Lötverbinder in der Kälte- und Klimatechnik. Kältetechnik Bd. 13 (1961) S. 306.

Bei einer Lötverbindung handelt es sich stets um eine überlappte Verbindung, bei der das Lot durch die Kapillarwirkung zwischen den beiden Überlappungen in den Spalt der Lötstelle gesaugt wird (Abb. 217). Dieser Kapillarspalt soll möglichst eng und gleichmäßig sein. Entsprechend der Schmelztemperatur des verwendeten Lotes unterscheidet man Weich- und Hartlöten. Weichlötungen werden in der Nahrungsmittelindustrie und Kältetechnik in der Hauptsache mit bleifreien Zinnloten durchgeführt, die mit einer geringen Menge Antimon legiert sind. Für Hartlötungen hat sich ein hoch legiertes Silberlot mit 40% Silberanteil sehr gut bewährt, mit dem höchste Festigkeiten erzielt werden können. Das sogenannte Silfoslot, ein zähflüssiges Silberlot mit 5 oder 15% Silberanteil, dessen Arbeitstemperatur 710 °C beträgt, kann ebenfalls verwendet werden. Allerdings ist zu beachten, daß die hohe Arbeitstemperatur leicht zu Verzunderungen im Innern des Kupferrohres führen kann, die möglicherweise — wie bei den Schweißverbindungen — Störungen in den Anlagen verursachen.

Das Weichlöten nimmt bei der Montage von Kälteanlagen einen wichtigen Platz ein, da es gegenüber dem Hartlöten einige wesentliche Vorteile aufweist. Hierüber hat Gäfgen[1] ausführlich berichtet. Danach erfordert das Weichlöten eine geringe Anwärmzeit und niedrige Flammentemperatur. Das Werkstück verzundert auch ohne Verwendung von Schutzgas nicht. Außerdem ist Weichlot billiger als Silberlot, was zu einer Senkung der Montagekosten führen kann. Die bis vor einigen Jahren herrschende Annahme, daß für Lötungen an Stellen, die eine Temperatur unter 0 °C annehmen können, Weichlote nicht angewendet werden dürfen, muß durch die Entwicklung geeigneter Lotlegierungen, wie sie die Zinn-Antimon-Legierung darstellt, als überholt angesehen werden.

Die Hartlötung erfolgt bei einer wesentlich höheren Arbeitstemperatur (zwischen 600 und 720 °C) als das Weichlöten. Für die Ausführungen von Hartlötungen hat die Verwendung von Silberloten stark zugenommen, obwohl die Kosten dieser Lote erheblich über denen der messingartigen Hartlote liegen. Die Silberlote sind aber außerordentlich dünnflüssig und lassen sich deshalb sauber und schnell verarbeiten. Sie schmelzen bei relativ niedrigen Temperaturen und gestatten die Herstellung von Lötverbindungen mit dichtem Gefüge ohne Veränderung der Materialeigenschaften. Auf die Bedeutung der Silberlote bei der Herstellung von Lötverbindungen im Kältemaschinenbau hat Wagner[2] besonders hingewiesen.

Die Erfahrung hat gezeigt, daß bei Kältemaschinenanlagen, in denen die Rohrleitungen mit Hartlotverbindungen ausgeführt wurden, häufig Störungen durch Festteilchen verursacht wurden. Es handelte sich dabei im wesentlichen um Kupferoxyd, das sich beim Hartlöten im Innern der Rohre bildet und später von dem durchströmenden Medium mitgerissen wird. Zur Vermeidung dieser unangenehmen Erscheinung wird empfohlen, während des Lötens Stickstoff oder Kohlensäure durch das Rohr zu blasen. In den USA haben sich bereits viele Kältemonteure auf diese Methode eingestellt und führen eine Stickstoffflasche mit Reduzierventil mit, die dann über einen Schlauch an die Rohrleitung angeschlossen werden kann.

II. Lösbare Rohrverbindungen.

1. Flanschverbindungen.

Der Flansch ist das lösbare Rohrverbindungselement, das in der Kältetechnik in erster Linie in Stahlrohrleitungen von größeren Anlagen angewendet wird.

---

[1] Gäfgen, H.: Weichlöten bei Kälteanlagen? Der Kältepraktiker Bd. 3 (1963) S. 12.
[2] Wagner, E.: Die Verwendung von Silberloten beim Bau von Kältemaschinen. Kältetechnik Bd. 7 (1955) S. 46—48.

Entsprechend der Konstruktion und der Anbaumöglichkeit an das Rohr sind zu unterscheiden:

> normale Flansche,
> Gewindeflansche,
> Walzflansche,
> Vorschweißflansche,
> lose Flansche mit Bördel oder Bund.

Da die Abmessungen dieser Flansche für alle Rohrnennweiten genormt sind, sollten Flanschverbindungen nach Möglichkeit nur nach den bestehenden DIN-Normen ausgeführt werden (vgl. Abschn. B. III). Die Normung, die sich auf die verschiedenen Ausführungsformen erstreckt, ist nach Druckstufen geordnet. Eine Berechnung der Flansch-verbindung sollte nur in besonderen Belastungsfällen nach DIN 2505 durchgeführt werden. Wegen der verschiedenen, teilweise unkontrollierbaren Einfluß-größen ist auch hiernach nur eine mittelbare Berech-nung der Abmessungen der Teile der Flanschverbin-dung möglich. Deshalb empfiehlt es sich, die Flansch-abmessungen nach konstruktiven Erfahrungen oder den vorliegenden Normblättern anzunehmen.

Für Hochdruckanlagen hat sich der Vorschweiß-flansch besonders gut bewährt. Er wird deshalb auch in der Kältetechnik heute bevorzugt angewendet. Während für Rohrleitungen, die Kühlmittel oder Kälteträger führen, Flanschen mit glatter Dich-tungsfläche ausreichen, sind bei Kältemittelleitun-gen die Dichtungen entweder durch Nut und Feder oder durch Vor- und Rücksprung gegen Heraus-drücken zu sichern (Abb. 218).

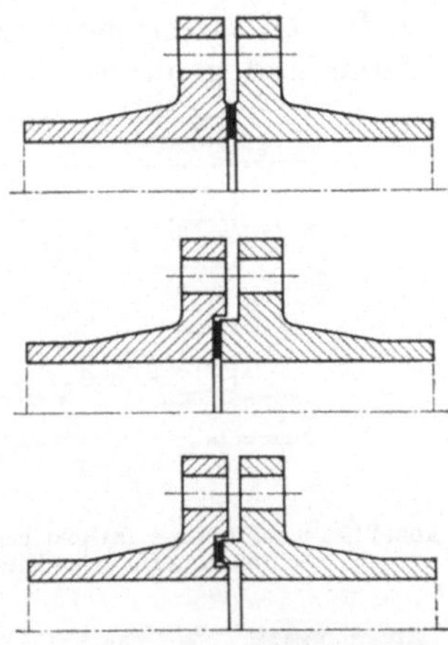

Abb. 218. Flansche mit glatter Dich-tungsfläche (oben), Vor- und Rück-sprung (Mitte), Nut und Feder (unten).

Allgemein werden als Dichtungsmaterial für Flanschverbindungen Gummi, Asbest, Leder, Metalle (Kupfer, Nickel, Weicheisen, V 2 A, Aluminium), Vulkan-fiber und Metall-Weichstoff-Dichtungen verwendet. Über die Anwendungsmöglich-keiten dieser Dichtungsmaterialien hat TRUTNOVSKY[1,2] ausführlich berichtet. Bei der Auswahl eines geeigneten Materials, das als Berührungsdichtung für Flansch-verbindungen in der Kältetechnik in Frage kommt, ist sorgfältig zu prüfen, ob das Dichtungsmaterial chemisch beständig ist gegen einen Angriff des in den Rohr-leitungen strömenden Mediums. Dichtungen, die in Kältemittel führende Rohr-leitungen eingebaut werden, sollen sowohl gegen das Kältemittel als auch gegen das mitgeführte Öl beständig sein. Es kommen in Betracht: Sondergummiringe mit oder ohne Gewebeeinlage bei Ammoniak, It-Ringe, z. B. Klingerit, bei den halogenierten Kohlenwasserstoffen. Das Verhalten von Gummi gegen Kältemittel und Öl hat HAAS[3] eingehend untersucht. In Rohrleitungen, die den Kälteträger führen, werden als Dichtungsmaterialien hauptsächlich Gummi und Faserstoffe (Klingerit) verwendet. Auch flüssige, nach der Verarbeitung erhärtende Dichtungs-mittel wurden in den letzten Jahren in zunehmendem Maße bei Flanschverbin-dungen eingeführt.

---

[1] TRUTNOVSKY, K.: Berührungsdichtungen an ruhenden Maschinenteilen. Z. VDI 84 (1940) S. 277—282.

[2] TRUTNOVSKY, K.: Dichtungen, Berlin/Göttingen/Heidelberg: Springer 1949.

[3] HAAS, E.: Gummi als Werkstoff für Kältemaschinen-Verdichter. Kältetechnik Bd. 2 (1950) S. 206—209.

14*

Es muß noch besonders darauf hingewiesen werden, daß Flanschverbindungen einen großen Materialaufwand und dauernde Überwachung verlangen. Da eine abnehmbare Flanschisolierung nur schwer durchzuführen ist, unterbleibt sie meistens, wodurch sich zusätzliche Energieverluste ergeben. Deshalb sollten Flanschverbindungen wirklich nur dort angewendet werden, wo sie z. B. aus Montagegründen nicht durch Schweißverbindungen ersetzt werden können.

2. Schraubverbindungen.

Als lösbare Verbindung von Rohrleitungen in kleineren Kältemaschinenanlagen werden Rohrverschraubungen angewendet. Sie können als lötlose oder gelötete Rohrverschraubungen ausgebildet sein und sind entsprechend den bestehenden DIN-Normen auszuführen (vgl. Abschn. B. III). In Abb. 219 sind je eine lötlose und gelötete Rohrverschraubung für gebördelte Rohre dargestellt. Be-

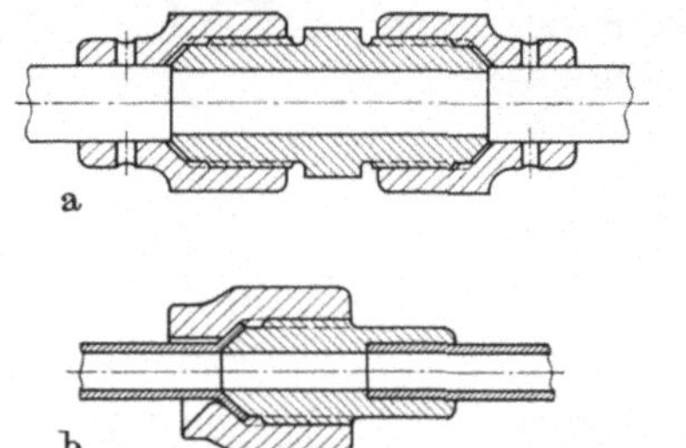

Abb. 219 a u. b. Lötlose (a) und gelötete (b) Rohrverschraubung für gebördelte Rohre.

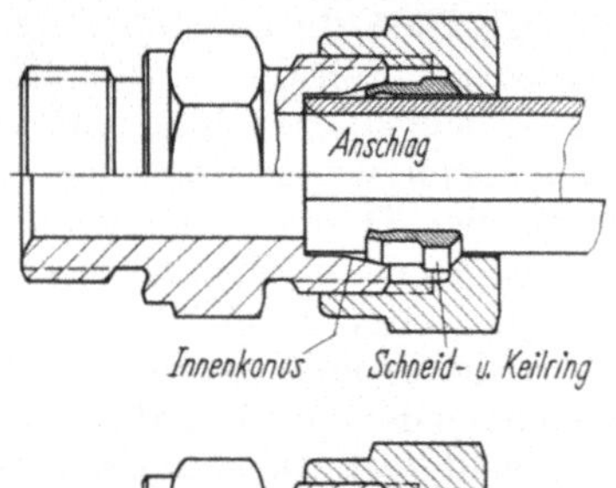

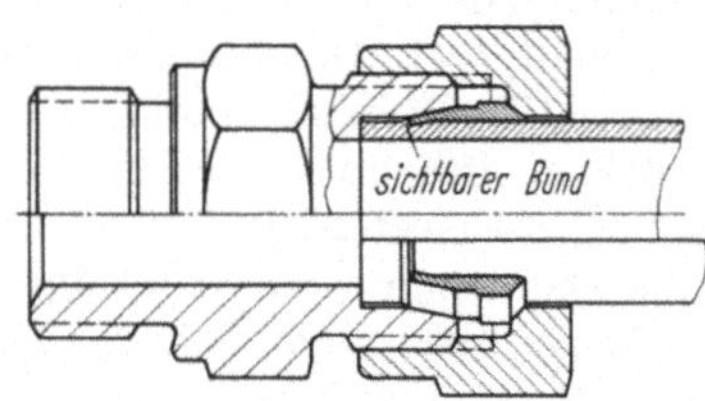

Abb. 220. Die „Ermeto"-Verschraubung vor und nach dem Anziehen der Überwurfmutter.

Abb. 221. Gewindeabdichtung durch Kunststoffband.

sonders zu beachten ist, daß sich zwischen der Mutter und dem Rohr kein Wasser sammeln darf, das beim Gefrieren die Rohrwand nach innen drückt. Deshalb sind die Muttern der lötlosen Verschraubungen mit vier kleinen Löchern versehen, durch die das Wasser ablaufen kann. Eine andere Möglichkeit der Wasserabführung besteht in der Anbringung eines nach außen offenen Kanals mit mindestens 30° Winkelöffnung, wie er bei der gelöteten Verschraubung dargestellt ist. Die Verbindungsstücke der beschriebenen Rohrverschraubung werden in allen Formen (gerader Stutzen, T-Stück, Winkel usw.) hergestellt.

Eine andere Rohrverschraubung, die sich für Stahlrohre und für Kupferrohre gleich gut eignet, ist die „Ermeto"-Verschraubung (Abb. 220). Bei der „Ermeto"-Verschraubung, die in der Kleinkältetechnik mit gutem Erfolg angewendet wird, ist eine Abdichtung ohne irgendwelches Dichtungsmaterial erreicht, indem ein Stahlring beim Anziehen der Mutter in die Rohroberfläche eindringt.

Zur Gewindeabdichtung von Rohrverbindungen hat sich in den USA schon seit längerem ein Teflon-Band eingeführt, das auch in Europa mehr und mehr die herkömmlichen Dichtungsstoffe ersetzt. Das Band, das sich ohne jede Materialverschwendung leicht um das Rohrgewinde wickeln läßt (Abb. 221), ergibt eine gute Dichtung bis zu Temperaturen von 260 °C und ist widerstandsfähig gegen Öl, organische Lösungsmittel und Kältemittel. Aufgrund der selbstschmierenden Eigenschaften der Teflon-Fluorkohlenstoffharze verliert das Band auch nach längerem Gebrauch seine Elastizität nicht und erlaubt noch nach Jahren eine leichte Demontage der Rohrverbindungen.

3. Sonderbauarten.

Getrennte Aggregate für Kälteanlagen mit verschiedenen Verwendungszwecken können mit Hilfe von Montagekupplungen im Werk vorgefüllt und an Ort und Stelle ohne Zeitverlust montiert und in Betrieb genommen werden. Die hierzu verwendeten Kupplungen eignen sich für die Kältemittel R 12 und R 22. Diese Kupplungen werden in zwei verschiedenen Bauarten hergestellt. Bei einer Bauform sind die beiden Kupplungshälften durch Metall-Membranen verschlossen, die beim Verbinden der Kupplung durch eine eingebaute Messerkante aufgeschnitten werden. Nach erfolgter Montage kann die Kupplung gelöst und auch wieder verbunden werden. Sie wirkt dann wie eine normale Rohrverbindung. Die andere Kupplungsbauart (Abb. 222) ist selbstdichtend. Beim Trennen der beiden Kupplungshälften schließen die federbelasteten Ventile die Leitungsenden ohne Medium-

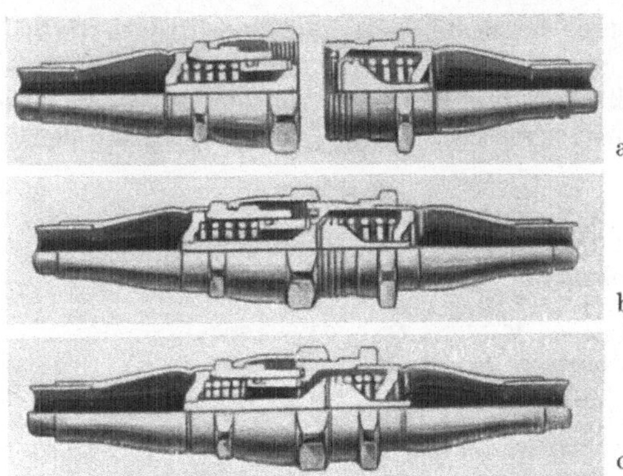

Abb. 223. „FLEXMASTER"-Rohr-Schnellverbindung (Aeroquip, Baden-Baden).

Abb. 222 a—c. Selbstdichtende Kupplung (Aeroquip, Baden-Baden).
a) Kupplungshälften getrennt; b) Kupplungshälften teilweise vereint; c) Kupplung fertig montiert mit freigegebenem Querschnitt.

verlust ab. Die Kupplungen, die sowohl für Lötanschluß als auch für Schraubanschluß ausgeführt werden, können also ohne Gasverlust beliebig oft getrennt und wieder verbunden werden.

Die „Flexmaster"-Rohrverbindung ist eine Schnellverbindung für Rohre mit Dichtungen aus synthetischem Gummi (Abb. 223). Die Verbindung besteht aus einer Hülse, zwei Spannschellen und zwei Dichtungen mit Dichtungshaltern. Die Verbindung kann über die glatten Rohrenden durchgeführt werden, wobei weder Gewinde noch Flansch oder irgendeine andere Bearbeitung der Rohre erforderlich ist.

Eine Kleinflanschverbindung (Abb. 224) besteht aus zwei Kleinflanschen a mit Rohransatz zum Anschweißen an die Rohrleitung, einem Zentrierring b mit Rundschnurring c als Dichtung und einem Spannring d. Diese Rohrverbindungen, die auch gegen Überdrucke von 1,5 atü dicht sind, sind in erster Linie zur Verbindung von Rohren in Vakuumleitungen bestimmt.

Zur Dehnungsaufnahme von Rohrleitungen und als Schwingungs- und Geräuschdämpfer werden häufig Rohrleitungsverbindungen flexibel ausgeführt. Zur Herstellung derartiger flexibler Verbindungen kommen im wesentlichen Metallschläuche, in Metallgewebe eingeschlossene Kunststoffschläuche und Metallbälge in Betracht (Abb. 225). Die Metall- und Kunststoffschläuche werden mit Hilfe

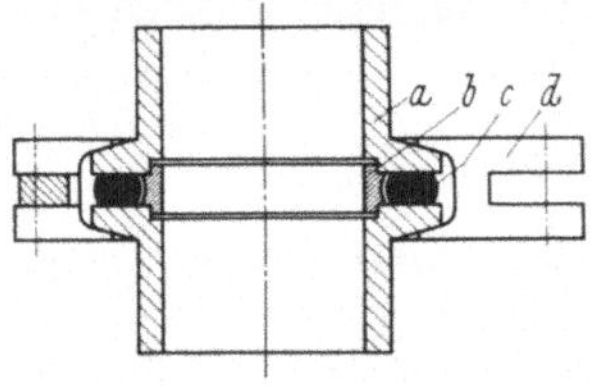

Abb. 225. Flexible Rohrverbindung zum Schutz der Rohrleitungen gegen Schwingungen (Flexonics Corporation).

Abb. 224. Kleinflanschverbindung (Leybold).

von Verschraubungen an die Rohrleitung angeschlossen. Die Metallbälge, die in Stahl und Messing hergestellt werden, können mit ihren Enden in Flansche eingewalzt, eingelötet oder eingeschweißt werden. In selteneren Fällen wird eine unlösbare Schweiß- oder Lötverbindung zwischen Balg und Rohrleitung hergestellt.

III. Zusammenstellung der Normen über Rohrverbindungen.

DIN 2430 Blatt 1 bis 4: Formstücke für Rohrleitungen; Übersicht und Sinnbilder. Dezember 1929.
DIN 2856 bis 2872 Fittings für Lötverbindungen. Mai bzw. November 1966.
DIN 2500 Flansche; allgemeine Angaben, Übersicht. August 1966.
DIN 2501 bis 2504 Flansche, Anschlußmaße. Juni 1949.
DIN 2505 Vornorm Berechnung von Flanschverbindungen. Oktober 1964.
DIN 2512 Flansche; Feder und Nut, Nenndrücke 10 bis 100. Mai 1966.
DIN 2513 Flansche; Vor- und Rücksprung, Nenndrücke 10 bis 100. Mai 1966.
DIN 2519 Stahlflansche; Technische Lieferbedingungen. August 1966.
DIN 2530 bis 2535 Gußeisenflansche. Juni 1967.
DIN 2543 bis 2545 Stahlgußflansche. Januar 1968.
DIN 2558 Ovale Gewindeflansche, glatt; Nenndruck 6. Januar 1962.
DIN 2561 Ovale Gewindeflansche mit Ansatz; Nenndruck 10 und 16. Januar 1962.
DIN 2565 bis 2569 Gewindeflansche mit Ansatz. Januar 1962.
DIN 2628 bis 2638 Vorschweißflansche. August 1962, Dezember 1962 und August 1966.
DIN 2652 bis 2656 Lose Flansche mit Bund. Januar 1962.
DIN 3159 Flanschanschlüsse für Kältemittel-Armaturen bis ND 25. Mai 1965.
DIN 8924 Zwei- und Vierschraubenflansche für Eckabsperrventile an Kältemaschinen, Nenndruck 25. Juli 1956.
DIN 8926 Vierschrauben-Vorschweißflansche in Kälteanlagen, Nenndruck 25. Juli 1956.
DIN 3850 Rohrverschraubungen; Übersicht. Februar 1967.
DIN 2353 Lötlose Rohrverschraubungen mit Schneidring. Juni 1966.
DIN 2367 Lötlose Rohrverschraubungen mit Doppelkegelring. Januar 1966.
DIN 3900 bis 3914 und DIN 3930 bis 3941 Lötlose Rohrverschraubungen mit Schneidring, Einzelteile.
DIN 8906 bis 8918 Lötlose Rohrverschraubungen mit gebördeltem Rohr, Nenndruck 25. 1956 bis 1958.

C. Absperrorgane.

In Kältemaschinen-Anlagen werden — wie allgemein im Rohrleitungsbau — Schieber, Ventile und Hähne als Absperrvorrichtungen zur Ingangsetzung oder Unterbrechung der Rohrströmung eingesetzt. Ventile und Schieber unterscheiden sich in der Schließrichtung des Dichtungskörpers. Die Schließrichtung ist bei Ventilen entgegen der Strömungsrichtung, bei Schiebern quer zur Strömungsrichtung. Bei Absperrhähnen wird die Abdichtung dadurch herbeigeführt, daß ein eingeschliffenes Hahnküken sich in einem Gehäuse bewegt.

Für die Auswahl und die Anordnung geeigneter Absperrorgane zum Absperren von Maschinen, Apparaten und Rohrleitungsteilen in Kältemaschinen-Anlagen sind in erster Linie die Sicherheitsvorschriften[1] maßgebend. Es dürfen hiernach nur Absperrorgane verwendet werden, die dem neuesten Stand der Technik und den einschlägigen Normen entsprechen. Auf jeden Fall müssen die Spindeln der Absperrorgane gegen unbeabsichtigtes Herausdrehen gesichert sein und eine Rückdichtung gegen den Stopfbuchsraum haben. Alle Anlagen, die mehr als 50 kg Kältemittel der Gefahrengruppe 1, 25 kg der Gruppe 2 oder 5 kg der Gruppe 3 enthalten, sollen Absperrorgane wie folgt erhalten:

a) Am Saug- und Druckanschluß jedes Kompressors oder am Sauganschluß jedes Kompressors und am Druckanschluß des Kondensators, wenn dieser mit dem Kompressor baulich vereinigt ist.

b) Am Druckanschluß des Kondensators, wenn dieser getrennt aufgestellt wird und nicht mit dem Kompressor baulich vereinigt ist.

c) Am Flüssigkeitsaustritt des Kondensators bzw. Sammlers, wenn letzterer eine Einheit mit dem Kondensator bildet.

d) Am Flüssigkeitsaustritt des Sammlers, wenn dieser vom Kondensator getrennt angeordnet ist.

Apparate bzw. Apparategruppen, die im üblichen Betrieb mehr als 100 kg Kältemittel der Gruppe 1, 50 kg der Gruppe 2 oder 25 kg der Gruppe 3 enthalten, sollen beiderseitig absperrbar sein, wobei eines der beiden Absperrorgane gegen unbefugte Betätigung zu schützen ist.

Ein weiterer Gesichtspunkt bei der Auswahl eines geeigneten Absperrorganes ist der Druckverlust. Schieber und Hähne haben den Vorzug, daß sie in geöffneter Stellung die Strömung wenig hemmen und infolgedessen geringe Druckverluste hervorrufen. Absperrventile bewirken eine Umlenkung der Strömung, wodurch höhere Druckverluste entstehen. Bezüglich der Widerstandsbeiwerte verschiedener Ventil-Bauarten vgl. Abb. 206.

Bei der Auswahl der Ventilwerkstoffe muß deren Festigkeitsverhalten bei tiefen Temperaturen berücksichtigt werden. Hierüber hat RIED[2] in einer Veröffentlichung berichtet.

I. Absperrschieber.

Charakteristisch für den Schieber ist, daß ein den besonderen Verhältnissen entsprechend gestalteter Abschlußkörper senkrecht zur Strömungsrichtung bewegt wird. Der Verschlußkörper kann vollkommen aus dem Strom herausgezogen werden und den vollen Querschnitt freigeben. Entsprechend der durch den Innendruck bestimmten Gehäuseform unterscheidet man Flachschieber, Ovalschieber und Rundschieber. Keil- und Parallelschieber haben ihre Bezeichnungen von der Lage der Dichtflächen. In Abb. 226 ist als Beispiel ein Keilovalschieber dargestellt.

---

[1] DIN 8975: Kälteanlagen, Sicherheitstechnische Grundsätze für Bau, Ausrüstung und Aufstellung. Mai 1967

[2] RIED, G.: Absperrorgane in der Kälteindustrie. Kältetechnik Bd. 16 (1964) S. 113—115.

Absperrschieber werden in erster Linie für Rohrleitungen mit mittleren und größeren Durchmessern, dort aber auch fast ausschließlich verwendet. Die kleinste genormte Nennweite für Schieber ist NW 40. In Kälteanlagen können sie für den

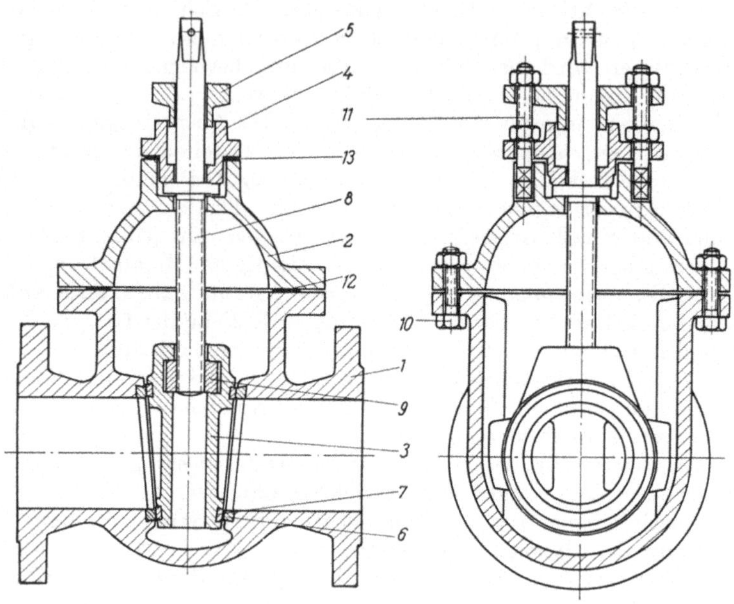

Abb. 226. Keilovalschieber (nach Volk[1]).
1—3 Gehäuse mit Keil, 4 u. 5 Stopfbüchse, 6 u. 7 Dichtungsring, 8 u. 9 Spindel mit Mutter, 10—13 Schrauben und Dichtungen.

Kälteträger eingesetzt werden, während in Kältemittel-Leitungen Ventile bevorzugt angewendet werden.

II. Absperrventile.

Bei Ventilen ist die Sitzfläche parallel oder etwas geneigt gegen die Rohrachse, und der Abschlußkörper bewegt sich senkrecht zur Sitzfläche. Die dadurch bedingte Umlenkung der Strömung ist mit entsprechenden Verlusten verbunden. Durch eine möglichst wenig aus der Senkrechten zur Rohrachse geneigte Anordnung der Trennwand, in der der Ventilsitz liegt, wird versucht, diese Verluste einzuschränken (Freifluß- oder Schrägsitz-Ventile).

1. Handbetätigte Absperrventile.

Von den in Kältemaschinenanlagen einzubauenden Absperrventilen muß in erster Linie gefordert werden, daß eine vollkommene Abdichtung nach außen erreicht wird. Dazu werden in der Praxis Stopfbuchsen oder Membranen verwendet. DIN 3160 „Durchgangsventile für Kältemittel" schreibt vor, daß Spindel oder Ventilteller das Gehäuse bei ganz geöffnetem Ventil gasdicht gegen den Packungsraum abschließen müssen, um die Stopfbuchse im Betrieb gefahrlos

¹ Volk, W.: Absperrorgane in Rohrleitungen, Berlin/Göttingen/Heidelberg: Springer 1959.

nachpacken zu können. Um die Stellung der Absperrung von außen erkennbar zu machen, empfiehlt es sich, eine Anzeige durch einen Zeiger an der Flansch-Stopfbuchse und eine eingedrehte Nut in der Geschlossenstellung an der Spindel anzubringen. Zur Verhütung von Unfällen sollen die Saug- und Druck-Absperrventile nach Möglichkeit so voneinander abhängig sein, daß sie nur in richtiger Reihenfolge bedient werden können. Eine voneinander abhängige Bedienungs-

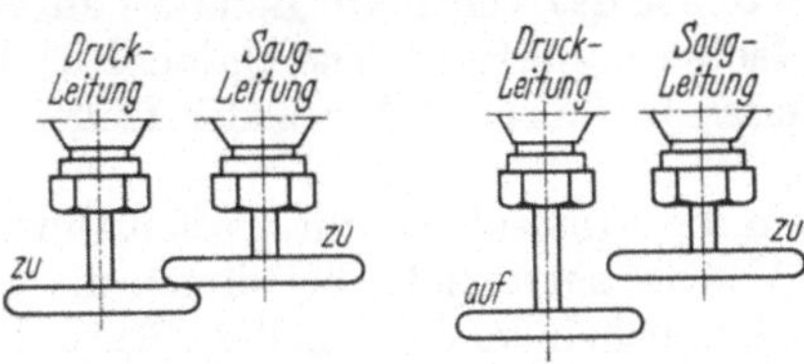

Abb. 227. Voneinander abhängige Ventile an Kältemaschinen.

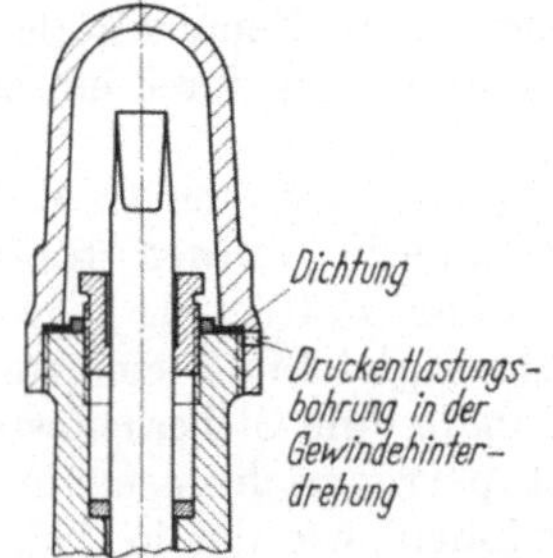

Abb. 228. Ventil ohne Handrad mit Schutzkappe (nach DIN 3160).

möglichkeit dieser beiden Ventile ist in Abb. 227 dargestellt. Um unzulässige Eingriffe zu erschweren, können die Ventilhandräder weggelassen und die Ventilspindeln mit gas- und druckdichten Schutzkappen (Abb. 228) versehen werden.

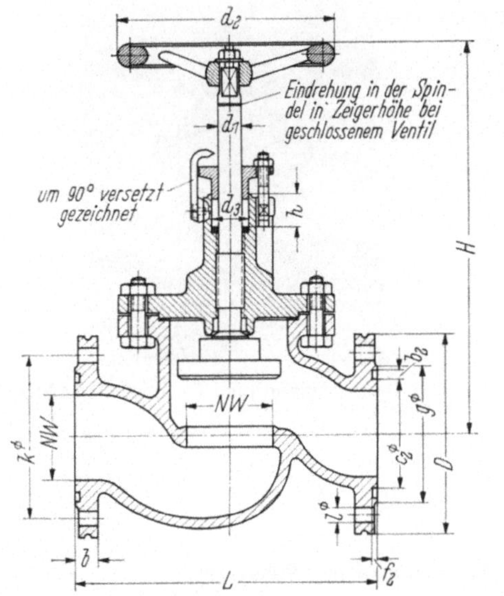

Abb. 229. Durchgangsventil für Kältemittel (nach DIN 3160).

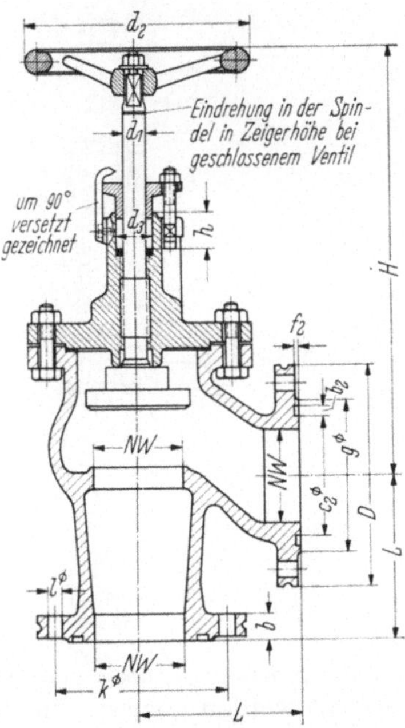

Abb. 230. Eckventil für Kältemittel (nach DIN 3161).

Kupferhaltige Werkstoffe dürfen bei Ammoniak-Absperrventilen nicht verwendet werden. Über diese und andere beim Einbau von Absperrventilen in Kälteanlagen zu beachtende sicherheitstechnische Richtlinien hat GEUE[1] ausführlich berichtet.

Absperrventile für Kältemittel in Durchgangs- und Eckform nach DIN 3160 und 3161 sind in den Abb. 229 und 230 dargestellt. Diese Ventile mit Flansch-

---

[1] GEUE: Absperrventile in Kälteanlagen und Unfallverhütungsvorschriften. Die Kälte-Industrie Bd. 38 (1941) S. 89–95.

anschluß sind in den Nennweiten NW 10 bis 300 genormt. Die Firma Klein, Schanzlin u. Becker hat ein Durchgangsventil entwickelt, das für Temperaturen bis $-45\,°C$ bzw. $-80\,°C$ geeignet ist. Die Ventile dieser Art mit größeren Nennweiten können auch bei Betriebstemperaturen bis $-100\,°C$ verwendet werden, wenn sie aus einem speziellen Elektrostahlguß hergestellt sind. Für extrem tiefe Temperaturen bis $-180\,°C$ werden Ventile aus austenitischen Werkstoffen geliefert. Hierunter fallen auch Spezialventile, bei denen das Ventil am Behälter angebracht ist und die Bedienung außerhalb der Isolierung erfolgt. Die Spindel ist hierbei geteilt und wird durch ein entsprechendes Distanzrohr durch die Isolierung geführt.

Um das Austreten des Kältemittels in die Atmosphäre unter allen Umständen zu verhindern, wurden stopfbuchslose Ventile entwickelt, bei denen die Spindel durch einen Faltenbalg abgedichtet ist. Um bei einem eventuellen Bruch des Faltenbalges gleichfalls ein Austreten der Flüssigkeit zu vermeiden, wird diesem Faltenbalg eine Sicherheitsstopfbuchse nachgeordnet.

Absperrvorrichtungen in Hochdruckleitungen erfordern oft besondere Konstruktionen, wie das in Abb. 231 dargestellte Nadelventil, das allerdings nur in kleinen Leitungsquerschnitten verwendet wird.

Eckabsperrventile mit Bördelverschraubung, Schneidverschraubung, Zweischrauben- und Vierschraubenflansch, die in der Kleinkältetechnik am häufigsten gebraucht werden, sind in DIN 8920 bis 8923 genormt. Die Ventilkörper sind in

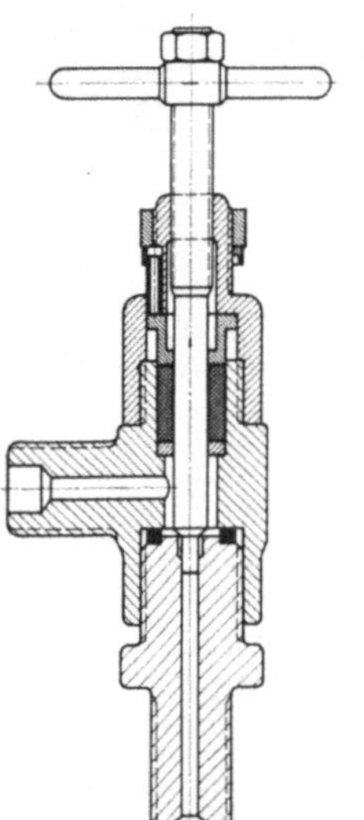

Abb. 231. Hochdruck-Nadelventil.

Abb. 232. Durchgangsventil mit Lötanschluß (HANSA).

diesen Normen so bemessen, daß sie sowohl aus Stahl als auch aus Messing hergestellt werden können. Einzelheiten zu diesen Normblättern sind dem Erläuterungsbericht von Koch[1] zu entnehmen.

Die zunehmende Anwendung von Lötverbindungen bei der Verlegung von Kupferrohren erfordert auch bei den Ventilen die Konstruktion von Lötanschluß-Armaturen. Ein solches Membran-Durchgangsventil mit Lötanschluß ist in Abb. 232 dargestellt. Bei diesem Ventil ist die Stopfbuchse durch eine Membran ersetzt, die hart eingelötet ist. Hierdurch wurde die Möglichkeit des Auftretens

---

[1] Koch, O.: Rohre, Verschraubungen und Ventile für Kleinkälteanlagen. Kältetechnik Bd. 6 (1954) S. 90—97.

einer Undichtheit stark verringert. Beim Einlöten des gezeigten Ventils, das für
Rohre von 6 bis 18 mm Außendurchmesser geliefert wird, müssen keine Innen-
teile demontiert werden, da ausschließlich Material verwendet wurde, das die
Temperaturbeanspruchungen beim Hartlöten aushält. Derartige Ventile werden
auch für Bördelanschluß hergestellt. Bei größeren Rohrdurchmessern von 22 bis
28 mm erfolgt bei diesen Ventilen die Abdichtung nach außen durch ein Wellrohr (anstelle der Membran). Bei dieser Bauart ist darauf zu achten, daß das Well-

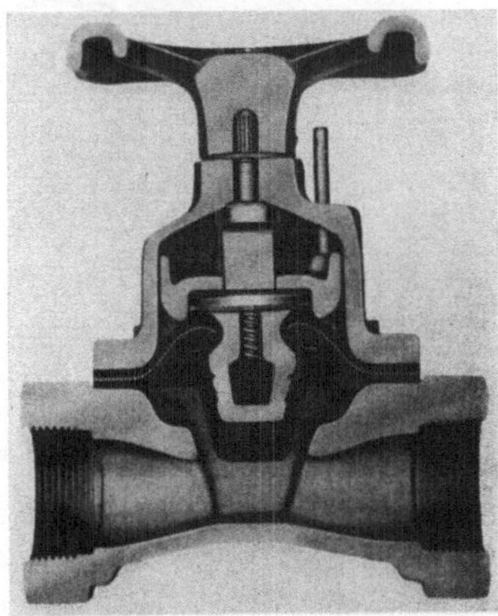

Abb. 233. Membranventil mit gummiertem
Dichtungskörper (Cryogenics Corporation).

rohr nach Möglichkeit gegen Feuchtigkeit geschützt ist, damit nicht als Folge
einer zeitweiligen Bereifung ein Wellrohrbruch eintreten kann. Abb. 233 zeigt
ein Membranventil amerikanischer Herkunft, das sich durch einen besonders
geringen Druckverlust auszeichnen soll.

2. Automatische Absperrventile.

Als solche werden in der Hauptsache Magnetventile bei Kältemaschinenanlagen verwendet. Diese Ventile können zum Absperren einer Kältemittelleitung ebenso wie für eine Wasser- oder Soleleitung eingesetzt werden. Oft wird
ein solches Magnetventil in die Flüssigkeitsleitung des Kältemittelkreislaufes eingebaut, um zu verhindern, daß während des Stillstandes der Maschine flüssiges
Kältemittel vom Kondensator über das Expansionsventil in den Verdampfer
gelangt und beim Anlaufen der Maschine in den Kompressor gesaugt wird. Bei
Anlagen mit mehreren Verbrauchern kann man mit diesen Magnetventilen jeden
einzelnen Verdampfer bzw. Kühlraum über einen Thermostaten abstellen. Außerdem kann das Magnetventil als automatisches Absperrorgan in den Kühlwasserstrom eingeschaltet werden.

In einer Veröffentlichung von DIMACZEK[1] werden Aufbau und Arbeitsweise von
Magnetventilen für Kälteanlagen beschrieben mit allgemeinen Angaben über Bauformen und Magnetausführungen und Hinweisen zur Montage.

Die technische Entwicklung der Magnetventile ist inzwischen soweit fortgeschritten, daß sie heute in zahlreichen Ausführungsformen entsprechend dem
Verwendungszweck hergestellt werden. In allen Fällen ist das angewendete Prinzip das gleiche: Von einem stromdurchflossenen Leiter (Spule) wird ein Magnetfeld erzeugt, das auf einen Anker so einwirkt, daß sich dieser nach oben bewegt

---

[1] DIMACZEK, R.: Elektromagnetventile für Kältemittel. Kältetechnik Bd. 17 (1965)
S. 338—340.

und das Ventil öffnet. In Abb. 234 ist ein einfaches Magnetventil mit Bördelverschraubung im Schnitt dargestellt, das für die Kältemittel R 12, R 22, Methylchlorid und für Wasser, Öl, Luft und Gase eingesetzt werden kann. Außer mit Bördelverschraubung werden diese Ventile auch mit Lötstutzen geliefert. Größere Magnetventile sind in den meisten Fällen servogesteuert (Abb. 235), da die Magnetkraft nicht ausreicht, um das Ventil zu öffnen. Der Magnet hat hierbei nur die

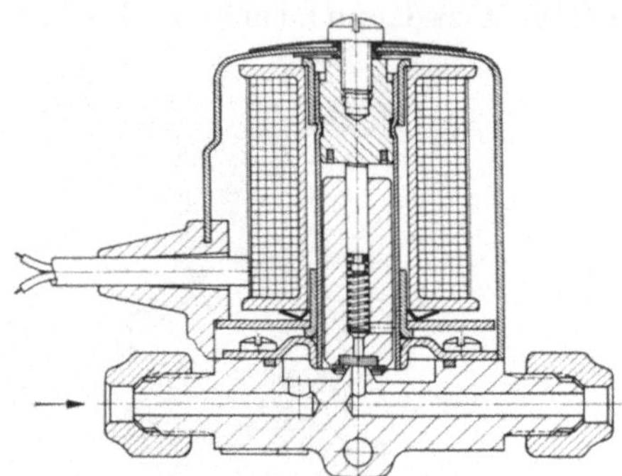

Abb. 234. Magnetventil (Danfoss).

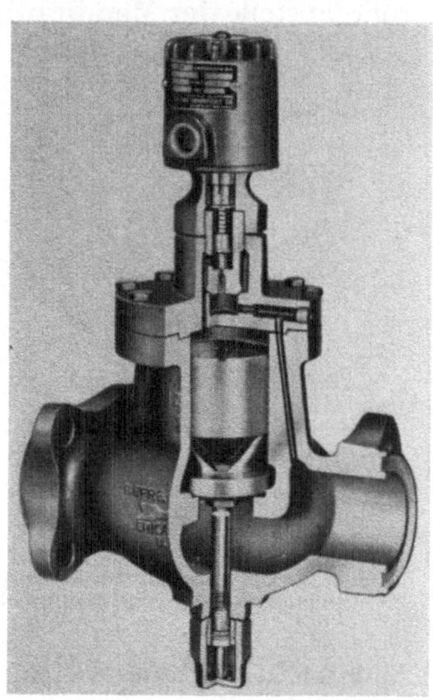

Abb. 235. Servogesteuertes Magnetventil (Refrigerating Specialties Company).

Aufgabe ein kleines Pilotventil zu öffnen, durch das das strömende Medium auf die Rückseite eines größeren Kolbens oder einer Membran treten kann. Der dort wirkende Druck besitzt eine Kraftresultierende, die das Hauptventil gegen eine Federkraft öffnen kann.

3. Rückschlagventile.

Ist zu erwarten, daß in einer Leitung der Durchfluß in der der normalen Stromrichtung entgegengesetzten Richtung erfolgen kann, so wird — um dies zu verhindern — in die Leitung ein Rückschlagventil eingebaut. Rückschlagventile

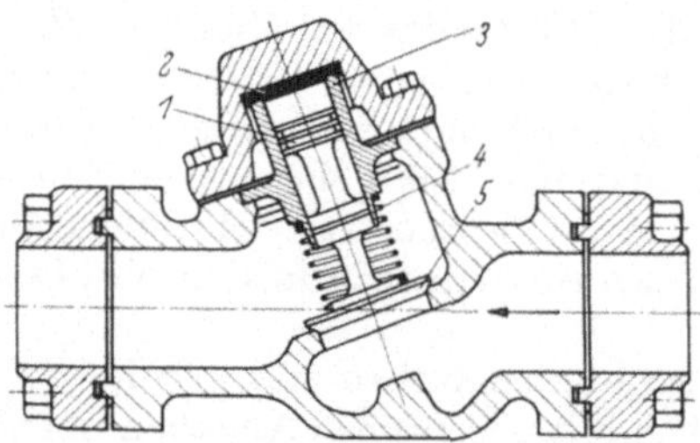

Abb. 236. Rückschlagventil (Danfoss).
1 Dämpfer, *2* Gummiteller, *3* Führung, *4* Feder, *5* Ventilteller.

werden in den Saugleitungen kombinierter Kälteanlagen verwendet, deren Verdampfer mit verschiedenen Temperaturen arbeiten. Sie verhindern eine Rückkondensation der Kältemittelgase von einem wärmeren Verdampfer in einen kälteren und somit das Auffüllen des kälteren Verdampfers mit Flüssigkeit. Die beim Anlaufen des Kompressors allgemein eintretende Vereisung der Saugleitungen, sowie Flüssigkeitsschläge im Kompressor können durch Verwendung eines Rückschlagventils vermieden werden. In die Druckleitung wird häufig ein Rückschlagventil eingebaut, um beim Bruch des Kompressors die Gefahr durch ausströmende Gase zu verringern und Verluste der kostbaren Füllung nach Möglichkeit zu vermeiden. In Abb. 236 ist ein Rückschlagventil im Schnitt dargestellt. Sucht der Stoff in der der Pfeilrichtung entgegengesetzten Richtung zu strömen, so schließt das Ventil 5 infolge des Druckes der Feder 4.

4. Zusammenstellung der Normen über Absperrventile.

DIN 3300 Absperr- und Rückschlagventile, Durchgang- und Eckform. September 1943.
DIN 3160 Durchgangsventile für Kältemittel für Nenndruck 25, Maße. Oktober 1960.
DIN 3161 Eckventile für Kältemittel für Nenndruck 25. Oktober 1960.
DIN 3163 Durchgang-Regelventile für Kältemittel für Nenndruck 25. Oktober 1960.
DIN 8920 Eckabsperrventile an Kältemaschinen, mit Stopfbuchse, ohne Manometeranschluß, Nenndruck 25. Juli 1956.
DIN 8921 Eckabsperrventile an Kältemaschinen, flanschlos, mit Stopfbuchse und Manometeranschluß, Nenndruck 25. Juli 1956.
DIN 8922 Eckabsperrventile an Kältemaschinen, mit festem Flansch, Stopfbuchse und Manometeranschluß, Nenndruck 25. Juli 1956
DIN 8923 Eckabsperrventile an Kältemaschinen, mit losem Flansch, Stopfbuchse und Manometeranschluß, Nenndruck 25. Juli 1956.

III. Hähne.

Die Absperrhähne bestehen aus dem Gehäuse und dem eingeschliffenen Küken mit Durchlaß. In der Offenlage geben die Hähne den Durchflußquerschnitt vollkommen frei. Der besondere Vorteil in der Anwendung von Hähnen als Absperrorgane besteht im schnellen Öffnen und Schließen und in einem geringen Durchflußwiderstand. Nachteilig sind die Gefahr des Fressens und die große Reibung,

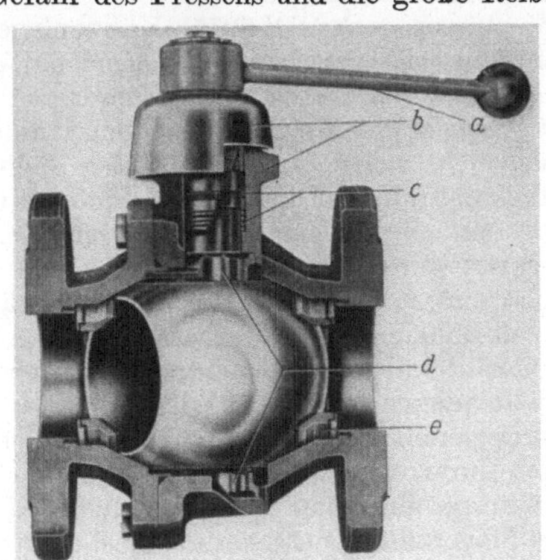

Abb. 237. Handbetätigter Kugelhahn
(Neue Argus GmbH).

a Kugelgriff, b Abdeckkappe,
c Schaltwellenabdichtung, d Kugel mit
Zapfen, e Dichtungen.

wodurch Hähne oft schwer geöffnet und leicht undicht werden können. Diese Nachteile sind der Grund dafür, daß Hähne — zumindest in Normalausführung — bei Kältemaschinenanlagen praktisch keine Verwendung finden. Lediglich in drucklosen Leitungen, die den Kälteträger führen, werden sie an Stellen angewendet, an denen es auf ein schnelles Öffnen und Schließen ankommt. Hierbei ist zu beachten, daß bei plötzlichem Schließen des Hahnes in Rohrleitungen mit strömenden Flüssigkeiten ein starker Stoß mit hoher Druckentwicklung auftreten kann (Umsetzung der kinetischen Energie in Druckenergie). Zerstörungen an der Rohrleitung können die Folge sein.

Eine Weiterentwicklung des Hahn-Prinzips stellen die sog. Kugelhähne dar (Abb. 237), die infolge einer besonderen Abdichtung auch bei hohen Drücken und somit unter Umständen auch im Kältemittelkreislauf verwendet werden können.

Als Dichtungskörper dient ein Kugelküken, dessen gerader Durchgang den gleichen Durchmesser besitzt wie die beiden Anschlußstutzen, so daß in Offen-Stellung das Medium wie in einem glatten Rohr ohne Strömungsbehinderung und Wirbelbildung geführt wird. Die Abdichtung des Kugelkükens erfolgt je nach Bauart durch Ringkolben oder Dichtringe, die ein Dichtschließen in beiden Durchflußrichtungen gewährleisten. Die Kugelhähne werden über eine Schaltwelle mit 90°-Anschlägen betätigt. Sie werden für Muffen- und Flanschanschluß und auch als Mehrwegehähne hergestellt. Die Kugel selbst ist beiderseitig mit Zapfen gelagert, die in Kunststoff- oder Graugußringen geführt werden. Für besondere Aufgaben werden diese Kugelhähne vollständig aus Kunststoff hergestellt. Derartige Kunststoffkugelhähne sind in Nennweiten bis NW 100 für Nenndrücke bis ND 10 bei Temperaturen bis 60 °C verfügbar.

D. Sicherheitsorgane.

I. Allgemeine Vorschriften.

Die Beachtung der gültigen Regeln der Technik bei der Konstruktion von Apparaten wäre letzten Endes unwirksam, wenn die Höchstgrenze der Beanspruchung, für die alle Teile einer Anlage bemessen sind, nicht mit Sicherheit eingehalten würde. Es ist dabei nicht an die Absicherung gegen Überbeanspruchung im Katastrophenfall gedacht, sondern an die Verhinderung unzulässiger Druckerhöhungen z. B. als Folge von Bedienungsfehlern oder unvorhergesehener schwerer Betriebsbedingungen.

So müssen nach DIN 8975 „Kälteanlagen"[1] Kompressor und Kälteanlage mit einer Sicherheitseinrichtung versehen sein, die eine Drucksteigerung über den für die Anlage höchstzulässigen Betriebsdruck wirksam verhindert. Die gleiche Forderung erhebt die Berufsgenossenschaft in der Unfallverhütungsvorschrift „Kälteanlagen"[2], welche hinsichtlich der Sicherheitsvorschriften für Anlagen mit Kältemittelfüllungen über 1,5 kg bindend ist.

Besteht eine Anlage aus mehreren Druckstufen, die für sich betriebsmäßig abgesperrt werden können, so muß für jede Stufe eine Sicherheitseinrichtung vorhanden sein. Anlagenteile, die mit einer eigenen Sicherheitseinrichtung ausgerüstet sein müssen, sind die Austreiber in Absorptionsanlagen sowie Flüssigkeitssammler, die allseitig betriebsmäßig absperrbar sind.

Kälteanlagen müssen vor ihrer ersten Inbetriebnahme einer Prüfung auf ordnungsgemäßen Einbau und Zustand der vorgeschriebenen Sicherheitseinrichtungen unterzogen werden, wenn in ihnen unbeheizte Druckbehälter mit einem Druckliterprodukt von mehr als 10000 oder beheizte Druckbehälter mit einem Druckliterprodukt von mehr als 5000 eingebaut sind. Über die Prüfung muß eine Bescheinigung des für die Montage Verantwortlichen vorliegen.

Die Sicherheitseinrichtung soll bei Erreichen des höchstzulässigen Betriebsdruckes ansprechen und eine Überschreitung um mehr als 10% verhindern[3]. Die Sicherheitseinrichtung darf nicht absperrbar sein und muß so beschaffen und angebracht sein, daß sie nicht unwirksam werden kann. Ist eine zweite, als Reserve dienende Sicherheitsvorrichtung vorhanden, so ist die Verwendung eines Zweiwegehahnes oder eines Wechselventils (Abb. 238), das auch während des Umschal-

---

[1] DIN 8975, Ausg. Januar 1957 (Kälteanlagen). Beuth-Vertrieb GmbH., Berlin und Köln. Abschn. 7.7, Abschn. 8. 22 u. Tab. 5.

[2] Unfallverhütungsvorschrift (UVV) „Kälteanlagen"-VBG 20, April 1957. Carl Heymanns Verlag KG, Köln, § 9, § 10, § 12, § 22.

[3] Unfallverhütungsvorschrift „Druckbehälter" – VBG, 17, 18, 19, April 1965. Carl Heymanns Verlag KG. Köln und Berlin. § 11.

tens jederzeit den erforderlichen Abblasequerschnitt freigibt, vor der Sicherheitseinrichtung zulässig. Kältemittelmengen, die aus Sicherheitseinrichtungen entweichen, sind gefahrlos abzuführen.

Als Sicherheitseinrichtungen[1] gelten *Sicherheitsventile* und *Brechsicherungen*. Überdruck- oder Druckregelschalter und andere Regelgeräte für Druck oder Temperatur sind keine Sicherheitseinrichtungen gegen Drucküberschreitung im Sinne

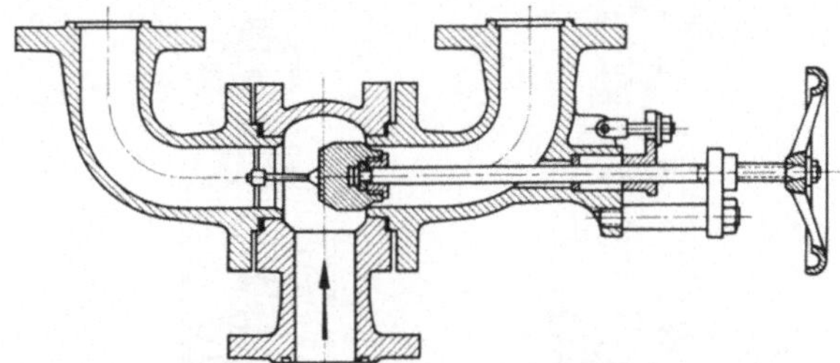

Abb. 238. Zweiwegehahn (Wechselventil) der Fa. Phönix Armaturen.

der Unfallverhütungsvorschriften „Druckbehälter“. Sicherheitsschalter allein sind auch nach Ansicht des Fachnormenausschusses „Kältetechnik“ für Großkälteanlagen nicht ausreichend[2].

II. Sicherheitsventile.

1. Allgemeines.

a) Bauarten[3]. Hinsichtlich der äußeren Formgebung kann man zwischen offener und geschlossener Bauart der Sicherheitsventile unterscheiden. Während die *offene* Bauart für unschädliche Medien, z. B. Druckluft, verwendet werden kann, müssen Kältemittel gefahrlos abgeführt werden, d. h., sie dürfen auch bei der Strömung durch das Sicherheitsventil nicht in den Aufstellungsraum der Kälteanlage entweichen. Hier ist also die *geschlossene* Bauart erforderlich, bei welcher Ventilsitz und -mechanismus in einer druckdichten Haube untergebracht sind. Weiterhin unterscheiden sich die Sicherheitsventile in der Art der Belastung, welche am häufigsten durch Federkraft oder durch Gewicht mittels Hebelübersctzung aufgebracht wird. *Federbelastete* Ventile zeichnen sich durch kompakte Bauweise aus. Eine Änderung des Abblasedrucks mit ein und derselben Feder ist aber nur innerhalb eines begrenzten Druckbereichs möglich; einerseits kann die zulässige Spannung im Federdraht überschritten werden, andererseits kann bei zu geringer Federspannung der Streubereich für den Öffnungs- und den Schließdruck des Ventils größer werden. *Gewichtsbelastete* Ventile weisen diesen Nachteil nicht auf, ihre Kegelbelastung ist jedoch auf 600 kg begrenzt. Solche mit Hebelübersetzung sind für Kältemittel nicht geeignet, weil eine Stopfbüchse an der Druckstange nicht zulässig ist.

Das für die Berechnung des Querschnittes entscheidende Merkmal der Sicherheitsventile ist die Hubhöhe des Ventilkegels. *Hochhubventile* erreichen durch besondere, auf eine Hubvergrößerung hinwirkende konstruktive Maßnahmen einen solchen Hub, daß der beim Ansprechen freiwerdende Strömungsquerschnitt größer ist als der engste freie Strömungsquerschnitt vor dem Sitz, jedoch ohne daß der höchstmögliche Hub zwangsweise bei jedem Ansprechen erreicht wird.

---

[1] vgl. „Die Berufgenossenschaft der Chemischen Industrie auf der ACHEMA 1958“ S. 14—25, Berufsgenossenschaft der chem. Ind. Heidelberg.

[2] Bericht über die Sitzung des Arbeitsausschusses „Sicherheitsbestimmungen“ im Fachnormenausschuß Kältetechnik am 21. 11. 1957 in Frankfurt/M.

[3] HARTMANN, E.: Bemessung von Sicherheitsventilen an Druckbehältern. Chem.-Ing.-Techn. Bd. 34 (1962) Nr. 1, S. 26—33.

Vollhubventile (Abb. 239 u. 240) erreichen bei jedem Ansprechen den konstruktiv bedingten vollen Hub.

Dabei muß sich am Sitz ein freier Strömungsquerschnitt einstellen, der mindestens 10% größer ist als der engste freie Strömungsquerschnitt vor dem Sitz (der Kegelhub ist dann mindestens das 0,275fache des Sitzdurchmessers).

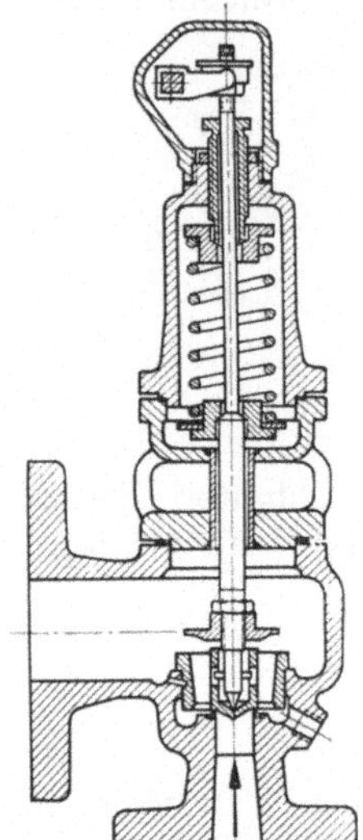

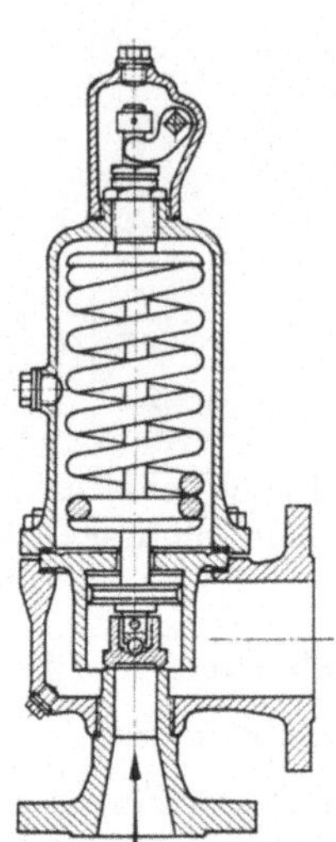

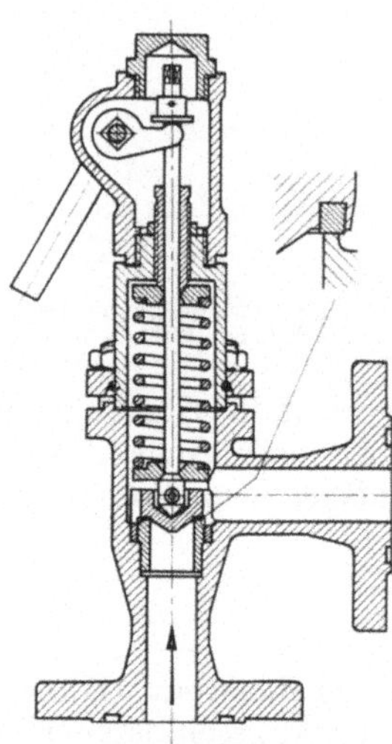

Abb. 239. Vollhub-Feder-Sicherheitsventil mit Iso-lieraufsatz (Fa. Bopp & Reuther). $\alpha/1{,}1 = 0{,}66$.

Abb. 240. Feder-Sicherheitsventil (Fa. Sempell). $\alpha/1{,}1 = 0{,}82$ bei Verwendung als Vollhubventil, $\alpha/1{,}1 = 0{,}24$ bis $0{,}6$ für Hub/D_0 $= 0{,}06$ bis $0{,}16$ bei Verwendung als Niederhubventil mittels Hubbegrenzung.

Abb. 241. Niederhub-Feder-Sicherheitsventil (Fa. Phönix Armaturen). Dichtfläche des Kegels aus Teflon. $\alpha/1{,}1 = 0{,}04$ bis $0{,}12$ für NW 20 bis NW 50.

Niederhubventile (Abb. 241) sind alle übrigen Sicherheitsventile ohne konstruktiv bedingte Hubhilfe nach dem Ansprechen.

b) Bauvorschriften[1]. In der Regel müssen Sicherheitsventile entlastbar und anlüftbar sein, d. h. einerseits muß die Schließkraft durch Einwirken von außen soweit vermindert werden können, daß der Ventilkegel durch den Innendruck angehoben wird, und andererseits muß der Kegel durch Einwirken von außen jederzeit angelüftet werden können. Dies gilt besonders bei Flüssigkeiten und bei zum Verkleben neigenden Medien. An die früher erhobene Forderung nach Drehbarkeit auf dem Ventilsitz ist dagegen verzichtet worden.

Die Einstellung des Sicherheitsventils muß durch eine geeignete Einrichtung — z. B. Gegenmutter auf der Feder-Einstellschraube und Plombierung — gegen Änderung gesichert sein. Ein Klemmen der beweglichen Teile muß ausgeschlossen sein. So muß der Druckpunkt für den Ventilkegel unterhalb der Dichtungsfläche liegen, falls nicht für eine ausreichende Führung des Kegels gesorgt ist.

Die Federn von Niederhub-Ventilen, deren Eignung nicht durch eine Baumusterprüfung nachgewiesen ist, müssen im Ruhezustand beim Einstelldruck mindestens um 50% des Ventilsitz-Durchmessers zusammengedrückt sein. Ihre Windungen dürfen sich beim Ansprechen frühestens berühren, wenn der Kegelhub 15% des Sitz-Durchmessers beträgt.

c) Anwendung und Anordnung. Wenn nur eine geringe Menge des Druckmittels abzublasen ist — z. B. wenn das Öffnen des Ventils nur durch reinen Flüssigkeits-

---

[1] AD-Merkblatt A 2 „Sicherheitsventile", Ausg. Sept. 1968. Köln u. Berlin: Heymanns.

druck in gefüllten Sammelbehältern ausgelöst wird — wird man sich für das einfachere Niederhubventil entscheiden. Sind jedoch — der Abblasemenge entsprechend — größere Ventile als etwa NW 40 oder 50 erforderlich, dann sind Hochhub- oder Vollhubventile zweckmäßiger, weil sich bei diesen Bauarten geringere Ventilgrößen ergeben.

Die *Dichtheit* der Sicherheitsventile bereitet oft nicht geringe Schwierigkeiten, besonders, wenn es sich um eine teure Füllung in der Anlage handelt. Feste Staub- und Schmutzteilchen setzen sich beim Abblasen an den umströmten Dichtflächen von Ventilkegel und Sitz fest, so daß ein Sicherheitsventil, das im Betrieb geöffnet hat, in der Regel nicht mehr dicht schließt.

Führt man die Dichtflächen nicht beiderseits in Metall aus, sondern eine davon aus elastischem Werkstoff, z. B. als Membranventil, so ist das weiche Material beim Abblasen einem erheblichen Verschleiß ausgesetzt. Dagegen kann die Gefahr eines Verklebens der Dichtflächen bei Verwendung des geeigneten nichtmetallischen Werkstoffs geringer sein als mit beiderseits metallischer Dichtfläche. Das in Abb. 241 gezeigte Niederhubventil ist im Kegel mit einer Teflon-Dichtung ausgestattet, in welche sich kleinere feste Verschmutzungen auf dem Ventilsitz eindrücken können. Ventile mit solchen Dichtungswerkstoffen lassen sich wegen deren niedrigerer Elastizitätsgrenze natürlich nicht auf die Drücke einstellen, die bei ganzmetallischer Abdichtung zulässig sind. Andere Maßnahmen zur Gewährleistung

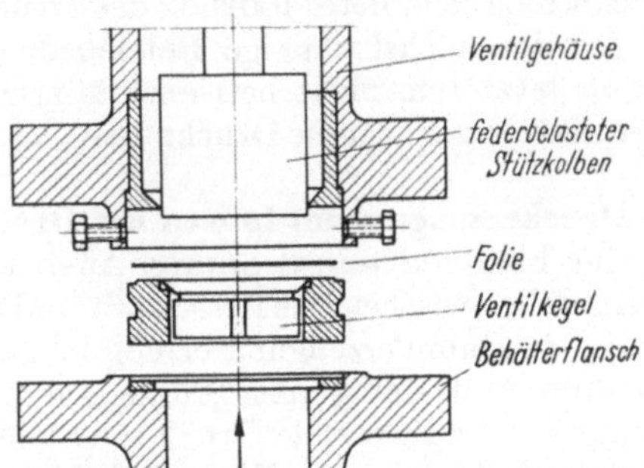

Abb. 242. Sitz eines ERFOL-Folien-Sicherheitsventils (Fa. W. Pier). $\alpha/1{,}1 = 0{,}036$ bis $0{,}46$ für Hub/$D_0 = 0{,}1$ bis $0{,}3$.

der Dichtheit zielen darauf ab, dem Arbeitsmedium keinen Zutritt zur Dichtfläche zu gestatten, solange nicht die Bedingungen für ein Ansprechen des Sicherheitsventils gegeben sind. Zum Beispiel ist es gebräuchlich, vor das Sicherheitsventil eine Brechplattensicherung zu schalten. Hierbei muß aber dafür gesorgt sein, daß sich in dem Raum zwischen Brechplatte und Sicherheitsventil nicht auf irgendeine Weise ein Druck aufbauen kann, der die Sicherung unwirksam werden läßt (vgl. III, 2). In einem anderen Sicherheitsventil (Abb. 242) ist zwischen Ventilkegel und Sitz eine Folie eingespannt, welche beim Ansprechen des Ventils zerstört wird. Ein Auswechseln der zerstörten Folie während des Betriebs der Anlage ist ebenso wie das Auswechseln einer zerstörten Brechscheibe bei Verwendung eines Wechselventils möglich. Schließlich ist es für den Behälterkonstrukteur wichtig, darauf zu achten, daß der in der Anlage *höchstmögliche* Betriebsdruck nicht zu nahe an den *höchstzulässigen* heranrückt; denn die Schließkraft des Ventils wird ja durch die ansteigende Druckkraft stetig verringert, bis das Ventil abzuheben beginnt und innerhalb der zulässigen Überschreitung des höchstzulässigen Betriebsdruckes um 10% die volle Abblaseleistung erreicht. Es hat sich als zweckmäßig erwiesen, den Einstelldruck des Ventils und damit den höchstzulässigen Betriebsdruck des Behälters so zu wählen, daß der höchstmögliche Betriebsdruck um mindestens 10% darunter bleibt.

2. Größenbemessung von Sicherheitsventilen.

Grundlage für die Bemessung des Strömungsquerschnitts von Ventilen für *Gase* und *Dämpfe* sind die Gleichungen für den Ausfluß bei der Expansion in gut abgerundeten Mündungen und Blenden. Die dabei geltenden Gesetzmäßigkeiten und Formeln findet man im Band III dieses Handbuches auf den S. 340 ff. Es wird ferner auf die Darstellung in den Werken über Technische Thermodynamik von E. Schmidt[1], F. Bošnjaković[2] und E. Lenz[3] verwiesen. Die für die Praxis gebräuchlichen Formeln findet man im AD-Merkblatt A 2.

Es ist zu unterscheiden ob a) die Druckerzeugung außerhalb oder b) innerhalb des Druckbehälters erfolgt:

a) Druckerzeugung außerhalb des Druckbehälters. Ist der abzusichernde Druckbehälter hinter einem Kompressor angeordnet, der nach dem Verdrängerprinzip arbeitet, so muß das Sicherheitsventil die gesamte vom Kompressor gelieferte Gasmenge abführen können, ohne daß der Druck im Behälter über den 1,1 fachen Wert des höchstzulässigen Betriebsdruckes steigt. Dagegen ist bei Turbokompressoren, Turbogebläsen und Kreiselpumpen ein Sicherheitsventil am Behälter nicht erforderlich, wenn nach der Kennlinie des Kompressors, des Gebläses oder der Pumpe das 1,1 fache des für den Behälter höchstzulässigen Betriebsdruckes auch bei geschlossenem Absperrorgan in der Druckleitung nicht überschritten werden kann und Überdrehzahlen zuverlässig verhindert sind. Ist der höchstmögliche Betriebsdruck des Druckerzeugers oder des Drucknetzes nicht höher als der höchstzulässige Betriebsdruck des Druckbehälters und kann der Druck in letzterem nicht betriebsmäßig zusätzlich steigen, so genügt es, wenn der Druckerzeuger oder die Druckzuleitung mit einem Sicherheitsventil ausgerüstet ist.

b) Druckerzeugung im Innern des Druckbehälters, z. B. durch Dampfbildung, Gas- oder Flüssigkeitsausdehnung. Auch wenn im Beharrungszustand kein Temperaturgefälle zwischen Behälterinhalt und angrenzendem (Heiz-)Medium herrscht, welches eine Dampferzeugung ermöglichen kann, ist zu prüfen, ob sich nicht der Druckraum vollständig mit Flüssigkeit füllen und der bei einer Temperaturerhöhung dann auftretende Druck ein Sicherheitsventil erforderlich machen wird. In diesem Fall reicht ein Niederhub-Ventil geringer Nennweite aus. Ist jedoch die Temperatur des Heizmittels oder der Umgebung höher als die Siedetemperatur des Behälterinhalts beim Abblasedruck des Sicherheitsventils, so wird infolge dieser Temperaturdifferenz dauernd eine gewisse Dampfmenge erzeugt. Das Sicherheitsventil muß in der Lage sein, diese Dampfmenge abzuführen, ohne daß der 1,1 fache Wert des höchstzulässigen Betriebsdruckes überschritten wird. Man muß also in diesem Fall den Wärmedurchgang durch die Heizfläche ermitteln, um die Abblasemenge ausreichend genau angeben zu können. Dieses Vorgehen ist auch für Sammelbehälter, in denen mit Dampfbildung zu rechnen ist, angebracht, obgleich hierfür Faustformeln der Wirklichkeit schon näher kommen[4] als z. B. die Methode, die Anschlußnennweite des Sicherheitsventils von der Kälteleistung der Anlage abhängig zu machen. Nach ASA-B 9 — 1950 ist die Mindestleistung eines Sicherheitsventils oder einer Brechscheibe in lbs air/min gleich dem Produkt aus Gesamtlänge (ft) und Außendurchmesser (ft) des Behälters und einem Faktor, der

---

[1] Schmidt, E.: Thermodynamik, 6. Aufl. Berlin/Göttingen/Heidelberg: Springer 1956, S. 251 ff.

[2] Bošnjaković, F.: Technische Thermodynamik, I. Teil, 4. Aufl. Dresden u. Leipzig: Steinkopff, S. 188 ff.

[3] Lenz, E.: Sicherheitsventile für Druckbehälter, Ausg. 1956, Köln-Berlin: Heymanns.

[4] Moore, R. T.: Safety Devices in Refrigeration, Refrig. Engg. Bd. 60, (1952), H. 12, S. 1286/1289.

von der Art des Kältemittels abhängt, z. B. 0,5 für NH_3 und 1,6 für R 12 und R 22. Wenn auch in diese Formel schon die Oberfläche des Behälters eingeht, wird eine genaue Berechnung des Wärmeeinfalls in jedem Einzelfall unerläßlich sein, sobald mit Dampfbildung zu rechnen ist.

Das Verhalten von *unelastischen Flüssigkeiten* während des Ausflußvorganges durch eine Öffnung weicht von dem der Gase und Dämpfe insofern ab, als keine Expansion stattfindet und der Mündungsdruck in jedem Falle gleich dem Gegendruck ist. Die Ausflußmenge hängt hier von der Druckdifferenz vor und hinter der Öffnung ab. Es gelten hier die Gesetze der Hydrodynamik (Bernoullische Gleichung). Es sei auf die betreffenden Abschnitte in den Taschenbüchern[1] verwiesen. Für Flüssigkeiten ergibt sich im Vergleich mit Gasen und Dämpfen für das gleiche Ausflußgewicht nur ein kleiner Ventilquerschnitt. In der Regel wird man deshalb mit Niederdruck-Sicherheitsventilen auskommen. Diese erlauben ein allmähliches Abblasen mit steigendem Druck und können außerdem durch ihre größere Kegelfläche (kleinerer Hub) Druckstöße besser auffangen.

III. Brechsicherungen.

1. Begriffsbestimmung, Eigenschaften.

Brechsicherungen sind Sicherheitseinrichtungen gegen Drucküberschreitung, die beim Ansprechen zerstört werden. Sie werden als Scheiben, Kappen oder Bolzen ausgeführt. In der erstgenannten Form haben sie auch in Kälteanlagen Eingang gefunden. Umfassender werden sie jedoch in der chemischen Industrie zur Ausrüstung von Apparaten verwendet, in denen bei spontanen Reaktionen momentan ein Druck entsteht, der ein Vielfaches des normalen Betriebsdruckes ist und für den unverzüglich eine genügend große Entlastungsöffnung freigegeben werden muß[2]. Brechsicherungen gewähren in unversehrtem Zustand eine einwandfreie Abdichtung; sie haben aber gegenüber Sicherheitsventilen den Nachteil, daß nach ihrem Ansprechen das Druckmittel völlig entweichen kann.

Bis zur Herausgabe des AD-Merkblattes A 1 ,,Brechsicherungen'' gelten hinsichtlich Verwendung, Bemessung und Prüfung die Richtlinien des VdTÜV-Merkblattes ,,Brechsicherungen''[3].

2. Anwendung von Brechsicherungen, Ansprechdruck, Prüfung und Kennzeichnung.

Eine Brechsicherung muß nicht nur für die vorgesehenen Betriebsbedingungen geeignet sein, sie muß auch geprüft und gekennzeichnet werden. Sie muß mit dem abzusichernden Druckraum unmittelbar Verbindung haben und darf nicht absperrbar sein. Außerdem ist nötigenfalls ein Schutz zum Abfangen der Bruchstücke vorzusehen und für eine gefahrlose Ableitung des Druckmittels zu sorgen. Bei zwei vorhandenen Brechsicherungen, von denen eine als Reserve dient, ist vor den Brechsicherungen ein Wechselventil oder eine ähnlich gesteuerte Armatur zulässig, wenn zwangsläufig stets eine der beiden Sicherungen auf den Druckraum geschaltet ist.

Brechsicherungen dürfen anstelle von Sicherheitsventilen nur dann verwendet werden, wenn die Verwendung eines Sicherheitsventils aus betrieblichen Gründen

---

[1] HÜTTE, des Ingenieurs Taschenbuch I, Berlin: Ernst & Sohn. Abschn. Hydrodynamik, und Taschenbuch Maschinenbau Bd. 1, Abschn. Strömungslehre, Berlin: VEB Verlag Technik 1964. Ferner AD-Merkblatt A2, Ausg. Sep. 1968.

[2] REPPE, W.: Chemie und Technik der Acetylen-Druck-Reaktionen, Chemie-Ingenieur-Technik Bd. 22 (1950), H. 13/14, S. 273.

[3] VdTÜV-Merkblatt Druckbehälter 305 ,,Brechsicherungen'', Ausgabe Oktober 1959. Herford i. W.: Maximilian. Nach Drucklegung erschien das AD-Merkblatt A1 ,,Berstsicherungen'', Ausg. Sept. 1968. Köln u. Berlin: Heymanns.

nicht möglich oder erfahrungsgemäß nicht zweckdienlich ist. In diesem Fall müssen Brechsicherungen durch einen anerkannten Sachverständigen als Baumuster geprüft sein. Werden Brechsicherungen als zusätzliche Sicherheitseinrichtungen gegen Drucküberschreitung, z. B. neben einem ausreichend bemessenen Sicherheitsventil, verwendet, so kann die Prüfung vom Hersteller selbst vorgenommen werden.

Brechsicherungen können auch einem Sicherheitsventil vorgeschaltet werden, wenn eine solche Anordnung durch besondere Betriebsverhältnisse geboten ist. Der Raum zwischen Brechsicherung und Sicherheitsventil muß dann mit einer Einrichtung (z. B. freier Abzug, Alarm-Manometer) versehen sein, die ein Undichtwerden der Sicherung erkennen läßt. Andernfalls bildet sich in dem Raum zwischen Brechsicherung und Sicherheitsventil ein Gegendruck, so daß die Brechsicherung bei dem festgelegten Brechdruck nicht anspricht.

Der *Ansprechdruck* einer Brechsicherung wird an mindestens 2 Mustern aus einer Herstellungsserie bestimmt. Die Proben müssen innerhalb einer Toleranz von ± 10% ihres festgelegten Ansprechdruckes brechen. Die Brechsicherung muß für den höchstzulässigen Betriebsdruck des Behälters bemessen sein. Die Bemessung der Ausblaseöffnung kann nach AD-Merkblatt A 2, Nummer 9, erfolgen. Je nach Art und Werkstoff der Brechsicherung sowie Richtung und Dauer der Belastung ist es erforderlich, den Ansprechdruck der Sicherung so zu wählen, daß der höchstmögliche Betriebsdruck des Behälterinhalts um etwa 15% bis 50% darunter liegt. Andernfalls kann die Sicherung, z. B. infolge Ermüdung oder Fließens des Werkstoffes, vorzeitig brechen.

Jede Brechsicherung muß ein *Kennzeichen* haben und jeder Lieferung von Brechsicherungen muß eine Herstellerbescheinigung beigefügt sein.

3. Ausführungsarten und ihre Berechnung.

a) Brechscheiben. Bei Brechscheiben wird unterschieden zwischen *Sicherheitsmembranen* oder Reißscheiben, das sind Brechscheiben aus zähem, verformungsfähigem Werkstoff, und *Berstplatten* (Brechplatten), das sind Brechscheiben aus sprödem oder nicht verformungsfähigem Werkstoff.

α) *Sicherheitsmembranen* beginnen bei einem von der Werkstoffstreckgrenze abhängigen bestimmten Druck kugelförmig auszubeulen, ehe sie bei dem gewünsch-

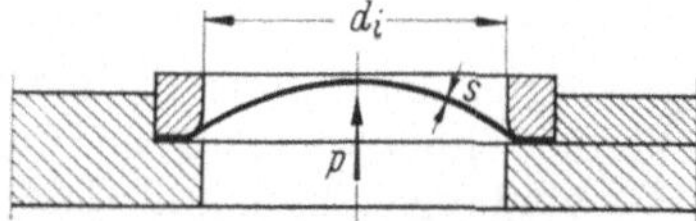

Abb. 243. Sicherheitsmembran, in Richtung des Drucks vorgewölbt.

ten Druck aufreißen; sie werden als Scheibe oder auch als bereits vorgeformte Kalotte (Abb. 243) eingebaut. Vorgeformte Membranen sind empfehlenswert, wenn der Arbeitsdruck im Druckraum beträchtlich schwankt oder sehr nahe an den vorgesehenen Brechdruck herankommt oder auch Unterdruck auftreten kann. Die Kalotten werden in der Regel mit der Wölbung in Richtung des Druckes eingebaut. Die Wölbung der Membrane muß durch Innendruck, z. B. hydraulisch, geformt und darf nicht mechanisch gedrückt sein.

Geeignete Werkstoffe für Sicherheitsmembranen sind in erster Linie unlegierte Metalle, z. B. Aluminium, Kupfer, Nickel und Silber. In gewissem Umfange sind auch Kupfer- und Nickellegierungen, austenitischer rostfreier Stahl, Blei oder nichtmetallische Werkstoffe verwendbar.

Die Vorausberechnung der Membranabmessung kann nach der Gleichung erfolgen:

$$s = \frac{p \cdot d_i}{100 \cdot \sigma_B \cdot K}$$

Hierin bedeuten

s (mm)	Dicke der Membrane
d_i (mm)	lichter Durchmesser der abgedeckten Öffnung
p (atü)	Brechdruck
σ_B (kg/mm^2)	Zugfestigkeit des Membran-Werkstoffes
k —	Werkstoffkonstante

Die in Tab. 12 angegebenen Kenndaten und Verwendungsbereiche für einige Werkstoffe sind dem VdTÜV-Merkblatt „Brechsicherungen" entnommen und sind lediglich Annäherungswerte, die nur anhaltsmäßig zur Vorausberechnung der Membranabmessung dienen können.

Tabelle 12.

Werkstoff	k	σ_B kg/mm²	Verwendungsbereiche			
			p atü	d_i mm	t_{max} °C	s mm
Aluminium	2,9–4,1	7	0,7–30	10–500	100	0,05–0,6
Kupfer	3,4–3,8	22	1 –40	10–500	150	0,05–0,35
Nickel	3,1–3,4	40	3 –70	10–500	450	0,05–0,3
Silber	3,3–4,2	29	1,5–45	10–500	120	0,02–0,35
Blei	2,5–4	1,5	0,5–10	100–500	20	0,4 –3
Weißblech	1,5–3,5	33	5 –60	50–400	20	0,1– 0,2

Bei gleichmäßigem Druck und bei Raumtemperatur kann der Brechdruck der Membrane so festgelegt werden, daß der normale Arbeitsdruck des Behälters etwa 70% davon, bei erhöhten Temperaturen oder stark schwankendem Druck etwa 50% des Brechdruckes beträgt.

Zur Gewährleistung des festgelegten Ansprechdruckes spielt die Art der Einspannung der Membrane (konzentrischer Sitz, planparallele Einspannung, gleichmäßiger Randdruck) eine Rolle. Bei gleichem Werkstoff hängt der Ansprechdruck stark von der Abrundung der Mündungsöffnung hinter der Membrane ab. Der Radius der Abrundung soll daher das 10fache der Membrandicke, mindestens jedoch $r = 1,6$ mm, betragen.

In Richtung des Druckes vorgewölbte Membranen für Betriebsdrücke unter etwa 7 atü können unter Vakuum einbeulen. Eine gewisse Abhilfe schafft hier eine gewölbte und gelochte Stützfläche, die an der konkaven Seite der Membrane

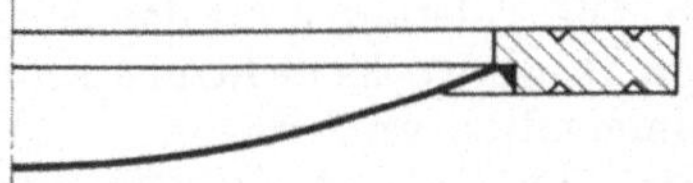

Abb. 244. Sicherheitsmembran, dem Druck entgegengewölbt.

anliegt. Ein Vakuumschutz erübrigt sich, wenn die Brechscheibe bei größeren Nennweiten von vornherein als dem Druck entgegengewölbte Membrane (Abb. 244) eingebaut wird[1]. Dadurch wird das Fließen des Werkstoffs verhindert, bis der Berstdruck erreicht ist. Die Scheibe klappt dann membranartig um, wird aus ihrer Randabdichtung herausgebrochen und gibt den vollen Querschnitt frei. Der Vorteil gegenüber den in Richtung des Druckes gewölbten Membranen ist, daß der normale Arbeitsdruck des Behälters näher an den festgelegten, bei kurzzeitiger Belastung ermittelten Brechdruck der Membran heranrücken kann. Der Berstdruck der dem Druck entgegengewölbten Membran kann nur durch Versuche bestimmt werden.

---

[1] NITSCHKE, J.: Entwicklung einer Berstscheibe hoher Ansprechgenauigkeit. Chem.-Ing.-Techn. Bd. 31 (1959) H. 8, S. 511.

β) *Berstplatten* (Abb. 245). Für Berst- oder Brechplatten wird ein trennbruch-empfindlicher Werkstoff verwendet, so daß merkliche plastische Verformungen vor dem Bruch nicht eintreten und als einzige Grenzspannung des Werkstoffs die Bruchfestigkeit gilt. Geeigneter Werkstoff ist Grauguß, der jedoch besonders ausgewählt und dicht sein muß. Um völliges Dichthalten zu gewährleisten und zum Schutz gegen chemische Angriffe wird die Platte mit einer Folie aus Blei oder

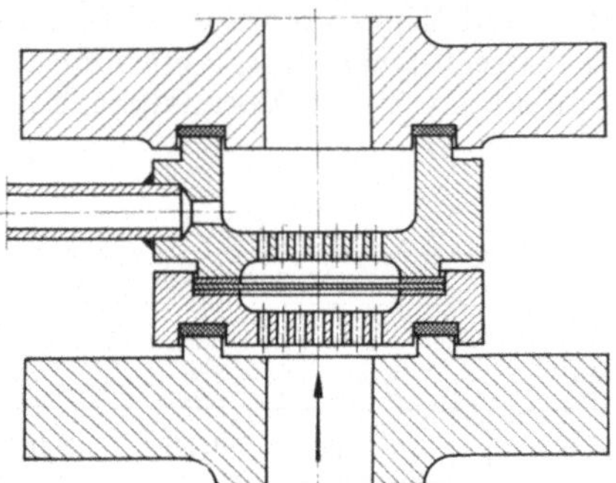

Abb. 245. Brechplattengehäuse mit Anschluß für einen Überdruckschalter zwischen Brechplatte und nachgeschaltetem Sicherheitsventil.

einem anderen geeigneten Werkstoff belegt. Die Platte wird am Rand zwischen Dichtungsringen aus elastischem Material eingespannt, wobei der innere Durchmesser des hinteren Dichtungsrings nicht größer sein darf als der innere Durchmesser der Öffnung.

Im Gegensatz zu Sicherheitsmembranen können größere Plattendicken verwendet werden, oder der Scheibendurchmesser kann kleiner gehalten werden als bei Membranen. Anwendungsbereich sind Betriebsdrücke von etwa 7 bis 90 atü; es sind jedoch auch schon Platten für wesentlich höhere Drücke ausgeführt worden[1].

Die Vorausberechnung der Plattendicke kann nach der Gleichung für die fest-eingespannte kreisrunde Platte erfolgen:

$$s = d_i \sqrt{\frac{k \cdot p}{4 \cdot 100 \cdot \sigma_B}}$$

wobei der dimensionslose Wert $k = 0{,}32$ für das Verhältnis d_i/s von etwa 10 bis 25 gewählt werden kann.

Der tatsächliche Ansprechdruck muß auch hier stets durch Versuch ermittelt werden. Die Toleranzen für das Ansprechen, die nach Vorschrift $\pm 10\%$ des festgelegten Brechdrucks nicht überschreiten sollen, können bei sorgfältiger Herstellung eingehalten werden.

b) Brechkappen. Brechkappen (Abb. 246) sind kurze, an einem Ende geschlossene Hohlzylinder, die an ihrer Öffnung mittels Bund eingespannt sind, so daß ihr Hohlraum mit dem abzusichernden Druckraum unmittelbar verbunden ist. Der zylindrische Teil der Kappe ist mit einer Eindrehung versehen, die für den gewünschten Ansprechdruck den erforderlichen Reißquerschnitt bestimmt, welcher rein auf Zug beansprucht ist. Als Werkstoffe für Brechkappen können je nach den aufzunehmenden Kräften zähe wie auch spröde Werkstoffe verwendet werden. Für die Vorausberechnung gilt die Gleichung

$$d_a - d_i = d_i \sqrt{\frac{p}{100\,\sigma_B}}$$

---

[1] Firmendruckschrift der Borsig AG., Berlin-Tegel.

Darin bedeuten

d_a (mm) den kleinsten äußeren Durchmesser an der Stelle der Eindrehung, d_i (mm) den inneren Durchmesser an der Stelle der Eindrehung, p (atü) den festgelegten Brechdruck und σ_B (kg/mm^2) die Zugfestigkeit des Kappenwerkstoffes.

Brechkappen sind besonders für Hochdruckapparate geeignet, da ihr Ansprechdruck exakter als bei Verwendung einer Sicherheitsmembrane beherrscht werden kann. Die untere Anwendungsgrenze liegt bei etwa 20 atü.

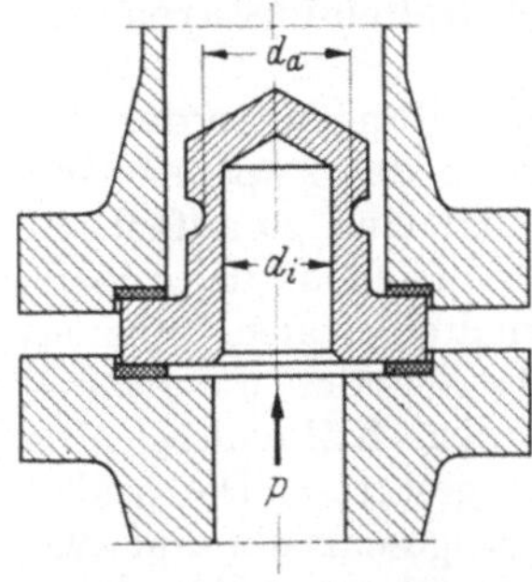

Abb. 246. Brechkappe.

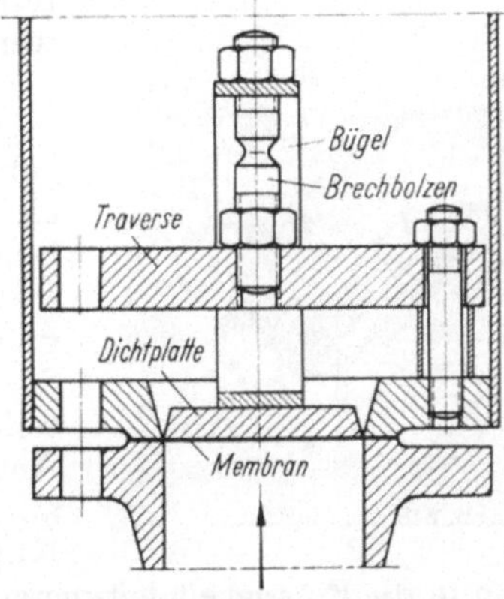

Abb. 247. Reißbolzen-Sicherung.

c) Reißbolzen (Abb. 247). Als Bruchelement dient ein mit einer kerbförmigen Eindrehung versehener Bolzen. Sein gekerbter Querschnitt kann bei bekannter Werkstoff-Festigkeit für den gewünschten Brechdruck ziemlich genau berechnet werden, da ein rein auf Zug beanspruchter Reißquerschnitt vorliegt. Der Brechbolzen ist in der Traverse des Ausblasegehäuses eingeschraubt und hält einen Bügel, der auf die Dichtplatte drückt. Wenn der Bolzen bricht, wird die Dichtplatte nach oben geschleudert und an der Traverse aufgefangen.

Mit der Wahl des Werkstoffes für den Bolzen und mit der Tiefe des Bolzenkerbes können große Druckbereiche beherrscht werden. Der Werkstoff für die Abdichtung (Membran) der Dichtplatte richtet sich nach der Art des Druckmittels.

Der Zerreißquerschnitt wird bestimmt nach der Formel

$$d = d_i \sqrt{\frac{p}{100\,\sigma_B}}$$

Darin ist d (mm) der Durchmesser im Kerbgrund, d_i (mm) der Durchmesser der Abdichtung, p (atü) der Brechdruck und σ_B (kg/mm^2) die Zugfestigkeit des Bolzenwerkstoffes.

Die Brechbolzensicherung ist praktisch verwendbar bis zu etwa 100 atü und einem Dichtungsdurchmesser von etwa 200 mm bei Verwendung nur eines Brechbolzens. Bei größerem Durchmesser werden zweckmäßig zwei Bolzen eingebaut.

E. Siebe und Filter.

In allen Kältemaschinenanlagen ist es wichtig, daß vom Kältemittel in den Rohrleitungen keine groben·Verunreinigungen und Schmutz — gleichgültig welcher Herkunft — mitgeführt werden. Insbesondere bei der Anwendung von Schweiß- und Hartlötverbindung (s. B.I.2) besteht die Gefahr, daß sich trotz besonderer Vorkehrungen bei der Herstellung der Verbindung nachträglich Zunderteilchen lösen und in den Kältemittelstrom gelangen. Das gleiche gilt für das Ablösen von Rostteilchen durch das Kältemittel. In beiden Fällen ist zu er-

warten, daß durch die Verunreinigungen die engen Öffnungen der Expansionsventile verstopft werden oder der Schmutz in den Kompressorzylinder eintritt
und dort — abgesehen von einer starken Verschmutzung des Öles im Kurbelgehäuse — Beschädigungen der Gleitflächen und Lager verursacht. Außerdem
können etwa eingebaute Magnetventile durch Schmutzablagerungen in ihrer
Funktion beeinträchtigt werden. Aus diesem Grunde sind in alle Kältemaschinenanlagen Vorrichtungen in ausreichender Zahl einzubauen, mit deren Hilfe Schmutzteilchen aus dem Kältemittelstrom abgeschieden
werden können.

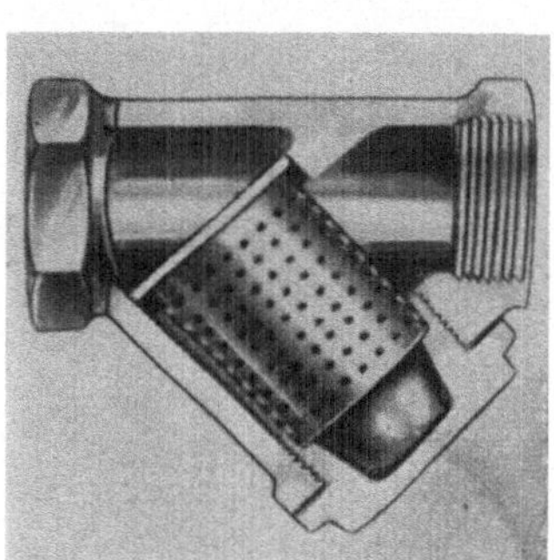
Abb. 248. Schmutzfänger.

In Flüssigkeitsleitungen werden deshalb stets
besondere Filter vor den Expansionsventilen eingebaut. Diese Filter sind so aufgebaut, daß sich
zwischen zwei Drahtsieben, die gröbere Schmutzteilchen zurückhalten sollen, eine etwa 5 mm
starke Filzscheibe befindet, die feine Verunreinigungen aufhält, dem Kältemittel aber ungehin-
derten Durchlauf gestattet. Die beiden Gehäuseteile sind zusammengeschraubt und weich verlötet.
Anstelle der Drahtsiebe und Filzscheiben können
auch Filterscheiben aus Sintermetallen (Eisen oder
Kupfer) verwendet werden. Ein anderes Filter zum
Einbau in die Flüssigkeitsleitung von Kleinkältemaschinen besteht aus einem Einsatz mit einer oder mehreren Schichten Nickelgewebe, das mit festem Filtertuch
eingefaßt ist. Der Filtereinsatz kann leicht erneuert werden, da das Filtergehäuse
Schraubverbindungen hat.

Bei größeren Anlagen ist es angebracht, Schmutzfänger in die Flüssigkeitsleitung und in die Saugleitung einzubauen. Abb. 248 zeigt einen solchen Schmutzfänger, bei dem das Sieb durch Abnehmen des Deckels herausgenommen und
gereinigt werden kann. Dieses Sieb kann — beispielsweise bei neuen Anlagen, bei
denen die Rohrleitungen noch größere Mengen feinen Schmutzes enthalten können — zusätzlich mit einem feinmaschigen Gewebe umgeben werden, um dadurch
auch kleine Schmutzteilchen abzuscheiden. Dabei ist allerdings zu berücksichtigen,
daß feinmaschige Gewebe einen relativ hohen Druckverlust verursachen. Sie sollten deshalb nach Möglichkeit nur so lange verwendet werden, bis Gewißheit darüber besteht, daß der Schmutz aus der Anlage entfernt ist. Die Schmutzfänger
sind immer in horizontale Leitungen mit dem Siebkörper nach unten einzubauen,
damit beim Ausbau des Siebes keine Schmutzteilchen in die Leitung fallen. Die
Kompressoren werden häufig auf der Saugseite vom Hersteller bereits mit einem
Schmutzfänger ausgestattet. In solchen Fällen erübrigt sich bei der Verwendung
von Kupferrohrleitungen der Einbau eines weiteren Schmutzfängers in der
Saugleitung, auf den aber bei Stahlrohrleitungen nicht verzichtet werden sollte.
Weiterhin ist darauf zu achten, daß die Abmessungen der Schmutzfänger in der
Flüssigkeits- und Saugleitung so aufeinander abgestimmt sind, daß in beiden die
Möglichkeit zu gleichmäßiger Schmutzablagerung ohne große Druckverluste ge-
geben ist.

Vor Magnetventilen und sonstigen automatisch betätigten Ventilen sollten
sowohl im Kältemittelkreislauf als auch in Kühlwasser- oder Soleleitungen immer
Filter eingebaut werden, um ein einwandfreies Dichthalten der Ventile zu gewährleisten. Zum Schutze von einzelnen Ventilen wurden deshalb besondere Filter-
typen entwickelt, die lediglich für die Aufnahme geringer Schmutzmengen bestimmt sind. Diese Filter werden mit losen Schweißflanschen oder mit Gewinde-,
bzw. Lötverbindungen hergestellt und können direkt in die Rohrleitungen einge-

baut werden. Der Filtereinsatz besteht aus Bronzegewebe und läßt sich zum Zwecke der Reinigung leicht auswechseln.

In die Ölumlaufleitungen von Kompressoren werden häufig Magnetpfropfen eingesetzt, die die Aufgabe haben, Metallteilchen aus dem Ölkreislauf zu entfernen. Die Anordnung dieser Magnetpfropfen wird in Band V dieses Handbuches bei der Behandlung der Kompressoren an zahlreichen Beispielen erläutert.

F. Ölabscheider.

I. Die Ölrückführung bei Kältemaschinen.

Bei der Verdichtung des Kältemittels im Kompressor kommt das Kältemittel mit Schmieröl in Berührung. Es läßt sich dabei nicht vermeiden, daß Öl mit dem Kältemittel aus dem Kompressor weitergeführt und in der Kältemaschinenanlage in Umlauf gesetzt wird. Umlaufendes Schmieröl kann — insbesondere dann, wenn es nur begrenzt oder überhaupt nicht mit dem Kältemittel mischbar ist — empfindliche Störungen in der Funktion der Anlage zur Folge haben. Einmal wird dem Kompressor das dringend benötigte Schmieröl entzogen, was zum Festfressen der Lager und des Kolbens führen kann. Zum anderen können isolierende Ölfilme auf den Wärmeaustauschflächen die Leistung der Wärmeaustauschapparate, insbesondere des Verdampfers, herabsetzen. Aus diesen Gründen müssen Maßnahmen ergriffen werden, die die Menge des in der Anlage umlaufenden Schmieröles auf ein Minimum reduzieren und die Möglichkeit bieten, das aus dem Kompressor austretende Öl aufzufangen und wieder zurückzuleiten.

Der Kompressor sollte so konstruiert sein, daß in ihm bereits eine bestmögliche Trennung zwischen Öl und Kältemittel erreicht wird. Weiterhin muß der Verdampfer so ausgebildet sein, daß das in ihm abgelagerte Öl schnell wieder dem Kompressor zugeleitet werden kann. Eine besondere Bedeutung kommt außerdem dem Einbau eines Ölabscheiders zu, der die Aufgabe hat, dem verdichteten Kältemitteldampf vor dem Eintritt in den Kondensator einen möglichst großen Teil des mitgeführten Schmieröls zu entziehen und dieses wieder zum Kompressor zurückzuleiten. Hierzu werden Ölabscheider der verschiedensten Konstruktionen verwendet, die — insbesondere bei vollautomatischen Anlagen — mit selbsttätiger Ölrückführung ausgerüstet sind. LEHMANN[1], BAADE[2], BOCK[3] und STIG[4] sind in ihren Veröffentlichungen ausführlich auf die Möglichkeit zur Trennung von Öl und Kältemittel und die Bauarten von Ölabscheidern eingegangen.

Das Öl gelangt zum Teil als an den Wänden kriechender Film, in der Hauptsache jedoch als Ölnebel mit dem Kältemittelstrom in den Abscheider. Für die Abscheidung des Öles aus dem Kältemittel kann es sich deshalb als günstig erweisen, wenn dem Gemisch ein großer Teil der Überhitzungswärme dadurch entzogen wird, daß erstens der Ölabscheider nicht zu nahe am Kompressor sitzt und zweitens unter Umständen Wärmeaustauscher zwischen Kompressor und Ölabscheider eingeschaltet werden. Bei der Verwendung von Ammoniak als Kältemittel, bei dem verhältnismäßig hohe Überhitzungstemperaturen auftreten, werden häufig wassergekühlte Ölabscheider eingesetzt.

Das Problem der Ölabscheidung und -rückführung wird sehr stark von der Art des verwendeten Kältemittels beeinflußt. Zum Beispiel vermischt sich Ammo-

---

[1] LEHMANN: Ölwanderung bei Kälteanlagen. Die Kälte Bd. 5 (1952) S. 215—218.

[2] BAADE. P.: Über die Ölrückführung bei Kältemaschinen für F 12. Kältetechnik Bd. 4 (1952) S. 294—301.

[3] BOCK, H.: Trennung von Öl und Kältemittel in Kältemaschinen. Kältetechnik Bd. 7 (1955) S. 327—330.

[4] STIG, G.: Beschränkung der Ölkonzentration im zirkulierenden Kältemittel. Kältetechnik Bd. 13 (1961) S. 302—303.

niak — sowohl im flüssigen als auch im dampfförmigen Zustand — praktisch nicht mit Mineralöl. Daher kann man Öl mit einem sehr geringen Ammoniakgehalt (in der Größenordnung von 1%) vom Boden der NH_3-Verdampfer und -Kondensatoren abzapfen und zum Kompressor zurückführen. Ganz anders liegen die Verhältnisse bei den öllöslichen Kältemitteln, zu denen insbesondere Methylchlorid und die halogenierten Kohlenwasserstoffe R 11, R 12 und R 22 zählen. Die Kältemittel R 11 und R 12 sind im interessierenden Temperaturbereich mit den Mineralölen voll mischbar. Die Ölrückführung macht bei diesen öllöslichen Kältemitteln — im Falle des R 12 auch ohne Ölabscheider — keine Schwierigkeiten, sofern nicht zu lange Saugleitungen verwendet werden. Das Kältemittel R 22 hingegen weist mit den meisten Mineralölen, die als Kältemaschinenöle gebräuchlich sind, eine breite Mischungslücke auf. Über die Mischbarkeit von R 22 mit den verschiedenen Ölarten hat Steinle[1] Ergebnisse amerikanischer Untersuchungen zusammengestellt. Sehr umfassend ist die Frage der Löslichkeit von Kältemittel und Schmieröl im vierten Band dieses Handbuches und von Steinle[2] behandelt. Den beiden häufig verwendeten Kältemitteln R 12 und R 22 haben v. Cube und Sauerbrunn[3], Löffler[4] und Lundvik[5] im Hinblick auf die teilweise ungünstigen Mischungsverhältnisse mit dem Schmieröl in umfangreichen Untersuchungen besondere Beachtung geschenkt. Albright und Mandelbaum[6] haben über das Verhalten von Gemischen aus Mineralölen und R 13 berichtet. Die angegebenen Arbeiten enthalten zahlreiche weitere Literaturangaben zu diesem Problem. Im ASHRAE Guide und Data Book[7] ist ein Kapitel mit zahlreichen Literaturstellen den Mischungen von Schmierölen und Kältemitteln gewidmet.

Bei den öllöslichen Kältemitteln besteht die Gefahr, daß stark mit Kältemittel angereichertes Öl in das Kurbelgehäuse des Kompressors gelangt und dort beim Anlaufen infolge der plötzlichen Drucksenkung aufschäumt. Dieses Aufschäumen ist für den Betrieb gefährlich, weil Ölschaum in die Anlage überströmen kann und Flüssigkeitsschläge Zerstörungen im Kompressor verursachen können. Es ist deshalb wichtig, die in dem im Kurbelgehäuse befindlichen Schmieröl gelöste Kältemittelmenge so weit wie möglich zu reduzieren. Das kann unter anderem durch Einbau einer elektrischen Heizpatrone in das Kurbelgehäuse des Kompressors geschehen (vgl. hierzu den Abschnitt über Schmierung schnellaufender Hub-Kolbenkompressoren in Band V dieses Handbuches).

Als weitere mögliche Schwierigkeit bei der Mischung von Kältemittel und Öl müssen die Paraffinausscheidungen aus den Öl-Kältemittellösungen erwähnt werden. Es handelt sich dabei um die Ausscheidung eines weißen, flockigen oder feinkristallinen Niederschlages, der hauptsächlich aus Paraffin besteht und bei tiefen Temperaturen auftritt. Da diese Niederschlagsbildung stets an der kältesten Stelle des Kreislaufs entsteht, kann hierdurch das Regelventil verstopft werden. In erster Linie betroffen von dieser unerwünschten Erscheinung ist die oben er-

<hr>

[1] Steinle, H.: Wechselverhalten von F 22 und Kältemaschinenölen. Kältetechnik Bd. 9 (1957) S. 80—82.

[2] Steinle, H.: Kältemaschinenöle, Berlin/Göttingen/Heidelberg: Springer 1950.

[3] v. Cube, H. L., u. J. Sauerbrunn: Heutiger Stand in der Anwendung von Difluormonochlormethan (F 22). Kältetechnik Bd. 6 (1954) S. 193—199.

[4] Löffler, H. J.: Einige Eigenschaften des binären Systems Frigen 12 — Frigen 22 und des ternären Systems F 12 — F 22 — naphtenbasisches Mineralöl. Kältetechnik Bd. 12 (1960) S. 256—260.

[5] Lundvick, B.: Ölprobleme in Kälteanlagen mit den Kältemitteln R 12 und R 22. Kylteknisk Tidskrift 20 (1961), Nr. 3, S. 38. Referat in Kältetechnik, Bd. 14 (1962) S. 32.

[6] Albright, L. F., u. A. S. Mandelbaum: Löslichkeit von F 13 in Mineralölen; die Viskosität von Gemischen aus Mineralölen und F 13 bzw. F 115. Refr. Eng. Bd. 64 (1956), H. 10, S. 37. Referat in Kältetechnik Bd. 9 (1957) S. 83—84.

[7] ASHRAE Guide and Data Book, 1967, Systems and Equipment, Chapter 23.

wähnte Gruppe der öllöslichen Kältemittel. Das ist der Grund, weshalb heute für die öllöslichen Kältemittel weitgehend paraffinarme, sogenannte naphthenbasische oder gemischtbasische Öle verwendet werden.

Es muß nun versucht werden, durch geeignete Maßnahmen diese Schwierigkeiten so weit wie möglich zu umgehen. Dazu gehört zunächst der Einbau eines wirkungsvollen Ölabscheiders in die Druckleitung der Kälteanlage. Bei der Verwendung von öllöslichen Kältemitteln kann aber auch der Einbau von Ölabscheidern in die Saugleitung erforderlich werden.

II. Ausführung und Anordnung von Ölabscheidern.

In seiner einfachsten Form läßt sich der Ölabscheider als senkrechtes Rohr auffassen, dessen Durchmesser etwa das Vier- bis Fünffache des Druckrohrdurchmessers beträgt. Ein- und Austritt für den Kältemitteldampf sind so angeordnet, daß die durchströmenden Dämpfe zu einer plötzlichen Richtungsänderung gezwungen werden. Die ölhaltigen Dämpfe verlassen den Kompressor mit einer hohen Geschwindigkeit, die aber im Ölabscheider stark vermindert wird. Diese Geschwindigkeitsverminderung hat in Verbindung mit der bereits erwähnten Richtungsänderung ein Ausscheiden der Öltröpfchen zur Folge, die sich durch ein Ventil am Boden des Abscheiders entfernen lassen. Dies ist das Grundprinzip, das sich dann auf vielerlei Art verbessern läßt, um eine erhöhte Leistung des Abscheiders zu erreichen.

Ölabscheider lassen sich so konstruieren, daß die Dämpfe im Zickzack hindurchgeleitet werden. Oder man kann die Dämpfe durch perforierte Platten führen. Ferner läßt sich die Zentrifugalkraft ausnutzen, indem man den Eintritt tangential zum Abscheidergehäuse anordnet. Auf diese Weise werden die Öltropfen an der Innenwand abgeschieden. In einigen Ölabscheidern werden Schichten aus Raschigringen oder Metallspänen eingebaut, mit denen besonders häufige und intensive Richtungsänderungen des Gasstromes beim Durchströmen erreicht werden. Die stark vergrößerte Oberfläche begünstigt das Anlagern des Öles an die Füllkörper und die Bildung von größeren Tropfen aus dem fein verteilten Nebel. Eine nähere Untersuchung der verschiedenen Konstruktionsmöglichkeiten zeigt, daß bei den einzelnen Kältemittelgruppen ganz verschiedene Probleme auftreten. Deshalb hängt auch die Ausführung des Ölabscheiders stark von der Art des verwendeten Kältemittels ab.

Die Abscheidung von Öl aus Ammoniakdämpfen ist wegen der günstigen Mischungsverhältnisse relativ einfach. Nur ist darauf zu achten, daß der Ölabscheider nicht zu nahe am Kompressor sitzt. Durch eine Wasserkühlung des Abscheiders kann den Gasen die hohe Überhitzungswärme entzogen und die Ölabscheidung begünstigt werden. Ein Ölabscheider für Ammoniak ist in Abb. 249 dargestellt. Hier werden die in den Ölabscheider eintretenden heißen Gase durch Prallbleche häufig umgelenkt, wodurch die mitgerissenen Öltröpfchen ausgeschieden werden und sich im unteren Teil des Abscheiders sammeln. Die Rückführung des Öles vom Abscheider zum Kompressor kann durch eine Schwimmerregelung oder von Hand bewirkt werden. Die in Abb. 249 erkennbaren Prallbleche können auch durch eine Schicht von Raschigringen ersetzt werden, die sich bei der Verwendung von NH_3 als Kältemittel ebenfalls gut bewährt hat (Abb. 250).

Im Gegensatz zu Ammoniak muß man bei dem Kältemittel R 12 eine möglichst hohe Temperatur des ausgeschiedenen Öles anstreben, bevor es wieder in das Kurbelgehäuse zurückgeleitet wird, da die Löslichkeit von R 12 in Öl mit steigender Temperatur abnimmt. Das ist auch der Grund, warum man den gesättigten Kältemitteldampf vor dem Eintritt in den Kompressor durch Wärmeaustausch mit der aus dem Kondensator austretenden Flüssigkeit überhitzt. Deshalb werden hier Ölabscheider auch nicht gekühlt. Ein Ölabscheider, der für Anlagen mit R 12 als Kältemittel und Leistungen bis zu 10000 kcal/h vorgesehen ist, ist in Abb. 251

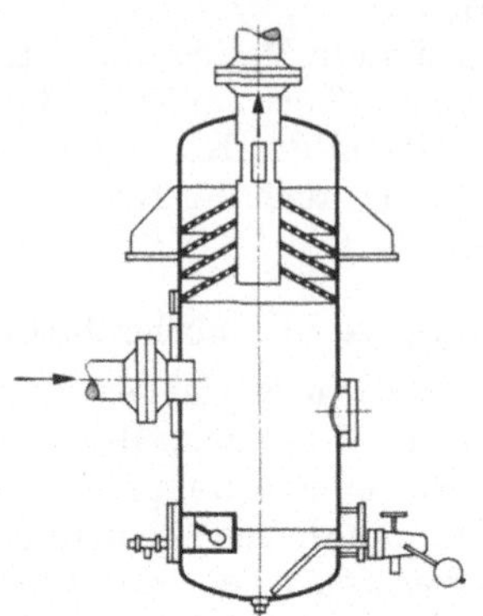

Abb. 249. Ölabscheider für NH_3 (Borsig).

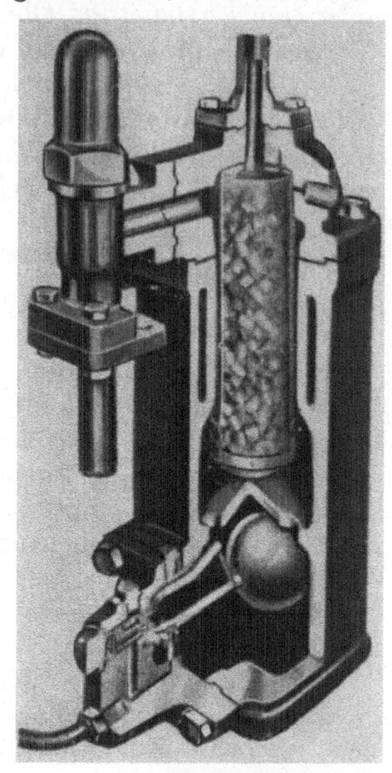

Abb. 250. Ölabscheider mit Raschigringfüllung (Ahlborn).

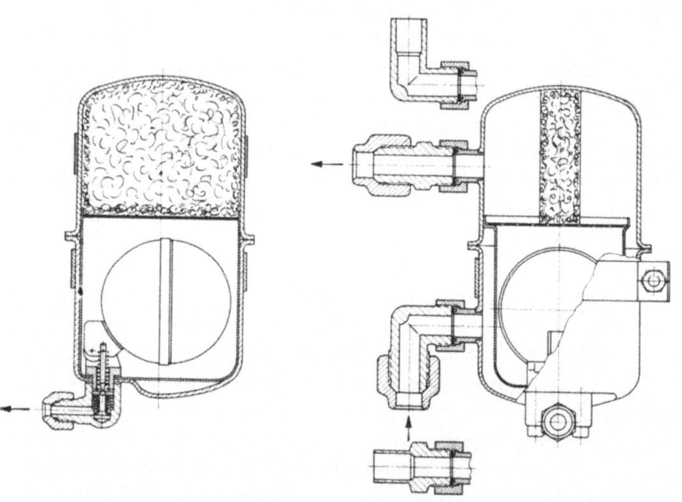

Abb. 251. Ölabscheider im Schnitt (Danfoss).

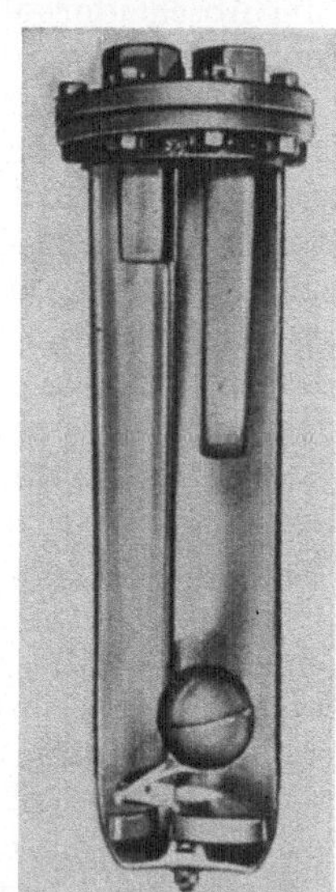

Abb. 252. Ölabscheider (Aminco Refrigeration Products Co., USA).

dargestellt. Dieser Ölabscheidertyp läßt sich für R 12-, R 22- und Methylchlorid-Anlagen verwenden. Bei diesem Abscheider werden die Kältemitteldämpfe zunächst in einen Raum geleitet, der den eigentlichen Ölsammelraum umgibt. Das Öl wird durch die eintretenden Dämpfe erwärmt. Dadurch wird erreicht, daß die Kältemittelkonzentration im Öl möglichst klein bleibt. Die Dämpfe werden in einem Spezialfilter vom Öl getrennt. Das Öl wird unter Kondensatordruck durch ein schwimmergesteuertes Nadelventil in das Kurbelgehäuse des Kompressors zurückgeführt.

Eine wesentlich einfachere Konstruktion ist in Abb. 252 gezeigt. Bei diesem Ölabscheider, der auch für die Kältemittel R 12 und R 22 verwendet wird, sind Kältemittelein- und -austrittsstutzen in einem demontierbaren Flansch am oberen Ende des Abscheiders angeordnet. Der ziemlich weit in den Abscheider hineinragende Eintrittsstutzen (rechts im Bild) ist im allgemeinen mit irgendwelchen Füllkörpern zur Vergrößerung der Austauschfläche gefüllt. Die Regelung der Ölrückführung erfolgt auch hier durch ein Schwimmerventil.

Die Trennung von Öl und Kältemittel kann auch unter Anwendung der klassischen Methode der thermischen Gemischtrennung, der Rektifikation, durchgeführt werden. Die Anwendbarkeit der Öl-Kältemittel-Rektifikation hat Bock[1] näher untersucht. Er kommt zu dem Ergebnis, daß die bis zu beliebig kleinen Ölgehalten im Dampf steigerbare Methode der Rektifikation für Großanlagen in Frage kommen könnte. Bei Kleinkälteanlagen wird die Rektifiziersäule im allgemeinen zu teuer und hat ungünstige Abmessungen (große Höhe, kleine Durchmesser). Man benutzt dort zweckmäßigerweise Ölabscheider der oben beschriebenen Bauart und verbessert die Abscheidung durch zusätzliche wärmetechnische Maßnahmen (z. B. Vorkühlung des überhitzten Dampfes).

Bezüglich der Anordnung von Ölabscheidern in der Druckleitung ist darauf zu achten, daß der Abscheider nicht zu nahe am Kompressor eingebaut wird, weil der Ölnebel erst nach einem gewissen Weg zu größeren Tropfen zusammenfließt. Arbeiten mehrere Kompressoren auf einen gemeinsamen Kondensator, so genügt es, einen einzigen Ölabscheider, der nach der Gesamtleistung bemessen ist, einzubauen. Es ist allerdings dafür zu sorgen, daß das rückgeführte Öl gleichmäßig auf die einzelnen Kompressoren verteilt wird. Bei Anlagen mit Turbokompressoren, die nur eine sehr geringe Ölmenge in den Kältemittelkreislauf abgeben, wird das kontinuierliche Verfahren der Ölrückführung durch ein periodisches ersetzt. Dabei kann z. B. nach einer bestimmten Betriebszeit die Verdampferfüllung abgelassen und das Kältemittel ausgedampft werden.

G. Pumpen.

In Kältemaschinenanlagen können Pumpen für den verstärkten Zwangsumlauf des flüssigen Kältemittels und für die Umwälzung des Kälteträgers und des Kühlmittels eingesetzt werden. Für diese Anwendungsfälle werden in erster Linie Kreiselpumpen verwendet, die gegenüber anderen Pumpenbauarten die Vorteile eines geringen Platzbedarfes, der Möglichkeit zur direkten Kupplung mit schnellaufenden Elektromotoren, der einfachen Bedienung und geringen Wartung, der niedrigen Anschaffungskosten und der leichten Regelbarkeit der Förderleistung aufweisen.

I. Berechnung, Auswahl und Aufstellung von Kreiselpumpen.

Für die Auswahl einer geeigneten Pumpenbauart und -größe sind die manometrische Förderhöhe H, der Förderstrom Q und die Dichte ϱ der zu fördernden Flüssigkeit von Bedeutung. Die manometrische Förderhöhe setzt sich zusammen aus der geodätischen Förderhöhe (Höhenunterschied zwischen Saugwasserspiegel und Flüssigkeitsaustritt) und den gesamten Rohrleitungswiderständen. Herrscht im Druckbehälter, in den gefördert werden soll, ein anderer Druck als in dem Behälter, aus dem gesaugt wird, so vergrößert bzw. verringert sich die Förderhöhe um den Betrag $\Delta p/\varrho$.

Die geodätische Förderhöhe wird durch Längenmessung ermittelt, bezüglich der Bestimmung der Rohrleitungswiderstände wird auf den Abschnitt A.I.1.b

---

[1] Vgl. Fußnote 3 auf S. 233.

verwiesen. Bei gleichen Drücken auf der Saug- und Druckseite wird die Förderhöhe einer Kreiselpumpe durch die Dichte der Flüssigkeit nicht beeinflußt. Nur der Leistungsbedarf ändert sich mit der Dichte:

$$N = \varrho \cdot Q \cdot H\,.$$

Bezüglich der Saughöhe einschließlich den Reibungswiderständen einer Kreiselpumpe ist zu beachten, daß diese wegen des an der Saugöffnung der Pumpe auftretenden Unterdruckes und der dabei möglichen Dampfbildung einen bestimmten Wert nicht überschreiten darf. Die maximal zulässige Saughöhe ist abhängig von Druck und Temperatur der Flüssigkeit, von der Förderhöhe der Pumpe und von der Geschwindigkeit der Flüssigkeit im Saugrohr.

Jede Pumpe ist für bestimmte zu fördernde Flüssigkeitsströme, Förderhöhen und Drehzahlen gebaut. Der Förderstrom verändert sich linear, die Förderhöhe mit dem Quadrat und der Leistungsbedarf mit der dritten Potenz der Drehzahl (unter Annahme eines konstanten, von der Drehzahl unabhängigen Pumpenwirkungsgrades):

$$\frac{n_1}{n_2} = \frac{Q_1}{Q_2} = \frac{\sqrt{H_1}}{\sqrt{H_2}} = \frac{\sqrt[3]{N_1}}{\sqrt[3]{N_2}}\,.$$

Die Zusammenhänge zwischen Förderstrom, Förderhöhe und Drehzahl sind dem Kennfeld der Kreiselpumpe zu entnehmen. Es ist auf jeden Fall zu empfehlen, vor Bestellung einer bestimmten Pumpentype anhand des Kennfeldes zu prüfen, ob die gewählte Pumpe bei den zu erwartenden Betriebszuständen zufriedenstellend arbeitet. Die bei Kreiselpumpen zu erwartenden Wirkungsgrade liegen im allgemeinen zwischen 0,6 und 0,8.

Die wichtigsten technischen Unterlagen für die Planung und den Bau von Pumpenanlagen sind in den von einigen Pumpenherstellern herausgegebenen Handbüchern[1, 2] in übersichtlicher Form zusammengestellt. Die Verwendung dieser mit vielen Diagrammen und Tabellen versehenen Nachschlagewerke bei dem Entwurf von Pumpenanlagen wird sehr empfohlen.

Insbesondere im Hinblick auf Möglichkeiten lästiger Geräusche und Schwingungen ist die Abstimmung der Pumpe mit ihrer Charakteristik auf die hydraulischen Charakteristiken des Systems zu beachten. Mit wachsender Drehzahl machen sich Schwingungen und Unwuchten stärker bemerkbar. Bei niedriger Drehzahl wird eine Pumpe deshalb im allgemeinen ruhiger laufen, als eine Pumpe mit gleicher Leistung und gleicher Förderhöhe bei höheren Drehzahlen. Gleitlagermotoren wiederum besitzen eine größere Laufruhe als Antriebsmotoren mit Wälzlagern. Bei der Behandlung der Rohrleitungen und Rohrverbindungen wurde bereits darauf hingewiesen, daß in manchen Fällen der Einbau von Schwingungsdämpfern und Geräuschisolatoren in die Rohrleitung erforderlich ist. Oft allerdings lassen sich derartige kostspielige und umständliche Maßnahmen ganz oder teilweise vermeiden, wenn Schwingungen und Geräusche bereits an ihrem Entstehungsort bekämpft werden. Gerade durch die Auswahl einer geeigneten Kreiselpumpe und dem dazu passenden Antriebsmotor mit der richtigen Drehzahl kann ein wesentlicher Beitrag zur Vermeidung störender Schwingungen und Geräusche geleistet werden.

Im folgenden sind die wichtigsten Pumpennormen zusammengestellt:

DIN 1944 Blatt 1 u. 2: Abnahmeversuche an Kreiselpumpen (VDI-Kreiselpumpenregeln). Entwurf Februar bzw. Mai 1967.

DIN 24250 Kreiselpumpen mit Gliedergehäuse; Benennungen von Einzelteilen. August 1960.

---

[1] KSB-AMAG Handbuch, Bd. 1 Pumpen, 2. Aufl., Frankenthal 1964.

[2] Hydraulische Grundlagen für den Entwurf von Kreiselpumpenanlagen der Firma Halberg, Ludwigshafen.

DIN 24255 Kreiselpumpen mit Spiralgehäuse ND 10 (Wasserpumpen). Oktober 1966.
DIN 24256 Kreiselpumpen mit Spiralgehäuse ND 16 (Chemiepumpen). Entwurf November 1966.
DIN 24260 Pumpen und Pumpenanlagen; Begriffe, Zeichen, Einheiten. Entwurf Januar 1962.
DIN 24261 Pumpen und Pumpenanlagen; Benennung nach der Wirkungsweise. Entwurf Januar 1960.

II. Pumpenbauarten für die Kältetechnik.

1. Kältemittelpumpen.

Bei Großkälteanlagen werden häufig Flüssigkeitspumpen eingesetzt, um einen Zwangsumlauf des Kältemittels innerhalb des Verdampfungssystems zu erreichen. Dieser Zwangsumlauf kann erforderlich werden zur Verbesserung des Wärmeüberganges im Verdampfer oder durch die örtlich bedingte Anordnung des Verdampfers. Auch bei weiter auseinanderliegenden Verdampfern einer Anlage ist eine gleichmäßige Verteilung des Kältemittels mit Hilfe von Kältemittelpumpen möglich.

Zur Förderung des unter Saugdruck stehenden Kältemittels werden im wesentlichen Kreiselpumpen — in USA sehr häufig auch Zahnradpumpen[1] — verwendet. Diese Pumpen sind speziell für die Förderung siedender Flüssigkeiten konstruiert.

Abb. 253. Umwälzpumpe für NH_3 und R 12 (Witt, Aachen).

Grundsätzlich sind sie in der Lage, dampfhaltige oder mit Dampfblasen durchsetzte Flüssigkeit zu fördern. Es muß aber darauf geachtet werden, daß der Pumpe nach Möglichkeit nur reine Flüssigkeit zugeführt wird. Eine Dampfbildung in der Saugleitung der Pumpe kann dadurch verhindert werden, daß die Pumpe tief genug unter dem Flüssigkeitsspiegel aufgestellt und die Saugleitung so kurz wie möglich gehalten und gut isoliert wird. Über die Probleme, die bei der Förderung von siedendem Kältemittel auftreten, haben JAKOWLEFF[2] und WITT[3] ausführlich berichtet.

In Abb. 253 ist eine Umwälzpumpe für Ammoniak und R 12 dargestellt, die als zweistufige Radialpumpe für einen maximalen Betriebsdruck von 13 ata entworfen ist. Die Laufräder aus Sphäroguß sind in Wälzlagern fliegend gelagert.

---

[1] Umlaufpumpen für flüssiges Ammoniak. Kältetechnik Bd. 3 (1951) S. 290.

[2] JAKOWLEFF, N.: Untersuchung von Kreiselpumpen für Ammoniak. Cholodilnaja Technika 1953, Nr. 2, S. 20—23. Referat in Kältetechnik Bd. 6 (1954) S. 22.

[3] WITT, H.: Umwälzpumpen für Kältemittel. Kältetechnik Bd. 8 (1956) S. 303—304.

Das Problem der Wellenabdichtung wurde bei dieser Pumpe durch Gleitringdichtungen gelöst, von denen jeweils zwei eine mit Öl. gefüllte Kammer bilden, in der die Wälzlager laufen.

Überall dort wo wertvolle, giftige, feuer- oder explosionsgefährliche Flüssigkeiten — meistens unter hohem Druck — mit Pumpen herkömmlicher Bauart gefördert werden, deren Wellen nach außen führen, treten bei der Wellenabdichtung Schwierigkeiten auf. Für derartige Bedarfsfälle, die in der chemischen Technik sehr häufig anzutreffen sind und zu denen auch die Förderung von flüssigen Kältemitteln gehört, wurde ein besonderes Motorpumpen-Aggregat geschaffen. Es handelt sich hierbei um die sog. Spaltrohrmotorpumpe, ein vollkommen geschlos-

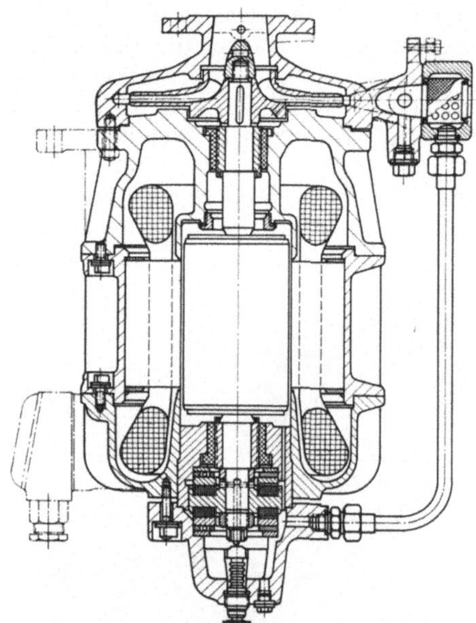

Abb. 255. Spaltrohrmotorpumpe (perfecta, Pumpenbau Brugg, Schweiz).

Abb. 254. Schnitt durch eine Spaltrohrmotorpumpe mit Filter und Druckschalter im Schmierkreislauf (KSB).

senes Aggregat horizontaler oder vertikaler Bauart, das keinerlei Stopfbüchsen oder sonstige Wellenabdichtungen besitzt und somit ohne Leckverluste arbeitet (Abb. 254). Der hydraulische Teil der Kreiselpumpe ist über den pumpenseitigen Lagerträger, in dem auch der Wicklungskopf der Stators untergebracht ist, mit einem Spaltrohrmotor verbunden. Rotor und Stator dieses Motors sind durch Spaltrohre gegen das Fördergut vollkommen geschützt. Laufrad und Rotor sitzen auf einer gemeinsamen Welle. Der Rotor ist axial und radial geführt. Die Lagerwerkstoffe werden jeweils dem Fördergut angepaßt. Wichtiges Kennzeichen dieser Pumpe ist, daß die Lager durch die Förderflüssigkeit selbst geschmiert werden. Die Flüssigkeit hierfür wird durch ein außenliegendes Rohr dem Druckstutzen der Pumpe entnommen und durch ein Filter und über ein Sicherheitsorgan (Druckschalter) geleitet, das bei Unterschreitung des erforderlichen Schmier- und Kühlflüssigkeitsstromes den Motor über ein Schütz abschaltet. Über die Konstruktion der Spaltrohrmotorpumpe und ihre Einsatzgebiete haben Cojocaru[1] und Buschhorn[2] ausführlich berichtet. In den Abb. 255 u. 256 sind die Anwen-

---

[1] Cojocaru, L.: Spaltrohrmotorpumpen in der Kältetechnik. Kältetechnik Bd. 11 (1959) S. 292—293. — Die Spaltrohrmotorpumpe und ihre Anwendung in der Kälteindustrie. Kältetechnik Bd. 14 (1962) S. 110—112.

[2] Buschhorn, W.: Pumpen für verfahrenstechnische Betriebe. Chemie-Ingenieur-Technik Bd. 33 (1961) S. 237—243.

dungen des Spaltrohrmotorprinzips an zwei weiteren Konstruktionen gezeigt, wobei die in Abb. 255 dargestellte Pumpe in Sonderausführung für Drücke bis 50 atü gebaut wird. Es handelt sich hierbei um eine Weiterentwicklung der häufig als Umwälzpumpen in Heizungsanlagen eingesetzten stopfbuchsenlosen Pumpen. Die Firma Th. Witt, Aachen, hat eine semihermetische Kältemittelpumpe entwickelt[1]. Es handelt sich hierbei um eine Weiterentwicklung der in Abb. 253 dargestellten Pumpentype mit als Spaltrohrmotor ausgebildetem Elektromotor. Als Werkstoff der vom Kältemittel geschmierten und gekühlten Lager wird ein Streifenmaterial aus einer Teflon-Mischung verwendet. Die Förderleistung beträgt max. 3,5 m³/h und die maximalen Förderhöhen 25 bzw. 40 m. Als Fördermedium kommen hauptsächlich die Kältemittel NH_3, R 22 und R 12 in Betracht.

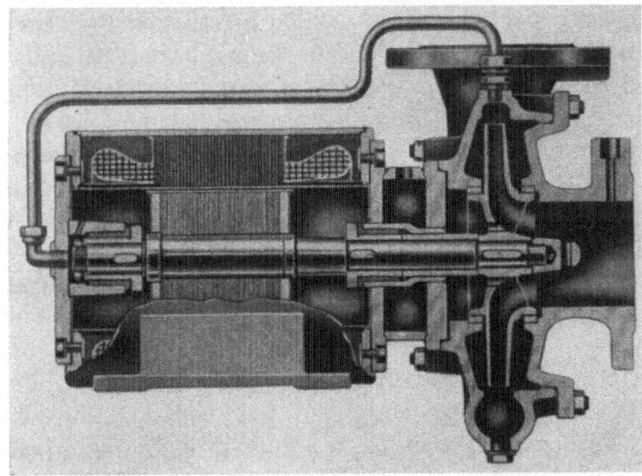

Abb. 256. Spaltrohrmotorpumpe (Halberg).

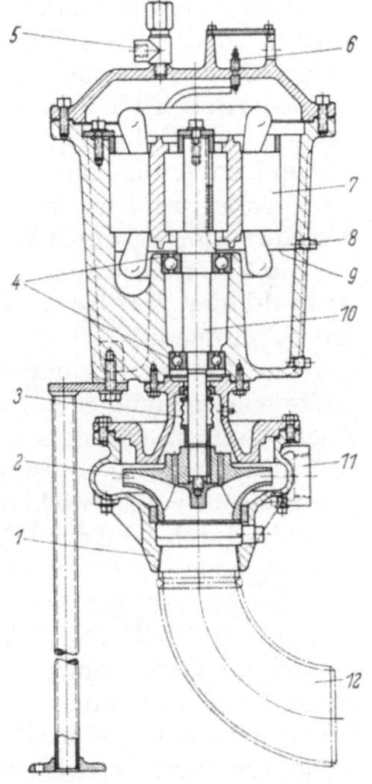

Abb. 257. Hermetisch geschlossene Kältemittelpumpe für halogenierte Kohlenwasserstoffe (Heatron, Inc., York, Pa.).

1 Pumpengehäuse, *2* Laufrad, *3* Abdichtung, *4* Lager, *5* Eintritt Öl-Destillierleitung, *6* Stromanschluß, *7* E-Motor, *8* Austritt Öl-Destillierleitung, *9* Ölstand, *10* Welle, *11* Druckleitung, *12* Saugleitung.

In den USA hat die Firma Heatron, Inc. eine hermetisch geschlossene Kältemittelpumpe in stehender Bauart entwickelt, die in erster Linie zur Förderung von halogenierten Kohlenwasserstoffen eingesetzt werden soll. Diese in Abb. 257 dargestellte Pumpe, die in ihrem Aufbau der oben beschriebenen Spaltrohrmotorpumpe ähnelt, unterscheidet sich von dieser im wesentlichen dadurch, daß der Pumpenmotor der Heatron-Pumpe nicht direkt im Kältemittelstrom liegt und die Schmierung der Lager (zwei Wälzlager) durch Schmieröl erfolgt. Bei dieser Pumpe wird gleichzeitig ein Verfahren der Ölrückführung angewendet, bei dem ein kleiner Teil des mit Öl gemischten Kältemittels aus der Druckleitung der Pumpe in das Pumpengehäuse und — ähnlich wie bei der Spaltrohrmotorpumpe — in einen den Motor umgebenden Spalt geleitet wird. Das Kältemittel verdampft hier durch die Wärmeentwicklung des Motors und zurück bleiben Öltropfen, die zusammen mit dem Kältemitteldampf in die Saugleitung des Kompressors gebracht und damit dem Kompressor wieder zugeführt werden können. Der Kältemittelstrom für diesen sog. „Öl-Destillier-Kreislauf" kann durch Magnet- und

---

[1] Semihermetische Kältemittelpumpen. Kältetechnik Bd. 15 (1963) S. 394.

Nadelventile gesteuert werden. Die Pumpe kann bis zu 1,7 m³/h des Kältemittels R 12 fördern, die maximale Förderhöhe beträgt etwa 30 m. Der mögliche Temperaturbereich der zu fördernden Flüssigkeit liegt zwischen −50 und +5 °C.

Bezüglich der bei Kältemaschinen-Kompressoren eingesetzten Ölumlaufpumpen wird auf Band V dieses Handbuches verwiesen. Dort ist die Anbringung der Ölpumpe bei Kompressoren in zahlreichen Abbildungen (Abb. 45 bis 116) dargestellt.

2. Wasser- und Solepumpen.

Zum Umpumpen von Wasser und Sole als Kühlmittel oder Kälteträger in der Kälte- und Klimatechnik sind eine große Zahl von einfachen und guten Kreiselpumpenkonstruktionen geeignet, auf die im einzelnen an dieser Stelle nicht eingegangen werden kann. Vielmehr sei auf die einschlägige Literatur[1,2,3,4] verwiesen, in der diese Pumpen mit ihren Konstruktionsmerkmalen und Einsatzmöglichkeiten ausführlich behandelt werden. Die an diese Pumpen zu stellenden Anforderungen sind wesentlich geringer als bei den Kältemittelpumpen. Da die Wasser- und Solepumpen im allgemeinen praktisch bei Atmosphärendruck arbeiten und nur billige und ungefährliche Stoffe fördern, entfällt vor allen Dingen das sehr große Problem einer absolut lecksicheren Abdichtung. Lediglich die Frage der Korrosion ist durch Wahl geeigneter Werkstoffe befriedigend zu beantworten.

Die Veröffentlichung von Stettner[5] enthält Anleitungen zur Auslegung und Auswahl der zur Betriebsausrüstung von Kältemaschinenanlagen erforderlichen Kreiselpumpen.

Eine Neuentwicklung stellt die Schlauchpumpe[6] dar, die auch in zahlreichen Kälte verwendenden Betrieben bereits Eingang gefunden hat. Sie besteht aus einem Gußgehäuse, dessen innere Flächen bearbeitet sind und in denen sich drei Rollen um eine Achse rotierend bewegen. Die Rollen laufen an der Wand eines synthetischen Spezialschlauches entlang und drücken so die Laufflächen zusammen. Dadurch wird der Inhalt des Schlauches zwischen zwei Rollen in die Förderrichtung gepreßt. Gleichzeitig entsteht im nachfolgenden Schlauchstück ein Vakuum, das ein stetiges Ansaugen bewirkt. Die Förderleistungen der Normaltypen betragen 80 bis 15000 l/h bei einer maximalen Druckhöhe von 30 m WS.

Bei der Verwendung von Kreiselpumpen zur Förderung von Kühlsole hat sich gezeigt, daß diese Pumpen über entlastete Stopfbuchsen Luft ansaugen und in die Sole hinein emulgieren. Zur Vermeidung von Korrosionsschäden sollten — insbesondere beim Betrieb von Kühlanlagen mit geschlossenem Solekreislauf — nur Solepumpen mit durch eine Sperrflüssigkeit abgedichteter Stopfbuchse aufgestellt werden. Aber auch bei Anlagen, die anstelle von Sole mit Wasser bei niedrigen Temperaturen als Kälteträger arbeiten (Klimaanlagen), ist die Fernhaltung des Luftsauerstoffes sehr wesentlich. Deshalb haben sich auch als Wasser-Umwälzpumpen in Heizungs- und Klimaanlagen einfachere Konstruktionen der unter den Kältemittelpumpen erwähnten Spaltrohrmotorpumpen (vgl. Abb. 255) bestens eingeführt.

[1] Pfleiderer, C.: Die Kreiselpumpen für Flüssigkeiten und Gase, 5. Aufl., Berlin/Göttingen/Heidelberg: Springer 1961.

[2] v. d. Nuell, T., u. A. Garre: Kreiselpumpen und -verdichter, 2. Aufl., Stuttgart: Teubner 1957.

[3] Fuchslocher/Schulz: Die Pumpen, 12. Aufl., Berlin/Heidelberg/New York: Springer 1967.

[4] Ritter, C.: Flüssigkeitspumpen, 5. Aufl., München: Oldenbourg 1953.

[5] Stettner, C.: Kreiselpumpen für Kühlwasser, Eiswasser und Kühlsole. Kältepraktiker 4 (1964), Nr. 5, S. 98—100.

[6] Hersteller Firma Delasco, Paris. Ausführliche Beschreibung s. Kältetechnik Bd. 13 (1961) S. 350.

Bezüglich der in Absorptionskältemaschinen verwendeten Lösungspumpen sei auf eine ausführliche Behandlung im Band VII dieses Handbuches verwiesen. Bei den Lithiumbromid-Absorptionskältemaschinen werden neuerdings auch hermetische Lösungspumpen verwendet, nachdem sich herausgestellt hat, daß eindringende Luft als eigentliche Ursache von Korrosionserscheinungen anzusehen war.

H. Ventilatoren.

In der Kältetechnik wird häufig auch Luft als Kühlmittel oder Kälteträger verwendet, deren Umwälzung den Einsatz von Ventilatoren erfordert. Entsprechend der Förderrichtung werden Radial- und Axialventilatoren unterschieden. Radialventilatoren — häufig auch Gebläse genannt — werden zur Luftförderung in Kanälen mit relativ hoher Luftgeschwindigkeit und gegen größere Widerstände eingesetzt. Bei kleinen statischen Drücken und hohen Anforderungen an einen niedrigen Geräuschpegel werden Axialventilatoren, die allgemein auch als Lüfter bezeichnet werden, bevorzugt.

Für die Auswahl einer geeigneten Ventilatorbauart und -größe müssen der statische Druck, gegen den gefördert werden soll und der zu fördernde Luftstrom bekannt sein. Die Ventilatorkennlinie stellt den statischen Druck als Funktion des Förderstromes dar. Jede Ventilatortype hat ihre eigene Kennlinie, an Hand derer die günstigste Type entsprechend den gegebenen Verhältnissen ausgewählt werden kann. Analog zu den für die Kreiselpumpe gemachten Angaben variiert bei einem gegebenen Ventilator der geförderte Luftstrom proportional der Drehzahl, der statische Druck proportional dem Quadrat der Drehzahl und die aufzuwendende Motorleistung proportional der dritten Potenz der Drehzahl. Ein sehr wichtiger Gesichtspunkt für die Wahl eines Ventilators kann die Geräuschentwicklung sein, die sehr stark von der Umfangsgeschwindigkeit und der aerodynamischen Ausbildung der Schaufeln abhängt. Einzelheiten bezüglich der Berechnung und Auswahl von Ventilatoranlagen können der Fachliteratur[1,2,3,4] entnommen werden. BAEHR[5] hat ein Nomogramm aufgestellt, mit dessen Hilfe sich der Leistungsbedarf von Ventilatoren leicht bestimmen läßt. Ein Kapitel des ASHRAE Guide and Data Book[6] ist den Ventilatoren im Hinblick auf ihre Anwendung in der Kälte- und Klimatechnik gewidmet.

Über den Wirkungsgrad von Lüfterflügeln und Gebläserädern hat UPSON[7] Untersuchungen angestellt. Sie führten zu dem Ergebnis, daß der Wirkungsgrad von Lüfterflügeln ohne weiteres 80% erreichen kann. Um den Lüfter so zu wählen, daß er mit dem besten Wirkungsgrad arbeitet, muß der erforderliche Gegendruck im voraus genau bekannt sein. Die Höhe des Wirkungsgrades hängt in erster Linie von der Form und Steigung der Flügel, daneben aber auch noch von einer Reihe anderer Faktoren ab.

In der Kältetechnik werden — neben dem umfangreichen Einsatz in Klimaanlagen — Ventilatoren der verschiedensten Bauarten zur Kühlraumlüftung

---

[1] ECK, B.: Ventilatoren, 7. Aufl., Berlin/Heidelberg/New York: Springer 1966.

[2] MODE, F.: Ventilatoranlagen, 3. Aufl., Berlin: de Gruyter 1961.

[3] POHLMANN, W.: Taschenbuch für Kältetechniker, 14. Aufl., Karlsruhe: C. F. Müller 1961, S. 424.

[4] RECKNAGEL-SPRENGER: Taschenbuch für Heizung, Lüftung und Klimatechnik, 55. Ausg., München-Wien: Oldenbourg 1968, S. 770 ff.

[5] BAEHR, H. D.: Leistungsbedarf von Ventilatoren. DKV Arbeitsblatt 6–01, Karlsruhe: C. F. Müller 1952. Beilage zu Kältetechnik Bd. 4, (1952), Heft 8.

[6] ASHRAE Guide and Data Book, 1967, Systems and Equipment, Chapter 4.

[7] UPSON, W. L.: Let's Be Scientific About Fans and Blowers. Refr. Eng. 57 (1949), S. 564–566, 616. Referat in Kältetechnik Bd. 2 (1950), S. 167.

16*

(Luft als Kälteträger) und zur Luftumwälzung bei luftgekühlten Kondensatoren (Luft als Kühlmittel) verwendet. Zur Verstärkung des natürlichen Luftumlaufes in Kühl- oder Gefrierräumen werden Ventilatoren eingesetzt, die den zur Übertragung der Kälteleistung auf das Kühlgut erforderlichen Luftstrom gegen den durch den Entwurf der Luftwege festgelegten Widerstand mit dem geringsten Arbeitsaufwand fördern soll (vgl. Abb. 34 bis 47 in Band X dieses Handbuches). Im Hinblick auf die vom Ventilator erzeugte Wärme ist es allgemein weniger schädlich, wenn der Ventilator knapp bemessen wird, als wenn sich seine Leistung als zu groß erweist. Die Frage, ob Axial- oder Radialventilatoren für die Kühlraumlüftung verwendet werden sollen, ist zunächst von untergeordneter Be-

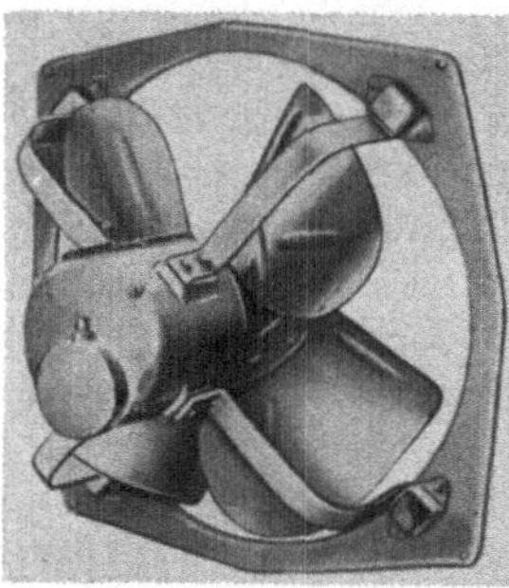

Abb. 258. Axialventilatoren: Propeller-Ventilator zur Förderung gegen niedrige Drücke (links), zweistufiger Axialventilator zur Förderung gegen hohe Drücke (rechts) (Woods).

deutung. Wie bereits erwähnt, kommt der Axialventilator vornehmlich dann in Frage, wenn nur geringe Widerstände zu überwinden sind. Neuere Untersuchungen[1] haben allerdings gezeigt, daß man ohne Schwierigkeiten und mit gutem Wirkungs-

Abb. 259. Verdampfer für Deckenmontage in Kühlräumen (Blizzard).

grad bei richtiger Wahl mit Axialventilatoren auch bei Hochdruckanlagen die gewünschten Luftleistungen (Luftstrom und Druck) erzielen kann. Auch der Geräuschpegel, der bei Axialventilatoren, die gegen einen hohen Gegendruck fördern, normalerweise recht hoch liegt, konnte auf einen durchaus annehmbaren Wert reduziert werden. Diese Erkenntnisse haben zu der Entwicklung von zwei- und mehrstufigen Axialventilatoren geführt, die teilweise sogar mit Leiträdern ausgestattet werden (Abb. 258). Durch die geringen Spaltverluste und durch die mehrstufige gegenläufige Bauweise werden hohe Drücke bis 500 mm WS und höher erreicht. In Abb. 259 ist der Axialventilator in einem Anwendungsbeispiel bei der Kühlraumlüftung dargestellt. Es handelt sich hierbei um einen Verdampfer mit automatischer Abtauvorrichtung zur Deckenmontage, der auch — in einer leicht abgewandelten Konstruktion — zur Aufstellung an der Kühlraumwand hergestellt wird.

Ein weiteres Beispiel der Anwendung von Ventilatoren in der Kältetechnik sind luftgekühlte Kondensatoren und Rückkühlwerke. Auch hier können — wie bei der Kühlraumlüftung — sowohl Radial- als auch Axialventilatoren verwendet

---

[1] Prüfergebnisse über die Anwendung von Axialventilatoren in Hochdruck-Lüftungssystemen. Klimatechnik Bd. 5 (1963), Heft 4, S. 20–25.

werden. WILLIAMS[1] hat die Punkte zusammengestellt, die für die Bauart des Kondensators und für die Auswahl geeigneter Ventilatoren von Bedeutung sind.

Im Zusammenhang mit der Kältemittel-Verflüssigung sei noch die Kühlwasserrückkühlung erwähnt, die sehr oft bei wassergekühlten Kältemaschinen-Anlagen notwendig und dann in Kühltürmen durchgeführt wird, in denen ein Ventilator für die Umwälzung eines ausreichend großen Luftstromes sorgt. Abb. 260 zeigt

Abb. 260. Axialventilator für extrem niedrige statische und dynamische Drücke. Flügeldurchmesser 2 m (Berliner).

einen Axialventilator, der für eine niedrige Drehzahl und für geräuscharmen Betrieb zum Einbau in einen modernen Kühlturm konstruiert ist. Die beiden Flügelprofile bestehen hauptsächlich aus einer dünnen, durchgehenden Haut von Epoxydharz, glasfaserverstärkt. Der Ventilator arbeitet mit einer verhältnismäßig niedrigen Durchtrittsgeschwindigkeit. Infolge der leichten, dabei aber vollkommen steifen Bauweise ist das Anlaufmoment für den Getriebemotor sehr gering.

J. Trockner.

I. Betriebsbedingungen.

In Kältemaschinen, die mit Kältemitteln mit geringer Löslichkeit für Wasser betrieben werden, ist bei Verdampfungstemperaturen unter dem Gefrierpunkt des Wassers die Anwendung von Trocknern erforderlich. Dazu gehören vor allem Kältemittel aus der Gruppe der chlorierten und/oder fluorierten Kohlenwasserstoffe, z. B. Methylchlorid und Difluordichlormethan. Über die Löslichkeit von Wasser in Kältemitteln in Abhängigkeit von der Temperatur und die Bildung von Wassereis wurde im Band IV dieses Handbuches ausführlich berichtet. Dort sind auch Einzelheiten über mögliche chemische Reaktionen zwischen Kältemitteln und Wasser und die daraus entstehenden Korrosionsvorgänge innerhalb des Kältemittel-Kreislaufs besprochen. Wasser führt in Kältemaschinen mit allen Kältemitteln außer Ammoniak zu Schwierigkeiten durch Ausfrieren oder Korrosionen. Daraus wird klar, weshalb seit der Einführung der Fluor-Chlor-Kohlenwasserstoffe die Trockner eine Bedeutung als Bestandteil der Kältemaschinen erlangten. Zwar war es schon üblich, in den Kreislauf von Kältemaschinen der offenen Bauart vorübergehend und vor allem beim Einlauf einen Trockner einzubauen, mit der Einführung der gekapselten Kältemaschinen wurde er aber zum festen Bestandteil. Ein wesentlicher Grund dafür liegt in der bisher noch gebräuchlichen Verwendung von Zellulose und ihren Derivaten als elektrische Isolierstoffe für die Ständer der Motore gekapselter Kältemaschinen. In der Literatur ist immer wieder darauf hingewiesen worden, daß die Zellulose einen hohen Ausgangswassergehalt, niedere thermische Stabilität und die Gefahr der Wasser-

---

[1] WILLIAMS, H. B.: Die Anwendung von luftgekühlten Kondensatoren bei Kältemaschinen. Air Conditioning, Heating and Ventilating 58 (1961), Nr. 10, S. 57—62. Referat in Kältetechnik Bd. 14 (1962) S. 135/136.

abspaltung im Betrieb mit sich bringt[1]. Die zellulosehaltigen Isolierstoffe, z. B. Papiere, Textilfasern und Holz, sind mehr oder weniger hygroskopisch und nehmen deshalb aus dem sie umgebenden Flüssigkeits- oder Dampfmedium eine bestimmte Menge Wasser im Gleichgewicht auf. Durch dieses adsorbierte Wasser werden die elektrischen Eigenschaften, wie elektrischer Widerstand, Verlustfaktor und Durchschlagsfestigkeit, also für die Funktion und Lebensdauer der

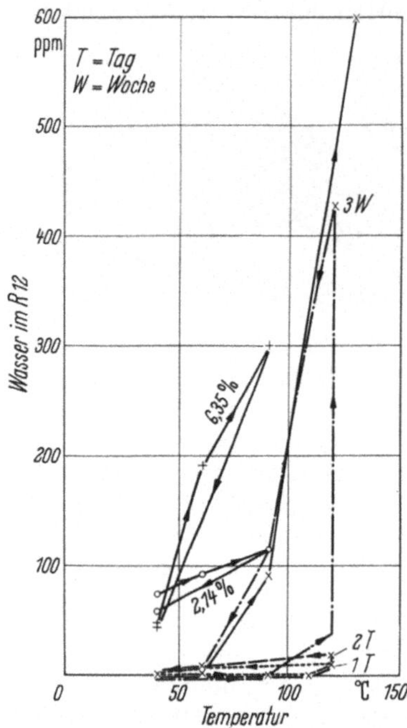

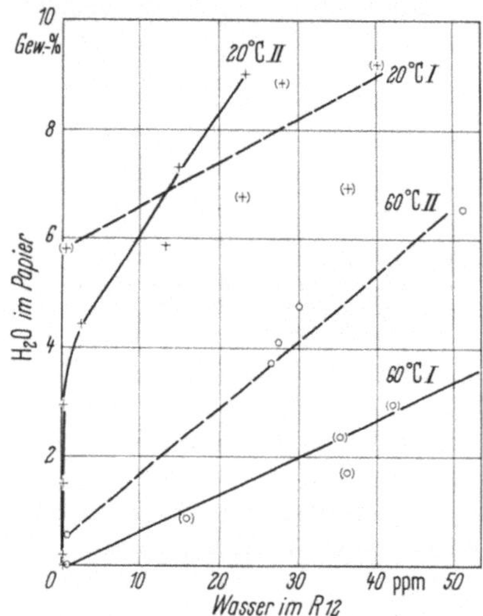

Abb. 261. Wassergleichgewicht in Isolierpapier und Kältemittel R 12 bei 20 °C und 60 °C. I Zellulosepapier mit Kunstharzbindung; II Ligninarmes Zellulosepapier.

Abb. 262. Wassergleichgewichte in Isolierpapier und Kältemittel R 12 bei wechselnden Temperaturen.

Kältemaschine wichtige Eigenschaften verschlechtert. Die Trocknung und die Trockenhaltung der Kältemaschinen ist deshalb eine Notwendigkeit. Durch die Verwendung eines wirksamen Trockners ist ein erheblicher Teil der zum Trocknen der Kältemaschinen aufgewendeten Zeit und Energie in der Fertigung einzusparen. So hat Elsey[2] darauf aufmerksam gemacht, daß ein wirksamer Trockner wirtschaftlicher ist, als die heute üblichen Trockenverfahren, ein Umstand, der seit der Verwendung der hochwirksamen, synthetischen Zeolithe als Trockenmittel mit ihrer geringen Temperaturabhängigkeit noch an praktischer Bedeutung gewonnen hat.

Die Zellulose und einige andere Isolierstoffe wirken im Kältemittel und seinen Gemischen mit Ölen selbst wie ein Trockenmittel, da sie das Wasser unter erheblicher Dampfdruckerniedrigung adsorbieren. Steinle[3] zeigt in Abb. 261, daß Isolierpapier aus dem Kältemittel R 12 mit einem Wassergehalt von 10 ppm bei 20 °C bis 6 Gew.-% und bei 60 °C etwa 1 Gew.-% Wasser im Gleichgewicht aufnehmen kann. Die unter gleichen Bedingungen aufgenommene Abhängigkeit in Abb. 262 gibt das Wassergleichgewicht in Isolierpapier und Kältemittel R 12 bei wechselnden Temperaturen wieder. Die Wasserbindung ist vollständig rever-

---

[1] Steinle, H.: Kältetechnik Bd. 4 (1952) Nr. 2, S. 28; Werkstoffe und Korrosion Bd. 3 (1952) Nr. 11, S. 419; Hurtgen, J. P., u. A. R. Mounce: ASHRE-Journal Bd. 1 (1959) Nr. 7, S. 60; Steinle, H.: Kältetechnik Bd. 11 (1959) Nr. 10, S. 336.

[2] Elsey, H. M.: Refrig. Engng. Bd. 63 (1955) Nr. 4, S. 49.

[3] Steinle, H.: Kältetechnik Bd. 11 (1959) Nr. 10, S. 336.

sibel, selbst wenn die Zellulose schon unter Wasserabspaltung über die thermische
Grenze von 120 °C im Kältemittel erwärmt wurde. Die Auswahl des Trockenmittels und die Größe des Trockners hängen infolgedessen wesentlich von Art
und Menge der angewendeten Isolierstoffe und den für sie maßgebenden Spitzen-
betriebstemperaturen ab.

CLARK[1] hat die mit steigender Temperatur auftretenden Spaltprodukte der
Zelluloseisolation untersucht. Danach findet bereits oberhalb 100 °C im Vakuum
eine Schädigung statt. Dabei entstehen kleine Mengen Wasser und Gase. STEINLE[2]

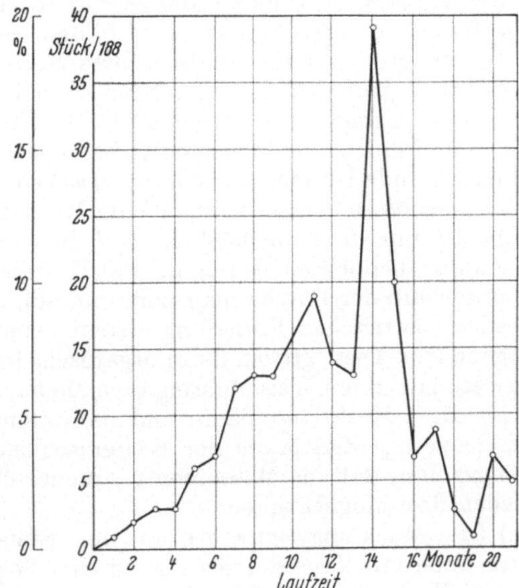

Abb. 263. Ausfall von gekapselten
Kälteverdichtern durch elektrische
Fehler in je 188 Stücken in Abhän-
gigkeit von der Laufzeit.

konnte zeigen, daß die thermische Zersetzung unter Kältemittel bei der gleichen
Temperatur wie im Vakuum einsetzt. Zwischen 110 und 120 °C beginnt auch eine
deutliche Produktion von sauren Produkten und Gasen durch trockene Destillation. Zugleich sinkt die elektrische Durchschlagsfestigkeit mit steigender Temperatur schnell ab. ENEMARK[3] gibt als Erfahrung aus dem Betriebsverhalten von gekapselten Kältekompressoren als obere Begrenzung der Wicklungstemperatur bei
der Verwendung von Zellulose-Isolierstoffen ebenfalls 120 °C an.

DIVERS[4] hat festgestellt, daß thermische Zersetzung für die weitaus größte
Zahl elektrischer Ausfälle der Motoren gekapselter Kältemaschinen verantwortlich
ist. Er führt sowohl den Abbau der physikalischen als auch der elektrischen Eigenschaften der Isolation auf thermische Ursachen zurück. Das sind Zersetzung durch
Temperatureinfluß, Depolymerisation und Oxydation.

Nach den beschriebenen Ergebnissen der Fa. Dunham Bush Inc, in West
Hartford, Conn. treten diese Zerstörungen, wie Abb. 263 zeigt, bevorzugt zwischen
dem siebenten und dem siebzehnten Monat nach der Inbetriebnahme auf. In fast
allen auf diese Weise ausgefallenen Kältemaschinen wurden mit Wasser abgesät-
tigte Trockner festgestellt. Insgesamt wurden 188 Kompressoren untersucht.

---

[1] CLARK, F. M.: Electrical Engng. Bd. 54 (1935) S. 1088.
[2] STEINLE, H.: Kältetechnik Bd. 4 (1952) S. 28 und Werkstoffe und Korrosion Bd. 3
(1952) S. 419.
[3] ENEMARK, A. F.: Verwendung von Kühlschränken bei abnormalen Spannungen und
Frequenzen. Kyltetekn. Tidskr., Schweden, Bd. 19 (1960), Nr. 3, S. 31.
[4] DIVERS, R. T.: Refrig. Engng., Bd. 65 (1957) Nr. 8, S. 33.

Dabei entstehen meist zugleich elektrisch leitende Verbindungen.

Divers[1] erklärt den elektrischen Zusammenbruch der Isolierstoffe durch das Auftreten von Ionen, die im Feld beschleunigt werden und beim Überschreiten bestimmter Potentialschwellen durch Stoß neue Ionen erzeugen, die alle zur Kathode hin beschleunigt werden. Die dann an der Kathode frei werdenden Elektronen leiten im Gas oder im Dampf die elektronische, normale Leitfähigkeit ein; dann kommt es zum Überschlag im Gas.

In Flüssigkeiten und festen Stoffen sind Ionen als Ladungsträger vor einem Durchschlag stets in größerer Menge vorhanden, welche zunächst eine hoch leitfähige Bahn durch das Dielektrikum bilden. Sobald dann die entstehende Joulesche Wärme größer ist als die abgeführte Wärme, kommt es örtlich unter Bildung von Zersetzungsprodukten zur völligen thermischen Spaltung. Vielfach entstehen durch diese „ruhigen Entladungen" kohlige Leitungswege in den festen Isolierstoffen, den Papieren und Lacken. Elektronenanregung und Ionenstoß sind die oft zu beobachtende Ursache für den elektrischen Zusammenbruch fester Isolierstoffoberflächen; diese können aber auch im Inneren, wie in Gasen, auftreten. Voraussetzung ist nur die Beweglichkeit, z. B. in Verunreinigungen und bei Elektronen eine entsprechende Beschleunigung mit Energiegewinn. Alle diese Vorgänge treten weit unterhalb der Durchschlagspannung auf. Aus Halogenverbindungen werden bei jeder elektrischen Entladung neben neuen Halogenverbindungen auch die Halogene frei. Diese greifen dann organische Isolierstoffe einschließlich der Lacke direkt an. Auf diese Weise führen auch sie letzten Endes zu Kohlenstoffbrücken.

Um diese Reaktionsabläufe und die darauf zwangsläufig früher oder später folgende völlige Zerstörung der Kältemaschinen zu vermeiden oder doch so zu verlangsamen, daß die Maschinen die heute übliche Gebrauchsdauer überleben, bestehen drei Möglichkeiten:

α) Die Wicklungstemperaturen der Ständer gekapselter Kältemaschinen sollten auch mit ihren Spitzen die für den Beginn der thermischen Spaltung bekannten Temperaturen nicht überschreiten. Darüber liegen, wie die Tab. 13 zeigt, eine große Reihe von Erfahrungswerten vor. Es ist sicher, daß aus den zellulosehaltigen Isolationen die ersten thermischen Zerfallsprodukte bei Temperaturen zwischen 110 und 120 °C entstehen, wenn die genannten Stoffe der Einwirkung des Kältemittels R 12 ausgesetzt sind.

β) Eine weitere Möglichkeit, den Wassergehalt in den gekapselten Kältemaschinen auch während des Betriebes so niedrig wie möglich zu halten, besteht in der Verwendung zellulosefreier, höher temperaturbeständiger Isolierstoffe. An diesem Problem wird seit vielen Jahren intensiv gearbeitet. Besonders Polyesterfolien und Polyamide mit hohem Molekulargewicht wurden für diesen Zweck untersucht. Harrington und Ward[2] stellten als höchsten Gehalt in Polyesterfolien bis 0,8 Gew.-% Wasser fest, während die üblichen Isolierpapiere unter gleichen Bedingungen bis 8 Gew.-% Wasser enthalten. Um Hydrolyse zu vermeiden, sollen die Polyesterfolien auf einen Wassergehalt unter 0,05% getrocknet werden. Die Hydrolyse unter Herabsetzung des Molekulargewichtes um 45% hört bei Wassergehalten unter 1 mg/g oder 0,1 Gew.-% in den Polyesterfolien auf. Das entspricht dem heute üblichen Trockengrad der Zellulose-Isolationen in Kältemaschinen. Hurtgen und Mounce[3] haben ermittelt, daß auch 30 bis 40 mg Wasser/kg Kältemittel R 12 und R 22 bei 130 bis 140 °C nicht zur Hydrolyse der Polyesterfilme führen. Die thermische Stabilität wird im Kältemittel gegenüber Zellulose mit 20 °C höher angegeben. Insgesamt ist die Einsatzfähigkeit dieser Stoffe in den gekapselten Kälte-

---

[1] Divers, R. T.: Refrig. Engng., Bd. 65 (1957), Nr. 8, S. 33.
[2] Harrington, J. P. u. R. J. Ward: ASHRE-Journal Bd. 1 (1959) Nr. 4, S. 75.
[3] Hurtgen, J. P. u. A. R. Mounce: ASHRE-Journal Bd. 1 (1959) Nr. 7, S. 60.

Tabelle 13. *Temperaturgrenzen von Zellulose unter Kältemittel R 12.*

Verfasser, Literaturstelle	Dauer-temperatur bis °C	Thermische Zersetzung ab °C	Bemerkung
PACKER, L. C., F. J. JOHNS u. E. P. CODLING: Refrig. Engng. Bd. 49 (1945) S. 452	—	100	Mit steigender Temperatur dann höherer Anstieg der H_2O-Abspaltung als im Vakuum
SLADE, F. L.: Refrig. Engng. Bd. 50 (1945) S. 528	95	—	Ständer im Kompressor
HAUN jr., B. O.: Refrig. Engng. Bd. 54 (1949) S. 135	93	—	Überschreiten wird als Hauptursache für Korrosionen infolge H_2O-Abspaltung genannt
STEINLE, H.: Kältetechnik Bd. 4 (1952) S. 28 und Werkstoffe und Korrosion Bd. 3 (1952) S. 419 (vgl. auch BOSCH-*VDT AKH* 001/5 Bl. 1, S. 7 vom 15.3.56)	—	110	Gegenüber VDE 0730 um 25 °C erhöht. Im Autoklav gemessen
PATTERSON, C. A.: Refrig. Engng. Bd. 60 (1952) S. 252	105	—	Klasse A, entsprechend VDE 0530/7. 55
KURTZ, R. S.: Refrig. Engng. Bd. 63 (1955) Nr. 2, S. 48	104,5 (220 °F)	—	—
STEINLE, H.: Handbuch der Kältetechnik, Bd. IV, Die Kältemittel, S. 208 (1956)	110	—	Sofern Isolation aus oder mit Zellulose
STEINLE, H.: Kältetechnik Bd. 11 (1959) S. 336	—	120	Im Kältemaschinen-Kreislauf gemessen
ENEMARK: A. F.: Kyltetekn. Tidskr.: Bd 19 (1960), Nr. 3, S. 31	120	—	Im Kältemaschinen-Kreislauf gemessen

maschinen noch wenig erprobt und die Ansichten bezüglich möglicher Alterungsschäden sind verschieden[1]. Auf jeden Fall müssen auch die Kompressoren mit zellulosefreier Isolation sorgfältig und wahrscheinlich auf noch niedrigere Restwassergehalte getrocknet werden. Dann könnte sich aber ein Trockner erübrigen.

Bei der Verwendung von Isolierfolien aus Terephthalatestern (Mylar und Hostaphan) an den Ständern ist darauf zu achten, daß dann keine Alkohole als Gefrierschutzmittel verwendet werden dürfen. Das Polyäthylenglykol-Terephthalat wird durch Methylalkohol depolymerisiert, wobei also die langen Kettenmoleküle abgebaut werden. Es tritt eine Versprödung auf, die an scharfen Knikken und Metallkanten zum Bruch führen kann[2]. Kompressoren mit diesen Isolierstoffen sollen deshalb besonders gekennzeichnet werden.

γ) Es bleibt wegen der hohen Betriebstemperaturen am Ständer und im Kompressor als dritte Möglichkeit die Verwendung eines wirksamen Trockners, um das Wasser wegzufangen und während des Betriebes unter der kritischen Grenze zu halten. Je nach der Auswahl des Trockenmittels können durch die Trockner neben Wasser auch Säuren und andere Spaltprodukte aufgenommen werden, die aus Kältemitteln und den organischen Isolierstoffen und auch aus den Ölen durch Alterung entstehen können.

[1] STEINLE hat Ergebnisse über den Abbau der mechanischen Eigenschaften veröffentlicht [Kältetechnik, Bd. 16 (1964) Nr. 11, S. 334; Bosch Technische Berichte, Bd. 1 (1965), H. 4, S. 183; Bd. 1 (1966), H. 5, S. 246].

[2] VERSAGI, F. J.: Air Conditioning, Heating and Refrigerations News, June 19., 1961, S. 22; BUSHOUSE, C. J.: ASHRE-Journal Bd. 3 (1961), Nr. 9, S. 61.

II. Funktion der Trockner.

Der Wassergehalt muß im umlaufenden Kältemittel, also sowohl in der Flüssigkeit als auch im Dampf so weit herabgesetzt werden, daß der Ausfrierpunkt für Feuchtigkeit stets unter der tiefsten in der Maschine erreichbaren Verdampfertemperatur liegt. Der Ausfrierpunkt aus der Flüssigkeit ergibt sich aus der Löslichkeitskurve für Wasser in den Kältemitteln[1]. Sofern aber, womit in der Kapillare zu rechnen ist, ein Gemisch von Flüssigkeit und Dampf vorliegt, verschiebt sich nach Gammil[2] die Eisbildung bei gleichen Wassergehalten zu niedrigeren Temperaturen. Mit Ausnahme des Kältemittels R 22 vermag die Dampfphase stets mehr Wasser in mg H_2O/kg aufzunehmen als die Flüssigkeit. Versagi[3] stellt die Forderung auf, daß der Wassergehalt im Verflüssiger bei 50 °C 15 mg/kg R 12 und 60 mg/kg R 22 nicht überschreiten soll. Ferner soll durch den Einbau des Trockners in den Kältemittelkreislauf die für das betreffende Kältemittel gefährliche Korrosionsgrenze des Wassergehaltes unterschritten werden. Nach Bopp[4] liegt die Korrosionsgrenze für Wasser im Kältemittel R 12 bei den üblichen Betriebstemperaturen der Kompressoren zwischen 15 und 20 mg H_2O/kg und damit etwa gleich der Eisausscheidungsgrenze in der Kapillare. Steinle[5] findet in Dauerlauf-Kältemaschinen mit 140 °C Wicklungstemperatur eine Grenze von etwa 50 mg Wasser/kg R 12 für Eisverstopfung und Korrosionen bzw. elektrische Überschläge in den Wicklungen infolge Säurebildung, die sofort zum Ausfall der Kompressoren führen. Bei der Wasserverteilung ist zu berücksichtigen, daß die Trockner nur bis zu einem Gleichgewichtswassergehalt trocknen, und daß infolgedessen stets ein gewisser Wasseranteil mit dem Kältemittel in den Verdampfer gelangt. Dort kann es bei tiefen Temperaturen ausfrieren und ist dann infolge des geringen Dampfdruckes über Eis unschädlich, reichert sich aber immer mehr an, solange der Verdampfer kalt bleibt. Beim Abtauen des Verdampfers kommt das Wasser bei hohem Dampfdruck mit dem Kältemittel in den Kreislauf und kann dann plötzlich in hoher Konzentration zu Störungen führen. Um mögliche Korrosionen einzuschränken, haben Larsen und Elliot[6] die Verwendung von fest eingebauten Trocknern auch in Kältemaschinen mit R 22 gefordert, obwohl wegen der hohen Löslichkeit für Wasser ein Zufrieren der Kapillare nicht zu befürchten ist.

Zur Bestimmung von Wasser im umlaufenden Kältemittel in den Kältemaschinen, ohne das Gleichgewicht zu stören, hat die elektrohygrometrische Methode von Weaver[7] eine einfache Apparatur gebracht. Sie wird seither viel angewendet[8]. Diniak und Mitarbeiter[9] haben auf diese Weise die Wirkung von Trocknern untersucht, indem sie den Wassergehalt vor und hinter dem Trockner gemessen haben. Das wesentliche Ergebnis ihrer Messungen war, daß sich im umlaufenden Kältemittel nicht das von Elsey und Flowers[10] errechnete Wassergleichgewicht zwischen Flüssigkeit und Dampfphase einstellt. Zu dem gleichen Ergebnis kam Brisken[11], der bei wechselnden Betriebsbedingungen ein Wandern des Wassers vor

---

[1] Dieses Handbuch, Bd. IV, Die Kältemittel, S. 101.

[2] Gammil, A.: Refrig. Engng. Bd. 63 (1955), Nr. 4, S. 44.

[3] Versagi, F. J.: Air Cond. Refrig. News, 13. Jan. 1958, S. 26.

[4] Bopp, J. D.: Ansul News Notes, Sept. 1953, S. 10.

[5] Steinle, H.: Kältetechnik Bd. 11 (1959) S. 336.

[6] Larsen, L. W., u. J. Elliot: Refrig. Engng. Bd. 16 (1953), S. 1325.

[7] Weaver, E. R.: Refrig. Engng. Bd. 55 (1948), S. 226; Weaver, E. R., u. R. Riley: U. S. Dept. of Commerce; Nat. Bur. of Standards, Research Paper RP 1865, Vol. 40, März 1948; s. a. Analytical Chemistry Bd. 20 (1948), S. 216.

[8] Vgl. Handbuch der Kältetechnik, Bd. IV, die Kältemittel, S. 216.

[9] Diniak, A. W.: E. E. Hughes, u. M. Fujii: Refrig. Engng. Bd. 62 (1954) Nr. 2, S. 56.

[10] Elsey, H. M., u. L. C. Flowers: Refrig. Engng. Bd. 57 (1949), Nr. 2, S. 153.

[11] Brisken, W. R.: Refrig. Engng. Bd. 63 (1955) Nr. 7, S. 42.

allem durch die Adsorption an der abkühlenden Zellulose feststellte. Beim Anlauf wird das Wasser nach Abb. 264 wieder frei und zu einem Teil in den Trockner übergeführt. Nach dem Abschalten stellt sich dagegen das nach den Arbeiten von ELSEY und FLOWERS zu erwartende Gleichgewicht zwischen Flüssigkeit und Dampf stets ein. Dem Kältemittel beigefügtes Wasser erscheint nur zu einem geringen Teil im Umlauf; das meiste davon wird von der vorgetrockneten Zellulose aufgenommen. Wie Abb. 265 zeigt, wird das Wassers erst bei steigender Wick-

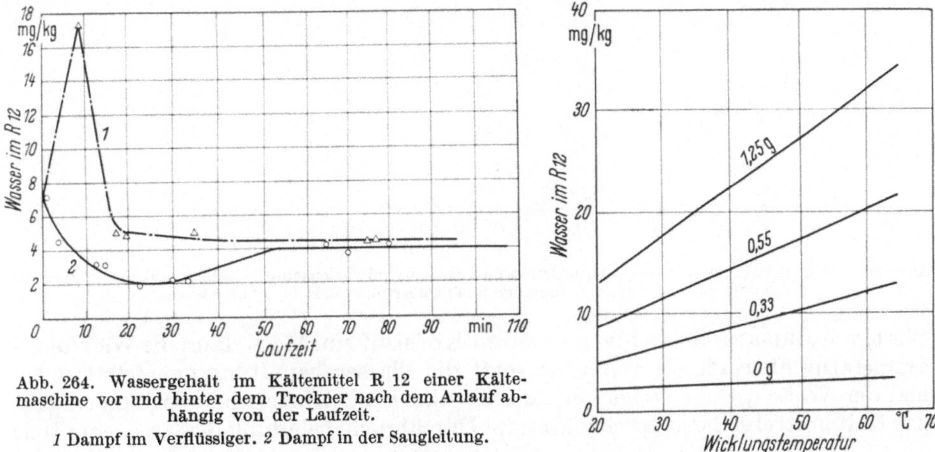

Abb. 264. Wassergehalt im Kältemittel R 12 einer Kältemaschine vor und hinter dem Trockner nach dem Anlauf abhängig von der Laufzeit.
1 Dampf im Verflüssiger. *2* Dampf in der Saugleitung.

Abb. 265. Wassergehalt des Dampfes von R 12 im Verflüssiger in Abhängigkeit von der Wicklnngstemperatur und dem Geamtwassergehalt des Ständers in g.

lungstemperatur teilweise frei. Die Zellulose kann demnach trotz des Einbaues eines Trockners über einen langen Zeitraum Wasser in solcher Menge festhalten, daß die elektrische Festigkeit und die chemische Stabilität gefährdet sind.

STEINLE[1] hat den Wassergehalt im umlaufenden Kältemittel vor und direkt hinter dem Trockner nach der elektrohygrometrischen Methode gemessen und den Einfluß des Trockners auf die Lebensdauer der Kältemaschinen unter Überlastung bei erhöhten Wicklungstemperaturen ermittelt. Nach Abb. 266 wird zu-

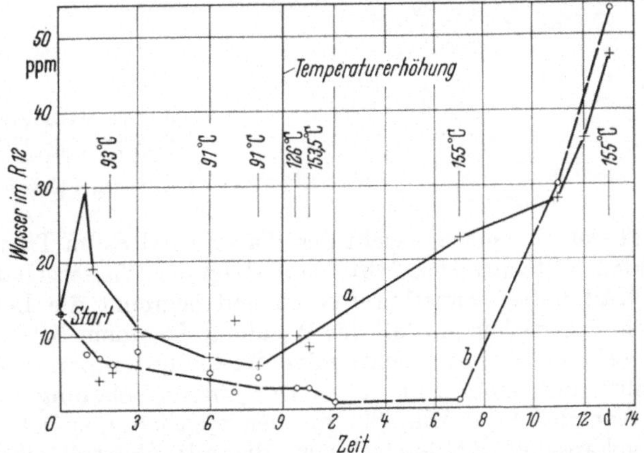

Abb. 266. Wassergehalte in einer Dauerlauf-Kältemaschine mit 150 °C Wicklungstemperatur abhängig von der Laufzeit vor und hinter dem Trockner. a) vor dem Trockner, b) hinter dem Trockner.

---

[1] STEINLE, H.: Kältetechnik Bd. 11 (1959) S. 336.

nächst das Restwasser aus dem Ständer mit zunehmender Erwärmung frei. Vor
dem Trockner steigt der Wassergehalt deshalb zunächst steil an. Hinter dem Trockner mit Kieselgel sinkt er schnell auf einen Wert unter 10 mg/kg R 12 ab. Wenn
das Restwasser weitgehend in den Trockner übergeführt ist, stellt sich dieser

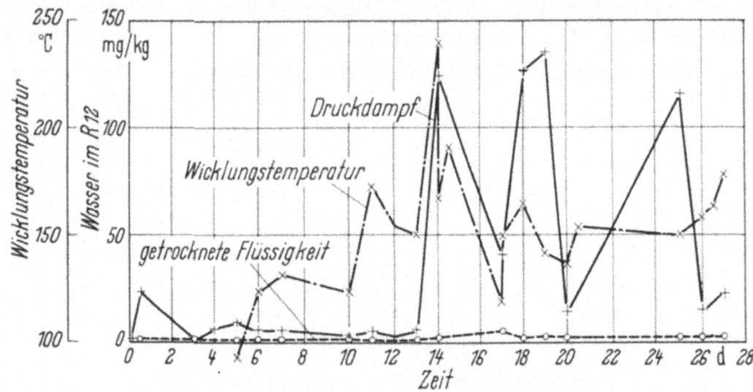

Abb. 267. Wassergehalt im R 12 einer Dauerlauf-Kältemaschine mit wechselnden Wicklungstemperaturen bis
200 °C über der Laufzeit aufgetragen. Trockner mit Linde-Molekularsieben.

Wert, wie Brisken feststellte, im ganzen Kreislauf ein. Wird dann die Wicklungstemperatur über 120 °C erhöht, so setzt die Wasserabspaltung der Zellulose ein
und der Wassergehalt steigt vor dem Trockner an. Hinter dem Trockner bleibt
das Kältemittel so lange trocken, bis die Durchbruchsbeladung des Trockenmittels

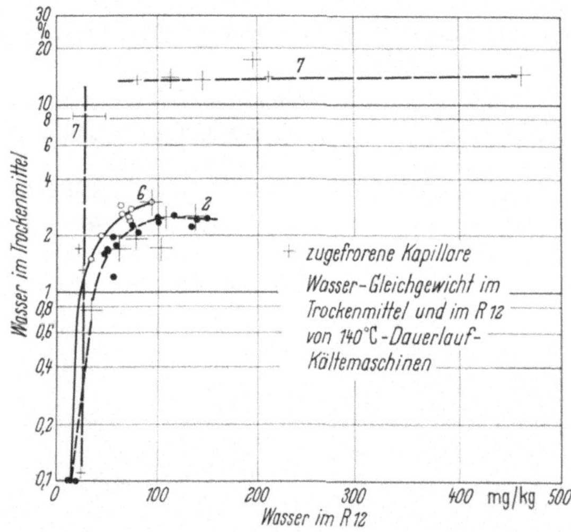

Abb. 268. Wassergleichgewicht zwischen
Kältemittel R 12 und Trockenmitteln in
140 °C Dauerlauf-Kältemaschinen.

2 Kieselgel; 6 Kugelgel; 7 Molekularsiebe.

erreicht ist und sich ein Gleichgewicht des Wassergehaltes im Trockenmittel und
dem umlaufenden Kältemittel einstellt. Dann steigt der Wassergehalt im gesamten
umlaufenden Kältemittel schnell weiter an und begrenzt die Lebensdauer der
Maschine durch elektrischen Ausfall der Wicklung. In einem Kreislauf mit Kompressoren mit sehr hohen und wechselnden Wicklungstemperaturen wurde syn-
thetischer Zeolith mit seiner sehr hohen Durchbruchsbeladung für Wasser verwendet. Die Abb. 267 und Abb. 268 machen zugleich deutlich, daß sich die
Lebensdauer gekapselter Kältemaschinen, die mit überkritischen Wicklungstemperaturen der Zelluloseisolation arbeiten können, durch die Anwendung
wirksamer Trockner erhöhen läßt. Dabei ist unter höherer Wirksamkeit aber
nicht in erster Linie die Erhöhung der verwendeten Trockenmittelmenge zu ver-

stehen; die weitaus größere Wirksamkeit ergibt sich durch die Anwendung von Trockenmitteln, welche das Wasser mit sehr geringem Gleichgewichtsdampfdruck unterhalb der Durchbruchsbeladung bis zu hohen Wassergehalten sehr fest zu binden vermögen. Die Versuche haben auch ergeben, daß die Grenzwassergehalte, welche die Lebensdauer bestimmen, für chemische und elektrische Zerstörung der Isolierstoffe und für das Zufrieren der Kapillare etwa gleich um 50 mg Wasser/kg R 12 liegen.

Der Einbau eines Trockners kann entweder für dauernd oder vorübergehend nur zum Austrocknen der Kälteanlage während des Einlaufens erfolgen. In kleine Haushalt- und Gewerbe-Kältemaschinen, vor allem der gekapselten Bauart, werden Trockner üblicherweise für dauernd eingebaut. In den gekapselten Kältemaschinen bietet der feste Einbau eines Trockners den Vorteil, daß das durch etwaige Temperaturspitzen frei werdende Wasser vor dem Beginn chemischer Reaktionen festgehalten und das Zufrieren der Regelorgane verhindert wird. Zwar ist es heute allgemein üblich, Schutzschalter an die Kapseln anzubauen, welche die Temperatur der Wicklungen nach oben begrenzen, heiße Stellen, die sogenannten „Hot-Spots", lassen sich aber auch durch diese Schalter nicht vermeiden. Neue, besonders exakt schaltende, temperaturbegrenzende Schalter hat die Westhinghouse Corp.[1] durch die Verwendung eines Thermistors mit positivem Temperatur-Koeffizienten in dem „Guardistor-Motor" angezeigt.

Im Kreislauf der offenen Kältemaschinen ist der dauernde Einbau eines Trockners auf jeden Fall dann unerläßlich, wenn saugseitig im Unterdruck gearbeitet wird und dadurch die Gefahr des Eindringens von Luftfeuchtigkeit besteht. Bei großen Maschinen begnügt man sich oft mit dem Einbau eines Trockners zum Einlaufen, der je nach Größe der Anlage wenige Stunden bis zu einer Woche im Kreislauf verbleibt. Er dient zum Austrocknen der Maschinenteile, die nicht genügend vorgetrocknet werden konnten, da sie am Aufstellungsort montiert werden. BOPP[2] empfiehlt, die Verdampfer vor dem Einbau eines Trockners in solche Maschinen anzuwärmen, um das als Eis mit sehr geringem Dampfdruck vorhandene Wasser in den Kreislauf und in den Trockner überzuführen.

In keiner Weise einheitlich sind die Meinungen über die erforderliche Einlaufdauer einer Kältemaschine mit einem Trockner, um das Restwasser bis zur möglichen Grenze zu entfernen. BLAIR und HOLMES[3] stellten zunächst fest, daß insgesamt 30 bis 35 mg ausgeschiedenes Wasser entsprechend einem Tropfen genügen, um die für Kleinkältemaschinen üblichen Kapillarrohre von etwa 1 mm lichter Weite zu verstopfen. Normalerweise soll der Kältemittelvorrat schon nach einmaligem Durchlauf durch den Trockner genügend getrocknet sein, um Verstopfungen durch Wassereis auszuschließen. Beim Arbeiten mit Methylchlorid als Kältemittel und bei der Verwendung von hochaktiviertem Kieselgel sollen üblicherweise 10 h Laufzeit mit dem Trockner genügen. Dagegen weist WALKER[4] darauf hin, daß die zur Wasseraufnahme durch Trockner im Kältemittel erforderliche Zeit länger ist, als allgemein angenommen wird. Für die Wasserabnahme in Abhängigkeit von der Zeit ergibt sich eine e-Funktion. Die Abb. 266 von STEINLE[5] zeigt, daß das Restwasser aus dem Ständer der Kältemaschine bei zunehmender Erwärmung selbst im Dauerlauf recht langsam in den Trockner übergeführt wird. Es sind dazu mehrere Tage erforderlich, obwohl ein Trockner mit 20 g Kieselgel

---

[1] Westinghouse Corp.; New Westinghouse Guardistor-Motor; ASHRAÉ-Journal, Bd. 2 (1960), Nr. 1, S. 110/111.
[2] BOPP, J. D.: It takes time to dry; Ansul News Notes, Sept. 1953, S. 10.
[3] BLAIR, H. A., u. R. E. HOLMES: Refrig. Engng. 57 (1949) S. 129.
[4] WALKER, W. O.: Driers; Ansul Technical Bulletin.
[5] STEINLE, H.: Kältetechnik Bd. 11 (1959) S. 336.

bei 250 g R 12- und 300 g Ölfüllung eingebaut war. Vor dem Trockner steigt der Wassergehalt im Kältemittel zunächst bis auf etwa 40 mg/kg R 12 an. Hinter dem Trockner treten etwa 10 mgH$_2$O/kg auf, die aber relativ schnell auf 3 mg H$_2$O /kg R 12 absinken.

Die Wirksamkeit eines Trockners im Kältemittel-Kreislauf ist nur schwer von außen zu beurteilen. Mehrfach wurde vorgeschlagen, die auftretende Wärmetönung bei der Wasseraufnahme als Kriterium heranzuziehen. Die geringen Temperaturänderungen stellen dabei aber an die Empfindlichkeit der Meßgeräte hohe Anforderungen. Die Ansul Chemicals Co.[1] hat Versuche über die Wärmetönung bei Trockenprozessen mit den Kältemitteln Schwefeldioxid (SO$_2$), Methylchlorid (CH$_3$Cl) und R 12 (CF$_2$Cl$_2$) zusammen mit den Trockenmitteln Kieselgel, aktive Tonerde und Calciumsulfat (Drierite) durchgeführt. Dabei wurde zunächst absolut trockenes und dann feuchtes Kältemittel eingeleitet.

Beim Arbeiten mit den kapillaraktiven Trockenmitteln (Kieselgel und aktive Tonerde) tritt allein durch die Adsorption des trockenen Kältemittels ein deutlicher Wärmeeffekt auf. Dann folgt nochmals eine etwa gleichstarke Wärmetönung, wenn der Durchfluß des trockenen Kältemittels abgestellt und dafür feuchtes, über Wasser gesättigtes Kältemittel eingeleitet wird. Diese im Versuch hintereinander erzeugten Wärmetönungen fallen jedoch im Kältemittel-Kreislauf naturgemäß zusammen. Beim Arbeiten mit Calciumsulfat tritt nur bei der Wasseraufnahme infolge der Kristallwasserbindung eine Wärmetönung auf, da es gegenüber den Kältemitteln weder adsorptiv noch chemisch wirksam ist.

Die Erwärmung des Trockenmittels kann kein sicheres Maß für seine Aufnahme von Wasser sein. Die Wärmetönung wird zudem in den Maschinen außer durch die Erwärmung

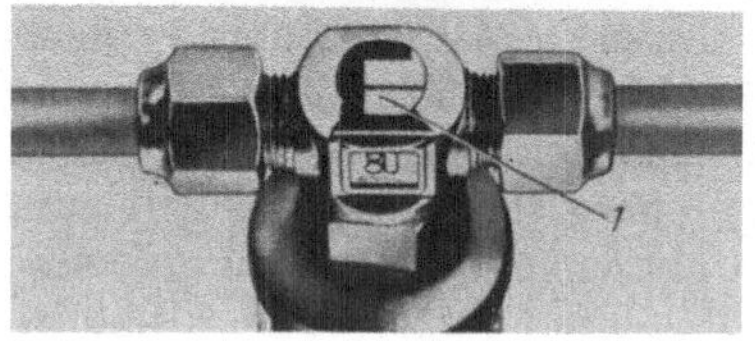
Abb. 269. Aufbau des Ansul „T-Flo-Trockners" mit Andrite und „Dry-Eye".

infolge der Adsorption der Kältemittel meist auch durch eine Kühlung als Folge der Verdampfung des einströmenden Kältemittels überdeckt, das durch Querschnittsänderung expandiert wird. Dieser Effekt ist nach Ansul Chemicals Co. oft größer als die durch Wasseradsorption hervorgerufene Wärmetönung.

Die Wirksamkeit der Trockner läßt sich heute mit Hilfe von Farbindikatoren im Kältemittelkreislauf nachweisen und kontrollieren. Guise und Krause[2] wenden die stufenweise Hydratwasser-Anlagerung und den damit verbundenen stufenweisen Farbumschlag von Metallsalzen zur Wasser-Indikation im umlaufenden Kältemittel an. Die einzelnen, mit dem Wassergehalt im Kältemittel im Gleichgewicht stehenden Stufen der Hydratisierung weisen bei vielen Salzen ganz charakteristische Farben auf. Sie können somit direkt anzeigen, welchen relativen Wassergehalt das sie umgebende Medium hat. So weist Kobaltbromid die folgenden Farbumschläge auf:

---

[1] Ansul Chemicals Co.; Heat effects in Driers; Research Report.
[2] Guise, A. B., und W. O. Krause: Refrig. Engng. Bd. 65 (1957) Nr. 12, S. 39.

$$CoBr_2 \qquad \text{grün}$$
$$CoBr_2 \cdot H_2O \qquad \text{blau}$$
$$CoBr_2 \cdot 2\,H_2O \qquad \text{purpur-blau}$$
$$CoBr_2 \cdot 6\,H_2O \qquad \text{pink}$$

Die Farben werden weder durch flüssige Kältemittel noch durch Öle oder Temperaturwechsel beeinflußt. Die Temperatur beeinflußt die relative Feuchtigkeit der Kältemittel, die bei gleicher absoluter Feuchtigkeit mit der Temperatur abnimmt. Die Wasseraufnahme ist vollständig reversibel und somit auch die Farbumschläge.

Auf dieser Grundlage gibt es heute für die Flüssigkeitsleitung einbaufertige Indikatoren, die von der Ansul Chemicals Co. entsprechend Abb. 269 als „Dry-Eye" mit dem „T-Flo-Drier" verbunden sind. Die Sporlan Valve Co., USA, liefert solche Indikatoren zum Einbau in die Flüssigkeitsleitung unter dem Handelsnamen „See-All". Neben den oben genannten Kobaltsalzen werden auch andere Hydrate verwendet, die dann lediglich andere Farbumschläge ergeben. In Gewerbe-Kältemaschinen haben sich diese Indikatoren bewährt, da sie rechtzeitig vor dem Auftreten von Störungen durch Wasser auf die Notwendigkeit hinweisen, den Trockner zu erneuern.

III. Auswahl der Trockenmittel.

Beim Trocknen von Kältemitteln in Trockenanlagen und im Kältemittelkreislauf müssen die Eigenschaften der Trockenmittel berücksichtigt werden[1]. Als Trockenmittel werden für Kältemaschinen nur feste Stoffe bezeichnet, die im Kältemittel und im Kältemittel-Öl-Gemisch nicht löslich sind[2]. Methylalkohol und andere, lediglich den Gefrierpunkt des Wassers erniedrigende Flüssigkeiten sind also keine Trockenmittel. Sie binden das Wasser nicht ab und machen es auch nicht unschädlich. WALKER[3] weist darauf hin, daß Alkohole bei gleichzeitig eingebauten Trocknern mit adsorbtiven Trockenmitteln von diesen bevorzugt vor Wasser aufgenommen werden. Die Gefrierpunkts-Erniedriger werden damit nicht nur unwirksam, sondern verringern zudem die Aktivität des Trockners. Ferner wirkt Methylalkohol im Kältemittel-Kreislauf bei Gehalten von etwa 1% im Kältemittel selbst korrodierend.

In ähnlicher Weise können Ölalterungsprodukte und Ölharze, sowie organische und anorganische Säuren die adsorptiv wirksamen Trockenmittel für Wasser blockieren, sofern ihre Molekülgröße den Eintritt in die Poren gestattet. GAMMIL[4] fordert deshalb, daß die Trockenmittel in Kältemaschinen für Wasser möglichst selektiv wirksam sein sollen. Das trifft ohne weiteres für die Hydratwasser bindenden Trockenmittel zu. Bei den adsorptiv wirkenden Trockenmitteln hängt die Selektivität von der Porenweite ab. Dabei ist die Adsorptionsfähigkeit eine Funktion der relativen Feuchtigkeit des Systems im Gleichgewichtszustand[5].

Durch die verschiedenen stofflichen Eigenschaften der Trockenmittel ist auch das chemische und physikalische Verhalten gegenüber den Kältemitteln und ihren Gemischen mit den Schmiermitteln verschieden. Bei der Auswahl sind deshalb eine Reihe von Gesichtspunkten zu berücksichtigen:

a) Das *chemische Verhalten gegen das Kältemittel*, mit dem es nicht reagieren darf. So kann z. B. Phosphorpentoxid nicht zum Trocknen von Ammoniak verwendet werden, da es sich zu Ammoniumphosphaten umsetzt. Für Schwefel-

---

[1] Vgl. dieses Handbuch, Bd. IV, Die Kältemittel, S. 113.
[2] WISCHMEYER, W. F.: Refrig. Engng. Bd. 63 (1955) Nr. 4, S. 46.
[3] WALKER, W. O.: Refrigerant Driers, Service Manual, Section 5, S. 521.
[4] GAMMIL, A.: Refrig. Engng. Bd. 63 (1955) Nr. 4, S. 44.
[5] Dieses Handbuch, Bd. IV, Die Kältemittel, S. 120.

dioxid kommen die alkalischen Trockenmittel nicht in Betracht, da ein Neutralisationsprozeß unter Bildung von Salzen stattfinden würde. Das gleiche trifft naturgemäß auch für geringe Zusätze, z. B. von Calciumoxid zu aktiver Tonerde, zu. Calciumoxid (CaO) vermag mit Methylchlorid direkt Calciumchlorid zu bilden und darf deshalb nur mit größter Vorsicht als neutralisierender Zusatz in Trocknern für Methylchloridmaschinen verwendet werden.

b) Der *Einfluß auf das Öl und Beeinflussung durch das Öl.* Es dürfen keine Reaktionen mit dem Öl, z. B. durch Oxydation oder Veränderung der Neutralisationszahl, eintreten. Mit Öl darf andererseits das Trockenmittel nicht pastös werden. Außerdem soll seine Wasseraufnahmefähigkeit durch Öl, das stets mit umläuft (vgl. Band IV dieses Handbuches, S. 149) nicht wesentlich beeinträchtigt werden.

c) *Verändert das Trockenmittel bei Wasseraufnahme seinen Aggregatzustand, das Volum oder die Konsistenz?* Alle bei Wasseraufnahme zerfließenden oder zerfallenden Trockenmittel können höchstens zum Trocknen von Gasen und Dämpfen angewendet werden; ihr Einbau in Flüssigkeitsleitungen ist zu unterlassen. Das trifft z. B. für Calciumchlorid ($CaCl_2$) zu, das zerfließt. Calciumoxid bildet

Tabelle 14. *Einsatzmöglichkeiten der verschiedenen Trockenmittel für flüssige und gasförmige Kältemittel.*

Trockenmittel	Kältemittel gasförmig	Kältemittel flüssig
Kieselgel, Blaugel, Mobilbead	alle Kältemittel	alle Kältemittel
Linde Molekular Siebe	R 12	R 12
Aktive Tonerde	alle Kältemittel	alle Kältemittel
Aktivkohle als Zusatz	alle Kältemittel	alle Kältemittel
Bariumoxid (BaO)	für Kohlenwasserstoffe und deren Derivate nur für kurze Zeit; bei CH_3Cl und C_2H_5Cl nicht, da Oxydationsgefahr. NH_3 nur für kurze Zeit	möglichst vermeiden
Bariumhydroxid ($Ba[OH]_2$)	alle außer SO_2 und N_2O, jedoch nur für kurze Zeit	möglichst vermeiden
Calciumoxid (CaO)	alle, außer SO_2 und N_2O, jedoch nur für kurze Zeit	möglichst vermeiden
CaO als neutralisierender Zusatz in kleiner Menge zu Al_2O_3	alle Kältemittel	alle Kältemittel
Calciumchlorid ($CaCl_2$)	alle Kältemittel für kurze Zeit, jedoch nur in großem Überschuß	möglichst vermeiden
Calciumsulfat ($CaSO_4$) (Drierite)	alle Kältemittel	alle Kältemittel
Natrium, metallisch	—	NH_3
Natriumhydroxid Kaliumhydroxid	alle Kältemittel außer SO_2 und N_2O für kurze Zeit	NH_3 für kurze Zeit
Magnesiumperchlorat ($Mg[ClO_4]_2$)	nicht für Kohlenwasserstoffe und deren brennbare Derivate	nicht für Kohlenwasserstoffe und deren brennbare Derivate
Phosphorpentoxid (P_2O_5)	alle außer NH_3, jedoch nicht in Maschinen ohne besondere Maßnahmen	nicht verwendbar ohne besondere Maßnahmen

ebenso wie Bariumoxid das feinpulverige Hydroxid ($Ca(OH)_2$) bzw. ($Ba(OH)_2$), die beide bei weiterer Wasseraufnahme zerfließen. Phosphorpentoxid, das bei Wasseraufnahme unter Bildung von Phosphorsäure ebenfalls zerfließt, kommt nur zum Trocknen von Dämpfen in Frage und kann im Kältemittelkreislauf wegen seiner pulverförmigen Konsistenz überhaupt nicht verwendet werden.

d) Ist das *Trockenmittel in der Flüssigkeit oder im dampfförmigen Kältemittel wirksamer?* Danach richtet sich der Einbau.

e) Wird der *Wassergehalt im Kältemittel unter die Löslichkeitsgrenze* entsprechend der tiefsten vorkommenden Verdampfungstemperatur *herabgesetzt*?

f) Wird der Wassergehalt in der flüssigen und in der dampfförmigen Phase unter die Korrosionsgrenze herabgesetzt?

g) Besteht eine Temperaturabhängigkeit der Wasseraufnahmefähigkeit?

In Tab. 14 ist die Anwendbarkeit der verschiedenen Trockenmittel für die einzelnen Kältemittel zusammengestellt. Bariumoxid und Magnesiumperchlorat sind wegen der Explosionsgefahr mit Ölen, vor allem bei der Demontage, nach WALKER[1] nicht zu verwenden, da sie ausgesprochene und starke Oxydationsmittel sind.

Eine Einschränkung ist nach den heutigen Kenntnissen auch bei der Verwendung der sehr wirksamen Molekularsiebe erforderlich. Diese sind hervorragend geeignet zum Trocknen des Kältemittels R 12. Die regelmäßige Porenweite von 4 Ångström der Linde Molekularsiebe 4 A, für die MAYS[2] die Formel $Na_{12}((AlO_2)_{12} \cdot (SiO_2)_{12})$ angibt, schließt die Adsorption der größeren Moleküle von R 12 und Öl aus. Dagegen werden die stark polaren Wassermoleküle von den ebenfalls polaren Molekularsieben schnell und sehr fest gebunden, wobei infolge der engen Poren nur monomolekulare Adsorptionsschichten möglich sind. Dagegen bestehen gegen die Verwendung zusammen mit dem Kältemittel R 22 teilweise noch Bedenken wegen der Aufspaltung des Kältemittels. CANNON[3] stellte fest, daß das Kältemittel R 22, wenn es an die grobporigen Linde-Molekularsiebe 5 A adsorbiert ist, mit dem Konstitutionswasser des Zeolithen unter Bildung von Kohlendioxid, Kohlenmonoxid und Halogensäuren reagiert. Die Halogensäuren sind fest an den Zeolithen gebunden. Dabei ist zu berücksichtigen, daß die Molekularsiebe 5 A mit Porengrößen von 5 Ångström nicht zum Trocknen von Kältemitteln angewendet werden, zumal sie sich vollständig mit Kältemittel R 22 sättigen, dessen Molekül kleiner ist und, wenn auch stark gebremst, eben noch in die 4 Ångström großen Poren der Molekularsiebe 4 A eindringen kann. STEINLE[4] konnte zeigen, daß die Bildung von Chlorionen aus Difluordichlormethan, die bei Berührung mit vollkommen trockenen Linde-Molekularsieben 4 A auftritt, bei geringen Wassergehalten im Trockenmittel auf null zurückgeht. Das Kältemittel R 22 wird an trockenen Linde-Molekularsieben 4 A stärker aufgespalten, jedoch ergibt sich gegenüber dem R 12 der Unterschied, daß auch bei Feuchtigkeitsbeladung des Trockenmittels die Aufspaltung nicht aufhört, wohl aber zurückgeht. Abb. 270 gibt die Zeitabhängigkeit der Chlorabspaltung von R 22 in Berührung mit Molekularsieben 4 A und 4 A - XH, trocken und naß, bei 100 °C im Druckrohr wieder. Da es kaum gelingen wird, die Molekularsiebe vollkommen trocken in den Kältemittel-Kreislauf einzubauen, ist mit einer Spaltung von R 12 im Kreislauf nicht zu rechnen, wohl aber stets beim R 22. Die Chlorionenhaltigen Spaltprodukte treten jedoch nicht frei in der Flüssigkeit, sondern nur im Trockenmittel gebunden auf. Aus ihm können sie nur durch sauren Aufschluß frei gemacht werden; sie greifen die Metalle nicht an. MAYS[5] hat im Druckrohrtest den Einfluß der Molekularsiebe, des Silicagels und der aktiven Tonerde auf die Zersetzung der Kältemittel R 12 und R 22 im Gemisch mit Öl im Verhältnis 1:1 bei gleichzeitiger Gegenwart von Eisen und Kupfer untersucht. Die Versuche wurden bei 65, 120 und 175 °C über eine Dauer bis zu 480 Tagen durchgeführt.

---

[1] WALKER, W. O.: Refrigerant Driers; Service Manual, Section 5, S. 521.
[2] MAYS, R. L.: ASHRAE-Journal, Bd. 4 (1962), Nr. 8, S. 73.
[3] CANNON, P.: Journal Chem. Soc. Bd. 80 (1958), S. 1766.
[4] STEINLE, H.: Kältetechnik Bd. 13 (1961) Nr. 4, S. 150.
[5] MAYS, R. L.: ASHRAE-Journal, Bd. 4 (1962), Nr. 8, S. 73.

Die Trockenmittel und die Kältemittel wurden dann auf Chlor bzw. Chloride untersucht. Eine merkliche Zersetzung von R 12 tritt mit allen drei Trockenmitteln erst oberhalb 120 °C und nur in Gegenwart von Öl auf. Zwischen 120 °C und 175 °C ist die Zersetzung stark. Bei 65 °C ist überhaupt keine Zersetzung festzustellen. Das bis zu Temperaturen von 120 °C gebildete Chlor bzw. Chlorid wird von allen drei Trockenmitteln fest gebunden, erst bei 175 °C ist es frei im Kältemittel nach-

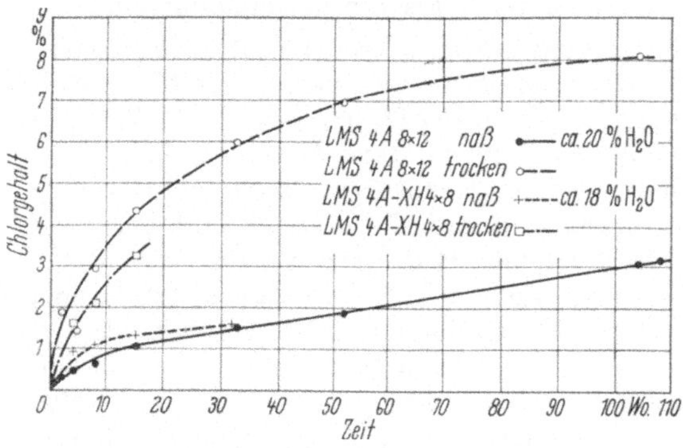

Abb. 270. Zeitabhängigkeit der Chlorabspaltung von R 22 in Berührung mit Molekularsieben 4A und 4A-XH, trocken und naß, bei 100°C im Druckrohr-Versuch.

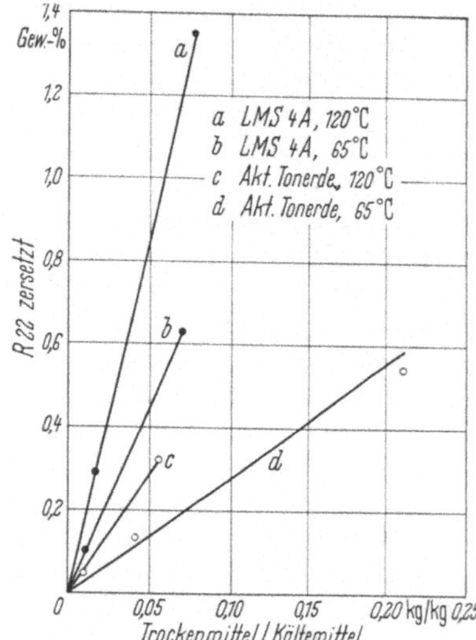

Abb. 271. Grenzwerte der Zersetzung von Kältemittel R 22 in Abhängigkeit vom Gew.-Verhältnis Trockenmittel/Kältemittel bei 65 und 120°C mit Molekularsieben 4A, Aktiver Tonerde und Silicagel.

weisbar. Das Kältemittel R 22 wird durch Molekularsiebe 4 A ebenso wie durch aktive Tonerde stärker zersetzt als R 12, während Silicagel keine zersetzende Wirkung hat. Auch das Öl hat hier keinen Einfluß. Es ergibt sich eine Abhängigkeit der zersetzten Menge R 22 von dem Verhältnis Trockenmittel zu Kältemittel, dessen Einfluß bei 120 °C wesentlich größer ist als bei 65 °C. Die Zersetzung hört beim Erreichen eines für jeden Test maximalen Endwertes auf und wirkt somit selbstbegrenzend.

Abb. 271 gibt die Grenzwerte der Zersetzung von R 22 in Abhängigkeit vom Gewichtsverhältnis Trockenmittel zu Kältemittel bei 65 °C und 120 °C für Molekularsiebe 4 A, aktive Tonerde und Silicagel wieder. Die Abhängigkeit ist linear, lediglich beim Silicagel ist weder ein Einfluß der Temperatur noch des Mengenverhältnisses festzustellen. Steinle hat in einer privaten Mitteilung darauf hingewiesen, daß bei Molekularsieben 4 A und aktiver Tonerde die Bildung von Spuren von Aluminiumchlorid ($AlCl_3$) aus dem Aluminiumoxid die Zersetzung nach der Prins-Reaktion katalysieren kann, wobei Salzsäure und das Monomere des Teflons, Tetrafluoräthylen, gebildet werden.

Die Linde Air Products Co, Division of Union Carbide Corp.[1] hat unter der Bezeichnung Molekularsieb „4 A-XH" und 4 A-XH 2 härtere und mit dem Kältemittel R 22 weniger reaktionsfähige Zeolithe herausgebracht, deren Wasseraufnahme dem Typ 4 A praktisch gleich ist. Nur unterhalb 20 mg Wasser je kg R 22 ist die Gleichgewichtsbeladung etwas geringer. Die Zersetzung von R 22 am trockenen LMS 4 A-XH geht auf diejenige des R 12 am normalen LMS 4 A zurück, wie aus Abb. 270 ersichtlich ist.

---

[1] Mays, R. L.: Linde 4 A - XH - Beads; A New Desiccant for Refrigeration Service, Linde Druckschrift F 1026 sowie E. H. Westerland u. R. L. Mays, Die Kälte, Bd. 17 (1964), Nr. 7, S. 336.

Neben der grundsätzlichen Verwendungsmöglichkeit spielt der in den Kältemitteln erzielbare Trocknungsgrad für die Auswahl der Trockenmittel eine erhebliche Rolle. WALKER[1] betont, daß die Kapazität und Größe eines Trockners im Kältemittel-Kreislauf uninteressant ist, solange nicht gleichzeitig eine gute Trockenwirkung erzielt wird. Kieselgel, aktive Tonerde und Calciumsulfat (Drierite) waren die gebräuchlichsten Trockenmittel, dazu kam in letzter Zeit in steigendem Maße die Anwendung der Molekularsiebe für das Kältemittel R 12. Bei

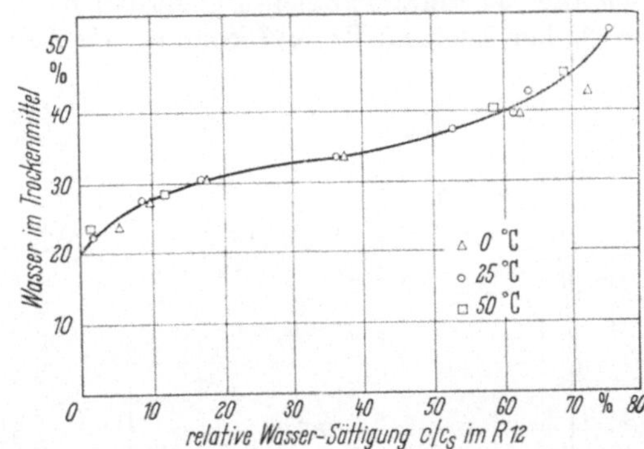

Abb. 272. Gleichgewichts-Wassergehalt im Trockenmittel B gegen die relative Wassersättigung im Kältemittel R 12 aufgetragen.

Betriebstemperaturen des Trockners bis 60 °C sollten in Kältemaschinen mit niederen Verdampfungstemperaturen Trocknungsgrade von 5 mg H_2O/kg R 12 erreicht werden.

GULLY und Mitarbeiter[2] haben gezeigt, daß die Wassergleichgewichtskurven für Trockenmittel und Kältemittel zu einer Stoffcharakteristik werden, wenn man den Wassergehalt des Kältemittels auf dessen Sättigungswassergehalt bei der betreffenden Temperatur bezieht. Der temperaturunabhängige relative Wassergehalt ist dann

$$c_{rel} = \frac{c_{gemessen}}{c_{Sättigung}}$$

Damit ergibt sich, wie Abb. 272 zeigt, eine für das Trockenmittel zusammen mit dem Kältemittel charakteristische Kurve. Der Druck des Kältemittels ist ohne Einfluß. Man kann somit durch Aufnahme einer Kurve der relativen Sättigung bei beliebiger Temperatur durch Multiplizieren mit dem Sättigungswassergehalt bei der gesuchten Temperatur, die leicht zu messen oder vielfach bekannt ist, die Gleichgewichtskurven für jede Temperatur mit ausreichender Genauigkeit konstruieren.

Über die Wirksamkeit verschiedener Trockenmittel im Kältemittel R 12 liegen mittlerweile eine Anzahl vergleichender Untersuchungen vor, die aber in ihren Absolutwerten wegen der Anwendung verschiedener Verfahren nicht ohne weiteres vergleichbar sind. Die Molekularsiebe auf der Basis von synthetischen Zeolithen gestatten mit ihren sehr gleichmäßigen Poren von 4 und 5 Ångström auch die Trennung von Gasen und Dämpfen je nach deren Molekülgröße[3]. Wasser, Kohlendioxid, Schwefeldioxid, Ammoniak und Äthan werden von beiden Sorten adsorbiert. Propan und R 12 werden von der Type 5 A, nicht aber von 4 A adsorbiert. R 11 und R 114 werden weder von 4 A noch von 5 A adsorbiert. Polare

---

[1] WALKER, W. O.: Refrigerant Driers, Service Manual, Section 5, S. 521.

[2] GULLY, A. J., H. A. TOOKE u. L. H. BARTLETT: Refrig. Engng. Bd. 62 (1954) Nr. 4, S. 62.

[3] Linde Air Products Co. Molecularsieves for selective Adsorption; Linde Bul. F-8614 (1956) und F-9814 (1958) data sheets.

17*

und ungesättigte Verbindungen werden wie von Kieselgel bevorzugt aufgenommen. Für Trockner in Kältemaschinen wird die Type 4 A verwendet. Hinzu kommt, daß die Molekularsiebe auch für hohe Betriebstemperaturen bis zu 100 °C und auch für sehr geringe Wasserkonzentrationen im Kältemittel geeignet sind[1]. Bei 60 °C kann es aus dem Kältemittel R 12 mit 10 mg H_2O/kg noch 19 Gew.-% Wasser aufnehmen.

Der Einfluß des Öles wird als sehr gering bezeichnet und soll bei 5% im Gemisch die Wasseraufnahmefähigkeit bei 60 °C nur um etwa 2% auf etwa 17,5 Gew.-% herabsetzen. Barry[2] kommt, wie Abb. 273 für 60 °C zeigt, bei einem Öl-

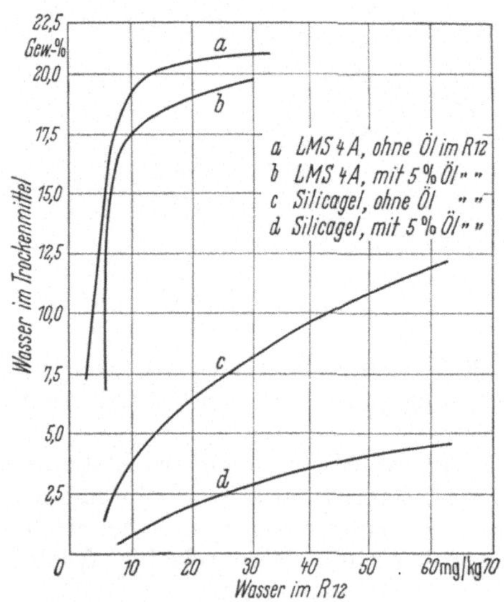

Abb. 273. Gleichgewichts-Wassergehalt von Kieselgel und Molekularsieben im Kältemittel R 12 und der Einfluß von 5% Öl auf die Adsorption von Wasser.

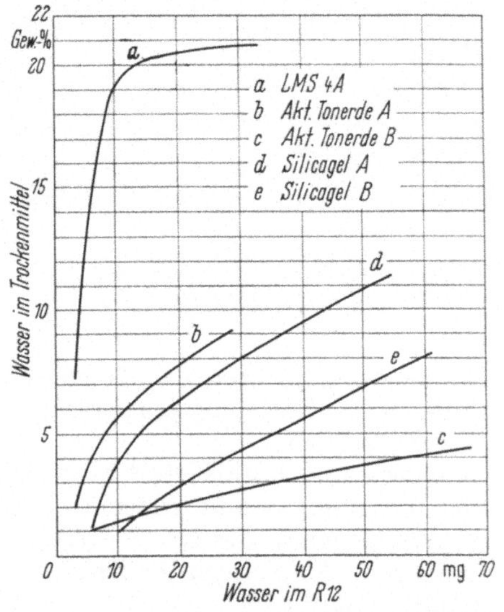

Abb. 274. Wassergleichgewichte der in den USA verwendeten Trockenmittel im Kältemittel R 12 bei 20 °C.

gehalt von 5% zu ganz ähnlichen Ergebnissen, während der Einfluß beim Kieselgel sehr groß ist. Barry brachte auch eine neue Zusammenstellung über die Wassergleichgewichte von den in USA vorzugsweise verwendeten Trockenmitteln im Kältemittel R 12, die in Abb. 274 bei 20 °C wiedergegeben sind. Steinle[3] hat die Gleichgewichtswassergehalte der in Tab. 15 zusammengestellten Trockenmittel im umlaufenden Kältemittel R 12 ohne Öl elektrohygrometrisch bei 20 °C und 60 °C gemessen. Abb. 275 zeigt die Anordnung für die Wassergleichsgewichts-

Tabelle 15. *Trockenmittel.*

1	Calciumsulfat	$CaSO_4$	Hydcat
2	Silicagel gebrochen	SiO_2	adsorptiv
3	Kieselgel gebrochen	SiO_2	adsorptiv
4	Kieselgel A gebrochen	SiO_2	adsorptiv
5	Aktive Tonerde	Al_2O_3	adsorptiv
6	Kugelgel	SiO_2	adsorptiv
7	Synthet. Zeolith (Molekular-Siebe)	$Na_2O \cdot Al_2O_3 \cdot SiO_2$	adsorptiv

[1] Linde Air Products Co, Div. of Union-Carbide Corp.: Air Cond. and Refrig. News, 28. Januar 1957, S. 26.
[2] Barry, H. M.: World Refrigeration, Bd. 10 (1959) Nr. 10, S. 47.
[3] Steinle, H.: Kältetechnik, Bd. 11 (1959), S. 336.

messungen bei 60 °C. In der Apparatur befinden sich die Trockenmittel direkt in dem geheizten Kältemittelbehälter. Es besteht also das Wassergleichgewicht zwischen flüssigem Kältemittel und Trockenmittel. Der synthetische Zeolith ist bei 20 °C mit rund 20 Gew.-% Wasserbeladung und 10 mg H_2O/kg R 12 am wirk-

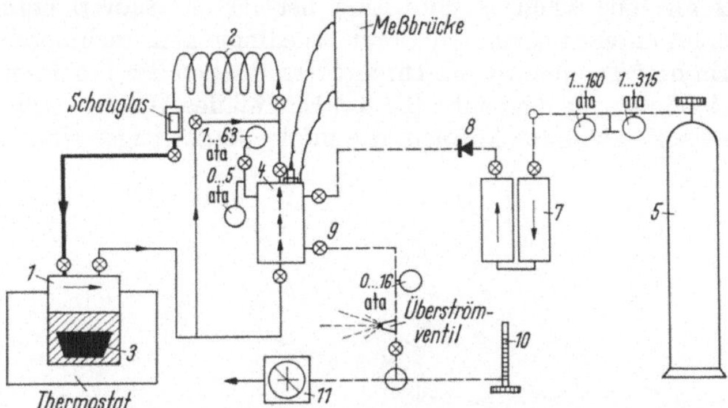

Abb. 275. Anordnung für Wasser-Gleichgewichts-Messungen bei 60 °C.
1 Kältemittel-Behälter, *2* Kondensator, *3* Trockenmittel im R 12 im Behälter *1*; *4* Elektrohygrometrische Meßzelle; *5* bis *11* wie in Abb. 294.

samsten. Es folgen Kugelgel mit ebenfalls um 20 Gew.-% Wasser, Kieselgele und Aktive Tonerde zwischen 5 und 10 Gew.-%, sowie Calciumsulfat und mit rund 3 Gew.-% Wasser bei gleichem Wassergehalt des R 12. Abb. 276 zeigt, daß bei 60 °C der synthetische Zeolith mit etwa 15 Gew.-% Wasseraufnahme im R 12

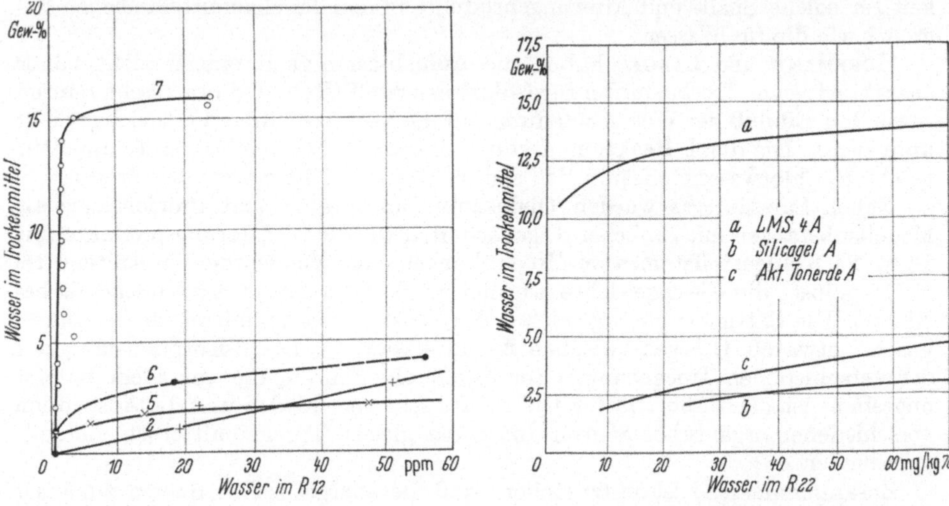

Abb. 276. Wassergehalt in verschiedenen Trockenmitteln nach Tab. 4 im Gleichgewicht mit R 12 bei 60 °C.

Abb. 277. Wassergleichgewicht im Kältemittel R 22 bei 60 °C mit *a* Molekularsieben, *b* Silicagel A, *c* Aktiver Tonerde A.

mit 10 mg H_2O/kg allen anderen Trockenmitteln mit nur 3 Gew.-% und weniger weit überlegen ist. Entsprechende Kurven für das Kältemittel R 22 liegen für Molekularsiebe 4 A, Silicagel A und Aktive Tonerde A von der Linde Corporation vor[1]. Auch für R 22 sind Molekularsiebe 4 A das wirksamste Trockenmittel. Bei 60 °C bleibt nach Abb. 277 dieses Verhältnis gleich. Im Kältemittel R 22

---

[1] Linde Corporation, Form. 9814 C., Sheet Nr. 1154 und 1155.

habén die Molekularsiebe 4 A eine gegenüber den anderen üblichen Trockenmitteln etwa fünffache Gleichgewichtsbeladung für Wasser; sie beträgt bei 60 °C noch etwa 15 Gew.-%.

Die Adsorptionsfähigkeit der Trockenmittel für anorganische und organische Säuren wird als eine wichtige Funktion betrachtet. Säuren entstehen in den Kältemaschinen unter abnormalen Betriebsbedingungen, insbesondere unter dem Einfluß überhöhter Temperaturen. Infolgedessen sollen die Trockner in den Kältemaschinen nicht nur vor dem schädlichen Einfluß des Wassers schützen, sondern auch alle die Stoffe abbinden können, die infolge kurzzeitiger Überbeanspruchung

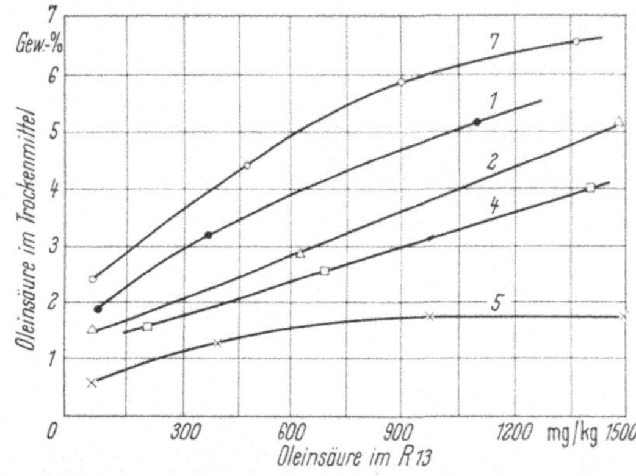

Abb. 278. Adsorptions-Gleichgewichte von Oleinsäure an Trockenmittel aus Kältemittel R 113 bei 24 °C (Trockenmittel nicht bekannt).

durch Überhitzung entstehen können. Selbstverständlich ist die Aufnahmefähigkeit für solche Spalt- und Alterungsprodukte in den Trockenmitteln ebenso begrenzt wie die für Wasser.

Hoffmann und Lange[1] haben die Aufnahmefähigkeit einiger nicht näher charakterisierter Trockenmittel für Chlorwasserstoff (HCl) und organische Säuren sowie den Einfluß der Wasserbeladung auf die Säureaufnahme im Gleichgewicht untersucht. Die durch Reaktionen von R 12 und Öl bei überhöhter Temperatur gebildete Chlorwasserstoffsäure ließ sich analytisch nicht quantitativ erfassen.

Neben Salzsäuregas wurden Oleinsäure, Maleinsäure und Propionsäure als Modellsubstanzen mit ähnlichen Eigenschaften wie die Öl-Alterungsprodukte mit 19 bis 25 Kohlenstoffatomen im Molekül angewendet. Sie wurden im Kältemittel R 113 gelöst; die Gleichgewichte wurden durch Titration in der Flüssigkeit bestimmt. Die Sättigungsgleichgewichte der meisten Trockenmittel für Salzsäuregas bei etwa 50 °C liegen zwischen 2 und 4 Gew.-%. Die Adsorptionsfähigkeit der verschiedenen Trockenmittel für organische Säuren, die vor allem Kupfer angreifen, ist nach Abb. 278 für Oleinsäure sehr verschieden und die Adsorption verschiedener organischer Säuren durch das gleiche Trockenmittel ist ebenfalls verschieden.

Zusammenfassend ist festzustellen, daß die anorganischen Säuren zunächst adsorbiert werden, dann bei steigender Konzentration aber reagieren und abgebunden werden. Demgegenüber können die organischen Säuren, die durch Oxydation aus Ölen entstehen, nur durch Adsorption gebunden werden. Dabei scheint von Säuren mit weniger Carboxylgruppen grundsätzlich mehr aufgenommen zu werden als von Stoffen mit vielen Säuregruppen. Sowohl Salzsäure als auch organische Säuren werden von den teilweise mit Wasser beladenen Trockenmitteln in höherem Maße adsorbiert als von trockenen und mit Wasser abgesättigten Trockenmitteln. Aus Abb. 279 ist der Einfluß der Teilsättigung mit Wasser

[1] Hoffmann, J. E., u. B. L. Lange: ASHRAE-Journal, Bd. 4 (1962), Nr. 2, S. 61.

auf die Adsorption aus einem Gemisch von R 113 mit 24% Altöl mit der Säurezahl 0,12 und einer Ausgangs-Säurekonzentration von 99 mg/kg Gemisch ersichtlich. Danach scheint es ausgesprochene Optima der Vorsättigung mit Wasser zu geben, um die Säureadsorption zu fördern.

MAYS[1] hat die Aufnahmefähigkeit für Säuren an Molekularsieben 4 A, Aktiver

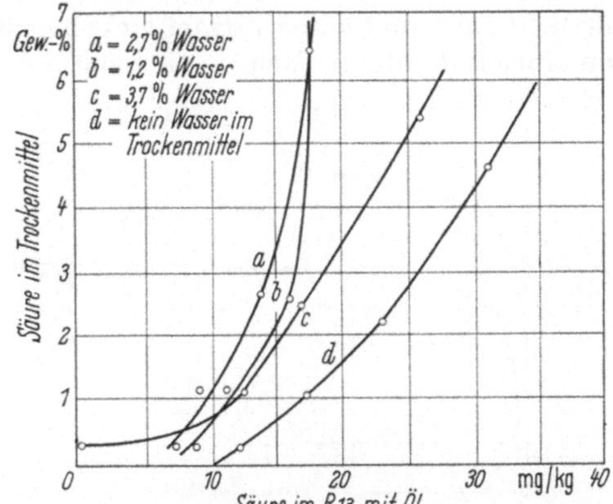

Abb. 279. Adsorptions-Gleichgewichte von Säure an Trockenmittel aus einem Gemisch von R 113 mit 24% Altöl und der Einfluß der Wasserbeladung im Trockenmittel.

a = 2,7% Wasser, b = 1,2% Wasser, c = 3,7% Wasser, d = kein Wasser im Trockenmittel.

Tonerde und an Silicagel untersucht. Die Aufnahme von Salzsäuregas (HCl) wurde als Gleichgewicht in einem Gemisch mit Kältemittel R 22 bei Raumtemperatur und Atmosphärendruck bestimmt, das graphisch in Abb. 280 dargestellt ist. Während aber Silicagel das Salzsäuregas nur adsorbiert, findet mit aktiver Tonerde und Molekularsieben 4 A auch eine Reaktion statt. In die feinen Poren der Molekularsiebe kann HCl nicht eindringen, so daß die Bindung nur an der

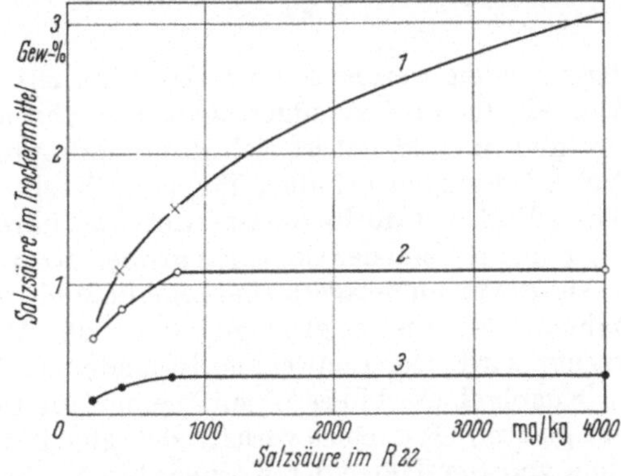

Abb. 280. Gleichgewicht von Salzsäuregas in R 22 und Trockenmitteln bei Raumtemperatur und Atmosphärendruck.

1 Aktive Tonerde, 2 Molekularsiebe $4A$, 3 Silicagel.

Oberfläche stattfindet; deshalb ist die Aufnahmefähigkeit für HCl geringer als von Aktiver Tonerde. Nur in Gegenwart von viel Wasser reagiert Salzsäure mit Molekularsieben 4 A unter Bildung von Natriumchlorid (NaCl). Erst wenn der Natriumanteil zum Chlorid reagiert hat, wird in der dritten Stufe Aluminiumoxid über das Hydroxid in Aluminiumchlorid übergeführt. Dieser Abbau führt letztlich zur Unwirksamkeit als Trockenmittel, spielt aber in den Kältemaschinen keine Rolle, da wässerige Säurelösungen dort nie auftreten.

Eine weitere wichtige Eigenschaft für die Auswahl der Trockenmittel ist der Abrieb, der vor allem beim Reiben der Körner aneinander durch den Transport

---

[1] MAYS, R. L.: ASHRAE-Journal, Bd. 4 (1962), Nr. 8, S. 73.

und in den Trocknern durch Erschütterungen entsteht. Elsey[1] wies darauf hin, daß alle gebräuchlichen Trockenmittel mehr oder weniger stark stauben. Da der Abrieb in den Kältemaschinen ausnahmslos gefährlich ist, muß er durch wirksame Siebe in den Trocknern zurückgehalten werden. Veltman und Waring[2] haben die Tendenz einiger gebräuchlicher Trockenmittel zur Abriebbildung durch Wälzen von 100 g des Trockenmittels in Krügen von 3,78 Litern (1 Gallone) Inhalt in Luft und unter Tetrachlorkohlenstoff geprüft. Als Maß für die Neigung zum Abrieb diente die Menge, die nach der Prüfzeit durch ein 120er Maschensieb

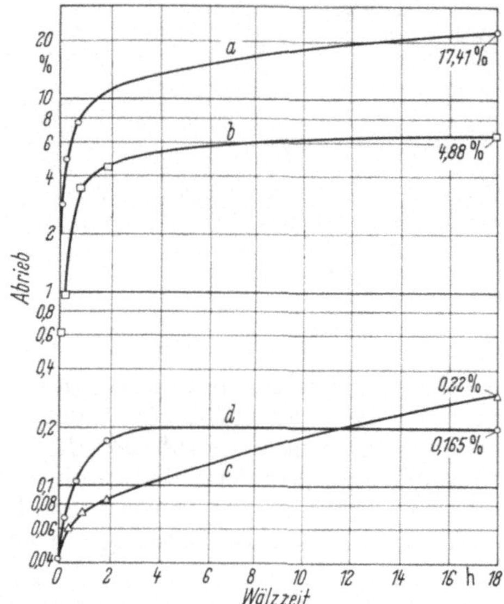

Abb. 281. Abhängigkeit der Abriebmenge verschiedener Trockenmittel von der Wälzzeit.

a Drierte, b aktive Tonerde, c Mobilbead, d Silicagel.

abgeschieden werden konnte. In Abb. 281 ist der Abrieb in Prozent gegen die Wälzzeit der Proben aufgetragen. Die Abriebmenge steigt zunächst mit der Wälzzeit steil an und nähert sich dann asymptotisch einem Endwert, der unter den Prüfbedingungen bei allen Trockenmitteln nach etwa 18 Stunden erreicht wird. Dieser Endwert dürfte darauf zurückzuführen sein, daß mit zunehmendem Abrieb dieser das Reiben der einzelnen groben Körner aneinander mehr und mehr hemmt, da sie darin eingelagert sind. Schließlich wird nur noch der Abrieb feiner zermahlen. Dabei ist es gleichgültig, ob der Abrieb in Luft oder in einer Flüssigkeit erzeugt wird. Der Endwert ist in beiden Fällen praktisch gleich.

Kugelgel (Mobilbead)[3] mit seiner im Gegensatz zum gebrochenen Kieselgel sehr glatten Oberfläche verhält sich gleich wie dieses. Der Abrieb scheint in erster Linie von der Härte der Körner, kaum aber von ihrer Gestalt abhängig zu sein. Dementsprechend ist auch der Abrieb bei den weicheren, aus einzelnen kleinsten Partikeln aufgebauten Körnern der Trockenmittel Aktive Tonerde und Calciumsulfat wesentlich größer.

Die Linde Company hat neuerdings härtere und abriebfestere Typen der Molekularsiebe herausgebracht[4], die unter der Bezeichnung „Molekularsiebe 4 A - XH und 4 A - XH 2" im Handel sind. Die Druckfestigkeit der Körner ist

---

[1] Elsey, H. M.: Refrig. Engng. Bd. 63 (1955) Nr. 4, S. 49.
[2] Veltman, P. L., u. C. E. Waring: Refrig. Engng. 54 (1947) S. 550.
[3] Vgl. Bd. IV dieses Handbuches, Die Kältemittel, S. 123.
[4] Mays, R. L.: Linde 4A - XH - Beads, A New Desiccant for Refrigeration Service; Druckschrift der Linde Company, Division of Union Carbide Corporation.

auf etwa den doppelten Wert von 7,3 kg auf 15 kg erhöht worden. Der Abrieb sank unter bestimmten gleichen Versuchsbedingungen von 82% bei den LMS 4 A auf 29% für die 4 A - XH - Molekularsiebe.

Da also praktisch jedes Trockenmittel bei mechanischer Bewegung der Körner gegeneinander Abrieb ergibt, ist es üblich, das Trockenmittel in der Patrone unter einen geringen Federdruck zu setzen. Der turbulente Gas- und Flüssigkeitsstrom des Kältemittels führt andernfalls zu einem Abrieb, der die Filter zusetzt und den Durchflußquerschnitt in den Trockenpatronen verringert. Diese Gefahren sind bei der Verwendung von Formkörpern aus Trockenmitteln vermieden.

Bei der Auswahl des Trockenmittels ist auch die Korngröße von Bedeutung für die Wirksamkeit[1]. Bei zu großer Körnung entstehen Kanäle, durch die das Kältemittel ohne ausreichende Berührung mit dem Trockenmittel hindurchfließt. Ferner wird mit zunehmender Korngröße die wirksame Oberfläche und damit die Trockenwirkung geringer. Vor allem bei den kapillaraktiven Trockenmitteln, Kieselgel, Blaugel, Mobilbead, Molekularsieb und Aktiver Tonerde steigt die Trockenwirkung bei gleichem Gewicht des Trockenmittels mit der Oberfläche stark an. Nach WALKER[2] findet der Austausch des Wassers vom Kältemittel zum Trockenmittel nur an der festen Oberfläche statt. Dann wird das Wasser ins Innere der Körner verteilt und die Oberfläche, die deshalb möglichst groß sein soll, kann erneut Wasser aufnehmen. Nach unten ist die Korngröße durch den Widerstand begrenzt, den sie der Strömung des flüssigen oder gasförmigen Kältemittels entgegensetzt. Die körnigen Trockenmittel verursachen einen Druckabfall im Trock

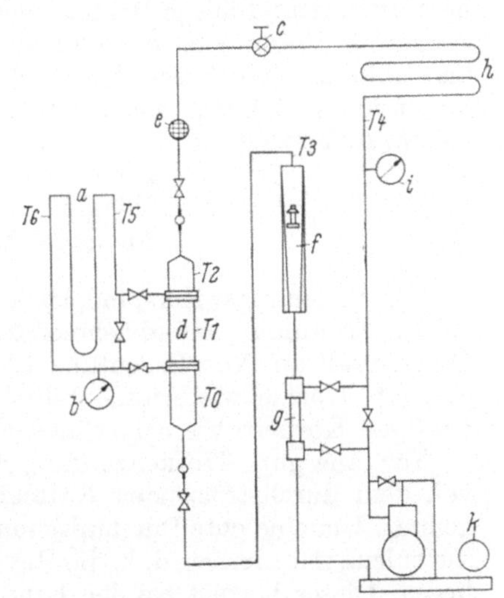

Abb. 282. Schema einer Apparatur zur Messung des Druckabfalles in Trockenmitteln.

a Differential-Manometer; b Flüssigkeitsmanometer; c Expansionsventil; d Trockner; e Filter; f Durchflußmengenmesser mit Schwimmer; g Unterkühler; h Verdampfer; i Saugdruck-Manometer; k Kondensator-Aggregat; T 1, T 2 usw. Thermoelemente.

ner, der je nach der Körnung und der Oberflächenbeschaffenheit verschieden groß ist. Zu feine Körnung und staubförmige Konsistenz sind auch wegen der Gefahr des Mitreißens in den Kältemittel-Kreislauf zu vermeiden.

SCHIAVONE[3] hat sich rechnerisch und experimentell mit dem Einfluß der Korngröße einiger Trockenmittel (Silicagel, Sovabead und Aktiver Tonerde) auf den Strömungswiderstand befaßt und Richtlinien für die Gestaltung der Trockner mitgeteilt.

SCHIAVONE hat Messungen in einer Apparatur nach dem Schema der Abb. 282 durchgeführt. In dem üblichen Kältemittel-Kreislauf einer Kompressions-Kältemaschine sind ein Durchflußmesser f mit Schwimmer und das Differential-Manometer a eingebaut. Dieses Differential-Manometer ist dem mittleren Teil des Trockners d parallelgeschaltet, der eine Vor- und eine Nachberührungskammer enthält. Als Meßflüssigkeit diente im Manometer eine Zinkchloridlösung mit dem spezifischen Gewicht von 1,8 g/ml. Die Versuchstrockner hatten

---

[1] Modern Refrigeration Bd. 52 (1949) Nr. 617, S. 192; Schiavone D. C. Refrig. Engng. Bd. 59 (1951) S. 1093.

[2] WALKER, W. O.: Refrigerant Driers, Service Manual, Section 5, S. 521.

[3] SCHIAVONE, D. C.: Refrig. Engng. Bd. 59 (1951), S. 1093.

Durchmesser von 25, 50 und 78 mm. Alle Innenflächen wurden poliert und jede Einschnürung oder Erweiterung vermieden. Die Durchflußmenge konnte mit dem verstellbaren Expansionsventil einreguliert werden.

Zur Ermittlung des freien Raumes im Trockner wurden die Volume des aktivierten und des über Wasser gesättigten Trockenmittels je Gewichtseinheit ermittelt, um die Porenvolume auszuschließen. Silicagel und Mobilbead (Sovabead) haben das gleiche spezifische Volum. Für die Versuche wurden sieben verschiedene Proben von Aktiver Tonerde, Silicagel und Sovabead verwendet.

Diese sieben Proben verschiedener Körnung wurden jeweils in den drei Trocknern geprüft und mit je 10 Meßpunkten durchgemessen. Das Hohlvolum und das spezifische Volum sind nur sehr wenig von der Korngröße abhängig; ebenso ist die Größe des Trockners ohne Einfluß. Sovabead (Mobilbead) mit seiner Kugelform und der sich ergebenden dichtesten Kugelpackung ergibt das geringste Hohlvolum. Es beträgt für

granulierte Aktive Tonerde	39,0 Vol.-%
Silicagel	39,0 Vol.-%
Sovabead (Mobilbead)	31,5 Vol.-%

Der Strömungswiderstand ist somit eine eindeutige Funktion der Teilchengröße. Er nimmt mit abnehmender Teilchengröße zu. Damit steigt auch der Druckabfall an. Von Bedeutung ist ferner die Gestalt der Körner. Gleichmäßig geformte Körner wie beim Mobilbead bieten gegenüber den gebrochenen, scharfkantigen Körnern wie beim Silicagel einen Vorteil.

Für eine gute Trockenwirkung ist weiterhin erforderlich, daß möglichst viel von dem durchströmenden Kältemittel mit dem Trockenmittel in Berührung kommt. Um eine gute Durchmischung in den Kanälen zu erzielen, ist eine gewisse Turbulenz erforderlich, d. h. die Reynoldssche Zahl muß über dem kritischen Wert liegen. Dieser beträgt bei den handelsüblichen Korngrößen von 3 bis 5 mm für

Silicagel	11
Mobilbead	60
gran. Aktive Tonerde	70.

Die kantigen Körner des Kieselgels fördern die Turbulenz, damit ist auch der kritische Wert der Reynoldsschen Zahl am niedrigsten. Der Mengendurchfluß durch einen Trockner soll deshalb so groß sein, daß der Grenzwert überschritten ist. Da auf der anderen Seite der Druckabfall mit dem Quadrat des Mengendurchflusses ansteigt, sind auch nach oben Grenzen gesetzt. Diese Größen lassen sich durch die Dimensionierung des Trockners beeinflussen, vor allem durch das Verhältnis von Länge zu Durchmesser. Da dieses aber stark von der Größe der Trockner abhängt, soll darüber im nächsten Abschnitt berichtet werden.

IV. Bauart und Größe der Trockner.

Die Bauart der Trockner ist je nach der Struktur des verwendeten Trockenmittels verschieden. Abb. 283 zeigt die übliche Konstruktion eines Trockners zur Füllung mit körnigen Trockenmitteln. Das Trockenmittel wird darin durch eine Feder unter einem leichten Druck gehalten, um Abrieb der Körner durch Schütteln und Bewegung, vor allem durch Aufwallen im strömenden Kältemittel zu vermeiden. Ein dichtes Sieb oder Filter aus Drahtgewebe oder Glasvlies sorgt an der Ausflußseite dafür, daß keine Partikelchen des Trockenmittels in den Kältemittel-Kreislauf mitgeschwemmt werden. Um das Kältemittel gut zu verteilen, wird auf der Eingangsseite mitunter eine Siebhülse eingesetzt, die in das Trockenmittel hineinragt. In den USA werden auch kleine verpackte Mengen von Kieselgel in Beuteln aus feinmaschigem Metallgewebe, Glasgewebe oder auch Geweben aus Textilfasern, die alle zugleich als Filter dienen, zum austauschbaren Einsetzen in die Trocknerhülse verwendet.

Die Trockenmittel Calciumsulfat ($CaSO_4$), als Drierite bekannt, und Aktive Tonerde (Al_2O_3) werden in den USA auch als Formkörper zum Einsetzen in die Trocknerhülsen hergestellt. Abb. 284 zeigt den Aufbau des Trockners „Sporlan Catch all" mit einem Formkörper aus poröser, Aktiver Tonerde, der zum Neutrali-

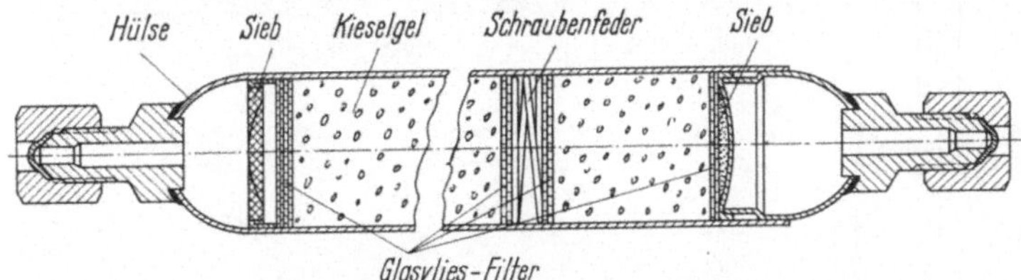

Abb. 283. Übliche Bauart eines Trockners mit körniger Füllung.

kieren von Säuren etwa 3 Gew.-% Calciumoxid zugesetzt werden. Auch die Molekularsiebe gibt es als Formstücke mit Binder zum Einsetzen in Trocknerhülsen[1]. sie dienen zugleich auch als mechanische Filter und vermeiden die Staubbildung der Körnerform.

Die Ansul Chemicals Co. hat eine neue Form eines Trockners herausgebracht, dessen Aufbau in Abb. 269 gezeigt ist[2]. Entsprechend dem T-förmigen Durchfluß

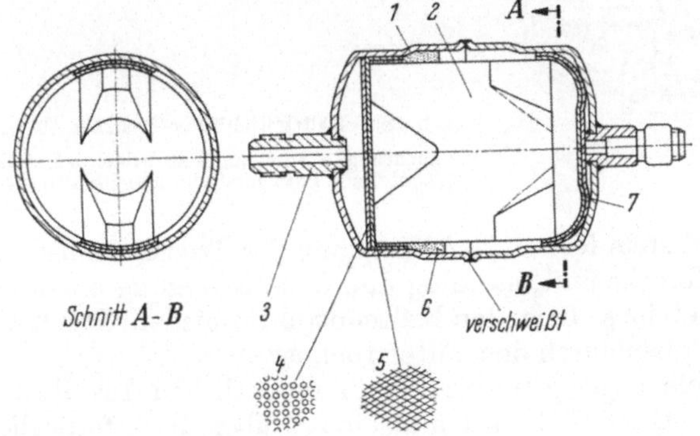

Abb. 284. Aufbau des Trockners „Sporlan Catch All" der Sporlan Valve Co, USA, mit einem Formstück aus Trockenmittel.

1 Gehäuse aus Stahlblech, 1,5 mm dick; *2* Formkörper des porösen Trockenmittels aus 84,8% Aktiver Tonerde, 2,1% Siliciumdioxid, 3,2% Calciumoxid, 7,1% Bindemittel, Rest Wasser; *3* Anschlußstutzen aus Stahl; *4* Lochscheibe aus Stahl; *5* feines Glasgewebe, 0,63 mm dick; *6* Dichtmasse aus Gips; *7* Glasgewebe grob, 0,47 mm dick.

wird er als T-FLo-Trockner bezeichnet. Seine Füllung besteht aus „Andrite"-Kugeln[3]. Er ist für mittlere und größere Kälteanlagen gedacht und bietet vor allem den Vorteil, daß der Behälter mit dem Trockenmittel bei Sättigung durch Lösen des Gewindes *a* abgenommen und ausgetauscht werden kann, während das Anschluß-T-Stück *b* in der Kältemittelleitung eingeschraubt oder verlötet bleibt.

Abb. 285 zeigt einen für größere Kälteanlagen üblichen Filtertrockner[4]. Bei

---

[1] Kenmore Machine Products Co.; Molecular-Sieves now formed as Cores; Prod. Engng. Bd. 32 (1961), Nr. 23, S. 15.

[2] Refrig. Engng. Bd. 61 (1953) S. 550.

[3] „Andrite" ist Aluminiumoxid in Kugelform, entspr. Aktiver Tonerde, in USA als Activated Alumina bekannt.

[4] Bergedorfer Eisenwerke AG, Astra-Werke.

Anlagen, die am Betriebsort montiert werden und die infolgedessen naß und auch verschmutzt sein können, bieten solche Filtertrockner erhebliche Vorteile. Das Filter in Form eines Filzstrumpfes auf einem Metallsieb und das Trockenmittel in einem Beutel können bei Bedarf mehrmals hintereinander erneuert werden, indem die Verschraubung gelöst wird. Eine Feder sorgt dafür, daß das Trocken-

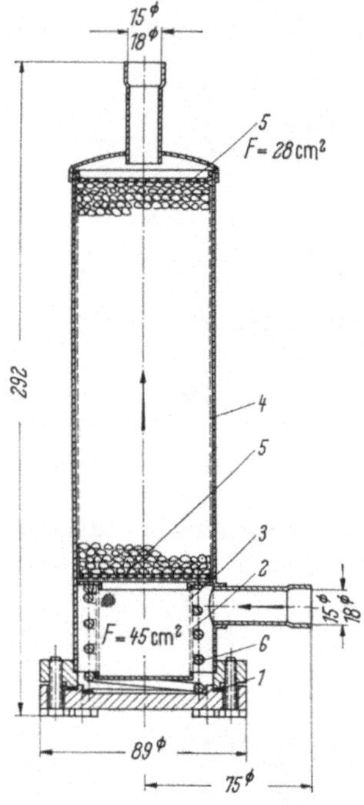

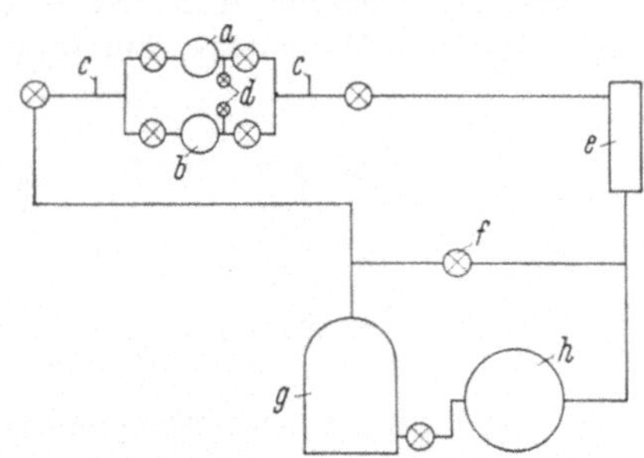

Abb. 286. Umlaufsystem für Kältemittel zur Untersuchung der Wirksamkeit von Trocknern.

a Trockner; *b* Feuchtigkeitsspender; *c* Anschlüsse für elektrische Wasserbestimmung; *d* Vakuumanschluß zum Absaugen; *e* Rotamesser; *f* Beipass-Ventil; *g* Wassergekühltes Flüssigkeitsgefäß; *h* Umlaufpumpe.

Abb. 285. Kältemittel-Filter-Trockner für größere Kälteanlagen.

1 Dichtung; *2* Filzstrumpf als Filter; *3* Metallsieb-Filter; *4* Leinenbeutel mit Trockenmittel; *5* Siebscheiben im Beutel; *6* Feder.

mittel im Beutel stets fest an der Wandung der Trocknerhülse anliegt, und daß die Körner des Trockenmittels ruhig und ohne Bewegung aneinander liegen. Dadurch wird Abrieb im strömenden Kältemittel vermieden. Das Kältemittel strömt von unten nach oben durch den Filtertrockner.

Diese Beispiele mögen genügen, um die wesentlichen Ausführungen von Trocknern zu charakterisieren. Es sei nun einiges über die erforderliche Größe bzw. Füllmenge von Trocknern im Kältemittel-Kreislauf gesagt. Wischmeyer[1] machte darauf aufmerksam, daß es nicht sinnvoll ist, die Größe nach der PS-Leistung oder der Füllmenge mit Kältemittel auszuwählen, sondern bei gekapselten Kältemaschinen nur nach der Menge der als Isolierstoffe verwendeten Zellulose und gegebenenfalls nach dem zulässigen Restwasser. Steinle schlägt je 100 g Zellulose-Isolierstoff die Verwendung von etwa 20 g Trockenmittel vom Kieselgel-Typ vor, wenn durch den Trockenvorgang der Restwassergehalt darin auf unter 100 mg herabgesetzt wurde. Damit ergibt sich nach dem Vierteljahres-Dauerlauf bei 140 °C Wicklungstemperatur ausreichende Sicherheit für die Kältemaschine.

Krause und Mitarbeiter[2] verweisen darauf, daß es in den USA üblich wird, für Trockner die Wasseraufnahmefähigkeit im Gleichgewicht mit dem Kältemittel bei bestimmter Temperatur als Maß für die Wirksamkeit anzugeben. Die

---

[1] Wischmeyer, W. F.: Refrig. Engng. Bd. 63 (1955) Nr. 4, S. 46.
[2] Krause, W. O., A. B. Guise u. E. A. Beacham: ASHRAE-Journal Bd. 2 (1960) Nr. 10, S. 59.

Verfasser haben den Einfluß des Mengenflusses des Kältemittels, der inneren Oberfläche der Kälteanlage und der Größe des Trockners bzw. seiner Füllung auf den Verlauf des Trockenprozesses untersucht. Dazu wurde ein Umlaufsystem nach Abb. 286 benützt. Zum Befeuchten des umlaufenden Kältemittels R 12

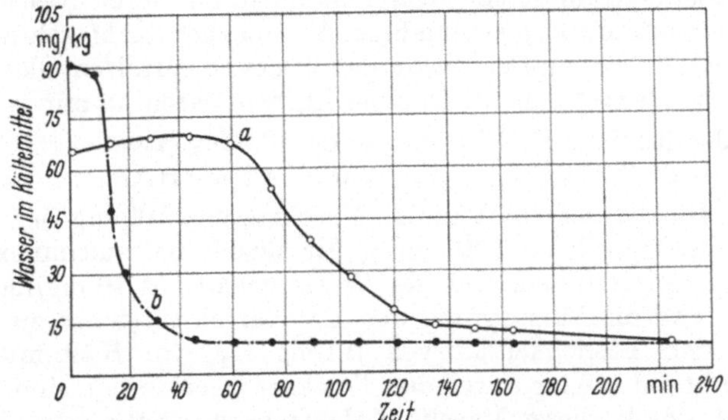

Abb. 287. Verlauf des Trockenprozesses in Kältemaschinen mit R 12 und R 22 in Abhängigkeit von der Laufzeit. *a* Kältemittel R 12, Durchflußgeschwindigkeit 110 kg/h; *b* Kältemittel R 22, Durchflußgeschwindigkeit 44 kg/h.

mit dem definierten Ausgangswassergehalt von 60 mg/kg diente ein Trockner *b* mit 420 g Inhalt, der mit 128 cm³ Wasser beladen wurde. Dann wird der Wassergehalt des Kältemittels direkt vor und hinter dem Trockner *a* gemessen und der Trockenprozeß verfolgt. Abb. 287 gibt zwei charakteristische Trockenkurven mit R 12 und R 22 wieder, die zugleich mit verschiedensten stündlichen Umlaufmengen aufgenommen sind. Je mehr Kältemittel in der Zeiteinheit umfließt, desto

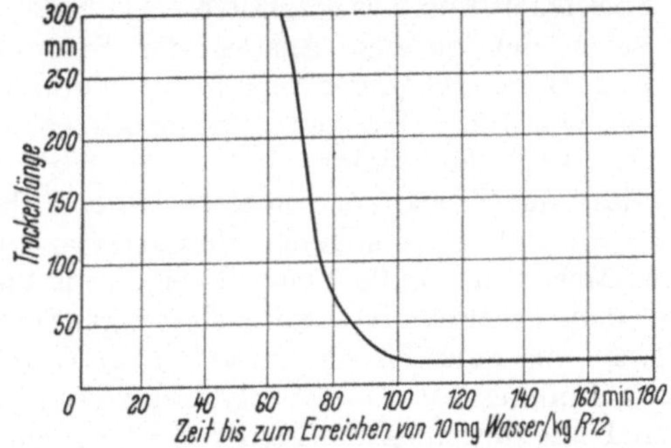

Abb. 288. Trockenzeit für R 12 in Abhängigkeit von der Kontaktlänge des Trockenmittels bei gleicher Strömungsgeschwindigkeit von etwa 500 kg/h.

schneller ist das Wasser in den Trockner übergeführt. Dafür gibt es aber ein Optimum, da bei zu schnellem Umlauf die Trocknung beim Durchlauf durch den Trockner unvollständig wird. Die Abhängigkeit der Trockenzeit von der Kontaktlänge des Kältemittels mit dem Trockenmittel, also von der Länge des Trockners, gibt Abb. 288 wieder. Die Trockenzeit bis zum Erreichen von 10 mg H_2O/kg R 12 nimmt mit der Länge bei sonst gleichen Bedingungen stark ab. Während des Trockenprozesses schiebt sich im Trockner eine feuchte Front vor, so daß die wirksame Trocknerlänge immer kürzer wird.

Im Laufe der Zeit wurde empirisch eine Reihe von Trocknergrößen entwickelt, die in den verschiedenen Maschinengrößen Verstopfungen durch Wassereis und Korrosionen verhindern. Dabei ist zu berücksichtigen, daß Kältemaschinen mit

R 22 schwieriger zu trocknen sind als solche mit R 12[1]. Das liegt vor allem in der größeren Wasserlöslichkeit im R 22 und dem damit verbundenen höheren Wassergleichgewicht begründet. Deshalb sind für Kältemaschinen mit R 22 größere Trockner nötig. Veltman und Waring[2] gaben eine Methode für die Berechnung der Füllmenge von Trocknern für solche Kältemaschinen an, deren Restwassergehalt bekannt ist; dieser kann durch gleichmäßiges Austrocknen der Maschinen in der Serienfertigung ermittelt werden. Der Wassergehalt des eingefüllten Öles und des Kältemittels ist leicht zu bestimmen[3]. In einer kleinen Maschine mit R 12 ergeben

682 g R 12 mit 20 mg H_2O/kg insgesamt 13,6 mg H_2O
227 g Öl mit 20 mg H_2O/kg   insgesamt 4,5 mg H_2O.

Mit einem Restwassergehalt in der Maschine von 100 mg befinden sich darin 118,1 mg H_2O entsprechend 130 mg/kg Flüssigkeit bei zusammen 909 g Kältemittel und Öl. Soll in diesem Falle der Wassergehalt auf 10 mg/kg Flüssigkeit gesenkt werden, um die Verstopfung des Kapillarrohres sicher zu verhindern, so dürfen nach den Löslichkeitskurven 9,1 mg H_2O im Kältemittel-Öl-Gemisch verbleiben, während 109 mg durch den Trockner zu entfernen sind. Nach Abb. 276 kann Silicagel, das in dieser Maschine als Trockenmittel verwendet werden soll, im Gleichgewicht mit R 12, dessen Wassergehalt 10 mg/kg ist, bei 60 °C insgesamt 2 Gew.-% Wasser aufnehmen. Der Trockner müßte dann $0,109 \times 100/2 = 5,45$ g Silicagel enthalten; bei 100% Sicherheit ist demnach eine Füllmenge von mindestens 11 g Silicagel erforderlich.

Es sei nun einiges über die zweckmäßige Dimensionierung, vor allem auch über das Verhältnis von Länge zu Durchmesser der Trockner gesagt. Den langgestreckten, dünneren Trocknern wird zum Trocknen der Flüssigkeit vielfach der Vorzug gegeben, weil sie schneller zu einem Gleichgewicht des Wassergehaltes im Kältemittel und im Trockenmittel führen, vor allem bedingt durch die längere Berührungszeit zwischen Flüssigkeit und Trockenmittel.

Demgegenüber spielt der geringe Anstieg der Strömungsgeschwindigkeit keine Rolle. Hat man z. B. bei 100%iger Sicherheit für eine kleine Gewerbekühlanlage eine Füllmenge von 100 g Trockenmittel errechnet, so ergibt sich unter Berücksichtigung von 40% Hohlvolum bzw. des spezifischen Schüttvolums vom Silicagel ein Volum des Trockners von etwa 140 cm^3. Bei einer Durchflußmenge von 4,8 g R 12/sec·cm^2 ergibt sich ein erforderlicher Querschnitt von 14,48 cm^2 und damit eine Länge von nur 9,27 cm, die eine sehr kurze Berührungszeit des Kältemittels mit dem Trockenmittel mit sich bringt. Schiavone[4] schlägt für diesen Fall die Verwendung eines Trockners von 4 cm Durchmesser und 15 cm Länge mit etwa 120 g Füllung vor. Damit ergibt sich eine Durchflußmenge von 6,5 g R 12/sec·cm^2 und eine Reynoldssche Zahl von 98,5 sowie ein Reibungsfaktor f von 8,80. Unter Berücksichtigung der Drosselverluste am Eintritt und Austritt des Trockners ergibt sich ein Druckabfall von 0,059 kg/cm^2. Er soll nicht mehr als 0,35 bis 0,70 kg/cm^2 betragen; in der Saugleitung wirkt sich dagegen ein Druckabfall von 0,14 kg/cm^2 schon viel stärker aus. Er bringt einen Abfall der Kälteleistung um 8% und 2,5% mehr Leistungsaufnahme mit sich.

V. Aktivieren der Trockenmittel.

Das Trockenmittel soll durch die Adsorption des Wassers zu einem möglichst geringen Gleichgewichtswassergehalt im Kältemittel führen. Das setzt voraus, daß das Trockenmittel selbst so weit wie wirtschaftlich möglich entwässert ist,

[1] Wallis, L. A.: World Refrig. Bd. 6 (1955) S. 267.
[2] Veltman, P. L., u. C. E. Waring: Refrig. Engng. Bd. 54 (1947) S. 550.
[3] Vgl. Band IV dieses Handbuches, S. 210ff.
[4] Schiavone, D. C.: Refrig. Engng. Bd. 59 (1951) S. 1093.

da der Gleichgewichtswassergehalt im Kältemittel mit dem Wassergehalt im Trockenmittel ansteigt. Ein zu nasses Trockenmittel gibt demzufolge auch Wasser an das Kältemittel ab, vor allem, wenn Temperaturänderungen auftreten.

Die Trockenmittel, welche das Wasser als Kristall- bzw. Hydratwasser oder adsorptiv binden, lassen sich leicht und mit einfachen Mitteln aktivieren, das heißt, wieder in den wasserfreien Zustand überführen. Bei beiden Arten ist die Wasseraufnahme unter dem Einfluß von Wärme in trockener Umgebung reversibel. Die Reproduzierbarkeit des Nullpunktes bei mehrmaligem Aktivieren ist nach WALKER und HOSTETTLER[1] für Kieselgel sowohl beim Aktivieren unter Atmosphärendruck mit trockener Luft, als auch unter Vakuum voll gegeben. Bei Calciumsulfat treten Differenzen auf, während eine Reproduzierbarkeit vermutlich infolge von Strukturveränderungen durch Abspalten von Konstitutionswasser bei Aktiver Tonerde überhaupt nicht vorhanden ist.

Die heute gebräuchlichsten Trockenmittel, Kieselgel in den verschiedenen Formen, Aktive Tonerde, Molekularsiebe und auch Drierite, gehören zu den aktivierbaren Trockenmitteln.

In Tab. 16 ist die Möglichkeit der Aktivierung mit den Aktivierungstemperaturen zusammengestellt, die zu einem Optimum an Trockenheit führen, ohne daß die Gefahr einer Schädigung der Trockenmittel auftritt. Für eine Vor- und

Tabelle 16. *Aktivieren von Trockenmitteln.*

Trockenmittel	Aktivierungsmöglichkeit	Aktivierungstemperatur	Aktivierungszeit
Phosphorpentoxid	nein	—	—
Bariumoxid	nein	—	—
Calciumoxid	nein	—	—
Calciumchlorid	nein	—	—
Calciumsulfat	ja	230–250 °C	3–4 h
Magnesium-perchlorat	ja	250 °C	3 h
Kieselgel, Blaugel, Mobilbead	ja	180–200 °C	3 h
Molekularsiebe	ja	320–350 °C	3 h
Aktive Tonerde	ja	180–220 °C	3–4 h

Grobtrocknung genügt es, die Trockenmittel in einer flachen Schale im Trockenschrank bei der angegebenen Temperatur drei Stunden lang zu erhitzen. Bei der hohen Temperatur vermag die Luft ein Vielfaches gegenüber Raumtemperatur an Wasserdampf aufzunehmen. Um aber Sättigung der Luft zu vermeiden und die Trocknung zu beschleunigen, ist es zweckmäßig, den Trockenschrank mit Frischluft aus dem Raum zu durchblasen. Dadurch wird die Gleichgewichtsbeladung des Trockenmittels durch Senkung der relativen Feuchte der Luft noch herabgesetzt.

Durch diese einfache Trocknungsart wird eine Aktivierung erzielt, die für Silicagel und Mobilbead, bei < 0,5 Gew.-%, für Molekularsiebe bei < 1,5 Gew.-% und für Drierite ($CaSO_4$) bei < 1,0 Gew.-% liegt.

In die kleinen Trockner werden die Trockenmittel meist im ofentrockenen Zustand, wie sie in dicht schließenden Behältern handelsüblich sind, eingefüllt. Dann setzt man die Trockner in Trockenöfen ein und bläst bei den in Tab. 16 angegebenen Temperaturen eine geringe Menge scharf getrockneter Luft durch sie hindurch. Dafür wird heute bevorzugt Luft mit einem Taupunkt ≤ -50 °C ver-

---

[1] WALKER, W. O., u. J. B. HOSTETTLER: Refrig. Engng. Bd. 63 (1955) Nr. 12, S. 42.

wendet. Durch etwa dreistündiges Trockenspülen werden die Trockenmittel auf diese Weise auf Wassergehalte teilweise bis unter 0,05 Gew.-% getrocknet.

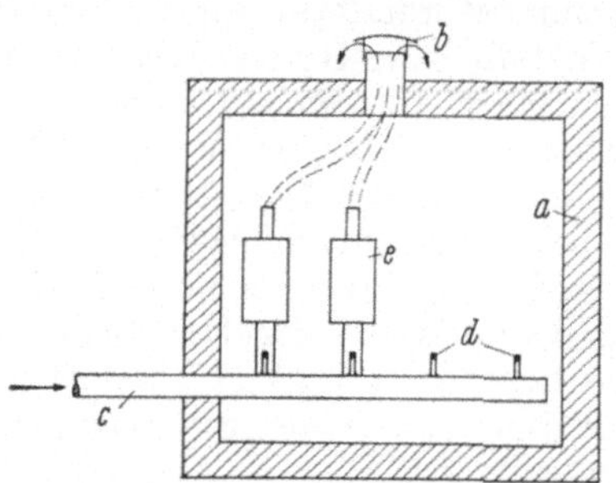

Abb. 289. Trockenofen mit Spülluftanschlüssen für Trockner in Parallelschaltung für Serienfertigung.

a Ofen regelbar; *b* Kamin für Luftaustritt; *c* Trockenluft Zuleitung; *d* Luftdüsen zum Aufstecken der Trockner; *e* Trockner.

In Abb. 289 ist eine Vorrichtung zum Einsetzen in einen Kammerofen abgebildet, in der die Trockner durch Aufstecken auf Luftaustrittsdüsen mit Hilfe von einzelnen parallelen Gasströmen getrocknet werden können. Mit ähnlichem Aufbau werden auch Karussellöfen verwendet.

Molekularsiebe lassen sich in diesen Anlagen mit Luft in den Trocknern nach dem Einfüllen nicht aktivieren. Die Aktivierungstemperatur liegt nach Tab. 16 bei über 300 °C. Bei dieser Temperatur oxidieren die Metalle der Trocknerhülsen in Luft so stark, daß nur mit sauerstofffreiem Stickstoff gespült werden kann, was aber zu unwirtschaftlich ist. Aus diesem Grunde werden gefüllte Trockner mit Molekularsieben vielfach in Vakuumautoklaven bei gleichzeitig erhöhter Temperatur getrocknet. Dabei ergeben sich abhängig von Temperatur und Wasserdampfpartialdruck in mm Hg folgende Restwassergehalte in Gew.-%:

°C	1 mm Hg	10 mm Hg	25 mm Hg
350	0	2,0	2,0
250	1,5	3,5	3,5
150	2,5	5,5	8,0

Bei Temperaturen oberhalb 550 °C tritt auch unter Vakuum eine Dauerschädigung der Molekularsiebe auf.

Beim Aktivieren sämtlicher Trockenmittel bei hohen Temperaturen in Gegenwart von Luft ist zu beachten, daß sie frei von organischen Stoffen sein müssen. Diese verkohlen oder werden oxidiert, so daß die Oberfläche verschlossen wird oder bei den kapillaraktiv wirksamen Stoffen die Kapillaren zugesetzt und unwirksam werden. Aus diesem Grunde lassen sich auch gebrauchte Trockenmittel nur dann reaktivieren, wenn sie vorher sehr gründlich mit geeigneten Lösungsmitteln ausgewaschen wurden, um z. B. Ölreste, Ölharze und Alterungsprodukte des Öles zu entfernen. Das Verfahren ist aber für die Praxis verfahrenstechnisch und wegen des großen Verbrauches an teueren Lösungsmitteln zu unwirtschaftlich.

Die mit aktivierten Trockenmitteln gefüllten oder nach dem Füllen aktivierten Trockner müssen bis zum Einbau gut verschlossen bleiben, um das Eindringen von Luftfeuchtigkeit und von Verunreinigungen zu verhindern. Das geschieht meist durch Verschrauben der Anschlußrohre, bei einlötbaren Trocknern auch durch Verklemmen und Verschweißen oder Verlöten. Neuerdings werden auch die gegen Luft und Wasser dichten Schrumpfkapseln aus modifiziertem Polyvinylchlorid verwendet. Diese haben entweder eingefrorene Spannungen, die beim Erwärmen zum Aufschrumpfen auf die Rohre führen, oder aber sie werden in leicht flüchtigen Quellmitteln aufgequollen und schrumpfen dann durch Verlust des Quellmittels auf den Rohranschluß auf. Auch Kappen aus Gummi und anderen Elastomeren sowie aus Polyäthylen und weichem PVC werden verwendet.

Die aktivierten Trockner werden vielfach mit einem leichten Überdruck von Kältemittel oder Luft gefüllt. Beim Öffnen vor dem Anschließen entweicht dieser

Überdruck hörbar und zeigt damit an, daß der Trockner dicht war. Damit ist zugleich die vollständige Aktivierung des Trockenmittels im Trockner garantiert.

In den USA bemüht man sich schon länger, Prüfverfahren für den Restwassergehalt in Trocknern sowie Einheitsbedingungen zur Ermittlung ihrer Wirksamkeit im Kältemittel festzulegen.[1] Zur Wasserbestimmung wird die Phosphorpentoxidmethode angewendet bei Temperaturen von $+25$ °C und $+50$ °C. Als Einheitsbedingungen gelten Grenzwassergehalte für R 12 von 10 bis 20 mg/kg und von 40 bis 80 mg/kg für R 22. Die Gleichgewichtseinstellung erfolgt bei Temperaturen von 25 °C für die kalte Seite, 51 °C am Verflüssiger und bei 60 °C für die Anwendung in Fahrzeug-Klimageräten. Es wird darauf hingewiesen, daß die Gefrier- und Korrosionsgrenze nur schwer festzulegen ist, da sie vom Typ und den Betriebsbedingungen der Kältemaschine abhängig ist. Apparativ sind noch keine Festlegungen getroffen. In dem ARI-Standard 710, 1956[2] werden folgende Festlegungen für Vergleichsmessungen an Trocknern getroffen:

Temperatur des flüssigen Kältemittels 24 und 52 °C. Wassergehalt im Gleichgewicht mit 15 mg H_2O/kg R 12 bzw. 60 mg H_2O/kg R 22.

Der Ausgangswassergehalt der Kältemittel soll 550 mg H_2O/kg R 12 und 990 mg H_2O/kg R 22 sein, wobei je ton of Refrigeration der Kältemaschine (das sind 3024 kcal/h), für die der Trockner ausgewählt wird, 3,63 kg R 12 bzw. 2,72 kg R 22 anzuwenden sind. Die Umlaufgeschwindigkeit soll 1,77 kg/min vom R 12 bzw. 1,32 kg/min vom R 22 betragen. Der Druckabfall in den Trocknern darf 0,141 kp/cm² nicht übersteigen.

GRAY[3] schlug zum Testen von Trocknern einen Kreislauf vor, in dem das flüssige Kältemittel durch eine Pumpe in Umlauf gebracht wird. Ein Wärmeaustauscher sorgt für die Abführung der Pumpenwärme. Der Druck kann über ein Reduzierventil eingestellt werden. Das ganze System ist isoliert und es können Temperaturen bis 60 °C angewendet werden. Die Messung des Wassergehaltes im umlaufenden Kältemittel R 12 geschieht mit einem kontinuierlich arbeitenden Infrarot-Spektrometer. Für Messungen im Kältemittel R 22 wird eine Leitfähigkeitsmethode angewendet, da die Infrarotmethode wegen des Wasserstoffatoms in diesem Kältemittel nicht durchgeführt werden kann.

VI. Anordnung der Trockner.

Für die Wirksamkeit im Kältemittel-Kreislauf ist neben dem verwendeten Trockenmittel vor allem die Anordnung des Trockners von Bedeutung. Der Einbau kann auf der Hochdruckseite oder auf der Niederdruckseite, jeweils entweder in der Flüssigkeitsleitung oder in der Dampfleitung erfolgen.

Allgemein gilt, daß die Wirkung der meisten Trockenmittel gegenüber dem dampfförmigen Kältemittel, z. B. nach den Messungen der Ansul Chemicals Co.[4] besser ist als in der Flüssigkeit. Das trifft vor allem für die adsorptiv wirksamen Trockenmittel zu. Diesem Vorteil in der Dampfleitung steht aber der Nachteil der großen Dampfvolume gegenüber. Dadurch treten hohe Strömungsgeschwindigkeiten, eine stärkere Drosselwirkung und ein erhöhter Druckabfall auf. Er macht sich vor allem in der Saugleitung stark bemerkbar, wo die Aufnahme-

---

[1] ASRE-Standard for Rating and Testing high Side liquid Line Driers; 35 A–56 und 35 B–56.

[2] Air Conditioning and Refrigeration Institute, Standard for Liquid Line Driers.

[3] GRAY, R. A.: Improved method to test desiccants; Air Cond. and Refrig. News, 11. Nov. 1957, S. 24.

[4] Ansul Chemicals Co.; Ansul News Notes Bd. 1, Nr. 3.

fähigkeit der Trockenmittel mit adsorptiver Bindung infolge der niederen Temperaturen am größten ist. In der Druckgasleitung zwischen Kompressor und Kondensator ist der Druck höher, die Volume und der Druckabfall sind prozentual geringer, aber infolge der hohen Temperatur ist auch die Wasseraufnahmefähigkeit bei allen Trockenmitteln mit Wassergleichgewicht zum Trockengut geringer. Ferner verölen die Trockenmittel in der Dampfleitung stark, da das Öl nicht vom Kältemittel fortgeschwemmt wird.

Aus diesem Grunde empfiehlt WALKER[1] bei Gastrocknung den Zufluß von oben, um das Öl mit dem Dampfstrom vorwärts zu treiben. Das gilt auch für den Einbau hinter der Kapillare, da sonst beim Verdampfen von Kältemitteln Öl zurückbleibt. Ein geeigneter, schräg nach unten verlaufender Durchfluß ist gleichwertig.

Zerfließende Trockenmittel, wie Calciumchlorid, Calciumoxid und Bariumoxid sowie Natriumhydroxid, die nach Möglichkeit im Kältemittel-Kreislauf überhaupt vermieden werden sollten, können nur in der Gasleitung in Patronen mit großem Querschnitt und großem Überschuß verwendet werden, um Sättigung mit Wasser, Zerfließen und das Fortspülen zu verhindern. Ihr Einbau ist unter allen Umständen nur kurzzeitig möglich. In Großkältemaschinen werden solche Trockner meist in Umgehungs- oder Teilstromleitungen eingebaut, wo sie leicht ausgewechselt werden können. Die Strömungsgeschwindigkeit ist in der Flüssigkeitsleistung am geringsten und damit ist der zeitliche Kontakt des Kältemittels mit dem Trockenmittel länger, so daß die geringere Wirksamkeit gegenüber dem Trocknen der gasförmigen Kältemittel nahezu ausgeglichen ist. Außerdem findet beim Einbau in die Flüssigkeitsleitung keine merkliche Verölung des Trockenmittels statt; das flüssige Kältemittel löst oder schwemmt das Öl stets mit fort. Die meisten Trockenmittel, mit Ausnahme der Molekularsiebe, werden durch Verölung weniger wirksam, vgl. Abb. 273. Die Anordnung des Trockners in senkrechter oder waagerechter Stellung ist ebenfalls von Einfluß auf den Trockeneffekt. Bei waagerechter Anordnung füllt er sich bei Dampftrocknung mit Öl und wird bald unwirksam. Auch beim Trocknen der Flüssigkeiten hat sich der senkrechte oder schräge Einbau weitgehend eingeführt. Der Zufluß des Kältemittels von unten in den Trockner und somit die stets völlige Füllung ist selbstverständlich am wirksamsten. Dadurch ergibt sich ein guter Kontakt der Flüssigkeit mit dem Trockenmittel und eine stets gleichmäßige Verteilung der Strömung über den gesamten Querschnitt. In Maschinen mit Kapillaren als Regelorgan läßt sich diese Art der Anordnung aber nicht anwenden, da im Augenblick des Abschaltens das im Trockner enthaltene Kältemittel als Dampf in den Verdampfer überströmt und diesem nicht unerhebliche Mengen Wärme zuführt. Außerdem bleibt Öl im Trockner zurück. Läßt man dagegen, was heute bei den kleinen Kapillarenmaschinen üblich ist, das flüssige Kältemittel hinter dem Verflüssiger von oben nach unten durch den Trockner fließen, so läuft es vor allem bei Trocknern mit großem Durchmesser nur durch eng begrenzte Teile des Querschnittes. Ein großer Teil des Trockenmittels kommt mit der Flüssigkeit nicht in Berührung. Die gleichmäßige Wasserverteilung geht dann langsam vor sich; der Trockner wird bei gleicher Füllung weniger wirksam. Es ist deshalb üblich, bei Zufluß des Kältemittels von oben eine feinere Körnung des Trockenmittels und damit eine vergrößerte Oberfläche zu verwenden. Bei Zufluß von oben kann ferner durch Kavitation eine Pulverisierung des Trockenmittels stattfinden, während beim Durchleiten der Flüssigkeit von unten nach oben durch Aufwallung des Kältemittels Abrieb entstehen kann.

---

[1] WALKER, W. O.: Refrigerant Driers Service Manual, Section 5, S. 521.

Im Gegensatz zum flüssigen Kältemittel muß das dampfförmige von oben nach unten durch den Trockner hindurchgeleitet werden. Dadurch wird das mitgeführte Öl, das infolge seiner Zähigkeit langsam durch das Trockenmittel hindurchläuft, weitergetrieben und aus dem Trockner abgeführt.

Nun gibt es für den Einbau des Trockners in die Flüssigkeitsleitung nochmals zwei Möglichkeiten. Man kann ihn direkt hinter dem Verflüssiger, also vor dem Regelorgan einbauen. Dann ist das Drosselorgan selbst gegen das Ausfrieren von Wassereis vollkommen geschützt. Andererseits ist aber an dieser Stelle das Kältemittel recht warm, so daß auch der Trockner eine hohe Betriebstemperatur hat. Die Aufnahmefähigkeit der adsorptiv wirksamen Gleichgewichtstrockner ist infolgedessen geringer und zugleich die Gleichgewichtslöslichkeit für Wasser in den Kältemitteln größer. Die dadurch bedingte Herabminderung der Leistung des Trockners läßt sich aber leicht durch eine geringe Überdimensionierung bzw. entsprechend größere Bemessung ausgleichen.

NEWCUM[1] stellt fest, daß der Trockner in offenen Kältemaschinen, vor allem wenn sie saugseitig im Unterdruck arbeiten, stets an dieser Stelle vor dem Regelorgan eingebaut werden sollte. Dadurch ist dieses mit Sicherheit vor Feuchtigkeit und dem Zufrieren geschützt. Auch WALKER und Mitarbeiter[2] befürworten den Einbau vor dem Regelorgan vor allem beim Arbeiten mit solchen Kältemitteln, die infolge geringer Löslichkeit für Wasser besonders leicht zur Eisausscheidung im kalten Drosselorgan neigen. Der Wassergehalt wird meist schon beim ersten Durchlauf des Kältemittels unter die Löslichkeitsgrenze erniedrigt und reichert sich nicht erst im kalten Verdampfer an, um dann beim Erwärmen und Auftauen als Dampf wieder mit dem Kältemittel vom Kompressor angesaugt zu werden. Dabei können sehr hohe Wasserkonzentrationen entstehen. Der Einbau des Trockners vor der Kapillare hat zudem den Vorteil, zugleich als Filter verwendbar zu sein, da sonst zum Schutz der Kapillare meist ein getrenntes Filter eingesetzt werden muß.

Die zweite Möglichkeit zur Anordnung in der Flüssigkeitsleitung ist der Einbau direkt hinter dem Regelorgan, also auf der Niederdruckseite im kalten Teil der Kältemaschine. Man vereinigt auf diese Weise die Vorteile der Trocknung von Flüssigkeit mit hoher Wasserkonzentration und der besseren Trockenwirkung der kapillaraktiven Trockenmittel bei tiefen Temperaturen. Diese Anordnung wird von der Firma Tecumseh in den USA angewendet und ist durch Patent geschützt (US Pat. 2430692). Mit R 12 ist der Trockner beim Einbau am Eintritt des Kältemittels in den Verdampfer doppelt so wirksam wie beim Einbau in die Saugleitung und über sechsmal so wirksam wie bei der Anordnung zwischen dem Verflüssiger und dem Regelorgan bei etwa 55 °C[3]. Das Drosselorgan ist aber gegen das Ausfrieren von Wassereis nicht direkt geschützt, so daß dieser Einbau für offene Kältemaschinen wegen der Gefahr von Undichtheiten an der Gleitringdichtung nicht angewendet werden sollte. Der Trockner wird an dieser Stelle von einem Gemisch von Flüssigkeit und Dampf durchströmt und es findet auch eine gewisse Verdampfung im Trockner statt. Um einen Druckabfall im Trockner zu vermeiden, muß deshalb der Querschnitt im Verhältnis zur Länge des Trockners größer gewählt werden. Die Drosselwirkung ist zu vermeiden, wenn das Trockenmittel im Dampfdom in der Flüssigkeit von überfluteten Verdampfern untergebracht wird. Dazu dienen Beutel aus feinstem Metall-Siebgewebe sowie

[1] NEWCUM, K.: Refrig. Engng. Bd. 48 (1950) S. 488.
[2] WALKER, W. O., K. S. WILLSON u. W. R. RINELLI: Ansul Technical Bulletin, Refrigerant Driers; Form R 49 147.
[3] PENNINGTON, W. A.: Refrig. Engng. Bd. 58 (1950), S. 1077, Modern Refrigeration, Bd. 53 (1950) No 629, S. 218 u. No 630, S. 252.

neuerdings auch Gewebe aus synthetischen Fasern. Diese müssen aber unter dem Gesichtspunkt ausreichender Lösungsmittel-Beständigkeit gegenüber den Kältemittel-Öl-Gemischen ausgewählt sein[1].

Bei den in großen Serien hergestellten gekapselten Haushaltkältemaschinen bietet der Einbau hinter dem Regelorgan den Vorteil, daß man mit kleinen Mengen der Trockenmittel auskommt und die Trocknerhülse klein und billig ist. Haushalt-Kältemaschinen werden üblicherweise aber in den Herstellerwerken in Trockenanlagen mit Warmluft oder am Vakuum sorgfältig getrocknet, und es kommt somit in erster Linie darauf an, die letzten geringen Wasserreste abzubinden, sowie geringe Wassermengen abzufangen, die bei gelegentlich auftretenden Überhitzungen aus den Isolierstoffen entstehen können.

VII. Gebrauchte Trockner.

Die Frage der mehrfachen Verwendbarkeit der Trockner kann nur abhängig von ihrer Konstruktion beantwortet werden, während sie für die Trockenmittel selbst in jedem Falle aus wirtschaftlichen Gründen zu verneinen ist. Die kleinen, in großen Stückzahlen hergestellten Trockner für Haushaltkältemaschinen sind fast ausnahmslos entweder aus mehreren Teilen hart verlötet oder als Kupferhülsen mit reduzierten Enden aus einem Stück gezogen, so daß das Trockenmittel in ihnen nicht erneuert werden kann. Diese Trockner sind normalerweise fest in den Kältemittelkreislauf eingelötet und werden nur bei Störungen erneuert. Sie werden als wertlos weggeworfen. Auch für kleinere Gewerbeanlagen werden vielfach fest verschlossene Trockner verwendet. Dagegen sind alle Trockner, die in den Kältemittelkreislauf eingeschraubt sind und die selbst durch Verschraubungen zu öffnen sind, einer Instandsetzung durch Erneuerung des Trockenmittels zugänglich. Voraussetzung ist, daß sie im Inneren noch sauber sind oder einer sorgfältigen Reinigung unterzogen werden. Die Wiederverwendung der gebrauchten Trockenmittel ist dagegen wegen des aufgenommenen Schlammes und Öles in jedem Fall ausgeschlossen. Das Wasser ließe sich durch Aktivieren bei den in Tab. 16 angegebenen Temperaturen aus den meisten Trockenmitteln wieder austreiben. Das Öl und gegebenenfalls Alterungsprodukte sowie Säuren müßten dagegen vor dem Aktivieren entfernt werden. Bei den hohen Temperaturen verkoken oder verbrennen diese Stoffe in den Poren der adsorptiv wirksamen Trockenmittel und verstopfen sie, so daß die Adsorptionsfähigkeit entweder unterbunden oder doch stark herabgesetzt wird. Die Ölprodukte können aus den Trockenmitteln meist nur durch sehr spezifische Lösungsmittel entfernt werden. Insbesondere das hochmolekulare Ölharz ist fest adsorbiert und kann restlos nur mit einem Gemisch von Benzol und Alkohol extrahiert werden, wobei sehr große Mengen von Lösungsmitteln erforderlich sind. Das Verfahren wird dadurch unwirtschaftlich.

Walker und Mitarbeiter[2] haben bei einer Reihe von Trockenmitteln nach dem Gebrauch ein hydrophobes Verhalten festgestellt, wodurch Wassertropfen bei Berührung nicht sofort aufgesaugt werden, sondern ihre sphärische Form behalten. Kieselgel, Aktive Tonerde, Calciumsulfat (Drierite) und auch ein Gemisch von Calciumsulfat mit Calciumchlorid verhielten sich gleich, obwohl sie verschieden wirksam sind. Da sich die Hydrophobie auf die Außenflächen der Trockenmittel beschränkt und sich durch Alkalien sowie siedendes Wasser beseitigen läßt, ist sie auf Ölalterungsprodukte zurückzuführen, die sich auch durch Erhit-

---

[1] Vgl. Bd. IV dieses Handbuches, S. 133 ff.

[2] Walker, W. O., J. L. Malcolm u. H. Dhynn: Refrig. Engng. Bd. 63 (1955) Nr. 4, S. 50.

zen auf 160 bis 180 °C zerstören lassen. Die Hydrophobie konnte reproduziert werden mit Ölen, die bei Temperaturen über 110 °C mit Luft oder einem Gemisch von Kältemittel R 12 und Luft geblasen wurden; unterhalb 60 °C ergab sich keine Hydrophobie. Es handelt sich demnach um sauerstoffhaltige Ölalterungsprodukte.

VIII. Wasserbestimmung im umlaufenden Kältemittel.

Für die Beurteilung der Wirksamkeit eines Trockners ist es erforderlich, ihn im Kältemittel-Kreislauf unter den Betriebsverhältnissen zu erproben. Die Bestimmung des Wassergehaltes im umlaufenden Kältemittel vor und nach dem Trockner ist dabei das Hauptproblem, handelt es sich doch um kleinste Mengen von Wasser in der Größenordnung von 10 mg/kg R 12 und darunter.

Für derartige Messungen wurden im Laufe der Zeit eine Reihe von Methoden und Geräten vorgeschlagen, von denen jede ihre Eigenart hat. Bei Serienmessungen ist es zweckmäßig, die Richtigkeit der Ergebnisse durch Vergleichsbestimmungen z. B. nach der Phosphorpentoxidmethode zu ermitteln (vgl. Bd. IV dieses Handbuches, S. 210). Die im folgenden aufgeführten Verfahren können je nach ihrer Zweckmäßigkeit angewendet werden. CRONAN[1] benützt die Wärmetönung bei der Adsorption und Desorption von Wasser an festen Adsorptionsstoffen zur Bestimmung der Feuchtigkeit in Gasen und Dämpfen. Dazu dient das in Abb. 290 gezeigte Gerät. Ein Gasstrom wird geteilt, der eine Teilstrom a dann getrocknet und der andere b bleibt im Zustand, wie er gemessen werden soll. Beide Ströme werden abwechselnd je 2 Minuten durch die beiden Trockenmittel-

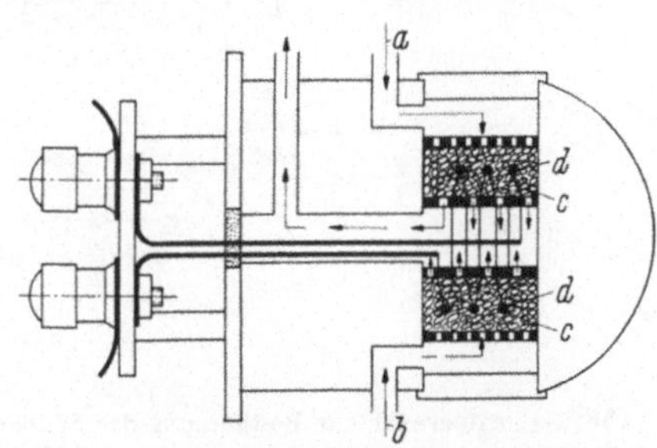

Abb. 290. Meßkopf zur Bestimmung der Wärmetönung bei Adsorption und Desorption von Wasser im Kältemittel-Kreislauf zur quantitativen Bestimmung von Wasser.
a und b geteilter Gasstrom; c Trockenmittel-Detektorzellen; d Thermoelemente.

Detektorzellen c geschickt. Dabei entsteht jedesmal eine schnell ansteigende Temperaturdifferenz, die nach einem Maximum wieder absinkt. Beim Umpolen ergibt sich die gleiche Wärmetönung, jedoch mit entgegengesetzter Polarität. Thermoelemente d innerhalb der Absorptionsblöcke registrieren die Wärmetönung, indem die Spannung aufgezeichnet wird. Dafür ergibt sich folgender Zusammenhang

$$E = K \, (C \cdot r / c_p) \, n \cdot e \text{ (Volt)}.$$

Darin sind

K Zellkonstante, die durch Eichen mit Gas von bekanntem Wassergehalt gewonnen wird
C Wasserkonzentration (Gramm)
r Verdampfungswärme des Wassers (kcal/kg)
n Anzahl Paare der Thermoelemente
c_p Spez. Wärme des Trägergases bei konstantem Druck (kcal/kg·°C).

Die Genauigkeit der Methode wird mit 1 mg H_2O/kg angegeben.

STEINLE[2] hat zur Bestimmung des Wassergehaltes im umlaufenden Kältemittel vor und hinter dem Trockner die elektrohydrometrische Methode[3] angewendet. Die zu prüfenden Trockner 3 werden in den Kreislauf einer Kältemaschine nach Abb. 291 mit dem Kompressor 1, dem Kondensator 2, der Meßzelle 4, einem

---

[1] CRONAN, C. S.: Chemical Engng. Bd. 63 (1956), Nr. 5, S. 236.
[2] STEINLE, H.: Kältetechnik Bd. 11 (1959) Nr. 10, S. 336.
[3] Vgl. Handbuch der Kältetechnik, Bd. IV, S. 216.

Kapillarrohr und dem Verdampfer *5* eingebaut. Die übrigen Teile gehören zur Elektrohygrometer-Methode. Der Stickstoff, der als Eichgas auf die gleiche relative Feuchtigkeit eingestellt wird wie das Kältemittel, wird der Druckflasche *6* entnommen und über das Reduzierventil *7* auf den gewünschten Sättigungsdruck P_s entspannt. Im Sättiger *8* wird er mit Wasser gesättigt und am Ventil *9* auf den Abgleichdruck P_c entspannt, welcher dann mit seinem Wasserdampfpartial-

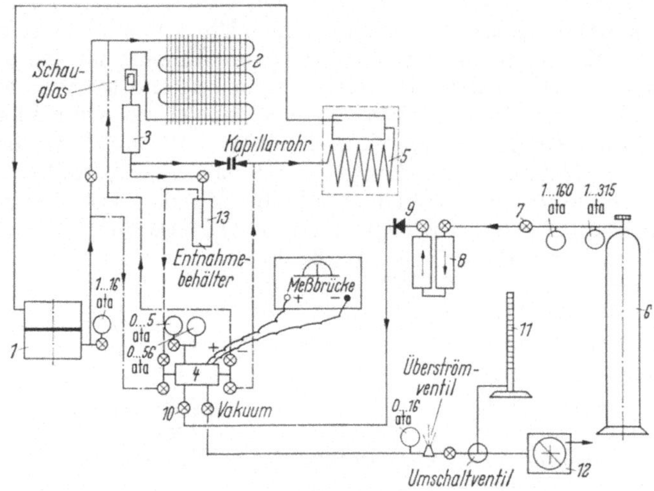

Abb. 291. Apparatur zur Bestimmung des Wassergehaltes im umlaufenden Kältemittel in Kältemaschinen vor und hinter dem Trockner.

1 Kompressor; *2* Kondensator; *3* Trockner; *4* Meßzelle; *5* Verdampfer; *6* Stickstoffflasche; *7* Ventil; *8* Sättiger mit Wasser; *9* und *10* Ventile; *11* Rotamesser; *12* Vakuumpumpe; *13* Kältemittelbehälter.

druck in der Meßzelle die gleiche elektrolytische Leitfähigkeit des Indikatorfilmes von Phosphorsäure ergibt wie das zu untersuchende Kältemittel beim Druck P_x mit unbekanntem Wassergehalt. Soll nun der Wassergehalt des Kältemittels beim Druck P_w errechnet werden, so ergibt sich die absolute Feuchtigkeit W in mg/l Gas aus der Formel

$$W = S \, \frac{P_c(1 - K \cdot P_c)\, P_w(1 - K \cdot P_w)}{P_s(1 - K \cdot P_s)\, P_x(1 - K \cdot P_x)} \,.$$

P wird stets in kg/cm² eingesetzt, S ist dann der Wasserdampfgehalt des Eichgases in mg H_2O/l Gas bei der Sättigungstemperatur und beim Sättigungsdruck P_s, der sich aus den Wasserdampftabellen ergibt. K ist eine empirische Korrektur; für Luft, Sauerstoff und Stickstoff ist $K = 0{,}0021$, für Kohlendioxid ist $K = 0{,}013$.

Die durch die Meßzelle strömende Stickstoffmenge wird mit dem Ventil *10* eingestellt und kann am Rotamesser 11 abgelesen werden. Die Vakuumpumpe *12* gestattet das Evakuieren des gesamten Meßsystems. Bei dieser Methode kann unter dem Druck des umlaufenden, dampfförmigen Kältemittels gemessen werden. Es wird kein Kältemittel entnommen. Das hinter dem Trockner flüssige Kältemittel wird zunächst in den Behälter *13* abgefüllt, von dort über die Meßzelle verdampft und hinter der Kapillare dem Kreislauf auf der Saugseite wieder zugeführt. Die Meßgenauigkeit liegt bei $\pm$ 2 mg H_2O/kg R 12.

Dritter Teil

Vorbereitungen
zur Inbetriebnahme von Kompressions-Kälteanlagen.

Von

Dr. rer. nat. Heinz Steinle

Wiss. Mitarbeiter d. Robert Bosch Hausgeräte GmbH, Giengen/Brenz

Mit 34 Abbildungen.

A. Spülen, Trocknen und Evakuieren.

Betriebssicherheit und Lebensdauer der Kältemaschinen sind von der Reinheit und der Trockenheit der Anlagen abhängig. Vor allem die kleinen und kleinsten Kältemaschinen erfordern zur Erzielung eines störungsfreien Betriebes einen erheblichen Aufwand zum Reinigen und Trocknen. In den Fabriken zur Herstellung von Großserien kleiner Kältemaschinen sind dazu feste Anlagen vorhanden, die in den Fertigungsfluß eingeschaltet sind, und die ein rationelles Arbeiten gestatten. Die Verfahren und die Anlagen sind recht verschieden, so daß im folgenden nur charakteristische Merkmale gegeben werden können; vielfach werden die Verfahren auch kombiniert.

Nach dem Reinigen und Trocknen der Teile und der montierten Kältemaschinen muß die Luft aus den Anlagen ebenfalls sorgfältig entfernt werden, ehe Öl und Kältemittel eingeführt werden können.

Die Arbeitsverfahren, die für Großkälteanlagen und andere stationäre Maschinen anzuwenden sind, unterscheiden sich meist wesentlich von den in der Serienfertigung gebräuchlichen und müssen den Gegegebenheiten angepaßt werden.

I. Spülen und Extrahieren.

Beim Durchlauf durch die Fertigung mit den verschiedenen Arbeitsgängen, wie Stanzen, Drehen, Fräsen und Bohren, entstehen Metallabrieb und Späne. Beim Betrieb der Kältemaschinen können sie zum Fressen in Lagern und Blockieren der Ventile und mit ihren großen aktiven Oberflächen durch katalytische Wirkung auch zu Umsetzungen und Zersetzungen von Kältemittel und Öl führen. Besonders Oxide setzen die thermische Beständigkeit der Kältemittel stark herab, wie Norton[1] experimentell zeigen konnte. Abb. 292 zeigt neben den Kurven für nicht katalysierten thermischen Zerfall von R 12 und R 22 zum Vergleich den Einfluß von Eisenoxid auf die thermische Spaltung beider Kältemittel in Abhängigkeit von der Temperatur. Abb. 293 gibt, über der Temperatur aufgetragen,

---

[1] Norton, F. J.: Refrig. Engng., Bd. 65 (1957), Nr. 9, S. 33.

die Zeit wieder, welche erforderlich ist, um unter dem Einfluß von Eisenoxid 1% R 12 bzw. R 22 zu zersetzen. R 12 ist allgemein stabiler. Damit ist gezeigt, daß nicht nur lose Verunreinigungen, sondern auch Oxide von den Metallteilen im Kältemittel-Kreislauf sorgfältig zu entfernen sind. In den Regelorganen können mechanische Verunreinigungen Verstopfungen herbeiführen; sie sind vielfach so fein, daß sie engmaschige Filter entweder zusetzen oder teilweise mit dem strömenden Kältemittel durch sie dindurchgeschwemmt werden. Flußmittelreste und Oxide sind zudem meist hygroskopisch und bilden Feuchtigkeitsnester.

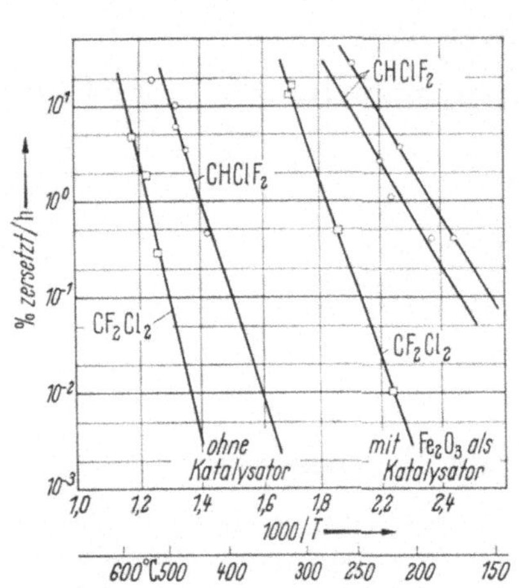

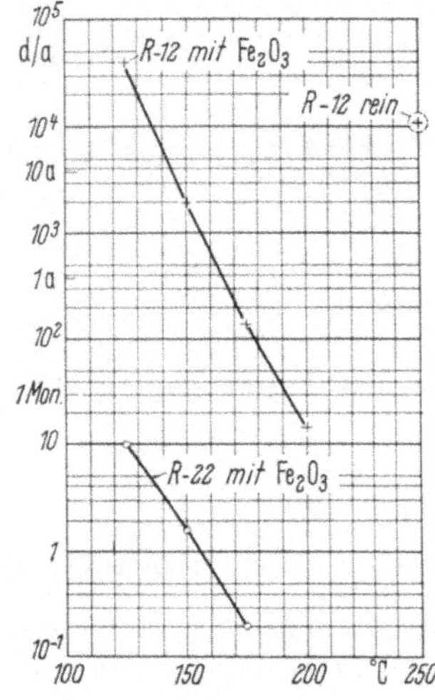

Abb. 292. Zersetzung von R 12 (CF₂Cl₂) und R 22 CHF₂Cl) in Abhängigkeit von der Temperatur und dem katalytischen Einfluß von Eisenoxid (Fe₂O₃).

Abb. 293. Temperatur-Abhängigkeit der Zersetzung von R 12 (CF₂Cl₂) und R 22 (CHF₂Cl) zu 1% mit Eisenoxid (Fe₂O₃) als Katalysator.

Im Laufe des Fertigungsprozesses kommen die Teile der Kompressoren auch mit Bearbeitungsölen und Fetten, sowie dem Handschweiß der Arbeiter in Berührung. Diese in den Kältemitteln mehr oder weniger gut löslichen Verunreinigungen gefährden durch chemische Umsetzungen und Verstopfungen infolge der möglichen Ausscheidung beim Abkühlen in den Regelorganen ebenfalls die Funktion der Kältemaschinen. Reste von Bearbeitungs- und Dauerlaufölen, durch die Einwirkung des Luftsauerstoffes meist noch gealtert, sind in den Kältemaschinen besonders gefährlich. Durch Schlamm- und Harzbildung führen sie auch zum Verkleben der Lager. Chemisch sind diese Stoffe vor allem gegenüber dem Kupfer und seinen Legierungen aktiv. Dadurch werden Reaktionen zwischen den Kältemitteln und den Ölen eingeleitet, wobei das Öl zerstört wird und seine Schmiereigenschaft mehr und mehr verliert.

In gleicher oder ähnlicher Weise können viele der in den Kältemitteln löslichen Extrakte der nichtmetallischen Stoffe wirksam werden[1]. Daraus geht hervor, daß zur Entfernung der extrahierbaren Anteile aus den Isolierstoffen, von Schmutz aus der Fertigung und des Altöles und Fettes von der Bearbeitung her, jede nur mögliche Sorgfalt aufgewendet werden muß. Die heute meist verwendeten Kältemittel aus der Gruppe der Fluor-Chlor-Kohlenwasserstoffe sind sehr gute Lösungsmittel für Fette und Öle.

Gußteile, die vielfach Sandrückstände enthalten, werden durch Scheuern gereinigt. Um auch die silikathaltigen Gußhäute zu entfernen, schlagen die Farb-

---

[1] Vgl. dieses Handbuch, Band IV. S. 134.

werke Hoechst[1] das Beizen mit Flußsäure vor. Zum Ablösen von Flußmittelresten und Oxidbelägen, die in Wasser unlöslich sind, verwendet man nach dem Löten beim Eisen vielfach Sparbeizen. Das sind Mischungen von Salzsäure und Zusätzen, welche den Angriff der Säure gegenüber dem Eisen hemmen.

Buntmetalle müssen meist in Salpetersäure oder einem Gemisch von Salpetersäure und Schwefelsäure gebeizt werden. Für Kupfer ist eine 10%ige Cyankalilösung am zweckmäßigsten; sie ist jedoch sehr giftig. In jedem Fall ist nach dem Beizvorgang ein gründliches Nachspülen mit Wasser, Sodalösung zum Neutralisieren von Säureresten und zum Schluß wieder mit Wasser zu empfehlen. Ganz grundsätzlich vermeidet man heute aber Wasser und wässerige Lösungen sowie Säuren zum Reinigen von Gußteilen wegen ihrer aktiven porösen Oberfläche, die nur schwer zu trocknen ist.

Verölte Kompressorteile mit anhaftendem Staub und Spänen werden vor der Montage einer gründlichen Säuberung mit entfettenden und die Oberflächen gut benetzenden Flüssigkeiten unterzogen. Trichloräthylen, Perchloräthylen, Tetrachlorkohlenstoff, Waschbenzin und auch R 11 sind gebräuchlich. In der Serienfertigung gleicher Teile werden geschlossene Spülanlagen verwendet, die mit Hilfe einer Umlauf- und Druckpumpe die Teile durch Düsen abspritzen. Auch Ultraschall ist gebräuchlich. Damit werden Späne und Staub am sichersten entfernt. Mit den Spülanlagen sind meist Aufbereitungsanlagen für das Lösungsmittel verbunden, in denen es gefiltert und auch umdestilliert wird.

Teile aus Eisen, die auf diese Weise restlos entfettet sind, können selbst bei kurzzeitiger Lagerung in Raumluft schnell rosten. HAUN jr.[2] empfiehlt deshalb, solche Teile, die nicht sofort weiter verarbeitet, sondern auf Lager gelegt werden, mit einer Haut von reinem Öl oder einem der gebräuchlichen Korrosionsschutzöle gegen Verrosten zu schützen. Die Öle werden dann vor der Verwendung der Teile, zum Beispiel auch im Kundendienst, mit einem der oben genannten, entfettenden Lösungsmittel abgewaschen. Als Schutz für fertige und entfettete Teile verwendet man auch die Verpackungslacke, die durch Tauchen einen dichten und leicht abziehbaren Überzug ergeben. Beim Abziehen ist nur darauf zu achten, daß der Überzug vor der Montage der Teile auch wirklich retslos entfernt wird. Für komplizierte Teile führen sich die korrosionsschützenden Verpackungspapiere ein, die durch Imprägnierung mit einem korrosionshemmenden Mittel von höherem Dampfdruck die Teile vor dem Rosten schützen.

Besondere Sorgfalt beim Reinigen erfordern die Ständer der gekapselten Kältemaschinen mit ihren saugfähigen Isolierstoffen, die leicht verschmutzen. HAUN jr. berichtet über die Reinigung der Teile für gekapselte Kältemaschinen. Nach dem Stanzen werden die Ständer- und Läuferlamellen durch Tauchen und Bespritzen mit Trichloräthylen sowie auch im Tri-Dampf gründlich fettfrei gewaschen und von allem Schmutz befreit. Ebenso wird das vernietete oder verschweißte Eisenpaket nochmals gründlich entfettet. Am Umfang wird das Lamellenpaket vielfach mit einem Papierstreifen umwickelt, um das Anhaften von Schmutz und dessen Eindringungen zwischen die Lamellen beim Durchlauf durch die Fertigung zu verhindern. Außerdem werden alle Isolierstoffe aus Textilien, Papier, Fiber und Holz zum Entfernen der löslichen Stoffe vorextrahiert, sofern nicht die Gewißheit über die Abwesenheit von im Kältemittel löslichen Anteilen besteht[3]. Dazu werden ebenfalls Trichloräthylen, Tetrachlorkohlenstoff, Benzin und mitunter auch die Kältemittel selbst verwendet. Der fertige Ständer wird abschließend nochmals gründlich mit entfettenden Lösungsmitteln zur letzten Reinigung

---

[1] Farbwerke Hoechst: Kältemittel Chlormethyl, Frankfurt-Hoechst 1950.
[2] HAUN jr., E. W.: Refrig. Engng., Bd. 54 (1947), S. 135.
[3] Vgl. dieses Handbuch, Bd. IV, S. 133ff.

gewaschen. Lösungsmittelreste und auch ein großer Teil der anhaftenden Feuchtigkeit werden durch eine Wärmebehandlung bei 100 bis 140 °C im Umluftofen entfernt. Die sauberen und vorgetrockneten Ständer werden entweder im warmen Zustand in die Maschine eingebaut oder zum Lagern und Verschicken in wärmebeständige und feuchtigkeitsdichte Folienbeutel verpackt und verschweißt. Dazu dient vielfach Polyäthylen. In die Beutel wird mitunter zur Aufnahme der Luftfeuchtigkeit eine kleine Menge Kieselgel oder ein anderes Trockenmittel eingelegt.

Die Auswahl der Spül- und Lösungsmittel zum Reinigen der Kältemaschinenteile richtet sich vor allem nach den Arbeitsverfahren und der Auswahl der am Ständer verwendeten nichtmetallischen Stoffe. Brennbare oder giftige Stoffe können meist nur in geschlossenen Anlagen mit entsprechenden Sicherheitsvorrichtungen verwendet werden; Benzin und die niederen Alkohole sind deshalb nur begrenzt anwendbar. Hochsiedende Lösungsmittel sind vor allem bei saugfähigen Isolierstoffen und Metallteilen mit feinen Spalten zu vermeiden, aus denen sie nur langsam ausdampfen. Sie verzögern den Trockenprozeß und belasten bei anschließenden Evakuierverfahren die Vakuumanlage unnötig. Perchloräthylen mit seinem Siedepunkt von 120,8 °C wird deshalb vorzugsweise für glatte Metallteile angewendet. Trichloräthylen, das bei 87 °C siedet, und Tetrachlorkohlenstoff

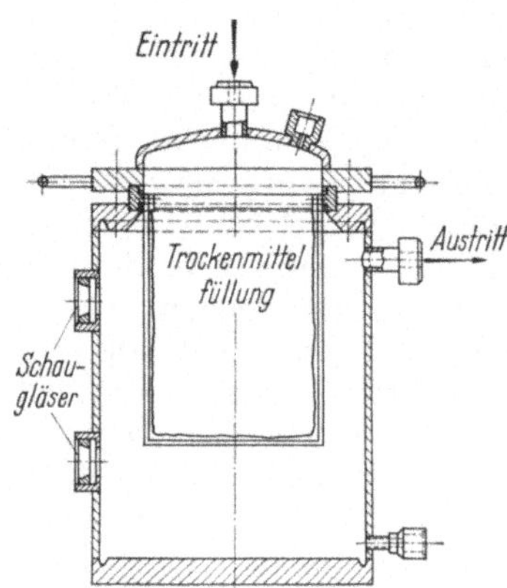

Abb. 294. Montagereiniger der Bergedorfer Eisenwerk AG, Astra-Werke, für Kälteanlagen und deren Teile.

mit einem Siedepunkt bei 76,7 °C sind heute die am meisten angewendeten Lösungsmittel zum Reinigen metallischer und nichtmetallischer Teile vor dem Einbau in den Kältemittel-Kreislauf. Beide Stoffe sind nicht brennbar, haben ausgezeichnete entfettende Wirkung und lösen auch feste Verunreinigungen infolge ihrer guten Netzbarkeit leicht ab. Die Rückgewinnung und Destillation ist bei beiden in einfacher Weise mit Wasserkühlung möglich.

Größere Kälteanlagen, die am Aufstellungsort montiert werden, müssen während der Montage vor Schmutz geschützt werden. Die Teile sollen gereinigt und im Inneren getrocknet, vor allem aber auch dicht verschlossen angeliefert werden. Rohre sollen verschlagen, verlötet oder verschweißt gelagert und transportiert werden. Stendel[1] empfiehlt als obere Grenze der zulässigen Verunreinigung in Rohren für Kleinkältemaschinen 0,1 mg löslichen Schmutz je Meter Rohrlänge. Zum Reinigen von Rohren mit größerem Durchmesser empfiehlt Lindsley[2] das Durchziehen von Lederlappen, die mit Tetrachlorkohlenstoff befeuchtet sind. Durch Ausblasen mit Luft oder Erwärmen wird der Tetrachlorkohlenstoff abgedampft. Ehe ein solches Rohrstück eingebaut wird, ist seine Reinheit an den geöffneten Rohrenden zu überprüfen.

Die Astra-Werke[3] empfehlen zum Reinigen und Trocknen von Rohrleitungen und Verdampfern aus Stahl das Spülen mit Kältemittel am Montageort. Dazu dient der sog. Montagereiniger nach Abb. 294, der Filter zum Zurückhalten von Schmutz und eine Trockenmittelfüllung von etwa 3 kg zur Aufnahme der Feuchtigkeit enthält. Der Reiniger wird in die Saugleitung vor dem Kompressor eingebaut, der selbst im Werk sorgfältig gereinigt und getrocknet wurde. Thermo-

---

[1] Stendel, M.: Kältetechnik, Bd. 12 (1960), Nr. 9, S. 264.
[2] Lindsley, E. D.: Air Cond. and Refrig. News (1948), S. 53.
[3] Bergedorfer Eisenwerke AG, Astra-Werke, Rundschreiben KM 17 vom 15. 10. 58.

ventile und Trockner sind erst nach der Anwendung des Reinigers in den Kältemittel-Kreislauf einzubauen.

In die Kältemaschine ist soviel Kältemittel einzufüllen, daß stets Flüssigkeit
in den Reiniger einfließt und im Siebfilter gereinigt und getrocknet wird. Schau-
gläser dienen zur Kontrolle des Flüssigkeitsstandes. Der Stand läßt sich mit dem
Einlaßventil am Reiniger regulieren. Das Kältemittel wird im Reiniger, der auf
eine Heizplatte gestellt wird, verdampft und durch den oben liegenden Austritt
vom Kompressor angesaugt. Auf diese Weise dient der Montagereiniger als Filter
und Trockner für das flüssige Kältemittel, das selbst den Schmutz und die Feuchtigkeit transportiert. Der Montagereiniger läßt sich aufschrauben, so daß die
Filter vor jeder Anwendung mit Tetrachlorkohlenstoff gründlich gespült und das
Trockenmittel erneuert werden kann.

II. Trocknen.

Die meisten der Kältemittel üben in Gegenwart von Feuchtigkeit Korrosions-
wirkungen auf die Metalle aus, da sie mit Wasser bei den höheren Betriebstemperaturen im Kompressor Säuren bilden[1]. Die Einführung der gekapselten Kältemaschinen, die zugleich die Verwendung der Zellulose und anderer organischer
Isolierstoffe im Kältemittel-Kreislauf mit sich brachte, hat die möglichen chemischen Prozesse in den Kältemaschinen in den Vordergrund gerückt. Während
die früher in Großkältemaschinen gebräuchlichen Kältemittel Ammoniak und
Kohlendioxid sowie die reinen Kohlenwasserstoffe mit Wasser nicht reagieren
und keine aggressiven Stoffe bilden, brachten schon das Schwefeldioxid und das
Methylchlorid in den kleinen Gewerbe- und Haushaltkältemaschinen das Problem der sehr sorgfältigen Trocknung mit sich. Sie bilden mit Wasser oberhalb
bestimmter Grenzwerte Mineralsäuren, welche die metallischen und nichtmetallischen Baustoffe angreifen. Auch die chemisch recht stabilen Fluor-Chlor-Kohlenwasserstoffe als Kältemittel bilden mit Wasser durch Hydrolyse und teilweise
Dissoziation, beschleunigt durch die katalytische Wirkung vieler Metalle und unter
dem Einfluß erhöhter Temperaturen Mineralsäuren. Diese machen aus den Isolierstoffen weiteres Wasser frei, das wiederum mit dem Kältemittel reagiert. Die
lawinenartige Steigerung der chemischen Umsetzungen führt schnell zur Zerstörung der elektrischen Isolierstoffe und vor allem zu Ablagerungen und Korrosionen an Ventilen mit ihren hohen Betriebstemperaturen. Die Alterung und Ver-
schlammung des Öles wird durch Wasser ebenfalls stark beschleunigt; auch werden
direkte Reaktionen vieler Kältemittel mit dem Schmieröl im Kältemittel-Kreislauf eingeleitet. Mit dem Methylchlorid und den Fluor-Chlor-Kohlenwasserstoffen
kommt dazu noch die Gefahr der Eisbildung und Verstopfung in den Drossel-
organen, da diese Kältemittel bei tiefen Temperaturen nur wenig Wasser lösen,
das beim Abkühlen ausgeschieden wird[2].

Vor dem Füllen mit Öl und Kältemittel müssen die Kältemaschinen deshalb
getrocknet werden, um das reaktionsfähige, sog. freie Wasser bis unter den für
Störungen kritischen Gehalt zu entfernen. Unter freiem Wasser ist die Feuchtigkeit zu verstehen, die ohne vorherige chemische Umsetzung oder thermische Abspaltung zur Reaktion kommen kann. Freies Wasser ist z. B. das kapillar gebundene Wasser sowie die Wasserhäutchen auf den Oberflächen aller Stoffe im Gegensatz zum gebundenen Zellwasser der Isolierstoffe. Die Hauptträger für das Wasser
sind die elektrischen Isolierstoffe mit ihrer saugfähigen Struktur, die vorwiegend
aus Papier, Textilien und Holz bestehen. In dieser Beziehung sind die lackiso-

---

[1] Vgl. dieses Handbuch, Band IV, S. 101
[2] Vgl. dieses Handbuch, Band IV, S. 104

lierten Drähte, die heute verwendet werden, wesentlich günstiger, da sie entweder kein oder nur sehr wenig adsorptiv gebundenes Wasser aufnehmen. Sie überziehen sich nur mit der allen Stoffen anhaftenden Wasserhaut, die zum großen Teil leicht abdampft und mengenmäßig unbedeutend ist. Demgegenüber findet bei der Adsorption von Wasserdampf an die zellulosehaltigen Isolierstoffe eine Dampfdruckerniedrigung durch kapillare Bindung statt, welche das Abdampfen erschwert.

Der Dampfdruck des Wassers in hygroskopischen Stoffen nimmt bei konstanter Temperatur mit abnehmendem Feuchtigkeitsgehalt ab. Infolgedessen nähert sich der Wassergehalt Grenzwerten im Gleichgewicht mit dem Feuchtigkeitsgehalt der Umgebung, die sich als Adsorptionsisothermen darstellen lassen. Die Adsorption des Wassers erfolgt zunächst in monomolekularen Schichten, dann in Mehrfachschichten und schließlich als Kapillarkondensation. Die Bindungsenergie ist bei monomolekularen Schichten am größten, bei Kapillarkondensation vernachlässigbar, wenn sie als Verdampfungswärme ermittelt wird. In den mehrmolekularen Schichten gilt Oberflächendiffusion als sicher für den Wassertransport.

Mögliche Schädigungen bei Trockenprozessen sind die Einwirkung zu hoher Temperaturen, des Luftsauerstoffes und Schwindungsspannungen, die bei Feuchtigkeitsunterschieden im Gut auftreten können. Die Zerreißfestigkeit steigt beim Trocknen stets an, während die Dehnung oft erheblich absinkt.

Die gebräuchlichen Isolierstoffe nehmen aus der Luft bei 20 °C und 80% relativer Luftfeuchtigkeit folgende Mengen Wasser auf:

Baumwolle	5,9 Gew.-%
Papier	6,8 Gew.-%
Zellwolle	9,0 Gew.-%
Kunstseide	9,0 Gew.-%

Dieses Wasser, das reversibel aufgenommen und in trockener Atmosphäre teilweise wieder abgegeben wird, muß aus den elektrischen Isolationen der Motorenständer gekapselter Kältemaschinen sorgfältig und möglichst weitgehend entfernt werden. Das Trocknen kann erfolgen durch

1. Trocknen beim Erwärmen in Raumluft
2. Spülen mit Gasen
3. Unter Vakuum
4. Mit heißen Dämpfen

Unabhängig von den Verfahren unter 1. bis 4. sind die Trockentemperatur und die Trockenzeit die wesentlichen Faktoren für den Wirkungsgrad. Wärme ist zum schnelleren Verdampfen des Wassers erforderlich; die Zeit ist wesentlich beim Abführen des Wasserdampfes, insbesondere sofern es sich um Diffusionsvorgänge handelt. Sowohl beim Trocknen in warmer Raumluft als auch beim Spülen mit heißen, trockenen Gasen und beim Evakuieren ist Sättigung der Atmosphäre mit Wasserdampf zu vermeiden, um Kondensation von Wasserdampf an kälteren Stellen der Maschine sowie in Anschlußrohren infolge Übersättigung zu verhindern.

Da Öl das Wasser unter Dampfdruckerniedrigung einschließt, darf es in den Kältemaschinen während des Trockenprozesses nicht vorhanden sein. Es verlängert in jedem Fall die Trockenzeit und kann bei höheren Temperaturen teilweise verdampfen, sofern unter Vakuum getrocknet wird; beim Spülen mit Gas kann es oxydieren, wenn dieses nicht sauerstofffrei ist.

Bei der Verwendung von Faserisolierstoffen, Papier und Holz ist von Imprägnierungen der Wicklungen solange abzuraten, als vor dem Imprägnieren nicht sehr sorgfältíg getrocknet wird und die Ständer nicht sofort ohne Berührung mit feuchter Luft in den Imprägnierlack getaucht werden. Deswegen soll nach DIVERS[1] das Imprägnieren unter Vakuum durchgeführt werden. PACKER und Mitarbeiter[2] stellen fest, daß beim Imprägnieren nicht genügend getrockneter Zellulose das Wasser in den Kapillaren zunächst eingeschlossen und später während des Betriebes in der warmen Kältemaschine frei wird.

Bei allen Kältemaschinen ist die zulässige Höchsttemperatur bei Trockenprozessen durch die thermische Beständigkeit der als elektrische Isolierstoffe und als Dichtungen verwendeten organischen Materialien begrenzt. In gekapselten Maschinen sind dies die Isolationen am Ständer. Für offene Maschinen werden organische Dichtungsstoffe und Gummi an den Achsendurchführungen und als Plattendichtungen verwendet.

Für die rationelle Entfernung des Wassers ist die Ausnützung maximaler Arbeitsbedingungen, insbesondere hoher Temperatur zur Verkürzung der Trockenzeit erforderlich, ohne daß jedoch eine Dauerschädigung des Isolierstoffes eintritt. Unabhängig von den Verfahren, auf die im einzelnen später ebenso wie auf die zulässigen Höchsttemperaturen eingegangen wird, spielt sich bei fortlaufender Temperatursteigerung folgender Vorgang ab. Baumwolle kann 6 bis 8 Gew.-% hygroskopisch gebundenes Wasser aufnehmen. Wird dieses Wasser restlos durch Trockenprozesse entzogen, so wird die Baumwolle unter Verminderung der mechanischen Festigkeit, die bei einem relativen Feuchtigkeitsgehalt um etwa 60% ihren Maximalwert erreicht, spröder, ohne daß Struktur- oder chemische Veränderungen stattfinden. Bei weiterer Temperatursteigerung in das Gebiet der thermischen Zersetzung entstehen als Zersetzungsprodukte

35 Gew.-% Wasser	15 Gew.-% Gase
39 Gew.-% Kohlenstoff	11 Gew.-% Rest

In ähnlicher Weise zerfallen alle zellulosehaltigen Stoffe, wobei der Rest aus flüssigen bis teerartigen Destillationsprodukten besteht. Bei nur teilweiser Zersetzung werden geringere Mengen dieser Spaltprodukte und auch in einem anderen Mengenverhältnis gebildet, wobei zuerst immer Wasser entsteht. Die Spaltprodukte erhöhen stets die Trockenzeit und führen, sofern sie nicht ausdampfen, beim Betrieb als Fremdstoffe zu Störungen im Kältemittel-Kreislauf.

Über den zulässigen Grenzgehalt des Restwassers im Kältemittel-Kreislauf bestehen keine eindeutigen Forderungen. Die Höchstmenge richtet sich auch nach der Menge und der Art des verwendeten Kältemittels. Für R 12 kann als Richtwert gelten, daß je Kilogramm Kältemittel-Öl-Gemisch 10 mg Wasser nicht überschritten werden sollen[3]. Restlose Trocknung der gekapselten Maschinen mit ihren wasserhaltigen Isolierstoffen ist in wirtschaftlich tragbarer Zeit überhaupt nicht möglich. Für die kleinen gekapselten Haushalt-Kältemaschinen strebt man in der Serienfertigung üblicherweise einen Restwassergehalt unter 100 mg je Einheit an[4]. Die letzten Reste werden üblicherweise durch Trockner aus dem Kältemittel-Kreislauf entfernt.

Bei der Montage von Kältemaschinen am Aufstellungsort sind die Teile der Anlage ebenfalls zu trocknen. Dabei ist es zweckmäßig, Rohre und andere Maschinenteile beim Lagern und beim Versand so zu verschließen, daß weder Luft noch Feuchtigkeit eindringen können. Der Innendruck vorgetrockneter Teile soll mindestens 1 ata betragen, damit beim Öffnen und Installieren vorgetrockneter Teile

[1] DIVERS, R. T.: Refrig. Engng., Bd. 65 (1957), Nr. 8, S. 33.
[2] PACKER, L. C., F. I. JOHNS und E. P. CODLING: Refrig. Engng., Bd. 49 (1945), S. 452.
[3] Vgl. dieses Handbuch, Band IV, S. 103
[4] VELTMAN, P. L., u. E. C. WARING: Refrig. Engng. Bd. 54 (1947), S. 550.

niemals Luft und ihre Feuchtigkeit eingesaugt werden können. Im ASRE-Standard Nr. 19[1] sind für Hohlkörper und Rohre von Kältemaschinen Restwassergehalte von höchstens 10,6 mg/l entsprechend einem Taupunkt der Luft von etwa 11,5 °C für solche Montageteile festgesetzt. Dadurch wird örtliche Kondensation und Korrosion bei den üblichen Lagerraumtemperaturen vermieden und dem Vorhandensein von flüssigem Wasser in jedem Falle vorgebeugt.

Selbstverständlich erfordert die Festlegung von Grenzwerten für den Restwassergehalt in Kältemaschinen auch eine Bestimmungsmethode für die Ermittlung der tatsächlich erreichten Werte. Knight[2] und auch Brandon[3] ziehen das Restwasser unter Vakuum bei erhöhter Temperatur heraus; die Temperatur richtet sich nach den in der Maschine bzw. dem Bauteil verwendeten Baustoffen, die thermisch nicht geschädigt werden dürfen; üblich sind 90 °C bis 130 °C. Das Wasser wird in einer Ausfriertasche mit flüssiger Luft oder Trockeneis ausgefroren und quantitativ bestimmt. Das kann bei größeren Mengen durch direktes Wägen, bei geringen Gehalten durch Titration mit Fischer-Lösung oder auch durch Übertreiben mit scharf getrocknetem Stickstoff in Phosphorpentoxid geschehen[4]. Das Wasser in der Vakuumleitung mit Phosphorpentoxid abzufangen ist wegen der starken Drosselwirkung des pulverförmigen Phosphorpentoxids nicht möglich. Das Durchspülen der Teile mit scharf getrocknetem Stickstoff oder Luft und das direkte Überführen des Wassers in Phosphorpentoxid wird vielfach angewendet und ist recht einfach. Dabei sind die bei der Phosphorpentoxidmethode erforderlichen Korrekturen für Temperatur- und Luftdruckschwankungen anzuwenden. Eine mehr und mehr angewendete Methode ist das elektrohygrometrische Verfahren nach Weaver[5].

Die Seeger Refrig. Co[6] beschreibt eine Methode zur Bestimmung des Gesamtwassers in bereits gefüllten Kältemaschinen. In eine Umgehungsleitung, die mit Einstichventilen an der Druckrohrleitung zwischen Kompressor und Kondensator angebracht wird, ist ein Trockner eingebaut, der so bemessen werden soll, daß er nach der Aufnahme allen Wassers aus dem System mit nicht mehr als 2% seines Eigengewichtes beladen ist. Das getrocknete Kältemittel entzieht auch dem Öl das Wasser und fördert es in den Trockner. Nach 48 h wird der Spezialtrockner herausgenommen.

1. Trocknen durch Erwärmen der Raumluft.

Poröse und faserige Stoffe wie Papiere, Textilien und Holz sind imstande, durch Kapillaradsorption erhebliche Mengen von Wasser auch im Inneren zu adsorbieren. Dieser Adsorptions- und Desorptionsvorgang ist bis auf monomolekulare Schichten leicht reversibel. Die volle Sättigung mit Wasser ist bei den einzelnen Stoffen verschieden und schwankt auch zum Beispiel bei Papieren je nach dem Grad der Satinierung und der Art sowie dem Gehalt von möglichen Bindemitteln stark. Man spricht deshalb von der relativen Feuchtigkeit der Isolierstoffe in Abhängigkeit von der relativen Feuchtigkeit der sie umgebenden Luft bzw. anderer Gase und Dämpfe. Diese Tatsache des sich einstellenden Wassergleichgewichtes zwischen den elektrischen Isolierstoffen und der sie umgebenden Luft kann man sich in einfacher Weise zum Trocknen zunutze machen. In der

---

[1] ASRE = American Society of Refrigerating Engineers.

[2] Knight, I. L.: Refrig. Engng., Bd. 58 (1950), S. 52.

[3] Brandon, A. O. B.: Modern Refrig., Bd. 54 (1951), Nr. 634, S. 9.

[4] Vgl. dieses Handbuch, Band IV, S. 213 bzw. S. 210

[5] Weaver, E. R.: Refrig. Engng., Bd. 55 (1948), S. 226; vgl. dieses Handbuch, Band IV, S. 216

[6] Duncan, T. W.: Air Cond. Refrig. News, Bd. 59 (1950), Nr. 3, S. 25.

Kurve *I* der Abb. 295a und 295b ist der Sättigungswassergehalt in mg H_2O/l Luft in Abhängigkeit von der Temperatur der Luft aufgetragen. Bei Raumluft von 20 °C sind das 17,3 mg H_2O/l Luft. Die Kurve *II* in Abb. 295b zeigt, wie beim Erwärmen dieser Luft von 20 °C bei gleichbleibender absoluter Feuchtigkeit die relative Feuchtigkeit herabgesetzt wird und sie infolgedessen wieder Wasser aufnehmen kann. Vor allem die Ständer gekapselter Kältemaschinen mit ihren Isolierstoffen mit hohem Wassergehalt lassen sich in hoch erwärmter und damit relativ trockener Luft unter Ausnützung der reversiblen Adsorption leicht und

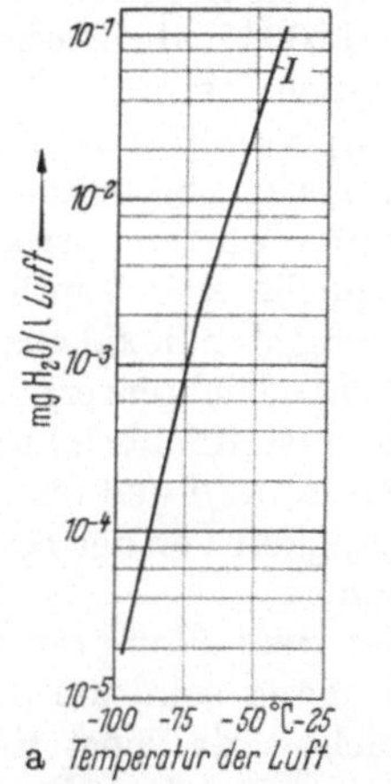
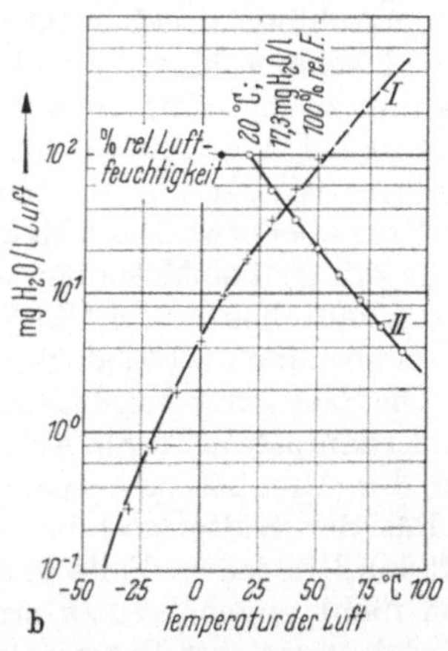

Abb. 295 a u. b. Wasserdampf-Sättigungsgehalt und -Sättigungsdruck in Luft in Abhängigkeit von der Temperatur.

wirtschaftlich trocknen. Die hohe Arbeitstemperatur, die meist bei 130 bis 140 °C liegt, setzt die relative Feuchtigkeit der Luft auf etwa 1% herab. Außerdem beschleunigt die hohe Temperatur das Ausdampfen des Wassers aus den Isolierstoffen und damit die Einstellung des Gleichgewichtes. Um eine zu starke Anreicherung oder gar Sättigung der Luft in den Kammer- oder Durchlauföfen zu vermeiden, wird ein Teil der Ofenluft laufend erneuert. Damit läßt sich auch Wasserkondensation an den in den Ofen einlaufenden kalten Teilen verhindern. Solche Durchlauf-Ofenanlagen sind in der Serienfertigung von Kleinkältekompressoren heute vielfach üblich. Ein Beispiel soll den Arbeitsablauf erläutern. Die Isolierstoffe am Ständer sind beim Durchlauf durch die Fertigung in Luft mit 50% relativer Feuchtigkeit beladen. Da die Sättigung etwa 10 Gew.-% beträgt, enthalten 100 g Isolierstoff also 5 g Wasser. Diese Ständer werden nun in den Ofen eingefahren, in dem die Raumluft auf 140 °C erwärmt nur noch 1% relativer Feuchtigkeit aufweist. Die Ständer erwärmen sich und geben ihr Wasser ab. Wenn der Endzustand des sich asymptotisch einstellenden Wassergleichgewichts abgewartet wird, können die Isolierstoffe in der Luft im Ofen auf 1% relative Feuchtigkeit getrocknet werden. Bei einer Sättigung der Isolierstoffe mit 10 Gew.-% Wasser bedeutet das bei 100 g Isolierstoffen einen Restwassergehalt von 100 mg je Ständer. Damit sind die Isolierstoffe in einfacher Weise in wenigen Stunden sehr weitgehend getrocknet. Sie dürfen aber beim Entnehmen aus dem Ofen und beim Abkühlen nicht wieder unnötige Feuchtigkeit aus der Raumluft aufnehmen. Man läßt sie deshalb in dem Ofen in einem trockenen Gegenluftstrom bis auf die Temperatur abkühlen, die zum Einbau in die Kompressorkapseln erwünscht ist, z. B. 50 bis 60 °C, um sie anfassen zu können. Beim Abkühlen in Kammeröfen bläst man zweckmäßig Trockenluft in den Ofen ein.

Abschließend ist zu betonen, daß der Erfolg dieses wirtschaftlichen Trocknungsprozesses wesentlich von der Ausstattung des Verfahrens und der Sorgfalt seiner Durchführung abhängt.

2. Trocknen durch Spülen mit Gasen.

Zum Trocknen von Kältemaschinen und ihren Teilen ist mehr und mehr ein Verfahren eingeführt worden, bei dem das Wasser bei erhöhter Temperatur verdampft und der gebildete Wasserdampf aus dem Dampfraum mit heißen, getrockneten Gasen bei Atmosphärendruck abgeführt wird. Die trockenen und erhitzten Gase nehmen das Wasser begierig auf; sie wirken wie Trockenmittel, solange ihr Wassergehalt weit genug von der Sättigungsgrenze entfernt ist. Die dazu benötigten Gasmengen sind gering; sie liegen für die kleinen gekapselten Haushaltkältemaschinen zwischen 100 und 200 l in der Stunde, wobei mehrere Kompressoren bzw. Maschinen hintereinandergeschaltet werden können. Im Gegensatz zu den im Vakuum zu bewältigenden Dampfvolumen ist das spezifische Dampfvolum des Wassers bei Atmosphärendruck gering. So nimmt 1 g bei 100 °C und 760 Torr verdampftes Wasser nur ein Dampfvolum von etwa 1 l ein, 1 g H_2O bei 100 °C und 10^{-2} Torr aber etwa 25 m³. Es empfiehlt sich, beim Trocknen durch Spülen mit Gasen solche mit großen Molekülen wie Kohlendioxid anzuwenden, da große Moleküle die Wasserhäutchen auf den Oberflächen leichter zerstören. In der Serienherstellung von Kältemaschinen wird jedoch fast ausschließlich Luft verwendet, da sie am billigsten ist. Die Sättigungswassergehalte in mg/l und der zugehörige Sättigungsdruck des Wasserdampfes in Torr in Abhängigkeit von der Temperatur bei Atmosphärendruck sind der Abb. 295 zu entnehmen.

Das der Kältemaschine oder dem Kompressor zugeführte Volum trockener Luft muß in jedem Falle groß genug sein, um die angeführten Sättigungswerte auch nicht angenähert zu erreichen, da sonst Kondensation beim Abkühlen in Rohrleitungen mit Drosselwirkung und in kälteren Teilen der Maschinen stattfinden würde.

Die Wirksamkeit des Verfahrens kann durch eine übergroße Menge an Spülgas nicht beliebig erhöht werden, da das Gas nur das Wasser abführen kann, welches bereits verdampft ist. Über ein bestimmtes Maß hinaus läßt sich der Trockenprozeß nicht beschleunigen, da zum Verdampfen des Wassers eine bestimmte Zeit erforderlich ist. Zur Erhöhung des Wasserdampf-Druckgefälles zwischen den Isolierstoffkapillaren und der abführenden Trockenluft ist es zur Beschleunigung der Verdampfung und zur Überwindung der Diffusionswiderstände erforderlich, den absoluten und relativen Feuchtigkeitsgehalt und damit den Taupunkt der Trockenluft so niedrig wie möglich zu halten. Der am stärksten beschleunigende Faktor für die Verdampfung ist aber die Energiezufuhr und damit die Temperatur. Außerdem kann das Spülgas je Volumeinheit um so mehr Wasser aufnehmen, je höher die Temperatur ist, wobei gleichzeitig nach Abb. 295 auch die relative Feuchtigkeit des Trockengases noch weiter herabgesetzt wird.

Die anwendbaren Temperaturen sind durch die thermische Beständigkeit der nichtmetallischen Baustoffe gegeben, deren Kenntnis für die wirtschaftliche Ausnutzung des Trockenverfahrens ebenso wichtig ist, wie beim Betrieb der Kältemaschine und die dabei zulässigen Spitzentemperaturen[1]. Auch ist bei der Verwendung von Luft die Temperaturgrenze von Bedeutung, bei der ein oxydativer Einfluß des Luftsauerstoffes wirksam wird. Die im wesentlichen heute am Ständer gekapselter Kältemaschinen verwendeten Isolierstoffe sind die zellulosehaltigen Papiere, Textilien und Holz, sowie die Drahtlacke und in neuester Zeit auch Kunststoffolien und Formteile, vor allem aus Polyurethanen und Polyamiden, sowie auch Duroplasten. Steinle[2] hat sowohl die zulässigen Grenztemperaturen

---

[1] Vgl. Band IV dieses Handbuches, S. 205

[2] Steinle, H.: Kältetechnik Bd. 4 (1952), S. 28 Werkstoffe und Korrosion, Bd. 3 (1952), S. 419.

beim Trocknen mit Gasen unter Atmosphärendruck wie auch den oxydierenden Einfluß verschiedener Gase untersucht. Die Versuche wurden mit Luft, sauerstoffarmem Kohlendioxid und sauerstoffreinem Stickstoff durchgeführt. In Abb. 296 ist die Wasserabgabe von je 14 bis 15 g Baumwolle in Abhängigkeit von der Temperatur aufgetragen. Aus den Versuchen ergibt sich, daß die Zellulose beim Trocknen der Kältemaschinen mit Gasen bei 1 Atm. ohne Schädigung auf 140 °C erhitzt werden kann; die ersten Zerfallsprodukte treten bei etwa 150 °C auf. Außerdem geht aus den Versuchen mit Luft und mit Stickstoff hervor, daß der Sauerstoff der Luft bei mehr als 150 °C einen oxydierenden Einfluß auf die

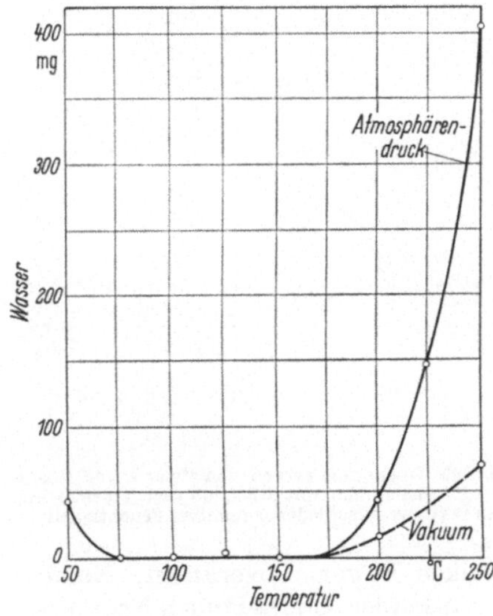

Abb. 296. Temperaturbeständigkeit und Wasserabgabe der Baumwolle bis 200 °C beim Spülen mit trockenen Gasen, Luft, Kohlendioxid und Stickstoff.

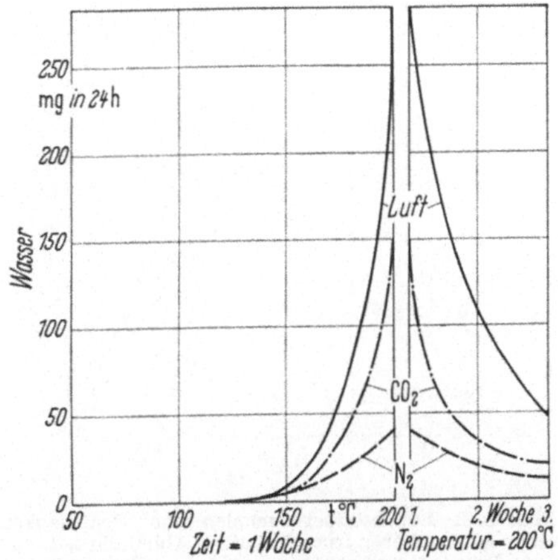

Abb. 297. Temperaturbeständigkeit von Isolierlack unter Vakuum und unter Atmosphärendruck beim Spülen mit Luft.

Zellulose unter Bildung von Wasser ausübt. Nimmt man an, daß die mit Stickstoff ermittelte Wassermenge nur aus thermisch abgespalteten Wasser aus der Zellulose besteht, so wird in Kohlendioxid die vierfache, in Luft sogar die siebenfache Menge Wasser durch Oxydation gebildet. Interessant ist die Wasserbildung mit CO_2, die nur aus einer direkten Umsetzung des Gases mit der Zellulose bzw. deren Spaltprodukten zu erklären ist.

Da dieser oxydative Einfluß von Sauerstoff aus der Luft oder anderen Sauerstoffträgern erst oberhalb der Zerfallsgrenze der Zellulose von etwa 150 °C wirksam wird, kann Luft ohne weiteres zum Spülen der gekapselten Kältemaschinen bei Temperaturen bis 140 °C verwendet werden.

Der Einfluß der Temperatur auf *Isolierlacke*, die heute in gekapselten Kältemaschinen allgemein für die Wickeldrähte verwendet werden, ist von STEINLE ebenfalls untersucht worden. Die Ergebnisse sind in Abb. 297 eingetragen. Die Temperaturbeständigkeit unter Atmosphärendruck in Luft liegt bei 175 °C und demnach über der von zellulosehaltigen Stoffen, die somit im Kältemittelkreislauf die thermisch empfindlichen Stoffe sind und die anwendbaren Spitzentemperaturen bestimmen. Neuere Isolierlacke, die bezüglich ihrer Beständigkeit gegen Kältemittel und Öle, sowie die als Spülmittel verwendeten Lösungsmittel anwendbar sind, haben ähnliche oder noch höhere Grenzen der thermischen Festigkeit. Darüber liegen einige Lebensdauerkurven von BEEL und Mitarbeitern[1] vor, die in

---

[1] BEEL, O., O. W. ROMM u. H. LUTHARDT: ETZ-A, Bd. 77 (1956), H. 22, S. 829.

Abb. 298 als Abhängigkeit der Durchschlagsspannung über der Temperatur wiedergegeben sind.

Über die Temperaturbeständigkeit von Kunststoffen, vor allem der Thermoplaste, liegen ausreichende Angaben vor, so daß die Werte jederzeit festgestellt werden können. Im Einsatz sind Polyterephthalsäureester[1] und auch einige spezielle Polyamid- und Polyurethansorten (Polyamid BK-hart von den Farben-

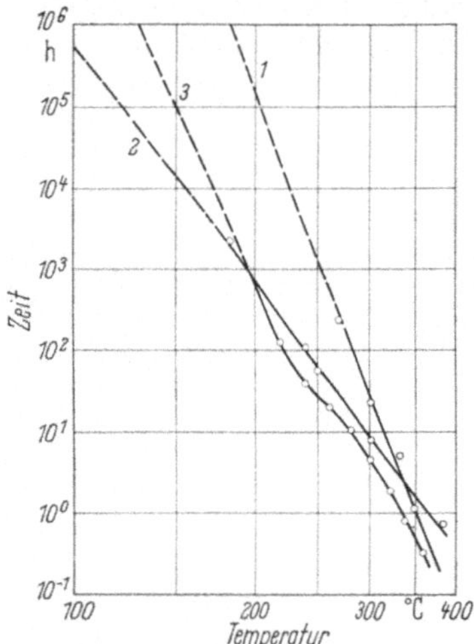

Abb. 298. Lebensdauerkennlinien von Drahtlacken unter Atmosphärendruck in Luft in Abhängigkeit von der Temperatur, bezogen auf die Durchschlagsspannung.

1 Drahtlack auf der Basis Terephthalsäure-Polyester; *2* Drahtlack auf Epoxyd-Harz-Basis. *3* Drahtlack auf der Basis von Polyamid.

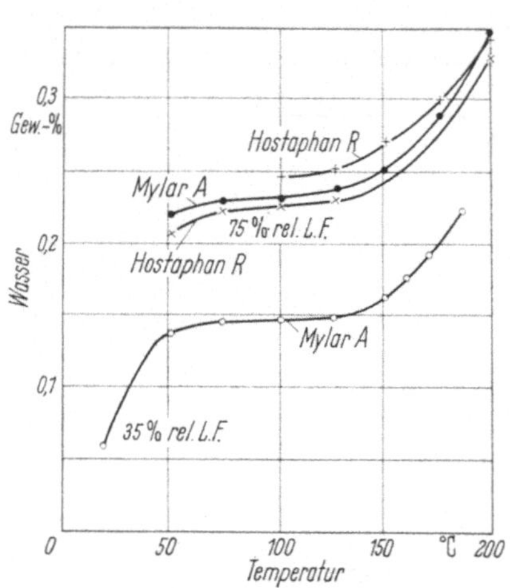

Abb. 299. Trocknungskurven von Mylar A und Hostaphan R beim Spülen mit Stickstoff nach Vorsättigung in Luft mit verschiedener relativer Feuchtigkeit.

fabriken Bayer, Leverkusen; Nomex-Nylon-Papier von Du Pont de Nemours & Co, USA). Sie weisen neben ausreichender Temperaturbeständigkeit bis 140 °C und mehr, die mindestens diejenige der Isolierlacke erreicht, auch eine gute Lösungsmittel-Beständigkeit auf[2]. Allerdings sind diese Stoffe gegen Überhitzungen auch von kürzester Zeit wesentlich empfindlicher als zellulosehaltige Isolierstoffe, da sie beim Erweichungs- oder Schmelzpunkt sofort als Formteil zerstört werden. Steinle[3] hat die Trocknungs- und Zersetzungskurven einer großen Zahl dieser hoch temperaturbeständigen Kunststoffe aufgenommen. In Abb. 299 sind sie für die chemisch identischen Stoffe Mylar A und Hostaphan R gezeigt, die sehr wenig Wasser aufnehmen und bis 130 °C beständig sind. Abb. 300 zeigt die Trocknungskurven einer anderen Reihe von Stoffen mit den Zersetzungstemperaturen (Z). Besonders interessant sind Nomex-Nylon-Papier von Du Pont de Nemours & Co, USA und das Teflon FEP, die bis 200 °C unverändert sind.

Die Sauerstoffeinwirkung ist bei all diesen Stoffen bis 140 °C vernachlässigbar klein[4]. Das zeigen die Lebensdauerkurven nach Abb. 301 in Luft und Abb. 302 in Stickstoff, bei denen als Maß für den Abbau die Bruchdehnung gewählt wurde. Danach werden alle Terephthalsäureesterfolien bis 140 °C nur durch die Temperatureinwirkung, nicht aber durch den Sauerstoff geschädigt.

---

[1] Mylar von Du Pont de Nemours & Co, USA, sowie Hostaphan von Kalle & Co., Wiesbaden-Biebrich.

[2] Hürtgen, J. P., u. A. R. Mounce: ASHRAE-Journal, Bd. 1 (1959), Nr. 7, S. 60.

[3] Steinle, H.: Kältetechnik, Bd. 16 (1964), Nr. 11, S. 334.

[4] Steinle, H.: Bosch Technische Berichte, Bd. I (1966), H. 5, S. 246.

Öle, auch Ölreste, sollten beim Trocknen durch Spülen mit heißer Luft in den Kältemaschinen, den Kompressoren oder anderen Teilen nicht vorhanden sein.

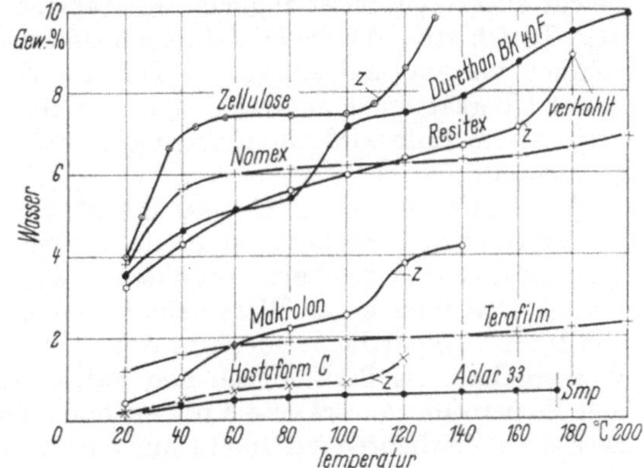

Abb. 300. Trocknungskurven von Zellulose und Kunststoffen mit Zersetzungstemperaturen beim Spülen mit Stickstoff nach Vorsättigung bei 65% relativer Luftfeuchtigkeit.

Mineralöle und auch die meisten synthetischen Schmiermittel werden schon bei Temperaturen unter 100 °C oxydiert. Alle Teile sind deshalb vor der Anwendung von heißer Trockenluft zu entfetten.

Wichtig ist es, die Luft zum Spülen von Kältemaschinen und deren Teilen auf wirtschaftliche Art möglichst weitgehend zu trocknen. Je besser das Spülgas

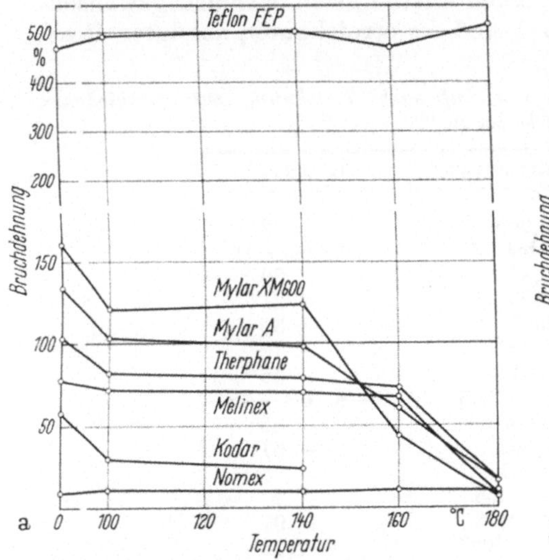

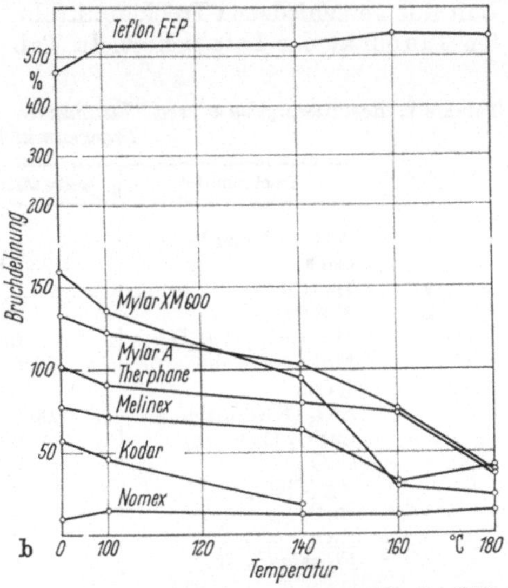

Abb. 301. Bruchdehnung von Kunststoffen in Abhängigkeit von der Temperatur nach Lagerung über jeweils 14 Tage bei 100, 140 und 160 °C in Luft.

Abb. 302. Bruchdehnung von Kunststoffen in Abhängigkeit von der Temperatur nach Lagerung über jeweils 14 Tagen bei 100, 140, 160 und 180 °C in Stickstoff.

vorgetrocknet ist, um so geringer ist der mit ihm letztlich in der Kältemaschine verbleibende Restwassergehalt. Zum Trocknen der Luft sind verschiedene Verfahren gebräuchlich, die sich nach den technischen Gegebenheiten einsetzen lassen; ihre wesentlichen Merkmale sollen kurz besprochen werden, ebenso wie Verfahren zur Bestimmung des Trocknungsgrades der Luft. In der Serienfertigung von Kältemaschinen werden erhebliche Mengen getrockneter Luft benötigt, die nach den heutigen Gepflogenheiten einen Taupunkt unter −50 °C, entsprechend höchstens 0,03 mg H_2O/l haben soll.

19*

Eine viel verwendete Trocknungsart ist das Ausfrieren der Feuchtigkeit in geeigneten Wärmeaustauschern bei entsprechend tiefen Temperaturen. Man macht sich dabei meist zugleich die Tatsache zunutze, daß die Luft unabhängig vom Druck stets die gleiche Sättigungsmenge an Wasser je Volumeinheit aufzunehmen vermag und ein großer Teil der Feuchtigkeit durch Kompression und damit Übersättigung ausgeschieden werden kann. Diese komprimierte, grob vorgetrocknete Luft wird dann durch Unterkühlen auf den gewünschten Taupunkt getrocknet.

Raumluft, die bei 20 °C gesättigt ist, enthält nach Abb. 295 17,3 mg Wasser im Liter. Wird diese Luft auf 10 ata verdichtet, so wird sie mit 173 mg Wasser/ Liter übersättigt, das beim Abkühlen in den Rohrkühlern sofort auskondensiert. Bei 20 °C verbleiben im Wasserabscheider wiederum 17,3 mg H_2O im Liter Luft von 10 ata. Expandiert man dann von 10 ata auf 1 ata, so gewinnt man auch beim Wassergehalt als Partialdruck den Faktor 10. Die nur durch die Kompression und Expansion getrocknete Luft enthält dann noch 1,73 mg H_2O/l, wenn man nach dem Verdichten auf 10 ata nur eine Kühlung auf 20 °C anwendet. Entsprechend der Senkung des absoluten Wassergehaltes der Luft von 17,3 auf 1,73 mg H_2O/l ist die relative Feuchtigkeit von 100% auf 10% erniedrigt worden. Dieses Verfahren wird mit verschiedenen Kompressionsdrücken sowohl als Grobtrocknung für sich, als auch als Vortrocknung in Kombination mit der Ausfriermethode und dem Adsorptionsverfahren für Luft angewendet.

Weit gebräuchlicher als die Gefriertrockenanlagen sind Trockenanlagen für Luft mit verschiedenen Trockenmitteln, deren Auswahl sich nach dem gewünschten Taupunkt der Luft richtet. In Tab. 1 sind die erreichbaren absoluten Rest-

Tabelle 1. *Restwassergehalte und Taupunkte von Luft nach Trocknung mit verschiedenen Trockenmitteln bei 25 °C.*

Trockenmittel	Restwassergehalt g/m³	Taupunkt °C
Aktive Tonerde	0,005	− 62
$CaCl_2$	1,25 bis 1,5	− 17 bis − 12
$Ba\,(ClO_4)_2$	0,82	− 20
NaOH	0,80	− 21
$Mg\,(ClO_4)_2 \cdot 3\,H_2O$	0,031	− 50
Molekularsiebe	0,002	− 70
KOH	0,014	− 56
SiO_2 (Kieselgele)	0,006 bis 0,05	− 62 bis − 45
$CaSO_4$ (Drierite)	0,005	− 64
CaO	0,003	− 67
$Mg\,(ClO_4)_2$	0,001	− 74,5
BaO	0,00065	− 77
P_2O_5	0,00002	− 97
Flüssige Luft	$1,6 \times 10^{-23}$	−192

wassergehalte und die dazugehörigen Taupunkte von Luft nach dem Einstellen des Wasserdampfgleichgewichtes bei der Anwendung verschiedener Trockenmittel nach Angaben des U. S. Bureau of Standards[1] zusammengestellt. In der Praxis haben sich das Phosphorpentoxid (P_2O_5) für exakte Untersuchungen zum Trocknen kleiner Luftmengen, das Kieselgel und Molekularsiebe für technische Anlagen eingeführt. Kühlfallen mit Trockeneis oder flüssiger Luft sind aus Preisgründen nur in Einzelfällen und für Spezialaufgaben anwendbar, jedoch sehr wirksam.

---

[1] U.S. Bureau of Standards: Research Paper R. P. 1603.

Kieselgel und Molekularsiebe werden für kontinuierlich arbeitende Anlagen in Körnungen von 3 bis 6 mm empfohlen, wobei die Luft von unten nach oben durch das Filter geleitet wird. Die Strömungsgeschwindigkeit soll nicht über 0,5 m/sec betragen. Abb. 303 gibt die isotherme Absorption von Wasserdampf durch Kieselgel A bei verschiedenen Temperaturen aus Luft wieder, die bei 20 °C zu 80% gesättigt war.

Wird in einer Anlage mit Kieselgeltrockner komprimierte Luft getrocknet, so erreicht man nach Abb. 295 bei −50 °C Verdampfungstemperatur einen Restwassergehalt der Luft von 0,03 mg/l, mit dem Kieselgelfilter nach Tab. 1 den

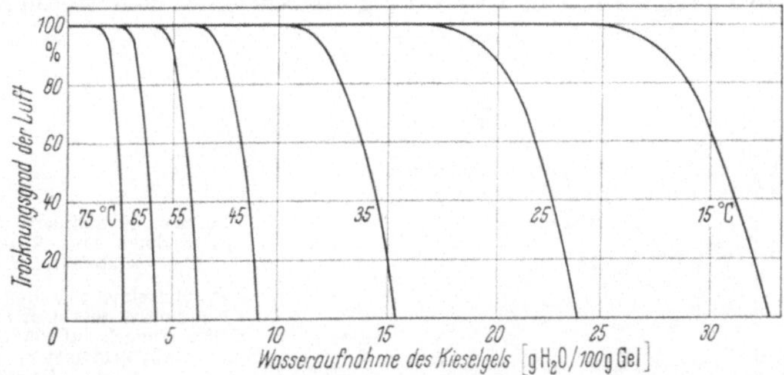

Abb. 303. Trocknungsgrad der Luft in Abhängigkeit vom Wassergehalt von Kieselgel für verschiedene Temperaturen als Parameter.

Wert von 6×10^{-3} mg H_2O/l. Wird diese Luft dann von 10 ata auf Atmosphärendruck expandiert, so sinkt der Wassergehalt der Luft auch auf den zehnten Teil und man erhält nach Abb. 295 Taupunkte von −67 °C bzw. −77 °C. Das Arbeiten mit komprimierter Luft hat in jedem Fall den Vorteil, daß mit der gleichen Anlage mit Gefriertrocknung bzw. Kieselgelabsorber bei gleicher Strömungsgeschwindigkeit ohne Regeneration in der Zeiteinheit z. B. die 10fache Luftmenge und dazu noch auf einen niedrigeren Restwassergehalt getrocknet werden kann wie ohne Kompression.

Das Spülen der Kältemaschinen mit der Trockenluft kann nun entweder mit einem Überdruck oder durch Anlegen eines Unterdruckes erfolgen. In beiden Fällen öffnen, im Gegensatz zu der Vakuummethode, die Ventile im Kältemittel-Kreislauf, wenn man in Richtung des Kältemittelumlaufes spült. Die für die Verdampfung des Wassers erforderliche Wärme wird den Maschinen oder deren Teilen in der Serienfertigung meist durch Einsetzen in Öfen zugeführt. Oft werden die Wicklungen der Ständer zur beschleunigten Erhitzung zusätzlich durch Anlegen einer Heizspannung aufgeheizt. Auch bei diesen Verfahren ist es üblich, die größte Menge des Wassers durch Vortrocknen der Ständer für gekapselte Kältemaschinen im Umluftofen zu entfernen.

Ein Ständer mit einem Ausgangswassergehalt von 8—12 g kann im Heißluftofen in 3 h bei 140 °C auf etwa 200 bis 300 mg Restwasser vorgetrocknet werden. Wird er dann im möglichst heißen Zustand zusammen mit dem Kompressor in das Gehäuse eingebaut und verschlossen, so läßt sich beim Spülen mit Luft, deren Taupunkt −50 °C beträgt, bei einer Durchflußmenge von rund 150 l/h in 3 h ein Restwassergehalt unter 100 mg je Ständer erreichen. Das Spülen bei 130 bis 140 °C soll solange fortgesetzt werden, bis der Taupunkt der aus der Kältemaschine austretenden Luft unter −40 °C entsprechend einem Restwassergehalt unter 0,12 mg/l beträgt. Dann kann die Maschine als trocken angesehen werden. Vielfach wird der Taupunkt der in die Kältemaschine eintretenden und der sie verlassenden Luft mit geeigneten Taupunktspiegeln bestimmt. In sehr weitem Umfang hat sich jetzt die Ermittlung des Wassergehaltes in Gasen nach Weaver mit Hilfe eines hygroskopischen und leitfähigen Films nach der elektrolytischen Leitfähigkeitsmethode eingeführt; dabei dient meist mit Wasser abgesättigtes Phosphorpentoxid bzw. Phosphorsäure als Leiter[1].

In der Literatur wurden einige gebräuchliche Ausführungsformen dieses Spülverfahrens beschrieben. Von Anderson[2] und von Roberts[3] wurden Einzelheiten über das von der Westinghouse Corp. in den USA angewendete Spül- und Trockenverfahren mitgeteilt.

Die fertigen Ständer werden in Alkohol gespült und anschließend im Umluftofen bis zu 24 h lang bei 125 bis 135 °C vorgetrocknet. Die entfetteten Kompressor-

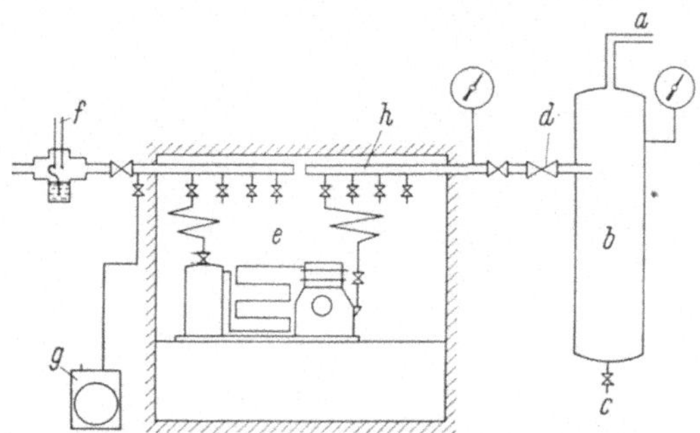

Abb. 304. Kombinierte Anlage zum Spültrocknen und Evakuieren von Kältemaschinen.

a Preßlufteinlaß; *b* Preßluftbehälter; *c* Kondenswasserablaß; *d* Regelventil; *d* Ofen geregelt auf 105 °C; *f* Trocken- und Naßthermometer; *g* Vakuumpumpe; *h* Heizrohr.

teile sind auf die gleiche Weise vorgetrocknet. Alle Teile werden den Kammeröfen nach dem Abkühlen auf 38 °C entnommen und im warmen Zustand zusammengebaut. Dabei werden sie nur mit Handschuhen aus Wildleder angefaßt, um Handschweiß und Schmutz fernzuhalten. Zum Endtrocknen werden je 9 Kältemaschinen in Serie geschaltet und mit Gestellen in elektrisch auf 135 °C geheizte, vollautomatische Kammeröfen eingefahren. Für eine Serie von 9 Maschinen ist jeweils nur ein Anschluß an die Gasleitung erforderlich. Als Spülgas dient Preßluft mit einem Taupunkt von höchstens −50 °C. Die Durchflußmenge und der Druck der Spülluft werden genau einreguliert. Die Erwärmung erfolgt nur durch die Ofenheizung; die Ständer werden dabei also nicht elektrisch geheizt. Jede Serie wird 8 h getrocknet, wobei nur jeweils die letzte Maschine auf ihren Restwassergehalt untersucht wird. Die restliche Luft wird aus der Maschine im noch heißen Zustand durch kurzes Evakuieren entfernt, wobei das Vakuum vor dem Füllen offenbar einmal mit R-12-Dampf gebrochen wird.

Young[4] beschreibt ein kombiniertes Verfahren zum Trocknen der Kältemaschinen in einer Anlage durch Spülen mit trockener Luft und anschließendes Evakuieren. Abb. 304 gibt die apparative Anordnung wieder. Von einem Kompressor wird die Luft auf 6,6 atü verdichtet und durch die Leitung *a* in den Preßluftbehälter *b* gedrückt, in dem sie zugleich auf 30 °C abgekühlt wird. Dabei schlägt sich das über die Sättigung vorhandene Wasser nieder und kann als Kondensat über das Ventil *c* abgelassen werden. Die auf 6,6 atü verdichtete und auf diese Weise vorgetrocknete Luft wird durch das Regelventil *d* auf 0,1 atü expandiert. Damit sinkt der Wassergehalt von 30 mg/l (Sättigung bei 30 °C) auf 5 mg/l ab. Das entspricht einem Taupunkt von etwa 0 °C. Durch das Aufheizen der Luft in dem Heizrohr *h* in dem Ofen *e* auf 105 °C kann diese Luft beim Eintritt in die

[1] Weaver, E. R.: Refrig. Engng., Bd. 55 (1948), S. 266; vgl. Bd. IV dieses Handbuches, S. 216.

[2] Anderson, W. B.: Refrig. Engng., Bd. 41 (1941), S. 323.

[3] Roberts, C. C.: Refrig. Engng., Bd. 56 (1948), S. 231.

[4] Young, Modern Refrig., Bd. 54 (1951), Nr. 642, S. 268 und Nr. 643, S. 315.

angeschlossene Kältemaschine bis zu etwa 600 mg H_2O/l aufnehmen und damit die Maschine trocknen. Der Überdruck soll beim Eintritt in die Maschine entsprechend dem Öffnungsdruck für die Ventile etwa 0,1 atü betragen. Die feuchte Luft strömt aus der Maschine durch ein heißes Sammelrohr ab, um Kondensation zu verhindern. Der Feuchtigkeitsgehalt der austretenden Luft wird über das Trocken-Naß-Thermometer f kontrolliert. Bei einem Durchfluß von 50 bis 80 l Luft/Minute dauert der Trockenprozeß etwa 12 Stunden. Auf diese Weise lassen sich die Maschinen auf einen Restwassergehalt im Dampfraum von 5 mg je Liter Maschineninhalt trocknen. Durch Umschalten der Ventile beim Luftaustritt auf die Vakuumpumpe g wird die Maschine nur noch kurz evakuiert und dazwischen das Vakuum zum Entfernen der Restluft und der Restfeuchtigkeit mit trockenem R-12-Dampf gebrochen. Der Aufwand bei diesem Verfahren, das sich insbesondere für kleine Serien von Kältemaschinen eignet, ist gering.

DENNISON und CURRAN[1] berichten, daß Kompressoren vor dem Einbau in die Kältemaschinen durch Spülen mit getrocknetem Gas getrennt getrocknet und dann unter Füllung mit getrocknetem Stickstoff bis zum Einbau gelagert werden. Kondensatoren, Verdampfer und Rohrleitungen werden mit trockenem Stickstoff bei 135 °C in Infrarotöfen getrocknet und dann ebenfalls bis zum Zusammenbau mit einer Füllung von trockenem Stickstoff gelagert. Zum Trocknen von Rohren, Verdampfern und Kondensatoren wird vielfach auch ein Spülen mit Methylalkohol oder mit Brennspiritus angewendet, die das Wasser leicht durch Lösen abführen und deren letzte Reste infolge ihres niederen Siedepunktes durch Spülen mit Luft oder an der Vakuumpumpe unter Erwärmen leicht entfernt werden können. Es ist dabei aber darauf zu achten, daß keine Alkoholreste im Kältemittelkreislauf zurückbleiben.

In diesem Zusammenhang soll auch ein Verfahren erwähnt werden, das von REED[2] beschrieben wird. Er empfiehlt zum Trocknen von Ständern das Tauchen in heißes Öl bei 90 bis 100 °C, wobei gutes Kältemaschinenöl oder Weißöl zu verwenden ist. Zu berücksichtigen ist die relativ hohe Löslichkeit von Wasser in Ölen bei 90 bis 100 °C, die selbst in einem Weißöl etwa 300 mg/kg beträgt[3]. Der Überzug von Öl auf dem Ständer erschwert aber die Handhabung und das Evakuieren, wenn man nicht den ganzen Ständer noch gründlich entfettet.

3. Trocknen unter Vakuum.

Bei der Vakuummethode zum Trocknen von Kältemaschinen wird meist gleichzeitig Wärme angewendet, um den Dampfdruck des frei verdampfenden Wassers zu erhöhen und zugleich auch die Diffusionsgeschwindigkeit des hygro-

Tabelle 2. *Dampfdruck über Wasser und Eis.*

über flüssigem Wasser

t (°C):	100	90	80	70	60	50
p (torr) =	760,0	525,9	355,2	233,7	149,39	92,52
t (°C);	40	30	20	10	0	
p (torr) =	55,31	31,81	17,53	9,204	4,580	

über Eis

t (°C);	0	−5	−10	−15	−20	−25
p (torr) =	4,580	3,008	1,946	1,238	0,772	0,471
t (°C);	−30	−35	−40	−45	−50	
p (torr) =	0,280	0,167	0,093	0,052	0,029	

---

[1] DENNISON, F. E., u. L. V. CURRAN: Refrig. Engng. Bd. 58 (1950), S. 1174.
[2] REED, P.: Air Cond. and Refrig. News, Bd. 63 (1951), Nr. 14, S. 20 und Nr. 15, S. 24.
[3] Vgl. dieses Handbuch, Bd. IV, S. 156

skopisch oder adsorptiv gebundenen Wassers zu beschleunigen. Das Vakuum führt den gebildeten Wasserdampf ab, wobei zu berücksichtigen ist, daß sich mit abnehmendem Druck der Siedepunkt erniedrigt und zugleich das spezifische Volum des Wasserdampfes stark ansteigt. Beim Trocknen unter Vakuum entsprechen 5 Torr einem Siedepunkt von 1,5 °C des frei verdampfenden Wassers.

In Tab. 2 ist der Dampfdruck von Wasser und Eis im Temperaturbereich von + 100 °C bis — 50 °C dargestellt. Um einen Überblick über die mit abnehmendem Druck auftretenden Abkühlungstemperaturen zu geben, seien die folgenden beim Evakuieren von Kältemaschinen vorkommenden Vakuumstufen gegenübergestellt.

Siedepunkt des Wassers bei   4,58 Torr =   0 °C
Sublimationstemperatur des Eises bei   1,0 Torr = — 17,5 °C
Sublimationstemperatur des Eises bei   0,1 Torr = — 39,3 °C

Beim Trocknen der Kältemaschinen am Vakuum muß deshalb die Temperatur stets so erhöht werden, daß der Siedepunkt des Wassers bei dem angewendeten Saugdruck überschritten ist. Durch adsorptive oder hygroskopische Bindung wird der Dampfdruck des Wassers noch weiter herabgesetzt, der Siedepunkt also erhöht, sofern man überhaupt noch von einem solchen sprechen kann. Andererseits muß bei vorgegebener Temperatur der Druck beim Evakuieren so weit erniedrigt werden, daß bei der Trockentemperatur der Siedepunkt erreicht ist. Das bedeutet vor allem eine ausreichende Saugleistung der Pumpenanlage.

HAAS[1] macht Angaben über den Wasserdampfdruck bei 15 °C in Abhängigkeit vom Kapillarenradius. Abb. 305 zeigt diesen Druckabfall, der insbesondere für hygroskopische Fasern und Papiere zutrifft, die alle einen hohen Anteil sehr feiner Kapillaren besitzen. Zur Aufrechterhaltung der erforderlichen Druckdifferenz muß deshalb die Temperatur gesteigert werden, wobei aber die Zersetzungstemperatur nicht erreicht werden darf. HAAS weist auch darauf hin, daß bei feinporigem Trockengut mit Poren kleiner als 0,01 μ Knudsensche Molekulardiffusion vorliegt, so daß eine Drucksenkung infolge der Erhöhung der freien Weglänge keine Beschleunigung bringen kann; es ist eine Temperaturerhöhung notwendig. Bei groben Poren über 10 μ Durchmesser wirken dagegen Vakuum- und Temperaturerhöhung beschleunigend; maßgebend ist die Temperaturerhöhung. Ist beim Evakuieren von Wasser Öl auch nur in einem dünnen Film auf den Oberflächen der Baustoffe vorhanden, so wird der Wasserdampfdruck ebenfalls herabgesetzt und der Trockenprozeß verzögert. Mit Öl gefüllte Maschinen lassen sich deshalb nicht wirtschaftlich am Vakuum trocknen; außerdem besteht die Gefahr des Ausdampfens leichter Bestandteile aus dem Öl, welche die Vakuumanlagen verunreinigen.

Die Sättigungs-Dampfvolume, die beim Evakuieren von Wasser je nach dem Druck und der Temperatur bewältigt werden müssen, ergeben sich aus der Tab. 3.

Bei 90 °C und 0,05 Torr ergibt 1 g Wasser 25 m³ Wasserdampf; bei 0,1 Torr noch 10,6 m³. Diese Dampfvolume können selbst von großen Pumpen nicht schnell

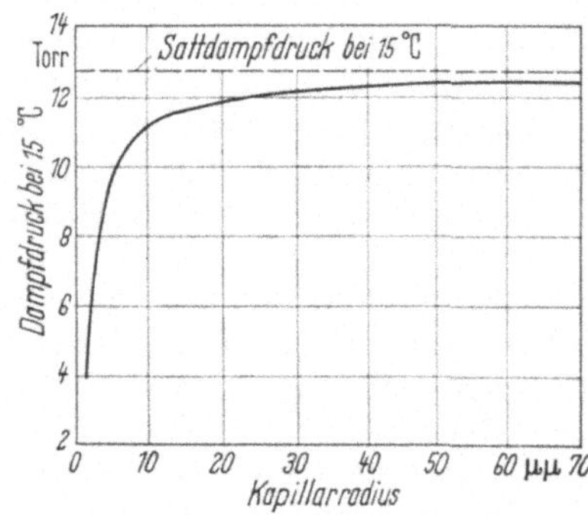

Abb. 305. Dampfdruck des adsorbierten Wassers bei 15 °C in Abhängigkeit vom Kapillar-Radius.

---

[1] HAAS, H.: Chemie-Ing.-Technik, Bd. 27 (1955), Nr. 6, S. 357.

Tabelle 3. *Spezifisches Volum v'' von trocken gesättigtem Wasserdampf.*

t	(°C);	100	90	80	70	60	50
p	(Torr) =	760	525,9	355,2	233,7	149,39	92,52
v''	(l/g) =	1,673	2,361	3,410	5,049	7,682	12,05
t	(°C):	40	30	20	10	0	
p	(Torr) =	55,31	31,81	17,53	9,204	4,580	
v''	(l/g) =	19,55	32,93	57,84	106,4	206,3	

bewältigt werden. Um die Pumpen zu entlasten, muß das Wasser, ehe es die Pumpen erreicht, unbedingt in einer Ausfriertasche mit Trockeneis oder flüssiger Luft ausgefroren werden. Die Vakuumpumpe muß dann nur noch das Vakuum halten und die kleinen Volume nichtkondensierbarer Gase abführen; außerdem werden Schäden in den Pumpen durch die mögliche Kondensation von Wasserdampf vermieden. Die Gefahr der Kondensation von Wasser im Öl oder an Teilen der Pumpe besteht stets dann, wenn die Pumpe kälter ist als die zu trocknenden Teile der Kältemaschine, da dann eine Übersättigung der Atmosphäre beim Abkühlen und auch beim Verdichten in der Pumpe eintritt.

In gleicher Weise können Lösungsmittelreste von Spülprozessen das Endvakuum der Pumpen durch Kondensation in der Ölfüllung von rotierenden Pumpen verschlechtern und damit den Trockenprozeß verzögern, da sie zusätzlich verdampft werden müssen und oft einen höheren Dampfdruck besitzen als das Wasser. In Quecksilber- oder Öldiffusionspumpen werden viele der gebräuchlichen chlorierten Spülmittel, z. B. Trichloräthylen, bei der hohen Betriebstemperatur unter Bildung aggressiver Chlorwasserstoffsäure thermisch gespalten. Lösungsmittelreste sollen deshalb aus Kältemaschinen und ihren Teilen unbedingt vor dem Anschließen an das Vakuum durch eine Wärmebehandlung in Trockenöfen, gegebenenfalls unter Durchleiten von trockenem Gas, entfernt werden.

Bei der Vakuummethode zum Trocknen liegt das Endvakuum in den Kältemaschinen zwischen 10^{-2} und 10^{-1} Torr und die angewendete Temperatur je nach den zu trocknenden Stoffen zwischen 90 und 150 °C. Man verwendet meist rotierende Pumpen. Je niedriger aber der erreichte Enddruck der Vakuumanlage ist, um so geringer werden auch Verdampfungs- und Diffusionsgeschwindigkeit des Wassers. Außerdem ist zu berücksichtigen, daß die Diffussionsgeschwindigkeit für das ausdampfende Wasser bei den einzelnen Stoffen je nach deren Struktur verschieden ist. Die Anwendung von Vakuum soll stets nur bei gleichzeitiger Temperaturerhöhung erfolgen, um Übersättigung, Wasserkondensation und Korrosion in Form von Rost zu vermeiden.

Die freie Weglänge der zu entfernenden Dampf- und Gasmoleküle steigt mit sinkendem Druck stark an. Das hat zur Folge, daß mit sinkendem Druck der Druckabfall in engen Durchgängen von Anschlußventilen usw. erheblich wird, und daß damit in den einzelnen Teilen einer Vakuumanlage bzw. der angeschlossenen Kältemaschine unterschiedliche Drücke herrschen. Damit ist auch der Wasserdampfdruck in den einzelnen Teilen der Maschine verschieden und es kann zur Kondensation kommen, wenn dazu noch Temperaturunterschiede auftreten, welche durch die schlechte Wärmeleitfähigkeit der stark verdünnten Gase begünstigt werden. Auch beim Arbeiten mit guten Kapselpumpen bleibt in den zu trocknenden Kältemaschinen im Gasraum stets ein Rest von Wasserdampf. In Tab. 4 ist der je Liter freien Raumes bei Sättigung mögliche Wasserdampfgehalt zusammengestellt. Alles darüber hinaus vorhandene Wasser ist adsorptiv, vor allem in den zellulosehaltigen Isolierstoffen gebunden.

Das Gas (Luft) wird abgesaugt und durch den sich bildenden Wasserdampf verdrängt, so daß schließlich je nach Temperatur und Druck der Hohlraum je

Liter Inhalt eine bestimmte Wassermenge enthält. Das sind z. B. nach Goddard[1] bei Zimmertemperatur und einem Druck von 5,2 Torr 5,4 mg Wasser je Liter Hohlraum. Diese Wolke von Wasserdampf läßt sich aus den Kältemaschinen leicht in der Weise entfernen, daß man das Vakuum einmal oder mehrmals mit scharf getrocknetem Gas oder auch mit Kältemitteldampf bricht. Dadurch wird der restliche Wasserdampf im Verhältnis der Druckänderung abgeführt, da er sich gleichmäßig in dem einströmenden Gas verteilt. Diese Trockenmethode wird als die wirksamste Vakuumanwendung bezeichnet. Brandon[2] betrachtet Vakuumpumpen mit einem Endvakuum von 10 bis 15 Torr als genügend, wenn das Vakuum mehrmals gebrochen wird.

Tabelle 4. *Wasserdampfdruck und Wasserdampfmenge je Liter Inhalt der Kältemaschine in Abhängigkeit von der Temperatur.*

Temperatur °C	Dampfdruck mm Hg	Dampfmenge mg/l
− 20	0,9	1,1
0	4,6	4,8
+ 20	17,5	17,1
40	55,3	50,6
60	149,4	140,0

Zur Kontrolle der Trockenheit einer am Vakuum liegenden Kältemaschine empfiehlt Goddard den Vakuumindikator mit nassem Thermometer. Seine Arbeitsweise beruht auf der Abhängigkeit des Siedepunktes vom Druck, Tab. 4, so daß man aus der am Thermometer angezeigten Temperatur auf den Druck schließen kann, der durch das noch in der Kältemaschine verdampfende Wasser gegeben ist. Zu beachten ist jedoch, daß auch ein

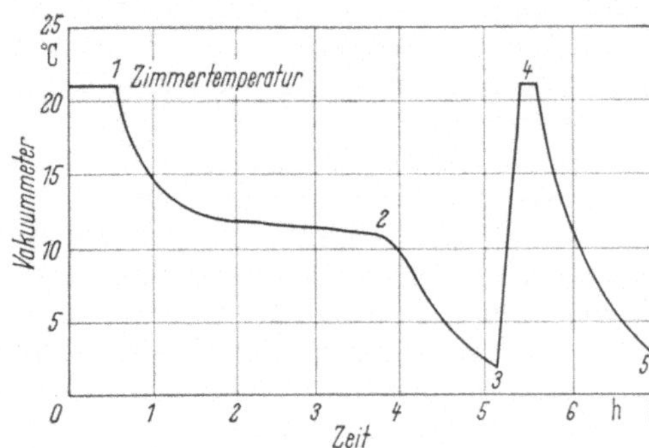

Abb. 306. Vakuum-Indikator-Diagramm mit Brechen des Vakuums.

erheblicher Teil des Wassers am feuchten Thermometer des Vakuumindikators verdampft und den Trockenvorgang stören kann. Die Abb. 306 zeigt den typischen Verlauf eines Evakuierungsprozesses mit ausdampfendem Wasser und Brechen des Vakuums in der Anzeige eines Vakuumindikators. Die Anfangstemperatur von 21 °C bleibt am nassen Thermometer zunächst solange bestehen, bis der Gesamtdruck den Siededruck des Wassers bei dieser Temperatur erreicht hat (Punkt 1). Dann fällt der Druck und damit auch die Temperatur im Indikator steil ab, bis bei etwa 12 °C und dem dazugehörigen Dampfdruck des Wassers von rund 11 Torr dieses nahezu restlos abgedampft ist (Punkt 2). Das ist nach etwa 4 Stunden der Fall, und der Druck fällt dann schnell zum Zeichen, daß die Maschine praktisch trocken ist, auf einen Wert von unter 5 Torr (Punkt 3). Zum Entfernen des unter diesen Bedingungen im Gasraum noch vorhandenen Wasserdampfes von 5,4 mg/l wird nach insgesamt 5 Stunden das Vakuum gebrochen (Punkt 4). Bei erneutem Evakuieren sinkt der Druck verhältnismäßig schnell auf den vorher erreichten Grenzwert ab (Punkt 5).

[1] Goddard, M. D.: Refrig. Engng. Bd. 50 (1945), S. 217.
[2] Brandon, A. O. B.: Modern Refrig. Bd. 54 (1951), Nr. 634, S. 9.

Zur Druckmessung im Vakuum sind im Laboratorium sehr geeignet verkürzte und handliche Ausführungen des McLeodschen Vakuummeters, bei denen das Restgas in einem geeichten Volum durch Quecksilber auf 1 ata verdichtet wird. Für technische Messungen gibt es heute sehr handliche Vakuummeter, die hier nicht behandelt werden können.

Beim Vakuumtrocknen offener Kältemaschinen ohne organische Werkstoffteile und Öle, wobei die Maschinenteile auch sorgfältig entfettet sind, können ohne Bedenken Temperaturen um 150 °C angewendet werden, um den Trockenprozeß wesentlich zu beschleunigen. Kleine offene Kältemaschinen werden in der Serienfertigung zu dem Zweck meist in Trockenöfen oder Wärmekästen gestellt, wobei aber wegen der hohen Temperaturen alle Kunststoffteile und das elektrische Zubehör erst nachträglich montiert werden können. Die Dauer des Trockenprozesses hängt im wesentlichen nur von der Sauberkeit der Maschinenteile und der Möglichkeit ab, die kompakten Teile so schnell wie möglich auf die gewünschte Endtemperatur zu erwärmen. Dazu dienen oft Infrarotstrahler. Bleidichtungen sind jedoch für Temperaturen um 150 °C schon ungeeignet, da sie zu fließen beginnen und undicht werden. Man verwendet deshalb an ihrer Stelle heute vielfach solche aus Asbestplatten mit Elastomeren wie Neopren, welche diese Temperaturen noch vertragen.[1]

Große Kälteanlagen und Gewerbemaschinen, welche am Aufstellungsort montiert werden, müssen ebenfalls getrocknet werden. Dazu wird oft der eigene Kompressor verwendet, wobei zu berücksichtigen ist, daß das Endvakuum des Kompressors schlecht ist. Infolgedessen verbleibt viel Wasser je Liter Hohlraum in der Maschine. BRANDON[2] hält das Trocknen und Entlüften einer Kälteanlage mit dem eigenen Kompressor für ungenügend. Dagegen läßt sich der Restwasserdampf durch ein- oder mehrmaliges Brechen des Vakuums entfernen, wobei zum Brechen des Vakuums niemals Luft, sondern das später einzufüllende Kältemittel zu verwenden ist. Der Luftsauerstoff würde, begünstigt durch die hohen Verdichtungsendtemperaturen der Luft, zu einer starken Schädigung des bereits eingefüllten Öles durch Oxydation führen. In den USA wird das Evakuieren derartiger Anlagen mit kleinen, transportablen Vakuumpumpen durchgeführt, die auch in Deutschland von einigen bekannten Firmen hergestellt werden. Vielfach wendet man gleichzeitig ein kontinuierliches Aufheizen der Anlage an, wobei zweckmäßig mit dem Heizen an dem dem Vakuumanschluß entferntest gelegenen Teil begonnen wird. Dazu sind Infrarotlampen geeignet, jedoch darf die Temperatur in ölführenden Teilen 65 bis 70 °C nicht überschreiten. In ähnlicher Weise, jedoch unter Anwendung wesentlich höherer Temperatur bis zu 150 °C, werden Teile der größeren Kältemaschinen vor der Montage getrocknet, ehe sie für die Lagerung und den Versand mit einem leichten Überdruck eines trockenen Gases gefüllt und verschlossen werden. Zum Verschließen dienen Schraubstopfen oder auch konische Metallstopfen, die mit Abdeck- oder Verpackungslack gedichtet werden. Für Rohre, Verdampfer und Kondensatoren werden auch die aufquellbaren Kunststoffrohrverschlüsse auf Polyvinylchlorid-Basis verwendet. Sowohl die Rohrverschlüsse als auch die Lacke lassen sich leicht aufschlitzen und als Ganzes abziehen.

Während also beim Trocknen der offenen Kältemaschine und ihrer Teile keine wesentlichen Probleme auftreten, da es sich um ein Abdampfen des reinen Oberflächenwassers handelt, bereiten die Verfahren für gekapselte Maschinen mit ihren großen adsorptiv wirksamen Oberflächen der nichtmetallischen und vor allem organischen Isolierstoffe einige Schwierigkeiten, wenn man wirtschaftlich

---

[1] Vgl. dieses Handbuch, Bd. IV, S. 135,
[2] Siehe Fußnote 2, S. 298.

arbeiten will. Die Isolierstoffe können an der Luft im Gleichgewicht mit der Luftfeuchtigkeit erhebliche Mengen an Wasser aufnehmen, dessen Abdampfen im Vakuum infolge der großen zu bewältigenden Dampfvolume absolut unwirtschaftlich wäre. Das betrifft vor allem den Ständer, während sich die glatten Metalloberflächen der übrigen Maschinenteile wie diejenigen der offenen Maschinen verhalten und auch entsprechend vorgetrocknet werden können. Die fertig gewickelten und gespulten Ständer werden nach verschiedenen Verfahren vorgetrocknet. Früher wurden sie meist in Röhren- oder Kammeröfen unter Erwärmen und einem mäßigen Vakuum von 50 bis 200 Torr von den größten Mengen adsorbierten Wassers befreit. Da aber schon dafür recht erhebliche Pumpenleistungen und Ausfriertaschen mit Trockeneiskühlung erforderlich waren und die Zeiten doch 10 bis 20 Stunden betrugen, trocknet man heute meist in Umluftöfen mit Frischluftzufuhr vor.

Wird der Rest von Feuchtigkeit dann im Vakuum aus den Kältemaschinen entfernt, so ist es am wirtschaftlichsten, die Temperatur so hoch wie irgend möglich zu wählen, um die Verdampfung zu beschleunigen, da die Temperatur der Hauptfaktor zur Beschleunigung von Trockenprozessen und Diffusionsvorgängen ist. Steinle[1] hat den Einfluß der Temperatur auf die Evakuierzeit von Baumwolle bei 70, 90 und 100 °C untersucht, wobei zu berücksichtigen ist, daß die erforderliche Zeit stark von der Leistungsfähigkeit der Pumpenanlage sowie von den Leitungsquerschnitten abhängig ist; die gemachten Angaben können deshalb nur als Vergleichszahlen gelten. Die Proben wurden jeweils unter Vakuum bei Zimmertemperatur bis zur Gewichtskonstanz vorgetrocknet und dann bei der Versuchstemperatur die abgegebene Wassermenge von Tag zu Tag durch Ausfrieren und Titration bestimmt. Abb. 307 zeigt die Wasserabgabe über der Zeit, aufgetragen mit der Temperatur als Parameter. Die Menge des insgesamt evakuierten Wassers ist bei allen Ständen gleich. Während bei 100 °C eine vollständige Trocknung vergleichweise in vier Tagen erreicht ist, dauert es bis zum gleichen Zustand bei 90 °C schon 8 Tage und bei 70 °C 18 bis 20 Tage. Zur vollen Ausnützung ist es deshalb wesentlich, die Temperaturgrenzen zu kennen, bei denen im Vakuum die organischen Stoffe unter Wasserabspaltung thermisch zu zerfallen beginnen. Steinle hat die für den thermischen Zerfall kritische Temperatur der Zellulose und der Isolierlacke im Vakuum ermittelt. Zellulose wurde in Form von Baumwolle, Zellwolle und Papier verwendet, Isolierlack war auf Kupferdraht aufgebracht. Als Versuchsmenge dienten jeweils Stoffproben von 15 bis 16 Gramm. Diese wurden dann, bei 25 °C beginnend, von 10 zu 10° aufwärts jeweils so lange erhitzt, bis bei der betreffenden Temperatur die Wasserabgabe innerhalb von 24 Stunden auf weniger als 1 Milligramm herabgesunken war. Das Wasser wurde in einer Kühlfalle mit Trockeneis-Spiritus-Gemisch ausgefroren und in ihr mit Fischer-Lösung titriert[2]. Die Versuche wurden bis zu 155 °C ausgedehnt. Die Ergebnisse sind in Abb. 308 für Baumwolle, Zellwolle und Papier in Abhängigkeit von der Temperatur dargestellt. Die Kurven fallen für Baumwolle und Zellwolle praktisch zusammen, was bei ihrer ähnlichen Struktur auch erklärlich ist, während das Papier mit seiner viel dichteren Struktur das gebundene Wasser langsamer abgibt. Zunächst findet in dem linken, abfallenden Ast der Kurven der Trockenprozeß statt, wobei das aus der Luft aufgenommene, adsorptiv gebundene Wasser bei genügender Evakuierzeit und Temperaturen zwischen 70 und 100 °C restlos entfernt werden kann. Dann beginnt bei etwa 110 °C ein steiler Anstieg der

---

[1] Steinle, H.: Kältetechnik, Bd. 4 (1952), S. 28 und Werkstoffe und Korrosion, Bd. 3 (1953), S. 419.

[2] Vgl. dieses Handbuch, Bd. IV, S. 213.

Wasserabgabe durch thermischen Zerfall der Zellulose, wobei mit steigender Temperatur die mechanische Festigkeit der Zellulose unter zunehmender Dunkel-Verfärbung stark abnimmt. HAAS[1] nennt als obere Temperaturgrenze für Papier im Vakuum ebenfalls 100 °C.

Die Zerreißfestigkeit sinkt bei 155 °C um mehr als 50% der bei 20 °C gemessenen Werte nach dem Lagern in Luft mit 65% relativer Luftfeuchtigkeit ab.

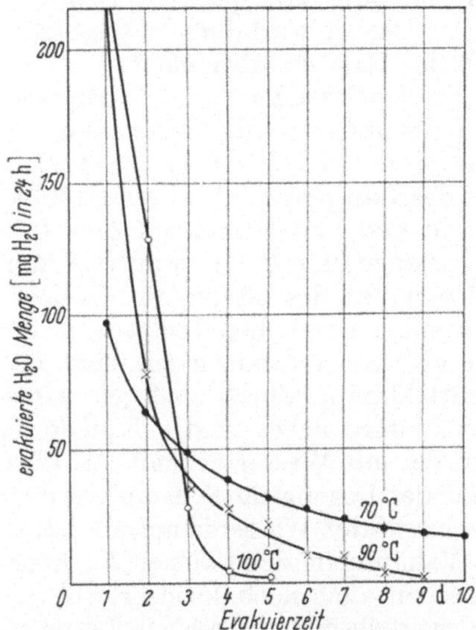

Abb. 307. Abhängigkeit der Evakuierzeit von der Temperatur bei gleichem Ausgangswassergehalt.

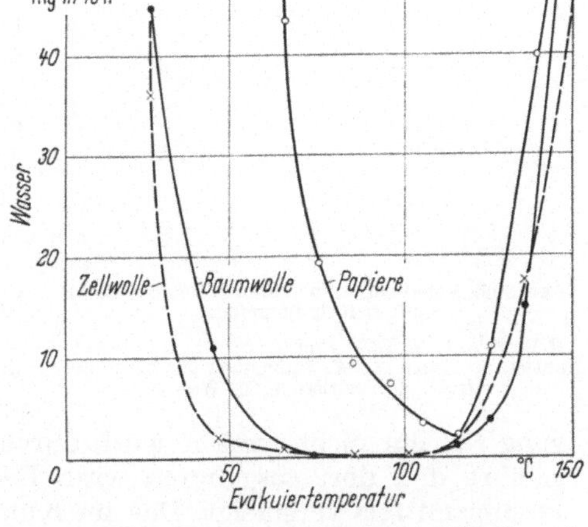

Abb. 308. Wasserabgabe von Baumwolle, Zellwolle und Papier in Abhängigkeit von der Temperatur, Trocknungs- und Zerfallskurven.

Die obere Grenze der Evakuiertemperatur für zellulosehaltige Stoffe, z. B. Baumwolle, Zellwolle, Papiere und Holz, liegt demnach bei etwa 110 °C, während darüber hinaus der thermische Zerfall einsetzt. Die bisher in gekapselten Kältemaschinen vielfach verwendeten Isolierlacke auf Polyvinylacetatbasis beginnen unter Vakuum ebenso wie unter Atmosphärendruck in Luft nach Abb. 297 erst bei etwa 175 °C in merklicher Menge thermisch aufzuspalten; sie haben jedoch zum Teil einen unter dieser Zerfallstemperatur liegenden Erweichungspunkt, auf den beim Trocknen Rücksicht zu nehmen ist. Die thermische Beständigkeit der Isolierlacke liegt also im Vakuum wie unter Atmosphärendruck in Luft und auch in den Kältemaschinen in der Kältemittelatmosphäre weit über derjenigen zellulosehaltiger Isolierstoffe[2].

Bei allen Trockenprozessen im Vakuum sollen in den Kältemaschinen mit organischen Stoffen auch örtliche Überhitzungen über 110 °C vermieden werden. Es wird deshalb empfohlen, das Aufheizen über die Ständerwicklung der gekapselten Kältemaschinen durch Anlegen einer Heizspannung nur bis höchstens 80 °C Wicklungstemperatur vorzunehmen, dann aber nur noch durch äußere Wärmezufuhr zu heizen. Das zu schnelle Erwärmen der Ständerwicklung gegenüber den großen Massen von Kompressorsatz und Gehäuse hat auch den Nachteil, daß von den Isolierstoffen abdampfendes Wasser an kälteren Stellen kondensieren und zum Rosten der entfetteten Eisenteile führen kann.

---

[1] HAAS, H.: Chemie-Ing.-Technik, Bd. 27 (1955), Nr. 6, S. 357.
[2] Vgl. dieses Handbuch, Bd. IV, S. 205.

4. Trocknen mit heißen Dämpfen.

In den letzten Jahren wurden Verfahren bekannt, die Ständer gekapselter Kältemaschinen in heißen Dämpfen solcher Flüssigkeiten zu trocknen, die bei hohem Molekulargewicht und Siedepunkten über 100 °C selbst praktisch kein Wasser lösen. Man nützt dabei in geschlossenen Anlagen nach Abb. 309 zunächst die Kondensationswärme schwerer Dämpfe zum schnellen Aufheizen der Ständer aus und legt ein Vakuum zwischen 10 und 1 Torr zum Transport des Dampfes und des frei werdenden Wasserdampfes an. Der Dampf wird durch Wasserkühlung kondensiert und der Wasserdampf durch das Vakuum abgeführt[1].

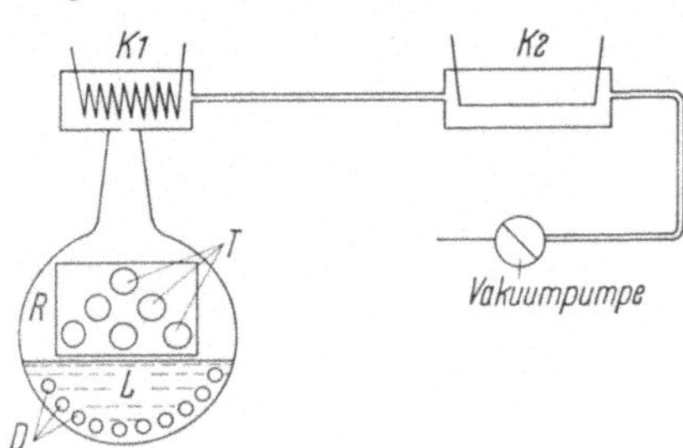

Abb. 309. Apparatur zum Trocknen von Ständern mit heißen Dämpfen.

R Rezipient, *T* Teile zum Trocknen, *L* Lösungsmittel, *D* Heizung, K_1 Verflüssiger für Lösungsmittel, K_2 Ausfrierfalle für Wasser.

Die zu trocknenden Teile *T* befinden sich im Dampfraum des Rezipienten *R*. Das Lösungsmittel *L* mit hoher spezifischer Wärme des Dampfes wird bei etwa 130 °C verdampft und kondensiert auf den Teilen *T*, solange deren Temperatur unter dem Siedepunkt des Lösungsmittels liegt. Sie geben bei der hohen Temperatur ihr Wasser ab, das zusammen mit dem Lösungsmitteldampf durch Anlegen eines leichten Unterdruckes in den Kühler K_1 gelangt, der mit Wasser gekühlt ist. Dort wird nur der Lösungsmitteldampf verflüssigt, während der Wasserdampf, da Sättigung für ihn nicht erreicht wird, durch das Vakuum in den Kühler K_2 übergeführt und dort ausgefroren wird. Dabei werden auch noch kleine Reste des Lösungsmittels verflüssigt. Das im Kühler K_1 verflüssigte, wasserfreie Lösungsmittel fließt kontinuierlich direkt in den Rezipienten *R* zurück. Das Lösungsmittel, z. B. aus der Gruppe der Fluor-Chlor-Kohlenwasserstoffe soll eine möglichst geringe Löslichkeit für Wasser haben. Als geeignet werden Trichlorbenzol, Pentachlordiphenyl und auch Perchloräthylen genannt.

Eine Schnellmethode zum Erwärmen und Trocknen von Kompressoren empfehlen Larsen und Elliot[2] unter Verwendung von R 11. Nach grobem Vorevakuieren füllt man etwa 1 kg R 11 in den Kompressor ein. Es verdampft außen an dem sich im Ofen erwärmenden Gehäuse und kondensiert an den kalten Kompressorteilen. Durch die Kondensationswärme erwärmen sich die inneren Teile sehr schnell. Nach etwa 4 h ist die Endtemperatur von 120 °C erreicht und das R 11 mit dem Wasserdampf wird abkondensiert. Es wird zu 50 bis 60% durch Trocknen zurückgewonnen. Der Kompressor wird dann im noch warmen Zustand auf 1,5 bis 2 Torr evakuiert, das Vakuum mit trockenem Stickstoff gebrochen und der Kompressor vor dem Füllen mit Öl und Kältemittel nochmals auf 0,25 Torr evakuiert. Der gesamte Trockenprozeß dauert somit insgesamt etwa 6 h.

III. Evakuieren und Entlüften.

Nach dem sorgfältigen Trocknen dient das Evakuieren der Kältemaschinen vor dem Füllen dem Zweck, die Luft als Fremdgas aus dem Kältemittel-Kreislauf soweit als möglich zu entfernen. Nach dem Zusammenbau der Kältemaschinen in der Fertigung, der heute meist mit fertig getrockneten Teilen erfolgt, und nach dem Abpressen zur Druck- und Dichtheitsprüfung werden sie als fertige Einheiten

---

[1] Clark, F. M.: US-Patent Nr. 2293453, General Electric Co., 18. Aug. 1942.
[2] Larsen, L. W., u. J. Elliot: Refrig. Engng. Bd. 61 (1953), S. 1325.

entlüftet. Fremdgas, das in diesem Falle aus Luft besteht, führt zu verschiedenen Störungen im Kältemittel-Kreislauf[1]. BOPP[2] empfiehlt, jede Kältemaschine auf einen Enddruck von höchstens 0,1 Torr abzusaugen, um den Sauerstoff mit den nicht kondensierbaren Gasen ausreichend zu entfernen. Auch bei vollkommen trockenem Kreislauf reagiert der Sauerstoff am heißen Druckventil mit Öl unter Bildung koksartiger Rückstände, die fest an der Ventilplatte haften. Durch die Querschnittsverringerung wird die Strömungsgeschwindigkeit so stark erhöht, daß Temperaturen um 450 °C mit R 12 und bis 530 °C mit R 22 auftreten können. Es folgen dann Zersetzungen von Öl und Kältemittel und Reaktionen unter Bildung von Salzsäure, Flußsäure, Kohlenoxiden und Wasser.

Bei kleinen Maschinen, die meist im Herstellerwerk mit Öl und Kältemittel gefüllt werden, erfolgt das Entlüften fast ausnahmslos an Vakuumanlagen mit rotierenden Pumpen. Sind alle Teile der Maschine gründlich getrocknet, so genügt nach DENNISON und CURRAN[3] ein kurzes Absaugen auf einen Druck von 0,05 Torr. Müssen beim Endevakuieren aber noch Feuchtigkeitsreste durch das Vakuum entfernt werden, so ist eine Erhöhung der Temperatur zur Beschleunigung unbedingt anzuraten. Ein- oder mehrmaliges Brechen des Vakuums mit dem für den Betrieb vorgesehenen Kältemitteldampf beschleunigt das Entlüften und vermindert den Restwassergehalt im Dampfraum der Maschinen. Das Entlüften der in Werksanlagen hergestellten Kältemaschinen bereitet im allgemeinen keine Schwierigkeiten und wird wesentlich nur durch die Leistungsfähigkeit der Vakuumanlage sowie Drosselwirkungen in Ventilen und Rohrleitungen bestimmt.

Erheblich schwieriger gestaltet sich das Entlüften der Gewerbe- und Großkälteanlagen. Am zweckmäßigsten ist hier die Verwendung einer transportablen Vakuumpumpe mit ausreichendem Endvakuum.

Für Kältemaschinen, die nicht innerhalb einer ausgeklügelten Serienfertigung evakuiert werden können, also bei Außenmontage, empfiehlt BOPP, dreimal abzusaugen und das Vakuum mit Kältemittel oder Stickstoff zweimal zu brechen. Zum Evakuieren reichen Kältekompressoren oder gar der eigene Kompressor normalerweise nicht aus; es sind Vakuumpumpen zu verwenden, die ein Endvakuum unter 0,1 Torr ergeben. Man saugt ab und läßt dann zum völligen inneren Druckausgleich eine Stunde stehen. Dann wird das Vakuum mit Kältemittel oder bei großen Anlagen mit Stickstoff aufgefüllt. Der Vorgang wird wiederholt und erst nach dem dritten Evakuieren füllt man mit Öl und Kältemittel. Durch die dreimalige Verdünnung des Sauerstoffes wird sein Gehalt auf diese Weise auf weniger als $^1/_{10}$% des Ausgangsgehaltes herabgesetzt.

Besteht diese Möglichkeit nicht, so kann der Kältemittelkreislauf nur mit dem eigenen Kompressor abgesaugt werden, der die Luft über das Druckventil direkt nach außen über ein Absperrventil ausstößt. Wegen des Laufens muß der Kompressor vorher mit Öl gefüllt sein. Das Endvakuum unterschreitet jedoch selten 10 bis 20 Torr, und es ist erforderlich, die Restluft durch mehrmaliges Brechen mit Kältemitteldampf zu entfernen, der durch leichtes Heizen der Maschinenteile überhitzt werden kann, um durch Erhöhung der Wasseraufnahmefähigkeit auch die letzten Reste von Feuchtigkeit zu entfernen und seine Kondensation in kalten Maschinenteilen zu verhindern. Das Kältemittel wird mehrmals wieder abgesaugt. Bei großen Kältemaschinen wird auch direkt mit Kältemittel nach dem Absaugen mit dem eigenen Kompressor gespült. Dieses wird saugseitig

---

[1] Vgl. dieses Handbuch, Bd. IV, S. 112.
[2] BOPP, J. F.: Die Kälte, Bd. 13 (1960), S. 186.
[3] DENNISON, F. E., u. L. V. CURRAN: Refrig. Engng., Bd. 58 (1950), S. 1174.

eingefüllt, bei laufendem Kompressor umgepumpt und nach dem Absaugen der Saugseite druckseitig abgelassen.

Maschinen mit Entlüftungsventilen am Sammelbehälter oder auch an der höchsten Stelle des Kondensators werden meist nach dem Absaugen mit dem eigenen Kompressor mit der Kältemittelfüllung versehen und über die Entlüftungsventile bei laufender Maschine kontinuierlich von Fremdgasresten befreit.

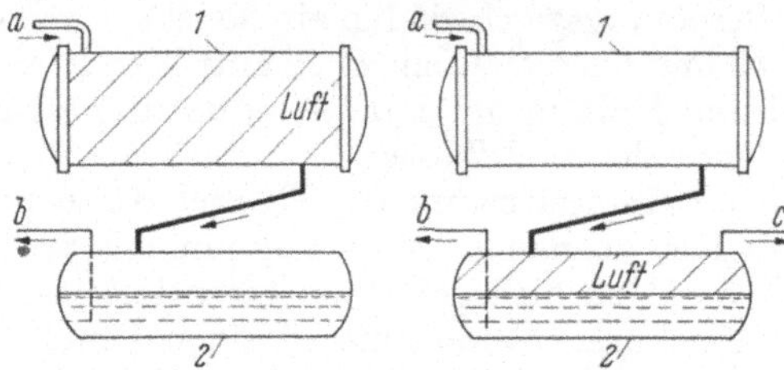

Abb. 310. Luftansammlung im Verflüssiger bzw. im Flüssigkeitssammler einer Ammoniak-Kälteanlage.

1 Verflüssiger; 2 Flüssigkeitssammler; a Eintritt des Dampf-Luft-Gemisches; b Flüssigkeitsaustritt; c Entlüftungsleitung.

Richter[1] beschreibt die technischen Gegebenheiten und Vorrichtungen zum Entlüften von Groß-Kälteanlagen während des Betriebes. Ihre Wirkung beruht auf der Kondensation des Kältemittels und der Anreicherung des Fremdgases an einer Stelle, wo es als nichtkondensierbares Gas ohne wesentlichen Anteil von Kältemittel abgelassen werden kann. Das Fremdgas bewirkt bekanntlich eine Verschlechterung des Wärmeüberganges im Kondensator, wo es Polster bildet, so daß nicht mehr die gesamte Oberfläche wirksam ist. Ferner wird der Verflüssigungsdruck durch den Partialdruck des Fremdgases erhöht; dadurch steigt der Energiebedarf, während gleichzeitig die spezifische Kälteleistung als Folge des erhöhten Verdichtungsverhältnisses absinkt. Die Wirkungsweise der Entlüftungsvorrichtungen beruht auf den Vorgängen, die aus Abb. 310 deutlich werden. Das durch den Eintritt a strömende Kältemittel-Luft-Gemisch wird im Kondensator 1 abgekühlt, bis die Verflüssigungstemperatur des Kältemittels erreicht ist. Die Luft reichert sich gegen das kalte Ende des Kondensators an, wo die niedrigste Temperatur und damit ein geringerer Druck entsteht. Von dort wird das Fremdgas mit dem flüssigen Kältemittelstrom durch das Fallrohr in den Flüssigkeitssammler 2 mitgerissen und dort im Dampfraum angereichert, so daß sein Partialdruck laufend steigt. Während das flüssige Kältemittel durch den Flüssigkeitsaustritt b zum Regelorgan und Verdampfer ausfließt, kann das Fremdgas mit nur geringem Kältemittelanteil durch die Entlüfteranschlußleitung c abgelassen werden. Der Verlust an Kältemittel ist um so geringer, je niedriger die Temperatur des Kältemittels

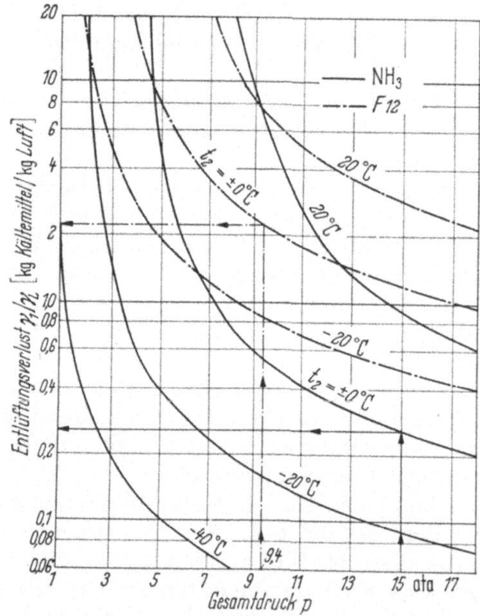

Abb. 311. Entlüftungsverlust in kg Kältemittel/kg Luft in Abhängigkeit vom Gesamtdruck p und der tiefsten Gemisch-Temperatur t der Dampf-Luft-Gemische.

rissen und dort im Dampfraum angereichert, so daß sein Partialdruck laufend steigt. Während das flüssige Kältemittel durch den Flüssigkeitsaustritt b zum Regelorgan und Verdampfer ausfließt, kann das Fremdgas mit nur geringem Kältemittelanteil durch die Entlüfteranschlußleitung c abgelassen werden. Der Verlust an Kältemittel ist um so geringer, je niedriger die Temperatur des Kältemittels

---

[1] Richter, K. H.: Die Kälte, Bd. 13 (1960), H. 7, S. 338 und H. 8, S. 415 und H. 9, S. 476.

im Sammler und je höher der Gesamtdruck des eintretenden Gemisches ist. Abb. 311 zeigt den Zusammenhang zwischen dem Entlüftungsverlust und dem Gesamtdruck sowie der tiefsten Gemischtemperatur als Parameter für Ammoniak-dampf-Luft-Gemische und Kältemittel R 12-Dampf-Luft-Gemische.

Für große, wassergekühlte Kältemaschinen beschreibt RICHTER auch ein vereinfachtes Verfahren zum Entlüften, indem man nach dem Füllen mit Kälte-mittel ohne Betrieb des Kompressors das Kühlwasser am Kondensator laufen läßt. Über Nacht ist dann alles Fremdgas im Kondensator angereichert und kann über ein Ventil abgelassen werden.

Kompressoraggregate werden vielfach am Aufstellungsort mit fest montierten und mit trockenem Gas (Luft oder Stickstoff) gefüllten Verdampfern verbunden. Dafür schlägt STEINLE[1] folgendes Verfahren zum Entlüften vor:

Jedes getrocknete und evakuierte Aggregat ist mit der erforderlichen Schmier-mittelfüllung versehen. In die Kompressoren wird Kältemittel, das in Öl löslich ist, in solchen Menge eingefüllt, daß sich nach dem Lösen im Öl bei 20 °C ein Überdruck von etwa 1 Atmosphäre ergibt.

Mit diesen gelösten Kältemitteln, die beim Öffnen der saug- und druckseitigen Anschlußrohre nur langsam ausdampfen, können bei der Montage die bereits sorgfältig getrockneten und mit trockener Luft gefüllten Verdampfer durch-geblasen werden, um das Fremdgas zu entfernen. Auf die freien Enden des Kapil-larrohres und des Saugrohres sind Nippel aufgelötet und mit einer Überwurf-mutter und Dichtung verschlossen; dadurch wird das Löten an der mit Öl gefüll-ten Maschine vermieden. Das Verfahren kann mit Vorteil für Kompressoren ohne Absperrventile verwendet werden.

Das Montieren und Füllen geht dann folgendermaßen vor sich:

Verschlußmutter am Saugrohr des Verflüssigeraggregates abnehmen und das Saugrohr des Verdampfers mit dem Saugrohr an der Maschine dicht verschrauben.

Verschlußmutter am Einspritzrohr des Verdampfers abnehmen. Diese Seite des Verdampfers geöffnet lassen, bis mit der Halogenlampe, der Brachtkerze oder dem Emzet-Ableuchtschalter ausströmendes F 12 bzw. F 22 nachweisbar ist. Dann ist das Fremdgas aus dem Verdampfer vollständig verdrängt.

Verschlußmutter am Kapillarrohrende des Kondensators lösen.

Auch dort muß ausströmendes Kältemittel nachweisbar sein.

Kapillarrohr des Aggregates mit dem Einspritzrohr am Verdampfer dicht verschrauben; dann steigt der Druck in der Maschine auf etwa 0,2 atü an.

Die Maschine kann nun ohne weiteres Evakuieren direkt mit Kältemittel gefüllt werden. Beim Füllen ist zu berücksichtigen, daß in dem im Kompressor be-findlichen Schmiermittel noch Kältemittel gelöst ist, dessen Menge von der Ge-samtfüllmenge abzuziehen ist. In 500 bis 600 cm³ der oben genannten Schmiermittel sind von den eingefüllten Kältemittelmengen noch etwa 50 cm³ (etwa 60 g) ge-löst, nachdem die aufgeführten Arbeitsgänge erledigt sind.

Das Verfahren ist für alle Kältemaschinen anwendbar, die mit einer Kombi-nation von Schmiermittel und Kältemittel betrieben werden, welche ineinander löslich sind.

---

[1] STEINLE, H.: VDT-AKH 001/5 Blatt 3 vom 15. 9. 55, Robert Bosch GmbH.

B. Füllen mit Öl und Kältemittel.

I. Grundlagen.

Nach dem Trocknen und Entlüften werden die Kältemaschinen mit Öl und Kältemittel gefüllt. Diese Stoffe müssen ebenfalls getrocknet werden, sofern sie nicht in einem Zustand angeliefert werden, welcher das direkte Einfüllen in die Maschinen gestattet. Durch Öl und Kältemittel können sonst Wasser und Fremdgas sowie auch lösliche und feste Verunreinigungen in die Maschinen eingeschleppt werden. Das Trocknen und Entlüften der Öle und der Kältemittel ist im Rahmen dieses Handbuches[1] ausführlich beschrieben.

Es soll nicht Aufgabe dieser Zusammenstellung sein, Füllanlagen für Öl und Kältemittel zu beschreiben. Davon gibt es heute eine große Zahl handelsüblicher Geräte, die je nach der Füllmenge und der Anzahl in der Zeiteinheit zu füllender Kältemaschinen verschieden aufgebaut sind. Dagegen sollen die Prinzipien und Gesetzmäßigkeiten, nach denen alle solche Anlagen arbeiten, an einfachen Beispielen erläutert werden.

Die Anschlußleitung zum Füllen der Maschinen muß ebenfalls trocken und frei von Luft sein. Das kann durch Evakuieren oder durch Spülen mit Kältemitteldampf erfolgen. Bei direkter Entnahme des Kältemittels aus der Druckflasche soll nach Möglichkeit ein Trockner mit einem für das betreffende Kältemittel geeigneten Trockenmittel zwischengeschaltet werden.

Die Entscheidung, ob das Kältemittel flüssig oder dampfförmig in die Kältemaschine eingefüllt werden soll, richtet sich nach den Gegebenheiten. Bei serienmäßiger Füllung im Herstellerwerk, wo die erforderliche Füllmenge bekannt ist, wird man schon wegen der Zeitersparnis eine abgemessene Menge des flüssigen Kältemittels in die Maschinen einfüllen. Dagegen wird man bei Anlagen, deren Füllmenge nicht genau bekannt ist, also vor allem bei Einzelmaschinen am Montageort, vorzugsweise dampfförmiges Kältemittel mit dem Kompressor langsam so lange einsaugen, bis der Verdampfer gleichmäßig bereift und die volle Kälteleistung gewährleistet ist.

Zunächst sei jedoch einiges über die Handhabung der Kältemittel beim Um- oder Abfüllen gesagt. Das dampfförmige Kältemittel wird durch Abdestillieren aus der stehenden Druckflasche entnommen; bei großen Behältern wird der Kältemitteldampf, da die Behälter meist zwei Anschlüsse haben, durch den für gasförmige Entnahme gekennzeichneten Anschluß entnommen, der im Dampfraum des Behälters endet[2]. Zum beschleunigten Abdestillieren des Kältemittels können die Behälter und Druckflaschen erwärmt werden. Dabei ist aber Vorsicht geboten, und die Vorschriften der Druckgasverordnung sind zu beachten. Das Erwärmen geschieht am besten durch Einstellen in einen Behälter mit warmem Wasser oder mit einer Vorrichtung, welche die Höchsttemperatur auf 40 °C begrenzt. *Temperaturen über 50 °C sind verboten.* Beim Einstellen in warmes Wasser oder bei sonstiger Wärmezufuhr sollen nicht mehr als 20% der Flaschen- oder Behälteroberfläche der Wärmeeinwirkung ausgesetzt werden. Flammen und stark strahlende Heizkörper sollen nicht verwendet werden.

Flüssiges Kältemittel wird aus der umgekippten oder mit dem Ventil schräg nach unten gelagerten Flasche entnommen. Die Behälter mit zwei Entnahmeventilen haben ein für die flüssige Entnahme gekennzeichnetes Ventil, von dem aus im Inneren ein Rohr in die Flüssigkeit reicht. Der Dampfdruck preßt die Flüssigkeit durch das Rohr aus dem Behälter.

---

[1] Band IV, Die Kältemittel, S. 183 und S. 202.
[2] Vgl. dieses Handbuch, Band IV, S. 6.

Jedes Umfüllen von Kältemittel, ob dampfförmig oder flüssig, kann nur durch Erzeugen einer Druckdifferenz erfolgen. Sie ergibt sich entweder

durch Wärmezufuhr am Vorratsbehälter oder
durch die Erzeugung von Vakuum in dem zu füllenden Gefäß, sowie
durch Kühlung des zu füllenden Gefäßes oder
Kombination dieser Möglichkeiten.

Abb. 312 zeigt die Anordnung einer kleinen Umfüllanlage mit Kühlung[1]. Sie wird mit einem kleinen Haushaltkompressor betrieben. Der Wärmeaustauscher 1 kann in dem Verdampfer der Kältemaschine untergebracht werden. Es können

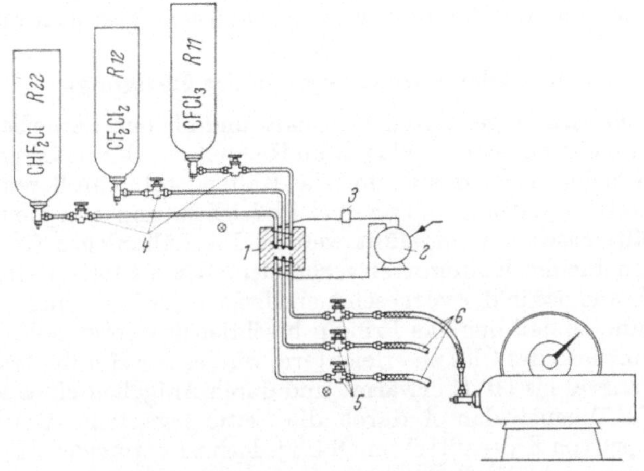

Abb. 312. Umfüllvorrichtung für flüssige Kältemittel.

1 Wärmeaustauscher; 2 Kompressor (¹/₈ bis ¹/₄ PS); !3 Expansionsventil; 4 Obere Rohrventile; 5 Untere Rohrventile; 6 Füllrohre; ⊗ Packungslose Handventile.

auch mehrere in gutem Wärmekontakt stehende, durch Verlöten verbundene Rohrschlangen verwendet werden, von denen eine als Verdampfer der Kältemaschine dient. Die Kühlung des durchfließenden Kältemittels bewirkt eine Drucksenkung in der unteren Flasche, so daß das Kältemittel unter dem Eigengewicht und infolge des geringeren Druckes in dem unteren zu füllenden Behälter schnell in diesen abläuft.

Alle Ventile an Füllanlagen sollen nicht mit Packungen, sondern möglichst mit Membranen versehen sein, da die meisten Kältemittel gute Löser sind und die Packungsstoffe austrocknen. Diese dichten dann nicht mehr und die extrahierten Anteile verunreinigen die Kältemittel. Neuerdings wird Teflon als Packungsmaterial verwendet. Beim völligen Entleeren der Flaschen und Behälter sind die Ventile sofort zu schließen, solange noch ein Überdruck vorhanden ist, um das Eindringen von Luft und Feuchtigkeit zu vermeiden. Beim Eindringen von Fremdstoffen, z. B. Wasser oder Öl, in die Flaschen oder Behälter ist stets der Eigentümer zu verständigen. Um solche unzulässigen Verunreinigungen zu vermeiden, soll hinter der Flasche eine Vorlage, eventuell sogar mit Rückschlagventil, verwendet werden. Eine Vorlage ist vor allem stets dann angebracht, wenn eine Maschine durch direkten Anschluß einer Flasche gefüllt oder nachgefüllt wird. Beim Ab- oder Umfüllen von flüssigen Kältemitteln soll stets nur eine Druckflasche angeschlossen werden, um den Übergang von der einen in die andere zu vermeiden,

---

[1] Ansul Chemicals Co.: Ansul News Notes Bd. 3 (1939), Nr. 2, S. 1.

20*

was leicht zur vollständigen Füllung mit flüssigem Kältemittel führen kann, so daß dann beim Erwärmen die Flasche durch die Ausdehnung des Kältemittels reißen kann. Über die zulässige Füllmenge in Kältemittelbehältern bestehen genaue Vorschriften[1]. 5% des Inhalts sollen bei 40 °C stets frei sein von Flüssigkeit, um bei Wärmeausdehnung der Flüssigkeit als Ausgleichsvolum dienen zu können. Die Druckgasverordnung ist stets zu beachten.

Bei Füllarbeiten, wie überhaupt beim Umgang mit tiefsiedenden Stoffen in flüssiger Form, sind Schutzbrillen zu tragen. In Räumen, in denen mit größeren Mengen giftiger oder gesundheitsschädlicher Kältemittel hantiert wird, müssen genügend Ausgänge, Fenster, leicht zu erreichende Treppen und Notleitern zur Rettung bei Leitungsbrüchen oder dem Auftreten von Undichtheiten an den Ventilen vorhanden sein. Alle Türen müssen nach außen aufgestoßen werden können[2].

II. Füllen von Anlagen in der Fertigung.

Die in Großserien hergestellten Haushalt- und kleinen Gewerbe-Kältemaschinen werden zumeist an festen Anlagen im Herstellerwerk mit Öl und Kältemittel gefüllt. Dabei befinden sich das Öl und das Kältemittel in größeren Vorrats- oder Sammelbehältern, von denen aus sie über Meßeinrichtungen in die unter Vakuum stehenden Kältemaschinen eingefüllt werden. Die Füllanlagen für Öl sind meist mit denjenigen für die Kältemittel verbunden. Beide Stoffe werden über Meßzylinder mit Standglas in der vorgesehenen Menge eingefüllt; einheitliche Anlagen existieren kaum, so daß nur das Prinzip beschrieben werden soll.

Um das Umfüllen des Öles zu erleichtern, wird es zur Herabsetzung der Zähigkeit vielfach auf 40 bis 50 °C erwärmt und durch Aufgeben eines leichten Überdruckes von Kältemitteldampf durch die Leitung gepreßt. Die Kondensation größerer Mengen von Kältemittel im Öl ist jedoch zu vermeiden, da hierdurch die wahren Füllmengen verfälscht werden.

In der Abb. 313 wird das Schema eines einfachen Füllstandes gezeigt, der von Newcum[3] beschrieben wird. Er besteht aus dem Kältemittel-Behälter *1*, dem Meß-

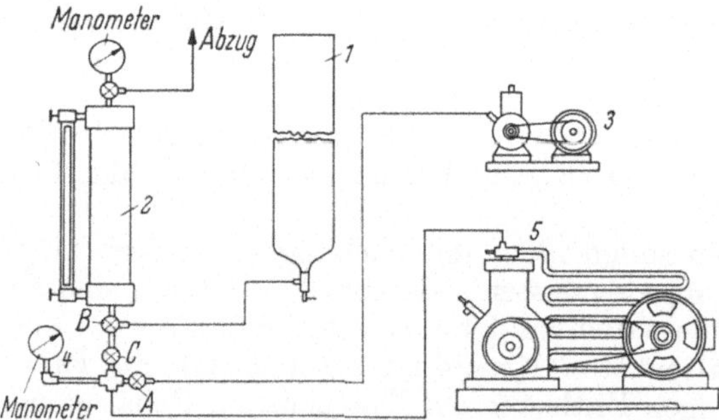

Abb. 313.   Schema eines Kältemittel-Füllstandes.

1 Kältemittel-Behälter; *2* Meßzylinder; *3* Vakuumpumpe; *4* Verteiler und Manometer; *5* zu füllende Kältemaschine; *A, B, C* Membranventile.

zylinder *2* mit Standglas, der Vakuumpumpe *3* und dem Verteiler *4* mit Ventilen *A, B, C* und Manometer. Die angeschlossene Kältemaschine *5* ist zu füllen. Der Meßzylinder *2* wird zunächst über die Ventile *A, B* und *C* zugleich mit allen Anschlußleitungen evakuiert. Aus dem Behälter *1* wird nach dem Schließen des Ventils *C* das Kältemittel in den Meßzylinder eingefüllt. Man schaltet die Vakuumpumpe *3* durch Schließen des Ventiles *A* ab und kann nach Umschalten des Drei-

[1] Backström, M.: Kältetechnik, Bd. 13 (1961), Nr. 3, S. 84.
[2] Vgl. dieses Handbuch, Band IV, S. 191.
[3] Newcum, K. M.: Master Service Manuels, Commercial Refrigeration Manual C-1; Business News Publishing Co., Detroit.

wegehahnes *B* und Öffnen von *C* das Kältemittel in die Maschine *5* einlassen. Vor dem Entfernen der gefüllten Kältemaschine wird das Ventil *A* nach der Vakuumpumpe geöffnet und das restliche Kältemittel aus der Anschlußleitung abgesaugt. Während dieser Zeit kann der Füllbehälter *2* aus dem Vorratsgefäß *1* schon mit der Füllmenge für die nächste Kältemaschine vorgefüllt werden. Um das Umfüllen des flüssigen Kältemittels in den Meßbehälter zu erleichtern, wird dieser oft mit einer Wasserkühlung versehen. Auch Meßzylinder mit Kolben sind zum schnellen Zumessen des Öles und des Kältemittels gebräuchlich.

In der Fertigung von Großserien von Kältemaschinen sind die Füllstände für Öl und Kältemittel oft in der Weise gekoppelt, daß nur einmaliges Anschließen der Maschine erforderlich ist und auch die Garantie besteht, daß weder das Öl noch das Kältemittel entweder vergessen oder in doppelter Menge eingefüllt werden können. Dazu dienen entsprechende Sperrvorrichtungen an den Ventilen. Die zu füllenden Maschinen werden oft auf Hängeförderern fortbewegt. Die Arbeitsweise der Füllstationen ist im Prinzip stets gleich, jedoch der Bauart der Kältemaschinen und den Gegebenheiten der Fertigung in den einzelnen Werken angepaßt.

Es gibt heute automatische Einfüllvorrichtungen für Kältemaschinenöl und Kältemittel nach Gewicht. So können an einer amerikanischen Füllstation 160 Kältemaschinen in der Stunde mit je 550 g Öl und 450 g Kältemittel R 12 gefüllt werden. Der Ablauf des Füllvorganges ist automatisch, nachdem die Füllpistole an das Füllventil der Maschine angeschlossen ist und die Füllmengen von Öl und Kältemittel eingestellt sind. Danach saugt die Station zunächst die Anschlußleitung ab, öffnet das Ventil an der Maschine und füllt die Flüssigkeiten ein. Anschließend verschließt sie das Ventil der Kältemaschine und saugt die Anschlußleitung wieder ab.

Das volumetrische Einfüllen der Kältemittel ist in seiner Genauigkeit begrenzt durch Temperatur-, Druck- und Dichteschwankungen. Infolgedessen können dabei Fülldifferenzen von ± 10 g kaum unterschritten werden. Für sehr

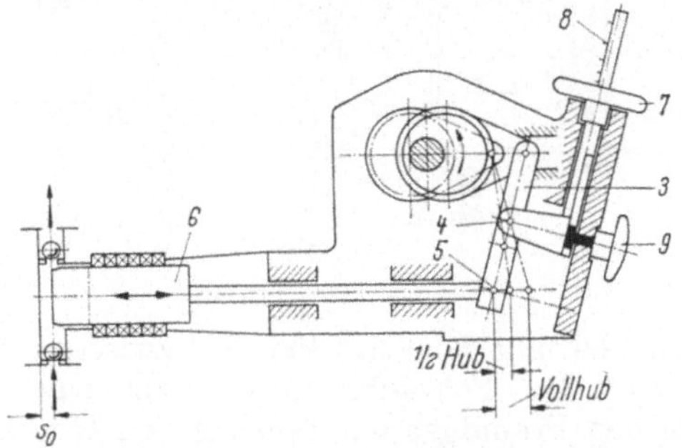

Abb. 314. Dosierpumpe für Kältemittel.

3 Kipphebel; *4* Unterstützungs- oder Kippunkt; *5* Kolbenstangenbolzen; *6* Kolben; *7* Handrad; *8* Welle; *9* Einstellklaue.

kleine, füllungsempfindliche Kältemaschinen mit Kapillarrohr und mit den Rollbond-Verdampfern ohne Dampfdom mit geringer Flüssigkeitsreserve ist eine größere Füllungsgenauigkeit erwünscht, schon um das Betauen des Saugrohres zu vermeiden. Erwünscht sind ± 2 g Füllungstoleranz, die nur durch Einwiegen des Kältemittels erreichbar sind. Anlagen für diesen Zweck kommen aber sehr zögernd auf den Markt. Die Hauptschwierigkeit liegt in der Tatsache, daß das Eigengewicht der Kältemaschinen etwa 20 bis 30 kg beträgt, bei einer Füllmenge von etwa 100 bis 300 g.

Zum Fördern und Abfüllen der Kältemittel können auch Dosierpumpen verwendet werden. Abb. 314 zeigt die wesentlichen Teile einer solchen Pumpe[1]. Sie

---

[1] Mit freundlicher Genehmigung der LEWA, Herbert Ott KG, Leonberg bei Stuttgart.

ermöglicht eine stufenlose Verstellung der Förderleistung von Null bis zum Maximum, indem der Unterstützungspunkt 4 des Kipphebels 3 über die sogenannte Einstellklaue 9 mit Hilfe des Handrades 7 auf der Welle 8 verschoben werden kann. Fallen Kippunkt 4 und Kolbenstangenbolzen 5 zusammen, so ist der Hub am Kolben 6 gleich Null. Es ergibt sich im gesamten Bereich eine Konstanz des absoluten schädlichen Raumes, der mit dem Abstand S_0 sehr klein gehalten ist. Auch bei kleinen Hublängen liegt die Dosiergenauigkeit unter $\pm 1\%$. Für die Kältemitteldosierung ist, um Dampfschläge zu vermeiden, der Pumpenkopf mit einer Kühlvorrichtung versehen.

Die Westinghouse Corp. beschrieb die sogenannte Behälter-Füllmethode zum serienmäßigen Füllen von Haushalt-Kältemaschinen; das Verfahren wurde dieser Gesellschaft durch Patente geschützt[1]. Dabei werden auf einfache Weise zugleich Luftreste aus den Maschinen beseitigt, die durch Vakuum nur in teueren und umfangreichen Anlagen und in langer Zeit unter Brechen des Vakuums mit Kältemitteldampf so weitgehend entfernt werden können. Luftabscheider und Sammelbehälter, in denen das Kältemittel kondensiert, während sich die nichtkondensierbaren Gase anreichern, werden schon vielfach angewendet. Von Westinghouse werden diese Behälter aber zum gleichzeitigen Füllen einer Kältemaschine vorher mit der entsprechenden Menge Kältemittel gefüllt und so in die Druckleitung eingesetzt, daß sich das Kältemittel in den Kreislauf ergießt, während sich die Fremdgase im Behälter sammeln. Das Verfahren wird von McCloy und Haley[2] sowie in dem oben genannten DRP eingehend beschrieben. Abb. 315 zeigt die Anwendung des Füllbehälters in einer Kältemaschine mit Kapillare. In die

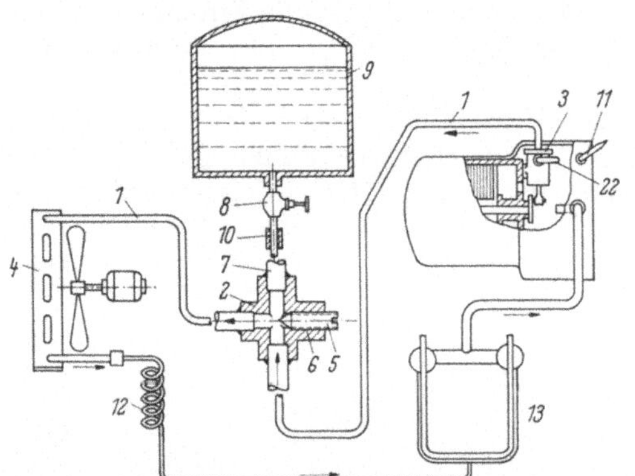

Abb. 315. Füllbehälter in einer Kältemaschine mit Kapillarrohr.

1 Druckleitung; 2 Ventil; 3 Kompressor; 4 Kondensator; 5 Schraubstopfen; 6 Gewindebohrung; 7 Anschlußrohr; 8 Ventil; 9 Füllbehälter; 10 Schauglas; 11 Füllstutzen; 12 Kapillare; 13 Verdampfer.

Druckleitung 1 ist das Ventil 2 zwischen Kompressor 3 und Verflüssiger 4 eingebaut. Der Schraubstopfen 5 kann aus der Bohrung 6 herausgedreht werden, um das Fremdgas mit dem eigenen Kompressor abzublasen. An den senkrecht nach oben stehenden Stutzen 7 wird über das Ventil 8 der Kältemittel-Füllbehälter 9 angeschlossen. Der Anschluß 10 mit Schauglas und einem Rohrstück zum Abklemmen und Verlöten ist zweckmäßig. Die Arbeitsweise zum Füllen und Entlüften der Kältemaschine ist dann folgende:

In die Maschine, die noch mit trockenem Spülgas gefüllt ist, wird zunächst durch den Füllstutzen 11 das Öl unter Druck eingefüllt, da es zum Laufen der Maschine beim teilweisen Absaugen des Kältemittel-Kreislaufes mit dem eigenen Kompressor erforderlich ist. Das Füllen erfolgt an der Förderbahn. Durch etwa fünf Minuten lange Laufzeit wird bei ausgeschraubtem Gewindestift 5 zunächst

[1] Anderson, W. B., u. G. S. McCloy: DRP 691125 vom 17. 5. 40.
[2] McCloy, G. S., u. A. W. Haley: Refrig. Engng. Bd. 39 (1940), S. 12.

die Saugseite teilweise evakuiert, während die Druckseite mit ihrem kleinen Volum Luft bei Atmosphärendruck aus der Kältemaschine aufnehmen kann. Ein kleiner Teil der Luft gelangt über den Kondensator 4 und durch die Kapillare 12 über den Verdampfer 13 wieder in den Kreislauf zurück. Nach dem Einstellen eines Druckgleichgewichtes, wenn also durch die Bohrung 6 keine Luft mehr ausgestoßen wird, schraubt man bei laufendem Kompressor den Stopfen 5 ein und macht damit den Kältemittel-Kreislauf nach außen dicht. Danach wird die Maschine stillgesetzt und das Ventil 8 zum Kältemittel-Füllbehälter 9 geöffnet, worauf sich dessen Inhalt in die vorevakuierte Maschine ergießt. Es folgt eine Laufzeit von 30 Minuten bis zu einer Stunde, um alles Fremdgas in den Füllbehälter 9 zu drücken. Der Füllbehälter muß höher liegen, als der Flüssigkeitsstand in der Maschine reicht.

Vom Kompressor wird ein Gemisch von überhitztem Kältemitteldampf und Luft in die Druckleitung 1 nach dem Kondensator gedrückt. Das Gemisch gelangt in den an der höchsten Stelle der Druckleitung aufgesetzten Füllbehälter, der jetzt als Sammelbehälter für das Fremdgas dient. In ihm wird der Kältemitteldampf unter dem herrschenden Druck bis zur Sättigungstemperatur abgekühlt und kondensiert. Das verflüssigte Kältemittel fließt unter dem Eigengewicht aus dem Behälter über die Druckleitung nach dem Kondensator ab. In den Sammelbehälter wird durch die Volumkontraktion beim Verflüssigen neues Gasgemisch nachgesaugt, so daß sich der Prozeß dauernd fortsetzt. Auf diese Weise sammelt sich schließlich alles nichtkondensierbare Gas in dem Behälter 9 an. Bei laufender Maschine wird dann das Ventil 8 geschlossen und nach Abdichten der Verbindungsleitung 7, die meist verklemmt und verlötet wird, der Füllbehälter mit dem komprimierten Fremdgas abgenommen. Dabei wird je nach der Größe des Behälters etwas Kältemittel-Dampf mitentfernt. Der Behälter soll daher nur so groß sein, um alles Fremdgas aufnehmen zu können. Seine Größe richtet sich somit nach dem Inhalt des Kältemittelkreislaufes und dem erreichbaren Enddruck beim Absaugen mit dem eigenen Kompressor.

Das mit dem Fremdgas in den Behältern entfernte Kältemittel wird wiedergewonnen, indem es in einer Verdichtungsanlage nach dem Trocknen, z. B. über Kieselgel, verflüssigt wird. Die Füllbehälter werden in einer besonderen Anlage bis zu einem bestimmten Endvakuum geleert und anschließend automatisch auf einer Füllwaage mit einer Genauigkeit von etwa 3,5 g ($^1/_8$ Unze) erneut zum Anschluß an eine Kältemaschine vorgefüllt. Der ganze Vorgang des Entlüftens und Füllens der Füllbehälter dauert weniger als 30 Sekunden.

III. Füllen am Aufstellungsort.

Für das Füllen von Kältemaschinen am Aufstellungsort kommt die direkte Entnahme aus einer Druckflasche oder aus einem Füllbehälter in Frage. In den meisten Fällen ist durch den Anbau von Verdampfern der verschiedensten Ausführung und Größe die Kältemittel-Füllmenge für solche Maschinen nicht genau bekannt. Es wird also darauf ankommen, die optimale Füllmenge durch langsame Zugaben von Kältemittel zu finden. Dabei soll das Füllen mit flüssigem Kältemittel vermieden werden, und wenn es sich nicht umgehen läßt, darf es nur bei stehender Maschine erfolgen, um Ventilbrüche durch Flüssigkeitsschläge zu vermeiden. Dampfförmiges Kältemittel kann genauer dosiert werden und wird aus dem Behälter direkt vom Kompressor angesaugt. Druckflaschen mit einer größeren Kältemittelmenge, als der Füllung einer Anlage entspricht, sollten nur während des Füllens, nicht aber dauernd mit der Kälteanlage verbunden sein.

Kältemittel werden seit langem auch in Kleingebinden vertrieben, die in erster Linie für örtliche Montagen und Kundendienste zum Füllen und Nachfüllen von

Kältemaschinen am Aufstellungsort gedacht sind. Für sie wird die gleiche Reinheitsgarantie übernommen wie für die Lieferung in Behältern oder in Druckflaschen. Das Kältemittel wird mit Hilfe eines Spezialanschlusses sicher und ohne Verlust entnommen; die Entnahme kann auch unterbrochen werden.

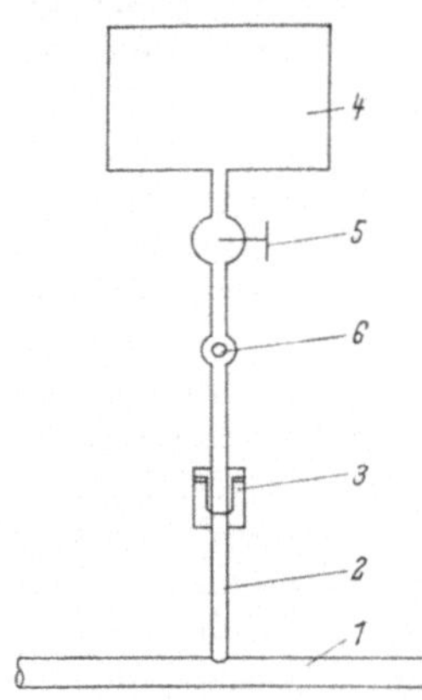

Abb. 316. Anordnung des Füllbehälters in Gewerbe-Kältemaschinen mit Expansionsventil.

1 Druckleitung; *2* Ansatzrohr; *3* Verschraubung; *4* Füllbehälter; *5* Ventil; *6* Schauglas.

Für kleinere Gewerbe-Kältemaschinen mit bekannter Füllmenge, z. B. beim Einbau in Tiefkühltruhen, läßt sich mit Vorteil die im vorigen Abschnitt beschriebene Füllbehälter-Methode anwenden, die zugleich die Entfernung der Luft aus dem Kältemittel-Kreislauf gestattet, wenn dieser nur mit dem eigenen Kompressor abgesaugt werden kann. Der Füllbehälter mit Ventil und Schauglas in der Anschlußleitung kann über ein einfaches T-Stück, wie es in Abb. 316 gezeigt ist, an die Druckleitung zwischen Kompressor und Kondensator angeschlossen werden. An die Druckleitung *1* ist das Ansatzrohr *2* mit Verschraubung *3* angelötet. An diese wird der Füllbehälter *4* mit Kältemittel mit dem Ventil *5* und dem Schauglas *6* erst dann dicht angeschlossen, wenn bei laufender Kältemaschine aus dem Rohrende *2* kein Gas mehr entweicht. Wenn dann nach dem Einlassen des Kältemittels in die Maschine und anschließender etwa einstündiger Laufzeit alles Fremdgas in dem Behälter *4* gesammelt ist, wird das Rohrende *2* abgeklemmt und verschraubt oder abgeschnitten und dicht verlötet.

Die Aggregate, bestehend aus Kompressor, Kondensator und Regelorgan sowie gegebenenfalls einem Trockner und Anschlußleitungen für den Verdampfer werden von *Fabrikkunden* und Kältemaschinen-Installateuren mit fremden Verdampfern zusammengebaut. Dabei ist der Verdampfer oft schon am Aufstellungsort, z. B. in einer Theke, Tiefkühltruhe oder in einem Gewerbekühlschrank, fest montiert. Das bedingt in den meisten Fällen eine Verbindung der Aggregate mit den Fremdverdampfern am Aufstellungsort. Da der zur Erzeugung eines Überdruckes in den Aggregaten bisher vielfach eingefüllte Stickstoff sich im Öl löst, muß nach der Montage dieser Stickstoff mit Hilfe einer Vakuumpumpe entfernt werden. Um dieses Evakuieren zu vermeiden, weil meistens keine Vakuumpumpe am Aufstellungsort zur Verfügung steht, und um das Einfüllen des Öles in das Aggregat schon im Herstellerwerk durchführen zu können, schlägt Steinle[1] vor, den Stickstoff durch eine kleine Teilfüllung mit dem betreffenden Kältemittel zu ersetzen.

IV. Entleeren bei Reparaturen.

Die Notwendigkeit der Entleerung von Kältemaschinen bei Reparatur- und Montagearbeiten ergibt sich aus der Tatsache, daß fast alle Kältemittel infolge ihres tiefen Siedepunktes und des damit verbundenen hohen Druckes beim Öffnen des Kreislaufes ausströmen würden. Als tiefsiedende Flüssigkeiten und je nach ihren physiologischen Eigenschaften ergeben sie Gefahren für Gesundheit und Gut[2].

Bei größeren Kälteanlagen mit Sammelbehälter kann man die Niederdruckseite der Kältemaschine mit dem eigenen Kompressor entleeren und dann absperren, bis die Reparatur beendet ist. Arbeiten am Kompressor zwingen aber

[1] Steinle, H.: Bosch VDT-AKH 001/5 Blatt 3 vom 15. 9. 55; vgl. S. 305.
[2] Vgl. dieses Handbuch, Bd. IV, S. 190.

meist zum Entleeren der Maschine. Dabei können die Kältemittel in Behälter außerhalb der Maschine umgefüllt werden, um später wieder verwendet zu werden. In vielen Fällen ist es aber einfacher und billiger, das Kältemittel einfach abströmen zu lassen. Ein Abblasen in die umgebende Luft ist jedoch nur bei ungiftigen und nicht brennbaren Kältemitteln zulässig. Kleine Mengen der Fluorchlorkohlenwasserstoffe, deren Rückgewinnung nicht lohnt, können in die Luft abgeblasen werden, da sie unschädlich und nicht brennbar sind. Wegen der Gefrierwirkung der verdampfenden Flüssigkeit sollte nur Dampf, aber keine Flüssigkeit abgelassen werden. Die giftigen Kältemittel, z. B. Ammoniak und Schwefeldioxid, müssen beim Ablassen unschädlich gemacht werden. Das kann beim Ammoniak durch Einleiten in Wasser, beim Schwefeldioxid durch Neutralisation in verdünnter Kalilauge (KOH) geschehen. Da die Verfahren aber je nach dem Kältemittel verschieden sind, müssen sie den spezifischen Eigenschaften der Kältemittel angepaßt werden, die im zweiten Teil von Band IV dieses Handbuches beschrieben sind.

C. Dichtheitsprüfung.

I. Grundlagen.

Undichtheiten und der dadurch verursachte Kältemittelverlust sind häufig auftretende Störungen an Kältemaschinen, die zum Nachfüllen oder zu umfangreichen Reparaturarbeiten führen. Der Feststellung von Undichtheiten kommt aber auch insofern eine Bedeutung zu, als einige Kältemittel giftig sind oder im Gemisch mit Luft brennbare oder explosive Gemische bilden[1]. Darüber hinaus sind einige fluorierte Kältemittel kostspielig, so daß durch ihr Entweichen unerwünschte Mehrkosten für den Betrieb der Kältemaschine entstehen. Für Kleinkältemaschinen der gekapselten Bauart ist ein Entweichen von Kältemittel gleichbedeutend mit einer Verkürzung der Lebensdauer. Ein Nachfüllen ist häufig nur im Herstellerwerk möglich. Tritt die Undichtheit an einem Maschinenteil auf, in dem während des Betriebes Unterdruck herrscht, was bei Niederdruckkältemitteln auch auf der Hochdruckseite der Fall sein kann, bei den üblichen Kältemitteln aber nur auf der Saugseite möglich ist, so werden Luft und Feuchtigkeit in die Maschine eingesaugt. Diese führen dann mit dem Kältemittel und dem Öl zu Korrosionen.

Da viele Konstruktionsstoffe mikroskopisch feine Poren aufweisen und Verluste vor allem an Dichtungen und Lötstellen auftreten können, muß eine praktisch tragbare Grenze der Undichtheit festgelegt werden. Sie richtet sich nach der Füllmenge, der Art des verwendeten Kältemittels und der Konstruktion der Maschine, sowie vor allem auch nach deren Größe.

Bei größeren Kältemaschinen und den meisten gewerblichen Anlagen mit relativ großen Füllmengen und geringer Empfindlichkeit gegen Füllungsschwankungen ist es billiger und zweckmäßiger, gewisse Undichtheiten in Kauf zu nehmen. Der Kältemittelverlust wird in mehr oder weniger regelmäßigen Zeitabständen durch Nachfüllen ausgeglichen. Bei kleinen Gewerbeanlagen offener Bauweise mit Füllmengen von 1 bis 3 kg sind geringe Verluste durch die Wellenabdichtungen beim Arbeiten mit öllöslichen Kältemitteln nicht zu vermeiden. Zum Abdichten der Wellendurchführungen in offenen Kältemaschinen werden verschiedene Konstruktionen, z. B. mit Labyrinthdichtungen und Wellrohren, Gummidichtungen und Kombinationen verschiedener Elemente benützt. Undichtheiten werden dabei vielfach durch ausgelaugte oder geschrumpfte Stopfbuchsen und Ventil-

---

[1] Siehe dieses Handbuch, Bd. IV, S. 186 u. S. 191.

packungen verursacht. Undichtheiten für Kältemittel sind bei Kunststoffen und Elastomeren stets dann zu erwarten, wenn sich in Berührung mit dem Kältemittel merkliche Extrakte und größere Volumenänderungen ergeben. Diese deuten auf ein Eindiffundieren bzw. Lösen des Kältemittels in dem festen Stoff hin. An der Außenseite gegen Luft treten die Kältemittel dann gegen den Partialdruck Null des Kältemittels aus. Infolge des Partialdruckgefälles erfolgt ein dauernder Fluß von Kältemitteln, der nur von den Eigenschaften beider Stoffe abhängig ist[2].

Nach der Einführung der fluorierten Kältemittel mit ihrer Neigung, durch feinste Undichtheiten zu entweichen, ging man zunächst bei den kleinen Kältemaschinen mehr und mehr von der offenen Bauart mit Stopfbuchse oder Gleitringdichtung ab. Die Durchführung der Antriebswelle durch das Gehäuse erfordert eine von der Hochdruckseite nach der Außenluft durchgehende Schmierfilmschicht. Diese meist öllöslichen Kältemittel lösen sich auf der Hochdruckseite entsprechend der Öltemperatur und dem Druck des Kältemittels im Ölfilm. An der Außenseite verdampfen sie unter Atmosphärendruck frei in die Raumluft, ohne daß ein merklicher Ölverlust festzustellen ist. Unter dem Druck löst sich im Kompressor immer neues Kältemittel im Ölfilm. Kältemittelverluste treten deshalb an den mit Öl geschmierten Wellenabdichtungen bei Verwendung von öllöslichen Kältemitteln stets auf.

In kleinen Haushaltkältemaschinen mit Füllmengen von etwa 400 g und neuerdings bis herab zu etwa 100 g können aber schon sehr kleine Verluste Betriebsstörungen hervorrufen. Insbesondere die mit einer Kapillare versehenen, ohne Kältemittelreserve arbeitenden Maschinen sind sehr füllungsempfindlich. Schon der Verlust von 10 bis 20% der Füllung führt zu ungleichmäßiger Kühlung. Für die offenen Typen dieser Art ergibt sich ein höchstzulässiger Verlust von 0,1 g je Tag, wenn man, wie oben erwähnt, eine jährliche Nachfüllung in Kauf nehmen kann. Gekapselte Maschinen dagegen sollten ihrem Aufbau entsprechend überhaupt keiner Nachfüllung bedürfen.

Der Grad der Undichtheit hängt neben der Größe der Poren vom Druck, der Oberflächenspannung des Kältemittels bzw. seiner Gemische mit Öl, der Viskosität, der Diffusionsgeschwindigkeit und dem Molekulargewicht des ausströmenden Kältemittels ab. Bei gleichem Druck ist nach Thompson[2] die Neigung eines Stoffes zum Ausströmen durch Poren der Quadratwurzel des Molekulargewichtes μ umgekehrt proportional. Danach müßten Ammoniak ($\mu = 17$) und Kohlendioxid ($\mu = 44$) viel leichter durch feinste Poren entweichen als R 12 ($\mu = 120,9$). Dem widersprechen aber durchaus die praktischen Erfahrungen. Gerade die fettlösenden Fluor-Chlor-Kohlenwasserstoffe entweichen leichter als die niedermolekularen, aber nicht fettlösenden Kältemittel, wie Ammoniak und Kohlendioxid.

Schmidt[3] hat sich ausführlich mit der Theorie von Undichtheiten an Kältemaschinen befaßt. Die Vorgänge werden mit der Strömung durch Kapillaren und enge Spalte verglichen. Der Strömungsweg ist im Verhältnis zum Porendurchmesser relativ groß. Man muß infolgedessen die undichte Stelle nicht einfach als Loch oder Düse sondern als Kanal betrachten. Die Kanalweite ist dabei so klein, daß die Strömung selbst bei hohen Geschwindigkeiten stets laminar ist. Die Poren verlaufen keineswegs gradlinig; es muß vielmehr mit Umlenkung und Querschnittsänderungen gerechnet werden, wodurch der Widerstand wächst und die Durchflußmenge sinkt. Legt man daher eine Strömung durch eine zylindrische Kapillare

---

[1] Vgl. dieses Handbuch, Bd. IV, S. 133ff.
[2] Thompson, R. I.: Refrig. Engng., Bd. 44 (1942), S. 311 und Bd. 50 (1945), S. 313.
[3] Schmidt, Th. E.: Kältetechnik Bd. 4 (1952), S. 226.

zugrunde, so ist das für die Ermittlung des kleinsten Querschnitts, durch den die maximal zulässige Menge Kältemittel entweichen kann, der strömungstechnisch günstigste Fall. Tritt durch eine Kapillare das Kältemittel im flüssigen Zustand aus, ohne dabei zu verdampfen, so ergibt sich die durchströmende Menge G nach dem HAGEN-POISEUILLEschen Gesetz

$$G = \frac{\pi \cdot v^4}{8\eta' \cdot s} (p_1 - p_2) \gamma' \quad \left[\frac{kg}{sec}\right] \tag{1}$$

In dieser Formel bedeuten:

p_1, p_2 die Drücke am Anfang und Ende der Kapillare (kp/cm²),
s die Länge der Kapillare, die gleich der Wandstärke ist (mm),
η' die dynamische Viskosität des flüssigen Kältemittels (kg·sec/m²),
γ' das spez. Gewicht des flüssigen Kältemittels (kg/m³).

Für den Durchmesser der Kapillare $d = 2\,r$ findet man aus der Gleichung (1)

$$d = 2 \sqrt[4]{\frac{8}{\pi} \cdot \frac{\eta' \cdot s}{(p_1 - p_2)\,\gamma'} \cdot G} \quad [mm] \tag{2}$$

Für die meisten Kältemittel ist die vierte Wurzel aus η' nicht sehr verschieden und man erhält daher im Mittel für eine ausströmende Menge $G = 10^{-8}$ kg/sec $= 0,01$ mg/sec

$$d = 5,6 \sqrt[4]{\frac{s}{p_1 - p_2}} \quad [mm] \tag{3}$$

Mit dieser Gleichung erhält man d in μ, wenn man s in mm und $p_1 - p_2$ in kp/cm² einsetzt. Für $s = 1$ mm und $p_1 - p_2 = 5$ kp/cm² erhält man z. B. $d = 3,7\,\mu$. In Abb. 317 sind als Beispiel für Methylchlorid die Werte für d als Funktion der

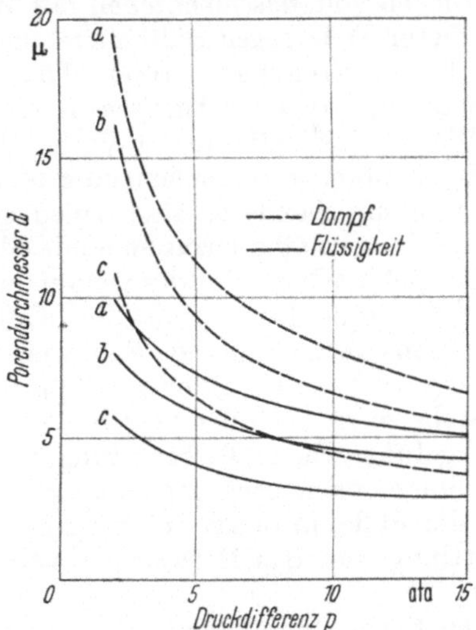

Abb. 317. Porendurchmesser d von Undichtheiten, die in Abhängigkeit von der Druckdifferenz $\triangle P$ bei verschiedenen Wanddicken s zum Entweichen von 0,01 mg CH₃Cl in der Sekunde führen. $s_a = 70$ mm; $s_b = 5$ mm; $s_c = 1$ mm.

Druckdifferenz für verschiedene Wandstärken s verzeichnet, wenn 0,01 mg CH₃Cl/sec entweicht (ausgezogene Linien); die Wanddicken s betragen $a = 10$ mm; $b = 5$ mm; $c = 1$ mm.

Entweicht das Kältemittel durch die Poren im gasförmigen Zustand, so ist die Änderung des spezifischen Gewichtes mit dem Druck zu berücksichtigen. In Gl. (1) muß man mit einem mittleren Wert von γ' bzw. vom spezifischen Volum rechnen. Schmidt findet für die entweichende gasförmige Kältemittelmenge

$$G = \frac{\pi \cdot d^4}{256 \cdot \eta \cdot s}\, p_2 \left[\left(\frac{p_1}{p_2}\right)^2 - 1\right] \cdot \gamma_2 \quad \left[\frac{\mathrm{kg}}{\mathrm{sec}}\right] \tag{4}$$

wobei sich p_2 und γ_2 auf den Austrittszustand des Gases aus den Poren beziehen. Es ist also $p_2 \approx 1$ Atm. zu setzen. Somit wächst der Kältemittelverlust fast proportional dem Quadrat des Innendruckes p_1.

Nach Gl. (4) ist der Gewichtsverlust für R 12 bei gleichem Druck p_1 rund 5,5 mal größer als für Ammoniak und etwa doppelt so groß wie für Methylchlorid. In Abb. 317 ist der nach Gl. (4) berechnete Porendurchmesser d für Methylchlorid wieder für eine Verlustmenge von $G = 0,01$ mg/sec aufgetragen (gestrichelte Kurven). Man erkennt, daß ein gleich großer Verlust bei gegebener Druckdifferenz beim Entweichen von Flüssigkeit schon bei viel engeren Poren entsteht, als es beim Ausströmen von Gasen der Fall ist.

Die Poren im Gußkörper des Kompressors einer Kältemaschine sind meist durch kapillar haftendes Öl ausgefüllt. Infolge der Oberflächenspannung σ[1] vermag eine Flüssigkeit in einer Kapillare vom Durchmesser d einem Überdruck $p = 4\,\sigma/d$ das Gleichgewicht zu halten. Die Oberflächenspannung von Mineralöl ist verhältnismäßig groß, sie beträgt bei 30 °C rund 30 dyn/cm. Arbeitet man abermit einem Kältemittel, das im Öl löslich ist, dann nimmt die Oberflächenspannung des Öl-Kältemittel-Gemisches in den Poren bedeutend ab[2] und hat z. B. für R 12 bei 30 °C nur noch einen Wert von 8 dyn/cm. Das erklärt, warum in R 12-Kältemaschinen größere Kältemittelverluste entstehen, als beispielsweise bei Ammoniak-Maschinen; NH_3 hat selbst eine höhere Oberflächenspannung, $\sigma = 19,8$ dyn/cm, und ist nur in sehr beschränkter Menge im Schmieröl löslich, so daß die Oberflächenspannung nicht beeinflußt wird. Diese Tatsachen lassen erkennen, daß das Abdrücken von Maschinenteilen mit Wasser keinen sicheren Beweis für die Dichtheit dieser Teile gegen Kältemittel zu liefern vermag. Wasser hat eine sehr hohe Oberflächenspannung von rund 70 dyn/cm bei 30 °C und kann daher viel höheren Innendrücken das Gleichgewicht halten als Luft. Man muß daher beim Abdrücken mit Wasser den Prüfdruck im Verhältnis der Oberflächenspannung von Wasser zu der des Kältemittels erhöhen, oder man soll die Oberflächenspannung von Wasser durch entsprechende Zusätze erniedrigen.

Die zweckmäßig anzuwendende Methode zum Auffinden von Undichtheiten richtet sich nach der Art des verwendeten Kältemittels sowie nach der Konstruktion und Größe der zu prüfenden Kältemaschine. Ferner ist für die Auswahl des Verfahrens die zu fordernde Nachweisempfindlichkeit maßgebend. Die Dichtheitsprüfung wird auch bei größeren Typen bzw. Teilen von Kältemaschinen schon im Herstellerwerk nach den verschiedensten, oft kombinierten Verfahren sorgfältig durchgeführt. Sie muß aber häufig, insbesondere bei Gewerbe- und großen Kältemaschinen, auch nach der Montage am Aufstellungsort möglich sein. Zahlreich sind die Fälle, in denen bei einer Beanstandung seitens des Kunden die Fehlerermittlung für das Entweichen von Kältemittel an Ort und Stelle erfolgen muß.

Die Frage der Abdichtung von Poren im Guß oder an bearbeiteten Flächen ist nicht leicht zu beantworten. Je nach den Lösungseigenschaften des verwendeten Kältemittels sind dazu sehr verschiedene Stoffe erforderlich, die als Flüssig-

---

[1] Vgl. dieses Handbuch, Bd. IV, S. 76.

[2] Lainé, P.: Vortrag VIII. Internat. Kältekongreß, London 1951; ref. Kältetechnik Bd. 3 (1951), S. 270; sowie IV. Congrès Internat. du Chauffage Industriel, Paris 1952; ref. Kältetechnik Bd. 6 (1954), S. 58; Steinle, H.: Kältetechnik, Bd. 12 (1960), Nr. 11, S. 334.

keiten oder als Lösungen, oft unter Vakuum, in die Poren einzubringen sind. Schmelzflüssiges Zinn ist allgemein verwendbar, verlangt aber eine hohe Temperatur des Teiles, um es in die Poren eindringen zu lassen. Organische Dichtstoffe müssen in jedem Fall den Anforderungen genügen, die für nichtmetallische Stoffe zur Verwendung im Kältemittel-Kreislauf gelten[1]. Verhältnismäßig einfach ist z. B. das Abdichten von Guß für Kohlendioxid- und Ammoniak-Kompressoren. Sie lassen sich nach US-Patent 1724944 vom 20. 8. 39 mit Hilfe einer Lösung von Gummi in Alkohol abdichten.

II. Vor dem Füllen.

Zur Vorprüfung sollten alle Teile sowie die fertig montierte Maschine mit Gas abgepreßt werden, um grobe Undichtheiten vor dem Füllen zu erfassen. Diese Dichtheitsprüfung von Teilen oder von kompletten Kältemaschinen für kleinere Leistungen erfolgt meist zugleich mit der Druckprüfung. Als Druckgase werden trockene Luft, Stickstoff oder Kohlendioxid verwendet. Drücke zwischen 14 und 21 kp/cm² sind am gebräuchlichsten. BRIGHTMAN und CHASE[2] befaßten sich mit den Grundlagen für diese Prüfung. Große Maschinen und ihre Teile füllt man mit Gas bis zu einem bestimmten Druck und läßt sie 24 h stehen, um zu kontrollieren, ob der aufgegebene Druck gehalten wird. Verbindungsstellen werden zusätzlich vielfach mit Seifen- oder Netzmittel-Lösung abgepinselt, wobei undichte Stellen durch Schaumbildung sichtbar werden.

Die kleinen Gewerbe- und Haushalt-Kältemaschinen, die meist in Serien oder am Fließband gefertigt werden, hängt man üblicherweise unter Innendruck in ein Wasser- oder Petroleumbad, das mit Licht gut durchflutet wird, um die von undichten Stellen aufsteigenden Bläschen sichtbar zu machen. Dabei wird vielfach in heißem Wasser gearbeitet, um ein schnelles Abtrocknen der Maschine oder der Teile nach dem Herausnehmen aus dem Bad zu gewährleisten. Alle Flüssigkeiten, welche die Wandungen benetzen und in die Poren eindringen, beeinflussen durch ihre Oberflächenspannung das Austreten des Gases stark. Die Oberflächenspannung hält, wie schon erwähnt, einem Überdruck von $\Delta p = 4\,\sigma/d$ das Gleichgewicht. Setzt man σ in kg/cm ein, dann wird für Wasser $d \cdot \Delta p = 2{,}9$, wenn ΔP in kp/cm² und d in μ eingesetzt werden. Bei einem Porendurchmesser von $1\,\mu$ vermag die Oberflächenspannung des Wassers beim Abpressen einen Innendruck von 2,9 kp/cm² auszugleichen. Deshalb sollen dem Wasser beim Prüfen mit innerem Überdruck Stoffe zur Verminderung der Oberflächenspannung zugegeben werden, um die Prüfung empfindlicher zu gestalten, zumal der Drucksteigerung zur Erhöhung der Empfindlichkeit Grenzen durch die Druckfestigkeit der Konstruktionsteile gesetzt sind. Poren von $1\,\mu$ Durchmesser werden durch die Oberflächenspannung von kapillar festgehaltenem Öl, das als Verunreinigung aus der Fertigung stammt, bei den üblichen Prüfdrücken gegen Kältemittel dicht gemacht. Im Laufe der Zeit fließt das Öl aber infolge der durch das Kältemittel verminderten Oberflächenspannung aus. Das Auswaschen des Öles aus der Kapillare dauert nach SCHMIDT[3] bis zu 6 Stunden, so daß poröse Kompressoren bei der kurz nach dem Füllen durchgeführten Prüfung meist als dicht befunden werden. In Tab. 5 sind die nach Gl. (4) bei einem Porendurchmesser von $1{,}5\,\mu$ und verschiedenen Drücken ausströmenden Luftvolume für 1 mm Wanddicke zusammengestellt. Trockene Luft wird häufig als Druckgas zum Abpressen verwendet. Damit ergeben sich recht lange Prüfzeiten, bis sich die erste Blase von etwa 1 mm³ ablösen kann.

---

[1] Vgl. dieses Handbuch, Bd. IV, S. 133.
[2] BRIGHTMAN, I. B., u. E. G. CHASE: Refrig. Engng. Bd. 55 (1948), S. 552.
[3] SCHMIDT, TH. E.: Kältetechnik Bd. 4 (1952), S. 226.

Tabelle 5. *Undichtheit einer Kapillare von d = 1,5 μ ⌀ und 1 mm Länge beim Ausströmen von Luft in Luft; t = 20 °C, p_2 = 1 ata.*

Innendruck p_1 (ata)	2	5	10	15	20
Ausströmendes Luftvolum					
$V \cdot 10^3$ (mm³/sec)	1,02	8,15	33,5	76	135
Zur Bildung einer Blase von 1 mm³ erforderliche Zeit (sec)	980	123	30	13	7,4

Diese Zeiten sind gleichfalls in Tab. 5 verzeichnet. Da die Zeit aber der Wandstärke proportional ist, wachsen die Prüfzeiten bei dickwandigen Teilen stark an. Dabei ist der Einfluß der Oberflächenspannung des Wassers und von Verunreinigungen in den Poren nicht berücksichtigt. Abschließend ist zu sagen, daß die Gas-Druckprüfung als Vorprüfung bestens geeignet ist und heute eine verbreitete Anwendung gefunden hat. Jedoch müssen die aus der Fertigung kommenden Teile sorgfältig gereinigt und vor allem gut entfettet sein.

Neben der Dichtheitsprüfung unter Innendruck ist auch das Stehenlassen der Anlagen und Teile unter Vakuum gebräuchlich. Als Maß für Undichtheiten am Vakuum dient das „lusec". Es bedeutet den Druckanstieg von 0,001 Torr/sec für ein Volum von 1 Liter. Schmidt[1] schlägt vor, die Kältemaschinen und ihre Teile auf weniger als 0,05 Torr zu evakuieren und dann nach etwa 8 bis 12 Stunden Stehzeit die Druckänderung im Vakuum zu bestimmen. Es handelt sich bei dieser Prüfung um eine reine Strömung von Gasen, die Nerken[2] in ihrer Abhängigkeit von den Abmessungen der Undichtheit, der Druckdifferenz, der Gasart und der Gaszusammensetzung bei Gemischen theoretisch untersucht hat. Als charakteristische Größen des Gases gehen die Viskosität und das Molekulargewicht ein.

Auf der Vakuumseite des Lecks ist mit Molekularströmung zu rechnen, da bei 10^{-3} Torr und 25 °C die mittlere freie Weglänge mit 5 cm größer ist als die Länge des Lecks. Dagegen ist auf der Druckseite bei 760 Torr und 25 °C die freie Weglänge der Luftmoleküle etwa $2 \cdot 10^{-6}$ cm. Sie ist somit kleiner als der Durchmesser der Undichtheiten, und es ist mit viskoser Strömung zu rechnen. Für die Molekularströmung gilt das Knudsensche Gesetz

$$G = \frac{c_1 \cdot d^3}{s \cdot \sqrt{\mu}} \cdot (p_1 - p_2) \, [\text{kg/sec}].$$

für die viskose Strömung ist nach Poiseuille

$$G = \frac{c_2 \cdot d^4}{s \cdot \eta} \cdot (p_1^2 - p_2^2) \cdot$$

Darin sind

G = je Zeiteinheit durchströmende Gasmenge (kg/sec)
d = Durchmesser des Lecks (mm)
s = Länge des Lecks (mm)
η = dynamische Viskosität des Gases (kg · sec/m²)
μ = Molekulargewicht des Gases
p_1 = Gasdruck an der Druckseite (kp/cm²)
p_2 = Gasdruck der Vakuumseite des Lecks (kp/cm²)

c_1 und c_2 sind Konstanten, die mit den Stoffwerten zweier Gase zu berechnen sind.

---

[1] Schmidt, Th. E.: Kältetechnik Bd. 4 (1952), S. 226.
[2] Nerken, A.; Vakuum-Technik, Bd. 7 (1958), Nr. 5, S. 111.

Bei Molekularströmung ist G also der Quadratwurzel des Molekulargewichtes μ umgekehrt und der Druckdifferenz direkt proportional. Bei viskoser Strömung ist G der Differenz der Quadrate der Drücke direkt, der Viskosität aber umgekehrt proportional. In beiden Strömungsfällen ist G der Länge des Lecks umgekehrt proportional.

Beim Einströmen in Vakuum, $p_2 = 0$, ergeben sich im doppelt logarithmischen Maßstab einfache Gerade, die sich durch folgende Gleichungen wiedergeben lassen:

Molekularströmung $\qquad\qquad$ $\ln G = \ln K_1 + \ln p_1$

Viskose Strömung $\qquad\qquad$ $\ln G = \ln K_2 + 2 \ln p_1$.

Die Steigung der Geraden ist eins bei Molekularströmung und zwei bei viskoser Strömung. NERKEN faßt den Gesamtströmungswiderstand als die Summe der Molekularströmung und der viskosen Strömung auf und setzt

$$\frac{1}{G} = c_1 \cdot \eta + c_2 \cdot \mu \cdot$$

Die auf diese Weise berechneten und die gemessenen Durchsätze der verschiedenen Gase durch Lecke sind in der Tab. 6 zusammengestellt. Sie zeigen insbesondere den Einfluß der Gasart auf die Empfindlichkeit des Verfahrens. Helium ergibt neben Wasserstoff, der wegen seiner Brennbarkeit nicht verwendbar ist,

Tabelle 6. *Durchsatz von Gasen durch Lecke, abhängig von der Zähigkeit und dem Molekulargewicht der Gase.*

Gas	Innere Reibung (Zähigkeit) bei 25 °C bezogen auf Luft = 1	Molekulargewicht, bezogen auf Luft = 1	Durchsatz (Großes Leck) in 10^{-2} lusec		Durchsatz (Kleines Leck) in 10^{-2} lusec	
			Exp.	Ber.	Exp.	Ber.
Luft	1,0	1,0	5,0	5,15	0,052	0,054
H_2	0,48	0,070	13,5	(13,5)	0,186	(0,186)
R 12	0,67	4,20	4,82	3,9	0,032	0,029
CO_2	0,81	1,53	5,2	5,05	0,042	0,045
He	1,08	0,139	6,95	(6,95)	0,14	0,117
O_2	1,12	1,11	4,45	4,75	0,045	0,051
A	1,23	1,39	4,3	4,3	0,045	(0,045)

die größte Empfindlichkeit, da beide ein niedriges Molekulargewicht besitzen. Deshalb wird Helium auch im Massenspektrographen angewendet, der nach dieser Vakuummethode arbeitet. Die Druckanstiegsmethode zur Dichtheitsprüfung unter Vakuum verlangt, um ausreichende Empfindlichkeit zu erlangen, ein besonders sorgfältiges Entgasen der dem Vakuum auszusetzenden Teile. Darauf weist KRONBERGER[1] besonders hin. Lediglich der Massenspektrograf mit seinem spezifischen Nachweis von Helium vermeidet diese Schwierigkeit durch Fremdgase. Die sonst heute gebräuchlichen, zum Teil sehr empfindlichen Methoden zur Messung des Druckanstieges im Vakuum, wie das Ströhleinsche und das Brunnersche Vakuummeter, die beide nach der Methode von McLEOD mit einem abgesperrten Vakuumraum arbeiten, zeigen auch jeden kleinsten Druckanstieg durch Gasaustritt an. Dazu gehört auch die Messung der Veränderung der Wärmeleitfähigkeit einer Gassäule mit dem Druck[2]. Die Vakuummethode zur Untersuchung der Dichtheit ist auch wegen des geringen Druckunterschiedes nicht sicher. Es ergeben sich außerdem lange Prüf-

---

[1] KRONBERGER, H.: Ref. in The Journal of Refrigeration, Bd. 1 (1957), Nov./Dez., S. 11.
[2] Thermotron der Firma E. Leybold's Nachf., Köln-Bayenthal.

zeiten. Öl wird aus den Kapillaren nur schwer verdrängt. Auch ist eine Lokalisierung der Undichtheit auf diese Weise nicht möglich.

Alle Betrachtungen über die Dichtheitsprüfung mit Über- oder Unterdruck zeigen, daß die Endprüfung bei füllungsempfindlichen Maschinen unbedingt nach dem Füllen mit Kältemittel durchgeführt werden muß.

III. Unter dem Druck des Kältemittels.

Nach dem Vorprüfen der Maschinenteile und der montierten Kältemaschine ist es nötig, die gefüllte Maschine unter dem Druck des Kältemittels einer abschließenden Dichtheitsprüfung zu unterziehen. Die anzuwendende Methode wird nach der Art des zur Füllung der Kältemaschine verwendeten Kältemittels ausgewählt. Viele Kältemittel, vor allem die fluorierten Kohlenwasserstoffe und das Methylchlorid, sind infolge ihrer Reaktionsträgheit nicht leicht nachweisbar. Diese Stoffe lassen sich nur mit Hilfe ihrer Spaltprodukte nachweisen, die ab etwa 600 °C bei der Anwesenheit katalytisch wirksamer Metalle entstehen. Bei brennbaren Kältemittel, z. B. Methylchlorid, kann die thermische Spaltung nur mit Vorsicht angewendet werden. Oft ist sie wegen der gegebenen Explosionsgefahr überhaupt zu verbieten. Andere Kältemittel, dazu gehören Ammoniak, Schwefeldioxid und Kohlendioxid, können durch charakteristische Reaktionen leicht und mit guter Empfindlichkeit schon in Spuren nachgewiesen werden. In den folgenden Ausführungen sollen die Verfahren zur Feststellung von Undichtheiten an gefüllten Kältemaschinen beschrieben werden. Welche Methode anzuwenden ist, wurde im einzelnen bei der Behandlung der Kältemittel im Band IV dieses Handbuches besprochen.

Eine allgemein anwendbare und beim Arbeiten mit den öllöslichen Kältemitteln empfindliche Methode ist der Nachweis von Öl, das zum mindesten in Spuren stets mit dem Kältemittel entweicht. Setzt man solche Ölspuren, die selbst nicht sichtbar sind, der Strahlung von Ultraviolettlampen aus, so fluoreszieren die meisten Öle stark und werden selbstleuchtend, so daß sie im verdunkelten Raum sichtbar sind. Vor den UV-Lampen werden dabei Filter verwendet, welche das sichtbare Licht nahezu vollständig ausblenden. Sie sind vor allem stets dort anwendbar, wo bei Undichtheiten sicher auch mit dem Austreten von Öl gerechnet werden kann. Wenn aber Ölabscheider eingebaut sind, ist ihre Anwendbarkeit auf den Kompressorteil der Kältemaschine beschränkt. Für diese Zwecke sind die kleinen, transportablen UV-Lampen zweckmäßig. In den USA werden nach Reed[1] für diesen Zweck auch transportable Ultraviolettlampen mit Batterien hergestellt.

Das Abpinseln undichter Stellen an Kältemaschinen mit geeigneten Schaummitteln ist ebenfalls für alle Kältemittel anwendbar. Dazu nimmt man schäumende, wäßrige Lösungen wie auch beim Abpressen mit Gasen. Sie werden mit dem Pinsel oder einer feinen Spritzflasche aufgebracht; Schaumbildung beim Auftragen ist zu vermeiden. Die Wirkung beruht auf starker Erhöhung der Oberflächenspannung des Lösungsmittels, welches durch das an der undichten Stelle austretende Kältemittel, das naturgemäß in dem Lösungsmittel unlöslich sein muß, aufschäumt. Seifenlösungen und synthetische Schaummittel, wie z. B. das Produkt Nr. 346 der Farbwerke Hoechst und Nekal BX der Badischen Anilin- und Sodafabriken sind gebräuchlich. Diese Stoffe sind gute Netzmittel und werden zweckmäßig in 2%iger Lösung angewendet; zum besseren Haltbarmachen des Schaumes wird der Zusatz von 5% Glyzerin zu der Lösung empfohlen. Das Verfahren wird vielfach zur Lokalisierung undichter und verdächtiger Stellen benützt.

---

[1] Reed, P.: Air Cond. and Refrig. News Bd. 62 (1951), H. 14, S. 18.

Die kleinen Haushalt-Kältemaschinen werden bei der Serienherstellung mit der Kältemittelfüllung heute vielfach zur Dichtheitsprüfung in ein Flüssigkeitsbad getaucht. Das Verfahren wird ausführlich von MCCLOY[1] beschrieben. Die mit R 12 gefüllten Kältemaschinen werden am Transportband durch ein Warmwasserbad von etwa 40 °C gezogen, das von allen Seiten blendfrei stark beleuchtet wird und sich in einem Behälter mit Glaswänden befindet. Da das Wasser nur eine sehr geringe Löslichkeit für R 12 aufweist, bereitet die Sichtbarmachung des austretenden Kältemittels keine Schwierigkeiten. Um das Anhaften von Luftblasen an den Prüfobjekten beim Eintauchen zu vermeiden und das Ablösen der austretenden Kältemittelblasen zu beschleunigen, wird dem Wasser ein Netzmittel zur Verringerung der Oberflächenspannung zugesetzt und das Wasser deshalb meist auch erwärmt. Die Oberflächenspannung der Prüfflüssigkeit, die in die Poren der Prüfobjekte von außen eindringt, und des austretenden Kältemittels bzw. seines Gemisches mit Öl ist für dieses Prüfverfahren von großer Bedeutung. Da in den Poren ein stetiger Übergang von einem Gemisch von Kältemittel mit Öl innen auf nahezu reines Öl nach außen stattfindet, ist auch die Oberflächenspannung der die Kapillare ausfüllenden Flüssigkeit verschieden. Sie nimmt mit steigendem Molekulargewicht und höherer Temperatur ab. Das warme Wasserbad bewirkt somit eine Erniedrigung der Oberflächenspannung des Wassers am Porenaustritt, sowie eine Erniedrigung der Oberflächenspannung des aus den Poren austretenden Mediums. Außerdem bringt die erhöhte Temperatur einen entsprechenden Druckanstieg innerhalb der Maschine mit sich, der auch zur Überwindung der Oberflächenspannung von Flüssigkeiten in den Poren beiträgt und damit einer schnelleren und leichteren Auffindung von Undichtheiten dienlich ist. Alle elektrischen Teile der Kältemaschinen können naturgemäß erst nach der Dichtheitsprüfung im Wasser montiert werden.

IV. Chemischer Nachweis der Kältemittel.

Ein direkter chemischer Nachweis ist nur bei wenigen Kältemitteln möglich. Am bekanntesten ist die sogenannte Rauchmethode mit Ammoniak und Schwefeldioxid. Sie beruht darauf, daß NH_3 und SO_2 in feuchter Atmosphäre durch direkte Reaktion weiße Nebel von Ammoniumsulfit $(NH_4)_2SO_3$, bilden. Ammoniak bildet ferner mit Salzsäuredämpfen (HCl) bei Gegenwart von Feuchtigkeit Ammoniumchlorid (NH_4Cl), das ebenfalls als weißer Nebel in Erscheinung tritt.

$$2\,NH_3 + SO_2 + H_2O \rightarrow (NH_4)_2SO_3$$

$$NH_3 + HCl \rightarrow NH_4Cl$$

Die praktische Anwendung erfolgt zum Nachweis von Ammoniak in einfacher Weise durch das Anblasen möglicherweise undichter Stellen mit Schwefeldioxyd. Auch das Abbrennen von Schwefelfäden wird angewendet. Ausströmendes Schwefeldioxyd wird umgekehrt in der Weise nachgewiesen, daß man undichte Stellen mit Ammoniaklösung in Wasser betupft.

Die Reaktionsträgheit der halogenierten Kohlenwasserstoffe, z. B. R 12, R 22 und Methylchlorid, welche fast durchweg auch keinen deutlich wahrnehmbaren Geruch besitzen, gestattet einen so einfachen Nachweis mit spezifischen Mitteln nicht. Bei ihnen besteht nur die Möglichkeit, die thermischen Spaltprodukte heranzuziehen. Die älteste und am meisten angewendete Vorrichtung dafür ist die „Halogenlampe", in den USA als Halide-Torch oder auch Halide-Lamp bezeich-

---

[1] MCCLOY, G. S., u. A. W. HALEY: Refrig. Engng. Bd. 39 (1940), S. 12; ref. in Kälteindustrie, Bd. 38 (1941), S. 84.

net. Ihre Wirkungsweise beruht auf dem Bielsen-Test zum quantitativen Nachweis der Halogene. Einem kupfernen, mit Spiritus betriebenen Lötbrenner wird die Verbrennungsluft durch einen biegsamen Metall- oder Gummischlauch zugeführt, dessen offenes Ende in die Nähe der als undicht verdächtigten Stelle gehalten wird. Entweicht Kältemittel aus der Maschine, so wird es mit der umgebenden Luft von der Lampe angesaugt. Die Flamme selbst wirkt saugend und sorgt für eine starke Verdünnung. Zu beachten ist, daß mit der Länge des Ansaugschlauches eine gewisse Verzögerung in der Anzeige eintritt.

Bei der hohen Flammentemperatur wird das Kältemittel thermisch gespalten und es bilden sich an dem Kupfereinsatz des Brenners die flüchtigen Kupferhalogenide, Kupferchlorid ($CuCl_2$) und Kupferfluorid (CuF_2). Die in diesen enthaltenen Kupferionen färben beim Eintritt in die Flamme die sonst farblose Spiritusflamme hellgrün. Auf diese Weise lassen sich bei einiger Übung nach Thompson[1] noch Konzentrationen bis herab zu einem Volumenteil R 12 in 100000 Volumteilen Luft, entsprechend 0,001 Vol.-%, nachweisen. 0,6 Vol.-% R 12 sind in Luft leicht nachweisbar. So sind beispielsweise undichte Stellen, aus denen 0,15 g R 12 je Tag entweichen, mit der in Abb. 318 gezeigten, üblichen Bauart einer Halogenlampe noch mit Sicherheit nachweisbar. Schmidt[2] gibt die Empfindlichkeit mit 0,2 g R 12/Tag an. Der Saugschlauch hat den Vorteil, auch an schwer zugängliche Stellen herangebracht werden zu können. Hässler[3] hat eine explosionsgeschützte Halogen-Suchlampe beschrieben, die zum Auffinden von Undichtheiten an Kältemaschinen in schlagwettergefährdeten Gruben verwendet werden kann. Er verwendet dazu eine mit Benzin betriebene Gruben-Sicherheitslampe, indem er ein Kupferblech in der Flamme angeordnet hat. Über ein Handgebläse wird die zu testende Luft in die angesaugte Verbrennungsluft eingemischt.

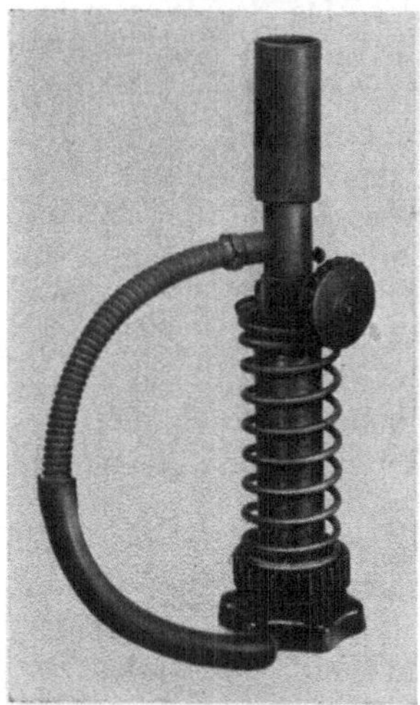

Abb. 318. Halogenlampe zum Nachweis ausströmender halogenierter Kältemittel (Konstruktion Danfoss).

Einige Störquellen für die Halogenlampe sind unbedingt zu beachten. Der verwendete Spiritus zum Betrieb der Lampe muß absolut frei sein von halogenhaltigen Verunreinigungen. Mit Chloroform vergällter Spiritus ist nicht verwendbar. Reed[4] schlägt deshalb und wegen der größeren Empfindlichkeit die Verwendung von Methylalkohol vor. In den USA gibt es aus diesem Grunde auch Halogenlampen, die mit Acetylen oder Butan betrieben werden[5]. In gleicher Weise muß auch die umgebende Raumluft, in der die Kältemaschine geprüft wird, frei sein von halogenhaltigen Dämpfen und Gasen, da sonst eine Daueranzeige erfolgt, die das Lokalisieren der undichten Stelle erschwert, wenn nicht sogar unmöglich macht. Eine gute Durchlüftung des Raumes vor dem Absuchen der Kältemaschine mit der Halogenlampe ist erforderlich. In den Fertigungsstätten werden zur Dichtheitsprüfung meist Zellen mit Frischluftzufuhr und leichtem Überdruck angewendet, um Dämpfe von Trichlor- oder Perchloräthylen und Tetrachlorkohlenstoff, die als Reinigungsmittel Verwendung finden, auszuschließen.

---

[1] Thompson, R. I.: Refrig. Engng., Bd. 50 (1945), S. 313.
[2] Schmidt, Th. E.: Kältetechnik, Bd. 4 (1952), S. 226.
[3] Hässler, A.: Kältetechnik, Bd. 10 (1958), H. 1, S. 11.
[4] Reed, P.: Air Cond. and Refrig. News, Bd. 62 (1951), H. 14, S. 18.
[5] Otto Brenz Co., Rochester: USA, Refrig. Engng., Bd. 58 (1950), S. 806.

Einen Nachwirkungseffekt ergibt die Halogenlampe leicht dadurch, daß bei einer hohen Dosis von Halogenkohlenwasserstoffen so viele Kupferhalogenide gebildet werden, daß sie nicht mehr sofort abdampfen. Sie bleiben als Rückstand auf dem Brenner haften, gehen dann in Kupferoxid über und vergiften das Indikatorkupfer für längere Zeit. Auch der Schlauch vermag, sofern er aus Gummi besteht, das Kältemittel für einige Zeit zu halten.

Mit der Ableuchtkerze von BRACHT[1] und dem Ableuchthalter von GÖLDNER[2] nach Abb. 319a und b, wurden kleine Geräte zum Nachweis von Halogenkohlenwasserstoffen geschaffen, die handlich und stets betriebsbereit sind. Bei der Ableuchtkerze ist spiralig um den Docht ein feiner Kupferdraht in das Wachs eingebettet, so daß er mit der Luft am Flammenaußenmantel abbrennt. Sie bietet gegenüber der Halogenlampe den Vorteil, daß sie keinen Nacheffekt ergibt. Bei dem Emzet-Ableuchthalter umhüllt eine Spirale aus dünnem Kupferdraht den Docht eines Feuerzeuges und reicht in die Flamme. Beide Geräte bieten gegenüber der Halogenlampe den Vorteil der größeren Empfindlichkeit, da

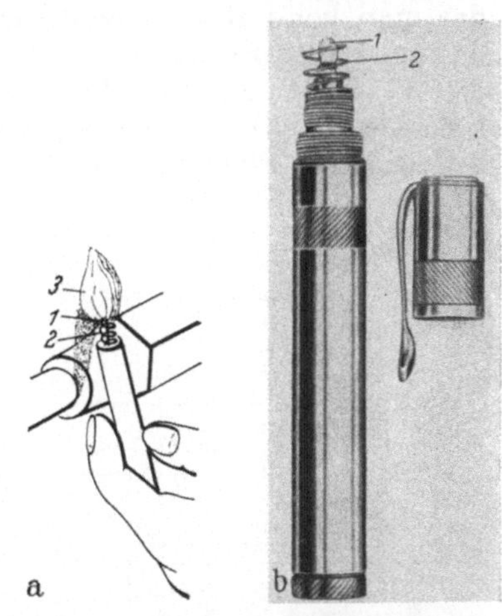

Abb. 319 a u. b. a) Ableuchtkerze von BRACHT, *1* Docht, *2* Kupfer-Spirale. b) Ableuchthalter von GÖLDNER, *1* Docht, *2* Kupferdraht.

die kleine Flamme keine starke Verdünnung in der Verbrennungsluft verursacht. Beide Geräte müssen aber direkt an die undichte Stelle herangeführt werden, was nicht immer leicht ist.

SCHMIDT[3] hat die Empfindlichkeit der Ableuchtkerze von BRACHT und des Emzet-Halters gegenüber R 12-Gemischen untersucht und gibt als untere Grenze 0,045 Vol.-% R 12 in Luft an. An der Ausströmstelle von reinem R 12 aus angefeilten Glaskapillaren lassen sich mit Halter und Kerze 0,3 g R 12/Tag gerade noch erfassen.

Halogenlampe, Ableuchtkerze und -halter lassen sich grundsätzlich für alle Halogenverbindungen der Kohlenwasserstoffe verwenden. Es muß jedoch davor gewarnt werden, Geräte mit offenen Flammen in Räumen zu benützen, in denen mit höheren Konzentrationen brennbarer Kältemittel wie Methylchlorid gerechnet werden muß. Die Verwendung einer offenen Flamme wird in einer mit brennbaren Substanzen vermischten Luft zum Entflammen des Gemisches oder beim Erreichen der Explosionsgrenze[4] auch zu Explosionen führen. Nach den Richtlinien für Kälteanlagen[5] und den neuen Unterlagen[6] ist es in Deutschland verboten, offenes Feuer in Anlagen mit feuer- oder explosionsgefährlichen Kältemitteln zu benützen. Nach den gültigen USA-Sicherheitsvorschriften[7] sind aber Halogenlampen auch für den Nachweis brennbarer, halogenierter Kältemittel erlaubt, jedoch ist ein gründliches Lüften des Raumes vor ihrer Anwendung vorausgesetzt.

---

[1] Maschinenfabrik Bracht et fils, Mulhouse, Elsaß.

[2] Emzet-Maschinenzubehör GmbH. Stuttgart.

[3] SCHMIDT, TH. E.: Kältetechnik, Bd. 4 (1952), S. 226.

[4] Vgl. dieses Handbuch, Bd. IV, S. 196.

[5] Richtlinien für Kälteanlagen; Reichsarbeitsblatt 1, amtl. Teil 1934, S. 9—11.

[6] DIN 8975 Sicherheitstechnische Grundsätze für Bau, Ausrüstung und Aufstellung von Kälteanlagen, Januar 1957.

[7] American Standard Safety Code for Mechanical Refrigeration B 9.1 (1950), Abschn. 63213.

Um die offene Flamme der Halogenlampe und anderer Geräte zu vermeiden, hat die Gesellschaft für Linde's Eismaschinen folgende, im Prinzip ähnliche Methode zum Nachweis kleinster Mengen halogenierter Kohlenwasserstoffe ausgearbeitet, deren Schema in Abb. 320 dargestellt ist. Durch ein Gummiball-Gebläse das man bei a ansetzt, wird die Kältemittel enthaltende Luft angesaugt und in das Quarzglas-Reaktionsrohr b gedrückt, das durch die Heizspirale c auf etwa 800 °C erhitzt ist. Das Rohr befindet sich in einem mit Asbest gut isolierten Gehäuse d. In dem Quarzrohr wird das halogenierte Kältemittel thermisch aufgespalten. Das Fluor von R 12, CF_2Cl_2, setzt sich wenigstens teilweise mit dem

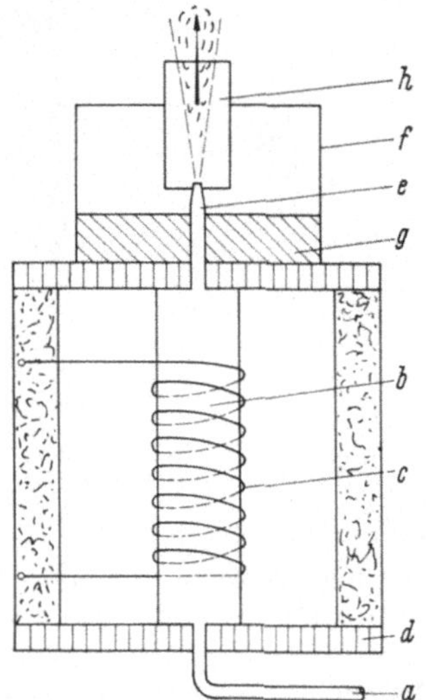

Abb. 320. Gerät zum Nachweis halogenierter Kohlenwasserstoffe (Gesellschaft für Linde's Eismaschinen).

a Gummi-Gebläse; b Quarzglasrohr; c Heizspirale; d Asbest-isoliertes Gehäuse; e Düse; f Glasbehälter; g Ammoniakwasser; h Glaskamin.

Silizium des Quarzes zu Siliziumtetrafluorid (SiF_4) um. Die Zerfallsprodukte der Kältemittel bestehen bei R 12 vor allem aus Fluor und Chlor, die mit dem Wasser der Luft Fluorwasserstoff und Chlorwasserstoff bilden, während der Kohlenstoff zu Kohlendioxid verbrennt. Sie gelangen dann durch die Düse e in den Dampfraum des Behälters f, in dem durch Ammoniakwasser g eine feuchte, ammoniakhaltige Atmosphäre aufrechterhalten wird. Das SiF_4 hydrolisiert und bildet Silizium und Fluorwasserstoffsäure, während das eventuell noch freie Chlor zu HCl hydrolisiert. In der Ammoniak-Atmosphäre bilden sich dann sofort Ammoniumchlorid (NH_4Cl) und Ammoniumfluorid (NH_4F) und Silizium, die als dichte, weiße Nebel ausfallen und in dem kurzen Kamin h als Nebelfaden erscheinen, wenn in der angesaugten Luft halogenhaltige Kohlenwasserstoffe enthalten sind. Über die Empfindlichkeit des Gerätes sind keine Angaben bekannt.

V. Elektrische Geräte zum Nachweis der Kältemittel.

Alle bisher beschriebenen Geräte und Verfahren reichen in ihrer Empfindlichkeit nicht aus, um bei kleinen, gekapselten Haushaltkältemaschinen ohne Flüssigkeitsreserve alle Undichtheiten aufzufinden, welche zu einem unzulässigen Kältemittelverlust führen. Die heute gewährten Garantiezeiten von fünf Jahren bedingen absolute Dichtheit.

Die General Electric Co[1] hat ein Gerät entwickelt, das unter der Bezeichnung „Leak Detector" vertrieben wird. CRAMPTON und WINNEFELD[2], BRIGHTMAN

---

[1] RICE, J.: US Pat. 2550498 vom 24. 4. 41.
[2] CRAMPTON, D. H., u. CARL WINNEFELD: Refrig. Engng., Bd. 55 (1948), S. 261.

und Chase[1], White und Hickey[2] und White[3] beschreiben ausführlich das Gerät und seine Teile sowie die Vorgänge, welche sich beim Nachweis der halogenierten Kohlenwasserstoffe abspielen. Der Aufbau des transportablen Geräts ist schematisch in Abb. 321 dargestellt. Die auf ihren Gehalt an Kältemittel zu prüfende Luft wird von der beweglichen Suchpistole a durch den kleinen Ventilator b angesaugt und über den elektrisch auf mindestens 850 °C erwärmten Heizdraht c aus Platin geführt. Dabei werden die Halogenkohlenwasserstoffe thermisch auf-

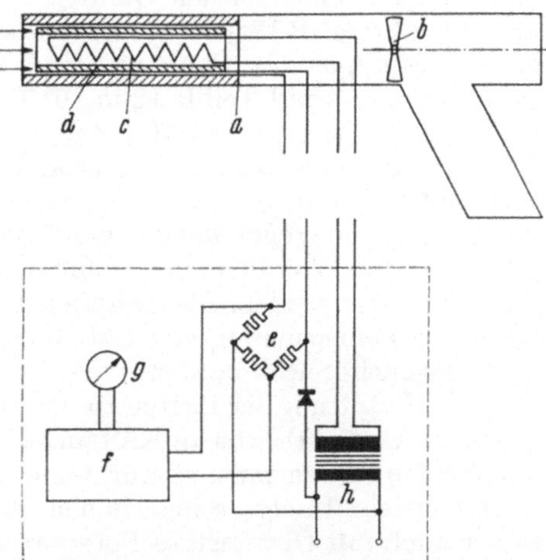

Abb. 321. Schema des Leak-Detectors der General Electric Co.

a Suchpistole; b Ventilator; c Heizdraht aus Platin als Kathode; d Platinzylinder als Anode; e Meßbrücke; f Verstärker; g Zeigerinstrument oder Lautsprecher; h Netzanschlußteil mit Transformator.

gespalten. Die Spaltprodukte gelangen zugleich in ein starkes elektrisches Feld, wobei der Platin-Glühfaden als Kathode und ein darum gelegter, kalter Platinzylinder d als Anode dient. Die Spannung zwischen Glühfaden und Zylinder beträgt 350 V. Das Prinzip der Bestimmung beruht darauf, daß aus der glühenden Platinoberfläche bei Weißglut in Luft neben Elektronen auch Ionen austreten, ohne daß das Platin oxydiert. Die Grundionisation in Luft ist sehr gering. Man macht sich nun die von Rice festgestellte Tatsache zunutze, daß die Ionen-Emission des glühenden Platins durch halogenhaltige Gase und Dämpfe erhöht wird, da diese am glühenden Platin aufgespalten werden. Oberhalb 850 °C ist die Zersetzung vollständig. Nach White[3] erhöht R 12 bei einer Konzentration von 10^{-4} Vol.-% in Luft den Austritt der Ionen auf das Tausendfache. Die Ionen werden in dem elektrischen Feld sofort nach dem positiv geladenen Zylinder zur Anode hin beschleunigt. Dadurch erzeugen sie in dem Kondensator einen Ionenstrom, welcher der Menge des mit der Luft angesaugten Halogenkohlenwasserstoffes proportional ist. Dieser Strom wird in dem an die Suchpistole angeschlossenen Koffergerät über die Brückenanordnung e in Abb. 321 in dem Verstärker f verstärkt. Die Stromänderung wird an dem Zeigerinstrument abgelesen und/oder über einen Lautsprecher akustisch angezeigt.

Der Leak-Detector spricht nur auf Halogene und einige andere Ionengruppen, z. B. die (OH)$^-$-Gruppen der Alkohole, an. In seiner Empfindlichkeit liegt er weit über allen anderen bisher bekannten Methoden zum Nachweis von Kältemitteln und ist empfindlicher, als es nach den Berechnungen von Th. E. Schmidt für R 12-Kältemaschinen überhaupt erforderlich ist. Die Empfindlichkeit nimmt zu mit

[1] Brightman, I. B., u. E. G. Chase: Refrig. Engng. Bd. 55 (1948), S. 552.
[2] White, W. C., u. I. I. Hickey : Electronics Bd. 21 (1948), S. 100.
[3] White, W. C.: Proc. I. R. E., Bd. 38 (1950), S. 852.

der Glühtemperatur der Elektrode,
der Feldspannung zwischen den Elektroden,
der Verringerung des Elektrodenabstandes und
der Abnahme der Strömungsgeschwindigkeit des Luft-Halogen-Gemisches
zwischen den Elektroden.

Sie kann damit je nach den Erfordernissen in weiten Grenzen variiert werden. Jedes Gerät besitzt mehrere einstellbare Empfindlichkeitsbereiche. Die größte Empfindlichkeit eines solchen Gerätes ist nach Neff[1] 0,18 g R 12 im Jahr; das entspricht 23 mm³/R 12 je Tag oder rund 1 mm³ Gas in der Stunde. Nach den neueren Messungen von Schmidt[2] sind Verluste von 0,6 g R 12 im Jahr oder Konzentrationen von 1 Teil R 12 in 10^6 Teilen Luft sicher nachweisbar und Poren von $0,2\,\mu$ lassen sich noch auffinden.

Die Lebensdauer des Leak-Detectors hängt ausschließlich von den auswechselbaren Elektroden in der Ansaugpistole ab. Diese können bei unvorsichtigem Umgang infolge zu großer Mengen von Halogenen für längere Zeit oder für dauernd vergiftet werden. Vor allem die Glühkathode belädt sich mit Halogenen, die nur langsam beseitigt werden. Als Abhilfe saugt man unter Heizung der Kathode und Anlegen der Feldspannung viel Luft durch die Suchpistole hindurch. Das Gerät muß öfters nachgeeicht werden.

Um die Vergiftung der Pistole zu vermeiden, schlagen Dennison und Curran[3] vor, größere Undichtheiten an Kältemaschinen durch Druckprüfung unter Wasser auszuscheiden. Dann müssen nur feine Undichtheiten mit dem Leak-Detector gesucht werden. Infolge seiner hohen Empfindlichkeit können mit dem Leak-Detector auch mit Öl versetzte Poren an Maschinen mit öllöslichen Kältemitteln gefunden werden. Das Kältemittel löst sich in der Maschine unter dem herrschenden Druck im Öl, diffundiert nach außen durch und verdampft in Spuren in die Atmosphäre. Aus dem gleichen Grunde werden Gleitringdichtungen der Wellendurchführungen an offenen Kältemaschinen mit dem empfindlichen Leak-Detector stets als undicht befunden.

Der Leak-Detector wird hauptsächlich in der Fabrikation der Kältemaschinen, aber auch im Außendienst benützt. Neff[4] beschreibt verschiedene dabei angewendete Arbeitsmethoden. In einem Fall bringt man die Maschine in einen Versuchskasten bestimmter Größe und läßt sie darin unter Abschluß der Außenluft eine Zeitlang stehen, um die Dichtheit des ganzen Systems zu überprüfen. Es genügt dann, den Boden des Prüfkastens mit der Suchpistole abzutasten, um festzustellen, ob die Maschine undicht ist. R 12 und viele andere Halogen-Kohlenwasserstoffe sind schwerer als Luft und reichern sich am Boden an. Oft wird auch ein Auffangkasten angebracht, dem die Luft für die Pistole entnommen wird. Man kann auf diese Weise die Kältemittel-Konzentration und damit die Empfindlichkeit wesentlich steigern. Diese Methode wird vor allem als Vorprüfung empfohlen, da sie geeignet ist, alle Maschinen der laufenden Fertigung zu prüfen. Die Stromstärke im Leak-Detector gibt dann zugleich das Maß für die Größe der Undichtheit, wenn man stets für gleiche Versuchsbedingungen sorgt. Von Anger[5] wurde eine General Electric Fließband-Lecksucher-Anlage beschrieben. Dabei wird zur Erzielung der höchst möglichen Empfindlichkeit des Leak-Detectors die Anreicherung des Kältemittels in einem geschlossenen Raum nach den oben

---

[1] Neff, I. R.: General Electric Review, Bd. 52 (1948), Nr. 10, S. 41; Refrig. Engng. Bd. 55 (1948), S. 275.
[2] Schmidt, Th. E.: Kältetechnik Bd. 4 (1952), S. 226.
[3] Dennison, F. E., u. L. V. Curran: Refrig. Engng. Bd. 58 (1950), S. 1174.
[4] Neff, I. R.: General Electric Review Bd. 52 (1948), Nr. 10, S. 41.
[5] Anger, H.: Die Kälte, Bd. 12 (1959), S. 502.

gemachten Ausführungen angewendet. Die Kältemaschinen befinden sich unter dicht aufsitzenden Hauben, die nach Abb. 322 automatisch angehoben werden können. Sie befinden sich auf einem drehbaren Prüftisch, wie ihn die Abb. 323 zeigt. Am Tisch unter den Hauben sammelt sich das halogenierte Kältemittel an. Je nach der gewünschten Empfindlichkeit kann nun Luft vom Boden der Haube nach dem stufenwiesen Vorrücken an den Prüfstellen B, C und D in Abb. 323 entnommen werden. Diese wird dem Leak-Detector zugeführt. Wird nun R 12

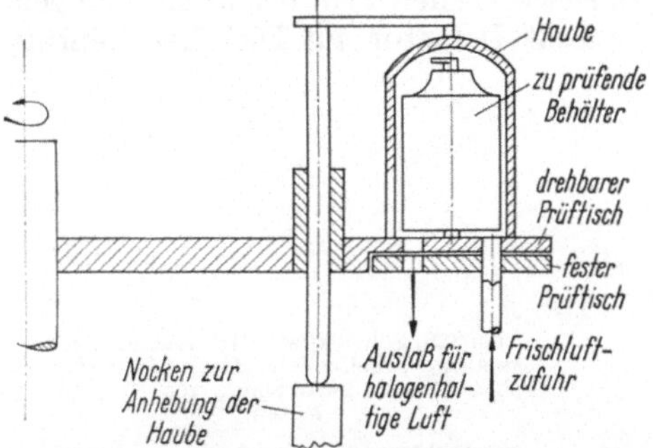

Abb. 322. Prüfhaube zur Dichtheitsprüfung mit dem Leak-Detektor am Drehtisch.

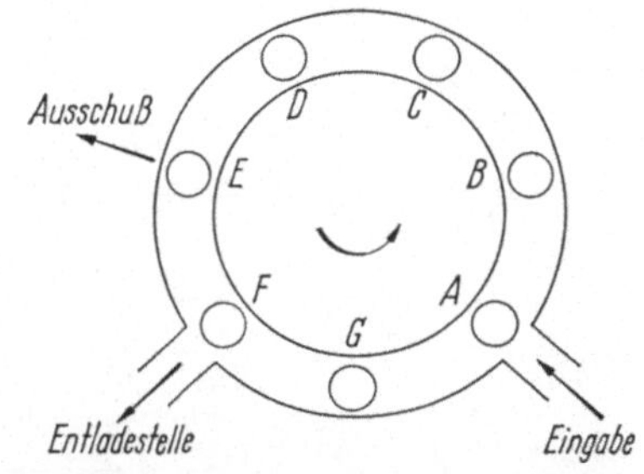

Abb. 323. Drehtisch-Anlage für automatische Dichtheitsprüfung mit dem Leak-Detector.

nachgewiesen, so wird die Maschine nach dem Erneuern der mit Halogen-Kohlenwasserstoff verseuchten Luft unter der Haube durch frische Luft am Platz *E* automatisch als Ausschuß zur Nacharbeit ausgestoßen. Die Prüfstationen und die Ent-

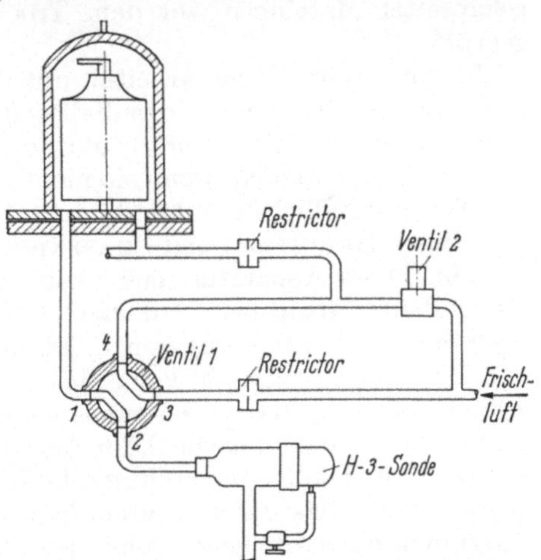

Abb. 324. Entnahme der Prüfluft unter den Hauben und Anordnung der Frischluft-Zuführung sowie des Leak-Detectors am Drehtisch.

nahme-Anschlüsse für Luft zum Prüfen sind nach Abb. 324 aufgebaut. Durch Drehen des Ventils Nr. 1 wird der Haube für etwa drei Sekunden Prüfluft entnommen. Die in der Anlage als dicht festgestellten Kältemaschinen laufen bis zur Entladestelle weiter.

Nach der zweiten Prüfart sucht man die Maschine systematisch vor allem an Verbindungsstellen ab, um die undichten Stellen örtlich festzulegen. Werden nach der zuerst beschriebenen Art alle Maschinen vorgeprüft, so genügt es, nur diejenigen Maschinen, an denen eine Undichtheit festgestellt wurde, genau abzusuchen. In diesem Fall kann die Pistole bei einer Empfindlichkeit des Gerätes von 0,28 g R 12 im Jahr mit einer Geschwindigkeit von 25 bis 30 mm in der

Sekunde über die Maschinenteile bewegt werden; bei ganz feinen Poren muß die Bewegungsgeschwindigkeit noch weiter herabgesetzt werden.

Ein neuer Leak-Detector, der nur Konzentrationsänderungen anzeigt, selbst wenn die Pistole in $\frac{1}{4}$ Zoll Abstand an der Undichtheit entlanggeführt wird, wird jetzt von der International General Electric Co[1] angeboten, der vor allem für Kundendienste geeignet ist. Zur gleichzeitigen Druck- und Dichtheitsprüfung füllt man die Kältemaschinen oder Teile davon nach dem Evakuieren mit R 12 zum Druck von 3 atü und füllt bis zum vorgeschriebenen Prüfdruck[2] mit halogenfreiem Stickstoff auf. Dann wird mit dem Leak-Detector auf Dichtheit geprüft.

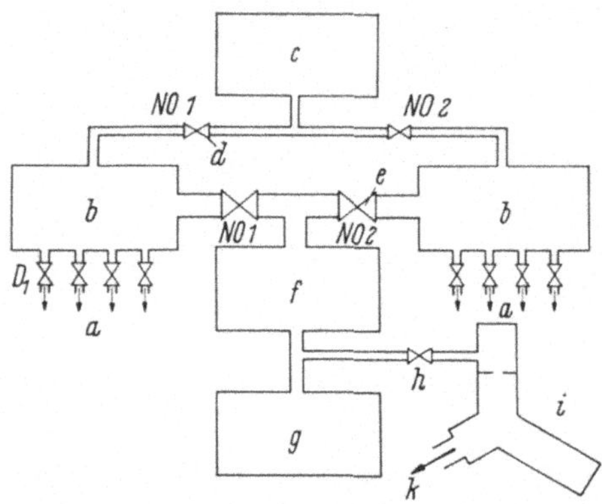

Abb. 325. Schematische Darstellung eines zweifach arbeitenden Massenspektrographen für die Feststellung von Undichtheiten.

a Anschlüsse für Kältemaschinen; *b* Prüfbehälter; *c* Mechanische Vakuumpumpe; *d* Ventile; *e* Absaugventile; *f* Diffusionspumpe; *g* Vorvakuumpumpe; *h* Drosselventil; *i* Spektrometerrohr; *k* Vakuumanschluß.

Auf diese Weise werden vor allem die Schweißnähte der Kompressor-Gehäuse gekapselter Maschinen vor dem Trocknen und Montieren der Maschinen vorgeprüft.

Voraussetzung beim Arbeiten mit dem Leak-Detector ist, daß der Versuchsraum absolut frei von halogenhaltigen Gasen und Dämpfen ist. Meist ist daher eine Prüfzelle mit Frischluftzufuhr notwendig. Die Atmosphäre kann als halogenfrei bezeichnet werden, wenn sie nicht mehr als 0,001 Vol.-% Halogen enthält.

Die empfindlichste Methode zur Prüfung der Kältemaschinen auf Dichtheit kann nach Brightman und Chase[3] mit dem Massenspektrographen durchgeführt werden. Diese Apparatur nach Abb. 325 ist recht umfangreich und kostspielig. Das Arbeitsprinzip beruht darauf, daß Helium mit dem Massenspektrographen noch in einer Verdünnung von 1:200000 nachgewiesen werden kann. So gestattet der Massenspektrograph noch das Auffinden von Undichtheiten der Größenordnung von $\frac{1}{10}$ lusec[4]. Das massenspektrographische Verfahren zur Dichtheitsprüfung wird von Hotpoint[5] im Anschluß an das Endevakuieren auf 0,05 Torr angewendet. Die Kältemaschinen laufen durch einen Kanal, dessen Luft Helium zugesetzt ist, das durch Undichtheiten in die Maschinen eindringt. Die in die Maschinen eingedrungenen sehr kleinen Mengen von Helium werden dann nachgewiesen. Eine Lokalisierung der Undichtheit kann aber nur anschließend mit dem Leak-Detector erfolgen.

Man setzt die mit den Anschlüssen *a* des Massenspektrographen verbundenen Kältemaschinen, die hochevakuiert sind, in einen Behälter ein, dessen Atmosphäre mindestens 20 Vol.-% Helium enthält. Nach 20 Minuten Standzeit ist durch mög-

[1] General Electric Co.; New Leak-Detector, The Journal of Refrigeration, Bd. 1 (1958), S. 183.
[2] Vgl. dieses Handbuch, Bd. IV, S. 201.
[3] Brightman, I. B., u. E. G. Chase: Refrig. Engng. Bd. 55 (1948), S. 552.
[4] Kronberger, H.: ref. The Journal of Refrigeration, Bd. 1 (1958), Nov./Dez., S. 11.
[5] Hotpoint Company; CEC-Recordings, April 1954, S. 10.

licherweise vorhandene undichte Stellen Helium in die Kältemaschinen einge-
drungen. Zu seinem Nachweis werden hintereinander die Ventile D_1 von den
Maschinenanschlüssen a nach den Prüfbehältern b geöffnet, die unter Vakuum
stehen, das vorher durch die Pumpe c erzeugt wurde. Durch die Absaugventile e
läßt man dann die Atmosphäre aus den Prüfbehältern in den Spektrographen
über die Diffusionspumpe f ein. Beim Vorhandensein von Helium erfolgt die
Anzeige im Spektrographen. Die Einzelheiten über die Arbeitsweise des Massenspektrographen sind der einschlägigen Literatur zu entnehmen. Es gibt heute
eine Reihe handelsüblicher Geräte.

Der Einsatz des Massenspektrographen ist nur dann von Erfolg, wenn alle
zu untersuchenden Teile absolut frei sind von Flußmitteln, Öl und Schmutz. Das
Verfahren hat den Vorteil, daß damit alle Maschinen ohne jede Rücksicht auf das
verwendete Kältemittel vor dem Füllen absolut sicher geprüft werden können,
während die Halogenlampen und der Leak-Detector in ihrer Anwendung auf solche
Kältemaschinen und ihre Teile beschränkt sind, die mit einem halogenierten
Kältemittel gefüllt sind. Die Anwendung von Massenspektrographen ist auf die
Fertigung von Großserien der kleinen Haushaltkältemaschinen beschränkt.

Vierter Teil

Lärmabwehr in der Kältetechnik.*

Von

Obering. **K. Preisendanz**
Brown, Boveri & Cie, AG., Ladenburg a. Neckar

Mit 14 Abbildungen.

A. Geschichtlicher Rückblick.

Akustische Fragen beschäftigten den Menschen schon früh z. B. beim Musikinstrumentenbau und bei der Musikausübung, wenn auch nicht im heutigen Stile naturwissenschaftlich rational, sondern mystisch emotional oder gar spekulativ. Aus China sind aus dem Jahre 3000 v. Chr. Anfänge überliefert; wenig später zeigen Berichte aus Indien, daß dort die Oktave in 22 Tonschritte unterteilt wurde. Verwandter mit der heutigen abendländischen Musikempfindung sind die Überlieferungen aus der Antike. Die Griechen kannten drei, den Göttern zugeschriebene Tongeschlechter: das diatonische, das chromatische und das enharmonische. Die Töne der Lyra des ORPHEUS c f g c wurden von TERPANDER und PYTHAGORAS auf das volle Maß der diatonischen Skala c d e f g a h c ergänzt. Die Kenntnis gründet sich auf Schriften des ARISTOTELES und die fünf Bücher über Musik des SEVERINUS BOETHIUS. Der Zusammenhang zwischen Tonleiter und Saiten- bzw. Pfeifenlänge wurde entdeckt; auch waren die Gesetze über Ausbreitung und Reflexion von Schall bekannt. Das Echo findet sich in vielen klassischen Erzählungen. VITRUV veranschaulichte die Schallausbreitung mittels Oberflächenwellen auf Wasser und er wies darauf hin, daß sich die Schallwellen in Luft räumlich in Form von Kugelwellen ausbreiten.

Wie die Entwicklung aller Naturwissenschaften, so wurde auch die der Akustik durch ARISTOTELES bis ins hohe Mittelalter verzögert; er lehrte, daß das Experiment als eines Naturwissenschaftlers unwürdig abzulehnen sei.

Erst im 17. Jahrhundert wurde der Zusammenhang zwischen Schwingungszahl und Tonhöhe wieder entdeckt. GALILEI erkannte die Ursache für die Schallübertragung von einer gleichtönenden Saite zur anderen; nach einer Anregung BACONS wurde die Schallgeschwindigkeit bestimmt. Man fand auch, daß diese von der Tonhöhe unabhängig ist. Mit der Entdeckung des Vakuums durch TORRICELLI begann eine Zeit, in der außerordentlich viele Schallversuche angeregt und auch durchgeführt wurden, so besonders in Florenz an der Akademie der Wissenschaften. Den Gelehrten des 18. Jahrhunderts gelang eine weitere tiefere Einsicht in das Wesen des Schalls; der Zusammenhang zwischen Tonhöhe und absoluten Schwingungszahlen sowie zwischen Wind- und Schallgeschwindigkeit wurde gefunden. Die experimentelle Akustik entstand mit CHLADNI, der sein Buch „Ent-

---

* Literatur S. 365.

deckungen zur Theorie des Klanges" Leipzig 1787 schrieb. Er bestimmte die Schallgeschwindigkeit mit Hilfe schwingender Stäbe und machte Schallschwingungen von waagrechten Scheiben mittels aufgestreutem feinem leichten Pulver sichtbar: CHLADNISCHE Klangfiguren. Weitere Impulse erhielt die Entwicklung der Akustik mit dem Fortschritt der Mathematik durch LEIBNIZ, EULER, LAGRANGE, BERNOULLI, D'ALEMBERT, LAPLACE und FOURIER. SIMON OHM beschäftigte sich mit dem Klang- und Toneindruck des menschlichen Ohres; er regte hierzu erstmals die Durchführung von Klanganalysen zum Feststellen der Grund- und Obertöne an. HELMHOLTZ schuf die für die damalige Zeit richtungweisende, heute aber überholte Resonanztheorie des Hörens. In den folgenden Jahren legte Lord RALEIGH [93] die theoretischen Grundlagen der Akustik. Wesentliche Fortschritte waren der Akustik jedoch erst mit der Entwicklung der elektrischen Nachrichtentechnik beschieden.

Mit Hilfe der Elektroakustik gelang es erstmals, genaue Meßgeräte zu bauen die es erlaubten, akustische Vorgänge durch das Experiment zu überprüfen. Stürmische Fortschritte verzeichneten: Mikrophon, Kopfhörer, Lautsprecher, Tonband und Verstärker, sowie die oszillographische Technik.

Im Musikinstrumentenbau wurde die Erfahrung durch das Experiment bzw. die Berechnung abgelöst. Die neu entwickelten Meßgeräte erlaubten es auch das Gebiet der physiologischen Akustik objektiv messend in Angriff zu nehmen.

Während sich die klassische Akustik ausschließlich mit den Gesetzmäßigkeiten selbst beschäftigen konnte, befaßt sich die moderne akustische Forschung mit dem Lärm, dessen Entstehung, Dämmung und Abwehr.

B. Geräuschprobleme in der Kälte- und Klimatechnik.

Der Bestand an Kältemaschinen, -anlagen und an Kühlgeräten hat sich in den vergangenen Jahrzehnten im Inland in gleicher Weise wie in den anderen Industrieländern vervielfacht; auch nimmt die Zahl der Klimageräte und -anlagen ständig zu. Dies gilt für alle Anwendungsbereiche: Industrie, Gewerbe und Haushalt. Außerdem steigt die Leistung der Anlagen und Geräte laufend an. Hiermit ist meist eine Zunahme des Geräusches bzw. eine Vermehrung des Lärms verbunden, mit dem sich die Kälte- und Klimaindustrie auseinandersetzen muß. Dies erfordert die Rücksicht auf die Menschen, die in der Umgebung leben und arbeiten und welche den Geräuschen und dem Lärm ausgesetzt sind. Größere Kältemaschinen und Kompressorsätze sind im allgemeinen in Maschinenräumen aufgestellt. Daher wirken sehr laute Geräusche fast ausschließlich auf den mit der Wartung betrauten Personenkreis; dieser ist nur zeitweise in dem lärmerfüllten Raum tätig, da die Anlagen weitgehend automatisiert und die Bedienungselemente in abgeschlossenen Schaltwarten zusammengefaßt sind. Mit dem Rohstoff Wasser muß immer mehr gespart werden, es nimmt daher nicht nur die Zahl der luftgekühlten Geräte und Kompressorsätze laufend zu, sondern es wird auch bei größeren Anlagen die Wasserkühlung in vermehrtem Maße von wassersparenden Bauweisen oder der Luftkühlung verdrängt. Diese im Freien aufgestellten Kühler, Verdunstungsverflüssiger, Rückkühlwerke oder luftgekühlte Kondensatoren sind mit Radial- oder Axialventilatoren ausgerüstet, welche naturgemäß ein mehr oder weniger starkes Geräusch erzeugen. Anlagen und Geräte zur Klimatisierung von Fertigungsstätten, Laboratorien, Prüffeldern, Festsälen, Tagungsräumen, Verkaufsstätten, Büros und Aufenthaltsräumen verursachen ebenfalls Geräusche, welche als störend empfunden werden können. Es wird daher durch die Wahl geeigneter lufttechnischer Einrichtungen sowie durch Schalldämm- und Schalldämpfungsmaßnahmen angestrebt, die Ziellautstärke, d. h. die Stärke des Geräusches am Ohr der im Raum sich aufhaltenden Personen unter dem im Raum üblicherweise herrschenden Pegel zu halten. Dieser Pegel kann verursacht sein durch den Betrieb von Maschinen und Geräten oder die Tätigkeit der Personen, die sich dort aufhalten und durch das von außen eindringende Verkehrsgeräusch. Auch im Wohnbereich nimmt die Geräuschbelastung durch den vermehrten Einsatz elektromotorisch betriebener Haushaltgeräte laufend zu; hierzu gehören u. a. Kühlgeräte, Gefriergeräte und neuerdings auch Klimageräte. Die Notwendigkeit, störende Geräusche zu vermeiden, ist hier besonders groß, da die genannten Geräte automatisch arbeiten, d. h. laufend ein- und ausschalten und auch bei Nacht in Betrieb sind.

Die Grundregel der Schalltechnik — sie gilt für sämtliche Leistungsgrößen — lautet: Das primäre Geräusch muß so niedrig wie irgend möglich gehalten werden, da nachträgliche Schallschutz- oder Lärmbekämpfungsmaßnahmen einen sehr erheblichen technischen und wirtschaftlichen Aufwand erfordern und dieser naturgemäß um so größer ist, je niedriger die zulässige Ziellautstärke sein darf. Leider wird es aber nicht möglich sein, die große Zahl der bereits vorhandenen Maschinen und Geräte den neuesten Erkenntnissen der Schalltechnik und damit der Lärm- und Geräuschabwehr anzupassen, bzw. die von Maschinen und Geräten ausgehende Störung auf ein erträgliches Maß zu verringern. Neuentwicklungen können in dieser Hinsicht von vornherein günstiger bemessen oder optimiert werden. Die Schwierigkeit, geräuschtechnisch einwandfrei zu bauen, erklärt sich aus der Tatsache, daß die abgegebene Schalleistung an der gesamten mechanischen Leistung nur einen sehr geringen Anteil hat; dieser liegt zwischen 10^{-4} bis $10^{-10}\%$. Trotz dieses Zusammenhanges und den mit der Herstellung geräuscharmer Maschinen und Geräte vielfach verbundenen zusätzlichen Kosten, sollten alle Anstrengungen darauf gerichtet sein, durch geeignete Maßnahmen die Lärm- und Geräuscherzeugung so gering wie möglich zu halten. Als eines der am besten geeigneten Mittel hierzu hat sich die richtige Optimierung aller Einzelbestandteile und die der gesamten Maschine oder des Gerätes, vor allem in mechanischer und strömungstechnischer Hinsicht erwiesen; dadurch kann die emittierte Schalleistung bzw. die Lautstärke auf einen der jeweiligen Typleistung entsprechenden spezifischen Wert gesenkt werden.

C. Grundbegriffe.

Ehe auf einige physikalische und physiologische Gesetzmäßigkeiten der Schallentstehung, -fortleitung und -wahrnehmung näher eingegangen wird, sei auf Grundbegriffe der Akustik hingewiesen [15 bis 17 u. 91 bis 97].

Mechanische Schwingungen eines elastischen, festen, flüssigen oder gasförmigen Mediums im durch das Ohr wahrnehmbaren Frequenzbereich von 16 Hz bis 16 kHz bezeichnet man als Schall. Die Schwingungen können stationär oder ortsveränderlich sein: Stehende oder fortschreitende Wellen. Den drei Aggregatzuständen zugeordnet sind: Körperschall, Flüssigkeitsschall und Luftschall. Der nur mit dem Tastsinn wahrnehmbare Bereich unter 16 Hz wird als Infraschall, der mit dem menschlichen Ohr nicht wahrnehmbare Bereich oberhalb 16 kHz als Ultraschall bezeichnet. Die Frequenz der Maschinen- und Geräteschwingungen sowie der Schwingungen und Erschütterungen von Bauten liegt im allgemeinen zwischen 0,5 Hz und einigen hundert Hz; die Amplituden der an Luft grenzenden Oberflächen erreichen in vielen Fällen Werte, die das für die Schallabstrahlung notwendige Maß weit übersteigen. Die Frequenz oder die Tonhöhe gibt die Zahl der Schwingungen je Sekunde an, Bezeichnung „Hertz" (Hz). Mit „Ton" wird ein Schall bezeichnet, der nur eine Frequenz enthält; reine Töne sind selten. Meist

ist ein sog. Grundton, der die größte Intensität aufweist, noch von einer Reihe von Obertönen begleitet; das so zusammengesetzte Frequenzgemisch wird als „Klang" bezeichnet. Ein Geräusch hat ein mehr oder weniger breitbandiges kontinuierliches Frequenzspektrum; es kann zusätzlich einzelne Töne oder Klänge enthalten. Die Stärke eines Geräusches ist meist eine unperiodische Funktion der Zeit. Enthält ein Schall sämtliche wahrnehmbaren Frequenzen von 16 Hz bis 16 kHz und haben diese alle denkbaren Amplituden sowie alle denkbaren Phasenlagen zueinander, so entsteht weißes Rauschen analog zu weißem Licht. In der akustischen Meßtechnik spielt noch das Breitbandrauschen, welches einen bestimmten Frequenzbereich umfaßt und das daraus abgeleitete gefilterte Rauschen (terz- oder oktavgefiltert) eine Rolle. Ein lästiges, störendes oder lautes Geräusch kann als Lärm bezeichnet werden; Lästigkeit und Lautheit — auf den Zusammenhang mit der Lautstärke wird im folgenden noch eingegangen — sind subjektive Größen, daher kann auch nicht angegeben werden, ab welcher Lautstärke störender Schall in Lärm übergeht.

Mit *Schalldruck* p wird der örtlich in Gasen herrschende Wechseldruck bezeichnet, Einheit 1 Newton/m² = 10 dyn/cm² = 10μbar,

mit *Schallintensität* I der Schallfluß durch eine Fläche von 1 m², Einheit Watt/m²

und mit *Schalleistung* die gesamte von einer Schallquelle abgestrahlte Schallenergie in der Sekunde, Einheit Watt.

Der *Schalldruckpegel* oder der *Schallpegel* ist auf einen Bezugsschalldruck p_0 vom Effektivwert 2×10^{-5} N/m² = 2×10^{-4} μb = 2×10^{-4} dyn/cm² bezogen; dieser entspricht der Hörschwelle für den 1000-Hz-Ton. Der Schallpegel — kurz Pegel genannt — ist der zwanzigfache Zehnerlogarithmus des Verhältnisses des effektiven Schalldruckes zu einem Bezugsschalldruck; er wird in Dezibel (dB) angegeben.

Die Lautstärke „phon" oder dB (A) ist ein Vergleichsmaß für die Stärke der Schallempfindung entsprechend dem Pegel eines gleichlaut empfundenen Tones von 1000 Hz. Da große Schalldruckdifferenzen, etwa 1:10⁶, vorkommen, ist für die Stufung ein logarithmischer Maßstab zweckmäßig. Verwendet wird der zwanzigfache Zehnerlogarithmus, dadurch ergeben sich keine Dezimalstellen; die phon- oder dB (A)-Stufe vom Betrag 1 entspricht etwa dem kleinsten wahrnehmbaren Lautstärkeunterschied.

D. Physikalische Gesetzmäßigkeiten.

Charakteristische Schallfeldgrößen in gasförmigen Medien sind der Schalldruck p — ein durch die Schallschwingung hervorgerufener Wechseldruck — und die *Schallschnelle* v — die Wechselgeschwindigkeit eines schwingenden Teilchens. Mit dessen Auslenkung aus der Ruhelage — dem Schallausschlag a — ist bei sinusförmigem Schall die Schallschnelle durch die Beziehung

$$v = \omega \cdot a \quad [\text{cm/sec}] \tag{1}$$

(ω = Kreisfrequenz) verbunden. Der Quotient aus Schalldruck und Schallschnelle in einer Schallwelle ist die, wegen der möglichen Phasendifferenz zwischen Druck und Schnelle, im allgemeinen komplexe spezifische *Schallimpedanz*; sie ergibt sich mit der Dichte ϱ_0 des Mediums im Ruhezustand zu:

$$Z_s = \frac{p}{v} = \varrho_0 \, c \cos \varphi \quad \left[\frac{\text{dyn} \cdot \text{s}}{\text{cm}^3}\right] \tag{2}$$

φ ist der Phasenwinkel zwischen Schalldruck und Schallschnelle, c die Schallgeschwindigkeit in cm/sec; in einer fortschrteienden ebenen Welle in einem homogenen Medium wird $\varphi = 0$ und damit $Z_s = Z_0 = \varrho_0 \cdot c = \sqrt{E' \varrho_0}$ (Schallkennimpedanz oder auch Schallwellenwiderstand); darin bezeichnet E' den Elastizitätsmodul.

Mit der Schallintensität (Schallstärke) I wird die je sec durch 1 m² hindurchtretende Schallenergie bezeichnet:

$$I = \frac{\bar{p}^2}{\varrho_0\, c} \left[\frac{10^3\,\mathrm{erg}}{\mathrm{cm}^3 \cdot \mathrm{s}} \text{ oder } \frac{\mathrm{Watt}}{\mathrm{m}^2} \right] \tag{3}$$

($\bar{p}$ = Effektivwert). Für die Behandlung des Schallfeldes stehender Wellen ist der Begriff Schallenergiedichte E, der zeitliche Mittelwert der räumlichen Dichte der Schallenergie (in der Raumeinheit enthaltene Schallenergie) maßgebend,

$$E = \frac{J}{c} \left[\frac{10\,\mathrm{erg}}{\mathrm{cm}^2 \cdot \mathrm{s}} \text{ oder } \frac{\mathrm{Watt} \cdot \mathrm{s}}{\mathrm{m}^3} \right] \tag{4}$$

Die Schallintensitäten im praktisch vorkommenden Bereich unterscheiden sich meist um Größenordnungen. Daher wird für den Vergleich von I_1 mit I_2 das Dezibel (dB) verwendet. Um zu brauchbaren Zahlwerten zu kommen, setzt man für diesen Vergleich:

$$L = 10 \log \frac{I_1}{I_2} = 20 \log \frac{p_1}{p_2} \tag{5}$$

Integriert man die Schallintensität über eine geschlossene, die Schallquelle umgebende Fläche, so erhält man die gesamte, von der Quelle in der Zeiteinheit abgestrahlte Schallenergie und damit die Schalleistung P.

$$P = \oint I\, d F \left[\frac{10^7\,\mathrm{Erg}}{\mathrm{s}} \text{ oder Watt} \right] \tag{6}$$

Diese besitzt für verschiedene Schallquellen die in Tab. 1 angegebenen Werte.

Tabelle 1. *Schalleistung von Schallquellen*

Unterhaltungssprache	$7 \cdot 10^{-6}$ Watt
Geige (fortissimo)	$1 \cdot 10^{-3}$ Watt
Flügel (fortissimo)	$2 \cdot 10^{-1}$ Watt
Orgel (fortissimo)	1 bis 10 Watt
Großlautsprecher	10^2 Watt

Die Schallgeschwindigkeit c, d. h. die Fortpflanzungsgeschwindigkeit der Schallwelle, ist im homogenen Medium eine Materialkonstante. Für verschiedene Wellenarten in den verschiedenen Aggregatzuständen und kleine Amplituden sind die Gleichungen für die Schallgeschwindigkeit in Tab. 2 zusammengestellt. Für die Schallgeschwindigkeit gilt ferner:

$$c = \lambda \cdot f \tag{7}$$

Mit λ = Wellenlänge in m und f = Frequenz in Hz ergibt sich c in m/sec.

Einige charakteristische Werte der Schallgeschwindigkeit sind in Tab. 3 enthalten.

In einem homogenen Medium großer Ausdehnung, z. B. Luft, breiten sich die Schallwellen kugelförmig aus (Größe der erregenden Quelle klein im Verhältnis zur Wellenlänge). Auf konzentrischen Kugelschalen vom Radius r herrscht jeweils der gleiche Schwingungszustand. Der Schalldruck vermindert sich proportional l/r, die Schallintensität proportional l/r^2. Mit jeder Verdoppelung des Abstandes nimmt somit die Lautstärke im Freifeld um 6 dB ab (vgl. Abb. 326, unterste Kurve). Sind die Bedingungen des ungestörten Freifeldes durch das Vorhandensein von Reflexionen nicht mehr erfüllt, so ist die Abnahme je Abstandsverdoppelung geringer. Für schalltechnische Abschätzungen sollte daher immer ein Wert von 4 dB je Abstandsverdoppelung angesetzt werden. Wenn

Tabelle 2. *Gleichungen für die Schallgeschwindigkeit.*

Wellenart	Aggregatzustand	Schallgeschwindigkeit
Längs- bzw. Ver- dichtungswellen	fest allgemein	$C_L = \sqrt{\dfrac{1-\mu}{1-\mu-2\mu^2}\, E'\, \dfrac{1}{\varrho_0}}$
	in Stäben	$C_{LS} = \sqrt{\dfrac{E'}{\varrho_0}}$
	flüssig	$C_{fl} = \sqrt{\dfrac{1}{k\cdot\varrho_0}}$
	gasförmig	$C_{gas} = \sqrt{\dfrac{\varkappa p_0}{\varrho_0}}$
Biegewellen	fest; Platten, deren Dicke d klein gegen- über l ist	$C_B = \omega\, d\, \sqrt{\dfrac{E'}{\varrho_0}\, \dfrac{1}{12\,(1-\mu^2)}}$
Quer- und Torsionswellen	fest; Stäbe	$C_s = \sqrt{\dfrac{E'}{\sigma_0}\, \dfrac{1}{2\,(1-\mu)}}$

Darin bedeuten:

E' dynamischer Elastizitätsmodul
M POISSONsche Konstante der Querkontraktion
s_0 Dichte
k adiabate Kompressibilität
$\varkappa = \dfrac{c_p}{c_v}$ Verhältnis der spezifischen Wärmen
p_0 Gasdruck im Gleichgewichtszustand
ω Kreisfrequenz
d Dicke der Platte

Tabelle 3. *Schallgeschwindigkeit v in verschiedenen Medien bei 20 °C.*

Stoff	c [m/sec]
Stahl	5000
Blei	1300
Beton	4000
Kork	500
Gummi	50 bis 150
Wasser	1450
Luft	343
CO_2	300
R 12 (CF_2Cl_2) gasförmig bei 0 °C und 3,15 kp/cm²	140
bei −30 °C und 1 kp/cm²	135

die Schallquelle im Vergleich zur Wellenlänge groß ist, so breitet sich der Schall gerichtet oder gebündelt aus. Diese Verhältnisse sind bei hohen Frequenzen vielfach gegeben und bei Ultraschall besonders ausgeprägt.

Trifft Schall auf ein Hindernis, welches kleiner ist als die enthaltenen Wellenlängen, so bildet sich kein Schallschatten aus, sondern der Schall wird gebeugt, d. h. es herrschen hinter dem Hindernis dieselben Verhältnisse wie im Schallfeld davor. Für hohe Frequenzen (Wellenlänge kleiner als die Abmessungen ergibt sich eine Schattenwirkung, die Lautstärke wird durch das Hindernis gegenüber dem Freifeldwert gemindert.

Im Freien wird die Schallausbreitung außerdem von der Temperaturschichtung der Luft, vom Wind, dessen Richtung, Geschwindigkeit und senkrechter Geschwindigkeitsverteilung beeinflußt. Dies gilt aber nur für größere Entfernungen und kann daher außer Betracht bleiben. In geschlossenen Räumen wird der Schall von den Begrenzungsflächen und der Einrichtung reflektiert; die Abnahme

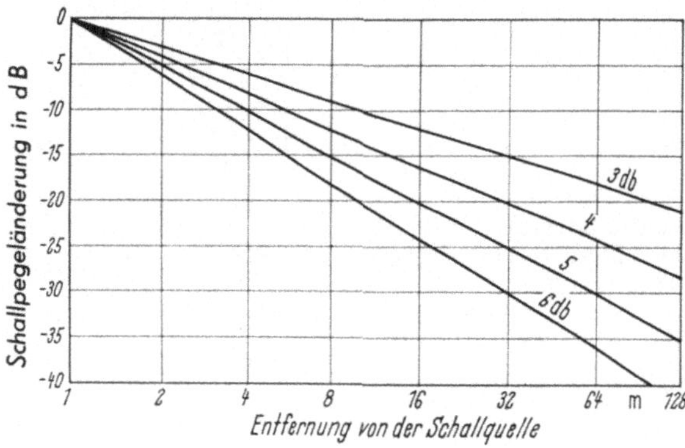

Abb. 326. Abnahme des Schallpegels in dB abhängig von der Entfernung; Regelabfall 3 bis 6 dB je Abstandsverdopplung.

der Lautstärke oder des Pegels mit der Entfernung von der Schallquelle ist daher im allgemeinen geringer als im Freien. Frequenz und Stärke des reflektierten Schalles hängen ab von der Größe, der Geometrie des Raumes und dem Absorptionsgrad der Innenflächen und der Einrichtung. Verhält sich das Schallfeld im begrenzten Raum wie im Freifeld, so kann die Schallstärke am Zielort durch Absorptionsmaßnahmen nicht mehr vermindert werden.

Tabelle 4. *Schallwellenwiderstände einiger Stoffe.*

Stoff	$\dfrac{\mu b}{\text{cm}^3}\, s$
Stahl	$3,9 \times 10^3$
Aluminium	$1,3 \times 10^6$
Glas...................	$1,4 \times 10^6$
Beton	$0,8 \times 10^6$
Holz (Tanne)	
parallel zur Faser	$0,25 \times 10^6$
quer zur Faser	$0,12 \times 10^6$
Kork	10×10^3
Gummi	$4 \cdot 10^3$ bis $30 \cdot 10^3$
Luft (760 Torr)	41

Wie bereits ausgeführt, gilt für das Verhältnis von Schalldruck p zu Schallschnelle v im absorptionsfreien Medium (Gl. [2])

$$Z = \frac{p}{v} \left[\frac{\text{dyn} \cdot \text{s}}{\text{cm}^3} \right]$$

Analog zum Ohmschen Gesetz der Elektrodynamik wird Z als Schallwellenwiderstand bezeichnet und in akustischen Ohm

$$1\,\Omega_{ak} = \left[\frac{\mu b}{\text{cm}^3}\, s \right]$$

gemessen. Durch Umrechnung ergibt sich:

$$Z = \varrho\, c = \sqrt{E'\varrho} \tag{8}$$

Der Schallwellenwiderstand ist eine Stoffkonstante, einige Werte sind in Tab. 4 zusammengestellt.

Trifft Schall auf eine Grenzfläche zwischen zwei Medien, so wird ein Teil reflektiert und der übrige Teil dringt in das zweite Medium ein. Das Verhältnis von eindringender bzw. reflektierter zu auftreffender Schallintensität wird mit

Durchlaßgrad D bzw. Reflexionsgrad R bezeichnet. Es gilt:

$$D = \frac{4n}{(n+1)^2} \tag{9}$$

$$R = \frac{(n-1)^2}{(n+1)^2} \tag{10}$$

$n = \dfrac{c_1 \varrho_1}{c_2 \varrho_2} = $ Verhältnis der Schallwellenwiderstände = Schallbrechungsexponent.
Es ist $D + R = 1$.

Ähnlich wie in der geometrischen Optik gelten die Gesetzmäßigkeiten sowohl in Richtung von dünnerem zu dichterem Medium als auch umgekehrt. Der Durchlaßgrad Luft—Flüssigkeit erreicht max. 3%, für feste Stoffe ist er noch kleiner; wesentlich größer ist er für das System flüssig—fest. Dagegen spielt die Stoffabsorption in flüssigen, festen und gasförmigen Medien großer räumlicher Ausdehnung im hier zu betrachtenden technischen Bereich keine große Rolle. An besonders ausgebildeten Grenzflächen, sog. Schallschluckflächen, wird auch Schall absorbiert: der Schallabsorptionsgrad ist das Verhältnis der nicht reflektierten zur auftreffenden Schallintensität.

Auf die Vorgänge in geschlossenen akustischen Systemen (Leitungen und Filter) sowie in Schallschluck- und Schalldämmstoffen wird zusammen mit den Problemen der Lärm- und Geräuschabwehr näher eingegangen (S. 362).

Die Gesamtschall- bzw. Lautstärke L_g mehrerer Schallquellen ähnlicher Frequenzzusammensetzung kann aus den Einzelschalldrücken p_1, p_2, $p_3 \ldots$ oder Einzelschallintensitäten $I_1, I_2, I_3 \ldots$ angenähert berechnet werden. Es ist:

$$L_g = 20 \log \frac{\sqrt{p_1{}^2 + p_2{}^2 + p_3{}^2 + \cdots}}{p_0} = 10 \log \frac{J_1 + J_2 + J_3}{J_0} \quad [dB] \tag{11}$$

p_0 und I_0 sind Bezugswerte, s. S. 258.

Für zwei Schallquellen verschiedener Schallstärke ergeben sich die in Tab. 5 enthaltenen Werte der Lautstärkezunahme

Tabelle 5. *Gesamtschallstärke zweier Einzelschallstärken.*

Lautstärkeunterschied	0	2	5	10	dB
Gesamtlautstärkeerhöhung	3	2	1	0	dB

Haben n Schallquellen gleiche Schallstärke, so gehen die Formeln über in:

$$L_g = 20 \log \frac{\sqrt{n} \cdot p}{p_0} = 10 \log \frac{nJ}{J_0} \quad [dB] \tag{12}$$

Es lassen sich dann für die Gesamtschallstärke die in Tab. 6 enthaltenen Werte angeben.

Tabelle 6. *Gesamtschallstärke mehrerer gleicher Teilschallquellen.*

Zahl der Schallquellen	1	2	5	10	50	100	1000	
Gesamtlautstärke höher als Einzelschallquelle	0	3	5	10	15	20	30	dB

Zu beachten ist: Viele unhörbare Einzelschallquellen können, wenn eng benachbart, zusammengenommen hörbar sein.

E. Die Schalleinwirkung auf den Menschen.

Bei Fragen, die mit Geräusch und Lärm bzw. der Lärmabwehr zusammenhängen, kommt es letzten Endes immer wieder auf die Hörempfindung bzw. den Störgrad an [1 bis 5]. Letzterer ist naturgemäß nicht nur vom äußeren physikalischen Reiz abhängig, sondern ebenso von der körperlichen und seelischen Verfassung des vom Lärm gestörten Menschen bzw. dessen Tätigkeit. Eine physikalische, allgemeingültige objektive Maßzahl für diese Empfindung ist daher trotz vieler Versuche bis heute noch nicht gefunden worden. Außer der Lautstärke müssen noch Frequenzzusammensetzung, zeitlicher Verlauf und Dauer des Störschalls sowie üblicherweise herrschender Pegel und dessen Spektrum bekannt sein. Die

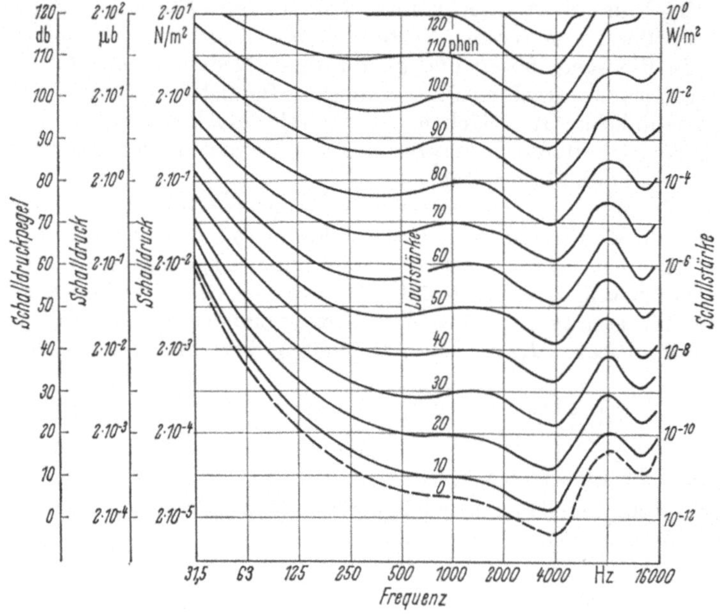

Abb. 327. Kurven gleicher Lautstärke für reine Töne und zweiohriges Hören im freien Schallfeld.

Störwirkung wird um so größer, je höher die Störlautstärke den Pegel überragt. Einzeltöne, Klänge und intermittierende Geräusche, Knacke o. ä. werden lästiger empfunden als breitbandige mit konstanter Lautstärke. Die persönliche Einstellung zum Lärm ist beim Erzeuger des Geräusches eine andere, positivere als bei dem, der es erdulden muß.

Der menschliche Organismus, insbesondere das Nervensystem kann allgemein beeinträchtigt oder das Gehör geschädigt werden. Im Zusammenhang mit der Kälte und Klimatechnik braucht die Frage der Gehörschädigung nicht diskutiert zu werden, da die dazu notwendigen Lautstärken praktisch nicht vorkommen.

Damit ein Geräusch oder z. B. ein Ton überhaupt hörbar ist, muß er eine gewisse Mindeststärke aufweisen, d. h. die Reizschwelle muß überschritten sein. Diese ist frequenzabhängig, sie liegt für tiefe Töne sehr viel höher als für die mittleren und hohen. Fletscher und Munson [95] haben 1933, Robinson und Padson [95] 1956 in den USA umfangreiche statistische Untersuchungen durchgeführt, die sich über den ganzen Bereich der Hörfläche (Abb. 327), von der tiefsten bis zur höchsten wahrnehmbaren Frequenz und von der Reizschwelle, geringst wahrnehmbare Amplitude bzw. Lautstärke, bis zur Schmerzschwelle, maximal ohne Schädigung zulässige Amplitude, erstrecken.

Die für zweiohriges Hören im freien Schallfeld für reine Töne ermittelten Werte sind in den Kurven gleicher Lautstärke zusammengefaßt, vgl. Abb. 327, sie sind durch die ISO-Empfehlung Nr. 352 (1960) international genormt. Jede Kurve verbindet alle Punkte, deren Wertpaare (Schalldruck und Frequenz) gleiche Lautempfindung bzw. Lautstärke ergeben. Grundlage bildet die Frequenz von 1000 Hz (etwa maximale Ohrempfindlichkeit) und der Bezugschalldruck $p_0 = 2 \times 10^{-4}$ b bzw. die Bezugsschallintensität $I_0 = 10^{-12}$ $W/m^2 = 10^{-16}$ W/cm^2 oder $10^{-6}\,\mu W/m^2$ (Hörschwelle). Ein Geräusch, welches genau so laut empfunden wird wie der Ton von 1000 Hz und L phon, wird mit dem gleichen Zahlwert gekennzeichnet bzw. hat die gleiche Lautstärke. Der Wunsch, eine Maßzahl zu finden, die besser der Empfindung entspricht, führte zur Lautheitsskala, ISO-Empfehlung 311 (1959). Die Lautheit N in sone berechnet sich aus der Lautstärke L in phon

$$N = 2^{\frac{L-40}{10}} \text{ oder } \log N = 0{,}03\,(L-40) \tag{13}$$

Damit ergeben sich die Werte in Tab. 7:

Tabelle 7. *Zusammenhang zwischen phon und sone.*

phon	30	35	40	50	60	70	80	90
sone	0,5	0,7	1	2	4	8	16	32

Einem Lautstärkeunterschied von 10 phon entspricht eine Verdoppelung oder Halbierung der Lautheit bzw. der Empfindung. Auch diese in den USA übliche Bewertung von Lautheiten kommt dem subjektiven Eindruck wohl näher als die Phonbewertung, ist aber immer noch mit Fehlern behaftet [6]. Auf die am besten geeignete Annäherung an das subjektive Empfinden wird im Abschnitt F, Meßtechnik, nochmals eingegangen.

Zur Frage der Lärmbelästigung bzw. der Störung durch Schall, der als Lärm empfunden wird, sind eine Reihe von Zahlenwerten veröffentlicht worden [7 bis 14 u. 100 bis 102], auf die im folgenden näher eingegangen wird. In Tab. 8 sind maximal zulässige Geräuschbeurteilungszahlen für einzelne Aufenthaltsbereiche

Tabelle 8. *Charakteristische Geräuschbeurteilungszahlen N.*
(Bewertung von 8 Oktavbändern) bzw. Grundpegel verschiedenartig genutzter Räume (ISO).
Größte Zahl = max. zulässiger Wert.

Bereich	Beispiele für die Art des Raumes	Geräuschbeurteilungszahl N (Grenzwertkurve)
1	Werkstätten	70
2	Größere Büros, Maschinenschreibsäle	50–60
3	Kleinere Gaststätten, Büros, Geschäfte, Kaufhäuser, Versammlungslokale (Arbeiten, die mittlere geistige Konzentration erfordern)	40–50
4	Konzertsäle, Krankenhäuser, Wohnzimmer (Arbeiten, die hohe geistige Konzentration erfordern)	30–40
5	Kleinere Büros, Konferenzräume, hochwertige Arbeitsräume, Leseräume, Studios, Schlafzimmer	20–30

22*

angegeben, Abb. 328. Je höherwertig ein Raum genutzt wird, desto niedriger liegt der empfohlene Pegel bzw. der zulässige Geräuschbeurteilungswert, Abb. 329. Für die USA liegen noch eingehendere Angaben vor [102]. Die im Freien zulässigen maximalen Dauerlautstärken (ohne Verkehrsgeräusch) schreibt die VDI-Richtlinie 2058 [8] vor; vgl. die in der Tab. 9 wiedergegebenen Werte. Diese Grenzwerte bilden im Inland die Grundlage für die Rechtsprechung[1]. Eine ISO-Empfehlung geht in dieser Hinsicht noch weiter; die darin angegebenen max. zulässigen

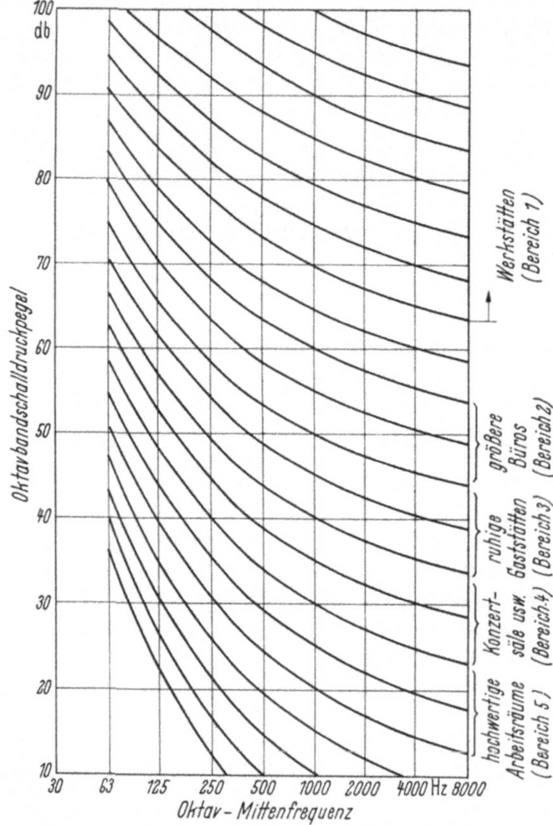

Abb. 328. Geräuschbeurteilungskurven mit empfohlenen Bereichen für verschieden genutzte Räume.

Werte sind in [Tab. 10 zusammengestellt; sie sollen unmittelbar vor der Mitte des geöffneten Fensters des betreffenden Aufenthaltsraumes nicht überschritten werden. Inzwischen sind auch in den USA an verschiedenen Orten Gesetze über maximal zulässige Außenlautstärken erlassen worden. Um die vorgeschriebenen Werte zu erreichen, müssen die Konstruktionen schalltechnisch gut optimiert sein und die Geräte sorgfältig unter Beachtung weitgehender Schallschutzmaßnahmen aufgestellt oder eingebaut werden.

Einen Begriff über die Reaktion der Öffentlichkeit auf die äußeren Dauerlautstärken gibt Tab. 11, die Empfindung in Aufenthaltsräumen geht aus Tab. 12 hervor.

Abschließend ist festzustellen: Die allgemeine Beeinträchtigung des menschlichen Wohlbefinden durch Geräusch und Lärm wurde bis heute noch nicht syste-

---

[1] Siehe auch: Technische Anleitung zum Schutz gegen Lärm (TA Lärm), Beilage zum Bundesanzeiger Nr. 137 vom 26. Juli 1968; dort eingehende Imminionsrichtwerte.

Tabelle 9. *Maximal zulässige Dauerlautstärke bzw. Schallpegel, gemessen in der Mitte des offenen Fensters* (VDI-Empfehlung).

	nachts	tags
	phon	
reine Wohngebiete	35	50
gemischt genutzt, vorwiegend Wohnungen	45	60
Industriegebiet	50	65

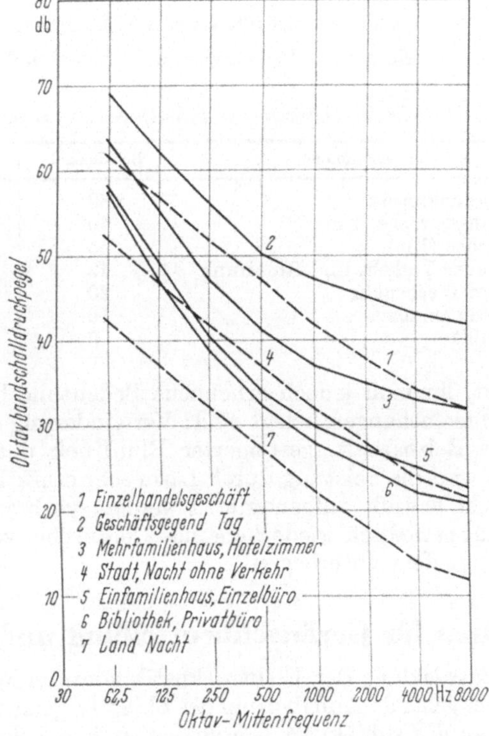

Abb. 329. Oktavschalldruckpegel, empfohlene Innen- und Außenwerte (USA).

Tabelle 10. *Richtwerte in dB A bzw. statistische Mittelwerte von maximal zulässigen Außenlautstärken in der Mitte eines offenen Fensters gemessen* (ISO-Empfehlung).

Zone	Grundgeräusch		häufige Spitzen		seltene Spitzen	
	nachts	tags	nachts	tags	nachts	tags
	phon					
1 Kur	≦ 30	≦ 35	45	50	55	55
2 Wohnen						
ruhig	30	40	55	65	65	70
weniger ruhig	45	45				
3 Gemischt	40	50	55	75	65	80
4 Geschäfte	45	55	65	75	70	80
5 Industrie	50	60	65	80	75	85
6 Hauptverkehrsstraßen	65	75	75	85	85	95

Tabelle 11. *Reaktionen der Öffentlichkeit, abhängig von der in der Mitte des offenen Fensters in Phon gemessenen Außenlautstärken.*

Beurteilungs-zahl (Phon)	Reaktion der Öffentlichkeit
30	keine
40	nur von besonders empfindlichen Personen
40—50	vereinzelte Klagen
45—55	verbreitete Klagen
50—60	Drohungen mit öffentlichen Maßnahmen
über 65	sehr scharfe Reaktionen, u. U. Sofortmaßnahmen

Tabelle 12. *Charakteristische Lautstärken bzw. Schallpegel und zugehörige Empfindungen.*

Beispiel, Schallquelle	Schallpegel	Empfindung
Laute Rundfunkmusik	80	sehr laut
Unterhaltungssprache (1 m)	70	laut
leises Sprechen (1 m)	55	gemäßigt
Wohnung ohne Verkehr und Rundfunk	43	leise
Ticken einer Taschenuhr	20	sehr leise
nicht mehr erkennbar	10	—
absolute Stille	0	unhörbar

matisch untersucht, ihr muß jedoch erhebliche Bedeutung beigemessen werden. Durch ärztliche Untersuchungen belegt sind: Verminderung der Konzentrationsfähigkeit, stärkere Reizbarkeit, gesteigerter Blutdruck u. a. m. Besonders bei geistiger Tätigkeit wird die Leistung durch Lärm sehr stark beeinträchtigt. Auch Geräusche, die nicht bewußt aufgenommen werden, verbrauchen Nerven. Dies gilt insbesondere für periodisch wiederkehrende Geräusche, vor allem dann, wenn sie einem Erwartungseffekt unterliegen.

F. Meßverfahren für Geräuschbeurteilung und Lärmabwehr.

Erst mit der Entwicklung der Elektroakustik konnten Meßgeräte hergestellt werden, die eine weitgehende Annäherung des objektiv gemessenen Schalldruckes oder Schallpegels an das subjektive Empfinden, d. h. an den tatsächlichen Geräusch- oder Lästigkeitseindruck ermöglichten. Dieses Bestreben, die subjektive Schallempfindung durch nur eine einzige Maßzahl wiederzugeben, führte im In- und Ausland, wie bereits angedeutet, zu einer Reihe von Bewertungsmaßstäben und Meßverfahren, deren Entwicklung bis heute noch nicht abgeschlossen ist [18 bis 21]. Allgemein eingeführt hatte sich die Messung der Lautstärke in phon mit dem DIN-Lautstärkemesser nach DIN 5045. Nunmehr soll in Anlehnung an die IEC-Empfehlung [20] nur noch der Präzisionsschallpegelmesser[1] mit drei eingebauten umschaltbaren Bewertungsfiltern A, B und C eingesetzt werden [22]; mit diesen Filtern wird die Ohrempfindlichkeit für niedrige, mittlere und hohe Lautstärken angenähert. In Tab. 13 sind die Dämpfungs- bzw. Freifeldübertragungsmaße für die einzelnen Oktavfrequenzbereiche entsprechend den Kurven gleicher Lautstärke angegeben. Definitionsgemäß gilt die so gebildete Bewertung A für den gesamten Lautstärkebereich; die Bewertung B und C soll nicht mehr verwendet werden, sondern nur noch der mit Filter A bewertete

---

[1] Die Geräte werden von Brüel & Kjaer, Dänemark, sowie Rhode & Schwarz, München hergestellt.

Schallpegel [22] angegeben werden: dB (A) = Geräusch- oder Lautstärke L am Meßort.

Im Bestreben, die subjektive Geräuschempfindung durch ein objektives Meßverfahren besser anzunähern und einzelne störende Frequenzgruppen erfassen zu können, wurden $^1/_1$, $^1/_2$ und $^1/_3$ Oktavfilter entwickelt, welche es in Verbindung mit einem Schallpegelmesser ermöglichen, die Frequenzzusammensetzung eines Geräusches festzustellen. Naturgemäß können damit auch die einzelnen Komponenten, aus denen sich ein Maschinengeräusch zusammensetzt, ermittelt und die verursachenden Bauelemente gefunden werden, soweit hierzu nicht eine noch weitere Verfeinerung der Analyse z. B. durch das Suchtonverfahren [99] notwendig wird. Die international genormten Werte von Mitten- und Grenz-

Tabelle 13. *Relative Freifeld-Übertragungsmaße des Präzisionsschallpegelmessers für die Bewertungskurve A.*

Frequenz Hz	Bewertungskurve A dB
16	− 56,7
31,5	− 39,4
63	− 26,2
125	− 16,1
250	− 8,6
500	− 3,2
1000	0
2000	1,2
4000	1,0
8000	− 1,1
16000	− 6,6

Tabelle 14. *Empfohlene Mitten- und Grenzfrequenzen in Hz für akustische Messungen;* fett: Die 8 bevorzugten Oktavmittenfrequenzen (nach ISO R. 402).

Mittenfrequenzen	Oktave $^1/_1$	Oktave $^1/_2$	Oktave $^1/_3$	Grenzfrequenzen für $^1/_1$ Oktave		$^1/_2$ Oktave		$^1/_3$ Oktave	
31,5	×	×	×	22,5	45	26	37,5	28	35,5
40	×		×	—	—	—	—	35,5	45
45		×		—	—	37,5	52,5	—	—
50			×	—	—	—	—	45	56
63	×	×	×	45	90	52,5	75	56	71
80			×	—	—	—	—	71	90
90		×		—	—	75	105	—	—
100			×	—	—	—	—	90	112
125	×	×	×	90	180	105	150	112	140
160			×	—	—	—	—	140	180
180		×		—	—	150	210	—	—
200			×	—	—	—	—	180	224
250	×	×	×	180	355	210	300	224	280
315			×	—	—	—	—	280	355
355		×		—	—	300	420	—	—
400			×	—	—	—	—	355	450
500	×	×	×	355	710	420	600	450	560
630			×	—	—	—	—	560	710
710		×		—	—	600	840	—	—
800			×	—	—	—	—	710	900
1000	×	×	×	710	1400	840	1200	900	1120
1250			×	—	—	—	—	1120	1400
1400		×		—	—	1200	1680	—	—
1600			×	—	—	—	—	1400	1800
2000	×	×	×	1400	2800	1680	2400	1800	2240
2500			×	—	—	—	—	2240	2800
2800		×		—	—	2400	3360	—	—
3150			×	—	—	—	—	2800	3550
4000	×	×	×	2800	5600	3310	4800	3550	4500
5000			×	—	—	—	—	4500	5600
5600		×		—	—	4800	6720	—	—
6300			×	—	—	—	—	5600	7100
8000	×	×	×	15600	11200	6720	9660	7100	9000
10000			×	—	—	—	—	9000	11200
11200		×		—	—	9600	13440	—	—
12500			×	—	—	—	—	11200	14000
16000	×	×	×	11200	22400	13440	19200	14000	17800

frequenzen der Durchlaßbereiche für $^1/_1$, $^1/_2$ und $^1/_3$ Oktavfilter sind in Tab. 14
zusammengestellt. Das subjektive Schallempfinden eines stationären Geräusches
wird durch die Messung der Lautstärke mit Filter A angenähert. Ergänzt wird diese
Aussage durch Angabe des unbewerteten Pegels von acht $^1/_1$ Oktavfilterwerten des
Geräusches mit den Mittenfrequenzen bzw. den Durchlaßbereichen von 63 bis
8000 Hz. Die acht gemessenen $^1/_1$ Oktavbandpegelwerte werden über der Band-
mittenfrequenz in ein Feld von Lärmgrenzwertkurven (Geräuschbeurteilungszahlen) eingetragen, Abb. 328; der im Kurvenfeld am höchsten liegende Punkt der
acht Werte ergibt die Geräuschbewertungszahl. Diese und die in dB (A) gemessene

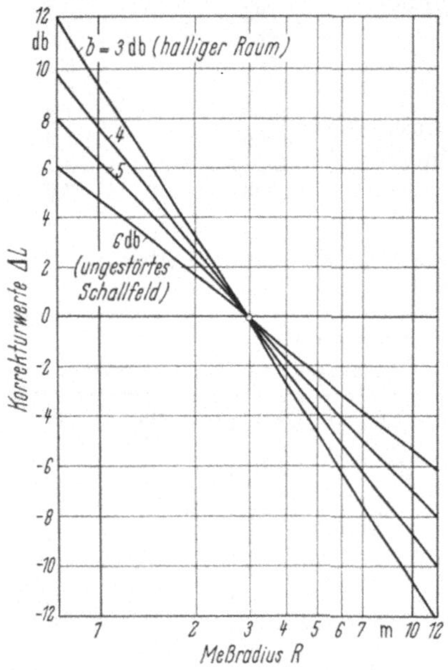

Abb. 330. Korrektur ΔL zum gemessenen Schalldruckpegel L_R mit dem Meßradius R in m auf
den Bezugsradius $R = 3$ m.

Lautstärke sind dann die kennzeichnenden
Werte für ein Geräusch. Die in das Feld der
Lärmgrenzwertkurven eingetragenen acht
Oktavpegelwerte geben mit dem feldbezoge-
nen Spitzenwert den Lästigkeitseindruck
wieder, während der dB (A)-Wert eine Aussage über die Lautstärke macht. Bisher
wurde in inländischen Veröffentlichungen
fast ausschließlich auf die mit dem DIN-
Lautstärkemesser oder neuerdings auf die
mit dem Präzisionsschallpegelmesser ermittelten Werte: DIN-phon oder dB (A) Bezug
genommen. Für den Vergleich von Geräuschen ähnlicher Frequenzzusammensetzung
[23 bis 26], deren Pegeldifferenz bei 5 dB
und darüber liegt, genügt diese Angabe vollständig, um das lautere vom leiseren eindeutig zu unterscheiden oder Störgrad und
Lästigkeit eindeutig zu kennzeichnen. Alle
weitergehenden Bemühungen, durch auf-
wendigere Meßverfahren den Informations-
gehalt des Meßergebnisses zu erhöhen bzw.
dem subjektiven Empfinden besser anzupassen, hatten für stationäre Geräusche
bisher keinen Erfolg. Bei kleineren Unter-
schieden oder stark voneinander abweichender Frequenzzusammensetzung muß,
um den Unterschied im subjektiven Eindruck bzw. hinsichtlich der Lästigkeit
[28] beurteilen zu können, das $^1/_1$ Oktavspektrum aufgenommen werden. Soweit
diese Ergänzung notwendig erscheint, werden die acht Oktavpegelwerte zusätzlich
angegeben; sonst, in Übereinstimmung mit den bisherigen Gepflogenheiten, nur
DIN-phon oder dB (A).

Die Berechnung des Lautstärkepegels nach Zwicker [29 u. 27] hat sich wegen
des großen Rechenaufwandes in der praktischen Akustik nicht durchsetzen
können. Zur Zeit laufende Forschungsarbeiten sollen den Zusammenhang zwischen Schallempfindung (Lautstärke, Lautheit, Lästigkeit bzw. Störgrad) und
Einwirkungsdauer klären [30]. Unterbrochene, regel- oder unregelmäßig wiederkehrende, jeweils kurzzeitige Schalleinwirkungen (Knacke, Spitzen), welche ein
breitbandiges Geräusch überlagern, werden durch keine der bisher zitierten
Maßzahlen richtig erfaßt; das gleiche gilt auch für Töne, welche einem breit-
bandigen Geräusch dominierend überlagert sind. Auf diesem Gebiet der meßtechnischen Akustik wird zur Zeit im In- und Ausland intensiv gearbeitet.

Für die Lautstärkemessung gibt es bereits einige Normen [31; 34; 36; 38 u.
49]; damit ist sichergestellt, daß einheitliche, eindeutige und vergleichbare Er-

gebnisse erzielt werden können. Es sei auf die Norm für Maschinen [35] hingewiesen. Danach werden die Lautstärkewerte in DIN-phon oder, der neuesten Festlegung gemäß, die Schalldruckpegel L an charakteristischen Punkten der die Maschine umgebenden Meßfläche bestimmt. Diese liegt im allgemeinen in 1 oder 3 m Abstand von der Oberfläche; je m² Meßfläche ist ein Meßpunkt erforderlich. Die Umrechnung auf einen Meßradius von 3 m kann mittels Abb. 330 vorgenommen werden. Die Schallemission einer Maschine wird dann durch den Maschinenschalldruckpegel (arithmetisches Mittel sämtlicher Meßwerte auf der Meßfläche in 1 m Abstand) in dB (A) charakterisiert; da dieser Wert auch etwas über den subjektiven Geräuscheindruck aussagt, wird er meistens gemessen. Aus diesem Mittelwert, kann dann der Schalleistungs- bzw. Geräuschleistungspegel, welcher der Maschine eindeutig die abgegebene Schalleistung zuordnet, berechnet werden.

Rückwirkungen des Meßraumes müssen dabei ausgeschaltet sein; daher wird bevorzugt ein schalltoter, für alle Frequenzen reflexionsfreier Raum benutzt; ein Beispiel zeigt Abb. 331. Die Zahl der Meßpunkte muß so groß sein, daß der Unter-

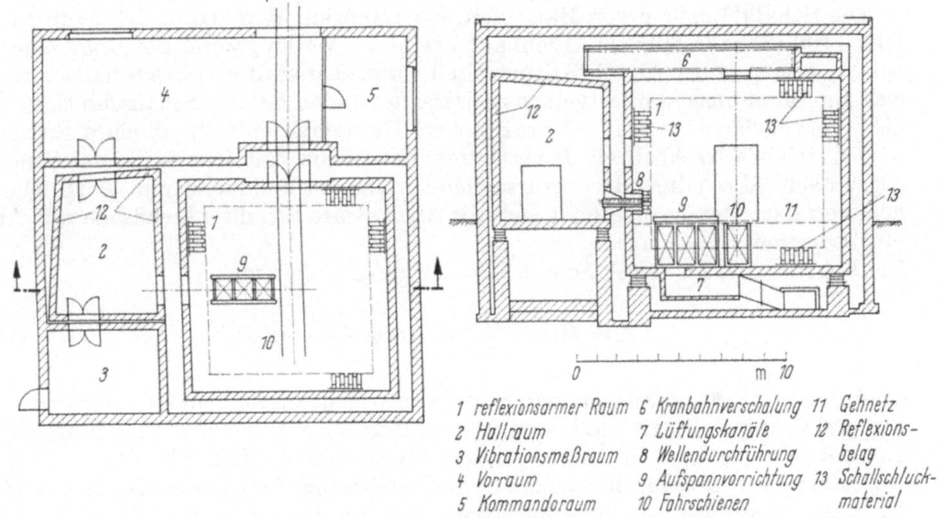

Abb. 331. Akustisches Laboratorium (Fa. Brown, Boveri Baden).

schied zwischen dem größten und kleinsten Meßwert in dB kleiner ist als die Zahl der Meßpunkte. Sofern die Raumflächen nicht schallschluckend ausgeführt sind, soll der Abstand der Meßfläche von Raumbegrenzungen zweimal so groß sein wie vom Meßobjekt bzw. es soll das Raumvolum in m³ seinem Betrag nach 100 mal so groß sein wie die Meßfläche in m². Es können nur Schalle ohne Impulscharakter einwandfrei bestimmt werden. Auf die Messung der Schalleistung im Hallraum nimmt die Norm nicht Bezug, dagegen soll ein entsprechendes Meßverfahren in die VDI-Richtlinie 2081, Lärmabwehr bei Lüftungsanlagen für Ventilatoren aufgenommen werden. Wie schon ausgeführt, kann die Leistung einer Schallquelle, welche allseits in einen unbegrenzten Raum abstrahlt, wie folgt ermittelt werden: Es werden auf der Meßfläche in 1 m Abstand die Schalldrucke p_{eff} gemessen, daraus mit der Beziehung (3)

$$I = \frac{p_{eff}^2}{\varrho_0 C} \quad [\text{Watt/m}^2]$$

die Schallintensitäten I berechnet, eine Integration ergibt dann die Schalleistung in Watt. In einem Hallraum läßt sich die Schalleistung mit Hilfe nur einer einzigen Schalldruckmessung ermitteln, ähnlich dem optischen Verfahren der Ulbrichtschen Kugel. Ist ein diffuses Schallfeld gegeben, so ergibt sich für eine Quelle der Leistung P die mittlere räumliche Energiedichte E_r im gesamten Hallraum zu

$$E_r = \frac{4P}{AC} \quad \left[\frac{\text{Watt}}{\text{m}^3}\right] \tag{14}$$

Die Gesamtschallabsorption des Raumes A kann aus einer Messung der Nachhalldauer gemäß Sabine [99]

$$A = 0{,}162 \frac{V}{T} \tag{15}$$

ermittelt werden; V = Raumvolum in m³ und T = Nachhalldauer in sec. Mit dem gemessenen mittleren Schalldruck p_{eff} ergibt sich die Schalleistung:

$$P = 0{,}97 \cdot 10^{-6} \frac{p_{eff}^2 V}{T} \quad [\text{Watt}] \tag{16}$$

Die Schalldämmung von Bauteilen, Kapselungen, Wänden u. dgl. kann nach DIN 4109 (Schallschutz im Hochbau) bestimmt werden, wenn die Übertragung auf Nebenwegen bzw. durch Körperschall vermieden wird und das Schallschluckmaß im Empfangsraum festgelegt ist. Hierzu ist eine Bezugs-Schallschluckfläche (Absorptionsfläche) von 10 m² vorzugeben. Das Schallschluckmaß eines Raumes wird durch die Nachhallzeit T bestimmt; das ist die Zeit, in welcher der Schallpegel nach Abschalten der verursachenden Dauerschallquelle um 60 dB abgenommen hat. Daraus errechnet sich die äquivalente Schallschluckfläche mit Absorptionsgrad 1 nach (15).
Die Pegelminderung durch Schallschluckung ergibt sich zu

$$\Delta L = 10 \log \frac{A_2}{A_1} = 10 \log \frac{T_1}{T_2} \quad [dB] \tag{17}$$

Auf Grund des gegenwärtigen Standes der Meßtechnik und der allgemein in Europa geübten Praxis sind, wie bereits im vorhergehenden ausgeführt, alle Lautstärkewerte usw. in den folgenden Abschnitten in DIN-phon bzw. dB (A) angegeben; soweit es für die bessere Charakterisierung eines Geräusches notwendig erschien, wurde das Schallpegelspektrum mit den genormten acht Oktavmittenfrequenzen angegeben. 60 DIN-phon und 60 dB (A) entsprechen einander, das gleiche gilt für die darunter liegenden Zahlenwerte; darüber liegen die mit dem Präzisionsschallpegelmesser bestimmten dB (A) Werte etwas niedriger.
In Europa stehen die Lärmabwehr und alle damit zusammenhängenden Fragen im Vordergrund. Besondere Aufmerksamkeit gilt den Maßnahmen zur Bekämpfung des Lärms in Betrieben, im Verkehr und in der Luftfahrt sowie zur Sicherung der Wohnruhe. Auf dem zuletzt genannten Gebiet wurden seit 1945 zusammen mit der Bauindustrie eingehende Untersuchungen durchgeführt. Alle an diesen Fragen interessierten Stellen, darunter auch Ärzte und Juristen, sind in den VDI-Fachgruppen: Schwingungstechnik, Bauingenieurwesen (Ausschuß „Bau- und Baumaschinenlärm") und Heizung, Lüftung, Klimatechnik, im „Deutschen Normenausschuß" sowie im „Arbeitsring für Lärmbekämpfung" oder in der „Association Internationale contre le Bruit" zusammengeschlossen.
Hohe Außentemperaturen und Luftfeuchten mußten in den USA in erster Linie von den Aufenthaltsräumen ferngehalten werden, um ein erträgliches Raumklima zu erreichen; die von den dazu notwendigen Einrichtungen verursachte zusätzliche Lärmbelastung wurde in Kauf genommen. Hinzu kommt,

daß die dort meist errichteten Fertighäuser im Hinblick auf die Geräuschminderung ungünstig sind. Die bisher üblichen Lautstärkewerte berücksichtigen daher die technischen und wirtschaftlichen Belange der Klimaindustrie in erster Linie, was auch in den Normen, welche in den USA erarbeitet wurden, seinen Niederschlag gefunden hat.

G. Kältemaschinen.

Maßnahmen zur Geräuschminderung müssen am Entstehungsort einsetzen — Aktiventstörung. Der nachträgliche Lärmschutz — Passiventstörung — verursacht wesentlich höhere Kosten. Bei mehreren Geräuschquellen muß ein etwa gleich niedriger Pegel für jede angestrebt werden, dann erreicht der Gesamtpegel den kleinstmöglichen Wert.

Die abgegebene Schalleistung und damit die Lautstärke ist in erster Näherung der Leistung [37] proportional. Dieser Zusammenhang gilt nicht nur für Kompressoren, sondern praktisch für sämtliche Maschinen, gleichgültig ob, wie im vorliegenden Fall, das emittierte Geräusch körperschall- und strömungsbedingte Ursachen hat oder nur eine von beiden gegeben ist. Da nur ein verschwindender Bruchteil der Leistung in Luftschall umgesetzt wird, weist diese Proportionalität eine große Streubreite auf; im engeren Sinne gilt sie nur für ähnliche Konstruktionen. Werden Maschinen, z. B. Kompressoren oder Elektromotoren, in Geräte oder Anlagen eingebaut, so kann sich die abgegebene Schalleistung nur dann erhöhen, wenn die Abstrahlfläche durch Übertragung von Körperschall auf Konstruktions oder Anbauteile vergrößert wird; dies kann durch dämmende elastische Zwischenglieder und sachgemäßen Einbau verhindert werden. Starke Geräusche werden durch Stellen erhöhten Verschleißes bedingt, die Ursachen müssen daher so rasch wie möglich beseitigt werden [39 und 40].

I. Kompressoren [41—43 u. 45].

Anteil am Kompressorgeräusch haben:
Ungeeignete Passungen und Materialpaarungen sowie mangelhafte Oberflächengüte und zu große axiale Spiele am Triebwerk und Kolben; außerdem ungenügende Auswuchtung sämtlicher bewegten Teile, zu kleiner schädlicher Raum, Ventilschwingungen und Abheben der Druckventilfänger. Mitverursachend sind ferner die Gasströmungen an den Ventilen, die Gasschwingungen in Druck- und Saugleitungen und unter Umständen mangelhafte Schmierung. Ist im Anfahrzustand der Flüssigkeitsgehalt im angesaugten Kältemittel zu hoch, so treten kurzzeitig sehr hohe Lautstärken auf.

Um das Geräusch am Triebwerk soweit wie möglich herabzusetzen ist zu beachten: Sämtliche Lager müssen den bestmöglichen Konstruktions- und Fertigungsstand aufweisen; es sei hier nur darauf hingewiesen, daß die Gleitgeschwindigkeit einen für die jeweilige Konstruktion charakteristischen Wert nicht überschreiten darf und die Lager ausreichend mit Schmiermittel versorgt werden müssen. Es sind dabei Anlaufs- und Betriebsverhalten, sowie Einflüsse der Temperatur und der Art des Kältemittels, dessen Löslichkeit im Öl, und die Einsatzgrenzen zu berücksichtigen. Bei keinem Betriebszustand darf es zu trockener Reibung kommen. Selbst wenn diese nur kurzzeitig und an einer sehr kleinen Stelle eintritt, so wird durch die dort stattfindende unmittelbare Berührung zweier fester Körper ein starkes und hochfrequentes Geräusch erzeugt. Die übrigen Triebwerkteile müssen hinsichtlich der Paarungen und Passungen ebenfalls so ausgewählt werden, daß sie bei allen vorkommenden Betriebszuständen einwandfrei mit Schmierstoff versorgt werden und zu keinem Zeitpunkt eine unmittelbare metallische Berührung stattfindet. Daß grobe Fehler, wie z. B. nicht fluchtende Wellen-, Pleuel- oder Kolbenbolzenlager vermieden werden müssen, darauf sei der Vollständigkeit halber hingewiesen. Der Ölkreislauf und gegebenenfalls die Ölpumpe sollen ihrerseits keine Geräusche erzeugen; das Öl muß ausreichend gekühlt werden und es muß gelöstem Kältemittel Gelegenheit geben, auszudampfen, ehe es an die zu schmierende Stelle kommt. Ist dies nicht der Fall und bildet sich infolge Druckentlastung Kältemitteldampf im Lager, so können hierdurch sehr starke Geräusche bewirkt werden. Daß daher der Druck im Ölkreislauf richtig gewählt und die Ölmenge dem gesamten Kältekreislauf angepaßt werden muß, sei nur am Rande erwähnt. Als Regel gilt: damit der Kompressor bei allen Anfahrzuständen und stationären Betriebsbedingungen ausreichend mit Öl versorgt wird, sind Kältekreislauf und Kompressor genau aufeinander abzustimmen. Zuviel Öl kann ebenso Geräusche verursachen wie zu wenig.

Die Gasgeschwindigkeit während des Ausschub- und Ansaugaktes ist an den Druck- und Saugventilen sehr hoch, zum Teil wird im Spalt der ersteren die Schallgeschwindigkeit erreicht. Die Ventile bzw. die Federn dürfen dadurch nicht zum Flattern oder zu Eigenschwingungen angeregt werden, was beim Schließvorgang zum Prellen auf den Sitzen führen kann und neben starker Geräuschbildung auch hohen Verschleiß und Minderleistung bedingt; unangenehm ist dabei, daß die Frequenz mit 1,5 bis 2,5 kHz im Bereich höchster Ohrempfindlichkeit liegt. Für die Dämpfung wurde eine Kunststoffbeschichtung vorgeschlagen; diese darf im Kältemittel nicht löslich sein, muß eine gute Haftfähigkeit besitzen und eine hohe Dämpfungskonstante aufweisen. Ein Abheben der Druckventilfänger ergibt beim Aufschlag auf die Ventilplatte besonders starke Geräusche [44].

Das strömende Kältemittelgas pulsiert in den Druckleitungen im Rhythmus der Ausschubfrequenz; außerdem können sich, angeregt durch die mit hoher Geschwindigkeit strömenden Gase, stehende Wellen — Volumresonanzen — in den Druckräumen ausbilden. Derartige Gasschwingungen haben eine sehr schwache Eigendämpfung; sie müssen bei kleineren Kompressoren wegen des hohen Anteils am Gesamtgeräusch durch Reflexions-, Interferenz-, oder Resonanzschalldämpfer unwirksam gemacht werden. Bei richtiger Optimierung dieser Schalldämpfer wird die Kompressorleistung nicht nur nicht beeinträchtigt, sondern um einen wenn auch sehr geringen Betrag erhöht. Bei Brennkraftmaschinen ist diese Tatsache schon sehr lange bekannt und wegen des stark vorherrschenden Auspuffgeräuschs sind wirksame Schalldämpfer [46], welche nach den geschilderten Prinzipien arbeiten, entwickelt worden; Schalldämpfer für Kompressoren können daraus abgeleitet werden. Bei größeren Kompressoren oberhalb eines Energiebedarfs von etwa 5 kW werden im allgemeinen am Kompressor selbst keine Maßnahmen zum Mindern von Gasschwingungen auf der Druckseite getroffen. Treten diese in der anschließenden Druckleitung in vereinzelten Fällen doch auf, so wird ein Schalldämpfer [47] eingebaut, der die Eigenschwingungszahl des Gasvolums soweit ändert, bzw. dämpft, daß diese störenden Resonanzschwingungen verschwinden. Auf Grund der verschiedenartigen Betriebszustände muß die Dämpfung eine große Bandbreite haben, was nur mit einem verlustbehafteten Schalldämpfer erreicht werden kann. Es weist daher einen Strömungswiderstand von etwa 0,1 bis 0,2 kp/cm² bei Vollast auf.

Der gesamte, im Innern eines Kompressors erzeugte Schall, gleichgültig, ob er mechanische oder strömungstechnische Ursachen hat, wird als Körperschall an die Oberfläche weitergeleitet und ein Teil von dort an die umgebende Luft abgegeben. Die Oberfläche bewegt sich meist als Strahler höherer Ordnung, d. h. sie schwingt an verschiedenen Stellen gegenphasig, daher ist die Abstrahlung von Schallenergie an die umgebende Luft wegen der Interferenz des von verschiedenen

Stellen emittierten Schalles und damit die abgegebene Schalleistung gering. Da
die Werkstoffdämpfung bei Stahlguß größer ist als bei geschweißten Stahlblech-
konstruktionen, sind Kompressoren mit gegossenem Gehäuse leiser als solche in
geschweißter Ausführung. Einen Anhalt für die Lautstärke vom Kompressoren
abhängig von der Antriebsleistung zeigt Abb. 332.

Der im Kompressorgehäuse enthaltene Körperschall darf nicht auf den Befesti-
gungsrahmen oder über die angeschlossenen Leitungen übertragen werden. Daher
ist eine Körperschalldämmung mit Stoffen erforderlich, die einen sehr kleinen

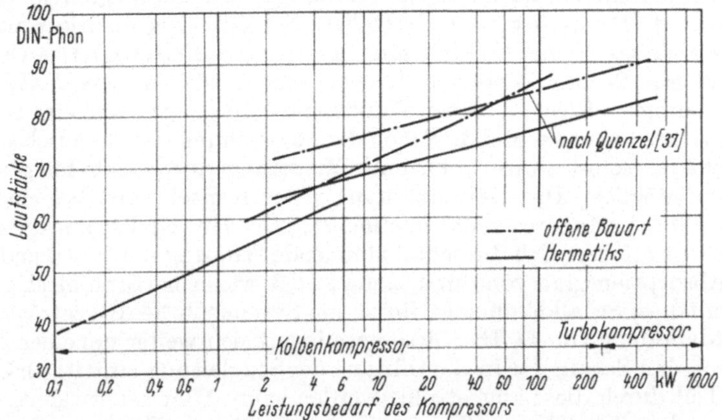

Abb. 332. Lautstärke von Kompressoren abhängig vom Energiebedarf.

Elastizitätsmodul ($E = 1000$ kp/cm²) haben, z. B. Kork, Kunststoff oder elastische
Wellrohre. Diese Materialien oder Bauteile werden sowohl zwischen Kompressor
und Unterlage als auch in den Leitungen eingebaut.

Kompressorschwingungen werden durch die freien Massenkräfte und Momente
verursacht, welche im allgemeinen in allen drei Koordinatenrichtungen bezogen
auf die Drehachse wirken. Um diese Kräfte in ausreichendem Maße gegen die
Unterlage abzuschirmen, werden elastische Zwischenglieder so ausgewählt, daß
das vom Kompressor und der Federung gebildete Feder-Masse-System gegenüber
der Erregerfrequenz überkritisch abgestimmt ist, d. h. die Eigenschwingungszahl
liegt für alle stationären Betriebszustände wesentlich tiefer als die Frequenzen
der anregenden Kräfte. Damit bei An- und Auslauf keine unzulässigen Resonanz-
überhöhungen auftreten, müssen die elastischen Zwischenglieder eine gewisse
Eigendämpfung aufweisen, die um so kleiner sein kann, je rascher das Resonanz-
gebiet durchfahren wird. Mit zunehmender Dämpfung steigt aber die Rückwirkung
auf die Unterlage an, sie darf daher nicht zu stark sein. Die elastischen Zwischen-
stücke in Saug- und Druckleitung sollen Schwingungen vom Rohrleitungssystem
fernhalten.

Im allgemeinen wird so abgestimmt und gedämpft, daß die von der Federung
auf die Unterlage übertragenen Kräfte nur etwa 10% der erregenden ausmachen.
Dies läßt sich in vielen Fällen, insbesondere bei großen offenen Kompressoren nur
mit zusätzlichen Massen erreichen, d. h. Kompressor und Antriebsmotor sind mit
einem gemeinsamen Fundament fest verbunden, welches seinerseits wieder mittels
Federn von der Unterlage getrennt ist. Dadurch werden auch Antriebsmotor und
Anbauteile gegen unzulässige Rüttelbeanspruchung geschützt; bei Aufstellung
auf schwingungsfähigen Gebilden, z. B. Decken in Stahlbetonbauten, können die
in den Baukörper eingeleiteten Kräfte so gering gehalten werden, daß keine
Schwingungsanregung stattfindet. Eine Federung mit ausreichender Werkstoff-

dämpfung z. B. Gummi, besitzt auch eine genügende Körperschalldämmung; Stahlfedern müssen eine Unterlage aus Körperschalldämmstoff erhalten.

Um die Schallabstrahlung von Kompressor und Elektromotor zu vermindern, werden beide zusammen in einem druckfesten Gehäuse untergebracht. Diese Einheit hat bei sog. Vollkapselung nur über die Saug- und Druckleitung (Druck- oder Saugkapsel) unmittelbare Körperschallverbindung mit dem Außengehäuse. Bei halbgekapselter Ausführung ist diese jedoch für Kompressor und Motorteil gegeben; die Lautstärke des Kompressorteils unterscheidet sich praktisch nicht von offenen Maschinen, während die Abstrahlung des Motors geringer als bei offenen Typen ist. Damit liegt die abgegebene Schalleistung niedriger als die eines Kompressorsatzes offener Ausführung und gleicher Leistung. Das Gehäuse der Vollkapsel mit 2- oder 4-poligen Einbaumotoren bis zu etwa 5 kW Antriebsleistung bedingt auf Grund seiner Wandstärke von einigen mm eine Schwächung des Geräusches um etwa 10 dB. Neben der Schwächung des Geräusches durch das Kapselgehäuse selbst, wäre auch eine Minderung durch Erhöhung der Innenabsorption möglich. Die Dämmwirkung einer Kapsel wird bei einer Absorption von 100% im Inneren nicht gemindert; geht der Schallschluckgrad auf 10% zurück, so vermindert sich die schalldämmende Wirkung um 10 dB und bei einem inneren Absorptionsgrad von nur 1% um 20 dB, wie er bei Stahlblech gegeben ist. Da die mittlere Schalldämmzahl für 5 mm Stahlblech 34 dB beträgt, verbleibt eine Restdämmung von 14 dB. Diese vermindert sich weiter um einen Betrag von 5 dB durch den Schall, der in die Öffnung der Saugleitung eintritt und dann zum größten Teil durch diese abgestrahlt werden kann. Hier sei erwähnt, daß kleine Öffnungen das Schalldämmaß um einen erheblichen Betrag ΔD vermindern können, was für eine runde Öffnung von der Fläche f und Kapsel von der Fläche F mit dem Schalldämmaß D mit Hilfe der Beziehung

$$\Delta D = 10 \log \left(1 + k \frac{f}{F} 10^{\frac{D}{10}} \right) \quad [dB] \tag{18}$$

abgeschätzt werden kann [99], wobei der Formfaktor k für runde Öffnungen = 1 ist.

Um die Körperschallübertragung auszuschalten und die Schwingungsübertragung zu mindern, wird der Innenteil mittels Stahlfedern im Gehäuse befestigt und die Druckleitung ebenfalls über Körperschalldämmelemente angeschlossen. Größere Kapseln haben meist eine außenliegende Stahlfederung zur Schwingungsdämpfung und im Inneren nur eine Körperschalldämmung aus elastischem Kunststoff. Halbgekapselte Typen werden naturgemäß nur mit Außenfedern aus Stahl mit Gummiunterlage versehen. Grundsätzlich gilt: alle Federn müssen gleichmäßig statisch belastet sein.

Obwohl die Kapsel eines Motorkompressors eine verhältnismäßig große Außenfläche hat, liegt die Lautstärke niedriger als die vergleichbarer Kompressorsätze in offener Ausführung (vgl. Abb. 332). Da die Kapsel selbst ein schwingungsfähiges Gebilde ist, darf keinerlei Körperschall vom Kompressor oder vom Motor übertragen werden. Es ist sonst mit einer erheblichen Zunahme der Lautstärke zu rechnen. Die Schallemission kann durch Schwingungstilger um einige dB herabgesetzt werden. Diese können außen auf der Kapsel oder im Inneren auf der Druckleitung, welche körperschalleitend mit der Kapsel verbunden ist, befestigt werden. Antidröhnbeläge sollen wegen der dadurch bedingten Minderung der Wärmeabgabe nicht angebracht werden. Außerdem wird das Verfahren sehr aufwendig, da die Stärke des Belages mindestens gleich der Wandstärke der Kapsel sein müßte. Die Verformung des Bleches zur Kapsel bringt starke innere Verspannungen, die von Exemplar zu Exemplar abweichen. Daraus ergibt sich dann eine nach Betrag und Frequenzzusammensetzung unterschiedliche Schallabstrahlung; auch die Emission je Oberflächenteil wird dadurch geändert. Unter gar keinen Umständen darf die Eigenfrequenz der Kapsel mit einer der vielen möglichen Anregungsfrequenzen übereinstimmen, da dann der Resonanzfall gegeben ist. Es wird ein verstärkter Ton oder Klang abgestrahlt, der aus dem allgemeinen Pegel herausgehört werden kann. Daher ist eine hohe Materialdämpfung und Eigenfrequenz anzustreben, diese sollte noch über der höchsten energiestarken Anregungsfrequenz liegen, welche vom Motor oder von der Druckseite des Kompressors unmittelbar körperschalleitend auf das Gehäuse übertragen werden kann. Gegliederte Oberfläche, hohe Wandstärke und geringe Abmessungen genügen dieser Bedingung. Hier wirkt sich das Verkleinern der Oberfläche durch Heraufsetzen der Drehzahl von 1450 auf 2900 min^{-1} günstig aus.

Motorkompressoren mit einem Energiebedarf bis zu 500 Watt werden in großen Stückzahlen gefertigt und in Kühlschränke, Gefriertruhen und Klimageräte eingebaut, die in Aufenthaltsräumen aufgestellt werden. Die Lautstärke soll daher etwa 5 dB unterhalb des dort üblicherweise herrschenden Pegels liegen. Die Fertigung muß laufend geräuschgeprüft [33] werden; dies geschieht am Band in geräuschabgeschirmten Kabinen entweder durch Körper- oder Luftschallaufnahme.

Die für Hubkolbenkompressoren angeführten Überlegungen gelten auch für Turbo- und Rotationskolbenkompressoren. Infolge der hohen Drehzahl werden jedoch einzelne Klangbereiche hoher Frequenz mit großer Lautstärke emittiert. Um das Geräusch niedrig zu halten, strebt man eine vollhermetische Ausführung ohne Getriebe an. Letztere steigern sonst als zusätzliche Geräuschquelle [48] die Lautstärke des gesamten Kältesatzes; die Frequenzzusammensetzung kann eine Verdeckung des Geräusches von Kompressor und Antriebsmotor bewirken, so daß das Geräusch des Getriebes allein maßgebend für die Gesamtlaufstärke ist.

Auch bei Teillastbetrieb muß der Abstand von der Pumpgrenze ausreichend groß sein, da sonst mit einer erheblichen Zunahme der Lautstärke um etwa 10 bis 15 dB gerechnet werden muß.

Durch Schallschluckmaßnahmen im Maschinenraum, schwingungsisolierte und körperschallgedämmte Aufstellung sowie Anschluß sämtlicher Zuleitungen über Feder- und Dämpfelemente, muß die Schalleinleitung in den Baukörper verhindert werden.

Ganz allgemein ergaben zahlreiche Messungen, daß die Lautstärke in erster Linie von der erforderlichen Antriebsleistung abhängt, gleichgültig, ob es sich um Klima- oder Tieftemperaturkompressoren handelt.

II. Elektromotoren.

Das Geräusch des Kompressors soll so gering wie möglich sein, es braucht aber nicht wesentlich unter dem des Antriebsmotors zu liegen. Der Elektromotor muß daher geräuscharm sein [32]; gelingt es, dessen Schalleistung zu senken, so muß auch die des Kompressors vermindert werden. Erzeugt wird der Schall durch Schwingungen der von elektromagnetischen Kräften beeinflußten Teile, ferner durch die Lager, Schleifringe oder Kollektoren und dem für die Kühlung eingebauten Ventilator. Auch hier ist die Optimierung gegeben, wenn alle am Gesamtgeräusch beteiligten Teilschalle gleichen Pegel haben.

Elektromagnetisch zu Schwingungen angeregt werden: Joch, Blechpaket, Wickelkopf und Rotor. Im Ständer entstehen umlaufende Drehkraftwellen, die radiale und tangentiale Kräfte ausüben, von denen aber nur erstere einen Beitrag zur Schallabstrahlung liefern. Um sie gering zu halten, muß die Ringspaltweite und **damit** die Luftspaltinduktion am gesamten Umfang gleich, der Rotor zentrisch geblecht und schräg genutet sein. Nur dann bleiben die elektromagnetisch bedingten Rüttelkräfte auf ein Mindestmaß beschränkt. Die Nutenzahl muß für jeden Motortyp genau berechnet werden, die Wickelköpfe sind zu bandagieren und die Leiter in den Nuten zu befestigen, um Schwingungen zu verhindern. Hierüber hat Jordan [103] ausführlich berichtet. Gleitlager verursachen kaum Geräusche, Kugel- oder Wälzlager müssen sorgfältig gefertigt, ausgewählt und eingebaut werden; nur dann führen Transport- und Betriebsbeanspruchungen nicht zu einer Lautstärkeerhöhung. Passungen und Schmiermittel sind auf die zu er-

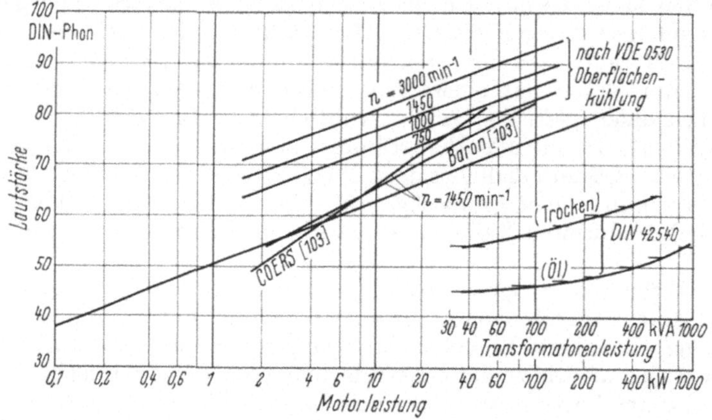

Abb. 333. Lautstärke von elektrischen Maschinen und Transformatoren abhängig von der Typleistung.

wartenden mechanischen Beanspruchungen und Umgebungstemperaturen abzustimmen. Motoren mit Stromzuführungen zum Rotor werden selten verwendet; sind diese mechanisch einwandfrei, so können Geräusche an Motoren mit Schleifringläufern noch durch schieflastige Widerstände verursacht sein.

Der eingebaute Ventilator kann insbesondere bei größeren Motoren für das Geräusch maßgebend sein, wenn die Luft aerodynamisch ungünstig geführt werden muß bzw. der Ventilator nicht optimal an den Widerstand des Luftströmungsweges angepaßt werden kann. Einen allgemeinen Zusammenhang zwischen Lautstärke — Mittelwerte für 1 m Meßradius — und Typleistung zeigt Abb. 333.

III. Brennkraftmaschinen für Kältemaschinen.

Sie dürfen die von der Straßenverkehrszulassungsordung vorgegebenen Werte für Fahrzeugmotoren nicht überschreiten (max. 87 phon bei Vollast in 7 m Entfernung), sofern sie zum Antrieb von Fahrzeugkältemaschinen eingesetzt werden. Im allgemeinen sind sie wegen ihrer geringeren Leistung leiser als der Fahrmotor, es ergeben sich daher außer bei Stand des Fahrzeugs keine Schwierigkeiten.

IV. Hydraulikmotoren.

Hydraulikmotoren zum Antrieb von Kompressoren werden nur in Zusammenhang mit der Kühlung von Fahrzeugen oder Containern eingesetzt [50]. Da die Lautstärke von Fahrzeugmotoren die der Hydraulikaggregate um mehr als 10 phon übersteigt, ist ein weiteres Eingehen auf diese Antriebsart unnötig, jedoch muß auch in diesem Falle die Körperschallübertragung des Antriebs und des Leistungssystems auf große Karosserieflächen des Fahrzeugs vermieden werden.

V. Dampfturbinen.

Dampfturbinen werden nur zum Antrieb sehr großer Kältekompressoren (Turbokompressoren) verwendet und daher in Maschinenräumen aufgestellt, welche von der Schaltwarte und sonstigen Aufenthalts- oder Arbeitsräumen getrennt sind; die Maschinenräume können durch bauliche Maßnahmen und eine schallschluckende Auskleidung so gestaltet werden, daß kein übermäßiger Lärm nach außen dringt.

VI. Kältesätze.

Offene Kompressoren sind entweder direkt über eine elastische Kupplung oder über Keilriemen angetrieben; wasser- oder luftgekühlte Kondensatoren vervollständigen die Einheit. Kupplung und Keilriemen verursachen nur untergeordnete, im Vergleich zum Kompressor und Antriebsmotor nicht wahrnehmbare Geräusche. Sieht man vom Ventilator ab — darauf wird später noch eingegangen — so dürfen Kompressorsätze nur so laut sein, wie Antriebsmotor und Kompressor zusammengenommen. Dies ist der Fall, wenn von großflächigen Bauteilen Körperschall und Erschütterungen ferngehalten werden, so daß diese nicht zusätzlich den Direktschall oder, zum Dröhnen angeregt, Sekundärschall abstrahlen können. Die Lautstärke von zwei wassergekühlten Kältesätzen, Leistung 12000 kcal/h bei einem manometrischen Ansaugdruck von — 10 °C und einem manometrischen Verflüssigungsdruck von +40 °C (R 22) zeigt Abb. 334. Die Drehzahl betrug 1450 min^{-1}; bei Anfahrzustand I war der Anteil an Flüssigkeit im angesaugten Kältemittel hoch, daher höhere Lautstärke als bei Anfahrzustand II, bei dem auf der Saugseite kein Flüssigkeitsanteil vorhanden war. Hinsichtlich der Körperschall-, Erschütterungs- und Schwingungsdämpfung und Isolierung sei auf die Angabe für Kompressoren verwiesen.

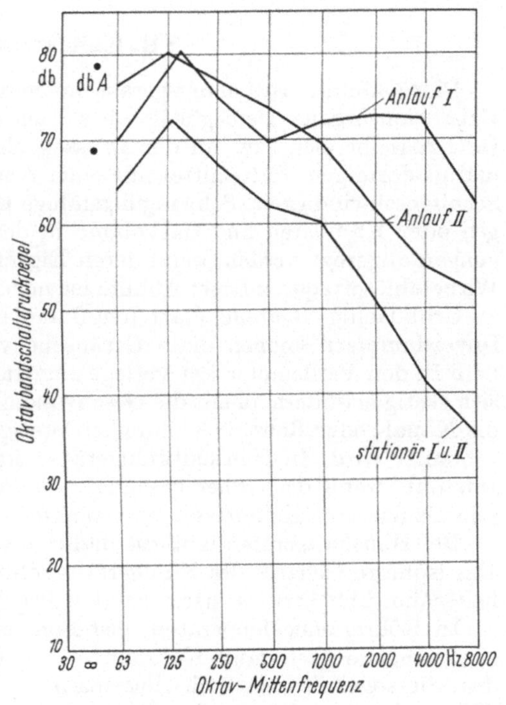

Abb. 334. Oktavbandschalldruckpegel von 2 luftgekühlten Kältesätzen, Leistung 12000 kcal/h.

Bei luftgekühlten Kältesätzen, die mit geschlossenen Kompressoren ausgerüstet sind, ist oft der Ventilator für das Gesamtgeräusch bestimmend. Luftmenge und Strömungswiderstand des Kondensators sollten daher so niedrig wie möglich gewählt werden. Bei optimaler Zuordnung des Ventilators gelingt es meist, dessen Lautstärke so niedrig zu halten, wie das Kompressorgeräusch. Langsamlaufende Axialventilatoren, deren Luftdurchtrittsflächen dem Querschnitt des Kondensators möglichst nahe kommen, sind in dieser Hinsicht am günstigsten. Einen Anhalt gibt Tab. 15.

Die Lautstärke von 150 Kältesätzen mit einem Energiebedarf von etwa 700 W betrug 50 bis 63 phon bei Betrieb ohne Ventilator und 51 bis 64 phon bei Betrieb mit Axialventilator, Luftmenge im Mittel 600 m³/h.

Tabelle 15. *Lautstärke und Oktavschalldruckpegel ‍von luftgekühlten Kältesätzen mit Motorkompressoren abhängig vom Energiebedarf;* manometrischer Ansaugdruck −30 bis −40 °C
manometrischer Verflüssigungsdruck 35 bis 40 °C (R 12 und R 22).

Energie-bedarf	Laut-stärke	Oktavmittenfrequenz in Hertz							
Watt	dB (A)	63	125	250	500	1000	2000	4000	8000
3500	63	55	48	50	53	59	60	53	50
700	54	56	56	52	55	50	48	44	40
400	50	54	52	48	51	49	45	40	36
180	44	44	44	39	41	32	31	25	22
70	33	34	37	34	33	29	25	21	22

VII. Kältekreislaufteile.

Diese können Strömungsgeräusche verursachen; dies gilt insbesondere für
Expansionsorgane, gleichgültig, ob es sich um Ventile oder Kapillaren handelt.
Im Drosselbereich bzw. an der Drosselstelle strömt das Gemisch aus flüssigem
und gasförmigem Kältemittel mit einer dem jeweiligen Zustand entsprechenden
Schallgeschwindigkeit. Schwingungsfähige Gebilde, wie federnd verlegte Leitun-
gen oder Kapillaren und Gasvolume in den Rohrleitungen können zu Schwin-
gungen angeregt werden, wenn deren Eigenfrequenz in der Nähe der anregenden
Wirbelablösefrequenz liegt; Abhilfe ist nur durch Verstimmen möglich.

Großflächige Bauteile, Plattenverdampfer oder Verkleidungsbleche von Lamel-
lenverdampfern können diese Geräusche verstärkt abstrahlen. Eine Kapillare
muß in den Verdampfer fest verlegt eingeführt werden; die Einströmstelle sollte
sich stetig erweitern, damit die Geschwindigkeit in dem so gebildeten Diffusor auf
die Kanal- oder Rohrgeschwindigkeit stetig und ohne zusätzliche Geräusche ab-
gebremst wird. In Haushaltkühlgeräten kann ein Strömungsgeräusch, welches
entsteht, wenn die vorher geschilderten Punkte nicht beachtet werden, lauter
sein als das vom Kompressor verursachte.

Bei Haushaltgeräten muß die dadurch verursachte Lautstärke niedrig liegen.
Das isolierte Gehäuse des Kühlgerätes sollte das Geräusch unter den im Aufent-
haltsraum üblicherweise herrschenden Pegel senken.

In Röhrenbündelapparaten, insbesondere Kondensatoren, können durch das
einströmende gasförmige Kältemittel ebenfalls Gasschwingungen angeregt werden, die sogar den elastisch eingespannten Rohren (Kältemittel im Außenraum,
Wasser in den Rohren) im Resonanzfall Schwingweiten induzieren, die eine
gegenseitige Berührung bedingen. Das periodische, im allgemeinen mit einer
Schwebung behaftete metallische Klirren, Frequenzbereich oberhalb 500 Hz,
wird vom Außengehäuse sehr gut abgestrahlt. Mit einer Änderung des Verflüssigungsdruckes kann der diese Erscheinung auslösende Brummton zum Verschwinden gebracht werden, da dadurch das ganze System ausreichend verstimmt wird.
Das Schwingen der Rohre muß unter allen Umständen verhütet werden, da infolge von Ermüdungserscheinungen Rißbildung möglich ist und an den Berüh-
rungsstellen eine Beschädigung und ebenfalls ein Undichtwerden eintreten kann.

VIII. Zubehörteile, Schalt-, Steuer- und Regelgeräte.

Das Geräusch von Kältemittelumwälzpumpen ist bei dem im Maschinenraum
herrschenden Pegel unhörbar, es kann aber der in das Rohrsystem eingeleitete
Körperschall, an anderer Stelle durch Apparate abgestrahlt, einen Beitrag zum
Geräusch liefern.

Kühlwasserregler können Geräusche verursachen; diese Strömungs- und Drosselungsgeräusche sind im Maschinenraum von untergeordneter Bedeutung, von der Wasserinstallation des Gebäudes können sie durch körperschalldämmende Verbindungen ferngehalten werden. Auch hier ist durch den Druckabfall des strömenden Wassers in den Reglern die Anregung von Resonanzschwingungen des Federkörpers und der Zuleitung möglich. Diese weisen dann eine hohe Frequenz und eine große Amplitude auf, die abgestrahlte Lautstärke kann höher sein als die des angeschlossenen Kältesatzes. Wegen der schädlichen Wirkung muß sofort für Abhilfe durch Senken des Wasser- oder Ändern des Verflüssigungsdruckes gesorgt werden.

Druck- und Temperaturwächter verursachen nur sehr kurzzeitige Geräusche, sog. Knacke; diese werden, soweit der allgemeine Pegel um nicht mehr als 7 dB überschritten wird, nicht als störend empfunden. Schütze können in Aufenthaltsräumen oder gar im Wohnbereich nur dann eingesetzt werden, wenn sie einwandfrei gekapselt sind. Geräuschvolles Flattern oder Prellen, verursacht durch Erschütterungen oder zu geringe Änderungsgeschwindigkeit der Temperatur, führt zu rascher Zerstörung nicht nur der Geräte selbst, sondern auch der damit gesteuerten Magnetventile oder der angeschlossenen Motoren. Durch richtige Wahl der Schalthäufigkeit und Fernhalten mechanischer, hydraulischer oder pneumatischer Schwingungen sind diese Erscheinungen zu vermeiden.

H. Geräte und Apparate.

Geräte und Apparate, die in die Kältemaschinen eingebaut sind, dürfen keine größere Lautstärke aufweisen, als z. B. Kompressor, Motor und Ventilator zusammengenommen. Hierzu ist eine einwandfreie Abschirmung des Körperschalls von den großflächigen Gehäuseteilen notwendig. Anbauteile des Kältesatzes z. B. Kondensatoren sind so auszubilden, daß der über Rohrleitungen eingeleitete Körperschall nur in geringem Maße abgestrahlt werden kann. Schallschluckende Auskleidung des Maschinenabteils bei Geräten mit eingebauter Maschine vermindern den Schallaustritt. Mit eingeschäumtem Kunststoff isolierte Gehäuse haben eine geringere Eigendämpfung als mit kunstharzgebundener Mineralfasermatte ausgerüstete. Einleiten von Körperschall ist daher besonders sorgfältig zu vermeiden; selbst Motoren mit einer Leistung von wenigen Watt, wie sie für den Antrieb von Ventilatoren im Inneren verwendet werden, können ein eingeschäumtes Gehäuse zum Dröhnen anregen [51, 58 bis 61].

Eine Geräuschkontrolle an der Fertigungsstraße [62] in einer Anhörkabine, die je nach Erfahrungsstand entweder die gesamte Erzeugung erfaßt oder nur Stichproben entnimmt, ist bei Haushaltgeräten notwendig.

Kältesätze mit Leistungen bis zu 2000 kcal/h, wie sie in steckerfertigen Kühl-, Tiefkühl- und Gefriergeräten für das Gewerbe eingesetzt werden, sind zur Abfuhr der Kondensatorwärme mit einem Axialventilator ausgerüstet, der oft das Gesamtgeräusch dominierend bestimmt. In die Maschinenabteile müssen daher die Kältesätze lufttechnisch einwandfrei eingebaut werden, damit das Luftgeräusch gering bleibt; eine schallschluckende Auskleidung senkt wegen der zur Abführung der Verflüssigungswärme notwendigen großen Luftquerschnitte das Geräusch nur unwesentlich. Einen Überblick über die zulässige Lautstärke geben die im Abschnitt E genannten Zahlenwerte der am Aufstellungsort üblichen Pegel, auch ist auf die Reaktion der Öffentlichkeit zu achten.

Größere Kältemaschinen für Gewerbe und Industrie werden in gesonderten Maschinenräumen aufgestellt; die wesentlichen Gesichtspunkte hinsichtlich der zu erwartenden Lautstärke sowie über die Schall-, Schwingungs- und Erschütterungsdämpfung und Isolierung wurden bereits im Abschnitt G 1 und 6 behandelt. Der Körperschall der gesamten Maschinenanlage muß um so sorgfältiger vom Baukörper getrennt werden, je höherwertig das Gebäude oder die anschließenden Räume genutzt sind. Die Kältemaschinenanlage eines Schlachthofes erfordert nur eine Schwingungsisolierung, damit keine den Baukörper schädigende Energie eingeleitet wird; dagegen wird ein Laboratorium für Ultrarotspektroskopie oder ein Krankenhausgebäude mit sehr viel aufwendigeren Mitteln gegen die von der Maschinenanlage emittierte mechanische Energie abzuschirmen sein; im ersten

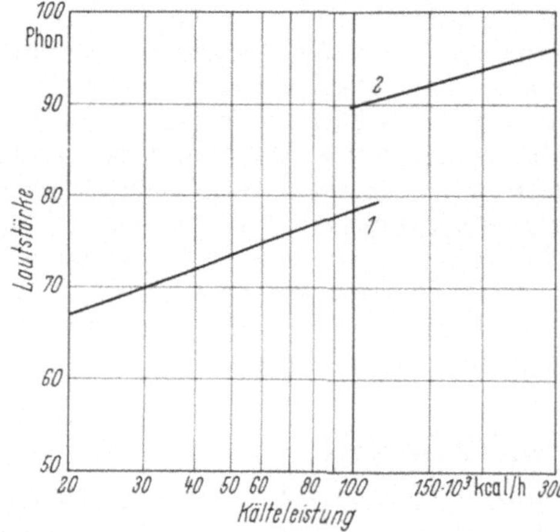

Abb. 335. Lautstärke von Wasserkühlern.

1 Ausführung mit Motorkompressoren;
2 Ausführung mit offenen Kompressoren.

Falle ist die Empfindlichkeit des physikalischen Gerätes zu berücksichtigen, im zweiten Falle bestimmt der kranke Mensch das Maß z. B. des maximalen für die nächtliche Ruhezeit zulässigen Wertes. Hier sei auf die umfangreiche Literatur verwiesen [105].

Flüssigkeitskühler für die Verfahrenstechnik und Wasserkühler für die Klimatechnik sollen naturgemäß auch wenig Geräusch verursachen und keine Schwingungen in die Unterlage oder das angeschlossene Rohrsystem einleiten. Die mit Motorkompressoren ausgerüsteten Geräte sind leiser als die mit offenen Typen ausgestatteten; Abb. 335 und Tab. 16 geben Beispiele für den Leistungsbereich

Tabelle 16. *Lautstärke dB (A) und Oktavbandpegel von Wasserkühlern.*
Kompressordrehzahl 1450 min^{-1}, Verflüssigungsdruck 45 °C, Verdampfungsdruck $\pm$ 0 °C.

Leistung Kompressor kcal/h 10³		dB (A)	Oktavmittenfrequenz in Hertz							
			63	125	250	500	1000	2000	4000	8000
200	offen	94	83	84	89	91	87	86	84	78
150	offen	93	82	86	88	88	87	87	81	78
120	offen	92	80	83	87	87	86	86	84	79
100	halbhermetisch	76	67	71	76	75	76	70	67	55
80		68	64	60	65	63	62	60	56	52
60		65	63	65	76	73	72	69	65	55

von 20·10³ bis 300·10³ kcal/h. Körperschall des Kompressors und des Antriebsmotors muß auch hier unter allen Umständen von großflächigen Bauteilen, wie Verflüssiger, Schalttafel und den angeschlossenen Rohrleitungssystemen für Kühl- und Kaltwasser ferngehalten werden.

Maßnahmen zur Schall- und Schwingungsabwehr sind bei offenen Kompressoren schwieriger und aufwendiger als bei hermetischen; die zahlreichen Regel- und Steuergeräte sowie die Sicherheitswächter dürfen aber diesen Beanspruchungen nicht ausgesetzt werden.

Das gleiche gilt auch für die Pumpensätze zum Umwälzen von Kalt- und Kühlwasser. Im Bereich einer Antriebsleistung N von 1 bis 40 kW ergeben sich Lautstärken L von rund 68 bis 86 phon, die sich nach der Gleichung $L = 68 + 11,22 \lg N$ berechnen lassen, wenn die statische Druckhöhe 20 bis 25 m WS und die Drehzahl 1450 min^{-1} beträgt. Sorgfältig muß die Emission einer oder mehrerer Einzelfrequenzen vermieden werden, da diese meist im Bereich hoher Ohrempfindlichkeit zwischen 500 und 3000 Hz liegen und somit aus einem gleichlauten allgemeinen Maschinenpegel herausgehört werden können. Schutzmaßnahmen wären sehr aufwendig.

J. Luft- und klimatechnische Anlagen und Geräte.

I. Ventilatoren.

Einen wesentlichen Bestandteil vieler Kältemaschinen und Anlagen bilden die Ventilatoren, eingesetzt in Luftkühlern, Kondensatoren, Rückkühlwerken usw. Klimageräte- und -Anlagen sind, von seltenen Ausnahmen abgesehen, ohne Ventilatoren nicht denkbar. Eine Fülle von Typen axialer, radialer und tangentialer Bauart für Mittel- und Niederdruck erlaubt es, für jeden Anwendungsfall die geeignete Variante, auch im Hinblick auf Durchmesser und Drehzahl einzusetzen. Hochdrucktypen können nur in wenigen Sonderfällen vorgesehen werden. Bei den folgenden Betrachtungen sei nur der Schall berücksichtigt, der durch die Relativbewegung zwischen Ventilatorflügel und strömender Luft entsteht, nicht jedoch die Geräusche, die durch Lager, Motoren oder unzureichende Auswuchtung und Schwingungen bedingt sind. Das aerodynamische, durch Wirbelablösungen an den An- und Abströmkanten der Flügel und Räder bedingte Geräusch wird um so lauter sein, je höher die Geschwindigkeit des Ventilator-Profils, bezogen auf die geförderte Luft, je strömungsungünstiger seine Form und je mehr Störquellen in unmittelbarer Nähe des Flügels im Luftstrom liegen, der in den Ventilator eintritt oder diesen verläßt. Geringe Profilgeschwindigkeiten, d. h. niedrige Drehzahlen bedeuten geringes Geräusch; diese Bedingung läßt sich nur dann einhalten, wenn die Anlagen und Apparate strömungsgünstig angepaßt sind. Auf einen niedrigen Schallpegel wird in der Luft- und Klimatechnik ganz besonderer Wert gelegt, da diese Einrichtungen, z. B. Kondensatoren, Rückkühlwerke oder Klimageräte und -anlagen den Aufenthaltszonen für Menschen eng benachbart sind. Auf Grund der Vielfalt der Ventilatortypen gibt es noch keine allgemeingültige Regel für die Berechnung der emittierten Schalleistung oder der Lautstärke; man ist daher auf empirisch ermittelte Werte und die daraus abgeleiteten Zusammenhänge angewiesen. Damit kann dann für den gleichen Ventilatortyp oder die Typenreihe eine Voraussage über das zu erwartende Geräusch gemacht werden. Die Lautstärke der Ventilatoren, die in der Kälte- und Klimatechnik eingesetzt werden, liegt von wenigen Ausnahmen abgesehen, unter 75 dB (A), das emittierte Strömungsgeräusch zeigt ein kontinuierliches Spektrum; mit steigender Frequenz nimmt es im allgemeinen monoton ab. Werden Töne oder Klänge emittiert, so deutet dies auf eine Fehlauslegung oder -anpassung hin. Die Schwierigkeit, eine universell gültige Beziehung für die Schalleistung bzw. die Lautstärke des Strömungsgeräusches anzugeben, ist durch die an sich triviale Tatsache bedingt, daß auch ein Ventilator ohne Förderleistung d. h. ein in der Luft bewegtes oder von der Luft durchströmtes Profil oder Gitter Schall erzeugt. Leistung und Frequenz, bzw. Frequenzverteilung dieser Luftgeräusche sind von der Geschwindigkeit mit der das Ventilatorprofil angeströmt wird, der Profillänge und der Zahl der Profile oder der Wirbel erzeugenden Kanten abhängig. Daraus ergibt sich für alle Ventilatorbauarten ein unmittelbarer Zusammenhang zwischen Umfangsgeschwindigkeit, Schalleistung und Frequenz. Unterhalb 50 m/sec und im Frequenzbereich unter 1000 Hz wächst die Schalleistung mit der 5. Potenz der Umfangsgeschwindigkeit; im Bereich bis 10 kHz erhöht sich diese Potenz bis auf 7. Das Schalleistungs- und damit das Lautstärkeminimum liegt im Gebiet günstigsten Wirkungsgrades; da dieser Bereich bei den hier zu betrachtenden Ventilatorbauarten meist sehr flach verläuft, kann auch mit Verminderung des statischen Druckes fast immer eine Geräuschabnahme erreicht werden. Eine Minderung der Drehzahl hat nach dem Vorhergesagten die gleiche Wirkung. Aus den vielen in der Literatur [104] angegebenen Berechnungsverfahren sei eines herausgegriffen, nach dem die zu erwartende Lautstärke abgeschätzt werden kann [99].

Für Axialventilatoren und Radialventilatoren mit rückwärtsgekrümmten Schaufeln lautet diese Beziehung:

$$L = 10 \log c \cdot M_a^5 \, \frac{1}{\varphi^2 \cdot \psi^2} \quad [dB\,(A)] \tag{19}$$

Der Wert der Konstanten c beträgt für Axialventilatoren

$$c_{ax} = (1{,}05 \text{ bis } 2{,}7) \cdot 10^{12}$$

für Radialventilatoren mit rückwärtsgekrümmten Schaufeln

$$c_{rad} = 2{,}3 \cdot 10^{12}$$

Für Radialventilatoren mit vorwärtsgekrümmten Schaufeln ergibt sich die Lautstärke zu:

$$L = 10 \log c \, M_a^5 \left(\frac{\varphi}{\psi}\right)^4 \quad [d\,B\,(A)] \tag{20}$$

$$\text{mit } c = 6 \cdot 10^{14}$$

Darin ist $\varphi = \dfrac{\Delta p}{\varrho/_2 u^2}$ die Druckziffer

$$\psi = \frac{V}{\dfrac{d^2}{4}\,\pi u} \text{ die Lieferzahl}$$

und $M_a = \dfrac{u}{c}$ die Machzahl

mit $u \left[\dfrac{\mathrm{m}}{\mathrm{s}}\right]$ Umfangsgeschwindigkeit

$\Delta p \left[\dfrac{\mathrm{kp}}{\mathrm{m}^2}\right]$ statischer Druck

$d\,[\mathrm{m}]$ Flügel oder Raddurchmesser

$V \left[\dfrac{\mathrm{m}^3}{\mathrm{h}}\right]$ Luftmenge

$\varrho \left[\dfrac{\mathrm{kg}}{\mathrm{m}^3}\right]$ Dichte

Die Lautstärke von Tangentialventilatoren kann nach den Angaben für radiale Ausführung abgeschätzt werden [99]. Die Konstante c muß für jede Bauart und jeden Typ experimentell bestimmt werden. Neben den angegebenen Berechnungsverfahren gibt es noch zahlreiche weitere, auf die hier nicht eingegangen werden kann; es sei jedoch auf die VDI-Richtlinie 2081 [53] und die Arbeit von H. Laux [54] hingewiesen, in welcher ein Verfahren zur Bestimmung der Schalleistung von Einbauventilatoren im Hallraum beschrieben wird. Die für das freie Schallfeld berechnete oder experimentell ermittelte Lautstärke wird für einen Meßradius (= Hallradius) angegeben; auf die Schalleistung wird nicht eingegangen, da auch alle bisherigen Geräuschangaben in phon oder dB (A) gemacht wurden. Ob eine radiale, axiale oder tangentiale Ausführung gewählt wird, hängt vom Verhältnis des erforderlichen statischen Druckes zur Luftmenge, vom Einbau und von der Geometrie der Querschnitte ab. Der Arbeitspunkt soll im Bereich günstigsten Wirkungsgrades liegen und die Störung durch wirbelerzeugende Einbauten in der Zu- und Abströmung soll auf das unumgänglich notwendige Maß beschränkt bleiben. Hohe Werkstoffdämpfung und Eigenfrequenz, die bei Kunststoffen gegeben sind, vermindern die Gefahr der Anregung von Eigenresonanzen des Flügels oder Laufrades durch die Luftkräfte und damit das Abstrahlen von sehr störenden Tönen oder Klängen.

Ein Keilriemenantrieb oder eine elastische Halterung schützt gegen Schwingungen und Körperschall z. B. vom Rotor des Elektromotors ausgehend und verhindert deren Übertragung und Abstrahlung.

Ist z. B. ein Axialventilator von 300 mm Durchmesser und einer Drehzahl von 1000 min^{-1}, der 1000 m³/h gegen 3 mm WS statischen Druck fördert, auf der Welle eines Motors befestigt, dessen Luftspaltweite ungleichmäßig ist, so regen die magnetischen Wechselkräfte die Metallflügelblätter zu Resonanzschwingungen an. Es entsteht ein Klang, der im 250-Hz-Bereich den Pegel um 8 dB (A) und das Gesamtgeräusch von 50 auf 55 dB (A) ansteigen läßt. Dieser Klang prägt den Charakter des gesamten Geräusches. Ein engmaschiges Schutzgitter am Lufteintritt unmittelbar vor dem Flügel erhöht das Gesamtgeräusch von 50 bis 58 dB (A); im 500- und 1000-Hz-Bereich beträgt die Zunahme 10 dB, im Bereich tiefer Frequenzen rund 5 dB und im höheren Bereich (über 1000 Hz) 3 bis 4 dB.

Ventilatoren mit Leiträdern oder Dralldrosseln eignen sich nicht für Komfortklimaanlagen, da das Luftgeräusch wegen der zusätzlichen Störquellen gegenüber einem Typ ohne Leitrad und mit gleicher Kennlinie am Bestpunkt um etwa 8 bis 10 dB lauter sein kann.

II. Lufttechnische Apparate und Bauteile.

Nach dem oben gesagten müssen luftgekühlte Kondensatoren einen niedrigen Strömungswiderstand aufweisen, damit die Lautstärke des oder der Ventilatoren gering bleibt. Sie sind meist mit einem oder mehreren langsam laufenden Typen axialer Bauart ausgerüstet, die direkt oder über Keilriemen angetrieben werden. Beim Einbau und Anschluß an Luftkanäle erhöht sich der Gesamtwiderstand und damit die statische Druckdifferenz am Ventilator; hier wird daher meist ein Radialventilator besser geeignet und damit leiser sein.

Verdunstungskondensatoren, Rückkühlwerke und mechanisch belüftete Kühltürme, für die einige Werte der Lautstärke und der Oktavbandpegeln in Tab. 17 zusammengestellt sind, werden meist mit Axialventilatoren ausgerüstet. Die Luftmenge kann dem Kühlbedarf angepaßt und hierzu in den Nachtstunden sowie in der kalten Jahreszeit vermindert werden, womit sich geringere Lautstärken ergeben. Dies wird durch Herabsetzen der Drehzahl oder Verstellen der Ventilatorflügel erreicht. Oft verringert sich dann das Luftgeräusch so weit, daß nur noch das Wassergeräusch hörbar ist, was auch in der Nacht nur in seltenen Fällen als störend empfunden wird. Bei Verdunstungskondensatoren sind die

Tabelle 17. *Lautstärke dB (A) und Oktavbandpegel von Kühltürmen.*

Venti-lator	Luft-menge	Leistung Ventilator-motor	dB (A)	Oktavmittenfrequenz in Hertz							
	m³/h	kW		63	125	250	500	1000	2000	4000	8000
axial	70000	7,3	87	89	88	81	83	79	75	73	67
	15000	1,5	75	77	77	77	72	70	67	65	63
	4000	0,37	73	71	71	71	69	68	65	60	56
radial	85000	7,3	80	74	73	70	69	64	60	55	50
	17000	1,5	73	71	70	67	66	61	57	52	47

Rohre meist zusätzlich mit Lamellen versehen, so daß in den Schwachlastzeiten auf die Wasserberieselung verzichtet werden kann; dann bestimmt der langsamlaufende Ventilator allein das Geräusch. Für Apparate, deren Luftdurchsatz im Bereich von 700 bis 100000 m³/h liegt, zeigt Abb. 336 die Lautstärke der zuge-

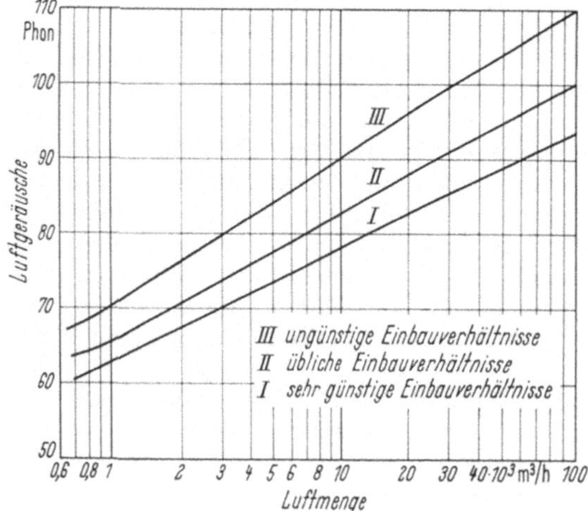

Abb. 336. Geräuschstärke von Axialventilatoren abhängig von der Luftmenge bei verschiedenen Einbauverhältnissen (Laufraddurchmessergröße < 300 mm; Umfangsgeschwindigkeit 30 bis 40 m/sec).

hörigen Axialventilatoren, bezogen auf 1 m Meßentfernung, abhängig von der geförderten Luftmenge und Einbau-Zustand. Günstige Einbauverhältnisse sind gegeben, wenn der Arbeitspunkt mit dem Bestpunkt übereinstimmt und Störungen die den Turbulenzgrad erhöhen, vermieden werden. Bei „üblichen Einbauverhältnissen" ist der Turbulenzgrad erhöht; ungünstig sind diese Verhältnisse dann, wenn der Arbeitspunkt des Ventilators nicht mehr in der Nähe des Bestpunktes liegt.

Maßnahmen zur Lautstärkeminderung sind wegen der großen Luftquerschnitte und des hohen Pegels der tiefen Frequenzen des Ventilatorgeräusches sehr aufwendig [79]. Die emittierte Schalleistung muß daher so niedrig wie irgend möglich gehalten werden; wie dies erreicht wird, ist aus den vorherigen Abschnitten zu ersehen (S. 281).

Tangential- oder Querstromventilatoren werden in zunehmendem Maße für luftgekühlte Kondensatoren eingesetzt; zwei Oktavspektren des Luftschallgeräusches eines derartigen Ventilators von 80 mm Durchmesser und 500 mm Länge zeigt Abb. 337. Kurve I entspricht einer Fördermenge von rd. 800 m³/h gegen

einen statischen Druck von 4,5 mm WS, während Kurve II für 300 m³/h gegen
rd. 1 mm WS gilt; die Lautstärke geht von 65 dB (A) auf 47 dB (A) zurück.

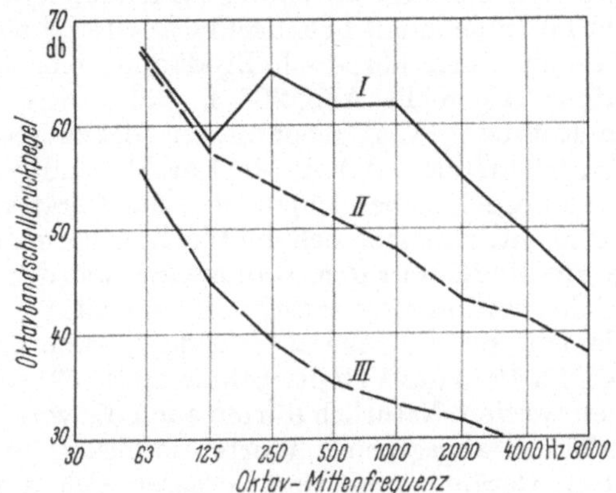

Abb. 337. Oktavbandschalldruckpegel
eines Querstromventilators bei verschiedenen Fördermengen und Drehzahlen (*III:* Pegel).

III. Steckerfertige Klimageräte.

Die Lautstärke steckerfertiger Klimageräte [63 u. 64] in Fenster-, Konsol- und
Schrankausführung (Leistung 1500 bis 15000 kcal/h) wird durch die eingebauten
Ventilatoren bedingt; im Innenteil der Geräte werden meist radiale, im Außenteil
axiale Ausführungen bevorzugt; das Geräusch des eingebauten Motorkompressors
wird dabei vollständig verdeckt. Diese überwiegend in den USA hergestellten

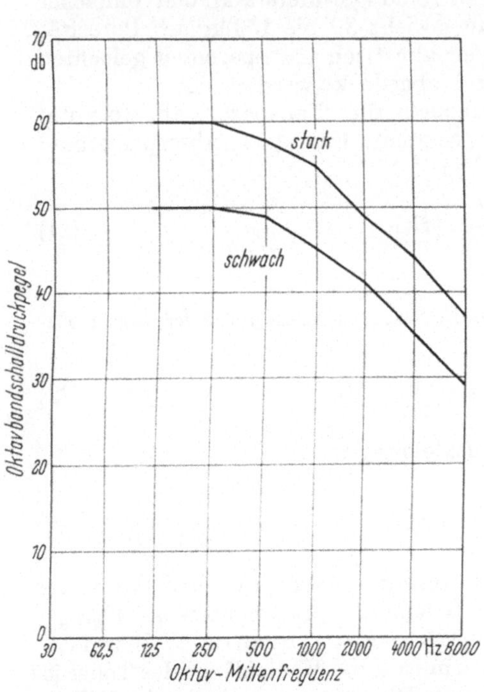

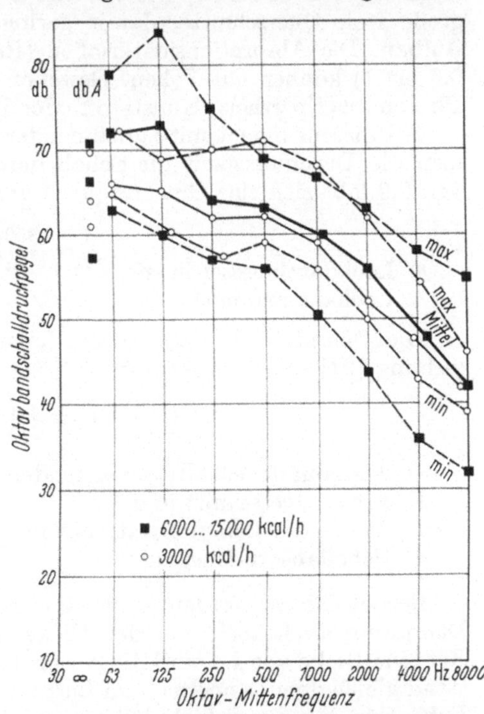

Abb. 338. Oktavbandschalldruckpegel eines steckerfertigen USA-Klimagerätes, Leistung 2000 kcal/h.

Abb. 339. Oktavbandschalldruckpegel von USA-Klima-
geräten Leistung 6000 bis 15000 kcal/h, Mittelwerte
aus 50 Messungen; Leistung 3000 kcal/h, Mittelwerte
von 11 Exemplaren.

Geräte sind gedrängt gebaut, die Luftmengen den Kühlleistungen angepaßt. Die kleinen lufttechnischen Vorquerschnitte der Wärmetauscher und der Ein- und Auslässe ergeben hohe Strömungswiderstände und damit auch hohe Geräusche, obwohl im Inneren mit Schallschluckmaterial nicht gespart und der Kompressor schwingungs- und körperschallgedämmt eingebaut wird. Die Lautstärke des Innenteils zeigen die Abb. 338 u. 339. Diese Geräusche liegen, gemessen an den in Europa in Kauf genommenen viel zu hoch (vgl. hierzu Abschn. E). Bleibt die Gerätelautstärke, d. h der in 1 m Abstand gemessene Wert, um 10 dB unter dem Raumpegel, so bezeichnet man das Gerät als geräuschlos. Wird der Raumpegel erreicht, so ergibt sich die Wertung normaler Lautstärke und liegt die Lautstärke um 10 dB über dem Raumpegel, was der Grenze der zumutbaren Störung entspricht, wird es als geräuschvoll beurteilt.

Wie laut ein Klimagerät sein darf, kann demnach aus den VDI-Lüftungsregeln DIN 1946 der VDI-Richtlinie 2081 [53] oder aus den Abb. 328 u. 329 entnommen werden. Natürlich dürfen auch die vom Außenteil emittierten Geräusche die in Tab. 9 angegebenen Werte am Zielort in der Nachbarschaft nicht überschreiten. Geräuscharme Geräte lassen sich nur mittels genauer Abstimmung aller Bauteile aufeinander verwirklichen, die in den vorherigen Abschnitten gegebenen Hinweise können auch hierfür gelten.

IV. Klimaanlagen.

In eingebauten Klimaanlagen wird der Ventilatorschall in dem Kanalsystem durch Absorptions-, Resonanz-, Reflexions- oder Interferenzschalldämpfer gemindert [67 u. 69 bis 74]. Die Vorteile der ersteren sind: breitbandige Absorption, große freie Querschnitte, damit geringer Strömungswiderstand und einfacher Aufbau. Die Absorptionsmaterialien (Raumgewicht 30 bis 150 kg/m³, Porosität 0,6 bis 1) können mit Folien, Geweben oder akustisch transparenten gelochten Platten aus Sperrholz, Kunststoff oder Blech abgedeckt werden.

Bei diesem nimmt mit zunehmender Frequenz die Transparenz ab, worunter man die Durchlässigkeit für Schallenergie versteht. Für einen Absorptionsgrad von 0,9 läßt sich eine Grenzfrequenz angeben:

$$f_g = \frac{3500\,d}{a^2} \quad [H_z] \tag{21}$$

d Lochdurchmesser in cm
a Lochabstand in cm.

Die Dämpfung D eines Absorptionsschalldämpfers kann nach folgender Beziehung [94] errechnet werden:

$$D = 1{,}1\,\frac{U}{F}\,L\left(\alpha + \frac{\alpha^2}{2}\right) \quad [dB] \tag{22}$$

U Umfang der schallabsorbierenden Auskleidung in m
F Freier Querschnitt in m²
L Länge der Dämpfungsstrecke in m
α Schallabsorptionsgrad.

Berücksichtigt werden muß dabei noch, daß die Absorption und damit die Dämpfung auch noch von der Dicke des Schallabsorptionsmaterials abhängt. Für eine Dicke von $\lambda/4$ wird die Absorption praktisch = 1, wenn der Wellenwiderstand gleich dem Doppelten von Luft ist. Darin ist λ die Wellenlänge des Tones in Luft. Für dünnere Schichtdicken sind längere Dämpfungsstrecken erforderlich. Diese hohen Dämpfungswerte sind nur dann erzielbar, wenn sie nicht durch Nebenwege umgangen werden können.

Resonanzschalldämpfer [94, 95 u. 99] — bei diesen ist die dämpfende Schicht durch einen Loch- oder Schlitzresonator ersetzt — absorbieren vorwiegend schmale Bänder tiefer Frequenzen. Die Bautiefe (Schichtdicke) dieser Resonatoren kann dünner als die des Absorptionsmaterials gehalten werden.

Der Reflexionsschalldämpfer [95] kann für Frequenzen unter 500 Hz eingesetzt werden; bei höheren Frequenzen nimmt die Dämpfung stark ab, weil die geometrischen Abmessungen nicht mehr klein gegenüber den Wellenlängen sind. Dieser Dämpfer wird daher bei Kompressoren und in Auspuffleitungen von Verbrennungsmotoren verwendet, jedoch nicht in Kanälen von Klimaanlagen eingesetzt; die Reflexionsschalldämpfung beträgt bezogen auf den aus den Lufteinblasstellen in den zu klimatisierenden Raum austretenden Ventilatorschall nur wenige dB.

Erwähnt sei noch die Eigenabsorption der Kanalwände bei tiefen Frequenzen infolge Anregung zu Biegeschwingungen; je größer das Verhältnis von Oberfläche zum Querschnitt, desto größer ist die Dämpfung. Die rechteckige Form ist daher günstiger als die runde.

Bei Niederdruckklimaanlagen sollte die Luftgeschwindigkeit in Kanälen und Schalldämpfern unter 10 m/s liegen. Für besonders hohe Anforderungen muß die

Tabelle 18. *Empfohlene maximale Lautstärke an Luftein- und -auslässen von Klimaanlagen bezogen auf 1 m Abstand vom Luftgitter.*

	phon
Industrieanlagen	50—55
Ansauge- und Abluftöffnungen außen	40—45
Büroräume	35—40
Hörsäle, Krankenzimmer	30—35
Operationsräume	30
Konzertsäle	25—30
Wohnräume, Einzelarbeitsräume	20—25
Studios	17—20

Luft über Sekundärschalldämpfer eingeführt werden. Letztere sind bei Hochdruckklimaanlagen grundsätzlich notwendig und gleichzeitig als Misch- und Druckreduzierungseinrichtung ausgebildet.

Im Kanalsystem dürfen keine Resonanzerscheinungen auftreten — sie können durch den Ventilator oder durch Wirbelablösungen im System angeregt werden — da sich dann eine hohe Lautstärke ergibt, die durch die Lufteinlässe in den Raum abgestrahlt wird. Das Geräusch eines Ventilators kann daher endgültig nur in eingebautem Zustand in der Klimaanlage beurteilt werden.

Tab. 18 enthält einige Werte der maximalen Lautstärke von Luftein- und Luftauslässen von Klimaanlagen. Dabei ist zu berücksichtigen, daß bei mehreren Auslässen sich entsprechend höhere Gesamtpegelwerte ergeben können.

Bei im Freien zu ebener Erde oder auch auf einem Flachdach aufgestellten Kältesätzen oder luftgekühlten Kondensatoren von Klimaanlagen muß die Schallemission so gering sein, daß die Nachbarschaft nicht gestört wird. Die in den Tab. 18 u. 19 empfohlenen Laut-

Tabelle 19. *Lautstärke in Abteilen von Schnellzugwagen, abhängig von der Fahrgeschwindigkeit bei geschlossenem Fenster und $^1/_2$ Besetzung.*

Fahrgeschwindigkeit	Lautstärke	
km/h	phon	
	Klasse	
	I	II
40	56	62
80	60	68
120	68	76

stärkewerte dürfen, 0,5 m vor dem Fenster des Nachbars gemessen, nicht überschritten werden. Die Schallpegelabnahme ist in eng bebauten Stadtteilen geringer als 6 dB je Abstandsverdoppelung; bei ausgesprochener Richtwirkung kann die Pegelminderung auf 1 bis 2 dB je Abstandsverdoppelung absinken. Zusätzliche Schallschutzschirme können die Lautstärke herabsetzen [105]; der Schallschatten wirkt sich um so stärker aus, jener kleiner die Wellenlänge und je größer der Beugungswinkel ist. Im freien unbebauten Gelände kann die Vegetation eine Schwächung der Schallausbreitung bewirken; die Pegelabnahme wird dann größer als 6 dB je Abstandsverdoppelung.

In Tab. 19 sind Mittelwerte über die zu erwartende Lautstärke in den Abteilen von Schnellzugwagen zusammengestellt [78]. Der von der Klimaanlage verursachte Pegel muß unter dem Fahrgeräusch liegen; zweckmäßig bleibt man unter 50 phon.

K. Schallschutz im Hochbau.

Hier sei auf die Norm DIN 4109 [87] verwiesen, welche auf die zu berücksichtigenden baulichen Maßnahmen ausführlich eingeht und auch die einzelnen Konstruktionen hierzu angibt [88]. Der Vollständigkeit halber werden in Tab. 20

Tabelle 20. *Mittleres Schalldämm-Maß von einschaligen Wänden abhängig vom Flächengewicht nach DIN 4109*

Flächengewicht	kg/m²	5	10	20	50	100	200	500
Schalldämm-Maß	dB	24	27	31	35	49	45	52
eingebaut (mit Nebenwegen)	dB	—	—	—	15	36	38	44

einige wesentliche Zahlwerte angegeben. Daraus ist das mittlere Schalldämm-Maß von Wänden (Mittelwert über den gesamten Frequenzbereich), abhängig vom Raumgewicht ersichtlich.

Wie Maschinen in Bauten aufzustellen sind und wie verhindert wird, daß Erschütterungen, Schwingungen und Körperschall in den Baukörper eingeleitet werden, kann aus einer großen Zahl von Veröffentlichungen [77, 81, 83 u. 84] entnommen werden. Die Frage der Körperschallausbreitung hat Gösele [88] eingehend behandelt. In welchem Maße Bauten und Bauteile dynamisch beansprucht werden dürfen, darüber hat Gosch [89] ausführlich berichtet.

L. Juristische Fragen.

Bis vor einigen Jahren war die Rechtsprechung fast ausschließlich auf die VDI-Richtlinie 2058 [5] angewiesen[1]. Inzwischen wurden eine Reihe von Gesetzen und Verordnungen erlassen, die Lassaly [106] zusammengefaßt hat und über die außerdem in der Zeitschrift „Kampf dem Lärm" laufend und ausführlich berichtet wird. Die vom Gesetzgeber als verbindlich erklärten maximalen Lautstärkewerte können von der Industrie nur mit einem erheblichen Aufwand eingehalten werden. Im Ausland, insbesondere den USA, erscheinen in der letzten Zeit ebenfalls Verordnungen über zulässige Außenpegel. Danach sind z. B. in den Städten Chicago, Coral Gables (Florida) und Beverly Hills (Calif.) Störlautstärken von maximal 56, 36 und 33 dB (A) 0,5 m vor der Mitte des geöffneten Fensters zugelassen. Um diese Werte einzuhalten, müssen die bisherigen Konstruktionen von steckerfertigen Klimageräten verlassen und durch schalltechnisch besser optimierte ersetzt werden; das gilt besonders für den Außenteil (Kondensator). Mit zunehmender allgemeiner Lärmbelastung werden die Gesetze und Verordnungen verfeinert und damit auch die Anforderungen an die Industrie erhöht.

---

[1] Nunmehr auch TA Lärm, vgl. Fußnote 1, S. 340.

Literatur.

Zeitschriften

[1] Bürk, W.: Zur Physik und Psychologie der Geräuschmessung. Rohde & Schwarz-Mitteilungen, Bd. 5 (1954), S. 280.

[2] Lehmann, G., u. J. Tamm: Über die Veränderungen der Kreislaufdynamik des ruhenden Menschen unter Einwirkung von Geräuschen. Internationale Zeitung angewandter Physiologie einschl. Arbeitsphysiologie Bd. 16 (1956), S. 217/227.

[3] Bürk, W.: Schallmeßgrößen für die Beurteilung von Geräuschbelastungen. Zentralblatt für Verkehrsmedizin, Verkehrspsychologie, Luft- und Raumfahrtmedizin, Jahrg. 9, H. 2 (1963).

[4] Steinicke, G.: Die Wirkung von Lärm auf den Schlaf des Menschen. Forschungsbericht des Wirtschafts- und Verkehrsministeriums Nordrhein-Westfalen (1957), Nr. 416.

[5] VDI-Richtlinien 2058: Beurteilung nach Abwehr von Arbeitslärm. Düsseldorf: VDI-Verlag (1960).

[6] Zwicker, E.: Über psychologische und methodische Grundlagen der Lautheit. Acustica Bd. 8 (1958), Beiheft 1, S. 237.

[7] Reichard, W.: Lautstärke und Lästigkeit. Lärmbekämpfung Bd. 10 (1966), S. 95/103.

[8] Niese, H.: Die Lautstärke von Geräuschen und ihre Annäherung durch Meß- und Berechnungsmethoden. Hochfrequenz-Techn. u. Elektroakustik Bd. 72, H. 1 (1963), S. 3.

[9] Port, E.: Zur Lautstärkeempfindung und Lautstärkemessung von pulsierenden Geräuschen. Acustica Bd. 13 (1963), S. 224.

[10] Meister, F. J.: Verkehrslärm und Gebäudeschallschutz. Die Schalltechnik, Bd. 22, Nr. 49 (1962), S. 40.

[11] Reichow, H. B.: Städtebau und Lärmbekämpfung. Kampf dem Lärm, Jahrg. 9, H. 4/5 (1962), S. 96/104.

[12] Beranek, L. K.: Quiet in mans indoor environment ASHRAE-Journal, Bd. 6 Nr. 7 (1964), S. 30/38.

[13] v. Lüpke, A.: Aktuelle Fragen der Geräuschbeurteilung und Lärmminderung am Arbeitsplatz. Techn. Überwachung Bd. 7, Nr. 10 (1966), S. 348/351.

[14] Schulz, G.: Aus der Praxis der Lärmbekämpfung in Industriebetrieben. Kampf dem Lärm, Jahrg. 10 (1963), S. 61/68.

[15] ASA S 1. 1. 1960 UL 462. American Standard Acoustical Terminology.

[16] v. Lüpke, A.: Dezibel, Phon und DIN-Phon. Kampf dem Lärm, Jahrg. 13, H. 2 (1966), S. 38–41.

[17] DIN 1318 Lautstärke, Begriffsbestimmung. Köln: Beuth-Vertrieb (Juli 1959).

[18] ASA S 1. 2. 1962. American Standard Method for the Physical Measurement of Sound. Acoustical Society of America/American Standards Association (1962).

[19] Bruel, P. V.: Meßtechnik bei der Lärmminderung. VDI-Zeitschr. Bd. 107 (1965), S. 1545/59.

[20] IEC 123/1961 Recommendations for sound level meters ASA S 1.4 (1963).

[21] DIN 5045 Meßgerät für DIN-Lautstärken.

[22] DIN 45633 Präzisionsschallpegelmesser (1965).

[23] Gross, E. E.: Noise measuring and sound control. Refr. Eng. Bd. 66 H. 5 (1958), S. 49/53.

[24] Zwicker, E., u. R. Feldkeller: Über die Lautstärke von gleichförmigen Geräuschen. Acustica, Bd. 5 (1955), S. 303/316.

[25] Niese, H.: Eine Methode zur Bestimmung der Lautstärke beliebiger Geräusche. Acustica Bd. 15 (1965), S. 117 ff.

[26] Wells, R. J.: Evaluation and rating of sound. ASHRAE Journal, Bd. 9, Nr. 4 (1967), S. 48/51.

[27] Zwicker, E.: Ein Verfahren zur Berechnung der Lautstärke. Acustica, Bd. 10, Nr. 4 (1960), S. 304/308.

[28] DIN 45631 Berechnung der Lautstärke aus dem Geräuschspektrum.

[29] Zwicker, E.: Ein graphisches Verfahren zur Bestimmung der Lautstärke und der Lautheit aus dem Terzpegeldiagramm. Frequenz, Jahrg. 13 (1959), S. 234/238.

[30] Gummlich, H., u. A.: Auswertung, Messung und Aufzeichnung kurzdauernder Geräusche schwankender Pegels. VDI-Ber. Nr. 113 (1967), S. 161/166.

[31] ISO/TC: 43 Regeln für die Messung von Maschinengeräuschen.

[32] VDE 0530, Teil 1/1.66 Bestimmungen für elektrische Maschinen § 54 – zulässige Geräuschstärken.

[33] Grotbeer, W.: Die Prüfung des Geräusches von Serienerzeugnissen. Bosch Technische Berichte, Bd. 1 H. 4 (1965), S. 187/194.

[34] Belger, E.: Über die Messung und Bewertung von Störgeräuschen. NWDR Techn. Hausmitt., Jahrg. 5 (1953), S. 51/59.

[35] DIN 45635 (1967) Geräuschmessung an Maschinen (Richtlinien).

[36] ICO Recommendation R 495 (1966). General Requirements for the preparation of test codes for measuring the noise emitted by machines.

[37] Quenzel, K. H.: Geräusche bei kältetechnischen Anlagen, deren Ausbreitung und Minderung. Der Kälte-Klima-Praktiker, Jahrg. 6 H. 11 (1966), S. 320/332.

[38] ASHRAE-Standard 36-62. Measurement of sound power radiated from heating, refrigerating and air-conditioning equipment.

[39] Schmitt, A.: Messung und Beurteilung von Maschinengeräuschen als Grundlagen der Lärmbekämpfung im Maschinenbau. KSB Techn. Ber., H. 9, (April 1966), S. 30–38.

[40] Schmitt, A.: Aus der Praxis der Maschinengeräuschmessung an Pumpen und Verdichtern. KSB Techn. Ber., H. 10 (Nov. 1965), S. 19/28.

[41] Hempel, W.: Luft- und Körperschallmeßverfahren bei Kolbenmaschinen. VDI-Ber., Nr. 113 (1967), S. 125/132.

[42] Grosser, D.: Geräuschmessungen an einem Sauerstoffkompressor. Linde-Ber. aus Techn. u. Wissenschaft (1962), H. 13, S. 56/53.

[43] Karrer, H.: Lärmbekämpfung im Verdichterbau. Brown, Boveri-Mitteilungen, 50. Jahrg. H. 6/7 (1963), S. 435/440.

[44] Cohen, R., u. W. E. Fontaine: Laboraty techniques useful in the design of refrigerator compressor valves. ASHRAE-Journal, Bd. 7, Nr. 1 (1965), S. 106–111.

[45] Matsumura, K. u. a.: Analyse der Schwingungen von Kühlschrankkompressoren. Hitochi Hyron, Bd. 45, Nr. 4 (1963), S. 125/129.

[46] Bentele, M.: Schalldämpfer für Rohrleitungen. Veröffentlichungen aus dem Institut für Technische Physik der Techn. Hochschule Stuttgart (1938).

[47] Marts, A. F. u. a.: Acoustica testing of mufflers for halogeneted hydrocarbon and oil refrigeration systems. ASHRAE-Journal, Bd. 1, H. 9 (1959), S. 68/71.

[48] Jäkel, K.: Geräusch- und Schwingungsmessungen an großen Zahnradgetrieben. VDI-Zeitschr. Bd. 106 (1964), S. 215/224.

[49] DIN 45632 Geräuschmessung an elektr. Maschinen – Richtlinien.

[50] Martin, B. F.: Noise in Hydraulic Machinery. Hydraulic Pneumat. Power, Bd. 12 Nr. 137 (1966), S. 438, 439, 441, 443.

[51] Beck, H. H.: Lärmverringerung im haustechnischen Bereich. Fortschritt Berichte, VDI-Zeitschr., Reihe 15, Nr. 11.

[52] Martin, R., u. K. Wogram: Bestimmung der Wirksamkeit von Schalldämpfern. VDI-Ber., Nr. 113 (1967), S. 137/141.

[53] VDI-Richtlinien 2081 Lärmabwehr in Lüftungsanlagen (1963).

[54] Laux, H.: Messung und Beurteilung des Geräusches bei lüftungstechn. Anlagen. VDI-Ber. Bd. 117 (1967).

[57] Zeller, W.: Zur rechnerischen Behandlung des Geräuschverhaltens bei Ventilatoren für Komfortbelüftungsanlagen. VDI-Ber., H. 38 (1959).

[58] Jones, W. P.: The problem of noise in refrigeration and Air-Conditioning systems. Journ. of Refrig. (1958), S. 72/75.

[59] Sabine, H. I.: Measurement and reduction of refrigerator noise. ASHRAE-Journal, Bd. 7, Nr. 1 (1965), S. 117/121.

[60] Demand, E. E.: Refrigerator and freezer noise; a necessary nuisance. ASHRAE-Journal Nr. 12 (1964), S. 56.

[61] Potter, A. C.: Fan and fan motor noise in domestic refrigerators. ASHRAE-Journal, Bd. 6, H. 10 (1964), S. 37–41.

[62] Immer, F.: Möglichkeiten zur Beurteilung von Geräuschen in der Fertigungskontrolle von Haushaltkühlschränken. Linde-Ber. aus Technik u. Wissenschaft, H. 5 (1959) S. 34/43.

[63] Graham, J. B.: A method of estimating the sound power level of fans. ASHRAE-Journal, Bd. 8, Nr. 12 (1966), S. 71/74.

[64] Spengler, G.: Die Methoden der Geräuschmessung an Ventilatoren für Komfortbelüftungsanlagen. Lärmbekämpfung, Bd. 5 (1961), Nr. 1, S. 1/6.

[65] Zeller, W., u. H. Stange: Vorausbestimmung der Lautstärke von Axialventilatoren. Heizung, Lüftung, Haustechnik Bd. 8 (1957), S. 322/323.

[66] Geissler, W.: Geräuschmessungen und Geräuschangaben bei Radialventilatoren. Heizung, Lüftung, Haustechnik Bd. 16, Nr. 5 (1965), S. 199/206.

[67] Ort, A.: Schalldämpfung in Lüftungskanälen. Technika, H. 6 (1965), S. 469/474.

[69] Reinsch, H.: Relaxations-Schalldämpfer als neues System für Lüftungs- und Klimaanlagen. Heizung, Lüftung, Haustechnik, Bd. 15 (1964), S. 292/293.

[70] Mechel, F.: Schalldämpfung und Schallverstärkung in Luftströmungen durch absorbierend ausgekleidete Kanäle. Acustica Bd. 10 (1961), S. 133.

[71] MECHEL, F., u. P. MERTENS: Schallausbreitung in absorbierend ausgekleideten Kanälen bei hohen Luftgeschwindigkeiten. Acustica, Bd. 13 (1963), S. 154.

[72] DOELLING, N.: Noise reduction characteristics of package attenuators for air conditioning systems. ASHRAE-Journal, Bd. 3, H. 12 (1961), S. 70/72.

[73] McGRATB, W.: Room air conditioner noise Refrig. Eng., Bd. 64 H. 3 (1965), S. 48/52.

[74] MILLER, R.: How do you eliminate noise in air cond. installations. Refrig. Eng., Bd. 61 (1953), Nr. 7, S. 738/741.

[75] SCOTT BAYLESS, W.: Noise considerations in the application and installation of outdoor air conditioning equipment ASHRAE-Journal Bd. 9, Nr. 4 (1967), S. 52/56.

[76] POTTER, A. C.: Sources of sound in outdoor-air conditioning equipment. ASHRAE-Journal, Bd. 9, Nr. 4 (1967), S. 42–47.

[77] BRÜSSAU, H.: Maßnahmen zur Erschütterungs- und Schallisolierung in Kleinklima-anlagen. Klima-Technik (1965), H. 8.

[78] ZBORALSKI, D.: Lärmbekämpfung an Eisenbahnfahrzeugen. Kampf dem Lärm, Jahrg. 14 (1967), S. 7/17.

[79] SEELBOCH, H., u. F. M. ORAN: Geräusch von Kühltürmen. Die Kälte, Jahrg. 20 (1967), H. 3, S. 137/142.

[81] CHRISTELER, J.: Maschinenfundamente. Brown, Boveri-Mitteilungen, Bd. 52 Nr. 6/7, (1966), S. 407/411.

[83] LÜBECKE, E.: Über Fortschritte im Bereich der Schwingungstechnik und Geräusch-minderung. VDI-Ber., Nr. 113 (1967), S. 5/8.

[84] EBERHART, L., und LAURENCE: Vibration and structure-borne noise – Ausbildung von Klimazentralen. ASHRAE-Journal, Bd. 8, Nr. 5 (1966), S. 54/60.

[85] OBERST, H., L. BOHN u. F. LINHARDT: Schwingungsdämpfende Kunststoffe in der Lärmbekämpfung. Kunststoffe, Jahrg. 51, H. 9 (1961), S. 495/502.

[86] BOBBERT, G.: Schwingungswirkung auf den Menschen. VDI-Ber. Nr. 113 (1967), S. 95/100.

[87] DIN 4109 Schallschutz im Hochbau, Blatt 1–5.

[88] GÖSELE, K.: Zur Körperschallausbreitung in Wohnbauten. Veröffentlichungen aus dem Institut für Technische Physik, Stuttgart, H. 45 (1960).

[89] GASCH, R.: Beurteilung der dynamischen Beanspruchung von Bauteilen. VDI-Ber., Nr. 113 (1967), S. 77/81.

Bücher

[91] Handbuch der Physik Bd. 11 – Akustik. Berlin/Göttingen/Heidelberg: Springer 1961.

[92] Handbuch der Experimentalphysik 17/1 – Schwingungs- und Wellenlehre, Ultraschall. Berlin/Heidelberg/New York: Springer.

[93] Lord RAYLEIGH: The Theory of Sound. London 1877 (2 Teile).

[94] SKUDRZYK, E.: Akustik. Berlin/Göttingen/Heidelberg: Springer 1950 (darin sehr viele Literaturhinweise auf alles bis 1950 erschienene).

[95] TRENDELENBURG, F.: Einführung in die Akustik, Berlin/Göttingen/Heidelberg: Springer, 3. Aufl. 1960.

[96] HÜTTE, des Ingenieurs Taschenbuch. Bd. I, Theoretische Grundlagen, 28. Aufl. 1955, Abschn. III u. IV.

[97] Taschenbuch Maschinenbau, Bd. 1, S. 24, 188 bis 199. Berlin: VEB Verlag Technik.

[98] Schall und Schwingungen in Festkörpern. VDI-Ber., Bd. 8 (1955).

[99] ZELLER, W.: Technische Lärmabwehr. Stuttgart: Kröner 1960.

[100] KURTZE, G.: Physik und Technik der Lärmbekämpfung. Karlsruhe: Braun 1964.

[101] SLAVIN, J. J.: Industrielärm und seine Bekämpfung. Berlin: VEB Verlag Technik 1960.

[102] ASHRAE Guide and Data Book, Fundamentals and Equipment 1965 and 1966, S. 191 bis 222. American Society of Heating, Refrigerating and Air Conditioning Engineers, Inc.

[103] JORDAN, H.: Geräuscharme Elektromotoren. Girardet 1950.

[104] Geräuschverhalten von Ventilatoren. Ergebnis einer Literaturrecherche über Entstehung, Messung und Vorausberechnung von Ventilatorgeräuschen, Institut für Strömungsmaschinen an der TH Hannover (1962) (viele Literaturhinweise). Fachgemeinschaft Lufttechnische und Trocknungsanlagen im VDMA, Frankfurt/Main.

[105] FURRER, W.: Raum- und Bauakustik, Lärmabwehr. Basel/Stuttgart: Birkhäuser 1961.

[106] LASSALY, O.: Deutsches Lärmbekämpfungsrecht. München: Lehmann.

Fünfter Teil

Kompressionskälteanlagen.

Von

Dipl.-Ing. ETH. **A. Ostertag**, Zürich

Mit 42 Abbildungen

In diesem Abschnitt soll ein Überblick über den gegenwärtigen Entwicklungsstand im Bau von Großkälteanlagen gegeben werden. Weiter werden die grundlegenden Gedanken erörtert, die beim Entwurf neuer Anlagen in Betracht zu
ziehen sind. Es erwies sich als zweckmäßig, diese Erörterung an Hand der Pläne
und Schaltbilder ausgeführter Anlagen durchzuführen. Mit ihnen sollen die Mannigfaltigkeit der Aufgaben dargetan und die Gedankengänge angedeutet werden,
die zu den jeweils getroffenen Lösungen geführt haben; dieser Darstellung ist
der Teil C gewidmet.

Was in den Plänen und Anlagebeschreibungen nicht zum Ausdruck kommt,
sind die Erwägungen theoretischer, konstruktiver, herstellungstechnischer, betrieblicher und wirtschaftlicher Art, die beim Entwurf anzustellen sind. Dabei
ist zwischen verschiedenen Ausführungsmöglichkeiten, die stets Vor- und Nachteile aufweisen, fallweise zu entscheiden. Im Teil B wird auf diese Möglichkeiten
hingewiesen, und es werden dort auch Kriterien besprochen, die beim Entscheiden
wegweisend sein können. — Nun erfordert aber eine erfolgversprechende Durchführung von Entwurfsarbeiten sowie eine zweckmäßige Behandlung von Entwicklungsaufgaben eine Reihe von Überlegungen grundsätzlicher Art, wofür im Gedränge der Alltagsarbeit kaum Zeit verfügbar ist. Wohl wird über vieles aus dem
sicheren, durch Erfahrung geschulten Gefühl des Fachmanns entschieden. Trotzdem dürfte es ratsam sein, das Grundsätzliche immer wieder neu zu überdenken
und sich über die großen Linien klar zu werden, die man verfolgen will. Diesem
Bemühen sollen die im Teil A zusammengestellten Bemerkungen dienen.

Die nachfolgenden Ausführungen beschränken sich auf Kompressionskälteanlagen mittlerer und großer Leistungen. Im Kleinkältebau sind teilweise andere
Gesichtspunkte maßgebend, die hier nicht zur Sprache kommen. Dasselbe ist
von Dampfstrahl- und Absorptions-Kälteanlagen zu sagen, worüber in den
Bänden V und VII berichtet wird. Immerhin läßt sich bei sinngemäßer Abwandlung vieles vom einen Gebiet auf das andere übertragen.

A. Grundsätzliche Überlegungen.

Nach dem Wunsch des Herausgebers und seiner Mitarbeiter soll das Handbuch
u. a. auch dazu beitragen, „Kältetechniker mit weitem Gesichtskreis und fortschrittlicher Gesinnung auszubilden". Das Bedürfnis nach einem umfassenden
Überblick, nicht nur über das engere Fachgebiet der Kältetechnik sondern auch

über die anderen Zweige des Ingenieurschaffens, ist um so größer, je weiter und schneller sich die Technik entwickelt und je mehr die Spezialisierung fortschreitet. Wenn sich auch die hier zu erörternden Fragen auf den Großkältebau beschränken, so wollen sie nicht nur als fachliche Wissensvermittlung aufgefaßt sondern zugleich auch in ihrer allgemeineren menschlichen Bedeutung verstanden sein. Vieles mag als selbstverständlich und daher nicht mitteilenswert erscheinen. Erfahrungsgemäß verdeckt solcher Schein aber oft Übersehenes oder Vernachlässigtes. Es ergeben sich dann immer äußerst peinliche und kostspielige Enttäuschungen, durch die erfahren werden muß, daß nicht alles selbstverständlich ist, was so erscheint.

Die Gesichtspunkte, die hier zu betrachten sind, ergeben sich aus den Aufgaben, die der Kälteingenieur zu lösen hat. Diese bestehen, aufs Ganze gesehen, darin, die Bedürfnisse nach künstlicher Kühlung festzustellen und sie mit den jeweils verfügbaren Mitteln dem gegenwärtigen Stand der Technik gemäß zu befriedigen. Diese Bedürfnisse sind außerordentlich vielgestaltig. Sie treten auf zahlreichen, sehr verschiedenartigen Gebieten auf. Zu den bestehenden Anwendungen kommen immer wieder neue hinzu. Meist ist die Lösung der gestellten Aufgaben dringlich. Aber auch was als „gegenwärtiger Stand der Technik" zu gelten hat, steht in vielseitiger und stürmischer Entwicklung. Aus diesen Sachverhalten ergeben sich für den Kältefachmann drei Aufgabenkreise, denen er seine Aufmerksamkeit gleichermaßen zu schenken hat: Der erste umfaßt die Bearbeitung von Projekten für unmittelbar vorliegende Bauvorhaben sowie von Ausführungsaufträgen, der zweite betrifft die Planung auf weite Sicht sowie das Durchführen der daraus sich ergebenden Entwicklungs- und Forschungsarbeiten, der dritte besteht im Verfolgen der Entwicklungen auf dem eigenen sowie auf den andern einschlägigen Fachgebieten mit dem Ziel, sich die nötige Übersicht immer wieder neu zu verschaffen und sich auch über die Haltung schlüssig zu werden, die er in den grundlegenden Fragen einnehmen will. Mit dem dritten Kreis ist also gewissermaßen die allgemeine technische Bildung des Kälteingenieurs gemeint, die auf der Höhe der Zeit zu halten ist. Die Versuchung ist namentlich in Zeiten anhaltender wirtschaftlicher Blüte groß, nur den erstgenannten Aufgabenkreis als produktiv anzusehen und zu bearbeiten. Wer ihr erliegt, gerät unversehens ins Hintertreffen und muß sich dann doppelt anstrengen, um wieder wettbewerbsfähig zu werden.

I. Vom Berufsbild des Kälteingenieurs.

1. Ausbildungsfragen.

Der Wärmeentzug bei Temperaturen, die unter denen der Umgebung liegen, erfordert einerseits die Verwirklichung geeigneter thermodynamischer Prozesse und anderseits die Anpassung der dazu nötigen Apparatur an die besondere Art, in der die Wärme zu entziehen ist. Das Erfüllen dieser beiden Forderungen setzt vertiefte theoretische Kenntnisse voraus, die wesentlich über das hinausgehen, was in einer normalen thermodynamischen Vorlesung an einer Technischen Hochschule gebracht werden kann. Das trifft schon für die Wahl des geeigneten Verfahrens zu: Neben der Kaltdampf-Kompressionsmaschine gibt es Dampfstrahl- und Absorptionsmaschinen, und innerhalb dieser Hauptgruppen sind verschiedene Prozeßführungen möglich, zwischen denen von Fall zu Fall zu entscheiden ist.

Nun ist aber weiter zu bedenken, daß Firmen, die den Großkältebau pflegen, oft auch technische Aufgaben aus verwandten Gebieten zu lösen haben, und daß daher ihre Fachleute sich auch über diese ins Bild setzen müssen. Von ihnen seien genannt: Eindampf- und Heizprozesse nach dem Wärmepumpenverfahren, die

Herstellung von Kohlendioxid in flüssiger und fester Form, die Luftverflüssigung, die Gastrennung und andere. Da ferner in der Verfahrenstechnik Kälte in bedeutendem Ausmaß benötigt wird, ergeben sich aus den Verbindungen mit diesen Industriezweigen auch anderweitige Aufgaben, deren Lösung zu interessanten Lieferungen führen kann. Dies ist z. B. bei der Polymerisation in der chemischen Industrie der Fall, wo die Kälteerzeugung durch Verdampfen eines für das Zustandekommen der gewollten Reaktion notwendigen Stoffes erfolgt, sich also ohne eigentliches Kältemittel vollzieht. Der Kälteingenieur muß dabei über so viel chemische Kenntnisse verfügen, daß er den Chemiker versteht und dessen Forderungen sinngemäß erfüllen kann.

Eines der größten Anwendungsgebiete bildet die Technik der Verarbeitung und Frischhaltung von Lebensmitteln, also ein Gebiet von allergrößter volkswirtschaftlicher Bedeutung. Obwohl die kältetechnischen Aufgaben, die hier bearbeitet werden müssen, sehr vielgestaltig sind und ihre Lösung hohe Anforderungen stellt, findet man meist nur in Großunternehmungen Fachleute mit entsprechender technischer Bildung und Erfahrung. In den zahlreichen Betrieben mittlerer und kleinerer Größe ist es in der Regel der im Außendienst einer kältetechnischen Firma stehende Ingenieur, der die entsprechenden Entwürfe auszuarbeiten und sich dazu mit den viele Disziplinen umfassenden wissenschaftlichen Grundlagen der Lebensmittelfrischhaltung vertraut zu machen hat. Diese sind auch bei der Konstruktion zu beachten, ebenso bei der Betriebsführung, für welche die Lieferfirma oft die nötigen Anweisungen geben muß.

Vertiefte Kenntnisse thermodynamischer Vorgänge sind aber auch im engeren Fachgebiet unerläßlich. Als Beispiel sei auf das Verhalten von Zweistoffgemischen hingewiesen. Diese kommen nicht nur bei Absorptions-Kältemaschinen vor. Bei Kompressions-Kälteanlagen können sich solche Gemische durch Eindringen von Luft oder Gasen oder infolge Zersetzung des Kältemittels bilden. Die Fremdgase sind auszuscheiden. Die Konstruktion der dazu nötigen Entlüftungsvorrichtungen und deren Anschluß an der richtigen Stelle setzt Vertrautheit mit der Physik von Zweistoffgemischen voraus. In noch höherem Maße sind solche Kenntnisse bei Anlagen mit unbeschränkt öllöslichen Kältemitteln nötig, bei denen der Ölumlauf sicherzustellen ist.

Ein zweites Beispiel stellt die Feuchtigkeitswanderung in Kälteisolierungen infolge des Partialdruckgefälles dar, dem der in der Porenluft enthaltene Wasserdampf ausgesetzt ist. Ihr sind andere Bewegungen infolge der Kapillarwirkung und ungewollte Luftströmungen in Fugen und Ritzen der Isolierung überlagert, die in zweckdienlicher Weise zu beeinflussen sind. Als drittes Beispiel sind instationäre Wärmeströmungen zu nennen, die oft mit Zustandsänderungen verbunden sind (Schnellgefrieren von Fleisch, rasches Abkühlen von Prüfzellen für metallurgische Zwecke oder für Bordinstrumente von Flugzeugen, Auskühlen des Erdbodens mit Bildung von Eislinsen und deren Verhütung).

Im Ganzen ergibt sich, daß die Kältetechnik ein äußerst vielseitiges Gebiet technischen Schaffens darstellt, und daß sich der Kältefachmann in Thermodynamik, Maschinen- und Apparatebau, Verfahrenstechnik, Lebensmittelchemie, Bautechnik und verwandten Gebieten auskennen muß. Dieser Stoffumfang würde eine Studienrichtung „Kältetechnik" durchaus rechtfertigen. Bedenkt man weiter die dringende Notwendigkeit umfassender Grundlagenforschung und zwar sowohl auf dem Gebiet der Kälteerzeugung als auch auf dem der Kälteanwendungen und schließlich auch das Bedürfnis nach fachkundiger, firmenunabhängiger Beratung, so wird deutlich, daß für eine solche Studienrichtung kältetechnische Institute sowie Prüf- und Beratungsstellen dringend notwendig sind.

Nun sprechen aber wichtige Gründe gegen eine zu weitgehende Spezialisierung während des Studiums. Alle Zweige der Technik haben sich in ungeahnter Weise verbreitert, neue große Gebiete sind hinzugekommen (Nachrichtentechnik, Automation, Reaktortechnik). Gleichzeitig hat sich die Tätigkeit des Ingenieurs stark verwissenschaftlicht. Dementsprechend muß sich die Ausbildung an der Hochschule auf die Vermittlung der Grundlagen sowie auf Übungen in deren Anwendung beschränken.

Bei dieser Sachlage kommt der Weiterbildung nach dem Studium erhöhte Bedeutung zu. Sie ist vor allem durch Selbststudium zu fördern. Als Ergänzung dazu sind Fachvorträge, Tagungen und Fortbildungskurse erwünscht. Diese sollen auch dem Erfahrungsaustausch dienen.

Im Zusammenhang mit der Ausbildung steht die Frage nach der Besetzung von Lehrstellen. Neben Technischen Hochschulen wird auch an Ingenieurschulen sowie an Abendschulen in Kältetechnik unterrichtet mit dem Ziel, Konstrukteure, Sachbearbeiter für Projektierung und Verkauf, Versuchs- und Montageingenieure sowie Betriebsfachleute auszubilden. Mit gutem Erfolg werden Spezialkurse zur Weiterbildung von Meistern und Monteuren abgehalten. Diese Ausbildung entspricht einem dringenden Bedürfnis und sollte tunlichst gefördert werden. Ihr Erfolg hängt wie bei aller Lehrtätigkeit von dem Persönlichkeitswert der Lehrkräfte ab. Diese müssen erfahrene Fachleute mit ausgesprochener Lehrbegabung sein. Oft eignen sich hierfür in Kältefirmen tätige Ingenieure.

2. Zur Bedeutung der Konstruktion.

Bei der konstruktiven Durcharbeitung kältetechnischer Aufgaben sind dieselben gestalterischen Grundeinstellungen und Fähigkeiten ausschlaggebend, die auf allen Zweigen des Maschinenbaues den guten Konstrukteur kennzeichnen. Hier sind hauptsächlich zwei Vorurteile zu berichtigen:

Das eine besteht in der weit verbreiteten Meinung, die konstruktiven Aufgaben in der Kältetechnik würden geringere Anforderungen stellen als auf anderen Gebieten, so etwa auf denen des Baues von Verbrennungsmotoren, Wasser-, Dampf- oder Gasturbinen. Gewiß, eine Reihe von Problemen, die dort Schwierigkeiten bereiten, gibt es im Kältebau nicht, dafür müssen aber zahlreiche andere Aufgaben gelöst werden, die keineswegs einfacher sind. Die raschen Entwicklungen sowohl in bezug auf neue Verfahren und apparative Lösungen für die Kälteerzeugung wie auch hinsichtlich des Eindringens in neue Anwendungsgebiete zeigen, daß andauernd Pionierarbeit zu leisten ist.

Das andere Vorurteil besteht in der Überbewertung einerseits der Forschung und anderseits des Außendienstes gegenüber der Konstruktionsarbeit. Es ist daran festzuhalten, daß im ganzen weiten Feld technischen Bemühens von jeher gerade in der konstruktiven Gestaltung sich jene Synthese vollzieht, durch welche aus Bedürfnissen der Kundschaft, theoretischen Gesetzlichkeiten, Forschungsergebnissen, Gegebenheiten und Möglichkeiten der praktischen Verwirklichung ein technisches Werk entsteht. Daher ist der gestalterischen Leistung die gebührende Wertschätzung zukommen zu lassen und die nötige Aufmerksamkeit zu schenken.

Die konstruktiven Aufgaben lassen sich in vier Gruppen einteilen: Eine erste umfaßt die Kompressoren, eine zweite die Apparate, eine dritte die meist von Sonderfirmen zu beziehenden Motoren, Pumpen, Ventilatoren, Schaltanlagen und Geräte für die Kältemittelzuteilung sowie für die Regelung, Steuerung und Sicherung, während die vierte Gruppe im Zusammenbau dieser Teile zu ganzen Anlagen besteht. Im Gegensatz zu den meisten anderen Zweigen des Maschinenbaues kommt der zuletzt genannten Gruppe erhöhte Bedeutung zu, nicht nur weil bei ihr ein überaus großer und mannigfaltiger Arbeitsumfang in meist kurzbe-

24*

messener Zeit zu bewältigen ist, sondern auch weil der Aufbau eines funktionstüchtigen Organismus eine besondere schöpferische Leistung erfordert. Dabei muß sich der Bearbeiter nach den oft lückenhaften Bauplänen richten und sich dem Fortschreiten der Bauausführung anpassen.

Höhere Anforderungen stellt ferner das umfangreiche Gebiet der automatischen Regelung und Steuerung. Neben die elektrischen und mit Kältemittel betätigten Geräte sind neuerdings auch pneumatische Steuersysteme sowie elektronische Empfängerapparate getreten. Weiter wurden zusätzliche Regelfunktionen eingeführt, um höheren Ansprüchen genügen zu können. Es ist zu bedenken, daß die Regeltechnik gegenwärtig in einer besonders lebhaften Entwicklung steht, die auch die Kältetechnik erfaßt und ihr neue Impulse verleiht[1].

Noch eine letzte Seite sei hier hervorgehoben: die menschlichen Berührungen. Sie sind zwischen Konstrukteuren und den Organen der Werkstatt- und Montageabteilungen besonders eng und daher auch verpflichtend. Einerseits sind die dort gemachten Erfahrungen für das Konstruieren überaus wertvoll; sie sollen daher systematisch gesammelt und verarbeitet werden. Anderseits bedürfen die ausführenden Organe bei Meinungsverschiedenheiten und in Personalfragen einen festen Rückhalt beim Konstruktionsleiter und seinen Mitarbeitern; dasselbe gilt auch für die Monteure bei Anmaßungen von seiten der Bauherrschaft.

II. Zur Bearbeitung langfristiger Entwicklungsaufgaben.

1. Die Notwendigkeit einer Planung auf weite Sicht.

Die großen Entwicklungslinien sind gekennzeichnet durch stete Erweiterung der Anwendungsgebiete und bessere Anpassung an die jeweiligen Bedürfnisse, durch Leistungssteigerung und Automatisierung, durch Verringern des Raumbedarfs, des Lärms, der Gewichte, der Lieferzeiten sowie der Gestehungs- und Montagekosten, weiter durch Vereinfachung der Bedienung und des Unterhalts der Anlagen, und nicht zuletzt durch Erhöhen der Wirtschaftlichkeit im Betrieb.

Noch bis in die Jahre vor dem zweiten Weltkrieg war es im Großkältebau möglich, den größten Teil der Entwicklungsarbeiten in Verbindung mit der Behandlung laufender Aufträge durchzuführen. Ein einfacher Versuchsstand genügte für den Probelauf der Maschinen und das Ausprobieren von Neuerungen, während Abnahmeversuche und Betriebsbeobachtungen an ausgeführten Anlagen die Unterlagen für die Berechnung der zu garantierenden Werte sowie für die Projektierung lieferten. Heute ist mit so einfachen Mitteln nicht mehr durchzukommen. Das Eindringen in immer neue Anwendungsgebiete sowie die stets steigenden Anforderungen verlangen eine systematische Klärung der sich dabei stellenden Fragen. Diese sind teils wissenschaftlicher, teils konstruktiver und ausführungstechnischer Natur, teils beziehen sie sich auf die Beurteilung der Gesamtlage, auf Grund welcher die Entschlüsse für die zu verfolgenden Entwicklungen zu fassen sind.

Die Beantwortung technischer Fragen hat sich auf zuverlässige Forschungsergebnisse zu stützen. Ein großer Teil der dazu nötigen Untersuchungen wird an Hochschulinstituten und staatlichen Versuchsanstalten durchgeführt. Hieraus ergibt sich, daß die einzelne Firma ungleich stärker als früher und auch stärker als auf manchen anderen Gebieten des Maschinenbaues mit dem Fortschreiten der Forschungsarbeit an staatlichen Stellen verbunden sein muß.

---

[1] Siehe S. 32 ff. in diesem Band.

2. Die firmeneigene Entwicklung.

Die hier zu nennenden Arbeiten bezwecken, die Wettbewerbsfähigkeit zu erhalten und sie auf möglichst weite Sicht zu sichern. Sie haben gegenüber früher stark zugenommen. Wo es sich um Neukonstruktionen, z. B. um neue Kompressorbauten handelt, werden in Berechnung, Konstruktion, Kalkulation und Werkstätte beste Kräfte auf lange Zeit gebunden, und man legt sich auf bestimmte Richtungen oft für viele Jahre fest. Daher hat eine sorgfältige Planung vorauszugehen.

Neben der konstruktiven Bearbeitung von Maschinen und Apparaten sind Fragen der Prozeßführung, der Stufenunterteilung, der Kältemittelzuteilung sowie der anzuwendenden Kältemittel und Öle zu klären, die sich namentlich bei tiefen Temperaturen, bei Mehrzweckanlagen, die mit verschiedenen Temperaturen arbeiten, sowie bei Anlagen zum raschen Abkühlen über große Temperaturbereiche stellen. Im Zusammenhang damit stehen mannigfache Steuer-, Regel- und Sicherungsprobleme sowie solche der Kältespeicherung bei verschiedenen auch sehr tiefen Temperaturen.

Ein Gebiet, das einer weitsichtigen Planung bedarf, ist die Normung. Sie lenkt die übrige Entwicklung in bestimmte Bahnen und schränkt die Beweglichkeit ein. Änderungen an genormten Teilen bedeuten wesentliche Umstellungen und großen Arbeitsaufwand; sie sollten nur in größeren Zeitabständen vorgenommen werden.

Vielleicht die wichtigste Quelle von Anregungen und Informationen für firmeneigene Entwicklungen bilden die ausgeführten Anlagen. Bei Montage, Inbetriebsetzung und Betriebsführung ergibt sich eine Fülle von Erfahrungen, die sonst nirgends zu sammeln sind. Der Kälteingenieur hält dazu einerseits seine Monteure, welche die jährlichen Revisionsarbeiten durchführen, zu gewissenhafter Berichterstattung an und gibt ihnen auch die nötigen Anleitungen. Anderseits bleibt er durch regelmäßige Besuche in Verbindung mit dem Auftraggeber, um durch eigene Beobachtungen, nötigenfalls durch Messungen, offen gebliebene Fragen zu klären und sich auch über die Probleme unterrichten zu lassen, die die Betriebsfachleute beschäftigen.

3. Einige Gesichtspunkte für die Entwicklung von Kompressoren.[1]

Einer besonderen Pflege bedürfen die Kompressorkonstruktionen. Die mehrzylindrige Tauchkolbenmaschine hat sich in Anlehnung an ähnliche Bauweisen im Automobilmotorenbau gut eingeführt. Sie ergibt durch Verändern der Zylinderzahl von zwei bis sechs und mehr eine günstige Leistungsabstufung und erlaubt, mit nur zwei Zylindergrößen ein Feld von etwa 10000 bis 300000 kcal/h zu überdecken, wobei durchweg direkte Kupplung mit dem Elektromotor anwendbar und mit einer geringen Zahl von Ersatzteilen auszukommen ist. Die stufenweise Leistungsregelung durch Offenhalten der Saugventile (Aussetzerregelung) läßt sich bei vier und mehr Zylindern im allgemeinen genügend fein verwirklichen. Verbesserungsbedürftig sind heute hauptsächlich noch die Lärmbekämpfung, der Wirkungsgrad und der Raumbedarf.

Die Lärmbekämpfung ist ein allgemeines Gebot, und die Lärmfrage spielt im Wettbewerb eine bedeutende Rolle. Gut durchgebildete Rotationskolbenmaschinen zeichnen sich durch besondere Laufruhe aus, namentlich auch bei großen Leistungen. Daß auch bei Tauchkolbenmaschinen wesentliche Verbesserungen möglich sind, zeigt der Vergleich mit Automobilmotoren. Die Entwicklung geht unverkennbar in der Richtung einer Lärmverringerung weiter[2].

---

[1] Vgl. Bd. V dieses Handbuches, S. 59 ff.   [2] Vgl. in diesem Band S. 330 bis 367.

Der Kompressorwirkungsgrad steht bei Kälteanlagen nicht immer im Vordergrund. Als wichtiger gelten die Betriebssicherheit, die Laufruhe, der Raumbedarf, die Anpassung an die Erfordernisse des Betriebs, die Verwendbarkeit für verschiedene Betriebsbedingungen usw. Betriebsmittelersparnisse lassen sich durch zweckmäßige Prozeßführung, reichliche Bemessung der Apparate, gute Leistungsanpassung und optimale Einstellung der Kühlwassermenge oder Wiederverwertung des Wassers für Gebrauchszwecke erzielen. Offensichtlich mehren sich die Fälle auch in der Kälteanwendung, bei denen die Betriebsmittelkosten ins Gewicht fallen und bei den Entscheidungen zwischen verschiedenen Bewerbern ausschlaggebend werden können. Mit zunehmender Verfeinerung der Prozeßführung werden auch die Kompressorwirkungsgrade bedeutungsvoller. Diese sind bei Wärmepumpenanlagen oft entscheidend. Denn hier hat das Kompressionssystem gegen die sonst üblichen Feuerungen zu konkurrieren, und da ist man auf beste Ausnutzung der Antriebsenergie sowie auf das Vermeiden von Wärmeverlusten insbesondere auch an den warmen Teilen des Kompressors angewiesen. Es wäre sinnvoll, diese Teile wie bei Dampfmaschinen zu isolieren und so durchzubilden, daß möglichst wenig Wärme an das Triebwerk abfließt. Kältekompressoren, die auch als Wärmepumpen verwendbar sein sollen, sind für hohe Verflüssigungsdrücke (entsprechend etwa 55 °C) vorzusehen. Bei zweistufiger Kompression soll die Zwischenkühlerwärme wenn möglich als Nutzwärme abgegeben werden können.

Weitere Bestrebungen im Kompressorenbau zielen auf Verringerung des Raumbedarfs und des Baustoffaufwandes ab. Daß hier noch wesentliche Verbesserungen möglich sind, lehrt ein Vergleich mit weiter fortgeschrittenen Zweigen des Maschinenbaues, so z. B. mit den Kompressoren von Gasturbinen oder Düsentriebwerken, die als Turbogebläse mit radialer oder axialer Strömung ausgebildet sind und bei Druckverhältnissen bis 3 und mehr Wirkungsgrade gegenüber adiabater Verdichtung von über 80% aufweisen. Ferner ist hier auf neue Konstruktionen von Schraubenkompressoren hinzuweisen[1].

III. Bemerkungen zur Bearbeitung laufender Aufgaben.

1. Abgrenzung und Art der Aufgaben.

Die nachstehenden Bemerkungen beziehen sich auf das Projektieren unmittelbar vorliegender Bauvorhaben und auf die Bearbeitung laufender Aufträge. Die Fachleute sind hierbei an feste Gegebenheiten gebunden, so z. B. an das zu erfüllende Kälteprogramm, die Betriebsbedingungen, die Verhältnisse am Aufstellungsort, Möglichkeiten und Grenzen der eigenen Firma, ganz besonders aber auch an die Preise und Termine. Im Hinblick auf den zu bewältigenden Arbeitsumfang und die Anforderungen an die Bearbeiter ist zwischen Aufgaben zu unterscheiden, die sich mit bekannten Elementen als Normalausführungen lösenlassen, und solchen, für die neue Lösungen zu suchen und neue Konstruktionen zu entwickeln sind.

Aufgaben der ersten Art lassen sich um so leichter erledigen, je weiter die Normung fortgeschritten ist und je zahlreicher die Fälle sind, für die durchgearbeitete und bewährte Lösungen vorliegen. Man muß sich dabei aber vor einem zu weit gehenden Schematismus hüten. Jede Anlage des Großkältebaues hat ihre Besonderheiten, die beachtet sein wollen.

---

[1] Vgl. Bd. V dieses Handbuches, S. 315 bis 321, sowie „Kältetechnik und Klimatisierung", April 1968. S. 102.

Bei Aufgaben der zweiten Art stellt schon das Feststellen der wirklichen Bedürfnisse sowie das Sammeln der für zweckentsprechendes Projektieren erforderlichen Unterlagen höhere Anforderungen. In der Regel sind viele eingehende Besprechungen mit den maßgebenden Vertretern des Bauherrn erforderlich, und es müssen oft mehrere Projekte ausgearbeitet werden, bis die Ausführungsreife erreicht ist. Beim Entwerfen ist eine Lösung anzustreben, bei der die tatsächlichen Bedürfnisse unter möglichst weitgehender Anlehnung an Bewährtes und Vorhandenes befriedigt werden. Ist die Grundkonzeption einmal festgelegt, muß entschieden werden, was sich an vorhandenen Entwürfen, früheren Ausführungen, fertig durchgebildeten Konstruktionen und Vorratsbeständen verwenden läßt, an welche Vorbilder man sich halten soll, wo Neues zu entwickeln ist, welche Sonderfragen durch theoretische, welche durch experimentelle Forschung geklärt werden müssen. Aus einer solchen Bearbeitung gehen oft wichtige Impulse für die langfristige Forschung hervor.

So unerläßlich einerseits das Lösen neuer Aufgaben ist, so muß anderseits im Auge behalten werden, daß die meisten kältetechnischen Unternehmungen ihre wirtschaftliche Grundlage durch die Lieferung von Anlagen finden, die für sie von herkömmlicher Art sind.

Über das Vorgehen beim Projektieren und bei der konstruktiven Durchbildung kann auf frühere Bemerkungen verwiesen werden. In Ergänzung dazu sei nachfolgend zu einigen Randfragen Stellung genommen, die nicht übersehen werden dürfen.

2. Lüftungstechnische Aufgaben.

Bei der Kaltlagerung von Lebensmitteln sind nicht nur die vorgeschriebenen Temperaturen einzuhalten, sondern es sind alle das Raumklima bestimmende Größen so zu regeln, wie es für das jeweilige Kühlgut am günstigsten ist. In den meisten Fällen findet eine fortgesetzte, wenn auch stark verzögerte Abgabe von Wärme, Wasser und Gasen vom Kühlgut an die Kühlraumluft statt. Demzufolge ist diese Luft einerseits periodisch oder kontinuierlich zu erneuern und anderseits so zu führen, daß an jeder Stelle des Raumes und unabhängig von dessen Belegung die dem jeweiligen Gut angemessene Luftströmung herrscht. In der Lüftungs- und Klimatechnik sind eine Reihe zweckmäßiger Bauelemente entwickelt worden, mit denen sich die Zuluft gleichmäßig verteilen läßt, die aber im Großkältebau nur zögernd Eingang finden.[1] Es liegen auch reiche Erfahrungen über Luftbewegungen in ventilierten Räumen vor, die sinngemäß auf Kühlräume übertragen werden sollten.

Bei großen oder ungünstig gestalteten Räumen kann eine gleichmäßige Bespülung aller Raumteile oft schwer zu lösende Probleme stellen. Es sind Fälle bekannt, wo ihre Mißachtung trotz genauem Einhalten von Temperatur, Feuchtigkeit und umgewälzter Luftmenge zum Verderb des Lagergutes geführt hat. Vielfach ist eine befriedigende Lösung nur mit zweckmäßig bemessenen und richtig angeordneten Luftkanälen zu erreichen. Diese sollen gegen die isolierten Wände und die Raumdecke dicht abschließen und mit Öffnungen versehen sein, die ein periodisches Reinigen ermöglichen.

Bei Schnellgefrier- und Schnellkühlanlagen sind die umzuwälzenden Luftmengen sehr groß, um einen guten Wärmeübergang vom Gut an die Raumluft zu erzielen und mit geringen Temperaturunterschieden im Raum auszukommen. Hier stellt sich die Aufgabe, den Luftstrom so einfach wie möglich zu führen, damit die Strömungswiderstände klein ausfallen. Die entsprechende Ventilator-

---

[1] Es wird auf die Abhandlung von W. Tamm „Klimatisierung von Kühlräumen" in Bd. XII dieses Handbuches, S. 339 bis 359, verwiesen.

leistung setzt sich in Wärme um und muß durch Vergrößern der Kälteleistung ausgeglichen werden. Zugleich senkt diese Verlustwärme die Raumfeuchtigkeit, was den Gewichtsverlust des Gutes erhöht. Dasselbe Problem stellt sich in wesentlich stärkerem Ausmaß bei Höhenprüfständen für Flugmotoren und Flugzeugmodellen, weil dort mit viel tieferen Temperaturen und größeren Luftgeschwindigkeiten gearbeitet werden muß.

3. Isoliertechnische Aufgaben.[1]

Als solche sind zu nennen: die Wahl des Isoliermaterials, die Anforderungen an die Ausführung des Rohbaues hinsichtlich Oberflächenbeschaffenheit, Trockenheitsgrad, Befestigungsart der Isolierung (z. B. an Decken), ferner Maßnahmen zum Vermeiden von Kältebrücken, von Schwitzwasserbildungen an gefährdeten Außenwänden, von Hohlräumen in den Isolierungen, die zu unerwünschten Luftströmungen und Durchfeuchtungen Anlaß geben können. Weitere Aufgaben sind die wärmetechnisch richtige Ausführung von Rohrdurchführungen, von Anschlüssen und Befestigungen von Luftkanälen, das Anbringen eines haltbaren Verputzes und von Fliesen auf isolierten Flächen, ein Problem, das bei Kunststoffschaum-Isolierungen immer noch gewisse Schwierigkeiten bereitet.

Besondere Aufmerksamkeit ist der Diffusion von Wasserdampf und der Wanderung von kapillargebundenem Wasser in der Isolierung zu schenken. Im Zusammenhang damit steht das Anbringen von Dampfsperren, welche diese Wanderung entweder stark einschränken oder ganz unterbinden. Eingehende Überlegungen erfordern die Fälle, da die Strömungsrichtung des Dampfes je nach den Betriebsbedingungen oder den Jahreszeiten wechselt oder wo auf der kalten Seite Fliesen oder Metallwände jeglichen Dampfdurchtritt unterbinden. Wasseransammlungen und Frostbildungen in Kühl- und Gefrierraumisolierungen, die namentlich auf Schiffen aufgetreten sind, konnten mit gutem Erfolg durch dauerndes Austrocknen mit Luft vermieden werden, deren Taupunkt durch künstliche Kühlung unter der Raumtemperatur gehalten und die durch ein auf der kalten Seite der Isolierung in dieser angeordnetes Kanalsystem geleitet wird[2]. Dieses unter dem Namen „Minikay" bekannte Verfahren hat sich auch bei stationären Anlagen bewährt; man wird sich von Fall zu Fall klar werden müssen, ob es anzuwenden ist[3].

Ein isoliertechnisches Problem besonderer Art stellt sich bei instationären Kühlvorgängen, so z. B. bei Prüfzellen, die rasch auf tiefe Temperaturen gebracht werden müssen, um bald nachher wieder erwärmt zu werden. Hier soll die Wärmespeicherfähigkeit der Isolierung möglichst klein sein. Es werden heute Kunststoffschaumprodukte hergestellt, deren Poren mit schweren Gasen (CO_2, R 22) gefüllt sind, und eine gegenüber Kork etwa doppelt so große Isolierfähigkeit bei sehr kleiner Wärmespeicherung aufweisen. In extremen Fällen (Tieftemperaturtechnik, Gewinnung von schwerem Wasser) werden auch Hochvakuum-Isolierungen verwendet.

4. Bautechnische Aufgaben.

Der Kältefachmann hat oft beratend oder als für die Bauausführung Mitverantwortlicher über bautechnische Fragen zu befinden, so z. B. über die Eignung von Baumaterialien, deren Frostsicherheit, Wasserdichtheit, Fäulnisbeständigkeit, weiter über Oberflächenschutz, Unterhalt, Reinigung und Ent-

---

[1] Vgl. Bd. I dieses Handbuches, S. 316 bis 385.

[2] H. R. Niemann: Entwicklungstendenzen im Kälteschutz von Kühlschiffen „Schiff und Hafen" 1954, H. 1.

[3] Vgl. Bd. XI dieses Handbuches, S. 328 ff.

keimung von Bauteilen und Apparaten. Gelegentlich muß er auch die Bauausführung überwachen. Diese Mitarbeit hat hauptsächlich den inneren Ausbau von Kühlräumen (Verputz, Vormauern, Bodenausbildung, Anstrich, Fliesen, Oberflächenbehandlung, Ausführung von Luftkühlerkammern, Tropfschalen, Abläufe, Luftkanäle, Öffnungen für Frischluft und Abluft) wie auch die Erstellung der Maschinenfundamente und die baulichen Maßnahmen für das Aufstellen der Apparate sowie für das Verlegen der Leitungen zum Gegenstand.

Die Mitarbeit beim Entwurf der Gebäude soll möglichst frühzeitig beginnen. Sie bezieht sich auf die Anordnung der Kühlräume, Gefrierräume, Vorräume, Gänge, Aufzugschächte, Abstellräume, Rampen und Verladeplätze, weiter auf das zweckmäßige Ausbilden der Transportwege sowie auf Lage und Gestaltung der Räume für Maschinen, Apparate, elektrische Anlagen und auch der Schächte und Kanäle für die Leitungen. Dabei sind wichtige konstruktive, ausführungs- und betriebstechnische Forderungen zu erfüllen, was nicht erst bei der Montage geschehen kann.

Bei Großkälteanlagen sollen die Kompressoraggregate mit den zugehörigen Schalt- und Steuereinrichtungen in einem nur dem Fachpersonal zugänglichen Maschinenraum aufgestellt werden. Vielfach finden dort auch die Kondensatoren und andere Teile des Kältekreislaufs Platz, obwohl deren Aufstellung in einem getrennten Raum vorzuziehen ist. Die Räume sollen so angeordnet werden, daß das Bedienungspersonal bei allfälligen stärkeren Kältemittelverlusten auf schnellstem Weg ins Freie gelangen kann. Weiter sind sie mit Belüftungsschächten und einem Absaugventilator zu versehen, der sich von außen ein- und ausschalten läßt, um ausgetretenes Kältemittel ausspülen zu können. Bei Ammoniak empfiehlt es sich, im Abgaskanal eine Wasserbrause einzurichten, um Geruchbelästigungen und Schäden an Pflanzen in der Umgebung zu vermeiden. Oft werden auch Gasmasken bereit gehalten. Da die von Kühlwasser durchströmten Apparaterohre periodisch zu reinigen sind, sollen die dazu geeigneten Geräte und Anweisungen mitgegeben sowie der hierfür nötige Raum vorgesehen werden. Meist ist für solche Arbeiten wenig Zeit verfügbar, weshalb Erleichterungen zu schaffen sind. Zweckmäßig ist das Anbringen von Fahrbahnen für Flaschenzüge an der Decke über den Kompressoren und den Apparatedeckeln.

5. Sicherheitsmaßnahmen und -vorschriften.

Die im Großkältebau verwendeten Apparate sind Druckgefäße, teils für giftige Gase, teils für verdampfende Flüssigkeiten. Sie fallen dementsprechend unter die an dem Aufstellungsort geltenden behördlichen Verordnungen. Diese enthalten Vorschriften, welche auch Sicherheit gegen Explosionen gewährleisten sollen. So werden Festigkeitseigenschaften der zu verwendenden Baustoffe, insbesondere auch bei tiefen Temperaturen, die Blechstärken, die Ausbildung der Schweißnähte, das Anbringen von Handlöchern bzw. Mannlöchern für die innere Kontrolle, die nötigen Armaturen, Sicherheitsventile, Manometerstutzen, Ablaßhähne sowie andere konstruktive Einzelheiten vorgeschrieben. Hinzu kommen Anweisungen über die Druckprobe mit Angabe der Prüf- und Konstruktionsdrücke, sowie über die Kontrolle der Konstruktion und der Ausführung durch die hierfür zuständigen Fachleute. Die mit dieser Kontrolle betraute Stelle ist meist der am Aufstellungsort zuständige Kesselüberwachungsverein. Es empfiehlt sich, die Konstruktionszeichnungen vor der Ausführung mit ihm zu besprechen und so von den Erfahrungen Nutzen zu ziehen, über welche die Kontrollingenieure verfügen.

Gegen unzulässiges Ansteigen des Druckes im Hochdruckteil des Kreislaufs schützen Sicherheitsventile[1] an jedem Kompressor, die nach der Saugleitung ab-

---

[1] Vgl. in diesem Band, S. 223 ff.

blasen. Diese sind *vor* den Druckabschließungen anzuordnen, damit sie zur Wirkung kommen, wenn aus Versehen gegen geschlossene Druckabschließungen angefahren werden sollte. Eine Gefährdung besteht ferner, wenn ein mit Flüssigkeit gefüllter Apparat, z. B. ein Nachkühler, zwischen zwei Abschließungen zu liegen kommt. Bei längerem Stillstand kann dabei der Druck infolge Wärmeaufnahme aus der Umgebung so hoch steigen, daß es zum Bruch kommt und die Füllung austritt. Wo sich solche Abschließungen nicht vermeiden lassen, ist eine Entlastungsleitung anzubringen.

Eine nicht leicht zu lösende Aufgabe bildet die Sicherung im Brandfall. Infolge Verdampfen der im System enthaltenen Kältemittelflüssigkeit kann der Druck weit über die zulässige Grenze ansteigen, so daß Explosionsgefahr besteht. Das müßte durch Sicherheitsventile vermieden werden, die beim Grenzdruck ins Freie abblasen. Es bereitet aber erhebliche Schwierigkeiten, diese Ventile so herzustellen, daß sie im normalen Betrieb unter allen Umständen dicht schließen. Meist sind sie nach erfolgtem Abblasen undicht. Man kann sie durch Bruchplatten ersetzen, was aber eine besondere Konstruktion und eine genaue Ausführung erfordert, wenn die Platten nicht vorzeitig durch Ermüdung brechen sollen.[1]

Wo Sicherheitsventile vorgeschrieben sind, wird ihnen eine Abschließung mit plombiertem Handrad vorgeschaltet, die bei undichtem Ventil geschlossen werden kann, bis die Undichtheit behoben ist. In besonders wichtigen Fällen werden zwei Sicherheitsventile parallelgeschaltet, damit mindestens eines stets betriebsbereit ist.

Bei Schiffskälteanlagen sind die wesentlich strengeren Bestimmungen der zuständigen Überwachungsgesellschaften, so z. B. die des Germanischen Lloyd oder des Lloyd's Register of Shipping zu befolgen, auf die hier verwiesen sei.

B. Ausführungsmöglichkeiten.

I. Konstruktive Erwägungen.

1. Zur Wahl der Kompressorzahl.

Wie in den meisten Zweigen des Maschinenbetriebes suchte man anfänglich auch bei Kälteanlagen womöglich mit einer einzigen Maschinengruppe auszukommen. Bestimmend waren hierfür wohl hauptsächlich die verhältnismäßig hohen Kosten der Kompressoren und ihrer Antriebsmaschinen. Als solche kam lange Zeit nur die Dampfmaschine in Betracht. Da es sich vorwiegend um Einzelausführungen handelte, ergaben sich mit einer Gruppe niedrigere Gestehungskosten als mit mehreren Einheiten von kleinerer Leistung. Der Übergang auf elektrischen Antrieb brachte noch keine Änderung, so lange die verschiedenen Kühlaufgaben von zentraler Stelle aus durch Umwälzen von Sole oder durch direkte Verdampfung und Kältemittelzuteilung mittels handgesteuerter Ventile zu lösen waren.

Inzwischen haben sich die Verhältnisse wesentlich geändert. Zwar gibt es immer noch Neuanlagen mit nur einer Kompressoreinheit. Ihre Vorteile sind: Geringer Raumbedarf, besserer Wirkungsgrad — dieser fällt bei Leistungen unter etwa 20000 kcal/h empfindlich ab — sowie niedrigere Anlagekosten, vorausgesetzt, daß serienmäßig hergestellte Kompressoren verfügbar sind. Nun wirken sich diese Vorteile aber nur dort aus, wo alle Kühlstellen mit der selben Verdampfungstemperatur arbeiten. Als Nachteile sind die geringere Betriebssicherheit und die oft ungenügende Anpassungsfähigkeit an den sich verändernden Kältebedarf

---

[1] Ausführliche Angaben findet man im Band XI dieses Handbuches, S. 341 ff.

zu nennen. Unverkennbar ist heute die Neigung, auch bei einfachen Verhältnissen die erforderliche Leistung auf mindestens zwei Einheiten zu verteilen, obwohl interessante Möglichkeiten der Leistungsanpassung bestehen.

Sind Kühlstellen mit stark verschiedenen Temperaturen oder unterschiedlicher Betriebsweise zu versorgen, so empfiehlt sich das Aufteilen in Gruppen von angenähert gleichen Kühlraumtemperaturen oder ähnlichem Betriebscharakter, wobei dann jeder Gruppe eine oder mehrere Einheiten zugeteilt werden. Auf diese Weise werden die Kompressoren volumetrisch am besten ausgenützt, was sich meist in niedrigen Anlagekosten auswirkt, Kältemittelzuteilung und Temperaturregelung lassen sich mit einfachen Mitteln beherrschen, und der Betriebsmittelverbrauch fällt klein aus. Weiter können die einzelnen Gruppen durch abschließbare Notleitungen unter sich verbunden werden, um den Betrieb aller Kühlstellen auch beim Ausfall einer Maschine weiterführen zu können. Im allgemeinen wird man die Maschinenaggregate mit den zugehörigen Steuer- und Sicherungsorganen in einem abschließbaren Raum vereinigen, der nur dem Fachpersonal zugänglich ist. Nur wo die Kühlstellen weit auseinander liegen, kann es zweckmäßig sein, mehrere Kältezentralen vorzusehen.

Ergibt sich aus dem Kühlprogramm eine Mehrzahl von Kompressoren, so wird man bei der Aufteilung danach trachten, möglichst weitgehend Maschinen derselben Größe zu verwenden. Dies ist mit Rücksicht auf die Reserveteile vorteilhaft. Ferner lassen sich Betriebsumstellungen, die beim Ausfall einer Maschine notwendig werden können, leicht durchführen. Oft wird auch die einheitliche Raumwirkung als wünschenswert angesehen. Eine feinere Leistungsanpassung ist, wenn nötig, durch Wahl geeigneter Drehzahlen für die einzelnen Kompressoren möglich. Manche Lieferfirmen legen auf diese Gesichtspunkte weniger Gewicht, sondern wählen diejenigen Maschinengrößen, die dem Leistungsbedarf der einzelnen Verbraucher-Gruppen am besten entsprechen. Bei größeren Anlagen ergeben sich alsdann drei und mehr verschiedene Größen. Die Antwort auf die Frage, welche der beiden Möglichkeiten vorzuziehen sei, hängt wesentlich von den Gestehungskosten der Gesamtanlage, vom verfügbaren Raum für die Maschinen sowie von den Eigenschaften der jeweiligen Kompressoren ab. Gelegentlich können auch Wünsche des Auftraggebers mitbestimmend sein.

Bei ungewöhnlich großem Kältebedarf können sich Maschinenleistungen ergeben, welche die der serienmäßig hergestellten Größen beträchtlich überschreiten. Alsdann ist zu entscheiden, ob eine größere Maschine entwickelt werden soll, oder ob mehrere, schon durchkonstruierte Einheiten zu verwenden sind. Dabei wird zu bedenken sein, daß Neuentwicklungen bis zur Serienreife viel Zeit erfordern. Man wird sie nur durchführen, wenn ein angemessener Umsatz in Aussicht steht. Dieser hängt von der Marktlage sowie von den Entwicklungsrichtungen ab, die man verfolgen will.

2. Kompressorantrieb und Leistungsanpassung.

In den meisten Fällen ist in Europa Drehstrom von 50 Hz und 380/220 V verfügbar, so daß sich für den Antrieb von Kompressoren, Ventilatoren, Pumpen, Rührwerken usw. die sehr robusten und betriebssicheren Asynchronmotoren verwenden lassen. Vorzuziehen sind Kurzschlußanker-Motoren, bei größeren Leistungen meist Ausführungen mit verringertem Anlaufstrom, entsprechend den Vorschriften des zuständigen Elektrizitätswerkes, wofür die Motorenhersteller heute interessante Bauarten im hier in Frage kommenden Leistungsbereich kurzfristig liefern können. Bei werkeigenen Netzen oder in Anlagen mit eigenem Transformator können oft auch einfache Kurzschlußläufer-Motoren bis zu Leistungen von 100 PS und mehr angeschlossen werden. Sind mehrere Kompressoren vorhanden, so sorgt man durch den Einbau von Verzögerungsrelais dafür, daß sie nie gleichzeitig anlaufen. Bei einfacher Aus-Ein-Steuerung kann es Fälle geben, in denen die Motoren gegen allzu häufiges Anlaufen zu schützen sind, weil die großen Anlaufströme eine zu starke Erwärmung der Wicklungen herbeiführen könnten.

Bei Handsteuerung werden die Kompressoren bei geöffneter Überströmleitung zwischen Druck- und Saugseite und geschlossener Saugabschließung, also entlastet angefahren. Erst wenn die volle Drehzahl erreicht ist, geht man durch Schließen der Überströmventile und sorgfältiges Öffnen der Saugabschließung auf normalen Betrieb über. Das Anfahren der Kompressoren bei automatisch gesteuerten Anlagen geht bei voll geöffneten Saug -und Druckabschließungen vor sich, wobei zwar der Druckteil mit dem Ölabscheider (bzw. Stoßdämpfer) im Stillstand meist unter Saugdruck steht, aber der Druck sich dort rasch aufbaut, so daß die Motoren ein größeres Anfahrdrehmoment (das 1,5 bis 2fache des Vollastmomentes) aufbringen müssen. Dieses soll nicht zu groß sein, weil sonst zu hohe Triebwerkbeanspruchung auftreten und sich bei zu raschem Anfahren nasses Ansaugen einstellen könnte.

Die heute erhältlichen Motoren ertragen keine nennenswerten Überlastungen, weshalb ihre Leistungen auch bei ungünstigsten Betriebsbedingungen dem Bedarf entsprechen müssen. Dabei kann es allerdings vorkommen, daß unter anderen Bedingungen, etwa im Winter bei kaltem Kühlwasser, die Belastung klein ausfällt und sich neben niedrigem Wirkungsgrad auch ein ungünstiger Leistungsfaktor einstellt. Nötigenfalls ist diesem Nachteil durch besondere Einrichtungen auf der elektrischen Seite entgegen zu wirken. Bei der Beschaffung der Motoren sind die Anschlußbestimmungen des zuständigen Elektrizitätswerkes zu beachten, ferner die Zufuhr genügender, nicht verunreinigter Luft, die Lärmentwicklung sowie der Schutz gegen Überlastung und netzseitige Störungen.

Beim Kompressorbetrieb ist zwischen direkter Kupplung, Riementrieb oder Getriebeantrieb zu wählen. Die heute üblichen Drehzahlen erlauben auch bei großen Kälteleistungen häufig direkte Kupplung, wodurch das Nachspannen der Riemen, deren Ersatz infolge Abnützung und die mit ihm verbundenen Energieverluste vermieden werden. Demgegenüber erfordert die direkte Kupplung ein genügend steifes Fundament, ein sorgfältiges Ausrichten der beiden Wellen sowie die Berücksichtigung der Wärmedehnung im Betrieb. Weiter ist man an die Drehstromdrehzahlen gebunden, deren Abstufungen bei hohen Drehzahlen verhältnismäßig groß sind. Bei niedrigen Drehzahlen ergeben sich schwere teure Motoren mit geringerem Wirkungsgrad. Eindeutig ist die Neigung, möglichst weitgehend direkte Kupplung anzuwenden.

Unter den Riementrieben überwiegen heute die Keilriemen; sie ermöglichen kleine Achsabstände, bedürfen keiner Spannrollen, arbeiten geräuscharm und stellen sich preislich meist günstiger als Lederriemen mit Spannvorrichtungen. Weiter werden neuerdings außer Leder auch andere formbeständige Baustoffe von höherer Zugfestigkeit verwendet, so z. B. Kunststoffasern, Naturseide oder Stahldraht.

Zahnradgetriebe findet man bei großen Kolbenkompressoren, die mit verhältnismäßig niedrigen Drehzahlen arbeiten, wo Riemenantriebe nicht erwünscht sind und direkte Kupplung mit langsamlaufenden Elektromotoren höhere Anlagekosten ergäbe. Bei Turbokompressoren, die mit sehr hohen Drehzahlen umlaufen, bilden sie die Regel. In mancher Beziehung sind die Antriebsprobleme ähnlich wie bei Gebläsen[1].

---

[1] Vgl. z. B. B. Eck: Ventilatoren, 4. Aufl. Springer 1962, S. 320 bis 339.

Besondere Aufgaben stellen sich dort, wo die Drehzahl der Kompressoren zwecks *Leistungsregelung* während des Betriebs verändert werden soll. In vielen Fällen ist zwar die Trägheit der mit Kälte zu versorgenden Netze so groß, daß eine einfache Ein-Aus-Regelung genügt, ohne ein allzu häufiges Anfahren und damit ein Überlasten des Antriebsmotors befürchten zu müssen. Werden höhere Anforderungen gestellt, so läßt bei Drehstrom die Verwendung polumschaltbarer Motoren eine vielfach genügende Leistungsabstufung zu, besonders bei mehreren Maschinen. Wählt man beispielsweise bei zwei Kompressoren die Leistung des einen zu 76% und die des andern zu 24% der Gesamtleistung, so ergeben sich bei Antrieb durch Motoren für volle und halbe Drehzahl acht Stufen (12%, 24%, 38%, 50%, 62%, 76%, 88%, 100%). Andere Verfahren der Drehzahlregelung an Elektromotoren (z. B. die Leonard-Schaltung), scheiden wegen zu hohen Kosten meist aus. Auch das Zwischenschalten von mechanischen, hydrostatischen (Hydro-Titan-Getriebe) oder hydrodynamischen[1] Getrieben, wie sie z. B. bei Triebfahrzeugen oder Werkzeugmaschinen üblich sind, hat sich beim Antrieb von Kältekompressoren nicht eingebürgert. Man bevorzugt offensichtlich die Leistungsanpassung an den Kompressoren zu verwirklichen, wofür heute interessante und bewährte Konstruktionen vorliegen.

Über die Dämpfung von Geräuschen und Erschütterungen wird in diesem Band von K. Preisendanz auf den Seiten 347 bis 351 berichtet.

3. Die Kältemittelzuteilung.

Die Bauart der kältetechnischen Apparate, deren Schaltung sowie die Betriebsweise der ganzen Anlagen werden durch die Art der Kältemittelzuteilung wesentlich beeinflußt. Die Aufgabe besteht grundsätzlich darin, die dem jeweiligen Betriebszustand entsprechende Kältemittelmenge in flüssiger Form auf die angeschlossenen Verdampfer derart zu verteilen, daß deren Füllungen stets gleichgroß bleiben. Diese Füllungen sind durch die Verdampferbauweise gegeben und werden bei der Inbetriebsetzung auf das günstigste Maß eingestellt.

Es ist dafür zu sorgen, daß sich keiner der angeschlossenen Verdampfer zu stark füllen kann, weil dabei der Kompressor feuchte Dämpfe ansaugen könnte. „Nasser" Betrieb gefährdet die Schmierung und überbeansprucht die Ventile. Die Gefahr ist namentlich beim Anfahren, bei Regelvorgängen, beim Umschalten auf Warmgasabtauung und andern Veränderungen des Betriebszustandes groß. In extremen Fällen können Flüssigkeitsschläge auftreten, die Überbeanspruchung der Zylinder und des Triebwerkes verursachen und damit zu Schäden und Betriebsausfällen führen.

Die Zuteilung des flüssigen Kältemittels auf die einzelnen Verdampfer wird gegenwärtig automatisch geregelt. Die automatischen Schaltgeräte haben einen hohen Grad von Vollkommenheit erreicht, es wird von ihnen sowohl bei den kleinsten wie auch bei den größten Kälteanlagen Gebrauch gemacht. Diesem Gebiet ist in diesem Band ein umfangreicher Hauptabschnitt (S. 1 bis 184) „Automatik" gewidmet, in dem nach den „Grundlagen der Regeltechnik" sowohl die „Mechanischen Regelgeräte" wie auch die „Elektrotechnischen Schaltgeräte" eingehend behandelt werden. Es erübrigt sich daher, auf dieses Gebiet an dieser Stelle noch einmal einzugehen.

---

[1] Zum Beispiel die Mekydro-Kraftübertragung der Maybach, Motorenbau, GmbH, Friedrichshafen.

II. Kühlverfahren.

1. Verfahren der Raumkühlung.

Bei der Abkühlung und Lagerung von Kühl- und Gefriergut ist nicht nur die Temperatur, sondern es sind alle das Klima bestimmenden Größen, nämlich Feuchtigkeit, Verteilung, Bewegung und Erneuerung der Raumluft in einer dem Verwendungszweck entsprechenden Weise zu beherrschen. Aus dieser Forderung ergeben sich verschiedene Verfahren der Raumkühlung, von denen hier die wichtigsten erläutert werden sollen.

a) Stille Kühlung. Unter dieser Bezeichnung versteht man eine Raumkühlung durch großflächige Decken- oder Wandsysteme mit nur geringer konvektiver Luftumwälzung. Sie wird angewendet, wo das Kühlgut eine stärkere Luftbewegung nicht verträgt oder nicht erfordert. Soll eine hohe Raumfeuchtigkeit erzielt werden, so wählt man die Kühlflächen groß, arbeitet also mit geringen Temperaturunterschieden zwischen Raumluft und Kühlflächen (4 bis 6 °C) und bemißt die Raumisolierung reichlich.

Die Kühlelemente können aus glatten oder berippten Rohren aufgebaut sein. Sie sollen vor allem die von außen einfallende Wärme ableiten und werden daher an Decken und Wänden angeordnet. Bei Raumtemperaturen über etwa + 3 °C tauen sie bei Stillstand von selbst ab, wobei das Tropfwasser durch Rinnen aufzufangen und abzuleiten ist. Bei Gefrierstapelräumen werden die Systeme meist mit Gas unter höherem Druck abgetaut, wobei der abfallende Schnee wegzuschaffen oder in geheizten Rinnen abzuleiten ist. Neuerdings faßt man die Systeme straffer zusammen, um das Netz der Tropfschalen und deren Reinigung zu vereinfachen. Oft sind nur Wandsysteme zu finden oder nur Deckensysteme, die über den Bedienungsgängen verlaufen.

Bei stiller Kühlung wird meist nur die Temperatur durch Ein- oder Ausschalten der Kältemittelzufuhr zu den Kühlsystemen geregelt, während sich die Feuchtigkeit entsprechend dem Wasseranfall und der Temperatur der Kühlflächen einstellt. Nur ausnahmsweise wird das Raumklima durch zusätzliche Heizung oder Befeuchtung beeinflußt.

b) Raumkühlung mittels Luftkühler. Sollen sämtliche Größen, die das Raumklima bestimmen, beherrscht werden, so läßt sich das nur durch zweckentsprechendes Behandeln einer bestimmten, künstlich umgewälzten Luftmenge erreichen. Diese Behandlung besteht im Kühlen und Trocknen durch Wärmeentzug, dem oft ein Erwärmen, gelegentlich auch ein Befeuchten nachfolgen. Die Apparatur, in der diese Zustandsänderungen stattfinden, nennt man im Kältebau nach dem größten Organ „Luftkühler"; richtig müßte sie aber als Klimagerät bezeichnet werden.[1] Ebenso wichtig wie die Luftbehandlung ist die Verteilung innerhalb des Raumes (vgl. Abschnitt A III, 2).

In vielen Fällen kommt man mit einer vereinfachten Luftbehandlung aus. So kann die künstliche Befeuchtung oft wegfallen, sei es, weil der Wasseranfall bei allen Betriebsverhältnissen genügt, um die geforderte Raumfeuchtigkeit zu erhalten (was z. B. in Fleischlagerräumen zutrifft), sei es, weil eine vorübergehende Senkung der Feuchtigkeit bei wärmerem Wetter in Kauf genommen werden kann, so etwa bei Kühlkellern zum Überwintern von Obst und Bodenprodukten. Auch die Heizung ist nicht überall erforderlich.

Neuerdings werden vielfach auch die Luftkanäle weggelassen. Diese sind periodisch zu reinigen, u. U. auch zu desinfizieren, und verursachen daher gewisse

---

[1] Vgl. Bd. XII dieses Handbuches, Klimatisierung von Kühlräumen von W. Tamm, S. 339 bis 359.

Betriebsunterbrüche und Kosten. In der Regel verwendet man in solchen
Fällen Luftkühlereinheiten, die mit Ventilatoren, Abtauvorrichtungen und
allem andern Zubehör ausgerüstet sind und in Serien hergestellt werden. Die
durch Leitbleche geführte Kaltluft bläst frei in den Raum aus und bestreicht ein
gewisses Gebiet. Je nach Größe und Gestaltung des Raumes verwendet man eine
oder mehrere Einheiten und ordnet diese so an, daß der ganze Raum möglichst
gleichmäßig durchspült wird. Bei der Inbetriebsetzung wird die Luftverteilung
durch Nachstellen der Leitbleche den Verhältnissen angepaßt. Die Verwendung
solcher Einheiten kann beträchtliche Einsparungen an Erstellungskosten und
Montagezeiten ergeben. Bei größeren oder ventilationstechnisch ungünstig gestalteten Räumen sowie in Fällen, wo höhere Anforderungen an eine gleichmäßige
Bespülung des Kühlgutes gestellt werden, ist eine Luftverteilung durch Druck- und
Saugkanäle entschieden vorzuziehen.

Eine häufig verwendete Ausführungsform eines Luftkühlers ist in Abb. 340
schematisch dargestellt. Der Ventilator *10* sagt die Raumluft durch den Saug-

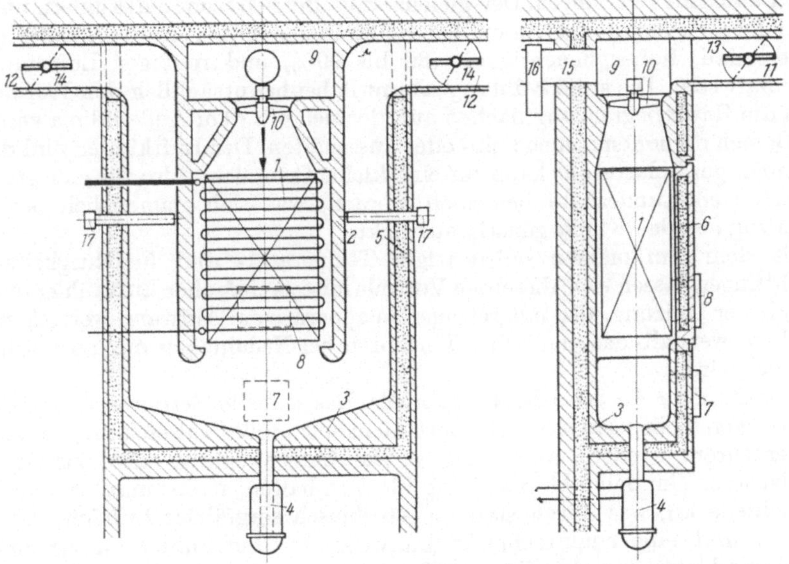

Abb. 340. Einbauschema eines Luftkühlers. *1* Rippenrohr-Kühler, aus mehreren parallelgeschalteten Rohrwänden aufgebaut; *2* Luftkühlergehäuse; *3* Tropfschale; *4* Ablauf, mit Syphon; *5* Seitenwand der isolierten Luft-
kühlernische; *6* Isolierte, leicht wegnehmbare Vorderfront; *7* Schauöffnung zur Kontrolle des Ablaufs; *8* Schauöffnung zum Feststellen des Bereifungsgrades von *1*; *9* Saugkammer; *10* Ventilator; *11* Saugkanal; *12* Druckkanäle für Kaltluft; *13* Saugklappe; *14* Druckklappen; *15* Frischluftkanal; *16* Frischluftschieber; *17* Elektrische
Heizstäbe.

kanal *11* ab und fördert sie in die Kühlerkammer *2*, in der sie sich an der kalten
Oberfläche des Luftkühlers *1* abkühlt und dort einen Teil ihrer Feuchtigkeit als
Tau oder Reif abgibt. Nachher bespült sie Heizkörper *17*, um schließlich durch
Druckkanäle *12* über den Raum verteilt zu werden. Wenn nötig, sorgen Leitbleche für eine gleichmäßige Verteilung über die ganze Anströmfläche des Kühlers.
Besondere Vorrichtungen erlauben ein periodisches Abtauen. Das Schmelzwasser
sammelt sich in der Tropfschale *3* und fließt durch einen reichlich bemessenen
Ablauf *4* ab. Dieser ist an warmer Stelle, oft also außerhalb des Kühlraumes, mit
einem Syphon zu versehen, der für die größte Druckdifferenz bemessen sein muß,
die zwischen Kammer und Umgebung auftreten kann. Eine Schauöffnung *7*
ermöglicht Kontrolle und Reinigung des Ablaufs, eine weitere Öffnung *8* erlaubt
den Bereifungsgrad festzustellen. Die Kammerwände sind isoliert, um Tau- oder

Reifbildung an den Außenflächen zu vermeiden. Die Vorderfront *6* soll leicht entfernbar sein, um das Innere reinigen zu können. Die Klappen *13* und *14* an den Anschlußstellen der Saug- und Druckkanäle ermöglichen das Abschließen der Luftkühler-Kammer während des Abtauens sowie das Einregeln der Umluftmenge und des Luftdruckes in der Kammer. Der Frischluftkanal *15* mündet in die Saugkammer *9*, in der ein Unterdruck herrscht, solange der Ventilator läuft. An der Klappe *16* kann die Frischluftmenge eingestellt werden.

Um Luftkühler zweckmäßig entwerfen, bemessen und betreiben zu können, sind vorerst für verschiedene Betriebszustände die Zustandsänderungen zu verfolgen, welche die Luft auf ihrem Kreislauf erfährt. Das geschieht am einfachsten und vollständigsten im Mollierschen i, x-Diagramm. Es wird hierbei auf den Beitrag von W. Häussler auf S. 286 bis 338 in Band XII verwiesen. Dort kann am Übersichtlichsten verfolgt werden, welche Maßnahmen jeweils zu ergreifen sind (Kühlung, Heizung, Trocknung, Befeuchtung), um einen gewünschten Luftzustand einzustellen, der dem Kühlgut am besten angepaßt ist.

c) Gemischtes Verfahren. Der gleichzeitige Betrieb von Luftkühlern und Dekken- oder Wandsystemen kann bei Kühlräumen mit verhältnismäßig großem Wasseranfall, hoher Feuchtigkeit (80 bis 90%) und mäßiger Luftumwälzung vorteilhaft sein. Die stille Kühlung nimmt dabei hauptsächlich den Wärmeeinfall durch die Raumbegrenzungsflächen auf, der sich mit dem Außenklima verändert; sie läßt sich dementsprechend ein- oder ausschalten. Der Luftkühler wird dadurch gleichmäßiger belastet; er kann für eine kleine Grundlast, also für eine große tägliche Betriebsstundenzahl bemessen werden, was sich namentlich bei kühler Witterung auf das Klima günstig auswirkt.

Mit dem Aufkommen selbsttätiger Temperatur- und Feuchtigkeits-Regeleinrichtungen lassen sich dieselben Vorteile mittels einfacher Luftkühler mit nachgeschalteter Heizung, also mit geringerem apparativem Aufwand weitgehend auch erreichen, weshalb das gemischte Verfahren bei Neuanlagen nur noch selten angewendet wird.

d) Luftkühler für Schnellgefriertunnels. Das schnelle Gefrieren und Tiefkühlen von frischen Lebensmitteln erfordert nicht nur große Kälteleistungen bei tiefen Temperaturen, sondern auch eine starke Luftbewegung, also leistungsfähige Ventilatoren. Um deren Heizwirkung klein zu halten, strebt man geringe Druckunterschiede an, was durch strömungstechnisch sorgfältige Luftführung in den Kanälen und eine entsprechende Bauweise der Luftkühler zu erreichen ist. Günstig sind langgestreckte Räume (Tunnel) mit Längsströmung, weil in ihnen mit mäßigen Umluftmengen auszukommen ist. Dabei empfiehlt sich ein periodisches Umkehren der Strömungsrichtung, um ein gleichmäßiges Durchfrieren an jeder Stelle des Raumes zu erzielen. Bei entsprechend durchgebildeten Axialventilatoren genügt hierfür das Umkehren der Drehrichtung.

Wenn nicht vorgekühltes Fleisch eingeführt wird, kann die Raumtemperatur zu Beginn des Gefrierprozesses über 0 °C ansteigen. Um das Gut möglichst rasch auf tiefe Temperaturen zu bringen, sind ein großer Luftkühler und eine Maschinenanlage erforderlich, die die volle Leistung auch bei hohen Verdampfungstemperaturen auszunützen gestatten. Hierfür eignet sich der überflutete Verdampfer mit Kältemittelzuteilung durch ein Schwimmer-Regelventil, der mit einem eigenen Kompressor verbunden ist, besonders gut.

Beim Schnellkühlen bis nahe an den Gefrierpunkt,[1] wie es neuerdings bei der Verarbeitung von frischgeschlachtetem Fleisch oft angewendet wird, werden ebenfalls Kühltunnels oder Kühlräume mit großen Luftkühlern und starker

---

[1] Vgl. Bd. XI dieses Handbuches, S. 234 bis 236.

Luftumwälzung verwendet. Die Temperatur der eintretenden Luft ist sorgfältig auf jenen Punkt (etwa −3 °C) zu regeln, bei dem das Gut gerade noch nicht gefriert. Kälteleistung und Verdampfungstemperatur haben sich demnach dem jeweiligen Kältebedarf, der von Größe, Art und Temperatur der Einfuhren abhängt, sorgfältig anzupassen, was interessante Regelproben ergibt[1].

e) Sonderverfahren. Wand- und Deckensysteme für stille Kühlung bei hoher relativer Feuchtigkeit erfordern sehr große Kühlflächen und sind daher sperrig, schwer und kostspielig. Eine andere Lösung zeigt Abb. 341. Die vom Ventilator *2*

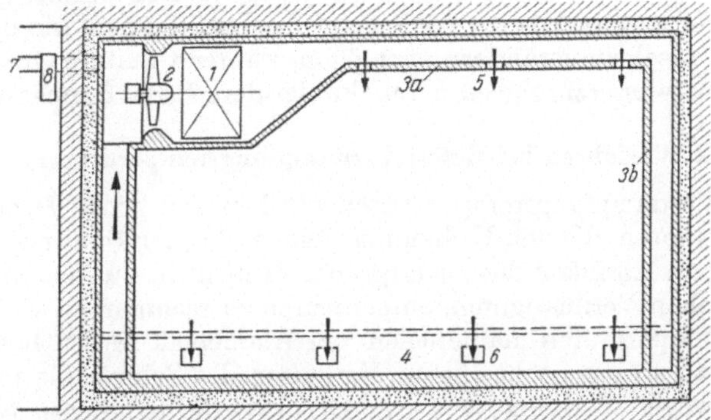

Abb. 341. Tiefkühl-Stapelraum mit Kaltluftmantel. *1* Luftkühler; *2* Ventilator; *3a* Doppeldecke; *3b* Doppelwand; *4* Saugkanal; *5* Ausblaseöffnungen; *6* Absaugöffnungen; *7* Frischluftkanal; *8* Frischluftschieber.

umgewälzte Luft wird im Kühler *1* auf tiefe Temperatur gekühlt und durchspült anschließend den Mantelraum, der durch die doppelten Wände und die doppelte Decke gebildet wird. Ein kleiner Teil der Luft durchstreicht den Kühlraum und nimmt die durch Beleuchtung und Bedienung anfallende Wärme auf. Der Luftkühler läßt sich dank gutem Wärmeübergang klein bauen. Erfahrungsgemäß werden auf diese Weise sehr gleichmäßige Lagerbedingungen sowie hohe Feuchtigkeiten, also geringe Gewichtsverluste erzielt. Vorteilhaft ist auch die Möglichkeit, die Kammer mit gekühlter Frischluft durchzuspülen. Das Abtauen ist rascher durchführbar als bei Wand- und Deckensystemen und stört das Raumklima weniger[2].

Ein zweites Sonderverfahren stellt das Berieseln oder Waschen der Luft mit gekühlter Flüssigkeit dar. Vorteilhaft ist dabei, daß die zu behandelnde Luft bis nahe an die Eintrittstemperatur der Kühlflüssigkeit gekühlt werden kann, daß eine genaue Taupunktregelung möglich ist und daß man ohne Abtauen auskommt. Das Berieselungsverfahren mit gekühltem Wasser wird besonders bei Klimaanlagen angewendet. Das Wasser ist häufig zu ersetzen, da sich die Verunreinigungen der Luft in ihm sammeln. Chemische Verunreinigungen können aggressiv werden, weshalb in solchen Fällen trockene Luftkühler vorzuziehen sind. Früher sind für tiefere Temperaturen Berieselungsanlagen mit Kühlsole häufig verwendet worden. Sie sind wegen den großen Kosten für das Nachkonzentrieren, die Korrosionsschäden und die Wartung weitgehend verschwunden.

Schließlich seien an dritter Stelle Luftkühler für Klimaanlagen genannt, die mit enger Berippung ausgeführt werden, da keine Reifbildung vorkommt.

---

[1] Vgl. „Die neue Schnellkühlanlage im Schlachthof in Zürich", Schweiz. Bauzeitung 1960, Heft 50, S. 807 bis 815.

[2] Tiefkühlanlagen im Flüelahof in Zürich, Schweiz. Bauzeitung 1961, H. 7, S. 101 bis 105. D. G. Rutov u. P. A. Alekseyev, Ber. X. Intern. Kältekongreß, Kopenhagen 1959, Bd. 3, S. 114.

Sie werden entweder für direkte Verdampfung oder für Kaltwasserkühlung gebaut. Bei höheren Ansprüchen an genaues Einhalten des Taupunktes und gleichzeitig raschen Änderungen des Kältebedarfs kann es vorkommen, daß die Auf-Zu-Regelung der Kältemittel- oder der Kaltwasserzufuhr zum Luftkühler nicht genügt. In solchen Fällen führt eine kontinuierliche Regelung mit Rückführung meist zum Erfolg. Bei raschen Kühllaständerungen erfolgt die Kühlwirkung unter Umständen allzu langsam. Der durch eine solche Trägheit verursachten Regelschwierigkeit läßt sich dadurch vorbeugen, daß ein Teilstrom der Luft auf tiefere Temperatur gekühlt und dieser nachher mit ungekühlter Umluft gemischt wird. Die Regelorgane wirken dabei zunächst auf die Luftklappen, die das Mischungsverhältnis sehr rasch zu verändern vermögen, während weitere Organe die Kältemittel- oder Kaltwasserzufuhr zum Luftkühler dem Bedarf anpassen.

2. Verfahren bei tiefen Verdampfungstemperaturen.

Bei tiefen Verdampfungstemperaturen ergeben sich große Druckverhältnisse für die Kompressoren, die von Kolbenmaschinen üblicher Bauweise in einer Stufe wegen zu starkem Absinken des Liefergrades nicht mehr zu überwinden sind. Ist zugleich mit hohen Verflüssigungstemperaturen zu rechnen, so steigen die Kompressions-Endtemperaturen namentlich bei Ammoniak wesentlich über 100 °C hinaus, was man wegen nachteiligem Verhalten des Schmieröls und des Kältemittels sowie wegen Verschmutzen der Druckventile möglichst vermeidet. Aus diesen Gründen wird bei größeren Druckverhältnissen mit zwei- oder mehrstufiger Verdichtung gearbeitet.

Das Druckverhältnis, bei dem zur zweistufigen Verdichtung überzugehen ist, hängt u. a. von Größe und Bauweise des Kompressors sowie vom Kältemittel ab. Es dürfte bei schnellaufenden Kolbenkompressoren für Ammoniak mit Normalkälteleistungen über etwa 30 000 kcal/h bei 4 bis 5 liegen. Bei fluorierten Kältemitteln und Normalkälteleistungen um 10 000 kcal/h findet man einstufige Ausführungen mit Druckverhältnissen bis etwa 7. Als Beispiel einer für hohe Druckverhältnisse besonders günstigen einstufigen Bauweise sei der von der Escher Wyss AG., Zürich, entwickelte „Rotasco“-Kompressor erwähnt, der dank sehr geringem schädlichem Raum und großem innerem Ölumlauf zwecks Sperrung und Kühlung auch bei tiefen Verdampfungstemperaturen mit gutem Liefergrad arbeitet[1].

Die zweistufige Verdichtung ermöglicht zweistufige Expansion oder Flüssigkeitsunterkühlung mit entsprechender Verringerung des für eine gegebene Kälteleistung erforderlichen Ansaugevolums der ersten Stufe. Abb. 342 zeigt das Schema einer der verschiedenen möglichen Ausführungsarten. Zwischen die beiden Kompressorstufen *I* und *II* ist ein Behälter *13* eingeschaltet, in den das Flüssigkeits-Dampfgemisch nach der oberen Entspannungsstufe (Ventil *411*) eingespritzt wird und sich mit dem überhitzten Dampf aus der ersten Kompressorstufe mischt. Der Sattdampf wird oben von der zweiten Stufe abgesaugt, während die auf die Temperatur des Zwischendrucks gekühlte Flüssigkeit über ein zweites Entspannungsorgan *41* dem Verdampfer zuströmt. Besondere Maßnahmen werden getroffen, um eine gute Durchmischung des überhitzten Dampfes aus der ersten Verdichtungsstufe mit der Flüssigkeit und damit eine vollständige Enthitzung zu sichern.

Bei der Anordnung nach Abb. 343 kühlt sich die vom Kondensator kommende Flüssigkeit zunächst in einem Nachkühler *3e* bis nahe an die dem Zwischendruck entsprechende Temperatur ab und gelangt dann über das Entspannungsventil *4*

---

[1] Vgl. Bd. V dieses Handbuches, S. 295.

in den Verdampfer. Ein kleiner Teil der gekühlten Flüssigkeit entspannt sich im Ventil *12d*, durchfließt dann den Nachkühler *3e*, nimmt unter teilweiser Verdampfung die dort anfallende Wärme auf und tritt schließlich in die Verbindungsleitung *13* zwischen den beiden Kompressorstufen über, wo sich durch Mischung der überhitzte Dampf aus der ersten Stufe bis nahe an die Sattdampftemperatur abkühlt. Die zur Kühlung verwendete Flüssigkeit kann entweder von Hand oder mittels eines thermostatischen Expansionsventils *12d*, dessen Fühler *12e* am

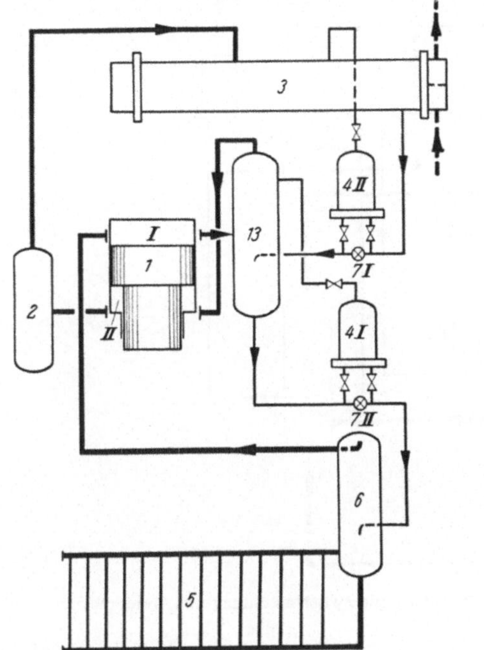

Abb. 342. Prinzipschema einer Kälteanlage mit tiefer Verdampfungstemperatur, zweistufiger Kompression und zweistufiger Entspannung.

1 Kompressor; *I* Erste Stufe; *II* Zweite Stufe; *2* Ölabscheider; *3* Kondensator; *4I* Schwimmerventil der unteren Stufe; *4II* Schwimmerventil der oberen Stufe; *5* Verdampfer; *6* Flüssigkeitsabscheider; *7I, 7II* Handregelventile; *13* Zwischenbehälter.

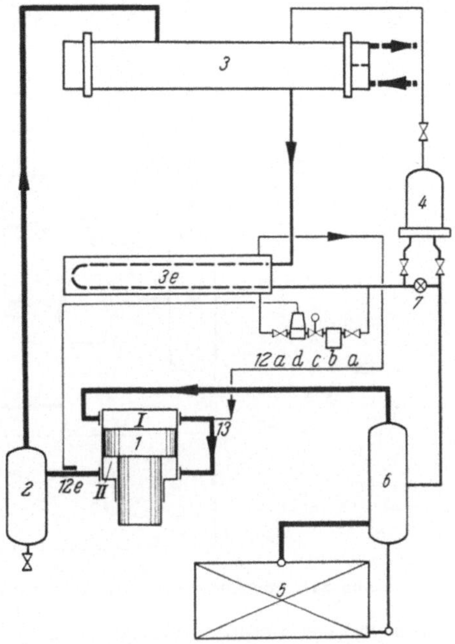

Abb. 343. Wie Abb. 342, jedoch mit einstufiger Entspannung von unterkühlter Flüssigkeit.

3e Flüssigkeits-Nachkühler. *12* Einspritzgruppe, bestehend aus: *12a* Handabsperrventil; *12b* Filter; *12c* Magnetventil; *12d* Expansionsventil; *12e* Fühler zu *12d*; *13* Verbindungsrohr zwischen den Stufen *I* und *II*.

Druckrohr der zweiten Kompressorstufe angeklemmt ist, so geregelt werden, daß sich an der Anklemmstelle die gewünschte Überhitzung einstellt. Ein Magnetventil *12c* unterbricht beim Stillsetzen des Kompressors die Zuteilung der Kältemittelflüssigkeit.

Zweistufige Verdichtung bietet auch Vorteile bei hohen Verflüssigungstemperaturen, wie sie bei warmem Kühlwasser (tropische Gegenden), bei rückgekühltem Kühlwasser mit Frischwasserzusatz und bei Wärmepumpen[1] vorkommen. Hier kann mit Vorteil eine Anordnung gemäß Abb. 344 mit Zwischenkühlung und Unterkühlung des Kondensats durch Frischwasser bzw. durch zu erwärmendes Brauchwasser (bei Wärmepumpen) gewählt werden, womit eine Betriebsweise mit einfacher Steuerung und verhältnismäßig geringem Energiebedarf erhalten wird.

Die Konstruktion zwei- oder mehrstufiger Kompressoren bietet keine Schwierigkeiten. Immerhin sind einige Gesichtspunkte zu beachten, auf die hier hin-

---

[1] Vgl. den Abschnitt Wärmepumpen von H. L. v. CUBE in diesem Band, S. 467.

25*

gewiesen sei: Zunächst ist festzustellen, welcher Teil aller zu liefernden Kompressoren für zweistufige Verdichtung vorgesehen werden muß. Ist dieser Teil klein, so werden die einstufigen Ausführungen für serienweise Herstellung durchgebildet, während man für zweistufige Maschinen eine Form wählt, bei der möglichst viele

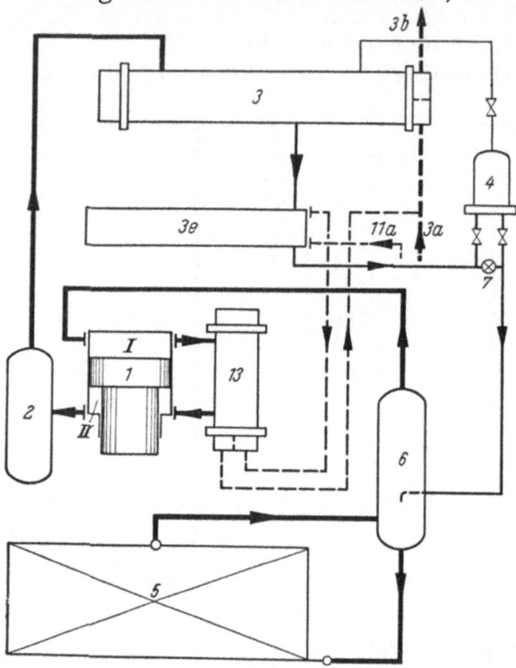

Abb. 344. Prinzipschema einer zweistufigen Kälteanlage mit Zwischenkühlung und Unterkühlung durch Frischwasser.

3a, 3b Ein- und Austritt des Rückkühlerwassers; *3e* Nachkühler; *11a* Frischwassereintritt; *13* Wassergekühlter Zwischenkühler. Übrige Bezeichnungen wie bei Abb. 342.

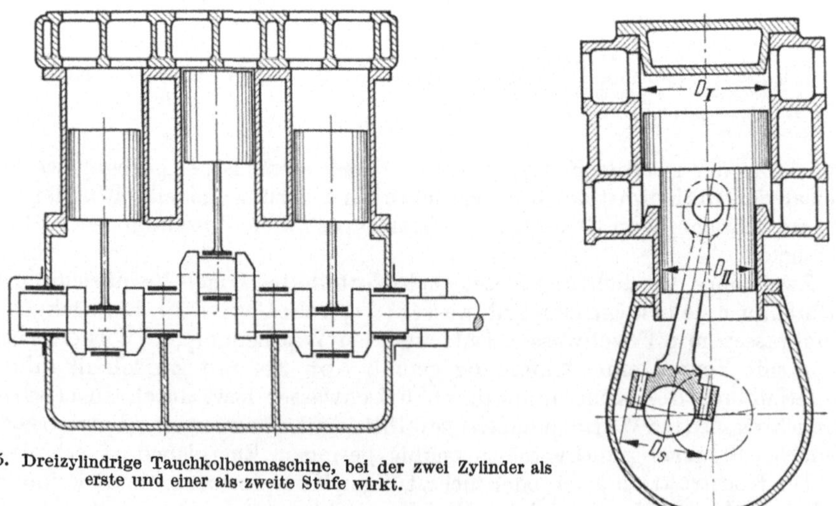

Abb. 345. Dreizylindrige Tauchkolbenmaschine, bei der zwei Zylinder als erste und einer als zweite Stufe wirkt.

Abb. 346. Zweistufiger Kompressor mit abgestuftem Tauchkolben. Das Maß D_s muß kleiner als D_{II} sein, um Kolben und Schubstange ein- und ausbauen zu können.

Einzelteile der einstufigen Ausführungen verwendet werden können. Dies ist z. B. bei einer Bauart nach Abb. 345 der Fall, bei der entweder drei einstufige Zylinder parallel arbeiten oder zwei Zylinder als erste und der dritte als zweite Stufe verwendet werden. Verschiedene Firmen versehen die Zylinder mit auswechselbaren Laufbüchsen, wobei der Durchmesser der für die zweite Stufe verwendeten Büchse dem Verdichtungsverhältnis entsprechend gewählt werden kann. Man findet auch Anlagen, bei denen die zweistufige Verdichtung lediglich durch Hintereinanderschalten von einstufigen Serienmaschinen verschiedener Größe verwirklicht ist. Bei der heute vorherrschenden Neigung, die Größenabstufung durch Aneinanderreihen von Zylindern gleicher Größe zu gewinnen, ergeben sich große Zylinderzahlen und damit gute Anpassungsmöglichkeiten an die verschiedenen zu überwindenden Druckverhältnisse.

Kommt zweistufige Verdichtung verhältnismäßig häufig vor, so kann sich das Entwickeln einer besonderen Baureihe lohnen. Eine vorteilhafte Ausführungsart ergibt sich durch Abstufen der Kolben nach Abb. 346. Die Kolbenkräfte sind dabei weitgehend ausgeglichen, das Triebwerk ist also gut ausgenützt.

Bei großen Kälteleistungen werden für die erste Stufe mit Vorteil Turbokompressoren oder Vielzellen-Rotationskompressoren oder Dampfstrahlapparate verwendet.

Für Verdampfungstemperaturen unter etwa — 60 °C geht man im allgemeinen zu dreistufiger Verdichtung über. Vom Standpunkt der Betriebsführung aus gesehen ist die Verwendung desselben Kältemittels in allen drei Stufen vorteilhaft, weil eine Verwechslung ausgeschlossen ist und sich eine einfache Schaltung ergibt. Dem stehen als Nachteile das große Volum und der niedrige Druck des verdampfenden Kältemittels in der untersten Stufe gegenüber, wodurch sich große Kompressoren und besondere Abdichtungsprobleme ergeben. Diese Nachteile lassen sich durch eine Kaskadenschaltung vermeiden, bei der für die unterste Stufe ein Kältemittel verwendet wird, dessen Verdampfungsdruck bei der gewünschten tiefsten Prozeßtemperatur über oder nicht wesentlich unter dem Atmosphärendruck liegt. Hierbei sind allerdings Maßnahmen zur Sicherung der Anlage gegen zu hohe Drücke bei Stillstand zu treffen.

3. Indirekte Kühlung mit Hilfsflüssigkeiten.

Ohne Zweifel ergibt die unmittelbare Kühlung, bei der das Kühlgut oder die zu kühlende Raumluft mit der wirksamen Verdampferoberfläche in Berührung gebracht wird, grundsätzlich die einfachste Apparatur und den geringsten Betriebsmittelverbrauch, weshalb sie weitaus am meisten angewendet wird. Früher bereiteten die Kältemittelverteilung auf verschiedene Verdampfer, die Regelung der Kühlwirkung und das Dichthalten weitverzweigter Leitungsnetze oft erhebliche Schwierigkeiten. Diese waren bei Verwendung von Kühlsole leichter zu überwinden, weshalb diese Kühlart häufig angewendet wurde, besonders dort, wo Sole für Blockeisherstellung ohnehin verfügbar war. Mit der Einführung selbsttätig arbeitender Steuer- und Regelgeräte wurden diese Schwierigkeiten überwunden, und die Kühlung durch direkte Verdampfung an den einzelnen Kühlstellen ersetzt zunehmend jene durch Hilfsmedien.

Nun bietet aber die indirekte Kühlung auch heute noch in gewissen Fällen Vorteile, die beim Entwerfen neuer Anlagen zu bedenken sind. Ein erster Grund sie anzuwenden, ist die erzielbare Kältespeicherung. In einem Solebad läßt sich Kälte für die Deckung hoher Bedarfsspitzen bereitstellen, während die Maschinen nur für eine mittlere Leistung zu bemessen sind. Wo billiger Nachtstrom zur Verfügung steht, kann die Kälteerzeugung hauptsächlich auf die Niedertarifstunden verlegt werden, was energiewirtschaftlich sinnvoll und preislich oft vorteilhaft ist. Besonders günstig erweist sich eine Kältespeicherung in Form von Eis, das sich bei Eiswasserkühlung an den Verdampferrohren bildet, weil hierdurch große Kältemengen auf kleinem Raum bereitgestellt werden können. Bei richtiger Konstruktion des Verdampfers und allseitiger Bespülung mit künstlich umgewälztem Wasser ergibt sich ein gleichmäßiger Eisbelag, der im Bedarfsfall dank seiner großen Oberfläche rasch und mit nur geringer Übertemperatur des Wassers abschmilzt.

Für die Getränkekühlung werden häufig Plattenapparate verwendet, die nur mit Eiswasser oder Alkohollösungen betrieben werden dürfen, weshalb hierfür indirekte Kühlung anzuwenden ist. Dasselbe trifft auch bei der Blockeisherstellung zu, deren Anwendungsgebiete allerdings zurückgehen. Dagegen sind Einrichtungen zur Herstellung von Scherbeneis und von Blockeis entwickelt worden, die mit direkter Verdampfung arbeiten und bei denen das Eis schon kurze Zeit nach der Inbetriebsetzung verfügbar ist[1].

Kühlung mit einer Hilfsflüssigkeit wird ferner in industriellen oder gewerblichen Betrieben bevorzugt, in denen mit verhältnismäßig häufigen Änderungen an den kältetechnischen Einrichtungen zu rechnen ist. Diese lassen sich jeweils von Installateuren oder betriebseigenen Arbeitern vornehmen, die eher verfügbar sind als Kältemonteure. Ähnliches gilt für Anlagen, bei denen Fachpersonal nur für die eigentliche Maschinenanlage vorhanden ist.

Mittelbare Kühlung erfordert naturgemäß tiefere Verdampfungstemperaturen, besonders bei Speicherbetrieb, wodurch sich der Energieverbrauch für einen gegebenen Kältebedarf erhöht. Hinzu kommen die Energieverbräuche der Umwälzpumpen und des Rührwerks. Der apparative Aufwand, der Raumbedarf und die Anlagekosten sind meist größer als bei direkter Verdampfung, weshalb in jedem Einzelfall zu prüfen ist, ob die oben genannten Vorteile tatsächlich überwiegen.

Als Hilfsflüssigkeiten kommen außer Wasser, Chlorkalziumsole, Alkohollösungen und Spezialsolen für tiefere Temperaturen sowie Trichloräthylen in Betracht. Für Kältespeicherung bei tiefen Temperaturen, wie sie z. B. bei Gefrierfleischtransporten vorkommen, werden Speichergefäße verwendet, die mit eutektischer Chlorkalzium-Lösung gefüllt und auf etwa -60 bis -65 °C, also unter den Gefrierpunkt der Lösung, gekühlt sind. Noch tiefere Temperaturen erzielt man mit Trockeneis, nur sind die Kosten dieses Verfahrens meist unwirtschaftlich hoch.

III. Betriebstechnische Gesichtspunkte.

1. Abtauverfahren.

Die Reifbildung an Luftkühlern oder Elementen für stille Kühlung sowie an Apparaten für die Kühlung feuchter Gase erschwert den Wärmeübergang und drosselt außerdem die Luftströmung, weshalb sie durch periodisches Abtauen beseitigt werden muß. Je öfter abgetaut wird, desto rascher vollzieht sich dieser Vorgang, desto geringer ist die durch ihn bewirkte Störung des Betriebs bzw. des Raumklimas, desto besser auch die Kühlwirkung. Häufiges Abtauen erfordert jedoch automatisch gesteuerte Einrichtungen.

Das Abtauen darf erst beendet werden, wenn der ganze Apparat restlos reiffrei und das Tauwasser abgetropft ist. Setzt die Kühlung zu früh ein, so gefrieren die von Schmelzwasser durchtränkten Reifreste zu Eis, das viel mehr Zeit zum Auftauen benötigt als Reif und daher beim nächstfolgenden Abtauvorgang bestehen bleibt. Die Eisbildung wird immer größer, was den Luftdurchgang erschwert und

---

[1] Vgl. Bd. XI dieses Handbuches, S. 502 bis 525.

die Kühlwirkung beeinträchtigt. Um solche Störungen zu vermeiden, ist die Dauer der Abtauvorgänge richtig einzustellen. Diese hängt nicht nur von der Stärke des Reifansatzes, sondern auch von der Konstruktion und der Füllung der Kühlelemente ab.

Als Abtauverfahren sind zu nennen:

a) Abtauen durch die Raumluft. Diese muß hiefür einige Grade über 0 liegen. Bei Wand- und Deckenelementen genügt das Abschließen der Kältemittelzufuhr. Bei Luftkühlern können die Klappen in den Saug- und Druckkanälen geschlossen werden, sofern Wert darauf gelegt wird, daß das Raumklima durch den Abtauprozeß nicht gestört werde. Wo im Kühlraum kurzzeitig etwas höhere Feuchtigkeiten zugelassen sind, läßt sich das Abtauen durch Beibehalten des Umluftbetriebs wesentlich abkürzen.

b) Abtauen durch warme Sole. Bei weitverzweigten Netzen mit indirekter Kühlung, insbesondere bei Anlagen mit stiller Kühlung, kann das ganze Netz durch Aufwärmen der Sole rasch abgetaut werden. Dazu werden entweder Rohrbündelapparate oder elektrische Durchlauferhitzer verwendet mit Heizung durch Dampf oder warmes Wasser.

c) Abtauen durch Wasserberieselung. Dieses Verfahren läßt sich nur bei Luftkühlern anwenden. Es wirkt rasch, dient zugleich zum Reinigen der Kühlelemente, der Tropfschale und des Ablaufs, ist einfach, billig und kann leicht automatisiert werden. Es wird auch bei Gefrierräumen mit Raumtemperaturen bis $-20\,°\mathrm{C}$ angewendet. Dabei ist der Syphon im Ablauf in einem warmen Raum anzuordnen, damit er nicht einfriert. Es empfiehlt sich auch, Tropfschalen und Ablauf zu heizen, bevor die Wasserberieselung einsetzt. Dies geschieht meist elektrisch.

d) Abtauen durch elektrisches Heizen der Luftkühlerkammern. Besonders bei vollautomatischen Kleinkälteanlagen hat sich dieses Verfahren dank seiner großen Einfachheit gut eingeführt. Bei größeren Kühlräumen ergeben sich beträchtliche Heizstromkosten, besonders wenn mit tieferen Temperaturen gearbeitet wird. Die Heizstäbe sind unter dem Kühlkörper anzuordnen; die Wärme wird teils durch Strahlung, teils durch Konvektion übertragen. Für die Feuchtigkeitsregelung sind meist besondere Heizkörper vorzusehen.

e) Abtauen durch warmen Kältemitteldampf. Bei Anlagen mit mehreren Verdampfern liegt es nahe, einen Teil von ihnen als Verflüssiger wirken zu lassen, während die andern als Verdampfer weiter arbeiten. Abb. 347 zeigt eine mögliche Schaltung für zwei Verdampfer. Im normalen Betrieb sind die Abschließungen A und B geschlossen, C und D offen. Soll beispielsweise der Verdampfer *5a* abgetaut werden, so schließt man Ca und Da, öffnet Aa und Ba, worauf das vom Kompressor *1* geförderte Gas entsprechend den eingezeichneten Pfeilen nach *5a* gelangt und sich dort unter Wärmeabgabe an den Reif verflüssigt, während das Kondensat über Aa und unter Abdrosselung des Druckes in *12b* in den Verdampfer *5b* übertritt.

Eine andere Ausführungsart zeigt Abb. 348. Sie eignet sich insbesondere für Anlagen mit nur einem Verdampfer, wird aber häufig auch dort verwendet, wo mehrere Luftkühler abgetaut werden sollen. Im normalen Betrieb sind die Abschließungen A und C offen, B und D geschlossen. Das vom Kompressor *1* geförderte Gas durchströmt die Rohrschlange *S2* und heizt den Speicher S unter Abgabe von Überhitzungswärme auf, bevor es sich im Kondensator *3* verflüssigt. Soll beispielsweise der Luftkühler *5a* abgetaut werden, so schließt man Aa und Ca und öffnet Ba und Da. Das Gas gelangt nun von *2* über Da in Pfeilrichtung nach *5a*, während das Kondensat unter Abdrosseln des Druckes in Ea nach *S1* abfließt und dort unter Wärmeaufnahme aus der warmen Speicherflüssigkeit verdampft.

Bei großen Anlagen mit vielen Kühlstellen, die nach dem Umwälzverfahren mit Kältemittel versorgt werden, läßt sich die Druckgasabtauung durch eine Abtauleitung verwirklichen, die von der Druckleitung eines Kompressors abzweigt

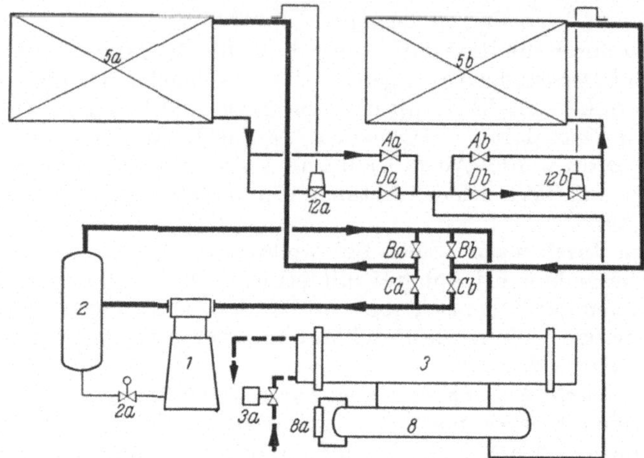

Abb. 347. Prinzipschema einer Kälteanlage mit zwei Verdampfern und Druckgasabtauung.

1 Kompressor;　*2* Ölabscheider;　*2a* Ölrückführventil;　*3* Kondensator;　*3a* Kühlwasserventil;　*5a* und　*5b* Verdampfer (Luftkühler);　*8* Flüssigkeitssammler;　*8a* Standanzeiger;　*12a* und　*12b* Expansionsventile;　*Aa* und *Ab* Abtau-Abschließungen in den Flüssigkeitsleitungen;　*Ba* und *Bb* Abtau-Abschließungen in den Gasleitungen; *Ca* und *Cb* Abschließungen in den Saugleitungen;　*Da* und *Db* Abschließungen in den Flüssigkeitsleitungen.

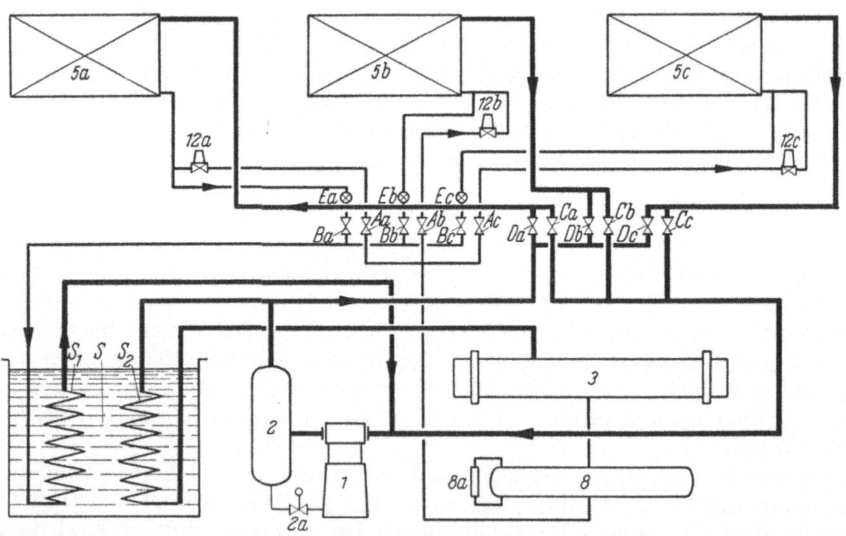

Abb. 348. Prinzipschema einer Kälteanlage mit drei Luftkühlern *5a*, *5b* und *5c* und Druckgasabtauung mittels Wärmespeicher.

Aa, Ab, Ac Abtau-Abschließungen in den Flüssigkeitsleitungen;　*Ba, Bb, Bc* Abtau-Abschließungen für Kondensat;　*Ca, Cb, Cc* Abschließungen in den Saugleitungen;　*Da, Db, Dc* Abtau-Abschließungen für Druckgas; *Ea, Eb, Ec* Handregelventile;　*S* Wärmespeicher;　S_1 Rohrschlange zum Verdampfen des Kondensates;　S_2 Rohrschlange zum Aufladen des Speichers.

und zu jedem einzelnen Kühlerelement hinführt. Das Abtauen erfolgt durch Betätigen der Abschlußorgane in der Flüssigkeitsvorlauf- und in der Abtauleitung.

Das Abtauen mittels warmem Kältemitteldampf bietet wesentliche Vorteile. Es geht rasch vor sich, beeinflußt das Raumklima nur wenig, weil fast alle Wärme zum Abschmelzen des Eises verwendet wird, erfordert wenig Betriebsmittel und hinterläßt trockene Oberflächen. Es ist das einzige Verfahren zum Abtauen von Decken- und Wandsystemen in Tiefkühlräumen und Kühlräumen mit Temperaturen um 0 °C. Es eignet sich für automatischen Betrieb. Da der Reif schon abfällt, bevor er noch ganz geschmolzen ist, sind Maßnahmen zum Wegschwemmen oder Abschmelzen in den Auffangschalen zu treffen. Oft werden diese sowie deren Abläufe während des Abtauens mittels Druckgas oder Elektrizität erwärmt.

Die Druckgasabtauung bedeutet eine einschneidende Umstellung der Betriebsweise. Dabei ist sorgfältig zu prüfen, ob sich nicht die Kältemittelfüllungen in unzulässiger Weise verlagern, ob die nötigen Auffangräume für die zu erwartenden Verlagerungen vorhanden sind und ob der Ölumlauf nicht gestört wird. Insbesondere muß nasses Ansaugen der Kompressoren beim Umschalten vom Abtaubetrieb auf normale Kühlung vermieden werden.

2. Der Ölumlauf.

Die meisten Kältemittelkompressoren erfordern eine Schmierung der gleitenden und dichtenden Flächen mit besonderem Kältemittelöl. Kleine Ölmengen werden vom verdichteten Dampf mitgeführt, und in einem Ölabscheider, der zugleich als Stoßdämpfer wirkt, zum größten Teil von Dampf getrennt. Das dort ausgeschiedene Öl gelangt meist mittels eines selbsttätig wirkenden Ventils wieder zum Kompressor zurück. Der kleine, im Dampf noch verbleibende Teil durchläuft mit dem Kältemittel den ganzen Kreislauf. Damit er sich dabei nicht störend auswirke, sind gewisse Maßnahmen zu treffen, die beim Entwurf neuer Anlagen zu beachten sind.

Die vom Druckgas mitgeführte Ölmenge hängt in starkem Maße von der Konstruktion des Kompressors ab. Bei Kolbenkompressoren mit Kolbenstangenstopfbüchsen, bei denen die gasbespülten Teile vom Triebwerk getrennt sind, werden die gleitenden Flächen des Zylinders und der Stopfbüchse mittels besonderer Zylinderölpumpen in genau abgemessener Menge mit Öl versorgt. Diese stets gleichbleibende Ölmenge gelangt in den Ölabscheider. Bei den heute meist verwendeten Tauchkolbenmaschinen, bei denen das Kurbelgehäuse mit Kältemitteldampf unter Saugdruck angefüllt ist, erhalten die Zylinderlaufflächen das nötige Schmieröl ganz oder zum großen Teil durch Abschleudern vom Triebwerk. Erfahrungsgemäß genügt diese einfache Schmierart selbst bei zweistufigen Ammoniakmaschinen mit abgestuften Kolben nach Abb. 346 bis zu Normalleistungen von etwa 120000 kcal/h. Hieraus ist zu schließen, daß die Schmierung der zweiten Stufe, die durch den ringförmigen unteren Zylinderteil gebildet wird, sehr reichlich und daher die mit dem Druckgas weggeführte Ölmenge verhältnismäßig groß sein muß. Die Ölabscheider von Tauchkolbenmaschinen sind daher reichlich zu bemessen. In noch viel stärkerem Maße ist das Druckgas bei Drehkolbenkompressoren mit Öl durchsetzt, bei denen dieses außer zum Schmieren auch noch zum Dichten und zum Kühlen dienen muß. Es ist hier nicht zu vermeiden, daß nach erfolgter Ölausscheidung noch eine verhältnismäßig große Ölmenge in den Kältekreislauf gelangt, weshalb den hier zu besprechenden Maßnahmen zur Sicherung der Anlage gegen Störungen oder Beeinträchtigung der Wirtschaftlichkeit besondere Bedeutung zukommt.

Die Wirkung eines Ölabscheiders läßt sich durch Enthitzen des Druckgases wesentlich verbessern. Dabei muß aber jegliche Verflüssigung vermieden werden, weil sonst die Gefahr bestünde, daß mit dem ausgeschiedenen Öl auch Kondensat ins Kurbelgehäuse des Kompressors gelangt und dort die Triebwerkschmierung gefährdet. Selbst bei Verwendung des im Kondensator erwärmten Kühlwassers ist eine Kondensatbildung nicht ausgeschlossen. Wegen dieser Gefahr verzichtet man meist auf eine Druckgasenthitzung, insbesondere bei automatisch gesteuerten Kompressoren.

Durch die Mischung verändern sich Verhalten und Eigenschaften sowohl des Kältemittels als auch des Öls. Die Art dieser Veränderung ist in Band IV dieses Handbuches eingehend beschrieben. Für die praktische Anwendung sind hauptsächlich die Beeinflussung der chemischen Beständigkeit beider Stoffe, die Löslichkeit des Öls in der Kältemittelflüssigkeit, sowie die Veränderung der physikalischen Eigenschaften zu beachten. Beim Kältemittel sind es insbesondere der Siedeverzug, die Verringerung der Wärmeübergangszahlen sowie die Ölschaumbildung beim Verdampfen; beim Öl müssen die kleinere Viskosität, die geringere Schmier- und Sperrfähigkeit, die Gefährdung der Schmierwirkung infolge Dampfbildung im Ölfilm der Gleitflächen[1] sowie das infolge Durchmischung mit Kältemittel veränderte Verhalten bei den tiefsten und höchsten Prozeßtemperaturen berücksichtigt werden.

Es genügen hier einige Hinweise auf das Verhalten der heute am häufigsten verwendeten Kältemittel Ammoniak und R 12. Da ist zunächst festzustellen, daß die gegenseitigen Veränderungen bei Ammoniak viel geringer sind als bei R 12. Gutes Kältemaschinenöl absorbiert je nach der Temperatur mehr oder weniger Ammoniakgas. Diese Mengen sind aber so klein, daß sich das Öl weder chemisch noch physikalisch in nennenswertem Maße verändert. Dagegen löst sich Öl nicht in Ammoniakflüssigkeit. Da es schwerer als diese ist, sinkt es nach unten und läßt sich so ausscheiden. Allerdings bedarf es dazu genügend langer Zeit, also großer Behälter. Man könnte diese unter den Kondensatoren einbauen und das dort ausgeschiedene Öl entweder an von Hand bedienten Ventilen abziehen oder mittels thermostatisch gesteuerter Ventile ins Kurbelgehäuse des Kompressors zurückführen. Das wird selten getan. Meist läßt man das Öl mit dem Ammoniak in die Verdampfer übertreten. Bei überflutetem Betrieb sammelt es sich an tiefster Stelle und wird dort mittels besonderer Ventile von Hand abgelassen. Bei trockener Verdampfung gelangt das Öl mit dem verdampfenden Ammoniak als Schaum durch die Verdampferschlangen und anschließend durch die Saugleitung zum Kompressor zurück. Diese selbsttätige Rückführung setzt allerdings eine sorgfältige Durchbildung des Verdampfers voraus.

Im Betrieb sind überflutete Verdampfer periodisch zu entölen, da stärkere Ölansammlungen die tieferliegenden Verdampferteile unwirksam machen und außerdem die Betriebssicherheit gefährden. Es empfiehlt sich daher, überflutete Verdampfer mit Ölschleusen zu versehen. Sie können auch durch besondere Entölungsleitungen mit dem Kurbelgehäuse des Kompressors verbunden werden, um das Rückführen des Öles zu erleichtern.

Bei öllöslichen Kältemitteln kann sich ein Siedeverzug einstellen. Die Bildung solcher Lösungen ist daher zu vermeiden. Erfahrungsgemäß läßt sich das bei trockener Verdampfung durch zweckmäßige Bauweise der Verdampfer erreichen. Das in der Flüssigkeit gelöste Öl schäumt bei der Entspannung im Expansionsventil auf und wird mit dem Kältemitteldampf durch die Verdampferschlangen und die Saugleitung zum Kompressor zurückgeführt, ohne daß es sich irgendwo ansammeln und dadurch nachteilig wirken könnte. Bei überfluteten Verdampfern können sich größere Ölmengen im flüssigen Kältemittel lösen, wodurch die Kühlwirkung beeinträchtigt wird. In dieser Hinsicht sind Verdampfer mit großen Flüs-

---

[1] Thelen, A.: Schmierung von zylindrischen Gleitlagern mit Öl-Kältemittelgemischen, Dissertation T. H. Karlsruhe, 1959.

sigkeitsfüllungen besonders gefährdet. Immerhin sind auch hier Fälle bekannt, wo es durch konstruktive Maßnahmen, insbesondere durch zweckmäßiges Anordnen der Stutzen für die Saugleitung am oberen, als Flüssigkeitsabscheider wirkenden Verdampferteil gelungen ist, eine störende Ölansammlung zu vermeiden.

Die Verringerung der Wärmedurchgangszahlen infolge der isolierenden Wirkung des Ölfilms darf wegen der kleinen Wärmeleitzahl des Maschinenöles nicht unterschätzt werden. Sie ist durch eine Vergrößerung der wirksamen Oberfläche um einen Betrag, der Abb. 349 entnommen werden kann, auszugleichen[1]. Als Stärke des Ölfilms kann bei Rohrbündel-Kondensatoren für Ammoniak[2] mit 0,013 bis 0,014 mm gerechnet werden, für R 12 ist sie eher noch kleiner. Bei Verdampfern für Flüssigkeitskühlung lauten die entsprechenden Zahlen 0,02 mm für Ammoniak

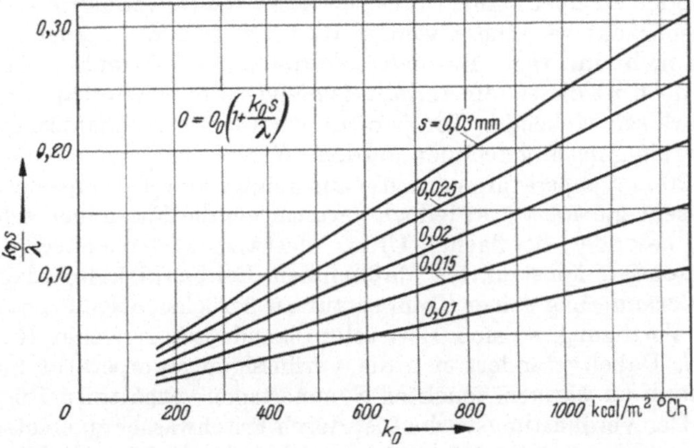

Abb. 349. Verhältnismäßige Vergrößerung der wirksamen Oberfläche von Wärmeaustauschern zum Ausgleich der isolierenden Wirkung eines Ölfilms von der Stärke s und der Wärmeleitzahl $\lambda = 0{,}12$ kcal/mh °C.

und 0,01 mm für R 12[3]. Hieraus ergibt sich, daß sich die isolierende Wirkung durch eine verhältnismäßig kleine Oberflächenvergrößerung (in der Größenordnung von 10%) ausgleichen läßt. Vorsicht ist bei hohen Durchgangszahlen k_0, so z. B. bei Rohrbündel-Kondensatoren für Ammoniak und reinem, in geschlossenem Kreislauf umlaufendem Kühlwasser (Wärmepumpen für Raumheizung) geboten.

Die Vorteile des ölfreien Betriebs liegen vor allem in einer Vereinfachung der Betriebsführung infolge Wegfall der Entölungsoperationen, die bei weitverzweigten Netzen und bei überfluteten R 12-Verdampfern beträchtlich ist, weiter in einer Erhöhung der Betriebssicherheit, weil keine Einflüsse von seiten des Kältemittelkreislaufs (Ölverlagerungen) die Wirkungsweise der Kompressoren gefährden können, und in der Möglichkeit einer freieren Gestaltung der Verdampfer und der Leitungsführung, weil auf die sonst bestehende Forderung, das Öl nach dem Kompressor zurückzuführen, nicht Rücksicht zu nehmen ist. Diese Vorteile wirken sich bei tiefen Verdampfungstemperaturen, bei großen Anlagen mit vielen Kühlstellen, sowie bei Anlagen mit überfluteten Frigen-Verdampfern stark aus. Das sind gerade die Anwendungsgebiete, die den allgemein in der Kältetechnik zu beobachtenden Entwicklungstendenzen entsprechen, so daß die Verwendung ölfreier Kompressoren sehr wohl berechtigt ist.[4]

---

[1] Vgl. A. OSTERTAG: Der ölfreie Sulzer-Kältekompressor in Schweiz. Bauzeitung 1961, H. 9, S. 131 bis 135.

[2] Vgl. Bd. III dieses Handbuches, S. 403/404 sowie Abb. 306.

[3] daselbst, S. 441 bis 443.

[4] RITTER, V.: Der neue ölfreie Sulzer-Kältekompressor. Technische Rundschau Sulzer 1959, H. 2, S. 101/104; s. auch Bd. V dieses Handbuches, S. 326 ff.

Schon verhältnismäßig früh (1911) ist vor allem von W. H. Carrier der Turbokompressor in die Klimatechnik eingeführt, und es sind schon damals die Vorteile ölfreien Betriebes festgestellt worden. Ölfrei arbeiten auch die Kältemaschinen nach dem Dampfstrahl- und dem Absorptionsverfahren.

3. Abführung oder Verwertung der Verflüssigungswärme.

Das Abführen der Verflüssigungswärme oder anderer, beim Durchlaufen des Kreisprozesses frei werdender Wärmemengen kann bei ungünstigen Wasserverhältnissen oder bei Wassermangel besondere Maßnahmen erfordern, die die Gesamtkonzeption nicht unwesentlich beeinflussen und daher schon beim Entwurf zu berücksichtigen sind. Trinkwasser ist in dichtbesiedelten Gebieten bei Trockenperioden zu einer Mangelware geworden, die für industrielle Zwecke nicht oder nur beschränkt verwendet werden darf. Oft kommt es auch wegen seinem hohen Preis nicht in Frage. Besonders vorteilhaft ist Grundwasser aus eigenen Brunnen, jedoch ist dieses nur verhältnismäßig selten verfügbar. Bei Flußwasser muß mit stark schwankenden Temperaturen sowie mit mechanischen und chemischen Verunreinigungen gerechnet werden. Wasser aus Seen weist in Tiefen von mindestens 20 m Temperaturen auf, die nur wenig von $+4\,°C$ abweichen, als Kühlwasser also sehr günstig wäre; jedoch verursachen die Fassungen erhebliche Aufwendungen, besonders bei flachen Ufern. Meerwasser ist chemisch aggressiv und erfordert besondere konstruktive Maßnahmen. Bei Schiffskälteanlagen ist ferner die starke Veränderung seiner Temperatur zu berücksichtigen. Steht nur wenig Wasser zur Verfügung, so sind Berieselungskondensatoren oder Rückkühlwerke anzuwenden. Dabei verändert sich die Verflüssigungstemperatur mit dem Ortsklima, sie kann an warmen, feuchten Sommertagen verhältnismäßig hohe Werte annehmen. Der Verdunstungsverlust ist durch Frischwasser zu ersetzen. Ist dieses auch im Sommer genügend kühl, so lohnt sich meist die Unterkühlung des Kältemittel-Kondensats in einem Gegenstrom-Wärmetauscher.

Ist überhaupt kein Wasser verfügbar, so muß die Verflüssigungswärme entweder direkt oder unter Zwischenschaltung eines Wasserkreislaufs an Luft abgegeben werden. Luftgekühlte Kondensatoren erfordern verhältnismäßig große Ventilatoren, da nur eine geringe Erwärmung der Luft zugelassen werden darf. Sie sind strömungstechnisch sorgfältig durchzubilden. Lamellenrohre von fischförmigem Querschnitt ergeben trotz großer Luftgeschwindigkeiten geringe Strömungswiderstände und geringen Raumbedarf. In bewohnten Gegenden ist die Geräuschdämpfung zu berücksichtigen.

Die Umstände, die mit der Kühlwasserbeschaffung verbunden sind, legen eine Verwertung des erwärmten Wassers nahe. Das mit 20 bis 30 °C anfallende Wasser kann für zahlreiche gewerbliche Zwecke unmittelbar gebraucht werden. Als warmes Brauchwasser genügen vielfach 40 bis 50 °C an der Zapfstelle. Sie lassen sich bei entsprechender Bauweise ohne weiteres im Kältemittel-Kondensator erzeugen. Wo höhere Temperaturen erforderlich sind, werden mit Vorteil Boiler zum Nachheizen in unmittelbarer Nähe des Verbrauchsortes aufgestellt.

Die Versorgung von Raumheiznetzen mit der Verflüssigungswärme von Kälteanlagen stellt interessante Aufgaben, von denen die beiden wichtigsten hier erwähnt seien. Die erste besteht im Ausgleichen des durch den Kühlbetrieb bestimmten Wärmeanfalls, der sich mit dem Wärmebedarf nicht deckt. Im Sommer, da viel Wärme anfällt, werden je nach den klimatischen Verhältnissen keine oder nur geringe Wärmemengen benötigt, weshalb der Wärmeüberschuß abzuführen ist. Umgekehrt ist im Winter nur wenig Verflüssigungswärme verfügbar, während ein großer Heizbedarf zu decken ist. Man wird daher einen besonderen, vorzugsweise mit Grundwasser betriebenen Verdampfer aufstellen, um die verfügbare Maschinenleistung zur Deckung der Wärmegrundlast voll einsetzen zu können. Die täglichen Unterschiede zwischen Wärmeanfall und Bedarf lassen sich durch Speicher auf der Heizwasserseite ausgleichen.

Die zweite Aufgabe ergibt sich aus der Forderung, die Heizwasser-Vorlauftemperatur so niedrig wie möglich und auf alle Fälle unter der durch die Kompressorkonstruktion gegebenen Grenztemperatur zu halten. Die verfügbare Heizleistung ist durch den Kältebetrieb gegeben; meist beträgt sie nur einen Teil der größten Leistung der zu versorgenden Heiznetze. Die als *Wärmepumpe* wirkende Kälteanlage soll nur die Grundlast decken. Sie muß durch brennstoffgefeuerte Kessel ergänzt werden. Bei Großflächen-Strahlungsheizung bereitet die Anpassung der Heizwassertemperatur an die obere Grenztemperatur des Kältekompressors keine Schwierigkeiten, da die höchste Vorlauftemperatur im Grundlastbereich nie über etwa 45 °C ansteigen wird. Dagegen erfordern andere Heizarten, insbesondere Radiatorenheizungen, höhere Heizwassertemperaturen. Immerhin zeigt sich, daß bei einer Grenztemperatur von 50 °C und einer Heizleistung der als Wärmepumpe arbeitenden Kältekompressoren von rd. 40% der größten Heizleistung des Netzes über 90% des mittleren Jahreswärmebedarfs gedeckt werden können, sofern die Radiatoren für Heizwassertemperaturen bei voller Leistung von 80 °C im Vorlauf und 60 °C im Rücklauf bemessen sind[1].

4. Wirtschaftlichkeit.

Nur selten wird nach der Wirtschaftlichkeit kältetechnischer Betriebe gefragt. Der Kälteingenieur bemüht sich, die ihm gestellte Aufgabe sachlich richtig, dem gegenwärtigen Stand der Technik gemäß und mit konkurrenzfähigem apparativem Aufwand zu lösen. Der Bauherr wählt in der Regel die Anlage, die seinen Bedürfnissen am besten entspricht, die größte Betriebssicherheit erwarten läßt und die geringsten Anlagekosten erfordert. Diese Gesichtspunkte genügen vor allem bei größeren Anlagen vielfach nicht. Da die Betriebskosten bei ihnen unberücksichtigt bleiben, ergeben sie ein unrichtiges Bild. Die für eine sachgemäße Entscheidung maßgebende Größe ist der Betrag der Jahreskosten. Diese ergeben sich als Summe aller jährlichen Aufwendungen für Kapitaldienst, Unterhalt, Betriebsmittel, Personal usw. Damit stellt sich dem projektierenden Ingenieur die Aufgabe, den jährlichen Betriebsmittelverbrauch vorauszuberechnen.

Wenn hier auf die Frage nach der Wirtschaftlichkeit kältetechnischer Betriebe eingegangen wird, so geschieht es aus der Einsicht, daß ihre sachgemäße Klärung sowohl im Interesse des Bauherrn als auch in dem der ausführenden Firma liegt. Dagegen hemmt das bisher übliche Vorgehen, bei dem nur auf die Offertpreise geachtet wird, eine gesunde Entwicklung. Der Vorstoß muß von den technischen Fachleuten ausgehen und zwar dadurch, daß sie ihren Angeboten Jahreskostenberechnungen mitgeben, die den tatsächlichen Verhältnissen entsprechen. Es wäre wünschenswert, wenn hierfür einheitliche Richtlinien aufgestellt würden, um die Ergebnisse der nach ihnen durchgeführten Berechnungen miteinander vergleichen zu können. Bei Bauvorhaben für größere Wärmepumpenanlagen ist dieses Vorgehen verschiedentlich befolgt worden, weil nur so die wirtschaftliche Berechtigung gegenüber brennstoffgefeuerten Anlagen nachweisbar ist. Bei Kälteanlagen bestehen im allgemeinen keine anderen Verfahren, die als Konkurrenten auftreten könnten. Hier handelt es sich vor allem um den Vergleich der Wirtschaftlichkeit der angebotenen Entwürfe. Darüber hinaus bildet eine zuverlässige

---

[1] Vgl. A. OSTERTAG: Wirtschaftliches Heizen mit Wärmepumpen. Schweiz. Bauzeitung 1958, H. 45, S. 674 bis 681. Ein besonderer Abschnitt über Wärmepumpen ist in diesem Band auf Seiten 467 bis 553 enthalten.

Kenntnis der Jahreskosten für Inhaber und Benützer kältetechnischer Anlagen die unerläßliche Grundlage für die Führung ihres Unternehmens. Ihre Ermittlung verschafft ferner Einblick in das Betriebsverhalten bei verschiedenen Betriebsbedingungen, läßt Verbesserungsmöglichkeiten sowohl konstruktiver als auch betrieblicher Art erkennen und unliebsame Überraschungen im praktischen Betrieb vermeiden.

Die Berechnung des jährlichen Betriebsmittelverbrauches ist bei der Kühlung von Flüssigkeiten, bei der Eisherstellung sowie bei den meisten Kälteaufgaben in der Verfahrenstechnik einfach, weil sich die Betriebsbedingungen nicht wesentlich verändern, so daß mit Mittelwerten gerechnet werden kann. Die einzige Größe, deren Ermittlung eingehendere Untersuchungen erfordert, ist die voraussichtliche jährliche Betriebsstundenzahl.

Verwickelter sind die Verhältnisse bei der Kaltlagerung von Lebensmitteln. Hier verändern sich der Wärmeeinfall mit dem Außenklima, sowie der Wärme- und Wasseranfall mit der Belegung und den Einfuhren. Es empfiehlt sich folgendes Vorgehen: Man ermittelt zunächst den gesamten täglichen Wärme- und Wasseranfall für verschieden warme Tage (z. B. für Außentemperaturen (Tagesmittelwerte) von −15 bis +30 °C) und wiederholt diese Bestimmung mehrmals für andere wahrscheinliche Annahmen über Belegung und Einfuhren. Bei diesen Berechnungen sind nicht Extremwerte einzusetzen, wie das für die Bemessung der Maschinen und Apparate üblich ist, sondern die wahrscheinlichsten Tagesmittelwerte.

Aus den Werten für den gesamten täglichen Wärmeanfall ergibt sich die tägliche Betriebszeit der Kompressoren, Ventilatoren, Pumpen usw. sowie der Verbrauch an elektrischer Energie und an Kühlwasser. Ist eine bestimmte relative Feuchtigkeit einzuhalten, so muß entweder künstlich befeuchtet oder geheizt werden. Dementsprechend verändern sich die täglichen Betriebszeiten der Kältemaschine sowie ihr Strom- und Wasserverbrauch, und es kommen noch weitere Aufwendungen für Heizwärme bzw. Befeuchtungsdampf hinzu. Die so ermittelten Werte werden nun in Abhängigkeit von den Temperaturhäufigkeiten des Außenklimas aufgetragen; die Fläche unter der so erhaltenen Kurve stellt dann den Jahresverbrauch dar. Die Abb. 350, 351 und 352 zeigen solche Kurven[1].

Bei der Gemeinschafts-Gefrieranlage, Abb. 350, besteht zum ganzjährigen Aufrechterhalten einer Raumtemperatur von −20 °C bei 60 m² Grundfläche und 2,5 m Höhe ein Kältebedarf, der durch die schraffierte Fläche unter der Kurve *I* dargestellt wird, sofern keine Einfuhren erfolgen; mit Einfuhren (angenommen wurden an 120 Tagen je 500 kg Fleisch von +15 °C oder gleichwertiges Gefriergut) erhöht sich der Bedarf gemäß Kurve *II*. Die Raumfeuchtigkeit stellt sich entsprechend den Betriebsbedingungen ein. Wie ersichtlich, ist der Kältebedarf auch im Winter beträchtlich, besonders bei Tagen mit Einfuhren. Im Jahr ergeben sich 3070 Betriebsstunden; der Energieverbrauch des Kompressormotors beläuft sich auf 14100 kWh, der des Ventilators auf 2140 kWh und der Kühlwasserverbrauch auf 2460 m³.

Der Fleischlagerraum (Abb. 351) von 120 m² Grundfläche und 2,5 m Höhe, der bei 28 t mittlerer Belegung auf +1 °C zu halten ist und in den zweimal wöchentlich, im Jahr also an 104 Tagen je 5 t Fleisch von +15 °C eingeführt werden, weist einen sehr großen Wasseranfall (84 kg/Tag) auf, so daß der Wärmeanfall gemäß Kurve *I* bzw. *II* bei weitem nicht genügt, das Wasser wegzuschaffen. Vielmehr muß das ganze Jahr geheizt werden, und die Kältemaschine hat dem Raum

---

[1] Ostertag, A.: Zur Frage der Wirtschaftlichkeit bei der Kaltlagerung von Lebensmitteln. Schweiz. Bauzeitung, 1958, H. 26, S. 383.

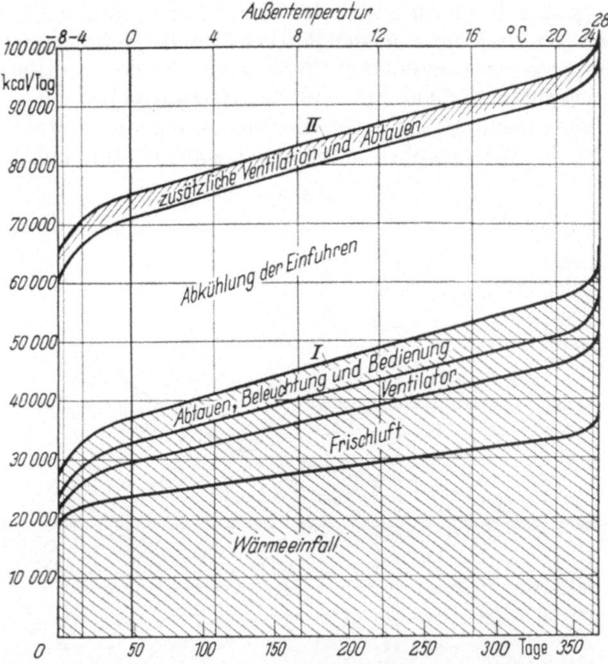

Abb. 350. Täglicher Kältebedarf einer Gemeinschafts-Tiefkühlanlage bei einer Raumtemperatur von − 20 °C ohne (Kurve *I*) und mit Einfuhren (Kurve *II*) in Abhängigkeit von den verschieden warmen Tagen des Jahres.

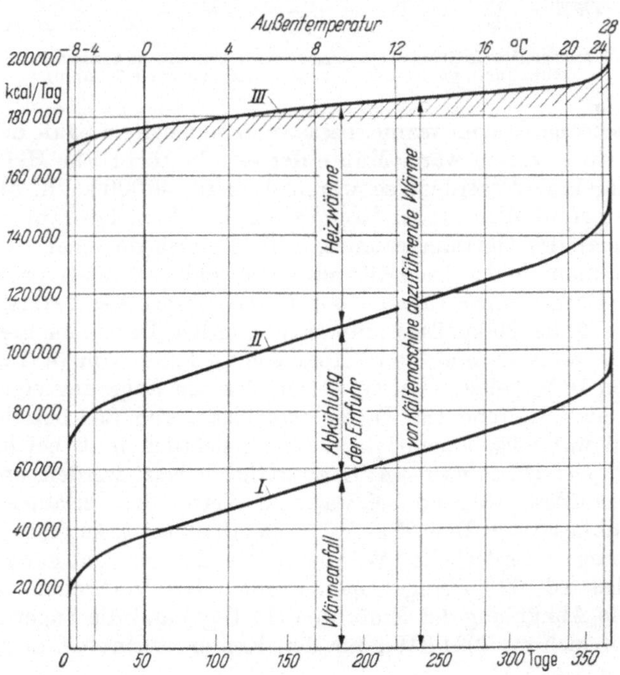

Abb. 351. Tägliche Wärmeumsätze in einem Fleischlagerraum von + 1 °C, 82% in Abhängigkeit von den verschieden warmen Tagen des Jahres.

die Wärmemenge, die durch die unter der Kurve *III* liegenden Fläche dargestellt ist, zu entziehen. Dadurch ergeben sich jährlich 5580 Betriebsstunden; der Energiebedarf des Kompressormotors beträgt 25 700 kWh, der des Ventilators 3200 kWh, der Kühlwasserverbrauch 5900 m³ und der Heizwärmebedarf 41 · 10⁶ kcal. Wie ersichtlich ist bei diesem Beispiel für die Bemessung der kältetechnischen Einrichtungen nicht der Wärmeanfall maßgebend, sondern die zum Wegschaffen des

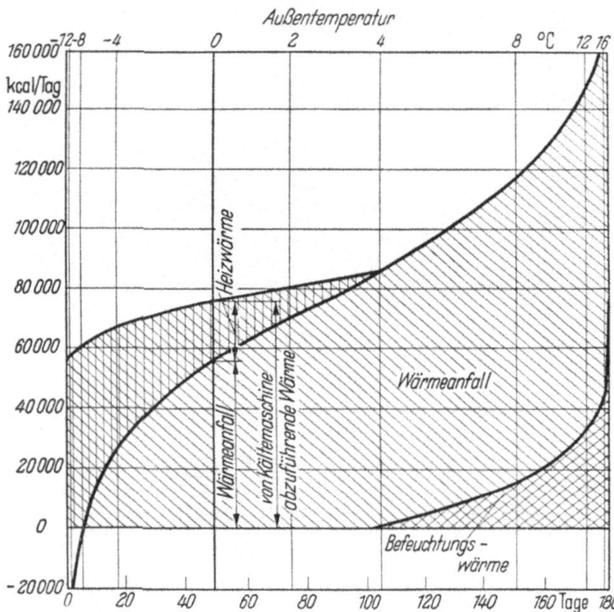

Abb. 352. Tägliche Wärmeumsätze in einem Obstlagerraum von +4 °C, 92% in Abhängigkeit von den verschieden kalten Tagen während der Lagerzeit (1. November bis 30. April).

Wasseranfalls nötige Gesamtwärme. Diese verändert sich im Laufe des Jahres nicht so stark, wie zu erwarten wäre. Müßte der sehr beträchtliche Heizwärmebedarf elektrisch aufgebracht werden, so wären dazu rd. 48 000 kWh, also wesentlich mehr Energie erforderlich als für Kompressor- und Ventilatorantrieb zusammen.

Das Beispiel des Obstlagerraumes, Abb. 352, wurde einer Studie des Verfassers entnommen[1], in der drei Fälle mit 90, 92 und 95% relativer Raumfeuchtigkeit bei einer Raumtemperatur von +4 °C und entsprechend stark wechselndem Wasseranfall (75, 55, 36 kg/Tag) untersucht wurden. Der betrachtete Lagerraum von 400 m² Grundfläche und 3,5 m Höhe soll im Laufe von 14 Tagen mit 200 t Frischobst von 16 °C belegt werden, worauf sich eine Lagerung vom 1. November bis 30. April, also während 181 Tagen, anschließt. Abb. 352 bezieht sich auf den mittleren Fall mit 92% Feuchtigkeit. Wie ersichtlich muß bei kaltem Wetter (bei Außentemperaturen unter +4 °C) zusätzlich geheizt werden, um den Wasseranfall wegzuschaffen, während bei warmem Wetter die verlangte Feuchtigkeit nur durch Einblasen von Dampf aufrecht zu erhalten ist. In Abb. 352 ist die zur Dampferzeugung erforderliche Wärme unter Berücksichtigung des Kesselwirkungsgrades (rd. 60%) eingetragen worden. Der Verbrauch an elektrischer Energie für die Abkühlung der Einfuhren (14 Tage) und die Lagerung (181 Tage, Winter) ergibt sich zu 7034 kWh für den Kompressormotor, zu 2737 kWh für

---

[1] Ostertag, A.: Zur Frage der Kaltlagerung von Obst. Schweiz. Bauzeitung 1957, H. 31, S. 489 bis 494.

den Ventilatormotor, zu 4255 kWh für den Dampferzeuger, während gleichzeitig
245106 kcal (rd. 2900 kWh) an Heizwärme und 1690 m³ Kühlwasser benötigt
werden. Da angenommen wurde, der Betrieb erstrecke sich nur über das Winter-
halbjahr, sind die Betriebsmittelkosten bei schweizerischen Verhältnissen mit
rd. 0,01 sfr. je kg Lagergut gegenüber den festen Kosten (rd. 0,03 sfr. je kg) sehr
gering, weshalb sich hier Maßnahmen zur Verringerung dieser Kosten meist nicht
rechtfertigen. Die Befeuchtung mittels elektrisch erzeugtem Dampf erfordert
einen verhältnismäßig großen Energieaufwand, der stark zunimmt, wenn sich die
Lagerung weiter in den Sommer hinein ausdehnt.

C. Schaltung und Arbeitsweise ausgeführter Anlagen.

I. Einfache Anlagen mit einstufiger Verdichtung.

1. Verfahren zum Trocknen von Ferngas.

Bei den heute üblichen Verfahren zum Aufbereiten von Stadtgas werden die
im Rohgas enthaltenen Beimengungen, vor allem Naphthalin, durch Auswaschen mit Benzol unter dem für den Ferntransport erforderlichen höheren
Druck fast vollständig entfernt. Dagegen muß der alsdann noch beigemischte
Wasserdampf ausgeschieden werden, damit sich in den Fernleitungen auch im

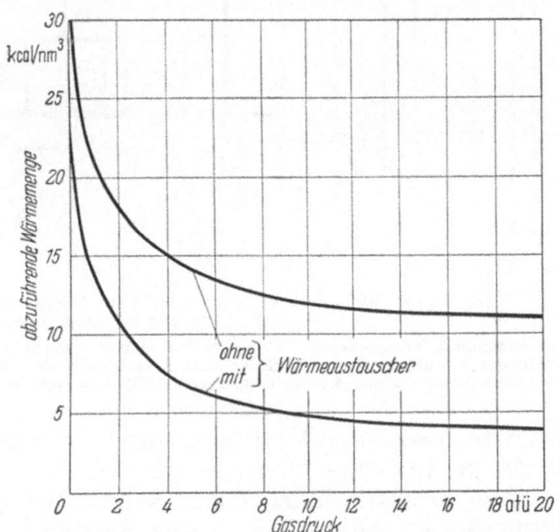

Abb. 353. Erforderliche Kälteleistungen zum Abkühlen von 1 nm³ mit
Wasserdampf gesättigtem Koksofengas von +35 °C auf +5 °C in Abhängigkeit vom Gasdruck
[aus K. H. RICHTER: Gaskühlverfah-
ren. Die Kälte 6 (1953),
H. 4, S. 74 bis 80].

strengen Winter kein Kondensat und kein Eis bilden kann. Hierfür genügt im
allgemeinen eine Kühlung auf +5 °C, wozu liegende oder stehende Rohrbündelapparate verwendet werden, in deren Rohren das Gas strömt, während im Mantelraum Kältemittel, meist Ammoniak, verdampft. Die üblichen Gasdrücke liegen
zwischen 10 und 20 atü, in Sonderfällen können sie bis auf 30 atü ansteigen. Diesen
Drücken müssen die gasbespülten Teile standhalten. Der Gasdurchsatz durch die
einzelnen Kühler kann 10000 bis 50000 nm³/h betragen. Meist wird das Gas mittels Rückkühlwasser (von 25 bis 30 °C) auf etwa 35 °C vorgekühlt, worauf dann
seine Temperatur in der eigentlichen Kälteanlage auf +5 °C abgesenkt und dabei
der Wasserdampf auskondensiert wird. Der Gasraum ist derart auszubilden, daß
sich das Kondensat einwandfrei vom Gas trennt und abgelassen werden kann.
Die zur Gaskühlung aufzubringende Kälteleistung kann durch Einschalten
eines Wärmetauschers nach dem auf Abb. 354 dargestellten Schema beträchtlich

verringert werden, wie aus Abb. 353 ersichtlich ist. Hier sind die je nm³ abzuführenden Wärmemengen für eine Temperatursenkung von 35 °C auf 5 °C in Abhängigkeit von Gasdruck aufgetragen, wobei mit Wasserdampf gesättigtes Gas vorausgesetzt ist. Die obere Kurve gibt den gesamten Kältebedarf wieder, die untere den des eigentlichen Gaskühlers, der von der Kältemaschine aufzubringen ist. Betragen beispielsweise der Gasdurchsatz 20000 nm³/h, der Gasdruck 10 atü und

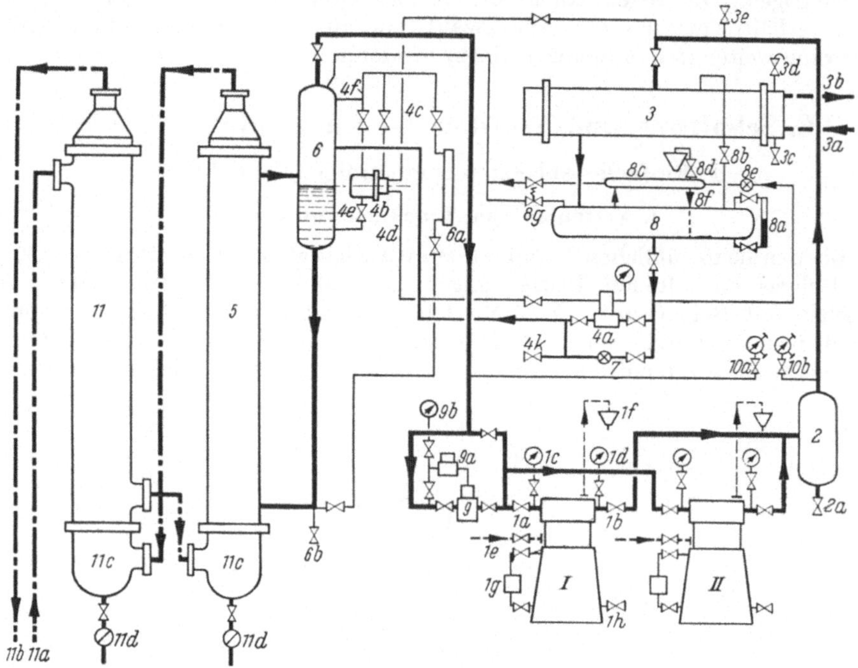

Abb. 354. Schaltbild einer Kälteanlage für Koksofengas mit Wärmeaustauscher und Tiefkühler
(Borsig AG, Berlin-Tegel).

I, II Ammoniak-Kompressoren; *2* Ölabscheider und Stoßdämpfer; *3* Kondensator; *4a* Membran-Regelventil; *4b* Schwimmerventil zu *4a*; *5* Vertikaler Rohrbündel-Tiefkühler; *6* Flüssigkeitsabscheider; *7* Handregelventil; *8* Flüssigkeitsbehälter; *9* Saugdruck-Regelventil; *10a, 10b* Kontaktmanometer; *11* Wärmeaustauscher.

die Gastemperatur nach erfolgter Vorkühlung 35 °C, so sind der Wärmetauscher für 20000 · (12 − 5) = 140000 kcal/h und der Gaskühler für 20000 · 5 = 100000 kcal/h zu bemessen. Zum letztgenannten Betrag wird man noch etwa 5% für Wärmeverluste hinzuzählen. Unter Verwendung eines stehenden Ammoniakkompressors ergeben sich bei einer Verflüssigungstemperatur von 37,5 °C und einer Verdampfungstemperatur von −2,5 °C ein Leistungsbedarf von etwa 30 kW und ein Kühlwasserbedarf von rd. 25 m³/h. Diesen Daten entspricht die Anlage nach Abb. 354, die von der Firma Borsig AG, Berlin-Tegel, gebaut wurde. Das feuchte Koksofengas tritt durch die Leitung *11a* in den Wärmetauscher *11* ein, kühlt sich dort von 35 °C auf 22 °C ab und erwärmt sich nachher wieder von 5 °C auf 26 °C, worauf es den Apparat durch die Leitung *11b* verläßt. Das ausgeschiedene Wasser sammelt sich im Abscheider *11c* und gelangt über den Kondenstopf *11d* in den Ablauf.

Da nur *eine* Kühlstelle *5* zu versorgen ist, ergeben sich einfache Einrichtungen. Meist genügt ein einstufiger Kompressor *I*. Gelegentlich wird ihm eine Reservemaschine *II* beigesellt. Das verdichtete Ammoniakgas durchströmt einen Ölabscheider *2* und verflüssigt sich dann im wassergekühlten Kondensator *3*. Das

Kondensat sammelt sich im Behälter *8*, der mit Schauglas *8a* und Entlüftungsvorrichtung *8c* versehen ist, und wird dann durch das Membran-Regelventil *4a* dem Flüssigkeitsabscheider *6* zugeteilt. Die Füllung in *6* überflutet den Mantelraum des Gastiefkühlers *5*. Zur Steuerung des Ventils *4a* dient das Niederdruck-Schwimmerventil *4b*. In Notfällen kann das Handregelventil *7* benützt werden.

Da der Kältebedarf je nach Menge und Temperatur des zu kühlenden Gases verschieden ist, würden sich bei gleichbleibendem Ansaugvolum des Kompressors verschiedene Verdampfungstemperaturen einstellen, was wegen Einfriergefahr des aus dem Gas ausgeschiedenen Kondensates zu vermeiden ist. Daher wurde das Saugdruck-Regelventil *9* eingebaut, das durch ein Konstandruckventil *9a* gesteuert wird.

Die Anlage wird in der Regel für Handbedienung vorgesehen, wobei aber Sicherheitsorgane den Betrieb überwachen und Störungen anzeigen sowie nötigenfalls die Maschinen stillsetzen. Als solche sind die Kontaktmanometer *10a* und *10b* zu nennen, die den Verdampfungsdruck bzw. den Verflüssigungsdruck kontrollieren. Im gleichen Sinne wirken die Differenzdruckschalter *1g* an den Kompressoren, welche den Unterschied zwischen dem Öldruck für die Triebwerkschmierung und dem Saugdruck messen und ansprechen, wenn dieser Unterschied zu klein wird. Die Handbedienung ist angezeigt, weil die verhältnismäßig umfangreichen Apparaturen zur Gasaufbereitung ohnehin eine ständige Überwachung erfordern.

Der Kondensator kann wasserseitig bei *3c* entleert werden, wobei zur Belüftung das Ventil *3d* geöffnet wird. Die Entlüftungsvorrichtung *8c* besteht aus einem Doppelrohr. Im Innenrohr verdampft Ammoniak, dessen Druck bei *8e* abgedrosselt wird, während der Dampf nach dem Abscheider *6* übertritt. Das Ammoniak-Luftgemisch wird dem oberen Teil des Behälters *8* entnommen; es durchströmt dann das Mantelrohr von *8c*, wobei das Ammoniak größtenteils auskondensiert und über *8f* in den untern Teil von *8* abfließt. Das Restgasgemisch tritt unter Abdrosseln des Druckes bei *8d* in eine Wasservorlage aus. Das Ventil *3e* dient zum Entlüften von Hand.

2. Einstufiges Kompressionssystem mit R 12 zur Verflüssigung von Chlor.[1]

Bei der Elektrolyse von NaCl- oder KCl-Lösung fällt das Chlorgas angenähert unter Atmosphärendruck und Umgebungstemperatur an und ist mit wenig Fremdgasen (hauptsächlich H_2, CO_2 und Luft) vermischt. Die Aufgabe besteht im Auskondensieren eines möglichst großen Teils der Chlorkomponente durch Wärmeentzug bei tiefen Temperaturen. Obwohl es sich um verhältnismäßig kleine Fremdgasbeimischungen handelt, unterscheidet sich der Vorgang doch grundlegend von dem der Verflüssigung eines reinen Gases. Während diese bekanntlich bei konstanter Temperatur vor sich geht, verändern sich bei jenem die Zustandsgrößen der Chlorkomponente im Gas (Konzentration, Partialdruck, spezifisches Gewicht, Verflüssigungstemperatur, Enthalpie) mit fortschreitender Kondensation in weitem Bereich[2].

Die Gesichtspunkte, die bei Entwurf, Ausführung und Betrieb im Vordergrund stehen, sind Betriebssicherheit und Wirtschaftlichkeit der Gesamtanlage. Von den Hilfsbetrieben, zu denen auch die Kälteanlage gehört, erwartet man, daß sie störungsfrei arbeiten, möglichst wenig Wartung beanspruchen und keine Betriebsunterbrechungen verursachen. Diesen Erfordernissen gegenüber tritt

---

[1] Vgl. auch den Abschnitt „Verflüssigung von Chlor" von K. STEPHAN im Bd. XII dieses Handbuches auf S. 35.

[2] Eine ausführliche Darstellung findet sich im Aufsatz von A. OSTERTAG: Zum Problem der Chlorverflüssigung in der Schweiz. Bauzeitung Bd. 80 (1962), H. 40, S. 677 bis 680 und H. 41, S. 704 bis 707.

die Rücksicht auf geringen Raumbedarf und Baustoffaufwand sowie auf niedrigen Verbrauch an elektrischer Energie zurück; dieser ist im Verhältnis zu dem der Elektrolyse ohnehin gering.

Eine häufig verwendete Bauform von Chlorkondensatoren ist das vertikale Rohrbündel mit verdampfendem R 12 im Mantelraum und kondensierendem Chlor in den Rohren, wobei das Rohgas unten in die Rohre eintritt, das Kondensat als dünner Film längs der inneren Rohrwand nach unten abfließt und das Restgas oben abströmt. Diese Bauart, die Ende der dreißiger Jahre entwickelt und seither wesentlich verbessert wurde, zeichnet sich durch große Einfachheit aus, weshalb sie weite Verbreitung gefunden hat.

Für die Berechnung der Wärmeumsätze wird angenommen, das eintretende Rohgas kühle sich in einer ersten kurzen Teilstrecke vom Zustand A_I (Abb. 355a) am Eintritt auf seine Sättigungstemperatur (Zustand B_I) ab, worauf sich dann in den folgenden Teilstrecken Chlor auskondensiere und demzufolge sein Partialdruck und seine Verflüssigungstemperatur mit zunehmender Rohrhöhe sinken.

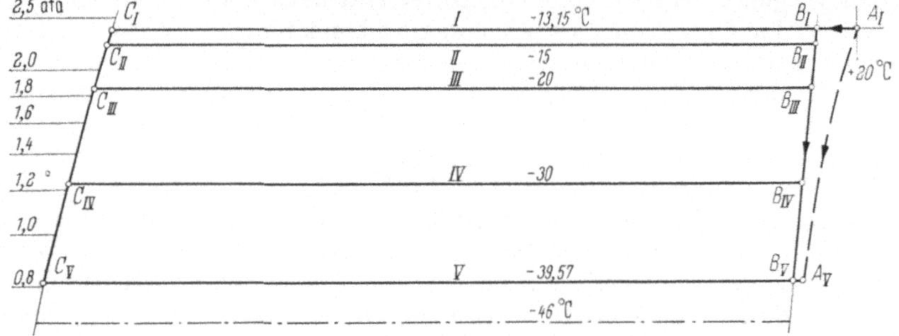

Abb. 355a. Zustandsänderungen beim Auskondensieren von Chlor aus Rohgas im $i,\lg p$-Diagramm.

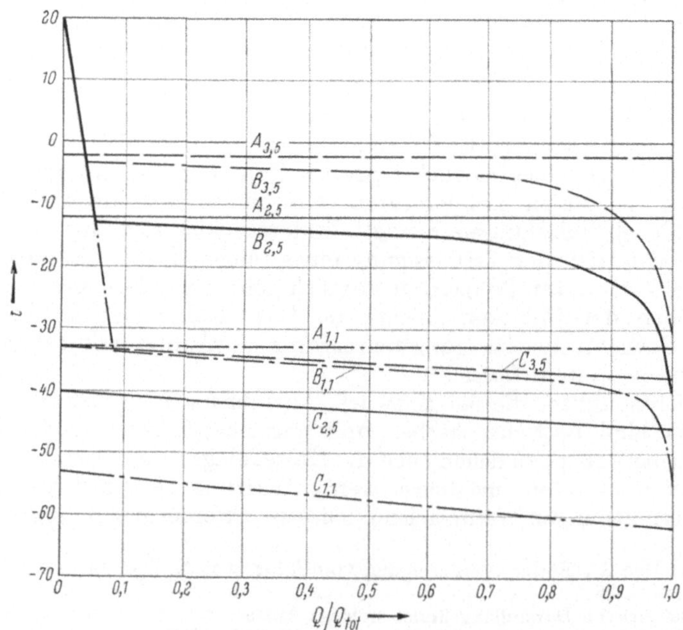

Abb. 355b. Temperaturverlauf in Abhängigkeit von den verhältnismäßigen Wärmeumsätzen.

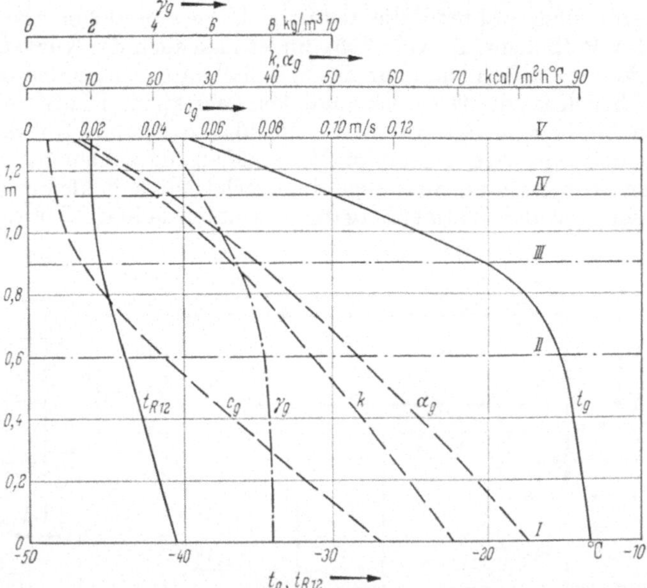

Abb. 355c. Für den **Wärmedurchgang maßgebende Größen in Abhängigkeit von der Rohrhöhe.** t_g Chlorgastemperatur; t_{R12} R12-Temperatur; c Gasgeschwindigkeit; γ spezifisches Gewicht des Gases; k Wärmedurchgangszahl; λ_g gasseitige Wärmeübergangszahl.

Der Zustand des Chlorgases im einzelnen Rohr soll sich also von unten nach oben stetig längs der oberen Grenzkurve von B_I bis B_V verändern. Der kalte Kondensatfilm der oberen Rohrteile (Zustände C_V bis C_{III}) mischt sich mit stets größeren Mengen von wärmerem Kondensat, das sich in den unteren Rohrteilen bildet. Zugleich steht er im Wärmeaustausch mit der kälteren Rohrinnenfläche, so daß es zulässig erscheint, in erster Annäherung mit einer über die ganze Rohrhöhe konstanten Filmtemperatur entsprechend Punkt C_V zu rechnen.

Unter diesen Annahmen lassen sich die Kälteleistungen ermitteln, die zum Abkühlen von Chlor- und Fremdgas, zum Kondensieren und zum Unterkühlen des Kondensates bis C_V für einen bestimmten Chlordurchsatz erforderlich sind. Auf Grund einer schrittweisen Berechnung für die Gesamtdrücke 3,5, 2,5, 1,1 ata ergaben sich für die Verflüssigungstemperatur die auf Abb. 355b dargestellten Linienzüge B in Abhängigkeit von den verhältnismäßigen Wärmeumsätzen. Die Horizontalen A bezeichnen die den Gesamtdrücken entsprechenden Sättigungstemperaturen von reinem Chlor, die Geraden C, die angenommenen Verdampfungstemperaturen des R 12, die wegen des statischen Druckes nach unten (also bei kleinen Q/Q_{tot}-Werten) ansteigen. Den Rechnungen wurde eine Fremdgasbeimischung im Rohgas von 4 Volumprozenten und eine Ausbeute (Verhältnis der auskondensierten Chlormenge zum Chlorgehalt des Rohgases) von 0,98 zugrunde gelegt.

In Abb. 355c sind die Wärmedurchgangszahlen k und die chlorseitigen Wärmeübergangszahlen α_g in Abhängigkeit von der Rohrhöhe dargestellt, wobei gewisse Annahmen über die Höhe der Teilabschnitte getroffen wurden, die durch die willkürlich angenommenen Zwischenzustände II, III und IV (Abb. 355a) festgelegt sind. Die Berechnung der aufgetragenen Größen stützt sich auf Untersuchungen an einem Rohrbündelkondensator für Chlor, der aus 240 Rohren von 32 mm äußerem, 26 mm innerem Durchmesser und 1,6 m Höhe besteht, wovon etwa

1,3 m wirksam sind, während die restliche Höhe von 0,3 m als Flüssigkeitsabscheider für R 12 dient. In Abb. 355c findet man auch die Kurven für die Gasgeschwindigkeit c im Rohr und für das spezifische Gewicht γ des Gasgemisches.

Wie ersichtlich ist die Gasgeschwindigkeit sehr klein. Die Strömung ist, abgesehen von Wirbeln in der Anlaufstrecke, über die ganze Rohrhöhe laminar,
was naturgemäß niedrige gasseitige Wärmeübergangszahlen α_g ergibt. Diese
nehmen nach oben stark ab, weil auch die Geschwindigkeit kleiner wird. Auf der
Kältemittelseite ist der Wärmeübergang wesentlich höher. Wichtig ist die ver-

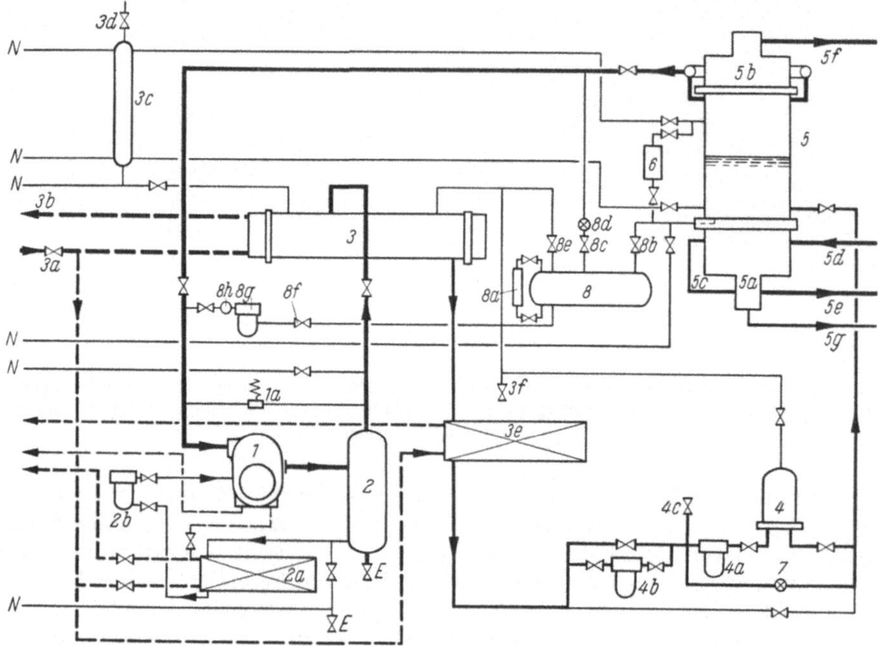

Abb. 356. Einstufige Tiefkühlanlage mit R 12 zur Verflüssigung von Chlor bei mäßigem Überdruck
(Escher Wyss AG., Zürich).

1 „Rotasco“-Kompressor. *2* Ölabscheider; *2a* Ölkühler; *2b* Ölfilter; *3* Kondensator; *3c* Entlüftungsapparat;
3e Nachkühler; *4* Hochdruck-Schwimmerventil; *4a* Filter; *4b* R 12-Trockner; *4c* Einfüllventil; *5* Chlorverflüssiger;
5a Sammler für Chlorflüssigkeit; *5b* Oberer Deckel zu 5; *5d* Eintritt des Chlorgases; *5e* Austritt der Chlorflüssigkeit; *5f* Austritt der inerten Gase; *5g* Entleerung; *8* Entölungsgefäß; *N* Verbindungsleitungen zu entsprechenden
Teilen der Nachbaranlagen; *E* Entleerung.

hältnismäßig starke Abnahme des spezifischen Gewichts, die sich infolge Aus-
kondensierens der schweren Chlorkomponente mit zunehmender Höhe ergibt.
Sie wirkt sich in doppelter Weise günstig aus: Einerseits verleiht sie der laminaren
Grundströmung von unten nach oben die gewünschte Stabilität und verhindert
so eine Vermischung von Schichten verschiedener Konzentration, was sich nachteilig auswirken müßte. Anderseits erzeugt sie eine sekundäre Wirbelströmung
innerhalb der horizontalen Schichten, die sich der vertikalen Grundströmung
überlagert und den chlorseitigen Wärmeübergang wesentlich begünstigt. Ohne
diese Wirbelströmung müßten sich nämlich die Flächen gleicher Zustände und
Konzentrationen innerhalb eines einzelnen Rohres paraboloidförmig stark nach
oben ausbauchen[1]. Es müßten sich also im einzelnen Querschnitt spezifisch
schwere Kernpartien und leichtere Randpartien bilden. Eine solche Verteilung

---

[1] Vgl. Abb. 134 auf S. 189 in Bd. III dieses Handbuches.

kann aber nicht stabil sein; sie wird sich immer wieder abbauen, wodurch die genannte Wirbelströmung zustande kommt.

Die Chlorverflüssigungsgruppe nach Abb. 356 ist für eine Tagesleistung von rd. 9 t gebaut. Die bei der Bestellung festgelegten Betriebsbedingungen waren: Chlorgastemperatur $+20\,°C$, — Druck etwa 2 ata, Kühlwassertemperatur $+10/+12\,°C$, — Menge $10\,m^3/h$, Verdampfungstemperatur des Kältemittels $-40\,°C$, Verflüssigungstemperatur $25\,°C$, Leistungsbedarf an der Kompressorwelle 34,5 kW. Die Anlage, die mit R 12 arbeitet, war so zu bauen, daß sie auch mit rückgekühltem Wasser und einer Verflüssigungstemperatur von $35\,°C$ betrieben werden kann. Diese Gruppe gehört mit zwei weiteren gleichen Gruppen zu einer gemeinsamen Chlorerzeugungsanlage; Entwurf und Ausführung lagen in den Händen der Firma Escher Wyss AG, Zürich.

Bemerkenswert ist die einstufige Kompression des R 12, die dank der Verwendung eines Rotasco-Kompressors zulässig war. Die Anlage wird dadurch sehr einfach. Sie wird von Hand ein- und ausgeschaltet, ist aber mit allen für bedienungsfreien Betrieb erforderlichen Sicherheitsvorrichtungen versehen. Der Chlorkondensator 5 besteht aus einem vertikalen Rohrbündel, das beiderseitig durch Deckel 5a und 5b abgeschlossen ist. Das Frischgas tritt in den untern Deckel bei 5d ein und steigt im Innern der vertikalen Rohre des Bündels hoch, wobei sich das Chlor verflüssigt. Das Chlorkondensat fließt längs den inneren Rohrwänden nach unten und sammelt sich im unteren Deckel, von wo es bei 5e wegfließt. Ein Flüssigkeitsstandrohr 5c erlaubt eine dauernde Kontrolle der Flüssigkeitsfüllung und damit die richtige Einstellung des Ventils, das den Abfluß regelt. Am oberen Deckel 5b wird das Restgas durch die Leitung 5f weggeführt.

Das R 12 befindet sich im Mantelraum zwischen den Rohren. Dank zweckmäßiger Anordnung und Konstruktion der Saugleitungsanschlüsse gelingt es bei Einhalten der günstigsten Füllhöhe, mit dem Dampf auch den Ölschaum abzusaugen, so daß die Ölanreicherung in der Kältemittelflüssigkeit ein zulässiges Maß nicht überschreitet. Es gibt allerdings auch Fälle, wo sie wenn auch nur langsam fortschreitet und die Füllung periodisch entölt werden muß.

Mit Rücksicht auf einen allfälligen Betrieb mit rückgekühltem Wasser ist dem Kondensator 3 ein Flüssigkeitsnachkühler 3e nachgeschaltet, der mit kaltem Wasser betrieben wird. Ein Hochdruck-Schwimmerventil 4, dem ein Handregelventil 7 parallelgeschaltet ist, teilt dem Verdampfer 5 das Kältemittel zu. Am Kondensator 3 ist ein Entlüftungsapparat 3c angeschlossen, der durch verdampfendes R 12 gekühlt wird. Dazu steht der Apparat 3c mittels Flüssigkeits- und Dampfleitungen mit den entsprechenden Teilen der drei Verdampfer 5 der ganzen Anlagengruppe in Verbindung.

Zur Entölung der R 12-Füllung dient ein Ausscheidegefäß 8, das mit einem Flüssigkeitsstand 8a versehen und durch eine Leitung mit Absperrventil 8b mit dem untersten Teil des Mantelraumes 5 verbunden ist. Soll entölt werden, so öffnet man die Ventile 8b und 8c, worauf sich ein Teil der R 12-Füllung des Verdampfers 5 nach dem Gefäß 8 entleert. Anschließend wird 8b geschlossen, worauf die Füllung im Behälter 8 infolge Wärmeeinfall aus der Umgebung langsam verdampft und der Dampf über 8c und das Regelventil 8d in die Saugleitung übertritt. Dieser Vorgang wird bei 8d so geregelt, daß die Dampfmenge klein bleibt und keine nennenswerte Verringerung der Kälteleistung im Hauptverdampfer feststellbar ist. Ist alle Flüssigkeit verdampft, was am Standanzeiger 8a beobachtet werden kann, wird 8c geschlossen und 8e sowie 8f geöffnet, wodurch das Öl unter Verflüssigungsdruck gesetzt wird und dem Saugstutzen des Kompressors zufließt. In einzelnen Fällen ist es durch sorgfältiges Einstellen der Drosselorgane 8b, 8d und 8f gelungen, die Entölung der Verdampferfüllung kontinuierlich zu vollziehen.

II. Einfache Anlagen mit zweistufiger Verdichtung.

1. Schiffsraumkühlung mit direkter Verdampfung von R 12.

Die Anlage nach Abb. 357, die von Brown, Boveri & Cie. AG., Mannheim, geliefert wurde, dient einerseits zum Transport von Tiefkühlware bei einer Raumtemperatur von −20 °C und anderseits zum Transport von Bananen bei einer Raumtemperatur von +11 °C. Im ersten Fall stehen drei Kompressorgruppen mit einer Gesamtleistung von 42000 kcal/h bei 950 U/min, $t_0 = -30$ °C und $t = +40$ °C in Betrieb; ein vierter dient als Reserve. Im zweiten Fall genügt ein einziger Kompressor, der bei $t_0 = 0$ °C, $t = 40$ °C und 950 U/min 52000 kcal/h leistet. An die Kompressoren I und IV ist außerdem der Luftkühler einer Klimaanlage angeschlossen.

Die Anlage arbeitet mit R 12. Alle vier Kompressoren sind vierzylindrige vertikale Tauchkolbenmaschinen in Gleichstrombauart, von denen drei Zylinder als erste und der vierte als zweite Stufe wirken. Der Antrieb erfolgt über Keilriemen. Die Einheiten I und IV erhielten polumschaltbare Motoren für volle und halbe Drehzahl. Die Umschaltung wird von Hand vorgenommen. Die Zylinder werden mit Süßwasser gekühlt, das eine Kreiselpumpe $13a$ durch einen mit Meerwasser beschickten Rückkühler $13b$ umwälzt. Jeder Kompressor ist mit Sicherheitsventilen zwischen den Stufen, einem Saugfilter $1a$, einem Zwischenbehälter $1b$ und einem Ölabscheider 2 ausgerüstet. Von diesem wird das Öl mittels Schwimmerventil $2a$ automatisch ins Kurbelgehäuse zurückgeführt. Die Kurbelgehäuse der vier Kompressoren können durch eine Leitung mit den Handventilen $2d$ miteinander verbunden werden, um die Ölfüllungen auszugleichen.

Zur Verflüssigung in den Kondensatoren $3I$ und $3II$ dient Meerwasser, weshalb die kältemittelseitig berippten Innenrohre aus Messing bestehen. Die Kältemittelflüssigkeit sammelt sich in zwei großen Behältern $8I$ bzw. $8II$, von denen der eine als Reserve dient. Sie durchströmt anschließend einen Trockner $4I$, bzw. $4II$ (einer ist in Reserve), verteilt sich dann auf zwei Wärmeaustauscher $9I$ und $9II$, wo sie sich am kalten Dampf unterkühlt, und gelangt schließlich über vier doppelte Einspritzgruppen 7 in die vier Rippenrohr-Luftkühler $5I$ bis $5IV$ der beiden zu kühlenden Laderäume. Die Luftkühler sind mit je einem Ventilator ausgerüstet. Sie werden durch die im Luftkühlergehäuse eingeschlossene, elektrisch erwärmte Luft bei laufenden Ventilatoren und geschlossenen Luftklappen abgetaut.

Jede Einspritzgruppe besteht aus drei Zweigen, nämlich einem für den Tiefkühlbetrieb, einem für den Betrieb mit hoher Raumtemperatur und einem für Handbetrieb. Die beiden erstgenannten Zweige umfassen einen Filter $7e$, ein thermostatisches Expansionsventil $7c$ mit Fühler $7d$ an der Saugleitung und Druckausgleichleitung sowie zwei Handabsperrventile $7a$ vor und nach den Apparaten $7e$ und $7c$. Dank dieser Anordnung läßt sich die Kältemittelzuteilung den beiden stark verschiedenen Betriebsweisen genau anpassen und die Umstellungen rasch und ohne Nachregelung vornehmen. Von jeder Einspritzgruppe gelangt das entspannte Kältemittel über einen weiteren Filter $5a$ und einen Verteilkopf $5b$ zu den sieben parallelen Rohrschlangen eines jeden Luftkühlers.

Der Dampf sammelt sich in zwei Kollektoren je Luftkühler, von wo ihn die Saugleitungen, zunächst je Kühler getrennt, dann je Raum gemeinsam, durch die Wärmetauscher $9I$, bzw. $9II$ und durch je eine Konstantdruck-Regelgruppe 10 nach der gemeinsamen Verteilleitung führen, an welche die vier Kompressoren I bis IV angeschlossen sind. Jede der beiden Regelgruppen besteht aus einem Saugdruckregler $10a$, der den Dampfdurchtritt derart drosselt, daß der Verdampfungsdruck konstant bleibt, und aus einem Konstantdruckventil $10b$, das den

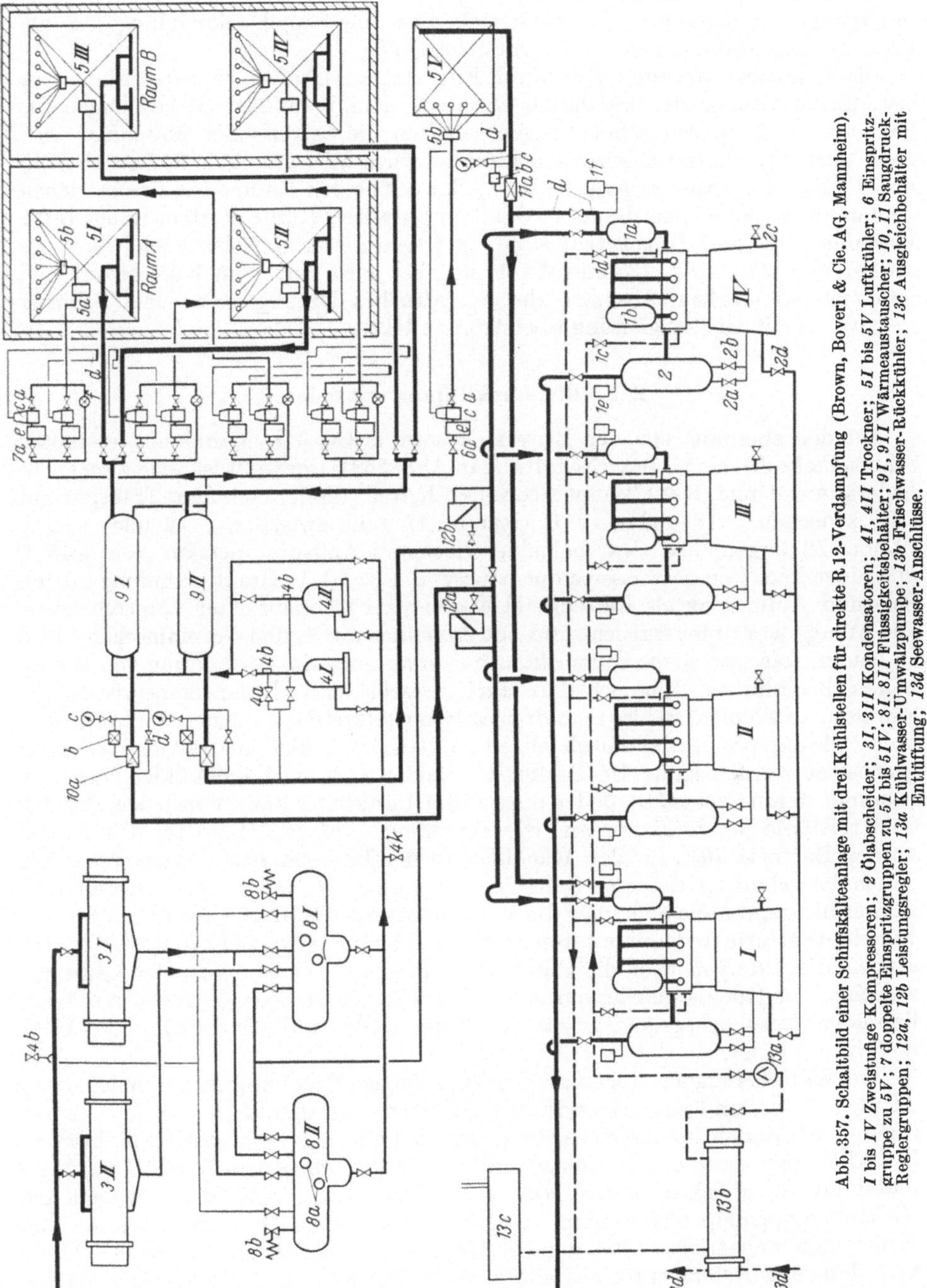

Abb. 357. Schaltbild einer Schiffskälteanlage mit drei Kühlstellen für direkte R 12-Verdampfung (Brown, Boveri & Cie. AG, Mannheim).

I bis *IV* Zweistufige Kompressoren; *2* Ölabscheider; *3I, 3II* Kondensatoren; *4I, 4II* Trockner; *5I* bis *5V* Luftkühler; *6* Einspritzgruppe zu *5V*; *7* doppelte Einspritzgruppen zu *5I* bis *5IV*; *8I, 8II* Flüssigkeitsbehälter; *9I, 9II* Wärmeaustauscher; *10, 11* Saugdruck-Reglergruppen; *12a, 12b* Leistungsregler; *13a* Kühlwasser-Umwälzpumpe; *13b* Frischwasser-Rückkühler; *13c* Ausgleichbehälter mit Entlüftung; *13d* Seewasser-Anschlüsse.

Dampfdurchtritt zum Betätigungskolben des Reglers *10a* sinngemäß steuert. Dieser kann durch Öffnen eines Umgehungsventils *10d* überbrückt werden. Dem Verdampfer *5V* der Klimaanlage wird das Kältemittel durch eine einfache Einspritzgruppe *6* zugeteilt; es besteht auch hier eine Saugdruckregelung *11a* mit Vorsteuerung durch ein Konstantdruckventil *11b*.

Die Kompressorleistung wird durch Ein- und Ausschalten einzelner Einheiten, bzw. durch Umschalten auf halbe Drehzahl dem jeweiligen Bedarf angepaßt. Pressostaten *1f* in den Saugleitungen schalten die betreffenden Maschinen aus, wenn dort ein unterer Grenzdruck erreicht wird. Wie aus Abb. 357 ersichtlich, sind die Saugleitungen so geführt, daß jeder der beiden Räume für sich betrieben werden kann, wobei dem Raum *A* die Kompressoren *I* und *II*, dem Raum *B* die Maschinen *III* und *IV* zugeteilt sind. In jedem dieser Kreisläufe ist je ein Leistungsregler *12a*, bzw. *12b* eingebaut, der bei ganz geringem Kältebedarf und entsprechend starkem Absinken des Saugdruckes Druckgas aus dem Behälter *8I* bzw. *8II* in die Saugleitung überströmen läßt.

2. Schiffsraumkühlung mit Sole.

Bei der ebenfalls von der Brown, Boveri & Cie AG, Mannheim, erstellten Schiffs-Tiefkühlanlage, deren Schaltung in Abb. 358 dargestellt ist, sind zwei große Laderäume *A* und *B* auf Temperaturen zu halten, die je nach dem Transportgut teils zwischen −18 und +12 °C (Raum *A*), teils zwischen −12 und +12 °C (Raum *B*) liegen, und zwar bei einer höchsten Außentemperatur von +45 °C und einer höchsten Seewassertemperatur von +32 °C. Indirekte Kühlung mittels Sole und Ammoniak als Kältemittel waren vom Schiffsbesitzer vorgeschrieben. Die Anlage war unter Aufsicht und mit Abnahme durch den Germanischen Lloyd zu bauen, was sowohl die Gesamtkonzeption als auch die Ausbildung von Einzelheiten beeinflußte. Um sich den stark verschiedenen Raumtemperaturen gut anpassen zu können, wählte man drei Kältemittelkreisläufe, denen auch drei Solekreisläufe entsprechen, so daß gleichzeitig mit drei verschiedenen Soletemperaturen gearbeitet werden kann. Im Raum *A* befinden sich zwei Luftkühler (*11A*), im Raum *B* deren drei (*11B*). Jeder dieser fünf Luftkühler kann von jedem der drei Solekreisläufe beschickt werden. Die Verteilung wird von Hand für den Vorlauf an der Batterie *10V*, für den Rücklauf an der Batterie *10R* vorgenommen. Zu jedem Kreislauf gehört eine Sole-Umwälzpumpe *9I*, *9II*, *9III* von 65 m³/h Fördermenge, die die Sole über die Vorlaufbatterie und durch die Luftkühler zur Rücklaufbatterie und weiter durch die Solekühler *5I*, *5II*, *5III* fördert. Von dort saugen die Pumpen über die Filter *12I*, *12II*, *12III* an. Von den Leitungen zwischen der Rücklaufbatterie und den Kühlern führen Steigleitungen zum hochliegenden Ausgleichsgefäß *16*, das mit Flüssigkeitsstand, Entlüftung und Überlauf versehen ist.

Zur Kälteerzeugung stehen zwei achtzylindrige Tauchkolbenmaschinen *I* und *II* in V-Form und zwei vierzylindrige Reihenmaschinen *III* und *IV* zur Verfügung, bei denen jeweils sechs, bzw. drei Zylinder als erste und zwei, bzw. ein Zylinder, als zweite Stufe arbeiten. Alle Zylinder haben dieselben Abmessungen und damit die gleichen Ventile, Kolben und Schubstangen. Sie arbeiten nach dem Gleichstromprinzip und werden von polumschaltbaren Drehstrommotoren über Keilriemen angetrieben. Bei der größeren Kompressordrehzahl von 850 U/min und den Arbeitstemperaturen −30/+40 °C beträgt die Kälteleistung der Maschinen *I* und *II* je 85000 kcal/h, die der Maschinen *III* und *IV* je 42500 kcal je h. Bei einer Verdampfungstemperatur von −10 °C und sonst gleichen Bedingungen lauten die entsprechenden Zahlen 215000 kcal/h, bzw. 107000 kcal/h.

Die Zylinderkühlung wird in gleicher Weise mit rückgekühltem Süßwasser verwirklicht wie bei der unter C II 1 beschriebenen Ladungskühlanlage.

Die Saugleitungen für Ammoniakdampf, die von den drei Solekühlern *5I, 5II* und *5III* herkommen, verzweigen sich im Maschinenraum derart, daß jeder Kompressor von jedem der drei Solekühler absaugen kann. Die Zwischenkühlung erfolgt durch Einspritzen von Ammoniakflüssigkeit in die Druckleitungen der

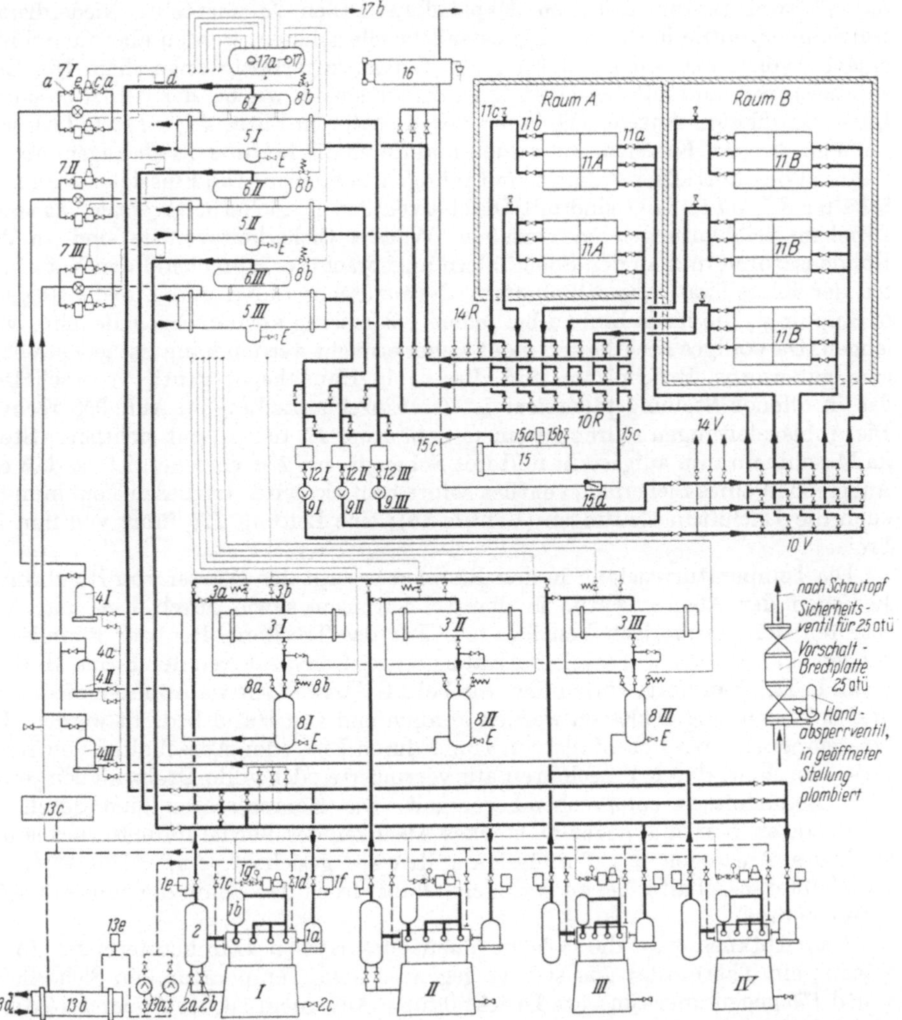

Abb. 358. Schaltbild einer Schiffskälteanlage mit Solekühlung (Brown, Boveri & Cie. AG., Mannheim).

I bis *IV* zweistufige Kompressoren; *2* Ölabscheider; *3I* bis *3III* Kondensatoren; *4I* bis *4III* Filter; *5I* bis *5III* Solekühler; *6I* bis *6III* Flüssigkeitsabscheider; *7I* bis *7III* doppelte Einspritzgruppen; *8I* bis *8III* Flüssigkeitsbehälter; *9I* bis *9III* Sole-Umwälzpumpen; *11A, 11B* Luftkühler; *12I* bis *12III* Solefilter; *13a* Umwälzpumpen für Kompressorkühlung; *14V, 14R* Anschlüsse für Dehydratoren; *15* Soleerhitzer zum Abtauen; *16* Ausgleichsgefäß; *17* Schautopf; *E* Entleerung.

ersten Stufen, wobei thermostatische Einspritzventile die Zuteilmenge regeln. In die zugehörigen Einspritzgruppen *1g* sind Filter und Magnetventile eingebaut; diese stehen nur bei laufenden Maschinen offen. Die Druckleitungen führen über Ölabscheider *2* mit automatischer und von Hand bedienbarer Ölrückführung

2a bzw. *2b* nach den drei mit Meerwasser beschickten Kondensatoren *3I*, *3II* und *3III*, wobei die Schaltung wiederum so getroffen wurde, daß jeder Kompressor in jeden der drei Apparate fördern kann.

Die Solekühler *5* sind oben mit Flüssigkeitsabscheidern *6* und unten mit Säcken versehen, in denen sich mitgerissenes Öl sammelt und mittels Ventilen *E* entleert werden kann. Das Kältemittel wird ihnen durch doppelte Einspritzgruppen *7* mit je zwei thermostatischen Expansionsventilen *7c* zugeteilt. Niederdruck-Schwimmerventile hätten wohl gewisse Vorteile geboten, werden aber für Schiffs-anlagen von verschiedenen Seiten als weniger zuverlässig angesehen. Die Ein-spritzgruppen sind mit denselben Organen aufgebaut, wie bei der vorher beschrie-benen Schiffskühl-Anlage. Die ihnen vorgeschalteten Filter *4I*, *4II*, *4III* lassen sich einzeln vom Kreislauf abtrennen und durch die Leitung *4a* absaugen, um sie während des Betriebs revidieren und reinigen zu können. Die Flüssigkeitssammel-behälter *8I*, *8II*, *8III* sind mit Ölablaßventilen *E*, Sicherheitsventilen *8b* sowie Druckausgleichleitungen *8a* versehen. Weitere Sicherheitsventile sind an den Kondensatoren und an den Solekühlern angebracht, entsprechend den Vorschrif-ten der Klassifikationsgesellschaften (Germanischer Lloyd und Lloyd's Register of Shipping), die ihren Einbau bei jedem beiderseitig absperrbaren Behälter ver-langen. Da völliges Dichthalten nicht sicher erreicht werden kann, ist jedem Ventil eine gußeiserne Bruchplatte und dieser ein Handabsperrventil vorgeschaltet, das in offener Stellung plombiert ist (s. Einzeldarstellung in Abb. 358 rechts). Die Abblaseleitungen führen zu einem Schautopf *17*, der an gut sichtbarer Stelle im Maschinenraum aufgestellt und mit Schaugläsern *17a* versehen ist, so daß das Ansprechen eines Sicherheitsventiles sofort bemerkt wird. In diesen Topf münden auch die Entlüftungsleitungen (Ventile *3b*); eine Leitung *17b* führt von ihm ins Freie.

Die Temperaturregelung in den Räumen besorgt der Wärter von Hand durch Bedienen der Absperrventile in den Soleleitungen sowie durch Ein- und Aus-schalten der zugehörigen Ventilatoren. Für das Trockenhalten der Raumisolie-rungen sind im Raum *A* zwei, im Raum B drei Dehydratoren der Firma Minikay G. m. b. H., Hamburg, vorhanden, die bei 14 *V* bzw. *14 R* wahlweise an jedes der drei Solenetze angeschlossen werden können und von Hand bedient werden. Die Soletemperatur wird ebenfalls von Hand durch Ein- oder Ausschalten von Kom-pressoren, bzw. durch Umschalten auf verringerte oder volle Drehzahl den jewei-ligen Bedürfnissen entsprechend geregelt. Die Kompressoren sind durch die Pressostaten *1e* und *1f* gegen zu starkes Absinken des Verdampfungsdruckes und zu hohes Ansteigen des Verflüssigungsdruckes gesichert. Außerdem wirft ein Druckdifferenzschalter bei zu geringem Ölüberdruck den Schützen zum Antriebs-motor heraus.

Zum Abtauen wird die Sole in einem elektrischen Durchlauferhitzer *15* er-wärmt; ein Thermostat *15a* sichert gegen zu hohe Temperatur, ein Sicherheits-ventil *15b* gegen unerwünschte Druckbildung. Außerdem ist der Apparat *15* durch eine Steigleitung mit Rückschlagventil *15d* mit dem Ausgleichgefäß *16* verbunden. Der Soleerhitzer ist in die Abtauleitung *15c* eingebaut, die vom Rücklaufsammler *10R* zu den Saugleitungen der Pumpen *9* führt.

3. Kältetechnische Einrichtungen einer Eiskremfabrik.

Die von Gebrüder Sulzer AG, Winterthur, entworfene und erstellte Anlage nach Abb. 359 befindet sich in einer Eiskremfabrik in der Schweiz. Der eine, im Schaltbild links dargestellte Anlageteil mit dem größeren Kompressor *I* dient der Raumkühlung, der andere mit der Maschine *II* der Eiskremfabrikation (Freezer). Die Anordnung der Räume ist aus Abb. 360 zu ersehen. Die Tiefkühlräume be-

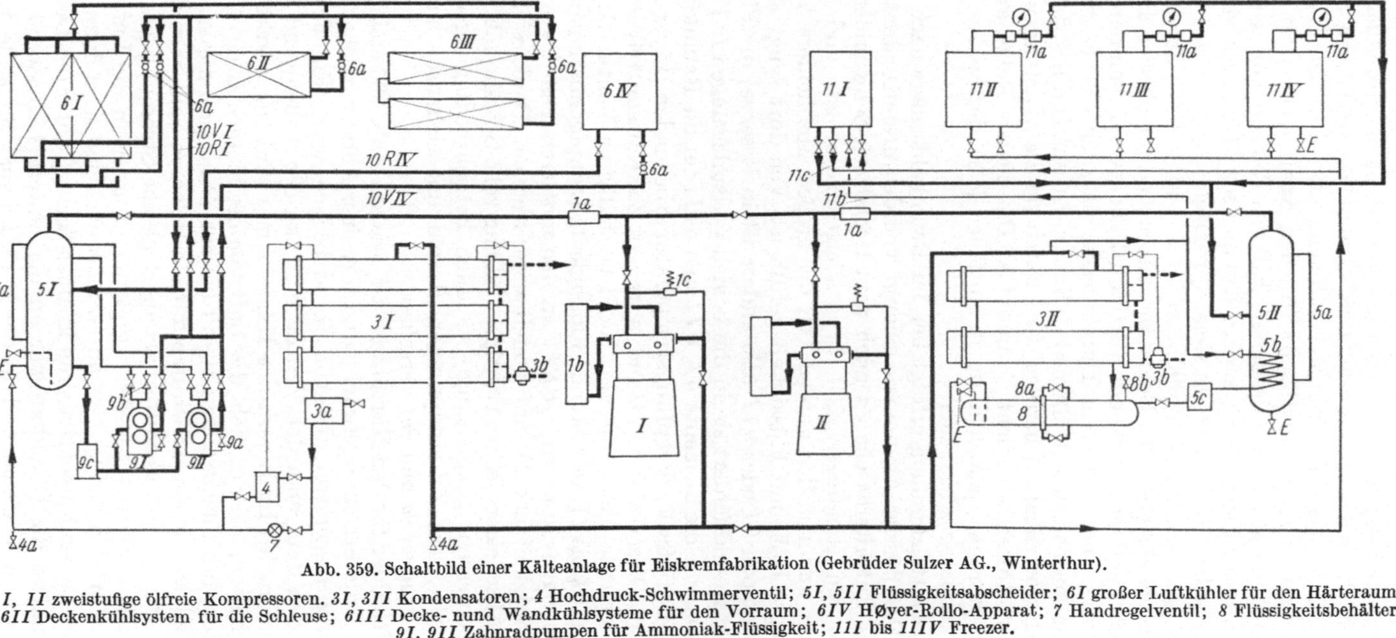

Abb. 359. Schaltbild einer Kälteanlage für Eiskremfabrikation (Gebrüder Sulzer AG., Winterthur).

I, II zweistufige ölfreie Kompressoren. *3I, 3II* Kondensatoren; *4* Hochdruck-Schwimmerventil; *5I, 5II* Flüssigkeitsabscheider; *6I* großer Luftkühler für den Härteraum; *6II* Deckenkühlsystem für die Schleuse; *6III* Decke- nund Wandkühlsysteme für den Vorraum; *6IV* Høyer-Rollo-Apparat; *7* Handregelventil; *8* Flüssigkeitsbehälter; *9I, 9II* Zahnradpumpen für Ammoniak-Flüssigkeit; *11I* bis *11IV* Freezer.

finden sich im Erdgeschoß (Rampenhöhe), die Maschinen und Apparate im Kellergeschoß.

Zu kühlen sind ein großer Härteraum von rd. 56 m² Grundfläche und 3,4 m Höhe auf —30 °C, ein Vorraum von 20 m² Grundfläche und 3,4 m Höhe auf —15/ —20 °C, eine Schleuse von 5,5 m² Grundfläche auf —10/—20 °C und der Luftkühlerraum von 11,3 m² Grundfläche. An den Kompressor *I* ist außerdem ein Høyer-Rollo-Apparat (kontinuierlicher Eiskrem-Freezer von Høyer, Aarhus, Dänemark) angeschlossen. Der kleinere Kompressor *II* bedient vier Freezer mit eingebauten, selbsttätig wirkenden Regelapparaten.

Der Kompressor *I* leistet 95000 kcal/h bei —40/+20 °C, der Kompressor *II* 55000 kcal/h bei —30/+20 °C. Beide Maschinen sind für ölfreien Betrieb gebaut. Sie weisen je zwei doppeltwirkende vertikale Zylinder auf, von denen der eine als erste, der andere mit kleinerem Durchmesser als zweite Stufe wirkt. Die Verwendung von Maschinen mit ölfreien Zylindern ist im Hinblick auf die Kühlung von Freezern vorteilhaft. Überdies wird durch sie die Wartung wesentlich vereinfacht. Als Kältemittel dient Ammoniak. Die beiden Netze arbeiten in der Regel völlig getrennt; jedoch kann in Notfällen jeder der beiden Kompressoren auch das Nachbarnetz bedienen.

Die Kältemittelzuteilung erfolgt bei der Raumkühlanlage nach dem Umwälzverfahren. Das flüssige Ammoniak gelangt von den drei Kondensatorelementen *3 I* über eine Entlüfterflasche *3a* nach dem Hochdruck-Schwimmerventil *4*, dem für Notfälle ein Handregelventil *7* parallelgeschaltet ist, und nach erfolgter Entspannung weiter in den untern Teil des großen Abscheiders *5 I*, der bis auf eine festgelegte Höhe mit Flüssigkeit gefüllt ist. Von dort saugt eine der beiden Ammoniakpumpen *9 I* oder *9 II* (die andere ist in Reserve) die Flüssigkeit über den Filter *9c* ab und fördert sie in die beiden Vorlaufleitungen *10 V I* und *10 V IV*, von denen die eine die Elemente *6 I*, *6 II* und *6 III* für die Raumkühlung und die andere den mit tiefer Verdampfungstemperatur arbeitenden Høyer-Rollo-Apparat *6 I V* versorgt. Dieser wird von Hand gesteuert. Zur Kältemittelverteilung auf die Raumkühlelemente dienen die von Hand einstellbaren Ventile *6a*. Das aus den Verdampfern *6 I* bis *IV* austretende Flüssigkeits-Dampfgemisch gelangt durch die Rücklaufleitungen *10 R I* und *10 R IV* in den mittleren Teil des Abscheiders *5 I*, wo sich Flüssigkeit und Dampf voneinander trennen. Dank reichlicher Bemessung dieses Abscheiders ist bei richtiger Füllung volle Gewähr geboten, daß in die oben angeschlossene Saugleitung bei allen Betriebsbedingungen nie feuchter Dampf eintritt. Die Zahnradpumpen *9* sind mit Gehäuse- und Stopfbüchskühlung (Leitungen *9a* und *9b*) versehen.

Der Luftkühler für den Härteraum ist, wie aus Abb. 360 ersichtlich, in einer besonderen Kammer untergebracht und mit einer Abtauvorrichtung durch Wasserberieselung ausgerüstet, die von Hand bedient wird. Ein Frischlufttürchen mündet in den Saugraum der Ventilatoren; an der Außenwand ist ein Ablufttürchen angebracht. Im Innern des Härteraumes wird eine starke Luftströmung aufrecht erhalten, bei der sich die Luft von der hintern Längswand zur gegenüberliegenden, luftkühlerseitigen Wand bewegt. Dazu sind diesen Wänden Holzfronten vorgebaut, in denen Schlitze mit einstellbaren Schiebern den Luftdurchtritt derart regeln, daß überall angenähert gleiche Strömungsgeschwindigkeiten herrschen. Die Luft tritt von der Saugkammer unten in die Luftkühlerkammer ein, durchströmt den Kühler von unten nach oben und wird dann durch die dort angebrachten Schraubenventilatoren in einen flachen, unter der Decke angebrachten Holzkanal in die Druckkammer an der hintern Längswand gefördert. Die Kühlelemente im Vorraum und in der Schleuse sind für stille Kühlung vorgesehen. Auf besondere Vorkehrungen zum Abtauen konnte hier verzichtet werden.

Die vier Freezer *11I* bis *IV* (Abb. 359) erhalten die Kältemittelflüssigkeit unter Kondensatordruck zugeteilt. Die Entspannung erfolgt in eingebauten Regelapparaten; die Zuteilung wird von Hand nach Bedarf vorgenommen. Konstantdruck-Ventile *11a* in den Absaugleitungen der Apparate *11I*, *11III* und *11IV*, die englischer Herkunft sind, halten die Verdampfungsdrücke auf unver-

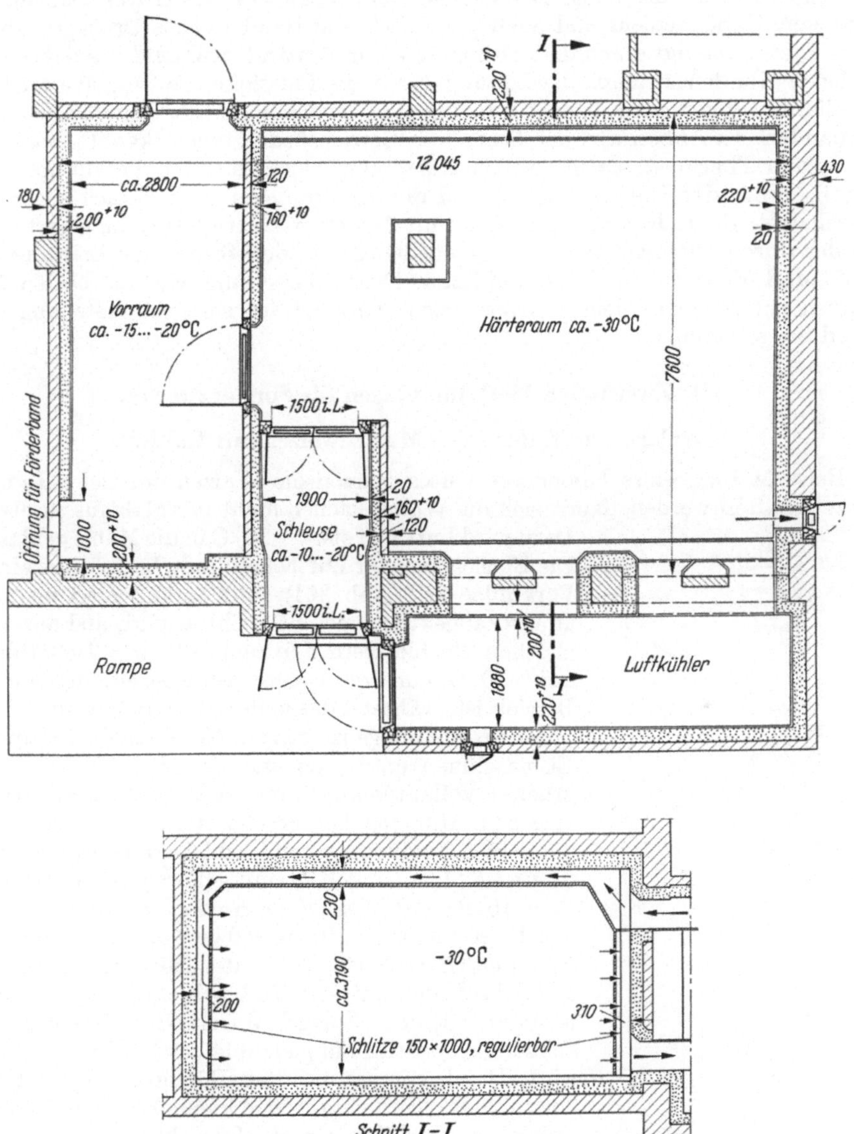

Abb. 360. Anordnung der Tiefkühlräume in der Eiskremfabrik nach Abb. 359.

änderlicher Höhe. Diese Drücke lassen sich an jedem Apparat von Hand einstellen und an Manometern ablesen. Je nach der Betriebsweise kann der Dampf beim Austritt aus den Freezern mehr oder weniger feucht sein, weshalb eine zusätzliche Abscheidung angezeigt ist. Diese vollzieht sich im Abscheider *5I*. Um die Flüssigkeit wieder zu verdampfen, die sich dort zeitweise unten ansammelt, ist eine Heizschlange *5b* eingebaut, die von warmem Druckgas durchströmt wird. Das Kondensat, das sich in dieser Schlange bildet, gelangt über ein Schwimmerventil *5c* in die Sammelflasche *8*, die flüssigkeitsseitig den Kondensatorelementen *3II* nachgeschaltet ist. Diese Flasche ist wie die Flasche *3a* der Raumkühlanlage mit einem Entlüftungsventil *8b* versehen. Der Freezer *11I* von Høyer, Dänemark, wird von Hand bedient und auch periodisch von Hand mittels Druckgas abgetaut. Dieses gelangt durch die Leitung *11b* zum Apparat, während das dabei sich bildende Kondensat durch die Leitung *11c* in die Flüssigkeitsleitung übertritt.

Einrichtungen zur selbsttätigen Regelung sind nur bei der Raumkühlanlage vorhanden. In Anbetracht der besondern Betriebsbedingungen konnte man sich mit einem Thermostaten im großen Härteraum begnügen, der die Motoren der Ventilatoren, der Umwälzpumpen und des Kompressors nach Bedarf ein- bzw. ausschaltet. Beide Kompressoren sind mit Aussetzer-Leistungsregelung versehen, bei der durch Offenhalten von Saugventilen der beiden Stufen die Leistung auf 100% und 50% eingestellt werden kann. Diese Einstellung wird bei beiden Maschinen entsprechend dem Fabrikationsvorgang bei der Eiskremherstellung von Hand vorgenommen.

III. Zweistufige Tiefkühlanlagen für Sonderzwecke.

1. Anlage zum Kühlen von Mühlenwalzen mit Kaltluft.

Beim Mahlen eines besonderen Gutes müssen die Walzen auf tiefer Temperatur gehalten werden, damit sich die Walzenflächen nicht mit Mahlgut zusetzen. Dazu wird Luft von etwa $-20\,°C$ in die Mühle geblasen. Die Einrichtung zur Luftbehandlung besteht aus einem Vorkühler *5II* (Abb. 361), in dem Außenluft bis nahe an $0\,°C$ abgekühlt und entfeuchtet wird, und aus zwei gleichen Nachkühlern *5Ia* und *5Ib* zur Tiefkühlung auf $-20\,°C$, von denen abwechslungsweise der eine im Betrieb ist, während der andere abgetaut wird.

Die Kälteanlage ist von der Gesellschaft für Linde's Eismaschinen entworfen und ausgeführt worden. Sie arbeitet vollautomatisch mit R 22 und ist zweistufig. Wie aus Abb. 362 hervorgeht, werden der Vor- und die beiden Nachkühler von hochliegenden Abscheidern *6I* und *6II* aus mit Kältemittelflüssigkeit überflutet. Vom Abscheider *6I* saugt der Niederdruckkompressor *I* den Dampf über den Ölaustreiber *9* ab und fördert ihn über den Ölabscheider *2I* in den Mitteldruckbehälter *6III*, in dessen unterem Teil sich ein Flüssigkeitsbad befindet, dessen Spiegel durch das Niederdruck-Schwimmerventil *4* auf gleichbleibender Höhe gehalten wird. Durch Mischen mit der Flüssigkeit enthitzt sich der durch den Siebeinsatz *6a* in kleine Blasen aufgeteilte Dampf, so daß ihn der Hochdruckkompressor *II* in nur wenig überhitztem Zustand absaugt und über den Ölabscheider *2II* in den mit Kühlwasser von etwa $14\,°C$ beschickten Kondensator fördert. Im Ölaustreiber *9* wird der aus *6I* abgesaugte Dampf durch die Schlange *8a* leicht überhitzt, wobei etwa mitgerissene Flüssigkeitströpfchen verdampfen und sich Öl aus-

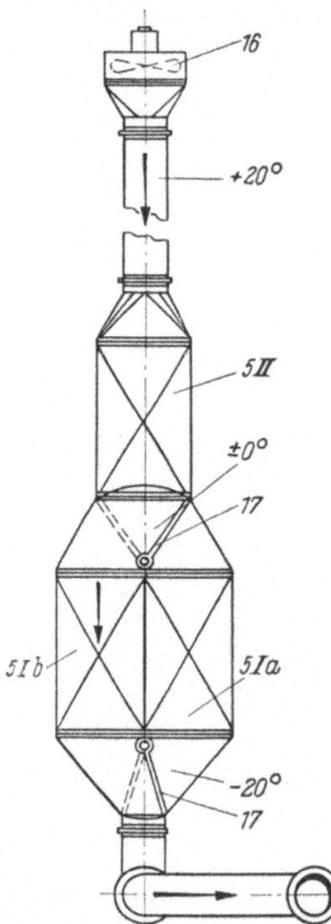

Abb. 361. Anordnung der Luftkühler der Anlage nach Abb. 362. *16* Ventilator; *17* Luftklappen.

scheidet. Dieses sammelt sich am Boden und ist periodisch bei E abzulassen. Zugleich unterkühlt sich die im Kondensator *3* gebildete Flüssigkeit, um dann über den Trockenfilter *8b* und die Regelstelle *7* auf die Apparate *6I*, *6II* und *6III* verteilt zu werden. An der Regelstelle ist für jede der drei abgehenden Leitungen je ein Handregelventil zwischen zwei Handabschließungen eingebaut, die normalerweise ganz offen sind. Sollte eines der nachfolgenden Zuteilungsorgane *4*, *4I* oder *4II* ausfallen, so wird bei *7* von Hand geregelt. Die Hintereinanderschaltung der Organe *7* und *4* hat den Vorteil, daß durch die Drosselung bei *7* die nachgeschalteten Steuerorgane entlastet werden. Diese bestehen bei den Abscheidern *6I* und *6II* aus je einem thermostatischen Expansionsventil *4I*, bzw. *4II*,

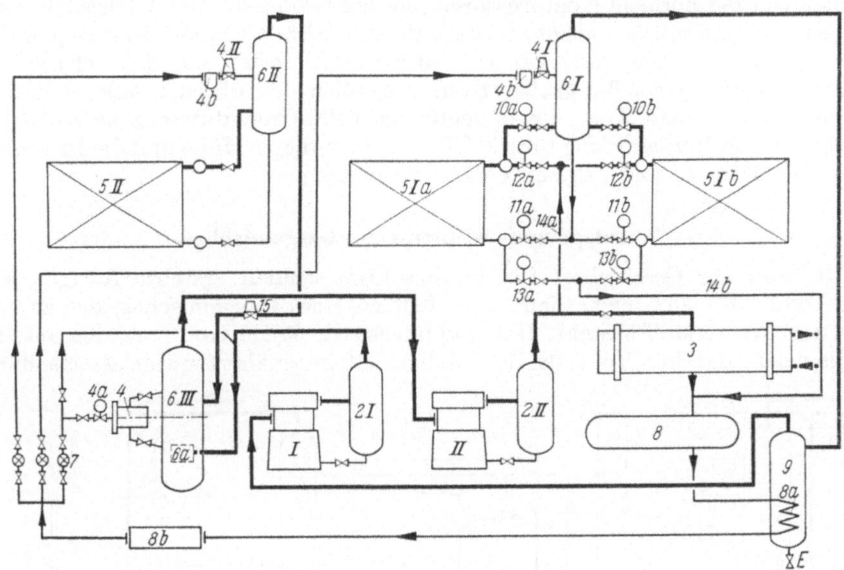

Abb. 362. Vereinfachtes Schaltbild einer Anlage für Luftkühlung (Gesellschaft für Linde's Eismaschinen AG).

I, *II* Kompressoren; *2I*, *2II* Ölabscheider; *3* Kondensator; *4* Niederdruck-Schwimmerventil; *4I*, *4II* thermostatische Expansionsventile; *5Ia*, *5Ib* Nachkühler für die zu behandelnde Luft; *5II* Vorkühler; *6I*, *6II* Flüssigkeitsabscheider; *6III* Zwischenbehälter; *7* Regelstelle mit Handregelventilen; *8* Sammelflasche; *9* Ölaustreiber; *15* Saugdruck-Regelventil zu *6II*; *E* Entölungsventil.

dem ein Seiher *4b* vorgeschaltet ist. Durch Anbringen des Fühlerkörpers an geeigneter Stelle läßt sich erfahrungsgemäß der Flüssigkeitsstand im Verdampfer auf passender Höhe halten. Beim Niederdruckbehälter *6III* ist dem Schwimmerventil *4* ein Magnetventil *4a* vorgeschaltet. Beim Übergang auf Handregelung werden die Ventile *4I* und *4II* ganz geöffnet. Beim Ventil *4* öffnet man eine Umgehungsleitung, die in die Druckleitung des Kompressors *I* einmündet; das Ventilgehäuse kann durch Abschließungen vom R 22-Netz getrennt und während des Betriebes nachgesehen werden.

Das Abtauen der Nachkühler *5Ia* und *5Ib* erfolgt automatisch nach einem Zeitschaltplan durch Umstellen der Luftklappen *17*, Abb. 361, sowie der Kältemittelzuteilung zu den Nachkühlern. Soll z. B. *5Ia* abgetaut werden, so schließt man die Magnetventile *10a* und *11a* (Abb. 362) und öffnet die Abtau-Magnetventile *12a* und *13a*. Dabei strömt Druckgas durch die Abtauleitung *14a* über *12a* nach *5Ia*, während das Kondensat über *13a* und *14b* in die Sammelflasche *8* abfließt.

Die Verdampfungstemperatur im Vorkühler *5II* wird durch den Saugdruckregler *15* auf konstantem Wert (etwa $-1\ °\mathrm{C}$) gehalten, der so eingestellt ist, daß sich kein Reif bildet. Bei kaltem Wetter geht die Leistung des Vorkühlers naturgemäß stark zurück, so daß sich der Mitteldruck wegen fest gegebenem Volumverhältnis der beiden Kompressoren in *6 III* senkt und bei *15* eine größere Druckdifferenz abzudrosseln ist.

Der Luftdurchsatz beträgt rd. 2500 m³/h. Die Luftkühler für die Tiefkühlung sind für je 30000 kcal/h bei einer Verdampfungstemperatur von −25 °C bemessen, der Vorkühler für 35000 kcal/h bei etwa −1 °C. Dementsprechend wurden die Absaugvolume der Kompressoren gewählt. Deren Leistungsbedarf bei einer Verflüssigungstemperatur von +25 °C beträgt etwa 9,5 kW für die erste und etwa 16 kW für die zweite Stufe, der Kühlwasserbedarf etwa 12 m³/h. Verwendet wurden normale Kompressoren gleicher Größe, die mit Keilriemen angetrieben sind und mit fast gleichen Drehzahlen betrieben werden. Für die gewählte Art der Kältemittelzuteilung war der Umstand mitbestimmend, daß sich die Luftkühler in verhältnismäßig großer Höhe gegenüber den übrigen Anlageteilen befinden und daß man Wert darauf legte, die volle Druckdifferenz zwischen Verflüssigung und Verdampfung für die Überwindung dieser Höhe und die Drosselung in den Ventilen *4 I* und *4 II* zur Verfügung zu haben.

2. Anlage zum Kühlen eines Gasgemisches.

Die von der Gesellschaft für Linde's Eismaschinen erstellte Anlage, deren Schaltbild Abb. 363 zeigt, dient zum Kühlen eines Gasgemisches, das zu etwa 90 % aus Wasserstoff besteht. Dabei kondensieren einige Komponenten aus. Das Gasgemisch, das bei *10a* eintritt, durchströmt angenähert unter Atmosphären-

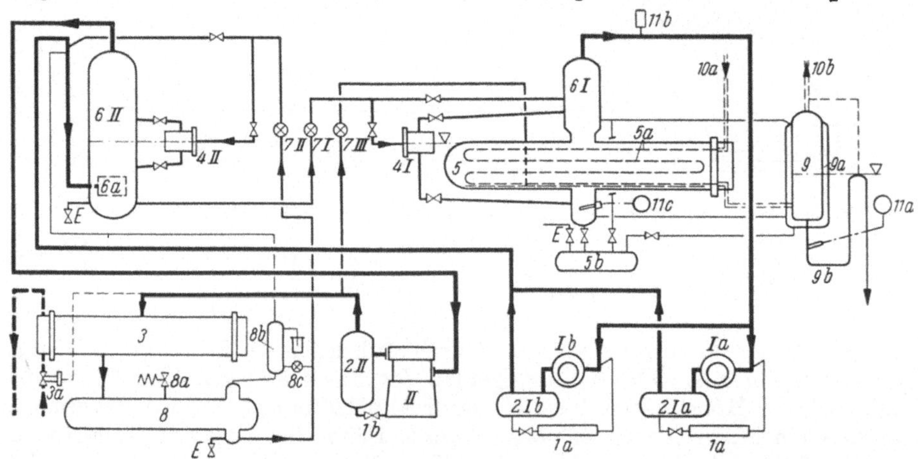

Abb. 363. Vereinfachtes Schaltbild einer zweistufigen Anlage für die Tiefkühlung eines Gasgemisches (Gesellschaft für Linde's Eismaschinen AG).

Ia, Ib Drehkolben-Kompressoren; *II* Tauchkolben-Kompressor; *3* Kondensator; *4I, 4II* Niederdruck-Schwimmerventile; *5* Gaskühler; *6I, 6II* Flüssigkeitsabscheider; *7I, 7II, 7III* Handregelventile; *8* Flüssigkeits-Sammelbehälter; *9* Gasabscheider; *10a, 10b* Gaseintritt bzw. -austritt; *11a, 11c* Thermostaten *11b* Pressostat; *E* Entölungsventile.

druck eine mit leichtem Gefälle verlegte Rohrschlange *5a*, die in einem liegenden zylindrischen Behälter *5* eingebaut ist. In diesem verdampft Ammoniak bei −60 °C. Die Rohrschlange mündet in einem Abscheider *9*, in dem sich die verflüssigten Komponenten vom übrigen Gas trennen und unten über eine Flüssigkeitssperre *9b* abfließen. Der Abscheider ist mit einem Kühlmantel *9a* umgeben, in dem Ammoniak ebenfalls bei −60 °C verdampft, wodurch die Trennung ohne Wärmeeinfall erfolgt. Sämtliche vom Gasgemisch bespülten Teile bestehen aus V2A-Stahl.

Das Temperaturgefälle zwischen der normalen Verflüssigungstemperatur von +25 °C und der Verdampfungstemperatur von −60 °C, dem ein Druckverhältnis von rd. 46 entspricht, wird in nur zwei Stufen überwunden, von denen die erste durch zwei parallelarbeitende Vielzellen-Drehkolbenkompressoren *Ia* und *Ib* und die zweite durch einen zweizylindrigen Tauchkolben-Kompressor *II* gebildet wird, der nach dem Gleichstromprinzip arbeitet. Dabei sind die Fördervolume so aufeinander abgestimmt, daß sich in beiden Stufen angenähert das gleiche Druckverhältnis ergibt, was bei einem Mitteldruck von rd. 1,55 ata entsprechend −25 °C zutrifft. Die Kälteleistung beträgt 10 000 kcal/h bei −60 °C, der Leistungsbedarf der beiden Drehkolbenkompressoren etwa 7,2 kW, derjenige des Kolbenkompressors etwa 9,6 kW (750 U/min).

Der vom Kompressor *II* geförderte Ammoniakdampf durchströmt den Ölabscheider *2 II* und verflüssigt sich im wassergekühlten Kondensator *3*. Das Kondensat sammelt sich im Behälter *8*, der mit einem Entlüftungspparat *8b*, einem Entölungsventil *E* und einem Sicherheitsventil *8a* mit Bruchplatte versehen ist. Die Flüssigkeit gelangt dann über das Niederdruck-Schwimmerventil *4 II* in den Mitteldruckbehälter *6 II*, wo der Stand auf gleicher Höhe gehalten wird. Der von den Kompressoren *Ia* und *Ib* geförderte Dampf tritt unten in das Flüssigkeitsbad ein. Ein eingebauter Siebeinsatz *6a* fördert die Bildung kleiner Dampfblasen und damit die Sättigung des überhitzten Dampfes. Oben schließt die Saugleitung des Kompressors *II* an, während unten die auf etwa −25 °C gekühlte Flüssigkeit über ein zweites Niederdruck-Schwimmerventil *4 I* den Gaskühler *5* speist. Dieser ist mit einem großen Flüssigkeitsabscheider *6 I* verbunden.

Die Anlage wird automatisch in Abhängigkeit der Kondensat-Ablauftemperatur im Behälter *9* wie folgt geregelt: Erreicht diese Temperatur einen einstellbaren Grenzwert von z. B. −50 °C, so schaltet der Thermostat *11a* den einen der beiden Drehkolbenkompressoren ab und stellt gleichzeitig den polumschaltbaren Antriebsmotor des Kompressors *II* auf halbe Drehzahl um. Umgekehrt kann der Thermostat *11a* auch den entgegengesetzten Vorgang auslösen. Bei weiterem Rückgang des Kältebedarfs sinkt der Saugdruck weiter. Alsdann spricht der Schalter *11b* an und stellt sämtliche Kompressoren ab. Steigt der Saugdruck wieder an, so stellt dieser Schalter den Betriebszustand bei halber Leistung ein. Sollte jedoch nach längerem Stillstand die Verdampfungstemperatur in *5* zu hoch angestiegen sein, so verhindert ein dort eingebauter Verriegelungsthermostat *11c* das selbsttätige Anlaufen der Anlage, weil sich sonst für die Niederdruckkompressoren *Ia* und *Ib* ein zu hoher Saugdruck ergeben würde. Unabhängig von der automatischen Regelung kann eine Überströmregelung bedient werden, indem man Druckgas über das Regelventil *7 III* in den untern Teil des Behälters *5* überströmen läßt. Diese Regelung wird nur ausnahmsweise benutzt. Die Schwimmerventile *4 I* und *4 II*, die auf konstantes Niveau in den Behältern *5* und *6 II* regeln, sind durch Handregelventile *7 I* und *7 II* ergänzt, um in Notfällen den Betrieb aufrechterhalten zu können. In normalem Betrieb stehen diese Ventile voll offen. Die Drosselung ist dort gering, macht sich aber bei Regelvorgängen insofern günstig bemerkbar, als sie bei stärkerem Öffnen der Schwimmerventile den Flüssigkeitsdurchfluß hemmt und dadurch ein Labilwerden der Regelung verhindert. Die Schwimmerventile können während des Betriebes revidiert werden. Wird mit Handregelung gearbeitet, so gelangt das entsprechende Kältemittel durch besondere Leitungen in den Flüssigkeitsabscheider *6 I*, bzw. in die hochgeführte Druckleitung der Kompressoren *Ia* und *Ib*, wo es sich mit dem warmen Gas vermischt, bevor dieses in den Behälter *6 II* gelangt. Die Kühlwasserzuteilung zum Kondensator *3* steht unter der Kontrolle eines pressostatisch gesteuerten Kühlwasserventils *3a*, das auf konstanten Verflüssigungsdruck regelt,

27*

wodurch das Wasser trotz großen Änderungen der abzuführenden Wärme stets mit derselben Temperatur abfließt und gut ausgenützt ist.

Die Drehkolbenkompressoren arbeiten mit großem Öldurchsatz, da das Öl außer zum Schmieren auch zum Sperren und Kühlen dient. Es wird in Abscheidern *21a* und *21b*, die unter den Maschinen angeordnet sind, vom Druckgas getrennt, in den Kühlern *1a* und *1b* gekühlt und auf der Saugseite wieder eingeführt. Auch der Kolbenkompressor *II* ist mit einem Ölabscheider *2II* versehen. Öl, das in die Apparate *5*, *6II* und *8* gelangt, setzt sich an den untersten Stellen ab und wird dort mittels den Ventilen *E* periodisch abgezogen.

3. Anlage zum Kühlen von Rührwerksbehältern.

Die auf Abb. 364 schematisch dargestellte Ammoniak-Tiefkühlanlage, die von der Firma Borsig AG, Berlin-Tegel, geplant und für eine chemische Fabrik gebaut wurde, hat wechselweise in zwei emaillierten Rührwerksbehältern je 1100 l Lösung, deren Hauptbestandteil ein organisches Lösungsmittel ist, bei

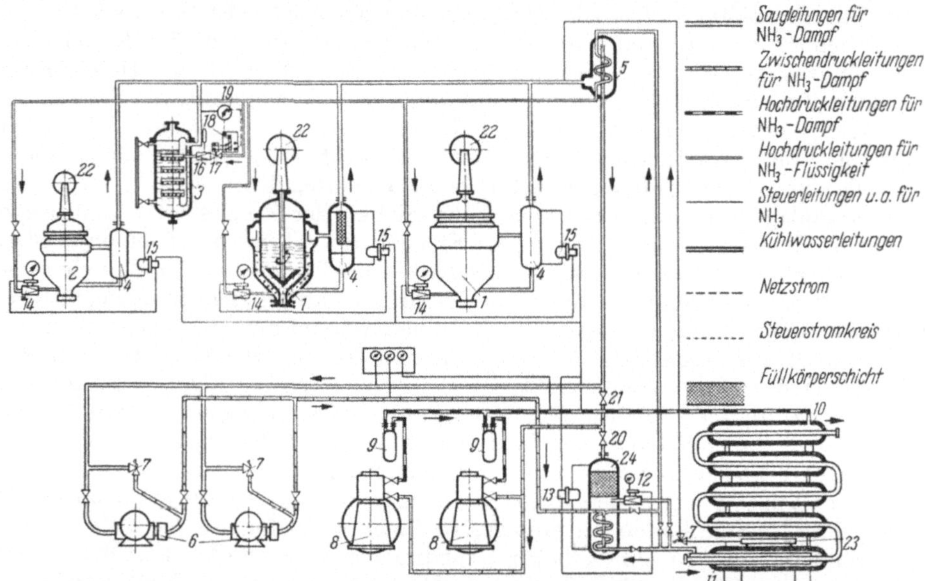

Abb. 364. Schaltbild einer Anlage zum Tiefkühlen von Rührwerksbehältern (Borsig AG., Berlin-Tegel).

1 Rührwerksbehälter für 1100 l; *2* Rührwerksbehälter für 50 l; *3* Behälter für Spülflüssigkeit; *4* Flüssigkeitsabscheider; *5* Überhitzer; *6* Drehkolbenkompressoren; *7* Sicherheitsventile; *8* Kolbenkompressoren; *9* Ölabscheider; *10* Mehrbündelrohr-Kondensator; *11* Flüssigkeitssammler; *12, 14* Membran-Regelventile; *13, 15* Schwimmer-Steuerventile; *16* Thermostatisches Regelventil; *17* Magnetisches Absperrventil; *18* Relais; *19* Mano-Vakuummeter mit Kontakten; *20, 21* Handabsperrventile; *22* Rührwerksantriebe; *23* Automatische Entlüftungseinrichtung; *24* Ammoniak-Zwischenkühler.

andauerndem Rühren in je 1½ Stunden von etwa +20 °C auf −40 °C abzukühlen und anschließend während 4 bis 5 Stunden auf −40 °C zu halten. Außerdem ist ein dritter Rührwerksbehälter von etwa 50 l Fassungsvermögen für Versuchszwecke sowie ein weiterer Behälter für rd. 500 l einer Lösung, die für das Auswaschen der Rührwerksbehälter bestimmt ist, ebenfalls auf −40 °C abzukühlen. Bei dieser diskontinuierlichen Betriebsweise ändern sich die Verdampfungstemperatur und mit ihr die Kälteleistung in weitem Bereich: Sie sind nach dem Einbringen einer neuen Charge in einen der großen Behälter verhältnismäßig hoch und nehmen mit sinkender Lösungstemperatur stark ab. Die Anlage ist für eine

Kälteleistung von 65000 kcal/h bei einer Verdampfungstemperatur von $-48\,°C$ gebaut. Nach ihrer Inbetriebnahme wurde die schon vorher geplante Erweiterung mit Einbau eines weiteren großen Rührwerksbehälters vorgenommen.

Wie aus Abb. 364 ersichtlich, sind die beiden großen Rührwerksbehälter *1* und der kleine Rührwerksbehälter *2* mit Kühlmänteln versehen, die mit Flüssigkeitsabscheidern *4* verbunden sind und von dort her mit verdampfendem Ammoniak überflutet werden. In jedem Abscheider ist oben eine Schicht aus keramischen Füllkörpern eingebaut, die der Dampf in horizontaler Richtung durchströmt, wobei etwa mitgerissene Tröpfchen, die sich plötzlich bilden können, zurückbleiben. Im Kühlbehälter *3* für die Spülflüssigkeit befindet sich ein Überlauf-Kaskadenverdampfer, dessen gitterartiges Rohrsystem gleichmäßig mit flüssigem Ammoniak gefüllt ist, das stetig verdampfend vom Rohrgitter der obersten Ebene in die darunterliegenden Gitter fließt, während sich der Dampf im senkrechten Rohr sammelt, das zugleich als Abscheider wirkt. Um ein feuchtes Arbeiten der hierfür besonders empfindlichen Drehkolbenkompressoren unter allen Umständen zu vermeiden, was bei dem chargenweisen Betrieb leicht vorkommen könnte, wurde in die gemeinsame Saugleitung an höchster Stelle ein Wärmeaustauscher *5* eingebaut, der den abgesaugten Dampf überhitzt und das flüssige Kältemittel in einer eingebauten Rohrschlange unterkühlt. Der auf diese Weise getrocknete und überhitzte Dampf wird von zwei Vielzellen-Drehkolbenkompressoren *6* (Fabrikat Klein, Schanzlin & Becker AG, Frankenthal) angesaugt und auf den Zwischendruck verdichtet, unter welchem er in den Zwischenkühler *24* gelangt. Er steigt dort in Form kleiner Bläschen durch das Flüssigkeitsbad auf und gibt dabei seine Überhitzungswärme an dieses ab. Anschließend durchströmt er eine Füllkörperschicht, die mitgerissene Flüssigkeitströpfchen zurückhält, und tritt dann oben in die Saugleitung der beiden Kolbenkompressoren *8* über. Diese zweizylindrigen Tauchkolbenmaschinen mit wassergekühlten Zylindern und im Ölbad liegenden Zahnradölpumpen arbeiten nach dem Gleichstromverfahren und werden mittels Keilriemen angetrieben. Ihre Drehzahl beträgt 560 U/min. Sie fördern den Dampf durch die Ölabscheider *9* in den aus mehreren Rohrbündelelementen aufgebauten Kondensator *10*, in dem die Verflüssigung im Gegenstrom zum Kühlwasser erfolgt. Das Kondensat sammelt sich im Behälter *11*, der mit einem Sicherheitsüberströmventil *7* und einer automatischen Entlüftungseinrichtung *23* versehen ist. Es wird dort vor dem Rückströmen in den Kreislauf durch das zufließende Brunnenwasser unterkühlt. Die Vorrichtung *23* ist angezeigt, weil die Verdampfung zeitweise unter Vakuum erfolgt.

Der Hauptteil des flüssigen Ammoniaks durchströmt die im Flüssigkeitsbad des Zwischenkühlers *24* eingebaute Rohrschlange, in der er sich bis nahe an die dem Zwischendruck entsprechende Verdampfungstemperatur abkühlt. (Die Rohrschlange kann durch Bedienen entsprechender Abschließungen überbrückt werden.) Eine weitere Unterkühlung findet im Überhitzer *5* statt. Von dort gelangt die Flüssigkeit zu den drei Membran-Regelventilen *14*, die mit Ammoniakdampf aus der Druckleitung der Kompressoren *8* betätigt werden. Den Dampfdurchtritt steuern die Schwimmersteuerventile *15* derart, daß die Flüssigkeitsstände in den Abscheidern *4* und damit auch in den Kühlmänteln der Rührwerksbehälter auf derselben Höhe bleiben. Die günstigste Höhe ist beim Erproben der Anlage durch Verändern der Höhenlage der Schwimmer *15* ermittelt worden.

Dem Kaskadenverdampfer im Behälter *3* für die Spülflüssigkeit teilt ein thermostatisches Expansionsventil *16* die Flüssigkeit automatisch so zu, daß am Absaugrohr eine konstante Überhitzung auftritt. Diesem ist ein magnetisches Absperrventil *17* vorgeschaltet, das über ein Relais *18* vom Mano-Vakuummeter *19* derart gesteuert wird, daß das Ventil *17* schließt, wenn der Verdampfungsdruck über 0,53 ata ($-46\,°C$) ansteigt. Damit ist eine Sicherung gegen Überfüllen des Verdampfers und auch gegen nasses Arbeiten der Kompressoren geschaffen. Der Zwischenkühler *24* erhält die Kältemittelflüssigkeit aus *11* durch ein Membranventil *12* zugeteilt, das durch ein Niederdruck-Schwimmerventil *13* gesteuert wird.

Die Anlage kann einstufig mit den Kompressoren *8* allein betrieben werden, wozu man die Absperrung *20* schließt und *21* öffnet. Weiter ist es möglich, nur mit halber Leistung zu arbeiten, indem nur ein Kompressor *6* und ein Kompressor *8* in Betrieb genommen werden.

Bei der Konstruktion der Rührwerksbehälter mußte auf die Wärmedehnungen Rücksicht genommen werden. Jeder Behälter ist als stehendes zylindrisches Druckgefäß mit kegelförmigem Boden ausgebildet, das an einer in radialer Richtung nachgiebigen Flanschverbindung in den Verdampferbehälter eingehängt ist. Der Auslaß-Stutzen an der tiefsten Stelle des Bodens tritt durch den Verdampferboden hindurch und ist mittels einer Stopfbüchse gegenüber dem Ammoniak abgedichtet.

IV. Anlagen mit vielen Kühlstellen von verschiedenen Temperaturen.

1. Die kältetechnischen Einrichtungen eines Hafenkühlhauses in den Tropen.

Die Verwaltung des Hafens von Dakar ließ im Jahre 1953 ihr Entrepôt Frigorifique du Port de Dakar erstellen, das dem Lebensmittelumschlag zu dienen hat. Das Kühlhaus besteht aus einem vierstöckigen Mittelbau von rd. $30\times28\,\mathrm{m^2}$ Grundfläche, dem später ein fünftes Stockwerk aufgesetzt werden kann, sowie aus zwei Flügeln, jeder mit Erdgeschoß und einem Obergeschoß. Es liegt unmittelbar am Ufer und hat Gleisanschluß. Tab. 1 gibt eine Übersicht über die zu kühlenden

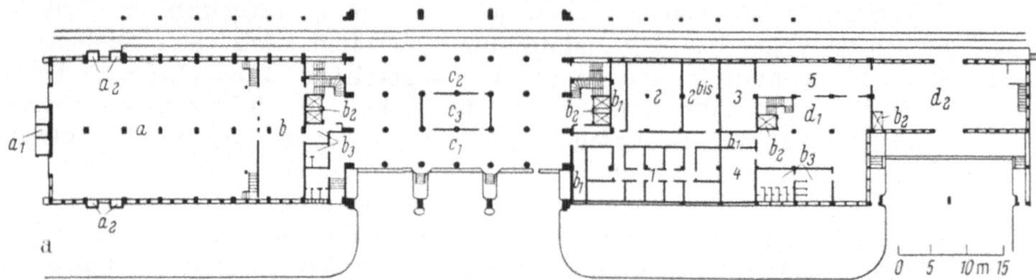

Abb. 365a. Hafenkühlhaus Dakar. Erdgeschoß-Grundriß 1:1200.

1, 2, 2 bis, 3, 4, 5 Kühl- und Gefrierräume nach Tab. 1; *a* Maschinensaal; a_1 Transformatorenstation; a_2 Luftkanäle für die Dieselmotoren; *b* Raum für Verdampfer und Solepumpen; b_1 Luftkühler-Kammern; b_2 Aufzugschächte; b_3 WC und Garderobe; c_1 Eingangshalle (Landseite); c_2 Versandhalle (Hafenseite); c_3 Büro; d_1 Annahme und Verarbeitungsräume für Fische; d_2 Versandraum für Fische.

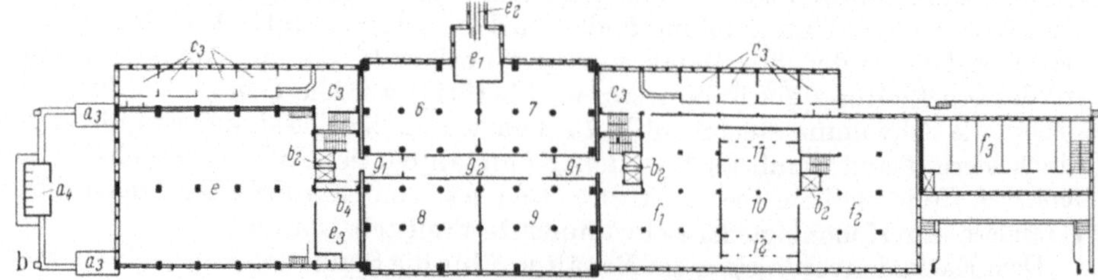

Abb. 365b. Hafenkühlhaus Dakar. Grundriß des ersten Obergeschosses, 1:1200.

6 bis 12 Kühl- und Gefrierräume nach Tab. 1; a_3 Luftfilter für die Dieselmotoren; a_4 Zählerraum; b_4 Leitungsschacht; *e* Eiserzeugerraum; e_1 Eisbrecherraum; e_2 Transportband für gebrochenes Eis; e_3 Reserveteillager; f_1 Verpackungsraum für gefrorene Fische; f_2 Verarbeitungs- und Verpackungsraum für Fischfilets; f_3 Kühlraum für Seefische (Mietzellen); g_1 Schleusen; g_2 Korridor.

Räume, die im ersten Ausbau rd. 11000 m³ umfaßten und deren Anordnung aus den Abb. 365a u. b hervorgeht. Die Eiserzeugungsanlage ist für eine Tagesleistung von 60 t gebaut. Die kältetechnischen Einrichtungen sind von der Firma Brissonneau-York, Paris, geliefert und seit der Inbetriebnahme mehrmals erweitert worden. Das Kühlhaus hat sehr verschiedene Kühlgüter, hauptsächlich Lebens-

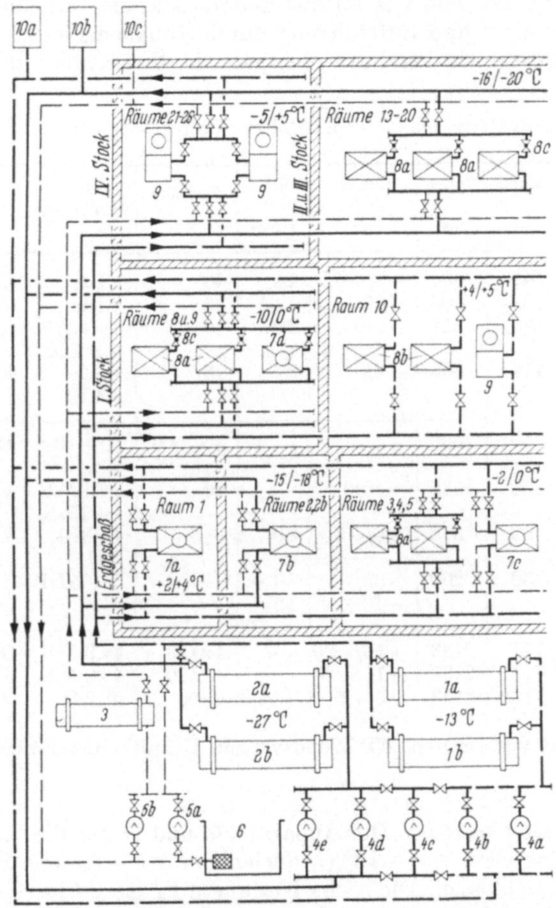

Abb. 366. Vereinfachtes Schema der Solekreisläufe im Kühlhaus Dakar.

1a, 1b Solekühler im Kreislauf für —13 °C; *2a, 2b* Solekühler im Kreislauf für —27 °C; *3* Soleerwärmer zum Abtauen; *4a* bis *4e* Solepumpen; *5a, 5b* Abtaupumpen; *6* Behälter zum Zubereiten der Sole; *7a* bis *7d* Luftkühler; *8a, 8b* Wandsysteme für stille Kühlung; *8c* Drosselventile zum Verteilen der Sole; *9* Luftkühlereinheiten; *10a, 10b, 10c* Expansionsgefäße.

mittel, aufzunehmen, die teils warm, teils vorgekühlt, teils gefroren eingeführt werden und verschieden lang zu lagern sind. Dementsprechend wurden die Kammern in verschiedener Weise ausgerüstet.

Mit Rücksicht auf das Bedienungspersonal, das vorwiegend aus Afrikanern besteht, waren größte Einfachheit und Sicherheit anzustreben, weshalb zur Kälteverteilung Kalziumchloridlösung gewählt wurde. Mit direkter Ammoniak-Verdampfung arbeiten nur die Luftkühler der Gefriertunnel. Um einen wirtschaftlichen Betrieb zu erhalten, sind zwei Solekreisläufe eingerichtet worden, ein erster von —13 °C im Vorlauf für die Räume von +5 °C bis —5 °C und ein zweiter von —27 °C für die Räume von —10 °C bis —20 °C. Für die Sole sind fünf Umwälzpumpen vorhanden, die bei 15 m Druckhöhe je 80 m³/h fördern. Von ihnen sind zwei (*4a* und *4b*) für den ersten, zwei (*4d* und *4e*) für den zweiten Kreislauf und die fünfte Pumpe (*4c*) als Reserve für beide Kreisläufe vorgesehen. Abb. 366 zeigt das stark vereinfachte Schaltbild der Solenetze.

Die Räume *8* und *9* (I. Stock) sowie *21* bis *26* (IV. Stock) lassen sich je nach Bedarf sowohl an das eine wie an das andere Solenetz anschließen. Luftkühler mit Zwangsluftumlauf und Luftführung durch Kanäle erhielten die Fleischlagerräume *1*, *2* und *2 bis* sowie *3* und *4*, wobei jeder der drei Kühler in einer besonderen

Tabelle 1. *Zweckbestimmung der Kühlräume im Kühlhaus Dakar, erster Ausbau.*

Stockwerk	Raum Nr.	Grundfläche m²	Volum m³	Temperatur °C	Einfuhr t/Tag	Belegung t	Ausrüstung	Verwendung
Erdgeschoß	*1*	146	584	+2/+4	14	40	1 LK	Fleisch in Mietzellen
	2, 2 bis	122	488	−15/−18	2,5	35	1 LK	Gefrierfleisch
	3 und *4*	78	312	−2/0	30	40	6+4 WS + 1 LK	frische Fische
	5	116	406	−2/0	8	75	4 WS + 1 LK	Fischlagerung
I	*6* und *7*	350	1085	−4/−5	—	300/500	10+10 WS	Eislagerung
	8 und *9*	350	1085	−10/0	—	80	9+9 WS 1+1 LK	Verschiedene Güter
	10	92	368	+4/+5	20	—	4 WS + 2 U	Vorkühlen von Fischen
	11 und *12*	50	200	−35/−40	10 + 15	—	5 + 5 LK	Schnellgefrieren
II	*13* bis *16*	711	2133	−16/−20	—	4×120	4×9 WS	Gefriergut
III	*17* bis *20*	711	2133	−16/−20	—	4×120	4×9 WS	Gefriergut
IV	*21* bis *26*	711	2133	−5/+5	6×3,3	6×50	6×2 U	Verschiedene Güter

LK Luftkühler mit Ventilatoren, WS Wandsysteme, U Luftkühler-Einheiten in Blechgehäusen.

Kühlerkammer eingebaut ist. Die Apparate *7a* und *7c* für die Räume *1* bzw. *3*, *4* und *5* sind an das Netz von −13 °C, derjenige für die Räume *2* und *2 bis* an das von −27 °C angeschlossen. Die sechs Kammern *21* bis *26* im IV. Stock erhielten je zwei Luftkühlereinheiten *9* mit regelbaren Öffnungen zum gezielten Ausblasen der gekühlten Luft. Mit Wandsystemen für stille Kühlung sind die Eislagerräume *6* und *7* (Sole von −13 °C) und die Tiefkühlräume *13* bis *20* im II. und III. Stock (Sole von −27 °C) ausgerüstet. Gemischte Kühlung mit Wandsystemen und je einem Luftkühler weisen die Räume *3*, *4* und *5* sowie *8* und *9* auf. Dabei ist das Verhältnis der Kälteleistungen der beiden Kühlarten verschieden gewählt worden. So vermögen z. B. die Wandsysteme in den Räumen *3* und *4* den vollen Kältebedarf zu decken, während der gemeinsame Luftkühler *7c* nur für $^1/_3$ der Kälteleistung bemessen ist. Bei den Räumen *9* und *8* sind die Wandsysteme *8a* für 70% und die Luftkühler *7d* für 40% der erforderlichen Gesamtleistung bemessen. Der Vorkühlraum *10* zwischen den Schnellgefriertunneln, der ursprünglich für stille Kühlung (Systeme *8b*) gebaut war, erhielt 1956 noch zwei Luftkühlereinheiten *9* (Kälteleistung je Einheit 11000 kcal/h, Oberfläche 83 m², Ventilatorleistung 5000 m³/h). In den Gängen des II., III. und IV. Stockes befinden sich Frischluftkühler für die Behandlung der Erneuerungsluft, die im II. und III. Stock an das

Netz von $-27\,°C$, im IV. Stock an beide Netze angeschlossen sind. Die Wand-systeme sind aus glatten Stahlrohren aufgebaut und weisen im ersten Ausbau eine gesamte Oberfläche von 1850 m² auf. Die Luftkühler bestehen aus verzinkten Rippenrohren. Die Oberfläche der 12 Einheiten im IV. Stock wird insgesamt zu 440 m² angegeben.

Jedem Solekreislauf sind zwei liegende Rohrbündel-Solekühler *1a* und *1b*, bzw. *2a* und *2b* von je 44 m² wirksamer Oberfläche zugeordnet. Zum Abtauen ist ein dritter Kreislauf mit zwei Umwälzpumpen *5a* und *5b* von je 8 m³/h (davon eine in Reserve) eingerichtet worden. Die Sole durchströmt beim Abtauen einen Rohrbündelapparat *3* von 9,5 m² Heizfläche, in welchem sie sich auf etwa 50 °C erwärmt, um dann in besonderen Vor- und Rücklaufleitungen zu den Kühlstellen geführt zu werden. Zum Heizen dient das warme Kühlwasser der Dieselmotoren-anlage, die das Kühlhaus mit elektrischer Energie versorgt. Der Wärter taut die einzelnen Kühlelemente durch Bedienen der entsprechenden Absperrventile von Hand ab. Die Luftkühler *7a, b* u. *c* und die Kühlereinheiten *9* erhielten zusätzlich eine Wasserberieselung. Nicht an das Abtaunetz angeschlossen sind die Systeme und Kühlereinheiten des Raumes *10* und die Luftkühler für die Erneuerungsluft. An den höchsten Stellen der drei Kreisläufe sind Expansionsgefäße *10a, 10b* und *10c* angebracht. Zum Herstellen der Sole verwendet man einen Behälter *6*, von dem eine der beiden Abtaupumpen die Ergänzungssole über einen Siebtopf ab-saugt und in die Netze fördert.

Der Solebehälter des Eiserzeugers weist zwei Kammern auf. In der einen be-finden sich die 1860 Eiszellen zu 25 kg, von denen je 30 zu einem Rahmen zu-sammengefaßt sind. In der andern Kammer ist ein Steilrohrverdampfer von 200 m² wirksamer Oberfläche eingebaut, der von einem hochliegenden Abscheider aus überflutet wird. Der Eiserzeuger ist mit den üblichen Vorrichtungen (mit Drucköl betätigter Zellenvorschub, Eiskran, Füllvorrichtung, Abtaugefäß, Kippapparat, Eistisch) versehen. Zwei vertikalachsige Rührwerke von je 360 m³/h sorgen für den nötigen Soleumlauf im Behälter. Das Eis wird teils in Blöcken verkauft, teils zu Scherbeneis zerkleinert, in welcher Form es hauptsächlich für das Konser-vieren von Fischen Verwendung findet.

Das Kühlhaus wurde 1954 dem Betrieb übergeben. Später sind folgende Er-weiterungen durchgeführt worden: 1956: Einbau von zwei Luftkühlereinheiten in den Raum *10*, 1957: zweiter vergrößerter Schnellgefriertunnel für ein tägliches Einbringen von 15 t mit weiterer Maschinengruppe *VII* (Abb. 367), 1958: Erweiterung des Solekreislaufs für $-27\,°C$ zur Bedienung neu eingerichteter Tiefkühlräume, dazu eine Maschinengruppe *VI* mit Kondensatoren und zweitem Solekühler *5IVb*; 1960: Neue Blockeiserzeugungsanlage, System Phönix, mit eigener Maschinengruppe *VIII* für 250000 kcal/h bei $-14/+35\,°C$. Die Schalt-bilder Abb. 367 linke Seite und 367 rechte Seite geben den Stand Ende 1959 wieder.

Die Maschinenanlage umfaßte im ersten Ausbau die Gruppe *I* bis *V*, Abb. 367, von denen jede aus zwei einstufigen zwei- bis vierzylindrigen Tauchkolbenkom-pressoren *1a* und *1b* besteht, die zu beiden Seiten des gemeinsamen Antriebsmotors *1c* angeordnet und mit diesem direkt gekuppelt sind. Sämtliche Zylinder der Kompressoren erster Stufe weisen 140 mm Bohrung und 150 mm Hub auf, die der zweiten Stufe 120 mm Bohrung und 140 mm Hub. Alle Motoren sind gleich; die Drehzahl aller Gruppen ist 960 U/min. Diese weitgehende Einheitlichkeit ergibt wenig verschiedene Ersatzteile und erleichtert den Unterhalt. In Tab. 2 sind die Hauptdaten sowie die Kühlaufgabe jeder Gruppe angegeben. Die Gruppen *VI* und *VII* der späteren Erweiterungen weisen die gleiche Anordnung auf; jede besteht aus einem zwölfzylindrigen Tauchkolbenkompressor in W-Form (drei unter 45° gegeneinander versetzte Reihen zu je vier Zylinder) und einem vierzylindrigen Kompressor in V-Form. Alle Zylinder beider Typen sind gleich (Bohrung 125 mm, Hub 120 mm). Beide Gruppen arbeiten mit 730 U/min. Für den Kompressor der zweiten Eiserzeugungsanlage wurde derselbe Typ verwendet, wie für die ersten Stufen der Gruppen *VI* und *VII*; er wird jedoch mit seiner vollen Drehzahl von 960 U/min und einstufig betrieben.

Zur Verflüssigung standen anfänglich vier Rohrbündelkondensatoren *3a* bis *3d* von je 62,5 m² Oberfläche in Sonderausführung für Meerwasser zur Verfügung. Das Meerwasser kann 25 bis 29 °C aufweisen, weshalb nur eine geringe Erwärmung um rd. 3 °C zugelassen, also eine große Wassermenge (500 m³/h) vorgesehen wurde.

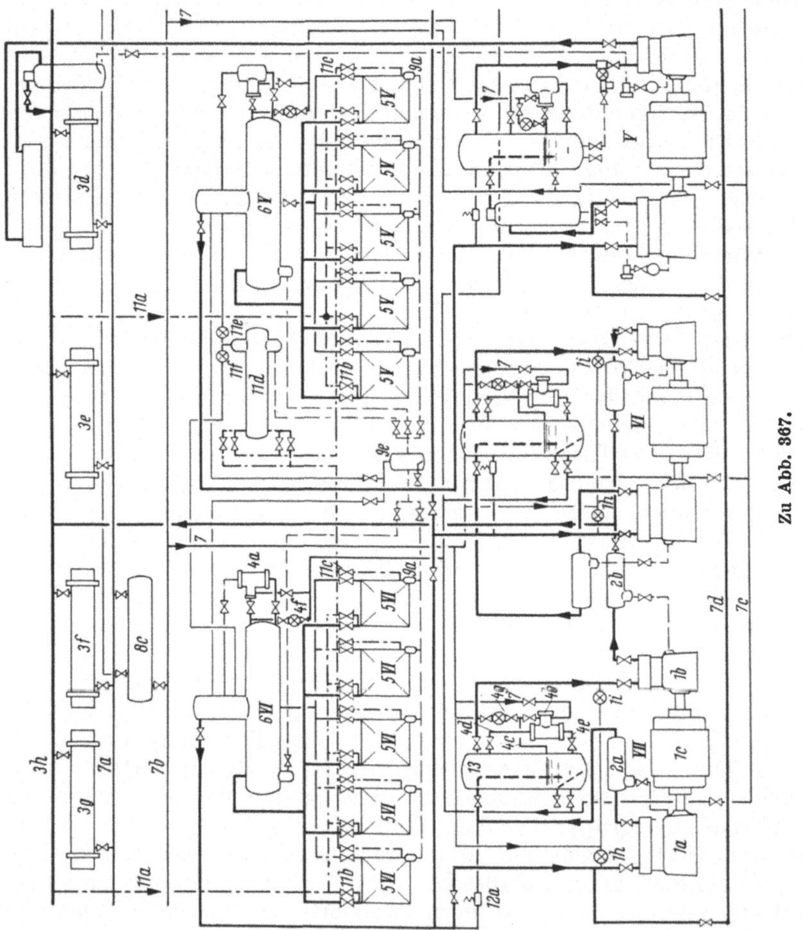

Zu Abb. 367.

Die Wassergeschwindigkeit in den Kondensatorrohren bleibt unter 1 m/s, was bei Meerwasser zur Vermeidung von Korrosionen angezeigt ist. Das heiße Gas jeder Kompressorgruppe durchströmt zunächst je einen Doppelrohr-Vorkühler *2c*, anschließend einen Ölabscheider *2b* mit Ölrückführung nach dem Kurbelgehäuse des betreffenden Kompressors zweiter Stufe (Apparategruppe *1g*). Den vier Kondensatoren *3a, b, c* und *d* sind zwei Sammelflaschen *8a* und *8b* von je 18 m³ Inhalt mit Flüssigkeitsstandanzeigern nachgeschaltet. Besondere Leitungen *3h* und *7a* verbinden die Kondensatoren sowohl gas- als auch flüssigkeitsseitig miteinander. Ebenso sind die Sammelflaschen auf der Seite der austretenden

Flüssigkeit durch eine Leitung *7b* miteinander verbunden. Von den höchsten Stellen der Sammelflaschen führen Leitungen nach einem Entlüftungsapparat *10*, dessen Kühlmantel an den Flüssigkeitsabscheider des einen Solekühlers *5 IV* des Netzes für $-27\,°\mathrm{C}$ angeschlossen ist (Leitung *10d*).

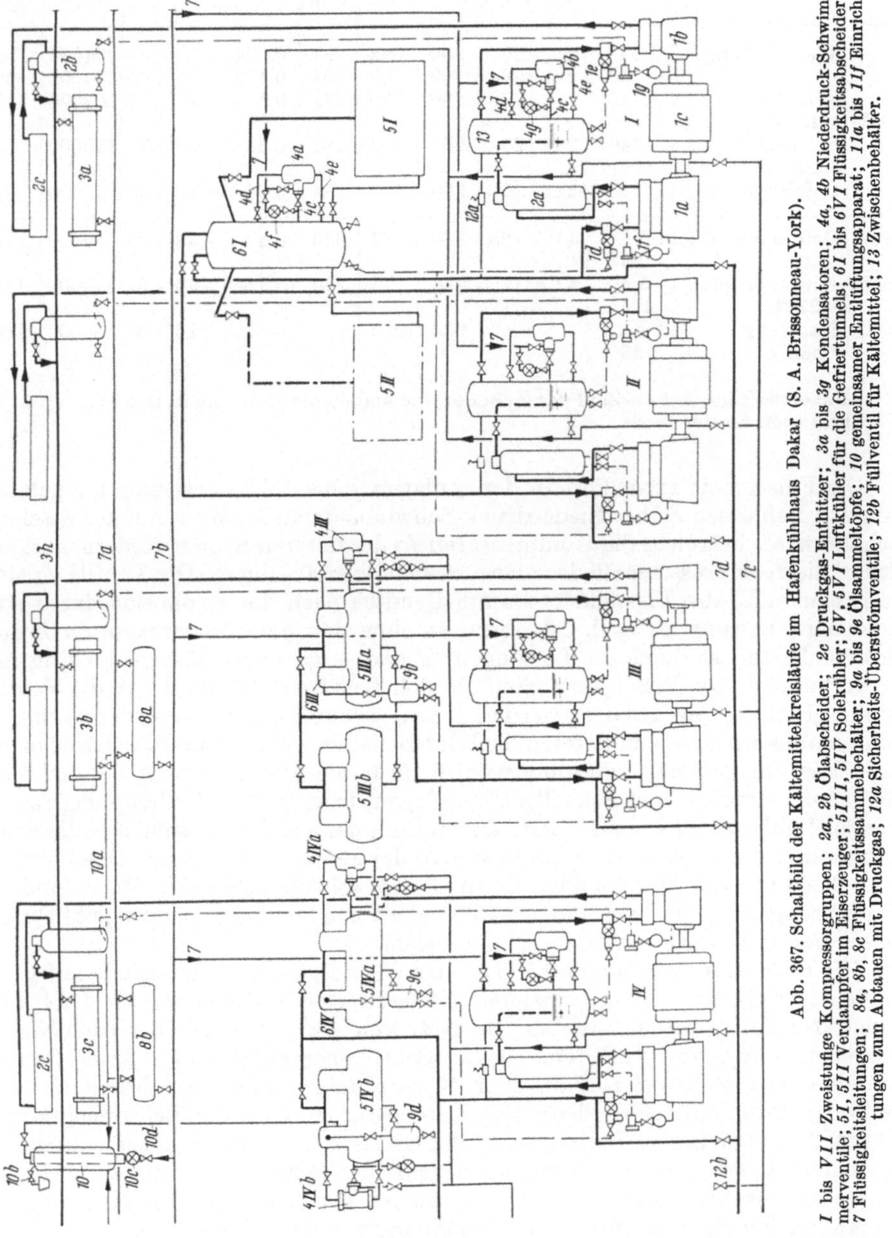

Abb. 367. Schaltbild der Kältemittelkreisläufe im Hafenkühlhaus Dakar (S. A. Brissonneau-York).

I bis *VII* Zweistufige Kompressorgruppen; *2a*, *2b* Ölabscheider; *2c* Druckgas-Enthitzer; *3a* bis *3g* Kondensatoren; *4a*, *4b* Niederdruck-Schwimmerventile; *5I*, *5II* Verdampfer im Eiserzeuger; *5III*, *5IV* Solekühler; *5V*, *5VI* Luftkühler für die Gefriertunnels; *6I* bis *6VI* Flüssigkeitsabscheider; *7* Flüssigkeitsleitungen; *8a*, *8b*, *8c* Flüssigkeitssammelbehälter; *9a* bis *9e* Ölsammeltöpfe; *10* gemeinsamer Entlüftungsapparat; *11a* bis *11f* Einrichtungen zum Abtauen mit Druckgas; *12a* Sicherheits-Überströmventile; *12b* Füllventil für Kältemittel; *13* Zwischenbehälter.

Das Druckgas der nachträglich aufgestellten Gruppen *VI* und *VII* wird nicht enthitzt, es gelangt über die Verbindungsleitung *3h* in die drei Kondensatoren *3e*, *3f* und *3g* von je 82,5 m² Oberfläche. Eine dritte Flasche *8c* sammelt das Kondensat.

Tabelle 2. *Garantierte Leistungen der Kompressoren im Kühlhaus Dakar.*

| Jahr | Anlage | Kompressortyp [1] | | Dreh-zahl | Hubvolum | | Ver-hältn. | Arbeits-temperatur | Kälte-leistung | Lei-stungs-bedarf |
		ND	HD	U/min	ND m³/h	HD m³/h	HD/ND	°C	kcal/h	PS [2]
1953	Eiserzeugung	3 A 140	2 A 120	960	398	181	0,454	− 10/+ 35	204000	90
		3 A 140	2 A 120	960	398	181	0,454	− 10/+ 35	204000	90
	Solenetz − 13 °C	4 A 140	3 A 120	960	530	271	0,51	− 18/+ 35	202000	113
	Solenetz − 27 °C	4 A 140	2 A 120	960	530	181	0,34	− 32/+ 35	110000	96
	Gefriertunnel 1	4 A 140	2 A 120	960	530	181	0,34	− 38/+ 35	75000	80
1957	Gefriertunnel 2	12 WA 125	4 VA 125	730	772	339	0,44	− 38/+ 35	110000	115
1958	Erw. Solenetz − 27 °C	12 WA 125	4 VA 125	730	772	339	0,44	− 38/+ 35	110000	115
1960	Eiserzeug. Phönix	12 WA 125	—	960	1020	—	—	− 14/+ 35	350000	185

[1] Die erste Zahl gibt die Zahl der Zylinder, die andere die Bohrung in mm an.
[2] gemessen an der Welle.

Die Flüssigkeit expandiert in den Anlagen *I* bis *VII* zweistufig. Sie gelangt von den Behältern *8* über Niederdruck-Schwimmerventile *4b* nach den Zwischenbehältern *13*, in welche die Kompressoren *1a* der unteren Stufen fördern und aus denen die Kompressoren *1b* der obern Stufen oben absaugen. Die Ventile *4b* sind so gebaut, daß das Flüssigkeits-Dampf-Gemisch nach der Expansion durch eine besondere Leitung *4c* nach *13* übertritt ohne den Schwimmerraum zu beeinflussen. Dieser ist durch die Leitungen *4d* und *4e* gas- und flüssigkeitsseitig mit *13* verbunden. Die Flüssigkeitsstände in den Behältern *13*, die durch die Ventile *4b* auf gleicher Höhe gehalten werden, lassen sich an Schaugläsern oder an Standrohren ablesen. Aus dem unteren Teil der Behälter *13* fließt die Flüssigkeit ebenfalls über Niederdruck-Schwimmerventile *4a* in die Abscheider *6 I*, *6 V* und *6 VI* der Eiserzeugungs- und Schnellgefrieranlagen, bzw. in die Verdampfungsräume der Solekühler *5 III* und *5 IV*. Am oberen Ende der Abscheider schließen die Saugleitungen an, die zu den Kompressoren *1a* der ersten Stufe führen. Diese fördern das Gas über die Ölabscheider *2a* in die Zwischenbehälter *13*. Dabei sind die Einführungsrohre im Innern in das Flüssigkeitsbad hinabgeführt, um gute Durchmischung und völlige Enthitzung zu erzielen.

Die Rohrbündelverdampfer *5 IIIa* und *b* sind gas- und flüssigkeitsseitig zusammengekuppelt; ein gemeinsames Niederdruck-Schwimmerventil *4 III* teilt ihnen das flüssige Ammoniak zu. Im Netz von − 27 °C erhielt der nachträglich eingebaute Apparat *5 IVb* ein eigenes Schwimmerventil *4 IVb* neuer Bauart, bei dem ein massiver zylindrischer Körper aus Magnesium, dessen Gewicht teilweise durch eine einstellbare Feder ausgeglichen wird, den Schwimmerkörper bildet. Auch bei diesem Ventil gelangt das Gemisch nach der Expansion durch eine besondere Leitung in den Verdampfer, ohne den Schwimmerraum zu berühren. In die Gemischströmung ist ein einstellbares Drosselorgan eingebaut, um den Durchfluß bei starkem Öffnen des Schwimmerventils zu begrenzen.

Die beiden Schnellgefriertunnels liegen auf zwei einander gegenüberliegenden Seiten des Raumes *10* und werden von diesem aus beschickt. Zur Kühlung dienen je fünf Luftkühler *5 V*, die sich gleichmäßig auf die Länge des betreffenden Tunnels verteilen, quer zu dessen Längsachse stehen und dessen Querschnitt ganz ausfüllen.

Sie unterteilen so den Tunnel in fünf Kammern, von denen jede zwei isolierte Türen aufweist, eine nach dem Raum *10* zum Beschicken und eine in der gegenüberliegenden Wand zum Ausbringen; diese öffnet nach einem äußeren Bedienungsgang.

Beim Tunnel *11* des ersten Ausbaus sind für den Aufbau der Luftkühlerelemente Stahlrohre von elliptischem Querschnitt (60×20 mm², Wandstärke 3 mm) verwendet worden, die auf eine Länge von rd. 1,8 m mit rechteckigen Rippen (100×60 mm) im Abstand von 15 mm belegt wurden. Je zwei Wände mit 30 horizontalen Rippenrohren bilden einen Luftkühler. Die fünf Luftkühler *5 V* werden von einem gemeinsamen liegenden Abscheider *6 V* mit Dom überflutet, der sich über dem Tunnel befindet und die Ammoniakflüssigkeit wiederum von einem Niederdruck-Schwimmerventil zugeteilt erhält. Zur Luftumwälzung dient ein Schraubenventilator, der 30000 m³/h gegen 80 mm WS fördert und dessen Motor 11 kW leistet. Das Abtauen der Luftkühlerelemente vollzieht sich mit Druckgas, das der Leitung *3h* entnommen und durch die Leitung *11a* den einzelnen Kühlerelementen zugeführt wird, wodurch diese unter Verflüssigungsdruck gesetzt werden. Die Füllung sowie das Kondensat fließen unten aus und gelangen durch besondere Leitungen in einen hochliegenden Abtau-Hilfsbehälter *11d* von 250 l Inhalt, von wo die Flüssigkeit mittels Handregelventilen *11e* bzw. *11f* in die Abscheider *6 V* bzw. *6 VI* übergeführt werden kann. Der zweite Gefriertunnel erhielt fünf vergrößerte Luftkühler *5 VI* (Oberfläche insgesamt 510 m²). Zwei von einem gemeinsamen Motor angetriebene Ventilatoren fördern insgesamt 45000 m³ je h Luft gegen eine Druckhöhe von 85 mm WS (Leistungsbedarf 15 kW). Die aus gerippten Stahlrohren (Durchmesser 26/21 mm, rechteckige Rippen 120 mal 62 mm², Rippendistanz 15 mm) aufgebauten Kühler lassen sich in derselben Weise durch Druckgas abtauen wie die des ersten Tunnels.

Alle Behälter und Apparate, in denen sich Öl ansammeln kann, sind mit Ölsäcken oder Öltöpfen versehen, die sich an besondern Entleerungsventilen entölen lassen. Von den Ölabscheidern *2a* und *2b* führen Entölungsleitungen nach den Kurbelgehäusen der entsprechenden Kompressoren *1a* und *1b*. In ihnen sind Rückführungsgruppen *1f* und *1g*, bestehend aus je einem Filter und einem Schauglas eingebaut, um den Rückführvorgang beobachten zu können, der periodisch von Hand vorzunehmen ist. Vom untersten Teil des Abscheiders *61* sowie von den Öltöpfen *9b* und *9c* der Solekühler *5 III* und *6 IV* führen Leitungen nach den Saugstutzen der entsprechenden Kompressoren der ersten Stufe *1a*. Ebenso sind die untersten Teile der Zwischenbehälter *13* mit den Saugstutzen der Kompressoren *1b* der zweiten Stufen verbunden. Diese Einrichtungen dienen nicht nur dem Rückführen von Öl, sondern zugleich auch dem Einspritzen von Flüssigkeit, um zu hohe Verdichtungsendtemperaturen zu vermeiden. Deshalb sind in diese Leitungen die Einspritzgruppen *1d* und *1e* eingebaut, die je aus einem Absperrventil, einem Filter und einem Handregelventil bestehen.

Die später aufgestellten Maschinengruppen *VI* und *VII* sind mit liegenden Ölabscheidern ausgerüstet, die sich in der Nähe der Zylinder befinden und in denen automatisch wirkende Organe zum Rückführen des Öls eingebaut sind. Die Ölsammeltöpfe *9a* an den Luftkühlern *5 V* und *5 VI* sowie an den Abscheidern *6V* und *6 VI* sind mit einem gemeinsamen, tiefliegenden Sammeltopf *9e* verbunden, der von Hand entölt wird. In die Saugleitungen der Kompressoren der Gruppen *V I* und *V II* wird mittels der Regelventile *1h* und *1i* Flüssigkeit aus der Leitung *7* eingespritzt.

Die Saugstutzen sämtlicher Kompressoren der ersten Stufe sind durch eine Leitung *7d* miteinander verbunden, um bei Betriebsausfällen einzelne Maschinengruppen auf andere Netze schalten zu können. Dazu dient auch die Leitung *7c*, mittels welcher die unter Zwischendruck stehenden Flüssigkeitsleitungen miteinander verbunden werden können. Die Abscheider *6I*, *6V* und *6VI* sind mit Fernanzeigern ausgerüstet, die erlauben, die betreffenden Flüssigkeitsstände im Maschinenraum abzulesen. Sicherheits-Überströmventile *12a*, die in die betreffenden Saugleitungen abblasen, schützen die Zwischenbehälter *13* gegen zu hohen Druck.

Die Anlage wird von Hand bedient. Als Sicherheitsorgane wirken ein Pressostat am Kondensatorsystem, der bei zu hohem Druck die Kompressormotoren ausschaltet, weiter je ein Pressostat an den Solekühlern der beiden Netze, die die betreffende Maschinengruppe bei zu niedrigem Verdampfungsdruck außer Betrieb setzen, und schließlich ein analog wirkender Pressostat am Luftkühler der Schnellgefrieranlage. Diese Apparatur wird durch eine Alarmglocke ergänzt.

Ein besonderes Problem, das bei Kühlhäusern in den Tropen zu lösen ist, bildet die Versorgung mit Wasser und elektrischer Energie. Süßwasser ist knapp und teuer; es darf nur für Fabrikationszwecke verwendet werden. Als Kühlwasser ist Meerwasser zu verwenden. Zu beiden Seiten des vierstöckigen Mittelbaues sind die Aufzugschächte und Treppenhäuser als Türme ausgebildet worden, die je einen Wasserbehälter von 40 m³ tragen, von denen der eine Süßwasser, der andere Meerwasser speichert. Dieses wird in genügender Tiefe gefaßt und in einem 38 m langen unterirdischen Kanal einer Filterstation für mechanische Reinigung zugeleitet, von der dann verschiedene Pumpen die Kältemittelkondensatoren, die Wärmetauscher der Kraftzentrale und das Hochreservoir versorgen. Für die Erzeugung elektrischer Energie stehen zwei Sulzer-Zweitakt-Dieselmotoren zur Verfügung, die bei 250 U/min je 850 PS leisten und mit Drehstrom-Generatoren von 700 kVA direkt gekuppelt sind. Zur Zylinderkühlung dient Süßwasser, das in den eben erwähnten Wärmeaustauschern mit Meerwasser (von 24 bis 25 °C) rückgekühlt wird.

2. Unterirdische Kühl- und Gefrieranlage in Basel.

In einem dicht besiedelten Stadtteil von Basel ist im Jahre 1962 von Gebrüder Sulzer AG, Winterthur, eine Kühl- und Gefrieranlage in Betrieb gekommen, die sich auf drei Kellergeschosse verteilt und hauptsächlich der Lagerung von Lebensmitteln dient. Über dem Kühlhaus wurden im Erdgeschoß Verarbeitungs- und Packräume in Verbindung mit den Lagerräumen für die Kühlhausmieter eingerichtet. Ein dort aufgestellter Plattengefrierapparat gestattet das schnelle Gefrieren von Gemüse und Früchten in Verkaufspackungen. Das über dem Erdgeschoß liegende Gebäude nimmt einige Büros sowie etwa 60 Wohnungen auf[1]. Abb. 368a bis c zeigen die Grundrisse der drei unteren Geschosse. Es sind neun Gefrierräume *A* für eine Temperatur von —20 bis —22 °C und mit einer Lagerkapazität von insgesamt rd. 3500 t, vier Kühlräume *B* für —1 bis +4 °C für 1500 t und sechs Lagerzellen *C* für Obstdauerlagerung in kontrollierter Atmosphäre für 240 t vorhanden. Ein Schnellgefriertunnel *T* mit einer Endtemperatur von etwa —40 °C gestattet das Gefrieren von 15 t Ware in 24 Stunden. Eine Zwischenwand unterteilt den Tunnel in der Längsrichtung, wodurch eine hohe Luftgeschwindigkeit erzielt wird. Der Tunnel kann auch zum Schnellkühlen von frisch geschlachtetem Fleisch verwendet werden. Ihm ist ein Vorraum *V* vorgeschaltet.

Die installierte Kälteleistung beträgt insgesamt 1 025 000 kcal/h gemessen bei —10/+25 °C. Da das Kühlhaus sehr verschiedenen Ansprüchen genügen muß hat man drei Kältekreisläufe eingerichtet, nämlich einen ersten mit einer Ver-

---

[1] Eine ausführliche Beschreibung findet sich in der Schweizerischen Bauzeitung 1962, H. 15, S. 257 ff.

dampfungstemperatur die bis $-45\,°C$ absinken kann, für den Gefriertunnel T und den Plattengefrierapparat P, einen zweiten mit $-30\,°C$ für die Gefrierlagerräume A und den Vorraum V zum Gefriertunnel, der auf $-10\,°C$ zu halten ist,

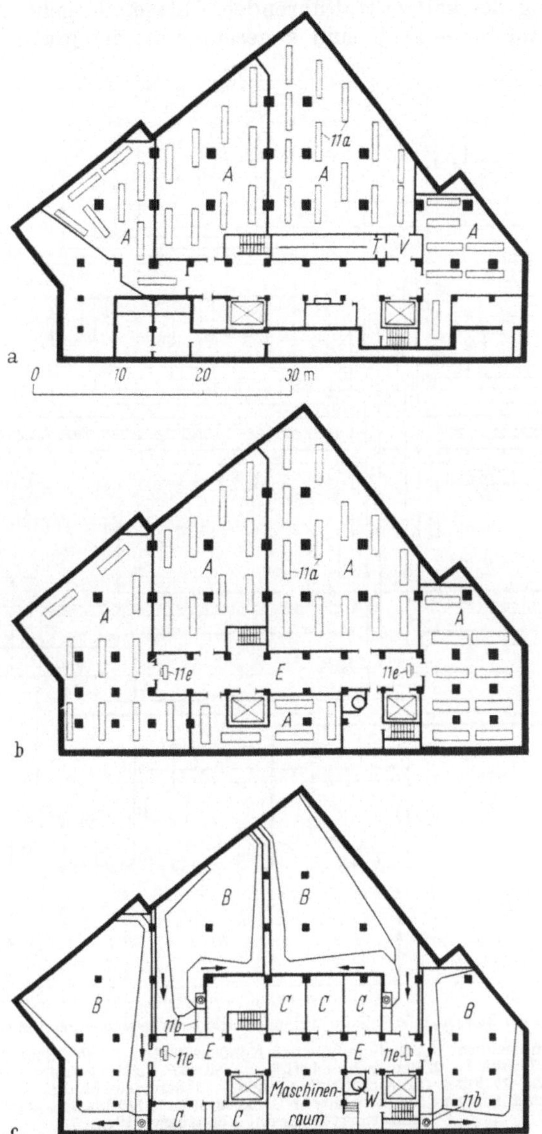

Abb. 368. Grundrisse des Kühl- und Gefrierlagerhauses in Basel.

A Tiefkühl-Lagerräume; B Kühlräume; C Obstlagerzellen für Gaslagerung; E Korridor; T Schnellgefriertunnel; V Vorraum zu T; W Grundwasser-Brunnen; $11a$ Deckenkühlsysteme in A; $11b$ Luftkühler in B; $11e$ Luftkühler in E.
a) Oberer Keller, b) mittlerer Keller, c) unterer Keller

und einen dritten mit $-8\,°C$ für die Kühlräume B und C sowie für die Korridore E. In jedem der vier großen Kühllagerräume B kann wahlweise mit $-8\,°C$ oder mit $-3\,°C$ verdampft werden. Weiter lassen sich vier Obstlagerzellen C für eine Raumtemperatur $+4\,°C$ mit einer Verdampfungstemperatur von $0\,°C$ betreiben, während in den andern beiden für 0 °C bestimmten Räumen mit — 4 °C bis — 8 °C verdampft wird. Für die Kälteerzeugung stehen drei ölfreie Kompressoren nach Abb. 279, Bd. V dieses Handbuches zur Verfügung.

Die Schaltung der kältemittelführenden Anlageteile geht aus Abb. 369 hervor. Am Kreislauf für — 45 °C sind angeschlossen: der große Rippenrohr-Luft-

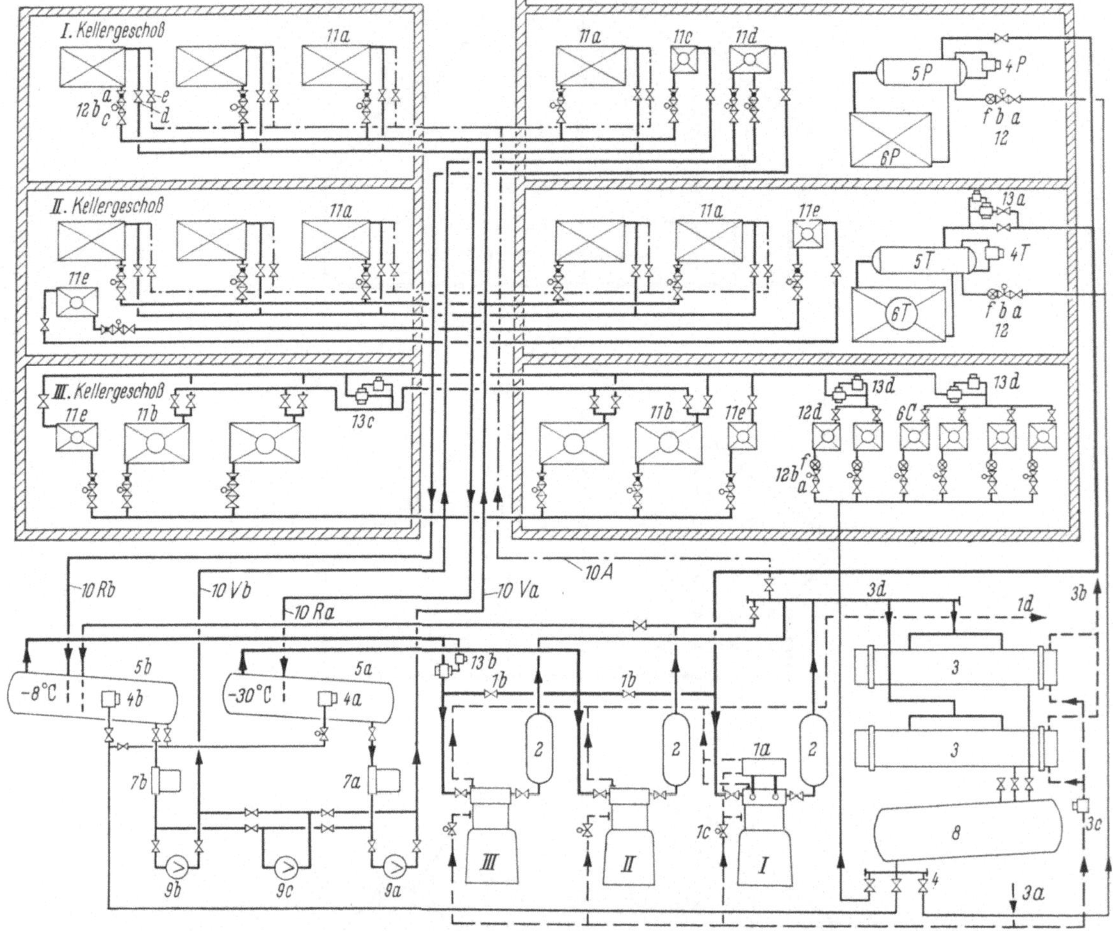

Abb. 369. Prinzipschema der Kältemittelkreisläufe in einem Gefrierlagerhaus in Basel (Gebr. Sulzer AG., Winterthur).

I, II, III ölfreie Kompressoren; *2* Schalldämpfer; *3* Kondensatoren; *4a 4b* Niederdruck-Schwimmerventile; *5a 5b* Abscheider; *6C* Luftkühler in den sechs Obstlagerzellen; *6P* Plattengefrierapparat; *6T* Luftkühler zum Schnellgefriertunnel; *7a, 7b* Filter für Ammoniakflüssigkeit; *8* Sammelbehälter; *9a, 9b, 9c* Umwälzpumpen; *10A* Druckgasleitung zum Abtauen; *11a* Rippenrohr-Deckensysteme; *11b* bis *11e* Luftkühler; *13a* bis *13d* Konstantdruckventile mit Vorsteuerventilen.

kühler *6T* im Gefriertunnel und der Platten-Schnellgefrierapparat *6P*. Beide Kühlstellen arbeiten überflutet und sind dazu mit hochliegenden Flüssigkeitsabscheidern *5T* bzw. *5P* verbunden, denen das flüssige Kältemittel durch je eine Einspritzgruppe zugeteilt wird. Diese besteht aus einem fest eingestellten Handregelventil *12f* und einem Magnetventil *12b*, das von einem Schwimmerschalter *4P* bzw. *4T* derart gesteuert wird, daß der Flüssigkeitsstand in den Abscheidern stets auf gleicher Höhe bleibt. In die Saugleitung der Tunnelanlage ist ein Konstantdruckventil *13a* mit Vorsteuerventil eingebaut, um die Verdampfungstemperatur zu begrenzen, wenn der Tunnel nicht zum Schnellgefrieren, sondern zum schnellen Abkühlen von frisch geschlachtetem Fleisch verwendet werden soll. Der Luftkühler *6T* wird von Hand durch Berieseln mit dem Abwasser der Kondensatoren abgetaut. Der zugehörige zweistufige Kompressor *I* mit Zwischenkühler *1a* fördert über einen Schalldämpfer *2* in die gemeinsame Kondensatorbatterie *3*. Er ist mit einer Vorrichtung zur Verringerung der Leistung auf 50% versehen, die automatisch einschaltet, wenn nur eine der beiden Kühlstellen zu bedienen ist.

An den Kreislauf für −30 °C sind die Rippenrohr-Deckensysteme für stille Kühlung *11a* in den neun großen Stapelräumen *A* für −20 bis −22 °C im ersten und zweiten Kellergeschoß sowie der Luftkühler *11c* im Vorraum *V* zum Gefriertunnel angeschlossen. Diese Kühlstellen werden nach dem Umwälzverfahren mit Kältemittel versorgt. Hierfür dient ein Flüssigkeitsabscheider *5a*, von dessen tiefster Stelle eine Umwälzpumpe *9a* flüssiges Ammoniak über einen Filter *7a* absaugt und durch die Vorlaufleitung *10 Va* den einzelnen Kühlsystemen zuführt. Jedes System ist vor- und rücklaufseitig absperrbar. Außerdem befindet sich im Zulauf je ein Magnetventil *12b* zur automatischen Temperaturregelung mittels je eines Raumthermostaten, sowie ein Zuteilventil *12a* zur Zuteilung der Kältemittelflüssigkeitsmenge.

Die Rückläufe vereinigen sich zu einer gemeinsamen Leitung *10 Ra*, die das Dampf-Flüssigkeitsgemisch nach dem Abscheider *5a* zurückleitet. Diesem wird in der Regel Flüssigkeit von −8 °C aus dem Flüssigkeitsabscheider *5b* des Kreislaufs für −8 °C über ein Niederdruck-Schwimmerventil *4a* derart zugeteilt, daß sich in ihm ein konstantes Niveau einstellt. Wenn nötig kann auch Flüssigkeit aus den Kondensatoren *3* bzw. aus dem Sammler *8* über *4a* zugeführt werden.

Ein einstufiger Kompressor *II* saugt den Dampf aus dem Behälter *5a* ab und fördert ihn normalerweise in den Behälter *5b* des Kreislaufs für −8 °C; ausnahmsweise kann der Kompressor *II* auch direkt auf die Kondensatoren *3* arbeiten. Er ist mit automatischer Aussetzerregelung versehen, die eine Leistungsverringerung auf 75, 50 und 25% erlaubt.

Zum Abtauen der Deckensysteme dient Druckgas, das dem Sammelstück *3d* entnommen und mittels der Abtauleitung *10A* in die Rücklaufstutzen der abzutauenden Systeme eingeführt wird. Man schließt dazu das Ventil *12d* und öffnet das Ventil *12e*. Das Kondensat, das sich beim Abtauen bildet, fließt unter Abdrosseln des Druckes im Zuteilventil *12a* in die Vorlaufleitung *10 V*, von wo es andern Systemen zuströmt. Die Systeme der einzelnen Räume sind zu Gruppen zusammengefaßt und werden gruppenweise von Hand abgetaut.

Der Kreislauf für −8 °C arbeitet ebenfalls nach dem Umwälzverfahren, wozu die Pumpe *9b* dient. Das Niederdruck-Schwimmventil *4b* teilt dem Behälter *5b* stets soviel Flüssigkeit aus dem Sammler *8* zu, daß in ihm das Niveau auf gleicher Höhe bleibt. Der einstufige Kompressor *III* saugt den Dampf aus *5b* ab und fördert ihn in die Kondensatoren *3*.

Der Kompressor *III* ist mit der gleichen Aussetzerregelung ausgerüstet wie der Kompressor *II*, dank welcher der Verdampfungsdruck im Abscheider *5b* bei allen vorkommenden Belastungen automatisch innerhalb enger Grenzen gehalten wird. Um die Verdampfungstemperatur über den ganzen Leistungsbereich möglichst genau auf den Sollwert von −8 °C halten zu können, ist in der Saugleitung außerdem ein Konstantdruckventil *13b* mit Vorsteuerventil eingebaut worden.

Als Kälteverbraucher sind die vier Luftkühler *11b* in den vier großen Kaltlagerräumen *B* zu nennen. In jedem Raum wird die von je einem Axialventilator umgewälzte Luft durch Kunststoffkanäle und Doppelwände gleichmäßig verteilt. Wegen der unregelmäßigen Form dieser Räume (Abb. 368c) und der Unterbrechungen durch die Tragsäulen haben sich verhältnismäßig lange Saug- und Druckkanäle ergeben. Außer der normalen Rücklaufleitung mit einer Verdampfungstemperatur von −8 °C besteht noch eine zweite mit −3 °C, die mit der erstgenannten über ein Konstantdruckventil *13c* verbunden ist. Jeder der vier Luftkühler kann so wahlweise mit −8 °C oder mit −3 °C arbeiten. Es ist also möglich, sich starken Änderungen der Raumtemperatur oder des Kältebedarfs anzupassen. Bei derart abgestuften Verdampfungstemperaturen muß die Umwälzpumpe *9b* außer den Strömungs- und Verteilwiderständen auch noch die Differenz der Verdampfungsdrücke überwinden, die im vorliegenden Fall rd. 0,7 at beträgt.

Eine weitere Verbrauchergruppe bilden die vier Luftkühler *11e* in den Korridoren sowie der Frischluftkühler *11d* im ersten Untergeschoß, der auch zur Korridorkühlung dient und dazu mit zwei Anschlüssen versehen ist, die gestatten $^1/_3$, $^2/_3$ oder $^3/_3$ der verfügbaren Kühlfläche einzuschalten. Weiter sind hier die sechs Luftkühler *6C* in den Obstlagerzellen *C* anzuführen. Die höhere Verdampfungstemperatur, die bis auf 0 °C eingestellt werden kann, ließ es als zweckmäßig erscheinen, ihnen die Kältemittelflüssigkeit unter Kondensatordruck zuzuführen und sie durch fest eingestellte Handregelventile *12f* in genügendem Überschuß zuzuteilen, so daß die Innenflächen voll benetzt sind. Das oben austretende Dampf-Flüssigkeitsgemisch sammelt sich in zwei Gruppen und gelangt über je ein Konstantdruckventil *13d* und die Rücklaufleitung *10Rb* nach dem Abscheider *5b*. Die Luftkühler des Kreislaufs von −8 °C werden, soweit nötig, von Hand durch Berieseln mit Abwasser der Kondensatoren abgetaut. Die Reservepumpe *9c* kann sowohl auf den einen wie auf den andern Kreislauf geschaltet werden. Die drei Pumpen sind stopfbüchslos und ölfrei; ihre Antriebsmotoren sind in das kältemittelführende Gehäuse eingebaut.

Von den sechs Obstlagerzellen sind vier für eine bis acht Monate dauernde Lagerung von Äpfeln bei +4 °C, hoher relativer Feuchtigkeit (bis 95%) und mit CO_2 angereicherter Atmosphäre bestimmt und zwei Zellen für die Lagerung von Birnen bei 0 °C und sonst gleichen Bedingungen. Der CO_2-Gehalt soll in allen sechs Räumen 3 bis 4%, der O_2-Gehalt 2,5 bis 3,5% betragen. Es gelangen somit jene Maßnahmen zur Anwendung, die schon an anderer Stelle[1] beschrieben worden sind. Um die geforderte hohe Raumfeuchtigkeit trotz der trocknenden Wirkung der Kühlung aufrecht zu erhalten, wird nach Bedarf Dampf eingeblasen, wozu ein elektrisch geheizter Kleindampfkessel aufgestellt wurde.

In sämtlichen Räumen steuern Thermostate die Kältemittelzufuhr zu den Deckensystemen bzw. zu den Luftkühlern durch automatisches Öffnen oder Schließen der betreffenden Magnetventile *12b*. Bei den Luftkühlern schalten gleichzeitig auch die zugehörigen Ventilatoren ein oder aus. Verlangt eine Kühlstelle im Netz von −8 °C Kühlung, so schaltet mit dem Öffnen des betreffenden Magnetventiles zugleich auch die Umwälzpumpe *9b* und die eine der beiden Grundwasserpumpen für die Kühlwasserversorgung ein. Weiter öffnet das Magnetventil *1c* in der Kühlwasserleitung zum Kompressor *III*, worauf sich dieser in Betrieb setzt. Mit dem Ansteigen des Kondensatordruckes öffnet sich das pressostatisch gesteuerte Kühlwasserventil *3c*.

Diese Folge von Schaltvorgängen wird durch sinnreiche elektrische Verriegelungen sichergestellt, die jegliche Fehlschaltung verhindern. Eine entsprechende Folge kommt zum Ablauf, wenn eine Kühlstelle des Netzes von −30 °C Kühlung fordert. Dabei schaltet aber zuerst der Kompressor *III* des Netzes für −8 °C ein, und der Kompressor *II* des Netzes für −30 °C folgt erst nach, wenn der Druck

---

[1] Bd. X dieses Handbuches, S. 427, insbesondere Abb. 212 auf S. 474. Vgl. auch Schweiz. Bauzeitung 1962, H. 7, S. 105.

im Abscheider *5b* genügend tief gesunken ist. Eine verfeinerte Steuerung mit elektronischen Hygrostaten erhielten die Feuchtigkeitsregelungen der Obstlagerzellen. Gesteuert werden die Raumventilatoren, die elektrische Heizung des Dampfkessels und das betreffende Magnetventil in der Dampfzuleitung.

3. Kühlhausausrüstung mit Wärmepumpenheizung in Frankreich.

Eine bemerkenswerte Anlage für gleichzeitige Kälte- und Wärmeerzeugung ist in Chalon-sur-Saône von der Firma Brissonneau-York, Paris, erstellt worden. Sie dient einerseits der Kälteversorgung eines neuen Kühl- und Gefrierhauses der bekannten Unternehmung *Entrepôts Frigorifiques Lyonnais* und anderseits der Heizung der benachbarten, ebenfalls neu errichteten Werkstätten der *Société Française d'Appareillage Electrique Gardy*. Es ist ein nachahmenswertes Beispiel von guter Zusammenarbeit, daß sich zwei Bauherren mit völlig verschiedenen Bedürfnissen über die Verwirklichung eines so bedeutenden gemeinsamen Werkes verständigen konnten.

a) Der erste Ausbau. Das Kühlhaus kam im Juni 1954 in Betrieb. Der damalige Ausbau enthält in fünf Geschossen von $25 \times 18,7$ m² Grundfläche Kühl- und Gefrierräume von insgesamt rd. 7000 m³ Inhalt. Täglich können 6 t Ware im Schnellgefriertunnel gefroren und außerdem rd. 90 t Lebensmittel von Umgebungstemperatur auf die Lagertemperatur gekühlt werden. Tab. 3 gibt eine Übersicht

Tabelle 3.

Stock	Raum Nr.	Grundfläche m²	Höhe m	Temp. °C	Belegung t	tägliche Einfuhr t	°C	inst. Kälteleistung kcal/b	Ventilator m³/h	Ausrüstg.	Kühlgut
Erdgeschoß	1	45	4,15	0	25	2	20/0	6600	5000	U	Käse
	2	45	4,15	5	·7	7	25/8	13000	5000	U	Salate
	3	60	4,15	0/+2	10	10	25/8	19400	10000	U	Früchte
	4	60	4,15	0/+2	10	10	25/8	19500	10000	U	Fleisch
	5	60	4,15	0/+2	10	10	25/8	19400	10000	U	
1.	11	45	3,8	−20	25	—	−10/−20	4320	—	D.S.	Gefrorene
	13	180	3,8	−20	110	2,5	−10/−20	8700	—	D.S.	Lebensmittel
	14	105	3,8	−20	100	2,0	−10/−20	7900	—	D.S.	
	T	30	3,8	−30	12	6	+25/−20	35000	55000	L.K.	Schnellgefr.
2.	21	40	3,9	−20	10	5	−10/−20	5100	—	D.S.	Fische
	22	150	3,9	−20	120	2,5	−10/−20	7250	—	D.S.	Gefrorene
	23	180	3,9	−20	150	3	−10/−20	10750	—	D.S.	Lebensmittel
3.	31	115	3,9	0	90	10	+10/0	10400	5000	U	Lagerung
	32	140	3,9	0	120	15	+10/0	13800	10000	U	frischer
	33	115	3,9	0	90	10	+10/0	10400	5000	U	Früchte
4.	41	185	3,9	0	60	3	+20/0	15500	10000	U	Eier
	42	185	3,9	0	60	3	+20/0	15500	10000	U	lagerung

U = Luftkühlereinheiten (unités) D.S. = Deckensysteme L.K. = Luftkühler

über die Kühl- und Gefrierräume sowie über die Leistungen der in ihnen eingebauten Kühleinrichtungen. Die Anordnung der Räume in den einzelnen Stockwerken geht aus den Abb. 370a, b und c hervor. Dazu ist ergänzend folgendes zu bemerken:

Von den fünf Kühlräumen im Erdgeschoß ist einer der beiden kleineren für die Lagerung von Käse vorgesehen, alle andern werden zum Abkühlen großer Mengen

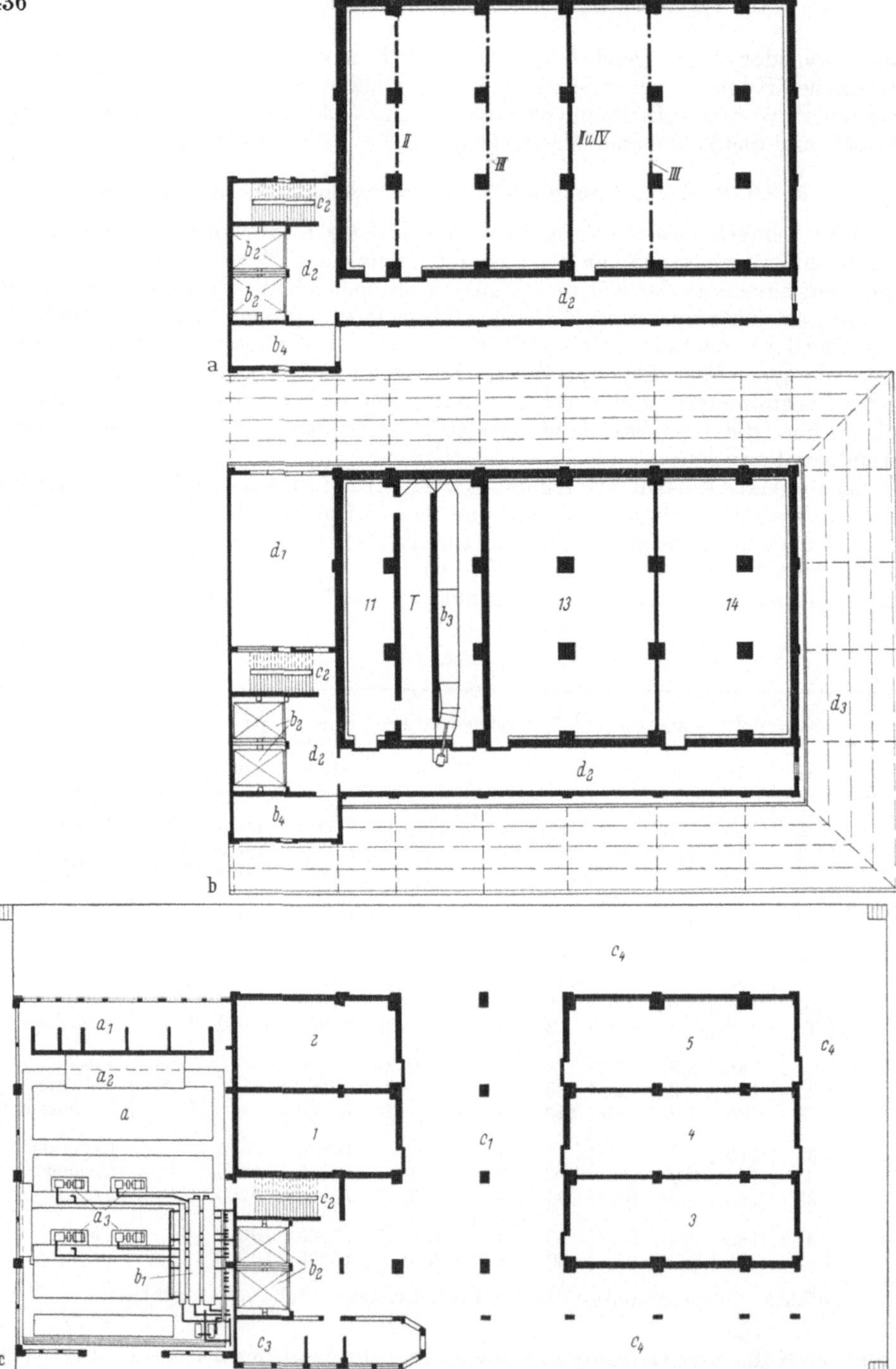

Abb. 370. Kühlhaus in Chalon-sur-Saône. Grundrisse des ersten Ausbaues 1:400.

a) Zweites, drittes und viertes Obergeschoß. Die römischen Ziffern bezeichnen die Zwischenwände zwischen den einzelnen Kühl- und Gefrierräumen und beziehen sich auf die betreffende Stockwerke.
b) Erstes Obergeschoß. $11, 13, 14, T$ Gefrierräume nach Tab. 3; b_2 Luftkühler zu T; b_4 Leitungsschacht; d_1 Arbeitsraum; d_2 Korridor; d_3 Vordach.
c) Erdgeschoß. $1, 2, 3, 4, 5$ Kühlräume nach Tab. 3. a Maschinensaal; a_1 Apparateraum für Hochspannung; a_2 Schalttafel für Niederspannung; a_3 Kompressorgruppen; b_1 Kondensatoren, darunter Sammelbehälter, Verdampfer für die Wärmepumpe, Umwälzpumpen und Verteilstation für Ammoniakflüssigkeit; b_2 Aufzugschächte; c_1 Warenannahme; c_2 Treppenhaus; c_3 Büros; c_4 Verladerampe.

frisch eingeführter Lebensmittel von 25 °C auf etwa 8 °C innerhalb 12 Stunden verwendet, was leistungsfähige Luftkühler erfordert. Die drei größeren Kammern *3*, *4* und *5* sind mit Hochbahnen versehen; in ihnen können auch je 15 t Fleisch von 30 °C auf 5 °C in 36 Stunden gekühlt werden. Die großen Tiefkühlräume *13* und *14* im ersten Stock sowie die Räume *21*, *22* und *23* im zweiten Stock sind für die Stapelung von gefrorenen Lebensmitteln bei −20 °C bestimmt und dazu mit stiller Kühlung durch je zwei gleiche Gruppen von Deckensystemen ausgerüstet. Die Einfuhren und der Kältebedarf sind abgesehen von Raum *21* für die Fischlagerung verhältnismäßig klein. Die Kühlräume im dritten Stock für kurzzeitige Lagerung von Früchten bei 0 °C weisen zwar große Einfuhren auf; da aber das Lagergut in vorgekühltem Zustand eingeführt wird, konnten die Leistungen der dort aufgestellten Luftkühlereinheiten niedrig gehalten werden. In den zwei großen Räumen im vierten Stock werden Eier bei 0 °C gelagert; die in großen Kühlereinheiten behandelte Luft wird dort durch Kanäle verteilt.

Im ganzen Kühlhaus sind nur zwei verschiedene Größen von Luftkühlereinheiten verwendet worden, eine kleinere für einen Luftdurchsatz von 5000 m³/h und eine größere für einen solchen von 10000 m³/h. Die Apparate sind mit Rippenrohrkühlern von rd. 60 bzw. 120 m² Oberfläche sowie mit Wasserberieselung zum Abtauen und mit regelbaren Ausblaseöffnungen für die Verteilung der gekühlten Luft versehen. Diese Öffnungen wurden im vierten Stock durch Kanalanschlüsse ersetzt. Auch die Deckensysteme, die aus glatten Rohren aufgebaut sind, wurden nach genormten Größen in Serien hergestellt. So sind für die Erweiterung im Jahre 1961 ausschließlich Elemente von 18 m² Oberfläche verwendet worden. In jedem Stockwerk dient ein 2,5 m breiter Gang auf der Längsseite zum Warentransport, zur Temperaturanpassung von ausgelagertem Kühlgut sowie als Leitungskanal. In diesen Gängen sorgen an den Decken aufgehängte kleine Luftkühlereinheiten für angemessene klimatische Bedingungen. Diese Apparate sind weder in Tab. 3 noch in Abb. 371 angegeben.

Im Schnellgefriertunnel werden Fleisch, Geflügel und Früchte gefroren. Der geräumige Vorraum *11* dient nicht nur zum Bereitstellen des Gefriergutes sondern auch zum Stapeln von gefrorenen Lebensmitteln bei −20 °C, weshalb er wie die Stapelräume durch Deckensysteme gekühlt wird. Der große Luftkühler der Tunnelanlage, der sich aus zwei Rippenrohrelementen aufbaut, ist in einem geräumigen Nebenraum (zwischen dem Tunnel und dem benachbarten Stapelraum *13*) aufgestellt und mit Wasserberieselung zum Abtauen versehen. Zwei übereinander angeordnete Axialventilatoren, die von einem gemeinsamen Motor angetrieben werden, wälzen 55000 m³/h Luft um. Die kältetechnischen Einrichtungen waren ursprünglich für eine tägliche Gefrierleistung von 6 t bemessen. Es war aber von Anfang an vorgesehen, sie für die doppelte Leistung, also für 12 t je Tag auszubauen.

b) Die Erweiterung vom Jahre 1961. Die Verdoppelung der Gefrierleistung des Tunnels ließ sich in einfacher Weise durch Nachschalten eines zweiten, gleich gebauten Luftkühlers verwirklichen. Die Erweiterung besteht vor allem im Anbau eines fünfgeschossigen, also gleichhohen Flügels von 18,7×16,3 m² Grundfläche als Verlängerung des bestehenden Baukörpers in nordöstlicher Richtung. Dabei sind die kältetechnischen Einrichtungen wiederum von der Firma Brissonneau-York geplant und geliefert worden.

Im Erdgeschoß des Neubaues befinden sich vier Metzgereiräume, die auf +4 °C zu halten und dafür mit je einer Luftkühlereinheit von 60 m² (Kälteleistung 10000 kcal/h, Ventilator 5000 m³/h), ausgerüstet sind. Der zugehörige Arbeitsraum ist auf 0 °C zu kühlen; er benötigt im Sommer 5000 kcal/h. Ein zusätzlicher Kühlraum für ebenfalls 0 °C erhielt eine Luftkühlereinheit von 15000 kcal/h.

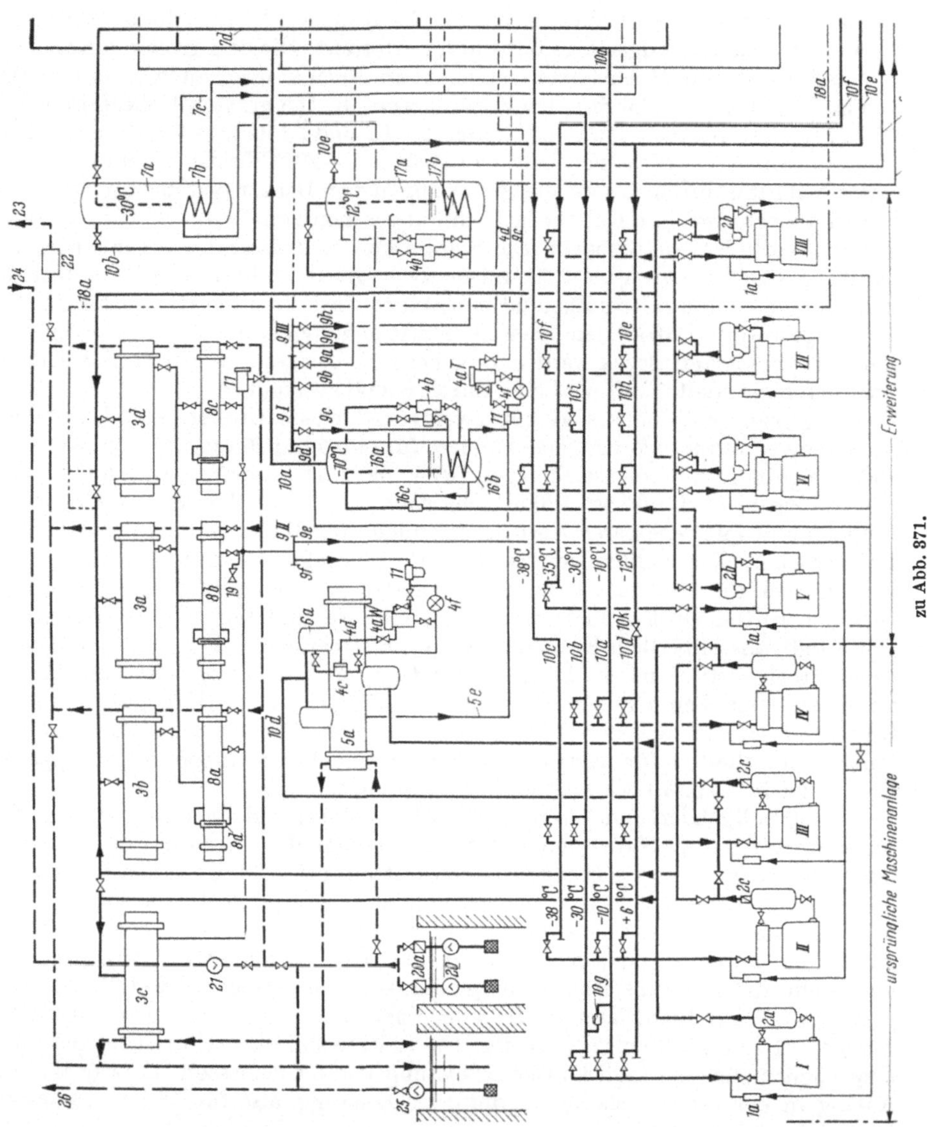

Die Räume *15* und *16* im ersten Stock sind für das Stapeln von gefrorener Ware bei — 25 °C und stiller Kühlung bestimmt, können aber auch zum Gefrieren bei — 25 °C verwendet werden. Dementsprechend erhielten sie je sechs Deckensysteme von 108 m² Oberfläche und zusätzlich je drei Luftkühlereinheiten von 108 m² berippter Oberfläche. Der Raum *24* im zweiten Stockwerk, der ebenfalls zum Stapeln und zum Gefrieren bei — 25 °C verwendet wird, ist mit zwei Deckensystemen von 36 m² Oberfläche und einer großen Luftkühlereinheit von 110 m² Oberfläche (Ventilator 8000 m³/h) versehen. Der Nachbarraum *25* dient ausschließlich dem Stapeln von Gefriergut bei — 25 °C und wird mittels zehn Deckensystemen von 10×18 = 180 m² Oberfläche gekühlt. Die Räume *34* und *44* im III. und IV. Stock haben drei Zwecken zu dienen, nämlich dem Stapeln bei — 25 °C, dem Gefrieren ebenfalls bei — 25 °C und dem Kaltlagern bei 0 °C. Die

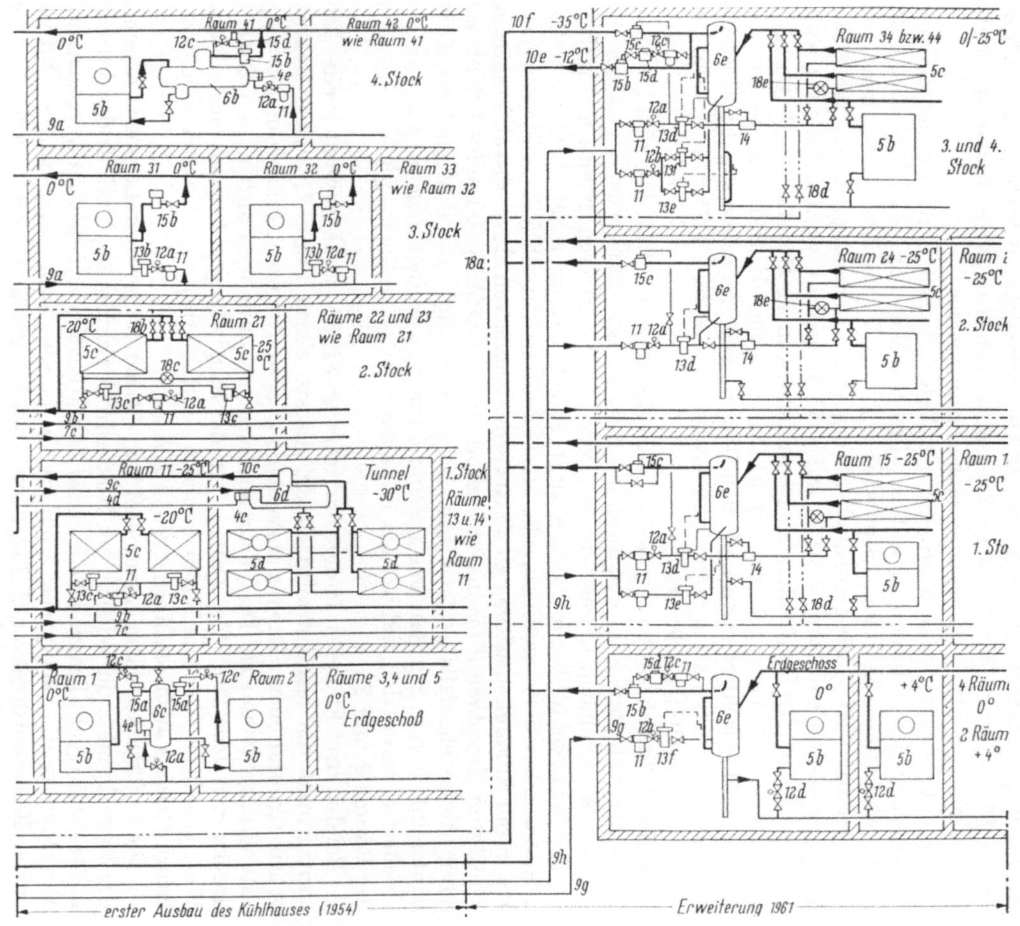

Abb. 371. Vereinfachtes Schaltbild der Kältemittelkreisläufe eines Kühlhauses in Chalon-sur-Saône. Brissonneau-York, Paris. *I* bis *VIII* Kompressoren; *1a* Einspritzgruppen; *2a, 2b* Ölabscheider; *2c* Rückschlagventile; *3a* bis *3d* Kondensatoren; *4aT* Hauptregelventil der Tunnelanlage; *4aW* Hauptregelventil der Wärmepumpenanlage; *4b, 4e* Niederdruck-Schwimmerventile; *4c* Schwimmer-Regelventile; *5a* Rohrbündelverdampfer der Wärmepumpenanlage; *5b, 5d* Luftkühlereinheiten; *5c* Deckensysteme; *6a* bis *6e* Flüssigkeitsabscheider; *7a* Abscheider im Kreislauf für −30 °C. *8a, 8b, 8c* Flüssigkeitssammler; *9* Flüssigkeits-Verteilbatterien; *10a* bis *10f* Absaugleitungen; *11* Filter; *12a* bis *12d* Magnetventile; *13b* bis *13f* Expansionsventile; *14* Ejektoren in den Einspritzleitungen; *15a, 15b, 15c* Hauptventile; *15d* Konstantdruckventile; *16a, 17u* Zwischenbehälter; *18a* bis *18e* Einrichtungen zum Abtauen mit Druckgas; *19* Füllventil; *20* Grundwasserpumpen: *20a* Rückschlagventile; *21* Heizwasserpumpe; *22* Wärmezähler; *23* Vorlauf; *24* Rücklauf; *25* Hilfspumpe für Abtauen und Winterbetrieb; *26* Abtau-Wasserleitung (für die Luftkühler).

Ausrüstung besteht im Raum *34* aus *12* Deckensystemen (Oberfläche 216 m²) im Raum *44* aus deren *16* (Oberfläche 288 m²), zu denen in jedem Raum zwei Luftkühlereinheiten von je 75 m² Oberfläche hinzukommen.

Bemerkenswerterweise wurden die kältetechnischen Einrichtungen bei der Erweiterung derart bemessen, daß in allen Stapelräumen — auch in denen des ersten Ausbaus — die Raumtemperatur auf —25 °C gehalten werden kann und nicht nur auf —20 °C wie ursprünglich vorgesehen. Dementsprechend ist die Verdampfungstemperatur von —30 °C auf —35 °C gesenkt worden. Die der Kaltlagerung dienenden Luftkühler arbeiten nunmehr in der Regel mit —12 °C gegenüber nur —10 °C vor der Erweiterung. Dabei ist aber die Schaltung so getroffen worden, daß sowohl im ursprünglichen Bau wie auch im neuen Trakt gleichzeitig mit verschiedenen Verdampfungstemperaturen (—30 und —35 °C bzw. —10 und —12 °C) gearbeitet werden kann.

c) Die Kältemittelzuteilung beim ersten Ausbau, Abb. 371. Die zwei kleineren Luftkühlereinheiten *5b* in den Räumen *1* und *2* sind mit einem vertikalen Abscheider *6c* verbunden, in welchem ein Niederdruck-Schwimmerventil *4e* eingebaut ist, das für gleichbleibende Füllung sorgt. In jedem Raum schaltet ein Raumthermostat den Ventilatormotor ein oder aus und öffnet oder schließt das Magnetventil *12a* in der Flüssigkeitsleitung zu *4e* sowie das Magnetventil *12c*, das als Vorsteuerventil zum Hauptventil *15a* in der Dampfleitung (Typ MSA 40 Danfoss) dient, wodurch dieses ebenfalls geöffnet bzw. geschlossen wird. Die drei größeren Luftkühlereinheiten in den Räumen *3*, *4* und *5* sind mit je einem eigenen Flüssigkeitsabscheider verbunden und werden in gleicher Weise gesteuert wie die Einheiten der Räume *1* und *2*.

Bei den drei Einheiten in den Kühlräumen *31*, *32*, *33* übernimmt je eine Einspritzgruppe die Kältemittelzuteilung, die aus einem Filter *11*, einem Magnetventil *12a* und einem Expansionsventil *13b* besteht, dessen Fühler an der Saugleitung angeklemmt ist. Die Verdampfungstemperatur wird durch ein Konstantdruckventil *15b* (Typ JVA, Danfoss) in der Saugleitung auf einem einstellbaren Wert gehalten. In jedem Raum betätigt ein Raumthermostat sowohl den Ventilatormotor als auch das Magnetventil *12a*.

Die Luftkühler in den Räumen *41* und *42* sind mit je einem liegenden Abscheider *6b* verbunden, in welchem ein Niederdruck-Schwimmerventil *4e* den Flüssigkeitszutritt regelt. Diesem ist ein Filter *11* und ein Magnetventil *12a* vorgeschaltet. Ein Hauptventil *15b* (Typ MSA 50), das in die Saugleitung eingebaut ist und von einem Konstantdruckventil *15d* (Typ CVA 10) gesteuert wird, regelt die Verdampfungstemperatur. Der Raumthermostat schaltet den Ventilatormotor ein oder aus und öffnet oder schließt die Magnetventile *12a* und *12c* und damit auch das Ventil *15b*.

Die Deckensysteme in den Stapelräumen *11*, *13* und *14* sowie *21*, *22* und *23*, von denen in jedem Raum zwei gleiche Gruppen vorhanden sind, erhalten die Flüssigkeit durch zwei Expansionsventile *13c*. Der Dampf gelangt durch die Steigleitung *7d* in den Abscheider *7a* im obersten Stockwerk. Von diesem saugen die auf den Kreislauf von —30 °C geschalteten Kompressoren ab und fördern in den Zwischenbehälter *16a*, der mit dem Kreislauf von —10 °C verbunden ist. Die in *7a* unten eingebaute Rohrschlange *7b*, dient zum Unterkühlen der für den Kreislauf von —30 °C bestimmten Flüssigkeit. Durch eine Falleitung *7c* können einige mit —30 °C arbeitende Deckensysteme überflutet werden.

In jedem der genannten Stapelräume öffnet oder schließt je ein Raumthermostat das zugehörige Magnetventil *12a*. Die Systeme werden mit Druckgas abgetaut. Dazu teilt der Wärter jeweils einer Systemgruppe eines Raumes durch Öffnen des Ventils *18b* Druckgas zu, wobei diese Gruppe als Kondensator wirkte;

das sich dabei bildende Kondensat strömt durch das Handregelventil *18c* in die andere Gruppe hinüber, in der es verdampft. Die Abtauschaltung ist in Abb. 371 nur im Raum *21* angedeutet.

Dem liegenden Flüssigkeitsabscheider *6d* der Schnellgefrieranlage teilt ein Hauptregelventil *4aT* das flüssige Ammoniak zu. Zur Steuerung dient ein Schwimmerventil *4c*, dessen Schwimmkörper sich im Abscheider *6d* befindet.

d) Die Kältemittelkreisläufe des ersten Ausbaues. Die Kompressoren *II, III* und *IV* weisen drei Zylinder in W-Form auf, der Kompressor *I* zwei in V-Form. Alle Zylinder sind gleich (Bohrung 125 mm, Hub 120 mm). Die dreizylindrigen Maschinen leisten bei 750 U/min je 96000 kcal/h bei $-10/+25$ °C, die zweizylindrige 64000 kcal/h. Die Schaltung auf die verschiedenen Kreisläufe wird von Hand vorgenommen, ebenso das Ein- und Ausschalten der einzelnen Maschinen.

Im Sommer stehen zur Verflüssigung die Kondensatoren *3a* und *3b* von je 70 m² Oberfläche zur Verfügung. Sie sind mit Rücksicht auf den Wärmepumpenbetrieb reichlich und für eine große Wassermenge (je 40 m³/h) bemessen. Das Kühlwasser wird von einem Grundwasserbrunnen geliefert, der mit zwei vertikalachsigen Schachtpumpen *20* von je 55 m³/h Förderleistung bei 17 m Druckhöhe ausgerüstet ist. Das erwärmte Kühlwasser fließt in einen benachbarten Sickerschacht ab.

Es bestehen vier Kältemittelkreisläufe, nämlich:

1. Ein Kreislauf mit einer Verdampfungstemperatur von -8 bis -10 °C und einem maximalen Kältebedarf von rd. 145000 kcal/h für die Kühlräume mit Temperaturen von 0 °C und mehr, sowie für das Absaugen des Dampfes aus dem Zwischenbehälter *16a*.

2. Ein Kreislauf mit einer Verdampfungstemperatur von -30 °C und einem maximalen Kältebedarf von rd. 45000 kcal/h für die Tiefkühlräume.

3. Ein Kreislauf für den Schnellgefriertunnel. Die Kälteleistung beträgt bei -38 °C Verdampfungstemperatur 35000 kcal/h.

4. Ein Kreislauf für den Wärmepumpenbetrieb mit einer Verdampfungstemperatur von $+6$ °C und einer höchsten Verflüssigungstemperatur von $+45$ °C.

Die wassergekühlten Sammler *8a* und *8b* sind mit einem Entlüftungsapparat verbunden, dessen Kühleinsatz an die Saugleitung von -30 °C angeschlossen ist. Diese Einrichtung ist in Abb. 371 nicht eingezeichnet. Die Flüssigkeit gelangt im Sommer über einen Filter *11* zu einer Verteilbatterie *9I* und von dort zu den einzelnen Verbrauchsstellen. Während die Kälteverbraucher des ersten Kreislaufs unmittelbar von *9I* aus durch die Leitung *9a* versorgt werden, erhalten die Verbraucher des zweiten und dritten Kreislaufs durch die Leitungen *9b* und *9c* Flüssigkeit, die sich in den Rohrschlangen *7b* bzw. *16b* unterkühlt. Ein weiterer Anschluß *9d* besteht für die Kompressoren, in deren Saugleitungen flüssiges Ammoniak eingespritzt wird. Die entsprechenden Einspritzgruppen *1a* bestehen je aus einem Filter, einem Magnetventil und einem thermostatischen Einspritzventil, dessen Fühler an der Druckleitung angeklemmt ist. Der Zwischenbehälter *16a* ist bis auf die Höhe des Schwimmerventils *4b* mit Flüssigkeit gefüllt. In die Druckleitung der Kompressoren, die auf die Kreisläufe von -30 und von -38 °C arbeiten, ist vor deren Eintritt in den Behälter *16a* ein Ejektor *16c* eingebaut, der Flüssigkeit aus *16a* absaugt und sie mit dem überhitzten Dampf mischt, wodurch die gewünschte Enthitzung zustande kommt.

Im Winter besteht ein nur geringer Kältebedarf im Netz von -30 °C und ein ganz kleiner im Netz von -10 °C. Der kleinere Kompressor *I* reicht dafür in der Regel aus. Aber auch der Kompressor *IV* kann alsdann verwendet werden. Der Dampf aus dem Netz von -10 °C tritt dabei durch ein selbsttätig wirkendes Drosselventil *10g* (Konstantdruckventil) in die Saugleitung des Netzes von $-30°$ C über. Es ergibt sich so ein sehr einfacher Betrieb. Damit der betreffende Kompressor mit normalem Druckverhältnis und unabhängig vom Wärmepumpenbetrieb arbeiten kann, fördert er den Dampf in einen besonderen Kondensator *3c* von kleinerer Oberfläche. Beim Arbeiten auf den Gefriertunnel mit Kompressor *II* oder *III* leitet man den Dampf im Winter in der Regel nicht in den Behälter *16a*, sondern in den Verdampfer *5a* der Wärmepumpenanlage. Die entsprechende Flüssigkeitsmenge gelangt alsdann durch die Leitung *5e* nach dem Hauptregelventil *4aT* und von dort nach dem Abscheider *6d* der Schnellgefrieranlage. Die Rückschlagventile *2c* in den Druckleitungen der Kompressoren *II* und *III* verhindern ein Rückströmen von Dampf aus *5a* im Stillstand. Dabei ist zu beachten, daß der Apparat *5a* tiefer liegt als die Saugstutzen der Kompressoren.

e) Der Wärmepumpenbetrieb. Als Wärmequelle dient das Grundwasser, das im Sommer die Kondensatoren kühlt und im Winter von den Pumpen *20* durch die Rohre des Bündelverdampfers *5a* gefördert wird, dessen Oberfläche *134* m² beträgt. Die 110 m³/h Wasser kühlen sich in ihm bei voller Wärmepumpenleistung von 12,8 auf 8,5 °C ab, und es stellt sich eine Verdampfungstemperatur von rd. 6 °C ein (gemessen wurden 5,7 °C). Dabei nehmen die Pumpenmotoren 11,5 kW auf. Das abgekühlte Wasser fließt in einen Sickerschacht ab. Die an *5a* angeschlossenen Kompressoren fördern den Ammoniakdampf in die Kondensatoren *3a* und *3b*, durch welche die Heizwasserpumpe *21* während der ganzen Heizperiode eine gleichbleibende Menge von 80 m³/h fördert. Das Heizwasser erwärmt sich dabei von rd. 38 auf 45 °C, und es stellt sich eine Verflüssigungstemperatur von 46 °C ein. Das flüssige Ammoniak gelangt über die Verteilbatterie *9II*, die Leitung *9f* und den Filter *11* zum Hauptregelventil *4aW*, das durch das Schwimmerventil *4c* gesteuert wird. Die Einspritzgruppen *1a* an den Saugstutzen der Kompressoren werden durch die Leitung *9e* mit Flüssigkeit versorgt.

Die Großflächen-Deckenstrahlungsheizung der Werkhallen und Arbeitsräume ist für 10⁶ kcal/h bei einer Außentemperatur von −8 °C bemessen. Der berechnete Bedarf übersteigt die größte Heizleistung der Wärmepumpen (567000 kcal/h), so daß bei kaltem Wetter (unter etwa +2 °C) ein ölgefeuerter Heizkessel nachgeschaltet werden müßte. Da die Wärmeentwicklung in den Räumen durch Arbeitsvorgänge (rd. 160000 kcal/h) nicht berücksichtigt wurde, ist der tatsächliche Bedarf kleiner, weshalb die Heizkessel bis jetzt nicht betrieben werden mußten. Auch im sehr kalten Februar 1956 (Monatsmittel der Außentemperatur −7 °C), kam man ohne Zusatzheizung aus, wobei aber alle vier Maschinen mit einer Gesamtleistung von 614000 kcal/h eingesetzt wurden.

Bei einer Vorlauftemperatur von +45 °C und einer Grundwassertemperatur von 12,8 °C leisten die Kompressoren *II*, *III* und *IV* zusammen 460000 kcal/h im Verdampfer und 567000 kcal/h in den Kondensatoren. Sie benötigen dazu 123,5 kW an den Kupplungen bzw. 136 kW an den Motorklemmen. Hinzu kommen 11,5 kW für die Grundwasserpumpen 20 und 4,7 kW für die Heizwasserpumpe *21*. Die Leistungsziffer (Mittel der Heizperiode) wurde auf Grund der bekannten Gradtage am Aufstellungsort und unter Einschluß der genannten Pumpenleistungen zu 4,3 vorausberechnet. In der Heizperiode 1954/55 wurden sie zu 4,37 gemessen.

Der große Unterschied im Leistungsbedarf der Kompressoren zwischen Wärmepumpenbetrieb (48 kW) und Tiefkühlbetrieb (9 kW) erfordert eine Sonderkonstruktion für die Motoren, um Wirkungsgrad und Leistungsfaktor bei allen Betriebsarten in annehmbaren Grenzen zu halten. Sie wurde in Form einer doppelten Statorwicklung mit Dreieckschaltung für die größere und Sternschaltung mit zusätzlichem Kondensator zur Verbesserung des Leistungsfaktors für die kleinere Leistung verwirklicht.

f) Die Kältemittelzuteilung bei der Erweiterung. Zu den vier bereits genannten Kreisläufen sind zwei weitere hinzugekommen, nämlich ein fünfter mit $-12\,°C$ für den Kühlraumbetrieb und ein sechster mit $-35\,°C$ für den Stapel- und Gefrierbetrieb. Alle Kälteverbraucher arbeiten überflutet und sind dazu mit Flüssigkeitsabscheidern *6e* verbunden. Jeder Raum der vier Obergeschosse erhielt seinen eigenen Abscheider; für die sechs kleineren Räume des Erdgeschosses wurde ein gemeinsamer Abscheider aufgestellt. Diesem teilt eine Einspritzgruppe mit Expansionsventil *13f* die Flüssigkeit aus der Leitung *9g* zu. Dabei ist der Fühler des Ventils *13f* an das Standrohr des Abscheiders *6e* angeklemmt. In die Saugleitung ist ein Hauptventil *15b* eingebaut, das durch ein einstellbares Konstantdruckventil *15d* gesteuert wird. In jedem Raum öffnet oder schließt ein Raumthermostat ein Magnetventil *12d* in der Flüssigkeitsleitung zum betreffenden Luftkühler und schaltet zugleich dessen Ventilatormotor ein oder aus. Mit dem letzten Ventil *12d* schließen die Magnetventile *12b* und *12c* sowie das Hauptventil *15b*.

Die Deckensysteme *5c* in den beiden Räumen *15* und *16* erhalten die nötige unterkühlte Flüssigkeit durch eine obere Einspritzgruppe mit dem thermostatischen Expansionsventil *13d*. Das teilweise expandierte Ammoniak durchströmt zunächst den Ejektor *14*, reißt dort Flüssigkeit aus dem unteren Teil von *6e* mit, durchspült dann unter teilweiser Verdampfung die Deckensysteme *5c*, um schließlich in den Abscheider zu gelangen, wo sich Dampf und Flüssigkeit trennen. Diese Anordnung ermöglicht eine intensive Benetzung der Systeme auch in den Fällen, wo diese höher liegen als das Flüssigkeitsniveau im Abscheider. Der Raumthermostat wirkt auf das Magnetventil *12a*, das nicht nur den Flüssigkeitszutritt öffnet oder schließt, sondern damit zugleich auch als Vorsteuerventil für das Hauptventil *15c* in der Saugleitung wirkt und dieses ebenfalls öffnet oder schließt. Sollen zum Durchführen von Gefrierprozessen auch die Luftkühler *5b* betrieben werden, so wird die untere Einspritzgruppe mit Ventil *13e* zugeschaltet. — In den Räumen *24* und *25* ist die Ammoniakzuteilung gleich ausgeführt wie in den Räumen *15* und *16*, wobei aber in jedem Raum nur *eine* Einspritzgruppe eingebaut wurde.

Die beiden großen Räume *34* und *44* erhielten, ihrer dreifachen Zweckbestimmung entsprechend, je drei Einspritzgruppen, nämlich eine obere mit Ventil *13d* und Ejektor *14* für die Deckensysteme (Stapelbetrieb bei $-25\,°C$), eine mittlere mit Ventil *13f* für die beiden Luftkühler *5b* (Kühlraumbetrieb bei $0\,°C$) und eine untere mit dem Ventil *13e* für den Gefrierbetrieb bei $-25\,°C$, bei dem sowohl die Deckensysteme als auch die Luftkühler in Betrieb sind. Es bestehen zwei Saugleitungen, eine für $-35\,°C$ und eine für $-12\,°C$. Der Raumthermostat für $-25\,°C$ wirkt auf das Magnetventil *12a*, das zugleich auch das Hauptventil *15c* betätigt, der Raumthermostat für $0\,°C$ steuert den Ventilatormotor in den Luftkühlern sowie die Magnetventile *12b* und *12c* und damit auch das Hauptventil *15b*. Beim Kühlraumbetrieb mit $0\,°C$ kann die Verdampfungstemperatur am Konstantdruckventil *15d*, das das Hauptventil *15b* steuert, den jeweiligen Bedürfnissen angepaßt werden.

Sämtliche Luftkühler der Erweiterung wie auch die des ersten Ausbaues werden von Hand durch Berieseln mit Wasser aus dem Sickerschacht abgetaut, wozu die Pumpe *25* dient, die im Winter den Hilfskondensator *3c* versorgt. Die Deckensysteme taut der Wärter mit Druckgas ab, das durch die Leitung *18a* zuströmt, indem er die eine Systemgruppe eines Raumes durch Schließen der betreffenden Absperrventile in der Flüssigkeits- und Dampfleitung und Öffnen des Abtauventils *18d* mit Druckgas füllt, wobei das Kondensat durch das Handregelventil *18e* in das andere System übertritt und dort verdampft.

Die Maschinenanlage wurde durch vier sechszylindrige Gleichstrom-Ammoniakkompressoren in W-Form ergänzt, die mit 730 U/min arbeiten. Die Zylinder der Kompressoren *V*, *VI* und *VII* haben 125 mm Bohrung und 120 mm Hub; beim Kompressor *VIII* betragen Bohrung und Hub je 88 mm. In den Druckleitungen befinden sich liegende Ölabscheider *2b* mit eingebauten Schwimmerventilen zur automatischen Ölrückführung. Die Saugstutzen sind auch hier mit Einspritzgruppen *1a* versehen.

Alle vier Kompressoren lassen sich an das Netz von $-35\,°C$ anschließen, die Kompressoren *VI*, *VII* und *VIII* außerdem auch an das Netz von $-12\,°C$. Die Maschinen, die aus dem Netz von $-35\,°C$ absaugen, fördern in den Zwischenbehälter *17a* von $0{,}8\ \mathrm{m^3}$ Inhalt, der mit dem Netz von $-12\,°C$ verbunden ist. Die auf dieses Netz arbeitenden Kompressoren bilden somit zugleich die obere Stufe der andern; sie fördern in den zusätzlichen Kondensator *3d* (Oberfläche $61\ \mathrm{m^2}$, Wärmeleistung $370\,000\ \mathrm{kcal/h}$, Kühlwasserstrom $74\ \mathrm{m^3/h}$), der gas- und flüssigkeitsseitig mit den andern Kondensatoren verbunden ist. Ihm ist eine wassergekühlte Sammelflasche *8c* von $1{,}35\ \mathrm{m^3}$ Inhalt nachgeschaltet. Es bestehen absperrbare Verbindungen zwischen den Saugleitungen der Kreisläufe von -35 und $-30\,°C$ (*10i*), von -12 und $-10\,°C$ (*10h*) und von $+6$ und $-12\,°C$ (*10k*). Eine weitere Verbindung gestattet, den Kompressor *VI* auf die Schnellgefrieranlage zu schalten. Die Wahl der Kompressoren, die als erste ($-35\,°C$), bzw. als zweite Stufe ($-12\,°C$) arbeiten sollen, richtet sich nach dem Kältebedarf der beiden Netze, der sich in weiten Bereichen verschieben kann. Alle Verbraucher in den Obergeschossen erhalten Flüssigkeit, die in der Kühlschlange *17b* unterkühlt wird.

4. Ausrüstung eines Bahnhof-Kühlhauses in Italien.

Das Kühlhaus, das der Adafrigor S. A., Mailand, gehört und dessen kältetechnische Einrichtungen von der Firma Escher Wyss AG., Zürich, projektiert und ausgeführt wurden, befindet sich in Rogoredo, in unmittelbarer Nähe des Güterbahnhofs von Mailand. Es dient hauptsächlich der Kühlung und Lagerung von Lebensmitteln. Die Waren werden großenteils warm angeliefert und sind hauptsächlich für den Export in gekühltem bzw. gefrorenem Zustand bereitzustellen. Die Art des Kühlgutes und die Lagerdauern wechseln, weshalb ein großer Teil der Räume als Mehrzweckkammern mit zwei Temperaturen eingerichtet ist.

Im heutigen Ausbau sind 51 gekühlte Räume mit einer Grundfläche von insgesamt rd. $8600\ \mathrm{m^2}$ und $4{,}0$ bis $4{,}3$ m Höhe vorhanden, die sich auf vier, teils viergeschossige, teils fünfgeschossige Trakte verteilen. Jeder Trakt weist einen Aufzug- und Leitungsschacht auf. Als weitere Kühlstellen kommen hinzu: im Erdgeschoß eine Anlage für das Kühlen von Eisenbahnwagen, im ersten Stockwerk eine Blockeis-Erzeugungsanlage für das Beeisen von Kühlwaggons (Lieferung der Firma Samifi, Mailand), im fünften Stockwerk eine Wasser-Kühlanlage zum Klimatisieren von Wohn-, Bureau- und Arbeitsräumen sowie eine Anlage zum Kühlen der Frischluft für sämtliche Kühlräume. Es sind also insgesamt 55 Kühlstellen, meist mit mehreren Verdampferapparaten vorhanden, die alle selbsttätig geregelt werden. Geplant ist die spätere Vergrößerung um einen fünften Trakt.

Der Maschinenraum befindet sich im Untergeschoß, teilweise unter der Verladerampe. Im jetzigen Ausbau sind dort sieben Maschinengruppen mit einer Normalleistung (bei $-10/+25\,°C$) von $1{,}42 \cdot 10^6\ \mathrm{kcal/h}$ aufgestellt. Bei der vorgesehenen Erweiterung wird diese Leistung durch Hinzufügen von zwei weiteren Einheiten auf $1{,}97 \cdot 10^6\ \mathrm{kcal/h}$ vergrößert werden. Abb. 372 zeigt die Grundrisse des Erdgeschosses und des 2. Stockes mit den entsprechenden Querschnitten, Tab. 4 gibt Auskunft über die Hauptdaten der einzelnen Raumgruppen. Ergänzend sei hierzu folgendes bemerkt:

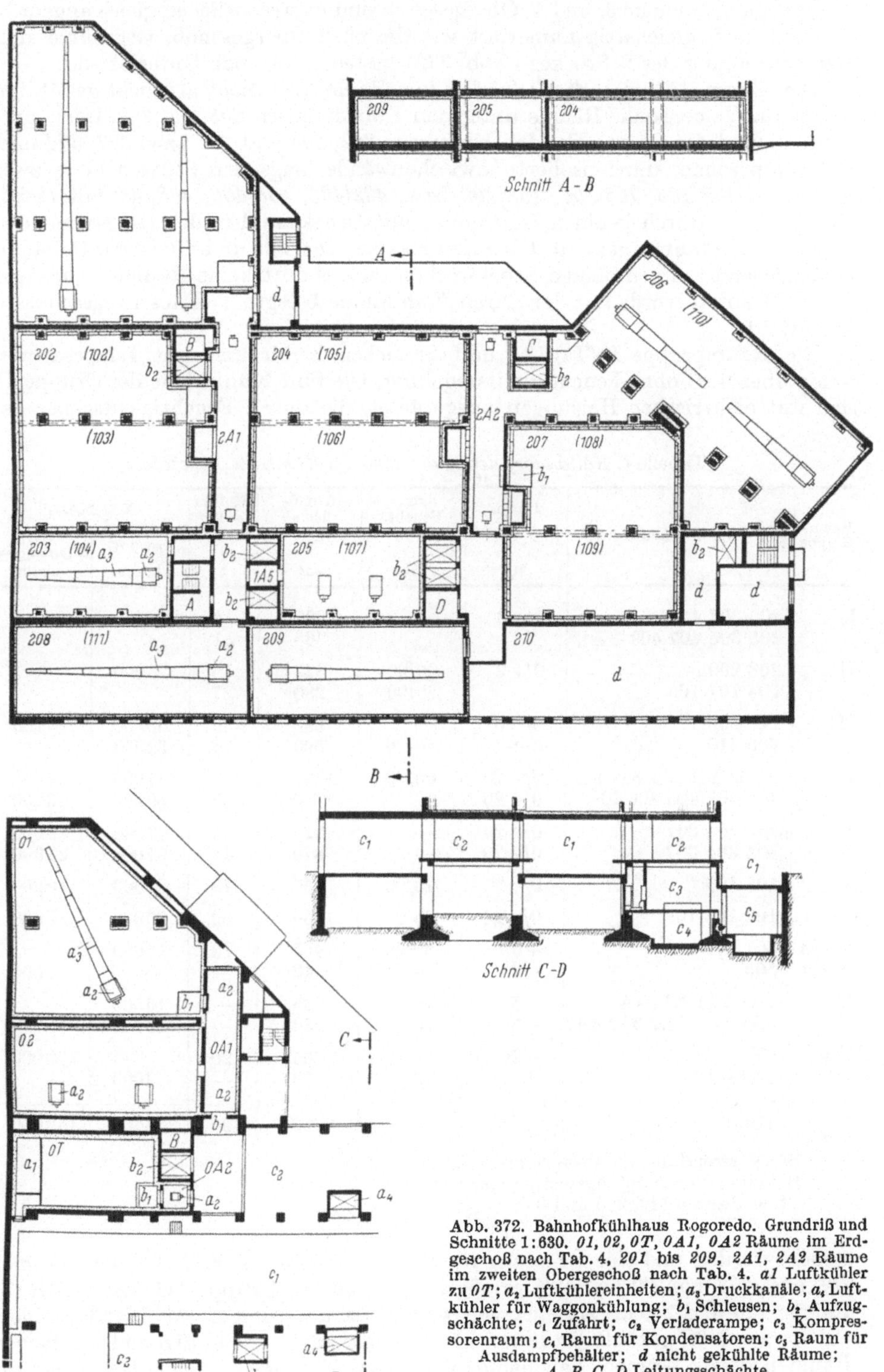

Abb. 372. Bahnhofkühlhaus Rogoredo. Grundriß und Schnitte 1:630. *01, 02, 0T, 0A1, 0A2* Räume im Erdgeschoß nach Tab. 4, *201* bis *209, 2A1, 2A2* Räume im zweiten Obergeschoß nach Tab. 4. *a1* Luftkühler zu *0T*; a_2 Luftkühlereinheiten; a_3 Druckkanäle; a_4 Luftkühler für Waggonkühlung; b_1 Schleusen; b_2 Aufzugschächte; c_1 Zufahrt; c_2 Verladerampe; c_3 Kompressorenraum; c_4 Raum für Kondensatoren; c_5 Raum für Ausdampfbehälter; *d* nicht gekühlte Räume; *A, B, C, D* Leitungsschächte.

Die Kühlräume im 3. und 4. Obergeschoß sind im wesentlichen gleich angeordnet und auch gleichartig numeriert wie die im 2. Obergeschoß. Gegenüber der Raumeinteilung des 2. Stockes (Abb. 372) bestehen folgende Unterschiede:

Der Raum *113* im 1. Stock (unter dem Raum *210*) dient als nicht gekühlter Lagerraum; ebenso die Räume unter den Kühlkammern *208* und *209*. Im 1. und 4. Stock sind die Räume, die den Kammern *202, 204* und *207* bzw. *302, 304* und *307* entsprechen, durch isolierte Zwischenwände längs den Stützen in je zwei Kammern *102/103, 105/106, 108/109* bzw. *402/403, 405/406, 408/409* unterteilt. Diese werden durch je einen Luftkühler mit Druckkanal in der Längsachse des betreffenden Raumes gekühlt. Über den Räumen *208, 209* und *210* ist das Gebäude zurückgesetzt; in den oberen Stockwerken gibt es dort keine Räume mehr. Auf Abb. 372 unten wurde nur der durch Kühlräume belegte Teil des Erdgeschosses dargestellt.

Die Raumgruppe I (Tab. 4) umfaßt sieben Kühlräume mit Temperaturen wenig über 0 °C ohne Feuchtigkeitsregelung. Die fünf Kühlräume der Gruppe II sind mit elektrischen Heizungen ausgerüstet, die durch Feuchtigkeitsgeber ge-

Tabelle 4. *Kältebedarf der Kühlräume im Kühlhaus Rogoredo.*

Raum-Gruppe	Nr. der Räume	Temp.	rel. Feucht.	Grund-fläche	Einfuhr je Tag	Kältebedarf	
						bei 0 °C	bei —20/—25 °C
		°C	%	m²	t	kcal/h	kcal/h
I	203 303 404	0/+2	—	285	14	79400	—
	205 305 407 409			365	31		
II	208 209	0/+2	60/90	322	16	78000	—
	104 107 109		75/90	290	27		
III	110 206	0/—5	—	690	35	62500	18700[1]
	306 410	0/+2	60/90	690	35	62500	—
IV	01 02 101 201 301 401	0/—20	60/90	1780	89	141000	49000
	402 403 405 406 408	0/—20	—	720	36	60500	25200
V	202 204 207	0/—20	—	820	41	67000	23000
	302 304 307	0/—20	—	820	41	67000	23000
VI	102 105	0/—20	75/90	255	13	22000	9200
VII	103 106 108	0/—25	75/90	460	69	90000	20000
VIIIa	501 502	+6/0	60/90	455	23	14000	—
VIIIb	503	—20	—	40	—	—	4500
IX	1A1 2A1 3A1 4A1	+5	75	295	—	16500	—
	5A1 1A2 2A2 3A2 4A2	+5	75	230	—	15000	—
Xa	0T	—30	—	65	20	—	100000[2]
Xb	0A1 0A2	0	75	38	—	1000	—
	Total			8620	490	776400	153900[3]

[1] Bei Verwendung als Eislager mit —5 °C.
[2] Bei einer Verdampfungstemperatur von —40 °C.
[3] Ohne Räume 110, 206 und 0T.

steuert werden und eine Regelung im Bereich von 75 bis 90%, bei den Räumen *208* und *209* von 60 bis 90% ermöglichen. Von der Gruppe III lassen sich die Räume *110* und *206* als Eislager verwenden. Dazu werden sie mit Wandsystemen auf etwa —5 °C gekühlt. In ihnen können aber auch, wie in den anderen beiden Räumen dieser Gruppe, Lebensmittel bei etwa 0 °C gelagert werden, wobei die

Wandsysteme ausgeschaltet und nur die Luftkühler in Betrieb genommen werden. Die Umstellung der Kühlart wird von Hand vorgenommen. Mit Ausnahme des Raumes *206* sind die Räume der Gruppe III mit Feuchtigkeitsregelung versehen.

Die Gruppen IV, V, VI und VII sind Mehrzweckräume für Kaltlagerung um 0 °C oder Stapelung von gefrorenem und tiefgekühltem Gut bei -20 °C, bei Gruppe VII sogar bei -25 °C. Diese tiefe Temperatur wurde festgesetzt, um Gefriergut, das beim Transport teilweise aufgetaut ist, wieder nachgefrieren zu können. Die sechs Räume der Gruppe V sind mit doppelten Wänden, Böden und Decken versehen; sie werden durch die in den Zwischenräumen zirkulierende Kaltluft, also nach dem auf Abb. 341 schematisch dargestellten Verfahren gekühlt. Alle anderen Räume sind mit Luftkühlereinheiten versehen, die an der Kühlraumdecke aufgehängt sind. Zur Luftverteilung in den Räumen dienen gerade Druckkanäle mit regelbaren Austrittschlitzen, die möglichst in die Raummitte verlegt sind. Die Räume der Gruppen IV und VI sind teilweise mit Feuchtigkeitsregelung ausgerüstet.

Die beiden Räume der Gruppe VIIIa sind für die Lagerung von Pelzwaren bestimmt, können aber auch für andere Kühlgüter verwendet werden, weshalb sich die Temperatur zwischen 0 °C und $+6$ °C und die Feuchtigkeit zwischen 60 und 90% regeln läßt. In einer dritten Kammer VIIIb werden die Pelze vor der Lagerung kurzzeitig auf -20 °C gekühlt, um Motten zu töten. Dort ist auch eine Ozonisierung vorgesehen.

Ein beträchtliches Ausmaß weisen die insgesamt neun Vorräume (Gruppe IX) auf, die teilweise als Gänge dienen und wegen ihrer Länge meist mit zwei Luftkühler-Einheiten und Feuchtigkeitsregelung, jedoch ohne Luftkanäle ausgerüstet sind. Sie werden auf $+5$ °C bei 75% eingestellt.

Die Schnellgefrierzelle Xa von rund 6×11 m² Grundfläche und 2,1 m Höhe vermag in 24 Stunden 20 t Gefriergut von $+2$ °C auf -20 °C (gemessen im Kern) bzw. 15 t von $+25$ °C auf -20 °C zu bringen. Sie weist wie üblich eine starke Ventilation auf. Die Raumluft kann gegen Ende des Gefriervorganges bis gegen -35 °C sinken. Der zugehörige Vorraum Xb wird auf 0 °C gehalten.

Die Eiserzeugungsanlage ist für eine Tagesleistung von 20 t bemessen und benötigt dazu eine Kälteleistung von 145000 kcal/h bei einer Verdampfungstemperatur von -13 °C. Außerdem muß zum Abtauen Druckgas zugeführt werden. Die Anordnung im ersten Stockwerk eines Anbaues ermöglicht ein einfaches Beeisen der Eisenbahnwagen mittels Rutschen. Es werden Blöcke von 25 kg hergestellt. Die Kühlanlage für die Klimatisation ist für 70000 kcal/h bemessen. Sie arbeitet mit einer Verdampfungstemperatur von -3 °C. Das Wasser im Behälter ist auf einer Temperatur von $+7$ °C zu halten. Die Frischluft-Kühlanlage vermag 5000 m³/h von 25 °C auf 0 °C zu kühlen. Die filtrierte Außenluft wird vor der Kühlung mit Grundwasser von 15 °C berieselt. Im Winter kann sie durch ein elektrisches Heizelement von 30 kW erwärmt werden. Der größte Kältebedarf des Luftkühlers beträgt rund 70000 kcal/h.

Die Kältebedarfszahlen der Tab. 4 bei Betrieb der Räume mit 0 °C beziehen sich auf den Hochsommerbetrieb mit den angegebenen großen Einfuhren. Sie treten nie gleichzeitig in der angeführten Größe auf. Die Zahlen für den Kältebedarf bei tiefen Raumtemperaturen erscheinen gegenüber denen bei 0 °C klein, was davon herrührt, daß die Kühlgüter in gefrorenem und tiefgekühltem Zustand eingeführt und viel länger gelagert werden.

Abb. 373 zeigt das stark vereinfachte Schaltbild. Auf ihm sind unten die Kompressoren mit Ölabscheidern und Kondensatoren dargestellt, in der Mitte die Einrichtungen für die Kältemittelumwälzung, die sich in Wirklichkeit *neben* den Kompressoren befinden, und oben eine Auswahl von Räumen mit der sie kennzeichnenden Art der Kältemittelzuteilung, die sich auf drei Stockwerke eines Traktes verteilen. Außerdem findet man dort auch die drei Kühlstellen für Sonderzwecke. Wie ersichtlich bestehen vier Kältemittelkreisläufe mit verschiedenen Verdampfungstemperaturen und getrennten Kompressorgruppen, die druckseitig zusammengeschlossen sind. Jeder der sieben Kompressoren kann abwechslungsweise auf zwei Kreisläufe geschaltet werden.

Der erste Kreislauf umfaßt die Räume mit Temperaturen über $-5\,°\text{C}$, also die Raumgruppen I, II, III, VIIIa, IX und Xb sowie die Waggonkühlung, die Kühlung für die Klimatisation und die Frischluftkühlung. Je nach Bedarf kommen noch Mehrzweckräume, also die Raumgruppen IV, V, VI und VII hinzu, sofern sie als Kühlräume mit Temperaturen über $0\,°\text{C}$ betrieben werden. Im ersten Fall stehen in der Regel die Kompressoren *II, III* und *V* zur Verfügung, im zweiten wird Kompressor *I* zugeschaltet.

An den zweiten Kreislauf sind die Tiefkühlräume, also die Raumgruppen IV, V, VI, VII und VIIIb angeschlossen, sofern sie auf tiefer Temperatur zu halten sind. Verfügbar sind hierfür die Kompressoren *VI* und *VII*. Der dritte Kreislauf besteht aus der Blockeis-Erzeugungsanlage, dem Kompressor *IV* und dem

Tabelle 5. *Kälteleistungen der Rotasco-Kompressoren im Kühlhaus Rogoredo.*

		I	II	III	IV	V	VI	VII
Größe	RL	300	300	300	150	150	150	80
Drehzahlen	U/min.	725	725	725/580	960	960/480	960/725	960/480
Leistung voll kcal/h		300 000	300 000	300 000	148 000[1]	182 200	182 000	96 000
bei $-8\,°\text{C}$ red. kcal/h		—	—	240 000	—	91 000	137 000	48 000
Leistung voll kcal/h		61 500[2]	—	130 000	370 00[2]	79 000	79 000	40 000
bei $-28\,°\text{C}$ red. kcal/h		—	—	93 000	—	39 000	60 000	20 000

[1] bei $-13\,°\text{C}$. [2] bei $-40\,°\text{C}$.

Kondensator *3IV*. In Notfällen kann auch der Kompressor *V* auf diesen Kreislauf arbeiten. Schließlich bildet die Schnellgefrieranlage mit dem Kompressor *I* den vierten Kreislauf. Es ist aber auch möglich, die Kompressoren *II* und *IV* hierauf einwirken zu lassen.

Auf Abb. 373 sind im unteren Stockwerk rechts zwei Mehrzweckräume dargestellt, deren Luftkühler *6* wahlweise an Kreislauf *I* oder *II* angeschlossen werden können, links ist der Schnellgefrierraum *OT* mit dem Vorraum *OA1* zu sehen. Im mittleren Stockwerk findet man einen Kühlraum, der auch als Eislager verwendet werden kann und dazu mit Wandsystemen *6D* für stille Kühlung versehen ist (Räume *110, 206*). Für die Kaltlagerung von Lebensmitteln werden die beiden Luftkühler 6 in Betrieb genommen und die Systeme für stille Kühlung abgestellt. Alle Kühleinrichtungen dieses Raumes arbeiten mit Kältemittel des Kreislaufs *I*. Der daneben gezeichnete Mehrzweckraum ist mit einem Luftkühler ausgerüstet, der wahlweise mit Kreislauf *I* oder *II* verbunden werden kann. Dasselbe trifft für den mittleren Raum im oberen Stockwerk zu. Dagegen werden die beiden Luftkühler des Kühlraumes rechts und die beiden Kühlereinheiten des Vorraumes links vom Kreislauf *I* versorgt.

Die Kältemittelzuteilung auf die vielen Kühlstellen des ersten und zweiten Kreislaufes erfolgt nach dem Zwangsumlaufverfahren. Die Ammoniakflüssigkeit fließt aus den drei großen Kondensatoren *31, 3II* und *3III* unter natürlichem Gefälle zum tiefliegenden Hochdruck-Schwimmerventil *41* und gelangt von diesem in den Behälter *51*, in welchem durch Absaugen des Dampfes ein Druck von $3,2\,\text{ata}$, entsprechend $-8\,°\text{C}$, aufrechterhalten wird. Am Flüssigkeitssack *5a* schließt

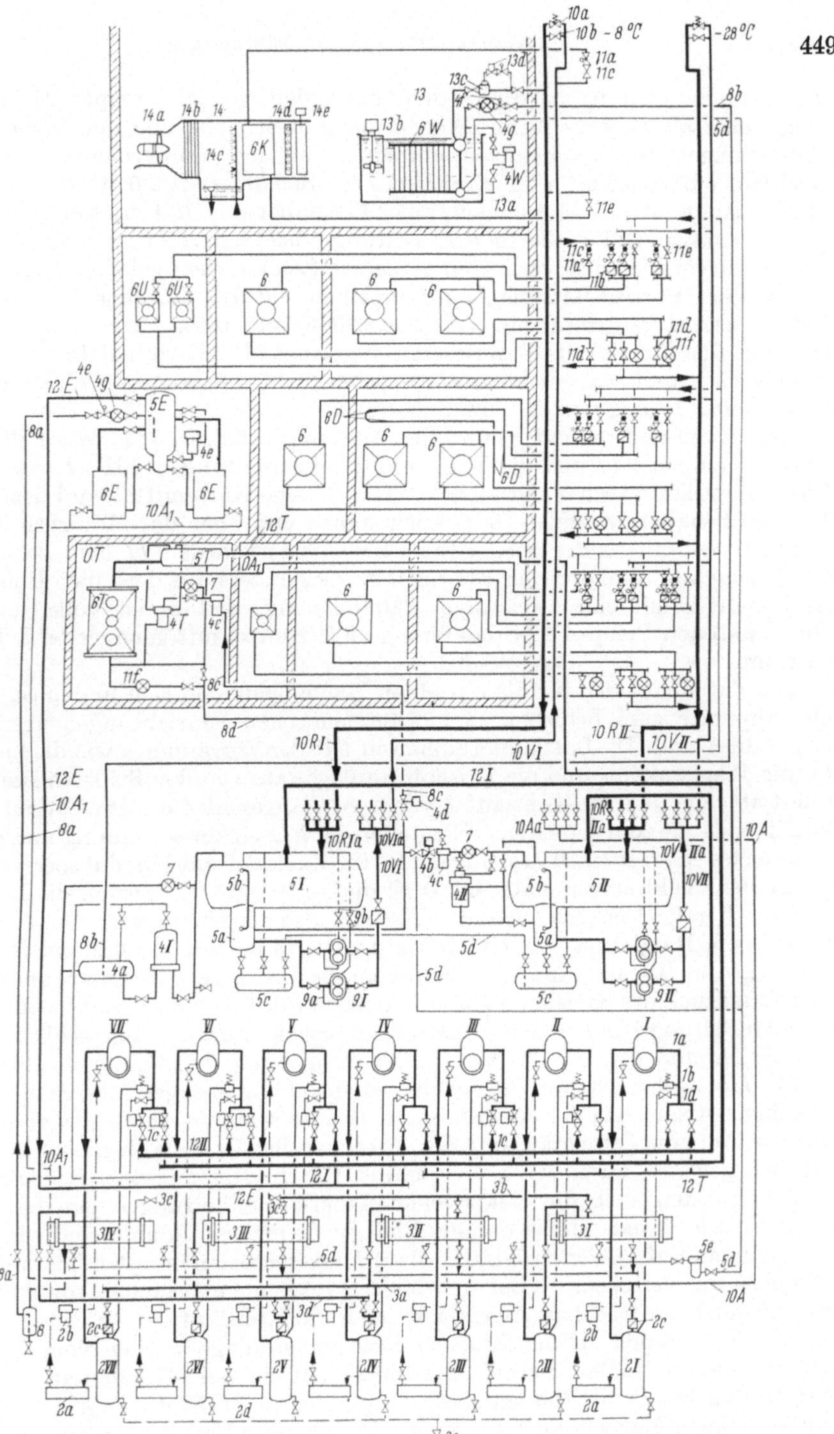

Abb. 373. Vereinfachtes Schaltbild der Kältekreisläufe im Bahnhofkühlhaus Rogoredo in Italien (Escher Wyss AG, Zürich). *I* bis *VII* Rotasco-Kompressoren; *2I* bis *2VII* Ölabscheider; *3I* bis *3IV* Kondensatoren; *4I, 4II, 4T* Schwimmerventile; *4E, 4W* Schwimmerregler; *5I, 5II* Ausdampf-Behälter; *5T, 5E* Flüssigkeitsabscheider; *6, 6T* Luftkühler; *6D* Wandsysteme; *6E* Verdampfer der Blockeisanlage; *6K* Kühlelement der Klimaanlage; *6U* Luftkühlereinheiten (Units); *6W* Steilrohrverdampfer für Wasserkühlung; *7* Handregelventile für Notfälle; *8* Flüssigkeitsbehälter; *9I, 9II* Zahnrad-Umwälzpumpen für Ammoniakflüssigkeit; *10VI, 10VII* Vorlaufleitungen; *10RI, 10RII* Rücklaufleitungen; 10A, *10A1* Abtauleitungen (Druckgas).

die große Saugleitung an, die zu den beiden tiefliegenden Pumpen *9 I* führt, von denen eine als Reserve dient. Wegen der großen Höhe und den beträchtlichen Entfernungen wurden Zahnradpumpen verwendet (Fördermenge 22 m³/h für Kreislauf *I* bzw. 3,3 m³/h für Kreislauf *II*, Druckdifferenz 3,5 at). Sie fördern das flüssige Ammoniak zunächst nach einer Verteilbatterie *10 V Ia*, von der es durch *Vorlaufleitungen 10 V I*, die in den Leitungsschächten *A, B, C* und *D* der vier Trakte angeordnet sind, nach den einzelnen Stockwerken gelangt. Dort befinden sich weitere Vorlauf-Batterien zur Verteilung auf die einzelnen Räume. In den Luftkühlern *6* verdampft ein Teil der Flüssigkeit unter Erzeugung der Kälteleistung. Das Flüssigkeits-Dampfgemisch gelangt über Rücklauf-Batterien in den Stockwerken und sehr reichlich bemessene Rücklaufleitungen *10 R I* zur Hauptbatterie *10 R Ia* und von da zum Behälter *5 I* zurück.

Zum zweiten Kreislauf gehört der Ausdampfbehälter *5 II*, ferner die beiden Umwälzpumpen *9 II* und die Vor- und Rücklaufleitungen *10 V II* bzw. *10 R II*. Dieser Kreislauf arbeitet mit − 28 °C. Das flüssige Kältemittel wird dem unteren Teil des Behälters *5 I* mit − 8 °C entnommen und über das Motorventil *4b* und den Filter *4c* mittels des Niederdruck-Schwimmerventils *4 II* dem Behälter *5 II* derart zugeteilt, daß dort der Flüssigkeitsspiegel stets auf derselben Höhe bleibt. Es besteht somit eine zweistufige Entspannung, und es ist volle Gewähr geboten, daß den Pumpen *9 II* das flüssige Kältemittel mit genügender Zulaufhöhe zuströmt.

Die Zuteilbatterien für die einzelnen Räume befinden sich in den Gängen, wo alle Apparate zum Bedienen der kältetechnischen Einrichtungen übersichtlich angeordnet sind. Die Luftkühlereinheiten *6 U* der Vorräume sowie die Luftkühler für die Waggonkühl- und die Frischluftanlage tauen in den Stillstandszeiten von selbst ab. Sie sind am Kreislauf *I* von − 8 °C angeschlossen. Im Vorlauf sind ein Zuteilventil *11c* zum einmaligen Einstellen der Flüssigkeitsströmung und ein ferngesteuertes Magnetventil *11a* eingebaut, im Rücklauf ein Handabsperrventil *11d*.

In den Kühlräumen nahe bei 0 °C und − 20/− 25 °C werden die Luftkühler periodisch mit Druckgas abgetaut. Es tritt also zur eben genannten Ausrüstung noch je ein Handabsperrventil *11e* für Druckgas im Vorlauf und ein Handregelventil *11f* im Rücklauf hinzu, in welchem die Differenz zwischen Verflüssigungs- und Saugdruck des Kreislaufs *I* abgedrosselt wird. Das Kondensat fließt durch die Rücklaufleitung *10 R I* in den Behälter *5 I* zurück. Zum Abtauen schließt man die Ventile *11a* und *11d*. Um das Ventil *11a* zu entlasten, wurde ihm ein Rückschlagventil *11b* nachgeschaltet, das während des Abtauens geschlossen bleibt. Das Druckgas strömt aus der gemeinsamen Druckleitung *3a* durch die Abtauleitung *10A* zu. Auf eine Fernbetätigung der Abtauventile, die ohne Begehung der Räume möglich gewesen wäre, wurde verzichtet. Gleichzeitig mit dem Bedienen dieser Ventile werden auch die elektrischen Tropfschalenheizungen ein- bzw. ausgeschaltet. Die Wandsysteme der als Eislager dienenden Räume sind wie die entsprechenden Luftkühler an den Kreislauf *I* angeschlossen und ebenfalls mit Druckgasabtauung versehen. — Bei den Mehrzweckräumen bestehen sowohl im Vorlauf als auch im Rücklauf Anschlüsse an beide Kreisläufe.

Die Verdampfer *6E* der Blockeis-Erzeugungsanlage werden vom Abscheider *5E* aus überflutet. Dieser erhält die Flüssigkeit aus dem Kondensator *3 IV* über das Standgefäß *8*, die Flüssigkeitsleitung *8a* und eine Einspritzgruppe zugeteilt, die aus einem Magnetventil *4e*, einem fest eingestellten Handregelventil *4g* und zwei Absperrventilen besteht. Ein Schwimmerregler *4* steuert das Ventil *4e* derart, daß der Flüssigkeitsstand in *5E* auf derselben Höhe bleibt. Das Druckgas zum Abtauen gelangt aus der Druckleitung *3d* durch die Leitung *10A1* zu den Verdampfern *6E*.

Beim vierten Kreislauf wird die Flüssigkeit wie beim zweiten dem Behälter *5 I* entnommen und über das Motorventil *4d* sowie einen Filter *4c* mittels des Niederdruckschwimmerventils *4T* dem großen Luftkühler *6T* zugeteilt. Dieser steht mit dem Flüssigkeitabscheider *5T* in Verbindung, von dem in der Regel der Kompressor *I* über die Leitung *12T* absaugt. Nötigenfalls können auch die Maschinen *II* oder *IV* an die Leitung *12T* angeschlossen werden. Zur Luftumwälzung dienen drei Ventilatoren, deren Motoren je 6,6 kW leisten. Der Luftkühler kann mit Druckgas abgetaut werden. Dabei entspannt sich das Kondensat bei *11f* und fließt durch die Leitung *8d* in den Rücklauf *10R I*.

Bei der Wasserkühlanlage besteht eine Saugdrosselregelung *13c* mit Vorsteuerung durch ein Konstantdruckventil *13d*, System Danfoss, die auf eine konstante Verdampfungstemperatur von $-3\ °C$ regelt. Dadurch läßt sich eine unerwünschte Eisbildung an den Rohren des Steilrohrverdampfers *6W* vermeiden. Die Kältemittelflüssigkeit wird einem Standgefäß *4a* entnommen, das dem Schwimmerventil *4I* vorgeschaltet ist, und durch die Leitung *8b* zugeführt. Sie entspannt sich in einem fest eingestellten Handregelventil *4g*. Ein Magnetventil *4f* öffnet und schließt den Flüssigkeitsdurchtritt derart, daß der Stand im Steilrohrverdampfer *6W* auf gleicher Höhe bleibt. Zur Steuerung dient der Schwimmerschalter *4W*.

Im Klimagerät zur Frischluftbehandlung saugt der Ventilator *14a* die frische Außenluft an geschützter Stelle ab und fördert sie durch einen rotierenden Filter *14b* in die Wasserberieselungskammer *14c* und anschließend durch den Luftkühler *6K*, ein elektrisches Heizelement *14d* von 30 kW (für Winterbetrieb) und eine fernbetätigte Regulierklappe *14e* nach den Verbrauchsstellen. Zwischen den Vor- und Rücklaufleitungen jedes Kreislaufs sorgt ein an höchster Stelle angebrachtes Überströmventil *10a* für das Aufrechterhalten der erforderlichen Druckdifferenz bei allen vorkommenden Betriebszuständen. Ihm ist ein Handventil *10b* parallelgeschaltet.

Von den sieben Kompressoren sind vier (*III*, *V*, *VI* und *VII*) mit polumschaltbaren Motoren versehen, wodurch sich die auf Tab. 5 zusammengestellten Kälteleistungen ergeben. Für die beiden ersten Kreisläufe sind bestimmte Kombinationen aufgestellt worden, um eine den wechselnden Bedürfnissen entsprechende Leistungsabstufung zu erhalten. Die jeweils erforderliche Leistung wird für jeden der beiden Kreisläufe durch je einen Walzenschalter eingestellt, den ein am Behälter *5 I* bzw. *5 II* angeschlossener Rheo-Pressostat derart steuert, daß die Drücke bzw. die entsprechenden Verdampfungstemperaturen in den beiden Behältern konstant bleiben. In das auf diese Weise festgelegte Zuteilprogramm kann bei Bedarf von Hand eingegriffen werden. Da die verwendeten Rotasco-Kompressoren bis zu den tiefsten Verdampfungstemperaturen einstufig arbeiten können, ergibt sich eine einfache Maschinenanlage.

Die Kompressoren fördern in eine gemeinsame Druckleitung *3a*, an welche die drei großen Kondensatoren *3I*, *3II* und *3III* von je 90 m² Nutzfläche angeschlossen sind. Ist die Blockeisanlage in Betrieb, so arbeitet der betreffende Kompressor über die Druckleitung *3d* auf den Kondensator *3IV* von 35 m². Sämtliche Kondensatoren erhalten Grundwasser von 15 °C, das aus einem in der Nähe befindlichen Brunnen gewonnen wird.

Im Maschinenraum, der 3,25 m unter Erdbodenoberfläche liegt, sind die sieben (später neun) Kompressorengruppen sowie die elektrische Schaltanlage übersichtlich untergebracht. Darunter befinden sich die Ölabscheider und die Kondensatoren, in einem Nebenraum unter der Zufahrtsrampe die zwei (später drei) großen Flüssigkeits-Behälter mit den vier (später sechs) Umwälz-Pumpengruppen. Der verfügbare Raum ist in Abb. 372 im Querschnitt zu sehen; er mußte sehr gut ausgenützt werden.

29*

V. Mehrstufige Tiefkühlanlagen.

1. Tiefkühlanlage für Äthylengewinnung.

Die von der Gesellschaft für Linde's Eismaschinen AG, Sürth bei Köln, erstellte Tiefkühlanlage, deren Schaltbild auf Abb. 374 wiedergegeben ist, gehört zu einer umfangreichen Gaszerlegungsanlage und ist für eine große Zahl ähnlicher Einrichtungen der Verfahrenstechnik kennzeichnend. Sie dient einerseits zur Vorkühlung und Vortrennung von Rohgas, wozu bei voller Belastung eine Kälteleistung von 400000 kcal/h bei einer Verdampfungstemperatur von − 15 °C erforderlich ist, und anderseits zur weitern Kühlung und Verflüssigung verschiedener Kohlenwasserstoffe, so hauptsächlich von Äthylen. Die hierfür benötigte Kälteleistung beträgt eine Million kcal/h bei − 45 °C. Diese bedeutenden Leistungen werden von nur zwei dreistufigen Ammoniakkompressoren erzeugt; ein dritter Kompressor ist in Reserve. Die Kühlwassertemperatur kann im Sommer 25 bis 27 °C erreichen, so daß mit einer Verflüssigungstemperatur von 35 °C gerechnet wurde. Die Kompressoren sind stehende zweikurbelige Kreuzkopf-Maschinen mit doppeltwirkenden Zylindern für alle drei Stufen, die durch Elektromotoren über je ein Zahnradgetriebe angetrieben werden. Die getrennten Ölkühler für das Triebwerk und das Getriebe sind an das Kühlwassernetz angeschlossen. Jedem Kompressor ist ein Instrumentenschrank zugeordnet, der die Meßgeräte für die Drücke und Temperaturen, die elektrischen Geräte für die Motoren, sowie die Sicherheits- und Überwachungseinrichtungen enthält. Der Leistungsbedarf eines Kompressors beträgt 410 kW, die Drehzahl 250 U/min. Die drei Kältemaschinen stehen in einer Maschinenhalle neben einer größeren Zahl anderer vertikaler Kompressoren. Zur Vereinfachung der Bedienung und zur Verbesserung der Übersicht ist der Fußboden auf der Höhe der Verbindungsflanschen zwischen Gestell und Zylinder angeordnet, so daß nur die Zylinder über ihn hinausragen; die Triebwerke mit den Antriebsmotoren und den Getrieben befinden sich im Untergeschoß.

Zur Vorkühlung und Vortrennung von Rohgas dienen die beiden vertikalen Kreuzstrom-Wärmeaustauscher *5 II a*. Das bei − 15 °C verdampfende Ammoniak durchströmt die schraubenförmig aufgewundenen, in mehreren Lagen übereinander angeordneten Rohrschlangen. Der Raum zwischen den Schlangen ist von Rohgas ausgefüllt. Bei der Kühlung scheidet sich Wasserdampf als Reif an den Rohraußenflächen ab. Diese können überdies durch Ausscheidungen aus dem Gas verschmutzt werden. Um eine periodische Reinigung zu ermöglichen, sind zwei Apparate vorhanden, von denen jeweils einer in Betrieb ist, während der andere zur Reinigung zur Verfügung steht und dazu kältemittelseitig mit Druckgas erwärmt wird. Die Umschaltungen nimmt man periodisch von Hand vor. In einer zweiten ähnlichen, jedoch größeren Apparategruppe *5 I b*, die mit einer Verdampfungstemperatur von − 45 °C arbeitet, wird das Gas tiefgekühlt, und es scheiden sich dabei verschiedene Kohlenwasserstoffe aus. Diese werden einer Rektifikationskolonne zur weiteren Trennung zugeführt. Auch hier findet ein Wechselbetrieb mit periodischen Erwärmungen und Reinigungen statt. Die Äthylenverflüssigung vollzieht sich im Apparat *5 I a* bei einer Verdampfungstemperatur von ebenfalls − 45 °C. Dabei ist gasseitig nicht mit Verunreinigungen zu rechnen, weshalb auf doppelte Ausführung verzichtet werden konnte. Da sich aber bei der verhältnismäßig niedrigen Verdampfungstemperatur an den vom Kältemittel bespülten Oberflächen Öl festsetzen kann, das den Wärmeübergang beträchtlich verringern würde, ist auch hier eine periodische Erwärmung mit Druckgas vorgesehen, durch die sich das Öl entfernen läßt. Im Apparat *5 I a* durchströmt das unter höherem Druck stehende Äthylen die Rohrschlangen, während das Ammoniak im Mantelraum verdampft.

Der Kreislauf des Kältemittels geht aus Abb. 374 hervor. Die obersten Stufen
1c der Kompressoren *I* und *II* bzw. *III* fördern den Ammoniakdampf über Ölabscheider *2c* nach den drei Kondensatoren *3I, 3II, 3III*. Der Behälter *8*, in
welchem sich das Kondensat sammelt, ist mit einem Doppel-Sicherheitsventil
8g, einem Standanzeiger *8a*, einem Entlüftungsapparat *8c* und einem Entölungsventil *E* ausgerüstet. Die Kältemittelflüssigkeit expandiert in einem selbsttätig
wirkenden Regelventil *4III* und gelangt mit dem überhitzten Dampf aus den

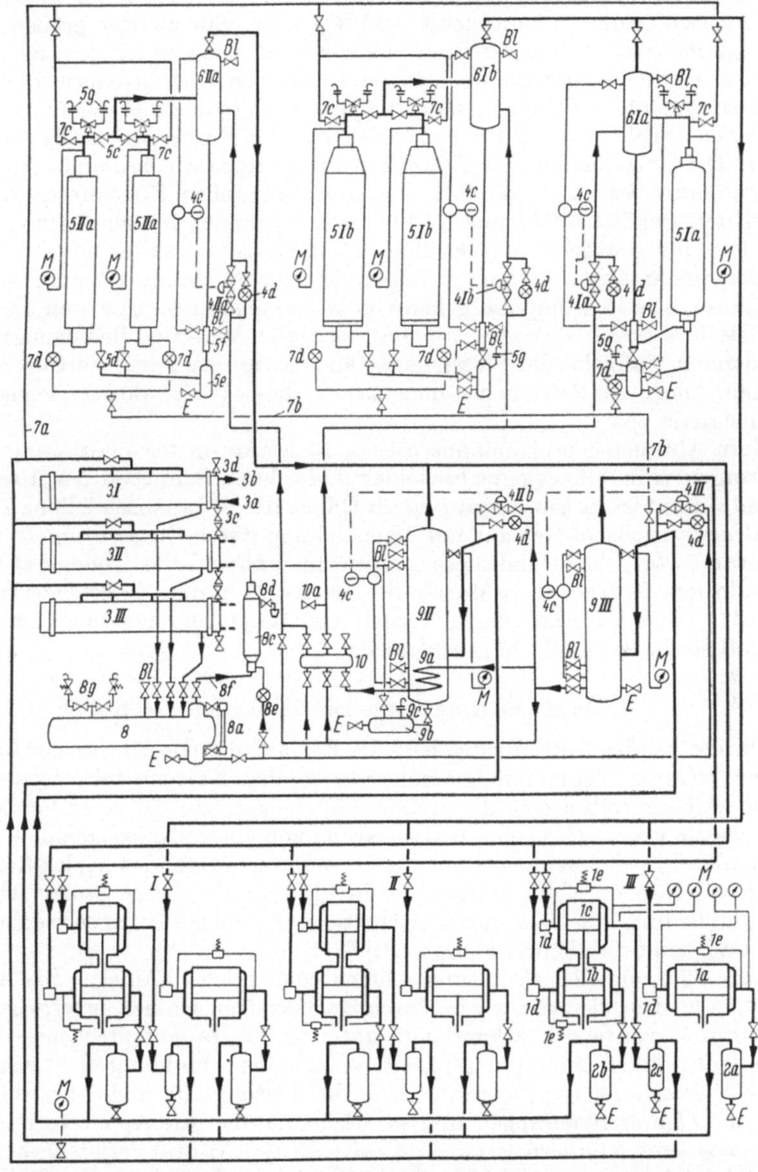

Abb. 374. Dreistufige Tiefkühlanlage für Aethylen-Gewinnung (Gesellschaft für Linde's Eismaschinen AG., Sürth).
I, II, III Dreistufige Ammoniakkompressoren; *2a, 2b, 2c* Ölabscheider; *3I, 3II, 3III* Kondensatoren;
4I, 4II, 4III Regelventile; *4c* Standregler; *5Ia* Äthylen-Kondensator; *5Ib* Gastiefkühler; *5IIa* Gasvorkühler;
5g, 8g, 9c Sicherheitseinrichtung mit Brechplatte; *6Ia, 6Ib, 6IIa* Flüssigkeitsabscheider; *7a* bis *7d* Einrichtungen
zum Abtauen; *8* Sammelflasche; *9II, 9III* Zwischenbehälter; *Bl* Blindflanschen; *E* Ölablaßventile; *M* Manometer.

Mitteldruckstufen in den Mitteldruckbehälter *9III*, von dem die Hochdruckstufen den Dampf absaugen. Die Flüssigkeitsfüllung in *9III* wird durch den Standregler *4c*, der das Regelventil *4III* pneumatisch betätigt, auf gleichbleibender Höhe gehalten. Unten schließt die Leitung für die vorgekühlte Flüssigkeit an, die sich in drei Zweige aufteilt. Ein erster Zweig führt über ein zweites Regelventil *4IIb*, das in gleicher Weise gesteuert wird wie das Ventil *4III*, in die Druckleitung der ersten Kompressionsstufe, wo es sich mit dem überhitzten Dampf mischt. Das Gemisch gelangt in den Zwischenbehälter *9II*, der unter dem Saugdruck der zweiten Stufe (entsprechend $-15\,°C$) steht. Ein zweiter größerer Teil der Flüssigkeit kühlt sich in der Rohrschlange *9a* bis nahe an die dem Behälterdruck entsprechende Temperatur ab, um dann über eine Verteilbatterie *10* den Regelventilen *4Ia* und *4Ib* und weiter den Apparaten *5Ia* und *5Ib* zugeführt zu werden. Der noch verbleibende dritte Teil speist über das Regelventil *4IIa* die Apparate *5IIa*. Die Unterkühlung der Flüssigkeit für die Apparate *5Ia* und *5Ib* mittels der Rohrschlange *9a* wurde gewählt, um trotz des großen Höhenunterschiedes zwischen den Behältern *9II* und *5I* für die Entspannung in den zugehörigen Regelventilen eine genügende Druckdifferenz zur Verfügung zu haben.

Den pneumatisch betätigten Regelventilen sind Handregelventile *4d* parallelgeschaltet. Die Regelimpulse gehen von Niveaureglern *4c*, bzw. von Transmittern aus. Sie lassen sich aber auch an einer zentralen Meß- und Bedienungswarte von Hand nach Maßgabe der Flüssigkeitsstände fernsteuern, die dorthin übertragen werden. Anormale Betriebszustände lösen in dieser Warte akustische und optische Warnsignale aus.

Zum Abtauen eines Kühlapparates (z. B. des Apparates *5IIa*) werden die Verbindungen zum Flüssigkeitsabscheider *6IIa* durch Schließen der Absperrungen *5c* und *5d* unterbrochen, worauf durch Öffnen der Abtauabschließung *7c* und des Handregelventils *7d* Gas aus der Druckleitung durch die Leitung *7a* nach dem Apparat *5IIa* gelangt und diesen aufwärmt, während das Kondensat unter Abdrosseln des Druckes in *7d* durch die Leitung *7b* in den Zwischenbehälter *9III* abfließt. Diese Umschaltungen werden von Hand vorgenommen. Im normalen Betrieb sind die Ventile *7d* geschlossen.

2. Russische Großanlage zur Raffination von Rohöl.

Die steigenden Anforderungen an die Reinheit der Öle führten zur Anwendung immer tieferer Verdampfungstemperaturen des Kältemittels. Gogolina und Rybkin[1] beschreiben eine dreistufige Kälteanlage, die bei einer Verdampfungstemperatur von $-73\,°C$ eine Kälteleistung von einer Million kcal/h erzeugt. Als Kältemittel in der tiefsten Stufe wurde Äthan gewählt, das in der Raffinationsanlage als Nebenprodukt gewonnen wird. Die beiden oberen Stufen arbeiten mit Ammoniak und mit einer einzigen Drosselstufe. Solche Anlagen werden jetzt in der Sowjetunion serienweise angefertigt.

Abb. 375 zeigt das Schaltungsschema einer solchen Anlage. Die Äthanstufe besteht aus drei vierzylindrigen, durch Brennkraftmaschinen angetriebenen Kompressoren *5*, welche den Äthandampf unter rd. 2,2 ata, entsprechend $-73\,°C$, aus den mit direkter Verdampfung arbeitenden, in der Abbildung nicht eingezeichneten Kälteverbrauchsapparaten durch die Leitung *19* und über die Wärmetauscher *11* und *10* ansaugen und sie wiederum über die Apparate *10* in die drei Kondensatoren *8* fördern, wo sie sich bei $-35\,°C$ (9,31 ata) verflüssigen. Die Apparate *8* bestehen aus senkrechten Rohrbündeln von je 280 m² Oberfläche, die von

---

[1] Gogolina, T. u. E. Rybkin: Cholodilnaja Technika (russ.) Bd. 35 (1958) H. 2, S. 16. s. auch R. Plank: Kältetechnik Bd. 11 (1959), H. 5, S. 126/130.

einem Mantelrohr umschlossen sind. Der kondensierende Äthandampf befindet sich im Mantelraum, das Ammoniak, das bei —43 °C verdampft, in den Röhren. Das flüssige Äthan sammelt sich in den tieferliegenden Behältern *9*, durchströmt

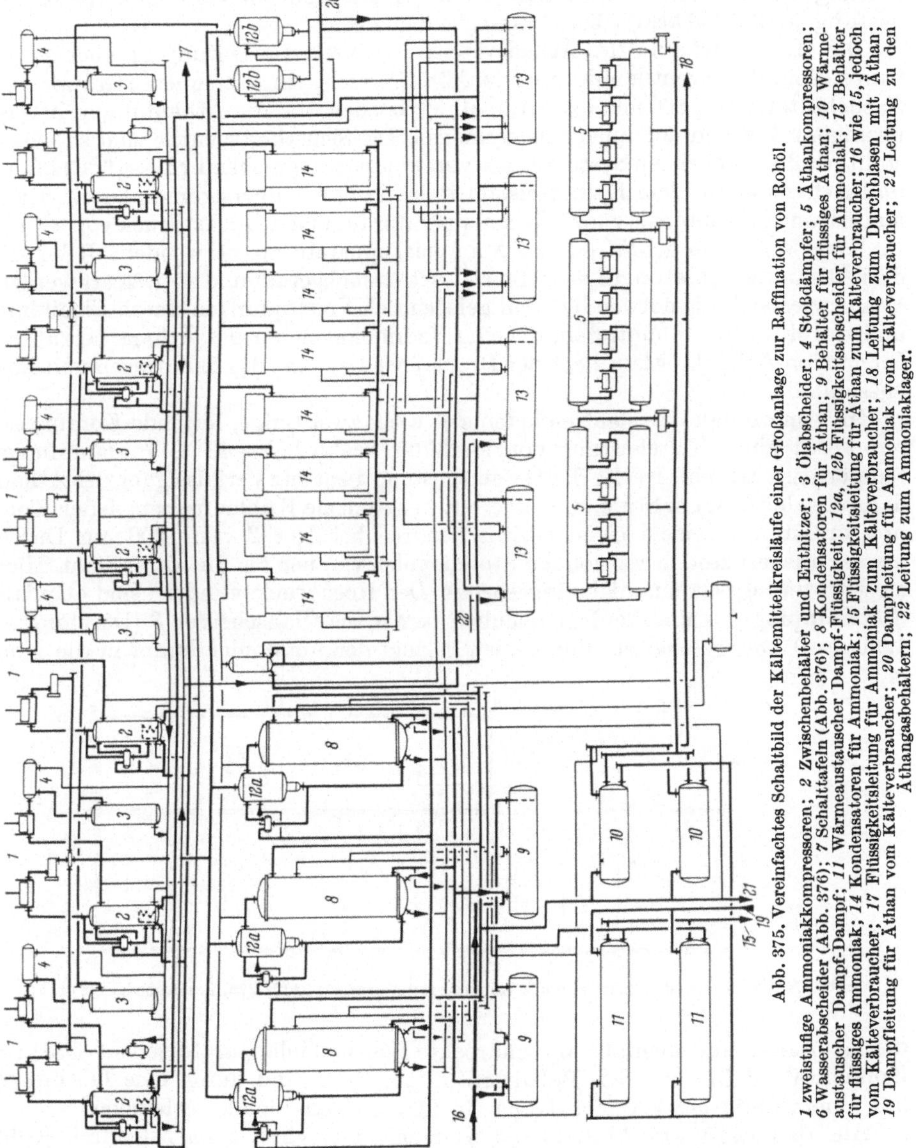

Abb. 375. Vereinfachtes Schaltbild der Kältemittelkreisläufe einer Großanlage zur Raffination von Rohöl.

1 zweistufige Ammoniakkompressoren; *2* Zwischenbehälter und Enthitzer; *3* Ölabscheider; *4* Stoßdämpfer; *5* Äthankompressoren; *6* Wasserabscheider (Abb. 376); *7* Schalttafeln (Abb. 376); *8* Kondensatoren für Äthan; *9* Behälter für flüssiges Äthan; *10* Wärmeaustauscher Dampf-Dampf; *11* Wärmeaustauscher Dampf-Flüssigkeit; *12a, 12b* Flüssigkeitsabscheider für Ammoniak; *13* Behälter für flüssiges Ammoniak; *14* Kondensatoren für Ammoniak; *15* Flüssigkeitsleitung für Äthan zum Kälteverbraucher; *16* wie *15*, jedoch vom Kälteverbraucher; *17* Flüssigkeitsleitung für Ammoniak zum Kälteverbraucher; *18* Leitung zum Durchblasen mit Äthan; *19* Dampfleitung für Äthan vom Kälteverbraucher; *20* Dampfleitung für Ammoniak vom Kälteverbraucher; *21* Leitung zu den Äthangasbehältern; *22* Leitung zum Ammoniaklager.

dann die Wärmetauscher *11* und gelangt durch die Leitung *15* in die Kälteverbrauchsapparate.

Dank der Austauscher *11* und *10* überhitzen sich die kalten, teilweise noch feuchten Äthandämpfe bis auf —7 oder sogar auf 0 °C, so daß normale einstufige Kompressoren verwendet werden konnten, die serienweise gebaut werden. Zugleich schützen sie die Äthankompressoren vor Flüssigkeitsschlägen, die bei starken Belastungsschwankungen oder mangelhaftem Spielen der Regelorgane vorkommen können. Der Wärmetausch im Apparat *11* ergibt eine wertvolle Unterkühlung des Kondensats, derjenige in *10* eine Kühlung des heißen verdichteten Äthangases. In den Apparaten *10* findet auch eine Ölabscheidung statt. Die Antriebsleistung der Kompressoren beträgt je 300 PS, die Drehzahl 350 U/min, die Kälteleistung je 330000 kcal/h bei Betriebsbedingungen.

Die Hochdruckseite des Äthansystems ist durch die Leitung *21* über eingebaute Sicherheitsventile mit einer in Abb. 375 nicht eingezeichneten Gruppe von Gasbehältern von 800 m³ Gesamtinhalt verbunden, die die Äthanfüllung in gasförmigem Zustand aufzunehmen vermögen. Die Sicherheitsventile sind so eingestellt, daß sie bei einem Systemdruck von 17 ata (entsprechend rd. −16 °C) öffnen und Äthangas aus dem Kältekreislauf in die Behälter überströmen lassen. Diese Maßnahme erlaubte, die ganze Äthanapparatur für einen Höchstdruck von 21 ata, zu bemessen, also gebräuchliche Ammoniakapparate zu verwenden. Jeder der drei Äthankondensatoren *8* kann für sich getrennt abgetaut und entwässert werden. Das erwies sich als notwendig, weil gelegentlich Verstopfungen durch Eisbildung und durch Hydrate eintreten, die von Verunreinigungen des Äthans herrühren. Im ganzen Äthankreislauf liegt der Druck über 1 at, was das Eindringen von Luft ausschließt.

Im Ammoniak-Kreislauf befinden sich sechs zweistufige, liegende Kompressoren *1* mit einer Kälteleistung von je 430000 kcal/h bei −43 °C Verdampfungstemperatur. Die eine Hälfte der Gesamtleistung dient zur Verflüssigung des Äthandampfes der unteren Stufe, die andere für zusätzliche Kühlaufgaben. Jeder Kompressor ist mit seinem eigenen Zwischendruckbehälter *2* von 1200 mm Durchmesser ausgerüstet, der sowohl als Stoßdämpfer wie auch als Enthitzer dient. Hierzu wird flüssiges Ammoniak eingespritzt. Den Hochdruckzylindern sind ebenfalls Stoßdämpfer *4* und außerdem reichlich bemessene Ölabscheider *3* (Durchmesser 1200 mm) nachgeschaltet. Von diesen gelangt der Ammoniakdampf in die Kon-

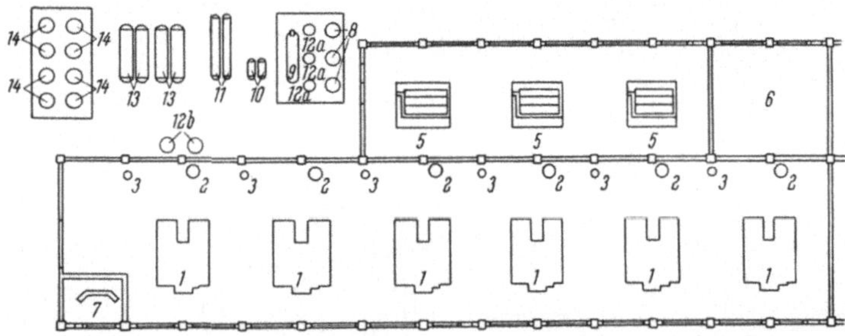

Abb. 376. Anordnung der Maschinen und Apparate der Anlage nach Abb. 375, Bezeichnungen s. dort.

densatoren *14*, die ebenfalls als senkrechte Rohrbündelapparate gebaut sind; das Kondensat fließt nach den Behältern *13* ab. Diese sind durch eine Leitung 22 mit einem nicht gezeichneten Lager für flüssiges Ammoniak verbunden.

Aus den Behältern *13* fließt die Ammoniakflüssigkeit zunächst durch Kühlschlangen, die in die Behälter *2* eingebaut sind, und gelangt dann einerseits über Drosselorgane (Niederdruck-Schwimmerventile) in die Flüssigkeitsabscheider *12a* der Äthankondensatoren *8* und anderseits durch die Leitung *17* zu den Kälteverbrauchern, die bei −43 °C arbeiten. In den Zwischenbehältern *2* wird ebenfalls durch Niederdruck-Schwimmerventile eine gleichbleibende Füllung aufrechterhalten, um das Gas aus der unteren Stufe zu enthitzen und die Flüssigkeit zu unterkühlen. Von den Kälteverbrauchern kehren die Dämpfe durch die Leitung *20* zu den Abscheidern *12b* und weiter zu den Niederdruckstufen der Ammoniakkompressoren zurück. Diese Verbrauchsapparate können, wie auch die Äthankondensatoren *8*, durch heiße Ammoniakdämpfe abgetaut werden. Die Anlageteile mit den tiefsten Temperaturen sind aus Sonderstählen hergestellt worden.

Mit Rücksicht auf die Explosionsgefahr des Äthans wurde die Anlage in räumlich getrennte Gruppen unterteilt. Die liegenden, zweistufigen Ammoniakkompressoren *1* sind mit den zugehörigen Apparaten *2* und *3* in einer Maschinenhalle untergebracht, Abb. 376, die durch eine Brandmauer vom Raum für die Äthankompressoren *5* und von dem für die Wasserabscheider *6* abgetrennt ist. Alle übrigen Anlageteile befinden sich auf einer Plattform außerhalb des Gebäudes.

3. Amerikanische Anlage für flugtechnische Versuchszwecke.

Abb. 377 zeigt das stark vereinfachte Schaltbild einer Tiefkühlanlage, die mit zwei verschiedenen Kältemitteln sowie indirekter Kühlung durch einen dritten Arbeitsstoff arbeitet und drei hintereinandergeschaltete, je vierstufige Turbokompressoren zur Kältemittelverdichtung aufweist. Sie wurden von der *York Division* der *Borg-Warner Corporation* in York, Pennsylvania, für die *Propeller Hub Altitude Test Facility, Air Research and Development Command's Wright Air Development Center* bei der *Wright-Patterson Air Force Basis* in Dayton, Ohio,

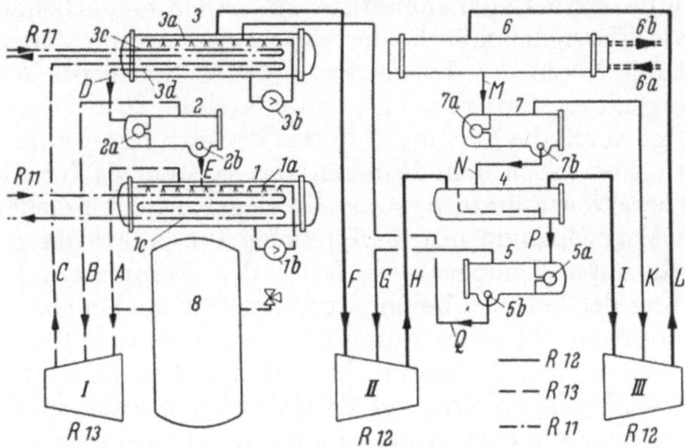

Abb. 377. Vereinfachtes Schaltbild der Tiefkühlanlage für flugtechnische Versuchszwecke (Borg-Warner Corp., York).

I, II, III Vierstufige Turbokompressoren; *1* R 11-Kühler der tiefsten Temperaturstufe; *2* Erster Expansionsbehälter; *3* Kondensator für R 13 und für Kühler für R 11; *4* Zwischenbehälter zwischen *II* und *III*; *5* Zweiter Expansionsbehälter; *6* Kondensator für R 12; *7* Dritter Expansionsbehälter für R 12; *8* Behälter für R 13; *A* bis *N* Verbindungsleitungen.

geliefert[1]. Die Aufgabe bestand im möglichst raschen Abkühlen eines Versuchsraumes, in welchem die Luftverhältnisse (Druck und Temperatur) in großen Höhen (bis 27 km) nachgeahmt werden sollen. Es ergab sich eine größte Kälteleistung von 360 000 kcal/h bei $-101\,°$C oder von 1 100 000 kcal/h bei $-69\,°$C, gemessen im Kälteübertragungsmittel, für welches flüssiges R 11 verwendet wird. Auf die Luft des Versuchsraumes bezogen, betragen die Kälteleistungen 300 000 kcal/h bei $-81\,°$C und 1 050 000 kcal/h bei $-59\,°$C. Diese Leistungen müssen in weiten Grenzen verändert werden können. Das nach amerikanischem Sprachgebrauch als „brine" (Sole) bezeichnete sekundäre Übertragungsmittel R 11 bleibt bei den vorkommenden tiefen Arbeitstemperaturen stets flüssig. Die umzuwälzenden Mengen sind beträchtlich; sie betragen bei einer angenommenen Erwärmung von $2\,°$C für die Kühlung bei $-101\,°$C rd. 15 l/s, bzw. bei einer Erwärmung um $3\,°$C für die Kühlung bei $-69\,°$C rd. 30 l/s.

---

[1] HARNISCH, J. R., u. N. E. HOPKINS: Chemical Engineering Progress, Bd. 54 (1958) Nr. 4, S. 82. Siehe auch R. PLANK: Kältetechnik Bd. 11 (1959), H. 5, S. 126 bis 130.

Die tiefste Temperaturstufe wird mit R 13 betrieben, das bei der erforderlichen Verdampfungstemperatur von $-105\,°C$ noch einen Dampfdruck von 0,24 ata und eine volumetrische Kälteleistung bei $-70\,°C$ vor dem Regelventil von 55 kcal/m³ aufweist. Die Verdichtung des R 13 von 0,24 auf 1,84 ata (entsprechend $-70\,°C$) erfolgt in einem vierstufigen Turbokompressor, was bisher noch nicht üblich war, aber bei der großen zu bewältigenden Kälteleistung angemessen erscheint.

Das Übertragungsmittel R 11 durchströmt die Kühlschlangen des Luftkühlers im Versuchsraum und anschließend entweder die Rohrschlangen *1c* im Apparat *1*, wenn mit sehr tiefen Temperaturen gearbeitet werden soll, oder die Rohrschlangen *3c* im Apparat *3*, wenn eine Kühlung mit R 11-Temperaturen zwischen -73 und $-37\,°C$ genügt. Über die Rohrschlange *1c* rieselt in reichlichem Überschuß verdampfendes R 13, das die Pumpe *1b* aus dem unteren Teil des Apparates *1* absaugt und dem Berieselungssystem *1a* zuführt. Der Turbokompressor *I* saugt den R 13-Dampf aus *1* durch die Leitung *A* ab und fördert ihn durch die Leitung *C* in die Rohrschlangen *3d* des Apparates *3*. Diese werden von verdampfendem R 12 berieselt, das die Pumpe *3b* umwälzt. Dabei kondensiert das R 13. Das Kondensat fließt durch die Leitung *D* in eine Kammer des Expansionsbehälters *2* und von dieser durch eine erste Expansionsstufe *2a* in den eigentlichen Behälterraum. Dieser wirkt als Flüssigkeitsabscheider, wobei der Dampf, der sich in *2a* bildet, durch die Leitung *B* von der dritten Stufe des Kompressors *I* abgesaugt wird. Die R 13-Flüssigkeit expandiert in einer zweiten Stufe *2b* auf den Druck im Apparat *1* und gelangt durch die Leitung *E* in das Berieselungssystem *1a*.

Im Apparat *3* ist neben dem Rohrschlangensystem *3d* für die Kondensation von R 13 das bereits erwähnte System *3 c* eingebaut, in welchem R 11 gekühlt wird, wenn im Versuchsraum mit mäßig tiefen Temperaturen gearbeitet werden soll. Dabei ist die untere Temperaturstufe mit dem Kompressor *I* außer Betrieb.

Die Schaltung der beiden oberen Stufen gleicht derjenigen der unteren. Der vierstufige Kompressor *II* saugt durch die Leitung *F* den R 12-Dampf aus dem Apparat *3* ab und fördert ihn durch die Leitung *H* in den Zwischenbehälter *4*, wo er sich mit verflüssigtem und auf Zwischendruck entspanntem R 12 mischt und dabei seine Überhitzungswärme abgibt. Der trocken gesättigte Dampf gelangt anschließend durch die Leitung *J* nach dem ebenfalls vierstufigen Turbokompressor *III*, der ihn durch die Leitung *L* in den wassergekühlten Kondensator *6* fördert. Die Kondensationstemperatur kann bis auf $40\,°C$ ansteigen. Das dort gebildete R 12-Kondensat fließt durch die Leitung *M* in einen Expansionsbehälter *7*, der gleich gebaut ist wie der Behälter *2* und in welchem sich die Flüssigkeit in zwei Stufen *7a* und *7b* auf den Mitteldruck entspannt, um dann durch die Leitung *N* in den Zwischenbehälter *4* überzutreten. Der Dampf, der sich nach der ersten Entspannung bei *7a* bildet, strömt durch die Leitung *K* in den Saugraum der dritten Stufe von *III*. Die Flüssigkeit aus *4* entspannt sich wiederum in zwei Stufen *5a* und *5b*, worauf sie durch die Leitung *Q* dem Berieselungssystem im Apparat *3* zugeführt wird. Auch hier wird der sich in der ersten Stufe *5a* bildende Dampf von der dritten Stufe des Kompressors *II* abgesaugt.

Durch Anwendung des Berieselungsverfahrens in den Apparaten *1* und *3* läßt sich gegenüber dem Verfahren mit in der Flüssigkeit eingetauchten Rohrsystemen die Füllung mit den teuren Kältemitteln beträchtlich verringern. Bei R 13 ist eine möglichst geringe Füllung erwünscht, um bei abgestellter Anlage den Druck, der sich alsdann einstellt, besser beherrschen zu können. Dieser würde z. B. bei $25\,°C$ auf rd. 36 ata ansteigen. Es wäre unzweckmäßig, die großen, von R 13 durchströmten Maschinen und Apparate für so hohe Drücke zu bemessen, weshalb Maßnahmen zu treffen sind, um sie zu vermeiden. Es wäre möglich, das flüssige R 13 dauernd auf tiefer Temperatur zu halten, was den periodischen Betrieb der oberen Stufen oder den einer Hilfsanlage erfordern würde. Man zog es vor, an das R 13-Netz einen Behälter *8* von 3,2 m Durchmesser und 10 m Höhe (rd. 80 m³) anzuschließen, in dem die ganze Füllung von 2565 kg in gasförmigem Zustand gespeichert werden kann. Selbst bei einer Außentemperatur von 38 °C steigt bei der genannten Füllung der Druck nicht über 10,5 atü.

In Tabelle 6 sind die Betriebsverhältnisse für zwei verschiedene Fälle *A* und *B* angegeben, von denen der erste einer Kälteleistung, gemessen in der Luft, von 300000 kcal/h bei −81 °C und der zweite einer solchen von 1050000 kcal/h bei −59 °C entspricht. Bei Temperaturen des Kälteübertragungsmittels R 11 zwischen −100 und −69 °C stehen alle drei Stufen im Betrieb. Im Bereich von −73 bis −37 °C genügen die beiden oberen, mit R 12 arbeitenden Stufen, wobei das R 11 im Rohrschlangensystem *3c* gekühlt wird. Bei Temperaturen von −29 °C und darüber arbeitet die oberste Stufe mit Kompressor *III* allein.

Tabelle 6. *Extreme Betriebsverhältnisse in der dreistufigen Tiefkühlanlage der Borg-Warner Corp. in York, Pens.*

Stufe	Betriebsfall		A	B
	Verdampfungstemperatur	°C	−105,5	−81,7
	Verflüssigungstemperatur	°C	−71,4	−38,9
I	Kälteleistung	kcal/h	360000	1100000
R 13	Tatsächliches Ansaugvolum	m³/h	6000	5470
	Leistungsbedarf	kW	152	502
	Motorleistung	kW	662	662
	Verdampfungstemperatur	°C	−73,6	−49,0
	Temperatur im Zwischenbehälter	°C	−35,6	+2,2
II	Kälteleistung	kcal/h	486000	1550000
R 12	Tatsächliches Ansaugvolum	m³/h	22000	16900
	Leistungsbedarf	kW	202	753
	Motorleistung	kW	920	920
	Verdampfungstemperatur	°C	−36,1	+1,1
	Verflüssigungstemperatur	°C	+33,6	+40,0
III	Kälteleistung	kcal/h	660000	2200000
R 12	Tatsächliches Ansaugvolum	m³/h	4170	3750
	Leistungsbedarf	kW	400	905
	Motorleistung	kW	920	920

Wie aus Tab. 6 ersichtlich, nehmen die Kälteleistungen von Stufe zu Stufe entsprechend dem Wärmeäquivalent der Kompressionsleistungen zu. Weiter ist der sehr große Unterschied im Leistungsbedarf der Kompressoren bei den betrachteten Betriebsbedingungen zu beachten, der dazu führt, daß die Motoren beim Betrieb *A* nur schwach belastet sind. Hieraus ist zu ersehen, wie notwendig es bei solchen Anlagen ist, mehrere Betriebsfälle durchzurechnen.

Zur Leistungsregelung dienen drehbare Flügel, die vor dem ersten Laufrad jedes der drei Turbo-Kompressoren eingebaut sind und sich automatisch verstellen. Sie lassen eine Verringerung des Fördervolums in großem Bereich zu. Bei außergewöhnlich starker Leistungsverminderung wird ein Teil des geförderten Dampfes nach erfolgter Enthitzung in die Saugleitung zurückgeleitet.

Am Übertragungsmittelnetz sind zwei Vorratsbehälter von je 3,6 m Durchmesser und 9 m Höhe angeschlossen, die rd. 225000 kg R 11 in flüssiger Form unter einer Stickstoffatmosphäre von bis maximal 10 atü enthalten und eine große Kältespeicherung ermöglichen. Wird nämlich diese Menge auf −100 °C abgekühlt, so können die Kompressoren während des zweitägigen Wochenendes abgestellt bleiben. Außerdem verfügt man für eine rasche Abkühlung über eine Kälteleistung, die bedeutend größer als die normale Leistung der Kälteanlage ist. Ein dritter Behälter ist vorgesehen, um der Wärmedehnung des flüssigen R 11 Rechnung zu tragen, die zwischen — 100 °C und + 95 °C immerhin 25% beträgt. Die Behälter arbeiten als Schichtspeicher und sind dementsprechend mit Leitungsanschlüssen am Boden und am Deckel versehen, so daß die wärmste Flüssigkeit oben, die kälteste unten liegt. Es ist dafür gesorgt, daß die Strömungen, die beim Eintritt und beim Austritt auftreten, möglichst wenig Durchmischung verursachen. Für den R 11-Umlauf von den Kühlern *1* und *3* durch die Speicher und durch die Luftkühler im Versuchsraum sind getrennte Pumpen vorhanden. Beide Kreisläufe können miteinander verbunden werden, wenn der Kältebedarf die Leistung der Anlage übersteigt.

R 11 ist für den hier vorgesehenen Verwendungszweck besonders gut geeignet: Sein Dampfdruck ist auch bei hohen Temperaturen mäßig und seine Viskosität selbst bei — 100 °C noch verhältnismäßig niedrig. Es ist ungiftig, geruchlos und nicht brennbar. Die Bedienung ist einfacher als bei direkter Verdampfung. Im vorliegenden Fall ist außerdem die große Speichermöglichkeit sehr erwünscht, auf die bereits hingewiesen wurde. Im Betrieb herrscht im Niederdruckteil sowohl des R 13-Systems als auch des R 12-Systems Vakuum, so daß Luft von außen eindringen kann. Daher muß für eine kontinuierliche automatische Entlüftung gesorgt werden.

Für die von kaltem Kältemittel bespülten Teile wurden Sonderstähle verwendet, die man bei — 107 °C auf stoßweise Beanspruchung geprüft hatte. Der Mantel des Kühlers *1* sowie jene Teile des Apparates *3*, die mit R 11 und R 13 in Berührung kommen, sind aus legiertem Stahl mit 3,5% Nickel hergestellt worden, ebenso die Vorratsbehälter für R 11, die Verbindungsleitungen und die Armaturen. Ventile und Pumpen bestehen aus rostfreiem Stahl und Nichteisenmetallen.

4. Höhenprüfzelle in Frankreich.

Im Centre d'Essais en Vol in Bretigny-sur-Orge kam im Mai 1957 eine Höhenprüfzelle in Betrieb, die in Zusammenarbeit der dortigen Mediziner und Ingenieure mit der Firma Brissoneau-York entwickelt und von dieser Firma auch ausgeführt wurde[1]. Es bestehen zwei Prüfräume, nämlich eine zylindrische Hauptzelle von 3 m Innendurchmesser und 8,1 m Länge (rd. 60 m³ Inhalt) sowie eine senkrecht dazu angeordnete Nebenzelle von elliptischem Querschnitt (Hauptachsen 2,15 mal 1,60 m, Inhalt rd. 10 m³), die zugleich als Schleuse für das Betreten der Hauptzelle dient. Die Aufgabe bestand im Nachahmen der Druck- und Temperaturverhältnisse, wie sie beim Aufstieg schneller Flugzeuge auf 15000 m Höhe vorkommen. Es war vorgeschrieben, die Temperatur in der Hauptzelle in 15 Minuten von + 15 auf — 70 °C und gleichzeitig den Druck von 760 auf 90,6 mm QS abzusenken. Für die Nebenzelle wurde ein Absenken der Temperatur von + 15 auf — 56,5 °C und des Druckes von 760 auf 170 mm QS in 5 Minuten verlangt, entsprechend einem Aufstieg auf eine Höhe von 11000 m. Diese Anforderungen sind durch die ausgeführten Zellen wesentlich überboten worden: In der Hauptzelle kann ein Aufstieg auf 20000 m Höhe (Druckabsenkung auf 41 mm QS bei gleichzeitiger Temperaturabsenkung auf — 70 °C) in 9 Minuten, 40 Sekunden durchgeführt werden und in der Nebenzelle ein solcher auf 11000 m Höhe (170 mm QS) mit einer Temperaturabsenkung auf — 65 °C in 4 Minuten.

---

[1] Neuenschwander, A., Paris, beschrieb diese Anlage in der Revue Générale du Froid, Jan. 1959.

Die Einrichtung wurde geschaffen, um das Verhalten von Piloten, Bordinstrumenten und Bordwaffen zu untersuchen. Sie besteht, wie aus den Abb. 378 bis 381 ersichtlich, aus den genannten beiden Prüfzellen *1* und *2*, sowie einem zylindrischen, unter der Hauptzelle angeordneten Kühlergehäuse *3* von 2,6 m Durchmesser und 9 m Länge, in welchem ein Gebläse *4*, zwei Luftkühler *15a* und *6b*, die elektrischen Lufterhitzer *7* und die zur Temperaturregelung nötigen Geräte eingebaut sind. Hinzu kommen die kälte- und meßtechnischen Einrichtungen außerhalb der genannten Behälter.

Die Behälter bestehen aus Stahlblech und sind durch Profileisen versteift. Die Hauptzelle ist auf der einen Stirnseite durch eine runde Öffnung zugänglich, die durch eine Panzertür *1a* abgeschlossen wird. Der gewölbte Stirndeckel *1b* auf der Gegenseite, der an einem Schwenkarm aufgehängt ist, läßt sich nach Lösen von 12 Ringmuttern und Umlegen der Bolzen aufklappen. Das Innere kann während des Versuchsbetriebes von außen durch 12 verglaste Schauöffnungen *1c* beobachtet werden. Das Personal betritt die Nebenzelle durch eine ovale Panzertür mit doppelter Dichtung und einer von beiden Seiten bedienbaren Verriegelung; die Tür ist ebenfalls mit einer Schauöffnung versehen. Eine zweite Öffnung *1d* mit gleichgebauter Panzertür führt von der Nebenzelle zur Hauptzelle. Um die abzukühlende Masse möglichst klein zu halten, sind die Behälter auf der Innenseite mit dem besonders leichten Isoflex isoliert (spezifisches Gewicht 12 kg/m³, spezifische Wärme 0,39 kcal/kg °C, Wärmeleitzahl 0,04 kcal/mh°C), und zwar von 140 mm Dicke in der Hauptzelle und 80 mm in den übrigen Teilen. Die Panzertüren sind innenseitig mit 150 mm Isoflex belegt. Die Behälterisolierung ist verhältnismäßig dünn gewählt worden, um möglichst wenig Nutzraum zu verlieren. Sie wird außerhalb der Behälterwandung durch eine zweischichtig verlegte Korkisolierung von 140 mm Gesamtdicke ergänzt. Im Innern sorgt eine Auskleidung aus galvanisiertem Blech für den Schutz der Isoflex-Isolierung.

Das Gebläse, das durch einen außen angeordneten, polumschaltbaren Drehstrommotor *4a* von 74 kW angetrieben wird, fördert bei voller Drehzahl und Betrieb der Hauptzelle 18 m³/s, bei verringerter Drehzahl und Arbeiten auf die Nebenzelle 8 m³/s. Wie aus Abb. 378 ersichtlich, befinden sich die Luftkühlerelemente *15a* und *6b*, die aus kupfernen Rippenrohren bestehen, in einem isolierten Einbau *5* von quadratischem Querschnitt, der auf Rollen und Gleitschienen ruht. Er ist in der Längsachse des Gehäuses verschiebbar und läßt sich so zusammen mit den Luftkühlerelementen leicht ein- und ausbauen.

Nach rechts geht der Querschnitt in die Kreisform über. Im konzentrischen Ringraum außerhalb des Einbaues sind elektrische Heizelemente *7* angebracht. Die Luft kann entweder durch die Luftkühler innerhalb des Einbaues oder durch die Heizelemente *7* oder in jedem beliebigen Mischverhältnis zugleich durch beide Wege geleitet werden. Hierzu dient ein Rohrschieber *8*, der mit einer Stange *8a* fest verbunden ist und sich mittels dieser und dem äußeren Antrieb *8b* verschieben läßt. Die Hauptzelle *1* ist durch die Stutzen *9a* und *9b* mit dem Luftkühlergehäuse verbunden. Ist nur die Nebenzelle *2* im Betrieb, so fördert das Gebläse *4* die Luft durch das Rohr *9c* nach *2* und weiter durch das Rohr *9d* in den Ringraum außerhalb der Heizelemente *7*.

In der Hauptzelle bilden fahrbare Plattformen *1e* den Boden. Auf ihnen lassen sich schwere oder sperrige Prüfgegenstände nach Öffnen des Deckels *1b* rasch ein- und ausbauen. Die Plattformen über den Stutzen *9a* und *9b* sind durchlöchert. An den Seitenwänden sind Strahlungskühlelemente *15b* angebracht; sie bestehen aus glatten Formstücken aus Aluminium, die sich dicht aneinander reihen. Auf der Seite, an der die Nebenzelle anschließt, befinden sich zwei lange Wandelemente, an der gegenüberliegenden Seite (in Abb. 380 links) vier kürzere. Die einzelnen

Formstücke sind an ihren beiden Enden mit Sammelstücken verschweißt. In der Nebenzelle wird die Kühlung ebenfalls durch Wandsysteme (je ein kürzeres auf jeder Seite) unterstützt.

Die Kälteleistung der Kompressoren beträgt 50000 kcal/h bei einer Verdampfungstemperatur von − 80 °C und einer Verflüssigungstemperatur von + 25 °C. Da diese Leistung für die geforderte schnelle Abkühlung nicht ausreicht, wurde die Anlage durch eine Kältespeicherung ergänzt. Diese besteht aus 10 m³ Tri-

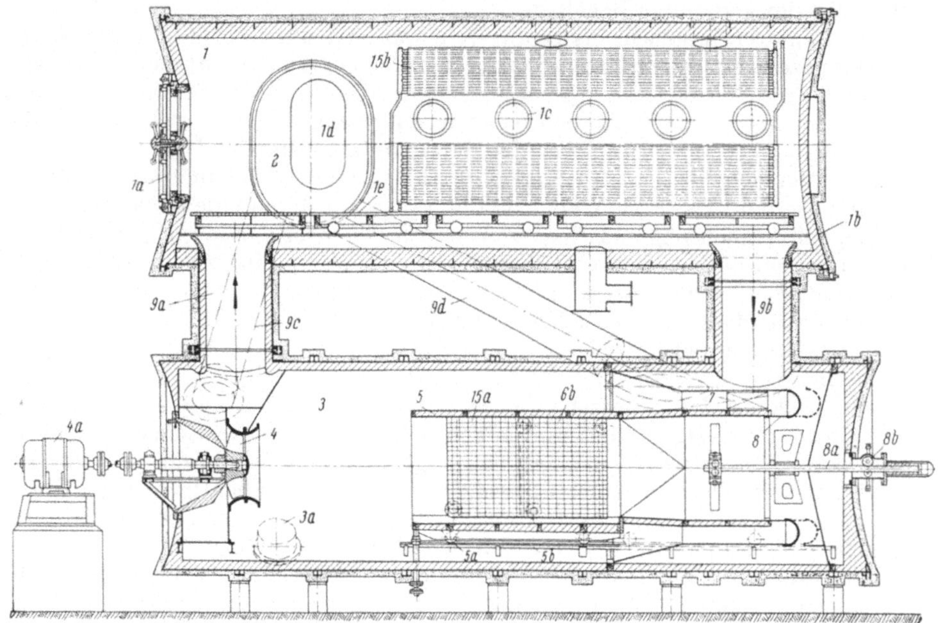

Abb. 378. Vertikalschnitt durch Hauptzelle und Kühlergehäuse des Höhenprüfstandes im Centre d'Essais en Vol in Bretigny-sur-Orge.

1 Hauptzelle; *1a* Panzertür; *1b* abschraubbarer Boden; *1c* verglaste Schauöffnungen; *1d* innere Öffnung zwischen *1* und *2*; *1e* fahrbare Plattformen; *2* Stutzen zur Nebenzelle; *3* Luftkühlergehäuse; *3a* Mannloch; *4* Gebläse; *5* isolierter Einbau; *6b* mit R 12 betriebener Luftkühler; *7* elektrische Heizelemente; *8* Rohrschieber; *9a* Druckkanal; *9b* Kanal zwischen *1* und *3*; *9c, 9d* Luftkanäle für die Nebenzelle; *15a* mit Trichloräthylen betriebener Luftkühler; *15b* Wandkühlelemente.

chloräthylen, das auf − 80 °C abgekühlt wird. Außerdem sind die Rohrleitungen, die Wärmeübertragungsapparate und die Antriebsmotoren der Kompressoren für eine Leistung von 165000 kcal/h bemessen worden, um im ersten Teil des Abkühlungsvorganges, bei dem sich höhere Verdampfungstemperaturen einstellen, mit voller Leistung arbeiten zu können.

Es bestand der Wunsch nur ein einziges Kältemittel und zwar R 12 zu verwenden. Die Verdichtung erfolgt in vier Stufen, von denen die beiden ersten in einem zweistufigen Turbokompressor besonderer Bauart verwirklicht werden, der mit 19000 U/min umläuft und von einem Gleichstrom-Elektromotor von 59 kW über ein Zahnradgetriebe angetrieben wird. Durch Drehzahländerung dieses Motors läßt sich die Kälteleistung der gesamten Anlage stufenlos regeln. Diese vollzieht sich selbsttätig in Abhängigkeit von der Lufttemperatur in den Prüfbehältern, wobei sich der gewünschte zeitliche Temperaturverlauf nach bestimmten Programmen steuern läßt. Die oberen beiden Stufen werden durch einen zweistufigen, zwölfzylindrigen Kolbenkompressor in W-Bauart gebildet, der mit 950 U/min betrieben wird und mit seinem Antriebsmotor von 66 kW direkt gekuppelt ist.

Bei der Verdampfungstemperatur von − 80 °C beträgt der Sättigungsdruck von R 12 nur noch 0,063 ata. Verdichtet man im Turbokompressor bis 0,655 ata, entsprechend einer Sättigungstemperatur von − 40 °C, und im Kolbenkompressor bis 6,64 ata, entsprechend einer Verflüssigungstemperatur von + 25 °C, dann hat jeder Kompressor rund ein zehnfaches Druckverhältnis zu bewältigen, was einem 3,2fachen Druckverhältnis je Stufe entspricht. Bei diesen Arbeitstemperaturen und der ausgeführten zweistufigen Expansion ergeben sich umlaufende R 12-

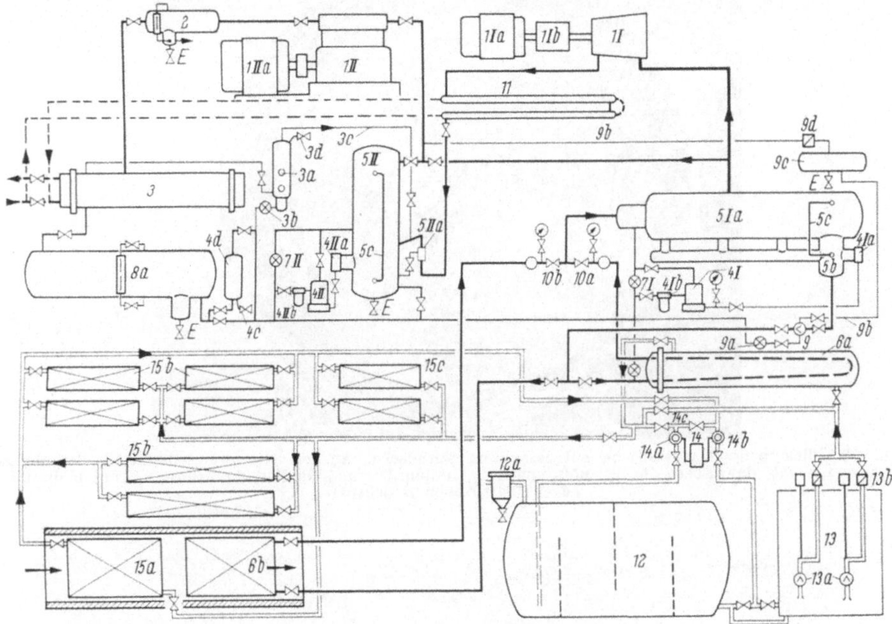

Abb. 379. Schaltbild der Tiefkühlanlage für eine Höhenprüfzelle im Centre d'Essais en Vol in Brétigny-sur-Orge (Brissoneau-York).

1I Zweistufiger Turbokompressor; *1II* Zweistufiger Kolbenkompressor; *2* Ölabscheider; *3* Kondensator; *3a* Entlüftungsapparat; *41, 4II* Hauptregelventile; *41a, 4IIa* Schwimmer-Vorsteuerventile; *41b, 4IIb* Filter; *4c* Einfüllventil; *4d* Kältemitteltrockner; *5Ia* Ausdampfgefäß; *5II* Zwischenbehälter; *6a* Trichloräthylenkühler; *6b, 15a* Luftkühler; *7I, 7II* Handregelventile; *8* Flüssigkeitssammelbehälter; *9* Umwälzpumpe für R 12; *9c* Ölabscheider; *9d, 13b* Rückschlagventile; *10a, 10b* Drosselventile; *11* Zwischenkübler; *12* Speicher für Trichloräthylen (10 m³); *13* Mischgefäß; *13a* Umwälzpumpen für Trichloräthylen; *14* Mischungsregler; *14a, 14b* Regelventile; *15b, 15c* Wandsysteme.

Mengen von rd. 1400 kg/h durch den Turbokompressor und von rd. 2500 kg/h durch den Kolbenkompressor; die entsprechenden effektiven Ansaugvolume betragen etwa 3300 m³/h bzw. 650 m³/h.

Wie aus Abb. 379 hervorgeht, arbeitet die Anlage nach dem Verfahren mit Zwangsumlauf des flüssigen Kältemittels ohne Verdampfung in den Kühlelementen. Der große Behälter *5Ia*, aus dem der Turbokompressor *1I* absaugt, ist mit einem Sack *5b* versehen, von dem die R 12-Flüssigkeit der Pumpe *9* zufließt. Diese fördert sie je nach der gewünschten Betriebsart entweder durch den Kühler *6a* für Trichloräthylen oder durch die Elemente des Luftkühlers *6b* oder gleichzeitig durch beide Kälteverbraucher. In ihnen findet aber keine Verdampfung sondern nur eine geringe Erwärmung statt. Diese beträgt bei einer Kälteleistung von 50 000 kcal/h und einer Förderleistung der Pumpe *9* von 21,5 l/s rd. 2 °C, d. h. von − 80 auf − 78 °C. Die Druckhöhe, die nötig ist, um eine Verdampfung bei diesen Temperaturen zu verhindern, beträgt nur 0,062 m. Sie läßt sich durch eine geeignete Leitungsführung leicht sicherstellen. Um auch bei höheren Temperatu-

ren und entsprechend größeren Kälteleistungen eine Verdampfung in den Kühlstellen zu vermeiden, kann die Strömung an den Absperrventilen *10a* und *10b*
abgedrosselt werden, denen je ein Manometer und ein Schauglas vorgeschaltet
sind, um die Drosselwirkung zu kontrollieren.

Abb. 380. Blick in die Hauptzelle bei aufgeklapptem Stirndeckel. An den Seitenwänden sind die Strahlungs-
Kühlsysteme *15b*, dazwischen die Schauöffnungen *1c*, hinten die runde Bedienungsöffnung *1a*, unten die fahr-
baren Plattformen *1e* sichtbar.

Abb. 381. Gesamtansicht des Höhenprüfstandes. Hinten die Hauptzelle, davor die Meß- und Bedienungsstände,
rechts davon die Hilfszelle mit geöffneter Panzertür.

Der Turbokompressor verdichtet den R 12-Dampf ohne Kühlung zwischen
den beiden Stufen. Er fördert zunächst in einen mit Wasser beschickten Doppelrohr-Gegenstrom-Kühler *11* und anschließend in einen Zwischenbehälter *511*,

dessen unterer Teil mit flüssigem Kältemittel bei rd. -40 °C gefüllt ist. Die Dampfleitung zwischen *11* und *5II* bildet einen Sack; im aufsteigenden Ast ist ein Ejektor *5IIa* eingebaut, der aus *5II* Flüssigkeit absaugt und mit dem Dampf mischt, so daß sich dieser enthitzt, bevor er in *5II* eintritt. Der Kolbenkompressor *1II* saugt entweder aus dem Zwischenbehälter *5II* oder — sofern nur mit mäßig tiefen Temperaturen in der Zelle gearbeitet werden soll — aus dem Ausdampfbehälter *5Ia* ab, verdichtet wiederum zweistufig und ohne Zwischenkühlung und fördert den Dampf über einen Ölabscheider *2* mit eingebautem Schwimmerventil zur automatischen Rückführung des Öls ins Kurbelgehäuse in den wassergekühlten Kondensator *3*. Dieser ist mit einem Entlüftungsapparat *3a* verbunden, dessen Kühlereinbau über das Handregelventil *3b* flüssiges R 12 erhält, während der dort gebildete Dampf durch die Leitung *3c* nach *5II* abströmt. Eine sehr reichlich bemessene Sammelflasche *8* mit Schauglas *8a* und Fernstandsanzeiger nimmt das Kondensat auf.

Die Expansion erfolgt in zwei Stufen in den ferngesteuerten Hauptregelventilen *4II* und *4I*, die durch die Schwimmerventile *4IIa* und *4Ia* derart gesteuert werden, daß die Flüssigkeitsspiegel in den Behältern *5II* und *5Ia* auf unveränderlicher Höhe bleiben. Den Ventilen *4II* und *4I* sind Flüssigkeitsfilter *4IIb* und *4Ib* vorgeschaltet; in Notfällen kann der Betrieb mit den Handregelventilen *7II* und *7I* aufrechterhalten werden. Die für die Betriebsüberwachung wichtigen Drücke, Temperaturen und anderen Betriebsgrößen, insbesondere auch die Flüssigkeitsstände in den Apparaten *5I*, *5II*, *8* und *12*, sind an Fernanzeigegeräten am Bedienungsstand ablesbar.

Das als Hilfskältemittel dienende Trichloräthylen (C_2HCl_3)[1] wird in einem isolierten Speicher 12 von 10 m³ Inhalt bei -80 °C bereitgestellt, was bei einer Temperaturerhöhung um 5 °C einer Speicherung von rd. 17000 kcal und bei einer Abkühlungsdauer von 10 Minuten einer zusätzlichen Kälteleistung von 100000 kcal/h entspricht. Der Behälter weist im Innern Scheidewände auf, die eine schichtweise Speicherung ermöglichen. Er ist mit einem Mischgefäß *13* verbunden, in welchem zwei vertikale Pumpen *13a* eingebaut sind. Zum Aufladen des Speichers wird dessen Kammer rechts mit dem Mischgefäß verbunden. Eine der Pumpen *13a* fördert das Trichloräthylen durch den Wärmetauscher *6a*, wo es sich abkühlt, und über die Verteilbatterie *14c* in die Kammer auf der linken Seite des Speichers *12*. Zum Kühlen der Zellen kann entweder nur mit R 12 (Luftkühler *6b*) oder nur mit Trichloräthylen (Luftkühler *15a*, Wandsysteme *15b* in der Hauptzelle bzw. *15c* in der Nebenzelle) oder mit beiden Kältemitteln zusammen gearbeitet werden. Die Vorlauftemperatur des Trichloräthylens wird durch den Mischungsregler *14*, der auf die Drosselorgane *14a* und *14b* in den Rücklaufleitungen wirkt, den jeweiligen Kältebedürfnissen angepaßt.

Zum Erzeugen des Unterdruckes in den Prüfzellen stehen insgesamt sechs Vakuumpumpen zur Verfügung, nämlich vier Pumpen von je 1000 m³/h Absaugvolum, die durch direkt gekuppelte Elektromotoren von je 23,5 kW angetrieben werden, und außerdem zwei Pumpen von je 1500 m³/h (Motorleistung je 31 kW). Diese Pumpen arbeiten auf einen Behälter von 50 m³ Inhalt, an den die Prüfzellen angeschlossen sind und der vor allem zum raschen Absenken des Luftdruckes dient.

Druck und Temperatur in den Prüfzellen werden selbsttätig nach einem gegebenen Programm so geregelt, wie es dem nachzuahmenden Höhenflug entspricht. Dazu dient eine elektrische Apparatur, in die das Programm eingegeben werden kann und die die jeweiligen Abweichungen der Istwerte von den Soll-

---

[1] Technische Daten s. Bd. IV dieses Handbuches, S. 428.

werten als Regelimpulse mittels einer Wheastoneschen Brückenschaltung und entsprechender Verstärkung auf die Stellorgane wirken läßt. Als solche sind vorhanden: 1. der Rohrschieber im Kaltluftkreislauf, der das Mischungsverhältnis von gekühlter und nichtgekühlter oder von nichtgekühlter und erwärmter Luft verändert, 2. der Feldwiderstand des Elektromotors *1Ia* für den Turbokompressor, der die Kompressordrehzahl und damit die Kälteleistung den Bedürfnissen anpaßt, 3. der Mischungsregler *14*, der die Vorlauftemperatur des kalten Trichchloräthylens beeinflußt, 4. eine Reihe von Schützen, welche mehr oder weniger elektrische Heizelemente unter Spannung halten. Das richtige Zusammenspielen der verschiedenen Regelkreise stellte in Anbetracht der geringen Wärmekapazitäten, der großen zu bewältigenden Temperatur- und Druckänderungen und der hohen Anforderungen an ein genaues Einhalten der Sollwerte interessante Regelprobleme, die in der Kältetechnik im allgemeinen wenig bekannt sind.

Sechster Teil

Die Wärmepumpe*

Von

Dr. Dipl.-Ing. **H. L. von Cube**, Worms

Mit 58 Abbildungen.

A. Einleitung.

Die Wärmepumpe ist seit über 100 Jahren bekannt, wurde aber erst in den letzten drei Jahrzehnten wirtschaftlich genutzt, da im Gegensatz zur Kältemaschine die Kosten für die erzeugte Wärme im Wettbewerb zu den Kosten bei anderen Heizverfahren stehen. Erst die Erhöhung der Betriebssicherheit der Bauelemente, die relative Kostensenkung für elektrische Energie gegenüber anderen Energieträgern und die beginnende Umschichtung in der Bedeutung der Hauptenergieträger zugunsten der elektrischen Energie brachten einen Wandel.

Wärmepumpen werden heute viel häufiger eingesetzt, als selbst den meisten Fachleuten bekannt ist: Fast $^1/_3$ aller Mehrzonen-Klimaanlagen in Bürogebäuden in den USA, etwa 70000 Heiz-Kühlanlagen für Wohnhäuser jährlich, zahlreiche Brüdenverdichter und Konzentrationsanlagen. Die Wärmepumpe ist erwiesenermaßen oft die wirtschaftlichste Lösung, besonders bei Aufgaben, wo Heizen und Kühlen gleichzeitig oder abwechselnd erforderlich sein können.

Die Möglichkeiten für die Zukunft sind unüberschaubar, wenn man bedenkt, daß heute schon eine Heizanlage für Einfamilienhäuser als Wärmepumpe billiger als eine Warmwasser-Ölheizung ist und die gesamtwirtschaftliche Kosten- und Energiebilanz für diese Heizart am günstigsten ausfällt.

I. Definition und Prinzip der Wärmepumpe.

Die Wärmepumpe ist eine Arbeitsmaschine, die mit Hilfe höherwertiger Energie Wärme von einer niedrigeren auf eine höhere Temperatur anhebt. Leider wird die Wärme, die bei tieferer Temperatur als die der Umgebung auftritt, als *Kälte* bezeichnet. Jedoch tut die Kältemaschine auch nichts anderes, als Wärme von einer niedrigeren Temperaturstufe auf eine höhere zu pumpen. Seltsamerweise ist hierbei allgemein verständlich, daß mit einem geringen Einsatz an Antriebsenergie ein Vielfaches an Kälte erzeugt wird.

Die Wärmepumpe ist eine Kältemaschine, bei welcher nicht die tiefste Temperatur und die dabei erzeugte Kälte, sondern die auf ein höheres Temperaturniveau ge-

---

* Literatur S. 547 ff.

pumpte Wärmemenge wirtschaftlich genutzt wird. Sie entspricht daher in ihrer technischen Ausführung weitgehend der üblichen Kältemaschine. Alle für die Kältemaschine gültigen Gesetzmäßigkeiten können auch für sie angewandt werden.

Bei dieser Arbeitsmaschine können gleichzeitig oder zeitlich verschoben die erzeugte Kälteleistung *und* die erzeugte Heizleistung wirtschaftlich genutzt werden.

Solche Maschinen unterscheiden sich gegenüber der Kältemaschine nur durch die Temperaturlage, in der sie arbeiten und durch eine andere Beurteilung der Wirtschaftlichkeit. Je nachdem, ob die erzeugte Kälteleistung oder die Heizleistung Hauptprodukt bleibt, wird das Nebenprodukt mit relativ wenig Kosten erzeugt.

Insbesondere in der Klimatechnik wird wahlweise die erzeugte Wärme *oder* die erzeugte Kälte wirtschaftlich genutzt, wobei dieselbe Maschine im Sommer kühlen und im Winter heizen soll. Diese Umkehrung der Aufgabe läßt sich bei einer Reihe von Systemen, insbesondere bei der Kaltdampfmaschine, durch eine Umkehrung der Strömungsrichtung des Arbeitsmittels in der Maschine erreichen. Der wärmeabgebende Teil wird dann zum wärmeaufnehmenden und umgekehrt. Unter diesem Gesichtspunkt ist eine Wärmepumpe eine „umgekehrt arbeitende Kältemaschine". Die Bezeichnung ist irreführend, da dieselbe Wirkung auch ohne Umkehrung des Arbeitskreislaufs dadurch erzielt werden kann, daß das wärmeaufnehmende, bzw. abgebende Medium, z. B. die Luft, wahlweise über den warmen oder kalten Teil der Arbeitsmaschine geleitet wird. Diese Bezeichnung wird heute daher nicht mehr benutzt.

Die sehr einprägsame und treffende Wortschöpfung „*Wärmepumpe*" wurde vor etwa 40 Jahren gefunden. Der Autor, der diesen Begriff zum erstenmal benutzte, ist leider nicht mehr mit Sicherheit festzustellen. Es dürfte G. Flügel [1] gewesen sein, der im Jahre 1920 diesen Ausdruck zum erstenmal in Deutschland prägte und F. Kraus [2], der im folgenden Jahr über „Heat pumps" in den USA berichtete.

Für die Wärmepumpe sind alle bekannten Kälteerzeugungsverfahren anwendbar und auch schon angewandt worden:

1. die Kaltluftmaschine mit Luft als Arbeitsmittel
2. die Kaltdampfmaschine mit Verflüssigung und Verdampfung des Arbeitsmittels. Dieses kann Wasserdampf oder ein Kältemittel sein;
3. Die thermoelektrische Wärmepumpe.

Die weitaus größte Bedeutung hat die Kaltdampfwärmepumpe mit mechanischer Verdichtung der Kältemitteldämpfe. Sie arbeitet in einem geschlossenen Kreislauf. Als Wärmequelle kann Flußwasser, der Erdboden, die Luft, Grundwasser u. a. verwendet werden.

II. Die Klassifikation und Einsatzmöglichkeiten der Wärmepumpe.

Die Einsatzmöglichkeiten einer Wärmepumpe sind außerordentlich weit gespannt. Die Anschlußleistung für einen Baby-Flaschenkühler und -erhitzer beträgt einige Watt. Die größten Brüdenverdichtungsanlagen haben Anschlußwerte von einigen Tausend kW. Die wichtigsten bekannten Anwendungsgebiete sind:

Klein-Warmwasserbereiter, fabrikgefertigt, teilweise kombiniert mit Kühlschränken, mit Anschlußwerten von 200 bis 800 W.

Ganzjahresklimageräte für Einfamilienhäuser und Büros in geschlossener Bauart, teilweise in einen Innenteil (Luftbehandlung) und einen Außenteil (Kompres-

sor und Wärmequelle) getrennt, fabrikgefertigt in Großserien, Anschlußwerte
von 3 bis 20 kW, teilweise mit elektrischer Zusatzheizung, Heizleistungen bis
100000 kcal/h.

Großklimaanlagen mit Wärmepumpenheizungen oder Großheizanlagen ohne
Sommerkühlung, nach den allgemein bekannten Prinzipien der Großkälteanlage
aufgebaut, meist für die Luftbehandlung in Geschäftshäusern und Bürogebäuden
eingesetzt. Anschlußwerte von einigen zehn bis zu einigen hundert kW und Heizleistungen bis über 1 Mio. kcal/h.

Heiz-Kühl-Wärmepumpen zum gleichzeitigen Kühlen von Räumen, eines Gutes
oder Wassers und Heizen von Räumen oder Erwärmen von Wasser. Bei diesen
Anlagen steht meistens entweder die Kühl- oder die Heizaufgabe im Vordergrund. Von ihr aus geschieht die Regelung der Anlage. Während der Standzeiten der Anlage steht die jeweils andere Energieform nicht zur Verfügung oder
muß aus einem Speicher entnommen werden, z. B. einem Warmwasserboiler. Es
gibt eine große Anzahl von Anwendungsmöglichkeiten. Einige sind in Tab. 1
aufgezählt.

Tabelle 1. Heiz-Kühlanlagen.

Art der Anlage	Wärmebedarf für	Kältebedarf für
Fischverarbeitung	Warmwasser zum Säubern	Eiserzeugung
Fleischfabriken	Warmwasser für Reinigung	Kühlung und Eiserzeugung
Landwirtschaftliche Betriebe	Warmwasser für Wasch- maschinen u. Reinigung	Kühlung von Milch, Raum- kühlung
Molkereien	Warmwasser f. Reinigung	Kühlung von Milch u. Lagerraumkühlung
Schlachthöfe	Warmwasser f. Reinigung	Kühl- und Gefrierräume
Eisbahnen	Raum- u. evtl. Hallen- heizung	Eisbahnen
Kühlhäuser	Raumheizung, evtl. Wärmeverkauf	Kühlräume
Brauereien	Warmwasser	Bierkeller- u. Würzekühlung
Industrielle Energie- zentralen	Warm- und Heißwasser	Kühlsole, Eis, Eiswasser

Abwärme-Verwertungsanlagen zur Ausnutzung oder Wiederverwendung von
abfließender, wegen der tiefen Temperaturen nicht mehr verwendbaren Wärme.
In vielen Fällen handelt es sich hier um Wärmeprozesse, die durch die Wärmepumpe mehr oder weniger in sich zurückgeführt werden können. Dies gilt z. B.
für Trockenprozesse, bei welchen die in den abziehenden Schwaden enthaltene
Abwärme zum Aufheizen der Trockenluft verwendet wird, oder für eine Wäscherei,
bei welcher im Schmutzwasser praktisch die gesamte aufgewendete Wärmeenergie
abfließt und durch eine Wärmepumpe zurückgewonnen werden kann. Bei diesen
Anlagen wird vom Wärmeverbrauch her geregelt. Eine Auswahl von Anwen-
dungsgebieten gibt Tab. 2.

Brüdenkompressoren und Kochereianlagen zum Eindampfen von Lösungen,
Eindicken von Säften, Milch, Pharmazeutika u. ä. Diese Anlagen haben immer
eine sehr große Leistung bis zu mehreren Tausend kW Anschlußwert; wegen der
riesigen Dampfvolume, die zu fördern sind, werden nur Turbokompressoren verwendet.

Destillieranlagen zum Herstellen von Trinkwasser. Je nach dem Zweck der
Anlage kann sie die gleichen riesigen Abmessungen wie eine Brüdenverdichter-

Tabelle 2. *Abwärmeverwertungsanlagen.*

Art der Anlage	Wärmebedarf für	Abwärme aus
Wäscherei	Heißwasser	Schmutzwasser
Hotel, Krankenhaus	Warm-Waschwasser	Abwasser
Färbereien u. andere textil-verarbeitende Industrien	Heißwasser, Heißlaugen	Abwasser
Papierherstell- u. verarbeitende Industrie	Heißwasser, Trocken-prozesse	Schwadenabzug, Abwasser
Mälzerei	Darre	Schwadenabzug
Landwirtschaftliche Klima-anlagen	Heizung, Heißwasser	Ställen, Bruträumen, Obstlagerräumen u. a.
Bananenreifungsanlagen	Reifungsräume	Kühllagerräumen
Trocknungsanlagen	Heizen der Trockenluft	Schwadenabzug, Ent-feuchten der Abluft

anlage haben. Es gibt jedoch auch Kleinanlagen für Schiffe und militärische Zwecke mit einer Destillierleistung von nur einigen Litern je Stunde.

In den USA hat die Wärmepumpe für die Hausklimatisierung eine sehr ein-prägsame Klassifizierung erhalten. Demnach gibt es:

die *Luft-Luft-Wärmepumpe*, was bedeutet, daß die Luft die Wärmequelle und auch das wärmeübertragende Medium im Haus ist. Bei diesem Gerät kann die Umschaltung von Heizen auf Kühlen sowohl im Kältekreislauf als auch in den Luftführungen geschehen;

die *Wasser-Luft-Wärmepumpe* benutzt Oberflächen- oder Grundwasser, warme Abwässer oder industrielles Kühlwasser als Wärmequelle;

die *Luft-Wasser-Wärmepumpe* wird hauptsächlich bei großen Gebäuden ange-wendet, wenn Luft als Wärmequelle benutzt werden muß, aber die Regelung des Innenklimas ohne den Umweg über Kalt- und Warmwasser schwierig wäre; die *Wasser-Wasser-Wärmepumpe* bietet ähnlich wie die Luft-Luft-Wärmepumpe die Möglichkeit, auch im Wasserkreislauf umzuschalten. Die meisten europäischen Heizwärmepumpen sind nach diesem Prinzip gebaut;

die *Erde-Luft-* oder *Erde-Wasser-Wärmepumpe* schließlich benutzt den Erd-boden als Wärmequelle. Im Versuchsumfang verwirklicht ist noch eine *Sonne-Luft-Wärmepumpe*, die als Wärmequelle einen Strahlungssammler hat. Ergänzend sei erwähnt, daß in alle aufgezählten Typen noch ein Wärme- oder Kältespeicher eingebaut werden kann, wodurch sich die Ausführungsformen ver-vielfachen.

III. Die geschichtliche Entwicklung und Verbreitung der Wärmepumpe.

Der Gedanke, Wärme in einem thermodynamischen Kreizprozeß auf ein höhe-res Temperaturniveau zu pumpen, ist aus einer Kontroverse zwischen den Pro-fessoren C. P. Smith [3] und W. Thomson [4, 4a] entstanden. Im Dezember 1852 wurden auf einer Sitzung der Glasgower Philosophischen Gesellschaft durch Thomson zwei Arbeiten vorgelegt, die bewiesen, daß die einfache Expansion von Luft durch Drosselung ohne Arbeitsleistung ausgehend von Zimmertemperatur nur eine sehr geringe Abkühlung ergibt (Thomson-Joule-Effekt), daß aber mit einer Maschine mit Kompressions- und Expansionszylinder die Luft so-wohl geheizt wie gekühlt werden kann. Es handelt sich um eine ausgespro-chene Kaltluftmaschine, die ab 1877 mit geringen Abwandlungen von der Fir-ma Bell-Coleman in Glasgow als Kältemaschine mit recht hoher Vollkommenheit gebaut wurde [5]. Als Heizmaschine hatten beide Zylinder dasselbe Hubvolum und dieselbe Drehzahl, als Kältemaschine mußte ein Zylinder mit doppelter Drehzahl arbeiten oder das doppelte Volum haben. Eine einfache Umstellung der Maschine von Heizen auf Kühlen war nicht möglich. Da Energiebedarf und Kosten für die Maschine im Vergleich zu den normalen Heizkosten noch viel zu hoch lagen, wurde diese erste Luft-Heizwärmepumpe nie gebaut.

Schon vorher (1834) hatte PELLETAN die *Brüdenverdichtung* beschrieben, welche ab etwa 1870 wirtschaftlich genutzt wird, hauptsächlich in Salinen [6], [7], [8], [9]. Die größte derartige Anlage wurde im Jahre 1935 für eine Heizleistung von $55 \cdot 10^6$ kcal/h (100 t/h) erstellt [10].

Die Heiz-Kühlanlage mit *Kaltdampfkreislauf* wurde von HALDANE im Jahre 1928 zum erstenmal vorgeschlagen und in seinem eigenen Hause auch gleich verwirklicht [11]. Wenig später waren schon alle wesentlichen Gesichtspunkte, welche auch heute noch gelten, ausgearbeitet [12].

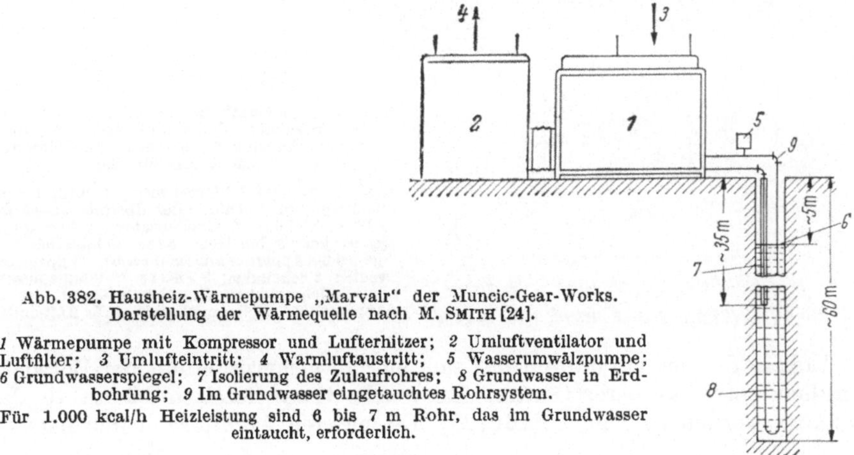

Abb. 382. Hausheiz-Wärmepumpe „Marvair" der Muncie-Gear-Works. Darstellung der Wärmequelle nach M. SMITH [24].

1 Wärmepumpe mit Kompressor und Lufterhitzer; *2* Umluftventilator und Luftfilter; *3* Umlufteintritt; *4* Warmluftaustritt; *5* Wasserumwälzpumpe; *6* Grundwasserspiegel; *7* Isolierung des Zulaufrohres; *8* Grundwasser in Erdbohrung; *9* Im Grundwasser eingetauchtes Rohrsystem.
Für 1.000 kcal/h Heizleistung sind 6 bis 7 m Rohr, das im Grundwasser eintaucht, erforderlich.

Im Jahre 1931 wurde in den USA die erste Großanlage mit 800 PS Antriebsleistung [13], im Jahre 1935 die erste fabrikmontierte „Schrankeinheit" gebaut [14]. Bis zum ersten Weltkrieg waren in den USA etwa 20 Großanlagen [15], [16], [17] in Betrieb, und die Serienfertigung von Kleingeräten angelaufen. Auch in der Schweiz wurde ab 1938 wegen der beginnenden Kohlenknappheit mit dem Bau von Großanlagen begonnen, z. B. die Heizanlage für das Züricher Rathaus [18]. Dabei kam auch kurzzeitig die Kaltluftmaschine in der Form eines „Zellenrad-Druckaustauschers" wieder zu Ehren [19]. Im Kriege wurden Wärmepumpen für die Entfeuchtung von U-Booten [20] und zur Trinkwasserherstellung [21] eingesetzt. Als Heizgerät waren sie jedoch damals noch preis- und wirkungsgradprohibitif [22]. Außerdem war das Verhältnis der Stromkosten zu den Kosten für fossile Brennstoffe zu ungünstig.

Nach dem zweiten Weltkrieg setzte aber in den USA, besonders in Verbindung mit der Entwicklung von Klimageräten aller Art, ein stürmischer Aufschwung ein. Im Jahre 1947 wurde das sog. „Joint AEIC-EEI-Heat-Pump Comittee" gegründet, welches von den Stromerzeugern (Association of Edison Illuminating Companies) und dem Edison Electric Institut gemeinsam getragen wurde. Schon im Jahre 1950 waren einige hundert Wärmepumpen in Betrieb [23], darunter das *Marvair-Gerät* [24], welches als Wärmequelle Grundwasser benutzte (Abb. 382) und das *Airtropia-Gerät* [25] mit umschaltbarem Luftkreislauf (Abb. 383). Im Jahre 1951 begann dann die *General-Electric* mit der Produktion zweier Luft-Luft-Wärmepumpen in Schrankform, in welchen schon alle wesentlichen Konstruktions-Merkmale, welche auch noch heute gültig sind, enthalten waren. Die Wärmepumpe war als Ganzjahresklimagerät in den Markt eingetreten [26].

Die Marktentwicklung wurde damals sehr optimistisch beurteilt [27], verlief aber tatsächlich langsamer und mit erheblichen Rückschlägen, welche hauptsächlich auf technische Mängel zurückzuführen waren (Tab. 3).

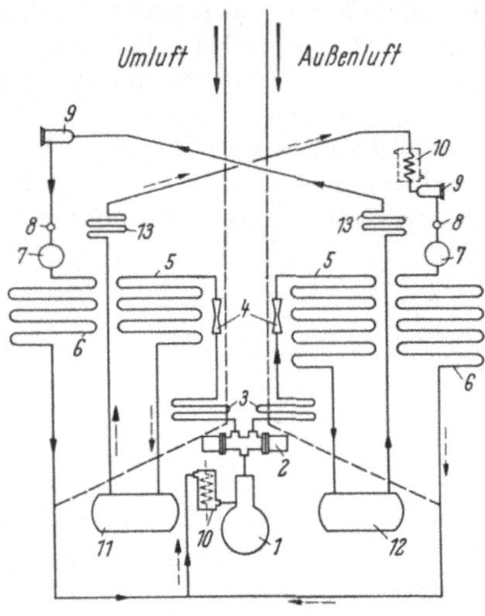

Abb. 383. Schematische Darstellung des Wärme-pump-Kreislaufes der Hausheiz-Wärmepumpe, System Airtopia der Firma Drayer-Hanson, nach A. Hanson [25].

1 Kompressor; 2 3-Wege-Umschaltventil; 3 Nach-erwärmer zum Abführen der Überhitzungswärme; 4 Drosselstellen; 5 Kondensator; 6 Verdampfer (es ist jeweils bei Heiz- oder Kühlbetrieb einer der beiden Apparate angeschlossen); 7 Expansions-ventil; 8 Schauglas; 9 Filter; 10 Wärmetauscher (aus zeichnerischen Gründen getrennt, ist ein Apparat); 11, 12 Sammelbehälter für Kältemittel.

Erst in den letzten Jahren hat sich eine Firmengruppe mit der Entwicklung wirklich betriebssicherer Geräte, für welche Garantiezeiten bis zu 10 Jahren gewährt werden können, befaßt [28]. Die meisten Architekten und beratenden

Tabelle 3. *Das Anwachsen des Wärmepumpen-Marktes für Gebäudeheizung in den Vereinigten Staaten von Amerika bis zum Jahr 1963.*

Jahr	Verkäufe pro Jahr Stück	Anteil am Verkauf von Ganzjahresklimageräten (%)	Zahl der installierten Anlagen (ungefähre Angaben)
1945			50 (nach Kemler)
1950			600 (nach Friend)
1952			1133 (nach Ambrose u. Sporn)
1953	986	0,8	2120 ⎫
1954	1900		4500 ⎪
1955	3551		8500 ⎪
1956	4746		13500 ⎬ (nach Versagi)
1957	9244	4,3	23000 ⎪
1958	17000	7,8	40000 ⎪
1959	32000 rd.	15	70000 ⎭
1960	48000		118000 ⎫
1961	52000		170000 ⎪ nach amtlicher Statistik
1962	62000		230000 ⎬ des Bureau of Census
1963	74000		300000 ⎭

Im Jahre 1959 war die Marktsättigung:
Klimageräte insgesamt   11%
Ganzjahresklimaanlagen   1%
Heizwärmepumpen   0,13%.

Ingenieure sind heute Fürsprecher [29]. Zur Sicherung einer bestimmten Qualität und vergleichender Leistungsangaben wurden Meß-, Qualitäts- und Sicherheitsvorschriften veröffentlicht [30], [31]. Die Wärmepumpe ist auch in die Finanzierungsvorschriften für privaten Hausbau der Federal-Housing Administration aufgenommen worden [32].

In anderen Ländern der Welt ist noch keine vergleichbare Entwicklung zu beobachten; nur in den USA hat bisher die „Ganzjahresklima-Anlage" eine so große Verbreitung gefunden. Es blieb bei Einzelanlagen oder Versuchsreihen. Zum Beispiel wurden in *Belgien* im Jahre 1954 eine Wasser-Luft-Anlage von 400000 kcal je h Heizleistung [33] und im Jahre 1958 für das Atomium der Weltausstellung in Brüssel eine Heiz-Klimaanlage mit 240000 kcal/h gebaut [34]. In der *Bundesrepublik* entstanden in den Jahren vor 1955 einige Milch-Kühlanlagen mit gleichzeitiger Warmwasser-Erzeugung [35] sowie eine mit Kühlräumen kombinierte, fabrikgefertigte Warmwasser-Anlage für landwirtschaftliche Betriebe [36]. Der Verfasser erstellte im Jahr 1956 in seinem Haus eine Erde-Luft-Anlage mit 9000 kcal/h Heizleistung, die heute noch vollwertig in Betrieb ist. Neuerdings haben die Rheinisch Westfälischen Elektrizitätswerke (RWE) einige Versuchshäuser mit Heizwärmepumpen ausgerüstet und den Verfasser beauftragt, ein für die Serienfertigung geeignetes Gerät zu entwickeln, welches den klimatischen Bedingungen der Klimazone nach DIN 4701 angepaßt ist.

In *England* sind auch mehrfach Versuchsanlagen erstellt worden [37], [38], darunter auch eine Großanlage mit 525 kW Anschlußwert für die Festival-Hall in London [39]. Auch einige Schiffe wurden damit ausgerüstet [40], [41].

Im ganzen ist jedoch nicht viel geschehen, obwohl das Klima sehr geeignet wäre und die Situation der Energieversorgung hierzu geradezu auffordert [42].

In *Frankreich* sind einige bemerkenswerte Großanlagen, z. B. für ein Kühlhaus mit gleichzeitigem Heizen einer Fabrik [43] sowie zum Heizen des Radiozentrums in Paris mit $4,2 \cdot 10^6$ kcal/h Heizleistung, welche einer warmen Quelle entnommen werden [44], gebaut worden. Dort steht auch die erste Absorptions-Wärmepumpe für Heißwasserbereitung aus Abwässerwärme, welche schon im Jahre 1953 in Betrieb ging [45]. Aus der *Schweiz* und *Österreich* schließlich wird über Wärmepumpen zur Warmwasserbereitung und Heizung in Hallenbädern [46] und über industrielle Großanlagen, welche gleichzeitig Kälte und Wärme erzeugen, berichtet [47]. Auch Brüdenverdichter werden nach wie vor mit z. T. sehr großen Leistungen erstellt [48].

Auch in der *Sowjetunion* werden Wärmepumpen für Gebäudeheizung [49], zur Auswertung industrieller Abwärme [50] und für Eindampfanlagen [51] eingesetzt, wobei neben der üblichen Kaltdampfmaschine auch die Li-Br-Absorptionsmaschine und die thermoelektrische Wärmepumpe angewandt werden. Besondere Beachtung findet dort die Frage nach geeigneten Kältemitteln [52].

Der Verfasser ist überzeugt, daß die Zahl der Wärmepumpen, über welche hier nicht berichtet werden konnte, noch ein Vielfaches ist. Er schätzt, daß heute in der Bundesrepublik wenigstens 500 Wärmepumpen in Betrieb sind.

IV. Wirtschaftlichkeit und zukünftige Entwicklung.

Die Problematik der Wärmepumpe liegt fast ausschließlich im wirtschaftlichen, kaum im technischen Bereich, da sie sich im Gegensatz zur Kältemaschine immer gegen konkurrierende, technisch wesentlich einfachere Verfahren der Wärmeerzeugung durchsetzen muß. Der Erzeugungspreis der Wärmeeinheit ist dabei wohl verschieden hoch, jedoch der billigste nicht immer der wirtschaftlichste. Dies gilt im Bereich der industriellen Wirtschaft. Im privaten Haushalt tritt an Stelle der Wirtschaftlichkeit der Nutzwert. Dieser ist bestimmt durch das Maß an Annehmlichkeit und durch die arbeitstechnischen Erleichterungen, die zur Entlastung der Hausarbeit beitragen.

Außer der Wirtschaftlichkeitsbetrachtung der Benutzer gibt es auch diejenige der Elektrizitäts- und Gerätelieferanten. Das lieferseitige Kriterium der Wirtschaftlichkeit kann zu einer die Wärmepumpe fördernden Tarifpolitik führen, wie dies z. B. in der Schweiz während des Krieges geschehen ist [53]. Eine zukunftsgerichtete Preispolitik des Herstellers kann die Massenproduktion anregen, wobei mit geeigneten Fertigungseinrichtungen die Hausheiz-Wärmepumpe zu Preisen herzustellen wäre, die weniger als die Hälfte der heute anzusetzenden Kosten sind. Der Beginn einer solchen Entwicklung zum preiswerten Massengebrauchsgerät ist in den USA zu beobachten, wo die Preise von ursprünglich rd. 6000 $ auf rd. 1500 $ zurückgegangen sind.

Folgende Gesichtspunkte sind für die Zukunftsentwicklung maßgeblich:

α) Anschaffungskosten und deren Verzinsung und Amortisation.

β) Betriebskosten heute und in zehn Jahren.

Die Energieversorgung verändert sich grundlegend. Es wird immer mehr elektrische Energie verbraucht werden. Diese wird relativ zu den fossilen Brennstoffen billiger.

γ) Entwicklung des Arbeitsmarktes.

δ) Der Strukturwandel in der Wirtschaft.

Die Anforderungen an die Annehmlichkeit des Arbeitsplatzes wachsen. In der Zukunft werden Klimaanlagen zu den Fertigungseinrichtungen gehören. Sie steigern erwiesenermaßen die Produktivität.

ε) Änderungen in der politischen Struktur der Haupt-Erdölländer.

ζ) Der Kampf gegen die Verschmutzung der Luft und die Grundwasserverseuchung durch Sickeröl.

Bei allen betriebswirtschaftlichen Planungen wird die zukünftige Entwicklung der Technik und des Marktes berücksichtigt. Die Wärmeerzeugung durch Wärmepumpen kann angesichts der raschen technischen und politischen Entwicklungen schneller in den „wirtschaftlichen" Bereich kommen, als angenommen wird.

Die letzte eingehende Untersuchung der Gesamtwirtschaftlichkeit der Wärmepumpe sowohl im Hinblick auf die Kosten wie die Kohleneinsparung wurde im Jahre 1944 von K. Linge [54] vorgenommen. Seit diesen Überlegungen hat sich vieles geändert:

Als Wärmequelle wird meistens Luft, kostenloses Grundwasser oder das Erdreich verwendet.

Die Kohlenpreise sind gegenüber den Strompreisen um mehr als das Doppelte gestiegen.

Die thermische Erzeugung von elektrischer Energie wurde wirtschaftlicher. Die Bedeutung der Kernkraft wächst.

Die elektrische Energie wurde im Vergleich zu den Einkommen billiger. Ein Arbeiterstundenlohn war im Jahr 1950 20 kWh, im Jahr 1960 50 kWh und im Jahr 1966 70 kWh wert.

Nach den heute vorliegenden Erfahrungen sind Wärmepumpen als Eindampfanlagen, als Kochereianlagen, als Heizanlagen mit Abwärmeverwertung und als Heizkühlanlagen (Ganzjahresklimaanlagen) im allgemeinen wirtschaftlich. Nur die Wirtschaftlichkeit einer reinen Heizanlage ist noch umstritten [55]. Dabei ist zu beachten, daß in einem modernen Kraftwerk zur Erzeugung von 1 kWh nurmehr 2200 kcal (auf den unteren Heizwert des Brennstoffes bezogen) benötigt werden, also eine Luft-Luft-Wärmepumpe mit einer Leistungsziffer von rd. 2,6 schon eine volkswirtschaftlich positive Energiebilanz aufweist. Weiterhin ist festzustellen, daß die heute üblichen Haushalttarife von 0,07 bis 0,12 DM/kWh gegenüber den Gestehungskosten und Verteilungskosten noch stark überhöht sind. Am Abgabeschalter des Kraftwerks kostet Spitzenstrom rd. 2,7 Dpf/kWh; Nachtstrom 1,6 bis 1,8 Dpf/kWh. Die Kosten für die Verteilung sind etwa genau so hoch.

Die Geschichte der häuslichen Heizung zeigt, daß der Lebensstandard der Hausbewohner einen erheblichen Einfluß auf Art und Energieträger des Heizsystems hat. Von Stufe zu Stufe ist parallel mit der Erhöhung des Lebensstandards eine Erhöhung der durch die Heizung gebotenen Annehmlichkeiten festzustellen [56]. Gleichzeitig wachsen die Anschaffungskosten und — wegen der besseren Ausheizung der Räume — die Betriebskosten. Ein Maß für die Höhe des Lebensstandards ist z. B. der Energieverbrauch je Kopf und Jahr. Ein hoher Stand der häuslichen Heiztechnik ist hiernach mit einem Energieverbrauch von mindestens 2500 Steinkohle-Einheiten (1 SKE = 7000 kcal = etwa 1 kg Steinkohle) pro Jahr gleichbedeutend. Ab einem Energieverbrauch von 3500 SKE/Jahr beginnen die Heizverfahren mit elektrischer Energie Bedeutung zu gewinnen, so z. B. in den USA. Dort sind die Energielieferungsverfahren für die häusliche Heizung in einem starken Wandel begriffen. Von 1955 bis 1960 sank der Anteil der Kohle von 20% auf 12%, der Anteil des Heizöls hielt sich bei 30%, Erdgasbeheizung stieg von 33,7% auf 41,7% und die Elektrobeheizung begann von 0,2% auf 1,7% zu steigen.

Eine Prognose des Weltenergiebedarfs sagt für das Jahr 2000 eine Vervierfachung von gegenwärtig $5{,}5 \cdot 10^9$ t SKE auf rd. $22 \cdot 10^9$ t SKE voraus, wobei Erdöl und Erdgas seinen Anteil von 16% höchstens halten wird, während Strom aus Kohle und Kernenergie rund 50% dieses Bedarfs zu decken haben wird [57]. Der Weltstrombedarf wird auf das 10fache des Heutigen gestiegen sein. Da die Vorräte an spaltbarem Material noch relativ gering sind, ist schon heute *in den USA* eine erneute Steigerung der Stromerzeugung aus Kohle festzustellen. Da die Erschließungskosten für fossile Brennstoffe immer höher werden, kann also eine Fortsetzung des derzeitigen Kostentrends vorausgesagt werden: Der elektrische Strom wird gegenüber den anderen Energieträgern fortschreitend billiger.

Zusätzlich wird der Kampf um „reine Luft" den konventionellen Heizverfahren schwere Belastungen bringen. Müllverbrennung und Ölheizung könnten eingeschränkt oder sogar zeitlich verboten werden. Frische Luft wird für den Großstädter immer teurer. Er kann sie nur haben, wenn die Städte willens sind, erhebliche Beträge für den Kampf gegen Luftverpestung auszugeben und wenn scharfe Gesetze auch Privatpersonen und die Industrie zwingen, an diesem Kampf mitzuarbeiten. Die Ölheizung wird auch wegen der Schutzmaßnahmen gegen die Grundwasserverseuchung teurer. Lagerung in doppelt gesicherten Tanks, eigens gebaute Lagerkeller, besondere Vorschriften für die Abfüllung usw. sind nur Anfänge einer Welle von Schutzmaßnahmen.

Die Leistungsziffer der Wärmepumpe wurde durch Vervollkommnung der Maschinen besser, die Betriebssicherheit und Lebensdauer wurden erhöht, die Herstellungskosten gesenkt. Dank der umfangreichen amerikanischen Entwicklungen kann man heute schon mit Mittelwerten der Leistungsziffer rechnen, die für Luft als Wärmequelle bei 2,8, bei Erdboden bei 3,2, bei Grundwasser bei 3,6 liegen.

Faßt man diese Gesichtspunkte zusammen, ergibt sich schon heute für ein mittleres Einfamilienhaus die in Tab. 4 zusammengestellte Wirtschaftlichkeitsberechnung. Sie zeigt, daß sowohl die Anschaffung wie der Betrieb einer Wärmepumpe billiger als eine konventionelle Ölheizung sind.

V. Berechnung der Betriebskosten.

Für die konventionellen Heizsysteme sind aus langjähriger Erfahrung die Betriebskosten mit guter Genauigkeit berechenbar. Die Betriebskosten der Heizwärmepumpe sind wegen deren Abhängigkeit von meist mehreren Einflußgrößen (Art der Wärmequelle und deren Nutzungskosten, Kosten der elektrischen Energie; Art der Wärmeverteilung und Heizmitteltemperatur) sehr viel schwieriger vorauszusagen. Zudem liegen selbst in den Vereinigten Staaten von Amerika erst Erfahrungen aus wenigen Jahren, dazu häufig an Versuchsanlagen vor, so daß der Betreiber einer Heizanlage verständlicherweise sehr genaue Berechnungen der Betriebskosten und deren Vergleich mit herkömmlichen Heizverfahren fordert, bevor er sich zum Einbau einer Heizwärmepumpe entschließt.

In den letzten Jahren sind daher verschiedene Verfahren für eine schnelle Berechnung der Betriebs- und Kapitalkosten angegeben worden [58], [59], [60]. Zum Beispiel lassen sich für einen Betriebskostenvergleich einer öl- oder kohlenbefeuerten Kesselheizung mit einer Wärmepumpe die Energiekosten für jeweils 10^6 kcal/h leicht nach

$$K_{(WP)} = p_S \cdot \frac{1}{\eta_{WP}} \cdot \frac{10^4}{860} \cdot \frac{T - T_0}{T} \text{ für die Wärmepumpe}$$

$$\text{bzw. } K_{(F)} = p_B \cdot \frac{1}{\eta_F} \cdot \frac{103}{h_u} \qquad \text{für die Kesselfeuerung}$$

berechnen. Dabei sind

$K_{(WP)}$ bzw. $K_{(F)}$ Energiekosten für die Erzeugung von 10^6 kcal in DM
p_S Strompreis Dpf/kWh
p_B Brennstoffpreis in DM/t
η_{WP} Gesamtwirkungsgrad der Wärmepumpe (meist zwischen 0,6 und 0,7)
η_F Gesamtwirkungsgrad der Kesselfeuerung (für Ölheizung etwa 0,75, bei Kohle etwa 0,6)
h_u Heizwert in kcal/kg

In Abb 384 ist ein Diagramm wiedergegeben, welches diese Kosten graphisch ermitteln läßt. Da außer den Betriebskosten auch die Kapitalkosten einen erheblichen Einfluß haben, können diese mit Hilfe von Abb. 385 ebenfalls graphisch ermittelt werden.

Eine genauere Ermittlung der spezifischen Energie- und Anlagekosten (DM/Gcal) ist mit Hilfe der Abb. 386 möglich. Aus den Betriebsbedingungen der Wärmepumpe bzw. der anderen Heizsysteme können mit den oberen und rechten Quadranten des Diagramms die spezifischen Energiekosten ermittelt werden. Im linken unteren Quadrant können die spezifischen Anlagekosten ermittelt werden, wobei allerdings zunächst die Tilgungsrate k_a nach

$$k_a = \frac{r \cdot A + R}{Q} \left[\frac{\text{DM/Jahr}}{\text{kcal/h}} \right]$$

$$\text{mit } r \approx \frac{1}{n} + 0{,}6 \frac{p}{100} \left[\frac{1}{\text{Jahr}} \right]$$

r Tilgungsfaktor (bei vorschüssiger Zahlung)
p jährlicher Zinsfuß des Anlagenkapitals
n Amortisation in Jahren
A Anschaffungskosten in DM
R Reparatur und Wartungskosten in DM/Jahr
Q Heizleistung der Anlage in kcal/h

berechnet werden muß.

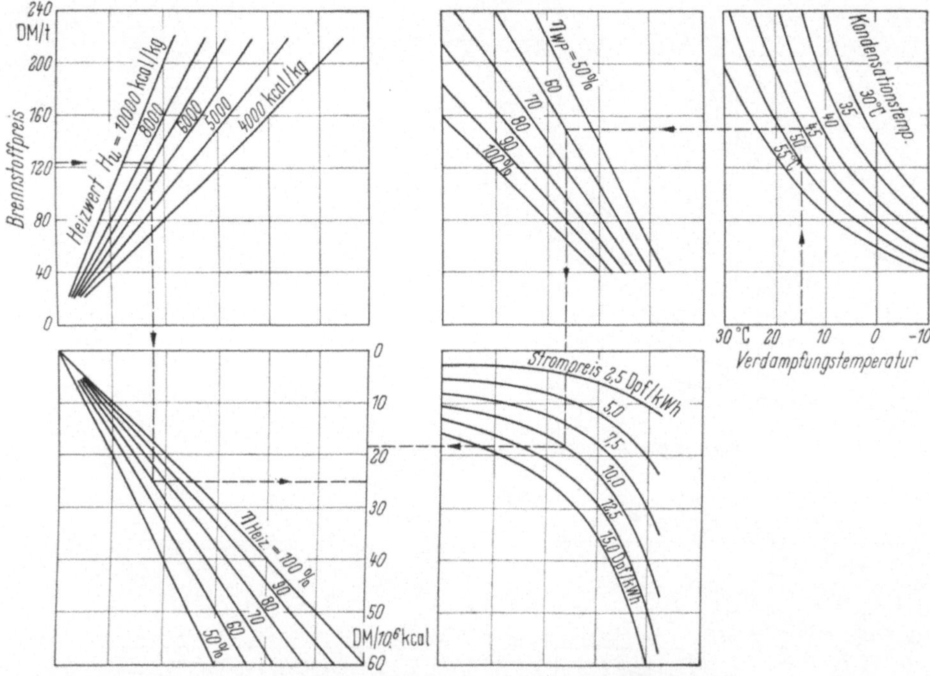

Abb. 384. Vergleich der Betriebskosten für elektrische Energie bei Wärmepumpenheizung mit den Kosten für Brennstoff bei Kesselfeuerung nach KÜBLI [58].

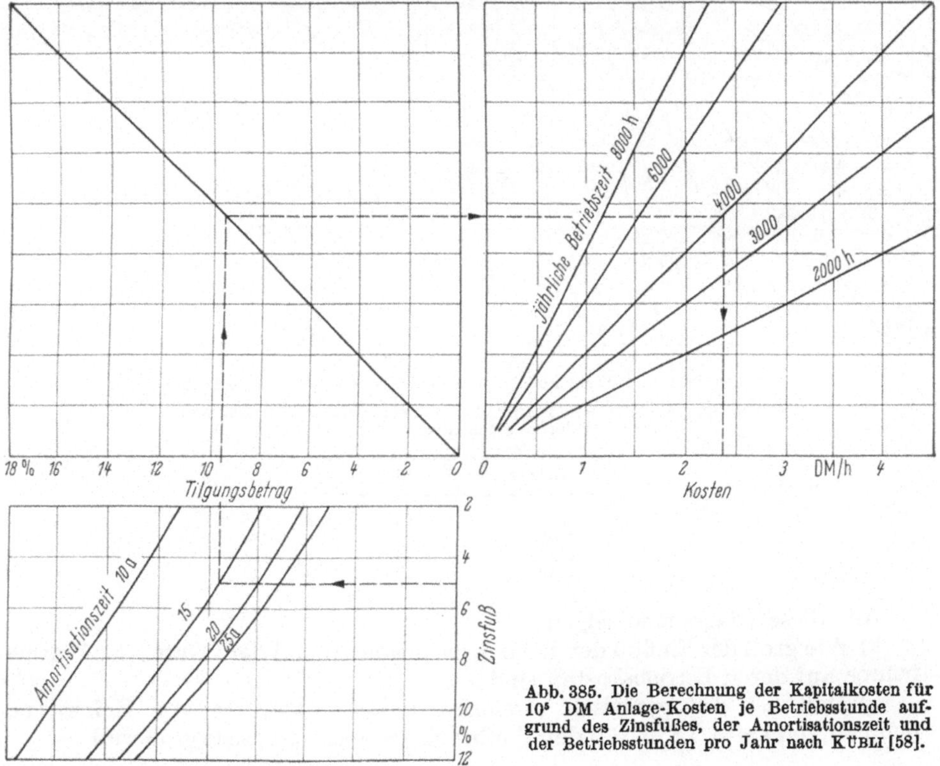

Abb. 385. Die Berechnung der Kapitalkosten für 10^5 DM Anlage-Kosten je Betriebsstunde aufgrund des Zinsfußes, der Amortisationszeit und der Betriebsstunden pro Jahr nach KÜBLI [58].

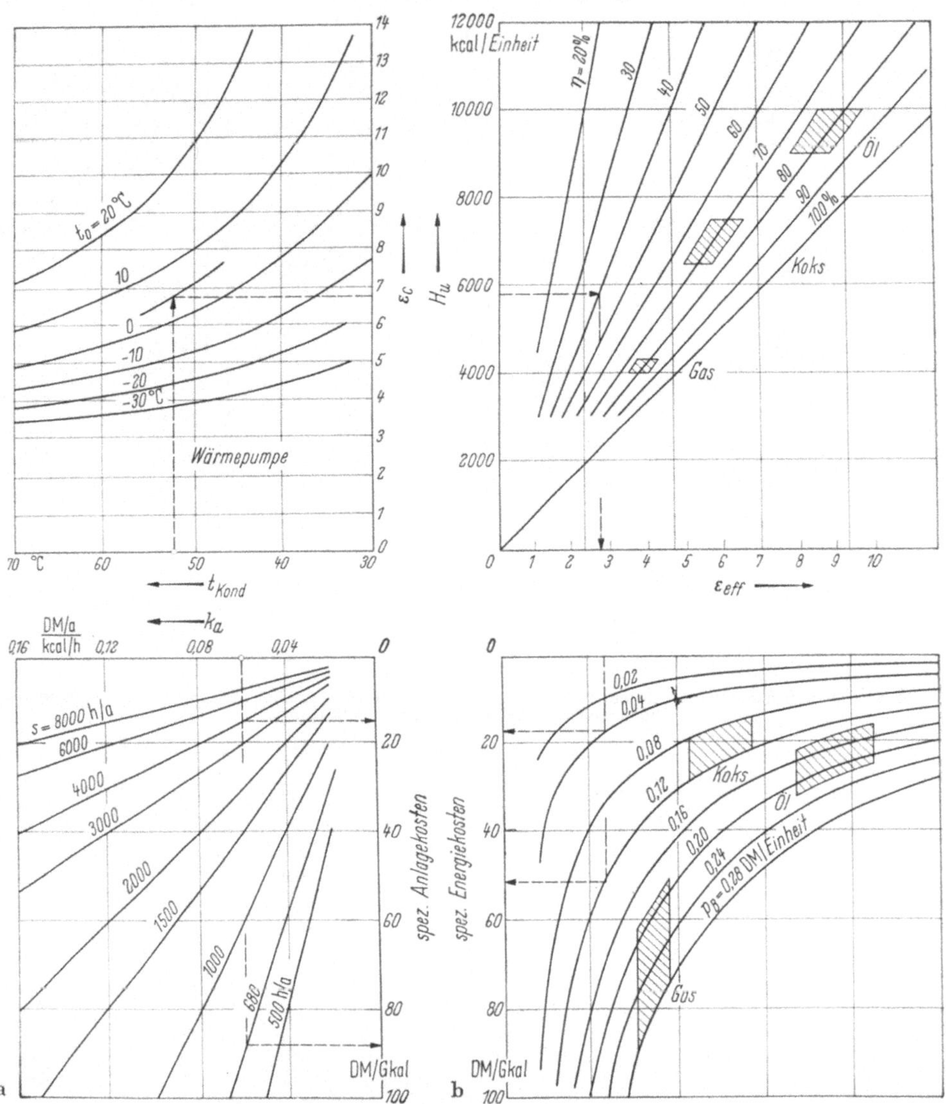

Abb. 386a u. b. Wärmepreis verschiedener Heizsysteme nach BACH [59].
a) spez. Anlagekosten (DM/Gcal),   b) spez. Energiekosten (DM/Gcal).
Die schraffierten Flächen stellen Richtwerte dar.

Brennstoff	Einheit
Gas	Nm^3
Koks	kg
Öl	kg
Strom	kWh

Alle diese Diagramme zeigen:

a) Wie groß der Einfluß der Betriebsbedingungen und der „Güte" der Wärmepumpe auf deren Betriebskosten sind;

b) Daß bei den praktisch erreichbaren Leistungsziffern von Heizwärmepumpen von $\varepsilon_{eff} = 2{,}8$ bis $3{,}5$ der Einfluß der Stromkosten sehr groß wird;

c) Daß bei einer praktisch erreichbaren Leistungsziffer von $\varepsilon_{eff} = 3$ und einem Strompreis von 0,06 DM/kWh die spezifischen Energiekosten einer Wärmepumpe mit etwa 20,— DM/Gcal noch genau so niedrig sind wie bei einer günstig berechneten Ölheizung.

d) Daß jedoch die spezifischen Anlagekosten ebenso hoch sind wie die spezifischen Energiekosten und daher die Annahmen über Reparatur- und Wartungskosten sowie über die jährliche Betriebsstundenzahl S die Wirtschaftlichkeit entscheidend beeinflussen.

Der Erfolg der Wärmepumpe als Ganzjahresklimaanlage, insbesondere für größere Anlagen, die heute schon zu 20 bis 30% nach dem Prinzip der Wärmerückgewinnung und Wärmelastverteilung innerhalb des Gebäudes ausgerüstet werden, beruht deshalb zu einem großen Teil darauf, daß die Betriebskosten sehr genau berechnet werden können [61]. In den Vereinigten Staaten von Amerika hat man dafür Computer eingesetzt, welche für sehr kleine Zeitabschnitte, meist nur für Stunden die effektiven Kosten bei verschiedenen Heizsystemen berechnen und diese Ergebnisse über das ganze „Normaljahr" aufaddieren. Dabei kann der tägliche Temperaturverlauf, die Sonneneinstrahlung, Wind, die innere Wärmelast des Gebäudes sowie die jeweilige Leistungsziffer der Wärmepumpe, bedingt durch die Temperatur der Wärmequelle, den Teillastbetrieb u. ä. in die Rechnung eingesetzt werden. Derartige Rechnungen sind auch vom Verfasser für das „Normalklima" nach DIN 4701, Zone I durchgeführt worden, und zwar für Einfamilienhäuser unterschiedlichen Wärmebedarfs [62]. (Vgl. Tab. 4). Es zeigt sich, daß trotz der relativ „schlechten" Wärmepumpe mit $\varepsilon = 2{,}5$ die jährliche Heizrech-

Tabelle 4. *Vergleich der Gesamtkosten für eine Wärmepumpe und eine Ölheizung für ein mittleres Einfamilienhaus.* (Klimazone I nach DIN 4701. Wärmebedarf bei $-12\ °C$: 15 000 kcal/h.)

Position	Wärmepumpe	Ölheizung
Beschaffungskosten		
der Heizanlage	5500,—	5000,—
der Wärmeverteilung (Kanäle oder Warmwassersystem)	4000,—	4000,—
der Zusatzheizung als E-Widerstand	1000,—	—
des Kamins (nur bei Ölheizung)	—	1500,—
des Heizkellers mit Tankraum (für Ölheizung)	—	5000,—
oder Nebenraum für Wärmepumpe	1500,—	—
Anschaffungskosten Gesamt (DM)	12 000,—	15 500,—
mittlere Leistungsziffer ε	2,90	—
Stromverbrauch (Normal-Tarif)	11 880 kWh	1550 kWh
Verbrauch der Zusatzheizung (Sonder-Tarif)	260 kWh	
Ölverbrauch		5,9 t
Betriebskosten Strom 0,07 DM/kWh, Öl 135,—/t) (DM)	820,—	910,—
Gesamtkosten pro Jahr bei 10% Kapitaldienst für Abschreibung und Zinsen	2020,—	2460,—

nung für ein größeres Haus mit einem Heizwärmebedarf nach DIN 4701 von rd. 18 000 kcal/h bei einem Strompreis von 0,06 DM/kWh nur etwa 1100 DM betragen wird. Der Verfasser bewohnt ein mit einer Erd-Luft-Wärmepumpe beheiztes Haus, welches einen Heizwärmebedarf nach DIN 4701 von 18 000 kcal hat. Die Wärmepumpe hat eine mittlere Leistungsziffer von $\varepsilon = 3{,}1$. Der jährliche Stromverbrauch liegt bei 12 000 bis 15 000 kWh, d. h. bei einem Strompreis von 0,07 DM/kWh betragen die Heizkosten 850 bis 1000 DM. Diese über 10jährige Erfahrung deckt sich im übrigen auch mit Berichten aus den Vereinigten Staaten von Amerika, wonach die Heizkosten von Luft-Luft-Wärmepumpen mit denjenigen anderer Heizsysteme durchaus vergleichbar waren [63]. Diese gute Wirtschaftlichkeit der Hausheizwärmepumpen wird u. a. auch dadurch erreicht, daß die jährliche Benutzungsdauer durch eine besondere Art der Auslegung möglichst weit heraufgesetzt wird:

Betrachtet man nämlich die Häufigkeit bestimmter Außentemperaturen während der Heizperiode, so zeigt sich, daß die Tage mit einer Temperatur unter $-2\,°\mathrm{C}$ relativ selten sind. Es ist deshalb zweckmäßig, die Wärmepumpe so auszulegen, daß sie das Haus nur bis zu Außentemperaturen von etwa -2 bis $-4\,°\mathrm{C}$ voll ausheizen kann (Gleichgewichtspunkt), und daß darunter dann eine Zusatzheizung eingesetzt wird.

Auf Grund amerikanischer Erfahrungen und der Berechnungen, die der Verfasser für das europäische Klima der Zone I nach DIN 4701 durchgeführt hat, ist man in der Lage, für eine solche Wärmepumpe den Energiebedarf für eine Heizsaison mit ziemlicher Genauigkeit vorauszusagen (Tab. 5). Die schon in Tab. 4

Tabelle 5. *Energiebedarf einer Luft-Luft-Heizwärmepumpe mit einem mittleren Leistungsfaktor von $\varepsilon = 2,5$ für eine normale Heizsaison in Klimazone I nach DIN 4701.*

Wärmebedarf des Hauses nach DIN 4701 kcal/h	Energiebedarf der Wärmepumpe kWh	Energiebedarf der Zussatzheizung kWh
8000	7700	300
10000	9600	370
12000	11400	450
14000	13500	525
16000	15400	600
18000	17300	675
20000	19200	745

gemachten Angaben über die Betriebskosten von Wärmepumpen und Ölheizungen basieren auf diesen Berechnungsgrundlagen. In Deutschland wird von einigen Elektrizitäts-Versorgungs-Unternehmen für die Abnahme von Nachtstrom, insbesondere in Verbindung mit Speicheröfen, ein besonders günstiger Tarif eingeräumt. Es ist daher naheliegend und wirtschaftlich vertretbar, an Stelle der in Amerika üblichen Widerstandsheizung der Wärmepumpe eine Nachtstrom-Speicherheizung nachzuschalten, die wohl in den Anschaffungskosten höher liegt, aber eine sehr günstige Abnahme-Charakteristik aufweist.

Weiterhin ist zu berücksichtigen, daß eine Wärmepumpe mit Luft als Wärmequelle eine mit der Außentemperatur fallende Heizleistung hat, also eine zum Wärmebedarf des Hauses gegenläufige Charakteristik. Auch die Leistungsziffer wird um so kleiner, je höher die zu überwindende Temperatur-Differenz ist. Wollte man die Wärmepumpe so dimensionieren, daß sie am kältesten Tag den Wärmebedarf des Hauses deckt, würde sie unwirtschaftlich groß werden. Sie wäre nicht nur in der Anschaffung zu teuer, sondern würde auch in dem dauernden Teillastbetrieb schlechte Leistungsziffern aufweisen. Aus der amerikanischen Praxis hat sich ergeben, daß es zweckmäßig ist, die Wärmepumpe für die Hälfte des Wärmebedarfs des Hauses auszulegen und an kälteren Tagen mit einer elektrischen Widerstandszusatzheizung zu arbeiten. Der Vergleich des „normalen" Klimas in den Vereinigten Staaten mit dem mehr maritimen Klima in Deutschland zeigt, daß bei uns die Zahl der Heiztage bei einem relativ milderen Winterwetter wesentlich höher ist als in Amerika. Die Nutzungsdauer einer Heizwärmepumpe wird daher in unserem Klima sehr viel höher sein, wodurch sich die Aussichten auf eine echte Wirtschaftlichkeit gegenüber den Vereinigten Staaten noch erhöhen.

B. Physikalische und technische Grundlagen.

I. Die Anwendung des Kreisprozesses von Carnot und seiner Umkehrung auf die Wärmepumpe.

Wird der CARNOT-Prozeß [64] entgegengesetzt dem Uhrzeigersinn durchlaufen, dann wird bei tiefer Temperatur T_0 die Wärmemenge Q_0 aufgenommen und die größere Wärmemenge $Q = Q_0 + L$ bei der hohen Temperatur T abgegeben. Die Arbeit L wird dabei verbraucht.

Maßgeblich für die Güte des Prozesses ist die Leistungsziffer ε_{hc}, welche angibt, wieviel mal mehr Wärme aus dem Prozeß gewonnen wird, als in Form von Arbeit L hineingesteckt wird. (Vgl. Abschnitt IX, 3 in Bd. II dieses Handbuches).

$$\varepsilon_{hc} = \frac{Q}{L} = \frac{T}{T - T_0}. \tag{1}$$

In der wirklichen Maschine ergeben sich durch Verluste im Kompressor, der Antriebsmaschine und in den Kreislaufteilen erheblich kleinere Leistungsziffern. Hierfür ist es zweckmäßig, die für die Kältemaschinen in den „Regeln" [65] eingeführten Begriffe der spezifischen Kälteleistung und des Gütegrades sinngemäß anzuwenden. Das innere Verhalten der Wärmepumpe kennzeichnet die *spezifische Heizleistung* H_C.

$$H_C = \frac{T}{T - T_0} \cdot 860 \text{ kcal/kWh} \tag{2}$$

In Abb. 387 sind die Werte von ε_{hc}, von H_C und von $L_c = \dfrac{1}{\varepsilon_{hc}}$ abhängig von der Temperatur T für eine festgehaltene Temperatur T_0 von 273 °K (0 °C) aufgezeichnet, in Abb. 388 die Werte von ε_{hc} für einen Temperaturbereich von $t = 30$ °C bis 150 °C zusammengestellt.

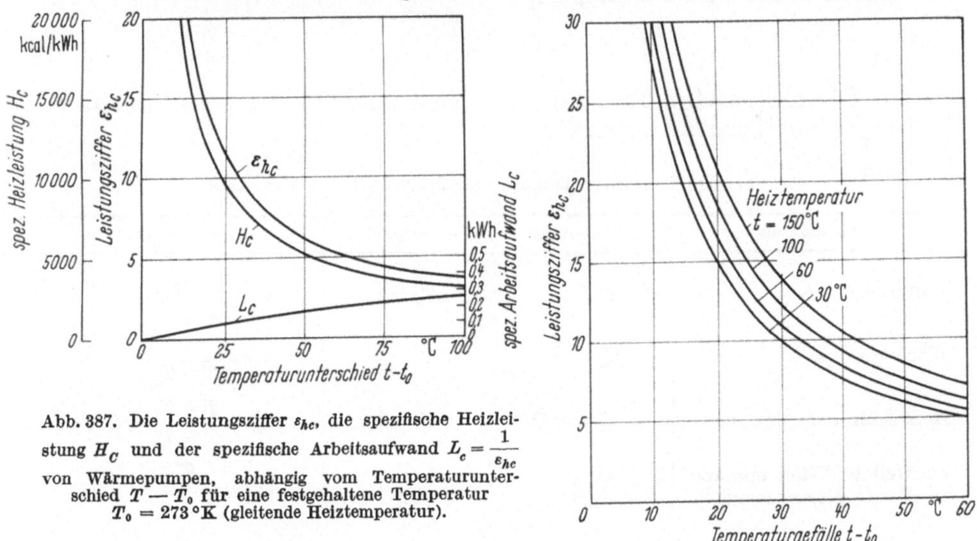

Abb. 387. Die Leistungsziffer ε_{hc}, die spezifische Heizleistung H_C und der spezifische Arbeitsaufwand $L_c = \dfrac{1}{\varepsilon_{hc}}$ von Wärmepumpen, abhängig vom Temperaturunterschied $T - T_0$ für eine festgehaltene Temperatur $T_0 = 273$ °K (gleitende Heiztemperatur).

Abb. 388. Die Leistungsziffer ε_{hc} für Temperaturunterschiede bis 60 grd für Heiztemperaturen t von 30 °C bis +150 °C.

Die Leistungsziffer ε_{hc} fällt mit wachsendem Temperaturunterschied. Der interessante Bereich großer Leistungsziffern beginnt bei Temperaturdifferenzen unter 50 Grad. Damit ist die wirtschaftliche Einsatzfähigkeit einer Wärmepumpe bei verfahrenstechnischen Vorgängen, für deren Ablauf nur geringe Temperatur-differenzen erforderlich sind, ohne weiteres gegeben.

Für die Heizkühlmaschine, bei welcher sowohl die aus einem gekühlten Raum aufgenommene Wärmemenge Q_0 als auch die an den Heizraum abgegebene Wärme-menge Q wirtschaftlich genutzt wird, hat Bach [66] eine Leistungsziffer $\varepsilon_h + \varepsilon_K$ eingeführt. Danach ist die Güte der Maschine von dem Verhältnis der beiden geförderten Wärmemengen Q_0 und Q_H zur aufgewandten Arbeit L abhängig.

$$\varepsilon_h + \varepsilon_K = \frac{Q + Q_0}{L} = \frac{T + T_0}{T - T_0} \tag{3}$$

Diese Herleitung berücksichtigt nicht den häufigen Fall, daß die Kälte-maschine sowieso gebraucht wird und nun festgestellt werden soll, was die dem Wärmepumpenbetrieb angepaßte, abgewandelte Betriebsform an Mehrleistung erfordert. Hier darf die Leistungsziffer des Wärmepumpenteils der Gesamtanlage nämlich nur auf diese Mehrleistung bezogen werden. Die Kältemaschine fördert mit der Arbeit L die Wärmemenge Q_0 von T_0 auf T (Normalbetrieb). Für den Wärmepumpenbetrieb ist jedoch die höhere Temperatur T' erforderlich, so daß die Wärmepumpenleistung beträgt:

$$Q' = Q_0 + L + L' \tag{4}$$

demzufolge analog zu (1)

$$\varepsilon' = \frac{Q'}{L + L'} = \frac{T'}{T' - T_0} \tag{5}$$

Hiervon wird aber die Wärmemenge Q_0 mit der Energie $Q - Q_0$ schon durch die Kältemaschine gefördert, so daß für die Wärmepumpe lediglich bleibt, die Wärmemenge Q' mit der Energie $L' - L$ auf T' anzuheben. Es ist also die Lei-stungsziffer dieser Zusatzwärmepumpe

$$\varepsilon''_{hc} = \frac{T'}{T' - T} \tag{6}$$

Zur Übersicht sind in Tab. 6 die aus dem Carnot-Prozeß ableitbaren Kenn-größen nochmals zusammengestellt.

Tabelle 6. *Kenngrößen des umgekehrten Carnot-Prozesses.*

Nutzung als	Nutzleistung	Nutztemperatur	Leistungsziffer
Kältemaschine	Q_0	T_0	$\varepsilon_K = \dfrac{T_0}{T - T_0}$
Wärmepumpe	Q	T	$\varepsilon_h = \dfrac{T}{T - T_0} = \varepsilon_k + 1$
Heiz-Kühlmaschine	Q und Q_0	T und T_0	$\varepsilon_{h+k} = \dfrac{T + T_0}{T - T_0} = 2\,\varepsilon_k + 1$
Zusätzliche Wärmepumpe zu einer Kältemaschine	$\left.\begin{array}{l}Q\\Q_0\end{array}\right\}$	$\left.\begin{array}{l}T'\\T_0\end{array}\right\}$	$\varepsilon''_h = \dfrac{T'}{T' - T}$

II. Der Lorenz-Prozeß.

Beim Carnot-Prozeß wird die Wärme bei konstanter Temperatur zu- und ab-geführt. Dies ist in der Praxis kaum zu verwirklichen. Nach Lorenz kann jedoch auch ein Kreisprozeß betrachtet werden, bei welchem an jeder Stelle die Wärme-übertragung von der temperaturveränderlichen Wärmequelle an das Arbeits-medium mit unendlich kleiner Temperaturdifferenz erfolgt [67]. Bei Wärmepumpen kommt dem LORENZ-Prozeß erhöhte Bedeutung zu, weil er zeigt, wie die Leistungsziffer verbessert werden kann. Gelingt es, den Wärmepumpenkreislauf einem LORENZ-Prozeß zu nähern und z. B. die bei Verdampfung und Kondensation eines Arbeitsmittels übliche Isotherme durch eine Anzahl von stufenförmig hintereinandergeschalteten Isothermen, die sich dem Temperaturverlauf der Wärmequelle angleichen, zu ersetzen, so wird dessen Wirtschaftlichkeit erhöht. In einem CARNOT-Kreislauf, der zwischen T_0 und T verläuft, wird einem Mengenstrom I der Temperatur T_0' die Wärme Q_0 entzogen und er wird auf T_0'' abgekühlt. Auf der warmen Seite wird die Wärmemenge $Q = Q_0 + L$ einem Men-

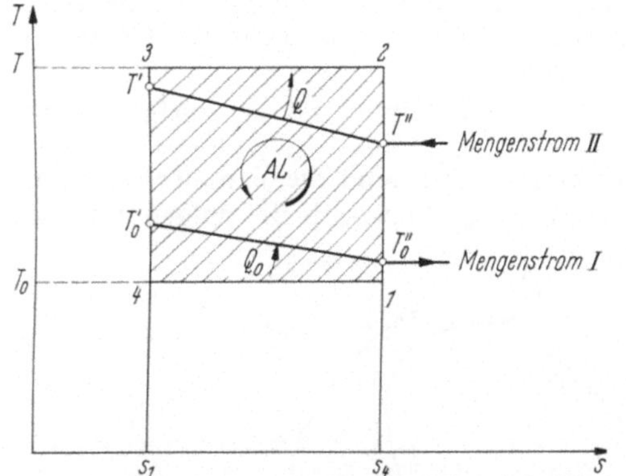

Abb. 389. Der LORENZ-Prozeß im T, s-Diagramm im Vergleich zum CARNOT-Prozeß. Zwischen T und T_0, der einem Mengenstrom I die Wärme Q_0 entzieht und einem Mengenstrom II die Wärme Q_0 und $AL = Q$ zuführt.

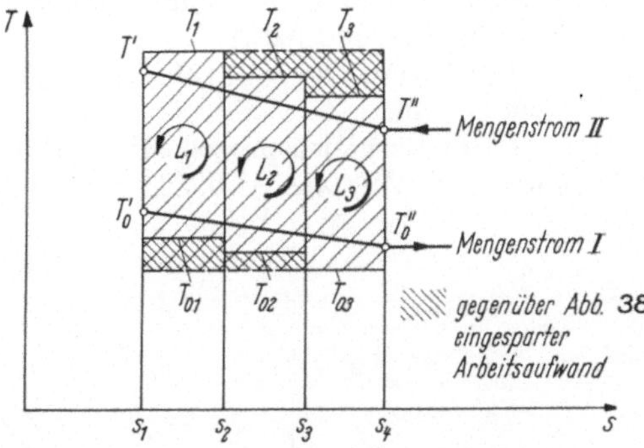

Abb. 390. Der LORENZ-Prozeß im T, s-Diagramm im Vergleich zum CARNOT-Prozeß bei Aufteilung des CARNOT-Prozesses in 3 Einzelprozesse. Der LORENZ-Prozeß in seiner idealen Form wäre eine Aufteilung in unendlich viele Einzelprozesse.

genstrom II der Anfangstemperatur T'' zugeführt und er wird auf T' erwärmt. (Abb. 389). Um den Fluß der Wärme zu ermöglichen, muß $T_0 < T_0''$ und $T > T'$ sein. Wird dieser CARNOT-Prozeß in eine Anzahl Einzelprozesse aufgeteilt, wie dies in Abb. 390 dargestellt ist, so ist zu erkennen, daß dabei die doppelt schraffierten Arbeitsflächen L' eingespart werden können. Solche Wärmepumpen sind schon gebaut worden. Die Annäherung an den LORENZ-Prozeß ist z. B. bei Verwendung mehrerer Kaltdampfkreisläufe, die im Wärmeträgerstrom hintereinandergeschaltet werden, ohne Schwierigkeiten zu erreichen.

III. Tatsächliche Kreisprozesse für Wärmepumpen.

1. Der Kaltdampfkreislauf mit Verdampfung.

Der „Vergleichsprozeß mit Ansaugen trocken gesättigter Dämpfe", wie er in der Kältetechnik allgemein eingeführt ist, wird bei Wärmepumpen meist nicht verwendet.

In der Praxis wird bei allen Wärmepumpen, die mit Kältemitteln aus der Reihe der halogenierten Kohlenwasserstoffe arbeiten, der sog. „innere Wärmeaustausch" angewendet, bei dem das im Kondensator verflüssigte Kältemittel durch den aus dem Verdampfer austretenden kalten Sattdampf unterkühlt wird, der sich dabei überhitzt (Abb. 391, vgl. Bd. III dieses Handbuches, S. 34). Es ergibt sich daraus bei diesen Kältemitteln ein beachtlicher Gewinn an Wärmepumpenleistung. Die effektive Erhöhung der spezifischen Heizleistung kann noch wesentlich größer als die theoretische werden, da durch die Überhitzung der Dämpfe Liefergrad und Gütegrad des Kompressors verbessert werden.

31*

Die Leistungsziffer einer Wärmepumpe ist beim Vergleichsprozeß mit trocken angesaugten Dämpfen (vgl. Abb. 391).

$$\varepsilon_{h\,th} = \frac{Q}{L} = \frac{i_{b'} - i_c}{i_{b'} - i_{a'}} \tag{7}$$

Die spezifische Heizleistung ist

$$H_{th} = 860 \cdot \varepsilon_{h\,th} \quad [\text{kcal/kWh}] \tag{8}$$

Der Wert $i_{b'} - i_a'$, der die isentrope Verdichtungsarbeit in kcal/kg darstellt, kann aus den Mollier-i, lgp-Diagrammen für die einzelnen Kältemittel abgelesen werden, ebenso die Enthalpie i_c und das spezifische Volum v_0''. (Vgl. Bd. IV dieses Handbuches und [68].)

Die Werte von H_{th} (Tab. 7) sind nur 10 bis 15% kleiner als die Werte von H_C nach Gl. (2).

Beim Vergleichsprozeß mit überhitztem Ansaugen sind die Verhältnisse noch günstiger. Wie aus Abb. 391 zu ersehen ist, vergrößert sich die aufgenommene

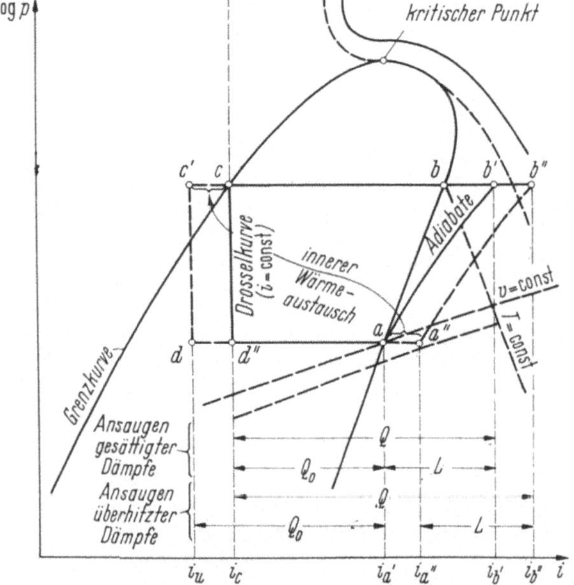

Abb. 391. Der Vergleichsprozeß mit trocken angesaugten Dämpfen (ausgezogene Linie) und mit Ansaugen von überhitzten Dämpfen und innerem Wärmeaustausch (gestrichelte Linie), dargestellt im Mollier-log-p, i-Diagramm.

Wärmemenge Q_0 um den Betrag $i_c - i_u$, die theoretisch verlustlos an die Nutzwärmeseite übertragen wird, so daß $i_b'' - i_b' \approx i_c - i_u$ und damit $Q = i_b'' - i_c$ praktisch um die ausgetauschte Wärmemenge größer ist als beim Vergleichsprozeß mit trocken angesaugtem Dampf. Der Energiebedarf L wird dabei nur unwesentlich höher.

Die Anwendung eines internen Wärmetauschers ist auch deshalb zu empfehlen, weil eine höhere Überhitzungstemperatur des verdichteten Kältemitteldampfes erreicht wird. Diese kann bei Gegenstrom-Kondensatoren zu einer Erwärmung des Wärmeträgers über die für die Leistungsziffer maßgebliche Verflüssigungstemperatur hinaus benutzt werden.

In der tatsächlich ausgeführten Wärmepumpe treten die Reibungs- und Strömungsverluste im Kompressor (mechanischer Wirkungsgrad η_m), die Verluste

Tabelle 7. *Spezifische Heizleistung H_{th} in kcal/kWh für Ammoniak (für andere Kältemittel gilt die Tabelle angenähert).*

Verflüssigungs-temperatur °C	Temperatur vor dem Regelventil °C	Verdampfungstemperatur °C							
		−25	−20	−15	−10	−5	0	+5	+10
30	20	4070	4548	5134	5870	6818	8083	9862	12529
	25	4003	4472	5046	5767	6697	7936	9680	12294
	30	3935	4395	4958	5664	6573	7788	9496	12057
40	30	3471	3817	4247	4721	5326	6048	7063	8367
	35	3413	3751	4153	4637	5238	5971	6928	8207
	40	3353	3685	4078	4551	5130	5857	6794	8044
50	40	3036	3298	3603	3959	4382	4891	5515	6295
	45	2984	3241	3538	3887	4301	4797	4508	6171
	50	2931	3183	3473	3814	4218	4703	5299	6044

durch schädliche Räume und Wandungsverluste (indizierter Wirkungsgrad η_i) und die elektrischen Verluste in der Antriebsmaschine (η_{el}) auf. Deshalb ist die effektive Leistungsziffer ε_{eff} wesentlich kleiner als die aus dem Vergleichsprozeß errechenbare ε_{th}. Es ist nach LINGE [54]

$$\varepsilon_{eff} = \frac{Q + \dfrac{L}{\eta_i} - L}{\dfrac{L}{\eta_i \cdot \eta_m \cdot \eta_{el}}} \tag{9}$$

Hieraus läßt sich vereinfacht darstellen:

$$\varepsilon_{eff} = \varepsilon_{th} - \eta_{ges} + C'$$

wobei
$$\eta_{ges} = \eta_i \cdot \eta_m \cdot \eta_{el} \tag{10}$$

$$C' = \eta_{ges}\left(\frac{1}{\eta_i} - 1\right) \text{ ist}$$

Übliche Werte der Wirkungsgrade η_m, η_i und η_{el} sind in Tab. 8 zusammengestellt. Der Bereich der erreichbaren Leistungsziffer ε_{eff} ist danach im allgemeinen die Hälfte bis zwei Drittel der CARNOTschen Leistungsziffer.

Tabelle 8. *Wirkungsgrade von Kaltdampf-Kompressorwärmepumpen* (nach LINGE).

Wirkungsgrad	kleiner Kompressor	großer Kompressor
Indizierter η_i	0,75	0,85
mechanischer η_m	0,85	0,9
elektrischer η_{el}	0,78	0,92
Gesamter η_{ges}	0,5	0,7

2. Der Kaltdampfkreislauf mit Lösungsmittelkreislauf (Absorptionskältemaschine).
(Vgl. Band II, S. 329 und Bd. VII dieses Handbuches.)

Für Wärmepumpen wird auch die Absorptions-Wärmepumpe benutzt, die die Wärme unter Verwendung von Zweistoffgemischen als Arbeitsmittel und unter Aufwand von Heizwärme pumpt.

Die Heizleistung Q_H bei der Temperatur T_H wird aufgebraucht, um die Wärmemenge Q_0 von der niederen Temperatur T_0 auf die mittlere Temperatur T_Z (Verflüssigungs- und Absorptionstemperatur) anzuheben. Bei dieser Temperatur steht die Wärmemenge $Q_Z = Q + Q_A$, die im Verflüssiger und Absorber entstehende Wärmeleistung, nutzbar zur Verfügung. Die vereinfachte Wärmebilanz lautet:

$$Q_H + Q_0 = Q_Z = Q + Q_A \tag{11}$$

Daraus läßt sich das Wärmeverhältnis für die Wärmepumpe angeben.

$$\zeta_H = \frac{Q + Q_A}{Q_H}, \tag{12}$$

Das Wärmeverhältnis ζ_H gibt an, wieviel Kalorien Wärme bei einer mittleren Temperatur durch eine Kalorie Heizleistung erzeugt werden, wenn gleichzeitig noch aus der Umgebung Wärme zugeführt wird. Bei einer einstufigen Absorptions-Wärmepumpe, wie sie hier behandelt wird, kann das auf den Idealprozeß bezogene Wärmeverhältnis ζ_{CH} höchstens etwa 2 betragen. Bei tatsächlichen Kreisläufen kann nur mit ζ_H zwischen 1,3 bis 1,6 gerechnet werden [69], da diese erheblich vom Idealprozeß abweichen. Vor allem ist nur ein endlicher Lösungskreislauf möglich, womit Konzentrationsunterschiede in der Lösung auftreten. Weitere Verlustquellen sind unvollkommener innerer Wärmeaustausch, unvollkommene Absorption und Rektifikation.

3. Der Kaltluftprozeß.

Er arbeitet mit gasförmigen Arbeitsmitteln, normalerweise Luft. Der Vergleich mit dem Carnot-Prozeß zeigt, daß der Kaltluftprozeß diesem viel weniger ähnelt als der Kaltdampfprozeß und die benötigte Verdichtungsarbeit L relativ größer ist. (Vgl. Bd. II, S. 83 und Bd. III, S. 6 dieses Handbuches.) Die tatsächliche Leistungsziffer der Luft-Wärmepumpe ist also erheblich kleiner als ε_c. Dies ist der Grund, weshalb Luftwärmepumpen bis auf wenige Versuchsanordnungen ohne wirtschaftliche Bedeutung geblieben sind.

IV. Arbeitsstoffe.

Die Geschichte der Kältetechnik zeigt wiederholt die Bedeutung neuer, geeigneter Kältemittel für die Entwicklung der Kälteerzeugungsverfahren und deren Anwendungsgebiete [70]. Mit wachsender Bedeutung der Wärmepumpe ist zu erwarten, daß auch dafür besonders geeignete Kältemittel entwickelt und hergestellt werden. Die heute gebräuchlichen Kältemittel haben nicht alle die für Wärmepumpen gewünschten Eigenschaften.

1. Anforderungen.

Ein Kältemittel für Wärmepumpen muß im Arbeitsbereich von $-30\ °C$ bis $+160\ °C$ chemisch stabil sein, darf die Zersetzung anderer Stoffe des Kreislaufs (z. B. des Schmieröls) nicht fördern und muß unbrennbar, ungiftig und geruchlos sein. Die höchsten Drücke müssen noch wirtschaftlich beherrschbar sein (nicht über 25 atü); der Verdampfungsdruck sollte wegen der Gefahr des Einsaugens von Luft bei rd. $-30\ °C$ nicht unter 1 ata liegen. Bei Kolbenkompressoren muß das Druckverhältnis und der Adiabaten-Exponent möglichst klein sein, um niedere Verdichtungsendtemperaturen, eine bessere Annäherung an den Carnot-Kreisprozeß und eine Verringerung der Zersetzungsgefahr zu erreichen. Viskosität, Wärmeleitzahl und Oberflächenspannung müssen gute Wärmeübergangs- und Strömungsbedingungen in den Apparaten (Verdampfer, Kondensator) sicherstellen. Ist das Kältemittel in Öl löslich, sollte keine Mischungslücke auftreten, damit die Rückführung des Öls aus dem Verdampfer in das Kurbelgehäuse sichergestellt ist. Erwünscht ist Unlöslichkeit. Wird das Kältemittel in Kreisprozessen mit Motorkompressoren (s. Band V dieses Handbuches) verwendet, muß das Kältemittel einen hohen elektrischen Widerstand und eine hohe Dielektrizitäts-Konstante haben. Schließlich ist für Wärmepumpen die erreichbare spez. Heizleistung H_{th} im Vergleichsprozeß (s. S. 484) von wesentlich größerer Bedeutung als die spezifische Kälteleistung bei Kältemaschinen. Auch der Preis des Kältemittels spielt eine größere Rolle.

Ein Kältemittel, welches allen Anforderungen für Wärmepumpen gerecht wird, gibt es bisher nicht.

2. Praktisch verwendete Kältemittel.

Die besten, praktisch verwendeten Kältemittel sind entweder brennbar und giftig (z. B. Ammoniak), oder sie haben einen gefährlichen Einfluß auf die Lebensdauer der Wicklungen von eingebauten Motoren (z. B. R 22), oder sie benötigen bei an sich günstigen Eigenschaften ein zu großes Hubvolum des Kompressors und verteuern dadurch die Wärmepumpe unnötig (z. B. R 12). In den Vereinigten Staaten von Amerika wird trotz der rel. geringen chemischen Stabilität, der Gefahr der Wicklungsschäden und der rel. geringen spezifischen Heizleistung das Kältemittel R 22 (CHF_2Cl) bevorzugt, weil es eine kompakte Bauweise und kleinere Kompressoren zuläßt. Viele Großheizwärmepumpen, besonders in der Schweiz, werden trotz der höheren Verdichtungsendtemperaturen und der Giftigkeit mit Ammoniak betrieben, da hiermit eine hohe spezifische Heizleistung erreicht werden kann. Die wesentlichen Eigenschaften der wichtigsten in Frage kommenden Kältemittel (NH_3, R 12, R 21, R 22, R 114, R 142, RC 318) sind von HIRSCHBERG [68] zusammengestellt.

Demnach sollte *Ammoniak* wegen seiner hohen spezifischen Heizleistung überall dort verwendet werden, wo seine toxischen Eigenschaften durch eine entsprechende Anordnung der Maschinenlage ungefährlich bleiben. Es eignet sich besonders für Kolbenkompressoren großer Leistung. Für den Betrieb ist seine Unempfindlichkeit gegen Feuchtigkeit und die Unlöslichkeit in Mineralölen angenehm.

R 12 (CF_2Cl_2) dürfte für Heizwärmepumpen wegen seiner Ungefährlichkeit, seiner günstigen thermodynamischen Werte, der noch zu beherrschenden Drücke, dem günstigsten Druckverhältnis, der relativ hohen volumetrischen Leistung, und der günstigen spezifischen Heizleistung das am besten geeignete Kältemittel sein, solange nicht Heiztemperaturen > 60 °C verlangt werden. Wegen des niedrigen Adiabatenexponenten ergeben sich beim Ansaugen überhitzter Dämpfe keine unzulässig hohen Verdichtungsendtemperaturen. Den guten thermodynamischen Werten steht erschwerend die geringe Wasserlöslichkeit entgegen. In Standzeiten der Anlage hat das Kältemittel die Neigung, sich infolge der über dem Ölspiegel herrschenden Dampfdruckerniedrigung im Ölsumpf des Kompressors zu lösen. Das kann zu schädlichen Kältemittelverlagerungen und beim Wiederanfahren zu einem Aufschäumen des Öls führen. Bei Wärmepumpen ist diese Gefahr besonders groß, weil es möglich ist, daß die Behälter, in denen sich normalerweise das flüssige Kältemittel befinden soll, wärmer werden als der Kompressor und damit die Verlagerung beschleunigt wird. Die Wärmepumpen-Kompressoren sollten daher in den Stillstandzeiten beheizt werden. Im Hinblick auf die Bedeutung von R 12 für Wärmepumpen werden in den Tab. 9 und 10 die spezifischen Heizleistungen H_{th} und die volumetrische Heizleistung h_{oth} angegeben.

Monofluordichlormethan, R 21, ($CHFCl_2$) wird neben R 114 für Hochtemperatur-Kältekreisläufe, z. B. die Klimatisierung von Krankabinen, verwendet. Wegen seiner kleinen volumetrischen Kälteleistung werden relativ große Kompressoren benötigt.

Tabelle 9.
Die spezifische Heizleistung H_{th} von Difluordichlormethan (CF_2Cl_2 = R 12) in kcal/kWh.

Verflüssigungs-temperatur °C	Temperatur vor dem Regelventil °C	Verdampfungstemperatur °C								
		−30	−25	−20	−15	−10	−5	0	+5	+10
+30	15	3920	4300	4740	5330	6080	6940	8180	10600	13180
	20	3800	4170	4590	5170	5890	6720	7930	9980	12760
	25	3690	4050	4450	5000	5700	6510	7680	9660	12320
	30	3560	3910	4300	4830	5510	6280	7410	9330	11900
+40	20	3360	3725	4080	4460	4990	5610	6340	7440	9040
	30	3155	3495	3825	4170	4510	5260	5940	6960	8460
	40	2950	3260	3460	3900	4360	4880	5520	6480	7870
+50	30	—	—	3460	3750	4120	4520	5000	5760	6740
	40	—	—	3240	3510	3850	4220	4670	5380	6280
	50	—	—	3000	3250	3550	3890	4300	4970	5810
+60	40	—	—	2950	3210	3500	3800	4160	4690	5370
	50	—	—	2780	2980	3240	3520	3830	4340	4980
	60	—	—	2550	2740	2980	3240	3530	3990	4560
+70	50	—	—	2605	2780	2980	3210	3470	3870	4350
	60	—	—	2400	2560	2750	2960	3200	3570	4000
	70	—	—	2190	2360	2510	2690	2910	3240	3640

Tabelle 10.
Die volumetrische Heizleistung h_{oth} für Difluordichlormethan (CF_2Cl_2 = R 12) in kcal/m³.

Verflüssigungs-temperatur °C	Temperatur vor dem Regelventil °C	Verdampfungstemperatur °C								
		−30	−25	−20	−15	−10	−5	0	+5	+10
+30	+15	239	288	345	409	484	568	666	767	884
	+20	232	279	335	399	469	550	645	743	855
	+25	225	271	325	386	454	533	624	719	826
	+30	218	262	314	372	438	515	603	694	798
+40	+20	241	289	345	410	483	567	665	768	881
	+30	226	271	324	384	453	532	623	719	825
	+40	211	252	301	358	422	494	579	669	767
+50	+30	—	—	334	396	467	549	643	740	850
	+40	—	—	312	370	436	512	599	690	791
	+50	—	—	288	342	403	472	553	638	731
+60	+40	—	—	321	381	449	527	615	710	813
	+50	—	—	298	354	416	489	570	657	753
	+60	—	—	274	326	383	449	524	604	690
+70	+50	—	—	308	364	431	505	598	677	775
	+60	—	—	284	336	397	465	542	624	714
	+70	—	—	259	307	362	424	493	567	649

Bei Großheizwärmepumpen, die genau wie Großklimaanlagen mehr und mehr mit Turbokompressoren ausgerüstet werden, bietet die Anwendung von R 21 Vorteile. Es hat die höchste Leistungsziffer aller in Frage kommenden Kältemittel und läßt gegenüber R 12 eine Energieersparnis von rd. 7% erwarten. Es ist nach Soo [71] für Turbokompressoren besonders geeignet, weil es höhere Drehzahlen, kleinere Verdichterabmessungen und die Überwindung hoher Druckverhältnisse gestattet.

Difluormonochlormethan, R 22, (CHF_2Cl) wird wegen seiner um 65 bis 70% größeren volumetrischen Kälteleistung als von R 12 in Klimaanlagen verwendet, da der Kompressor und die Rohrdurchmesser kleiner sein und damit die Geräte kompakter gebaut sein können. Die meisten heute in den Vereinigten Staaten gebauten Wärmepumpen (Ganzjahresklimageräte) werden mit R 22 betrieben. Seine Vorteile gegenüber R 12 bleiben jedoch auf diesen Punkt beschränkt. Das Druckverhältnis ist bei beiden Kältemitteln etwa gleich. Die spezifische Heizleistung ist bei R 12 um 8% höher. Die Verdichtungsendtemperatur kann bei R 22 bei noch üblichen Betriebsbedingungen schon über der durch die Ölzersetzung im Druckventil gegebenen Grenzen von 150 °C liegen, was bei R 12 nicht zu befürchten ist. R 22 ist gegenüber organischen Baustoffen, besonders den Dichtungen und Motorisolierstoffen, wesentlich aggressiver als R 12. Die Lebensdauer von eingebauten Motoren, besonders, wenn diese mit cellulosehaltigen Isolierstoffen gebaut werden, wird herabgesetzt. R 22 und Öl sind nicht unbeschränkt ineinander mischbar. Im Hinblick auf die Bedeutung des Kältemittels für Wärmepumpen als Ganzjahresklimaanlagen sind die spezifische Heizleistung H_{th} und die volumetrische Heizleistung h_{oth} in den Tab. 11 und 12 wiedergegeben.

Tetrafluordichloräthan, R 14, $(C_2F_4Cl_2)$ ist ähnlich wie R 21 ein Niederdruckkältemittel mit einer kleinen volumetrischen Kälteleistung und wird daher haupt-

Tabelle 11.

Die spezifische Heizleistung H_{th} von Difluormonochlormethan (CHF$_2$Cl = R 22) in kcal/kWh.

Verflüssigungs-temperatur °C	Temperatur vor dem Regelventil °C	Verdampfungstemperatur °C								
		−30	−25	−20	−15	−10	−5	0	+5	+10
+30	10	4000	4400	4780	5450	6210	7130	8390	10270	12670
	20	3780	4150	4500	5130	5850	6700	7880	9630	11870
	30	3540	3880	4210	4790	5460	6250	7340	8970	11050
+40	20	3360	3670	4000	4440	4970	5580	6380	7250	8540
	30	3150	3440	3750	4160	4650	5210	5910	6750	7980
	40	2940	3210	3490	3870	4320	4840	5490	6270	7380
+50	30	2875	3120	3410	3750	4110	4500	4980	5620	6400
	40	2690	3420	3180	3500	3830	4180	4630	5220	5950
	50	2500	2710	2850	3240	3540	3860	4270	4820	5470
+60	40	2510	2700	2930	3200	3600	3800	4110	4580	5080
	50	2340	3510	2720	2960	3240	3520	3800	4230	4680
	60	2170	2330	2520	2740	3000	3250	3510	3910	4310

Tabelle 12.

Die volumetrische Heizleistung h_{oth} für Difluormonochlormethan (CHF$_2$Cl = R 22) in kcal/m³.

Verflüssigungs-temperatur °C	Temperatur vor dem Regelventil °C	Verdampfungstemperatur °C								
		−30	−25	−20	−15	−10	−5	0	+5	+10
+30	10	408	488	582	683	806	942	1100	1274	1467
	20	385	461	547	643	758	886	1033	1205	1375
	30	362	431	512	500	707	826	962	1122	1280
+40	20	400	477	563	662	783	915	1068	1235	1420
	30	375	447	528	619	732	852	995	1150	1325
	40	351	417	492	577	681	793	924	1068	1227
+50	30	387	461	544	637	750	878	1022	1282	1365
	40	363	431	508	595	699	816	950	1100	1267
	50	337	399	470	550	645	752	876	1014	1166
+60	40	377	446	526	615	725	845	985	1137	1305
	50	351	414	489	570	672	782	911	1050	1203
	60	326	384	453	527	622	723	841	970	1105

sächlich für Drehkolbenkompressoren kleiner Leistung verwendet. Seine Verwendung in Wärmepumpen ist bei ausgesprochenen Hochtemperaturanlagen mit Heiztemperaturen $> 70\ °C$ vorteilhaft, allerdings nur solange das wesentlich günstigere R 142 noch nicht im Handel erhältlich ist.

Trifluortrichloräthan, R 113, ($CFCl_2 - CF_2Cl$) wird von Scheindlin und Bubuschjan [72] als Kältemittel für Wärmepumpen empfohlen. Es handelt sich dabei um den Einsatz für Turbokompressoren, denn für Kolbenverdichter ist die volumetrische Kälteleistung ($q_0 = 17,7$ kcal/m³ bei $-15\ °C/+30\ °C$) viel zu klein. Es hat einen normalen Siedepunkt $t_s = 47,7\ °C$, so daß der Kältekreislauf fast immer im Vakuum arbeitet. Wegen des relativ großen Volums, das zu fördern ist, können schon ab Heizleistungen von rd. 100000 kcal/h Turbokompressoren verwendet werden. Da die spezifische Heizleistung hoch und der Wirkungsgrad von Turbokompressoren besser als von Kolbenkompressoren ist, sind mit R 113 für Turbo-Wärmepumpen im Bereich von 80000 bis 150000 kcal/h Vorteile zu erwarten.

Difluormonochloräthan, R 142, ($CH_3 - CF_2Cl$) wird seit einigen Jahren in Rußland industriell hergestellt und für Hochtemperatur-Klimaanlagen und Wärmepumpen eingesetzt [73]. Die thermodynamischen Daten sind noch nicht genau ermittelt. So existieren zur Zeit 3 Dampftabellen mit Abweichungen bei den Druckangaben von fast 5% und fast 10% bei den Enthalpie-Werten [74], [75], [76]. Auch bezüglich des sonstigen Verhaltens ist noch nicht viel bekannt. Gegenüber den Kältemitteln R 114 und R 21 ist die fast doppelte volumetrische Kälteleistung und das etwas kleinere Druckverhältnis vorteilhaft. Im Vergleich zu R 12 ist bei einer Wärmepumpe für die gleiche Heizleistung ein um 75% größerer Kompressor erforderlich. Allerdings können mit R 142 in den handelsüblich hergestellten Kaltdampfkompressoren Kondensationstemperaturen bis 90 °C erreicht werden, ohne daß unzulässig hohe Verdichtungsendtemperaturen und Drücke auftreten. Dabei würde bei $-5\ °C$ Verdampfungstemperatur und 90 °C Kondensationstemperatur die spezifische Heizleistung immer noch $H_{th} = 2860$ kcal/kWh und die Leistungsziffer $\varepsilon_{th} = 3,37$ sein. R 142 scheint sich aus diesem Grunde gut zum Wassererhitzen, z. B. in Schwimmbädern und Duschanlagen zu eignen. Da die

Tabelle 13. *Dampftafel für* R 142 ($CH_3 - CF_2Cl$) *nach DKV-Arbeitsblatt 1–29 und B. Weinberg.*[1]

	p kp/cm	v' 1/kg	v'' m³/kg	i' kcal/kg	i'' kcal/kg	s' kcal/kg °K	s'' kcal/kg °K
− 20	0,655	0,816	0,314	94,26	148,52	0,978	1,193
− 15	0,815	0,824	0,256	95,67	149,27	0,984	1,191
− 10	1,003	0,832	0,210	97,10	150,02	0,989	1,190
− 5	1,224	0,841	0,175	98,54	150,75	0,995	1,189
0	1,481	0,851	0,146	100,00	151,45	1,000	1,188
+ 5	1,779	0,861	0,123	101,47	152,13	1,005	1,187
+ 10	2,120	0,872	0,104	102,96	152,80	1,011	1,186
+ 30	4,016	0,922	0,056	109,09	155,25	1,031	1,183
+ 40	5,348	0,951	0,043	112,25	156,37	1,041	1,182
+ 50	6,992	0,982	0,033	115,47	157,41	1,051	1,181
+ 60	8,993	1,015	0,025	118,76	158,45	1,061	1,189
+ 70	11,40	1,051	0,020	122,12	159,36	1,070	1,179
+ 80	14,28	1,090	0,016	125,54	160,18	1,080	1,178
+ 90	17,6	1,12	0,012	129,45	160,7	—	—
+100	21	1,19	0,009	133,4	160,9	—	—
+110	26	1,28	0,007	137,4	160,7	—	—

[1] Etwas abweichende Werte finden sich im Handb. d. Kältetechn., Bd. IV, S. 404 u. 470.

thermodynamischen Daten bei höheren Temperaturen von R 142 noch nicht in die gebräuchlichen Sammlungen solcher Unterlagen aufgenommen worden sind, wird in Tab. 13 die Dampftafel nach DKV-Arbeitsblatt 1—29 [76], ergänzt durch die Dampftafel von WEINBERG [75] wiedergegeben.

PLANK [77] hat auf das *Kältemittel* R 115 (C_2F_5Cl) hingewiesen, welches einen normalen Siedepunkt von -38 °C hat. Es ist chemisch sehr stabil und zeigt auch bei hohen Temperaturen keine Neigung zur Zersetzung. Es ist unbrennbar und ungiftig. Die volumetrische Kälteleistung ist fast so groß wie bei R 22. Die Löslichkeit in Mineralöl ist wesentlich geringer als bei R 22, so daß eine breite Mischungslücke entsteht, die das Verhalten der beiden Komponenten demjenigen ölunlöslicher Kältemittel ähneln lassen [78]. Es dürfte sich lohnen, dieses Kältemittel im Hinblick auf seine Anwendbarkeit in Hausheizwärmepumpen (Ganzjahresklimaanlagen) näher zu untersuchen.

In neuerer Zeit ist von Dupont ein azeotropes Gemisch aus rd. 49% R 22 und 51% R 115, als R 502 bezeichnet, auf den Markt gebracht worden, welches inzwischen auch von den Farbwerken Hoechst als Frigen 502 hergestellt wird. R 502 hat eine Reihe von günstigen Eigenschaften. Diese wurden von SOUMERAI [79] aufgezählt:

1. Niedrigere Temperaturen im Druckstutzen des Kompressors, im Öl und in der Wicklung.

2. Einsatzgrenze des Kompressors gegen tiefere Verdampfungstemperaturen verschoben, Wegfall von Nacheinspritzung, Ölkühlern oder wassergekühlten Zylinderköpfen.

3. Bei tiefen Verdampfungstemperaturen höhere Kälteleistung als mit R 22.

4. Bessere dielektrische Eigenschaften als R 22. Größere Schonung des Motors und seiner Isolierstoffe.

R 502 wird z. Z. hauptsächlich in kleinen gewerblichen Tiefkühlanlagen, z. B. Verkaufsmöbeln für Tiefkühlkost verwendet. Eine Anwendung für Wärmepumpen ist bisher noch nicht bekannt geworden. Vergleicht man aber die Anforderungen an das „ideale" Kältemittel mit den aufgezählten Eigenschaften von R 502, so dürfte es naheliegend sein, damit Wärmepumpen, welche mit Außenluft als Wärmequelle arbeiten, zu betreiben. Die meisten, bisher in solchen Anlagen beobachteten Ausfallursachen ließen sich durch den Austausch von R 22 durch R 502 vermeiden.

3. Arbeitsstoffpaare für Absorptionswärmepumpen.

Bei der Absorptionswärmepumpe sind die Anforderungen an das Kälte- und Lösungsmittel nahezu dieselben wie bei normalen Absorptions-Kältemaschinen.

Als Kältemittel können verwandt werden: Wasser, Ammoniak, verschiedene Amine, halogenierte Kohlenwasserstoffe, insbesondere R 21 und R 22. Als Absorptionsflüssigkeiten kommen nach den heutigen Erfahrungen in Betracht: für Wasser wäßrige Lithiumbromid- oder Lithiumchloridlösungen, weiterhin Diäthylentriamin,
für Ammoniak und Amine Wasser,
für halogenierte Kohlenwasserstoffe verschiedene Äther und Esther, z. B. Tetraäthylenglykol-dimethyläther, verschiedene Petroleumsorten.

Für Wärmepumpen sind bis heute zwei Arbeitsstoffpaare benützt worden:

Ammoniak—Wasser. Die thermodynamischen Eigenschaften dieses Stoffpaares sind sehr gut bekannt. (Vgl. Bd. VII dieses Handbuches, S. 176.) Nachteilig ist lediglich die Gefährlichkeit des Kältemittels, weshalb solche Wärmepumpen nicht in Wohnhäusern aufgestellt werden dürfen.

Wasser—Lithiumbromid. Dieses Arbeitsstoffpaar wurde vor etwa 15 Jahren für Klima-Absorptionsmaschinen eingeführt. Es ist inzwischen gelungen, das Wärmeverhältnis durch technische Verbesserungen auf $\zeta = 0{,}75$ zu erhöhen [80]. Nachteilig ist, daß die Wärmequelle keine Temperatur unter 0 °C haben darf und bei Absorptionstemperaturen über 40 bis 50 °C die Konzentration der wäßrigen Lithiumbromidlösungen schon so hoch ist, daß Kristallisationsgefahr besteht [81]. Das Anwendungsgebiet dieser Wärmepumpen ist also sehr eingeengt.

In neuerer Zeit sind einige Arbeitsstoffpaare bekannt geworden, die weder die Giftigkeit und Brennbarkeit von Ammoniak, noch die betrieblichen Nachteile der Lithiumbromidlösung aufweisen. Es handelt sich dabei um die Kältemittel R 21 und R 22, zusammen mit verschiedenen organischen Lösungsmitteln [82], [83], [84]. Von diesen ist das Verhalten des Arbeitsstoffpaares R 22—Tetraäthylenglykoldimethyläther schon näher untersucht worden, insbesondere auch hinsichtlich der chemischen Stabilität, welche selbst bei 175 °C noch gut ist.

Da in großen Teilen der Vereinigten Staaten von Amerika Erdgas sehr billig ist, hätte eine gasbefeuerte Absorptions-Ganzjahresklimaanlage dort gute Einsatzmöglichkeiten [85].

V. Die Kompressor-Kaltdampfwärmepumpe.

Wie schon erwähnt, hat die Kompressor-Kaltdampfwärmepumpe die größte Verbreitung gefunden. Der in dieser Wärmepumpe benützte Vergleichsprozeß kommt dem Carnot-Prozeß am nächsten. Alle Bauelemente wie Kompressor, Regelgeräte u. ä. liegen in gut durchentwickelter, betriebssicherer Ausführung vor. Ihr grundsätzlicher Aufbau entspricht genau dem einer Kaltdampf-Kältemaschine.

Bei Wärmepumpen muß jedoch jede Möglichkeit der Energieeinsparung ausgenützt werden. Deshalb soll im folgenden die für Wärmepumpen so wichtige Beeinflussung der Leistungsziffer durch einzelne Bauteile, das gewählte Schaltschema, die Dimensionierung der Wärmetauscher u. a. untersucht werden.

1. Die einstufige Kaltdampf-Kompressorwärmepumpe

wird hauptsächlich in die serienmäßig hergestellten Ganzjahresklimageräte und andere, kleinere Anlagen eingebaut, bei welchen im normalen Betrieb keine größere Temperaturdifferenz als 60 grd zwischen Verdampfung und Kondensation besteht. Bei Überschreiten dieses Wertes wird die effektive Leistungsziffer ε_{eff} kleiner

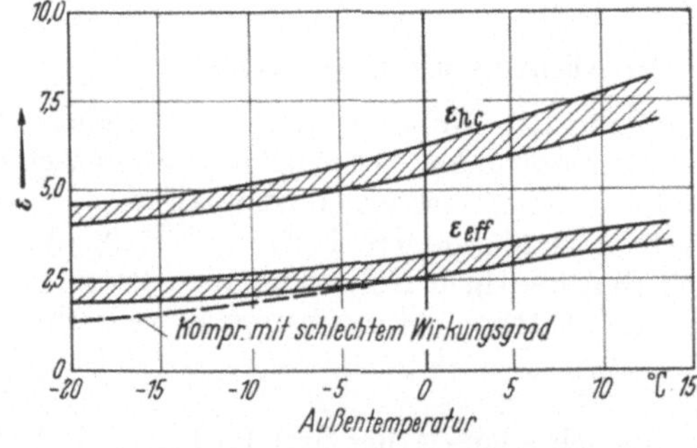

Abb. 392. Der Verlauf der Leistungsziffer nach Carnot $\varepsilon_{h.c.}$ und der praktischen Leistungsziffer ε_{eff} von Luft-Luft-Wärmepumpen, abhängig von der Außentemperatur.

als 2,5 und damit der Betrieb unwirtschaftlich. Heizsysteme, welche hohe Vorlauftemperaturen erfordern, können selbst bei günstiger Wärmequelle nicht verwendet werden, da schon bei einer Kondensationstemperatur von +70 °C und einer Verdampfungstemperatur von 0 °C bei normaler Überhitzung der angesaugten Dämpfe die Überhitzungstemperatur der verdichteten Dämpfe bei R 12 rd. 100 °C, bei R 22 rd. 130 °C und bei Ammoniak sogar rd. 180 °C beträgt.

Die einstufige Luft-Luft-Wärmepumpe hat eine in Abb. 392 wiedergegebene Betriebscharakteristik [86]. Während des Heizzyklus bei Außentemperaturen zwischen −15 °C und +15 °C ändert sich die Leistungsziffer von < 2 bis > 3, die Energieaufnahme im Verhältnis 1:1,5, die Heizleistung im Verhältnis 1:2. Mit tieferer Außentemperatur wird die Heizleistung rasch kleiner. Auch während des Kühlzyklus verlaufen der Kältebedarf des Hauses und die Kälteleistung des Gerätes mit steigender Außentemperatur entgegengesetzt. Die Leistungsziffer vermindert sich im Arbeitsbereich von +25 °C bis 45 °C von 2,5 auf 1,6, die Kühlleistung fällt um etwa 20%. Der mittlere Energiebedarf liegt etwa 20% höher als beim Heizbetrieb.

Von den Verlusten, welche die geringen Leistungsziffern verursachen, haben der Temperatursprung in den Wärmetauschern und die im gekühlten, bzw. geheizten Medium entstehende Differenz zwischen Eintritts- und Austrittstemperatur den weitaus größten Einfluß. Sie verursachen eine Herabsetzung auf $^1/_3$ des ursprünglichen Wertes. Den zweitgrößten Verlust bedingt der für den Transport der Luft erforderliche Energiebedarf, der bei nur 10% des Gesamtbedarfs eine Minderung der Leistungsziffer um rd. 30% verursacht. Die Verluste im Kältekreislauf selbst einschließlich der Strömungsverluste haben nur einen Anteil von etwa 17%.

Die durch die großen Temperaturdifferenzen verursachten Verluste können durch Anpassen des üblichen Kältemittelkreislaufs an den LORENZ-Prozeß (s. Kap. BII) wesentlich verringert werden. Eine Untersuchung dieser Möglichkeit hat ALTENKIRCH [87] durchgeführt. In Abb. 393a ist die Schaltung einer ein-

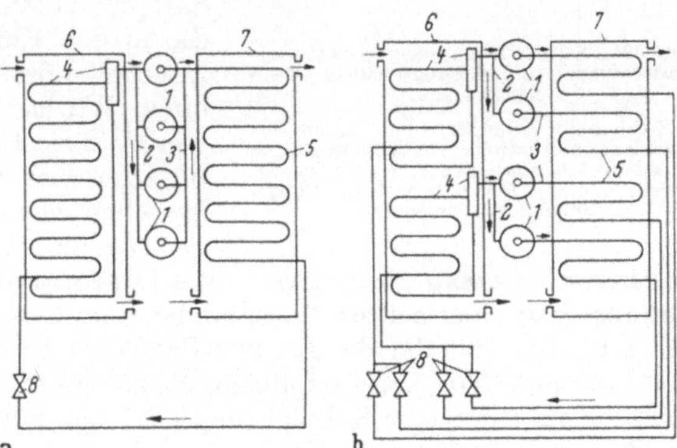

Abb. 393a. Schematisches Schaltbild einer einstufigen Wärmepumpe mit einem 4zylindrigen Kompressor in Annäherung an den CARNOT-Prozeß.

Abb. 393b. Wie Abb. 393a jedoch in Anlehnung an den LORENZ-Prozeß nach ALTENKIRCH).

1 Kompressor-Zylinder; *2* Saugleitung; *3* Druckleitung; *4* Verdampfer; *5* Kondensator; *6* Leitapparat für das Medium der Wärmequelle; *7* Leitapparat für das Heizmedium; *8* Kältemittel-Expansionsstelle.

stufigen Kältemaschine mit 4 Verdichtungszylindern in der üblichen Art, in Abb. 393b dieselbe Maschine in einer dem LORENZ-Prozeß angepaßten Schaltung gezeigt. Die Zylinder mit der höheren Verdampfungstemperatur arbeiten auch bei der höheren Kondensationstemperatur. Die zu überbrückende Temperaturdifferenz ist für jeden Zylinder dieselbe. Eine solche Kältemaschine (Wärmepumpe) ergibt höhere Abflußtemperaturen im Kondensator. ALTENKIRCH hat für den Fall, daß einem Kälteträger eine Kälteleistung von 90000 kcal/h bei einer Zulauftemperatur von −2 °C und einer Ablauftemperatur von −5 °C zu entnehmen war, die optimalen Endtemperaturen im Kondensator (bei einer Zulauftemperatur des Wärmeträgers von 10 °C) und die Erzeugungskosten errechnet. Es zeigt sich, daß durch die in LORENZ-Schaltung arbeitende Wärmepumpe 34,4% Kosten eingespart werden und die Ablauftemperatur des Wärmeträgers um 10 grd höher liegt als beim CARNOT-Prozeß. Die erreichbare Verbesserung ist um so höher, je höher die Ablauftemperatur des Heizmediums sein muß.

Es gibt verschiedene Verfahren, die einstufige Kompressor-Kaltdampfmaschine dem LORENZ-Prozeß anzugleichen:

Die erste Möglichkeit ist die Aufteilung in mehrere Einzelkreisläufe, die in der in Abb. 393b gezeigten Weise geschaltet werden. Eine solche Wärmepumpe ist schon für die Ausnutzung der Sonnenwärme vorgeschlagen worden [88]. Eine zweite Möglichkeit besteht in der Verwendung ausreichend großer Wärmespeicher sowohl auf der Verdampfer- wie Kondensatorseite. Es können hierbei entweder die Speicher periodisch geladen und entladen werden, oder es können jeweils zwei umschaltbare Speicher verwendet werden, die abwechselnd geladen und entladen werden. Die Wirkungsweise ist von ALTENKIRCH [89] beschrieben worden. Nachteil ist, daß solche Anlagen teurer als Wärmepumpen ohne Wärmespeicher sind. Allerdings ist die Einschaltung eines Wärmespeichers für stark wechselnden Heizbedarf immer zweckmäßig, um eine bessere Ausnützung der Gesamtanlage und höhere Leistungsziffern zu erzielen. Die dritte Möglichkeit ist die ebenfalls von ALTENKIRCH beschriebene Kompressor-Kältemaschine mit Lösungskreislauf [89] (Abb. 394). Es handelt sich dabei um die Kombination einer Absorptionskältemaschine mit einem Kompressor. Im Verdampfer und Kondensator befindet sich ein für das Kältemittel geeignetes Lösungmittel. Die Drücke der mit Kältemittel konzentrierten Lösung liegen erheblich niedriger als beim reinen Kältemittel. Durch das Absaugen der Kältemitteldämpfe im Verdampfer entsteht dort eine „arme" Lösung, die in den Kondensator gepumpt wird. Die „reiche" Lösung im Kondensator fließt über einen Wärmetauscher dem Verdampfer zu. Der Fluß der Lösung im Verdampfer und Verflüssiger wird so geführt, daß an jeder Stelle zwischen dem äußeren Wärmeträger und der Lösung die kleinstmögliche Temperaturdiffe-

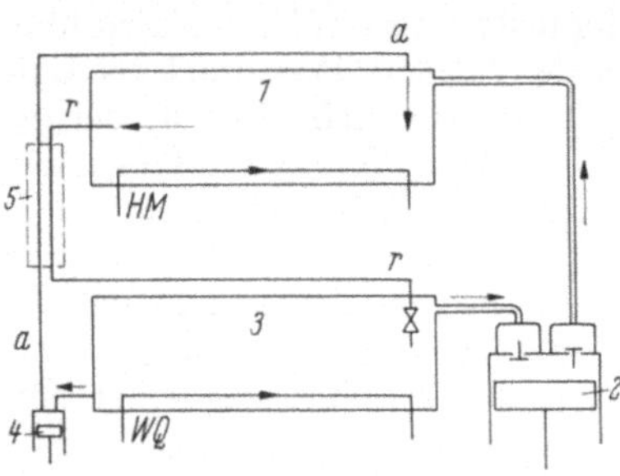

Abb. 394. Schaltschema einer Kompressor-Wärmepumpe mit Lösungskreislauf nach ALTENKIRCH.

1 Kondensator-Absorber; 2 Kompressor; 3 Verdampfer-Austreiber; 4 Lösungspumpe; 5 Lösungswärmeaustauscher; a arme Lösung; r reiche Lösung; HM Heizmedium; WQ Medium der Wärmequelle.

renz herrscht, womit die Bedingung des LORENZ-Prozesses erfüllt ist. Der Anlagenwirkungsgrad einer solchen Maschine ist stets besser als der des CARNOT-Prozesses und schlechter als der des LORENZ-Prozesses. In neuerer Zeit wurde eine solche Maschine mit dem Arbeitsstoffpaar R 22 und Petroleum untersucht, wobei im Hinblick auf die kleine Kälteleistung (120 kcal/h bei $-20\,°C$) günstige Ergebnisse erzielt wurden [90].

Eine weitere Methode, Verdampfung und Kondensation über einen Bereich der Temperatur ablaufen zu lassen, ist die Verwendung von *Kältemittel-Gemischen*. Nach KLIMEK [91] ist Voraussetzung für die Anpassung an den LORENZ-Prozeß, daß zwischen Kondensation und Verdampfung der Mischungskomponenten ein Gleichgewicht besteht. Nur dann ergibt sich ein linear ansteigender bzw. fallender Verlauf der Kondensations- und Verdampfungstemperatur entsprechend dem Temperaturverlauf im äußeren Medium. Versuche mit n-Butan/Propan-Gemischen mit 0% bis 30% Propan zeigten, daß bei 30% Propanbeimengung der Energiebedarf gegenüber dem Prozeß mit reinem n-Butan wegen der über etwa 15 °C gleitenden Verdampfungs- und Kondensationstemperatur bis 15% niedriger war. Bei Anwendung des Prozesses werden besonders große Wärmetauschflächen und eine besondere Konstruktion zur innigen Durchmischung der beiden Phasen benötigt.

Die Leistungsziffer von nicht leistungs-geregelten Wärmepumpen wird weiterhin dadurch verschlechtert, daß der Antriebsmotor für den größten, möglicherweise auftretenden Energiebedarf bemessen werden muß, aber während des größten Teils der Betriebszeit mit Teillast und deshalb mit einem ungünstigen

Wirkungsgrad arbeitet. Dieser Energiebedarf kann z. B. durch Abschalten einzelner Zylinder begrenzt werden. Neuerdings ist ein Verfahren zur Leistungsbegrenzung bekannt geworden, bei welchem im Kältekreislauf nicht die reinen Kältemittel, sondern binäre Gemische chemisch ähnlicher Kältemittel verwendet werden, welche nahezu den Gesetzen idealer Zweistoff-Gemische folgen [92]. Bei Gemischen der Kältemittel R 12, R 22, R 13 und R 13B1 ist festgestellt worden, daß durch Verschiebung des Mischungsverhältnisses die Heizleistung und Energieaufnahme in weiten Grenzen verändert werden können, ohne daß sich die Leistungsziffer gegenüber den reinen Komponenten verschlechtert [93].

2. Die zweistufige Kompressorwärmepumpe.

Ganzjahresklimaanlagen mit Wärmepumpen als Grundeinheit können in einstufiger Bauart nur in Klimazonen eingesetzt werden, deren Minimaltemperatur über $-15\,°C$ liegt (z. B. Klimazone I und II nach DIN 4701). Für Gebiete mit kälteren Wintern (z. B. im Norden der USA) sind deshalb zweistufige Wärmepumpen entwickelt worden, welche bis zu Anschlußleistungen von mehreren 100 kW eingesetzt werden [94]. Sie werden z. B. auf einem Grundgestell schon in der Fabrik montiert und können je nach Betriebserfordernis im Sommer mit

Abb. 395. Maschinen- und Heizwasser-Block einer Luft-Wasser-Wärmepumpe der Firma York, USA, mit einer Heizleistung von 300000 kcal/h bei $-18\,°C$ Außentemperatur und einer Kühlleistung von 520000 kcal/h bei $35\,°C$ Außentemperatur. Die beiden Kompressoren sind ein- oder zweistufig zu betreiben.

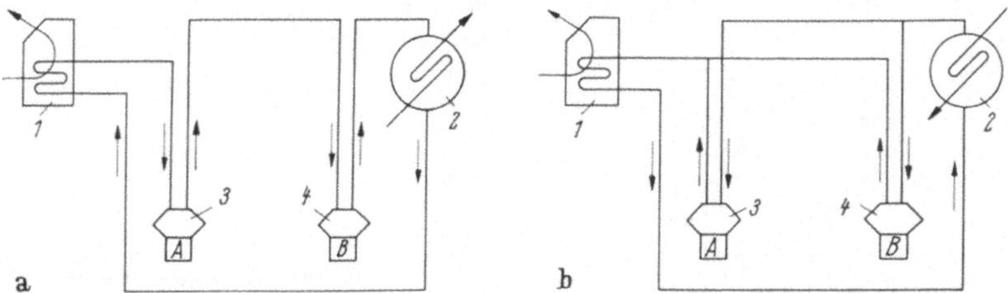

Abb. 396a u. b. Prinzipschaltung der Wärmepumpe nach Abb. 395

a) *Im Winterbetrieb:* Der ventilatorbelüftete Lamellenapparat *1* dient als Außenluftkühler; die Kompressoren *3* und *4* sind hintereinandergeschaltet; der Röhrenbündelapparat *2* dient zur Heizwasser-Erwärmung.
b) *Im Sommerbetrieb:* *1* dient als luftgekühlter Kondensator, *2* als Wasserkühler für die Klimaanlage; die Kompressoren *3* und *4* sind je nach Leistungsanforderung nur einzeln oder in Parallelschaltung in Betrieb.

2 Kompressoren parallel im Kühlbetrieb, in der Übergangszeit mit einem Kompressor im Heizbetrieb und im Winter mit 2 Kompressoren in zweistufigem Heizbetrieb arbeiten [95] (Abb. 395 u. 396). Die Schaltung des Wärmepumpen-Kreislaufs entspricht genau den entsprechenden zweistufigen Kältemaschinen. WERDEN [94] hat den Einfluß von Zwischenkühlern und der Unterkühlung des flüssigen Kältemittels auf die Leistungsziffer untersucht (Tab. 14).

Tabelle 14. *Vergleich der Leistungsziffern von einstufigen und zweistufigen Wärmepumpen für tiefe Verdampfungstemperaturen bei einer Verflüssigungstemperatur von rd. 50 °C. Die Leistungsziffer ist auf die Kompressorwelle bezogen (umgerechnet nach Werden).*

Verdampfungs-temperatur °C	einstufige Verdichtung		zweistufige Verdichtung	
	ohne Unter-kühlung	mit Unter-kühlung	mit Zwischen-kühlung	mit Unter-kühlung
−40	—	—	2,15	2,69
−35	1,5	1,7	2,32	2,92
−30	1,85	2,15	2,53	3,18
−25	2,18	2,58	2,75	3,46
−20	2,52	3,02	2,97	3,73

Ein Vergleich der theoretischen Heizleistung von Wärmepumpen des einstufigen Vergleichsprozesses mit Unterkühlung des flüssigen Kältemittels und des zweistufigen Prozesses mit Unterkühlung und Zwischenkühlung ist bisher noch nicht durchgeführt worden. Ein solcher Vergleich zeigt, daß zweistufiger Betrieb bei Verdampfungstemperaturen unter −20 °C Vorteile bringt. Dann wird die spezifische und die absolute Heizleistung bei gleicher Kompressorgröße höher als bei einstufigem Betrieb.

VI. Die Absorptionswärmepumpe.

Auch Absorptionsanlagen lassen sich als Wärmepumpen verwenden, und zwar entweder als kombinierte Anlagen zur Kälteerzeugung und Warmwasserbereitung oder als reine Heizanlagen zur Erzeugung von Gebrauchswärme unter Ausnutzung

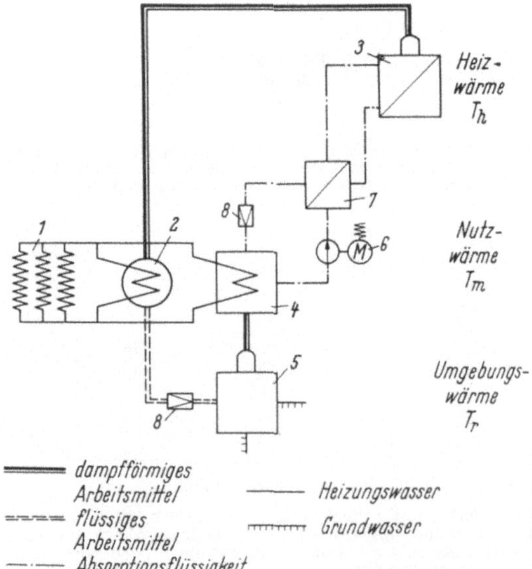

Abb. 397. Einstufige Absorptions-Heizwärmepumpe. Schematische Darstellung der Kreisläufe.

1 Heizsystem; 2 Kondensator; 3 Austreiber (Kocher); 4 Absorber; 5 Verdampfer; 6 Lösungspumpe mit Motor; 7 Wärmetauscher; 8 Drosselorgane.

geeigneter Umweltwärme. Schon mit einstufigen Absorptions-Heizanlagen läßt sich ein Wärmeverhältnis von etwa 1,6 bis 1,8 erreichen, mit mehrstufigen Anlagen sind noch höhere Werte möglich. Solche Wärmepumpen werden schon für industrielle Heizzwecke und in der Verfahrenstechnik bei Eindampfprozessen und Destillationsvorgängen verwendet (Abb. 397). Dem Austreiber wird die Heizwärme Q_h bei der Temperatur T_h (z. B. 120 bis 180 °C) und dem Verdampfer Wärme bei niedriger Temperatur T_r aus der Umgebung (z. B. aus Grundwasser von + 10 °C) zugeführt. Im Verflüssiger und im Absorber wird die Gebrauchswärme Q_m bei der Temperatur T_m abgeführt, wobei diese Wärme mit 40 bis 60 °C an Heizsysteme abgegeben wird.

1. Kombinierte Absorptionswärmepumpe zur Kälteerzeugung und Warmwasserbereitung.

Hier wird die im Verdampfer bei niedriger Temperatur zugeführte Wärme auf ein mittleres Temperaturniveau von etwa 40 bis 50 °C gebracht, während die Heizwärme von ihrem hohen Niveau auf denselben Temperaturbereich herabsinkt. Man läßt das Kühlwasser hintereinander durch Kondensator und Absorber strömen, wobei es sich um 20 bis 25 °C erwärmt und mit etwa 40 °C abläuft. Es

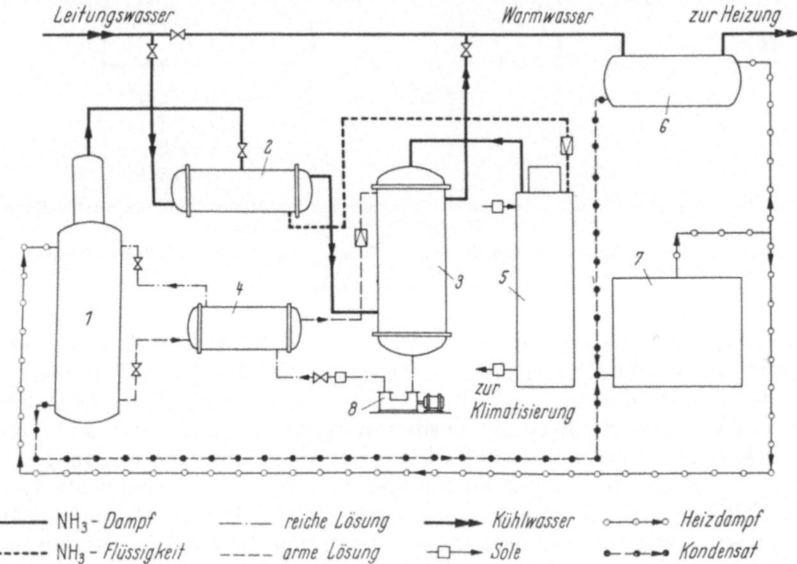

Abb. 398. Absorptions- Heiz-Kühl-Anlage zur Raumklimatisierung und Warmwasserbereitung mit einer Heizleistung von 131000 kcal/h nach BRESIN.

1 Austreiber; *2* Kondensator; *3* Austreiber (Wassererhitzer); *4* Wärmetauscher; *5* Verdampfer (Kaltwassererzeuger); *6* Warmwasserspeicher mit Nacherhitzung; *7* ND-Heizkessel.

wird z. B. in Kunstfaserfabriken als warmes Waschwasser benutzt und dadurch nicht nur die Wärmewirtschaft, sondern auch die Wasserwirtschaft des Betriebes verbessert [96]. Auch in Brauereien und ähnlichen Betrieben (Molkereien, Schlachthöfen usw.) sind solche Sparmaßnahmen möglich [97]. In einer Brauerei wird z. B. die Absorptions-Kälteanlage zur Erzeugung von Eiswasser durch Brüdendämpfe beheizt und das vom Absorber mit etwa 40 °C ablaufende Kühlwasser als Warmwasser im Herstellungsprozeß des Bieres benutzt [98].

In einem Hotel wird die Absorptionswärmepumpe gleichzeitig zur Kälteerzeugung und Warmwasserbereitung benutzt [99]. Die Kälteleistung von 50000 kcal/h dient zur Klimatisierung der Raumluft. Die im Kondensator und Absorber frei werdende Wärme von 131000 kcal/h wird zur Warmwassererzeugung ausgenutzt. Die Heizleistung des Austreibers beträgt 90000 kcal/h. Als Kälteanlage ergibt sich ein Wärmeverhältnis von $\zeta_0 = 0{,}555$, als Heizanlage von $\zeta_H = 1{,}46$ (Abb. 398).

Für kleine Leistungen zeigt Abb. 399 eine neue Lösung [100]. Die Apparatur gliedert sich in drei Teile: Dem Austreiber wird Heizwärme durch einen Öl- oder Gasbrenner zugeführt. Durch den Warmwasserbereiter strömt das Wasser von

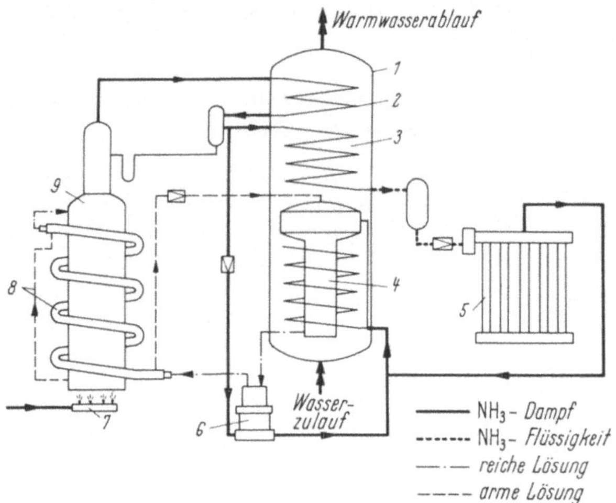

Abb. 399. Warmwasserbereiter mit gleichzeitiger Kälteerzeugung zur Raumkühlung als direktbefeuerte Absorptions-Wärmepumpe nach NIEBERGALL.

1 Warmwasserbereiter; *2* Kühler für den überhitzten Dampf; *3* Kondensator; *4* Absorber; *5* Verdampfer (in der Wärmequelle); *6* Lösungspumpe mit Treibdampfantrieb; *7* Brenner; *8* Wärmetauscher; *9* Austreiber (Kocher).

unten nach oben und erwärmt sich auf etwa 50 bis 60 °C. Für den Lösungsumlauf ist eine mechanische Lösungspumpe vorgesehen, die durch den Kältemitteldampf bzw. die zu entspannende, arme Lösung angetrieben wird. Der Apparat benötigt daher nur Heizenergie. Bei einer Verdampfungstemperatur von -15 °C und einer Warmwassertemperatur von 50 °C kann ein Wärmeverhältnis von 1,35 bis 1,5 erzielt werden. Ein besonderer Vorteil dieser Absorptionswärmepumpe für kombinierte Kühlung und Warmwasserbereitung besteht darin, daß der Apparat von der warmen Seite aus gesteuert werden kann und die Kälteerzeugung nicht mit der Warmwasserbereitung starr gekuppelt ist. Bei durchgehender Warmwasserbereitung, aber schwankender Kälteleistung, wie sie z. B. nachts oder im Winter auftritt, kann die Kälteleistung beliebig gedrosselt und doch noch Wärme erzeugt werden. Das Wärmeverhältnis vermindert sich dann zwar, bleibt aber stets größer als 1,0.

2. Reine Absorptionswärmepumpen.

Eine einstufige Absorptionswärmepumpe für eine Heizleistung von 1000000 kcal/h zur Erwärmung von Heizungswasser von 20 °C auf 45 °C zeigt Abb. 400. Die Anlage übernimmt einen Teil der Gesamt-Heizwärme des betreffenden Betriebes, der Rest wird durch mit Heizöl betriebene Heißwasserkessel gedeckt. Als Arbeitsstoffpaar dient das System Ammoniak—Wasser. Für die Apparate werden dieselben Konstruktionen benutzt wie bei normalen Absorptions-Kälteanlagen. Wärmequelle ist Grundwasser, welches von 10 °C auf $+4$ °C abgekühlt wird. Die

Absorptionsanlage übernimmt nur die Grundlast. Bei erhöhtem Heizbedarf an kalten Tagen ist eine zusätzliche Erwärmung des Heizungswassers auf 55 °C in einem nachgeschalteten Wärmetauscher vorgesehen, der mit einem Teil des vom Austreiber abfließenden Heißwassers beschickt wird. Leistungsversuche haben bei voller Belastung ein Wärmeverhältnis von etwa 1,7 ergeben, welches auch noch bei einer Belastung von 70% gehalten werden kann. Der Platzbedarf der Anlage beträgt etwa 16×5,5 m bei etwa 5,5 m Raumhöhe.

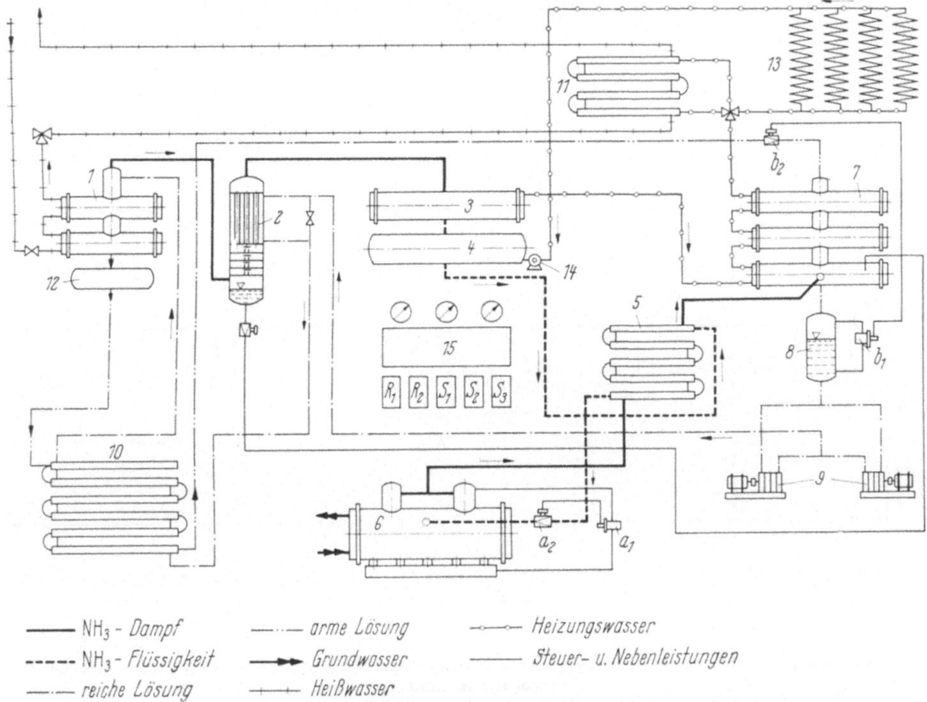

Abb. 400. Schaltbild einer einstufigen, reinen Absorptions-Heizanlage zur Beheizung der Gewächshäuser der Stadt Wien (Bauart Borsig).

1 Austreiber; *2* Trennsäule; *3* Verflüssiger; *4* NH₃-Sammler; *5* Kältetauscher; *6* Verdampfer; *7* Absorber; *8* Lösungssammler; *9* Lösungspumpe; *10* Temperaturwechsler; *11* Zusatzwärmetauscher; *12* Ausgleichbehälter für Lösung; *13* Heizsystem; *14* Heizungswasserpumpe; *15* Schalttafel; *R* Temperaturschreiber; *S* Mengenschreiber; a_1, b_2 Schwimmerventile, a_2 Membranventil für die Ammoniakflüssigkeit, b_2 Membranregelventil für die Ammoniaklösung.

Bei den bisher beschriebenen Absorptionswärmepumpen wurde das Stoffpaar Ammoniak—Wasser oder auch Wasser—Lithiumbromid [101] benutzt. Grundsätzlich kann Wasser als Arbeitsmittel für Absorptionswärmepumpen nur in Betracht kommen, sofern die Wärmequelle Temperaturen über 0 °C aufweist. Für Temperaturen unter 0 °C können wäßrige Natronlauge oder Kalilauge oder Gemische von beiden Laugen verwendet werden [102]. Der ganze Arbeitsprozeß solcher Wärmepumpen verläuft — auch auf der Hochdruckseite — im Vakuum. Die Apparate werden daher verhältnismäßig billig. Das Korrosionsproblem bereitet keine unüberwindlichen Schwierigkeiten.

3. Verbundschaltung von Absorptions- und Kompressionswärmepumpen.

Ähnlich wie sich Wärme durch eine thermische Zusammenschaltung von Absorptions-Kälteanlagen und Kompressions-Kältemaschine oft besser zur Kälteerzeugung ausnutzen läßt [103], kann auch eine Absorptionswärmepumpe mit

32*

einer Kompressionswärmepumpe wärmetechnisch zusammengeschaltet werden.
In Abb. 401 wird z. B. die Abwärme einer Wärmekraftmaschine, die zum Antrieb
einer Kompressionswärmepumpe dient, zur Beheizung des Austreibers der
Absorptionsanlage benutzt. Diese und die Kompressionswärmepumpe arbeiten
zusammen auf ein Resorptionssystem, bei dem der Verflüssiger durch einen Resorber und der Verdampfer durch einen Entgaser ersetzt ist (Kompressions-

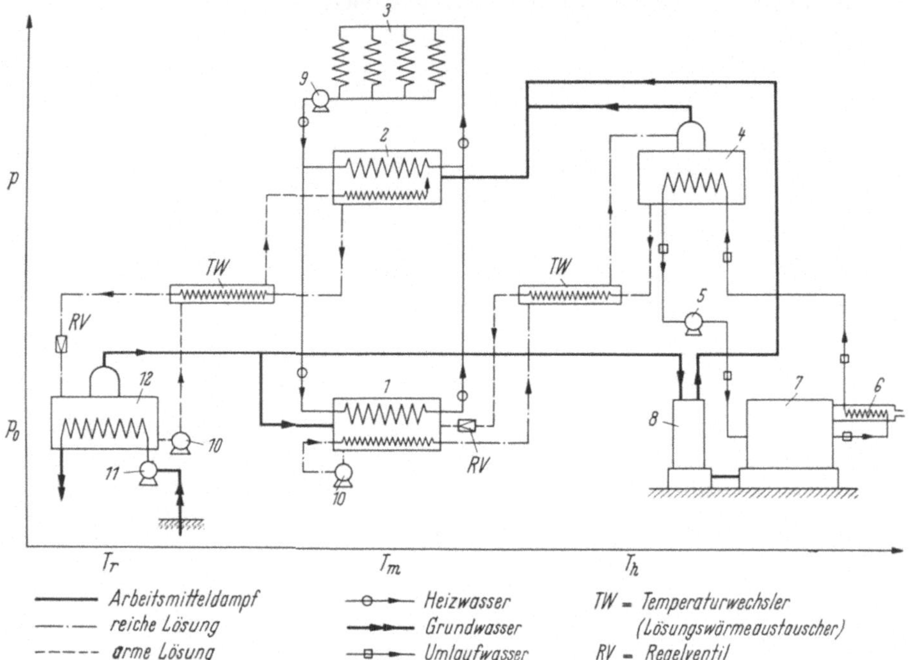

Abb. 401. Mit Dieselmotor betriebene Kompressions-Wärmepumpe in Verbundschaltung mit einer abgasbeheizten
Absorptionswärmepumpe.

1 Absorber; *2* Resorber; *3* Heizsystem; *4* Austreiber; *5* Umlaufwasser-Pumpe; *6* Abgas-Abwärmeverwerter;
7 Dieselmotor; *8* Verdichter; *9* Heißwasser-Pumpe; *10* Lösungspumpe; *11* Grundwasser-Pumpe; *12* Verdampfer
(Entgaser).

wärmepumpe mit Lösungskreislauf). Die Abwärme des Dieselmotors kann zu
etwa 85 bis 90 % zur Beheizung des Austreibers ausgenutzt werden, womit sich
bei einstufiger Betriebsweise praktisch ein Wärmeverhältnis von 1,5 bis 1,6
erzielen läßt.

VII. Die Kaltluft-Wärmepumpe.

Es wurde schon erläutert, daß die theoretische Leistungsziffer einer Gaswärme-
pumpe nie die Werte einer Kaltdampf-Wärmepumpe erreichen kann. Vorteil ist,
daß bei Luft als Arbeitsmedium die in Verdampfern und Verflüssigern auftretenden Temperaturdifferenzen, welche die praktische Leistungsziffer erheblich verschlechtern, wegfallen.

1. Luftwärmepumpen mit Expansionsmaschine.

Im Jahre 1936 wurde von C. W. Chamberlain [104], [105] ein beachtens-
werter Vorschlag einer von Heizen auf Kühlen umschaltbaren Luftwärmepumpe
gemacht. Als Vorteil gegenüber den damaligen Kaltdampfmaschinen wurde
angeführt, daß die Umschaltung von Heizen auf Kühlen sehr einfach sei und daß

für die Luftverteilung in den Räumen keine zusätzlichen Ventilatoren gebraucht würden. Der Vorschlag ist nie verwirklicht worden. Später wurde von M. A. Müller die Anwendung von Kaltluftwärmepumpen in Verbindung mit Verbrennungskraftmaschinen vorgeschlagen [105, 106], wobei an Heiz-Kühlaufgaben gedacht war, bei welchen die Kältemaschine sowieso durch einen Verbrennungsmotor angetrieben werden muß. Die Leistungsziffer ε ist vom Druckverhältnis am Luftkompressor und der Temperatur der angesaugten Luft abhängig. Mit einem Druckverhältnis von $p/p_0 = 7$ können auf der kalten Seite Lufttemperaturen erzeugt werden, die zum Gefrieren von Fischkonserven völlig ausreichen, während auf der warmen Seite etwa die 1,1 bis 1,2fache Wärmemenge des unteren Heizwertes des aufgewendeten Brennstoffes bei einer Heiztemperatur zwischen 60 °C und 80 °C zur Verfügung steht. Bei der getrennten Erzeugung der Kälte durch Kaltdampfmaschinen und der Wärme durch normale Verbrennung würde etwa die dreifache Brennstoffmenge verbraucht werden. Es ist bisher noch nicht über erstellte Anlagen berichtet worden.

2. Luftwärmepumpen mit Zellenraddrucktauscher.

Dies sind die einzigen, dem Verfasser bekannt gewordenen Luftwärmepumpen, welche praktisch ausgeführt wurden und im Betrieb befriedigt haben. Die erste Anlage dieser Art wurde von den Firmen Brown, Boveri & Cie AG, Baden und Gebrüder Sulzer AG, Winterthur, in Zusammenarbeit mit der ETH Zürich im Jahre 1939 entwickelt und im Congreßhaus in Zürich eingebaut [19]. Sie hatte eine Heizleistung von 50000 kcal/h und eine Kühlleistung von 27000 kcal/h bei einem Anschlußwert von 24 kW. Die mittlere Leistungsziffer während einer mehrjährigen Betriebszeit lag zwischen 2 und 3, je nach den Betriebsbedingungen [107]. In der Folge wurde die Maschine durch Ausnutzung der in dem Zellenrad frei werdenden Strömungsenergie der Luft verbessert und dann im Jahre 1941 eine zweite, größere Wärmepumpe gebaut. Diese hatte eine Heizleistung von 110000 kcal/h bei einem Energiebedarf von 50 kW und diente in Reihenschaltung mit einer vorhandenen Wärmerückgewinnungsanlage zur Ausnutzung der Abwärme in den Schwaden einer Papiermaschine [108].

Der Verfasser glaubt, daß die schon im Jahre 1939 von Bauer [19] aufgezählten Vorteile dieses Systems eine intensive Weiterentwicklung rechtfertigen würden. Die Einfachheit der Zellenrad-Wärmepumpe und ihre Anpassungsfähigkeit an die Bedürfnisse der Klimatechnik sind überzeugend.

VIII. Die thermoelektrische Wärmepumpe.

Jedes Verfahren, ,,Kälte'' zu erzeugen, ist definitionsgemäß eine Wärmepumpe. Dies gilt insbesondere auch für das thermoelektrische Verfahren. (Vgl. dieses Handbuch, Bd. III, S. 52.) Besonders vorteilhaft ist hier die leichte Umschaltbarkeit von Heizen auf Kühlen, lediglich durch Umkehrung der Stromrichtung. Mit den heute erreichbaren Werten einer Effektivität von $Z = 3{,}5 \cdot 10^{-3}$ [Grad $^{-1}$] ist eine maximale Abkühlung von 60 bis 80 °C erreichbar, ein Wert, der für die Anwendung in Hausheizwärmepumpen schon ausreichend wäre. Allerdings ist bei dieser Betriebsbedingung die Wärmepumpleistung Null und es ist daher wichtig, zu wissen, bei welchen Betriebsbedingungen die thermoelektrische Wärmepumpe mit dem höchsten Wirkungsgrad arbeitet.

1. Grundlagen.

Die Leistungsziffer einer thermoelektrischen Wärmepumpe ist definiert durch das Verhältnis der hochgepumpten Wärmeleistung zur aufgewandten elektrischen Leistung.

Die Weiterentwicklung der in Band III dieses Handbuches angegebenen Gleichungen für die thermoelektrische Kältemaschine gestattet die Berechnung der Leistungsziffer ε_h einer Wärmepumpe. Es zeigt sich, daß bei einer Effektivität von $z = 3 \cdot 10^{-3}$ [Grad $^{-1}$] und oberhalb einer Temperaturdifferenz von 30 °C ein wirtschaftlicher Einsatz von Wärmepumpen unmöglich wäre. Bei kleinsten Temperaturdifferenzen und hoher Effektivität ist eine Leistungsziffer von $\varepsilon_h > 10$ erreichbar, welche zeigt, daß die thermoelektrische Wärmepumpe für Brüdenverdichtung eine gute Wirtschaftlichkeit erwarten ließe [109].

Mehrstufige Anordnungen bringen höhere Leistungsziffern. Für einen heute möglichen Anwendungsfall einer thermoelektrischen Wärmepumpe mit einer Effektivität von $z = 3 \cdot 10^{-3}$ [Grad $^{-1}$], welche eine Temperaturdifferenz von 50 °C überwinden soll, bringt die zweistufige Anordnung eine Verbesserung der Leistungsziffer um 42% von 0,33 auf 0,47. Eine dreistufige Anordnung erhöht die Leistungsziffer noch von 0,47 auf 0,55.

2. Anwendungsbeispiele thermoelektrischer Wärmepumpen.

Die ersten Anwendungsbeispiele wurden durch LINDENBLAD [110] und durch eine Forschergruppe der Firma Westinghouse [111] bekannt. LINDENBLAD hat sich besonders mit der *Raumklimatisierung* befaßt. Er erkannte schon die Möglichkeit, große Wandflächen gleichmäßig mit Thermoelementen und deren Wärmetauschflächen zu versehen, um damit z. B. durch Ausnutzung der Strahlung kleine Temperaturdifferenzen und deshalb hohe Wirkungsgrade zu erreichen. Er sah auch schon einen der entscheidenden Nachteile jeder thermoelektrischen Wärmepumpenanordnung, daß nämlich im abgeschalteten Zustand durch die Elemente relativ viel Wärme zurückfließt, die Verluste des Raumes also höher sind als bei einem üblich isolierten Raum. Dasselbe tritt ein, wenn die durch Innen- und Außentemperatur aufgezwungene Temperaturdifferenz größer ist als die maximal erzeugbare $(T_1 - T_0)_{max}$. Auch dann fließt trotz arbeitendem Thermoelement Wärme in der umgekehrten, nicht erwünschten Richtung. LINDENBLAD schlägt hierzu vor, die in die Außenluft reichenden Wärmetauscher in schmale, belüftete Kanäle einzubauen, welche bei tiefen Außentemperaturen abgesperrt werden können. Dann würde die mit Thermoelementen besetzte Wandfläche lediglich als elektrisches Heizelement wirken. Es ist seinerzeit ein Versuchsraum in den Abmessungen eines kleinen Zimmers gebaut worden, der mit solchen thermoelektrischen Wandelementen bestückt war. Die spätere Entwicklung ging den Weg des einbaufähigen Klimagerätes, in Form und Abmessungen ähnlich den heute üblichen Kleinklimageräten (Abb. 413). Leider mußte auf den großen Vorteil der absoluten Geräuschfreiheit, den die „Wandplattenausführung" hatte, sowie auf die Ausnutzbarkeit der Strahlungswärme verzichtet werden.

Außerdem gibt es heute schon eine Reihe von Sondergebieten, in denen das thermoelektrische Klimagerät als Heiz-Kühlgerät große Vorteile bietet. Zum Beispiel wiegen Wärmepumpen mit Heizleistungen unter einigen hundert kcal/h mit thermoelektrischen Kältesätzen weniger als die entsprechende Apparatur mit einem Kaltdampf-Kompressionskreislauf. Auch die Temperaturregelung ist einfacher und genauer. Es sind deshalb schon einige bemerkenswerte Geräte entwickelt worden:

α) eine Ein-Mann-Klimaeinheit von etwa 10 kp Gewicht, die für etwa 24 Stunden einen Menschen völlig unabhängig von den Umgebungsbedingungen macht. Die Luft wird ohne Verbindung mit der Außenluft aufbereitet, wobei die Trocknung, Heizung und Kühlung durch einen Thermosatz, die Absorption von CO_2 und Regeneration in O_2 durch einen Einsatz mit KO_2-Perlen geschieht. Das Gerät arbeitet unabhängig von Lage- und Schwerkraft. Es erzeugt weder Geräusche noch Erschütterungen. Störungen z. B. durch Undichtheiten des Kaltdampfkreislaufs sind nicht zu erwarten [113]. Neben der Verwendung für den Raumflug und für Unterseeboote wurde auch ein Klimaanzug für die Tropen und die Arktis entwickelt [113 a].

β) eine Miniatur-Klimaanlage für biologische Untersuchungen, z. B. an kleinen Versuchstieren, die bei üblichen Umgebungstemperaturen zwischen 0 und $+100$ °C regelbar ist. Die Kleinheit und leichte Handhabung des Gerätes erlauben es, viele neben- und übereinander in Regalen aufzureihen und die unterschiedlichsten Versuchsbedingungen rasch herzustellen [114].

γ) eine Kleinklimaanlage für die Aufbewahrung von Kleidern in feuchter Umgebung z. B. in den Tropen, auf Unterseebooten u. ä.. Die Anlage trocknet die in einem Kasten aufgehängten Kleidor und hält dauernd eine Temperatur von rd. 30 °C und 50 % rel. Feuchtigkeit bei Außentemperatur von -40 °C bis $+55$ °C [114].

Die Forschergruppe der Firma Westinghouse [111] hat versucht, ein ganz neues Anwendungsgebiet zu finden, nämlich das *Klein-Heiz-Kühlgerät im Haushalt*. Es ist von ihr z. B. ein Babyflaschen-Kühler entwickelt worden, der nach einer einstellbaren Schaltuhr eine Babyflasche zunächst auf $+2$ °C kühlt und dann, zu einem bestimmten Zeitpunkt, auf $+38$ °C aufwärmt und bei dieser Temperatur hält. Der gekühlte Raum hat 6 cm Durchmesser und ist 16 cm hoch. Zur Verbesserung des Wärmekontaktes kann in den Zwischenraum zwischen Flasche und Hülse Wasser eingefüllt werden. Die Kälteleistung beträgt etwa 3,5 bis 6 kcal/h, je nach Umgebungsbedingungen. Die Thermoelemente sind sternförmig auf der inneren Hülse aufgesetzt, so daß die „warmen" Lötstellen mit ihren Wärmetauschflächen eine Art längsgeripptes Rohr bilden. Weiterhin wurde ein Servierwagen entwickelt, bei welchem gleichzeitig ein Abteil gekühlt, ein anderes geheizt ist. Die Heiz- und Kühlenergie kann entweder mitgeführten Batterien oder einem eingebauten Gleichrichter entnommen werden. Der Wagen bestand aus einem unten liegenden Kühlfach mit rd. 60 l Inhalt und einer darüber liegenden Heizhaube von rd. 40 l Fassungsvermögen. Die Thermoelementplatte war so zwischen beiden Abteilungen eingebaut, daß die nach unten berippten kalten Lötstellen die Decke des Kaltfachs bildet, während die unberippten Brücken der warmen Seite als Boden des Warmhaltefachs dienten. Diese Heizfläche konnte durch einen Luftstrom so gekühlt werden, daß sich immer eine Temperatur von $+50$ bis $+60$ °C einstellte. Für den Aufbau der Platte wurden etwa 100 Thermoelemente verwendet. Der Wirkungsgrad der Kühleinrichtung betrug etwa $\varepsilon_K = 0,15$ bis 0,2.

Ein breites Anwendungsgebiet, bei welchem kleine Mengen an Flüssigkeiten gekühlt, geheizt und auf bestimmten Temperaturen möglichst genau gehalten werden, sind *Flüssigkeitsbäder und Thermostate in Laboratorien*. Auch hierfür ist schon eine Reihe thermoelektrischer Heiz-Kühleinrichtungen bekannt geworden [114], [115].

Ein gänzlich anderes, für größte Leistungen gedachtes Anwendungsgebiet der thermoelektrischen Wärmepumpen bearbeiten in der letzten Zeit russische Forscher. Es handelt sich dabei um das Gebiet der *Brüdenverdichtung* und der damit zusammenhängenden Herstellung von destilliertem Wasser in großem Maßstab.

C. Die Bauteile der Kompressor-Wärmepumpe.

Die Kaltdampf-Kompressorwärmepumpe besteht aus denselben Bauteilen wie eine normale Kältemaschine und dazu aus den Umschaltventilen, sofern die Wärmepumpe wahlweise zum Heizen oder Kühlen verwendet werden soll. Viele dieser Bauteile können unverändert verwendet werden. Oft ist jedoch eine andere Bemessung erforderlich, da bei Wärmepumpen darauf geachtet werden muß, daß Verluste durch Strömungswiderstände, große Temperaturdifferenzen in Wärmetauschern und elektrische Verluste in der Antriebsmaschine und den Regel- und Kontrolleinrichtungen vermieden werden.

Bei der Berechnung und Konstruktion von Wärmepumpen ist gegenüber der üblichen Kältemaschine darauf zu achten, daß:

α) die Wärmepumpe meistens sowohl als Heiz- wie als Kühlmaschine betrieben wird, so daß sie also bei zwei sehr verschiedenen Betriebsverhältnissen nicht nur betriebssicher, sondern auch mit höchstem Wirkungsgrad arbeiten muß,

β) bei Haus-Heizwärmepumpen mit einem automatisch arbeitenden Umschaltventil sich das Kältemittel verlagern und zu einer Überfüllung des jeweils als Verdampfer arbeitenden Wärmetauschers führen kann. Die plötzliche Änderung der Betriebsverhältnisse kann ein Aufschäumen des Öles im Kompressorgehäuse und eine Ölabwanderung in den Kältekreislauf verursachen,

γ) Wärmepumpen meistens viel länger in Betrieb sind als übliche Kältemaschinen. Die Anforderungen an die Lebensdauer des Kompressors und der Regel- und Kontrollgeräte sind daher viel höher als bei üblichen Kältemaschinen.

Hier sollen nur diejenigen Bauteile behandelt werden, die entweder ausschließlich für Wärmepumpen gebraucht werden und bisher an keiner anderen Stelle beschrieben wurden, oder die für die Verwendung in Wärmepumpen in ihren Betriebseigenschaften wesentlich geändert werden müssen.

I. Der Kompressor.

Er ist der wichtigste Bauteil, welcher Leistungsziffer, Lebensdauer, Betriebsverhalten, Geräusch und Erschütterungen, Wartungs- und Reparaturdienst maßgeblich bestimmt. Obwohl als Kältekompressor bis zu einem hohen Grad an Betriebssicherheit ausgereift (s. Bd. V dieses Handbuchs), erfüllt er leider nicht alle Bedingungen für Wärmepumpen [116]:

1. Er muß eine Lebensdauer bis zur ersten Generalüberholung von wenigstens 5 Jahren, also eine wartungsfreie Betriebsdauer von ungefähr 25000 Stunden haben.

2. Er muß für einen Betriebsbereich von $-35\ °\mathrm{C}$ bis $+15\ °\mathrm{C}$ Verdampfungstemperatur und bis zu 65 °C Verflüssigungstemperatur mit gutem Wirkungsgrad verwendbar sein, ohne unzulässige Überhitzung arbeiten und aus Gründen der kompakten Bauweise für das Kältemittel R 22 einsetzbar sein.

3. Er muß unempfindlich gegenüber dem Zustand der angesaugten Kältemitteldämpfe sein. ,,Nasses Ansaugen" darf so wenig schaden wie das Ansaugen hoch überhitzter Dämpfe.

4. Schnelle Wechsel der Betriebsdrücke dürfen zu keinem Aufschäumen des Öls im Kurbelgehäuse führen. Zurückkommendes Öl muß wieder abgeschieden und ins Kurbelgehäuse zurückgeführt werden [117]. Das Kompressorgehäuse muß mit einer Heizung ausgerüstet werden. Der Antriebsmotor, der bei modernen Konstruktionen mit dem Kompressor zusammengebaut ist, muß für alle vorkommenden Betriebsbedingungen gegen Überwärmung geschützt sein. Geeignet sind nur die in die Wicklung eingebundenen Wicklungsthermostate, gekoppelt mit schnellansprechenden Überlastschaltern.

5. Der Kompressor und dessen Antriebsmotor müssen einen höchstmöglichen Wirkungsgrad haben. Die Mehrkosten für bessere Motore werden schon nach einem Betriebsjahr eingespart [118]. Kompressoren größerer Leistung müssen zur Anpassung der Leistung an den Bedarf eine möglichst verlustlose Leistungsregelung haben. Die Motoren müssen einen hohen, flachen Verlauf der Wirkungsgrad-Kurve über einen breiten Leistungsbereich aufweisen.

6. Der Motorkompressor muß so konstruiert sein, daß möglichst wenig Wärme an die Umgebung abgegeben wird, weil diese für die Wärmepumpe verlorengeht. Bei den heute üblichen Kompressoren kann dieser Verlust bis zu $1/4$ der Antriebsleistung betragen.

Die aufgezählten Forderungen werden im Leistungsbereich von einigen hundert bis zu rd. 300 000 kcal/h am besten durch Verdrängungs-Kompressoren erfüllt, wobei heute noch der Schubkolbenkompressor im Vordergrund steht. Es ist aber eine verstärkte Entwicklung vom oszillierenden zum rotierenden Kolben hin zu beobachten. Hauptvertreter ist der Schraubenkompressor.

Ab Leistungen von 200 000 kcal/h wird in der Klimatechnik in immer größerem Umfang der Turbokompressor verwendet. Es ist heute schon eine Reihe von Konstruktionen bekannt, welche die in der Klimatechnik vorkommenden Druckverhältnisse von $p/p_0 = 4$ in einer Verdichtungsstufe überwinden können. (Vgl. Bd. V dieses Handbuchs, S. 333) [119]. Für Wärmepumpen müssen oft auch mehrstufige Kompressoren verwendet werden, wobei die Anpassung an die unterschiedlichen Betriebsbedingungen bei Strömungsmaschinen größere Schwierigkeiten verursachen als bei Verdrängungs-Kompressoren, insbesondere bei mehrstufiger Bauweise.

II. Wärmetauscher.

Für die Wirtschaftlichkeit einer Wärmepumpe ist neben der Güte des Kompressors die Bemessung der Wärmetauscher von ausschlaggebender Bedeutung. Das auftretende Temperaturgefälle beeinflußt unmittelbar die Leistungsziffer. Die zu überwindenden Strömungswiderstände verursachen Druckverluste und erfordern zusätzliche Energie für Pumpen oder Ventilatoren. Die Wärmetauscher in Wärmepumpen sind daher immer größer als in Kälte- oder Klimaanlagen gleicher Leistung. Sie beeinflussen den Preis, die Größe und das Gewicht der Anlage beträchtlich. Es ist deshalb lohnend, die Wärmeübergangsverhältnisse mit allen Mitteln zu verbessern. Bei der Bemessung muß die Gesamtwirtschaftlichkeit, also Leistungsziffer einerseits und Anschaffungskosten andererseits, optimal sein. Zwischen der Größe des Wärmetauschers (maßgeblich für die Temperaturdifferenz) und den spezifischen Heizkosten besteht ein direkter Zusammenhang, da bei kleinerer Temperaturdifferenz die Leistungsziffer wächst. Die jährlichen Gesamtkosten, errechnet aus Betriebs-, Wartungs- und Kapitalkosten müssen so klein wie möglich sein. Eine Berechnung der optimalen Temperaturdifferenzen unter Berücksichtigung der Gütegrade der Kompressoren ist in jedem Fall erforderlich und ergibt Werte, die für Luft-Luft-Wärmepumpen bei 5 bis 7 °C, für Wasser-Wasser-Wärmepumpen bei 3 bis 4 °C liegen.

1. Die Berechnung der Wärmetauscher

erfolgt nach den allgemeinen Gesetzen der Wärmeübertragung. Die für Kältemittelverdampfer und Kondensatoren besonders zu beachtenden Gesichtspunkte, die Wärmeübergangswerte von Kältemitteln, insbesondere beim Sieden und Kondensieren, die Grundlagen zur Bemessung von Rippenrohrluftkühlern sowie die Einflüsse von kondensierendem Wasserdampf oder von Reifbildung auf den Wärmeübergang an Luftkühlern wurden in diesem Handbuch, Bd. III von E. Hof-

MANN [120] ausführlich behandelt. Bei der Berechnung von Luftkühlern (Luft als Wärmequelle) ist immer die Kondensation der Luftfeuchtigkeit zu beachten. Eine genaue Berechnung größerer Luftkühler ist von BRYAN [121] durchgeführt worden.

2. Wärmeübergangszahlen.

Meßwerte über Wärmeübergangszahlen strömender Medien wie Wasser in Rohren, Luft in und außerhalb von Rohren, Luft an Rippenrohren u. ä. sind in zahlreichen Arbeiten, z. B. von E. HOFFMANN [120] oder von GRÖBER-ERK-GRIGULL [122] zusammengestellt worden. Der Praktiker findet alle erforderlichen Rechenunterlagen auch in den Arbeitsblättern des VDI-Wärmeatlas [123] und in der Kältetechnischen Arbeitsmappe [124]. Von großem Interesse ist die Frage, ob durch bauliche Maßnahmen, z. B. Wirbeleinbauten, die Wärmeübergangs-zahlen verbessert werden können. Dabei darf der Strömungswiderstand nicht so hoch ansteigen, daß der Energiemehraufwand den erzielten Vorteil wieder zunichte macht. Bisher wurde auf Wirbeleinbauten auf der wasser- oder luftdurch-strömten Wärmetauscherseite verzichtet, da starke Verschmutzung und schlechte Reinigungsmöglichkeit die erzielte Verbesserung schnell aufheben. Anders liegen die Verhältnisse auf der Kältemittelseite, wo Verschmutzungen weniger auftreten können, mit Ausnahme von Ölschichten und Rostverkrustungen bei Anlagen mit Ammoniak. Werden die Wirbeleinbauten gleichzeitig als Wärmeübertragungs-flächen, also als Innenberippung der Rohre ausgebildet, ist eine Erhöhung der Wärmeübergangszahl (bezogen auf die glatte Rohrfläche) auf über das Doppelte möglich. Es hat sich hier z. B. eine Bauweise der Firma Searle-Bush durchgesetzt, bei der in das Rohr eine gefaltete Blechwendel eingeschoben wird, die durch ein Kernrohr fest an die Rohrwandung angedrückt wird (Abb. 402). Bei Röhren-

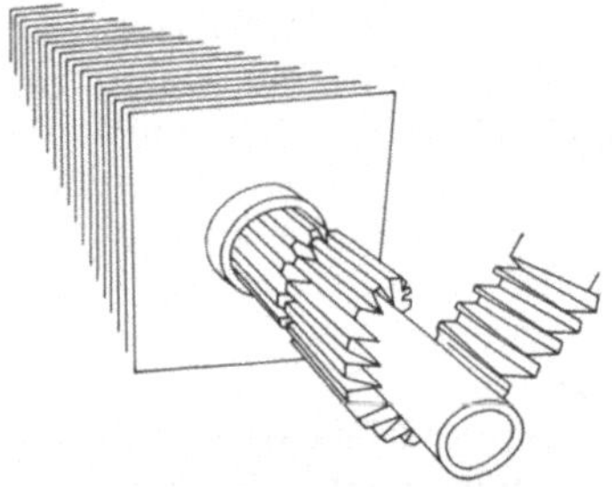

Abb. 402. Wärmetauscher mit außen-
und innenberipptem Rohr
(Bauart Searle-Bush).

bündelverdampfern ist der Einfluß der Ver-schmutzung besonders groß, wobei Schmutz-schichten von $^1/_{10}$ mm genügen, um den k-Wert auf die Hälfte herabzusetzen. W. NIEBERGALL [125] hat die für kältetechnische Wärmetauscher bekannten Erfahrungen über Verschmutzungen gesammelt und ausgewertet. Bei Luftkühlern und luftgekühlten Kondensatoren ist wegen der ursprünglich schon kleinen Wärmedurchgangs-zahl der Einfluß einer Verschmutzung meist un-erheblich. Es ist sogar durch eine Erhöhung der Oberflächenrauhigkeit und der Luftgeschwindig-keit im verengten Spalt eine Verbesserung des k-Wertes beobachtet worden. Eine Verbesserung des Wärmeübergangs bei der Kondensation von Kältemitteln in Röhrenbündelapparaten ist durch Verwendung von kurz berippten Rohren möglich [126]. Es muß für eine möglichst vollständige Benetzung der Rohre gesorgt werden. Neben Füllungsmangel sind hier die durch eine automatische Regelung der Kältemitteleinspritzmenge verursachten Änderun-gen zu beachten. Trockene Flächen haben eine bis zu $^1/_3$ kleinere Wärmeüber-tragungszahl [127].

3. Der Strömungswiderstand

ist eine oft vernachlässigte, aber in Wärmepumpen gefährliche Verlustquelle. Der innere Druckabfall wirkt ebenso wie eine entsprechend größere Temperatur-differenz zwischen den wärmeübertragenden Medien. Bei Verdampfern für Kälte-anlagen wird ein Druckabfall von 0,1 bis 0,3 kp/cm² zugelassen, was je nach Höhe der Verdampfungstemperatur einer zusätzlichen Temperaturdifferenz von 2 bis

3 °C entspricht. Bei Wärmepumpen, bei welchen die wirtschaftlich optimale Temperaturdifferenz in den Wärmetauschern nur etwa halb so groß wie bei Kälteanlagen ist, muß dieser Druckabfall unter 0,1 kp/cm² gehalten werden.

Die Berechnung ist nicht einfach, da die Widerstandszahl durch die Anwesenheit der verdampfenden Flüssigkeit sowie von Öl gegenüber der Strömung des reinen Dampfes erheblich, u. U. bis auf das Zehnfache, erhöht wird.

4. Optimierungsberechnungen.

Durch Wirbeleinbauten kann eine Erhöhung des Wärmeübergangs und eine Senkung der Herstellkosten der Wärmetauscher erzielt werden, wobei sich aber der Strömungswiderstand erhöht. Die optimale Bemessung der Wärmetauscher hinsichtlich Wärmeübergang und Strömungswiderstand hängt von den Herstell- und den Betriebskosten ab. Bei Wärmepumpen, die in großen Serien gebaut werden, ist der Aufwand einer Optimierungsberechnung gerechtfertigt [128]. Zur rein technischen Beurteilung wurden Gütegrade eingeführt. Sie sind für Wärmepumpen nur brauchbar, wenn sie einen Vergleich der ausgetauschten Wärmemenge je Leistungseinheit der aufgewandten Energie, also z. B. für denselben Druckabfall bei derselben Menge des strömenden Mediums ermöglichen. Der von D. G. RICH [129] für berippte Rohre, bzw. lamellenberippte Rohrbündel eingeführte Beurteilungsfaktor erlaubt z. B. einen Vergleich hinsichtlich des größten Wärmetausches bei kleinstem Strömungswiderstand. Eine solche Beurteilungsmöglichkeit ist bei Wärmepumpen wichtig. Es wurden Ausführungsformen gefunden, die bei gleichem Strömungswiderstand eine 15% höhere Wärmeübergangszahl hatten [130]. Für die *Bemessung von Luftkühlern* von Wärmepumpen können folgende Richtlinien gegeben werden [131]:

Die Luftgeschwindigkeit im Vorquerschnitt soll 2 bis 3 m/s nicht überschreiten, weil bei höheren Werten das kondensierte Wasser von den Rippen in den Luftstrom weggeblasen wird. Außerdem können Pfeifgeräusche entstehen. Üblich sind 2,5 m/s. Der Luftwiderstand sollte 10 bis 15 mm WS nicht übersteigen. Der Durchmesser der verwendeten Rohre soll zwischen 12 und 18 mm liegen, die Rohrabstände 25 bis 50 mm, die Rippenabstände 2,5 bis 5 mm betragen. Die k-Werte lagen bei 15 bis 30 kcal/m² h °C, je nach dem Rippenwirkungsgrad der untersuchten Bauform.

III. Geräte zur Regelung des Wärmepumpenkreislaufs.

In Wärmepumpen sind im Prinzip dieselben Regelgeräte wie in normalen Kälteanlagen oder im kältetechnischen Teil von Klimaanlagen erforderlich. Sie sind von H. R. HEGE im Abschnitt „Automatik" in diesem Band, S. 32 bis 123 ausführlich beschrieben. Außerdem wird auf R. PLANK und J. KUPRIANOFF [132] und auf die z. T. hervorragend ausgestatteten Kataloge der einschlägigen Hersteller verwiesen. Die in Wärmepumpen auftretenden Betriebsbedingungen machen jedoch teilweise eigene Konstruktionen erforderlich, besonders für die wahlweise von Heizen auf Kühlen umschaltbaren Anlagen. Dies bezieht sich nicht nur auf das Umschaltventil selbst als eine typische Sonderentwicklung für Wärmepumpen, sondern der Umschaltvorgang bringt auch für die anderen Regelorgane so ungewöhnliche Betriebsbedingungen, wie z. B. starke Druckstöße, daß die üblichen, bei Kälteanlagen bewährten Modelle versagen.

1. Zur Regelung der umlaufenden Flüssigkeitsmenge

werden bei den serienmäßig hergestellten Hausheiz-Wärmepumpen Drosselrohre oder thermostatische Expansionsventile verwendet. Bei größeren Wärmepumpenanlagen, die an Ort und Stelle montiert werden, hat man je nach Art der verwendeten Verdampfer auch Schwimmerregler (Niveauregler) eingesetzt [133]. Kleine Wärmepumpen-Geräte arbeiten mit nur einer *Kapillare*, die bei Heiz- bzw. Kühlbetrieb jeweils in entgegengesetztem Sinn durchflossen wird. Dabei ist es zweckmäßig, den Strömungswiderstand bei Heizbetrieb durch Einschalten einer Zusatzkapillare, welche bei Kühlbetrieb durch ein Rückschlagventil abgeschaltet wird, zu erhöhen (Abb. 403a bis c). Dieses Ventil ist für Wärmepumpen eine Sonderausführung mit 4 Anschlüssen, welche z. Z. in 2 Größen bis

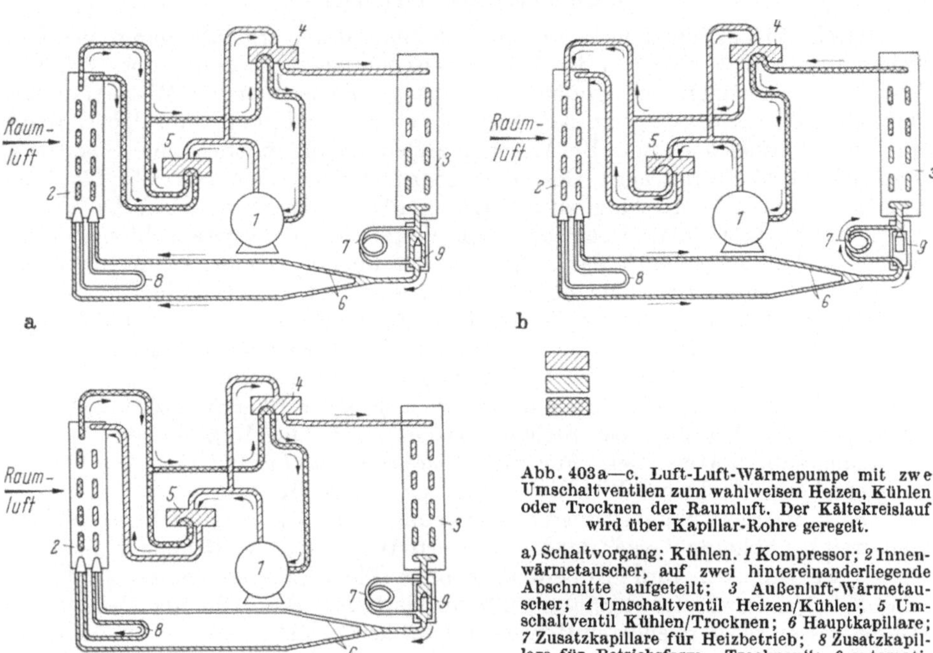

Abb. 403a—c. Luft-Luft-Wärmepumpe mit zwei Umschaltventilen zum wahlweisen Heizen, Kühlen oder Trocknen der Raumluft. Der Kältekreislauf wird über Kapillar-Rohre geregelt.

a) Schaltvorgang: Kühlen. *1* Kompressor; *2* Innenwärmetauscher, auf zwei hintereinanderliegende Abschnitte aufgeteilt; *3* Außenluft-Wärmetauscher; *4* Umschaltventil Heizen/Kühlen; *5* Umschaltventil Kühlen/Trocknen; *6* Hauptkapillare; *7* Zusatzkapillare für Heizbetrieb; *8* Zusatzkapillare für Betriebsform „Trocknen"; *9* automatisches Zuschaltventil für Heizbetrieb-Kapillare.

b) Schaltvorgang: Heizen. Die Zusatzkapillare *7* ist eingeschaltet.

c) Schaltvorgang: Trocknen. Ventil *4* steht auf „Kühlen", Ventil *5* steht auf „Trocknen". Der hintere Teil von Wärmetauscher *2* arbeitet wie Wärmetauscher *3* als Kondensator. Das flüssige Kältemittel strömt durch die Kapillaren *6* und *8*.

20000 kcal/h gefertigt wird. Wegen der unterschiedlichen Betriebsbedingungen müssen sich die Strömungswiderstände für Kühlen und Heizen etwa im Verhältnis 2:3 verhalten. Die Leistung bei Heizbetrieb kann dadurch bis 30% erhöht werden [134]. Bei größeren Leistungen werden für Heizen und Kühlen zwei verschiedene Kapillaren verwendet, die durch Rückschlagventile zu- bzw. abgeschaltet werden. Der Durchflußwiderstand wird meistens für die tiefste Temperatur der Wärmequelle optimal festgelegt und bei höheren Temperaturen eine relative Leistungsminderung in Kauf genommen.

Bei Kapillaren muß — ähnlich wie bei dem auf konstante Unterkühlungstemperatur des flüssigen Kältemittels regelnden Expansionsventil — auf der Niederdruckseite ein Flüssigkeitssammler angeordnet werden, der die bei höheren Temperaturen anfallende Überschußmenge an flüssigem Kältemittel aufnimmt. Soll eine bessere Anpassung erfolgen, müssen mehrere Kapillare angeordnet werden, welche abhängig von der Verdampfungstemperatur z. B. von 5 zu 5 °C durch ein Magnetventil zu- oder abgeschaltet werden.

Eine genauere Anpassung der eingespritzten Kältemittelmenge wird durch *thermostatische Expansionsventile* erreicht. Der Ventilkörper und der druckregelnde Teil müssen für Drücke bis zu 25 atü konstruiert werden. Um bei höheren Außentemperaturen Motorüberlastungen zu vermeiden, werden auch Ventile mit Saugdruckbegrenzung verwendet. Bei Wärmepumpen soll dabei die Verdampfungstemperatur nach oben auf etwa +5 °C begrenzt werden. Einige Hersteller haben besondere Wärmepumpen-Expansionsventile entwickelt [136], denn für die Ventile gilt wie für die Kompressoren, daß die Lebensdauer etwa doppelt so hoch sein muß wie bei üblichen Modellen.

2. Kältemittel-Umschaltventil.

Einer der wichtigsten Teile einer umschaltbaren Heizwärmepumpe ist das *Kältemittel-Umschaltventil*. Es dient dazu, die Flußrichtung des Kältemitteldampfes auf der Saug- und Druckseite des Kompressors zu vertauschen, so daß der Verdampfer zum Kondensator und dieser zum Verdampfer wird. Es wird über ein Magnetventil durch elektrische Steuerimpulse, die z. B. von einem Raumthermostat oder Abtauthermostat ausgehen können, betätigt. Das Magnetventil hat dabei nur die Rolle eines Pilotventils. Das Hauptventil wird vom Druck der Dämpfe umgeschaltet. Ventile dieser Art werden heute von 4 amerikanischen Firmen: Ranco, Alco, Chatleff und Sporlan Valve gebaut. Die Ventile wurden mehr vom Gesichtspunkt einer auf Heizbetrieb umschaltbaren Klimaanlage konstruiert und sind deshalb während des Heizbetriebes Stromverbraucher. Bei der Auswahl der Fabrikate ist daher neben der Betriebssicherheit der Energiebedarf der Magnetspule wichtig, da dieser die Leistungsziffer verschlechtern kann. Die einzelnen Bauformen sind sich ähnlich. Zum Beispiel besteht das Ventil von Ranco (Abb. 404) aus einem zylindrischen Gehäuse *1* für das Hauptventil, in dem

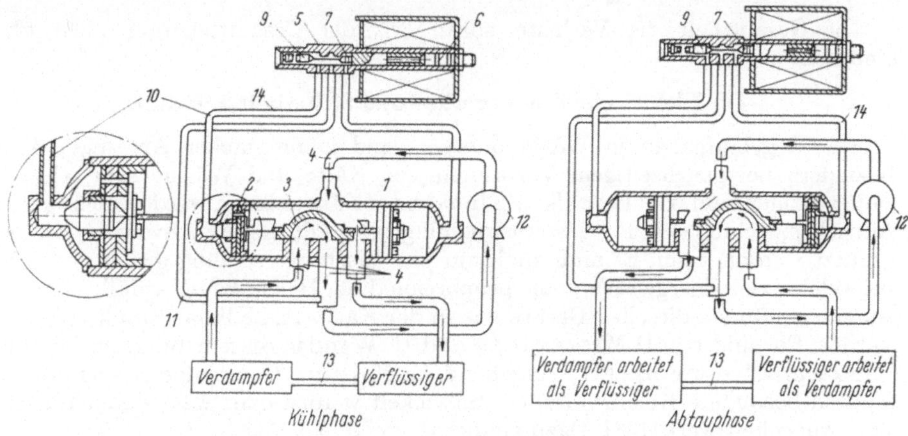

Abb. 404. Servogesteuertes Umschaltventil für Wärmepumpen (Werkzeichnung Ranco). Erläuterung der Zahlen im Text.

zwei Kolben *2* und eine Schiebersteuerung *3* (wie bei den Dampfmaschinen) eingebaut sind. An dem Gehäuse sind vier Anschlüsse *4*, zwei zum und vom Kompressor, zwei weitere zu den Wärmetauschern. Der Schieber wird über die Kolben hin- und herbewegt. Die Steuerung erfolgt über das Magnetventil *5*, welches einen direkt betätigten Plunger *6* mit Ventilnadel *7* und eine indirekt durch eine Feder *8* betätigte Ventilnadel *9* besitzt. In den Kolben sind kleine Gasausgleichsbohrungen angebracht. Am Kolbenboden sind elastische Ventilnadeln angebracht, welche die Steuerkapillare 10 jeweils in Endstellung des Kolbens verschließen. Je nach der Stellung des Pilotventils stehen der linke oder rechte Zylinder unter Saugdruck, der über die Steuerleitung *11* abgezapft wird. Da zwischen den Kolben Verdichtungsdruck herrscht, werden die Kolben mit Schieber jeweils in die entsprechende Lage gedrückt. Der Umschaltvorgang dauert je nach anliegender Druckdifferenz, innerer Reibung und Dichtheit des Ventils 2 bis 10 Sekunden ab Einleiten des Steuersignals. Beim Umschalten kann während einer kurzen Zeitspanne der heiße, verdichtete Dampf direkt in die Saugleitung abströmen. Der Umschaltvorgang verläuft „weich", der Verflüssigungsdruck bleibt im wesentlichen auf gleicher Höhe, fällt eher etwas ab, der Saugdruck steigt oder fällt langsam auf den neuen, der Umschaltung entsprechenden Wert. Die Energieaufnahme des Kompressors zeigt keine ruckartige Änderungen. Um das Arbeiten des Ventils zu ermöglichen, ist eine Mindestdruckdifferenz von 3,5 kp/cm² erforderlich. Das Magnetventil ist so bemessen, daß es bei einer Unterspannung von 45% noch gegen eine Druckdifferenz von 25 kp/cm² öffnen oder schließen kann. Es soll waagerecht und erschütterungsfrei eingebaut werden und darf weder zu groß, noch zu klein gewählt werden. Im ersten Fall ist es möglich, daß die vom Kompressor gelieferte Dampfmenge für den Umschaltvorgang nicht ausreicht, im zweiten Fall können die Druckverluste zu groß werden.

Für die Beurteilung von Umschaltventilen ist auf die folgenden Eigenschaften zu achten:

Energiebedarf des Magnetventils und dessen Erwärmung bei Überspannung und unbelüftetem Aufstellungsort.
Anzugsvermögen bei Unterspannung und höchsten Betriebsdruckdifferenzen,
Dichtheit des Ventils zwischen Saug- und Druckseite,
Innere Verluste durch Wärmeaustausch,
Druckverlust auf Saug- und Druckseite.

Die Gesamtheit der Verluste sollte 3% der Gesamtleistung nicht überschreiten.

IV. Elektrische Steuergeräte und Sicherheitsschalter.

Die Regelaufgaben in Wärmepumpen sind mannigfacher Art und können besonders bei gleichzeitigem Verbrauch von Kälte und Wärme sehr schwierig zu bewältigen sein. Häufiger als in Klima- oder Kälteanlagen werden nicht übliche Antriebsmaschinen, z. B. Gasmotore, eingesetzt, da deren Abwärme mit ausgenutzt werden kann. Es muß auch auf eine Leistungsregelung geachtet werden, bei welcher der Energieverbrauch proportional der Heizleistung abfällt. Für viele Aufgaben können dieselben Geräte wie in der Kälte- und Klimatechnik verwendet werden. Sie sind von D. Metzenauer und H. Wahl in diesem Band im Abschnitt „Automatik" sowie in [137] eingehend beschrieben. Für einige Steueraufgaben mußten besondere Konstruktionen entwickelt werden oder wäre deren Entwicklung wünschenswert [138]. Dazu gehören:
Thermostate, die innerhalb enger Temperaturgrenzen von Heizen auf Kühlen umschalten, bei Bedarf zusätzliche Heizquellen einschalten und/oder den Energiebedarf der Hilfsaggregate (Ventilatoren und Pumpen) dem augenblicklichen Bedarf anpassen;
Abtauvorrichtungen, die nur im Bedarfsfall umschalten und den Abtauvorgang nur während der unbedingt erforderlichen Zeit laufen lassen;
Sicherheitsvorrichtungen, die bei den sehr unterschiedlichen Betriebsbedingungen, unter denen eine Heiz-Kühl-Wärmepumpe arbeiten muß, immer wirksam bleiben. Dies gilt besonders für den Schutz des Antriebsmotors gegen Überwärmung.

1. Der Heiz-Kühl-Umschaltthermostat

(Abb. 405) besteht aus einem temperaturfühlenden Element, welches zwei Schalter betätigt. Jeder dieser Schalter hat eine in der Fabrik eingestellte, feste Temperaturdifferenz zwischen oberem und unterem Schaltpunkt von 4 °C. Zwischen den Schaltwerten der beiden Schalter ist ebenfalls eine, durch Schrauben verstellbare Differenz der Umschalttemperaturen, die so gelegt werden kann, daß eine Schaltfolge ähnlich wie in einem Schrittschaltwerk erfolgt. In Abb. 406 wird das Prinzip erläutert. In der Einstellung I (kleine Temperaturdifferenz zwischen den beiden Schaltern) sind bei einer Temperatur unter z. B. 20 °C beide Schalter auf dem unteren Schaltpunkt. Kompressor und Umschaltventil zum Heizen sind eingeschaltet. Steigt die Temperatur über z. B. 24 °C, so schaltet Schalter A um.

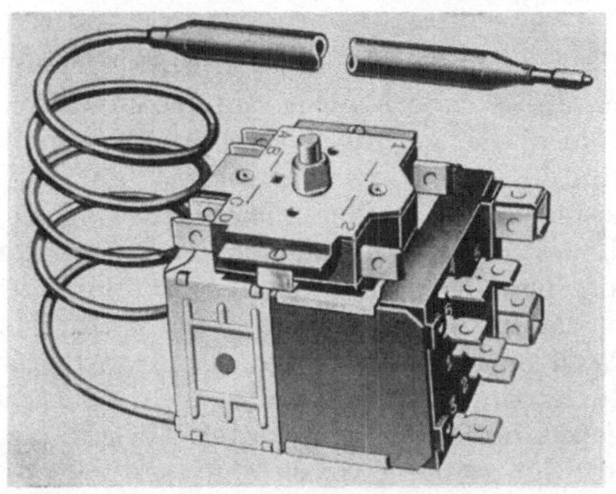

Abb. 405. Innenraum-Thermostat für Wärmepumpen mit zwei gekoppelten, in der Schalt- und Kopplungsdifferenz verstellbaren Schaltern (vgl. Abb. 406). Dem Thermostat ist mit konzentrischer Hohlwelle ein Wahlschalter für verschiedene Betriebsarten des Innenventilators aufgesetzt (Werkfoto Ranco).

Damit ist nach Schaltung Abb. 407 alles abgeschaltet. Steigt die Temperatur weiter auf z. B. 26 °C, schaltet auch Schalter B um, der Kompressor läuft wieder an, jedoch ohne Betätigung des Umschaltventils. Das Gerät kühlt. Bei einer Temperatur unter z. B. 22 °C schaltet Schalter B zurück. Der Kompressor ist ab-

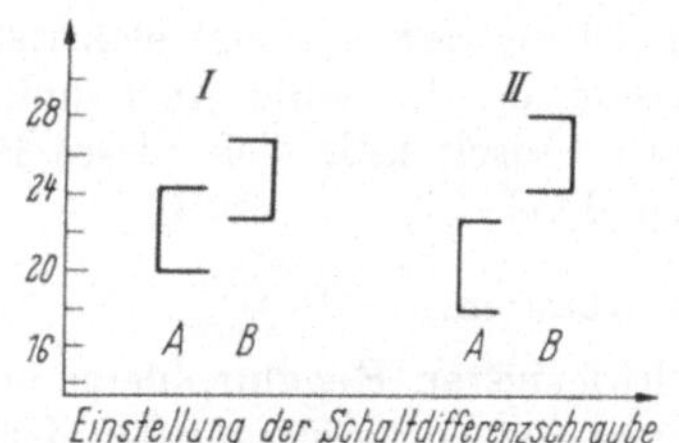

Abb. 406. Ein- und Ausschaltwerte der beiden Schalter A und B des Thermostat nach Abb. 405 bei verschiedener Einstellung der Schaltdifferenz.

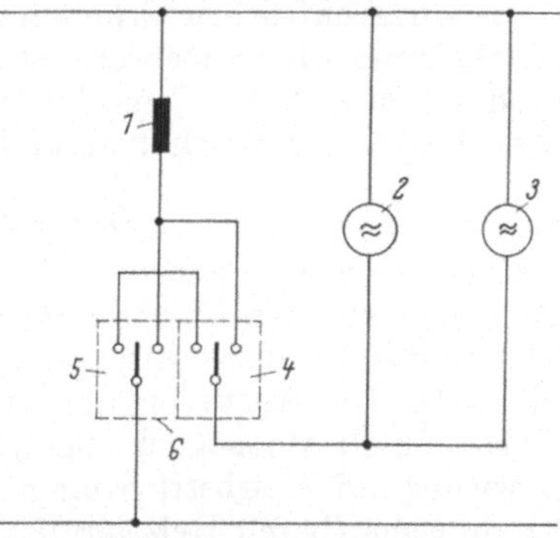

Abb. 407. Vereinfachtes Schaltbild einer von Heizen auf Kühlen automatisch umschaltenden Wärmepumpe. Der Ventilator wird mit dem Kompressor zusammengeschaltet.

1 Erregerspule des Umschaltventils; *2* Kompressormotor; *3* Ventilatormotor; *4* Schaltteil B; *5* Schaltteil A des *6* Thermostat nach Abb. 405.

geschaltet. Sinkt die Temperatur weiter unter z. B. 20 °C, schaltet auch Schalter A wieder um, das Gerät arbeitet erneut als Wärmepumpe. Wird die Temperaturdifferenz der Schaltwerte zwischen Schalter A und B vergrößert, wie dies für Einstellung II (Abb. 406) gezeigt ist, wird der Temperaturbereich, in welchem der Kompressor nicht läuft, vergrößert. Die Grenzschaltwerte „Heizen ein" und

„Kühlen ein" rücken weiter auseinander. Mit einem Verstellknopf kann die gesamte Temperaturlage um etwa $\pm 10\,°C$ verstellt werden, womit praktisch entweder der eine oder andere Schaltzyklus nicht auftreten (z. B. im Sommer „Heizen") oder im Winter die Heiztemperatur herabgesetzt werden kann, wenn z. B. das Haus vorübergehend nicht benutzt wird. Die Umgebungstemperatur hat auf die Einstellung des Thermostaten einen kleinen Einfluß, etwa $1\,°C$ pro $10\,°C$ Temperaturänderung. Zu dem Thermostat kann ein *Wahlschalter* mit Hohlwelle geliefert werden, der auf den Thermostat aufgeschoben werden kann, so daß alle Bedienungsknöpfe denselben Drehpunkt haben (Einknopfbedingung). Dieser Wahlschalter gestattet, bei Ganzjahresklimageräten noch verschiedene Betriebszustände von Hand einzustellen, wie z. B. kleine oder große Lüfterleistung, Zusatzheizung „ein" oder „aus" u. ä.

2. Das Einschalten der Zusatzheizung

ist regeltechnisch nicht einfach zu lösen. Es sind 3 Schaltschritte erforderlich: Kühlen, Heizen mit Wärmepumpe und Zusatzheizung. Ähnlich dem Schema in Abb. 407 kann ein Thermostat mit 3 Umschaltern eingesetzt werden. Diese Lösung hat den Nachteil, daß zwischen jedem Schaltvorgang eine bestimmte Mindesttemperaturdifferenz eingeschoben werden muß, damit sich nicht 2 Schaltvorgänge überlagern. Selbst wenn diese Differenz nur 1 bis 1,5 grd beträgt, schwankt die Raumtemperatur beim Heizen zwischen z. B. $18\,°C$ und $21\,°C$. Dabei fällt — entgegengesetzt dem Bedürfnis des menschlichen Körpers —, die Raumtemperatur bei kalter Witterung zunächst auf den Tiefstwert ab, bevor die Zusatzheizung einschaltet. Diese Schwierigkeit kann mit Außenthermostaten beseitigt werden. Sie beeinflussen die Regelstellung des Innenthermostates so, daß dieser bei kalter und windiger Witterung eine höhere, bei Sonnenschein und mildem Wetter eine tiefere Raumtemperatur einstellt. Eine Lösung beschreibt C. YERGAT [140], wobei durch den Außenthermostat eine unerwünschte Einschaltung der Zusatzheizung bei Temperaturen, bei welchen die Heizleistung der Wärmepumpe allein ausreichen muß, ausgeschlossen wird.

Aus wirtschaftlichen Gründen wird die Leistung der — meist elektrischen — Zusatzheizung oft in mehrere Stufen unterteilt, da die volle Anschlußleistung nur in seltenen Fällen benötigt wird. Regeltechnisch läßt sich dieses Problem nur noch über Schrittschaltwerke beherrschen [141].

3. Das rechtzeitige Abtauen.

Eines der wichtigsten und gleichzeitig schwierigsten Regelprobleme bei Luft-Luft-Wärmepumpen ist das *rechtzeitige Abtauen* des Außenluftverdampfers [142]. Während des Abtauens wird von der Wärmepumpe keine Wärme erzeugt, sondern verbraucht. Der Abtauvorgang erniedrigt daher die mittlere Leistungsziffer, weshalb so schnell wie möglich abgetaut und sofort, nachdem der Verdampfer eisfrei ist, wieder auf Heizbetrieb umgeschaltet werden muß. Die Abtauung wird bei allen umschaltbaren Heizwärmepumpen durch Umschalten auf „Kühlen" vorgenommen, wobei die Ventilatoren beider Wärmetauscher stillgesetzt werden. Der Abtauvorgang wird durch ein Steuerorgan automatisch eingeleitet und beendet.

Es stehen hierfür 4 Methoden zur Verfügung: α) Zeitschaltwerke, β) Luftwiderstandsmessung am Verdampfer, γ) Temperaturdifferenzmessung zwischen Luft- und Verdampferoberfläche, δ) Verdampfungsdruckmessung. Einige der Methoden können miteinander kombiniert werden:

a) In der Kältetechnik werden gerne **Zeitschaltwerke** verwendet [143], wobei der Abtauvorgang durch die Uhr eingeleitet und durch einen Druckwächter

beendet wird. Für Wärmepumpen ist dieses Verfahren ungünstig, da die Abtau-
häufigkeit für den Extremfall festgelegt ist und deshalb zu oft abgetaut wird.
Teilweise kann dies durch einen Thermostat verhindert werden, der die Abtauung
nur bei Außentemperaturen unter $+3\ °C$ zuläßt.

b) Der bei Reifansatz wachsende Luftwiderstand des Verdampfers wird mit
Feindruckmesser gemessen und bei einem einstellbaren Grenzwert die Abtauung
eingeleitet [144]. Der Nachteil des Systems ist, daß eine Verschmutzung des Verdampfers oder eine Verengung des Ansaug-Querschnittes, z. B. durch Herbstlaub,
der unterschiedliche Staudruck des Windes, Veränderungen in der Ventilator-
drehzahl u. a. m. ebenfalls die Abtauung auslösen können.

c) Gut bewährt hat sich das Temperaturdifferenzmeßverfahren [145]. Es geht
davon aus, daß unter normalen Betriebsbedingungen zwischen der Luft- und Verdampfertemperatur eine von der entnommenen Leistung und der Ventilator-
drehzahl abhängige Temperaturdifferenz besteht, die immer wesentlich kleiner ist
als die sich bei bereiftem Verdampfer einstellende. Ein nach diesem Prinzip arbei-
tendes Abtausystem hat z. B. die Firma Ranco Inc., Columbus, Ohio entwickelt
(Abtauthermostat D 52). Ein Nachteil des Systems ist die schwierige Festlegung
der richtigen Schalt-Temperaturdifferenz und Umschalttemperatur [146]. Um
innerhalb des Hauses während der Abtauung keine zu große Abkühlung zu be-
kommen, wird gleichzeitig eine Hilfsheizung eingeschaltet.

d) Es wird auch eine nur druckabhängige Steuerung mit einfachen Druck-
wächtern empfohlen [147], wobei ein erster Druckwächter am Verdampfer den
Abtauvorgang gestattet, wenn eine Verdampfungstemperatur unter $-1\ °C$ erreicht
ist, ein zweiter Druckwächter die Abtauung nur zuläßt, wenn die Verflüssigungstemperatur unter $41\ °C$ abgesunken ist und ein dritter Druckwächter den Ventilator des Heizkreislaufs bei Verflüssigungstemperaturen unter $+39\ °C$ abschaltet.

e) Ein letztes Problem ist der **Schutz der Motore,** insbesondere des Kompressormotors gegen Überwärmung. In den letzten Jahren wurden kleine vakuumdichte
Thermostate entwickelt, die in die Wicklungsköpfe eingebunden werden [148].
Werden diese Schalter noch durch einen stromabhängigen und schnell reagieren-
den Schalter ergänzt, läßt sich ein nahezu vollständiger Motorschutz erzielen.

D. Wärmequellen und Wärmespeicher.

Die Betriebseigenschaften und die Wirtschaftlichkeit der Wärmepumpe
werden maßgeblich von der *Wärmequelle* bestimmt, aus der sie die niedertemperierte
Wärme zum Hochpumpen schöpft, da die Leistungsziffer von der zu überwindenden Temperaturdifferenz abhängt. Dabei ist die obere Temperatur als Vorlauftemperatur des Heizmediums (z. B. Luft oder Wasser) vorgegeben. Diese muß um
so höher werden, je kälter die Außentemperatur ist. Da alle natürlichen Wärmequellen, wie die Luft, der Erdboden, das Grund- oder Oberflächenwasser und die
Sonnenstrahlung die Temperaturschwankungen des Winters mehr oder weniger
gedämpft und mit einer zeitlichen Phasenverschiebung mitmachen, wird die Heizleistung und die Wirtschaftlichkeit einer Heizwärmepumpe, die aus diesen Wärmequellen schöpft, mit sinkender Temperatur gemindert. Die Folge ist, daß alle
Heizwärmepumpen einen sog. „Gleichgewichtspunkt" haben, bei dem der Wärmebedarf der geheizten Räume und die Heizleistung der Wärmepumpe gleich groß
sind. Das Dezifit bei tieferen Temperaturen wird durch eine Zusatzheizung, durch
Einschalten von aufgeladenen Wärmespeichern oder durch zeitweiliges Zuschalten
höher temperierter Wärmequellen gedeckt. Es wäre unwirtschaftlich, eine Heizwärmepumpe so zu dimensionieren, daß sie den maximalen Wärmebedarf des
Gebäudes bei den tiefsten vorkommenden Temperaturen decken kann.

Eine gute Wärmequelle

α) muß zu jeder Zeit die erforderliche Wärmemenge mit einer möglichst hohen Temperatur liefern können;

β) sollte keine zusätzlichen Kosten zu ihrer Erschließung erforderlich machen; zumindest sollten diese Kosten nicht über 15% der Gesamtkosten liegen;

γ) sollte zum Transport der Wärme (Pumpleistung) möglichst wenig Energie benötigen;

δ) sollte die wärmetauschenden Apparate nicht beeinflussen (Korrosion, Verschmutzung, Vereisung);

ε) sollte, soweit es sich um serienmäßig hergestellte Wärmepumpen handelt, überall erschließbar sein und nicht von geographischer Lage, Klima und Boden-verhältnissen abhängen.

Verschiedene Wünsche schließen sich gegenseitig aus. Es ist schwer, eine wirk-lich geeignete Wärmequelle zu finden. Zum Beispiel ist in den Vereinigten Staaten zunächst der Erdboden als die geeignetste Wärmequelle betrachtet worden und hierfür wurde viel Forschungsarbeit aufgewendet [149]. Die Luft als Wärmequelle galt selbst in den wärmeren Gebieten als unwirtschaftlich [150]. Aber mit wach-sender Produktion von Seriengeräten wurde erkannt, daß das Verlegen einer Rohr-schlange im Erdboden so schwierig war, daß dies geradezu ein Verkaufshindernis wurde. So wurde zu Luft als Wärmequelle umgeschwenkt, obwohl diese wesent-lich schlechtere Leistungsziffern ergibt. Dies ist daher auch keine endgültige Lö-sung, und es wird weiterhin nach geeigneteren Wärmequellen gesucht. Viel Aus-sicht haben die Strahlungsquellen (Sonnen- und Himmelsstrahlung), wenn es gelingt, geeignete Strahlungsempfänger und Wärmespeicher für die strahlungs-armen Zeiten zu entwickeln [151] oder kombinierte Wärmequellen, bei welchen z. B. Luft und Erdboden, Luft und Sonnenstrahlung, Sonnenstrahlung und Erdboden usw. in zweckmäßiger Verbindung einander ergänzen. Die Forschung auf dem Gebiet der Wärmequellen und der Wärmespeicher [152] ist daher für die weitere Entwicklung der Wärmepumpe von ebenso großer Bedeutung wie die Entwick-lungsarbeiten an den Geräten selbst.

I. Natürliche Wärmequellen.

Darunter werden die in der Natur allgemein zugänglichen Wärmequellen verstanden (Tab. 15) [153], welche die Wärme aus dem normalen Klimageschehen entnehmen. Eine Ausnahme bilden Wärmequellen, welche von vulkanischer Wärme oder aus der Erdwärme größerer Teufen gespeist werden, z. B. warme Quellen und aus Gruben abgepumpte Wässer. Natürliche Wärmequellen haben alle einen jahreszeitlich bedingten „Gang" der Temperatur, der um so kleiner ist, je größer die Wärmekapazität der Wärmequelle ist.

1. Luft.

Die normale Atmosphäre ist bezüglich der zeitlichen, örtlichen und mengen-mäßigen Verfügbarkeit ideal. Einziger Nachteil sind die sehr unterschiedlichen Temperaturen, welche die Leistungsziffer erheblich beeinflussen. Bei einer Außen-temperatur von 0 °C, was in Deutschland etwa der mittleren Temperatur der Monate Dezember und Februar entspricht, ist jedoch eine praktische Leistungs-ziffer von $\varepsilon = 3$ erreichbar, womit eine vertretbare Wirtschaftlichkeit zu erzielen wäre. Unüberwindbarer Nachteil ist die gegenläufige Abhängigkeit der Heizlei-stung von der Außentemperatur. Der Heizwärmebedarf des Gebäudes wächst proportional der wachsenden Temperaturdifferenz, die Heizleistung nimmt aber in ebensolcher Weise ab. Unterhalb des „Gleichgewichtspunktes" muß eine Zu-

Tabelle 15. *Natürliche Wärmequellen.*

Wärmequelle Eigenschaften	Luft	Erde	Sonnenstrahlung	Grundwasser	Oberflächenwasser	Stadtwasser
Verfügbarkeit (örtlich)	überall	nur bei gelockerter Bauweise	überall	nicht gesichert	nur ausnahmsweise	in größeren Ortschaften
Verfügbarkeit (zeitlich)	immer	immer	stark wechselnd, nicht voraussehbar	immer – wenn nicht Wassermangel	immer – wenn nicht Wassermangel	immer – wenn nicht Beschränkungen
Anlagekosten	relativ gering	hoch	hoch	hängt von Kosten für Brunnenbohrungen ab. Im allgemeinen hoch.	relativ gering	am geringsten
Betriebskosten	mittel	fast keine	fast keine, je nach Konstruktion des Strahlungsempfängers	niedrig, wenn Rückfluß in zweiten Brunnen	relativ niedrig	hoch
Temperatur und Temperaturschwankungen (ungefähre Werte)	– 25 bis + 15 °C. 90% der Heizperiode über 0 °C. Im Antizyklus zum Wärmebedarf des Hauses.	– 5 bis + 15 °C. Wird erst gegen Ende der Heizperiode kälter. Nicht beeinflußt von kürzeren Kälteeinbrüchen.	> 0 °C Im Antizyklus zum Wärmebedarf des Hauses	+ 10 bis + 15 °C sehr konstant	0 bis 15 °C Unter + 2 °C nicht mehr verwertbar	+ 5 bis + 15 °C
Platzbedarf	groß	Im Gerät praktisch keine Bodenfläche erforderlich	große bauliche Maßnahmen	im Gerät klein. Platzbedarf für Brunnen	klein	klein
Eignung für Massenproduktion	gut	mäßig	mäßig	gut	gut	gut
Besondere Merkmale	Bei größter Wärmeanforderung steht am wenigsten Leistung zur Verfügung. Bereifen des Luftkühlers erfordert Abtauautomatik, größere Leistung zur Kompensation, zweite Wärmequelle oder Zusatzheizung. Regelung wegen der starken Temperaturschwankungen schwierig. Bei Außenluftkühler Geräuschproblem.	Begrenzt durch geolog. Verhältnisse (kein Fels). Verlegungskosten schwer zu schätzen. Reparaturen an Rohrschlange fast unmöglich. Erfordert für je 1000 kcal/h Heizleistung etwa 30 m² Bodenfläche. Gefahr des Erfrierens bei Bepflanzung.	Erfordert auf Südseite des Hauses oder auf dem Dach besondere bauliche Maßnahmen. Freier Raum nach Osten, Süden u. Westen. Wärmespeicher oder zweite Wärmequelle erforderlich. Je 1000 kcal/h Heizleistung etwa 2 m² Strahlungsempfänger erforderlich.	Gefahr der Korrosion oder Ablagerung im Wasserkühler. Abfluß in Kanalisation oder 2. Brunnen erforderlich. Wassertemperatur, Zusammensetzung und Schüttung vor der Brunnengründung meist unbekannt.	Korrosionen, Ablagerungen u. Algenbildung möglich. Vorkehrungen für den Fall der Temperaturunterschreitung erforderlich (Zusatzheizung)	Korrosionen und Ablagerungen möglich. Gefahr von Verbrauchseinschränkungen.

satzheizung, meistens eine elektrische Widerstandsheizung zugeschaltet werden.
Je nach Winterklima kann ein steilerer oder flacherer Verlauf dieser Abhängigkeit
vorteilhaft sein.

Für die optimale Bemessung einer Luft-Luft-Wärmepumpe genügt deshalb
die Kenntnis der tiefsten Außentemperaturen, z. B. die sog. Berechnungstempe-
ratur für die Wärmebedarfsermittlung nach DIN 4701 [154] nicht. Es muß die jahreszeitliche Häufigkeit der Temperatur und mög-
lichst auch der Enthalpiewerte bekannt sein
[155], [156]. (Abb. 408). Die Zahl der Tage, an
denen zusätzlich geheizt werden muß, soll
klein sein. Wird z. B. die Wärmepumpe so
bemessen, daß der Gleichgewichtspunkt bei
—4 °C liegt, dann ist in Klimazone I nach
DIN 4701 nur an etwa 20 von insgesamt
200 Tagen eine zusätzliche Heizung erforderlich. Nur an 5 Tagen muß diese Heizung mehr
als 30% der Wärmepumpen-Heizleistung betragen. Wird die Heizleistung der Wärmepumpe auf etwa die Hälfte des maximalen
Heizbedarfs des Hauses festgelegt, werden
etwa 90% des Gesamtwärmebedarfs während
der Heizperiode gedeckt werden können.

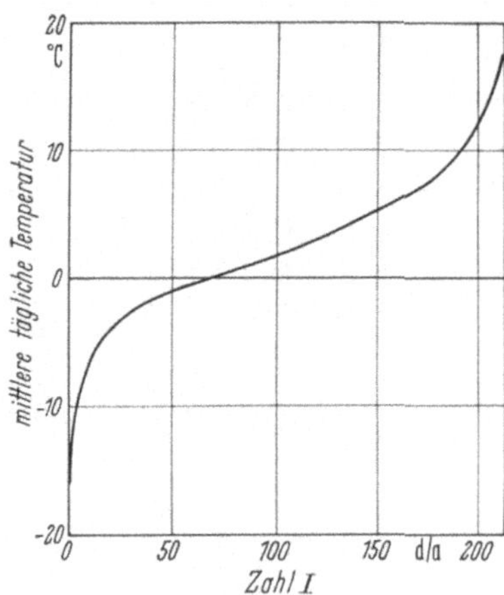

Abb. 408. Häufigkeit der täglichen mittleren
Temperatur (Zahl I der Tage pro Jahr) aus
einem 20jährigen Mittel, Klimazone I
nach DIN 4701.

Ein weiterer Nachteil von Luft als Wärmequelle ist die Bereifung des Luftkühlers,
wobei zu beachten ist, daß bei Wärmepumpen wesentlich mehr Luft durch den
Kühler fließen muß, als bei üblichen Klimageräten, um die schädliche Temperaturdifferenz klein zu halten. Als Faustregel gilt ein Luftdurchsatz von 1000 m³
für je 1000 kcal Heizleistung. Bezüglich der Vereisung der Kühlerflächen ist der
Temperaturbereich von +2 °C bis etwa —7 °C wegen des noch relativ hohen absoluten Feuchtigkeitsgehaltes der Luft besonders kritisch, da Eisnebel oder Schnee
zu einer zusätzlichen Vereisung und u. U. einer Verstopfung der Lufteintritts-
öffnung führen können. Dagegen enthält die trockenkalte Winterluft so wenig
Wasserdampf, daß es auch nach tagelangem Betrieb zu keiner nennenswerten
Reifbildung kommt. Es muß je nach Reifanfall sehr häufig (3 bis 4mal in der
Stunde) abgetaut werden. Durch diese erzwungenen Standzeiten entstehen Heiz-
leistungsverluste, welche bei der Bemessung und der Wirtschaftlichkeitsberechnung berücksichtigt werden müssen. Zu Beginn der Entwicklung wurde durch
Vergrößerung der Rippenabstände die Betriebszeit verlängert. Nach der Vervollkommnung der Abtauautomatik wurde erkannt, daß bei kurzen Zyklen die Wärme-
und Energieverluste kleiner sind. In vielen Aufsätzen [157] bis [160] und [62]
sind z. Teil langjährige Betriebserfahrungen mit Luft-Luft-Wärmepumpen
beschrieben. Nach den bisherigen Erfahrungen ist Luft als Wärmequelle für
Heizwärmepumpen wirtschaftlich, wenn das Klima gemäßigt ist, ungefähr
3000 Heizgradtage nicht überschritten werden und die Winter lang, aber mild
sind. Diese Voraussetzungen bestehen in England, Frankreich, den Küstenstaaten
Belgien, Holland und Dänemark und in weiten Teilen der Bundesrepublik besonders
ders in küstennahen Gebieten und in der Rhein-Main-Ebene [161], [162].

2. Erdboden.

Der Erdboden ist eine im Hinblick auf Temperaturkonstanz, Temperaturlage, örtliche und zeitliche Verfügbarkeit und Speichervermögen sehr günstige

Wärmequelle, weshalb ihr anfänglich große Beachtung geschenkt wurde [163].
Es wurden praktische Versuche mit verschiedenen Wärmetauschern, z. B. im
Boden eingebettete Rohrschlangen, Tiefbrunnen, eingegrabene Platten u. ä.
wie auch theoretische Untersuchungen über den stationären und instationären
Wärmefluß im Erdboden durchgeführt [164 bis 167].

Die Gründe, die das Erdreich gegenüber Luft als Wärmequelle stark zurücktreten ließen, waren die hohen Kosten für die Bodenschlange, der hohe Bedarf
an freier, unbebauter Grundfläche, die Unsicherheit über die örtlichen Boden-
verhältnisse, die Schwierigkeit der Berechnung des Wärmetauschers und die Un-
möglichkeit der Reparatur an dem eingegrabenen Wärmetauscher. Erst in
neuerer Zeit wird der Erdboden als Wärmequelle wieder mehr beachtet, da ein
amerikanischer Hersteller seriengefertigte Heizwärmepumpen mit Bodenschlangen
als Wärmequelle anbietet und Anleitungen über deren Berechnung und Verlegung
gibt [168].

Für die richtige Ausnutzung der Bodenwärme und Bemessung des Wärmetauschers ist die Kenntnis der Bodeneigenschaften, des jährlichen Temperatur-
verlaufes, des Wärmeleitvermögens und der zweckmäßigsten Konstruktion der
Wärmetauscher erforderlich [169], [170]. Ein besonders interessanter Vorschlag geht
dahin, den Gefriervorgang des Erdbodens zur Erhöhung der Temperaturkonstanz
und des Wärmetausches zu verwenden [171]. Das Rohr wird dazu in eine gelförmige,
hoch wasserhaltige Masse, wie z. B. *Bentonit*, gelegt. Auch billigere Lehme lassen
sich durch Zufügen von Salz zu hoch wasserhaltigen Gelen umformen. Die Wärme
wird zunächst von dem gefrierenden Gel geliefert, in welches dann über eine viel
größere Oberfläche als über das Rohr selbst die Wärme aus dem Erdreich ein-
strömt. Während bei trockenem Boden zur Übertragung von 1000 kcal/h rd.
150 m Rohr, bei nassem Erdreich rd. 50 m erforderlich sind, sinkt bei der oben-
geschilderten Verlegung der Rohre in Bentonit der Bedarf auf rd. 15 m. Bisher
ist diese Anordnung noch nie praktisch erprobt worden, würde aber die hohen Ver-
legungskosten der Bodenschlange erheblich reduzieren, die Gefahr der Hohlraum-
bildung verhindern und den zur Spitzendeckung erforderlichen Wärmevorrat
erhöhen.

Für die Leistungsziffer ist die Temperatur des Erdreichs unmittelbar am
Wärmetauscher ausschlaggebend. Durch den Wärmeentzug wird diese Temperatur gegenüber dem ungestörten Erdreich im Laufe des Winters langsam erniedrigt, da dem Erdboden mehr Wärme entzogen wird, als ihm zufließt. So zeigte
COOGAN [172], daß selbst bei gleichbleibender Temperatur in genügender Entfernung von der Wärmeentnahmestelle die Lieferleistung nachläßt [173]. Bei einer
Versuchsanlage, welche während zweier Heizperioden eingeschaltet war, wurde
die Temperaturabsenkung gegenüber dem ungestörten Erdreich gemessen [174],
[175]. Es zeigt sich, daß der größte Teil der im Winter gelieferten Wärme der
enormen Wärmekapazität des Erdreichs entnommen wird und daß es genügt, die
Rohre etwa 1,2 m tief mit einem Abstand von 1,5 m zu verlegen.

3. Sonnenstrahlung.

Gelänge es, die Sonnenenergie zu nutzen, z. B. zur Wärmelieferung durch
Wärmepumpen, Stromerzeugung durch photoelektrische Effekte oder chemische
Reaktionen durch Licht, dann könnte sie noch bedeutungsvoller als die Kern-
energie werden. Leider wird hierauf nur wenig Forschungsarbeit verwendet.
Private Initiative zeigte, daß in gemäßigtem Klima das Kühlen und Heizen eines
Wohnhauses lediglich unter Ausnutzung der Zu- und Abstrahlung möglich ist,
wobei zur Überbrückung der strahlungsarmen Zeiten einfachste Wärmespeicher
in Form von Feldsteinschüttungen dienten [176] (Abb. 409). Tatsächlich hängt

die Ausnutzung der Sonnenenergie von der Entwicklung billiger, leicht zu handhabender und betriebssicherer Strahlungskollektoren hohen Wirkungsgrads ab. Für die unmittelbare Ausnutzung werden Hohlspiegel oder mehrfach verglaste schwarze Flächen verwendet, die jedoch nur bei Sonnenschein wirksam sind. Durch Zwischenschaltung einer Wärmepumpe können die Temperaturen des Strahlungskollektors auf Umgebungstemperatur gelegt und dadurch die Wärmeverluste an die Luft so weit vermindert werden, daß wärmeisolierende Glasabdeckungen unnötig sind. Durch die tiefere Temperatur des Strahlungskollektors kann auch bei bedecktem Himmel und in den frühen Morgen- und Abendstunden die diffuse Himmelsstrahlung ausgenützt und damit die Benutzungsdauer und der Wirkungsgrad gesteigert werden.

Untersuchungen über die meteorologischen Voraussetzungen für die Ausnützung der Sonnenenergie [177] zeigten, daß das Minimum der Energieeinstrahlung auf eine ebene Fläche im Winter für den 45. Breitengrad etwa $^1/_3$ der sommerlichen Maximaleinstrahlung von rd. 7000 kcal/m²×Tag beträgt. Die größte Strahlungs-

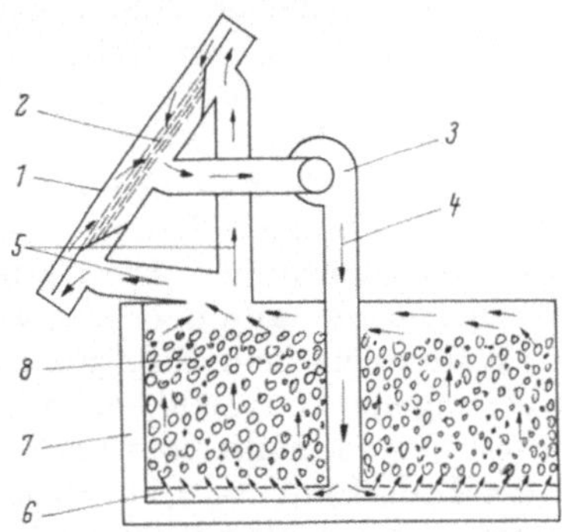

Abb. 409. Strahlungskollektor mit angeschlossenem Wärmespeicher aus Feldsteinschüttung. Der Strahlungskollektor besteht aus schwarzem Gewebe. Die Wärme wird durch Luft aufgenommen.

1 Glasabdeckung; 2 Gitter aus schwarzem Gewebe; 3 Ventilator zur Warmluftumwälzung; 4 aufgewärmte Luft zum Wärmespeicher; 5 Rückluft zum Strahlungskollektor; 6 Bodenkanal zur Luftverteilung; 7 Isolierung; 8 Feldsteinschüttung.

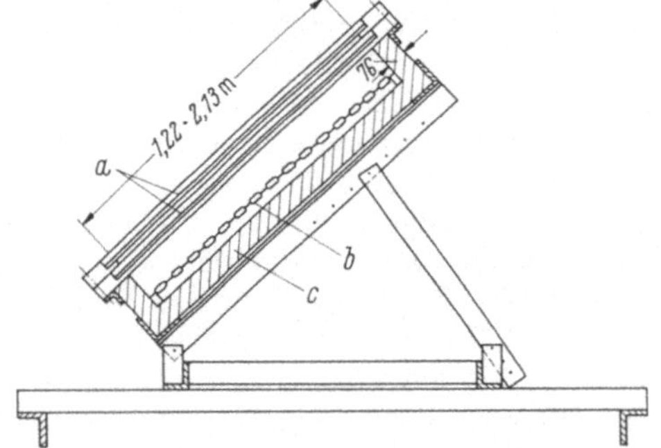

Abb. 410. Strahlungskollektor einer Fläche von 10 m² für eine Versuchswärmepumpe mit einer Leistung von max. 10 000 kcal/h. Neigung 50°. Aufstellung am 38sten Breitengrad.

a Doppelverglasung; b Verdampfer-Kanalplatte; c 7,5 cm starke Isolation.

energie trifft im Winter auf eine fast senkrechte, nach Süden gerichtete Fläche, und zwar über ein recht breites Maximum von Oktober bis März, das für den obigen Fall bei etwa 4500 kcal/m²×Tag liegt. Für 4 als Beispiel gewählte Orte in den USA sind die längsten Perioden ohne Sonnenschein 8 bis 11 Tage. Die Sonnenenergie kann für die Hausheizung daher nur in Verbindung mit großen Speichern oder mit Hilfsheizanlagen für normale Brennstoffe ausgenützt werden.

Die bisher vorliegenden Erfahrungen sind günstig. Bei einer Versuchsanlage [178], [179] bestand der Strahlungsempfänger von 10 m² aus 4 Verdampferplatten aus geprägtem Stahlblech mit Innenkanälen zur Verdampfung des Kältemittels (Abb. 410). Er war unter einem Winkel von 50° zur Horizontalen nach Süden gerichtet und ungefähr auf dem 38. Breitengrad aufgestellt. Die Wärmepumpe hatte eine Heizleistung zwischen 5000 und 10000 kcal/h. Die Wärme wurde einem Wasserkreislauf mit eingeschaltetem Wasser-Wärmespeicher zugeführt. Es zeigte sich, daß eine Abdeckung der Strahlungsempfänger nicht erforderlich ist und die Leistung der Wärmepumpe auf eine Entnahme von 500 bis 600 kcal/h pro Quadratmeter Strahlungsempfänger bemessen sein sollte. An Strahlungsenergie (nicht Wärmeübertragung aus der Luft) standen zur Verfügung:

während 12% der Versuchszeit 500 bis 1500 kcal/Tag m²; 50% der Zeit 1500 bis 4500 kcal/Tag·m² und während 38% der Zeit 4500 bis 8000 kcal/Tag · m². An einem sonnigen Tag bei einer mittleren Temperatur von 0 °C war die Leistungsziffer etwa 3,5. Die Schlußfolgerung aus den Versuchen war, daß der Strahlungsempfänger sowohl für die Ausnutzung von Strahlungsenergie, wie für die Wärmeaufnahme aus der Außenluft (Regen, Wind) gebaut sein sollte, evtl. sogar mit berippten Flächen. Dabei könnte er unauffällig ein Teil der Außenwand des Hauses sein. Der Strahlungsempfänger könnte dann im Sommer Wärme an die Umgebung abgeben, so daß die Wärmepumpe als Klimaanlage umschaltbar wird.

Ein Geschäftshaus in Albuquerque, New Mexico, mit einer Grundfläche von 400 m² ist mit einer Ganz-Jahresklimaanlage ausgerüstet, bei welcher über Wasser, Verdunstungskühler, Strahlungssammler und Wärmepumpe geheizt und gekühlt wird [180]. Der Strahlungssammler besteht aus 75 m² Roll-bond-Aluminium-Verdampferplatten, die 30° zur Senkrechten geneigt als Südwand des Gebäudes aufgestellt sind. Der Wärme-(Kälte-)Speicher ist ein unterirdischer Wasserbehälter von 23 m³ Fassungsvermögen. In einem Erfahrungsbericht [181] werden die Betriebskosten mit weniger als der Hälfte von konventionellen Systemen angegeben.

Die größten Vorteile bietet die Kombination mit anderen Wärmequellen, z. B. Luft. Hierbei wird vorgeschlagen, daß die Außenluft, welche als primäre Wärmequelle dient, vor ihrem Eintritt in den Wärmetauscher in einem Strahlungskollektor vorgewärmt wird [182]. Diese Vorwärmung von 6 bis 12 grd (je nach Strahlungsintensität) bringt eine Erhöhung der Leistungsziffer um etwa 20% und verringert die Zahl der Abtauperioden auf $^1/_5$. Der Strahlungskollektor kann dabei an die Südwand des Gebäudes angebaut werden und besteht im wesentlichen aus geschwärzten, gewellten Kunststoffolien, hinter denen die Luft für den Wärmetauscher angesaugt wird. Bei einem Großversuch wurden 300 Hausheizwärmepumpen mit Luft als Wärmequelle durch derartige Strahlungskollektoren ergänzt. Die Betriebsergebnisse zeigten eine Senkung der Heizkosten um 20%. Die zusätzlichen Kosten für die Strahlungskollektoren waren nach 4 bis 5 Jahren amortisiert [183].

Auch die Kombination eines Strahlungskollektors mit einer Erdboden-Rohrschlange, wobei die beiden so geschaltet werden können, daß Sonnenenergie im Erdboden gespeichert werden kann, wurde vorgeschlagen [184].

II. Wärmespeicher.

Hausheizwärmepumpen mit Umschaltbarkeit auf Sommerklimatisierung könnten bei einer generellen Anhebung des Lastfaktors gleichzeitig zur Abflachung der Lastspitzen des Stromversorgungsnetzes beitragen, wenn es gelänge, die Spitzen des Wärmebedarfs aus Wärmespeichern zu decken [185]. Dabei würden der Belastungsfaktor um 20% und die Energiekosten um etwa $^1/_3$ sinken. Dieses Problem der Speicherung elektrischer Energie zum Ausgleich von Belastungsspitzen hat eine weit über das enge Gebiet der Wärmepumpen hinausgehende Bedeutung und wurde z. B. in den bekannten Nachtspeicheröfen praktisch verwirklicht. Während jedoch hierbei nur die direkte Speicherung von elektrischer Energie, meist in Hochtemperaturspeichern aus keramischen Massen, in Frage kommt, kann bei der Wärmepumpe auch niedertemperierte Wärme, z. B. aus Wasser-Eis-Speichern, genützt werden. Das bedeutsamste Problem besteht daher darin, festzustellen, ob die Direktspeicherung in relativ billigen Hochtemperaturspeichern oder die Speicherung relativ billiger Umgebungswärme in entsprechend großen Niedertemperaturspeichern wirtschaftlich günstiger ist [186]. Hierzu war erforderlich, das Zusammenspiel verschiedener Arten von Wärmespeichern in Verbindung mit den entsprechend leistungsstark ausgewählten Wärmepumpen bei längeren und kürzeren Intervallen zwischen den Aufladungszeiten zu untersuchen. Der Berechnung wurden z. B. folgende Werte, welche einem üblichen Einfamilienhaus entsprechen, zugrunde gelegt:

Tiefste Außentemperatur im Winter −18 °C, Wärmebedarf bei dieser Temperatur 14600 kcal/h, Wärmepumpenleistung bei dieser Temperatur 4280 kcal/h, Strombedarf 2 kW, zusätzlich benötigte Wärme (Zusatzheizung) 10,320 kcal/h, Temperatur am Gleichgewichtspunkt der Wärmepumpe −1 °C, Leistung der Wärmepumpe am Gleichgewichtspunkt 7710 kcal/h, Strombedarf am Gleichgewichtspunkt 3 kW, Tarif für Tagstrom (6—24 Uhr) 0,08 DM/kW; Tarif für Nachtstrom (0—6 Uhr) 0,04 DM/kW.

Es können z. B. die folgenden 6 Möglichkeiten betrachtet werden:

1. Wärmepumpe und zusätzliche elektrische Widerstandsheizung,
2. Wärmepumpe und Eisspeicher, 2 Kompressoren, wahlweise parallelgeschaltet,
3. Wärmepumpe und Heißwasserspeicher,
4. Wärmepumpe, Heißwasserspeicher und elektrische Zusatzheizung,
5. Wärmepumpe, umschaltbar auf zweistufige Kompression und Eisspeicher,
6. Wärmepumpe und zusätzliche Ölheizung.

Das Ergebnis zeigte, daß für ein übliches Winterklima mit etwa 4000 Gradstunden unter −1 °C die Möglichkeit nach 1. wohl die höchsten Betriebskosten, aber die weitaus niedrigsten Anschaffungskosten hat und daß die Möglichkeit nach 6. mit Ölheizung als zusätzlicher Energiequelle die günstigste Kombination zwischen Mehrkosten für die Heizanlage, Betriebskosten und ausgeglichenem Stromverbrauch ergibt. Die Mehrkosten für Speichersysteme waren derart hoch, daß für den Benützer der Wärmepumpen kein wirtschaftlicher Vorteil zu erwarten ist, wobei Heißwasserspeicher günstiger als Eiswasserspeicher sind, da letztere sehr große Kompressorleistungen erfordern [187]. Die Speicherleistung war dabei nur mit $2 \cdot 10^5$ kcal angenommen worden, d. h. also für tägliche Wiederaufladung.

Mit kleinen Speichern großer Anschlußleistung kann wohl eine Verschiebung der Stromentnahme auf Zeiten schwacher Netzbelastung, jedoch nicht die wünschenswerte Begrenzung der Anschlußleistung auf den Anschlußwert der reinen Wärmepumpe erreicht werden. Dies wäre z. B. dadurch möglich, daß nur in den Stillstandzeiten der Wärmepumpe ein Hochtemperaturspeicher derselben Anschlußleistung aufgeladen wird. Dieser Speicher müßte allerdings, um längere Kälteperioden überbrücken zu können, eine 10 bis 20fach größere Kapazität haben. Energiewirtschaftlich günstiger ist ein Mitteltemperaturspeicher (40 °C bis 50 °C), welcher von der Wärmepumpe selbst in Zeiten, in welchen keine Heizleistung angefordert wird, mit wesentlich billigerer Umgebungswärme aufgeladen werden kann und bei Bedarf Wärme direkt an den Heizkreislauf abgibt.

Jeder Hoch- oder Mitteltemperaturspeicher bringt als weitere Vorteile die Möglichkeit, die Leistung der Wärmepumpe gegenüber einer speicherlosen Ausführung zu verkleinern und die Erhöhung der Betriebssicherheit des gesamten Heizsystems, da Ausfallzeiten, z. B. des elektrischen Stroms, überbrückt werden können.

Die Anforderungen an Wärmespeicher sind vielfältig, nämlich:

niedere Anschaffungs- und Betriebskosten,
kleiner Platzbedarf und Möglichkeit des Einbaues in das Gesamtgerät,

ungiftige, unbrennbare, nicht korrodierende und chemisch stabile Speicherstoffe,
gutes Wärmeübertragungs- und Wärmeleitverhalten,
leichte Regelbarkeit der Wärmeabgabe und geringe Standverluste.

Es stehen drei Möglichkeiten zur Auswahl, nämlich die Aufladung durch Temperatursteigerung, durch Phasenumwandlung und durch reversible chemische oder physikalische Reaktionen. Die erste Möglichkeit erfordert sehr große Volume und Gewichte. Versuchsanlagen mit Wasserspeichern und mit Feldsteinen hatten nur begrenzte Bedeutung. Die zweite Möglichkeit liegt in der Ausnutzung der Schmelzwärme anorganischer Salze oder von paraffinähnlichen Substanzen, wobei Glaubersalz ($Na_2SO_4 \cdot 10\ H_2O$), Natriumdiphosphat ($Na_2HPO_4 \cdot 12\ H_2O$) und Paraffinwachs die günstigsten Eigenschaften hat (Tab. 16). Die Schwierigkeiten, welche

Tabelle 16. *Geeignete Salze für Wärmespeicherung durch Schmelzwärme (in der Temperaturlage der Wärmepumpe).*

Salz	Formel	Mol.-Gewicht	Schmelzpunkt °C	Schmelzwärme kcal/kg
Glaubersalz	$Na_2SO_4 \cdot 10\ H_2O$	322,21	32,4	55,0
Natriumthiosulfat	$Na_2S_2O_3 \cdot 5\,H_2O$	248,19	48,0	35,5
Sek. Natriumphosphat	$Na_2 \cdot PO_4 \cdot 12\ H_2O$	358,17	34,6	
Magnesiumnitrat	$Mg(NO_3)_2 \cdot 6\ H_2O$	256,43	90,0	38,0
Kalziumchlorid	$CaCl_2 \cdot 6\ H_2O$	219,99	29,0	45,0
Lithiumnitrat	$LiNO_3 \cdot 3\,H_2O$	122,99	29,9	66,5
Aluminium-Kalium-Alaun	$AlK(SO_4)_2 \cdot 12\ H_2O$	474,38	89,0	52,0
Kobaltnitrat	$Co(NO_3)_2 \cdot 6\ H_2O$	291,5	56,0	30,0

durch Kristallisationsverzögerung und schlechte Wärmeleitung im festen Stoff entstehen, können z. B. durch Aufschwemmen der Salze in Ölen, welche als Wärmeübertrager und Rührmittel dienen, vermieden werden. Es ist gelungen, solche Speicher bei nahe 100% der theoretischen Speicherkapazität auszunützen [188]. Eine letzte Möglichkeit sei nur des theoretischen Interesses wegen erwähnt. Sie könnte z. B. durch das bekannte Adsorbtionssystem Ammoniak—Calciumchlorid oder durch eine intermittierend arbeitende Ammoniak-Wasser-Absorptionskältemaschine mit einem sehr großen Arbeitsstoffvorrat verwirklicht werden.

E. Beispiele ausgeführter Wärmepumpenanlagen und serienmäßig gefertigter Geräte.

I. Kleinwärmepumpen.

Der Begriff ist neu. Er kann in ähnlicher Weise gedeutet werden wie der Begriff der Klein-Kälteanlage. Es sind darunter Wärmepumpen mit einer Heizleistung von weniger als 3000 kcal/h zu verstehen. Diese kleinen Wärmepumpen werden entweder als fabrikgefertigte Geräte, vorzugsweise in der Klimatechnik, ähnlich den bekannten Fenster-Klimageräten, gebaut oder an Ort und Stelle montiert, genauso wie die entsprechenden Kleinkälteanlagen. Ihre Aufgaben sind hauptsächlich die Raumheizung in den Übergangszeiten und die Erzeugung von Warmwasser, meist in Verbindung mit Kühlaufgaben [189].

1. Warmwasserbereiter.

Der Warmwasserverbrauch von Haushalten liegt je nach Personalzahl und Lebensstandard zwischen 100 und 350 l/Tag, im Mittel bei 160 l/Tag, bezogen auf eine Heißwassertemperatur von 65 °C. In elektrisch beheizten Heißwasserboilern

.können je 1 kWh etwa 17 l Wasser erwärmt werden. In einem Wärmepumpenboiler nach Abb. 411, welcher mit einem hermetisch gekapselten $^1/_3$-PS-Kältekompressor ausgerüstet ist, lassen sich mit 1 kWh etwa 40 l Wasser aufwärmen. Die Leistungsziffer ist von der Wasserentnahme abhängig [190] und schwankt zwischen $\varepsilon = 1$ und etwa 2,3 bei 50 bis 300 l Wasserentnahme täglich. Als Wärmequelle dient die Raumluft am Aufstellungsort. Im Sommer wird dadurch etwas gekühlt und hauptsächlich entfeuchtet, was als Vorteil empfunden wird. Der Heizmehrbedarf im Winter ist in den allgemeinen Heizkosten nicht feststellbar. Die Anschaffungskosten für den Wärmepumpenboiler sind etwa 1,5 bis 2mal so

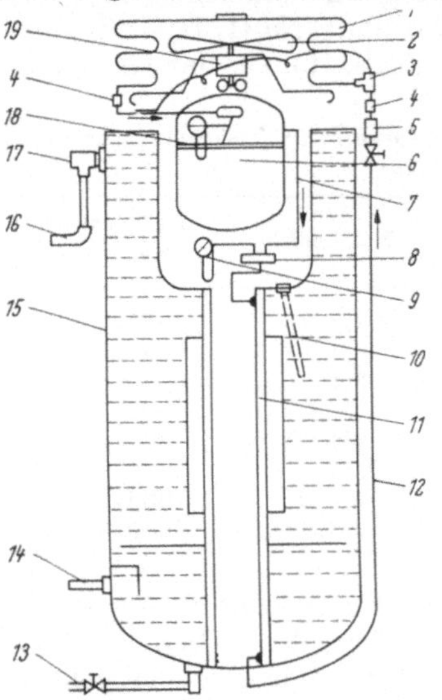

Abb. 411. Heißwasserbereiter mit Wärmepumpe (Schema).

1 Verdampfer zur Wärmeentnahme aus der Umgebung; *2* Ventilator für Luft-Wärmequelle; *3* thermostatisches Expansionsventil; *4* Schauglas; *5* Filter; *6* Kompressor; *7* Druckgasleitung; *8* Absperrventil; *9* Manometer; *10* Magnesiumstab gegen Wasserkorrosion; *11* Kondensator; *12* Kältemittel-Flüssigkeitsleitung; *13* Ablaßhahn; *14* Kaltwasserzulauf; *15* Heißwasserbehälter; *16* Heißwasserablauf; *17* Thermometerstutzen; *18* Saugabsperrventil; *19* Ventilator-Motor mit Hilfslüfter.

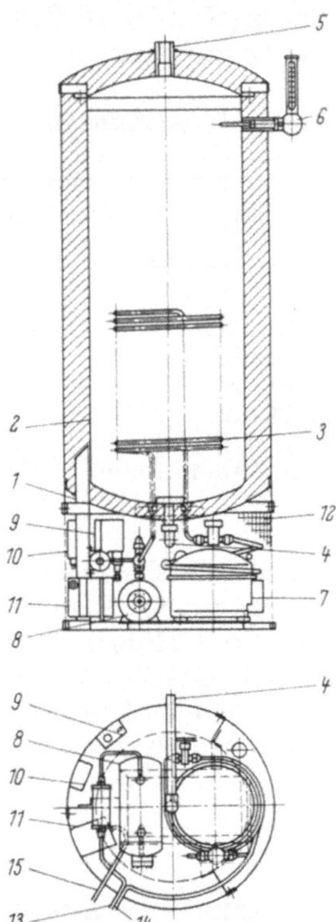

Abb. 412. Schnittbild eines Warmwasserspeichers mit eingebautem Kältesatz, Bauart Linde.

1 Grundgestell; *2* Speicherbehälter; *3* Kondensatorschlange; *4* Kaltwasserzulauf; *5* Warmwasserablauf; *6* Thermometer; *7* gekapselter Motorkompressor; *8* Sammelflasche; *9* Pressostat; *10* Überdrucksicherheitsschalter; *11* Schaltschütz; *12* gelochtes Verkleidungsblech; *13* Kältemittel-Flüssigkeitsleitung; *14* Kältemittel-Saugleitung; *15* Stromzuführung und Steuerleitungen.

hoch wie für einen normalen Boiler; bei 10jähriger Amortisation sind jedoch die Gesamtkosten für 1 m³ entnommenes Warmwasser nur etwa 4,— DM gegenüber 6,50 DM bei Widerstandsheizung, so daß sich die Mehrkosten der Beschaffung schon nach 2 Jahren bezahlt machen. Trotzdem hat dieses Gerät außer kleinen Anfängen in den USA und England (Fa. Brentford, London) noch keinen Anklang gefunden.

Eine größere Anwendung haben kombinierte Kälte- und Wärmepumpenanlagen zur Warmwasserbereitung in landwirtschaftlichen Betrieben gefunden [191]. Hierbei handelt es sich um einen mit einem Warmwasserspeicher zusammengebauten Wärmepumpen-Kompressor (Abb. 412), dessen zugehöriger Verdampfer Teil einer örtlichen Kühlanlage, z. B. eines Lagerkellers ist.

Der Kondensator ist in den Warmwasserspeicher eingebaut. Es werden etwa 300 l Wasser täglich von 15 °C auf 50 °C erwärmt. Eine elektrische Nachheizung ist nicht vorgesehen. Eine andere Anordnung des Kondensators ist in [192] beschrieben.

Die Anschaffungskosten solcher kombinierter Warmwasser-Kühlanlagen sind 15 bis 20% höher als die Kosten für eine Kälteanlage und einen Elektroboiler; bei kleineren Anlagen sind die Mehrkosten noch höher. Die Stromersparnis erlaubt eine Amortisation in 1 bis 5 Jahren. In Westdeutschland sind etwa 40 Anlagen mit Heizleistungen zwischen 1000 und 3000 kcal/h in Betrieb; die Wärme wird durch Milchabkühlung oder aus Kühlräumen gewonnen. Die Leistungsziffern liegen im praktischen Betrieb zwischen 2 und 3 [193], [194].

2. Raum-Heiz-Klimageräte.

Die besonders in den USA weit verbreiteten Raum-Klimageräte (Fenster-Klimageräte), von welchen jährlich 1,5 bis $2 \cdot 10^6$ Stück hergestellt werden (Vgl. Beitrag über Klimageräte dieses Handbuches) werden zu einem größeren Teil mit einem Wärmepumpen-Umschaltventil ausgerüstet. Besonders im Süden der USA wurden in den letzten Jahren fast nur diese Geräte an Stelle der normalen Fensterklimageräte eingebaut, letztere wurden sogar in örtlichen Werkstätten in großem Umfang zu „Wärmepumpen" umgewandelt (converted). Die Geräte werden in den offiziellen Statistiken nicht als Wärmepumpen geführt, da sie keine automatische Abtauung besitzen und nicht für die Heizung im Winter geeignet sind. Die Umschaltbarkeit dient zum Heizen in den Übergangsmonaten und nur bei Außenlufttemperaturen

Abb. 413. Ansicht einer Klein-Wärmepumpe (umschaltbares Fensterklimagerät) (Werkfoto Chrysler). Die Leistungsdaten sind in Tab. 17 zusammengestellt.

über +3 °C. Die Heizleistung dieser mit $^3/_4$-PS- bis 2-PS-Kompressoren ausgerüsteten Geräte liegt zwischen 1500 bis 3000 kcal/h. Die Leistungsziffer am Standardpunkt (21 °C Raumtemperatur, 7,5 °C Außentemperatur) ist selten höher als 2.

Tabelle 17. *Leistungsdaten der Klein-Wärmepumpe (umschaltbares Fenster-Klimagerät) der Firma Airtemp-Chrysler, USA.*

Daten		Typ	
		H 10—152	H 15—152
Anschlußleistung Wärmepumpe allein	(kW)	1,6	2,0
mit Zusatzheizung		3,4	3,4
Kühlleistung bei 35 °C außen und 26 °C innen	kcal/h	2600	3370
Heizleistung bei 21 °C innen und +7 °C außen (ohne Zusatzheizung)	kcal/h	2400	2770
Luftmengen:	(m³/h)		
Wärmetauscher außen		1050	1050
Wärmetauscher innen		580	580
Frischluftbeimengung		60	60
Gewicht	(kp)	62	67

In der Form, Bauweise und den einzelnen Bauteilen unterscheiden sich die Geräte in keiner Weise von den normalen Fenster-Klimageräten.

In Abb. 413 ist ein solches Gerät gezeigt. Es besteht aus einem Gehäuse aus verzinktem und lackiertem Stahlblech, dem umschaltbaren Wärmepumpen-Kreislauf, Ventilatoren und Luftfiltern sowie einer Zusatzheizung. Zur Geräuschdämmung sind alle bewegten Teile auf Schwingungsdämpfern montiert und die Gehäusewände schallschluckend verkleidet. Die Leistungsdaten sind in Tab. 17 zusammengestellt.

II. Hausheiz-Wärmepumpen (Ganzjahresklimageräte).

Hausheiz-Wärmepumpen wurden aus den normalen Klimageräten (welche meistens als kompakte, schrank- oder kastenförmige Geräte gebaut werden) entwickelt. Sie haben eine Heizleistung am Standardpunkt (Außentemperatur $+4,5$ °C, Innentemperatur $+21$ °C) zwischen 4000 und 20000 kcal/h und sind damit einschließlich einer Zusatzheizung für Häuser mit einem Wärmebedarf von 10000 bis 30000 kcal/h geeignet. Sie bestehen entweder als sogenannte „Packaged-Units" aus einem Kasten von etwa 1 m Breite, 60 bis 70 cm Höhe und 1,5 m Länge. In der einen Hälfte ist der Außenluft-Kühler mit Ventilator und Kompressor untergebracht, in der anderen Hälfte der Luftaufbereitungsteil, bestehend aus dem Lufterwärmer, Luftfilter und dem Ventilator (Tab. 18).

Tabelle 18. *Abmessungen und Preise von Wärmepumpen nach der „Packaged-Unit-Bauart"* *(gemittelt aus verschiedenen Fabrikaten).*

Heiz-leistung etwa kcal/h	Abmessungen			Gewicht etwa kg	Preis etwa DM
	Breite	Höhe etwa mm	Tiefe		
15000	1000	850	1750	360	7000,—
8000	850	700	1200	210	5000,—
4000	750	550	950	135	3000,—
3000	650	1800	300	105	2500,—

Diese gebräuchliche Bauform wird entweder in den Untergeschoßräumen oder im Dachraum so eingebaut, daß der Außenluftteil außerhalb des Hauses zu liegen kommt und die Außenluft frei ansaugen und ausblasen kann. An den Innenluftteil wird ein Kanalsystem angeschlossen, das die Warmluft in alle Räume des Hauses verteilt und die Rückluft meistens aus der zentralgelegenen Diele über Rückluft-Öffnungen in den Türen ansaugt. Ein gewisser Frischluftanteil, den man diesem Luftkreislauf beimischt, wird über die Räume, in denen sich Gerüche entwickeln können, als Abluft abgeblasen. Die Bauweise als geschlossene Einheit ist relativ billig. Es sind keine speziellen Montagearbeiten erforderlich. Das Gerät kann vom Elektriker oder einer Luftheizungsfirma jederzeit aufgestellt und angeschlossen werden.

Sind die räumlichen Verhältnisse nicht geeignet, eine solche Gesamteinheit einzubauen, ohne daß erhebliche Schwierigkeiten mit der Kanalführung oder der Zuführung der Außenluft entstehen, kann eine sog. „Split-Unit" verwendet werden, bei welcher der Außenteil mit Kompressor und Außenluft-Kühler vom Innenteil völlig getrennt ist und beide lediglich durch die Kältemittelschläuche und die Elektrokabel verbunden sind.

Bei der „Split-Unit" kann das relativ kleine Innengerät geschickt in das Kanalsystem eingebaut werden, da es leicht in Nebenräumen ohne großen Platzbedarf, z. B. an der Decke, montiert werden kann. Das Außengerät wird auf einem kleinen Betonsockel frei im Garten aufgestellt, und zwar an einer Stelle, die bezüglich der Geräuschentwicklung, der Luftzufuhr und dem optischen Bild am geeignetsten ist. Split-Units sind etwa 10% teurer als die vorgenannten Geräte und haben etwas kleinere Leistungsziffern. Von diesen beiden Gerätetypen gibt es außerdem noch Abwandlungen, die sich besonders gut dazu eignen, in Etagen-Wohnungen oder in Reihenhäusern eingebaut zu werden.

In einigen Gegenden Amerikas sind die Grundwasserverhältnisse so günstig, daß sich Wasser-Luft-Wärmepumpen besser eignen als Luft-Luft-Wärmepumpen. Die Wasser-Luft-Wärmepumpen sind in ähnlichen Gerätekästen untergebracht, wobei der Luftbereitungsteil und der Teil, in dem sich der Kompressor einschließlich des Wasserkühlers befindet, baulich vereinigt sind.

Im folgenden sollen einige typische Vertreter jeder Bauart beschrieben werden:

1. Luft-Luft-Einbauwärmepumpe (Packaged-Unit).

Die Firma Typhoon, Brooklyn, N.Y. ist ein Unternehmen, welches ausschließlich fabrikmontierte Wärmepumpen von Leistungen ab 3000 kcal/h bis fast 100000 kcal/h als Luft-Luft- oder Wasser-Luft-Gerät baut (insgesamt 36

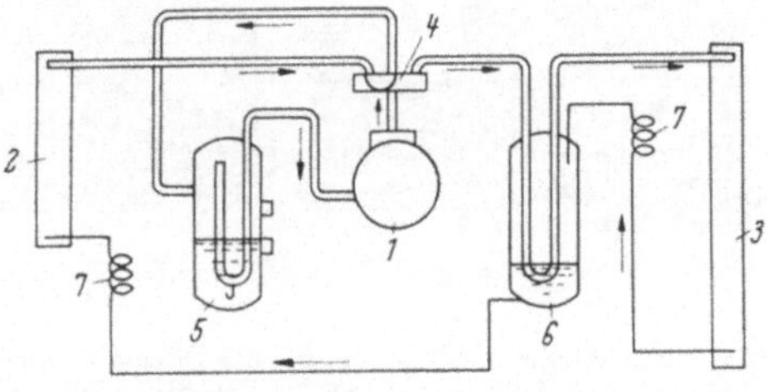

a

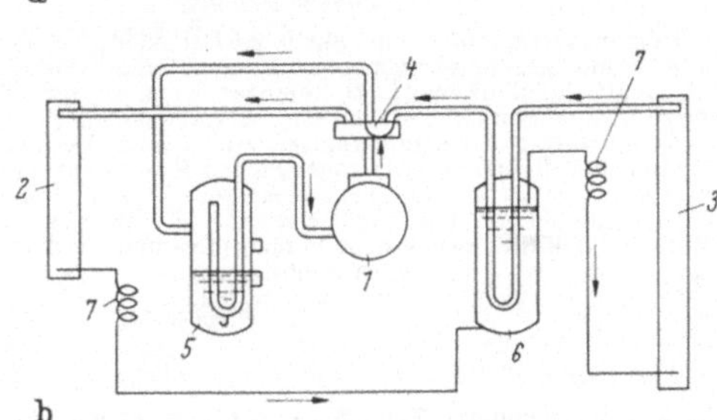

b

Abb. 414a u. b. Schematisches Schaltbild der Wärmepumpen der Firma Typhoon mit Maßnahmen zur Verhinderung von Flüssigkeitsschlägen, zur Aufnahme von Füllungsverlagerungen und mit einer Kapillareinspritzung veränderlichen Durchflusses.

a) Kreislauf auf Kühlen geschaltet;
b) Kreislauf auf Heizen geschaltet.
1 Kompressor; *2* Innerer Wärmetauscher; *3* Äußerer Wärmetauscher; *4* Umschaltventil; *5* automatischer Füllungskonstanthalter; *6* thermischer Füllungsverlagerer; *7* „regelnde" Kapillare.

Tabelle 19. *Leistungsdaten der Kompakt-Luft-Luft-Wärmepumpen der Firma Typhoon.*

Modell-Nr.	TAS 21 HBN	TAS 30 HBN	TAS 60 HBN	ASC 25 Hp	ASC 81 Hp	ASC 101 Hp	ASC 151 Hp	ASC 171 Hp	ASC 241 Hp
Kühlleistung (kcal/h)	6000	9000	13500	7500	24200	30240	45300	51400	72600
Kompressorleistung(PS)	2	3	5	2,5 ≈	8,2 ≈	10,2 ≈	15,3 ≈	17,3 ≈	24,4 ≈
Heizleistung (kcal/h)	7264	10896	16660	9080	29380	36690	54980	62320	88020
Anströmquerschnitt Verdampfer (m²)	0,16	0,21	0,335	0,19	0,465	0,62	0,93	0,93	1,33
Luftmenge am Verdampfer (m³/h)	1360	2040	3400	1700	5100	6800	10200	10200	15300
Luftgeschwindigkeit im Verdampfer (m/s)	2,36	2,70	2,82	2,49	3,05	3,05	3,05	3,05	3,20
Anströmfläche Kondensator (m²)	0,31	0,34	0,57	0,39	0,93	1,24	1,86	1,86	2,67
Luftmenge Kondensator (m³/h)	3400	4250	6280	3740	11220	14450	22100	22100	32300
Luftgeschwindigkeit im Kondensator (m/s)	3,05	3,48	3,06	2,66	3,36	3,24	3,30	3,30	3,36

verschiedene Typen). In Abb. 414 ist die Prinzipschaltung gezeigt. Die Abtauung erfolgt automatisch, wobei eine Uhr den Vorgang einleitet, ein erster Thermostat abhängig von der Außentemperatur den Vorgang freigibt und ein zweiter nach der Abtauung auf den Heizzyklus zurückschaltet. In Tab. 19 sind die wichtigsten Daten dieser Wärmepumpe zusammengestellt.

Wichtige konstruktive Merkmale sind die Verwendung von Radiallüftern für außen und innen (verlustarm und leise), Über- und Unterdruckschalter, Heizung

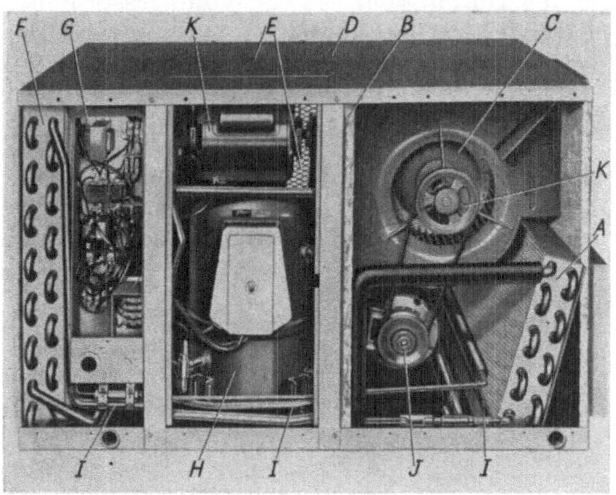

Abb. 415. Kompakt-Einbauwärmepumpe der Firma Trane, La Crosse, Wisc., mit 2 PS- bzw. 4 PS-Kompressor bei Typ SH 20 bzw. SH 40. Ansicht bei geöffnetem Gehäuse.

A Hochleistungsverdampfer mit Sigma-flo-Lamellen; *B* Isolierte Wand zwischen Verflüssiger- und Verdampferteil; *C* „Mixed-Flow" Lüfter ermöglicht Kühlluft-Kanalanschluß; *D* Robustes Gehäuse mit eingebrannter Deckfarbe über verzinktem Stahlblech; *E* Außenausblas wahlweise nach oben oder seitwärts; *F* Leistungsfähiger, zweireihiger Verflüssiger; *G* Alle Regelorgane sind in einem leicht zugänglichen Kasten enthalten. *H* Hochleistungs-Kapselverdichter in einem separaten Abteil; *I* Zugang an alle Einzelkomponenten von einer Geräteseite aus; *J* Dauergeschmierte Lüfter und Motore; *K* Keilriemengetriebe Verdampfer- und Verflüssigerlüfter zur leichten Nachstellung.

Abb. 416. Wärmepumpe Typ „Whisp-Air" der Firma Westinghouse zum flachen Anbau an Außenwände (vgl. auch Abb. 417).

1 Raumluft-Wärmetauscher; *2* Zentrifugallüfter für den Raumluft-Kreislauf; *3* Filter im Raumluft-Kreislauf; *4* Maschinenfach; *5* Hermetic-Kompressor; *6* Wetterdichter Schaltkasten mit gekapselten Relais. *7* Zur Außenseite angeordneter Wärmetauscher; *8* Radialventilator für Außenluftkreislauf; *9* Aluminium-Gehäuse; *10* Gesamte Bautiefe nur 324 bzw. 380 mm.

des Kurbelgehäuses, Kältemittelschalldämpfer. Um die Heiz- und Kühlleistung der Geräte für alle Betriebsbedingungen angeben zu können, hat Typhoon ein besonderes Leistungsnomogramm entwickelt.

Ähnliche Geräte mit 2- bis 7-PS-Kompressoren baut u. a. die Firma Trane, La Crosse, Wisconsin. In Abb. 415 ist zu erkennen, daß für die Außenluftförderungen ein Turbinenläufer, für die Innenluft ein Radial-Ventilator verwendet wird. Der Kompressor und der elektrische Schaltkasten befinden sich in dem nach außen orientierten Teil des Gerätes.

Obwohl General Electric ein breites Programm von Luft-Luft-Wärmepumpen (Weatherstron's) hat, ist die Auswahl an Kompakt-Geräten auf 3 Typen zwischen 6000 und 10000 kcal/h Heizleistung beschränkt, da diese Firma den später behandelten „Split-Units" den Vorzug gibt.

Um die Schwierigkeiten, die mit dem Einbau dieser meist kastenförmigen Kompaktgeräte verbunden sind, zu erleichtern, hat die Firma Westhinghouse, Stanton, Virg., USA, eine Reihe von Geräten entwickelt, welche dank ihrer flachen Bauart sehr leicht in die verschiedensten Gebäude eingebaut werden können (Abb. 416 und 417). Bemerkenswert sind hier die Verwendung von einem korrosionsbeständigen Aluminiumgehäuse, einer völlig gekapselten Ausführung der Elektroschaltstation und die wind- und regendichte Montagemöglichkeit.

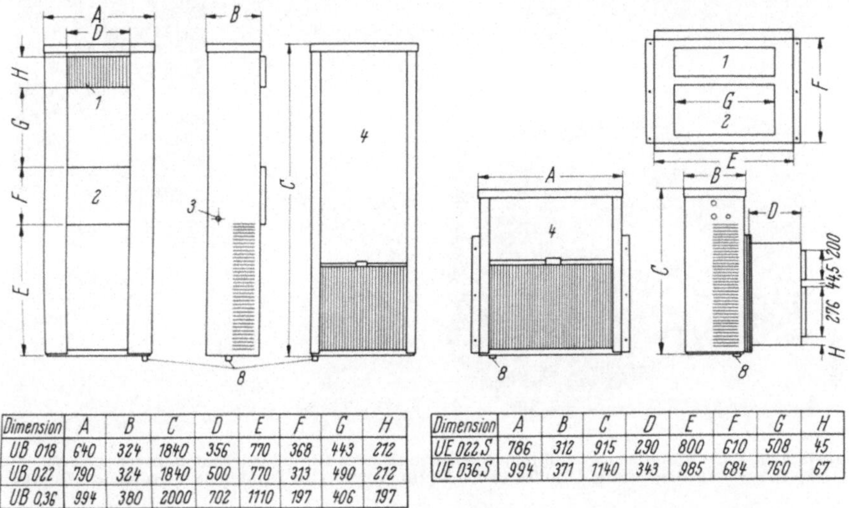

Dimension	A	B	C	D	E	F	G	H
UB 018	640	324	1840	356	770	368	443	212
UB 022	790	324	1840	500	770	313	490	212
UB 0,36	994	380	2000	702	1110	197	406	197

Dimension	A	B	C	D	E	F	G	H
UE 022 S	786	312	915	290	800	610	508	45
UE 036 S	994	371	1140	343	985	684	760	67

Abb. 417. Hauptabmessungen der Wärmepumpen Typ „Whisp-Air" von Westinghouse nach Abb. 416.
1 Zuluftöffnung; 2 Rückluftöffnung; 3 Kabeldurchführung; 4 Bedienungspanel für Wartung;
8 Kondenswasserablauf.

Dieselbe Firma hat auch für Appartement-Hochhäuser ein Kompaktgerät entwickelt, welches völlig innerhalb der Wohnung aufgestellt werden kann und nur wenige Wanddurchbrüche nach außen benötigt. Das Gerät hat eine Grundfläche von nur 0,5×0,75 m, ist 2,10 m hoch und wiegt rd. 200 kg. Es kann demzufolge noch innerhalb dieser Gebäude leicht transportiert werden.

2. Luft-Luft-Wärmepumpe mit getrenntem Innen- und Außenteil (Split-Systems).

Der einzige prinzipielle Unterschied zwischen den Kompaktgeräten (Packaged-Units) und den „getrennten" Geräten (Split-Systems) ist, daß der Außenluftteil mit Kompressor das eine Gerät und der Luftbehandlungsteil für innen das zweite Gerät ist; beide können über Kältemittelschläuche und Schnellkupplungen miteinander verbunden werden. Meist werden die Geräte schon in der Fabrik mit Kältemittel gefüllt. Vorteil der Geräte ist ihre größere Anpassungsfähigkeit an die bauliche Situation; Nachteil der höhere Preis und der erhöhte Montageaufwand. Einen guten Eindruck vermittelt Abb. 418, welche die in 3 Größen von 8000 bis 14000 kcal/h Heizleistung gebaute Westinghouse-Type zeigt. Der Außenteil mit dem Kompressor, Umschaltventil und elektrischen Schaltkasten sowie dem Außenluft-Wärmetauscher und dessen Ventilator ist in einem Gehäuse aus verzinktem Stahlblech, welches mit Epoxy- und Acrylharzen mehrfach lackiert ist, untergebracht. Kompressor und Installation sind wettergeschützt in einem besonderen Abteil eingebaut. Der Innenteil ist mit Radialventilator, Luftfilter und Zusatzheizung bestückt und kann stehend oder liegend eingebaut werden, je nach der Kanalordnung im Hause.

Durch die Trennung von Außen- und Innenteil ergeben sich zahlreiche Kombinationsmöglichkeiten, von denen die General Electric Gebrauch macht. Bis 8000 kcal/h Heizleistung wird ein kleines, sehr kompaktes Außengerät von rd. 120kg Gewicht entweder mit einem „Vertikal-Innengerät" oder einem „Kanal-

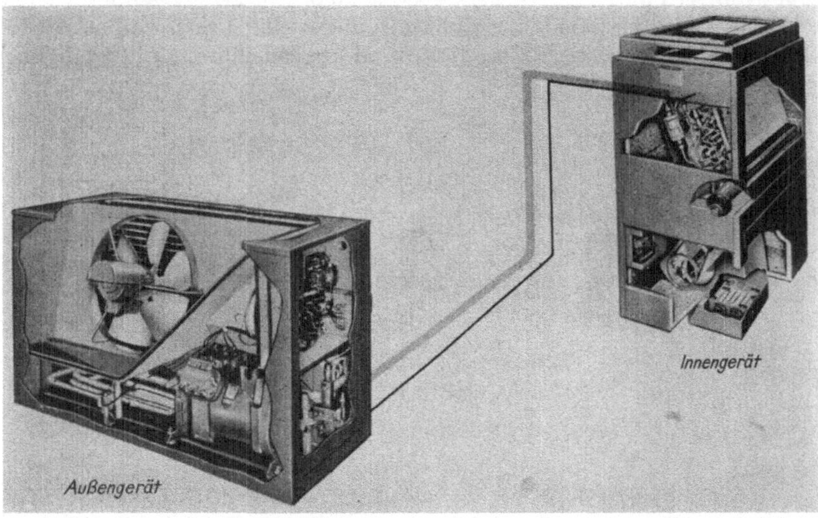

Abb. 418. Luft-Luft-Wärmepumpe der Firma Westinghouse, Typ HC mit getrenntem Innen- und Außenteil (sog. Split-System). Heizleistung 8 000 bis 14 000 kcal/h. Ansicht der Geräteteile in geöffnetem Zustand.

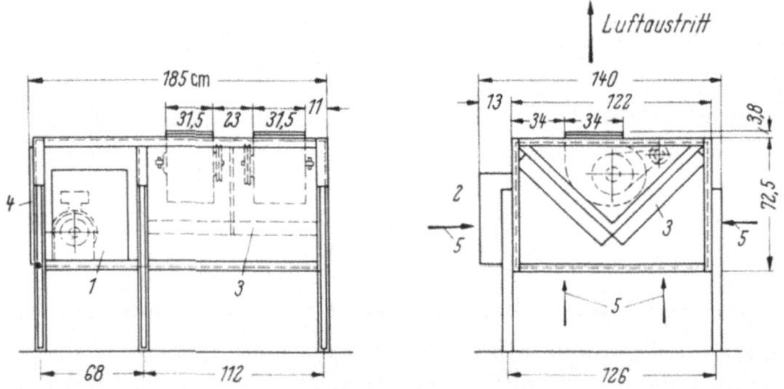

Abb. 419. Maß- und Schnittbild des Außenteils einer Luft-Luft-Wärmepumpe, Typ AB 81 der Firma Typhoon (Vgl. auch Tab. 20).

1 Kompressorabteil; *2* Elektroanschlußkasten; *3* Luftwärmetauscher; *4* Bedienungstafel;
5 Kondensator-Lufteintritt (durch Boden und Seiten); (Maße in cm).

einbau-Gerät" verbunden. Bei größeren Leistungen bis 32000 kcal/h Heizleistung kommen liegende oder stehende Außengeräte mit Radialventilatoren und ebensolche Innengeräte zur Anwendung. Die Aufstellung vor dem Haus ist unauffällig.

Einen für größere Leistungen gut geeigneten Aufbau des Außengerätes mit 2 Radialventilatoren und großen Durchströmquerschnitten zeigt Abb. 419. Die technischen Daten dieses Gerätes sind in Tab. 20 zusammengestellt. Es ist zu sehen, daß zugunsten kleiner Ventilatorleistungen relativ niedere Luftgeschwindigkeiten von 2 m/s gewählt werden. Die Luftmengen sind so bemessen, daß die Luftabkühlung (*oder Erwärmung*) kaum über 5 grd hinausgeht.

Tabelle 20. *Technische Daten der Split-System-Wärmepumpe der Firma Typhoon.*

Daten		Typ				
		TAR 30 HN	AB 81	AB 121	AB 151	AB 171
Innengerät:						
Verdampferleistung	(kcal/h)	8660	21700	30000	42000	51000
Anströmfläche	(m²)	0,23	0,465	0,62	0,93	0,93
Luftmenge	(m³/h)	2040	5100	6800	10200	10200
Luftgeschwindigkeit	(m/s)	2,46	3,04	3,05	3,05	3,05
Außengerät:						
Kondensatorleistung	(kcal/h)	10360	26450	36320	51480	63640
Kompressorleistung	(PS)	3	7,5	10	15	20
Anströmquerschnitt	(m²)	0,36	1,55	2,04	3,1	3,1
Luftmenge	(m³/h)	3,400	11,000	15,300	23,800	23,800
Luftgeschwindigkeit	(m/sec)	2,62	1,98	2,08	2,14	2,14

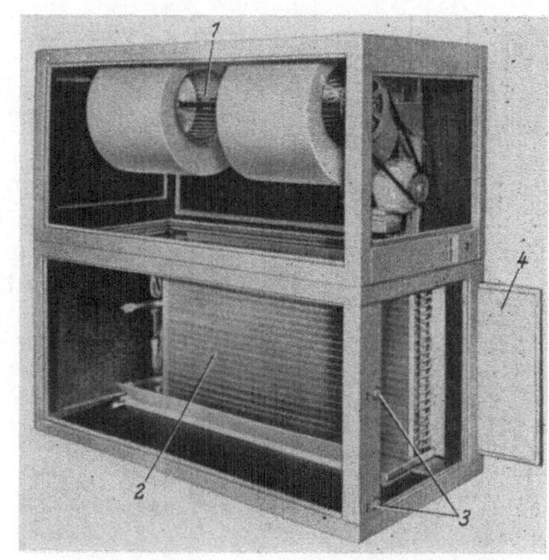

Abb. 420. Innenteil einer Luft-Luft-Wärmepumpe von Westinghouse mit sehr anpassungsfähiger Gehäusebauform (vgl. dazu Abb. 421).

1 Ventilator; *2* Innenluft-Wärmetauscher; *3* Anschlußöffnungen für Kältemittelleitungen; *4* Filter.

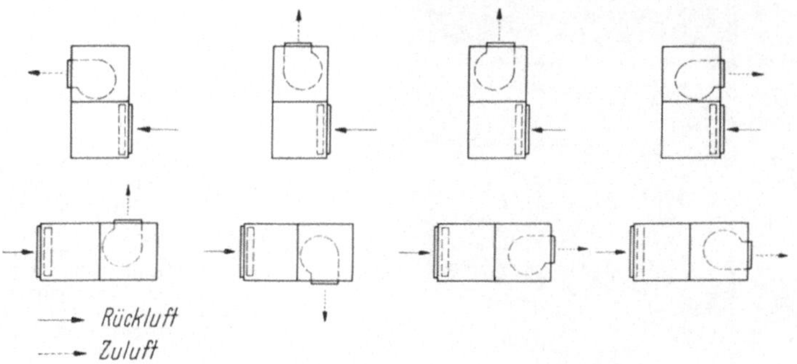

Abb. 421. Die 8 Einbaumöglichkeiten des Innenluftgerätes nach Abb. 420.

Ein gutes Beispiel für die sehr variablen Einbaumöglichkeiten des Innenteils geben die Abb. 420 u. 421 (Westinghouse). Es ist zu erkennen, daß das Gerät sowohl stehend wie liegend und dabei jeweils mit 4 verschiedenen Stellungen des Ventilators eingebaut werden kann.

3. Wasser-Luft-Wärmepumpe als Kompaktgeräte.

Die Geräte enthalten einen wasserdurchflossenen Röhrenbündelapparat, welcher wahlweise als Kondensator oder Verdampfer wirkt. Zur Vermeidung der Einfriergefahr fließt das Wasser meistens im Kessel, außerhalb der Rohre. Hierfür haben sich sehr lange, schraubenförmig aufgewickelte Wärmetauscher bewährt, deren Außenmantel aus Kupfer- oder Stahlrohr mit einem Durchmesser

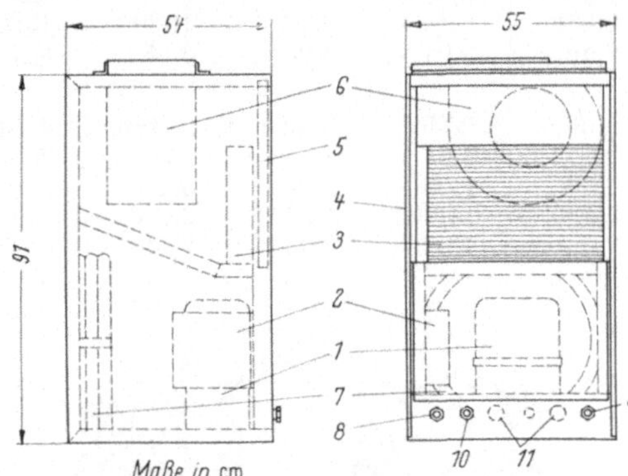

Abb. 422. Wasser-Luft-Wärmepumpe der Firma Typhoon mit einer Heiz- und Kühlleistung von rd. 4000 kcal/h.

1 Kompressor; *2* Elektroanschlußkasten; *3* Luftwärmetauscher; *4* Bedienungstafel; *5* Luftfilter; *6* Ventilator; *7* Kondensator-Verdampfer; *8/9* Wasseranschlüsse; *10* Kondenswasserabfluß; *11* Elektroanschlüsse.

von 50 bis 100 mm besteht und in welchem nur wenige, meistens 3 bis 7 Kondensator-Rohre eingeschoben werden, welche dann zusammen mit dem Mantelrohr zu einer Schraube aufgewickelt werden (vgl. Abb. 422). Bei guten Fabrikaten sind zur Vermeidung von Korrosion Mantel und Rohre aus sog. Admiralitätslegierung,

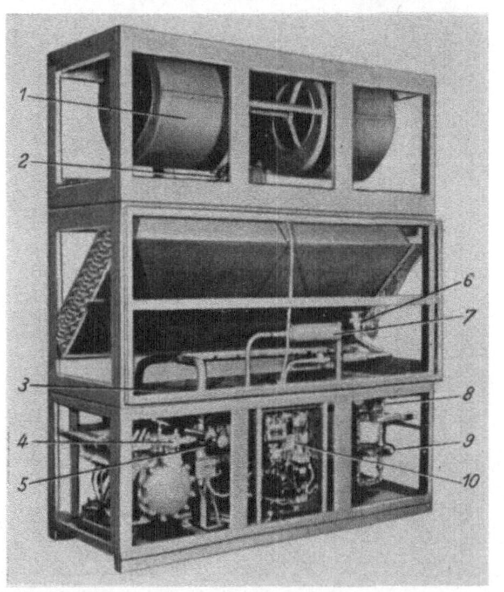

Abb. 423. Wasser-Luft-Wärmepumpe der Firma Acme, Typ WK 230. Die technischen Daten sind in Abb. 424 dargestellt.

1 Innenluft-Ventilator; *2* Antrieb für die Ventilatoren mit veränderlicher Drehzahl; *3* isolierte Tropfschale; *4* Kompressor; *5* Wärmepumpen-Umschaltventil; *6* Expansionsventil; *7* Filter-Trockner; *8/9* Wasserregelventile; *10* Elektro-Steuertafel.

einem seewasserbeständigen Sondermessing oder aus Cupro-Nickel-Legierungen hergestellt. Weiterhin wird ein Wasserregelventil benötigt, welches bei Heizbetrieb immer mehr öffnet, je kälter das abfließende Wasser ist, während bei Kühlbetrieb die größeren Durchflußmengen bei hohen Abflußtemperaturen benötigt werden. Schließlich enthalten die Geräte noch die vollständige Luftaufbereitungseinheit, also Luftwärmetauscher, Ventilatoren und Filter. Die kleinsten Geräte mit einer Kühl- und Heizleistung von etwa 4000 kcal/h und einem Anschlußwert von etwa 2 kW wiegen nur 85 kg und sind bei einer Grundfläche von 0,5×0,5 m² nur etwa 1 m hoch. (Abb. 422). Die größten Geräte reichen bis zu einer Heizleistung von 150000 kcal/h bei einem Anschlußwert von knapp 50 kW (Abb. 423).

Die Heizleistung ist natürlich stark abhängig von der Temperatur der Wasser-Wärmequelle und der gewünschten Raumtemperatur. In Abb. 424 ist diese Abhängigkeit für eines der größten Geräte dieser Art aufgezeigt.

Nach Berichten der Firma McMillan-Heat Pumps, Inc., Jacksonville, Flor. USA, welche für die südlichen Landesteile der USA sehr viele Wasser-Luft-Wärmepumpen liefert, sind die Heizkosten nur etwa $^1/_3$ so hoch wie bei konven-

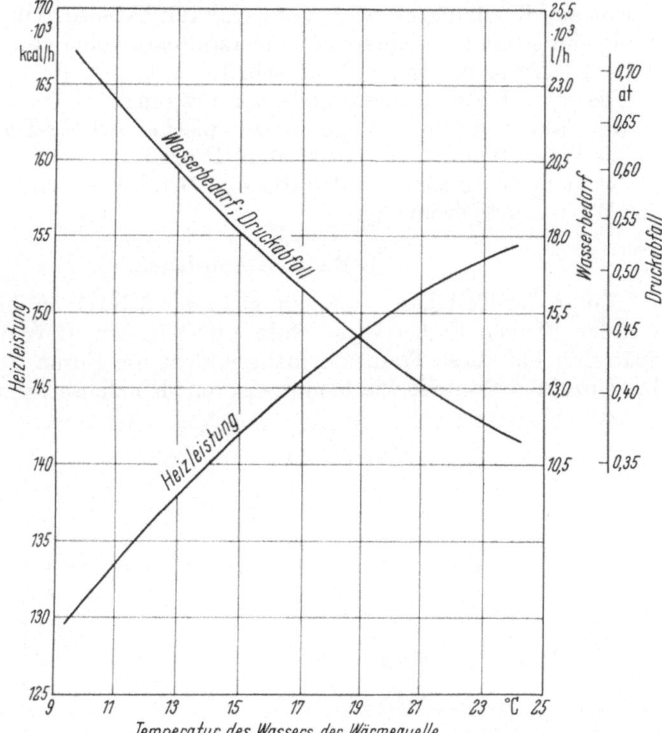

Abb. 424. Die Heizleistung, der Wasserbedarf und der zu überwindende Druckabfall für die Wärmepumpe nach Abb. 423 bei unterschiedlichen Temperaturen der Wasser-Wärmequelle.

tionellen Heizsystemen, wenn dabei Grundwasser als Wärmequelle benützt wird, welches mittels einer Unterwasserpumpe hochgepumpt wird. Das „gebrauchte" Wasser wird wieder in das Erdreich zurückversickert. Die Firma hat eine Typreihe von 10 Geräten mit Heizleistungen ab 11000 kcal/h bis 185000 kcal/h bei Anschlußleistungen ab 3 kW bis 57 kW entwickelt. Die Anlagen dürfen einschließlich der erforderlichen Brunnenbohrungen etwa 300 DM/kW Anschlußwert mehr kosten, als vergleichbare Wärmepumpen mit Luft als Wärmequelle, da durch die höhere Leistungsziffer ($\varepsilon = 3{,}5$ bis $4{,}5$) diese Mehrkosten am Energieverbrauch zweier Jahre wieder eingespart werden.

4. Elektro-Schaltungen für Hausheiz-Wärmepumpen.

Die Geräte enthalten alle eine im Prinzip gleichartige, jedoch von Firma zu Firma in wichtigen Teilen wie z. B. der Abtauautomatik, des Schutzes des Kompressors, der Temperaturregelung (Zuschalten von Zusatzheizungen) und der Luftmengeneinstellung abweichende Elektro-Regelschaltung.

34*

III. Großheizwärmepumpen.

Unter Großheizwärmepumpen werden die verschiedensten Anlagen von einigen 10 kW bis mehreren hundert kW Anschlußleistung verstanden, welche nach den Bauprinzipien der Großkälteanlagen oder der großen, an Ort und Stelle errichteten Klimaanlagen aus einzelnen Bauteilen geplant und dann montiert werden. Die Anwendungsgebiete reichen von der Ganzjahresklimatisierung von Bürohäusern über die Winterheizung von Fabrikhallen bis zur Erzeugung von Warmwasser für Schwimmbäder oder für verfahrenstechnische Prozesse, z. B. in der Chemischen Industrie. Die Wärmequellen sind ebenso verschieden: Außenluft, Abwärme aus chemischen Prozessen, Grund- oder Flußwasser, ja selbst die Abwärme aus Kühlanlagen, z. B. von Großkühlhäusern. Aus diesem Grund sind nur wenig einheitliche Gesichtspunkte feststellbar, wobei von den verschiedenen Herstellern jeder seine eigene „Handschrift" hat:

Die reine Heizanlage europäischer Prägung;

die Ganzjahresklimaanlage amerikanischer Art für Bürogebäude;

die Wärmepumpe im industriellen Prozeß.

Nicht hierzu gezählt werden die sog. Brüdenverdichter und die Klimaanlagen mit Wärmerückgewinnung.

1. Reine Heizanlagen.

Ein großer Teil dieser Anlagen ist in der Schweiz in den Jahren 1938 bis 1945 von den Firmen Escher-Wyss, Sulzer und Brown, Boveri & Cie gebaut worden. Späterhin hat diese Tradition insbesondere die Firma Escher-Wyss fortgesetzt. Die einzelnen Bauteile wie Kompressoren, Kondensatoren u. ä. werden nach den

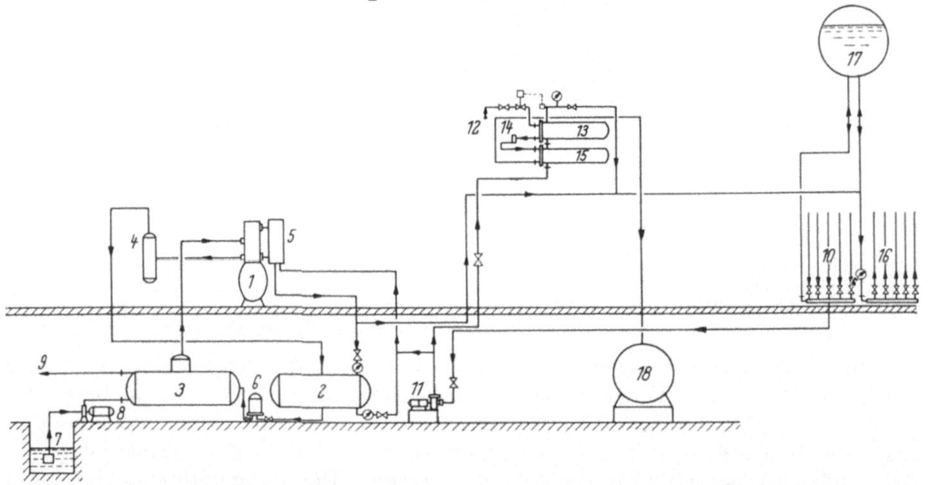

Abb. 425. Schema der Wärmepumpenheizung für die Werksanlagen der Escher Wyss AG in Zürich mit Grundwasser als Wärmequelle. Als Zusatzheizung wird Dampf verwendet.

1 Kompressor; *2* Kondensator; *3* Verdampfer; *4* Ölabscheider; *5* Zwischenkühler; *6* automatisches Reduzierventil; *7* Grundwasserentnahme; *8* Grundwasserpumpe; *9* Grundwasser-Ableitung; *10* Rücklaufsammler; *11* Heizwasser-Umwälzpumpe; *12* Dampfzuleitung; *13* Dampf-Warmwasser-Umformer; *14* Kondenstopf; *15* Kondenswasserkühler; *16* Vorlaufverteiler; *17* Expansionsgefäß; *18* Kondenswasserbehälter.

bekannten Konstruktionen für Kälteanlagen hergestellt. Häufig wird als Kältemittel Ammoniak verwendet. Bekannte Vertreter sind die Heizanlagen für das Züricher Rathaus [18], die Technische Hochschule in Zürich [195], die Züricher Amtshäuser [196] und für den Gebäudekomplex der Unfallversicherungsgesellschaft in Zürich. In allen diesen Fällen ist die Wärmequelle See- oder Flußwasser;

es werden Ammoniak-Anlagen verwendet und die Wärme wird über ein normales Warmwasserpumpsystem verteilt.

Ein interessantes Beispiel ist die Anlage für die Heizung der Büro- und Werkstattgebäude der Escher-Wyss AG in Zürich, bei der als Wärmequelle Grundwasser verwendet wird, da dieses während des ganzen Jahres ohne große Schwankungen mit einer im Vergleich zum Flußwasser verhältnismäßig hohen Tempera-

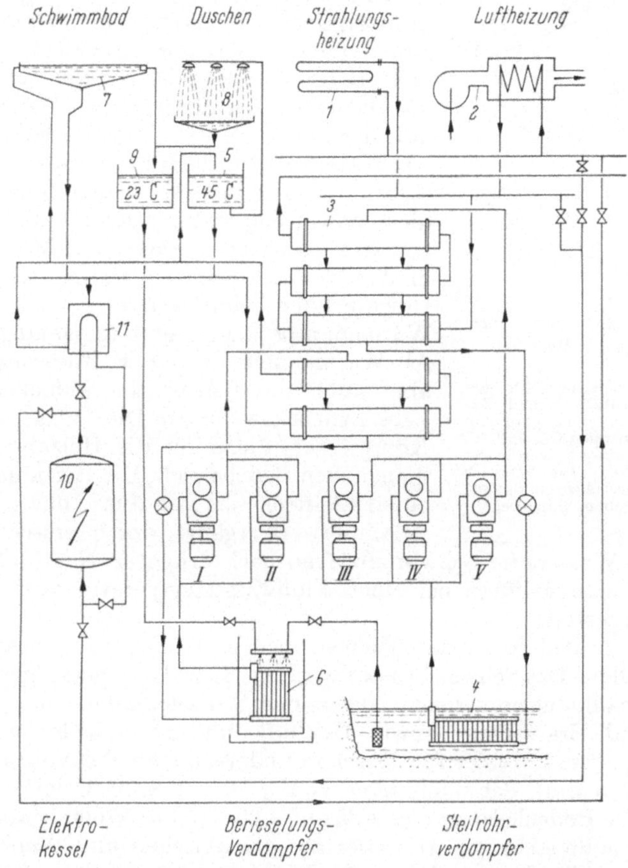

Abb. 426. Schaltschema der Wärmepumpe für das Hallenbad in Zürich.

Die Raumheizung als Strahlungsheizung *1* kombiniert mit Luftheizung *2*, wird durch Heizwasser betrieben, das durch *3* Wärmepumpen *III* bis *V* erhitzt wird, wofür durch Steilrohrverdampfer *4* Wärme dem Flußwasser entzogen wird. Zur Warmwasserbereitung werden nachts 2 Kompressoren *I* und *II* unter Verwendung eines Warmwasserspeichers *5* betrieben, wobei der Berieselungsverdampfer *6* die Abwasserwärme hoher Temperatur ausnützt, die aus Schwimmbad *7* und Duschen *8* im Abwasserspeicher *9* gesammelt wird. Tagsüber genügt eine Einheit, um das Wasser des Schwimmbades *7* auf der gewünschten Temperatur zu halten, wobei der Berieselungsverdampfer *6* mit Flußwasser berieselt wird. Zum schnellen Aufheizen des Schwimmbades nach vollständiger Entleerung ist ein Elektrokessel *10* mit Wärmetauscher *11* vorgesehen. Er dient gleichzeitig als Zusatzheizung für die kälteste Jahreszeit und einzelne Bedarfsstellen mit höherer Temperatur (vgl. auch Abb. 427). *I* bis *V* Wärmepumpen — Kompressoren; *1* Strahlungsheizung; *2* Luftheizung; *3* Kondensatoren; *4* Steilrohrverdampfer als Wärmequelle in der Limmat; *5* Speicher für Duschenwasser; *6* Berieselungsverdampfer; *7* Schwimmbad; *8* Duschen; *9* Abwasserspeicher; *10* Elektrokessel; *11* Wärmetauscher.

tur zur Verfügung steht. Da sämtliche Heizkörper für hohe Temperaturen vorgesehen waren, kam nur eine Schaltung nach Abb. 425 in Frage, bei welcher die Wärmepumpe mit einem normalen Heizsystem parallelgeschaltet wird. Das im Sammler *10* vereinigte Rücklaufwasser gelangt über die Umwälzpumpe *11* in den Kondensator *2* der Wärmepumpenanlage und wird hier erhitzt. Eine Teilmenge des Rücklaufwassers gelangt in den Zwischenkühler *5* des Kompressors *1*. Bei sehr großem Heizbedarf wird die Wärmepumpenanlage abgestellt, und die Erhitzung des Heizungswassers erfolgt in einem Dampf-Warmwasserumformer *13*, nachdem es zunächst noch Wärme in einem Kondensatkühler *15* aufgenommen hat. Die Leistung beträgt mit 2 Wärmepumpen 1500 Mcal/h.

Eine andere Gruppe gleichartiger Heizwärmepumpen sind die Anlagen für Schwimmbadbeheizung. Hierzu gehört das Hallenbad in Zürich (Abb. 426) [197]. Die Anlage ist für eine Heizleistung von 600000 kcal/h bei der höchsten Vorlauftemperatur und der niedrigsten Flußwassertemperatur gebaut. Als Mittelwert für die Raumtemperatur des ganzen Gebäudes kann mit 24 °C gerechnet werden. Um diese hohe Temperatur aufrecht zu erhalten, muß fast das ganze Jahr geheizt werden. Dabei werden in den Sommermonaten an die Regelbarkeit der Heizung hohe Anforderungen gestellt, wobei sich die Wärmepumpe als äußerst anpassungsfähig erwies. Als Wärmequelle dient z. T. Flußwasser, z. T. wird aber auch die Wärme der abfließenden Brauchwässer zurückgewonnen. Die Anlage ist geteilt. Drei Kompressoren sind für die Heizung; zwei weitere dienen dem Badebetrieb. Die Heizanlage wird durch einen Elektrokessel von 5 m³ Inhalt und 2000 kW Anschlußwert ergänzt, der in erster Linie zum Erwärmen des Wassers im Schwimmbecken nach erfolgter Neufüllung dient. Die erreichten Leistungsziffern bei einer Flußwassertemperatur von 1,5 °C sind in Abb. 427 dargestellt.

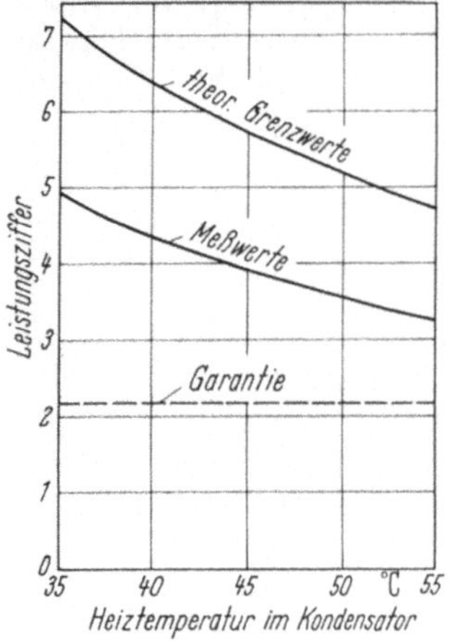

Abb. 427. Die Leistungsziffer der Wärmepumpe des Hallenbades in Zürich (Schaltschema siehe Abb. 426) bei einer Flußtemperatur von +1,5 °C, gemessen vom Schweiz. Verein der Dampfkesselbesitzer. Im Vergleich dazu die Grenzwerte nach CARNOT und die abgegebene Garantie.

Eine neuere Anlage ist das Theresienbad in Wien [198]. Dieses Bad besitzt Schwefelquellen. Das Schwefelwasser wird aus 63 m Tiefe heraufgepumpt und auf 77 Wannenbadkabinen verteilt. Neben den Schwefelbädern sind auch normale Wannen- und Brausebäder sowie Heißluft- und Saunabäder vorhanden. Die Wärmepumpe muß Wasser für Duschen und Wannenbäder von +8 auf +35 °C ($Q = 280000$ kcal/h), Schwefelwasser von +15 auf +30 °C ($Q = 55000$ kcal/h), Wasser für die Bodenheizung von +25 auf +30 °C ($Q = 55000$ kcal/h) aufwärmen. Als Wärmequelle steht das Abwasser aus den Duschen und Wannenbädern von etwa 28 °C zur Verfügung, das in der Wärmepumpe auf etwa 9,5 °C abgekühlt wird. Die prinzipielle Schaltung zeigt Abb. 428. Die Anlage besteht aus zwei Teilen, die kältemittelseitig voneinander getrennt, aber durch das Abwasser miteinander verbunden sind. Das Abwasser strömt zunächst durch den Verdampfer der Anlage *A* und anschließend durch den Verdampfer der Anlage *B*. Das Arbeitsmedium für die Kälteanlage ist Ammoniak, die Kompressoren sind Drehkolbenmaschinen. Die Anlage steht seit Sommer 1955 in Betrieb. Die Heizleistung beträgt etwa 420000 kcal/h, der Leistungsbedarf rd. 70 kW. Es wurden Leistungsziffern bis $\varepsilon = 7$ erzielt. Nach 5½ Jahren hatte die Anlage 22000 Betriebsstunden. Die Ersparnisse gegenüber einer ölbefeuerten Anlage betrugen 15% [199].

2. Kombinierte Heiz-Kühlanlagen.

Wie schon in Kap. B 1 ausgeführt wurde, ist die für die Wärmepumpe anwendbare Leistungsziffer besonders günstig, wenn die Anlage gleichzeitig auch als Kältemaschine arbeitet. Wird eine also an sich schon notwendige Kälte-

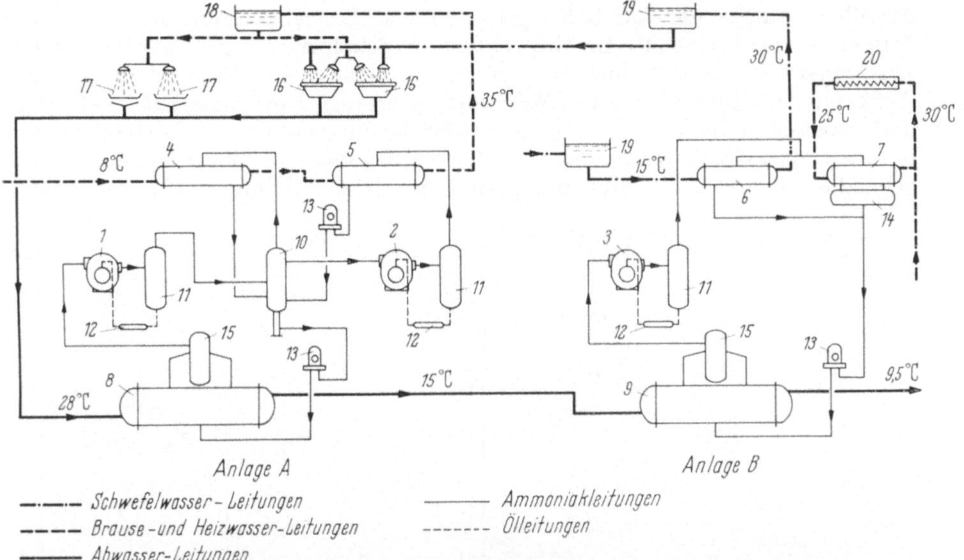

Abb. 428. Schaltschema der Wärmepumpenheizanlage des Theresienbades in Wien. Heizleistung 390 000 kcal/h. Als Wärmequelle dient das Abwasser der Badeanlage. Die Erwärmung des Dusch- und Heizwassers erfolgt in der Anlage A durch 2 in Serie geschaltete Bündelkondensatoren. Der Wärmeträger (Ammoniak) wird in zwei Stufen bis auf 16 ata verdichtet. (Anpassung an den LORENZ-Prozeß).

1 Kompressor Anlage *A*, 1. Stufe;   *2* Kompressor Anlage *A*, 2. Stufe;   *3* Kompressor Anlage *B*;   *4* Kondensator, Anlage A, 1. Stufe;   *5* Kondensator, Anlage *A*, 2. Stufe (Aufheizen des Brausewassers für Wannenbäder und Duschen);   *6* Kondensator, Anlage *B*: Aufheizen des Schwefelwassers;   *7* Kondensator, Anlage *B*: Aufheizen des Wassers für Bodenheizung;   *8* Verdampfer, Anlage *A*;   *9* Verdampfer, Anlage *B*;   *10* Zwischendruckbehälter, Anlage *A*;   *11* Ölabscheider;   *12* Ölkühler;   *13* Regelung;   *14* Behälter für flüssiges Ammoniak;   *15* Flüssigkeitsabscheider;   *16* Wannenbäder;   *17* Duschen;   *18* Brausewasserbehälter;   *19* Schwefelwasserbehälter;   *20* Bodenheizung.

anlage zu einer Heiz-Kühlanlage ausgebaut, so sind sowohl die dadurch entstehenden Mehrkosten bei der Anschaffung wie die Mehrkosten für den Betrieb unter Wärmepumpbedingungen so gering, daß fast immer eine hohe Wirtschaftlichkeit erzielbar ist.

Ein bemerkenswertes Beispiel ist die Kühl-Heiz-Zentrale der Chemischen Werke CIBA in Basel, welche von der Firma Sulzer, Winterthur mit einer Heizleistung von 2,2 Mill. kcal/h und einer Kühlleistung von 1,6 Mill. kcal/h erstellt wurde [47]. Die Anlage ist bis heute zur vollsten Zufriedenheit in Betrieb und wurde noch mehrfach erweitert. Kälteseitig wird hauptsächlich Röhreneis (10 t/h) und Eiswasser erzeugt. Die Anlage arbeitet mit 2stufigen Ammoniak-Kompressoren, welche mit einem wassergekühlten Kondensator verbunden sind. Im Regelfall läuft das Kühlwasser mit +15 °C ab. Es können jedoch zwei weitere, ebenfalls zweistufige Kompressoren nachgeschaltet werden, die das Ammoniak aus den Kältekompressoren ansaugen und so hoch weiter verdichten, daß das Brauchwasser im Kondensator von 15 °C auf 70 °C aufgewärmt wird. Dieses heiße Brauchwasser wird entweder für die Kesselspeisung oder im Winter zu Heizzwecken benützt.

In Frankreich ist seit dem Jahr 1953 bei der Société Entrepôts Frigorifiques Lyonnais eine Wärmepumpe mit einer Heizleistung von 560 000 kcal/h in Betrieb, welche als erste Hauptaufgabe das Kühlhaus Chalon-sur-Saône zu kühlen hat. Im Winter geht der Kältebedarf so stark zurück, daß dann dieselbe Anlage, lediglich mit auf stärkere Leistung umgeschalteten Motoren, aus einem Grundwasserbrunnen die Heizwärme für eine benachbarte Fabrik gewinnt [200]. Hier werden also Kälte und Wärme nicht immer gleichzeitig erzeugt, jedoch durch Verwendung derselben Anlage die Anschaffungskosten und Betriebskosten (hohe jährliche Nutzungsdauer!) gesenkt. In Abb. 429 ist das Schaltschema gezeigt. Die mittlere Leistungsziffer während einer Heizperiode beträgt $\varepsilon = 4{,}4$. Es werden mit einem Aufwand von 250 000 kWh etwa 1 Milliarde kcal erzeugt. Die Anlage hat so befriedigt, daß inzwischen die Heizleistung auf 615 000 kcal/h erhöht wurde. Bemerkenswert ist noch, daß die Wärmepumpe für 60% des maximalen Heizbedarfs des Fabrikgebäudes bemessen ist und damit im „mittleren" Winter 93% des Gesamt-

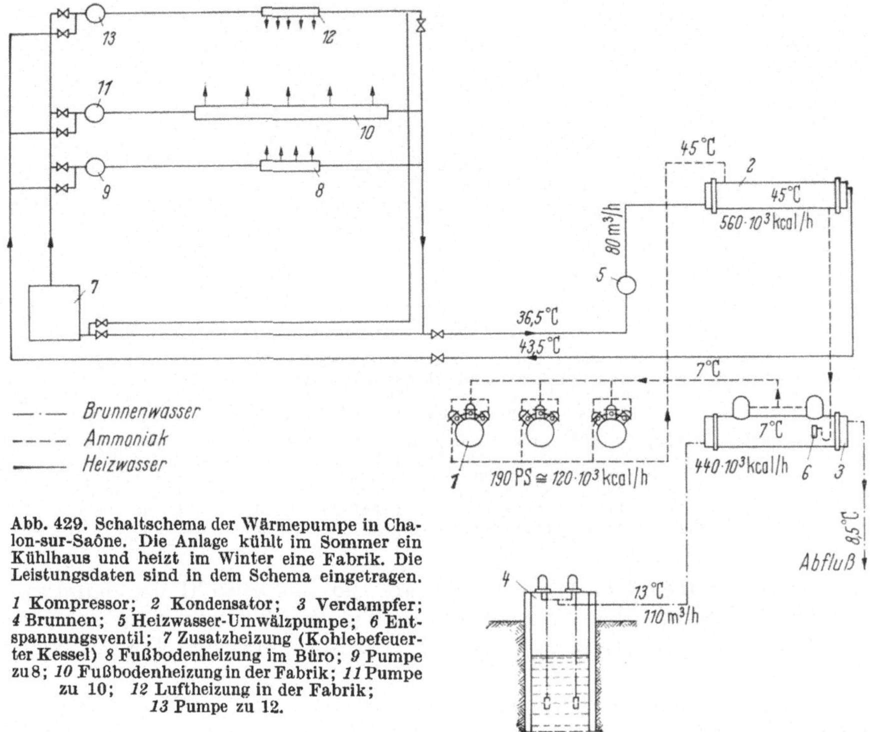

Abb. 429. Schaltschema der Wärmepumpe in Chalon-sur-Saône. Die Anlage kühlt im Sommer ein Kühlhaus und heizt im Winter eine Fabrik. Die Leistungsdaten sind in dem Schema eingetragen.

1 Kompressor; 2 Kondensator; 3 Verdampfer; 4 Brunnen; 5 Heizwasser-Umwälzpumpe; 6 Entspannungsventil; 7 Zusatzheizung (Kohlebefeuerter Kessel) 8 Fußbodenheizung im Büro; 9 Pumpe zu 8; 10 Fußbodenheizung in der Fabrik; 11 Pumpe zu 10; 12 Luftheizung in der Fabrik; 13 Pumpe zu 12.

heizbedarfs zu decken vermag. Tatsächlich zeigte sich, daß der Warmwasserkessel, welcher als Zusatzheizung vorgesehen war, während vieler Winter überhaupt nicht benötigt wurde.

Daß Heiz-Kühl-Anlagen in den erdenklichsten Fällen angewendet werden können, zeigt das Beispiel einer Eis-Sporthalle mit zwei Eisbahnen von zusammen 3300 m² [201]. Beim ganzjährigen Trainingsbetrieb wird jeweils Dusch- und Badewarmwasser benötigt, welches im Sommer nicht von der an sich vorhandenen, aber außer Betrieb gesetzten Heizanlage geliefert werden kann. Es wurde deshalb eine Wärmepumpe mit 64 000 kcal/h Heizleistung eingebaut, welche das Kondensator-Kühlwasser von rd. 25 °C Ablauftemperatur als Wärmequelle benutzt. Das Brauchwasser wird mit einer Leistungsziffer $\varepsilon = 8{,}5$ auf etwa 40 °C aufgewärmt.

Wohl die größte Wärmepumpe dieser Art wurde von der Firma York, Penns. USA anläßlich der Olympischen Winterspiele 1960 in Squaw Valley gebaut. In einer riesigen Halle von 10 000 m² Grundfläche befinden sich 4 Kunsteisbahnen, welche mit $CaCl_2$-Sole von − 10 °C gekühlt werden. Die Kälteleistung von 1,65 Mill. kcal/h wird durch einen Turbokompressor erzeugt. Das Kältemittel wird in 6 großen, luftgekühlten Kondensatoren, welche als Lufterhitzer die Halle beheizen, verflüssigt. Überschüssige Wärme wird an weitere, im Freien aufgestellte Kondensatoren abgegeben. Diese können auch als Luftkühler (Luft als Wärmequelle) dienen, wenn die aus den Eisbahnen gewonnene Wärmemenge nicht zur Heizung ausreicht. Die Anlage kann die Halle bis zu einer Außentemperatur von − 20 °C bei einem Heizwärmebedarf von 1,1 Mio. kcal/h ausheizen. Gleichzeitig wird noch Wärme zum Abschmelzen des Schnees auf dem Hallendach geliefert. Der Schnee rutscht durch die Erwärmung der schrägen Dachhaut in seitlich angebrachte Rinnen ab, in welchen Heizrohre angebracht sind. Außerdem liefert die Wärmepumpe das gesamte warme Brauchwasser für Duschräume, Küchen, Sanitärräume usw. [202].

3. Großklimaanlagen als Wärmepumpen (Ganzjahresklimaanlagen).

In den Vereinigten Staaten von Amerika ist die Anwendung der Wärmepumpe für die ganzjährige Klimatisierung von Fabriken, Bürogebäuden, Einkaufszentren, Schulgebäuden, Hospitälern und anderen öffentlichen Gebäuden etwa seit 10 Jahren in einem raschen Anstieg begriffen. Zum Beispiel werden in

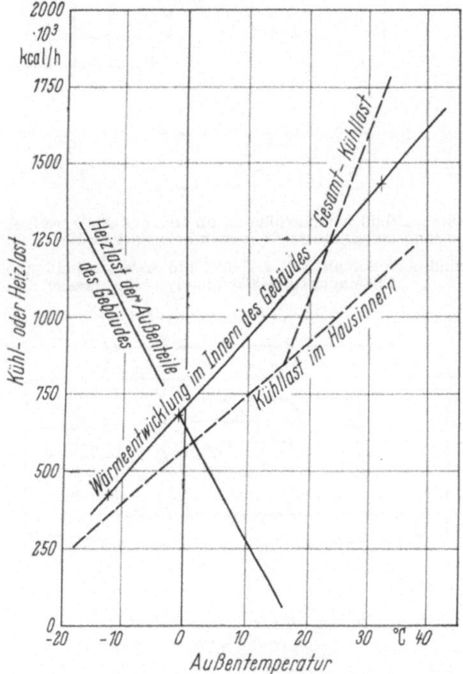

Abb. 430. Charakteristische Heiz-Kühl-Lastkennlinie eines Bürogebäudes bei Berücksichtigung der Wärmeentwicklung im Kern des Gebäudes. Ein echter Heizwärmebedarf tritt erst auf unter 0 °C.

einer Referenzliste der Firma Trane, La Crosse, Wisconsin, bis zum Jahre 1964 einschließlich allein etwa 100 Anlagen aufgezählt mit einer Heizleistung von mehr als 150 000 kcal/h. Die größten dort aufgezählten Anlagen haben eine Heizleistung von fast 6 Mill. kcal/h. Allein in der Stadt Toronto/Ontario stehen nach dieser Liste 6 Anlagen mit einer Heizleistung von insgesmat 14 Mill. kcal/h. Die Firma York, in York, Pennsylvania, bringt in einem Prospekt [203] kurze Beschreibungen von 14 Wärmepumpen für Bankgebäude, Kirchen, Kaufhäuser, Fabriken, Flughafengebäude u. a. Nach Mitteilungen der Firma Carrier, Syracuse, N. Y. sind z. B. alle Postbehörden angewiesen, bei Neubauten von Postgebäuden die Wirtschaftlichkeit von Wärmepumpen-Klimaanlagen vorab zu prüfen. Es wurden von der genannten Firma dafür „standardisierte" Schaltungen und Anlagenpläne ausgearbeitet. Sehr viele dieser Anlagen stehen in Gegenden, wo mit Wintertemperaturen unter — 28 °C gerechnet werden muß. Eine ganze Reihe hat kein zusätzliches Heizsystem, da wegen des Kühlbedarfs im Sommer die Maschinenanlage so groß bemessen werden mußte, daß die Wärmepumpenleistung auch für den maximalen Wärmebedarf ausreichte. [204]

Als Wärmequelle dient entweder Grundwasser, soweit dieses an Ort und Stelle billig erbohrbar ist, oder — in den meisten Fällen — Luft. Der Wärmeträger im

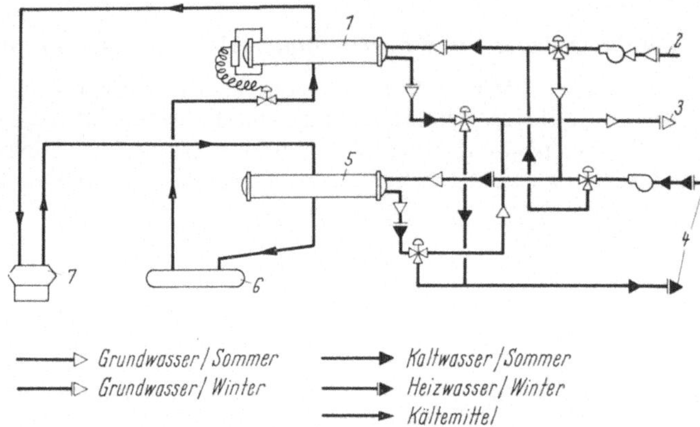

Abb. 431. Charakteristisches Schaltbild einer größeren, an Ort und Stelle aufgebauten Wasser-Wasser-Wärmepumpe, umschaltbar von Heiz- auf Kühlbetrieb, jedoch keine gleichzeitige Kühlung und Heizung möglich.

1 Wasserkühler; *2/3* Grundwasseranschlüsse; *4* Heiz/Kühlwasseranschluß zum Gebäude; *5* Kondensator;
6 Sammler für Kältemittel; *7* Kompressor.

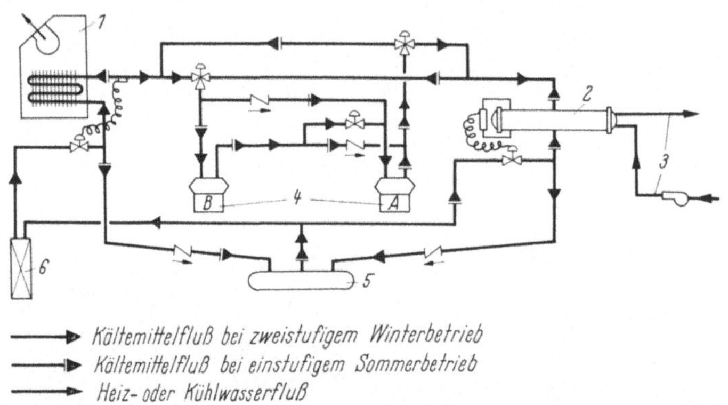

Abb. 432. Wahlweise ein- oder zweistufig betreibbare Luft-Wasser-Wärmepumpe für größere Gebäude.
Kein gleichzeitiger Betrieb von Heizen und Kühlen möglich.

Kompressor A:	Kompressor B:
Einstufige Sommerkühlung	Einstufige Sommerkühlung (parallel zu Kompressor A)
HD-Stufe beim Heizen im Winter.	ND-Stufe beim Heizen im Winter.

1 Außenluft-Wärmetauscher; im Sommer Kondensator, im Winter Luftkühler; *2* Wasser-Wärmetauscher; im Sommer Wasserkühler, im Winter Kondensator; *3* Heiz- oder Kühlwasser für Gebäude-Klimaanlage; *4* Kompressoren; *5* Sammler; *6* Unterkühler des flüssigen Kältemittels durch Außenluft (angesaugte Frischluft).

Innern des Gebäudes ist aus Regelgründen meistens Wasser, mit welchem über Wärmetauscher Luft geheizt oder gekühlt wird. In einigen Fällen wurde auch das Erdreich als Wärmequelle verwendet. Der Anwendung der Wärmepumpe kommt dabei sehr zugute, daß durch die Wärmeentwicklung in den Gebäuden durch Licht, Menschen und Maschinen der Heizwärmebedarf verringert und der Kühlbedarf im Sommer vergrößert wird. In Abb. 430 ist eine typische Heiz-Kühl-Lastkennlinie wiedergegeben, welche zeigt, daß dadurch der Heizbeginn auf Außentemperaturen unter 0 °C verschoben werden kann. Bei großen Gebäuden mit einer „Außenzone" und einem „Kern" sind die Verhältnisse noch eindeutiger, da im Kern wegen der dauernden Wärmeentwicklung auch im Winter Wärme abgeführt werden muß, welche über die Wärmepumpe zum Beheizen der Außenzone verwendet werden kann (s. dazu Kap. E. IV).

Die typischen Schaltungen einer Wasser-Wasser-Wärmepumpe und einer wahlweise ein- oder zweistufig betriebenen Luft-Wasser-Wärmepumpe sind in

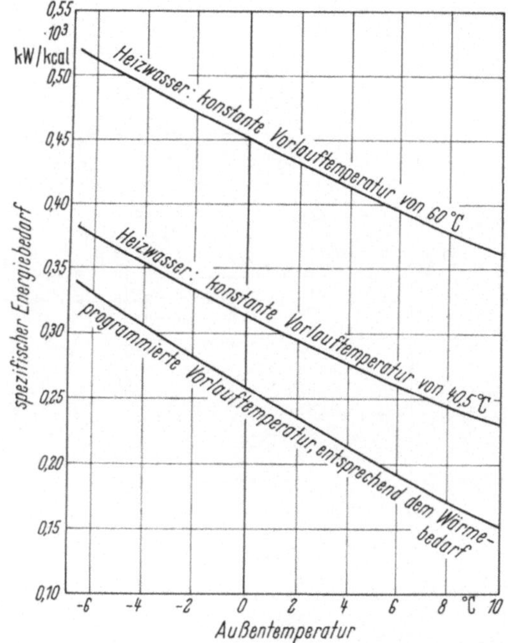

Abb. 433. Der spezifische Energiebedarf für 1000 kcal Heizleistung beim Heizen mit einer Luft-Wasser-Wärmepumpe bei konstanter Heizwasser-Vorlauftemperatur und bei einer dem Wärmebedarf angepaßten Vorlauftemperatur.

den Abb. 431 u. 432 dargestellt. Eine serienmäßig in der Fabrik montierte Wärmepumpe dieser Art zeigt Abb. 395. Die allgemeine Erfahrung mit diesen Wärmepumpenanlagen lautet, daß eine Wasser-Wasser-Wärmepumpe sowohl in der Anschaffung wie im Betrieb immer billiger ist als die Kombination einer Klimaanlage mit einer davon getrennten Heizanlage mit fossilen Brennstoffen. Voraussetzung ist, daß das Grundwasser wenigstens eine Temperatur von + 10 °C hat und frei von Sand und korrosionverursachenden Bestandteilen ist. Bei Luft als Wärmequelle muß die Wirtschaftlichkeit von Fall zu Fall geprüft werden, da die Preise für fossile Brennstoffe (z. B. Erdgas) und Strom in den einzelnen Staaten der USA sehr verschieden hoch sind.

Ein Hauptproblem ist die Wahl der Heizwassertemperatur, da diese bekanntlich die Leistungsziffer stark beeinflußt. Die Luftwärmetauscher müssen für die Sommerklimatisierung entworfen werden, d. h. für Wasservorlauftemperaturen von 6 °C bis 10 °C. Dadurch ist die Größe des Apparates auch für den Heizbetrieb festgelegt, und zwar sowohl hinsichtlich der Wasser-, als auch der Luftmengen. Es zeigte sich, daß für eine gut regelbare Heizung in solchen Apparaten

Heizwasservorlauftemperaturen von maximal 45 °C völlig ausreichen, auch im tiefsten Winter. Die Raumtemperatur wird dabei zweckmäßig nicht — wie üblich — bei konstanter Vorlauftemperatur durch Drosseln der Heizwassermenge geregelt, sondern durch Absenken der Vorlauftemperatur entsprechend dem Wärmebedarf. Die Ersparnisse sind, wie Abb. 433 zeigt, erheblich.

Wesentlich für eine hohe Wirtschaftlichkeit ist ferner die Haupteigenschaft der Wärmepumpe, *gleichzeitig* heizen und kühlen zu können, überall dort auszunützen, wo dieser Betriebsfall auftreten kann, z. B. bei Gebäuden mit sog. Mehrzonen-Klimatisierung (Nordseite Heizen, Südseite Kühlen). Es werden deshalb

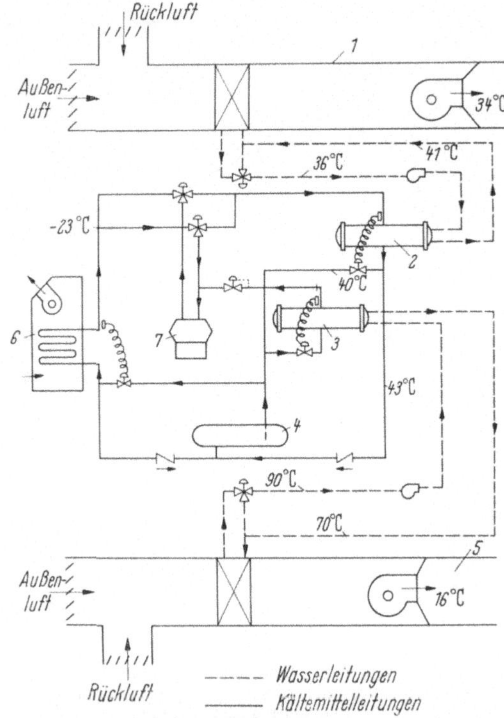

Abb. 434. Luft-Luft-Wärmepumpe mit Zweikanal-System im Klimateil zum gleichzeitigen Heizen und Kühlen verschiedener Teile des Gebäudes (Außenteile, Kern).

Die auf dem Bild gezeigte Schaltstellung der Regelorgane entspricht Winterbetrieb (Außentemperatur unter 0 °C). Die dabei auftretenden Temperaturen sind eingetragen.

1 Klimakanalsystem für Außenteil des Gebäudes; *2* Kühler/Kondensator; *3* Kühler; *4* Sammler; *5* Klimakanalsystem für Kern des Gebäudes; *6* Außenluft-Wärmetauscher; *7* Kompressor.

häufig sog. „Zwei-Kanal-Systeme" mit Warm- und Kaltluftversorgung gewählt, wobei über den Außenluftkühler lediglich der Fehlbetrag an Heizwärme aufgebracht werden muß, welcher nicht schon aus der gleichzeitig auftretenden Kühllast gedeckt werden kann (Abb. 434) [205].

Ein bemerkenswertes Beispiel ist das Bürogebäude der Columbus and Southern Electric Comp. in Columbus/Ohio, welches im Jahr 1958 in Stahl-Skelettbauweise errichtet wurde. Es hat 9 Stockwerke. Die Außenwand besteht aus 532 angehängten Fassadenelementen, 55 mm isoliert, außen mit rostfreiem Stahl kaschiert, in welchem sich je 1 Verbundglasfenster befindet. Das Gebäude ist 57 m lang, 28 m breit und etwa 40 m hoch und hat etwa 63 000 m³ umbauten Raum. Für eine Raumtemperatur von +24 °C, eine tiefste Wintertemperatur von —23 °C und eine höchste Sommertemperatur von 35 °C ist die Kühllast und der Wärmebedarf je $1{,}6 \cdot 10^6$ kcal/h. Der Wärmebedarf wird durch die hohe Wärmeentwicklung im Innern des Hauses von elektrischen Maschinen und der Beleuchtung, welche schon 50% des Gesamtwärmebedarfs abdeckt, auf etwa $0{,}9 \cdot 10^6$ kcal/h verringert. Das Heiz-Kühlsystem ist in zwei Abschnitte für die Außenteile des Gebäudes und den Gebäudekern aufgeteilt. Die Außenteile werden mit Hochdruck-Induktionsklimageräten, welche unter dem Fenster eingebaut sind, geheizt und gekühlt, wobei die Primärluft mit Temperaturen zwischen $+43\,°\mathrm{C}$ und $15\,°\mathrm{C}$ eingeblasen wird. Sie wird zentral aufbereitet (elektrostatische Filterung, Heizen, Kühlen, Befeuchten). Im Gebäudekern wird lediglich gekühlt. Insgesamt werden etwa 50000 m³/h Luft umgewälzt. Der Frischluftanteil ist variabel und wird im Winter auf 25% reduziert. Die Wärme der Abluft wird durch die Wärmepumpe zurückgewonnen. Die Wärmepumpe ist umschaltbar von einstufigem Sommer-Kühl- und Übergangsheizbetrieb auf zweistufigen Heizbetrieb im Winter. Die Prinzipschaltung entspricht Abb. 432. Insgesamt sind 6 Zwölf-Zylinder-Kompressoren je 700 m³/h Fördervolum und 100 PS Anschlußleistung installiert. Diese arbeiten auf je einen Röhrenbündelwärmetauscher zur Wassererwärmung oder Kühlung. Als Wärmequelle dient Außenluft. Diese wird in einem auf dem Dach aufgestellten Luftkühler, welcher im Sommer als Verdunstungskondensator arbeitet, abgekühlt. Der Gesamtanschlußwert der Wärmepumpe einschließlich des Luftbehandlungsteils beläuft sich auf rd. 1100 kW. Die Betriebsweise der Wärmepumpe ist vollautomatisch. Über $+19\,°\mathrm{C}$ Außentemperatur läuft sie als Kühlmaschine einstufig, wobei je nach Kühllast mehr und mehr Kompressoren zugeschaltet werden. Zwischen $+10\,°\mathrm{C}$ und $+19\,°\mathrm{C}$ wird die Temperatur im Gebäude lediglich mit variablen Frischluftmengen geregelt. Unter $+10\,°\mathrm{C}$ bis $-10\,°\mathrm{C}$ arbeiten die Kompressoren einstufig als Wärmepumpe, darunter wird auf zweistufigen Betrieb umgeschaltet. Der Energieverbrauch war für 3100 Heizgradtage und 700 Kühlgradtage $1{,}81 \cdot 10^6$, bzw. $1{,}82 \cdot 10^6$ kWh, also rd. $3{,}6 \cdot 10^6$ kWh pro Jahr. Ein Vergleich der reinen Heizkosten verschiedener Heizsysteme ergibt für Kohle, Öl bzw. Gas Kosten zwischen 20000 bis 25000 \$ im Jahr, während die Wärmepumpe nur etwa 15000 \$ benötigt. Die Baukosten betrugen etwa 400 \$/1000 kcal/h installierter Leistung.

IV. Klimaanlagen mit Wärmerückgewinnung[1].

In den letzten Jahren ist die Energiedichte besonders in großen Bürogebäuden durch stärkere Beleuchtung, Mechanisierung des Bürobetriebes, dichtere Personenbelegung in den Büros, Einbau zahlreicher Aufzüge und anderer maschineller Einrichtungen derart angestiegen, daß sich in vielen Fällen selbst bei kältesten Wintertagen eine positive Energiebilanz ergäbe, würde nicht durch die erforderliche Belüftung der Räume ein erheblicher Wärmebedarf zur Aufheizung der Frischluft auftreten. Der Grundgedanke, dieser neuen Art von Wärmepumpen ist nun, in solchen Gebäuden mit theoretisch positiver oder nahezu positiver Energiebilanz die warme Abluft zentral zu erfassen und deren Wärmeinhalt zurückzugewinnen [206]. Die Grundschaltung dieser Wärmepumpe zeigt Abb. 435. Die angesaugte Frischluft wird aufgeheizt, mit Umluft gemischt, entfeuchtet, nachgeheizt und in die Räume geblasen. Die Abluft wird gesammelt und vor dem Absaugen ins Freie abgekühlt. Kalt- und Warmwasserkreis sind gleichzeitig in Betrieb; der Kondensator ist zweiteilig gebaut, so daß Überschußwärme (im Sommer und in den Übergangsmonaten) sofort ohne Regelschwierigkeiten über einen zweiten Kühlwasserkreislauf über Kühltürme abgeführt werden

---

[1] Im amerikanischen Sprachgebrauch „Bootstrap heating", „heat reclaim system" „balanced heat system" oder „heat recovery system".

kann. Es wird also *keine äußere Wärmequelle* benötigt. Verschiedene Vergleiche mit „normalen" Wärmepumpen (Luft als Wärmequelle) zeigten, daß wesentlich höhere Leistungsziffern erreichbar sind. Bei einem Gebäude mit einer Wärme-

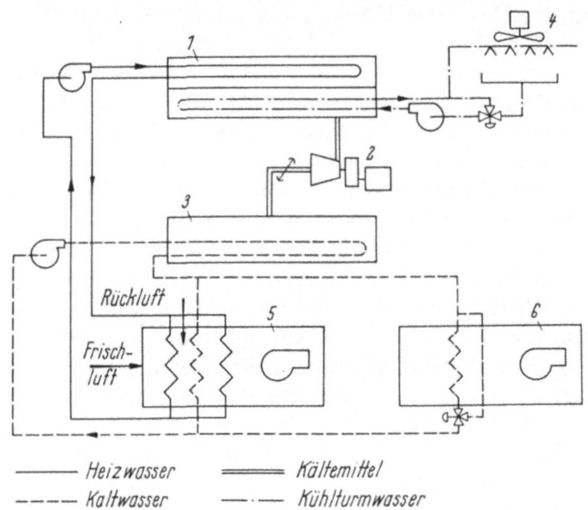

Abb. 435. Klimaanlage mit Wärmepumpe zur Wärmerückgewinnung aus der Abluft.

1 Doppelsystem-Kondensator für Heizwasser und Kühlturmbetrieb; *2* Kältemaschine; *3* Wasserkühler; *4* Kühlturm; *5* Luftaufbereitungseinheit (Heizen, Kühlen); *6* Abluft-Wärmerückgewinnungseinheit.

Tabelle 21. *Wärmebilanz eines Bürogebäudes mit Heizung durch Innenlast und Wärmerückgewinnung. (Berechnung bei − 18 °C Außenlufttemperatur).*

Wärmebedarf (kcal/h)	*tagsüber* mit Personenbelegung	*nachts* ohne Personenbelegung und ohne Beleuchtung
Wärmeverluste durch Wände	449,600	449,600
Ventilationsverluste (Frischluft)	364,500	—
Verluste durch Undichtheiten	18,200	41,400
insges.	832,300	491,00
Wärmelast und Wärmerückgewinnung (kcal/h)		
Licht (Außenzone)	147,800	—
Licht (Gebäude-Kern)	242,500	—
Büromaschinen	63,800	—
Personenbelegung (Außenzone)	26,600	—
Personenbelegung (Kern)	28,500	—
Wärmerückgewinnung aus Abluft	105,00	—
Antriebsenergie für Klimaanlagen und Wärmepumpe	134,500	63,600
insges.	748,700	63,600
(Netto-Wärmebedarf)		
Fehlbetrag (aus Wärmespeichern oder Elektroboilern zu decken) kcal/h	83,600	427,400

bilanz nach Tab. 21 ergibt sich, z. B. für −18 °C Außentemperatur, eine Leistungsziffer von $\varepsilon = 4{,}5$ gegenüber nur $\varepsilon = 2{,}1$ bei einer zweistufigen Luft-Wasser-Wärmepumpe [207]. Geeignet für die Wärmepumpenheizung mit Wärmerückgewinnung sind Gebäude mit mehr als 1000 m² Grundfläche, möglichst quadratischem Grundriß und weniger als 40% Fensterfläche. Die Wärmeverluste sollten unter 20 kcal/h je Quadratmeter Nutzfläche liegen.

Ein wesentliches Problem dieser Heizungsart ist die Frage, wie das nicht benutzte Gebäude (also ohne innere Wärmelast) geheizt werden kann. Dies geschieht entweder über elektrisch beheizte Heißwasserboiler, welche mit billigem Nachtstrom aufgeladen werden oder mit großen, unterirdisch gelagerten Wasser-Wärmespeichern, welche durch Ändern ihrer Temperatur zwischen $+10\ °C$ und $+45\ °C$ einen Wärmevorrat für einen vollen Tag zu speichern vermögen. Da die Größe der Speicher begrenzt ist und längere Kälteperioden nicht überbrückt werden können, erhalten die Speicher für den Notfall eine elektrische Zusatzheizung oder — was natürlich wirtschaftlicher ist —, wird eine äußere Wärmequelle, z. B. Grundwasser, zu Hilfe genommen (Abb. 436). Als Beispiel einer solchen Anlage mit langen Heizperioden ohne innere Wärmelast sei ein Schulbau erwähnt [208]. Hier war *mit Innenlast* der Gleichgewichtspunkt bei $-5\ °C$. Es

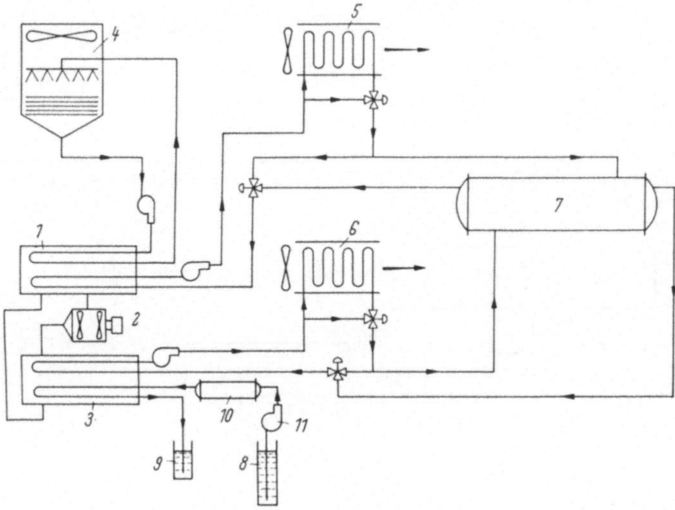

Abb. 436. Klimaanlage mit Wärmepumpe zum gleichzeitigen Erzeugen von Heiz- und Kaltwasser, mit Wärmerückgewinnung aus der Abluft, Heizwasser-Wärmespeicher und Grundwasser als Hilfswärmequelle.

1 Kondensator mit Doppelsystem zur Heizwassererzeugung und Wärmeabfuhr; *2* Kältemaschine; *3* Kaltwasserkühler mit Doppelsystem zur Abkühlung des umlaufenden Kaltwassers und zur Wärmegewinnung aus Grundwasser; *4* Kühlturm; *5* Lufterhitzer (im wesentlichen für äußere Gebäudeteile); *6* Luftkühler und Wärmerückgewinnung; *7* Wärmespeicher; *8* Grundwasser-Brunnen; *9* Versickerungs-Bohrung; *10* Sandfilter; *11* Pumpe.

wurde eine Klima-Wärmepumpe mit 450 PS Anschlußleistung installiert, welche rd. 1 Mio. kcal/h Kühlleistung und rd. 1,2 Mio. kcal/h Heizleistung hat. Beim Bau der Schule konnten durch die Anwendung dieses Heizsystems etwa 150 000 \$ = 10 % der Baukosten eingespart werden. Die Leistungsziffer im ersten Betriebsjahr betrug $\varepsilon = 4{,}6$; die Ersparnisse an Betriebskosten waren mehr als 20 % [209]. Eine „Standardschaltung" für größere Bürogebäude (Heizbedarf mehr als 2 Mio. kcal/h) mit 2 Turbokompressoren als Wärmepumpe und elektrischer Nachtstromspeicher-Zusatzheizung für Außentemperaturen unter $-2\ °C$ zeigt Abb. 437. Die Steuerung der Anlage erfolgt über den Außenluftthermostat *12* und über die Heiz- und Kaltwasserthermostate *14* und *15*, welche die Steuerimpulse über das Steuergerät *13* auf die Umschaltventile *10* geben. Das Steuergerät *13* ist so programmiert, daß bei Außentemperaturen über $19\ °C$ die Heizwassertemperatur auf $30\ °C$, die Kaltwassertemperatur auf $7\ °C$ geregelt wird; bei tieferen Temperaturen bis $-1\ °C$ steigt die Heizwassertemperatur linear bis $41\ °C$, die Kaltwassertemperatur bis $10\ °C$ an; bei tieferen Außentemperaturen wird die Zusatzheizung *8* eingeschaltet, um das Heizwasser nachzuheizen (bei

—18 °C Außentemperatur auf +45 °C), die Kaltwassertemperatur wird auf +10 °C gehalten.

Im *Winterbetrieb* wird abhängig von der Heizwassertemperatur der Kühlturm *4* abgeschaltet und die Frischluftzufuhr auf ein Minimum gedrosselt. Reicht dann die Heizleistung nicht aus, wird die zweite Maschine und später die Zusatzheizung zugeschaltet.

Im *Sommerbetrieb* ist der Kühlturm voll eingeschaltet und je nach Kühllast einer oder beide Kompressoren in Betrieb.

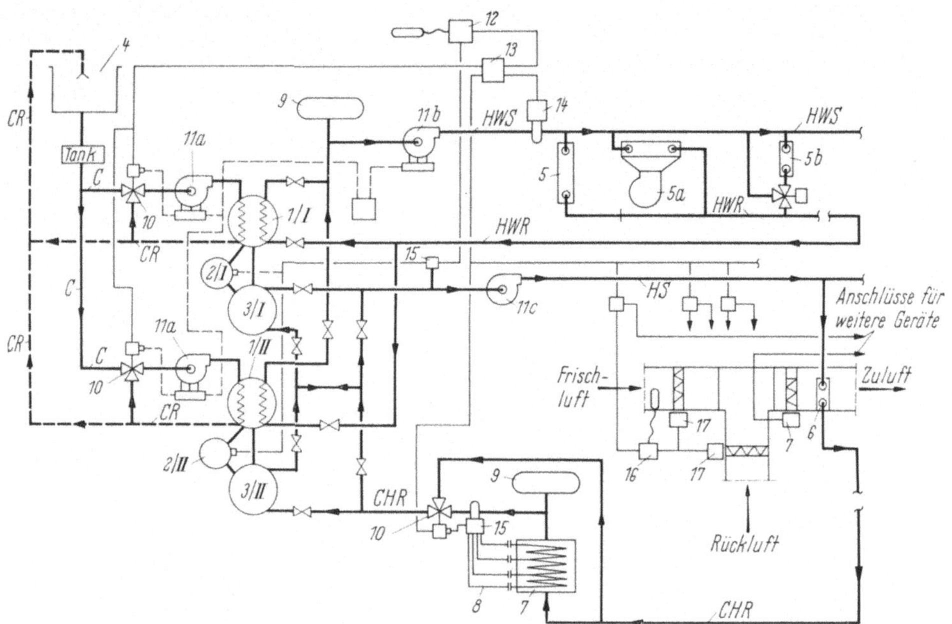

Abb. 437. Standardschaltung nach U.S. Post-Office für eine Wärmerückgewinnungsanlage für Postämter mit vollelektrischem Anschluß.

1 Zweisystem-Kondensatoren; *2* Wärmepumpen-Kompressoren; *3* Einkreis-Wasserkühler; *4* Kühlturm; *5a*, *5b* verschiedene Heizelemente in Klimageräten, Lufterhitzer und Kanalsystemen; *6* Luftkühler; *7* Wärmespeicher (Elektroboiler); *8* Elektrische Heizstäbe; *9* Ausdehnungsgefäß; *10* Temperaturgesteuerte Dreiwege-Umschalt-Regelventile; *11a*, *11b*, *11c* Umwälzpumpen für Kühlturmwasser, für Heizwasser, für Kaltwasser; *12* Außenluftthermostat; *13* Steuergerät *A*; *14* Heizwasserthermostat; *15* Kaltwasserthermostate; *16* Begrenzungsthermostat für Außenluft; *17* Klappen-Verstellmotore; *C*, *CR* Kühlturmwasser; *HWS*, *HWR* Heizwasservorlauf, -rücklauf; *CHR*, *HS* Kaltwasservorlauf, -rücklauf.

Abgewandelte Formen dieser Heizart sind Anlagen, bei welchen besondere innere Wärmequellen über die Wärmepumpe zum Heizen des Gebäudes ausgenutzt werden, z. B. die Verlustwärme von Transformatoren in Umspannstationen [210] oder die Abwärme von Tieren [211]. Letztere Anlagen scheinen für die Beheizung von Bauernhöfen gut geeignet. Eine Kuh erzeugt etwa 20000 kcal/d Wärme und etwa 10 kg Wasserdampf, welche aus dem Stall abgeführt werden müssen. Mit der Abwärme von 20 Kühen läßt sich ein Gebäude mit 5 Räumen gut beheizen; die Leistungsziffer beträgt $\varepsilon = 6$.

V. Brüdenkompressor und Destilliergeräte.

Unter den Begriff Wärmepumpen fällt auch der sog. Brüdenkompressor oder der Thermokompressor, welcher für Verdampfungsprozesse, z. B. das Eindicken von Lösungen, das Destillieren oder in Kristallisationsverfahren eingesetzt wird. Er unterscheidet sich von den bisher beschriebenen Anlagen dadurch, daß das

Arbeitsmedium Wasserdampf gleichzeitig auch das Prozeßmedium ist und es sich somit um einen offenen Kreislauf handelt (Abb. 438). [212]

Der Kondensator und Verdampfer sind in einem Apparat zusammengefaßt. Der abgesaugte Wasserdampf (Brüden) wird im Kompressor so hoch verdichtet, daß die Temperaturerhöhung genügt, um die zu behandelnde Lösung mittels der Kondensationswärme zu verdampfen. Wegen der hohen Temperaturen und der im allgemeinen nur geringen erforderlichen Temperaturdifferenzen (auch Siedepunktserhöhung genannt) werden sehr hohe Leistungsziffern erzielt, welche bei schwer siedenden Lösungen bei $\varepsilon = 5$ bis 10, bei geringen Konzentrationen bei $\varepsilon = 10$ bis 25 liegen.

Der Brüdenkompressor ist immer an Stelle der bekannten Mehrfach-Verdampfer anwendbar und besonders dann günstig, wenn aroma- oder temperaturempfindliche Güter, wie z. B. Obstsäfte, Pharmazeutika u. ä. behandelt werden müssen. Weitere Anwendungen sind Anlagen zum Eindicken von Milch oder in der chemischen Industrie. Hier wirkt sich die hohe jährliche Benutzungsdauer günstig auf die Wirtschaftlichkeit aus. Auch an die Herstellung des Zusatz-Speisewassers in Hochdruckdampfkraftwerken wurde schon gedacht, da Brüdenkompressoren eine wesentlich bessere Wasserqualität lieferten. Sie lassen sich entweder als Dampfstrahlkompressoren oder als Turbokompressoren mit elektrischem Antrieb oder Antrieb durch Gegendruck-Dampfturbinen bauen. Da die Wirtschaftlichkeit des Brüdenkompressors verglichen werden muß mit derjenigen von normalen Ein- oder Mehrstufenverdampfern, scheidet der Dampfstrahlkompressor wegen seines hohen Dampfverbrauchs in vielen Fällen aus. Hingegen kann der Turbokompressor selbst mit vierstufigen Verdampfern noch gut konkurrieren [213]. Auch energiewirtschaftlich ist der elektrisch angetriebene Brüdenkompressor unter den in Frage kommenden Schaltungen am günstigsten. Die Schaltungen mit höchster Energieausnutzung sind:

a) der Brüdenkompressor mit Netzstrom betrieben,

b) der Brüdenkompressor mit Gegendruckturbine gekoppelt, wobei diese gleichzeitig auf ein Vorschaltkraftwerk arbeitet und der Abdampf in einem Vierfach-Verdampfer ausgenutzt wird.

c) Vorschaltkraftwerk mit Gegendruckturbine. Stromabgabe ans Netz. Mit dem Abdampf wird ein Mehrfachverdampfer betrieben.

Bei einer (durchaus erreichbaren) Leistungsziffer von $\varepsilon = 12{,}5$ und einem thermischen Wirkungsgrad des Kraftwerkes von 0,35 (Wärmebedarf 2460 kcal je kWh) wird der elektrisch betriebene Brüdenkompressor hinsichtlich des Basisenergiebedarfs am günstigsten. Da heute schon höhere Kraftwerkwirkungsgrade erzielt werden (etwa 2200 kcal/kWh), ist es verständlich, daß der Brüdenkompressor immer breitere Anwendungsgebiete findet. Schon im Jahr 1956 hatte allein die Firma Escher-Wyss AG, Zürich, insgesamt eine Leistung von 850 Mio. kcal/h, entsprechend einem Anschlußwert von rd. 80 MW installiert [214].

Brüdenkompressoranlagen werden dem jeweiligen Bedarf entsprechend geplant. Trotzdem sind einheitliche Gesichtspunkte feststellbar, welche bei jeder Anlage wiederzufinden sind. Als Beispiel soll deshalb hier nur eine Anlage beschrieben werden, welche seit Jahrzehnten mit gutem wirtschaftlichen Erfolg in

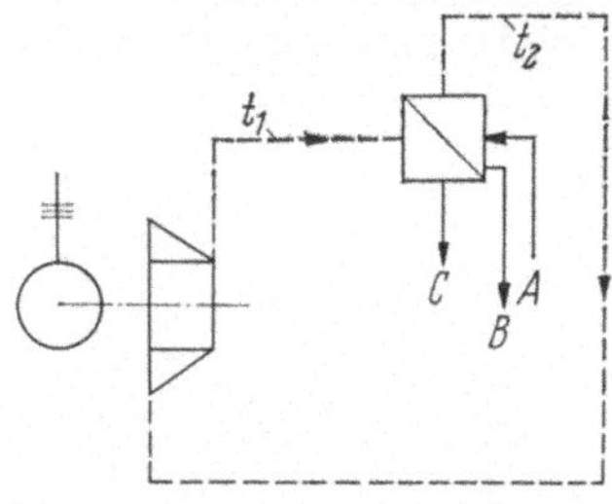

Abb. 438. Schema eines Thermokompressors (Brown Boveri). Als Sonderfall der Wärmepumpe sind beim Thermokompressor Kondensator und Verdampfer in einem Apparat vereinigt. Der mit der Temperatur t_1 kondensierende Heizdampf dient zum Verdampfen der einzudickenden Flüssigkeit. Die Brüden mit der Sattdampftemperatur t_2 werden im Thermokompressor auf einen Druck verdichtet, der der Temperatur t_1 entspricht.

A = Dünnlösung,
B = Konzertrat,
C = Kondensat.

Betrieb ist und Anlaß gab, weitere Anlagen gleicher Art zu erstellen [215]. Es ist leider kaum bekannt, daß z. B. die bekannte Saline in Bad Reichenhall schon vor über 30 Jahren die gesamte Speisesalzproduktion auf Wärmepumpenbetrieb umgestellt hat. Die Schweizerischen Rheinsalinen haben 2 Werke, die Anlage Ryburg mit 40000 t pro Jahr Salzproduktion nach dem Pfannenverfahren und die Anlage Schweizerhalle auf das Brüdenkompressionsverfahren umgestellt. Sie erzeugen seitdem über 90% des in der Schweiz verbrauchten Speisesalzes mittels dieser Anlagen. Das Schaltschema der Saline Ryburg zeigt Abb. 439. Die Appa-

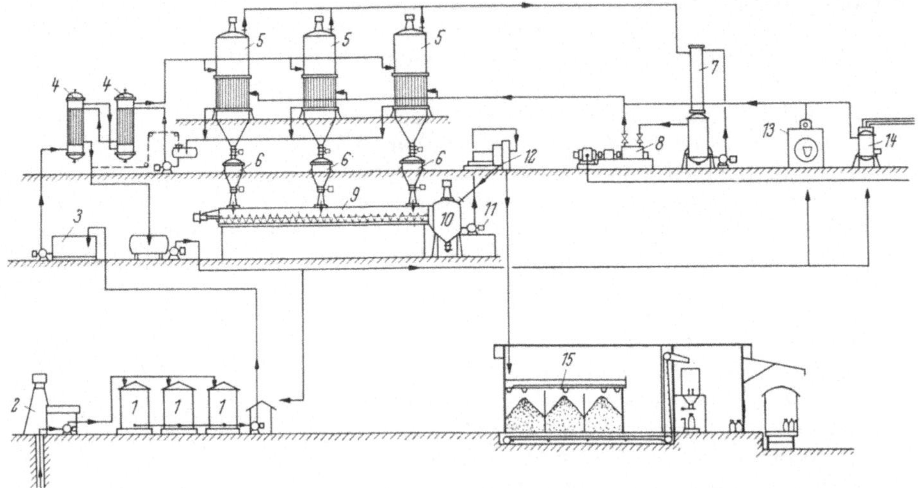

Abb. 439. Schaltschema der Wärmepump-Eindampfanlage (Thermokompressor) der Saline Ryburg/Schweiz. Jahresproduktion 40 000 t Feinsalz.

1 Solereinigung; 2 Bohrturm; 3 Ausgleichtank; 4 Vorwärmer; 5 Eindampfungsapparate; 6 Salzschleuse; 7 Brüdenwäscher; 8 Wärmepumpen; 9 Salzschneckentrog; 10 Salzbreimischer; 11 Salzbreipumpen; 12 Schubzentrifugen; 13 Flammrohrkessel; 14 Elektrokessel; 15 Salzlager.

ratur umfaßt die Verdampfer, welche auf die Wärmepumpen geschaltet sind, den Salzaustrag, bestehend aus Salzschleuse, den Fördertrögen für den Salzbrei, die Mischer für die Herstellung eines pumpfähigen Salz-Sole-Gemisches und die Zentrifugen für die Trocknung des Produktes. Zusätzlich werden benötigt Vorwärmer sowie Pumpen, endlich für die Lieferung der Zusatzwärme kleine Flammrohrkessel für den Winter und Elektrodampfkessel für den Sommerbetrieb. Die Vorwärmer nützen die Abwärme im wegfließenden Brüdenkondensat zur Aufheizung der Sole aus. Sie sind wichtig für die Wärmewirtschaft der Anlage. Bei Vollbetrieb wird in ihnen eine Wärmemenge umgesetzt, die etwa 3 t Dampf pro Stunde entspricht. In den Verdampfern 5 findet die Versiedung der Sole statt. Durch das Wegdampfen des Wassers scheidet sich das Kochsalz als fester Körper aus, und zwar in der Form von feinen kubischen Kristallen. Die Kunst bei der Verkochung besteht darin, die Wärmeübergänge dauernd hoch und damit das Temperaturgefälle klein zu halten und dennoch ein schönes Kristallkorn bei Vermeidung von störenden Salzinkrustationen an den Heizflächen zu produzieren. Die Aufgabe wird durch Spezialverdampfer mit Umwälzpumpen gelöst. Die zentral angeordneten Propellerpumpen müssen unter extremen Verhältnissen, d. h. in einer mit Salz gesättigten und mit feinen Kristallen durchsetzten, auf dem Kochpunkt stehenden Lösung arbeiten. Das in feinen Kristallen ausfallende Salz sammelt sich im konischen Unterteil der Apparate und wird über die Schleusen 6 ausgetragen, währenddem das Wasser in Dampfform über den Wäscher 7 von den Thermokompressoren *8* abgesaugt wird. Die Brüden führen im Hinblick auf den stürmischen Kochvorgang feinste Solespritzer mit sich. Die salzigen Dämpfe sind für die Thermokompressoren gefährlich, da sie zu Korrosionen, Erosionen und Stopfbüchsen-Schwierigkeiten führen können. Bei der Kompression der Brüden würden die Spritzer eingedampft. Die entstehenden Kristalle haben bei hohen Geschwindigkeiten schmirgelnde Wirkungen. Es ist deshalb der Wäscher *7* eingeschaltet. Diese Kolonne setzt den Gehalt der Brüden an Trockensubstanz auf unter 5 mg/kg Dampf (in der kochenden Sole 300000 mg/l) herab, d. h. auf Werte, die dem Dampf aus sehr gut geführten Dampfkesselanlagen entsprechen. Dank dem Wäscher können Thermokompressoren im ununterbrochenen Betrieb über Monate hinaus durcharbeiten. Kompressoren für chemisch sehr schwierige Verdampfbetriebe konnten mit sorgfaltig durchgebildeten und betrieblich anspruchslos arbeitenden Reinigungskolonnen der Brüden weit über ein Jahr in ununterbrochenem Betrieb gehalten werden. Die Turbokompressoren *8* verdichten die Brüden auf den Heizdampfdruck.

Zum Schluß sei noch ein serienmäßig hergestellter Wasser-Destillierapparat mit Thermokompression erwähnt [216], welcher nach denselben Prinzipien arbeitet, wie die vorbeschriebenen Großanlagen. Die Apparate werden in 12 Größen für eine Destillationsleistung von 10 bis 100 l/h hergestellt. Der Energieverbrauch pro Liter destilliertes Wasser ist bei den größeren Geräten nurmehr 22,5 Watt/l, was einer Leistungsziffer von $\varepsilon = 30$ entspricht.

Literatur.

[1] FLÜGEL, G.: Wärmewirtschaft und Anwendungsformen der Wärmepumpe. Z-VDI Bd. 64 (1920) Nr. 64, S. 9 954/58 und Nr. 47, S. 986/89.

[2] KRAUS, F.: Heat-pump in the theory and practice. Power Bd. 53 (1921), Nr. 2, S. 289/300.

[3] SMITH, C. P.: Proc. Roy. Soc. Edinburgh, Bd. 2 (1851) S. 235.

[4] THOMSON, W.: The power required for the thermodynamic heating of buildings. Cambridge and Dublin, Mathem. Journal (1853) Nov. S. 124.

[4a] THOMSON, W.: On the economy of the heating and cooling of buildings by means of currents of air. Proc. of the Philosophical Soc. (Glasgow) Bd. 3 (1852) Dez. S. 269/272.

[5] PLANK, R.: Handbuch Kältetechnik, Bd. I, Berlin/Göttingen/Heidelberg 1954, S. 48.

[6] RITTINGER, P.: Theoretisch-praktische Abhandlung über ein für alle Gattungen von Flüssigkeiten anwendbares, neues Abdampfverfahren mittels einer und derselben Wärmemenge, welche zu diesem Behufe durch Wasserkraft in ununterbrochenen Kreislauf versetzt wird. Wien: Friedr. Manz 1855.

[7] VON BALZBERG, C.: Praktische Erfahrungen mit dem Piccardschen Salzerzeugungsapparat. Österr. Zeitschrift f. Berg- und Hüttenwesen 1878.

[8] PALTZER, G. v., u. R. PETER: Die Wärmepumpe in den Werken der Vereinigten Schweizerischen Rheinsalinen. B. SEV (1943) Nr. 16.

[9] EWING, J. A.: Die mechanische Kälteerzeugung, Braunschweig: Vieweg 1910.

[10] Escher-Wyss-Prospekt 24007 (d).

[11] HALDANE, T. G., u. L. CHEM: Using of the refrigeration plant for heating purposes. Ice u. Cold storage Bd. 33 (1930) Dez. S. 332/34.

[12] GUARINI, E.: Cooling and heating with one unit. Ice and Cold storage Bd. 33 (1930) März, S. 122/23.

[13] Heating-, Ventilating-, Airconditioning Guide 1960, New York, 1960, Kap. 39, S. 581.

[14] GALSON, H. L.: Using reversed cycle refrigeration principle for self-contained heating and cooling unit. Heating-piping Bd. 7 (1935) Nr. 10, S. 497/502.

[15] KEMLER, E. N., S. OGLESBY u. W. N. PEASE: Refr. Engng. Bd. 53 (1947) Nr. 4, S. 301 bis 304.

[16] KEMLER, E. N., u. S. OGLESBY: Heat pump applications. New York, Toronto, London: McGraw-Hill Comp. 1950.

[17] HEITSCHUE, R. D.: Refr. Engng. Bd. 41 (1951) Nr. 5, S. 317/320.

[18] EGLI, M.: Die Wärmepumpenheizung des Züricher Rathauses, Bull. SEV 1938) Nr. 11.

[19] BAUER, B. u. B. W. BOLOMEY: Electr. Verwert. Bd. 14 (1939) 9/10 S. 160/83.

[20] Heat pump prospects. Diskussionsbeitrag zu Vortrag von GRIFFITH und SUMNER, Electr. Times (1957) H. 1, S. 89/90.

[21] LATHAM, A.: Compression destillation. Mech. Engng. Bd. 68 (1946) Nr. 3, S. 221/24.

[22] LINGE, K.: Die Wärmepumpe im Rahmen der Energiewirtschaft. Z. VDI Bd. 88 (1944) 5/6, S. 57/65.

[23] PENROD, E. B.: Progress in heat pump engineering, Physics Today Bd. 5 (1952) Nr. 2, S. 10/15.

[24] SMITH, M.: The Marvair heat pump. The Refr. Ind. Bd. 5 (1948) 11, S. 34/35.

[25] HANSON, A.: The Airtopia heat pump. The Refr. Ind. Bd. 6 (1949) Nr. 1.

[26] MARSCHALL, G. T.: The heat pump air conditioner design and application. Refr. Engng. Bd. 60 (1952) Nr. 7, S. 714/18.

[27] BRUNDAGE, H. M.: Heat pump questions and answers. Air Condg. Refr. News Bd. 76 (1955) Nr. 13, S. 74/75.

[28] TULL, R. H.: News developments in heat pump-systems. ASHRAE J. Bd. 8 (1966) Nr. 9, S. 64–67.

[29] Bright future predicted for heat pump by two manufactures. Air cond. Heat. and Refr. News Bd. 90 (1960) Nr. 2, S. 6/7.

[30] GRATH, W. L.: Status of and needs for heat pumps standards. Air Cond. Heat. Refr. News Bd. 88 (1959) Nr. 9, S. 63/64.

[31] GRATH, W. L.: Underwriter Laboratory issue standard for heat pump, Air Cond. and Refr. News Bd. 87 (1959) Nr. 18, S. 1.

[32] REDEKER, P. B.: Los Angeles FHA sets rules for home heat pumps. Air Cond. Heat. Refr. News Bd. 90 (1960) S. 2, 1 u. 29.

[33] de Grave, A. u. W. Ridelaire: La pompe à chaleur du barrage d'Eupen. Rev. Gen. Froid (1955) Nr. 1, S. 37.

[34] MALENGRET, R., u. A. GRAND: Regulation automatique d'installations industrielles de pompes à chaleur. Bull. Inst. du Froid Annexe 1958-2 S. 205/09.

[35] SAMWER, W.: Erfahrungen mit Wärmepumpen-Klimaanlagen im Haushalt, Landwirtschaft und Gewerbe. Techn. Mitteilungen Bd. 48 (1955) Nr. 7, S. 386/88.

[36] LIEDING, F.: Neue Bauart einer kombinierten Kälte- und Wärmepumpenanlage. Kältetechnik Bd. 9 (1957) Nr. 8, S. 244/46.

[37] GRIFFITH, Miss V., u. E. F. HUTCHINGE: Some practical applications of heat transfer between buried objects and the soil. General Discussions on heat transfer, Sec. III London, Sept. 1951. Ref. Kältetechnik Bd. 5 (1963), S. 15/16. Proc. 8th Intern. Congr. of Refrig. London 1951, S. 274.

[38] FERRANTI, B.: Heat pumps in the home. Electr. Times, London Bd. 128 (1953) S. 3338.

[39] MONTAGNON, P. E., u. A. L. RUCKLEY: The Festival Hall heat pump. Ind. Heat, Engr. London Bd. 16 (1954) Nr. 102, S. 104/07.

[40] A Naval heat pump. Ind. Heat Engr. London Bd. 15 (1953) Nr. 97, S. 323/27.

[41] FARMER, J. P.: The heat pump in the marine use, Proc. IX. Int. Refr. Congr. Paris 1955.

[42] GOSNEY, W. B.: The Heat Pump. J. Refrig. Bd. 9 (1966) Nr. 12, S. 295.

[43] ROUSSELL, L.: Resultat des six années d'exploitation de la pompe à chaleur de Chalon-sur-Saône. Proc. Inst. Int. du Froid X. Congr. (1959) Kopenhagen.

[44] MALLET, I. A., La centrale thermodynamique de la maison de la radio de Paris. Rev. gén. du Froid Bd. 55 (1964), Nr. 6. S. 589/613.

[45] BRESIN, A.: Emploi de la machine à absorptions comme pompe à chaleur. Rev. Gén. Froid Bd. 30 (1953) Nr. 11, S. 1089/91.

[46] KUBLI, H.: Heizungswärmepumpen. Kältetechnik Bd. 9 (1957) Nr. 8, S. 233/37.

[47] GYSIN, W.: Anwendungen der Wärmepumpe. Kältetechnik Bd. 9 (1957) Nr. 8 S. 230/32.

[48] SPIESS, H.: Der Brüdenverdichter in der Energiewirtschaft. Escher-Wyss-Mitteilungen. Elektrizitätsverwertung (1957) Nr. 11 S. 290/97.

[49] ROSENFELD, L. M.: Thermodynamic principles for the conversion of hydroelectric stations by means of refrigeration machines. Researches in the field of refrigeration technology and engineering. Trudy Leningr. tekhnolog. inst.-kholodil'n. prom. IV pp 5-21 1952.

[50] BUDNEVICH, B. S.: An experimental plant for testing an absorption-machine. Trud. Leningr. tekhnolog. instit. cholodil'n. prom. Bd. XIV, 1956, pp 89–94.

[51] MARTYNOWSKII, V. S., u. V. A. NAER: Rational fields of application of semiconductor water cooler. Cholidilnaja Technika Bd. 37 (1960) Nr. 2, S. 4/7.

[52] KURYLEV, YE. S.: Selecting a working substance for compression heat pumps. Sb. Trudow obshchetekhn. kafedr. Leningr. tekhnolog. in-ta kholodil'n. prom. Bd. VI, 1954, pp. 18–27.

[53] ENGLER, A.: Tariffragen und Energiegestaltung bei Anschluß von Wärmepumpen. Elektrizit.-Wirtsch. Bd. 42 (1943) S. 237/38.

[54] Linge, K.: Die Wärmepumpe im Rahmen der Energiewirtschaft. VDI-Z. Bd. 88 (1944) Nr. 5/6 57/65.

[55] von Cube, H. L.: Die Wärmepumpe wird aktuell. Die Umschau Bd. 56 (1956) Nr. 23, S. 714/15 u. Nr. 24, S. 747/50.

[56] Faber, A.: Entwicklungsstufen der häuslichen Heizung. München: Oldenburg 1957.

[57] Bischoff, G.: Weltenergiebedarf im Jahre 2000. VDI-Nachrichten Bd. 21 (1967) Nr. 3, S. 1.

[58] Kubli, H.: Heizungswärmepumpen, Kältetechnik Bd. 9 (1957) Nr. 8, S. 233/236.

[59] Bach, K.: Sind Wärmepumpen wirtschaftlich? Kältetechnik Bd. 9 (1957) H. 8, S. 226/229.

[60] Quenzel, K. H.: Anwendungsmöglichkeiten von Wärmepumpen in Klimaanlagen. Heizung-Lüft. Haustechnik Bd. 10 (1959) Nr. 4, S. 103/105.

[61] Milburn, H. L.: Computisiering heat pump operating costs. ASHRAE-J. Bd. 6 (1964) Nr. 8, S. 67/61.

[62] von Cube, H. L.: Der technische und wirtschaftliche Status der Hausheizwärmepumpe im Jahre 1966. Electrizität Bd. 16 (1966) Nr. 9, S. 249/253.

[63] Aschenbach, P. R., C. W. Philips, u. W. T. Smith: Heating performance of air-to-air-heat pumps at two air force housing projects. ASHRAE-J. Bd. 6 (1964) Nr. 6, S. 80.

[64] Plank, R.: Handbuch der Kältetechnik Bd. II, S. 40ff. Berlin/Göttingen/Heidelberg: Springer.

[65] Kältemaschinen-Regeln, 5. Auflage Karlsruhe 1958.

[66] Bach, K.: Der Einsatz von Wärmepumpen für kombinierte Heiz- und Kühlaufgaben. Elektro Wärmetechnik Bd. 4 (1953) Nr. 4, S. 41/45, S. 77/79.

[67] Plank, R.: Handbuch der Kältetechnik Bd. II S. 75. Berlin/Göttingen/Heidelberg: Springer.

[68] Hirschberg, H. G.: „Kältemittel" Karlsruhe: C. F. Müller (1966).

[69] Niebergall, W.: Absorptionsanlagen als Wärmepumpen. Ges. Ing. Bd. 76 (1955) Nr. 9/10, S. 129/60.

[70] Plank, R.: Handbuch der Kältetechnik, Bd. I. Geschichte der Kältetechnik. Berlin/Göttingen/Heidelberg: Springer.

[71] Soo, S. L.: Refr. Engng. Bd. 63 (1955) Nr. 11, S. 43.

[72] Scheindlin, A., u. M. Bubuschjan: Cholodilnaja Technika Bd. 31 (1954) Nr. 4, S. 53/55. Ref. Kältetechnik Bd. 7 (1955) Nr. 6, S. 176.

[73] Plank, R.: Handbuch der Kältetechnik Bd. IV, S. 404ff.

[74] Weinberg, B.: Cholodilnaja Technika Bd. 33 (1956) Nr. 3, S. 55/61.

[75] Weinberg, B.: Cholodilnaja Technika Bd. 37 (1960) Nr. 3, S. 55/61.

[76] DKV-Arbeitsblatt 29 in Kältetechnik Bd. 12 (1960) Nr. 11.

[77] Plank, R.: F 115, ein vernachlässigtes Kältemittel. Kältetechnik Bd. 8 (1956) Nr. 4, S. 127/28.

[78] Albright, L. E., u. A. S. Mandelbaum: Löslichkeit von F 13 und F 115 in Mineralölen. Die Viskosität von Gemischen aus Mineralölen und F 13, bzw. F 115. Ref. Engng. Bd. 64 (1956) Nr. 10, S. 37. Ref. Kältetechnik Bd. 9 (1957) Nr. 3, S. 83/84.

[79] Soumerai, H.: ASHRAE J. Bd. 6 (1964) Nr. 1, S. 31/40.

[80] Niebergall, W.: Handbuch der Kältetechnik, Bd. VII, Berlin/Göttingen/Heidelberg: Springer.

[81] Niebergall, W.: Absorptions-Heizanlagen. Kältetechnik Bd. 9 (1957) Nr. 8, S. 238/43.

[82] Eisemann, jr., B. J.: Why Refrigerant R 22 should be favored for absorption refrigeration. (ASHRAE J. Bd. 1 (1959) Nr. 12, S. 45/50.

[83] Mastrangelo, S. V. R.: Solubility of some Chlorofluorhydrocarbons in tetraethylenglycol-dimenthyläther. ASHRAE J. Bd. 1 (1959) Nr. 10, S. 64/68.

[84] Thieme, A., u. F. Albright: Solubility of Refrigerants 11, 21, 22 in organic solvents containing a nitrogen atom. ASHRAE J. Bd. 3 (1961) Nr. 7, S. 71/75.

[85] Qurusoff, C.: How to win the market for year-round conditioning. Gas age (1957) Nr. 4, S. 31/32.

[86] Spofford, W. A.: Heat pump performance for package air source units. ASHRAE J. Bd. 1 (1959) Nr. 4, S. 59/63.

[87] Altenkirch, E.: Die Kompressionsmaschine mit Lösungskreislauf. Kältetechnik Bd. 2 (1950) Nr. 10, S. 251/59, Nr. 11, S. 279/284.

[88] Jordan, R. C., u. J. L. Threlkeld: Heat pumps and solar energy. Proc. Congr. Int. du Froid, Paris 1955. Bd. II, S. 6035.

[89] Altenkirch, E.: Der Einfluß endlicher Temperaturdifferenzen auf die Betriebskosten von Kompressions-Kälteanlagen mit und ohne Lösungs-Kreislauf. Kältetechnik Bd. 3 (1951) Nr. 8, S. 201/205; Nr. 9, S. 229/234; Nr. 10, S. 255/259.

[90] Sellerio, I.: Machines frigorifiques à Absportion-Compression. Bull. Inst. Intern. du Froid, Annexe 1957-2, S. 131/50.

[91] Klimek, L.: The mixed refrigerant process and its possible industrial applications. Bull. Inst. Int. du Froid, Annexe 1958-5, S. 85/95.

[92] Schwind, H.: Über die Verwendung binärer Kältemittelgemische und deren Darstellung im Enthalpie-Druck-Diagramm. Kältetechnik Bd. 14 (1962) Nr. 4, S. 98/105.

[93] McHarness, R. C., u. D. D. Chapmann: Refrigerating capacity and performance data for various refrigerants, azeotropes and mixtures. ASHRAE-J. Bd. 4 (1962) Nr. 1, S. 49/58.

[94] Werden, R. G.: At least: A practical heat pump. Refr. Engng. Bd. 64 (1956) Nr. 5, S. 49/51.

[95] Prospekt: Form 165.05-AD 2 der Firma York-Corp. York, Pennsylvania.

[96] Niebergall, W.: Die Kälteanwendung in der Kunstfaserindustrie, Kunstseide und Zellwolle Bd. 26 (1948) S. 190/195 und 218/223.

[97] Niebergall, W.: Die Absorptionskälteanlage in der Brauereitechnik, Die Kälte Bd. 4 (1951) S. 237/244.

[98] Bresin, A.: Comment produire rationallement du froid en brasserie, Revue Gen. du Froid Bd. 32 (1955) S. 140/146.

[99] Bresin, A.: Emploi de la machine à absorption comme pompe à chaleur. Revue gen. du Froid Bd. 30 (1953) S. 1089/1091.

[100] Niebergall, W.: Absorptions-Heizanlagen. Kältetechnik Bd. 9 (1957) Nr. 8, S. 238/243.

[101] Pichel, W.: Development of large capacity lithium bromide absorption refrigeration machines in the USSR. ASHRAE-J. Bd. 8 (1966) Nr. 8, S. 85/88.

[102] Roberson, J. P., R. G. Squires, Chien Yung Lee a. L. F. Albright: Vapor pressure of ammonia and methylamines in solutions for absorption refrigeration systems. AHRAE-J. 8 (1966) Nr. 4, S. 82.

[103] Niebergall, W.: Thermische Zusammenschaltung von Kompressions- und Absorptions-Kältemaschinen. Allg. Wärmetechnik Bd. 6 (1955), S. 161/69 u. Bd. 7 (1956) S. 1/9.

[104] Chamberlain, C. W.: Principles and practice of heat pump. Refr. Engng. Bd. 32 (1936) Nr. 2 (Aug.) S. 92/102.

[105] Müller, M. A.: Verwendung der Kaltluftmaschine mit Antrieb durch Verbrennungskraftmaschine als Heizanlage bei gleichzeitiger Verwendungsmöglichkeit als Kälteanlage. Motortechn. Zeitschrift Bd. 17 (1956) Nr. 9, S. 318/19.

[106] DBP-Auslegeschrift 1023 552 Kl. 24n vom 16. 11. 50. Erfinder M. A. Müller.

[107] Dusseiler, P.: Le chauffage industriel à l'aide de la groupe thermique. Bull. Techn. de la Suisse Romande Bd. 68 (1942) Nr. 8, S. 85/89 u. S. 103/106.

[108] Bauer, B.: Brennstoffeinsparung in der Industrie mit der Wärmepumpe. Elektr. Verwertg. Bd. 17 (1942) Nr. 1, S. 1/10.

[109] Joffe, A. F.: Semiconductor thermoelements and thermoelectric cooling. London 1957, Infosearch.

[110] Lindenblad, N. E.: Thermoelectric heat pumping. Electric Engng. (1958) Nr. 9, S. 802/06.

[111] Lackey, R. S., J. D. Mees u. E. V. Somers: Applications of thermoelectric cooling and heating. Refr. Engng. Bd. 66 (1958) Nr. 12, S. 31/36.

[112] Twenty-eight thermoelectric air conditioners installed in S. C. Johnson Company's Offices. ASHRAE-J. Bd. 6 (1964) Nr. 6, S. 52.

[113] Hall, H. L., u. P. L. Catro: Thermoelectric air conditioning module is feasible. Soc. Autom. Eng.-Journal (1960) Nr. 8, S. 84/88.

[113a] Anonym: Ein Klimaanzug für Tropen und Arktis. VDI-Nachr. 15 (1961), 14, S. 1.

[114] Danielson, W. R.: Temperatur-controlled chamber using thermoelectric cooling. ASHRAE-J. Bd. 1 (1959) Nr. 2, S. 30/33.

[115] Wehright, W. L.: Thermoelectric refrigeration. Electr. Engng. Bd. 79 (1960) Nr. 5 S. 380/84.

[116] Versagi, F. J.: Heat pump issue. Aircond. Heatg. Refr. News 88 (1959) Bd. 3, S. 1/46.

[117] Hughes, T. P.: The application of refrigeration lubrication systems to heat pumps. The J. of Refrigeration Bd. 3 (1960) Nr. 1, S. 12/14.

[118] Johnson, T. C.: Some heat pump design problems. Heat. and Ventilatg. Bd. 48 (1951) Nr. 6, S. 87/88.

[119] Loch, E.: Einstufige Kälte-Turbokompressoren. Kältetechnik u. Klimatisierung, Bd. 19 (1967) Nr. 7, S. 214/21.

[120] Hofmann, E.: Handbuch der Kältetechnik, Bd. III, Berlin/Göttingen/Heidelberg: Springer 1959. Wärme- und Stoffübergang S. 187/463.

[121] Bryan, W. L.: Heat and mass transfer in dehumidifying surface coils. ASHRAE-J. Bd. 3 (1961) Nr. 9, S. 51/54.

Literatur.   551

[122] GRÖBER, H. S., ERK u. N. GRIGULL: Die Grundgesetze der Wärmeübertragung. 3. Aufl., Berlin/Göttingen/Heidelberg: Springer 1955.

[123] VDI-Wärmeatlas: Berechnungsblätter für den Wärmeübergang. Düsseldorf: 1954.

[124] Kältetechnische Arbeitsmappe: Karlsruhe: C. F. Müller, ab 1955.

[125] NIEBERGALL, W.: Der Einfluß der Verschmutzung auf die Wärmeübertragung bei Apparaten der Kältetechnik und Verfahrenstechnik. Allg. Wärmetechnik Bd. 8 (1957) Nr. 4, S. 73/86.

[126] HENRICI, H.: Kondensation von Frigen 12 und Frigen 22 an glatten und berippten Rohren. Diss. TH Karlsruhe 1961.

[127] MURRAY, K. H.: Local heat transfer coefficients in horizontal tube evaporators. J. of Refrig. Bd. 2 (1959) Nr. 5, S. 118/119.

[128] VON CUBE, H. L.: Wirtschaftl. optimale Konstruktion von Wärmetauschern in der Kältetechnik. Kältetechnik Bd. 17 (1965) Nr. 3, S. 90/93.

[129] RICH, D. G., Coil rating factor puts heat exchanger on a comparable basis. ASHRAE-J. Bd. 2 (1960) Nr. 6, S. 50/52.

[130] DEART, D. M.: Effect of fin bond on heat transfer. ASHRAE-J. Bd. 1 (1959) Nr. 5, S. 67/71.

[131] Heating, Ventilating, Airconditioning Guide and Data Book 1965 u. 1966, S. 323/332.

[132] PLANK, R., u. J. KUPRIANOFF: Die Kleinkältemaschine, Berlin/Göttingen/Heidelberg: Springer 1960.

[133] HILBERT, G. S.: Zur automatischen Regelung des Flüssigkeitsstandes in überfluteten Verdampfern. Kältetechnik Bd. 12 (1960) Nr. 4, S. 101/7.

[134] BIEHN, G. L.: Capillary tube improves heat pump design. Heat. and Ventilating Bd. 51 (1954) Nr. 2, S. 75/78.

[135] MERICLE, C. P.: How critical charge in „split", heat pumps, using captubes, can be checked in field. Air. Cond. Heat. Refr. News Bd. 90 (1960) Nr. 7, S. 16/18.

[136] SCHENK, J. A.: Thermovalve reliability and the heat pump. Air. Condg. Heat Refr. News Bd. 88 (1959) Nr. 17, S. 13.

[137] HAINES, J. E.: Automatic controls of heating and air conditioning, 2. Aufl. McGraw Hill Book Comp. New York 1961.

[138] ELLENBERGER, F. R.: Controling the heat pump. Refr. Engng. Bd. 57 (1949) Nr. 5, S. 435/39.

[139] Bulletin 1965 der Firma Ranco Inc., Columbus/Ohio.

[140] YERGAT, G.: Indoor-Outdoor thermostats enable automatic heat pump to balance unit capacity with heating, cooling needs. Air Cond. Refr. News Bd. 77 (1965) Nr. 1408, S. 88/89.

[141] VERSAGI, F. J.: Sequenzer control may provide answer to heat pump electric heat multiple stages. Air. Cond. Heatg. Refr. News Bd. 91 (1960) Nr. 1, S. 20.

[142] SYFERT, F. J.: Heat pump de-icing control. 12th Annual Appliance Technical Conference of AIEE. Louisville, Kentucky, 1.–3. 5. 61.

[143] HEARTH, TH. H.: Hot gas defrosting in commercial refrigeration. Refr. Engng. Bd. 59 (1951) Nr. 2, S. 139/42, Nr. 3, S. 246/50.

[144] Prospect Robertshaw, Milford Division Robertshow Controls Company, 155 Hill-Street, Millford Conn. (DS 10 Series, DE-ICE Sensor-Control Md 24).

[145] Ranco-Develops heat pump-de-icing control claimed to remove ice in 3–4 minutes. Air Cond. Refr. News Bd. 82 (1957) Nr. 9, S. 35.

[146] VERSAGI, F. J.: Pressure – defrosting for heat pumps Air cond. Heat. Refr. News Bd. 91 (1960) Nr. 9, S. 18.

[147] VERSAGI, F. J.: Heat pump defrost. Air Cond. Heat. Refr. News Bd. 89 (1960) Nr. 14, S. 40/41.

[148] Methods to provide internal overload protection for hermetic motor-compressors. Air-Cond. Heat. Refr. News Bd. 92 (1961) Nr. 3, S. 9.

[149] COOGAN, C. H.: Heat pump research and development survey. Refr. Engng. Bd. 59 (1951) Nr. 1, S. 47/48.

[150] GOETHE, S. P.: The heat pump – the choice and cost of various systems. Refr. Engng. Bd. 54 (1947) Nr. 1 Juli, S. 24/28.

[151] VON CUBE, H. L.: Ausnutzungsmöglichkeiten der Sonnenenergie durch Wärmepumpen. Kältetechnik (1957) Nr. 8, S. 246/48.

[152] NOCKLING, D. W., J. W. DROEGE, B. J. WARD u. J. A. EIBLING: Methods of heat storage for heat pumps. Battelle Memorial Institute, Columbus, Ohio, 1958.

[153] Heating Ventilating, Airconditioning, Guide 1960, 38. Aufl. New York, N. Y. 1960.

[154] DIN 4701 – Regeln für die Berechnung des Wärmebedarfs von Gebäuden. Berlin 1959.

[155] BERLINER, P.: Die jahreszeitliche Häufigkeitsverteilung der Luftenthalpie in Deutschland. Kältetechnik Bd. 9 (1957) S. 138/42.

36*

[156] BERLINER, P.: Zur Häufigkeitsverteilung der Luftenthalpie in Deutschland. Kälte-technik Bd. 13 (1961) Nr. 1, S. 34.
[157] STOECKER, W. E., u. P. R. HEERICH: Heating and cooling a residence with a 3 hp-air source heat pump. Refr. Engng. Bd. 60 (1952) Nr. 11, S. 1172/76.
[158] LYNCH, D. W.: One year with air source heat pump. Refr. Engng. Bd. 61 (1953) Nr. 8, S. 858/61.
[159] First Detroit air-to air heat pump function satisfactorily even at 7 °F. Air Cond. Refr. News Bd. 79 (1965) Nr. 6, S. 26.
[160] EGLUND, J. S.: Five years operational experience prove air-to air heat pump to be effec-tive in northern climate. ASHRAE-J. Bd. 2 (1960) Nr. 3, S. 56/59.
[161] VON CUBE, H. L.: Der technische und wirtschaftliche Status der Heizwärmepumpe 1966. Elektrizität Bd. 16 (1966) Nr. 9, S. 249/253.
[162] STOY, B., u. SPANKE: Die Wärmepumpe für ganzjährige Klimatisierung von Wohn-häusern. Energiewirtschaftl. Tagesfragen. 17. Jahrg. 3/1967, S. 60–67.
[163] WIRTH, P. E.: Aus der Entwicklungsgeschichte der Wärmepumpe (Schweiz. Bauzeitung Bd. 73 1955) Nr. 42, S. 647/51.
[164] KEMLER, E. N.: Heat pump sources. Earth as a source of heat. Edison Electr. Inst. Bull. Bd. 14 (1946) S. 339/46.
[165] CRANDALL, A. C.: House heating with earth heat pump. Electr. World Bd. 126 (1946) Nr. 19, S. 94/95.
[166] COOGAN, C. H.: Heat pump tests provide basic data on ground coil system. Electr. Power and Light Bd. 26 (1948) Nr. 11, S. 62/67.
[167] HADLY, W. A.: Operating characteristics of heat pump ground coils. Edison Electr. Inst. Bull. Bd. 17 (1949) Nr. 1, S. 12.
[168] Prospekte und Engineering Manual der Firma Typhoon Heat Pump Co. (Handelsname Prop.-R-Temp.) New York, 1964.
[169] INGERSOLL, L. R., F. T. ADLER, H. J. PLESS, u. A. C. INGERSOLL: Theory of heat ex-changers for the heat pump. Trans. Amer. Soc. Heatg, and Ventil Engrs. (1951), S. 167/188.
[170] VESTAL, D. M.: Heat pump buried coil design. Refr. Engng. Bd. 57 (1949) Nr. 6, S. 573/76,612/13.
[171] KEMLER, E. N., u. S. OGLESBY: Heat pump applications. McGraw Hill Comp. New York, Toronto, London, 1950.
[172] COOGAN, CH. H.: The residential heat pump in New England, Heating, Piping and Air-Conditioning Bd. 21 (1949) Nr. 2.
[173] PENROD, E. B.: Sizing earth heat pumps. Refr. Engng. Bd. 62 (1954) Nr. 4, S. 57/61.
[174] PENROD, E. B., u. J. F. THORPE: Intermittend versus continous operation of the Uni-versity of Kentucky heat pump Nr. 1 on the heating cycle. Proc. Inst. Int. du Froid, IX. Congress 1955, Paris, Nr. 6. 123.
[175] PENROD, E. B.: Earth heat pump on intermittent operation. Refr. Engng. Bd. 59 (1951) S. 267/68.
[176] BLISS, R. W.: Fully solar-heated house. Air Cond., Heatg. and Ventilating (1955) Nr. 10, S. 92/97.
[177] JORDAN, R. C., u. J. L. THRELKELD: Heat pump and solar energy. Bulletin JJF – Comptes rendues Congres Int. 1955, Paris Tome II, Nr. 6, 122.
[178] AMBROSE, E. R., u. PH. SPORN: Solar heat pump promises better competition. Refr. Eng. Bd. 63 (1955) Nr. 11, S. 39/42.
[179] AMBROSE, E. R., u. PH. SPORN: The Heat pump and solar energy. Bericht auf dem Inter-nationalen Kongreß für Sonnenenergie in Phoenix (Arizona) Nov. 1955.
[180] HAINES, R.: Solar collector and heat pump heats, cools new office building. Heatg. Pip Air Cond Bd. 28 (1956) Nr. 10, S. 104/67.
[181] Advantages of using solar energy with heat pump for more efficiency explored in ASH-RAE-session. Air Cond. Refr. News Bd. 83 (1958) Nr. 8, S. 12.
[182] CHESTER, P. D., u. R. J. LIPPER: Sun energy assistance for air-type-heat pumps. Heatg. Pip. and Air-Conditioning (1957) Nr. 12, S. 123/28.
[183] Can solar radiation be used to economically supplement heat pump in ranch-style-home? Air Cond. Refr. News Bd. 83 (1958) Nr. 15, S. 36.
[184] PENROD, E. B.: Air Conditioning with the heat pump. Kentucky Eng. XVIII (1956) Nr. 3.
[185] BARY, C. W.: Load and economic aspects of the residential heat pump on electric ulity systems. ATEE-Transact. Bd. 76 (1957) Nr. 30 (Part II), S. 49/54.
[186] Report on Heat storage. Edison Electric Inst. Bull. Bd. 26 (1958) Nr. 7/8, S. 261/62.
[187] HAINES, I. TH.: Heat pump supplementary heat storage. Report Nr. UAD-4-61, Carrier Corp. Syrakus 1961.

[188] Etherington, T. L.: A dynamic heat storage system. Heatg., Pip. and Air-Conditg. (1957) 12, S. 147/151.

[189] Lieding, F.: Klein-Wärmepumpenanlagen. Linde-Ber. aus Wissenschaft und Technik Bd. 13 (1955) Nr. 2.

[190] Ruff, A. W.: The heat pump water heater. Refr. Engng. Bd. 59 (1951) S. 153/154.

[191] Lieding, F.: Neue Bauart einer kombinierten Kälte- und Wärmepumpenanlage. Kältetechnik Bd. 9 (1957) Nr. 8, S. 244/246.

[192] von Cube, H. L.: Stand der Anwendung von Wärmepumpen in Industrie, Gewerbe und Haushalt. Allg. Wärmetechnik Bd. 5 (1954) Nr. 9, S. 194/203.

[193] Samwer, W.: Erfahrungen mit Wärmepumpen-Kleinanlagen in Haushalt, Landwirtschaft und Gewerbe. Techn. Mitteilungen Bd. 48 (1955) H. 7.

[194] Brand, C.: Elektrische Anlagen zum wirtschaftlichen Kühlen von Milch und Lebensmitteln und zur gleichzeitigen Warmwasserbereitung. Technische Mitteilungen Bd. 48 (1955) H. 7.

[195] Ostertag, A.: Heizen mit Wärmepumpen. Escher-Wyss-Mitteilungen, Bd. 14 (1941) S. 50/53.

[196] Ostertag, A., u. A. Kornfehl: Die Wärmepumpe in der Heiztechnik. Escher-Wyss-Mitteilungen Bd. 17/18 (1944/45) S. 76/91.

[197] Hasler, O.: Die Wärmepumpe im neuen Hallenbad Zürich. Bull. SEV Bd. 32 (1941), S. 345.

[198] Kubli, H.: Neue Heizungswärmepumpen. Escher-Wyss-Mitteilungen Bd. 29 (1956), H. 3, S. 10/15.

[199] Swaty, F.: Betriebserfahrungen mit einer Kompressions- und einer Absorptions-Wärmepumpenanlage. Vortrag Kältetagung 1961, Wien. Kältetechnik Bd. 13 (1961) 11, S. 378.

[200] Vidal, M. P.: La pompe á chaleur. Ann. Inst. Techn. Bâtiment et Trav. Publ. Bd. 9 (1956) Nr. 103/104, S. 630/649.

[201] Swaty, F.: Die Kälteanlage der Wiener Stadthalle. Kältetechnik Bd. 13 (1961) Nr. 10, S. 326/333.

[202] Vandament, D.: Hot refrigerant-12 to keep officials, press warm at olympic ice rink. Air Cond. Refrig. News 84 (1958) Nr. 2, S. 46/47.

[203] Prospekt Nr. L 165.05-AD 3 „Chilled water systems/heat-pumps" der Firma York, York, Pennsylvania.

[204] Floreth, J. J.: Southdale-Minneapolis' huge shopping center, heated and cooled with unique 700-to heat pump installation. Refr. Engng. Bd. 65 (1957) Nr. 1, S. 45/48 u. 97.

[205] Harnisch, J. R.: Achieving economy in the design and use of Heat pumps. Air condg. Heatg. and Ventilg. (1959) Nr. 8, S. 69/80.

[206] Tamblyn, R. T.: Bootstrap heating for commercial office buildings. ASHRAE-J. Bd. 5 (1963) Nr. 4, S. 53–64.

[207] Rex, H. E.: Big Squeales and donut holes. Druckschrift Carrier-Corp., Syracus N. Y., 1964.

[208] Ratai, W. R.: School planning and the heat pump. Actual Specifying Eng. Bd. 12 (1964), Nr. 6.

[209] Hamann, R.: Kimberley's balanced heat systems also balances annual budget. School board Journ. (1964) Nr. 8.

[210] Aigner, V.: Die Verwertung der Verlustwärme von Umspannern durch Wärmepumpe. Elektr. Wirtschaft Bd. 53 (1954) Nr. 19, S. 597/602, Nr. 20, S. 628/30.

[211] Blomquist, M.: Animal heat offers source for heat pump operation. Refr. Engng. Bd. 58 (1950) Nr. 9, S. 870/71.

[212] Schmid, R.: Die praktische Anwendung der Wärmepumpe. Brown, Boveri-Mitteilungen (1943) Nr. 1/4, S. 51/75.

[213] Wittwer, W.: Über die Wirtschaftlichkeit von Eindampfanlagen mit und ohne Wärmepumpe. Techn. Rundschau Sulzer (1945) Nr. 2, S. 15/19.

[214] Peter, R.: Die Thermokompressoren in industriellen Betrieben. SEP-Festschrift zur Feier des 100jährigen Bestehens der ETH-Zürich, 1955.

[215] Paltzer, G., u. R. Peter: Die Wärmepumpen in den Werken der Vereinigten Schweizerischen Rheinsalinen. Bull. SEV (1943) Nr. 16.

[216] Prospekt der Firma H. W. Gehlen KG, Eisenwerke Kaiserslautern aus dem Jahre 1964.

Namenverzeichnis

Adler, F. T., s. Ingersoll, L. R., H. J. Pless, u. A. C. Ingersoll 552
Aigner, V. 552
Albright, L. F., u. A. S. Mandelbaum 234, 549
—, s. Roberson, J. P., R. G. Squires, u. Chien Young Lee 550
—, s. Thieme, A. 549
d'Alembert 330
Alekseyev, P. A., s. Rutov, D. G. 385
Altenkirch, E. 493, 494, 549
Ambrose, E. R., u. Ph. Sporn 552
Andersen, S. A. 123
Anderson, W. B. 294
— u. G. S. McCloy 310
Anger, H. 326
Aristoteles 330
Aschenbach, P. R., C. W. Philips, u. W. T. Smith 549

Baade, P. 233
Bach, K. 478, 549
Bacon 330
Bäckström M. 308
— u. Emblik, E. 123, 194, 198
Baehr, H. D. 243
v. Balzberg, C., 547
Barry, H. M. 260
Bartlett, L. H. s. Gully, A. J. u. H. A. Tooke 259
Bary, C. W. 552
Bauer, B. 501, 550
— u. B. W. Bolomey 547
Beacham, E. A., s. Krause, W. O., u. A. B. Guise 268
Beck, H. H. 366
Beel, O., O. W. Romm u. H. Luthardt 289
Belger, E. 366
Bentele, M. 366
Beranek, L. K. 365
Berliner, P. 551, 552
Bernoulli 330
Biehn, G. L. 551
Bischoff, G. 549
Blair, H. A., u. R. E. Holmes 253
Blasius 193
Bliss, R. W. 552
Blomquist, M. 552

Bobbert, G. 367
Bock, H. 233
Bode, H. W. 26
Boeckhaus, K. 208
Boethius, S. 330
Bohn, L. s. Oberst, H., u. F. Linhardt 367
Bolomey, B. W. s. Bauer, B. 547
Bopp, J. D. 250, 253, 303
Bošnjaković, F. 226
Brand, C. 552
Brandon, A. O. B. 286, 298
Brehm, H. H. 193
Bresin, A. 497, 548, 550
Brightman, J. B., u. E. G. Chase 317, 325, 328
Brisken, W. R. 250, 251
Bruel, V. P. 365
Brüschweiler, K. 123
Brüssau, H. 367
Brundage, H. M. 548
Bryan, W. L. 506, 550
Bubuschjan, M. 490
—, s. Scheindlin, A. 549
Budnevich, B. S. 548
Bürk, W. 365
Buschhorn, W. 240

Cammerer, J. S. 198, 199
Cannon, P. 257
Catro, P. L. s. Hall, A. L. 550
Chamberlain, C. W. 500, 550
Chapmann, D. D., s. McHarness, R. C. 550
Chase, E. G. s. Brightman, I. B. 317, 325, 328
Chem, L. s. Haldane, T.-G. 547
Chester, P. D., u. R. J. Lipper 552
Chien, K. L., J. A. Hrones., u. J. B. Reswick 25
Chien Young Lie, s. Roberson, J. P., R. G. Squires, u. L. F. Albright 550
Chladni 330
Christeler, J. 367
Clark, F. M. 247, 302
Codling, E. P., s. Packer, L. C., u. F. J. Johns 249, 285
Cohen, R., u. W. E. Fontaine 366
Cojocaru, L. 240

Coogan, Ch. H. 552
Coogan, W. H. 517, 551, 552
Crampton, D. H., u. C. Winnefeld 324
Crandall, A. C. 552
Cronan, C. S. 277
v. Cube, H. L. 387, 467, 549, 551, 552
— u. J. Sauerbrunn 234
Curran, L. V., s. Dennison, F. E. 295, 303, 326

Danielson, W. R. 550
Deart, D. M. 551
Demand, E. E. 366
Dennison, F. E., u. L. V. Curran 295, 303, 326
Deublein, O. 188
Dhynn, H., s. Walker, W. O., u. J. L. Malcolm 276
Dimaczek, R. 219
Diniak, A. W., E. E. Hughes, u. M. Fujii 250
Divers, R. T. 247, 285
Dodson, W. E., s. Leegard, C. W. 205
Döderlein, G. 49, 123
Doelling, N. 367
Dörffel, 49
Doetsch, G. 11
Drees 123
Droege, J. W., s. Nockling, D. W., B. J. Ward u. J. A. Eibling 551
Duncan, T. W. 286
Dusseiler, P. 550

Eberhart, L., u. Laurence 367
Eck, B. 243, 380
Egginton, H. H. 123
Egli, M. 547
Eglund, J. S. 552
Eibling, J. A., s. Nockling, D. W., J. W. Droege, u. B. J. Ward 551
Eisemann, jr. B. J. 549
Elkin, J., M. Mejlichow, A. Tschernjak, u. Judizkij 196
Ellenberger, F. R. 551
Elliot, J., s. Larsen, L. W. 250, 302
Elsey, H. M. 246, 264

Sachverzeichnis